기후변화와 연안방재

기후변화와 연안방재

해수면 상승과 태풍 강대화에 따른 해안·항만의 대응을 중심으로

윤덕영·김상기 저

에이퍼브

『기후변화와 연안방재』
머리말

　19세기 말 산업화 이후 유발된 탄소증가에 따른 기후변화는 전 지구(全地球) 기온 및 해수온도를 상승시키는 지구온난화를 가져와 비가역적(非可逆的)인 재난 유발요인이 되고 있다. 특히 해수온도의 상승은 해수의 열팽창 및 극지방·그린란드의 빙상·빙하를 녹이면서 전 지구 평균해수면을 상승시킴과 동시에 태풍을 강대화시켜 2012년 허리케인 '샌디'(미국), 2013년 태풍 '하이옌'(필리핀) 및 2018년 태풍 '제비'(일본)와 같이 전 세계적으로 폭풍해일·고파랑 및 해안침식 등의 강도(強度)를 증가시켜 연안도시에 사는 주민의 안전과 삶의 터전을 위협하고 연안재난의 피해도 날로 증가시키고 있는 실정이다. 그리고 2013년 공표된 '제5차 IPCC 평가보고서'에서 2100년의 전 지구 평균해수면 상승은 시나리오 RCP 2.6으로는 최대 0.5m, 시나리오 RCP 8.5는 최대 0.82m이었으나, 2019년 공표된 'IPCC 해양 및 빙권 특별보고서'에서는 시나리오 RCP 2.6으로는 최대 0.59m, 시나리오 RCP 8.5로는 최대 1.10m에 이를 것이라고 예상하여 그 상승률이 시간이 지날수록 점점 증가하고 있다. 따라서 삼면이 바다인 우리나라에 최악의 시나리오인 RCP 8.5를 적용할 때 2100년 연안의 침수면적은 501.51km^2, 침수인구는 약 37,344명에 이를 것으로 예상된다.

　또한 최근 우리나라도 지구온난화에 따른 해수면 상승 등 이상기후 발생으로 폭풍해일·고파랑 및 해안침식 등과 같은 연안재난의 강도가 높아져 반복적인 인적·물적 피해가 급증하는 추세인데, 2016년 태풍 '차바'를 비롯하여, 2020년 태풍 '하이선' 및 태풍 '마이삭' 등으로 인한 피해가 그 사례이다.

　이와 같이 앞으로 기후변화로 인한 해수면 상승으로 폭풍해일·고파랑 및 해안침식 등과 같은 연안재난의 강도가 더 세질 것으로 예상되지만 아직까지 기후변화 대응에 대한 체계적인 이론(理論) 및 실무서적(實務書籍)은 없는 실정이다. 이에 30여 년간의 해안·항만 및 방재에 대한 이론·실무경험을 살려 연안방재 담당자(국가·지방자치단체와 관계기관 등), 토목공학 및 해안·방재공학 등을 전공하는 대학원생·대학생에게 조금이라도 도움이 되고자 하는 바람으로 이 책을 집필하게 되었다.

아무쪼록 본인이 저술한 『연안재해』(2019년 대한민국학술원 우수학술도서 선정)의 후속편 격인 이 책이 기후변화에 따른 연안재난에 맞서서 방재대책들을 찾고 있는 모든 사람에게 중요한 정보의 원천이 되기를 바라며, 연안재난 방재실무자(국가·지방자치단체와 관계기관 등) 및 방재·해안공학 등을 전공하는 모든 이들에게 도움이 되길 바란다.

2022년 7월
윤덕영, 김상기

차례

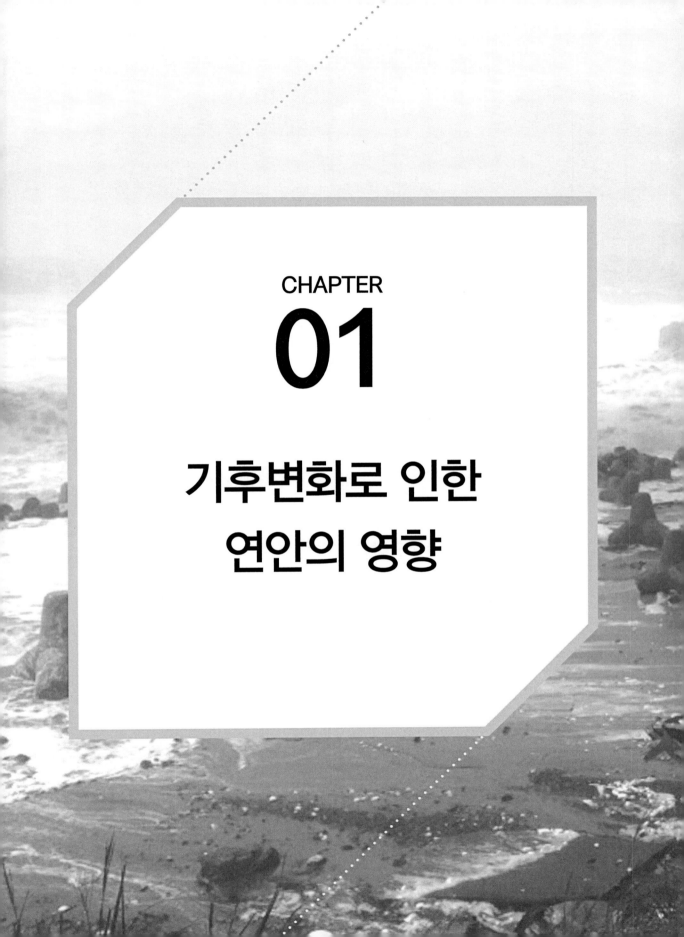

CHAPTER

01

기후변화로 인한
연안의 영향

01 기후변화로 인한 연안의 영향

1.1 기후변화(Climate Change)의 개요

1.1.1 개요

1) 기후변화의 정의

기후란 '충분히 긴 시간에 대한 평균적인 대기 상태'를 말한다. 여기서 말하는 대기 상태에는 기온이나 강수량이 있고, 충분히 오랜 기간, 예를 들어 30년간의 평균값이나 변동 폭 등의 통계량으로 나타내는 것이다. 원래 기후란 대기의 상태를 가리키는데, 기후에 큰 영향을 주는 지구의 구성요소에는 대기 이외에 해양, 육지, 설빙(雪氷) 등이 있으며, 이들 구성요소는 서로 다양한 영향을 미치고 있다(그림 1.1 참조). 대기는 바람으로 해양에 파도나 해류를 발생시켜 영향을 미치고, 해양은 대기에 열이나 수증기를 주어 영향을 미친다. 이러한 구성요소와 상호 작용을 '시스템'으로 파악해 기후 시스템이라고 부른다. 또한, 이러한 기후 시스템을 컴퓨터로 시뮬레이션하는 대규모 프로그램을 기후모델이라고 부르고, 이것을 이용해 기후변화의 재현이나 예측이 이루어진다. 기후 시스템의 평균 상태는 시스템, 즉 지구로의 에너지 출입과 시스템 내에서의 에너지 수송으로 결정된다. 태양으로부터의 일사(日射)(태양방사, 단파(短波)방사라고도 한다.)를 받는 것으로 시스템 내부에 에너지가 들어가서 시스템 내에서 에너지 수송을 거쳐 지구로부터 방사되는 적외방사[1]로 시스템 밖, 즉 우주 공간으로 에너지가 나간다. 둘다 방사에 의한 출입이므로 지구의 에너지 수지는 방사수지(放射收支)다.

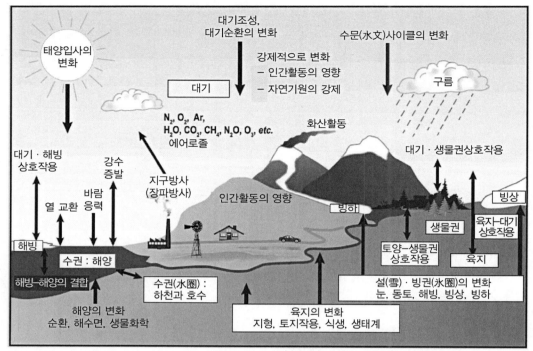

출처: 日本文部科学省・気象庁(2020), 日本の気候変動 2020 - 大気と陸・海洋に関する観測・予測評価報告書 -

그림 1.1 기후 시스템과 변화요인

    기후는 다양한 요인에 의해, 즉 다양한 시간스케일(Scale)로 변동하고 있다. 기후변화의 요인에는 자연적인 요인과 인위적인 요인이 있다. 자연적인 요인에는 대기 자체에 내재(內在)하는 것 외에 해양의 변동, 화산분화에 의한 에어로졸[2]의 증가, 태양활동의 변화 등이 있다. 특히, 지구 표면의 70%를 차지하는 해양은 대기와의 사이에 해수면을 통해 열이나 수증기 등을 교환하고 있어, 해류나 해수면 수온 등의 변동은 대기의 운동에 큰 영향을 미친다. 한편 인위적인 요인에는 인간 활동에 따른 이산화탄소 등과 같은 온실효과가스의 증가와 에어로졸 증가, 삼림 파괴 등이 있다. 이산화탄소 등과 같은 온실효과가스의 증가는 지상기온을 상승시키고, 삼림

---

1)   적외방사(赤外放射, Infrared Radiation): 지구방사, 장파방사라고도 한다. 파장 780nm~1mm까지의 범위의 방사를 말하며, 일반적으로 자외선과 달라서 적외선 에너지는 파장 기준으로 평가하는 것이 아니고 어느 면에 입사하는 방사 에너지로 평가한다.

2)   에어로졸(Aerosol): 대기 중에 떠다니는 고체 또는 액체상의 작은 입자로 10nm~1μm 사이의 크기 범위를 가진다.

훼손 등 식생의 변화는 물의 순환과 지구 표면의 일사 반사량에 영향을 미친다. 최근에는 대량의 석유나 석탄 등 화석연료 소비로 인한 대기 중 이산화탄소 농도증가에 따른 지구온난화에 대한 불안이 높아지면서 인위적인 요인에 의한 기후변화의 관심이 높아지고 있다.

기후변화의 정의는 일반적으로 수십 년~수백만 년 기간의 세계적 규모 또는 지역적 규모의 평균적인 대기의 상태 변화를 의미하는데, 기후변화에 관한 정부 간 협의체(IPCC)[3]의 정의와 유엔기후변화협약(UNFCCC)[4] 정의로 나눈다.

① IPCC: 기후 특성의 평균이나 변동성의 변화를 통해 확인을 할 수 있고, 수십 년 혹은 그 이상 오랜 기간 지속하는 기후 상태 변화를 말한다.
② UNFCCC: 지구대기의 조성을 변화시키는 인간 활동에 직·간접 원인이 있고 그에 더해 상당 기간 자연적 기후변동이 관측된 것을 뜻한다.

UNFCCC의 궁극적인 목적은 '인간 활동으로 인한 기후변화가 식량 생산과 지속가능한 발전을 위협하지 않도록 온실효과가스 농도를 안정화시킨다.'라고 정하고 있다. 그러나 IPCC는 자연적 및 인위적 영향으로 기후가 변화하는 현상을 기후변화라고 정의하고 온난화와 냉각화를 포함하고 있다.

2) 기후변화의 문제

지구의 오랜 역사 측면에서 보면 기후는 반드시 정상적(正常的)이지만은 않았고, 다양한 변화를 이루어 왔다. 지구 전체의 기후변화를 가져오는 요인으로는 지구의 공전(公轉) 궤도의 변동이나 태양활동의 변화는 기후 시스템 외부의 영향에 의한 것이고, 열대 태평양의 해수면 수온이 수년 동안의 시간스케일로 변동하는 엘니뇨,[5] 라니냐[6] 현상은 기후 시스템 내부의 영향에 따른 것이다. 기후 시스템의 외부 영향 요인은 크게 자연적인 원인과 인위적인 원인으로 나눌

---

3) 기후변화에 관한 정부 간 협의체(IPCC, Intergovernmental Panel on Climate Change): 기후변화와 관련된 전 지구 위험을 평가하고 국제적 대책을 마련하기 위해 세계기상기구(WMO)와 유엔환경계획(UNEP)이 공동으로 설립한 유엔 산하 국제협의체로 기후변화 문제의 해결을 위한 노력이 인정되어 2007년 노벨 평화상을 수상하였다.

4) 유엔기후변화협약(UNFCCC, United Nations Framework Convention on Climate Change): 유엔기후변화협약은 이산화탄소를 비롯한 온실효과가스의 배출을 제한해 지구온난화를 방지하기 위해 세계 각국이 동의한 협약으로 정식 명칭은 '기후변화에 대한 국제연합 기본협약(United Nations Framework Convention on Climate Change)'이며 이 협약이 채택된 브라질 리우의 지명을 따 '리우환경 협약'이라 부르기도 한다.

5) 엘니뇨(El Niño): 열대 동태평양(혹은 중태평양) 표층 수온이 평년에 비해 높아지는 경년(經年) 기후변동 현상으로서, 열대 서태평양 무역풍의 약화 등과 연관된 것으로 알려져 있으나 그 근본적인 발생 원인은 여전히 뚜렷하지 않다.

6) 라니냐(La Niña): 열대 동태평양 해수면 수온이 평년에 비해 낮아지는 현상을 말하며, 엘니뇨와 반대되는 현상으로서 엔소(ENSO, El Niño-Southern Oscillation, 엘니뇨-남방 진동)와 관련되어 있다.

수 있으며, 주요 원인 중 가장 큰 원인으로는 화석연료가 연소하여 발생한 이산화탄소 등과 같은 온실효과가스 증가로 인해 대기 구성 성분이 변화되는 것이다(표 1.1 참조).

표 1.1 전 지구적(全地球的) 규모의 기후변화를 일으키는 주요 원인

기후 시스템 외부영향	자연적인 원인	태양활동의 변화	→	대기 상단에서 받는 태양 복사량의 변화
		지구 공전 궤도의 변동	→	
		화산분화에 따른 에어로졸 증가	→	지표에서 받는 일사량(日射量)의 변화
	인위적인 원인	화석연료 등이 원인인 온실효과 가스 배출에 따른 대기 조성의 변화	→	지표면에 도달하는 적외선량의 변화
		산림벌채 및 토지이용의 변화	→	지표면 반사율의 변화, 이산화탄소 흡수원의 변화 등
		대기오염물질(유산염(硫酸鹽), 에어로졸 및 흑색 탄소 등) 배출	→	지표면에서 받는 일사량의 변화, 구름 입경 및 구름양의 변화에 따른 구름의 반사율 변화
기후 시스템 내부 영향	환태평양의 해수면 수온을 수년 규모로 변동시키는 엘니뇨/라니냐 현상과 태평양에서의 10년 시간 스케일 진동으로 일어나는 대기·해양 작용 등			

출처: 日本 環境省, 文部科学省, 農林水産省, 国土交通省, 気象庁(2018). '気候変動の観測, 予測及び影響評価統合レポート2018'

기후 시스템 외부인 태양으로부터 방사(放射)하는 에너지를 받으면, 지구는 따뜻해진다. 또한, 우주 공간으로 에너지가 방출되면 차가워지지만, 우주 공간으로의 에너지 방출이 방해를 받으면 지표 온도는 상승한다(그림 1.2 참조).

이와 같이 우주 공간으로의 에너지 방출을 방해하는 효과를 가진 가스를 온실효과가스라고 한다. 자연에 존재하는 온실효과가스로서는 수증기, 이산화탄소(CO_2), 메탄(CH_4), 일산화이질소(N_2O), 오존(O_3) 등이 있으며, 이 때문에 전 지구(全地球) 평균 지표면의 온도는 약 14℃에 유지되고 있다. 인위적으로 발생하는 온실효과가스로는 이산화탄소, 메탄, 일산화이질소, 하이드로플루오로카본(HFC) 등이 있다. 메탄, 일산화이질소, 하이드로플루오로카본 등의 일정 량당 온실효과는 이산화탄소와 비교하여 훨씬 높다. 예를 들어, 하이드로플루오로카본은 이산화탄소의 수십 배에서 만 배가 넘는 온실효과를 가진 것으로 알려져 있다. 다만, 양(量)으로 보면 이산화탄소의 양이 매우 많아, 지구온난화에 가장 기여하고 있는 온실효과가스는 이산화탄소가 된다. 대기 중의 이산화탄소농도는 산업혁명(18세기) 이후 급격하게 증가하여 현재의 평균 농도는 400ppm을 넘었다(그림 1.3 참조). 온실효과가스는 자연에도 존재하지만, 과도하게 온실효과가스가 증가하면 기온도 상승하고 우리 생활에도 영향을 미치게 된다.

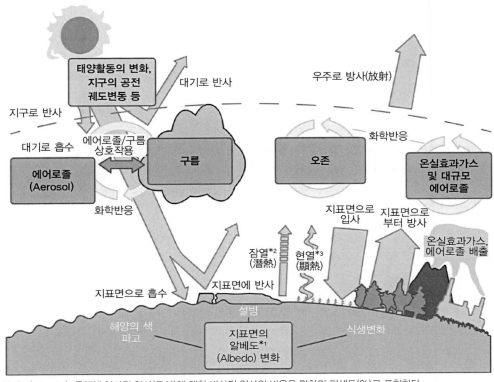

*1: 알베도(Albedo): 물체에 입사된 일사(日射)에 대한 반사된 일사의 비율을 말하며 퍼센트(%)로 표현한다.

*2: 잠열(潛熱, Latent Heat): 물질이 기체, 액체, 고체 사이에서 상변화를 일으킬 때 흡수하거나 방출하는 열을 말한다.

*3: 현열(顯熱, Sensible Heat): 어떤 물체나 열역학적 시스템의 상태 변화 없이 온도가 변화하는 동안 물체가 흡수하거나 전달하는 열을 의미한다.

출처: IPCC第5次評価報告書より 日本 環境省作成(2019)

그림 1.2 기후변화의 주요 원인

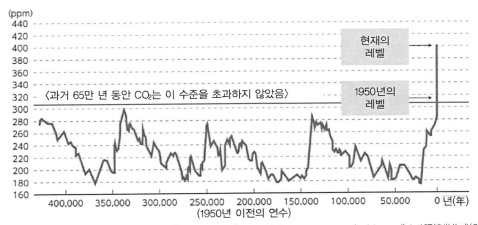

출처: アメリカ航空宇宙局(NASA)ホームページ(https://climate.nasa.gov/evidence/)より 環境省作成(2019)

그림 1.3 대기 중 이산화탄소(CO_2) 평균농도의 추이

3) 기후변화의 영향

(1) 열대야[7] 일수 및 폭염일수의 증가[1]

온난화로 인해 발생하는 영향으로는 우선 기온의 상승 그 자체에 의한 영향을 들 수 있다. 장비를 이용한 관측이 널리 시작된 20세기 전반 이후 전 세계 연평균기온은 계속 변동을 거듭하며 상승하고 있다. 우리나라에서도 마찬가지로 변동을 반복하면서 계속 상승하고 있어, 지난 109년간(1912~2020년) 우리나라의 연평균기온 변화량은 매 10년당 +0.20℃로 상승하였다. 열대야 일수는 지난 109년간 매 10년당 +1.06일로 증가 경향을 보였다(그림 1.4 참조). 따라서 건강과 관계에 있어서 열사병의 증가가 매우 염려된다.

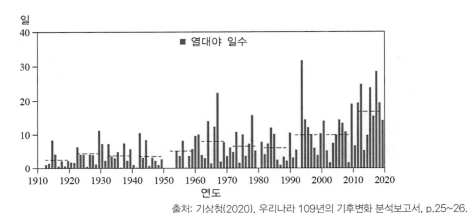

출처: 기상청(2020), 우리나라 109년의 기후변화 분석보고서, p.25~26.

그림 1.4 우리나라 열대야 일수 변화(1912~2020년)

(2) 강수와 건조의 극단화[1]

기후변화에 따른 지구온난화로 인해서 전 세계적(全世界的)으로 강우 방식이 변화할 것으로 예상된다. 일반적으로 온난화되면 해수면의 수온(水溫)이 상승하여 대기에 공급되는 수증기의 양이 증가하기 때문에 강수량의 증가로 이어진다. 따라서 습윤한 지역 중 대부분은 강수량이 증가하고, 극단적인 폭우가 증가할 것으로 예상된다. 한편, 세계 각 지역의 기후는 대기의 흐름이나 지형에 따라 다양하며, 원래 비가 적은 건조한 지역 중 대부분은 강수량이 감소하여 더욱 건조해질 것으로 예측된다. 세계(世界) 각 지역의 기후는 이밖에도 여러 요인에 의해 결정되므

---

7)　열대야(熱帶夜, Tropical Night): 어떤 지점의 일 최저기온이 25℃ 이상인 날을 말하며, 기온이 밤에도 25℃ 이하로 내려가지 않을 때는 너무 더워서 사람이 잠들기 어려우므로 더위를 나타내는 지표로 사용한다.

로 일률적으로 말할 수 없지만, 지구온난화가 진행되면 전체적인 경향으로서 기상이 심해질 것으로 예상된다. 우리나라의 지난 109년(1912~2020년) 동안 연 강수량은 매 10년당 +17.71mm로 증가하였으나, 강수일수는 매 10년당 −2.73일로 감소하였다. 연 강수량은 과거 30년(1912~1941년) 평균은 1180.1mm, 최근 30년(1991~2020년) 평균은 1315.5mm로 +135.4mm 증가하였고, 연 강수량은 지난 109년간 변동 폭이 매우 크지만, 대체적으로 증가하는 경향을 갖는다. 또한, 강수강도는 지난 106년 동안 매 10년당 +0.21mm/일로 증가 추세이다(표 1.2, 그림 1.5 참조).

표 1.2 우리나라의 연 강수량, 강수일수 및 강수강도의 평균과 변화(1912~2020년)

구분	평균	변화 경향(/10년)	최근 30년(1991~2020년)-과거 30년(1912~1944년)
강수량(mm)	1242.6	+17.71	+135.4(1180.4 → 1315.5)
강수일수(일)	142.9	−2.73	−21.2(154.4 → 133.2)
강수강도(mm/일)	15.8	+0.21	+1.6(15.2 → 16.8)

출처: 기상청(2020), 우리나라 109년의 기후변화 분석보고서, p.32, p.41.

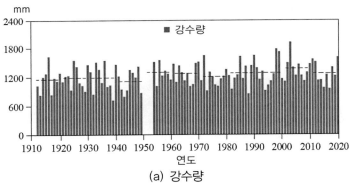
(a) 강수량

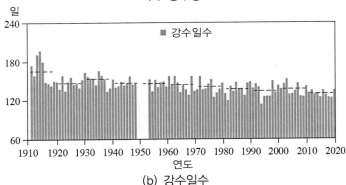
(b) 강수일수

출처: 기상청(2020), 우리나라 109년의 기후변화 분석보고서, p.33, p.40.

그림 1.5 우리나라의 연간 강수량과 강수일수 변화(1912~2020년)

(3) 표층 수온 및 해수면 수위의 상승[2]

　지구온난화는 해수(海水)의 표층 수온과 해수면의 상승을 가져오는 것으로 알려져 있다. 최근 50년간(1968~2018년) 전 지구 해수의 표층 수온은 약 0.5℃ 상승 및 연간평균 0.0096℃씩 증가하였고, 이 기간의 우리나라의 연근해 표층 수온 변동 경향은 1.23℃ 증가하였으며, 연간 0.0241℃ 증가하는 경향을 보였다(그림 1.6 참조).

　기후 시스템에 축적된 에너지의 증가량 가운데, 해양에 축적된 에너지가 차지하는 비율은 매우 커 약 90% 이상이 해양으로의 축적이다. 지구온난화로 인해 바닷물이 데워지고 열팽창으로 해수면이 상승한다. 또한, 그린란드(Greenland)나 남·북극의 빙상 또는 빙하의 감소 등에 의해서도 해수면이 상승한다. 도서국가(島嶼國家)에서는 해수면 상승으로 인해 국토 상실이 염려되고 있다.

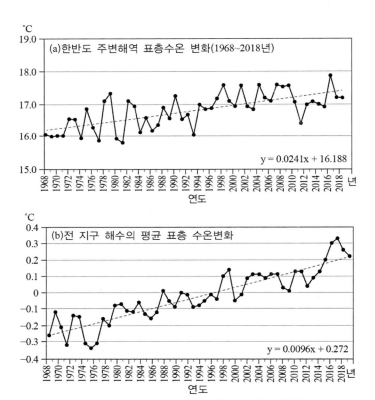

출처: 국립수산과학원(2019), 수산분야 기후변화 평가백서

그림 1.6 우리나라의 주변 해역(a) 및 전 지구 해수(b)의 연평균 표층 수온 변화(1968~2018년)

(4) 생물에의 영향[3]

기후변화로 인한 지구온난화가 생물에 미치는 영향도 있다. 우리나라에서 온실효과가스 배출량을 줄이지 않는 경우 급격한 기온 상승(21세기 말 4.5℃ 이상 상승할 경우)에 적응하지 못하고 멸종될 수 있는 생물 종(種)은 전체 5,700종의 6%인 336종에 이를 것으로 보인다. 이는 온실효과가스를 적극적으로 감축한 경우(21세기 말 2.9℃ 이내로 제한할 경우)보다 5배 이상 많은 숫자이다. 예를 들어, 주로 서식지를 옮기기 힘든 구슬다슬기, 참재첩 등 저서 무척추동물 종이 큰 피해를 볼 것으로 예상된다(그림 1.7 참조). 외래종은 습지나 수생태계에서 생태계 교란을 일으킬 것이다. 기온이 올라가면서 아열대·열대 지방에서 서식하는 뉴트리아, 큰입배스 등 외래종의 서식지가 확산할 가능성이 크기 때문이다. 뉴트리아로 인한 피해가 예상되는 내륙 습지 수는 온실효과가스를 적극적으로 감축하지 않는 경우 120곳(전국 2,500여 개 습지 중 약 5%)으로 나타났다. 이는 온실효과가스를 적극적으로 감축한 경우 32곳(전국 2,500여 개 습지 중 약 1%)에 비해 4배 가까이 많은 것이다(그림 1.8 참조).

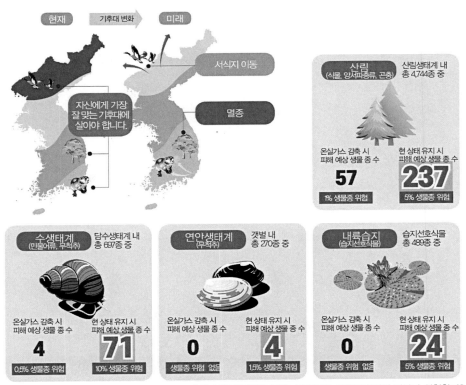

출처: 국립생태원(2020), 기후변화, 우리생태계에 얼마나 위험할까?, p.14.

그림 1.7 기후변화 속도에 대한 생물 종의 부적응

출처: 국립생태원(2020), 기후변화, 우리생태계에 얼마나 위험할까?, p.15.

그림 1.8 기후변화로 외래종·교란종에 의한 피해 증가

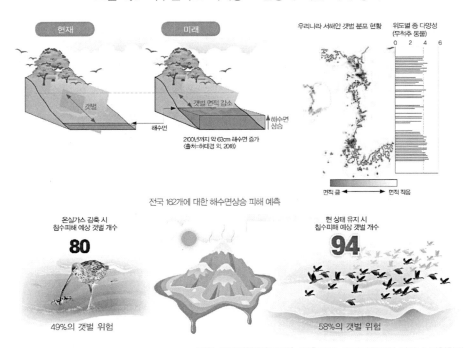

출처: 국립생태원(2020), 기후변화, 우리생태계에 얼마나 위험할까?, p.17.

그림 1.9 해수면 상승에 따른 연안 생태계 변화

또한, 지구온난화는 인간의 건강에 직접 영향을 줄 수 있는데, 온난화로 인해 지금까지 한랭했던 지역이 온난해짐으로써 감염을 매개하는 곤충의 서식 지역이 변화할 가능성이 있다. 우리나라에서는 뎅기열 등을 매개로 하는 모기의 서식 지역이 변화하여 뎅기열[8] 등의 리스크[9]를 증가시킬 가능성이 지적되고 있다. 서식 지역의 확대가 즉시 국내 감염의 리스크로 이어지는 것은 아니지만, 이런 감염증과의 관계도 생각해야 한다. 또한, 농림수산업에서는 지역에 따라 품목이 다양하지만, 작물의 품질 저하나 재배적지(栽培適地)의 변화 등이 우려되고 있다. 한편, 새로운 작물의 생산이 가능해지는 지역도 있다. 예를 들어, 우리나라의 주식 중 하나인 쌀에 대해서는 이미 기온상승으로 인한 품질 저하가 확인되고 있으며, 매우 더운 해에 일부 지역의 수확량 감소도 나타난다. 또, 해수 수온의 변화나 해양으로의 많은 이산화탄소가 흡수됨에 따라 해양 산성화의 진행에 수반하는 해양생물 분포지역의 변화도 보고되고 있다(그림 1.9 참조). 우리나라에서도 일부 어종에 대해서 고수온이 원인으로 알려진 분포·회유역(回遊域)의 변화가 동해를 중심으로 보고되고 있고, 어획량이 감소하고 있는 지역도 있다.

(5) 경제·사회시스템에 대한 영향

지구는 그 탄생 이후, 온난한 시기와 한랭한 시기를 반복해 온 것으로 알려져 있다. 그림 1.10과 같이 6만 년 전까지만 해도 온난한 시기와 한랭한 시기를 반복해 왔다. 여기서 주목해야 하는 것은 지금으로부터 11,600년 전부터는 지극히 안정적으로 온난한 기후를 유지하고 있다. 따라서 현대 우리들의 식량은 수렵·채취로부터 획득하는 것이 아니라 오로지 농경이나 목축 등에 의해서 유지되고 있다. 그리고 토지를 개발해 기반 시설을 정비하고, 그 시설에 근거하여 공업제품 등을 제조·유통하여 물질적으로 풍부한 생활을 누리고 있다. 이러한 경제·사회시스템은 1년 중에 더운 시기나 추운 시기가 있다고 해도 '기본적으로는 내년에도 대체로 같은 기후이다.'라고 하는 전제(前提) 위에서 생활을 영위(營爲)하여 왔으나, 향후 지금보다 급격한 기후변화는 이러한 전제를 뒤집을 수도 있다.

---

8) 뎅기열(Dengue Fever): 뎅기열은 뎅기 바이러스가 사람에게 감염되어 생기는 병으로 고열을 동반하는 급성 열성 질환으로, 뎅기 바이러스를 가지고 있는 모기가 사람을 무는 과정에서 전파된다. 이 모기는 아시아, 남태평양 지역, 아프리카, 아메리카 대륙의 열대지방과 아열대지방에 분포한다.
9) 리스크(Risk): 국제연합재난위험경감사무소(UNDRR, United Nations Offices for Disaster Risk Reduction)는 리스크를 '손실의 확률'이라고 간단하게 정의하고 있으며, 개념적으로는 '리스크＝위험×취약성×리스크 요인의 양'이나 '리스크＝위험×취약성/역량'이라는 기본방정식으로 표현하고 있다.

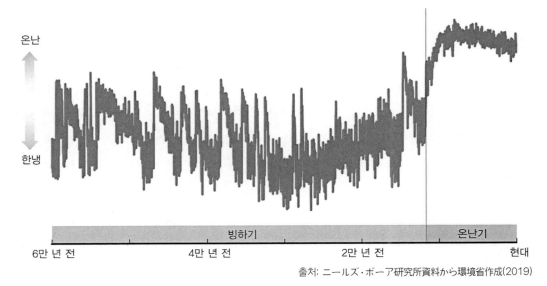

온난

한냉

| 빙하기 | 온난기 |

6만 년 전　　　　　4만 년 전　　　　　2만 년 전　　　　　현대

출처: ニールズ・ボーア研究所資料から環境省作成(2019)

그림 1.10 그린란드(Greenland) 얼음 내에 포함된 산소동위체비[10]로부터 복원된 과거 6만 년 간의 기후변화

1.1.2 기후변화에 관한 정부 간 협의체(IPCC, Intergovernmental Panel on Climate Change)의 과학적 지식에 대한 집약

1) 설립

기후변화 문제를 논의할 때 과학적 지식의 집약이 필요 불가결하므로 기후변화와 관련된 과학적, 기술적 및 사회·경제적 정보의 평가를 한 후 얻은 지식을 정책결정자 및 기술·공학자들이 널리 이용하기 위해, 세계기상기구(WMO, World Meteorological Organization)와 유엔환경계획(UNEP, UN Environment Programme)은 1988년에 기후변화에 관한 정부 간 협의체(이하 'IPCC'라고 한다.)를 설립하였다. IPCC는 전 세계 195개의 나라·지역이 참가하는 정부 간 조직으로 5~7년마다 정기적인 평가보고서와 부정기적인 특별보고서 등을 작성·공표하고 있다. IPCC의 보고서는 수많은 기존 문헌을 바탕으로 논의되며 최종적으로 많은 과학자와 정부의 검토를 통해 정리된다. 예를 들어, 2013년에 발표된 IPCC 제5차 평가보고서는 전 세계에서 발표된 9,200개 이상의 과학논문을 참조하여 800명이 넘는 집필자가 4년의 세월에 걸쳐 작성하였다.

---

10) 산소동위체비(酸素同位體比): 빙하를 구성하는 물 분자의 산소동위원소 비율(160/180)을 이용하여 과거의 기후를 알아낸다.

2) 조직

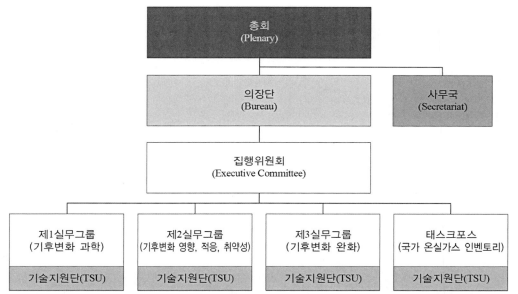

출처: 기상청 기후정보 포털(2021), http://www.climate.go.kr/home/cooperation/lpcc.php

그림 1.11 IPCC 조직도

IPCC의 조직은 의장단과 3개의 실무그룹(Working Group)과 1개의 태스크 포스(TF)로 구성되어 있다(그림 1.11 참조). 제1 실무그룹(WGⅠ)은 기후변화에 대한 물리·과학적 측면 평가, 기후모델과 기후전망, 기후변화 원인 등을 연구하며, 제2 실무그룹(WGⅡ)은 기후변화에 대한 사회·경제적 취약성, 적응 및 영향평가 등을 다루며, 제3 실무그룹(WGⅢ)은 온실효과가스 배출 방지·제한을 통한 기후변화의 완화 평가, 완화에 따른 비용·편익 및 정책분석 등을 다룬다. 또한, 사무국은 총회, 의장단과 집행위원회 지원역할을 수행하며, 기술지원단(TSU, Technical Support Team)은 각 실무그룹 및 태스크 포스 공동의장 산하에 소속되며, 사무국과 같은 지원 역할을 수행한다.

3) IPCC 제4차 평가보고서

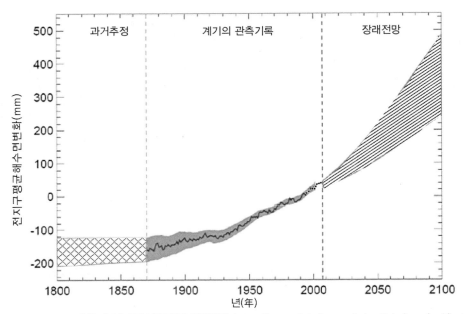

출처: IPCC 第4次評価報告書(2007), https://www.data.jma.go.jp/cpdinfo/ipcc/ar4/index.html
※ 1870년 이전의 전 지구 평균해수면의 관측 데이터는 없다. 체크무늬로 나타낸 그림자는 해수면의 장기적인 추정
상승률의 불확실성을 나타낸다. 검은 실선은 조위계에 의한 전 지구 평균해수면을 재구성한 것이며, 회색 그림자는
평활화된곡선으로 산출된 변동 범위를 나타낸다. Y축은 1980~1999년 동안의 전 지구 평균해수면의 평균을 제로
(0)로 잡는다. 점선은 인공위성에 탑재된 고도계로 관측한 전 지구 평균해수면이다. 대각선 줄무늬 그림자는
SRES(Special Report on Emission Scenarios, 배출 시나리오에 관한 특별보고서) A1B 시나리오[11])로
1980~1999년을 기준으로 한 모델에 의한 21세기 예측범위이며, 관측 데이터와는 독립적으로 계산하였다.

그림 1.12 전 지구 평균해수면의 과거 및 장래 예측에 있어서 시계열(時系列)

　　2007년 발표된 IPCC 제4차 평가보고서(2007)에서는 과거 및 장래의 전 지구(全地球) 평균해수면
변동에 대해 다음과 같이 결론짓고 있다. 전 지구 평균해수면은 1961~2003년 동안 연 1.8±0.5mm
의 비율로 상승하였고, 1993~2003년에 걸친 상승률은 더욱 높아져, 연 3.1±0.7mm의 비율이었다.
1993~2003년에 걸친 전 지구 평균해수면 상승률의 증가가 10년 규모의 변동인지 또는 장기적인
상승 경향의 가속(加速)인지는 불분명하다고 하였다. 관측된 전 지구 평균해수면 상승률이 19세기
부터 20세기에 걸쳐 증가했다는 확률이 높다. 20세기 전체를 통한 전 지구 평균해수면 상승량은
0.17±0.05m로 추정된다. 전 지구 평균해수면은 21세기 말(2090~2099년)에는 1980~1999년의 평

---

11) SRES A1B 시나리오: IPCC 3차 평가보고서(2001)에 사용된 미래 배출 시나리오로 예상되는 이산화탄소 배출량에 따라
　　A1B, A2, B1 등 6개의 시나리오가 있다.

균해수면에 비해 0.18~0.59m 상승할 것으로 전망하였다(그림 1.12 참조).

4) IPCC 제5차 평가보고서

표 1.3 IPCC 평가보고서에서의 인간 활동이 지구온난화에 미치는 영향에 대한 평가

보고서	공표 년	인간 활동이 지구온난화에 미치는 영향에 대한 평가
제1차 보고서 First Assessment Report 1990(FAR)	1990년	• '기온상승을 일으킬 것이다.' • 인위적인 온실효과가스는 기후변화를 일으킬 위험이 있다.
제2차 보고서 Second Assessment Report: Climate Change 1995(SAR)	1995년	• '영향이 전 지구의 기후에 나타난다.' • 구별할 수 있는 인위적 영향이 전 지구의 기후에 나타난다.
제3차 보고서 Third Assessment Report: Climate Change 2001(TAR)	2001년	• '가능성이 있다(신뢰도 66% 이상).' • 과거 50년 동안 관측된 지구 온난화의 대부분은 온실효과 가스 농도증가로 인한 가능성이 있다.
제4차 보고서 Fourth Assessment Report: Climate Change 2007(AR4)	2007년	• '가능성이 조금 크다(신뢰도 90% 이상).' • 지구온난화를 의심할 여지가 없다. • 20세기 중반 이후 대부분의 지구온난화는 인위적인 온실효과가스 농도증가에 의한 가능성이 조금 크다.
제5차 보고서 Fifth Assessment Report(AR5)	2013~2014년	• '가능성이 매우 크다(신뢰도 95% 이상).' • 지구온난화에는 의심할 여지가 없다. • 20세기 중반 이후 지구온난화의 주된 원인은 인간 활동으로 인한 가능성이 매우 크다.

출처: 日本 環境省(2019)

   2013년 9월부터 2014년 11월에 걸쳐 공표된 IPCC 제5차 평가보고서가 IPCC 총회에서 승인 및 수락되었다. 제5차 평가보고서에서는 제4차 평가보고서에 연이어 '지구온난화를 의심할 여지가 없다.'라고 재차 확인하였다. 또한, '인간에 의한 영향이 최근 지구온난화의 지배적인 원인일 가능성이 매우 크다는 점(신뢰도 95% 이상)'도 나타났다. 지금까지의 IPCC 평가보고서에서 인간 활동이 지구온난화에 미치는 영향에 대한 평가는 표 1.3과 같다. 평가보고서의 공표(公表)가 거듭될수록 20세기 이후 지구온난화 원인은 인위적일 가능성이 커지고 있음을 알 수 있었다. 또한, IPCC 제5차 평가보고서에서 기후변화는 모든 대륙과 해양에 걸쳐 자연 및 인간사회에 영향을 주고 있으며, 온실효과가스의 지속적인 배출로 인해 사람이나 생태계에 있어서 심각하고 광범위한 불가역적인 영향을 초래할 가능성이 커진다는 점을 나타내고 있었다. 그리고 기후변화를 억제하기 위해서는 온실효과가스 배출을 대폭적이고 지속적으로 억제하여야 하며, 향후 온실효과가스 배출량은 어떠한 시나리오를 취하더라도 전 세계 평균기온은 증가하여 21세기 말에 기후변동 영향의 리스크가 높아질 것으로 예측하고 있다(그림 1.13 참조). 즉, 어떤

시나리오를 거치더라도 어느 정도의 지구온난화는 불가피함을 시사(示唆)하고 있다. 그림 1.14 에 나타낸 RCP 2.6, RCP 4.5, RCP 6.0, RCP 8.5는 2100년 시점에서의 복사강제력에 대응한 온실효과가스의 농도를 가정한 대표농도경로(代表濃度徑路, Representative Concentration Pathway) 시나리오를 의미한다. 복사강제력이란 기후에 미치는 영향력을 정량적으로 평가하고 비교하기 위한 기준으로 지구 에너지 수지의 균형을 변화시키는 다양한 인위적 원인과 자연적 원인의 영향력을 의미한다. 양(+)의 복사강제력은 지표면을 가열하고, 음(-)의 복사강제력은 지표면을 냉각시켜 준다. RCP 8.5는 온실효과가스 배출억제를 위한 추가적인 노력을 하지 않는 경우의 시나리오이며, RCP 2.6은 21세기 말에 온실효과가스 배출량을 거의 제로(0)로 했을 경우의 시나리오이다. RCP 4.5와 6.0은 그 중간 시나리오이다. 제5차 평가보고서에서는 2100년까지 인위적인 발생원의 이산화탄소(CO_2) 누적 배출량과 예상되는 전 세계 평균기온 변화량의 사이에 거의 비례의 관계가 있다고 분명히 나타내고 있다. 이는 기후변화의 영향을 일정 이하로 줄이려고 하면 흡수량을 바탕으로 한 인위적인 누적 배출량에 일정한 상한을 두는, 즉 탄소예산[12] 존재를 의미한다.

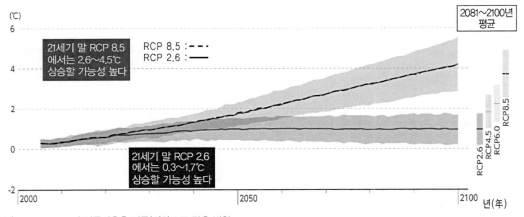

주) 1986~2005년 평균기온을 기준(0℃)으로 잡은 변화

출처: 気候変動に関する政府間パネルIPCC「第5次評価報告書統合報告書政策決定者要約」より環境省作成(2014)

그림 1.13 전 세계 평균 기온변화

또한, 그림 1.14는 제5차 평가보고서에서 발표한 21세기의 전 지구 평균해수면에 대한 다중 모델로 모의한 결과로 1986~2005년 평균을 기준으로 비교한 것으로 2100년도에 RCP 2.6은

---

12) 탄소 예산(Carbon Budget): IPCC가 지정한 이산화탄소배출 허용량으로, 지구 평균온도 1.5℃ 또는 2℃까지 배출할 수 있는 이산화탄소의 남은 양을 말하며, 2018년도 IPCC 특별보고서에 따르면 전 세계적으로 연간 42Gt(기가톤)의 이산 화탄소를 배출하는데 1.5℃를 위한 탄소 예산은 단지 420Gt에 불과하고, 2℃ 이하에 머무르기 위한 탄소 예산은 1,170Gt이다.

0.43m, RCP 8.5는 0.74m이며, 2081~2100년 동안은 RCP 2.6은 0.40m(0.26~0.5m)이고, RCP 8.5는 0.63m(0.45~0.82m)이다. 전망 시계열 및 불확실성 측정(그림자 색상으로 채워진 부분)은 RCP 2.6(실선) 및 RCP 8.5(점선) 시나리오에 대해 나타낸 것이다. 2081~2100년 평균과 관련된 불확실성은 모든 RCP 시나리오 각각에 대해서 각 패널(Panel)의 오른쪽 끝에 그림자 처리를 한 수직 막대로 나타내었다.

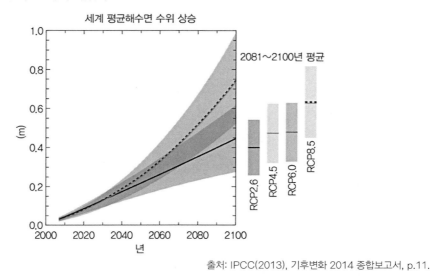

출처: IPCC(2013), 기후변화 2014 종합보고서, p.11.

그림 1.14 21세기 중의 전 지구 평균해수면의 상승 전망(1986~2005년 평균해수면 기준, IPCC 5차)

5) 대표농도경로(RCP: Representative Concentration Pathways)

기후변화를 예측하려면 복사강제력(지구온난화로 발생하는 효과)을 초래할 대기 중의 온실효과가스 농도나 에어로졸의 양이 어떻게 변화할지 가정(시나리오)해야 한다. RCP 시나리오란 정책적인 온실효과가스의 완화책을 전제로 포함하고 장래의 온실효과가스 안정화 수준과 거기에 도달할 때까지의 경로 중 대표적인 것을 선택한 시나리오이다. IPCC 제5차 평가보고서(2013년)에서 이 RCP 시나리오를 바탕으로 기후 예측이나 영향평가 등을 실시하였다. RCP 시나리오는 4가지 시나리오를 가정하였는데, 시나리오 상호 복사강제력이 분명히 떨어진다는 것을 고려하여 2100년 이후에도 복사강제력 상승이 이어진다고 하는 '고위 참조 시나리오(RCP 8.5)', 2100년까지 복사강제력이 상승이 최소이거나 줄어드는 '저위 안정 시나리오(RCP 2.6)', 이들 사이에 위치하고 2100년 이후 안정화될 '고위 안정 시나리오(RCP 6.0)'와 '중위 안정 시나리오(RCP 4.5)'가 있다. 'RCP'에 붙은 수치가 클수록 2100년의 복사강제력이 큰 시나리오이다.

표 1.4 RCP 시나리오 설명 및 2100년도 이산화탄소(CO_2) 농도(ppm)

종류	시나리오 설명	2100년 CO_2 농도(ppm)
RCP 2.6	• 저위 안정 시나리오(2100년도의 복사강제력 2.6W/m²) • 장래의 기온상승을 2℃ 이하로 억제하는 것을 목표로 개발된 가장 낮은 온실효과가스 배출량의 시나리오	420
RCP 4.5	• 중위 안정 시나리오(2100년도의 복사강제력 4.5W/m²)	540
RCP 6.0	• 고위 안정 시나리오(2100년도의 복사강제력 6.0W/m²)	670
RCP 8.5	• 고위 참조 시나리오(2100년도의 복사강제력 8.5W/m²) • 2100년도 온실효과가스 배출량이 최대인 시나리오	940

출처: 気候変動に関する政府間パネルIPCC「第5次評価報告書統合報告書政策決定者要約」(2014)

6) 2℃ 목표와 1.5℃ 노력 목표

제5차 평가보고서(2013년)가 공표된 2년 후인 2015년 유엔기후변화협약(UNFCCC, United Nations Framework Convention on Climate Change) 제21회 회원국 회의에서 2020년 이후의 온실효과가스 배출삭감을 추진하기 위한 대강령(大綱領)으로서 파리협정을 채택하였다. 파리협정에서는 세계 공통의 장기목표로서 전 세계 평균기온 상승을 2℃보다 충분히 하향 조정함과 동시에 1.5℃로 억제하려는 노력을 계속하기로 정했다. 한편 회원국의 1.5℃에 관한 과학적 지식에 대한 부족도 지적(指摘)되어 유엔기후변화협약은 IPCC의 1.5℃ 기온상승에 주목하여 2℃ 기온상승과의 영향 차이 및 기온상승을 1.5℃로 억제하는 배출경로에 대해서 정리한 특별보고서를 준비하도록 요청하였다. 이를 바탕으로 2016년 4월 IPCC 제43회 총회에서 특별보고서 작성이 결정되었으며, 2018년 10월에 개최된 IPCC 제48회 총회(우리나라 인천에서 개최)에서 1.5℃ 특별보고서(정식명칭 '1.5℃ 지구온난화: 기후변화 위협에 대한 세계적 대응 강화, 지속 가능한 발전 및 빈곤 퇴치 노력의 맥락에서 산업화 이전 수준과 비교하여 1.5℃ 지구온난화로 인한 영향 및 관련 지구 전체에서의 온실효과가스(GHG, Green House Gas) 배출경로에 관한 IPCC 특별보고서')가 수락·승인되었다. 이 보고서에서는 전 세계 평균기온이 2017년 시점에서 산업화(1850~1900년) 이전과 비교하여 약 1℃ 상승하였으며, 현재 추세로 계속 증가하면 2030~2052년까지의 기온상승이 1.5℃에 도달할 가능성이 크다는 점, 과거(1850~1900년)~1.5℃ 상승 기간 및 1.5~2℃ 상승 기간에 발생하는 영향에는 중대한 차이가 있다고 서술하였다. 약 1℃라 하면 사소한 상승인 것 같지만, 기온이 약 1℃ 상승하고 있는 가운데 최근 심각한 전 세계적인 기상재난에 온난화가 미치는 사례가 지적되는 등의 구체적인 영향이 나타나기 시작했다. '1.5℃ 특별보고서'에서 향후 평균기온 상승이 1.5℃를 크게 넘지 않도록 하기 위해서는 2050년 전후의 전 세계 이산화탄소(CO_2) 배출량이 제로(0)가 되도록 하고, 이를 달성하기 위해서는 에너지, 토지, 도시, 기반 시설(교통과 건물 등 포함) 및 산업 시스템에서 급속하고 광범위한 이행(Transition)이 필요하다고 제시하였다(그림 1.15, 표 1.5, 그림 1.16 참조).

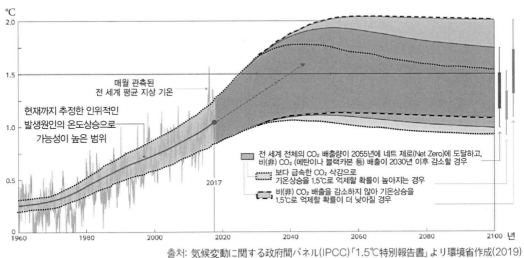

출처: 気候変動に関する政府間パネル(IPCC)「1.5℃特別報告書」より環境省作成(2019)

그림 1.15 1850~1900년 평균기온을 기준으로 한 기온상승의 변화

표 1.5 1.5℃ 및 2℃의 지구온난화에 대한 주요 예측의 비교

구분	1.5℃의 지구온난화에 관한 예측	2℃의 지구온난화에 관한 예측
극단적인 기온	• 중위도 지역의 극단적인 더운 날의 기온보다 약 3℃ 상승한다(H). • 고위도 지역의 극단적인 추운 밤의 기온보다 약 4.5℃ 상승한다(H).	• 중위도 지역의 극단적인 더운 날의 기온보다 약 4℃ 상승한다(H). • 고위도 지역의 극단적인 추운 밤의 기온보다 약 6℃ 상승한다(H).
강한 강수현상	• 전 세계 육지에서 강한 강수 현상의 빈도, 강도 및/또는 양이 증가한다(H). • 여러 개의 북반구 고위도 지역 및/또는 높은 표고(標高)지역, 동아시아 및 북아메리카 동부는 1.5℃에 비해 2℃의 지구온난화 쪽 리스크가 높아진다(M).	
산림화재	• 2℃에 비해 1.5℃의 지구온난화 쪽이 리스크가 낮다.	
생물 종의 지리적 범위 상실	• 조사된 105천 종(種) 중 곤충의 6%, 식물의 8%, 척추동물의 4%가 기후적으로 규정된 지리적 범위의 절반 이상을 상실한다(M).	• 조사된 105천 종(種) 중 곤충의 18%, 식물의 16%, 척추동물의 8%가 기후적으로 규정된 지리적 범위의 절반 이상을 상실한다(M).
어획량의 손실	• 해양의 어업은 전 세계의 연간 어획량 약 150만 톤(Ton)이 손실된다(M).	• 해양의 어업은 전 세계의 연간 어획량 약 300만 톤(Ton)이 손실된다(M).
산호초의 소실	• 70~90%가 감소한다(H).	• 99% 이상이 손실된다(VH).

주) VH : 매우 높은 신뢰도(95% 이상), H : 높은 신뢰도(90% 이상), M : 중간 신뢰도(66% 이상), 중위도: 위도 30~60°, 고위도: 60~90°

출처: 気候変動に関する政府間パネル(IPCC)「1.5℃特別報告書」より環境省作成(2019)

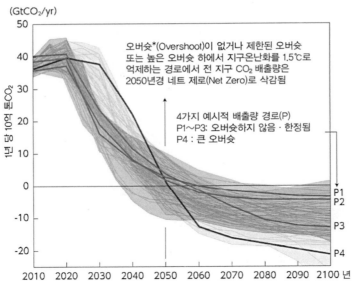

(GtCO₂/yr) → $(GtCO_2/yr)$

오버슛*(Overshoot)이 없거나 제한된 오버슛
또는 높은 오버슛 하에서 지구온난화를 1.5℃로
억제하는 경로에서 전 지구 CO₂ 배출량은
2050년경 네트 제로(Net Zero)로 삭감됨

4가지 예시적 배출량 경로(P)
P1~P3: 오버슛하지 않음·한정됨
P4 : 큰 오버슛

변 당 10억 톤CO₂

*오버슛(Overshoot): 어떤 특정 수치를 일시적으로 초과하는 것으로, 여기서는 지구온난화가 1.5℃ 수준을 일시적으로 초과하는 것을 말한다.

출처: 気候変動に関する政府間パネル(IPCC)「1.5℃特別報告書」より環境省作成(2019)

그림 1.16 기온 상승을 1.5℃로 억제하는 배출량 경로에서의 인위적 발생량으로 인한 CO_2 배출량

7) 토지이용 대책의 중요성

기후변화에 따라 발생하는 호우나 가뭄 등으로 인해 우리가 지금까지 대지로부터 받아온 혜택, 특히 식량 생산이 예전처럼 이루어지지 않을 가능성이 있다. 2019년 8월 개최된 IPCC 제50차 총회에서 승인·수락된 토지 관계 특별보고서(정식명칭 '기후변화와 토지: 기후변화, 사막화, 토지의 열화(劣化), 지속 가능한 토지관리, 식량안보 및 육지생태계에서의 온실효과가스 플럭스(Flux) 관련 IPCC 특별보고서')에서는 기후변화와 토지의 관계를 자세히 다루고 있다. IPCC가 기후변화와 토지에 관한 과학적 지식 평가를 지금까지 내린 적이 있지만, 이 보고서에서는 식량 안전 보장과도 깊이 연관된 천연자원 관리를 직·간접적으로 촉진하는 여러 원인에 주목하면서 토지(육지)의 현황이나 관련된 문제에 대해 심도 있게 분석하였다. 이 보고서에서 기후변화는 토지에 대한 추가적인 스트레스(Stress)를 발생시키는 인간과 생태계에 영향을 주며, 식량 시스템에 대한 기존의 리스크를 악화시켜 2100년에 기온상승이 진정되는 시나리오 (RCP 2.6)에서도 2050년의 곡물 가격이 7.6% 상승할 것으로 나타났다. 또한, 토지는 단순히 기후변화의 영향을 받는 주체일 뿐만 아니라 인간의 토지이용 형태에도 큰 영향을 미치는데, 구체적으로 농업, 임업과 그 외 토지이용은 인위적 발생 원인인 온실효과가스 총배출량의 약

23%를 차지하는 것과 동시에, 식품생산에 수반(隨伴)되는 가공, 유통 등을 포함한 세계 식품 시스템은 온실효과가스 총배출량의 21~37%를 차지할 것으로 기술하고 있다.

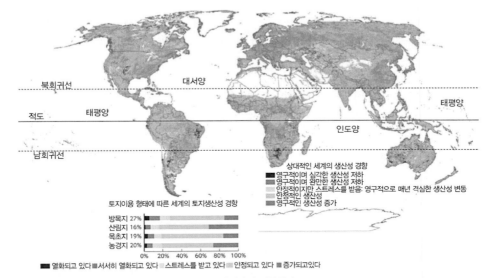

주) 색(赤色)이 진할수록 토지열화(土地劣化)가 진행되어 생산성이 저하된다.

출처: IPCC(2019), 土地関係特別報告書

그림 1.17 전 세계 토지생산성 경향

덧붙여 우리나라의 농업 분야 온실효과가스 배출량 비율은 산업부문(공장 등)이나 운송 부문에 비해 작은 상황이지만, 우리나라는 식량자급률[13]이 낮고 식량이나 사료를 수입에 의존하고 있다는 점에서 공급망 전체로 생각하면 식량을 생산한 국가의 농지에서 발생하는 온실효과가스도 우리나라와도 무관하지 않다고 볼 수 있다. 또, 식품 로스(Loss)·폐기 대책이 기후변화 대책에 유효하다고 본 것도 주목된다. 이 보고서에서는 2010~2016년에 식품 로스[14]·폐기로부터의 배출이 인위적 발생 원인인 온실효과가스 총배출량의 8~10%를 차지한다고 서술하고 있다. 따라서 식품 로스·폐기량의 삭감은 식생활 선택의 영향을 포함한 식품 시스템 전체에 걸친 정책을 지속 가능하여 효율적인 토지이용 관리, 식품 안전 보장강화 및 저배출 시나리오를 가능케 한다고 지적하였다.

끝으로 산림관리, 적절한 윤작(輪作),[15] 유기농업 및 꽃가루를 나르는 곤충의 보전과 같은

---

13) 식량자급률(食糧自給率, Degree of Self-sufficiency of Food): 한 나라의 식량 총소비량 중 국내생산으로 공급되는 정도를 나타내는 지표를 말한다.

14) 식품로스: 아직 먹을 수 있음에도 버려지는 식품을 말하며, 음식물 쓰레기를 뜻하는 Food Waste와는 다른 의미로 사용된다.

지속 가능한 토지관리는 토지열화(土地劣化)를 방지 및 저감하고 토지생산성을 유지하며, 기후변화가 토지열화에 미치는 나쁜 영향을 역전(逆轉)시킬 수 있음을 나타낸다(그림 1.17 참조).

8) 기후변화의 큰 영향을 받는 해양(海洋)·빙권(氷圈)

기후변화의 영향은 육상뿐만이 아니다. 지구 표면의 많은 부분(약 70%)이 해양으로 덮여있어, 엄청난 양의 열과 이산화탄소(CO_2)를 흡수하는 해양은 지구의 기후 시스템에서 중요한 역할을 하고 있다. 또한, 빙하나 극지 같은 한랭한 지역은 지구온난화의 영향에 매우 민감한 지역이다. 따라서 기후변화 문제를 고려할 때 해양이나 빙권의 관계성을 검토하는 것이 중요하다. 2019년 9월 개최된 IPCC 제51회 총회에서는 해양·빙권 특별보고서(정식명칭 '변화하는 기후에서의 해양·빙권에 관한 IPCC 특별보고서')를 승인·수락하였다. 과거의 보고서에서도 해양이나 빙권에 관한 과학적인 평가를 포함하고 있었지만, 근래 기후변화에 관한 해양에 대한 국제적인 관심이 높아지고 있음을 계기로 IPCC로서는 처음으로 해양·빙권을 주요한 주제(Theme)로 채택하였다. 이 보고서에서는 빙권에 대한 관측된 변화 및 영향을 분석한 결과, 기후변화에 따라 빙권이 광범위하게 축소되어 빙상 및 빙하의 질량이 소실(消失)됨과 동시에 적설피복(積雪被覆), 북극 해빙의 면적 및 두께 감소, 영구동토[16]의 온도상승을 볼 수 있다고 언급하였다. 또한, 전 지구 평균해수면 상승이 20세기보다 약 2.5배의 속도로 빠르게 진행되고 있어, 이로 인해 빙상과 빙하의 융해가 크게 발생할 것이라고 보고하였다. 향후 극단적인 해수면 상승 빈도가 증가하여 연안 도시 또는 소도서(小島嶼)에서는 100년 빈도의 수위상승이 금세기 중반까지 매년 발생할 가능성도 지적하고 있다. 20세기 이후 해양 온난화는 해양생태계에도 영향을 주어 잠재적인 최대 어획량의 전체적인 저하에 초래하는 동시에, 인간 활동, 해수면 상승, 온난화 및 극단적인 기후 사건의 복합적인 영향으로 전 세계 연안습지 중 거의 50%가 과거 100년간 상실되었다. RCP 8.5 시나리오인 경우, 향후 21세기 말까지 식품 전체에 걸친 해양생태계의 바이오매스[17]는 약 15% 감소할 것이며, 잠재적인 최대 어획량은 약 20~25% 감소할 것이다

---

15) 윤작(輪作, Crop Rotation): 2가지 이상의 작물을 돌려가면서 농사를 짓는 농법으로, 한 농지에서 2가지의 작물을 돌아가며 재배하는 것을 2모작이라 하고, 3가지의 작물을 재배하는 것을 3모작이라고 하며, 윤작의 장점은 토지 이용도를 높일 수 있고, 반복된 재배에도 균형 잡힌 토질을 유지할 수 있으며, 누적된 재배로 인한 특정 질병 재난을 사전에 방지할 수 있다.

16) 영구동토(永久凍土, Permafrost): 영구동토는 최소 2년 이상 장기간에 걸쳐 토양 온도가 물의 빙점(氷點)인 0°C 이하로 유지되어 얼어붙은 대지를 지칭하며, 영구동토는 토양, 퇴적물 및 암석에 모두 형성될 수 있으며, 얼음을 포함하고 있다. 대부분의 영구동토는 극지와 고위도 지역에 분포하지만, 저위도 지역에도 고산형(Alpine) 영구동토가 나타나며, 영구동토가 되기 위한 최소한의 존속기간은 2년이지만, 일단 형성된 영구동토는 용어가 의미하듯이 수천 년 이상 지속되는 경우가 많다.

17) 바이오매스(Biomass): 어느 시점에 임의의 공간 내에 존재하는 특정 생물체의 양을 중량 또는 에너지량으로 나타낸 것을 말한다.

(RCP 2.6의 3~4배). 또한, 2100년까지 전 세계 연안습지 중 20~90%가 상실된다고 언급하였다(그림 1.18 참조).

9) IPCC 제6차 평가보고서

현재(2022년 초 기준) IPCC는 제6차 평가보고서(AR6, Sixth Assessment Report)를 작성(2022년 말에 공표 예정) 중으로, AR6 기간(2015년~2022년) 동안 총 8개의 보고서를 작성하기로 하였다.

(1) 평가보고서

평가보고서는 기후변화의 과학적, 기술적 평가에 관한 자료로서 평가대상에 따라 구분된 3개의 실무그룹에 따른 보고서로 구성된다.

IPCC 제46회 총회(2017년 9월)에서 평가보고서의 윤곽을 아래와 같이 승인하였다.

① 제1 실무그룹(WG I) 보고서: 기후변화 과학
② 제2 실무그룹(WG II) 보고서: 기후변화 영향, 적응 및 취약성
③ 제3 실무그룹(WG III) 보고서: 기후변화 완화

(2) 종합보고서

3개 실무그룹 보고서 및 특별보고서의 핵심 내용을 통합·평가한 보고서로 IPCC 제52회 총회(2020년 2월)에서 통합 보고서의 윤곽을 승인하였다.

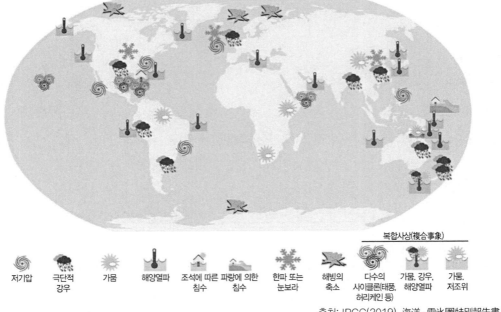

출처: IPCC(2019), 海洋·雪氷圈特別報告書

그림 1.18 해양과 관련된 기후변화 영향(사이클론, 호우, 가뭄, 해양열파[18] 등)의 발생장소

(3) 특별보고서

평가보고서 이외 특별한 주제에 대해 발행하는 보고서로 다음과 같다.

① 지구온난화 1.5℃

보고서의 정식명칭은 '1.5℃ 지구온난화: 기후변화 위협에 대한 세계적 대응 강화, 지속 가능한 발전 및 빈곤 퇴치 노력의 맥락에서 산업화 이전 수준과 비교하여 1.5℃ 지구온난화로 인한 영향 및 관련 지구 전체에서의 온실효과가스(GHG, Green House Gas) 배출 경로에 관한 IPCC 특별보고서'이다.

② 기후변화와 토지 관계 특별보고서

보고서의 정식명칭은 기후변화와 토지: 기후변화, 사막화, 토지의 열화(劣化), 지속 가능한 토지관리, 식량안보 및 육지생태계에서의 온실효과가스 플럭스(Flux) 관련 IPCC 특별보고서이다.

---

18) 해양열파(海洋熱波): 해수면 수온이 해당 지역의 대기 온도와 99% 수준으로 비슷한 경우를 말하며, 한번 해양열파가 발생하면 해양의 온도가 다시 내려가는 것도 느리므로 고수온 상태가 수일에 걸쳐 지속되기 때문에 해양생태계에 심각한 위협이 된다.

③ 변화하는 기후에서의 해양·빙권 특별보고서

보고서의 정식명칭은 '변화하는 기후에서의 해양·빙권에 관한 IPCC 특별보고서'이다.

10) 제6차 평가보고서(AR6, Sixth Assessment Report) 제1 실무그룹 보고서 (WG I, 정책결정자를 위한 요약본(SPM))

2021년 8월 9일 IPCC 제6차 평가보고서(AR6) 제1 실무그룹 보고서(WG I)가 발간되었다. 이 보고서에서 '이번 21세기 중반까지 현 수준의 온실효과가스 배출량을 유지한다면 2021~2040년 중 1.5℃ 지구온난화를 넘을 가능성이 크다.'라고 경고한다. 1.5℃ 지구온난화는 2015년 유엔 기후변화협약 당사국 총회(COP, Conference Of Parties)에서 '파리기후변화협정[19]' 체결 시 정한 목표이다. 현재 추세대로라면 20년(2040년) 안에 전 세계 평균기온이 1.5℃ 높아질 가능성이 크다는 것이다. IPCC 제6차 평가보고서(AR6) 제1 실무그룹 보고서(WG I)의 주요 요점은 아래와 같다.

(1) 지구온난화 현상

IPCC 제5차 평가보고서(AR5, Fifth Assessment Report)에서는 '인간에 의한 영향이 20세기 중반 이후에 관측된 온난화의 지배적 원인이었을 가능성이 매우 크다.'(신뢰도 95% 이상)라고 하였다. 이것에 대해서, 이번 보고서에는 '인간의 영향이 대기, 해양 및 육지를 온난화시켜 온 것에는 의심의 여지가 없다.'라고, 처음으로 단정적(斷定的)인 표현을 사용하였다. 그림 1.19(하단)는 전 세계 평균기온에 대해 인위적(人爲的)·자연적(自然的) 기원(起源) 양쪽의 원인을 고려한 시뮬레이션(회색 실선)과 자연적 기원의 원인만을 고려한 시뮬레이션(파선)을 관측값(검은 실선)과 비교한 그림이다. 인위적·자연적 기원의 온난화 원인을 고려한 시뮬레이션이 관측값과 잘 일치하는 모습을 알 수 있다. 산업화 전과 비교한 전 세계 평균기온 상승은 1.5℃ 특별보고서(2018년 공표)에서는 약 0.87℃(2006~2015년)이었으나, 이번에 새로운 데이터 세트를 사용하고 또 최근의 온난화를 포함해 계산한 결과, 이미 산업화 전과 비교하여 약 1.09℃(2011~2020년) 온난화되었음이 나타났다(그림 1.19(상단)).

---

19) 파리기후변화협정(Paris Climate Change Accord): 2015년 12월 12일 파리에서 열린 21차 유엔 기후변화협약 당사국총회(COP21) 본회의에서 195개 당사국이 채택한 협정으로 버락 오바마 전 미국 대통령 주도로 체결된 협정이다. 산업화 이전 수준 대비 지구 평균온도가 2℃ 이상 상승하지 않도록 온실가스 배출량을 단계적으로 감축하는 내용을 담고 있으며, '21차 유엔기후변화협약 당사국총회 협정'이나 '파리기후변화협정'이라고도 부른다.

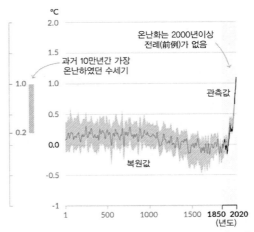

(a) 전 세계 평균 기온변화(10년 평균) 복원값(1~2000년) 및 관측값(1850~2020년)

※ 과거 2000년의 전 세계 평균기온의 변화(10년 평균값). 가장 오른쪽이 관측된 1850~2020년의 전 세계 평균기
  온이며, 산업화 이후 기후 시스템 전반의 변화는 수 세기 동안 전례가 없는 상태에 있다.

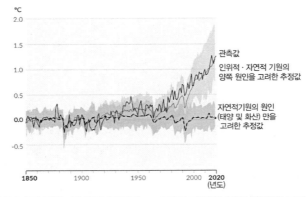

**(b) 전 세계 평균 기온(연평균)변화, 관측값 인위적 · 자연적 기원의 양쪽 원인을 고려한 추정값 및 자연적기
  원의 원인만을 고려한 추정값(1850~2020년)**

※ 과거 170년 동안의 세계 평균기온의 변화(연 평균값). 검은 실선은 관측 결과, 파선은 자연적 온난화 원인((예). 태양
  활동 변동이나 화산폭발 등)만을 바탕으로 온도변화를 모델로 시뮬레이션한 결과, 회색 실선은 인위적 온난화 원인
  (인간 활동에 따른 온실효과가스 배출 등)과 자연적 원인을 동시에 고려한 시뮬레이션한 결과. 색상의 그림자는 모델
  시뮬레이션의 가능성이 큰 범위를 나타낸다. 검은 실선(관측값)과 회색 실선(인위적 온난화 원인+자연적 원인)의 움
  직임은 잘 일치하므로 지구 온난화에는 인위적 원인이 작용하고 있음을 알 수 있다.

출처: IPCC 제6차 평가보고서(AR6) 제1 실무그룹 보고서(WGI) 2021년

그림 1.19 지구온난화 역사와 최근의 온난화 원인

(2) 온난화의 장래 전망

이번 보고서에서는 온실효과가스 감축 수준 및 기후변화 적응대책 수행 여부 등에 따라 장래
사회 경제구조가 어떻게 변화하는가를 고려한 5가지 SSP(Shared Socioeconomic Pathways,

공통사회 경제 경로) 시나리오를 제시하고 있다(표 1.6, 그림 1.20 참조). 모든 시나리오에서 향후 수십 년간 CO_2 및 기타 온실효과가스의 배출을 대폭 감소하지 않으면, 21세기 중 지구온난화는 1.5℃ 및 2℃를 초과할 것으로 예측된다. 2018년의 '1.5℃ 보고서'에서 지구온난화가 현재 속도로 진행할 경우 2030~2052년 사이 1.5℃에 도달한다고 예측하였다. 그러나 이번 보고서에서는 2021~2040년 사이 온실효과가스 배출량은 매우 낮은 시나리오라 하더라도 1.5℃의 지구온난화가 발생하는 것으로 나타났다(표 1.7, 그림 1.21 참조). 시나리오에 따라 추정치는 큰 차이를 볼 수 있다. 시나리오별로 구체적으로 살펴보면 CO_2 배출량이 매우 높은 최악의 시나리오(SSP 5-8.5)에서는 2081~2100년 사이 4.4℃의 온난화를 전망하고 있는 한편, '파리기후변화협정'의 이른바 1.5℃로 제한하기 위한 노력에 해당하는 2050년에 배출이 제로(0)가 되는 시나리오(SSP 1-1.9)에서는 1.6℃(1.5℃를 0.1℃보다 초과하지 않는 범위 내에서의 일시적 오버슛(Overshoot))로 인해 억제할 가능성이 큰 것으로 나타났다(표 1.7 참조).

표 1.6 SSP(Shared Socioeconomic Pathways, 공통 사회경제 경로) 시나리오 의미 설명

종류	의미
SSP 1-2.6	재생에너지 기술 발달로 화석연료 사용을 최소화하고 친환경적으로 지속 가능한 경제성장을 이룰 것으로 가정하는 경우
SSP 2-4.5	기후변화 완화 및 사회경제 발전 정도를 중간단계로 가정하는 경우
SSP 3-7.0	기후변화 완화 정책에 소극적이며 기술개발이 늦어 기후변화에 취약한 사회구조를 가정하는 경우
SSP 5-8.5	산업 기술의 빠른 발전에 중심을 두어 화석연료 사용이 높고 도시 위주의 무분별한 개발이 확대할 것으로 가정하는 경우

출처: 기상청(2020년), '기후변화과학용어설명집'

표 1.7 2021~2040년, 2041~2060년, 2081~2100년 동안 각 시나리오마다의 전 세계 평균기온 변화

구분	단기(短期), 2021~2040년		중기(中期), 2041~2060년		장기(長期), 2081~2100년	
시나리오	최량추정값(最良推定値)(℃)	가능성이 매우 큰 범위(℃)	최량추정값(℃)	가능성이 매우 큰 범위(℃)	최량추정값(℃)	가능성이 매우 큰 범위(℃)
SSP 1-1.9	1.5	1.2~1.7	1.6	1.2~2.0	1.4	1.0~1.8
SSP 1-2.6	1.5	1.2~1.8	1.7	1.3~2.2	1.8	1.3~2.4
SSP 2-4.5	1.5	1.2~1.8	2.0	1.6~2.5	2.7	2.1~3.5
SSP 3-7.0	1.5	1.2~1.8	2.1	1.7~2.6	3.6	2.8~4.6
SSP 5-8.5	1.6	1.3~1.9	2.4	1.9~3.0	4.4	3.3~5.7

※ 그림 1.21 내 2015년 이전의 실선은 과거 시뮬레이션 결과, 2015년 이후의 실선은 각 시나리오를 나타낸다. 그림자는 불확실성을 나타내고, 각 시나리오의 설명은 표 1.6 및 그림 1.20 내의 설명문을 참조 바란다.

출처: IPCC 제6차 평가보고서(AR6) 제1 실무그룹 보고서(WGI) 2021년

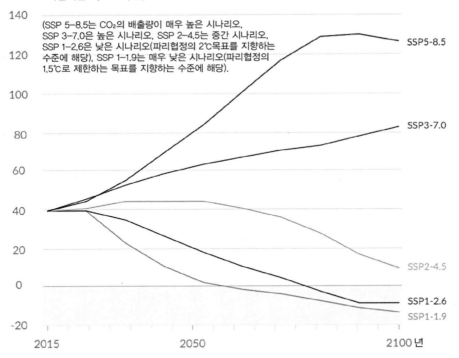

이산화탄소(GtCO₂/년)

(SSP 5–8.5는 CO₂의 배출량이 매우 높은 시나리오,
SSP 3–7.0은 높은 시나리오, SSP 2–4.5는 중간 시나리오,
SSP 1–2.6은 낮은 시나리오(파리협정의 2℃목표를 지향하는
수준에 해당). SSP 1–1.9는 매우 낮은 시나리오(파리협정의
1.5℃로 제한하는 목표를 지향하는 수준에 해당).

SSP5-8.5

SSP3-7.0

SSP2-4.5

SSP1-2.6

SSP1-1.9

출처: IPCC 제6차 평가보고서(AR6) 제1 실무그룹 보고서(WGI) 2021년

그림 1.20 5가지의 CO₂ 배출 시나리오

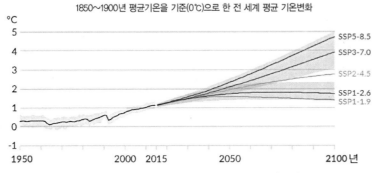

1850~1900년 평균기온을 기준(0℃)으로 한 전 세계 평균 기온변화

SSP5-8.5

SSP3-7.0

SSP2-4.5

SSP1-2.6
SSP1-1.9

출처: IPCC 제6차 평가보고서(AR6) 제1 실무그룹 보고서(WGI) 2021년

※ 2015년 이전의 실선은 과거 시뮬레이션 결과, 2015년 이후의 실선은 각 시나리오를 나타내며, 그림자는 불확실성의 범위

그림 1.21 1850~1900년 평균기온을 기준(0℃)으로 한 전 세계 평균 기온변화

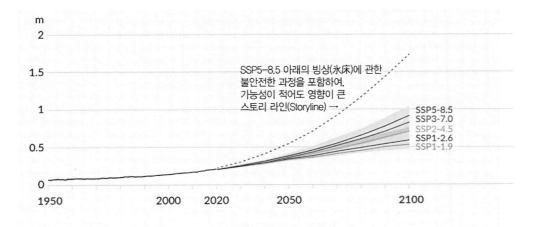

(a) 1900년도를 기준으로 한 전 지구 평균해수면 변화

※ (과거의 변화는 관측값(1992년 이전에는 조위계, 그 이후에는 위성해면 고도계에 의함.), 장래 변화는 CMIP,[20] 빙상 및 빙하에 대한 모델의 시뮬레이션에 근거해 관측상의 제약과 정합적으로 평가된 것. SSP 1-2.6 및 SSP 3-7.0은 가능성이 매우 큰 범위를 나타낸다. 해수면 변화에 대해서는 불확실성이 높은 프로세스의 분포를 추정하기 어려워 가능성이 큰 범위만을 평가하고 있다. 파선은 불확실성이 높은 프로세스의 잠재적인 영향을 나타내는데, 파선의 가능성은 적지만 영향이 크므로 배제할 수 없는 빙상 프로세스를 포함한 SSP 5-8.5 예측의 83%를 나타낸다. 이들 프로세스에 관한 예측의 신뢰도가 낮으므로 이 파선은 가능성이 큰 범위 중 일부를 구성하지 않는다. 1900년을 기준으로 한 변화는 1995~2014년을 기준으로 한 시뮬레이션 및 관측에 기초한 변화에 0.158m(1900년부터 1995~2014년 사이에 관측된 전 지구 평균해수면 상승량)를 더함으로써 산출된다.

그림 1.22 전 지구(全地球) 평균해수면 변화

---

20) CMIP(접합 대순환 모델 비교 프로젝트, Coupled Model Intercomparison Project): 과거-현재-장래 기후변화 이해증진을 위해 전 세계 모델링 그룹이 참여하는 프로젝트로 CMIP결과는 IPCC 평가보고서에서 활용한다. 즉, 다중 모델 컨텍스트(Context)에서 복사성 강제의 변화에 대응하거나 자연적이고 강제적인 가변성으로부터 발생하는 과거, 현재 및 장래의 기후변화를 더 잘 이해하는 것으로, 이러한 이해는 역사적 기간의 모델 성능 평가와 장래 추정에서의 다양성의 원인에 대한 정량화를 포함한다. 이상적인 실험은 모델 응답에 대한 이해를 높이기 위해 사용되며, 이러한 장시간 스케일 응답 외에도 다양한 시간과 공간 스케일에서 기후 시스템의 예측 가능성을 조사하고 관찰된 기후상태로부터 추정을 하는 실험을 수행하는 것으로 CMIP의 중요한 목표는 표준화된 형식으로 다중모델 출력을 공개적으로 사용할 수 있도록 하는 것이다.

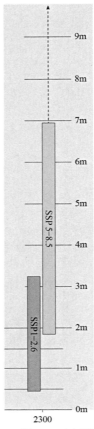

고배출인 경우에는 15m를 넘는
해수면 상승의 가능성도 배제
할 수 없다.

9m
8m
7m
6m
5m
4m
3m
2m
1m
0m

SSP 5-8.5

SSP1-2.6

2300

(b) 1900년도를 기준으로 한 2300년 전 지구 평균 해수면 변화

※ 다른 시나리오에서는 2100년 이후 시뮬레이션의 개수가 너무 적어 타당성이 있는 결과를 얻을 수 없으므로 2300년
시점의 예측은 SSP 1-2.6과 SSP 5-8.5뿐이다. 그림자는 17~83%의 범위를 나타낸다. 파선 화살표는 가능성은
적지만, 영향이 크므로 배제할 수 없는 빙상 프로세스를 포함한 SSP 5-8.5 예측의 83%를 나타낸다.

출처: IPCC 제6차 평가보고서(AR6) 제1 실무그룹 보고서(WGI) 2021년으로부터 일부 수정

그림 1.22 전 지구(全地球) 평균해수면 변화(계속)

(3) 지구온난화의 진행으로 인한 영향

이번 보고서에서는 지구온난화가 이미 열파,[21] 호우 및 열대 저기압(태풍) 등의 극단적인 기상 발생에 영향을 미치고 있다고 하였다. 그리고 지금까지 연구의 진전, 과학적 지식의 축적으로 판단해 볼 때 높은 신뢰도를 갖는 지구온난화는 인간 활동 영향의 결과인 것으로 이번 보고서에서는 새롭게 기술하고 있다. 또한, 지구온난화가 진행될 때마다 열파, 호우 등과 같은 극단적인 현상의 강도와 빈도가 증가한다고 나타내었다. 또, 해수면 수온이나 해수면의 상승(그림 1.22 참조) 등은 CO_2의 무배출(Zero Emission)을 달성하더라도 즉시 멈추는 것은 아니라는 것도 보고서에 명시되어 있다.

11) 우리나라의 IPCC 활동

기상청은 IPCC 주관부처로서 IPCC 정보에 대한 국내 이해확산 및 대응 역량을 강화하기 위해, 2016년부터 IPCC 전문가 포럼을 발족하여 운영 중이다. 또한, 2017년부터 포럼은 최신 IPCC 동향 전파 및 논의를 위한 전체 포럼과 세부 주제에 대한 심도 있는 논의를 위한 분과위원회로 구성하여 IPCC 현안에 맞게 시기적절하게 대응하고 있다(그림 1.23 참조).

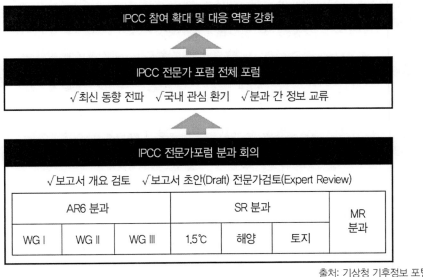

출처: 기상청 기후정보 포털(2021)

그림 1.23 우리나라의 IPCC 활동

---

21) 열파(熱波, Heat Wave): 극단적으로 뜨거운 공기덩어리가 지배하여 기온이 장기간 높은 상태를 말하며, 뜨거운 열대성 기단(氣團)이 지배하는 경우 난방기기를 틀어 놓은 것처럼 뜨거운 기온 상태가 지속(持續)될 수 있다.

1.2 기후변화에 따른 해양의 변동

해양은 태양열과 이산화탄소(CO_2)를 흡수하여 전 지구 기후 시스템에서 중요한 역할을 하고 있는데, 인간의 인위적인 온실효과가스 배출은 해수면 수온을 상승시키고 해양의 열팽창과 전 세계 빙상·빙하의 변화를 발생시켜 전 지구 평균해수면 상승, 태풍의 강대화로 인한 폭풍해일 또는 고파랑 증대를 유발하였다. 따라서 본 장(章)에서는 연안과 관련된 기후변화로 평균해수면 상승, 태풍의 강대화로 인한 폭풍해일 또는 고파랑 증대 등에 따른 현재까지의 현황과 장래 예측에 대해서 알아보고자 한다.

1.2.1 기후변화에 따른 평균해수면[4]

1) 현재까지의 전 지구 평균해수면 현황과 영향에 대한 원인

(1) 전 지구 평균해수면 상승 가속

전 지구 평균해수면(GMSL, Global Mean Sea Level)은 최근 수십 년간 그린란드와 남극의 빙상으로부터 얼음이 감소하는 속도의 증대, 빙하의 질량 감소 및 해양의 열팽창이 계속되면서 수위(水位)의 상승이 가속화되고 있다(그림 1.24 참조).

1902~2010년의 기간에 전 지구 평균해수면(GMSL)은 0.16m(0.12~0.21m) 상승했다. 2006~2015년 기간의 전 지구 평균해수면(GMSL) 상승률인 연 3.6mm(연 3.1~4.1mm)는 최근 100년 가운데 유례가 없으며, 1901~1990년의 상승률인 1.4mm(연 0.8~2.0mm)의 약 2.5배이다(그림 1.25 참조).

2006~2015년의 빙상 및 빙하에 의한 기여분(寄與分)의 합계는 평균해수면의 상승(연 1.8mm (연 1.7~1.9mm))의 가장 큰 원인이 되고 있으며, 해양의 열팽창(연 1.4mm(연 1.1~1.7mm))의 효과를 넘어서는 것이다. 즉, 1970년 이후의 전 지구 평균해수면 상승의 지배적인 원인은 인위적 발생 원인의 강제력이다. 이로 인해 평균해수면 상승은 그린란드 및 남극 빙상의 얼음 손실과 겹치면서 가속화되고 있다(표 1.8 참조).

(2) 남극 빙상의 비가역적(非可逆的) 불안정성 시작

수 세기 내에 수 미터(m)의 해수면 상승을 일으킬 가능성이 있는 남극으로부터의 빙하 유출 및 후퇴 가속화가 서남극의 아문젠만(Amundsen Sea Embayment) 및 동남극의 윌크스랜드 (Wilkes Land)에서 관측되고 있다. 이러한 변화는 빙상의 비가역적 불안정성이 시작된 것일 수 있다. 빙상 불안정성의 시작과 관련된 불확실성은 제한된 관측값, 빙상 과정의 부적절한 모델 표현,

그리고 대기, 해양 및 빙상 간 복잡한 상호 작용에 대한 제한된 이해에서 발생한다(그림 1.26 참조).

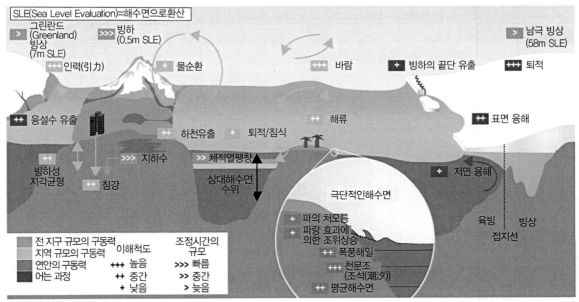

출처: IPCC 해양·빙권 특별보고서(2019)

그림 1.24 전 지구 평균해수면 변동에 영향을 주는 원인

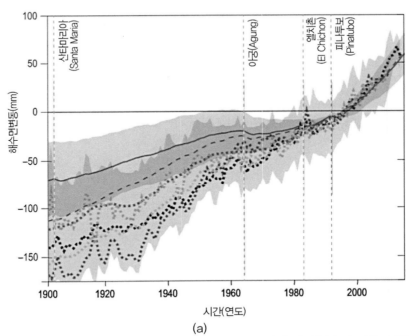

(a)

그림 1.25 (a) 1901년부터 및 (b) 1993년부터 전 지구 평균해수면의 변화(복수의 기후 모델(CMIP5)에 의한 시뮬레이션 결과와 관측값의 비교)

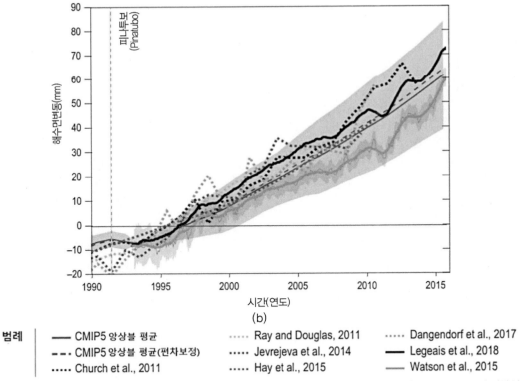

(b)

범례
—— CMIP5 앙상블 평균 ⋯⋯ Ray and Douglas, 2011 ⋯⋯ Dangendorf et al., 2017
- - - CMIP5 앙상블 평균(편차보정) ⋯⋯ Jevrejeva et al., 2014 —— Legeais et al., 2018
⋯⋯ Church et al., 2011 ⋯⋯ Hay et al., 2015 —— Watson et al., 2015

※(a) 회색 실선은 CMIP5의 12개 모델의 평균 추정값을, 회색 파선은 CMIP5의 평균 추정값을 1900~1940년 기간의 빙하 질량 감소와 그린란드의 표면질량수지(SMB, Surface Mass Balance)에 대하여 보정한 결과를 나타낸다. 그 외의 점선은 조위계 기록으로부터의 추정값. (b)의 검은색 굵은 실선은 위성 고도 관측에 의한 추정값. (종선(縱線)은 주요한 화산이 분화한 시기를 나타낸다(화산의 분화는 일시적인 전 지구 평균해수면(GMSL)의 저하를 일으킨다.).

출처: IPCC 해양·빙권 특별보고서(2019)

그림 1.25 (a) 1901년부터 및 (b) 1993년부터 전 지구 평균해수면의 변화(복수의 기후 모델(CMIP5)에 의한 시뮬레이션 결과와 관측값의 비교)(계속)

표 1.8 전 지구 평균해수면 상승에로의 기여(관측값)

단위: mm/년

기여 요인	1901~1990	1970~2015	1993~2015	2006~2015
전 지구 평균해수면에로의 기여(관측값)				
열팽창		0.89 (0.84~0.94)	1.36 (0.96~1.76)	1.40 (1.08~1.72)
그린란드와 남극 이외의 빙하	0.49 (0.34~0.64)	0.46 (0.21~0.72)	0.56 (0.34~0.78)	0.61 (0.53~0.69)
그린란드 빙상과 주변 빙하	0.40 (0.23~0.57)		0.46 (0.21~0.71)	0.77 (0.72~0.82)
남극 빙상과 주변 빙하			0.29 (0.11~0.47)	0.43 (0.34~0.52)
육지저수량	−0.12	−0.07	0.09	−0.21 (−0.36~0.06)
해수량				2.23 (2.07~2.39)
기여(寄與)의 합계			2.76 (2.21~3.31)	3.00 (2.62~3.38)
조위계(潮位計) 및 고도측량으로 관측된 전 지구 평균해수면(GMSL) 상승	1.38 (0.81~1.95)	2.06 (1.77~2.34)	3.16 (2.79~3.53)	3.58 (3.10~4.06)

※ 2006~2015년 기간의 남극빙상, 그린란드 빙상 및 그린란드와 남극 이외 빙하의 전 지구 평균해수면 상승에 대한 기여분의 합계는 연 1.81(0.61+0.77+0.43)mm으로 해양의 열팽창 연 1.40mm보다 크다.

출처: IPCC 해양·빙권 특별보고서(2019)

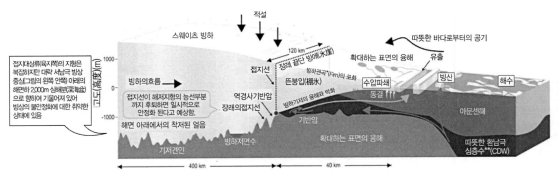

* 빙하권곡(Firn): 얼음과 눈의 중간 상태. 빙하권곡 내 기포는 적어도 부분적으로 서로 연결돼 공기와 물이 순환한다.

** 환남극 심층수(Circumpolar Deep Water): 여러 수괴의 혼합으로 만들어진 상대적으로 고온(어는점보다 섭씨 3.5도 이상 높음), 고염의 특성을 가지는 해수로서, 수심 300 m 아래에서 남극대륙 주변의 대륙붕으로 유입하는 해수를 의미한다. 저온저염의 표층수 아래에 위치하고, 남극 빙붕(Ice Shelf) 하부의 급격한 용융에 결정적인 역할을 하며, 대륙붕으로의 유입 강도, 빈도, 지속기간 및 범위의 변동은 빙붕의 기저 용융(Basal Melting) 속도조절에도 밀접한 관련이 있는 것으로 알려져 있다.

출처: IPCC 해양·빙권 특별보고서(2019)

※ 접지선은 현재 수심 약 600m의 역경사(逆傾斜) 암반 위를 육지 쪽으로 후퇴하고 있다. 빙하의 말단은 폭이 약 120km로 상류(육지 쪽 방향)를 향해 넓어져 있으며, 길이 약 40km의 빙붕(氷棚), 횡단(橫斷) 방향으로 불연속)에 의해 최소한 유지되는 상태이다. 따뜻한 환남극 심층수(CDW, Circumpolar Deep Water)가 빙붕 아래로 유입되어 그 앞 빙붕은 박화(薄化)되어 있고, 그 융해 속도는 접지선 부근 중 몇몇 장소에서는 최대 연 200m가 된다.

그림 1.26 지구온난화가 남극 아문젠해의 스웨이츠 빙하(Thwaites Glacier)에 영향을 미치는 과정

(3) 전 지구 평균해수면(Global Mean Sea Level)과 지역 해수면(Local Sea Level)

해상풍의 이동, 온난화된 해수의 확대, 융·해빙의 증가는 해류를 변화시킬 수 있어 장소에 따라 다른 해수면의 변화를 가져온다. 과거와 현재의 육지에 대한 얼음 분포 변동은 지구의 형태와 중력장에 영향을 미치고, 지역 해수면의 변동 원인이 되기도 한다. 퇴적물의 압축이나 변동 등과 같은 국소적인 과정의 영향으로 해수면은 가일층 변동이 발생한다. 모든 연안에서 해수면 또는 육지의 상하변동은 육지에 대한 해수면(상대적 해수면)의 변동을 일으킬 수 있다. 예를 들어 해수면 상승 혹은 지반침하로 국소적인 변화가 일어날 수 있다. 조석, 폭풍, 엘니뇨 등과 같은 기후변화의 영향은 비교적 단기간(수 시간~수년)의 해수면 변동에 탁월하다. 지반의

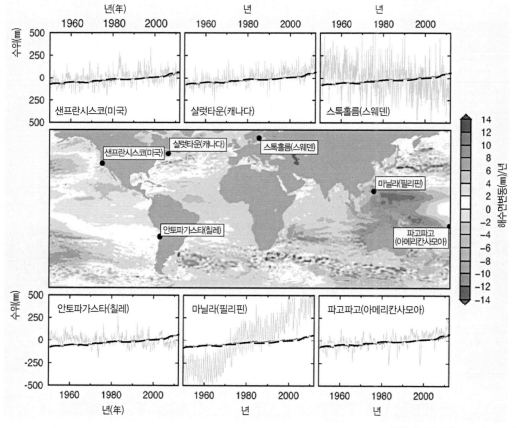

출처: IPCC 5차 보고서(2013)

※ 특정 검조소의 1950~2012년 상대적 해수면의 변동(회색 선)을 나타낸다. 비교를 위하여 각 조위계의 시계열에는 세계 평균해수면 변동의 추정값도 아울러 나타내었다(파선). 국소적인 해수면(회색 선)에서 보이는 상대적으로 큰 단주기(單週期) 진동은 이 장에서 설명하고 있는 자연의 기후변화에 따른 결과이다. 예를 들어 파고파고(아메리칸 사모아)의 크고 정기적인 편차는 엘니뇨 남방진동과 관련되어 있다.

그림 1.27 위성고도측정에 의한 1993~2012년에 걸친 해수면 고도(지심 해수면) 변화율의 분포도

상하변동에 변화를 주는 지진 및 산 붕괴는 때때로 지진해일을 일으킴으로써 영향을 미칠 수 있다. 보다 긴 기간(수십 년~수 세기)이며, 결과적으로 해수와 육빙(陸氷)의 양을 변동시키는 기후변화의 영향이 지역에서의 해수면 변동의 주요한 원인이다. 이러한 보다 긴 시간 스케일 (Scale)에서는 여러 과정도 지반의 상하변동을 일으킬 가능성이 있어 상대적 해수면의 변화를 초래할 수도 있다. 20세기 말 이후 지구 중심에 대한 해수면(Geocentric Sea Level, 지심해수면(地心海水面))의 위성측정에서 지심해수면의 변동률이 세계 각지마다 다르다는 것을 알았다 (그림 1.27 참조). 예를 들어 1993~2012년에 걸친 서태평양의 변동률은 세계 평균 약 3mm/년 에 비교해 약 3배 컸다.

이와 반대로 동태평양의 상승률은 세계 평균값보다 낮고, 같은 기간 동안 미국 서해안의 해수면은 저하되었다. 그림 1.27에 나타낸 공간적 변동의 대부분은 1년~수십 년간의 시간스케일 동안 엘니뇨와 태평양 10년 규모 진동 등과 같은 자연 기후변화에 따른 결과이다. 이러한 기후변화는 해상풍, 해류, 수온 및 염분을 변화시켜 해수면에 영향을 준다. 이러한 과정에 의한 영향은 21세기 중에도 지속되어, 장기간의 기후변화와 관련한 해수면 변동의 공간 패턴(해수의 부피 변화와 더불어 해상풍, 해류, 수온, 염분의 변동으로부터도 생긴다)과 겹치게 된다. 그러나 자연변화와는 대조적으로 장기의 변화 추세가 시간이 지남에 따라 누적되어 21세기에 걸쳐 탁월할 것으로 전망되고 있다. 이 때문에 결과적으로 장기간에 걸친 지심해수면의 변동률은 그림 1.27에 나타난 것과 전혀 다른 분포를 가질 가능성이 있다. 조위계(潮位計)는 상대적 해수 면을 측정하는 것으로 그 측정에는 육지와 해수면 양쪽의 상하변동에 기인하는 변화가 포함된 다. 대부분 연안지역의 지반변동은 작으므로 연안 및 섬에 설치된 조위계로 기록한 해수면의 장기적인 변화율은 세계 평균값에 가까운 것이다(그림 1.27의 미국의 샌프란시스코와 아메리 칸 사모아의 파고파고(Pago Pago) 기록 참조). 그러나 일부 지역의 지반에 대한 상하변동은 주요한 영향을 미친다. 예를 들어, 스톡홀름에서 기록된 해수면의 정상적(定常的)인 저하는(그 림 1.27) 약 2만 년 전~약 9천 년 전까지의 최종빙하기 말기에 큰(1km보다 두꺼운) 대륙빙상이 융해된 후에 이 지역이 융기함으로써 발생하고 있다. 태고(太古)의 빙상융해에 응답한 계속적인 지각변동은 최종빙하기의 전성기(全盛期)에 큰 대륙빙상으로 덮혔던 북미와 북서 유라시아의 지역 해수면 변동의 중요한 원인이 되고 있다. 또한, 이 과정에서 지반침하를 초래하는 지역도 있다. 즉, 예를 들면 캐나다의 샬럿타운(Charlottetown) 등의 해수면은 세계 평균 상승률에 비해 상대적으로 큰 해수면이 관측되고 있는데, 지반침하는 상대적 해수면을 끌어올리고 있다 (그림 1.27). 지구 지각판의 움직임에 기인하는 수직방향의 지반변동도 일부 지역에서 전 지구 평균해수면 추세의 편차를 일으킬 수 있다. 가장 두드러진 부분은 한 지각판이 다른 판 밑으로 미끄러져 들어가고 있는 활발한 섭입대[22] 근처에 있는 지역이다(그림 1.28). 칠레의 안토파가스타(Antofagasta)인 경우(그림 1.27) 정상적(定常的)인 지반의 융기를 가져왔고, 그 결과 상대적 해수면의 저하를 초래하고 있다. 지반의 상하변동은 상대적 해수면 변동에 미치는 지역적 영향에 부가(附加)되어 급속하지만, 매우 국소적인 지반변동을 가져오는 과정도 있다. 예를 들어 필리핀의 마닐라에서는 해수면 상승률이 세계 평균에 비해 높지만(그림 1.27), 그 주된 원인은 집중적인 지하수 개발로 인한 양수(揚水)로 생긴 지반침하이다. 지하수나 탄화수소의 양수, 채굴과 같은 자연적 및 인위적인 과정에 기인하는 지반침하는 대부분의 연안지역에서 흔히 볼 수 있으며 대하천의 삼각주[23]에서 뚜렷하다.

빙하 혹은 그린란드나 남극의 빙상으로부터 융해된 얼음은, 욕조에 물을 채우듯이 전 세계에 균일한 해수면 상승을 가져온다고 일반적으로 생각할 수 있다. 그러나 실제로는 그러한 융해는 해류, 바람, 지구의 중력장, 지반변동을 포함한 여러 가지 과정에 따라 해수면의 지역차(地域差)를 가져온다. 예를 들면 지구의 중력장과 지반변동을 재현한 수치 시뮬레이션 모델에서 얼음과 해수 사이의 인력(引力) 감소 및 얼음이 융해하면 육지가 상승하는 경향이 있으므로, 융해하는 빙상의 주위에서는 상대적 해수면이 지역적으로 저하하는 것을 예측하고 있다(그림 1.29 참조). 그러나 빙상의 융해역으로부터 멀리 떨어진 곳에서는 세계 평균값에 비해 해수면의 상승이 커진다.

---

22) 섭입대(攝入帶, Subduction Zone): 판구조론에서는 판(Plate)의 이동으로 판과 판이 서로 충돌하는 경우가 나타나는데, 이때 해양판과 대륙판이 충돌할 경우 상대적으로 무거운 해양판이 가벼운 대륙판 밑으로 미끄러져 들어가는데, 이러한 작용이 일어나는 곳을 말한다.

23) 삼각주(三角洲, Delta): 유출량이 크고 배수분지도 큰 강이 바다와 접하면 강의 유속이 감소됨으로써 하천 퇴적물이 하구 부근에 막대하게 퇴적되는데, 이와 같이 강어귀에 형성되는 퇴적층을 삼각주라 하며, 해안에서 바다 쪽으로 더 연장되어 성장하므로 불쑥 나온 모양을 가지게 되어 거의 삼각형과 유사하게 된다.

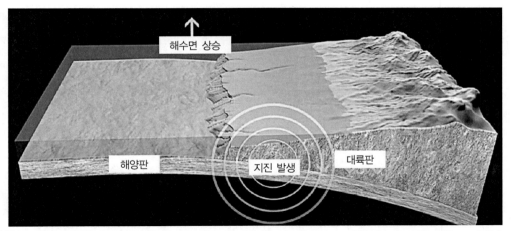

출처: You Tube(2012), Sea-level Rise for the Coasts of California, Oregon, and Washington: Past, Present, Future
※섭입대 근처 연안지역의 해수면 변동은 해양판이 대륙판으로 섭입할 때는 일시적인 해수면 하강이 일어날 수도 있지만, 지진이 발생하면 급격한 해수면 상승이 발생한다.

그림 1.28 섭입대 근처의 해수면 변동

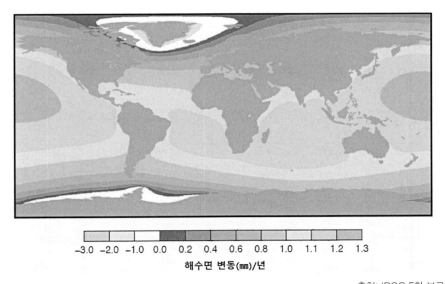

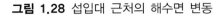

해수면 변동(mm)/년

출처: IPCC 5차 보고서(2013)

※ 모델화된 해수면 변동은 융해된 빙상에 가까운 지역에서는 세계 평균값보다 작지만, 멀리 떨어지면 커진다.

그림 1.29 그린란드 빙상과 서남극 빙상이 각각 1년당 0.5mm의 상승률(세계 평균해수면의 상승은 1년 당 1mm)로 융해되었을 경우 상대적 해수면의 변동을 나타낸 수치 시뮬레이션 결과

결론적으로, 기후변화에 따른 여러 과정은 해수면과 해저의 상하변동을 초래하여 국소적인 부분부터 광역적인 지역에 이르기까지 해수면 변동에 뚜렷한 공간 분포를 초래한다. 이런 과정

의 조합 또는 전체를 합친 것이 해수면 변동이라는 복잡한 형태로 새로 나타난다. 이 형태는 각 과정의 상대적인 기여도가 변동함에 따라 시간에 따라 달라진다. 단일 값인 전 지구 평균해수면 변동은 기후의 제과정(諸過程)(육지 얼음의 융해나 해양의 온난화 등)에 대한 기여를 반영하여 여러 연안 지역의 적절한 해수면 변동의 추정값을 나타내는 편리한 지표이다. 그러나 동시에 지역과 관련된 여러 과정이 강력한 신호를 나타내는 지역에서는 세계 평균값과 큰 편차를 낳을 수 있다.

(4) 해수면의 극치현상(極値現象)과 연안에 대한 위험[24]

열대 저기압[25]에 의한 바람, 강우의 증대 및 극치적인 고파랑의 증가는 상대적인 해수면 상승과 결합하여 연안 지역의 위험을 악화시킨다. 해수면의 극치상(極値相), 연안침식 및 침수(범람)를 초래하는 극치적인 파고(波高)는 남대서양 및 북대서양에서 1985~2018년 동안에 각각 약 1.0cm/년 및 0.8cm/년 증가했다. 북극 지역의 해빙이 감소한 1992~2014년 기간 동안 파고가 증가하였다. 인위적 발생 원인의 기후변화는 열대 저기압에 수반해 관측된 강수, 바람 및 해수면의 극치 현상을 증대시키고 있으며, 이는 다수의 극단현상의 강도와 그에 관련된 후속적 영향을 증가시켰다. 인위적 발생 원인의 기후변화는 인위적 발생 원인의 강제력에 의한 열대 지역의 확대와 관련하여 최근 수십 년 동안 서부 북태평양에서 열대 저기압의 최대강도를 극지(極地) 쪽으로 이동시키는 데(관측되고 있다.) 기여(寄與)하고 있을 수 있다. 최근 수십 년간 카테고리(Category) 4 또는 5(사피어-심슨 허리케인 등급)인 열대 저기압의 연간 전 지구적 비율 증가에 대한 증거들이 속속 나오고 있다. 즉, 인위적 발생 원인의 강제력에 의한 기후 온난화는 열대 저기압 순환을 극지 쪽으로 확대시키고 있다.

---

24) 위험(危險, Hazard): 국제연합재난위험경감사무소(UNDRR, United Nations Offices for Disaster Risk Reduction)는 위험을 '생명의 손실, 부상 및 건강에 대한 영향, 재산피해, 사회·경제적 파괴 또는 환경의 악화를 일으킬 수 있는 과정, 현상 및 인간 활동'이라고 정의하고 있다.

25) 열대 저기압(熱帶性低氣壓, Tropical Cyclone): 여름부터 가을에 걸쳐 열대 지방 해양에서 무역풍과 남서계절풍 사이에 발생하는 폭풍우를 수반하는 저기압으로써 열대 저기압은 발생하는 장소에 따라서 북태평양 남서부의 태풍(Typhoon), 멕시코만이나 서인도제도의 허리케인(Hurricane), 인도양이나 벵골만의 사이클론(Cyclone), 오스트레일리아의 윌리윌리(Willy-willy) 등으로 불리며, 열대 저기압의 발생지는 해수의 온도가 28℃ 이상인 열대 해양이므로 위도 5° 이내의 적도 지역에서는 발생하지 않는다. 또, 열대 저기압은 남태평양 동부나 남대서양에는 발생하지 않으며, 전선을 동반하지 않고, 등압선은 원형에 가깝다. 또 열대 저기압은 좁은 지역(약 1500km)에 영향을 미치고 폭풍이나 호우로 막대한 피해를 입히며, 통과 후는 평온한 날씨가 된다.

2) 장래 전 지구 평균해수면 전망과 그에 따른 영향

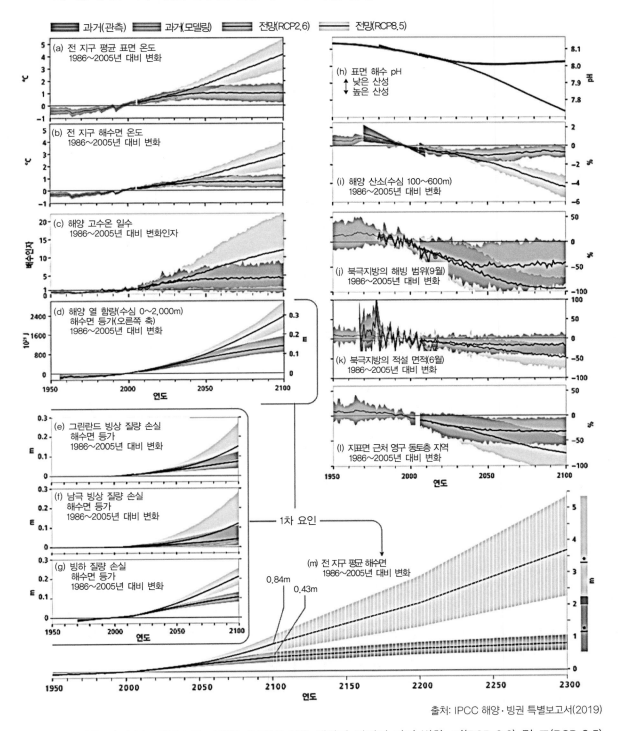

출처: IPCC 해양·빙권 특별보고서(2019)

그림 1.30 관측 및 수치모델링으로 파악된 1950년 이후 해양과 빙권의 과거 변화, 저(RCP 2.6) 및 고(RCP 8.5) 온실효과가스 배출 시나리오에 따른 장래의 변화 전망

앞으로도 전 지구 평균해수면 증가 속도는 계속 빨라질 것이다. 역사적으로 드물게 나타나던(가까운 과거에는 100년에 1번 빈도) 극치 해수면 현상은 모든 RCP(Representative Concentration Pathways, 대표적 농도 경로, 표 1.4 참조) 시나리오에서 2050년에는 다수의 지역, 특히 열대지역에서 자주 발생할 것으로 전망된다. 극치 해수면 현상의 발생빈도가 증가하면, 노출 수준에 따라 세계 다수의 지역에 심각한 영향을 줄 수 있다. 해수면 상승은 모든 RCP 시나리오에서 2100년 이후에도 계속될 것으로 전망된다.

높은 온실효과가스 배출량 시나리오(RCP 8.5)의 2100년 전 지구(全地球) 평균해수면 상승 전망은 IPCC 5차 평가보고서(AR 5, The Fifth Assessment Report, 2013년)에서 커졌는데, 이는 남극 빙상의 기여가 더 커졌기 때문이다. 다가오는 22세기에 RCP 8.5 아래에서의 해수면 상승은 연간 수 cm의 속도를 넘어서서 수 m가 될 것으로 전망되나, RCP 2.6에서의 해수면 상승은 2300년에 약 1m로 제한될 전망이다(그림 1.30(m) 참조). 열대 저기압의 강도와 강수량이 늘어날 것으로 전망됨에 따라 극치 해수면 및 연안 위험(Hazard)은 악화할 것이다. 이러한 위험이 증폭 또는 완화되는지에 따라 파랑 및 조석의 변화는 지역적으로 다를 것으로 전망된다.

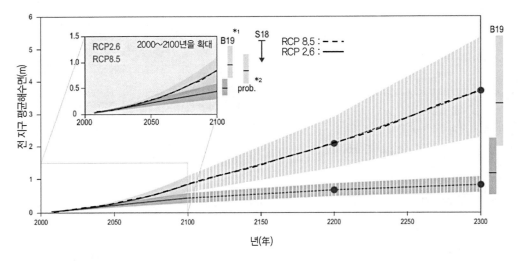

*1 B 19: 남극 빙상에 대한 전문가 의견을 취합한 후 예측(Bamber 등, 2019)
*2 Prob.: 일련의 확률적 예측 중 '가능성이 큰' 범위

출처: IPCC 해양·빙권 특별보고서(2019)

※ 삽입도는 2100년까지의 예측을 확대 표시한 것이다. 종선(縱線) 착색 부분은 2100년 이후 해수면 전망 신뢰도가 낮음을 반영한다. 'B19'의 2쌍의 종선은 전문가의 의견을 취합한 후 남극의 기여량 예측(Bamber 등, 2019)으로, 전 세계 평균기온 2℃와 5℃의 온난화에서 큰 가능성 범위를 나타내고 있다. 'S18'이라고 나타낸 화살표는 남극빙상 수치모델에 대한 대규모 감도(感度)실험 및 해수면 상승과 관련된 다른 요소를 언급한 Church 등(2013)의 결론을 조합한 결과로써 큰 가능성 범위를 나타내고 있다.

그림 1.31 2300년까지의 전 지구 평균해수면 상승 전망

(1) 가속적(加速的)이면서 지속적(持續的)인 평균해수면 상승 전망

RCP 2.6 아래에서 전 지구 평균해수면(GMSL) 상승은 1986~2005년 대비(對比) 2081~2100년 기간에 대해 0.39m(0.26~0.53m), 2100년에 0.43m(0.29~0.59m)가 될 전망이다. RCP 8.5의 경우, 이에 상응하는 전 지구 평균해수면 상승은 2081~2100년에 0.71m(0.51~0.92m), 2100년에 0.84m(0.61~1.10m)이다(그림 1.30(m), 그림 1.31 참조). 2100년 평균해수면 상승 예측값은 남극빙상에서 더 큰 얼음 손실이 예상되면서 RCP 8.5 아래에서 IPCC 5차 평가보고서의 1986~2005년 대비 0.1m 더 높고, 가능성이 큰 범위로 1m를 넘을 것이다. 21세기 말의 불확실성은 특히 남극 지방의 빙상과 같이 주로 빙상에 의해 결정된다.

전 지구 평균해수면 상승의 속도는 RCP 8.5 아래에서 2100년에 연 15mm(연 10~20mm)에 도달하고, 22세기가 되면 연간 수 cm를 초과할 것으로 예상된다. RCP 2.6 아래에서는, 2100년에 연 4mm(연 2~6mm)에 도달할 전망이다. 수치모델 연구에 따르면 2300년까지 해수면이 수 m 상승할 것으로 예상되는데, RCP 8.5의 경우 2.3~5.4m, 그리고 RCP 2.6의 경우 0.6~1.07m로 상승할 것으로 보인다(그림 1.30(m), 그림 1.31 참조). 향후 빙상의 손실 시기와 빙상 불안정성의 범위를 조절하는 프로세스인 남극의 전 지구 평균해수면 상승에 대한 기여도는 한 세기 및 그 이상의 장기간으로 실질적으로 더 큰 값으로 증가할 수 있다. 남극빙상 일부의 붕괴에 따른 전 지구 평균해수면 상승의 결과를 고려할 때, 이런 큰 영향력이 큰 리스크를 가진다는 것에 주목해야 한다(그림 1.32, 그림 1.33 참조). 해수면 예측값은 전 지구 평균해수면의 지역적 차이를 보여준다. 즉 자연 과정 및 인간의 활동으로 유발되는 지역적인 침하(예를 들어 지하수 고갈로 인한)와 같이 최근의 기후변화로 발생하지 않았던 지역적 프로세스는 연안의 상대적인 해수면 변화에 중요하다. 기후변화로 인한 해수면 상승의 상대적 중요성이 시간이 지나면서 증가할 것으로 예상되는 동시에 지역적 프로세스는 전 지구 평균해수면의 영향과 예측값을 고려해야 한다.

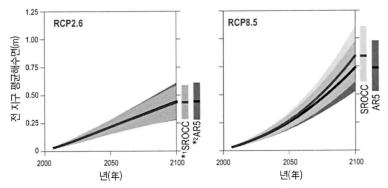

*1 SROCC: IPCC 해양·빙권 특별보고서(2019), *2 AR 5: IPCC 5차보고서(2013)

출처: IPCC 해양·빙권 특별보고서(2019)

※남극 기여 이외의 모든 구성요소는 AR5의 결과에 기초한 결과이다. 2081~2100년 남극 기여량은 다음 페이지 표 1.9 참조

그림 1.32 RCP 2.6과 RCP 8.5에서의 전 지구 평균해수면 변화(SROCC(Special Report on the Ocean and Cryosphere in a Changing Climate, 2019) 및 AR5(The Fifth Assessment Report, 2013)에서의 평가)

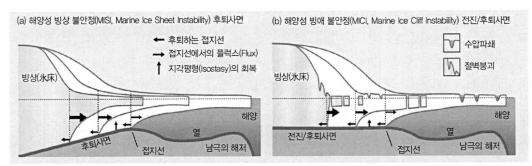

출처: IPCC 해양·빙권 특별보고서(2019)

그림 1.33 (a) 남극의 해양성 빙상 불안정(MISI, Marine Ice Sheet Instability) 개략도

※ 지지(支持)하는 빙붕이 엷어지면서 빙상의 흐름이 가속화되고 바다에서 빙연(氷緣)이 엷어진다. 빙상 하부 해저는 빙상 내부로 내려가는 후퇴 사면이 되어 얼음이 얇아져 접지선이 후퇴하면 바다로 유출되는 얼음 흐름(플럭스)이 증가하여 빙상 박화(薄化)는 더욱더 진행한다.

(b) 남극의 해양성 빙애 불안정(MICI, Marine Ice Cliff Instability) 개략도

※ 빙붕 하부의 융해 및/또는 수압 파쇄에 의한 빙붕 붕괴로 빙애(氷崖)가 형성된다. 빙애 높이가 높아지면(총 얼음 두께가 800m 이상 또는 수면으로부터 100m 높이), 절벽의 얼음이 견딜 수 있는 것보다 더 큰 압력이 가해져 말단 유출을 반복함으로써 구조적으로 절벽이 무너진다.

표 1.9 2081~2100년의 전 지구 평균해수면(1985~2005년 대비)과 그 구성요소

(3개의 시나리오에서 가능성이 큰 범위와 중앙값을 나타낸다. 또한, 2046~2065년 및 2100년의 전 지구 평균해수면 및 2100년 전 지구 평균해수면의 변화 속도도 나타낸다. '합계 AR5 - 남극 AR5'는 AR5 각 구성요소의 기여에서 남극의 기여량을 제외한 것으로, 이 값에 새로 도출된 남극의 기여량을 더해 전 지구 평균해수면 수치값을 구하였다.)

(단위: m)

구분	RCP 2.6	RCP 4.5	RCP 8.5	설명
열팽창	0.14(0.10~0.18)	0.19(0.14~0.23)	0.27(0.21~0.33)	AR5[*1]
빙하	0.10(0.04~0.16)	0.12(0.06~0.18)	0.16(0.09~0.23)	AR5
그린란드의 표면질량수지	0.03(0.01~0.07)	0.04(0.02~0.09)	0.07(0.03~0.17)	AR5
그린란드의 역학적 기여	0.04(0.01~0.06)	0.04(0.01~0.06)	0.05(0.02~0.07)	AR5
육지저수량	0.04(−0.01~0.09)	0.04(−0.01~0.09)	0.04(−0.01~0.09)	AR5
합계 AR5 - 남극 AR5 ; 2081~2100	0.35(0.23~0.48)	0.43(0.30~0.57)	0.60(0.43~0.78)	SROCC(AR5에 근거)
합계 AR5 - 남극 AR5 ; 2046~2065	0.22(0.15~0.29)	0.24(0.17~0.31)	0.28(0.20~0.36)	SROCC(AR5에 근거)
남극 2031~2050	0.01(0.00~0.03)	0.01(0.00~0.03)	0.02(0.00~0.05)	SROCC[*2]
남극 2046~2065	0.02(0.00~0.05)	0.02(0.01~0.05)	0.03(0.00~0.08)	SROCC
남극 2081~2100	0.04(0.01~0.10)	0.05(0.01~0.13)	0.10(0.02~0.23)	SROCC
남극 2100	0.04(0.01~0.11)	0.06(0.01~0.15)	0.12(0.03~0.28)	SROCC
전 지구 평균해수면 2031~2050	0.17(0.12~0.22)	0.18(0.13~0.23)	0.20(0.15~0.26)	SROCC
전 지구 평균해수면 2046~2065	0.24(0.17~0.32)	0.26(0.19~0.34)	0.32(0.23~0.40)	SROCC
전 지구 평균해수면 2081~2100	0.39(0.26~0.53)	0.49(0.34~0.64)	0.71(0.51~0.92)	SROCC
전 지구 평균해수면 2100	0.43(0.12~0.22)	0.55(0.39~0.72)	0.84(0.61~1.10)	SROCC
변화량(mm/년)	4(2~6)	7(4~9)	15(10~20)	SROCC

[*1] AR5: The Fifth Assessment Report(IPCC 5차 평가보고서, 2013)
[*2] SROCC: Special Report on the Ocean and Cryosphere in a Changing Climate(IPCC 해양·빙권 특별보고서, 2019)

출처: IPCC 해양·빙권 특별보고서(2019)

(2) 해수면 상승에 따른 영향 및 예상되는 리스크(Risk)

극치 해수면 현상

전 지구 평균 해수면(GMSL)의 상승 전망에 따르면 100년에 한 번 발생했던 국지적 해수면(역사적으로 세기적인 현상, HCE)이 21세기 동안 대부분의 지역에서 최소 1년에 1회 발생할 것으로 전망된다. HCE의 높이는 지역마다 다양하고, 노출 수준에 따라 심각한 영향을 일으킬 수 있다. 이 영향은 HCE의 빈도 증가에 따라 계속 증가할 수 있다.

(a) 극치해수면 현상 전망치에 미치는 지역적 해수면 상승의 도식화된 효과(척도화 안 함)

(b) *HCE가 평균적으로 연간 1회 재발생할 것으로 전망되는 해

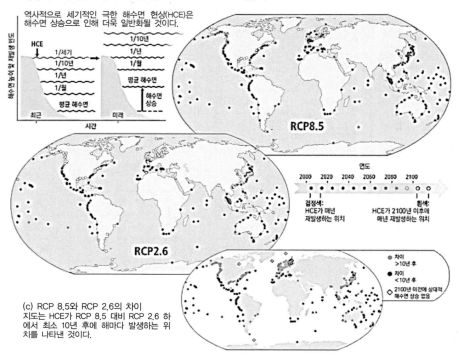

(c) RCP 8.5와 RCP 2.6의 차이 지도는 HCE가 RCP 8.5 대비 RCP 2.6 하에서 최소 10년 후에 해마다 발생하는 위치를 나타낸 것이다.

출처: IPCC 해양·빙권 특별보고서(2019)

※ (a) 가까운 과거(1986~2005년) 대비 장래의 극치 해수면 현상 및 평균 재발생 빈도에 대한 도식적 설명. 평균 해수면 상승으로 인해 역사적으로 한 세기에 한 번(역사적으로 세기적인 현상, HCE(Historical Centennial Events)) 발생하는 지역 해수면은 장래에 더 자주 반복될 것으로 예상된다. (b) HCE가 RCP 8.5 및 RCP 2.6 아래에서는 관측 기록이 충분한 439개의 연안 지역에서 평균적으로 1년에 한 번 재발생 할 것이다. 원(圓)이 없는 것은 자료가 없어 평가할 수 없음을 나타내지만, 노출 및 리스크가 없다는 것을 나타내는 것은 아니다. 원이 어두울수록, 이런 변화가 더 빨리 진행된다. 가능성 큰 범위는 2100년 이전에 이런 이행(移行)이 예상되는 지역에 대해 ±10년이다. 흰색 원 (RCP 2.6에 따라 위치의 33%, RCP 8.5에 따라 10%)은 HCE가 2100년 이전에 매년 한 번 재발생하지 않을 것임을 표시한다. (c) HCE의 이행이 해마다 발생하는 지역은 RCP 8.5와 비교하여 RCP 2.6 아래에서 10년 이상 늦게 발생할 것이다.

그림 1.34 전 세계 연안 지역의 극치 해수면 현상에 대한 지역별 해수면 상승 영향

역사적으로 세기(世紀)에 한 번 정도 발생하는('역사적으로 세기적인 현상(침수·범람)(HCE, Historical Centennial Event)'이라고 일컫는다.) 지역적 해수면 상승은 모든 RCP 시나리오 아래에서 장래 2100년경 전 세계 대부분 지역에서 최소한 1년에 1회 발생할 것으로 예상된다. 또한, 다수의 저지대에 입지(立地)한 대도시 및 군소도서(群小島嶼)는 RCP 2.6, RCP 4.5 및 RCP 8.5 아래에서 2050년경 최소 1년에 한 차례 이상 '역사적으로 세기적인 현상(침수·범람)'을 경험할 것이다. '역사적으로 세기적인 현상(침수·범람)'이 중위도 지역(위도 30~60°)에서 매년 발생하게 되는 시점은 RCP 8.5에서 가장 빠르게 나타나고, 다음으로 RCP 4.5 그리고 RCP 2.6에서 가장 늦게 나타난다. 높은 해수면의 발생빈도 증가는, 노출 수준에 따라 전 세계 여러 지역에서 심각한 영향을 일으킬 수 있다(그림 1.34 참조). 기후변화로 인해 열대 저기압의 강도와 강수량이 늘어날 것으로 전망됨에 따라 극치 해수면 및 연안 위험(Coastal Hazard)은 악화할 것이다. 유의파고($H_{1/3}$)[26]는 RCP 8.5 아래에서 남대양(南大洋, Southern Ocean)과 열대 동태평양 그리고 발트해(Baltic Sea)에서 증가할 것으로 전망되며, 북대서양과 지중해에서는 감소할 것으로 예상된다. 연안 조석의 폭과 패턴은 해수면 상승과 연안 대응 수단으로 인해 달라질 것으로 예상된다. 날씨 패턴의 변화로 나타나는 파랑 변화의 예측값과 해수면 상승으로 인한 조석의 변화는 지역적으로 연안 위험(Coastal Hazard)을 높이거나 줄일 수 있다.

3) 우리나라 평균해수면 변화[5]

(1) 현재까지의 우리나라 평균해수면 변화 추이

국립해양조사원은 지구온난화에 따른 기후변화 7대 지표 중 하나인 해수면 장기 변동을 파악하기 위해 2009년부터 연안 조위 관측소 자료를 분석하여 매년 해수면 상승률을 발표하고 있다. 특히 1991년부터 2020년까지 21개 조위 관측소의 자료를 분석하여 상승률을 계산한 결과, 우리나라의 평균해수면은 30년간(1991~2020년) 평균적으로 연 3.03mm씩 높아졌다. 해역별 평균해수면 상승률은 동해안(연 3.74mm)이 가장 높았고, 이어서 서해안(연 3.07mm), 남해안(연 2.61mm) 순으로 나타났다. 관측지점별로 보면 울릉도가 연 6.17mm로 가장 높았으며, 이어 포항, 보령, 인천, 속초 순이었다(그림 1.35 참조). 최근 30년간의 연안 평균해수면 상승 속도를 살펴보면, 1991~2000년에는 연 3.80mm, 2001~2010년에는 연 0.13mm, 2011~2020

---

26) 유의파고(有義波高, Significant Wave Height): 불규칙한 파군(波群)을 편의적으로 단일한 파고로 대표한 파고로서, 하나의 주어진 파군 중 파고가 높은 것부터 세어서 전체 개수의 1/3까지 골라 파고를 평균한 것으로, 삼분의 일(1/3)파고 또는 Characteristic Wave Height라고도 하며, 해안·항만구조물 설계에 적용하기도 한다.

년(최근 10년)에는 연 4.27mm으로 1990년대 대비 최근 10년에 약 10% 이상 증가하였다(표 1.10, 그림 1.36 참조).

2021년 8월 IPCC 제6차 평가보고서(AR6) 제1 실무그룹(WGⅠ)은 1971년부터 2006년까지 전 지구 평균해수면이 연 1.9mm, 2006년부터 2018년까지는 연 3.7mm 상승했다는 내용이 담긴 보고서를 발표했다. 이 결과와 비교할 때, 우리나라 연안의 해수면 상승률은 1971~2006년에 연 2.2mm로 전 지구 평균보다 소폭 높았으나, 2006~2018년에는 연 3.6mm로 전 지구 평균과 유사하게 상승하고 있다(표 1.11 참조).

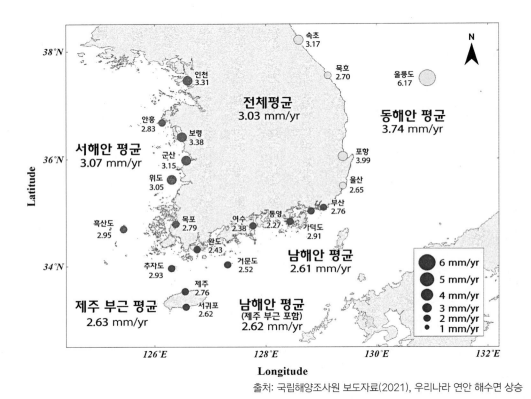

출처: 국립해양조사원 보도자료(2021), 우리나라 연안 해수면 상승

그림 1.35 지역별 해수면 상승 현황(1991~2020년, 최근 30년간, 21개 조위 관측소)

표 1.10 우리나라 평균해수면의 상승률(1991~2020년)

구분	10년간 평균해수면 상승률 (mm/년)			최근 10년과 1990년대 해수면의 상승 속도 차이 ((c)-(a))	세부 지역 (21개 조위 관측소)
	1991~ 2000(a)	2001~ 2010(b)	2011~ 2020(c)		
제주 부근	4.55	-1.10	4.52	-0.03	제주, 서귀포, 거문도
동해안	4.38	0.92	5.22	0.84	울산, 포항, 묵호, 속초, 울릉도
남해안	2.32	1.01	3.45	1.14	추자도, 완도, 여수, 통영, 가덕도, 부산
서해안	4.33	-0.08	4.17	-0.16	인천, 안흥, 군산, 보령, 위도, 목포, 흑산도
전 연안	3.80	0.13	4.27	0.47	

출처: 국립해양조사원 보도자료(2021), 우리나라 연안 해수면 상승

표 1.11 기간별(期間別) 전 지구 및 우리 연안 평균해수면 상승률 비교(1971~2018년)

구분	1971~2006년	2007~2018년
전 지구 평균(IPCC AR6 WG1 보고서(2021년))	연 1.9mm	연 3.7mm
우리나라 연안 평균(국립해양조사원, 2021년)	연 2.2mm	연 3.6mm

출처: 국립해양조사원 보도자료(2021), 우리나라 연안 해수면 상승

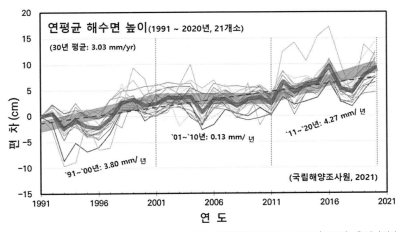

출처: 국립해양조사원 보도자료(2021), 우리나라 연안 해수면 상승

그림 1.36 우리나라 연평균 해수면 높이 추이(1991~2020년, 21개 조위 관측소)

(2) 장래 우리나라 평균해수면 전망

　2100년 지구온난화에 따른 기후변화로 우리나라 주변 해역의 평균해수면이 최대 73cm가량 상승할 수 있다. 즉, 앞으로 온실효과가스 배출량이 줄지 않을 경우, 최근 30년간(1990~2019년) 약 10cm 상승한 것에 비해 해수면 상승 속도가 2배 이상 빨라질 수 있다는 의미다. 그동안 IPCC 제5차 평가보고서(2013년)에서 제공되었던 전 지구적 기후 예측 결과(CMIP)는 해상도(解像度)가 낮아 해수면 상승 정보를 상세하게 이해하기 어려웠다.

　이에, 국립해양조사원은 우리나라 주변 해역의 해수면 현황을 상세하게 파악할 수 있는 '고해상도 지역 해양기후 수치예측모델'을 구축하고, IPCC의 기후변화 시나리오(RCP) 3가지를 적용하였다. 이 중, 온실효과가스가 현재와 같은 수준으로 계속 배출된다는 최악의 시나리오(RCP 8.5, 그림 1.37 중 흰색 파선)에 따르면, 2100년 우리나라 주변 해역의 해수면은 최대 73cm까지 상승할 것으로 전망됐다. 온실효과가스 감축 정책이 어느 정도 실현되는 경우(RCP 4.5, 그림 1.37 중 회색 파선)에는 51cm, 온실효과가스 배출이 거의 없어 지구 자생적(自生的)으로 회복되는 경우(RCP 2.6, 그림 1.37 중 회색 실선)에는 약 40cm 상승하는 결과를 보였다(그림 1.37, 그림 1.38, 그림 1.39 참조).

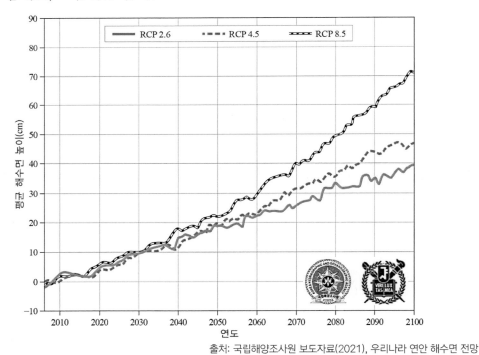

출처: 국립해양조사원 보도자료(2021), 우리나라 연안 해수면 전망

그림 1.37 시나리오별 우리나라 주변 해역 평균해수면 전망

IPCC는 제5차 평가보고서(2013년)에서 21세기 후반에는 전 지구 평균해수면이 최소 26cm로부터 최대 82cm가량 상승할 것으로 전망하였는데, 우리나라 주변 해역 역시 이와 비슷하게 평균 40~73cm 정도 상승할 것으로 예상하였다. 또한, 평균해수면 상승 폭과 상승률은 모든 경우 황해(黃海)에 비해 동해(東海)가 소폭 높을 것으로 전망되었다(표 1.12, 표 1.13 참조).

표 1.12 시나리오별 2100년도 우리나라 평균해수면의 상승률

상승률 (mm/년)	IPCC 시나리오	황해	대한해협	동해	우리 주변 해역 평균
2100년	RCP 2.6	4.23	4.27	4.31	4.29
	RCP 4.5	5.37	5.41	5.49	5.45
	RCP 8.5	7.52	7.67	7.69	7.64

출처: 국립해양조사원 보도자료(2021), 우리나라 연안 해수면 전망

표 1.13 시나리오별 2100년도 우리나라 평균해수면의 상승 폭

상승 폭 (cm)	IPCC 시나리오	황해	대한해협	동해	우리 주변 해역 평균
2100년	RCP 2.6	39.4	39.8	40.1	39.9
	RCP 4.5	50.6	51.1	51.7	51.3
	RCP 8.5	72.2	73.6	73.8	73.3

출처: 국립해양조사원 보도자료(2021), 우리나라 연안 해수면 전망

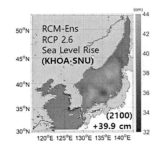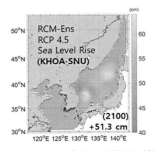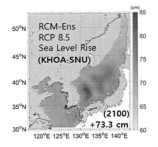

출처: 국립해양조사원 보도자료(2021), 우리나라 연안 해수면 전망

그림 1.38 시나리오별 우리 주변해역 평균 해수면 상승 전망 분포도

구분	전 지구 수치예측모델 (IPCC의 CMIP 예시)	고해상도 지역 해양기후 수치예측모델 (국립해양조사원·서울대학교)
수온·해류 해상도		
해저지형 해상도 (북서 태평양)		
해저지형 해상도 (우리나라 주변 해역)		

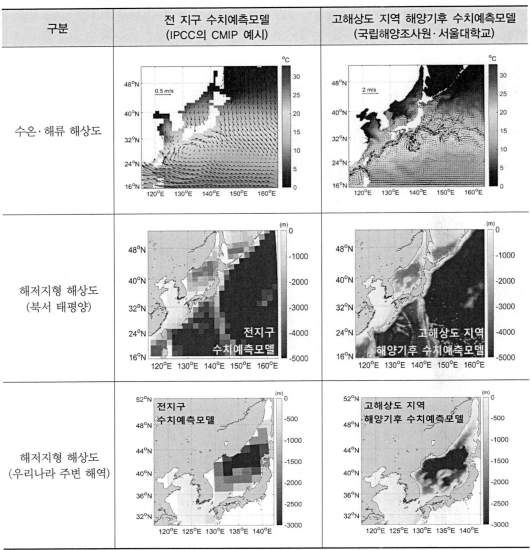

출처: 국립해양조사원 보도자료(2021), 우리나라 연안 해수면 전망

그림 1.39 고해상도 지역 해양기후 수치 시뮬레이션 모델의 효과(전 지구 모델과 차이 비교)

(3) 장래 평균해수면 상승에 따른 우리나라의 침수면적과 침수인구

기후변화에 따른 IPCC 시나리오 중 온실효과가스가 현재와 같은 수준으로 계속 배출된다는 조건 아래에서 최악의 시나리오인 RCP 8.5(2100년 해수면 상승은 IPCC 해양·빙권 특별보고서(2019)의 RCP 8.5 추정범위인 0.61~1.10m에서 가장 높은 추정값인 1.1m를 적용하였다.)에 따르면, 2100년 우리나라 연안의 침수면적은 501.51km^2, 침수인구는 약 37,344명으로 예상된

다(그림 1.40 참조).

또한, 2100년 RCP 8.5 시나리오 적용(해수면 상승(1.1m)) 시 침수면적 측면으로는 전라남도 (355.74km²), 충청남도(40.84km²), 경상남도(38.68km²) 등 순으로 침수되며, 침수인구 측면 으로는 전라남도(7,366명), 경상남도(3,150명), 울산광역시(2,620명) 등이다.

1.2.2 기후변화에 따른 열대 저기압[6]

1) 현재까지의 관측된 열대 저기압(熱帶低氣壓)

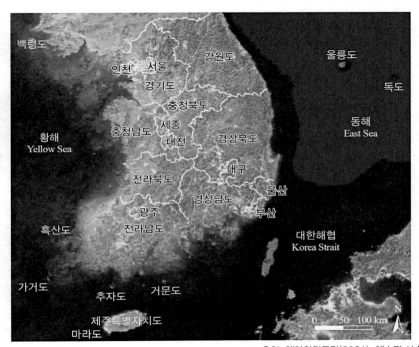

출처: 해양환경공단(2021), 해수면 상승 시뮬레이터

※ IPCC 해양 및 빙권 특별보고서(2019)에서 RCP 8.5 시나리오 중 2100년 해수면 상승은 0.84m(0.61~1.10)으로 가장 높은 1.1m를 적용시켰다.

그림 1.40 장래 2100년 RCP 8.5 시나리오 적용 시 해수면 상승(1.1m)에 따른 우리나라의 침수지역 (https://www.koem.or.kr/simulation/gmsl/rcp45.do 참조)

열대 또는 아열대 지방에서 발생하는 저기압을 열대 저기압(Tropical Cyclone)이라고 한다. 세계 열대 저기압의 장기변화 경향을 보면 IPCC 5차 평가보고서(2013년)에서는 북대서양 지역 에서 1970년대 이후 강한 열대 저기압의 발생 수와 강도에 증가 경향이 있는 것에 대해서는 신뢰도가 높으나, 그 원인을 인위적 원인으로 보는 것은 신뢰도가 낮다고 평가하고 있다.

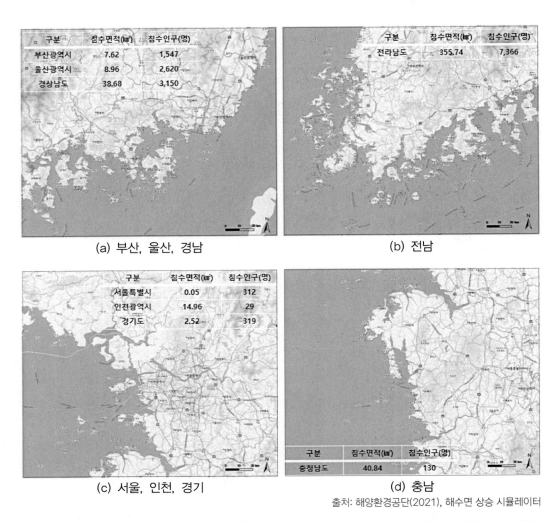

그림 1.41 2100년 RCP 8.5 시나리오 적용(해수면 상승(1.1m)) 시 우리나라 각 지역의 침수면적과 침수인구
(https://www.koem.or.kr/simulation/gmsl/rcp45.do 참조)

한편, 그 외 해역에서의 열대 저기압의 발생 수는 눈에 띄는 장기변화 경향은 보이지 않고, 강도의 증가 경향에 관해서는 충분한 정밀도에 의한 장기간의 관측이 부족하므로 신뢰도가 낮다. 전 세계 열대 저기압의 수와 강도는 평균적으로 저위도대(0~30°)에서 최대이지만(그림 1.42), Kossin 등(2014)은 강도(强度)가 최대가 되는 위도는 지난 30년간 약간 고위도(高緯度) 쪽으로 변화한 것을 보여주었다. 이에 반해 해석 대상으로 하는 기간, 해역 또는 열대 저기압의 강도 등에 따라 변화의 정도나 변화하는 방향 등이 다르다는 것을 지적하는 연구도 있어 (Tennille and Ellis 2017; Zhan and Wang 2017), 전 지구적 장기변화 경향으로서의 신뢰도는 낮다. 전 지구적 평균 열대 저기압의 진행 속도에 대해서는 저하를 지적하는 연구(Kossin 2018)

는 있으나 그 변화 경향에 대한 연구자들 간의 견해는 일치하지 않고 있어(Moon 등, 2019; Lanzante, 2019; Kossin, 2019; Yamaguchi 등, 2019) 신뢰도는 낮다(Knutson 등, 2019).

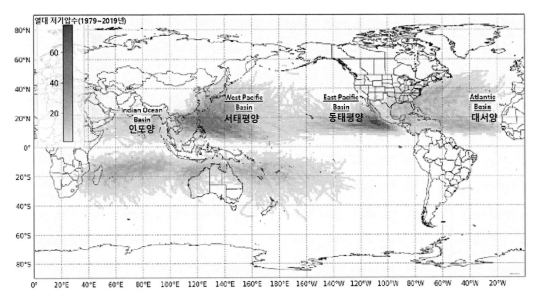

출처: Resilience360 / 2020 Tropical Storm Season Outlook (Mid-August Update))

그림 1.42 전 세계 열대 저기압의 수(1979~2019년)

2) 장래의 열대 저기압 예측

본 장에서는 최근에 발표한 논문인 Knutson 등(2020)의 장래 전 세계 열대 저기압에 대한 예측을 중심으로 기술한다. Knutson 등(2020)은 지금까지 이루어진 많은 연구 결과를 이용하여 전 세계 평균기온이 2℃ 상승하기 전후의 열대 저기압 변화 및 기존 IPCC 5차 평가보고서(2013년) 공표 이후 얻은 열대 저기압의 장래 예측에 관한 최신 지식을 많이 포함하고 있다. 전 세계의 고해상도 대기 전구기후모델[27]의 기후 시뮬레이션 결과 온난화 기후 아래에서 열대 저기압 숫자(빈도(頻度))의 감소를 예측하고 있다(Knutson 등, 2020)(그림 1.43 참조). 다만 통계적 상세화[28] 실험이나 현재와 온난화 기후에서 열대 저기압의 종류를 동일 수(數)만큼 부

---

27) 전구기후모델(全球氣候Model, GCM): 지구 전체의 대기나 해양의 움직임이나 온도 등을 수치 계산하는 모델이다. 공기나 해수(海水)의 운동 방정식이나 이들에 의한 열의 변화를 나타내는 열역학 방정식, 태양광 등의 에너지가 대기 중으로 전달되는 형태를 나타내는 방사 전달 방정식 등을 이용해 지구 전체를 격자 상으로 구분하고, 그 격자마다 풍속이나 유속, 온도 등을 계산한다. 그 종류로는 대기만을 대상으로 한 대기대순환모델(AGCM), 해양만을 대상으로 한 해양대순환모델(OGCM) 및 AGCM과 OGCM을 결합해 대기와 해양 모두를 대상으로 한 대기해양결합대순환모델(AOGCM)로 나뉜다.

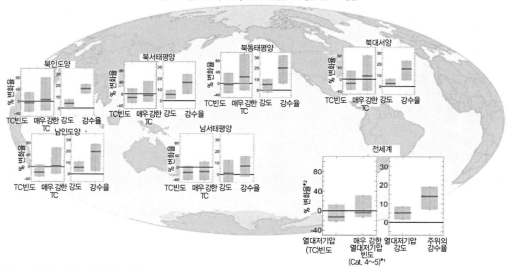

열대 저기압(TC, Tropical Cyclone) 예측(전 세계 평균기온 2℃ 상승)

*1 매우 강한 TC: 사피어 - 심슨 허리케인 등급(SSHS, Saffir-Simpson Hurricane Scale) 중 4~5등급에 해당한다.
*2 % 변화율: 변화율의 중앙값과 % 범위.

출처: 日本文部科学省及び気象庁「日本の気候変動 2020 - 大気と陸·海洋に関する観測·予測評価報告書 -」(詳細版)
※각 해역(상단 왼쪽부터 북인도양, 북서태평양, 북동태평양, 북대서양, 하단 왼쪽부터 남인도양, 남서태평양)과 전 세계 평균의 열대 저기압(TC, Tropical Cyclone) 빈도, 매우 강한 열대 저기압의 빈도, 열대 저기압 강도 및 주위의 강수율(降水率)에 대한 예측된 변화율의 중앙값과 % 범위를 나타내었다. 열대 저기압 빈도에 대해서는 발표된 추정값 전체의 5~95% 범위로 제시되었다. 다른 3개에 대해서는, 10~90%의 범위로 표시되어 있다.

그림 1.43 전 세계 평균기온이 2℃ 상승하는 경우 열대 저기압(TC)의 변화 예측

여하는 역학적 상세화[29] 실험(예를 들면 Emanuel, 2013)과 흐릿한 해상도인 일부의 GCM(예를 들면 Murakami 등, 2014) 또는 하나의 고해상도 결합 GCM(Bhatia 등, 2018)에서는 열대 저기압 숫자의 증가를 예측하고 있다. 또, 열대 저기압 숫자의 변화에 관한 이론은 확립되어 있지 않아 장래 열대 저기압의 수는 줄어들 것으로 보이지만 신뢰도에 대한 평가는 엇갈린다. 열대 저기압 수의 감소를 가져오는 메커니즘의 하나로서 지구온난화에 따라 열대 대류권[30]의 대기가 안정화되고, 열역학적 균형으로부터 규정된 열대의 평균 상승류가 감소함에 따라 열대 저기압 발달이 저해된다는 이론이 있다(Sugi 등, 2012). 또한, 각각의 열대 저기압의 강도는

---

28) 통계적 상세화(Statistical Downscaling): 회귀식·경험식 등을 이용해 상세화를 실시할 것으로 복잡한 시뮬레이션을 실시할 필요가 없지만, 방정식에서 값을 얻는 것이 아니기 때문에 물리적인 근거가 약하거나, 회귀식·경험식에 의한 오차를 포함하며, 과거의 데이터가 갖추어져 있지 않으면 가능하지 않는 것이 특징이다.

29) 역학적 상세화(Dynamical Downscaling): 운동 방정식이나 열역학 방정식 등의 수식을 기초로 한 수치 시뮬레이션에 의한 상세화 계산으로 식을 연립시켜 계산하기 위해 복수의 물리량에 관련성을 가지는 한편, 현상을 수식으로 모델화함으로써 오차(계통 오차)가 포함되며 계산시간이 걸리는 것 등이 특징이다.

30) 대류권(對流圈, Troposphere): 대기권의 가장 아래층으로 두께는 위도와 계절에 따라 변화하지만 대체로 약10km 정도이며, 공기가 활발한 대류를 일으켜 기상현상이 발생한다.

커져(Sugi 등, 2012), 열대 저기압의 하나당 상승류는 증가하므로, 동일 평균 상승류에 따른 열대 저기압의 발생 수는 감소한다는(Satoh 등, 2015) 연구결과도 있다. 열대 저기압에 따른 비와 바람은 강해질 것으로 예측되며(그림 1.43 참조), 그 신뢰도는 중간쯤으로 평가되고 있다. 강수강화(降水强化)의 메커니즘에 따르면, 지구 온난화에 따라 대기를 유지할 수 있는 수증기량이 증가(클라우지우스·크라페일론 식[31]에서 기온이 1℃ 상승할 때마다 포화수증기량이 7% 정도 증가한다.)하므로, 만일 같은 바람의 강도를 갖는 열대 저기압이라고 해도 수증기 수속(收束)의 증가로 강수는 강해지고, 바람이 강해지면 열대 저기압은 더욱 강해진다. 확인된 최신 예측 결과도 모두 강수 증가를 나타내고 있다(Knutson 등, 2020). 열대 저기압에 수반하는 최대 지표 풍속의 증가는 해수면 수온 등의 환경장(環境場)으로부터 추정된 열대 저기압의 가능발달 강도이론(可能發達强度理論)(Emanuel, 1986)과 일치하여 지구온난화에 따른 해수면 수온 상승을 중심으로 한 환경장이 변화하므로 열대 저기압이 높은 강도까지 발달할 수 있게 된다. 비교적 오래된 대순환 모델(GCM) 시뮬레이션에서는 강도는 변하지 않는다는 결과를 내고 있지만, 최신 GCM이나 상세화 실험은 모두 열대 저기압의 강화를 나타내고 있다(Knutson 등, 2020). 매우 강한 열대 저기압(사피어–심슨 허리케인 등급[32]) 중 4~5등급에 해당하며 1분 평균 최대 지표면 풍속 59m/s 이상)의 수에 대해서는 최신 고해상도 GCM을 포함하여 지금까지의 예측에서는 증가하는 결과와 줄어드는 결과가 혼재(混在)되어 있다(그림 1.43 참조). 매우 강한 열대 저기압의 발생 수는 열대 저기압 전체의 발생 숫자 변화와 풍속의 변화 양쪽의 영향을 받아 지구온난화에 따라 단조로운 증감(增減)을 한다고는 할 수 없으므로 장래 예측의 불확실성이 높다. 한편, 매우 강한 열대 저기압이 모든 열대 저기압에서 차지하는 비율은 각각의 열대 저기압 풍속과 비슷한 지표로 평가할 수 있어, 거의 모든 고해상도 GCM에서 증가하였다. 따라서 매우 강한 열대 저기압이 열대 저기압 전체에서 차지하는 비율은 앞으로 증가할 것으로 예상되며, 그 신뢰도는 중간 정도일 것으로 평가되고 있다(Knutson 등, 2020). 열대 저기압의 지리적 분포에 관해서는 많은 연구에서 하와이를 포함한 중앙 북태평양지역에서의 존재빈도 증가가

---

31) 클라우지우스·크라페일론 식(Clausius-Clapeyron Equation): 물질이 어떤 온도에서 기체·액체 평형상태에 있을 때의 증기압과 증발에 따른 부피의 변화 및 증발열을 관계를 맺어 주는 식이다.

32) 사피어–심슨 허리케인 등급(SSHS, Saffir-Simpson Hurricane Wind Scale Category): 허리케인의 지속적인 풍속을 기준으로 등급1~5(등급 1: 평균풍속(33~42m/s, 119~153km/h), 파고(1.2~1.5m), 중심기압(980~989hPa), 등급 2: 평균풍속(43~49m/s, 154~177km/h), 파고(1.8~2.4m), 중심기압(965~979hPa), 등급 3: 평균풍속(50~58m/s, 178~209km/h), 파고(2.7~3.7m), 중심기압(945~964hPa), 등급 4: 평균풍속(59~69m/s, 210~249km/h), 파고(4.0~5.5m), 중심기압(920~944hPa), 등급 5: 평균풍속(≥70m/s, ≥250km/h), 파고(≥5.5m), 중심기압(≤920hPa)으로 나눈 것으로 이 등급으로 잠재적 재산피해를 추정하며, 등급 3 이상에 도달하는 허리케인은 상당한 인명손실과 손상의 가능성 때문에 주요 허리케인으로 간주하지만, 등급1과 2의 폭풍은 여전히 위험하며 예방 조치를 필요로 한다.

예측된다(신뢰도는 중간 정도). 그 배경 원인으로는 해수면 수온 및 대기 순환의 변화가 고려되고 있다. 예를 들면 Murakami 등(2013)은 하와이 주변이나 중앙 북태평양 지역에서 수직류나 수평풍의 연직시어[33]에 관련된 열대 순환과 해수면 수온이 열대 저기압이 발달하기 쉬운 분포가 된다고 하였고, Knutson 등(2015)에서는 해역별 해수면 수온 상승이 각 영역에서의 대부분의 열대 저기압에 대한 지표(指標)와 관계가 있다고 하였다. 또한, 해수면 수온 상승의 분포는 일반적으로 예측의 불확실성이 있으나, Yoshida 등(2017)은 장래 예측에 대표적인 6종류 해수면 수온 상승 분포(그림 2.27 참조)를 분석한 후 열대 저기압에서도 같은 형태의 빈도 증가가 나타난다고 하였다(그림 1.44 참조) Yamaguchi 등(2020)에서는 우리나라를 포함한 중위도역(中緯度域)에서 편서풍의 북상으로 열대 저기압의 이동 속도가 늦어지고, 각 지점에서 열대 저기압의 영향이 장기화됨에 따라 자연 재난의 리스크가 높아질 가능성을 지적하였다. 매우 강한 열대 저기압의 지리적 분포에 대한 발생빈도를 논의한 연구는 소수이지만 존재한다(Murakami 등, 2012; Knutson 등, 2015; Sugi 등, 2017; Yoshida 등, 2017). 시나리오 등의 실험설정에 따라 각각 다르지만, 모든 시나리오는 필리핀해에서의 열대 저기압의 빈도 증가를 예측하고 있다(그림 1.44 참조). 이러한 연구는 동시에 북서태평양 남서쪽에 대한 열대 저기압의 빈도 감소를 예측하고 있다. 매우 강한 열대 저기압 중 약한 것을 포함한 사피어–심슨 허리케인 등급 3 이상의 존재빈도를 예측한 연구(Bhatia 등, 2018)는 북서태평양의 남서쪽에서 감소가 아닌 증가를 나타내고 있지만, 필리핀해에서는 증가를 보인다. 상기와 같이 필리핀해에서의 증가를 나타낸 GCM은 수치모델별로는 4가지 종류, GCM 해상도나 대류(對流) 스킴(Scheme)의 차이를 포함해도 7가지로 많지는 않지만, 매우 강한 열대 저기압에 관한 존재빈도(存在頻度)의 지리분포를 논의할 때 모두 일관된 결과를 나타낸다. 그 때문에 필리핀해에서 매우 강한 열대 저기압의 존재 빈도는 앞으로 증가할 것이다(신뢰도가 중간 정도). 이 중 한 연구(Knutson 등, 2015)에서는 대기해양결합효과를 더한 영역 상세화를 실시한 후 같은 결과를 나타내고 있어 대기해양결합효과 또는 고해상도화(高解像度化)의 영향을 가미(加味)해도 일관된 결과를 얻을 가능성을 나타내고 있다. 또한, Yoshida 등(2017)은 d4PDF((Database for Policy Decision making for Future climate change, 2.5.4 참조)의 최대 지표면 풍속에 편중(Bias) 보정(Sugi 등, 2016)을 실시하였는데, 장래 예측의 불확실성을 낮추려고 시도한 결과라는 점에서 중요하다. 단, GCM의 해상도가 낮은 것이 원인으로 열대 저기압의 강도가 관측보다 약한

---

33) 연직시어(Vertical Shear): 연직방향으로 풍속 및 풍향의 변화를 말하며, 다양한 소규모 및 중규모 기상 현상의 발달과 소멸에 중요한 역할을 한다.

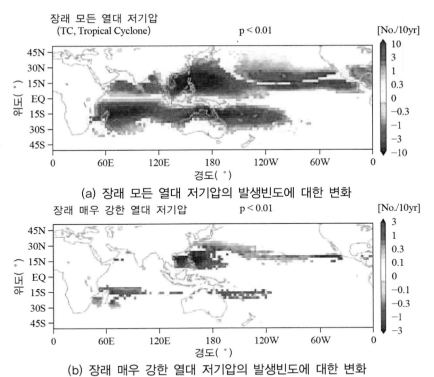

장래 모든 열대 저기압
(TC, Tropical Cyclone)　　　　　　　p < 0.01　　　　　　　　　[No./10yr]

(a) 장래 모든 열대 저기압의 발생빈도에 대한 변화

장래 매우 강한 열대 저기압　　　　　p < 0.01　　　　　　　　　[No./10yr]

(b) 장래 매우 강한 열대 저기압의 발생빈도에 대한 변화

출처: 日本文部科学省及び気象庁「日本の気候変動 2020 - 大気と陸・海洋に関する観測・予測評価報告書 -」(詳細版)
※ (a)는 모든, (b)는 매우 강한(지표면 최대풍속 59m/s 이상의) 열대 저기압의 발생빈도에 대한 장래 변화를 d4PDF
의 장래기후 4℃ 상승 실험과 과거 재현실험의 차분(差分)으로서 계산한 것으로 컬러 스케일(Color Scale)은 10년
간 빈도를 나타낸다.

그림 1.44 장래 열대 저기압의 발생빈도에 대한 변화

경향에 있거나, 발달이 늦어 고위도 쪽에서 큰 강도를 가지는 북편(北偏) 편중(偏重, Bias)(Kanada and Wada, 2017)과 과발달(過發達)을 억제하는 대기해양결합효과가 일부 GCM밖에 도입되지 않은 것 등과 같은 열대 저기압의 재현성에 관한 문제가 있어 예측수치모델의 개선이 필요하다.

1.2.3 기후변화에 따른 폭풍해일[6]

1) 현재까지의 세계 각지의 폭풍해일

폭풍해일은 태풍이나 발달한 저기압 등에 따라 해수면이 단시간에 비정상적으로 상승하는 현상이다. 특히, 해수가 해안제방 등을 넘어 침수·범람이 발생하면 큰 인적·경제적 손실로 이어진다. 과거에는 예를 들어 1970년 동파키스탄(현 방글라데시)에서 발생한 폭풍해일은 30

만 명 이상의 사망자(추정)를 발생시키는 큰 피해를 일으켰다. 완만한 지형이 펼쳐진 대륙 연안부에서는 큰 폭풍해일이 발생하기 쉬우며, 높이 10m인 큰 폭풍해일도 드물지 않다. 최근에도 2005년의 허리케인 '카트리나'(Katrina)(미국), 2007년의 사이클론 '시드로'(Sidr)(방글라데시), 2008년의 사이클론 '나르기스'(Nargis)(미얀마) 등은 막대한 폭풍해일을 발생시켰다. 특히 최근 수년간은 거의 매년 큰 폭풍해일 재난이 세계 각지에서 발생하고 있다(표 1.14 참조).

세계 각국은 폭풍해일 방파제, 방조제 등의 기반시설과 방재체제를 갖춤으로써 폭풍해일로 인한 인적 피해는 과거와 비교하여 감소하는 실정이나, 2013년 태풍 '하이옌'(Haiyan)으로 필리핀 중부에서 7,000명이 넘는 사망자·행방불명자(대부분은 폭풍해일로 인한)가 발생하는 등 여전히 피해 위험은 크고, 실제로 막대한 피해를 발생시키고 있다. 세계의 연안지역 저지대에는 많은 대도시와 인구 밀집지대가 존재하고 있어 이들 지역은 기후변화에 따른 평균해수면 상승 시 폭풍해일로 인한 인적 피해와 함께 큰 경제적 손실 위험이 상존(常存)하고 있다.

표 1.14 최근 세계 각국의 주요 폭풍해일 사례

연도	지역[1]	명칭[2]	최대강도[3]	경제적 손실 (달러($))	사망자[4] (명)	폭풍해일고[5] (m)
2005	북대서양	카트리나 (Katrina)	902hPa	108×10^9	1,833	4~7m
	미국 중남부		69.5m/s			
2007	북인도양	시드르 (Sdir)	944hPa	1.70×10^9	~15,000	3~8m
	방글라데시		61.7m/s			
2008	북인도양	나르기스 (Ngris)	962hPa	10×10^9	138,366	3~5m
	미얀마		51.4m/s			
2011	남태평양	야시 (Yasi)	929hPa	4×10^9	1	2~5m
	호주 동쪽 연안		56.6m/s			
2012	북대서양	샌디 (Sandy)	940hPa	68×10^9	268	3~4m
	미국 동쪽 연안		48.9m/s			
2013	북서태평양	하이옌 (Haiyan)	895hPa	2.86×10^9	7,401	5~7m
	필리핀		64.3m/s			
2016	남태평양	윈스톤 (Winston)	884hPa	1.40×10^9	44	3m
	피지		79.7m/s			
2017	북서태평양	하토 (Hato)	965hPa	4.31×10^9	26	3.5~4m
	중국·홍콩·마카오		39.0m/s			

연도	지역[*1]	명칭[*2]	최대강도[*3]	경제적 손실 (달러($))	사망자[*4] (명)	폭풍해일고[*5] (m)
2017	카리브해	이르마 (Irma)	914hPa	77.16×10^9	134	3.5~4m
	쿠바 · 앤티가바부다 (Autigua and Barbuda) · 영국령 버진 아일랜드 (Virgin Island) 외		63.2m/s			
2018	북서태평양	망쿳 (Mangkhut)	905hPa	3.77×10^9	134	2~3.5m
	중국 · 홍콩 · 마카오		56.6m/s			
	남태평양	기타 (Gita)	927hPa	0.22×10^9	2	1~3m
	통가 외		56.5m/s			

*1: 상단은 해역명, 하단은 영향을 받았던 주요국가 · 지역 등

*2: 열대 저기압 명칭

*3: 상단은 최저중심기압, 하단은 10분간 평균풍속의 최댓값

*4: 폭풍해일 이외에 원인도 포함

*5: 조위+조위편차(폭풍해일편차)

출처: 日本文部科学省及び気象庁「日本の気候変動 2020 - 大気と陸 · 海洋に関する観測 · 予測評価報告書 -」(詳細版)

2) 장래의 세계 각지의 폭풍해일 예측

폭풍해일은 아열대 · 중위도대에서 발생하는 열대 저기압에 의해 발생하므로 폭풍해일의 장래 예측은 열대 저기압(우리나라가 위치한 북서태평양에서는 '태풍'으로 부른다.)의 장래 예측과 크게 연결된다. IPCC 5차 평가보고서(2013년)에서는 '북대서양 이외의 해역에서는 열대 저기압 발생 수는 뚜렷한 장기변화 경향을 보이지 않으며, 강도의 증가 경향에 관해서는 충분한 정밀도에 의한 장기간의 관측이 부족하므로 신뢰도는 낮다'라고 하였다. 한편, 21세기 말까지 태풍의 장래 변화에 대해서는 전 지구 기후모델을 이용한 수치계산 결과를 토대로 최근 10년간 태풍에 대한 정확한 이해를 급속히 진행하고 있다. Knutson 등(2020)에 따르면, 앞으로 매우 강한 열대 저기압이 전체 열대 저기압 중 차지하는 비율은 증가할 것으로 보이며, 그 신뢰도는 대략 중간 정도로 평가된다. 전 지구(全 地球)를 대상으로 한 폭풍해일 평가는 아직 연구를 시작한 단계이며, 열대 저기압 및 온대저기압의 장래 변화 예측 해석과 함께 폭풍해일의 상세한 역학적(力學的) 수치모델보다 간편한 열대 저기압을 가정한 수치모델 및 폭풍해일에 관한 경험식에 의한 장기예측이 이루어지고 있다. 그림 1.45는 IPCC 해양 · 빙권 특별보고서(2019년)에 게재된 관측 결과 및 반경험식 모델을 토대로 산출된 장래 예측의 평균해수면 변동량을 포함한 극치수위(極値水位)(폭풍해일 등으로 발생하는 극단적(極端的)으로 높은 수위) 재현기간[34]과 확

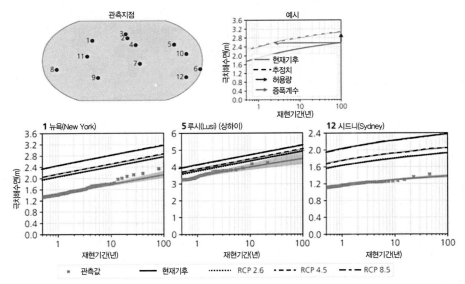

출처: 日本文部科学省及び気象庁「日本の気候変動 2020 - 大気と陸・海洋に関する観測・予測評価報告書 -」(詳細版)
※ 관측값(회색×) 및 현재기후 시나리오(회색 실선), 2℃ 상승 시나리오(RCP 2.6. 점선), RCP 4.5(파선), 4℃ 상승
  시나리오(RCP 8.5. 일점쇄선)에서 예측되는 극치수위. 현재기후는 GESLA-2(Global Extreme Sea Level
  Analysis, 전 지구 극치 해수면 분석) Database(관측값 기준 데이터베이스)의 값, RCP 2.6, 4.5, 8.5의값은 현재
  기후의 값에 각각의 시나리오로 예측된 2081~ 2100년 동안의 해수면 상승분을 더한 것이다. 여기에서는 왼쪽 상단
  의 그림 12개 지점 중 1 뉴욕(미국), 2 상하이(중국), 3시드니(호주)의 것을 발췌했다.

그림 1.45 조위계로 장기 관측이 이루어지고 있는 지점의 극치수위와 재현확률년수 관계와의 장래
변화

률값의 관계이다(북미, 아시아, 오세아니아에서 대표적인 3개 지점 발췌). 회색은 현재기후,
3가지 다른 선은 각각 2℃ 상승 시나리오(RCP 2.6, 점선), 4℃ 상승 시나리오(RCP 8.5, 일점쇄
선) 및 이들 중간의 시나리오(RCP 4.5, 파선)에 의한 예측 결과로, 장래 평균해수면 변동을
포함한 극치수위는 수십 년에 한 번이라는 현재 사건의 재현기간이 급격히 짧아질 것으로 예측
되고 있다. 장래 평균해수면 변동을 포함한 극치수위는 지역 의존성이 있으며, 조위편차[35]가
작은 해역에서는 재현기간의 축소가 뚜렷하다.

그 결과 IPCC 해양·빙권 특별보고서(2019년)에서는 100년에 한 번과 같이 역사적으로 드문
해수면의 극치 현상이 향후 많은 장소, 특히 열대에서는 1년에 한 번 이상의 빈도로 일어나게

---

34) 재현기간(再現期間, Return Period): 풍속, 파고 등 시간과 함께 불규칙하게 변동하는 현상의 연간 극치(極値)값이 한번 생
   길 확률을 가진 기간을 말한다.
35) 조위편차(潮位偏差, Sea Level Departure from Normal): 추산조위와 실측조위의 편차를 말하며, 추산(推算)으로 얻어진
   천문조위와 실측조위의 편차를 구하면 천문조위를 제외한 조위로 인한 변화의 크기를 알 수 있게 되며, 특히 열대 저기
   압(태풍, 허리케인 등)이 내습할 때 조위편차를 폭풍해일편차라고도 한다.

될 가능성이 지적되고 있다. 폭풍해일 발생빈도는 상당히 낮으므로 일반적인 기후계산의 대상이 되는 20~30년 정도의 계산 기간에서는 빈도나 장기평가를 논의하기 위한 충분한 발생 수(發生 數)를 확보할 수 없다. 특히, 동아시아 등의 영역을 대상으로 할 경우, 태풍 상륙 개수 등 장래 태풍특성의 변화예측과 관련한 불확실성이 높다. 이 때문에 d4PDF(Database for Policy Decision making for Future climate change)와 같은 5,000년이 넘는 대규모 기후 앙상블 데이터를 이용한 극치태풍(極値颱風)과 이에 관련된 폭풍해일 예측이 중요하다. 그림 1.46은 d4PDF의 해수면 교정기압 및 해상풍에서 산출한 100년에 1회 정도의 확률(100년 확률값)로 발생하는 장래 강풍과 장래 조위편차의 변화이다. 장래 강풍 변화와 장래의 폭풍해일 변화는 양(+)의 상관관계가 있으며, 북반구의 저~중위도대(0~60°N)에서는 현재기후의 10% 이상인 장래 변화가 전망되는 한편, 남반구에서는 감소가 예상된다. 남반구에서의 감소는 장래 태풍 강도의 변화와 거의 대응하고 있다. 저~중위도대에서의 변화는 장래 태풍 특성 변화에 크게 의존하고 있다. 특히 동아시아에서는 장래 폭풍해일의 큰 증가를 나타내는데, 이는 동중국해(東中國海)의 수심이 얕아 장래 태풍 변화의 영향을 받기 때문이다. 이들 예측은 장래 태풍 예측에 의존하고, 낮은 폭풍해일의 발생빈도에 따른 장기변화 경향의 평가 곤란성으로 신뢰도는 낮다. 한편 고위도대(60~90°N)에서도 장래 10% 정도의 변화가 보이는데, 이는 장래 해빙(海氷)의 감소에 따른 해수면 영역 확대로 말미암은 것이다.

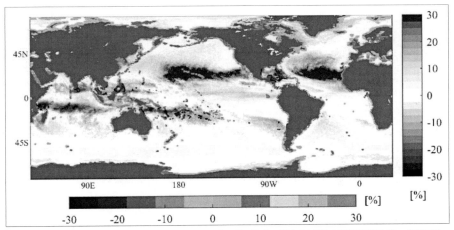

출처: 日本文部科学省及び気象庁「日本の気候変動 2020 - 大気と陸・海洋に関する観測・予測評価報告書 -」(詳細版)
※ 현재 기후조건(1951~2011년)에 의한 조위 편차, 강풍을 기준으로 한 장래기후 4℃ 상승인 경우의 조위 편차, 강풍 편차의 변화율. 해역의 농담(濃淡)은 강풍의 장래 변화율(세로의 바(Bar) 참조), 해안선의 색은 폭풍해일의 장래 변화율(가로의 바 참조)을 나타낸다.

그림 1.46 d4PDF 결과로부터 산출한 조위편차에 대한 장래 100년 확률값의 변화

1.2.4 기후변화에 따른 고파랑(高波浪)[6]

1) 현재까지의 전 지구(全地球) 고파랑

파랑은 해상에서 부는 바람에 의해 발생하여 발달함에 따라 파고(波高)가 크고 주기가 길어진다. 잘 발달한 파랑은 수천 km에서 1만 km 이상의 거리인 해양을 전파한다. 태풍과 저기압으로 풍속이 커지는 영역에서는 특히 파랑이 커진다. 기후변화에 따른 대기순환장36)이나 태풍·저기압 특성의 변동으로 파고나 주기와 같은 장기적인 파랑 특성도 변동한다. 과거의 장기(長期) 파랑 특성은 부이(Buoy), 선박 및 위성에 의한 관측 또는 기후 장기해석 데이터에 기초한 파랑의 수치모델계산으로 평가하고 있다. 파랑의 자연변동 크기, 파랑 관측기간의 짧음, 관측방법의 차이 등으로 일반적으로 파랑의 장기변화 경향은 불확실성이 높지만 몇 가지 보고사례가 있다. 예를 들어 1970년대부터 개시되었던 부이에 의한 장기적인 관측에서 미국 연안에서 높은 파랑의 증가 경향이 보고되었다(Ruggiero 등, 2010). 또한, 과거 33년간 여러 개 위성으로 관측한 데이터를 통합한 해석에서 높은 고파(高波)(연간(年間) 파고(波高) 중 상위 10%에 상당하는 파고)는 넓은 범위에서의 상승 경향을 볼 수 있으며, 남대서양에서 연 1cm, 북대서양에서는 연 0.8cm의 상승경향을 보인다(그림 1.47 참조, Young and Ribal, 2019). 연안 지역에서는 쇄파(碎波)에 따라 해안 쪽의 수위도 상승한다(웨이브 셋업(Wave Setup)). 이러한 파랑에 의한 연안 지역의 수위 상승량은 지형 및 파고나 파장(波長)과 같은 파랑 특성에 의존한다. IPCC 5차 평가보고서(2013년)까지는 평균해수면 상승에 초점이 맞춰져 왔으나, IPCC 해양·빙권 특별보고서(2019년)에서는 최근 연구 진전에 따라 연안 지역의 침수를 초래하는 극치수위(極値水位)에 대한 기여라는 관점에서 파랑 변화의 중요성을 나타낸다. 즉, 과거 극치수위의 장기변화 중 파랑 특성에 의한 기여(寄與)가 평균해수면 상승에 따른 기여를 초과하고 있는 곳도 있다(Ruggiero, 2012; Melet 등, 2018).

---

36) 대기순환장(大氣循環場): 지구 전체의 대기는 상승과 하강에 의한 3가지 순환이 있는데, 적도 부근에서 상승하여 중위도 역에서 하강하는 해들리(Hadley) 순환, 극 부근에서 하강하여 중위도로 향하는 극(極) 순환, 이들 사이인 중위도역에서 발생하여 저위도 측에서 하강하고 고위도 측에서 상승하는 페렐(Ferrel) 순환이 있다.

2) 장래 세계 각지의 파랑예측

　　장래 파랑변화에 대해서는 IPCC 5차 평가보고서(2013년)에서 처음으로 장래 변화에 대한 구체적인 예측 결과를 게재(揭載)하였으며, 북반구 중위도의 평균파고 감소 및 남반구 중고위도(中高緯度)의 평균파고 증가를 중간 정도의 신뢰도(信賴度)로 예측하였다. 나아가 IPCC 해양·빙권 특별보고서(2019년)에서는 연구 진전에 따라 남반구 중고위도 및 열대 태평양 동부의 평균파고 증가와 북대서양의 평균파고 감소라는 예측을 수치모델 간의 정합성 측면에서 높은 신뢰도로 제시하고 있다. 한편 공학적으로 중요한 장래 고파랑(高波浪)의 변화는 지금까지 IPCC에서 논의되지 않았으나, IPCC 5차 평가보고서(2013년)의 공표 이후에 몇 가지 예측 결과가 보고되었다. 연구 결과에 따르면, 장래 변화 특성은 다르지만 주로 남반구의 고위도 및 북태평양 중앙부에서의 파고 증가, 중위도 및 북대서양에서 넓은 범위의 파고 감소를 예측하였다(Morim 등, 2019). 다만 예측의 편차가 커서 신뢰도는 낮다. 森 등(2017)은 4개의 연구기관에서 이루어진 결과를 앙상블(Ensemble) 데이터로 삼아 장래 극치파고의 변화를 해석했다. 그림 1.48은 10년에 1회의 확률로 발생하는 장래 극치파고 변화량의 앙상블 예측 간 평균값과 표준편차이다. 극치파고는 ±2m 정도의 장래 변화를 나타낸다.

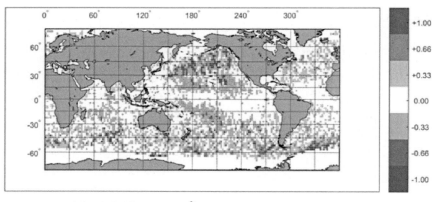

(a) 위성관측데이터 $H_s{}^{*1}$ 평균 경향(1985~2018)[cm/년]

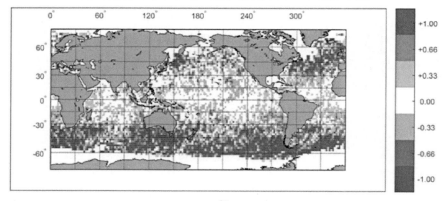

(b) 위성관측데이터 $H_sp90{}^{*2}$ 경향(1985~2018)[cm/년]

*1: 평균유의파고(平均有義波高)

*2: 연간 상위 10%에 해당하는 유의파고

출처: 日本文部科学省及び気象庁「日本の気候変動 2020 - 大気と陸・海洋に関する観測・予測評価報告書 -」(詳細版)

그림 1.47 위성에 의해 관측된 파고의 과거 33년간(1985~2018년) 장기 변화 경향(cm/년) (a)는 평균유의파고(平均有義波高), (b)는 연간 상위 10%에 상당하는 유의파고

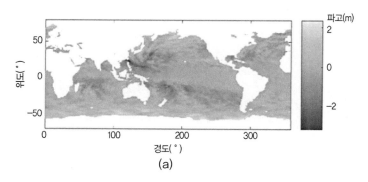

(a)

그림 1.48 극치파고(10년 확률값)의 장래 변화(m)

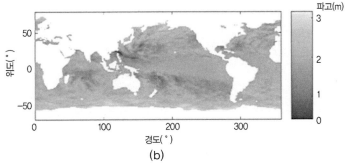

출처: 日本文部科学省及び気象庁「日本の気候変動 2020 - 大気と陸・海洋に関する観測・予測評価報告書 -」(詳細版).
※ 21세기 말과 20세기 말의 값 차이로 나타내고 있다. (a)는 장래 변화량의 앙상블 예측 간(豫測間)의 평균값, (b)는
 앙상블 예측 간의 표준편차

그림 1.48 극치파고(10년 확률값)의 장래 변화(m)(계속)

남대서양에서의 파고 증가는 해빙(海氷) 감소에 따른 취송거리[37] 증가가 크게 기여(寄與)한
다. 북서태평양에서 극치파고의 감소가 현저하지만, 우리나라의 동해와 남해는 국소적인 증가
경향이 보인다. 장래 변화의 수치모델 간 표준편차는 3m 정도이며, 장래 변화량과 비교하면
수치모델 간의 차이가 커 예측의 불확실성은 높다. 특히 열대 저기압에 기인(起因)하는 고파랑
(高波浪) 발생 지역의 예측 신뢰도는 낮다. IPCC 해양·빙권 특별보고서(2019년)에서는 장래
극치수위 변화에 대한 해수면 상승과 함께 파랑효과를 고려하는 것이 중요하다고 기술하였다.
예를 들어 파랑효과에 따른 조위상승(潮位上昇)을 고려하면 장래기후 4℃ 상승 시나리오(RCP
8.5)의 조건 아래에서의 전 지구적 평균인 100년 확률 극치수위는 높은 신뢰도에서 58~172cm
상승(IPCC 해양·빙권 특별보고서(2019) RCP 8.5 아래에서의 평균해수면 상승량은 84cm
(61~110cm))할 것으로 예측하고 있다(Vousdoukas 등, 2018).

3) 우리나라 부근 해역의 파랑예측

전 지구 기후모델(MRI-AGCM3)의 기후변화 예측실험에 따른 일본 연안 해역의 파랑 예측
(志村, 森(2019))에서 시나리오 RCP 8.5는 평균유의파고가 10% 감소(우리나라 해역은 약
0~5% 감소)를 나타내고, RCP 2.6에서는 RCP 8.5의 케이스와 비교하여 감소량은 적다(그림
1.49 참조). 최신 전 지구 파랑예측의 비교실험 결과에서도 평균적인 파고 및 주기의 감소라는

---

37) 취송거리(吹送距離, Fetch, Fetch Length): 항만 또는 해안에서 바람에 의한 파도의 크기를 추정할 때 그 지점까지 바람이
 일정한 풍속 및 풍향을 가지고 장애물 없이 바다 위를 불어온다고 가정하는 수평거리를 말한다.

예측이 보고되고 있다(Morim 등, 2019). 또한, 일본 주변의 고해상도 파랑 예측 결과에서도 같은 결과가 보고되고 있다(Morim 등, 2019). 그러나 과거 관측에서는 파고 감소는 보고되지 않았기 때문에 신뢰도는 중간이다.

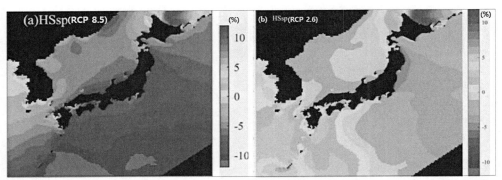

출처: 志村, 森(2019), 気候変動による波候スペクトルの将来変化予測, 土木学会論文集B2, Vol.75, No.2. 文部科学省・統合的気候モデル高度化研究プログラ.

그림 1.49 장래기후 조건((a) RCP 8.5, (b) RCP 2.6) 아래에서의 평균유의파고에 대한 장래 변화율의 예측 결과(%)(계산 기간은 과거조건 1979~2003년, RCP 8.5, RCP 2.6은 모두 2075~2099년이다.)

우리나라 주변 해역의 고파랑은 태풍과 같은 강한 기상요란(氣象搖亂)에 의해 발생되는 수가 많다. 이러한 고파랑의 장래 변화는 태풍의 강도, 빈도 및 경로의 변화 특성에 복합적으로 의존한다. 지구온난화 조건 아래에서 우리나라 부근의 태풍 강도가 강해질 것이라는 예측의 정확도는 높아지고 있다(Yoshida 등, 2017; 신뢰도가 중간 정도). Shimura 등(2015)은 일본 연안 주변의 태풍에 의한 고파랑의 변화를 해석하여, 10년에 1회 확률로 발생하는 파고는 많은 해역에서 높아지지만, 태풍 경로 변화의 영향을 받아 장소에 따라 ± 30% 정도의 변화(우리나라는 약 10%)가 있을 것을 예측하였다(그림 1.50 참조). 그러나 태풍 경로의 예측에 불확실성이 많아 장소에 따른 고파랑의 변화에 대한 예측의 신뢰도는 낮다.

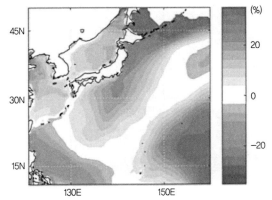

출처: 日本文部科学省及び気象庁「日本の気候変動 2020 - 大気と陸・海洋に関する観測・予測評価報告書 -」(詳細版)

그림 1.50 태풍에 따른 극치적 파고(10년 확률값)의 장래 변화(%)(21세기 말과 20세기 말의 값 차이로 나타내고 있다.)

1.3 기후변화에 따른 연안 변동에 대한 통합적 대응

1.3.1 기후변화의 완화, 적응 및 대응의 의미

기후변화로 인한 기후 외력의 증가로 말미암아 저항력(감수성·적응능력) 저하로 그 차이인 취약성 확대가 우려된다(그림 1.51 참조).

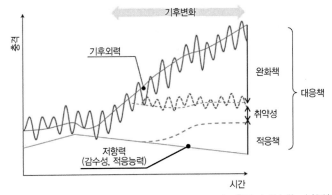

출처: 九州大学·小松利光先生로부터 일부 수정

그림 1.51 기후변화로 인한 대응책(완화책과 적응책)의 개념도

이를 해결하기 위해서는 기후변화의 대응책(對應策, Response)이 필요한데, 대응책은 지구 온난화의 원인인 온실효과가스 배출량을 줄이는(또는 식목 등을 통해 흡수량을 증가시킨다.)

'완화책(緩和策, Mitigation)'과 기후변화에 대한 자연생태계 및 사회·경제 시스템을 조정함으로써 온난화의 악영향을 경감(輕減)하는(또는 온난화의 호영향(好影響)을 증가시킨다.) '적응책(適應策, Adaptation)'으로 크게 나눌 수 있다(그림 1.52 참조).

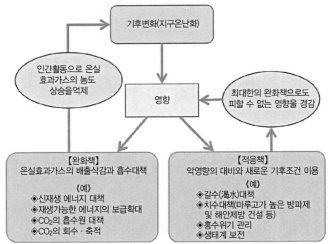

출처: 日本文科省·気象庁·環境省(2012), 「気候変動の観測·予測及び影響評価統合レポート」로부터 일부 수정

그림 1.52 기후변화의 대응책(완화책과 적응책)

즉, 완화책은 간접적으로 대기 중의 온실효과가스 농도 제어 등과 같이 자연·인간 시스템 전반에 미치는 영향을 제어하는 반면, 적응책은 직접적으로 특정 시스템에 대한 온난화 영향을 제어한다는 특징을 갖는다. 따라서 대부분인 경우 완화책의 파급효과는 광역적·부문(部門) 횡단적(橫斷的)이고, 적응책은 지역 한정적·개별적이다. 완화책의 예로는 교토의정서[38]와 같은 배출량 자체를 억제하기 위한 국제적 협정과 신재생 에너지, 이산화탄소 고정기술[39] 등을 들 수 있다. 또한, 적응책의 예로는 연안 지역에서 온난화의 영향에 따른 지역 해수면 상승에 대응하기 위한 마루고가 높은 해안제방 건설, 더위에 대응하기 위한 쿨비즈[40] 및 작물 식재의 시기 변경 등과 같은 대증요법[41]적 대책이 해당된다.

---

38) 교토의정서(京都議定書, Kyoto Protocol): 기후변화협약에 따른 온실가스 감축목표에 관한 의정서로 교토프로토콜이라고도 하며, 지구온난화 규제 및 방지를 위한 국제협약인 기후변화협약의 구체적 이행 방안으로, 선진국의 온실가스 감축 목표치를 규정하였다. 1997년 12월 일본 교토에서 개최된 기후변화협약 제3차 당사국총회에서 채택되었다.

39) 이산화탄소 고정기술(二酸化炭素固定技術): 대기와 배기가스 중에 포함되는 이산화탄소를 고정하는 기술을 말하며, 기술적으로는 연소시설의 배기가스 중 이산화탄소의 분리회수에 이용되는 물리화학적 방법, 식물에 의한 고정을 포함한 생물학적인 고정법 및 땅속이나 바닷속으로의 격리와 같은 대규모 고정법이 있다.

40) 쿨비즈(Cool-biz): 여름을 시원하게 보내는 데 도움이 되는 비즈니스를 말하며, 일반적으로 넥타이를 매지 않는 등 근무복장을 편안하게 하는 것을 의미한다.

41) 대증요법(對症療法): 어떤 환자의 질환을 치료하는 데 있어 원인을 제거하기 위한 직접적 치료법과는 달리, 증상을 완화

하지만, 최대한의 배출삭감 노력(완화책)을 해도 과거에 배출한 온실효과가스가 대기 중에 축적되어 있어 어느 정도의 기후변화를 피할 수 없다. 그로 인한 영향에 대해서 취할 수 있는 대책은 변화한 기후 아래에서 악영향을 직접적 · 최소한으로 억제하는 '적응책'에 한정된다. 그러나 적응책만으로 모든 기후변화의 영향을 완화하는 것도 불가능하므로 완화책도 함께 추진할 필요가 있다. 적응책은 온난화 대책 전체 중에서는 완화책을 보완하는 것으로 자리매김하고 있지만, 둘 다 온난화 대책으로서 필요하다. 완화책의 효과가 나타나려면 오랜 시간이 걸리기 때문에 온실효과가스 배출량의 대폭삭감을 위한 신속한 적응을 개시하고, 그것을 장기간에 걸쳐 강화 · 지속해 나가야 한다.

1.3.2 평균해수면 상승의 대응[4]

1) 해수면 상승에 대한 통합적 대응

연안 지역사회는 이용 가능한 수단의 비용, 편익 및 상충이 균형을 이루고 시간의 흐름에 따라 조정할 수 있도록 평균해수면 상승에 대한 특정 상황별 대응과 통합적인 대응책을 만들어 내야 하는 어려운 선택에 직면해 있다. 통합적 대응에서 중요한 역할을 하는 유형으로서는 5가지로 ① 방호, ② 순응, ③ 확장, ④ 후퇴, ⑤ 생태계 기반의 적응이 있다(그림 1.53 참조).

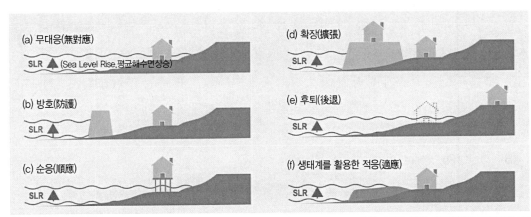

출처: IPCC 해양 · 빙권 특별보고서(2019)

그림 1.53 연안 지역 리스크와 평균해수면 상승 시 대응책을 나타내는 개념도

하기 위해 실시하는 치료법을 말한다.

(1) 방호(防護, Protection)

방호는 평균해수면 또는 극치 해수면(ESL, Extreme Sea Levels)의 내륙 진행 및 다른 영향을 차단함으로써 연안 리스크와 영향을 감소시킨다(그림 1.53(b) 참조). 방호에는 다음을 포함한다.

① 침수, 침식 및 염수 침입으로부터 방호하기 위한 해안제방, 방조제, 방파제 및 흉벽(胸壁) (하드 구조물(경성공법)이라고도 함)
② 양빈(養浜)과 사구(砂丘)와 같은 표사기반(漂砂基盤) 방호(소프트 구조물(연성공법)이라고도 함)
③ 생태계 기반 적응(EbA, Ecosystem-based Adaptation)

또한, 상기 3개 방법을 서로 조합하여 적용하는 하이브리드 대책(Hybrid Measures)이 있다. 예를 들어, 서식지 형성을 위한 틈새를 보완하도록 특별히 설계된 방조제 앞면에 습지 그린벨트가 이에 해당한다.

(2) 순응(順應, Accommodation)

순응은 해안 거주자, 인간 활동, 생태계 및 인공적으로 조성되는 환경의 취약성을 감소시켜 연안 리스크와 영향을 완화하는 다양한 생물·물리학적 및 제도적 대응을 포함한다(그림 1.53(c) 참조). 따라서 위험 발생 수준이 증가에도 불구하고 연안 지역의 거주성(居住性)이 가능해진다. 침식 및 침수에 대한 순응 조치에는 건축법규, 주택증고(住宅增高)(예: 기둥을 사용한다.), 높은 층으로의 자산(資産) 이동, 부유식 주택과 정원 등이 있다. 또한, 염분침입에 대한 순응 조치에는 토지이용의 변화(예: 벼농사로부터 기수성42)/염분 새우 양식업으로 전환) 또는 염분 내성 작물의 품종에 대한 변화가 포함된다. 제도적 대응에는 조기경보 시스템(EWS, Early Warning Systems), 비상계획, 보험 계획 및 셋백43) 구역이 있다.

(3) 확장(擴張, Advance)

확장은 바다 쪽으로 신규토지를 조성함으로써 배후지와 새로 증고된 토지에 대한 연안 리스크를 줄인다(그림 1.53(d) 참조). 여기에는 펌핑(Pumping)된 모래나 다른 주입재(注入材)로 매립한 토지, 폴더리제이션(Polderisation)으로 불리는 배수로 및 펌핑 시스템이 필요한 해안제

---

42) 기수성(汽水性, Brackish): 하구역이나 내만, 석호 등에 해수와 담수의 혼합에 의해서 발생한 저염분의 물을 말한다.
43) 셋백(Set Back): 물리적·법적 등 다양한 근거로 이용·개발이 가능한 경계선을 육지 쪽으로 물리는 것을 말하며, 그 대지 경계선(해안경계선)으로부터 건축물은 지정된 일정거리를 후퇴하여 건축하여야 한다.

방으로 둘러싸인 주변 저지대와 자연적인 토지의 확대와 같은 자연적 접근을 지원하기 위해 특별한 의도를 가지고 심는 식물재배를 포함한다.

(4) 후퇴(後退, Retreat)

후퇴는 연안재난 위험에 노출된 사람 및 자산을 연안위험 구역 밖으로 이동시킴으로써 연안 리스크를 감소시킨다(그림 1.53(e) 참조). 여기에는 다음과 같이 3가지 하위 범주로 나눌 수 있다.

① 이주(移住, Migration): 적어도 1년 이상 개인이 자발적으로 영구적 또는 반영구적인 이동을 말한다.

② 피난(避難, Displacement): 환경 관련 영향 또는 정치적·군사적 불안으로 인한 사람들의 무의식적이고 예기치 못한 이동을 가리킨다.

③ 재배치(再配置, Relocation): 재정착, 관리적 후퇴·재배치라고도 하며, 이는 일반적으로 국가적 차원으로부터 지역적 차원에 이르기까지 정부가 착수, 감독 및 시행하며 소규모 현장 및/또는 지역사회를 포함한다. 새로운 주거지를 조성하기 위한 관리적 재배치도 실시할 수 있다.

이 3가지 하위 범주는 명확하게 분리할 수 없다. 모든 가구(家口)의 후퇴 결정은 이론적으로 '자발적'일 수 있지만, 실제로는 매우 제한된 선택에서 비롯될 수 있다. 피난은 분명히 극단사건에 대응하여 발생하지만 이런 후퇴 중 일부는 다른 선택이 있을 수 있다. 재배치 프로그램은 가구(家口)가 자발적으로 선택한 토지를 국가나 지방자치단체에서 예산으로 전부 또는 일부를 매입하는 인센티브(Incentive)를 제공함으로써 이룰 수 있다. 후퇴 및 기타 대응 조치에 대한 필요성은 심각한 해수면 상승 위험에 노출되기 쉬운 지역에서의 신규개발을 하지 않음으로써 줄일 수 있다.

(5) 생태계를 활용한 적응(EbA, Ecosystem-based Adaptation)

생태계를 활용한 적응은 생태계의 지속 가능한 관리, 보존 및 복원을 기반으로 하는 방호 및 사전 편익의 조합을 제공한다(그림 1.53(f) 참조). 습지나 암초와 같은 연안 생태계의 보존이나 복원을 예로 들 수 있다. EbA 대책은 ① 습지대(濕地帶)인 경우 폭풍해일 시 장애물로 작용하며 완충공간을 제공하여 파랑을 감쇠시킴으로써 해안선을 방호한다. ② 연안 퇴적물을 포착하여 안정화되면 침식률을 감소시켜 표고(標高)를 증대시킨다. 또한, EbA는 자연·자연 기반 특징, 자연 기반 솔루션, 생태 공학, 생태계 기반 재난 위험 감소 또는 녹색 인프라를 비롯한 여러 다른 이름으로도 부른다.

2) 해수면 상승에 대한 대응: 연안방재

해수면이 더 높이 상승할수록, 연안방재는 더욱 어려워진다. 이는 기술적 한계라기보다 주로 경제적, 재정적 및 사회적 장애 때문이다. 따라서 향후 수십 년간 연안의 도시화와 인간으로 인한 지반침하 같은 노출 및 취약성의 지역적 원인을 줄이면 효과적인 대응이 가능해진다. 공간이 제한되고 노출된 자산의 가치가 높은 곳(예: 연안도시)은 21세기 동안 경성방재(硬性防災, Hard Protection)(예: 해안제방, 호안, 방조제 등)가 특수 상황을 고려한 비용 효율적인 대응 수단이 될 것이지만 예산투입이 제한된 지역에서는 이러한 투자를 할 여건이 되지 않을 수 있다. 공간이 있는 경우, 생태계 기반의 적응은 연안의 리스크를 줄일 뿐 아니라 탄소 저장, 수질 개선, 생물 다양성 보전 및 생계 지원 등 여러 가지 편익을 제공할 수 있다(표. 1.15 참조).

3) 해수면 상승 대응: 대응의 선택지와 통합적 대응

조기경보 시스템 및 건물의 침수방지와 같은 일부 연안의 순응(Accommodation) 대책은 현재의 해수면 상황에서 비용은 낮고 매우 효율적인 경우가 많다. 해수면 상승에 따른 연안재난 위험의 전망 아래에서, 일부 대책은 다른 수단들과 결합하지 않으면 효율성이 감소한다. 대안이 되는 장소가 있는 경우 '방호', '순응', '생태계를 활용한 적응', '해안선 확장' 및 '계획된 이전' 등과 같은 모든 유형의 수단은 이런 통합적 대응에서 중요한 역할을 할 수 있다. 영향을 받는 지역사회가 작거나 재난의 여파가 있는 경우, 안전한 대체(代替) 지역이 있다면 연안에서 '계획된 이전'을 통한 리스크 저감은 고려할 만하다. 그러나 이런 '계획된 이전'은 사회적, 문화적, 재정적 및 정치적으로 제약이 될 수 있다.

표 1.15 평균해수면 및 극지 해수면의 상승에 대한 대응

*이 표는 대응 수단과 그 특성을 정리한 것으로, 모든 수단을 포함하지는 않으며, 대응이 적응 가능한지 여부는 지형과 상황에 따라 다르다.

*신뢰도 수준(효과를 평가): •••• =매우 높음 ••• =높음 •• =중간 • =낮음

대응	해수면 상승 리스크 (기술적/생물 물리학적 한계를 감소시키는 관점에서 잠재적 효과)	장점 (리스크 저감 이후)	공동 편익	단점	경제적 효율성	거버넌스 과제
경성방재 (硬性防災)	• 최대 수 m의 해수면 상승.	• 예측 가능한 안전 수준.	• 레크리에이션을 위한 해안 제방 또는 기타 토지의 사용.	• 연안 축소를 통한 서식지의 파괴, 침수 및 침식에 의한 수 역량표시, 고착, 방재설비에 따른 파괴적인 결과에 도달할 수 있음.	• 도시화가 많이 진전 된 연안 그리고 인 구밀도가 높은 연안 지역에서 찾아볼 수 있음.	• 빈곤지역에 서는 종종 적용 곤란. • 목적 간의 갈등(예: 보존, 안전 및 관광), 공공예산의 배분에 관한 갈등, 재정부족.
퇴적물 기반의 보호	• 효과적이지만, 침전물 가용성에 따라 다름.	• 높은 유연성.	• 레크리에이션/관광을 위한 해안 보존.	• 침전물 원천인 서식지의 파괴.	• 관광 매출이 높은 경우에 해당.	• 공공 예산의 배분에 관한 갈등.
생태계 기반의 적응 — 산호(珊瑚) 보전	• 0.5cm/년 해수면 상승가지 효과적임. •• • 해양 온난화 및 산성화로 인해 강하게 제한됨. • 1.5°C 지구온난화에서는 제한적이지만, 2°C 지구온난화 시 대부분 장소에서 소실됨. •••	• 지역사회 참여기회.	• 서식지 확보, 생물 다양성, 탄소격리, 관광 소득, 수산업 생산성 강화, 수질 개선. • 식품, 의약품, 연료, 목재 및 문화적 편익을 제공함.	• 장기적 효과는 해 양 온난화, 산성화 및 배출량 시나리 오에 따라 다름.	• 비용-편익에 대한 제한된 증거. • 인구밀도와 토지의 이 용 가능성에 따라 다름.	• 인·허가(認·許可)를 얻기 어려움. • 재정 부족. • 보존 정책 집행의 미흡. • 단기적인 경제적 이 익과 토지의 이용 가 능으로 인해 생태계 기반 적응(EbA) 수 단이 저하(低下)됨.
생태계 기반의 적응 — 산호 복원	• 0.5~1cm/년 해수면 상승가지 효과적임. •••			• 안전 수준의 예측 어려움. • 개발일이 미실현.		
생태계 기반의 적응 — 습지 복원 (염습지, 맹그로브)	• 2°C 지구온난화에서는 감 소됨. •••			• 안전 수준의 예측 어려움. • 넓은 토지 필요, 육지 쪽으로의 생태계 확 장에 있어서는 장애 를 제거해야 함.		

표 1.15 평균 해수면 및 극저 해수면의 상승에 대한 대응(계속)

*이 표는 대응수단과 그 특성을 정리한 것으로, 모든 수단을 포함하지는 않으며, 대응이 적용 가능한지 어부는 지형과 상황에 따라 다르다.
*신뢰도 수준(효과를 평가): •••• = 매우 높음 ••• = 높음 •• = 중간 • = 낮음

대응		해수면 상승 리스크 (기술적/생물 물리학적 한계)를 감소시키는 관점에서 잠재적 효과	장점 (리스크 저감 이후)	공동 편익	단점	경제적 효율성	거버넌스 과제
해안선 확장		• 최대 몇 m의 해수면 상승까지. •••	• 예측 가능한 안전 수준	• 적응에 필요한 재정을 확보하기 위해 사용 가능한 토지 및 토지 판매 수익을 창출함.	• 지하수의 염류화, 연안 생태계의 침식과 손실의 증대.	• 토지가격이 높으면 매우 높음. • 대부분 도심지 연안에서 찾아볼 수 있음.	• 빈곤지역은 종종 적용 곤란. • 새로운 토지 접근과 배분에 관한 사회적 갈등 야기.
연안지역의 순응(건물 침수방지, 침수별 생애에 대비한 조기 정보시스템 등)		• 작은 해수면 상승에 매우 효과적임. •••	• 성숙된 기술. • 침수 중 쌓인 퇴적물은 표고(標高)를 높일 수 있음.	• 경관의 연속성 유지.	• 침수/영향을 방지하지 못함.	• 조기 정보 시스템 및 건물 표고에 따라서 매우 높음.	• 조기 정보 시스템은 효과적인 제도 정비가 필요함.
후퇴	계획된 이전	• 대안이 되는 안전한 장소가 있는 경우에 효과적임. •••	• 현재 장소의 해수면 리스크를 제거 가능.	• 개선된 서비스(건강, 교육, 주거), 취업 기회 및 경제적 성장에 이용 가능.	• 사회적 결속, 문화적 정체성 및 복지의 상실. • 서비스(건강, 교육, 주거), 취업 기회 및 경제 성장의 쇠퇴.	• 제한된 근거	• 주민일 이주시임에 따라 원래 거주자 및 목적지로부터 생기는 다양한 이해관계의 조화.
	강제 퇴거	• 원래 거주지의 즉각적인 리스크만 대응.	• 해당 없음.	• 해당 없음.	• 생명상실부터 생태 및 주민의 상실까지 해당.	• 해당 없음	• 생계, 인권 및 형평성에 관한 복잡한 인도주의적 문제가 제기됨.

출처: IPCC 해양·빙권 특별보고서(2019), 그림. SPM.5 (C)

4) 해수면 상승 대응: 거버넌스(Governace) 과제

장래 평균해수면 상승 속도와 규모에 관한 불확실성, 사회적 목표(예: 안전, 보전, 경제개발, 세대 간 평등) 간의 불편한 상충, 한정된 자원, 다양한 이해관계자들 간의 이해와 가치의 충돌로 인해 해수면 상승 대응 및 관련 리스크 감소는 사회에 중대한 거버넌스[44] 과제로 존재한다. 이런 과제는 의사결정 분석, 토지이용 계획, 공공 참여, 다양한 지식시스템 그리고 시간이 지나면서 환경변화에 따라 조정되는 지역적 갈등 해결 방식을 적절히 결합하여 해결할 수 있다(표 1.16 참조).

표 1.16 평균해수면 상승에 따른 거버넌스 과제를 극복하기 위한 성공요인과 교훈*

거버넌스 과제	성공 요인과 교훈	사례

시간 축과 불확실성	시간 경과와 함께 새로운 대응책을 모색하는 선택지를 남기면서, 장기적인 시점을 가지고 지금 바로 행동에 옮긴다.	• 참가형 시나리오 · 플래닝(계획책정)은 라고스(나이지리아), 다카(방글라데시), 로테르담(네덜란드), 홍콩 및 광저우(중국), 마푸토(모잠비크), 산토스(브라질), 북극 지역, 인도네시아, 네덜란드 델타 지대 및 방글라데시에서 광범위하게 적용해왔다.
		• 교훈은 다음과 같다.
		  – 공통된 연안지역의 비전 개발 및 중요성
		  – 다른 가치관, 신념, 및 문화를 존중하면서, 그것들의 조화를 유지하는 참가형 시나리오 · 플래닝의 이용 및 중요성
		  – 권력의 불균형과 인류 발달의 원칙에 대한 대처 및 중요성

*IPCC 해양 · 빙권 특별보고서 중 표 4.9에는 여기에서 소개하고 있는 항목 이외에도 사회적 대립이나 사회적 취약성 등 다양한 통치과제의 성공요인과 교훈 및 그러한 사례를 제시하고 있다.

출처: IPCC 해양 · 빙권 특별보고서(2019), pp.407, 제4장 표 4.9(발췌)

5) 해수면 상승 대응: 장기적 대응

2050년도 이후 평균해수면 상승의 규모 및 속도에 관한 큰 불확실성에도 불구하고, 수십 년에서 한 세기에 걸친 시간 범위를 갖는 연안에 대한 여러 결정(예: 핵심 사회기반시설, 연안방재시설의 공사, 도시계획)이 현재 진행 중이다. 이러한 의사결정은 상대적 해수면 상승을 고려하고, 조기 경보 시스템을 위한 모니터링 체계를 통해 유연한 대응(즉, 시간이 지나면서 적응 가능한 대응책)을 선호한다. 또한, 의사결정을 정기적으로 조정하고(즉, 적용 가능한 의사결정), 강력한 의사결정 방식을 이용하며, 전문가 판단, 시나리오 작성, 복수(複數)의 지식축적시

---

44) 거버넌스(Governance): 공동체 운영의 새로운 체제나 제도, 메커니즘(Mechanism) 및 운영 양식을 다루는 것으로 기존의 통치나 관리 패턴을 대체하는 것을 말한다.

스템을 사용하여 개선할 수 있다. 연안 대응책을 계획하고 실행하는 데 고려해야 할 해수면 상승 범위는 이해관계자의 리스크 수용치(Risk Tolerance)에 따라 달라진다. 리스크 수용치가 높은 이해관계자들(예: 예측 불가능한 조건에도 매우 쉽게 적응할 수 있는 투자를 계획하는 사람들)은 높은 신뢰도인 예측값 범위를 선호한다. 그렇지만, 높은 신뢰도를 갖는 범위 중 최대 상승값 1.1m(IPCC 해양·빙권 특별보고서(2019)에서 최악의 시나리오인 RCP 8.5 중 2100년 평균해수면 상승은 0.84m(0.61~1.10m)이다.) 이상(以上)으로 전 지구 평균해수면 상승 또는 지역 해수면 상승이 발생할 수도 있다. 그러므로, 리스크 수용치가 낮은 이해관계자(예: 핵심 기반시설에 관한 의사 결정권자들)는 전문가 의견 도출과 같은 높은 신뢰도를 확보하는 방법도 고려해야 한다(그림 1.54 참조).

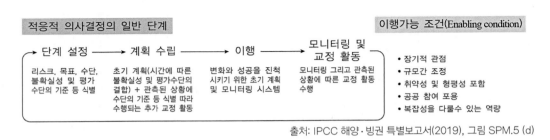

출처: IPCC 해양·빙권 특별보고서(2019), 그림 SPM.5 (d)

그림 1.54 선택 및 이행 가능한 해수면 상승 대응

1.3.3 이행가능 조건(Enabling Conditions)

1) 조건 ①: 긴급하고 의욕적인 배출 저감

기후 탄력성과 지속 가능한 발전을 실현하는 것은 지속적으로 조정된 점진적이며 의욕적인 적응 행동과 어우러진 긴급하고 의욕적인 배출량 저감에 따라 결정적으로 좌우된다. 해양과 빙권에서 관측 및 전망된 변화와 관련하여, 의욕적인 완화에도 불구하고 많은 나라가 적응 과제에 직면할 것이다. 고배출량 시나리오(RCP 8.5)에서 다수의 해양과 빙권에 의존하는 지역사회는 21세기 후반에 적응 한계(즉, 생물 물리학적, 지리적, 재정적, 기술적, 사회적, 정치적 및 제도적 측면)에 직면할 것이다. 이와 비교하여, 저배출량 경로(RCP 2.6)는 금세기 이후에 해양과 빙권으로부터 받는 리스크를 제한하며 보다 효과적인 대응이 가능하면서도 공동 편익을 창출한다. 중대한 경제적 및 제도적 변혁을 통해 해양과 빙권의 맥락에서 기후 회복적 발전 경로를 구현할 수 있다(그림 1.55 참조).

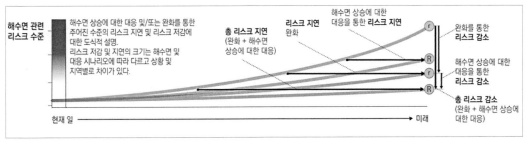

출처: IPCC 해양·빙권 특별보고서(2019), 그림 SPM.5(b)

그림 1.55 해수면 상승에 대한 대응과 완화의 편익

2) 조건 ②: 거버넌스 당국 간 협력 및 조정

해양과 빙권에서 기후 관련 변화에 효과적으로 대응하기 위한 핵심적인 요소는 서로 다른 공간적 규모와 계획 대상 기간에 대한 책임 당국 간의 협력과 조정을 강화하는 것이다. 규모, 관할, 부문, 정책 분야 및 계획 대상 기간에 걸쳐 책임 당국 간의 협력과 조정을 강화하면 해양, 빙권 변화 및 해수면 상승에 대한 효과적인 대응이 가능해질 수 있다. 조약과 협약 등의 지역적 협력은 적응 행동을 지원할 수 있다. 그러나 해양과 빙권의 변화에서 비롯되는 영향 및 손실에 대해, 지역적 정책 프레임 워크(Framework)를 통해 구현되는 정도는 현재로서는 제한적이다. 국소 지역 및 토착 지역사회와 복수 층으로 강력한 연계성을 제공하는 다양한 제도들은 적응에 편익을 제공한다. 국가 및 접경지역 정책 간의 조정과 보완은 물과 수산물 같은 자원의 안보와 관리에 대한 리스크에 대응하려는 노력을 지원할 수 있다. 해수면 상승, 고산 지역에서 물 관련 리스크, 북극지방의 기후변화 리스크 대응과 같은 현재까지의 경험도 단기 의사결정을 내리거나, 2050년 이후 특정 상황의 리스크에 대한 불확실성을 명시적으로 설명하거나, 복잡한 리스크를 해결하기 위해 거버넌스의 역량을 강화할 때 장기적 관점을 수용하는 이행 가능한 영향력을 가지고 있다.

3) 조건 ③: 교육 및 능력개발에 대한 투자 및 감시·예측 등의 정보제공

다양한 수준과 규모의 교육 및 역량 강화에 대한 투자는 특정 상황에 대응하는 사회적 학습과 장기적인 역량 강화를 쉽게 하여 리스크를 줄이고 탄력성을 강화시킨다. 특정한 활동에는 다중 지식 시스템 및 지역별 기후정보를 활용한 의사결정과 지역사회, 토착민 그리고 관련 이해당사자를 적응형 거버넌스 마련 및 계획수립 프레임 워크에 관여시키는 것이 있다. 기후 지식의 촉진과 지역적, 토착적 및 과학적 지식 시스템의 이해는 지역적으로 특수한 리스크 및 대응 잠재력에 관한 대중의 인식, 이해 및 사회적 학습을 가능하게 한다. 이런 투자로 기존의 제도를 개발하고 대부분 경우 탈바꿈시킬 수 있으며, 정보에 기반하고 상호적이며 적응적인 거버넌스 마련을 가능하게 한다. 해양과 빙권의 특정 상황을 모니터링하고 변화를 예측하는 것은 적응 계획 및 이행 정보를 제공하고 단기와 장기 이익 간의 상충에 대한 확고한 결정을 가능하게 한다. 지속적인 장기 모니터링, 자료 공유, 정보와 지식 및 특정 상황에 대한 예측 개선, 즉 현재보다 극심한 엘니뇨/라니냐 현상, 열대 저기압 및 해양 고수온을 예측하기 위한 조기 경보 시스템 등은 수산업 손실, 인간의 건강에 미치는 부정적 영향, 식량안보, 농업, 산호초, 양식, 산불, 관광, 보전, 가뭄 및 홍수 등의 해양 변화로 인한 부정적 인 영향을 관리하는 데 도움이 된다. 사회적 취약성과 형평성을 해결하기 위한 우선적 조치들은 기후 탄력성 및 지속적인 발전을 공명정대하게 추진하려는 노력을 뒷받침하며, 의미 있는 공공 참여, 숙의 및 갈등 해결을 위한 안전한 지역사회 조성이 도움이 될 수 있다.

■ 참고문헌

1. 기상청(2020), 우리나라 109년의 기후변화 분석보고서.

2. 국립수산과학원(2019), 수산분야 기후변화 평가백서.

3. 국립생태원(2020), 기후변화, 우리 생태계에 얼마나 위험할까?

4. IPCC(2019), 해양·빙권 특별보고서.

5. 국립해양조사원 보도자료(2021), 우리나라 연안 해수면 상승.

6. 日本文部科学省及び気象庁「日本の気候変動 2020 ― 大気と陸·海洋に関する観測·予測評価報告書 ―」(詳細版).

【열대 저기압】

1) Bhatia, K., G. Vecchi, H. Murakami, S. Underwood and J. Kossin. (2018), Projected response of tropical cyclone intensity and intensification in a global climate model. J. Climate, 31, pp. 8281-8303, https://doi.org/10.1175/JCLI-D-17-0898.1.

2) Emanuel, K. A.. (1986). An Air-Sea Interaction Theory for Tropical Cyclones. Part I: Steady-State Maintenance. J. Atmos. Sci., 43, pp. 585~605, https://doi.org/10.1175/1520-0469(1986)043⟨0585:AASITF⟩2.0.CO;2.

3) Emanuel, K. A. (2013), Downscaling CMIP5 climate models shows increased tropical cyclone activity over the 21st century. Proc. Nat. Acad. Sci., 110: doi: 10.1073/pnas.1301293110.

4) IPCC (2019), IPCC Special Report on the Ocean and Cryosphere in a Changing Climate [H.-O. Pörtner, D. C. Roberts, V. Masson-Delmotte, P. Zhai, M. Tignor, E. Poloczanska, K. Mintenbeck, A. Alegría, M. Nicolai, A. Okem, J. Petzold, B. Rama, N. M. Weyer (eds.)]. In press.

5) Ito, R., T. Takemi and O. Arakawa. (2016), A possible reduction in the severity of typhoon wind in the northern part of Japan under global warming: A case study. SOLA, 2016, 12, pp. 100~105.

6) Kanada, S., T. Takemi, M. Kato, S. Yamasaki, H. Fudeyasu, K. Tsuboki, O. Arakawa and I. Takayabu. (2017), A multimodel intercomparison of an intense typhoon in future, warmer climate by four 5-km-mesh models. J. Climate, 30, pp. 6017~6036.

7) Kanada, S., K. Tsuboki and I. Takayabu. (2020), Future changes of tropica cyclones in the midlatitudes in 4-km-mesh downscaling experiments from large-ensemble simulations, SOLA, https://doi.org/10.2151/sola.2020-010.

8) Knutson, T., S. J. Camargo, J. C-L. Chan, K. Emanuel, C.-H. Ho, J. Kossin, M. Mohapatra, M. Satoh, M. Sugi, K. Walsh and L. Wu. (2019), Tropical cyclones and climate change assessment:

Part I. Detection and attribution. Bull. Amer. Meteor. Soc., DOI: 10.1175/BAMS-D-18-0189.1.

9) Knutson, T., S. J. Camargo, J. C. Chan, K. Emanuel, C. Ho, J. Kossin, M. Mohapatra, M. Satoh, M. Sugi, K. Walsh and L. Wu. (2020), Tropical Cyclones and Climate Change Assessment: Part II. Projected Response to Anthropogenic Warming. Bull. Amer. Meteor. Soc., 101, E303-E322, https://doi.org/10.1175/BAMS-D-18-0194.1.

10) Knutson, T. R., J. J. Sirutis, M. Zhao, R. E. Tuleya, M. Bender, G. A. Vecchi, G. Villarini and D. Chavas. (2015), Global projections of intense tropical cyclone activity for the late 21st century from dynamical downscaling of CMIP5/RCP4.5 scenarios. J. Climate, 28(18), DOI:10.1175/JCLI-D-15-0129.1.

11) Kossin, J. P. (2018), A global slowdown of tropical-cyclone translation speed. Nature, 558, pp. 104~107.

12) Kossin, J. P. (2019), Reply to: Moon, I.-J. et al.; Lanzante, J. R., Nature, 570, E16~E22.

13) Kossin, J. P., K. A. Emanuel and S. J. Camargo. (2016), Past and projected changes in western North Pacific tropical cyclone exposure. J. Climate, 29, pp. 5725~5739.

14) Kossin, J. P., K. A. Emanuel and G. A. Vecchi. (2014), The poleward migration of the location of tropical cyclone maximum intensity. Nature, 509, pp. 349~352.

15) Lanzante, J. R. (2019), Uncertainties in tropical-cyclone translation speed. Nature, 570, E6~E15.

16) Mei, W. and S.-P. Xie. (2016), Intensification of landfalling typhoons over the northwest Pacific since the late 1970s. Nature Geoscience, 9, pp. 753~757.

17) Moon, I, -J., S.-H. Kim and J. C.L. Chan. (2019), Climate change and tropical cyclone trend. Nature, 570, E3~E5.

18) Murakami H, Hsu P-C, Arakawa O and Li Y. (2014), Influence of model biases on projected future changes in tropical cyclone frequency of occurrence. J. Climate, 27, pp. 2159~2181.

19) Murakami, H., Y. Wang, H. Yoshimura, R. Mizuta, M. Sugi, E. Shindo, Y. Adachi, S. Yukimoto, M. Hosaka, S. Kusunoki, T. Ose and A. Kitoh. (2012), Future changes in tropical cyclone activity projected by the new High-Resolution MRI-AGCM. J. Climate, 25(9), pp. 3237~3260.

20) Satoh, M., Y. Yamada, M. Sugi, C. Kodama and A. T. Noda. (2015), Constraint on future change in global frequency of tropical cyclones due to global warming. J. Meteorol. Soc. Japan, 93, pp. 489~500, doi:10.2151/jmsj. 2015-025.

21) Sugi, M., H. Murakami and K. Yoshida, 2016, Projection of future changes in the frequency of intense tropical cyclones. Clim. Dyn., 49(1-2), pp. 619~632.

22) Sugi M, Murakami H and Yoshimura J. (2012), On the mechanism of tropical cyclone frequency

changes due to global warming. J. Meteor. Soc. Japan, 90A, pp. 397~408.

23) Takemi, T., R. Ito and O. Arakawa. (2016), Effects of global warming on the impacts of Typhoon Mireille (1991) in the Kyushu and Tohoku regions. Hydrological Research Letters 10, pp. 81~87.

24) Tennille, S. A. and K. N. Ellis. (2017), Spatial and temporal trends in the location of the lifetime maximum intensity of tropical cyclones. Atmosphere, 8, 198, doi:10.3390/atmos8100198.

25) Tsuboki, K., M. K. Yoshioka, T. Shinoda, M. Kato, S. Kanada and A. Kitoh. (2015), Future increase of supertyphoon intensity associated with climate change. Geophys. Res. Lett., 42, pp. 646~652.

【폭풍해일】

1) Dube, S. K., A. D. Rao, P. C. Sinha and P. Chittibabu. (2008), Storm surges: Worst coastal marine hazard, in Modelling and Monitoring of Coastal Marine Processes. chap. 9, edited by C. R. Murthy, P. C. Sinha, and Y. R. Rao, 125-140, p. 246, Co-published by Springer and Capital Pub. Company, New Delhi.

2) IPCC (2013), Climate Change 2013, The Physical Science Basis. Contribution of Working Group I to the Fifth Assessment Report of the Intergovernmental Panel on Climate Change [Stocker, T.F., D. Qin, G.-K. Plattner, M. Tignor, S. K. Allen, J. Boschung, A. Nauels, Y. Xia, V. Bex and P. M. Midgley (eds.)]. Cambridge University Press, Cambridge, United Kingdom and New York, NY, USA, 1535 pp, doi:10.1017/CBO9781107415324.

3) IPCC (2019), IPCC Special Report on the Ocean and Cryosphere in a Changing Climate [H.-O. Portner, D. C. Roberts, V. Masson-Delmotte, P. Zhai, M. Tignor, E. Poloczanska, K. Mintenbeck, A. Alegria, M. Nicolai, A. Okem, J. Petzold, B. Rama, N. M. Weyer (eds.)]. In press.

4) Knutson, T., S. J. Camargo, J. C. Chan, K. Emanuel, C. Ho, J. Kossin, M. Mohapatra, M. Satoh, M. Sugi, K. Walsh, and L. Wu. (2020), Tropical Cyclones and Climate Change Assessment: Part II. Projected Response to Anthropogenic Warming. Bull. Amer. Meteor. Soc., 101, E303~E322, https://doi.org/10.1175/BAMS-D-18-0194.1.

5) Mori, N. and T. Takemi. (2016), Impact assessment of coastal hazards due to future changes of tropical cyclones in the North Pacific Ocean. Weather and Climate Extremes, Vol.11, pp. 53~69.

6) Needham, H. F., B. D. Keim and D. Sathiaraj. (2015), A review of tropical cyclone-generated storm surges: Global data sources, observations, and impacts. Rev. Geophys., 53, pp. 545~591, doi:10.1002/2014RG000477.

【고파랑】

1) IPCC (2013), Climate Change 2013, The Physical Science Basis. Contribution of Working Group I to the Fifth Assessment Report of the Intergovernmental Panel on Climate Change [Stocker, T. F., D. Qin, G.-K. Plattner, M. Tignor, S. K. Allen, J. Boschung, A. Nauels, Y. Xia, V. Bex and P. M. Midgley (eds.)]. Cambridge University Press, Cambridge, United Kingdom and New York, NY, USA, 1535 pp, doi:10.1017/CBO9781107415324.

2) IPCC (2014), Climate Change 2014, Impacts, Adaptation, and Vulnerability. Part A: Global and Sectoral Aspects. Contribution of Working Group II to the Fifth Assessment Report of the Intergovernmental Panel on Climate Change [Field, C. B., V. R. Barros, D. J. Dokken, K. J. Mach, M. D. Mastrandrea, T. E. Bilir, M. Chatterjee, K. L. Ebi, Y. O. Estrada, R. C. Genova, B. Girma, E. S. Kissel, A. N. Levy, S. MacCracken, P. R. Mastrandrea, and L. L. White (eds.)]. Cambridge University Press, Cambridge, United Kingdom and New York, NY, USA, 1132 pp.

3) IPCC (2019), IPCC Special Report on the Ocean and Cryosphere in a Changing Climate [H.-O. Pörtner, D. C. Roberts, V. Masson-Delmotte, P. Zhai, M. Tignor, E. Poloczanska, K. Mintenbeck, A. Alegría, M. Nicolai, A. Okem, J. Petzold, B. Rama, N. M. Weyer (eds.)]. In press.

4) Melet, A., Meyssignac, B., Almar, R. and Le Cozannet, G. (2018), Under-estimated wave contribution to coastal sea-level rise. Nature Climate Change, 8(3), p. 234.

5) Morim, J., M. Hemer, L. W. Xiaolan, N. Cartwright, C. Trenham, A. Semedo, I. Young, L. Bricheno, P. Camus, M. Casas-Prat, L. Erikson, L. Mentaschi, N. Mori, T. Shimura, B. Timmerman, O. Aarnes, Ø. Breivik, A. Behrens, M. Dobrynin, M. Menendez, J. Staneva, M. Wehner, J. Wolf, B. Kamranzad, A. Webb and J. Stopa. (2019), Robustness and uncertainties in global multivariate windwave climate projections. Nature Climate Change, 10.1038/s41558-019-0542-5.

6) Ruggiero, P., Komar, P. D. and Allan, J. C. (2010), Increasing wave heights and extreme value projections: The wave climate of the US Pacific Northwest. Coastal Engineering, 57(5), pp. 539~552.

7) Ruggiero, P. (2012), Is the intensifying wave climate of the US Pacific Northwest increasing flooding and erosion risk faster than sea-level rise? Journal of Waterway, Port, Coastal, and Ocean Engineering, 139(2), pp. 88~97.

8) Sasaki, W. (2012), Changes in wave energy resources around Japan. Geophysical Research Letter, p. 39, doi:10.1029/2012GL053845.

9) Shimura, T., Mori, N. and Mase, H. (2015), Future projections of extreme ocean wave climates and the relation to tropical cyclones: Ensemble experiments of MRI-AGCM3. 2H. Journal of Climate, 28(24), pp. 9838~9856.

10) Shimura, T., Mori, N. and Hemer, M. A.. (2016), Variability and future decreases in winter wave heights in the Western North Pacific. Geophysical Research Letters, 43(6), pp. 2716~2722.

11) Yoshida, K., M. Sugi, R. Mizuta, H. Murakami and M. Ishii. (2017), Future changes in tropical cyclone activity in high-resolution large-ensemble simulations. Geophys. Res. Lett., 44, pp. 9910~9917, https://doi.org/10.1002/2017GL075058.

12) Young, I. R. and Ribal, A. (2019) Multiplatform evaluation of global trends in wind speed and wave height. Science, 364(6440), pp. 548-552.

13) Vousdoukas, M. I., Mentaschi, L., Voukouvalas, E., Verlaan, M., Jevrejeva, S., Jackson, L. P. and Feyen, L. (2018), Global probabilistic projections of extreme sea levels show intensification of coastal flood hazard. Nature communications, 9(1), p. 2360.

14) 加藤広之, 遠藤次郎, 古市尚基, 不動雅之, 井上真仁. (2019), 日本沿岸における最大有義波高の経年変化と設計沖波への影響に関する考察. 土木学会論文集 B2 (海岸工学), 75(2), pp. I_109-I_114.

15) 清水勝義, 永井紀彦, 里見茂, 李在炯, 冨田雄一郎, 久高将信, 額田恭史. (2006), 長期波浪観測値と気象データに基づく波候の変動解析. 海岸工学論文集, 53, pp. 131-135.

16) 志村智也, 森信人. (2019), 気候変動による日本周辺の波候スペクトルの将来変化予測. 土木学会論文集 B2 (海岸工学), 75(2), pp. I_1177-I_1182.

17) 関克己, 河合弘泰, 佐藤真. (2011), 日本沿岸の季節別波浪特性の経年変化. 土木学会論文集 B3 (海洋開発), 67(2), pp. I_1-I_6.

18) 森信人, 志村智也, Mark A. Hemer, Xiaolan Wang. (2017), CMIP5 にもとづく地球温暖化による高波の将来変化のアンサンブル予測. 土木学会論文集 B2(海岸工学), Vol.73, pp. I_115-I_120.

기후변화로 인한
연안재난

02 기후변화로 인한 연안재난

2.1 기후변화에 따른 연안재난의 요인과 종류

온실효과가스 증가로 인한 지구온난화는 연안 지역에 평균해수면의 상승, 태풍의 강대화·진로변경 등을 일으켜 해안침식 증대, 폭풍해일 또는 고파랑의 증대 등을 발생시킨다(그림 2.1 참조). 즉, 해안침식은 연안 지역 사빈의 감소·소멸, 평행사도[1] 및 사취[2]의 감소·소멸, 해식애(海蝕崖)의 침식, 열대지역의 맹그로브[3] 및 산호초 소실을 일으키며, 폭풍해일 또는 고파랑 증대는 연안의 수심·파랑 증가, 처오름고·월파량 및 파력 증대를 가져온다. 그 결과 해안·항만구조물의 기능저하·피재(被災), 임해부의 침수 또는 임해도로·철도에도 영향을 끼쳐 연안 지역에 설치된 전체적인 사회기반시설의 기능 저하를 가져온다. 따라서 이 장에서는 기후변화에 따른 연안재난의 가장 큰 요인인 폭풍해일·고파랑 및 해안침식과 그 외력에 대한 대응, 가장 최근의 기후변화로 인한 국내외 연안재난 사례에 대하여 자세히 알아보기로 하겠다.

---

1) 평행사도(平行砂島, Barrier Island): 연안과 평행하게 발달한 좁고 긴 모래와 자갈의 퇴적체(堆積體)로서 만조(滿潮) 시에 물 위로 노출되는 지형을 말한다.

2) 사취(砂嘴, Spit, Sand Spit): 해안류(Shore Current)에 의하여 운반되어 온 모래가 만(Bay)의 입구를 닫을 것처럼 좁고 긴 낚싯바늘 모양으로 퇴적된 모래나 자갈질의 융기부분으로 해안의 침식이나 하구로부터 흘러내린 모래와 자갈이 파도·조류·연안류 등에 의하여 만의 입구까지 운반되면 물의 속도가 갑자기 약해지므로 그대로 쌓이게 되어 형성된다.

3) 맹그로브(Mangrove): 꽃이 피는 육상식물로 연안의 염분이 있는 곳이나 기수(汽水)에서 자라는 작은 나무나 관목인 염생식물(鹽生植物)로서 염분에 내성이 있는 나무이고, 혹독한 연안 환경에 적응되어 있고, 염분이 있는 물과 파랑에 대처하기 위해 복잡한 염분 여과 시스템과 뿌리 시스템을 가지고 있다.

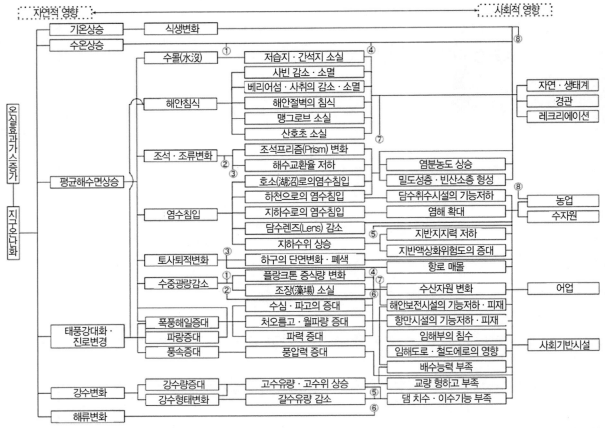

그림 2.1 연안지역 사회기반시설을 중심으로 한 기후변화(지구온난화)의 영향전파도

2.2 폭풍해일

2.2.1 폭풍해일의 원인

사진 2.1은 2016년 10월 6일 11시 20분경 태풍 '차바' 내습 시 부산광역시 남구 오륙도 해상에서의 폭풍해일(高潮, Storm Surge)을 찍은 사진으로 폭풍해일이란 태풍 및 저기압이 원인이 되는 이상조위[1]로 고조(高潮) 또는 스톰 서지(Storm Surge)라고도 하며 그림 2.1과 같은 2가지 원인으로 발생한다.

사진 2.1 태풍 '차바'(2016.10.5. 11시 20분경) 상륙 시 부산 오륙도 및 그 인근에서의 폭풍해일 전경

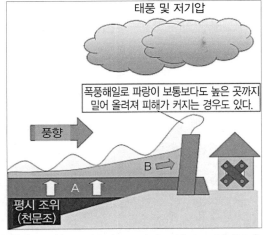

그림 2.2 폭풍해일의 원인

① 저기압에 의한 수면상승 효과(그림 2.2의 A): 태풍 및 저기압 중심에서는 기압이 주변보다 낮아지므로 중심 부근의 공기가 해수를 빨아올려(흡상(吸上)) 해수면이 상승한다.

② 해상풍에 의한 수면상승 효과(그림 2.2의 B): 태풍 및 저기압을 동반한 강한 바람이 해수를 해안으로 불어 밀침으로 해수면이 상승한다.

또한, 관측조위로부터 추산 천문조위를 뺀 값을 조위편차 또는 폭풍해일편차라고 한다.

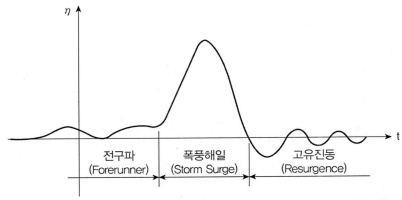

출처: 服部昌太郎(1994), 土木系大學講義シリーズ海岸工學, コロナ社, p.221.

그림 2.3 폭풍해일의 시계열 변화

폭풍해일의 시계열(時系列) 변화를 알아보면 태풍으로부터 멀리 떨어진 시점으로부터 전구파[4])에 의한 수위상승이 시작된다. 태풍 범위에 들어가면 수위상승이 큰 폭풍해일이라고 불리는 폭풍해일의 주체부가 나타난다. 그 후 수위가 강하한 후에 만(灣)과 같은 폐쇄해역에는 고유진동(Resurgence)이 계속된다(그림 2.3 참조). 단, 전구파의 발생 원인은 아직 밝혀지지 않았으나, 너울의 내습에 의한 웨이브 셋업(Wave Setup)이 유력하다. 일반적으로 파랑이 해안에 도달하면, 그 형태가 불안정하게 되어 전방(前方)으로 뛰쳐나가듯이 무너지지만,[5]) 쇄파가 생긴 장소보다 해안 쪽의 해역에서는 조위상승이 발생한다. 쇄파에 따라 평균해수면이 상승하는 현상을 두고 파랑효과(波浪效果)에 의한 조위상승으로 웨이브 셋업(Wave Setup)이라고 부른다(그림 2.4 참조). 파랑이 심해(深海)에서 천해(淺海)로 진행되어 천수효과(淺水效果)에 따른 파고가 증대하여 파고에 따른 해안 방향의 힘이 발생한다. 진행된 파랑은 어느 수심의 장소에서 쇄파하고, 그것보다 해안 쪽에서는 점차 파고가 작아진다. 쇄파가 생기는 장소에 따라 해안 쪽에서는 쇄파가 생기는 곳에 가까울수록 해안으로 향하는 힘이 더 세지며, 전체적으로 해안으로 향하는 해수를 체류시키는 힘이 생겨 연안부의 조위를 상승시킨다. 또, 해저경사(바다 쪽으로의 해저 지형이 변화하는 비율)가 급할수록, 파형경사(파장과 파고의 비율)가 작을수록, 파랑효과에 따른 조위의 상승인 웨이브 셋업(Wave Setup)은 커진다. 따라서 외해에 면하고 앞바다에 걸쳐

---

4) 전구파(前驅波, Forerunner): 열대 저기압 지역 내의 풍역(風域)에서 발생한 파도는 전구파로 되어 풍역을 벗어나고, 풍역이 해안에 도달하기 전부터 해안에 밀려가는 파고가 낮고 주기는 긴 파랑을 말한다.

5) 쇄파(碎波, Breaker, Breaking Wave, Surf): 파랑이 경사진 해안으로 진행되어 들어올 때 해저의 저항으로 파랑의 진행 속도가 물입자의 원운동 속도보다 늦어져 깨어지는 파랑을 말한다.

해저지형이 험준하게 변화하고 있는 해역이나 파장이 긴 파랑이 도달하기 쉬운 해역에서는 파랑효과에 의한 조위의 상승인 웨이브 셋업(Wave Setup)이 현저하게 된다.

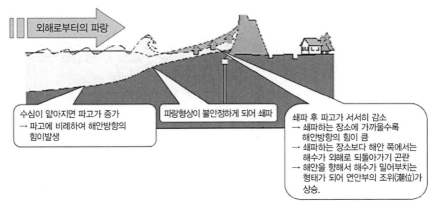

출처: 日本 気象庁 (2021), https://www.data.jma.go.jp/gmd/kaiyou/db/tide/knowledge/tide/wavesetup.html

그림 2.4 웨이브 셋업(Wave Setup) 개념도

출처: 부산시 자료(2017)

사진 2.2 태풍 '차바'(2016.10.5.) 시 부산 송도 해수욕장 및 그 인근에서의 폭풍해일 전경

폭풍해일은 외해에서도 일어나지만, 실질적(實質的)으로 영향이 적어 사람 이목(耳目)을 별로 끌지 않는다. 폭풍해일이 조석의 만조[6] 시와 겹치게 되면 해수면이 이상하게 높아져 방조제를

---

6) 만조(滿潮, High Water, High Tide): 조석으로 인하여 해면이 가장 높아진 상태로 창조(Flood Tide)에서 해면이 가장 높아진 상태이며, 우리나라에서는 만조에서 다음 만조까지의 시간 간격이 평균 12시간 25분으로서, 매일 약 50분씩 늦어진다.

파괴하거나 연안시설(해안·항만구조물), 가옥, 인명 등에 큰 피해를 발생시키므로 폭풍해일
발생 시각과 해수면 상승량을 예보하는 것은 매우 중요하다. 또한, 폭풍해일이 발생하는 혹독
한 기상 조건에서는 각각의 파랑도 높이 발달하므로 해수면의 수위상승과 파랑이 중첩되면서
보통 상태보다 높은 지점까지 파랑이 도달하고 해안에 작용하는 파력도 커진다(사진 2.2 참조).
더구나 개별 파랑의 주기도 통상보다 길어지게 되어 15~20초 간격으로 파랑이 내습할 수도
있다. 이러한 긴 주기를 가진 파랑은 해안 근처에 도달할 때까지 부서지지 않고 큰 에너지를
보유한 채 밀어닥치므로 해안구조물에 미치는 파력도 크고 월류할 위험성도 있다. 더욱이 이런
혹독한 해상조건에서는 주기가 1분 이상인 장주기의 해수면 변동도 발달한다. 가뜩이나 폭풍해
일로 상승한 해수면이 1분에서 몇 분 주기로 상승·하강하기 때문에 해수면이 상승한 시간대에
해안은 더 큰 파력에 노출되게 된다. 또한, 해안 부근은 태풍이 통과한 후에도 파랑은 바로
잔잔해지지 않고 당분간 위험한 상태가 계속되므로 해안에는 접근하지 않도록 한다.

2.2.2 폭풍해일의 정적 수위 상승[2]

태풍 및 저기압이 통과하면 보통 기압(1013hPa)보다 기압이 저하되는 만큼 수위가 상승한다.
이것을 '기압저하에 의한 흡상(吸上)효과'라고 부르며 만약 해수면이 충분히 커서 지구 자전
효과를 무시할 정도로 해수 유동이 적으면 기압저하에 의한 정적 해수면 상승 η_{PS}(그림 2.2의
A)는

$$\eta_{PS} = 0.991\,(1013 - p) \times 10^{-2} \tag{2.1}$$

로 나타낼 수 있다. 여기서, η_{Ps}는 저기압에 의한 정적 해수면 상승량(m), p는 기압(hPa)이다.
또한, 바람의 전단응력으로 해수면 근처의 해수는 바람의 방향으로 운반되지만, 해안이 있으면
흐름은 막히게 되어 해수면 상승이 발생하고 더욱이 해저면 부근에서는 외해로 돌아가는 흐름이
발생한다. 이와 같은 해수면 상승을 '해상풍에 의한 해수면 상승'이라고 한다. 정사각형 형태를
가진 만(湾)을 가정한 경우, 만 안쪽의 정적인 폭풍해일의 해상풍에 의한 해수면 상승(그림 2.2의
B)은

$$\eta_W = \frac{\rho_a\,(1 + \lambda)}{\rho_w\,g}\,\gamma_s^2\,\frac{l}{h}\,U_{10}^2 \tag{2.2}$$

로 주어진다. 여기서, η_W는 해수면 상승량(m), l은 만의 길이(m), h는 만의 수심(m), ρ_a는 공기밀도(kg/m³), ρ_w는 해수밀도(kg/m³), λ는 바람의 전단응력과 해저마찰력의 비, γ_S는 해수면의 마찰계수, U_{10}은 수면 위 10m에서의 풍속(m/sec)이다. 더욱이 이 식은 바람의 전단력, 해저마찰력 및 해수면 상승에 근거한 수위 차(水位 差)의 균형을 이루면서 해수면 상승량을 구할 수 있다. 이 2가지 이외에 쇄파 후의 파에 의한 웨이브 셋업(Wave Setup) 효과를 들 수 있다.[3] 즉, 해안 근처에서는 파랑의 파고가 공간적으로 변화하면 잉여응력7)의 공간적인 경사가 발생하며 이것의 균형을 이루기 위해서 평균 수면이 변화한다.

2.2.3 폭풍해일의 동적증폭기구[4], [5]

외해의 폭풍해일(심해(深海)의 폭풍해일)은 외력의 아래에서 생기는 선형장파 운동과 근사하다. 해수면에 변위가 일어난 후 외력 작용이 없어지면, 파속(波速)은 $\sqrt{gh}$로 전달된다. 이것을 자유파(自由波)라고 한다. 외력이 이동할 때 외력의 이동속도와 같은 속도로 진행하는 파도 존재하는데, 이것을 강제파(强制波)라고 한다. 외력의 이동속도가 자유파 속도와 일치하면 공진(共振)이 일어나 폭풍해일의 진폭(振幅)은 시간에 비례하여 커진다. 내해(內海)의 폭풍해일인 경우 심해의 폭풍해일과 비교하여 연안의 경계조건이 덧붙여져 연안으로부터 반사파가 발생한다. 외력의 이동속도와 자유파의 이동속도가 일치하는 경우에는 역시 공진이 발생하여 폭풍해일의 진폭이 크게 된다. 동적증폭은 만약 조건이 갖추어지면 정적 해수위 상승의 몇 배의 해수면 상승량이 될 수도 있다.

2.3 고파랑(高波浪)

2.3.1 파랑의 기초 이론

1) 파의 제원과 분류[6]

바다의 파(波)는 다른 파동(波動) 현상과 같이 파장 L과 주기 T, 파고 H에 의해 기본적인

---

7) 잉여응력(剩餘應力, Radiation Stress): 잔잔했던 바다에 표면중력파(Surface Gravity Wave)가 발생하면, 역학적으로는 정수압에 더해서 파압(Dynamic Wave Pressure)이 작용하고, 운동학적으로는 물 입자의 운동이 발생한다. 잉여응력은 표면중력파로 인해 발생하는 잉여 운동량 플럭스(Excess Momentum Flux)로서, 파압과 물 입자 운동에 의한 운동량 전달(Momentum Transfer)을 수심 적분한 후 위상 평균하여 구한다.

제원을 정의하지만 특히 천해역(淺海域)의 파동장에서는 수심 h도 중요한 변수이다.

해상에 나타나는 파의 봉우리(파봉)와 그것에 연속되어 나타나는 골짜기(파곡)의 차이를 파고(波高, 파의 높이)라고 한다(그림 2.5 참조). 파의 봉우리에서부터 다음 봉우리 정상까지의 거리를 파장(波長)이라고 하며 하나의 파 봉우리가 통과한 후 다음 파의 봉우리가 올 때까지의 시간을 주기(週期)라고 한다. 수심이 충분히 깊은 해역에서는 파장은 주기의 2제곱에 비례한다.

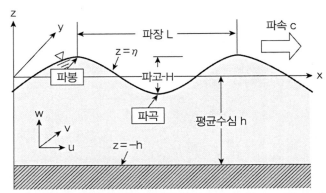

출처: 日本 国土交通省 北陸地方整備局 新潟港湾空港技術調査事務所(2018), http://www.gicho.pa.hrr.mlit.go.jp/db/nami/namikaisetsu.htm

그림 2.5 파(波)의 정의

파는 여러 가지 관점에서 나눌 수 있지만, 대표적으로 파의 주기에 따른 분류를 하면 그림 2.6과 같이 할 수 있다. 이 그림에서 알 수 있듯이 주기 0.1초(sec) 정도인 표면장력파에서부터 1일 이상의 주기를 가진 조석파(潮汐波)까지 여러 가지 파동이 존재하며 각각의 주기는 시간 스케일의 차이에 따라, 현상에 관여하는 주요한 구동력(驅動力) 또는 복원력(復原力)이 변한다.

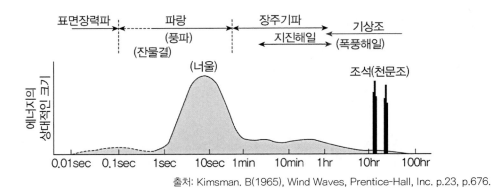

출처: Kimsman. B(1965), Wind Waves, Prentice-Hall, Inc. p.23, p.676.

그림 2.6 주기에 따른 파의 분류

이것 이외에 파의 유한진폭성(비선형성)에 착안한 분류에 따라 미소진폭파(선형파)와 유한진폭파(비선형성)로 구별되며, 더욱이 파의 불규칙성 관점에 따라 규칙파와 불규칙파로 나눈다.

2) 미소진폭파 이론(그림 2.5 참조)[7]

(1) 해수면 파형과 유속·압력장

바다의 파의 진폭(振幅) a 또는 파고 H가 수심 h 및 파장 L에 비교하여 매우 작은 경우에는 미소진폭파(微小振幅波, Small Amplitude Wave) 이론을 적용할 수 있다. 이 이론에서는 일정한 수심상의 규칙파(정형진행파)에 관해서 해수면 파형 η와 속도 포텐셜 Φ를 식(2.3) 및 식(2.4)로 나타낼 수 있다.

$$\eta(x, t) = a \cos(k\,x - \sigma t) \tag{2.3}$$

$$\Phi(x, z, t) = \frac{a\,g}{\sigma} \frac{\cosh k(h+z)}{\cosh kh} \sin(k\,x - \sigma t) \tag{2.4}$$

위 식에 대응하여 유속(流速) 및 물입자 궤도(軌道), 압력장(壓力場)은 식(2.5), 식(2.6), 식(2.7)과 같다.

수평 유속: $u(x, z, t) = \dfrac{a\,g}{c} \dfrac{\cosh k(h+z)}{\cosh kh} \cos(k\,x - \sigma t),$

수직 유속: $w(x, z, t) = \dfrac{a\,g}{c} \dfrac{\sinh k(h+z)}{\cosh kh} \sin(k\,x - \sigma t))$

$\hfill (2.5)$

수평 물입자 궤도: $x - x_0 = -a \dfrac{\cosh k(h+z_0)}{\sinh kh} \sin(k\,x_0 - \sigma t),$

수직 물입자 궤도: $z - z_0 = a \dfrac{\sinh k(h+z_0)}{\sinh kh} \cos(k\,x_0 - \sigma t)$

$\hfill (2.6)$

압력장: $p(x, z, t) = -\rho g z + \rho g \dfrac{\cosh k(h+z)}{\cosh kh} \eta$

$\hfill (2.7)$

g = 중력가속도

k = 파수$\left(波數,\ \text{Wave Number} = \dfrac{2\pi}{L}\right)$

σ = 각주파수$\left(角周波數,\ \text{Angular Wave Frequency} = \dfrac{2\pi}{T}\right)$

$\rho =$물의 밀도($1g/cm^3$)

$x_0,\ z_0$: 물입자 궤도의 중심 좌표

앞의 식에서 볼 수 있듯이 미소진폭파 이론으로 나타내는 해수면 파형 및 유속, 물입자 궤도, 압력 파형은 모두 정현파형[8])이 된다.

(2) 분산 관계식
앞의 식 중 각주파수 σ와 파수 k는 식(2.8)의 분산 관계식에서 관계를 맺을 수 있다.

$$\sigma^2 = g\,k\,\tanh kh \tag{2.8}$$

이것은, $c = \sigma/k,\ k = 2\pi/L$이므로 식(2.9)와 같이도 나타낼 수 있다.

$$c = \sqrt{\frac{g}{k}\tanh kh} = \sqrt{\frac{g\,L}{2\,\pi}\tanh\frac{2\pi h}{L}} \tag{2.9}$$

위 식으로부터 파속 c는 파수 k 또는 각주파수 σ에 따라서 다르다는 것을 알 수 있다. 이와 같은 성질을 분산성(分散性)이라고 하는데 이것은 미소진폭파만이 아니라 바다의 파가 가진 독립적인 특징 중 하나로 음파(音波) 및 지진파(地震波, P파, S파)와 같은 파동(비분산성 파동)에는 볼 수 없는 성질이다.

(3) 군속도와 에너지 플럭스(Energy Flux)
이 분산성의 존재에 따라 $c_g = d\sigma/dk$로 정의되는 군속도(群速度) c_g는,

$$c_g = \frac{d(ck)}{dk} = c + k\frac{dc}{dk} = c - L\frac{dc}{dL} \tag{2.10}$$

---

8) 정현파형(正弦波形, Sinusoidal Wave): 파형이 사인곡선($y = \sin x$의 그래프에서 나타나는 곡선)으로 나타나는 파형을 말한다.

의 관계이므로 일반적으로 $c_g \neq c$가 된다. 해파(海波)의 이론에서는 이 군속도 c_g가 담당하는 역할이 중요하다. 왜냐하면 c_g가 파의 에너지 수송 속도도 되므로 파의 에너지 플럭스(Energy Flux) F는 식(2.11)과 같이 군속도 c_g와 단위면적당 파의 에너지 밀도 E의 곱으로 나타낼 수 있기 때문이다.

$$F = c_g \, E \tag{2.11}$$

여기에서, E는 파의 에너지 밀도로 식(2.12)와 같이 나타낸다.

$$E = \frac{1}{8} \, \rho \, g \, H^2 \tag{2.12}$$

(4) 심해파와 파장

유속, 물입자 궤도, 압력장에 대한 식(2.5), 식(2.6), 식(2.7)은 임의 수심 h에서의 정현진행파(正弦進行波)를 나타내고 있지만 수심 h가 파장 L에 비교하여 충분히 큰 경우에는 파동운동이 해저의 영향을 받지 않으므로 수심 h에 대한 의존성은 없게 된다. 이와 같은 경우의 파동을 심해파(深海波, Deep Water Wave)라고 한다. 이때 속도 포텐셜 Φ,[9] 유속 u, w, 물입자 궤도, 압력 p는 각각 다음과 같이 나타낼 수 있다.

$$\Phi(x, z, t) = \frac{ag}{\sigma} e^{kz} \sin(kx - \sigma t) \tag{2.13}$$

$$u(x, z, t) = \frac{ag}{c} e^{kz} \cos(kx - \sigma t), \ w(x, z, t) = \frac{ag}{c} e^{kz} \sin(kx - \sigma t) \tag{2.14}$$

$$x - x_0 = -ae^{kz_0} \sin(kx_0 - \sigma t), \ z - z_0 = ae^{kz_0} \cos(kx_0 - \sigma t) \tag{2.15}$$

$$p(x, z, t) = -\rho gz + \rho g e^{kz} \eta \tag{2.16}$$

위 식에서 알 수 있듯이 심해파의 경우에는 물입자 궤도 형상이 원형이 되고 운동진폭이

---

9) 속도 포텐셜(Velocity Potential): 유체역학에서 소용돌이 없는 흐름을 해석할 시 속도성분 u, v와 위치 x, y의 관계를 편미분식(偏微分式)으로 나타내는데($u = grad\Phi$) 이때 스칼라함수인 Φ를 말한다.

깊이 방향으로 지수(指數)함수적으로 감소하지만 파장 L의 1/2보다 깊어질수록 운동진폭은 0에 가깝게 된다(그림 2.7 참조). 그러므로 $h/L \geq 1/2$에서는 심해파로 보아야 한다. 심해파에서는 분산성 파동의 양상을 가장 강하게 띠며 이 경우 파속 c와 군속도 c_g는,

$$c = \sqrt{\frac{g}{k}}, \ c_g = \frac{c}{2} \tag{2.17}$$

이 된다.

한편, 수심 h가 파장 L에 비하여 매우 작으면($h/L \leq 1/20$) 심해파의 특징과는 전혀 다른 파동 형태가 된다. 이 경우의 파동을 장파(長波)라고 부르며 그 속도포텐셜 Φ, 유속 u와 w, 물입자 궤도 $x - x_0$와 $z - z_0$, 압력 p는 각각 다음과 같이 나타낼 수 있다.

$$\Phi(x, z, t) = \frac{ag}{\sigma} \sin(kx - \sigma t) \tag{2.18}$$

$$u(x, z, t) = \frac{ag}{c} \cos(kx - \sigma t), \ w(x, z, t) = a\sigma\left(1 + \frac{z}{h}\right)\sin(kx - \sigma t) \tag{2.19}$$

$$x - x_0 = -\frac{a}{kh}\sin(kx_0 - \sigma t), \ z - z_0 = a\left(1 + \frac{z_0}{h}\right)\cos(kx_0 - \sigma t) \tag{2.20}$$

$$p(x, z, t) = \rho g(\eta - z) \tag{2.21}$$

장파에서는 수심 방향으로 수평운동 진폭이 변화가 없다는 것을 알 수 있다(그림 2.7 참조). 장파가 보통 물과 가장 다른 점은 비분산성 파동이라는 점이다. 즉, 장파인 경우 파속 c와 군속도 c_g는,

$$c = \sqrt{gh}, \ c_g = c \tag{2.22}$$

가 되어 수심 h만의 함수가 된다. 장파 중 대표적인 것으로 지진해일이 있다.

이와 같이 심해파와 장파는 서로 양극한(兩極限) 위치 관계에 있지만, 그 사이의 임의영역에서의 파동은 천해파라고 불리며 운동진폭은 깊이 방향으로 쌍곡선 함수적으로 감소되어 물입자 궤도는 타원형이 된다(그림 2.7 참조).

(5) 완전중복파

식(2.3), 식(2.4), 식(2.5)에 나타낸 정형 진행파의 이론식에 근거하여 x의 (+)방향과 (−)방향으로 진행하는 동일파(同一波)로 동일 주기를 가진 파가 중첩된 상태를 완전중복파라 하고 다음과 같이 나타낼 수 있다.

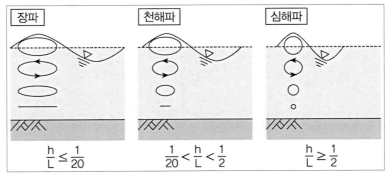

출처: FORUM8(2018), http://www.forum8.co.jp/topic/up92-xpswmm.html

그림 2.7 심해파, 천해파, 장파의 궤도운동 형태

$$\eta = 2a \cos kx \cos \sigma t \tag{2.23}$$

$$\Phi = -\frac{2ag}{\sigma}\frac{\cosh k(h+z)}{\cosh kh}\cos kx \sin\sigma t \tag{2.24}$$

$$u = \frac{2ag}{c}\frac{\cosh k(h+z)}{\cos h\, kh}\sin kx \sin \sigma t,$$

$$w = -\frac{2ag}{c}\frac{\sinh k(h+z)}{\cosh kh}\cos kx \sin \sigma t \tag{2.25}$$

(6) 라디에이션 응력(Radiation Stress)

바다의 파는 식(2.11)에서 나타내었듯이 파의 1주기 평균량으로 에너지를 수송하지만 동시에 운동량도 수송한다. 이러한 바다의 파에 따른 운동량 수송을 파의 1주기 평균량의 형태로 전수심(全水深)을 통과하는 단위 시간당 수송량, 즉 운동량 플럭스(Flux)의 형태로 나타낸 것을 라디에이션 응력(Radiation Stress)이라 부른다. x축에 대하여 θ의 각도로 진행하는 규칙파인 경우 그것에 따른 궤도유속은 미소진폭파 이론으로 평가하고, 텐서[10] 표현으로 나타내는 라디에

---

10) 텐서(Tensor): 벡터량을 3가지 방향의 성분으로 결정하는 것에 대하여 고려방법을 확장하여 어떤 고정점의 형태를 각 방향에 대하여 3가지씩 총 9성분으로 정의한 기하학적인 양을 말한다.

이션 응력 $S_{\alpha\beta}$ (α, β=1, 2)의 각 성분을 구체적으로 구하면 식(2.26)과 같이 나타낼 수 있다. 여기에서 라디에이션 응력 $S_{\alpha\beta}$ (α, β = 1, 2)는 에너지밀도 E에 비례하는 형태를 가진다는 것에 주목할 필요가 있다.

$$S_{\alpha\beta} = E \begin{bmatrix} \dfrac{c_g}{c}\cos^2\theta + \dfrac{1}{2}\left(\dfrac{2c_g}{c}-1\right) & \dfrac{1}{2}\dfrac{c_g}{c}\sin 2\theta \\[3mm] \dfrac{1}{2}\dfrac{c_g}{c}\sin 2\theta & \dfrac{c_g}{c}\sin^2\theta + \dfrac{1}{2}\left(\dfrac{2c_g}{c}-1\right) \end{bmatrix} \tag{2.26}$$

3) 파랑[8]

파랑은 바람이 일으키는 5~15초(sec) 정도의 주기를 가진 단주기파(單週期波)로 해수면 상에 바람이 불어옴에 따라 생긴다. 그 파장은 수십 미터(m)~수백 미터(m)로 태풍 및 저기압 중에 생성되는 파랑은 풍파로 분류되며 일반적으로 풍속이 7m/s를 넘어서면 파의 봉우리가 공기를 말려들게 하여 쇄파(碎波, 파가 부수어짐)가 된다.

4) 풍랑·너울(그림 2.8 참조)[8]

해상에 바람이 불어오면 해수면에는 파가 일어나기 시작하여 일어나기 시작한 파는 바람이 불어가는 방향으로 나아가기 시작한다. 파가 진행하는 속도(이하 '파속(波速)'이라고 함)보다 풍속이 크면 파는 바람에 밀리면서 계속 발달한다. 이와 같이 해상에서 불어오는 바람에 의해 생성되는 파를 '풍랑(風浪)'이라고 부른다. 풍랑은 발달과정에 있는 파에 많이 보이며 개개의 파의 형상은 불규칙하여 뾰족하거나 강풍 아래에서는 때때로 백파(白波)가 나타난다. 발달한 파일수록 파고가 높고 주기와 파장도 길어져 파속도 크게 된다. 풍랑의 발달은 이론상 파속이 풍속에 가까울 때까지 계속되지만 강한 바람인 경우에 먼저 파가 부서져 발달이 중단된다. 한편, 풍랑이 바람이 불지 않는 영역까지 진행하거나 해상의 바람이 약해지거나 하여 풍향이 급히 변화하는 등 바람에 의한 발달이 없게 된 후에도 남아 있는 파를 '너울'이라고 한다. 너울은 감쇠(減衰)하면서 전파되는 파로 같은 파고의 풍랑과 비교하면 그 형상은 규칙적인 둥그스름하고 파의 봉우리도 옆으로 길게 연결되어 있으므로 느긋하게 평온하게 보일 때도 있다. 그러나 너울은 풍랑보다도 파장 및 주기가 길어 수심이 얕은 해안(방파제, 해변가 등) 근처에서는 해저 영향을 받아 파가 쉽게 높아지는 성질을 가진다(천수변형). 그 때문에 외해에서 오는 너울은 해안 부근에서 급격히 고파(高波)가 되는 경우가 있어 파에 쉽게 휩쓸리는 사고가 발생하므로 주의할 필요가 있다. 너울의 대표 예는 '토용파(土用波)'로 일본 남쪽 수천 km의 태풍 주변에서 발생한 파가 일본 연안까지 전달되어온 것이다. 토용파의 파속은 매우 크고 때때로 시속 50km 이상에 달하는 것도 있다. 일본 남쪽에 있는 태풍이 태평양 고기압 때문에 진로가 막혀 일본의 저 멀리 남쪽 해상을 천천히 북상(北上)할 경우 너울이 태풍 자체보다 며칠 빨리 연안에 도달할 수도 있다. 보통 바다의 파도는 풍랑과 너울이 혼재하고 그것들을 묶어 '파랑(波浪)'이라고 부른다. 때로는 바람이 약하여 풍랑이 거의 없거나, 여러 방향에서 너울이 전해지기도 한다. 매우 강한 바람이 소용돌이 모양으로 불어오는 태풍 중심 부근에서는 다양한 방향의 풍랑과 너울이 혼재시켜, 합성파고가 1m를 넘는 것도 드물게 나타난다.

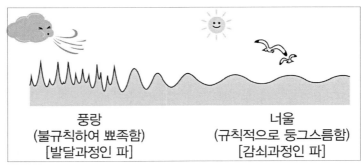

출처: 日本 気象庁(2021), http://www.data.jma.go.jp/kaiyou/db/wave/comment/elmknwl.html

그림 2.8 풍랑·너울

5) 합성파고[8]

기원(基源)이 다른 여러 개의 파가 혼재할 때 파고는 각각에 대한 파고의 2제곱의 합을 제곱근 함으로써 추정할 수 있는데 이것을 합성파고(合成波高)라고 부른다. 예를 들어 풍랑과 너울이 혼재(混在)한 경우에 풍랑의 파고를 H_w, 너울의 파고를 H_s 라고 하면, 합성파고 H_c 는 $H_C = \sqrt{H_w^2 + H_s^2}$ 이 된다. 이것은 파의 에너지가 파고의 제곱에 비례하기 때문이다. 예를 들어 풍랑과 너울이 혼재한 경우에 풍랑의 파고가 1m, 너울 파고가 2m인 경우 합성파고는 $\sqrt{1^2 + 2^2} = \sqrt{5} = 2.236$m가 된다. 또한, 너울이 2방향으로부터 내습할 경우 너울 파고를 H_a, H_b 라고 하면 합성파고 H_c 는 $H_c = \sqrt{H_w^2 + H_a^2 + H_b^2}$ 가 된다.

6) 유의파 및 유의파고[8]

해안에서 부서지는 파도를 잠시 보고 있으면 알게 되듯이 실제 해수면의 각각의 파고와 주기가 고르지 않다. 그러므로 복잡한 파도의 상태를 알기 쉽게 나타내기 위하여 통계량을 이용한다. 어느 지점에서 연속되는 파를 1개씩 관측했을 때, 파고가 높은 순으로부터 전체 1/3 개수(個數) 파(예를 들면 100개의 파고를 관측한 경우 파고가 높은 쪽에서부터 33개의 파고)를 선택하여, 이들의 파고 및 주기를 평균한 것을 각각 유의파고(有義波高) 및 유의파 주기라고 하면 그 파고와 주기를 가진 가상적인 파를 유의파(有義波)라고 부른다('3분의 1 최대파'라고 부르는 수도 있다.)(그림 2.9 참조). 이와 같이 유의파는 통계적으로 정의된 파도로 최댓값 및 단순한 평균값과도 다르지만 숙련된 관측자가 눈으로 관측하는 파고와 주기에 가깝다고 할 수 있다. 기상청이 일기예보와 파랑도 등에서 사용하는 파고와 주기도 유의파의 값이다. 실제 해수면에는 유의파고보다 높은 파도 및 낮은 파도가 존재하고 가끔 유의파고의 2배가 넘는 파도도 관측된다. 예컨대 100개의 파도(대략 10~20분(min))를 관측했을 때의 가장 높은 파도는 통계학적으로는 유의파고의 약 1.5배가 된다. 마찬가지로 1,000개의 파도(대략 2~3시간(hr))를 관측한 경우에는 최대파고는 통계학상 유의파고의 2배 가까운 값으로 예상된다. 또 해안, 여울(淺瀬), 리프(Reef) 및 안벽 부근에서는 해저지형 및 항만구조물의 영향으로 파도가 변형하고 조건에 따라서는 일기예보에서 발표하는 파도 높이의 몇 배나 높은 파도가 내습하는 수도 있다.

7) 거대파[8]

실제 해수면에서는 무수한 파도의 중첩이 반복되고 있다. 각각의 파도는 다른 주기를 갖기 때문에 겹치는 시기(時期)가 다양하여 파봉(波峯)과 파곡(波谷)이 겹쳐 파고가 너무 높지 않은 수가 있다. 그러나 여러 개의 파도가 우연히 파봉끼리 또는 파곡끼리 중복되면 뜻밖의 큰 파도가 출현한다. '삼각파', '일발대파(一發大波)' 등으로 불리는 이 거대파(巨大波)는 파도로 이는 수천~수만 번에 1번의 확률로 발생하는 현상이지만, 폭풍우가 계속되는 해역에서는 거대파와 조우(遭遇)할 위험성도 커지게 되므로 충분한 주의가 필요하다.

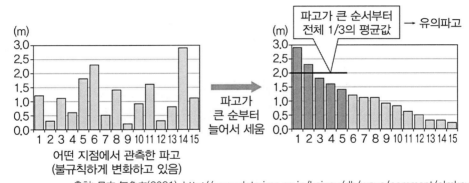

출처: 日本 気象庁(2021), http://www.data.jma.go.jp/kaiyou/db/wave/comment/elmknwl.html

그림 2.9 유의파고

8) 수치파랑 시뮬레이션 모델[8]

물리법칙에 따른 파랑의 변화를 예측 계산하기 위한 컴퓨터 프로그램을 수치파랑 시뮬레이션 모델이라고 부른다. 이 책에서는 컴퓨터 시뮬레이션을 통하여 복잡한 자연현상을 이해하거나 예측하기 위하여 활용하는 기법을 간단히 '수치모델' 또는 '수치 시뮬레이션 모델(방법)'이라고 기술한다. 특히, 수치파랑 시뮬레이션 모델은 일기예보에 이용하는 수치 기상예보 모델(기상변화를 예측 계산하는 프로그램)으로 산출된 해상풍의 예측값을 이용하여 1) 바람에 의한 풍랑 발생·발달, 2) 파와 파와의 상호작용, 3) 쇄파에 따른 파랑 감쇠 등을 계산할 수 있다. 수치파랑 시뮬레이션 모델에서는 계산대상이 되는 해수면을 동서와 남북 방향의 일정 간격을 갖는 격자 모양으로 구분하여 그 하나하나에 대해서 파랑의 계산을 실시한다. 수치파랑 시뮬레이션 모델에 의한 파랑의 예측 결과는 해난 사고 및 파랑 재난에 의한 피해를 회피 또는 감소하기 위해서 이용되고 있으므로 보다 높은 신뢰성이 필요하다. 그래서 현재에도 한층 더 향상된 예측 정밀도를 목표로 수치파랑 시뮬레이션 모델의 개량에 힘쓰고 있다.

2.3.2 파랑 변형

파랑이 해안 또는 해안구조물에 입사할 때 해안에서는 천수변형, 굴절, 쇄파 및 월파, 해안구조물에서는 반사, 투과, 회절 등과 같은 파랑변형이 일어난다(그림 2.10 참조).

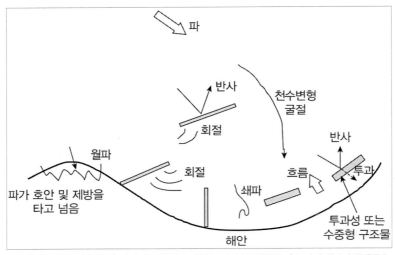

출처: 磯部雅彦(1992), 多方向不規則波の屈折・回折変形計算モデル, 土木学会水理委員会, B-6, pp.1~19.

그림 2.10 해안 및 해안구조물에 의한 파랑 변형

1) 천수효과[8]

파가 수심이 얕은 해역(천해역, 淺海域)에 진입했을 때 해저의 영향을 받아 파고, 파속 및 파장이 변화하는 것을 천수변형(淺水變形)이라고 부른다. 실제로 수심이 파장의 1/2보다 얕은 곳에서 천수변형이 일어나고, 부차적으로 굴절 및 쇄파 발생 등과 같은 현상도 발생한다. 이밖에도 천해역에서 회절 및 반사 등 파의 변형을 동반하는 현상이 일어나는데 이것을 천수효과(淺水效果)라고 부른다. 더욱이 연안의 천해역은 해안으로부터 대부분 수 km 이내로 한정하므로 기상청의 연안 파랑도(波浪圖)에서는 천수효과가 충분히 표현되지 않는다. 따라서 연안 파랑도를 참고하여 해안으로부터 수 km 이내의 파를 예측하는 경우는 천수효과를 충분히 주의할 필요가 있다.

2) 천수변형(그림 2.11 참조)

외해에서 진입한 파가 천해역에 진입한 경우, 수심이 파장의 1/2보다 얕아지면 해저의 영향을 받고 파고, 파속 및 파장에 변화가 나타난다. 수심에 대한 파고의 변화를 보면 수심이 파장의 1/2~1/6 해역에서는 수심이 얕아질수록 파고도 저하하여, 원래 파고의 90% 정도까지 낮아지지만, 그것보다 수심이 얕아지면 그 경향이 역전되어 파고가 급격히 높아지게 된다. 또한, 파속에 대해서는 수심이 얕아질수록 감속되면서 파장은 짧아지는 경향이 있다.[8]

천수변형

지진해일은 수심이 얕은 해역일수록 늦게 전달됨. 수심이 낮아지므로 파속이 적게 되어 후파(後波)가 전파(前波)에 더해져 파고는 크게 됨

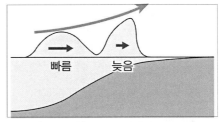

출처: Wakayama Prefectural Educational Center Manabi-no-Oka(2018). http://idc.wakayama-edc.big-u.jp/updfile/
contents/60/2/html/13.html

그림 2.11 천수변형

예를 들어 심해파가 천해역에 진입하는 경우 그 파고는 천수변형(천수계수) 등을 이용해서 구할 수 있는데, 좁은 의미에서의 천수변형은 수심변화에 따른 파형의 변화를 의미한다. 예를 들어 그림 2.12에서 에너지 수지(收支)는[9]

$$(EC_g)_{\mathrm{I}} - (EC_g)_{\mathrm{II}} = W_{loss} \tag{2.27}$$

에너지 손실 W_{loss}을 무시하면,

$$(EC_g)_{\mathrm{I}} = (EC_g)_{\mathrm{II}} \tag{2.28}$$

$E = \rho g H^2 / 8$의 관계를 이용하면,

$$\frac{H_{\mathrm{II}}}{H_{\mathrm{I}}} = \sqrt{\frac{(C_g)_{\mathrm{I}}}{(C_g)_{\mathrm{II}}}} \tag{2.29}$$

단면 I를 심해역(深海域)으로 잡아 $C_g = nC$의 관계를 이용하면 심해역의 n은 1/2이므로,

$$K_s \, (천 수 계 수) = \frac{H_{\mathrm{II}}}{H_{\mathrm{I}}} = \frac{H}{H_0} = \sqrt{\frac{C_0}{2 \, n \, C}} \tag{2.30}$$

의 관계가 있다. 분산관계 $C = C_0 \tanh kh$을 사용하면 천수계수는 식(2.31)과 같다.

$$K_s = \frac{1}{\sqrt{2n \tanh kh}} = \frac{1}{\sqrt{\tanh kh \left(1 + \dfrac{2kh}{\sinh 2kh}\right)}} \tag{2.31}$$

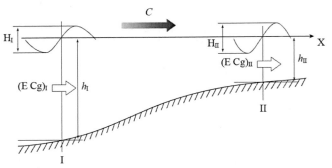

출처: 大阪工業大学(2021), http://www.oit.ac.jp/civil/~coast/coast/Note-Deformation.pdf

그림 2.12 천수계수 개념도

3) 굴절

수심이 파장의 1/2 정도보다 큰 심해역에서 파(波)는 해저지형의 영향을 받지 않고 전달된다. 그러나 파가 그보다도 얕은 해역에 진입하면 수심에 따라 파속이 변화하므로 파의 진행 방향이 서서히 변화되어 파봉이 해저지형과 나란하게 굴절하게 되는데 이 현상을 파의 굴절(屈折)이라고 부른다.

가령 파의 진행 방향(파향)과 파속의 변화하는 방향이 다른 경우 스넬(Snell)법칙에 따라 파향이 변화한다(그림 2.13 참조).[9]

$$\frac{\sin \theta_1}{C_1} = \frac{\sin \theta_2}{C_2} \tag{2.32}$$

$$\frac{b_1}{\cos \theta_1} = \frac{b_2}{\cos \theta_2} \tag{2.33}$$

$$(Eb\,C_g)_0 = Eb\,C_g, \quad \theta_1 \to \theta_0, \quad \theta_2 \to \theta, \quad b_1 \to b_0, \quad b_2 \to b \tag{2.34}$$

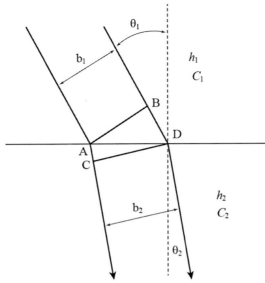

출처: 大阪工業大学(2021), http://www.oit.ac.jp/civil/~coast/coast/Note-Deformation.pdf

그림 2.13 파의 굴절

$$\frac{H}{H_0} = \left(\frac{C_{g0}}{C_g}\right)^{1/2} \left(\frac{b_0}{b}\right)^{1/2} = K_s\, K_r \tag{2.35}$$

$$K_r\,(굴절계수) = \left(\frac{b_0}{b}\right)^{1/2} = \left(\frac{\cos\theta_0}{\cos\theta}\right)^{1/2} \tag{2.36}$$

파고 변화를 천수변형에 의한 것과 굴절에 의한 것으로 분리하면,

$$\frac{H}{H_0} = \frac{H}{H_0{'}}\frac{H_0{'}}{H_0} = K_s K_r \tag{2.37}$$

$$H = H_0{'}\, K_s\,, \quad H_0{'} = H_0\, K_r \tag{2.38}$$

여기서 $H_0{'}$을 환산심해파고라고 한다. 일반적으로 파가 어떠한 굴절경로를 거쳐 관측지점에 도달하는지 알 수 없으므로 $H_0{'}$의 심해파가 천수변형만을 받아 파고 H의 파로 되었다고 고려한다. 식(2.32)로부터 굴절각은 다음과 같이 파속의 비를 사용하여 구할 수 있다.

$$\frac{\sin \theta}{\sin \theta_0} = \frac{C}{C_0} \qquad (2.39)$$

등심선(等深線)이 평행한 직선을 갖는 해안에 파가 비스듬히 입사하는 경우 식(2.32)와 식(2.33)으로부터 굴절계수는,

$$K_r = \left(\frac{\cos \theta_0}{\cos \theta} \right)^{1/2} = \left(\frac{1 - \sin^2 \theta}{\cos^2 \theta_0} \right)^{-1/4}$$

$$= \left[\frac{1 - (C/C_0)^2 \sin^2 \theta_0}{\cos^2 \theta_0} \right]^{-1/4} = \left[1 + \left\{ 1 - (\frac{C}{C_0}) \right\} \tan^2 \theta_0 \right]^{-1/4} \qquad (2.40)$$

식(2.40)을 사용하면 입사각 θ_0으로부터 굴절계수를 구할 수 있다(굴절각을 구할 필요가 없다).

4) 쇄파(그림 2.14 참조)

풍랑이 발달하면 파장도 파고도 증대하지만 파고의 증가율이 크기 때문에 파도의 형상은 점차 가파르게 된다. 또 외해에서 천해역에 진입한 파(波)는 천수변형으로 파고가 증대하는 한편 파장은 짧아져 가파른 파형이 된다. 가파른 파형이 한계를 넘어서면 앞쪽으로 튀어 나가면서 무너져 내리는 흰 물결의 백파가 발생하는데 이 현상을 쇄파(碎波)라고 한다. 바람이 거셀 경우에는 파랑의 꼭대기가 파속을 넘는 속도로 이동하면서 강제적으로 쇄파가 발생하기도 한다. 또한, 천수변형 등의 천수효과로 쇄파가 발생하는 경우 이를 해안파(海岸波)라고 부르기도 한다. 해안파가 발생할 때의 수심과 파고는 파랑의 원래 주기 및 해저 경사에 의해서 변화하지만, 쇄파가 발생했을 때 파고는 외해에서의 파고 2배 이상이 될 수도 있다.

쇄파 형상(위),
쇄파 후 생성된
기포의 수중사진(아래)

출처: Hokkaido University Graduate School of Engineering HP(2018), https://www.eng.hokudai.ac.jp/engineering
/archive/2012-04/feature1204-01-06.html

그림 2.14 쇄파

5) 반사

해안절벽으로 이루어진 해안이나 방파제 등에 파도가 부딪치면 파랑이 되돌아서서 방향을
바꾸어 다른 방향으로 진행하는 수도 있다. 이런 현상을 반사(反射)라고 한다. 그때, 입사파와
반사파의 파봉(波峰)이 겹쳐지면, 원래 파고의 2배 가까운 파랑이 출현할 수도 있다.

6) 회절(그림 2.15 참조)

파랑이 섬이나 반도 또는 방파제와 같은 구조물 뒤쪽으로 돌아 들어가는 현상을 회절(回折)이
라고 부른다. 방파제에 둘러싸인 항내와 같은 곳에서는 에너지는 훨씬 작지만, 파랑은 전해진
다. 또 파의 진행 방향으로 고립된 섬이 있으면, 파랑은 양쪽에서부터 섬으로 돌아 들어가 섬의
뒷면에서 서로 합쳐져 파고가 높아질 수도 있다.

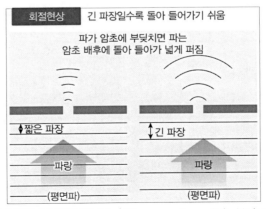

출처: CCS株式会社(2018), https://www.ccs-inc.co.jp/guide/column/light_color/vol02.html

그림 2.15 파의 회절

7) 파의 처오름·월파

파는 운동 에너지를 가지고 있으므로 구조물과 육지에 있는 사면(斜面)을 소상(遡上)한다(그림 2.16(a), (b) 참조). 따라서 방파제 등의 구조물을 설계할 때 처오름(Wave Run-up) 높이를 고려해야 한다. 처오름 높이가 구조물의 마루고보다 높은 경우는 배후지로 해수가 유입된다(그림 2.16(c) 참조).

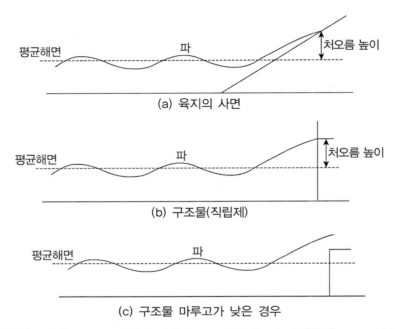

출처: Yamaguchi University Department of Civil and Environmental Engineering HP(2018). www.suiri.civil.yamaguchi-u.ac.jp/lecture/kaigan/coast9.ppt

그림 2.16 파의 처오름 높이

출처: 부산시 자료(2017)

사진 2.3 파의 월파(태풍 차바(2016.10.5.) 상륙 시 해운대 마린시티 앞 해상)

호안 및 해안제방의 마루고가 평균해수면보다 높음에도 불구하고 파에 의해서 마루고를 넘어 배후로 해수가 유입하는 현상을 월파(越波, Wave Overtopping)라고 한다(사진 2.3 참조). 월파 현상은 내습파의 1파마다 파고에 지배받는 수가 많고 태풍 시는 단속적(斷續的)으로 월파가 발생한다. 이와 같은 월파의 정도는 해안구조물 내로 유하(流下)하는 수량, 즉 월파량 Q (m³/m)로 표시하며 일반적으로 호안 길이 1당의 1파마다의 수량으로 표시한다. 또한, 단위 시간당 평균 월파유량은 q(m³/m/s)로 나타낸다. 월파를 완전히 막기 위해서는 구조물의 마루고를 높게 해야 하므로 경관 및 경제적으로 바람직하지 못하여 어느 정도 월파를 허용하는 허용월파량 개념을 설계에 도입하였다. Goda(合田)가 제안한 불규칙파(不規則波)에 대한 평균 월파량은 식(2.41)과 같다.

$$q \fallingdotseq q_{\text{EXP}} = \int_0^\infty q_0 \left(H / T_{1/3} \right) p(H) \, dH \tag{2.41}$$

여기서, $q_0 \left(H / T_{1/3} \right)$: 주기 $T_{1/3}$, 파고 H 의 규칙파에 따른 월파유량
$\qquad\quad$ $p(H)$: 파고의 확률밀도함수

식(2.41)에 의한 평균 월파유량의 추정값 q_{EXP}를 기대월파유량이라고 부른다.[10]

8) 해류·조류의 영향

파향과 반대 방향으로 강한 해류(海流) 및 조류(潮流)가 있는 해역에서는 해상풍의 상대풍속이 커지면 바람이 불어 지나가는 외관상 거리도 길어지므로 더 큰 풍랑이 발달하게 된다. 이것을 조석파(潮汐波)라고도 한다. 또한, 흐름에 따라 해수가 이동하면 파장이 압축되어 파형이 더 가팔라져 쇄파가 일어난다. 한편 파향과 같은 방향의 흐름이 있는 해역에서는 정반대의 작용이 생겨 흐름이 없는 상태보다 파도가 잔잔하게 된다.

2.4 해안침식

2.4.1 해안침식의 원리와 원인

해안침식(海岸侵蝕, Beach Erosion)은 파랑이 사빈, 사구, 암석해안 및 해안절벽 등에 작용한 결과 바다와 육지의 경계인 정선(汀線)이 후퇴하는 현상이다(사진 2.4 참조). 해수면 상승에 따라 정선이 후퇴하는 현상은 동적인 변화를 수반하지 않는 한 해안침식이라고는 하지 않는다. 좁은 의미에서의 해안침식은 사빈해안에 있어서 운반되는 토사량(土砂量)에 비해 유출되는 토사량이 많을 경우를 말한다. 이와 같은 토사수지(土砂收支)는 수직 방향과 수평 방향으로 나누어 고려할 수 있다. 정선에 평행한 방향으로 운반되는 토사량을 연안표사량(沿岸漂砂量), 정선에 수직한 방향으로 이동하는 토사량을 해안표사[11]량이라고 부른다.

사진 2.4 해안침식된 매튜 해변(미국 시애틀)

폭풍 내습과 같은 단기적으로 발생하는 침식은 해안표사량 변화가 많고 장기적인 변화는 연안표사량 평가에 중요하다. 그림 2.17은 해안의 토사수지(土砂收支) 개념도로 하천 및 해식애(海蝕崖)로부터 토사공급이 되나, 해저 골짜기, 비사(飛砂) 및 사빈 등으로 토사 유출이 된다는 것을 나타낸다.

---

11) 해안표사(海岸漂砂, On-offshore Drift): 해안선에 직각인 방향으로 움직이는 모래를 말하며, 해안선과 평행하게 움직이는 모래를 연안표사(沿岸漂砂, Longshore Drift)라고 하는데 우리나라에서는 지금까지 적절한 용어가 없다.

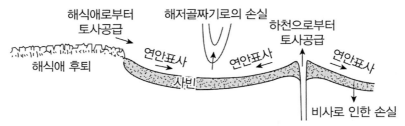

그림 2.17 해안의 토사수지 개념도

그림 2.18과 같이 어항 등 항내정온도(港內靜穩度)를 위한 방파제 및 방사제 건설로 방파제 상류 쪽은 정선과 평행하게 운반되는 연안표사로 말미암아 퇴적되지만, 방사제 하류 쪽은 파랑으로 인한 회절 등의 영향으로 침식이 발생한다.

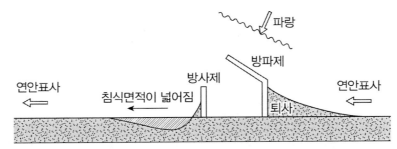

그림 2.18 연안표사 연속성 저지에 따른 해빈변형 개념도

또한, 하천의 유출 토사 및 해식애(海蝕崖)의 토사공급으로 그림 2.19(a)와 같이 사빈은 안정해왔으나, 하천 상류 댐 건설·모래 채취 및 해식애 앞면에 침식대책으로서 소파블록을 설치하는 등 공급토사가 감소함에 따라 사빈이 그림 2.19(b)와 같이 침식한다. 해안침식은 어떤 구간에 출입하는 토사량의 불균형에 따라 발생하지만 이와 같은 불균형은 다양한 시간스케일(Time Scale)에 의존한다. 태풍 시기 및 계절풍 시기의 폭풍파(暴風波), 때로는 지진해일로 인해 단기간에 해안이 침식될 수도 있다. 댐 건설 및 모래 채취 등으로 하천으로부터 유입되는 토사량 감소 및 방파제·도류제[12] 등 건설에 따른 연안표사량으로 인해 정선이 후퇴하는 해안침식은 수년~수십 년에 걸쳐 서서히 진행한다. 더욱이 장시간 스케일인 지구온난화에 따른 전 지구

평균해수면 상승으로 생기는 정선후퇴를 해안침식이라고는 않지만, 지구온난화에 따른 태풍의 강대화, 지속적인 파랑 에너지 및 방향이 바뀌게 되므로 장기간에 걸친 연안표사량 공간분포가 변화되어 해안침식이 발생하게 된다. 이상과 같이 해안침식에는 여러 가지 시간스케일(Time Scale, 동시에 공간스케일(Space Scale))이 서로 혼재하고 있으므로 중·장기적으로 생기는 해안침식을 단기간 현상으로 보고 해안구조물로 대처하면 오히려 표사계(漂砂系) 전역의 불균형을 깨트릴 수 있으므로 주의해야만 한다.

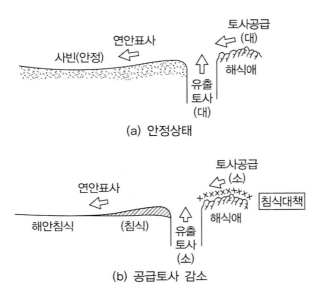

출처: 日本 国土交通省 河川局 海岸室(2006), http://www.mlit.go.jp/river/shinngikai_blog/past_shinngikai/kaigandukuri/gijutsu-kondan/ shinshoku/shiryou02.pdf, p.3.

그림 2.19 토사공급 감소에 따른 해안침식 개념도

---

12) 도류제(導流堤, Training Dike): 유수의 방향 및 속도를 일정하도록 설치하는 제방으로 토사 퇴적을 방해하는 유로를 유지하기 위하여 하천의 하구 및 합류·분류지점에 설치한다.

2.4.2 우리나라의 해안침식 현상

국립해양조사원의 제1차 해안선 변화조사(2016~2020년) 결과에 따른 우리나라 해안선 길이는 전체 15,281.68km로 그중 자연해안선[13]은 9,821.77km(64%), 인공해안선[14]은 5,459.91(36%)이다.[11] 우리나라 해안침식의 자연적인 원인으로는 지구온난화에 따른 해수면 상승, 태풍, 파랑 및 해류 등의 변화를 들 수 있으며, 인위적인 원인으로는 하천 상류 댐 건설, 골재채취, 호안 건설, 방파제 및 방조제 건설 등 여러 원인을 들 수 있다.

해양수산부가 2019년에 실시한 총 250개 해안에 대한 연안침식 실태조사 결과 A등급(양호) 10개소(4.0%), B등급(보통) 87개소(34.8%), C등급(우려) 136개소(54.4%), D등급(심각) 17개소(6.8%)로 61.2%(153개소)가 침식이 심각하거나 우려되는 것으로 나타났다(표 2.1 참조).[12]

표 2.1 2019년 우리나라 해안침식 실태조사 침식등급 평가결과 지역별 분포

(단위: 개소)

구분	총개소	A(양호)	B(보통)	C(우려)	D(심각)	C, D 등급 비율
합계	250	10	87	136	17	61.2%
부산	9	0	2	5	2	77.8%
울산	5	0	1	4	0	80.0%
인천	17	3	9	5	0	29.4%
경기	6	2	2	2	0	33.3%
충남	20	1	7	10	2	60.0%
전북	10	0	8	2	0	20.0%
전남	62	0	27	35	0	56.5%
강원	41	0	12	21	8	70.7%
경북	41	0	10	28	3	75.6%
경남	28	3	7	17	1	64.3%
제주	11	1	2	7	1	72.7%

출처: 해양수산부(2019), 2019년 연안침식 실태조사

---

13) 자연해안선(自然海岸線): 일정 기간 조석을 관측한 결과 가장 높은 해수면(약최고고조위)에 이르렀을 때의 해수면이 자연 상태의 육지와 만나는 점들을 연결한 선을 말한다.
14) 인공해안선(人工海岸線): 약최고고조위에 이르렀을 때의 해수면이 건설공사로 만들어진 시설물과 만나는 점들을 연결한 선을 말한다. 다만, 해저에 고정되지 않고 부유(浮遊)하거나 움직이는 시설물은 제외한다.

우리나라에서 발생하는 해안침식 유형을 연안 지역의 지형적 특성에 따라 해안표사, 연안표사, 호안세굴, 포락, 비사 및 완충구역 감소 등과 같이 여러 형태로 나타나고 있다(사진 2.5 참조). 첫째, 해안표사는 해변의 모래가 파랑 등에 의하여 해안선의 직각인 방향으로 현상을 말하며, 둘째, 연안표사는 해변의 모래가 파랑 등에 의하여 해안선에 평행한 방향으로 이동하는 현상이다. 셋째, 호안세굴은 파랑이 호안에 부딪혀 발생하는 반사파에 의해 모래 또는 토사 유실로 침식이나 세굴이 발생하는 현상이며, 넷째, 포락(浦落)은 해수 등에 모래 또는 토사가 무너져 떨어져 내리는 현상, 다섯째, 비사15)는 해변에서 바람에 의해 모래가 이동하는 것, 여섯째, 완충구역 감소는 연안지역의 개발 등으로 배후부지가 좁아져 파랑으로부터 방호할 수 있는 구역의 범위가 감소하는 현상을 일컫는다. 우리나라 해역별 해안침식 현황은 동해안의 경우 표사이동으로 인한 해안침식이, 서해안은 비사·포락으로 인한 해안침식, 남해안은 침식유형 전체가 나타난다(표 2.2 참조). 고파랑이 자주 내습하는 동해안은 우리나라 전체 해안침식의 발생 개소(139개소/100%) 중 해안표사이동(22개소/16%)과 연안표사이동(14개소/10%) 형태의 해안침식이 주를 이루며, 특히 해안표사이동은 전해역(동, 서, 남)의 해안표사이동 현상(27개소) 중 동해안(22개소)의 해안표사이동이 우세하다. 조차(潮差)가 심한 서해안은 호안 세굴(6개소/4%), 포락(24개소/16%) 및 비사(10개소/8%) 형태의 해안침식이 나타나며, 고파랑과 태풍의 영향을 많이 받는 남해안은 각 침식유형이 전체적으로 나타난다.[12]

---

15) 비사(飛砂, Blown Sand): 해변의 모래가 바람에 의해 육지로 향하거나 해안선에 따라 수송되는 현상 및 이동하는 모래 자체를 말하며, 항만 매몰, 하구폐색(河口閉塞)을 일으킨다.

(a) 해안표사이동(강원 강릉시)

(b) 연안표사이동(경북 영덕군)

(c) 호안세굴(전남 영광군)

(d) 포락(충남 보령시)

(e) 비사(부산 사하구 다대포해수욕장)

(f) 완충구역 감소(강원 동해시)

출처: 해양수산부(2019), 제3차 연안정비기본계획 중 p.8로부터 일부 수정

사진 2.5 해안침식 유형별 현황(예)

표 2.2 우리나라 해역별 해안침식 유형 분석 결과

(단위: 개소, %)

구분	소계		동해안	남해안	서해안
	개소	비율	개소(비율)	개소(비율)	개소(비율)
합계	139	100%	43(31%)	34(24%)	62(45%)
해안표사이동	27	19%	22(16%)	4(3%)	1(1%)
연안표사이동	26	19%	14(10%)	4(3%)	8(6%)
호안세굴	11	8%	–	5(4%)	6(4%)
포락	34	25%	3(2%)	7(4%)	24(16%)
비사	12	9%	–	2(1%)	10(8%)
완충구역감소	29	21%	4(3%)	12(9%)	13(10%)

출처: 해양수산부(2019), 제3차 연안정비기본계획 중 p.7로부터 일부 수정

2.5 기후변화에 따른 설계외력(設計外力)의 대응

2.5.1 평균해수면과 장기적 시점에서의 대응(안)

1) 현재

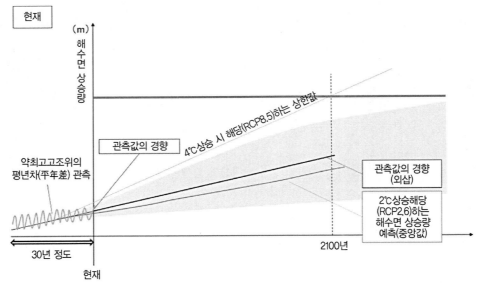

출처: 日本 国土交通省(2020), 気候変動を踏まえた海岸保全のあり方(参考資料)

그림 2.20 기후변화로 인한 평균해수면의 장기예측값 추정 방법(안)(시점: 현재)

장기적 시점에서의 평균해수면 대응 방법은 해안침식 대책시설의 목표인 해안보전을 위해 전 세계 기온이 2℃ 상승(RCP 2.6)한다는 것을 전제로 하여 현시점보다 30년 정도 과거의 약최고고조위(略最高高潮位) 평년차(平年差16))의 관측값으로부터 외삽(外揷)하여 구하지만, 광역적·종합적인 시점에서의 대응은 평균해수면이 100년에 1m 정도 상승한다는 예측(전 지구적 기온이 장래기후 4℃ 상승(RCP 8.5)에 해당한다.)을 고려하여 장기적 시점에서 관련된 분야와도 연계시켜야만 한다(그림 2.20 참조).

2) X0년 후의 현재

X0년 후의 현재의 평균해수면은 해안보전을 전제로 하는 평균해수면 상승량 예측이 2100년 이후에 1m 정도를 초과하게 되었을 경우, 다시 그 시점의 사회·경제적 상황 등을 고려하여 다양한 선택사항을 포함해 장기적 시점에서 대응을 검토해야 한다(그림 2.21 참조).

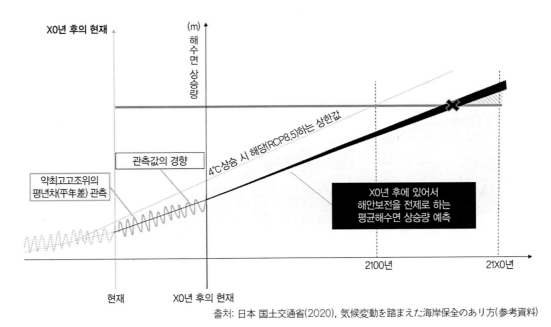

출처: 日本 国土交通省(2020), 気候変動を踏まえた海岸保全のあり方(参考資料)

그림 2.21 기후변화로 인한 평균해수면의 장기예측값 추정방법(안)(시점: X0년 후의 현재)

---

16) 평년차(平年差) : 관측값 또는 통계값과 평년값(개별 관측 지점에서의 과거 30년간 관측값의 평균값)의 차이를 말한다.

2.5.2 기후변화로 인한 설계조위 대응

1) 기존 설계조위 산정 방법

기존 해안구조물의 설계조위는 해안구조물이 가장 위험하게 되는 조위로 해일고(海溢高) 산정의 기준이 되므로 매우 중요한 요소이다. 설계조위는 천문조와 폭풍해일, 지진해일 등에 의한 이상조위의 관측값 또는 추산값을 고려하여 결정하며 설계조위 산정은 항만 및 어항 설계기준·해설서에 의거 표 2.3과 같은 방법으로 산정한다.

표 2.3 폭풍해일 대책에 대한 설계조위 산정방법

구분	산정방법	비고
제1방법	기왕의 고극조위[17]	해수면 상승량 추가
제2방법	확률분석에 의한 고극조위	
제3방법	약최고고조위[18] + 해일고(조위편차)	

출처: 해양수산부(2014), 항만 및 어항설계기준·해설(상권), p.187.

2) 기후변화 영향을 고려한 설계조위 등의 산정방법(안)

기존 설계조위는 과거의 조위실적(潮位實績) 등에 근거하여 계획하였지만, 기후변화 영향을 고려한 설계조위 산정(안)은 과거의 조위실적 등에 덧붙여 장래 기후변화에 따른 예측값을 예상하여 계획한다(표 2.4, 표 2.5, 그림 2.22 참조). 기후변화 영향을 고려한 평균해수면 상승량, 조위편차 변동량 및 파랑변동량 등의 영향분(影響分)에 대한 전제조건과 예측방법(안)은 표 2.6과 같다.

---

17) 고극조위(高極潮位, Highest High Water Level, Highest High Water): 장기 조위 관측에서 실측된 가장 높은 조위로 천문조에 의한 최고조위에 기상조(氣象潮)에 의한 이상조위가 합쳐진 조위를 말한다.

18) 약최고고조위(略最高高潮位, A.H.H.W, Approximate Highest High Water): 주요 4대 분조(M_2, S_2, K_1, O_1) 각각에 의한 최고수위 상승값이 동시 발생했을 때의 고조위(高潮位)로서 해륙(海陸)의 경계인 해안선으로 채택하며, 평균 해수면에서 주요 4개 분조(M_2, S_2, K_1, O_1)의 반조차(半潮差)의 합만큼 올라간 해수면의 높이를 말한다.

표 2.4 기후변화 영향을 고려한 장래 예측

구분	장래 예측
평균해수면 수위	상승한다.
조위편차	극치(極値)는 증가한다.
파랑	파랑의 평균은 감소하지만, 극치(極値)는 증가한다.
해안침식	사빈의 60~80%(일본인 경우)가 소실한다.

출처: 日本 国土交通省(2020), 気候変動を踏まえた海岸保全のあり方(参考資料)로부터 일부 수정

표 2.5 기후변화 영향을 고려한 설계조위 산정 방법(안)

기존 산정 방법	기후변화 영향을 고려한 산정 방법(안)	계획 파랑
기왕의 고극조위 확률분석에 의한 고극조위 약최고고조위 + 해일고	대조평균고조위[19] + 기왕의 조위편차 최댓값 대조평균고조위[*1] + 추산의 조위편차 최댓값 대조평균고조위 + 장래 예측에 입각한 조위편차 최댓값	30~50년 확률파 기왕의 최대파랑 등

[*1] : 장래에 예측되는 평균해수면의 상승량을 포함한다.

출처: 해양수산부(2014), 항만 및 어항설계기준·해설(상권), 日本 国土交通省(2020), 気候変動を踏まえた海岸保全のあり方(参考資料)로부터 우리나라 현황에 맞게 수정

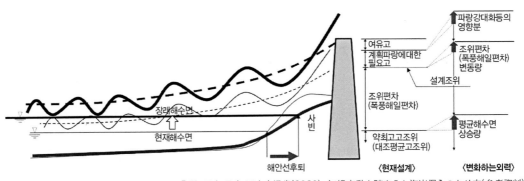

출처: 日本 日本 国土交通省(2020), 気候変動を踏まえた海岸保全のあり方(参考資料)

그림 2.22 기후변화 영향을 고려한 설계조위 등의 산정(안)

---

19) 대조평균고조위(大潮平均高潮位, H.W.O.S.T, High Water Ordinary Spring Tide): 대조(大潮, Spring Tide)기의 평균고조위로서 평균해수면에서 분조 M_2 와 S_2 의 반(1/2) 조차의 합만큼 올라간 해면의 높이로 삭망(朔望)(전 2일, 후 3일) 시(월, 년)의 최고조위의 평균값으로 일반적으로 1달 동안 삭(朔)과 망(望)이 한 번씩 일어나고 그 시기에 가장 높게 나타나는 조위값을 더하여 자료 개수로 나누어 주게 되면 월 대조평균고조위가 되며, 12개월 동안 월평균 자료를 더하여 12로 나누면 연 대조평균고조위가 된다.

2.5.3 폭풍해일에 대한 단계적 대응(안)

표 2.6 기후변화 영향을 고려한 평균해수면 상승량, 조위편차 변동량 및 파랑 강대화 등의 영향분에 대한 전제조건 및 예측방법(안)

구분	기후변화 영향		
	평균해수면 상승량	조위편차 변동량	파랑 강대화 등의 영향분
전제조건	1. 구조물이 방호할 수 있는 높이에는 한계가 있어 구조적·비구조적 대책을 조합하여 재난을 방지·저감한다. 2. 현 계획 작성 당시와 비교해 이미 기후변화의 영향으로 외력 증대가 가시화(可視化) 되고 있을 가능성이 있다. 3. 예측 불확실성이 어느 정도 남는다.	1. 조위편차는 지역 또는 지형 등에 따라 크게 다르다. 2. 현 계획의 설계외력은 태풍에 의거 추산하고 있는 지역과 저기압에 의거 추산하고 있는 지역이 있다. 3. 기후변화 영향에 따른 장래예측의 정량화와 관련한 연구가 어느 정도 진행되고 있다. 4. 현 계획수립 당시와 비교해 볼 때, 최근의 관측결과에는 이미 기후변화의 영향에 따른 변동량이 포함되어 있을 가능성이 있다. 5. 현시점에서는 조위편차의 변동량 예측이나 정량화는 해수면 상승량에 비해 불확실성이 높다.	1. 파랑은 지역 또는 지형 등에 따라 크게 다르다. 2. 현 계획의 설계외력은 태풍에 의거 추산하고 있는 지역과 저기압에 의거 추산하고 있는 지역이 있다. 3. 현 계획 작성 당시와 비교해 최근의 관측 결과에는 이미 기후변화의 영향에 따른 변동량이 포함되어 있을 가능성이 있다. 4. 현시점에서는 파랑변동(외해에서의 파고 증가 및 주기나 파고 변화 등)의 예측이나 정량화는 해수면 상승량에 비해 불확실성이 높다.
예측방법	1. 향후 보수·보강할 해안침식대책시설(해안제방, 호안, 이안제 등)은 보수·보강 시점의 대조평균고조위에 향후 예측되는 평균해수면 상승량을 더해 설계 등을 하는 것은 어떠한가? 2. 1.의 경우 개별구조물의 보수·보강에 있어서는 적어도 해당 구조물의 보강시기까지 예측되는 상승량을 고려하는 것을 원칙으로 하는 것은 어떠한가?	1. 향후 보수·보강해 나가는 해안침식 대책시설(해안제방, 호안, 이안제 등)은 장기적으로 예측되는 조위편차의 변동량을 추산(推算)하여 설계 등에 사용하는 것을 기본으로 하면 어떠한가? 2. 장래 조위편차의 변동량을 추산할 때는 적어도 현재 예측값을 밑 돌지 않는 것을 원칙으로 하는 것은 어떠한가? 3. 현 설계조위와 향후 예측되는 조위편차를 고려한 설계조위를 비교하여 안전 측 설계조위로 하는 것은 어떠한가?	1. 이미 가시화되고 있는 기후변화의 영향을 고려하기 위해 가능한 한 장기간의 관측 데이터(관측 개시부터 보수·보강 시기까지)에 근거한 통계해석으로 설계파를 결정하는 것을 기본으로 하면 어떠한가? 2. 향후 연구성과의 축적을 토대로 하여 장래 예측되는 파랑의 영향을 추산하여 설계 등에 사용하는 것이 어떠한가?

출처: 日本 国土交通省(2020), 気候変動を踏まえた海岸保全のあり方(参考資料)으로부터 일부 수정

평균해수면의 상승 또는 태풍의 강대화에 대응하기 위해서 콘크리트 구조물로 만든 해안구조물(해안제방, 호안, 방조제 등) 시설의 개수·보강 또는 개량에 맞추어, 증대하는 외력을 예상한 마루고(Crest Level)를 증고한 후 침수빈도를 감소시킬 필요가 있다. 구체적으로는 향후 평균해수면 상승이나 태풍의 강대화에 관한 연구의 발전을 근거로 다음과 같이 해수면 증가분을 단계적으로 고려한다(그림 2.23 참조).

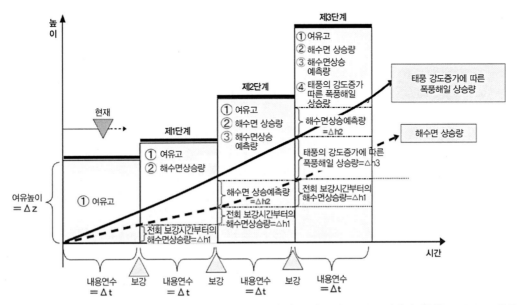

출처: 日本 国土交通省(2019), 海岸分野に係る氣候変動影響のこれまでの檢討

그림 2.23 폭풍해일에 대한 단계적 대응(안)

- 제1단계: 이미 상승한 해수면 상승량을 예상
- 제2단계: 이미 상승한 해수면 상승량에 구조물의 내용연수[20]를 고려한 외삽(外揷)이나 예측계산 등으로 계산한 그 기간의 해수면 상승량을 합(+)하여 예상
- 제3단계: 제2단계 방법에 더해 태풍의 강대화에 따른 폭풍해일 상승량(변동량)을 예상

또한, 평균해수면의 상승에 따라 태풍의 강대화로 인한 폭풍해일 또는 고파랑으로 구조물에

---

20) 내용연수(耐用年數): 구조물의 이용으로 생기는 마멸·파손, 시간의 경과 또는 풍우(風雨) 등의 자연작용으로 생기는 노후화(老朽化), 지진·화재 등의 우발적 사건으로 생기는 손상으로 인하여 사용이 어려울 때까지의 버팀연수를 말하는데, 콘크리트 구조물의 내용연수는 콘크리트의 중성화가 진행되고 내부의 철근에 녹이 슬 위험이 있을 때까지를 기준으로 한다.

작용하는 외력이 목표를 넘었을 경우라도 파괴되지 않는 '잘 부서지지 않는' 해안구조물 설계의 사고방식을 검토해 갈 필요가 있다.

2.5.4 d4PDF(장래 기후변화에 대한 정책 의사결정 데이터베이스, database for Policy Decision making for Future climate change) 활용에 따른 기후변화의 영향평가(일본사례)[13], [14], [15]

1) d4PDF 개요

(1) 배경

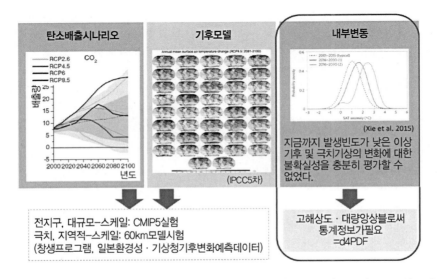

출처: 遠藤洋和·水田亮(2016), 気象研究所気候研究部, アンサンブル気候予測データベース(d4PDF)における東アジア気候の再現性と将来変化.

그림 2.24 d4PDF 필요성

지구온난화의 영향을 평가하고 대응 대책을 수립하기 위해서는 기후변화 예측과 이에 따른 불확실성의 정량평가가 필수적이다. 장래 온실효과가스 배출량이나 예측 수치모델의 불확실성 일부는 IPCC 보고서 등에서 인용된 다수 수치모델에 의한 시나리오 실험(CMIP)과 일본 환경성이 2014년 작성한 '전 지구적 기후변화 예측데이터'와 '지역 기후변화 예측데이터'(http://www.env.go.jp/press/press.php?serial=18230)에서 다루고 있다. 한편, 지금까지의 예측 데이터베이스에서는 예측계산의 앙상블[21] 개수(個數)가 10개 정도로 적어 자연변화, 즉 발생 빈도가 낮은 이상기후나 극치기상(極値氣象)에 따른 불확실성을 충분히 평가하지 못하였다. 극단적(極端的)인 기상 현상(태풍, 폭우, 열파 등)이 일어날 확률을 알려면 단판 승부가 아니라 마치 주사위를 던지듯이 계속 실험을 반복해야 한다. 따라서 일본 문부과학성이 실시한 '기후변화 리스크 정보 창생(倉生) 프로그램'에서 고해상도 전 지구 대기 모델 및 고해상도영역 대기모델을 사용하여 지금까지 없었던 다수(최대 100 멤버(앙상블 계산을 구성하고 있는 각각 의 케이스))의 앙상블 실험(평균상태를 정확하게 추정하거나 평균에서부터 벗어난 사례의 샘플 (Sample)을 얻을 수 있다.)을 실시한 후 확률밀도 함수 분포의 가장자리에 있는 극치기상의 재현과 변화에 대해 충분한 논의를 할 수 있는 '지구온난화 대책에 이바지하는 앙상블 기후예측 데이터베이스(database for Policy Decision making for Future climate change(d4PDF))'를 작성하였다(그림 2.24 참조). 즉, d4PDF란 지구온난화 대응책(완화책 및 적응책)의 검토에 이용할 수 있도록 정비된 앙상블 기후예측의 계산 결과에 관한 데이터베이스이다. d4PDF는 고해상도(高解像度)의 대기(大氣)모델을 이용하여 다수의 앙상블 계산 결과를 정리한 것으로 그 활용을 통해 대기 현상에 대해 통계적으로 신뢰성이 높은 장래 예측정보를 얻을 수 있을 것으로 기대된다. d4PDF의 특징은 세계에 유례가 없는 대규모 앙상블 및 고해상도 기후 시뮬레이션 산물로써 총실험 데이터량은 약 2페타바이트[22]이다. 또한, 과거 기후변화의 재현성이 높아 현재 일본 기상청 현업 수치모델로서 기본적인 기후모델로 채용하고 있다. 따라서 이상고온, 집중호우 및 태풍 등과 같은 현상의 장래 발생빈도나 강도의 변화를 추출할 수 있다.

(2) d4PDF에 대한 설명(수치모델과 실험설계)

d4PDF는 수평해상도 약 60km인 일본 기상연구소 전 지구 모델 MRI-AGCM3.2(이하 '전 지구 모델'로 부른다.)를 사용한 전 지구실험과 수평해상도 약 20km인 일본 전역을 포함하는 일본 기상연구소 영역실험모델 NHRCM(이하 '영역모델'로 부른다.)을 사용한 영역실험으로 구 성되어 있다(그림 2.25 참조). 전 지구실험은 다음과 같이 3종류의 앙상블로 나눌 수 있다.

---

21) 앙상블(Ensemble): 수치예보모델이 가지는 초기장(初期場)의 불확실성과 예측성의 한계를 극복하기 위해 고안된 예보기 법의 하나로서, 초기 조건을 각각 다르게 주고 다수의 서로 다른 수치예보모델을 실행하여 얻은 결과를 이용하는 시스 템이다. 기존의 단기(短期) 예보가 결정론적인 예측만 할 수 있는 데 반해, 앙상블 예보는 확률밀도 함수를 이용한 확률 적인 예측이 가능하므로 중기(中期) 예보에 유용하게 활용된다.

22) 페타바이트(Peta Byte): 1페타바이트(PB)는 약 100만 GB로 DVD 영화(약 6GB) 17만 4,000편을 담을 수 있는 용량으로 인터넷은 정보량이 해마다 늘어 GB(기가바이트)와 TB(테라바이트)의 시대를 넘어 PB의 시대로 들어섰다.

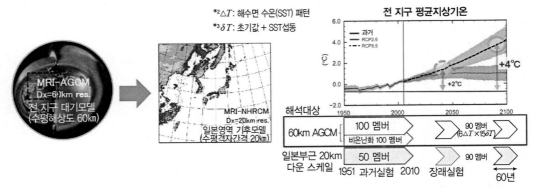

- 과거실험(6000년) = 온난화경향을 입력한 과거 60년의 시간변동 × 관측불확실성을 나타내는 100섭동(攝動
- 장래실험(5400년) = 온난화경향을 제외한 과거 60년의 시간변동 × 6종의 CMIP5[*1] 온난화패턴(6$\triangle T$[*2]) × 관측 불확실성을 나타내는 15섭동(15δT[*3])

*1 CMIP5(Coupled Model Inter-comparison Project5) : 접합 대순환모델 상호 비교 프로젝트로서 모델별로 다른 예측결과를 서로 비교함으로써 예측의 불확실성을 파악하는 프로젝트이다.
1995년 세계기구 연구계획(WCRP)이 시작한 '제5기 접합 대순환모델 상호비교프로젝트(CMIP5)' 는 그 결과가 IPCC의 제5차 평가보고서(2013,AR5)에도 쓰인 대표적인 프로젝트다.

출처: 日本 文部科学省 등(2015), 「地球温暖化対策に資するアンサンブル気候予測データベース(d4PDF)の利用手引き」로부터 일부 수정

그림 2.25 지구온난화 대책에 기여(寄與)하는 앙상블 기후 예측 데이터베이스(d4PDF)

- 과거실험[23] 1951~2011년 8월×100멤버

- 비온난화실험 1951~2010년×100멤버

- 4℃ 상승실험(장래실험[24]) 2051~2111년 8월×90멤버

과거실험은 관측된 해수면 수온(SST, Sea Surface Temperature)과 해빙, 온실효과가스 농도변화, 황산성 에어로졸 농도변화, 오존 농도변화를 전 지구모델의 입력조건으로 사용하였다(그림 2.26(a) 참조). 100멤버는 각각 다른 초기값을 가지고 계산을 시작하여 더욱이 해빙(海氷)과 해수면 수온에 작은 섭동[25]을 가한다. 즉, 과거실험은 해수면 수온 해석의 추정오차와 같은 정도인 진폭을 가진 해수면 수온에 섭동을 가한 실험을 실시하였다. 비온난화실험에서는 경향 성분(傾向成分)을 제외한 해수면 수온(SST)과 그 해수면 수온에 일치하도록 조정한 해빙을 입력

---

23) 과거실험(過去實驗): 시뮬레이션 계산으로 과거의 물리량을 재현하는 수치실험으로 과거실험에 의해 계산된 기후를 현재기후라고 한다.
24) 장래실험(將來實驗): 시뮬레이션 계산으로 장래의 물리량을 예측하는 수치실험으로 장래실험에 의해 예측된 기후를 장래기후라고 한다.
25) 섭동(攝動, Perturbation): 흐름이나 온도 등의 값이 가지는 미소한 변동을 말하며, 대푯값(평균값 등)과 미소 변동량으로 나누었을 경우의 미소 변동량을 섭동이라고 한다. 기상분야에서의 수치계산에서는 초기값에 섭동을 주어 앙상블 멤버의 조건 차이로 할 수 있으며, d4PDF의 과거실험에서는 관측된 SST(해수면 수온) 데이터에 100개의 섭동을 주고, 장래실험에서는 6종류의 SST 멤버에 15종류의 섭동을 주어 앙상블 멤버를 작성한다.

조건으로 주었다. 또한, 온실효과가스 농도 등의 외부강제요인은 산업혁명(1850년) 전의 조건으로 고정하였다. 따라서 비온난화실험과 과거실험을 비교함으로써, 과거의 외부강제요인에 따른 기후변화 경향을 알 수 있다.

AMIP*1 타이프 실험 : 관측된 해수면 수온(SST)을 사용한다.
– 1951~2011년(60년간)
– 해수면 수온/해빙: COBE-SST
– 온실효과가스 농도변화: 연 평균 관측값
– 에어로졸 농도변화: MRI-ESM의 월 평균 출력값
– 오존 농도변화: MRI-CCM의 월 평균 출력값
– 100멤버·앙상블
  · 다른 대기(大氣) 초기값
  · 다른 경계값: SST섭동을 가산(SST해석의 추정오차와 같은 정도인 진폭을 가짐)

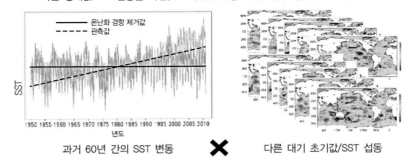

과거 60년 간의 SST 변동 ✕ 다른 대기 초기값/SST 섭동

*1: 대기 모델 상호 비교 프로젝트(AMIP, Atmospheric Model Intercomparison Project)는 전 지구 대기대순환 모델(AGCM)의 표준적인 실험 프로토콜(Protocol)로서 기후모델진단, 검증, 상호비교, 문서화, 데이터 접근을 지원하는 커뮤니티 기반시설을 제공한다.

(a) 과거실험

온난화 실험
– 전 세계 평균기온이 산업혁명(1850년) 전보다 4℃ 상승된 기후 아래에서의 60년간
– 해수면 수온: 관측 SST(경향 제거) + CMIP5 모델 △SST
– 온실효과가스 농도변화/에어로졸 농도 변화: RCP 8.5 시나리오의 2090년 해당
– 90멤버·앙상블
  · 6종류의 △ SST 패턴
  · 15종류의 대기 초기값/SST섭동 → 6×15=90멤버

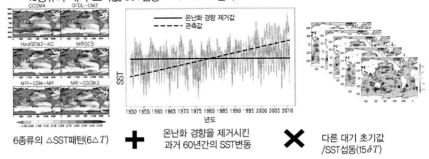

6종류의 △SST패턴(6△T) ✚ 온난화 경향을 제거시킨 과거 60년간의 SST변동 ✕ 다른 대기 초기값/SST섭동(15δT)

(b) 장래실험

출처: 遠藤洋和・水田亮(2016), 気象研究所気候研究部, アンサンブル気候予測データベース(d4PDF)における東アジア気候の再現性と将来変化.

그림 2.26 d4PDF의 전 지구실험(과거실험, 장래실험)

CMIP5 결합모델의 결과로 주어진 해수면 수온변화패턴(단위 : K(℃))으로서 모든 월, 모든 년, 모든 멤버를 평균한 값

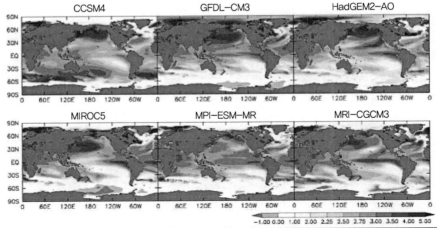

CMIP5	실험 약칭(略稱)	기관 명
CCSM4	CC	미국 대기과학연구소
GFDL-CM3	GF	미국 지구물리 유체학연구소
HadGEM2-AO	HA	영국 기상청 해들리(Hadley) 센터
MIROC5	MI	일본 해양연구개발기구
MPI-ESM-MR	MP	독일 막스플랑크(Max Planck) 연구소
MRI-CGCM3	MR	일본 기상청기상연구소

출처: 遠藤洋和·水田亮(2016), 気象研究所気候研究部, アンサンブル気候予測データベース(d4PDF)における東アジア気候の再現性と将来変化.

그림 2.27 장래실험에 사용된 6종류의 SST 모델(공간패턴)

장래실험인 4℃ 상승실험은 산업혁명(1850년) 이전과 비교하여 전 세계 평균온도가 4℃ 상승한 세계를 시뮬레이션하였다(그림 2.26(b) 참조). CMIP 5에 공헌한 전 지구 대기-해양 결합모델에 대한 실험 결과를 근거로 6종류 해수면 수온(SST) 장래 변화의 공간패턴[26]을 준비하고, 영역 모델(격자 크기 20km)의 50개 섭동 중 15개를 임의로 선정하여 각 패턴에 15개의 섭동을 가한 합계 90개(6종류 공간패턴($6 \triangle T$)×15개 섭동($15 \delta T$))의 분포를 입력조건으로 하여 90멤버의 앙상블 실험을 수행하였다(그림 2.27 참조). 해빙은 각각의 해수면 수온과 일치하도록 조절하였다. 온실효과가스 농도 등과 같은 외부강제요인은 RCP 8.5 시나리오의 2090년에 해당하는 값을 적용하였다. 4℃ 상승실험에서 실험기간 동안 지구온난화 정도는 시간에 따라 변화하지 않게 설정하였는데, 이것은 2051년으로 표기되어 있어도 2051년의 예측이 아닌, 2090

---

26) 해수면 수온(SST) 장래 변화의 공간패턴: CCSM4(CC로 표기), GFDL-CM3(GF), HadGEM2-AO(HA), MIROC5(MI), MPI-ESM-MR(MP), MRI-CGCM3(MR)인 6개 모델로 CMIP 5의 실험결과를 사용한다.

년과 변함없는 온난화 시그널(Signal)의 크기를 가짐을 주의해야 한다.

영역모델 실험에서는 전 지구 실험결과를 사용하여 60km 해상도로부터 20km 해상도로의 역학적 상세화[27]를 아래와 같이 실시하였다.

- 과거실험 1950년 9월~2011년 8월×50멤버
- 4℃ 상승실험 2050년 9월~2111년 8월×90멤버

상세화(Downscaling)란 대상 영역을 상세히 시뮬레이션하는 것을 말하며, 그 장점은 현상(現象)을 상세하게 표현할 수 있는데 특히 지형에 따른 지형성 강수 등을 잘 나타낸다(그림 2.28 참조).

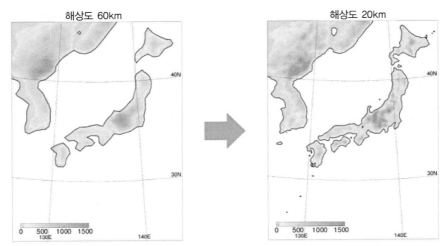

출처: 村田昭彦 등(2016), 多数アンサンブルのダウンスケーリングによる日本の気候の将来予測.

그림 2.28 60km 해상도(解像度)로부터 20km 해상도로의 상세화(Downscaling) 개념

(3) d4PDF의 활용 방안

영역모델실험에서 사용한 두 수치모델은 일본 기상청의 현업(現業)에 사용되고 있는 수치모델로, CMIP5(Coupled Model Intercomparison Project 5) 실험에서 사용된 수치모델들보다 고해상도이다. 이런 이유로 관측된 일강수량(日降水量) 분포 등을 재현하는 데 큰 장점이 될 것으로 예상된다. 일례로 그림 2.29(a)에 전 지구 모델의 도쿄 부근 격자에 대한 일강수량 분포를 제시하였다. 전 지구 모델(GCM)은 관측자료의 빈도분포를 잘 재현하는 것을 알 수 있다. 따라서 앙상블 수가 많아지면, 관측자료만으로는 사건(事件) 수가 적어 조사할 수 없었던 저빈

---

27) 상세화(Downscaling): 큰 공간 스케일에서의 계산 결과를 이용하여, 보다 작은 공간 스케일에서의 상세한 계산을 실시하는 것을 말한다. 그 방법에는 물리 현상을 모델화해 시뮬레이션하는 역학적 방법과 과거의 데이터에 의한 관계식을 이용하는 통계적 방법이 있다.

도·고강도의 사건도 검토할 수 있다. 수십 년밖에 없는 관측자료에서 100년에 1번 발생할 강수량 등을 추정할 때, 지금까지는 이론적으로 극치통계(極値統計) 분포함수를 이용하는 방법뿐이었다. 그러나 d4PDF의 대규모 앙상블 실험자료와 관측자료를 결합하면, 극치통계방법의 신뢰성을 평가할 수 있을 것으로 기대된다.

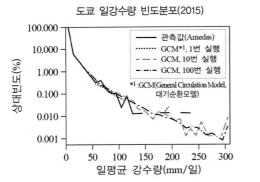
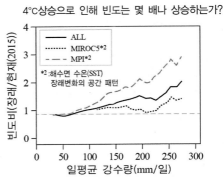

출처: 日本 文部科学省 등(2015), 「地球温暖化対策に資するアンサンブル気候予測データベース(d4PDF)の利用手引き」

(a) 관측결과와 수치모델(GCM)의 빈도분포 (b) 4℃ 상승실험의 빈도분포 변화(장래/현재(2015)의 비)

그림 2.29 전 지구모델(GCM)의 결과를 분석한 일본 도쿄의 일강우량 빈도 분포

4℃ 상승실험에서는 강한 강우일수록 증가량이 커지지만, 그 크기는 입력조건인 해수면 수온(SST) 상승패턴에 따라 큰 차이가 있다(그림 2.29(b) 참조). 따라서 4℃ 상승실험은 해수면 수온(SST) 상승패턴별 기후변화의 차이를 비교하여 수치모델의 불확실성을 검토하는 것이 가능하다.

그림 2.30은 일본 추고쿠[28] 남부지역에서 평균한 연(年) 최대 일강수량의 빈도분포이다. 앙상블 수가 적을 때는 빈도분포에 노이즈(Noise)가 있지만, 100멤버의 앙상블을 사용함으로써 매끄러운 빈도분포를 얻을 수 있다. 이러한 매끄러운 빈도분포를 이용함으로써, 예를 들면 80mm/일 이상의 강한 강수량 빈도가 장래 몇 배가 되는지에 관한 문제를 높은 통계적 신뢰도(信賴度)로 분석할 수 있다.

---

28) 추고쿠(中国) 지방: 일본의 산요(山陽)지방(오카야마현, 히로시마현, 야마구치현과 효고현의 남서부) 및 산인(山陰) 지방(돗토리현, 시네마현)을 일컫는 말이다.

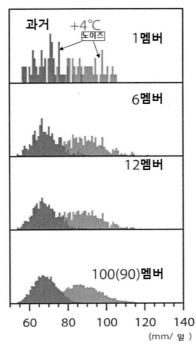

출처: 日本 文部科学省 등(2015), 「地球温暖化対策に資するアンサンブル気候予測データベース(d4PDF)の利用手引き」

그림 2.30 일본 추고쿠(中國) 남부지역에서 평균한 연 최대 일강수량(%)의 빈도분포

그림 2.31에 전 지구 열대 저기압의 연(年) 발생 수에 관한 확률분포를 제시한다. 전 지구 열대 저기압의 연 발생 수가 관측과 과거실험에서 비슷한 확률분포를 가진다는 것을 알 수 있다. 따라서 기후모델실험은 앙상블 수가 많아 관측자료만으로는 표현할 수 없는 100년 1회 (1%) 또는 그보다 저빈도 경우까지 매끄러운 확률분포로 나타낼 수 있다. 해역별로 보면, 발생 수는 관측값과 대체로 비슷하지만, 북서태평양에서 과다(過多) 산정, 북동태평양과 북대서양에서 과소산정되는 경향이 있다. 4℃ 상승실험에서는 전 지구 규모에서 평균적으로 열대 저기압의 발생 수가 연 30개 정도 감소하고, 해역별로서는 서태평양, 남인도양, 남태평양에서 발생 수가 크게 적어지는 것을 볼 수 있다. 이러한 결과는 IPCC 5차 평가보고서(2013년)의 내용과 대체로 일치한다.

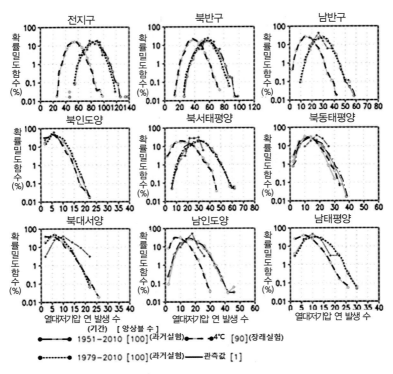

출처: 日本 文部科学省 등(2015), 「地球温暖化対策に資するアンサンブル気候予測データベース(d4PDF)の利用手引き」
※ 관측값은 1979~2010년, 과거실험은 1951~2010년과 1979~2010년, 4℃ 상승실험은 전 기간 60년분. [ ]안의
수는 앙상블 멤버 수를 나타낸다.

그림 2.31 열대 저기압의 연(年) 발생수에 대한 확률밀도함수(%)

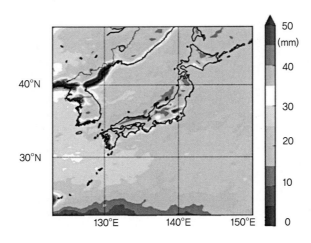

출처: 日本 文部科学省 등(2015), 「地球温暖化対策に資するアンサンブル気候予測データベース(d4PDF)の利用手引き」

그림 2.32 영역모델실험의 연(年) 최대 일강수량에 대한 장래 변화(mm), 전 앙상블의 평균값

영역모델의 출력 데이터를 분석하면, 고해상도 자료에 근거한 일본 부근의 영역에 대한 기후변화의 검토가 가능하다. 예를 들어, 연 최대 일강수량을 발생시키는 사건(Event)은 상세한 지형의 영향을 강하게 받는데, 영역 모델은 어느 정도 지형의 효과를 나타낼 수 있다(그림 2.32 참조).

6종류의 해수면 수온(SST) 상승패턴별 결과를 비교함으로써, 연 최대 일강수량의 장래 변화 패턴이 주어진 SST 패턴에 크게 의존하는 것을 알 수 있다(그림 2.33 참조). 그림 2.29와 같이 d4PDF 앙상블 실험 데이터를 이용하면, 관측자료만으로는 포함할 수 없는 극단(極端) 현상의 빈도분포에 관한 논의가 가능하다. 그러나 반대로 말하자면, 그런 극단현상의 빈도분포를 관측자료의 빈도분포와 단순 비교하는 것만으로는 타당성을 확인할 수 없다. 이는 대규모 앙상블 실험이 가능하게 됨에 따라 대두(擡頭)된 새로운 과제이며, 향후 검증 방법을 확립해 나갈 필요가 있다.

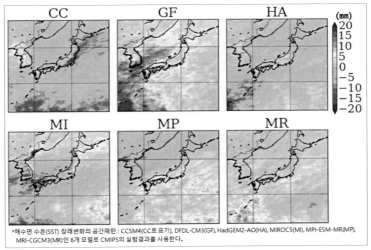

*해수면 수온(SST) 장래 변화의 공간패턴 : CCSM4(CC로 표기), DFDL-CM3(GF), HadGEM2-AO(HA), MIROC5(MI), MPI-ESM-MR(MP), MRI-CGCM3(MR)인 6개 모델로 CMIP5의 실험결과를 사용한다.

출처: 日本 文部科学省 등(2015), 「地球温暖化対策に資するアンサンブル気候予測データベース(d4PDF)の利用手引き」
※ 6종류 SST 상승 패턴마다의 앙상블 평균으로부터 전체 앙상블 평균을 뺀 값으로 나타내었다.

그림 2.33 영역모델실험의 연(年) 최대 일강수량에 대한 장래 변화(mm)

(4) 한계와 주의점

d4PDF는 고해상도 모델을 사용하고 있지만, 수치모델은 완벽하지 않아 관측자료와 비교하면 편중[29])이 발생한다. 따라서 영향평가 등에 이용할 경우 편중 보정을 실시해야 한다. 또한, 이 장에서 언급된 앙상블은 1개의 전 지구 모델과 1개의 영역 모델을 사용한 시뮬레이션 결과로

6종류의 해수면 수온(SST) 상승패턴을 적용하였다고 하더라도, 수치모델의 불확실성 폭을 충분히 다루지 못하는 점에 주의가 필요하다. 즉, 수치모델의 '습성(習性)'이 강하게 보여 벗어난 예측 결과가 나타날 수도 있다. 그림 2.34는 우리나라와 일본 주변에 대한 6~8월 평균 강수량의 변화를 보여주고 있는데, 어떤 해수면 수온(SST) 상승패턴을 적용하더라도 일본 서쪽에서의 강수량이 감소하는 것으로 나타난다. 그러나 해수면 수온(SST) 패턴의 근거(根據)가 되는 대기-해양 결합모델에 의한 CMIP5 모델 실험에서는 반대로 강수량은 증가하는 것으로 나타난다. 이는 실험에서 사용한 전 지구 모델의 '습성'에 따른 결과로 이에 대하여 주의가 필요하다. 또한, 전 지구 모델을 상세화(Downscaling)한 영역모델 실험에서도 이러한 특징을 갖고 있으므로 유의해야만 한다.

2) d4PDF를 활용한 조위편차의 상승량 또는 고파랑 등 영향분의 정량화

d4PDF를 극단현상의 장기변화 예측에 활용하기 위해서는 기후변화의 영향을 고려한 여러 기상현상의 계산(앙상블 계산)을 실시한 후, 데이터베이스인 d4PDF의 태풍 데이터 및 저기압 데이터에 대해서 관측 결과와의 비교, 과거실험과 장래실험의 차이의 경향을 분석한다. 동시에 이것을 이용해 과거 및 장래의 조위편차에 대한 극치(極値)를 간이적(簡易的)으로 해석하여, 기후변화에 따른 조위편차를 분석한다. 기후변화의 영향에 의한 조위편차의 증가량이나 고파랑 등의 영향분에 대한 정량화의 대응은 어느 정도 진행되고 있지만, 평균해수면 상승량의 정량화와 비교하여 충분하지 않은 상황이다. 따라서 장래 해안보전 측면을 고려할 때 평균해수면 상승량뿐 아니라 폭풍해일이나 고파랑에 대한 기후변화 영향을 어떻게 고려할 것인지에 대해서도 구체적인 검토가 필요하다. 이 때문에 이들 사건(事件)에 대한 영향의 정량화를 진행할 필요가 있다.

---

29) 편중(偏重, Bias): 측정값(관측값) 또는 추정량의 분포 중심(평균값)과 참값과의 편차를 말한다.

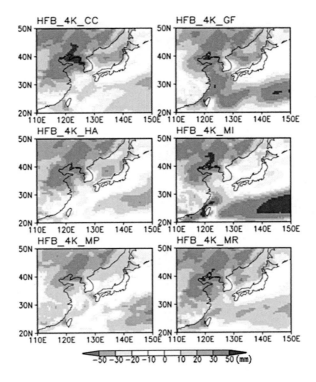

출처: 日本 文部科学省 등(2015), 「地球温暖化対策に資するアンサンブル気候予測データベース(d4PDF)の利用手引き」
※ 장래 변화의 부호(符號)가 80%이상의 멤버(12 멤버 이상)로 일치하는 그리드(Grid)만 음영(陰影)으로 표시하였다.

그림 2.34 전 지구 모델의 6~8월 평균 강수량에 대한 장래 변화율[%]

이러한 검토 수단으로서 현시점에서 활용할 수 있는 것은 기후변화의 영향을 고려한 다양한 기상현상을 계산(앙상블(Ensemble) 계산)한 데이터베이스(대표적인 것으로는 d4PDF(Database for Policy Decision making for Future climate change)) 중 태풍 데이터를 활용하는 것이다. d4PDF를 활용할 수 있는 방법으로는 아래와 같이 3가지 방법이 있다.

방법 1 **현재 및 장래기후의 조위편차를 생기확률분포로 나타내는 방법**

현재 설계조위에 포함된 조위편차의 생기확률[30]과 동일 생기확률을 가지는 장래기후의 조위편차를 구하고, 거기에 장래기후의 대조평균고조위(大潮平均高潮位, H.W.O.S.T, High Water Ordinary Spring Tide)를 더한 값을 장래기후의 설계조위로 한다.

---

30) 생기확률(生起確率, Probability of Occurrence): 어떤 사상에 대한 확률을 나타낼 때 일반적으로 사용하는 확률로 확률분석을 실시하여 장래의 어떠한 기간 동안 어떠한 기준량 이상의 크기를 가지거나 같은 기준량이 발생할 확률을 말한다.

방법 2 **현재 및 장래기후의 중심기압에 대한 생기확률분포를 나타내는 방법**

1959년 '이세만(伊勢湾) 태풍'과 같은 기왕의 태풍이 최악 경로로 내습했을 경우의 조위편차를 추산한 후 이것을 대조평균고조위에 더(+)한 높이를 설계조위로 하는 해안은 기왕태풍의 중심기압을 갖는 생기확률과 동일 생기확률을 가지는 장래기후 태풍의 중심기압을 이용하여 조위편차를 추산한다.

그러므로 이 장에서는 [방법 1]을 이용하여 d4PDF의 태풍 데이터에 대한 관측결과와의 비교 또는 과거·장래실험과 차이의 경향을 분석함과 동시에, d4PDF의 태풍 데이터를 이용하여 과거 및 장래일 경우에 대한 폭풍해일 극치(極値)를 간이적(簡易的)으로 해석하여 기후변화에 따른 조위편차의 변화 경향에 대한 분석 결과를 나타낸다. 또한, 이들 정보를 근거로 기후변화에 따른 조위편차의 상승량이나 고파랑의 영향분에 대한 정량화를 검토해 나가는데 d4PDF의 데이터 활용 방법이나 유의점 등에 대해서 설명하려 한다.

3) 일본 기상청의 태풍 최적경로[31] 데이터

일본 기상청은 도쿄에 북서태평양 지역의 열대 저기압에 관한 지역특별기상센터(Regional Specialized Meteorological Centre; RSMC)를 두어 담당 영역 내 열대 저기압(태풍)의 매 6시간마다 중심위치, 중심기압 및 최대풍속 등의 정보를 제공한다. 1978년 이후는 정지기상위성인 '해바라기'의 본격적인 관측이 개시되어 향상된 관측정밀도를 제공하고 있다(그림 2.35 참조).

---

31) 태풍최적경로(最適經路, Best Track): 태풍예보 상황에서 실황분석(實況分析) 자료로 활용되지 못했던 자료들을 확보하여 정밀하게 재분석된 사후(事後) 태풍의 경로로, 이 최적경로는 태풍 실황 당시에 사용하지 못한 최대한의 관측자료를 활용하여 재분석한 정보로서 이 정보에는 태풍의 위치, 강도, 크기 등이 포함되어 있어 태풍의 사후분석과 관련 연구를 위하여 공신력 있는 자료로 사용될 수 있다.

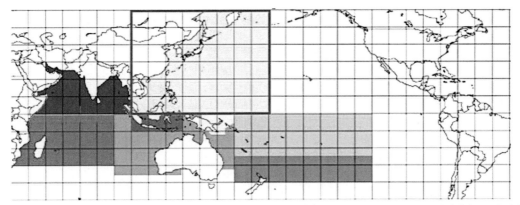

*굵은 실선으로 둘러싸인 직사각형 내(적도~북위 60도(°), 동경 100~180도(°))가 열대저기압 RSMC 도쿄의 담당영역으로 이 영역 내의 열대저기압에 대한 해석·예보 등의 정보를 주변각국에 제공

출처: 日本 気象庁(2019), '第3部 気象業務の国際協力と世界への貢献', https://www.jma.go.jp/jma/kishou/books/hakusho /2019/index5.html

그림 2.35 열대 저기압 RSMC(지역특별기상센터) 도쿄의 담당 영역

4) d4PDF(태풍) 데이터 분석

(1) d4PDF(태풍) 데이터 분석 순서

일본 기상청의 태풍최적경로 데이터, d4PDF의 과거실험과 장래실험에 대한 태풍 데이터를 이용해 다음과 같은 순서로 데이터를 분석한다(그림 2.36 참조).

① 일본 기상청의 태풍최적경로 데이터와 d4PDF의 과거실험에 대한 태풍 데이터인 태풍의 발생 수, 빈도, 중심 및 기압의 극치 등을 비교하여 관측 결과를 잘 재현하고 있는가를 파악한다.

② 동일한 수의 멤버(Member, 입력 데이터를 바꾸어 복수의 시뮬레이션을 실시)를 가진 d4PDF의 과거실험 및 장래실험에 대한 태풍 데이터를 비교하여 장래 변화 경향을 파악했다.

③ 일본 전국의 대표적인 지점에서 d4PDF의 과거실험 및 장래실험에 대한 태풍 데이터에서 폭풍해일경험식을 이용하여 조위편차의 극치(極値)를 추정하여 극치통계해석을 실시한 후 조위편차에 대한 생기확률(生起確率) 변화 경향을 분석한다.

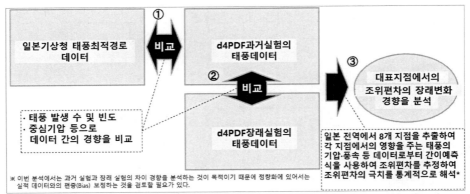

출처: 1) 日本 国土交通省(2020), d4PDFの活用による気候変動の影響評価 - 潮位偏差の増大量や波浪の強大化等の影響分の定量
化に向けて -

2) 京都大学防災研究所「気候変動予測・影響評価に関するデータ」(文部科学省 統合的気候モデル高度化研究プログラム)
http://www.coast.dpri.kyoto-u.ac.jp/japanese/?page_id=5004

그림 2.36 d4PDF(태풍) 데이터 분석순서도

(2) d4PDF(태풍)의 추출 및 분석

① d4PDF(태풍) 데이터 추출

d4PDF(전 지구 대기모델 MRI-AGCM 3.2의 수평해상도 60km)에서 태풍을 추출(抽出)하고, 일본 근해의 데이터는 1시간 피치[32]인 내삽 데이터로부터 작성했다(그림 2.37 참조).

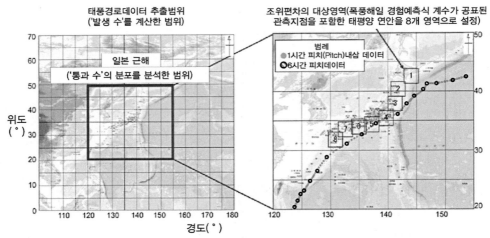

출처: 日本 国土交通省(2020), d4PDFの活用による気候変動の影響評価 - 潮位偏差の増大量や波浪の強大化等の影響分の定量化
に向けて -

그림 2.37 d4PDF(태풍경로) 데이터 추출범위

---

32) 피치(Pitch): 되풀이하거나 일정한 간격으로 하는 일의 속도나 횟수를 말하며 본 장에서는 태풍의 중심이 1시간 이동한
경로를 일컫는다.

d4PDF에서 추출한 태풍 경로 데이터는 과거실험과 장래실험의 모든 멤버를 합계(合計)하면 태풍 개수로만 약 28만 개가 된다(그림 2.38 참조).

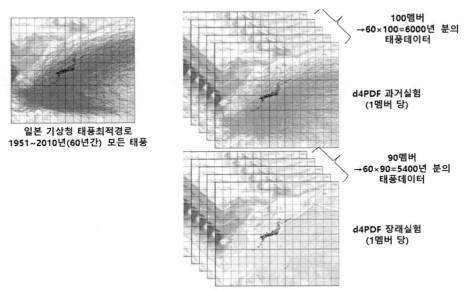

일본 기상청 태풍최적경로
1951~2010년(60년간) 모든 태풍

100멤버
→60×100=6000년 분의
태풍데이터

d4PDF 과거실험
(1멤버 당)

90멤버
→60×90=5400년 분의
태풍데이터

d4PDF 장래실험
(1멤버 당)

출처: 日本 国土交通省(2020), d4PDFの活用による気候変動の影響評価 - 潮位偏差の増大量や波浪の強大化等の影響分の定量化に向けて -

그림 2.38 d4PDF(태풍경로) 데이터 결과

② d4PDF(태풍) 데이터 분석

일본 기상청의 태풍최적경로와 d4PDF 과거실험의 태풍발생 수는 비슷한 수준이다. 그러나 d4PDF 장래실험의 태풍발생 수는 일본 기상청의 최적경로 태풍 발생 수보다 적다. 일본 기상청 최적경로의 태풍 발생 수는 연 26.2개(1951~2010년) 및 연 25.6개(1978~2010년)이고, d4PDF 과거실험의 태풍 발생 수는 연 28.4개(전 멤버 평균) 및 장래실험의 태풍 발생 수는 연 20.3개(전 멤버 평균)이다(그림 2.39 참조). 한편 태풍의 상륙(上陸) 수는 일본기상청의 최적경로 연 2.9개(1951~2010년)와 연 2.7개(1978~2010년)이고, d4PDF 과거실험의 상륙 수는 연 2.9개(전 멤버 평균)와 장래실험은 연 1.8개(전 멤버 평균)이다. 따라서 일본 기상청 태풍최적경로와 d4PDF 과거실험의 태풍 상륙 수는 비슷한 수준이지만, 장래실험의 태풍 상륙 수는 과거실험에 비해서 적다(그림 2.40 참조).

일본 근해의 태풍 통과 개수는 일본 기상청의 태풍최적경로와 비교하여 d4PDF의 과거실험에서는 태풍 통과 수가 적은 결과를 나타내고 있다. 또한, d4PDF 장래실험의 일본 근해에 대한 태풍 통과 수(위·경도 2.5° 격자(Mesh) 내를 통과하는 태풍의 개수)는 과거실험보다 적다(그림 2.41 참조).

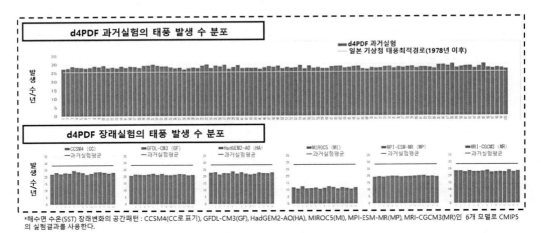

*해수면 수온(SST) 장래변화의 공간패턴 : CCSM4(CC로 표기), GFDL-CM3(GF), HadGEM2-AO(HA), MIROC5(MI), MPI-ESM-MR(MP), MRI-CGCM3(MR)인 6개 모델로 CMIP5의 실험결과를 사용한다.

출처: 日本 国土交通省(2020), d4PDFの活用による気候変動の影響評価 - 潮位偏差の増大量や波浪の強大化等の影響分の定量化に向けて -

그림 2.39 d4PDF(태풍경로) 데이터의 태풍 발생 수 분포

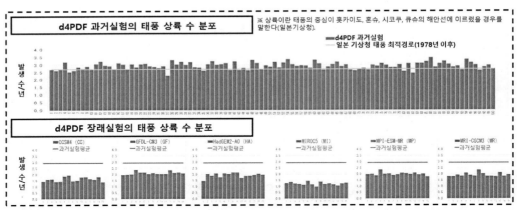

출처: 日本 国土交通省(2020), d4PDFの活用による気候変動の影響評価 - 潮位偏差の増大量や波浪の強大化等の影響分の定量化に向けて -

그림 2.40 d4PDF(태풍경로) 데이터의 태풍 상륙 수 분포

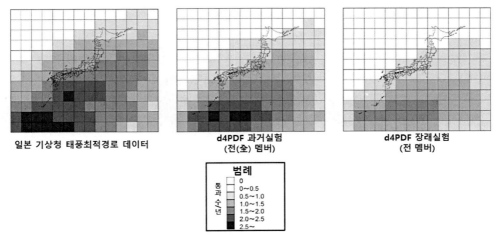

일본 기상청 태풍최적경로 데이터   d4PDF 과거실험   d4PDF 장래실험
             (전(全) 멤버)   (전 멤버)

범례

통과수/년

0
0~0.5
0.5~1.0
1.0~1.5
1.5~2.0
2.0~2.5
2.5~

* 위도 · 경도 2.5°(도) 격자(mesh) 내를 통과하는 태풍의 개수를 카운트한다.

출처: 日本 国土交通省(2020), d4PDFの活用による気候変動の影響評価 - 潮位偏差の増大量や波浪の強大化等の影響分の定量化
  に向けて -

그림 2.41 일본 근해의 태풍 통과 수 분포

③ 태평양 연안 8개 영역의 태풍 최저 중심기압에 대한 분포상황의 분석

 d4PDF의 장래실험은 일본 기상청의 태풍최적경로 또는 d4PDF의 과거실험과 비교해서 태풍의 총개수는 적지만, 극단적으로 매우 낮은 기압의 구간인 최저 중심기압의 발생빈도(도수분포)를 비교하면 장래실험의 발생빈도가 더 높다(그림 2.42, 그림 2.43 참조).

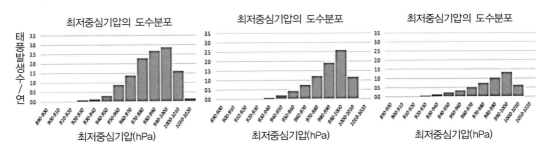

(a) 기상청의 태풍최적경로데이터 (b) d4PDF의 과거실험(전 멤버) (c) d4PDF의 장래실험(전 멤버)

출처: 日本 国土交通省(2020), d4PDFの活用による気候変動の影響評価 - 潮位偏差の増大量や波浪の強大化等の影響分の定量化に向けて -

그림 2.42 일본 기상청의 태풍최적경로 및 d4PDF(과거·장래실험)의 태풍 최저중심기압 분포 비교

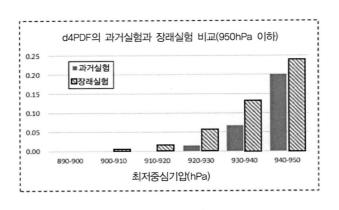

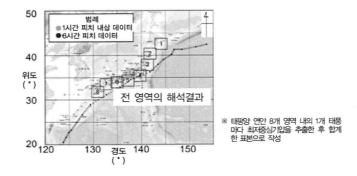

출처: 日本 国土交通省(2020), d4PDFの活用による気候変動の影響評価 - 潮位偏差の増大量や波浪の強大化等の影響分の定量化
に向けて -

그림 2.43 d4PDF(과거·장래실험)의 태풍 최저 중심기압 분포 비교

④ 일본 근해의 태풍 최저 중심기압의 분석

일본 기상청의 태풍 최적경로와 d4PDF 과거실험의 태풍 최저 중심기압을 비교하면, 북위 20°
부근은 d4PDF의 최저 중심기압이 높아지는 경향이 있지만, 북위 40° 부근에서는 d4PDF의 최저
중심기압이 낮아지는 경향이 있다. d4PDF의 과거실험과 장래실험을 비교하면 북위 30°로부터 북위
40° 부근에 걸쳐서 장래실험의 태풍 최저 중심기압이 낮아지는 경향이다(그림 2.44, 그림 2.45
참조).

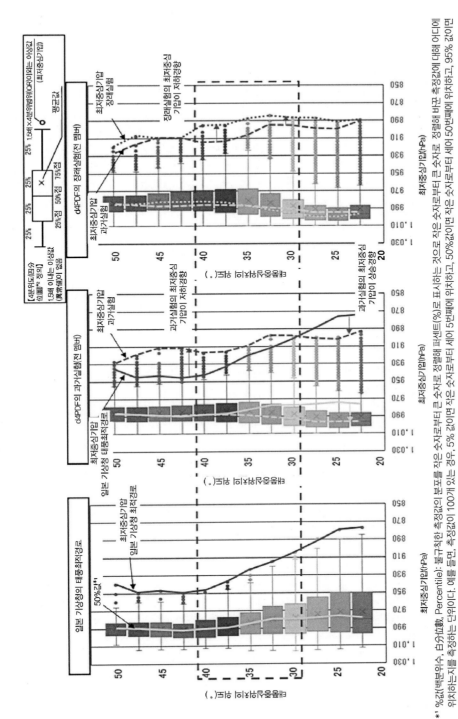

*¹ %값(백분위수, 白分位數, Percentile): 불규칙한 측정값의 분포를 작은 숫자로부터 큰 숫자로 정렬해 상대적 백분율(%)로 표시하는 것으로 작은 숫자부터 큰 숫자로 정렬해 비교 측정값에 대해 어디에 위치하는지를 측정하는 단위이다. 예를 들면, 측정값이 100개 있는 경우, 5% 값이란 작은 숫자부터 세어 5번째에 위치하고, 95% 값이란 작은 숫자부터 세어 95번째에 위치한다.

*² 4분위도(四分位圖): 데이터를 작은 순으로부터 나열했을 때 25%값, 50%값, 75%값으로 구분하여 4구분으로 나눌 수 있는데, 이것을 4분위수(25%값), 제2사분위수(25%값), 제2사분위수(50%값=중앙값), 제3사분위수(75%값)라고 부른다. 4분위도인 박스 플롯(Box Plot)은 데이터의 분포 및 편차를 알기 쉽게 나타낸 그림으로 작은 숫자부터 세어 4분위 범위(Interquartile Range, IQR) × 1.5배인 성(제1사분위수−1.5 × 4분위범위), 하한 (제1사분위범위)보다 작거나 큰 값은 이상값(異常値)이라고 한다.

출처: 日本 国土交通省(2020), d4PDF의 活用に よる気候変動の影響評価 − 潮位偏差による増大量や波浪の強大化等の定量化に向けて −

그림 2.44 일본 근해의 일본 기상청 태풍 최적경로와 d4PDF(과거·장래실험)의 태풍 최저중심기압 분포 비교(1)

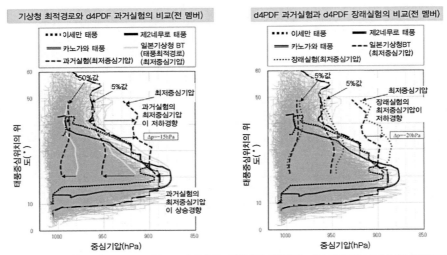

출처: 日本 国土交通省(2020), d4PDFの活用による気候変動の影響評価 - 潮位偏差の増大量や波浪の強大化等の影響分の定量化に向けて -
※ 일본 기상청 태풍최적경로(BT) 및 d4PDF의 경로 데이터를 1시간 피치(Pitch)의 데이터로 내삽보간(內揷補間)하
여 위·경도 2.5도(°)의 범위에서 1개 태풍마다 최저 중심기압을 추출하여 그렸다.

그림 2.45 일본 근해의 일본기상청 태풍 최적경로(BT, Best Track)와 d4PDF(과거·장래실험)의 태풍
최저중심기압 분포 비교(Ⅱ)

⑤ d4PDF와 폭풍해일 경험예측식에 의한 조위편차의 영향평가

가. d4PDF와 폭풍해일 경험예측식에 의한 조위편차의 영향평가 순서

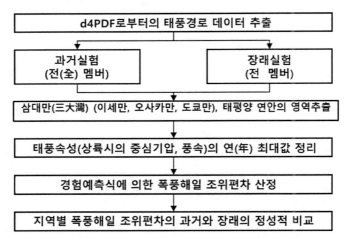

출처: 日本 国土交通省(2020), d4PDFの活用による気候変動の影響評価 - 潮位偏差の増大量や波浪の強大化等の影響分の定量化
に向けて -

그림 2.46 d4PDF와 폭풍해일 경험예측식에 의한 조위편차의 영향평가 순서도

d4PDF 과거실험과 장래실험의 앙상블 멤버로부터 일본 기상청의 경험예측식을 사용하여 조위편차를 계산하고, 연안 지역별로 과거와 장래의 폭풍해일 리스크에 대한 정성적(定性的)인 비교를 실시한다(그림 2.46 참조).

나. d4PDF와 폭풍해일 경험예측식에 의한 조위편차의 계산

일본 연안지역의 과거기후와 장래기후의 폭풍해일에 대한 정성적인 경향 파악을 목적으로 폭풍해일 경험예측식에 의한 조위편차를 계산한다(그림 2.47 참조). 계산을 위한 전제조건은 아래와 같다.

- 폭풍해일 경험예측식 계수가 공표된 관측지점을 포함한 태평양 연안을 8개 영역으로 나누어 설정한다.
- 조위편차의 정량적인 평가가 아니라 과거와 장래의 정성적인 상대비교(相対比較)가 목적이므로, 영역 내를 통과하는 태풍의 최저 중심기압과 풍속을 경험예측식에 적용시켜 태풍강도라고 가정한다.
- 주방향(主方向)인 최대풍속이 이루는 각도에 대해서는 태풍경로와 동일한 방향을 풍향이라고 가정하여 구한다.
- 파랑의 쇄파에 따른 웨이브 셋업(Wave Setup) 영향은 고려하지 않는다.

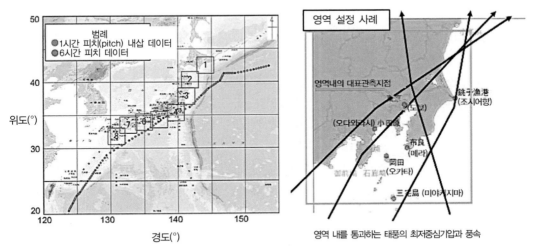

출처: 日本 国土交通省(2020), d4PDFの活用による気候変動の影響評価 - 潮位偏差の増大量や波浪の強大化等の影響分の定量化に向けて -

그림 2.47 d4PDF의 영역설정(왼쪽)과 영역설정 사례(오른쪽)

다. d4PDF와 폭풍해일 경험예측식에 의한 조위편차의 계산결과 분석

d4PDF 장래실험의 조위편차를 산출한 영역 내의 태풍 통과 수는 d4PDF의 과거실험과 비교하면 적다(그림 2.48 참조). 또한, 태풍의 최저 중심기압 측면에서 d4PDF 장래실험은 과거실험과 비교하면 낮다(그림 2.49 참조). 예측에 이용된 최저 중심기압에 대해서는 극단적으로 낮은 기압의 영역에서, 장래실험이 발생 빈도가 높아진다. 조위편차의 예측 결과에 대해서도 극단적으로 큰 편차 영역에서 장래실험이 발생 빈도가 상승하는 경향을 보였으나, 상승 정도는 도쿄 이북에서는 상대적으로 작았다(그림 2.50 참조).

해석 영역	폭풍해일편차 산출 지점*	과거실험	장래실험
영역1	구시로	0.7	0.4
영역2	하치노헤	0.8	0.5
영역3	아유가와	1.0	0.6
영역4	도쿄	1.3	0.8
영역5	나고야	1.2	0.7
영역6	오사카	1.1	0.7
영역7	쿠레	1.1	0.7
영역8	가고시마	1.1	0.7

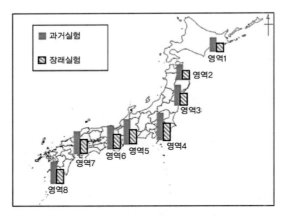

출처: 日本 国土交通省(2020), d4PDFの活用による気候変動の影響評価 - 潮位偏差の増大量や波浪の強大化等の影響分の定量化に向けて -

그림 2.48 d4PDF 데이터 분석(태풍)의 과거실험과 장래실험의 비교(영역 통과 수/년)

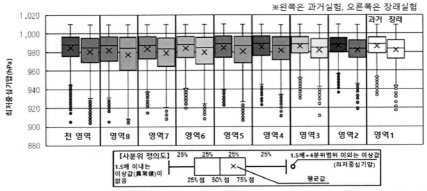

출처: 日本 国土交通省(2020), d4PDFの活用による気候変動の影響評価 - 潮位偏差の増大量や波浪の強大化等の影響分の定量化に向けて -

그림 2.49 d4PDF 데이터 분석(태풍)의 과거실험과 장래실험의 비교(최저 중심기압)

최저중심기압(전 멤버)	폭풍해일 편차(전 멤버)

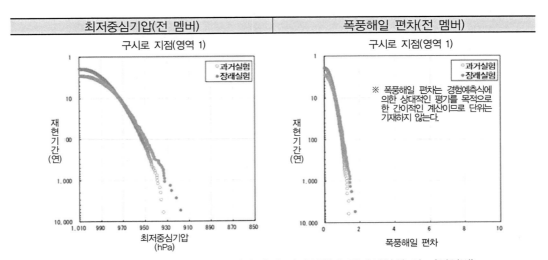

그림 2.50 d4PDF 데이터 분석(태풍)의 과거실험과 장래실험의 비교(영역별)

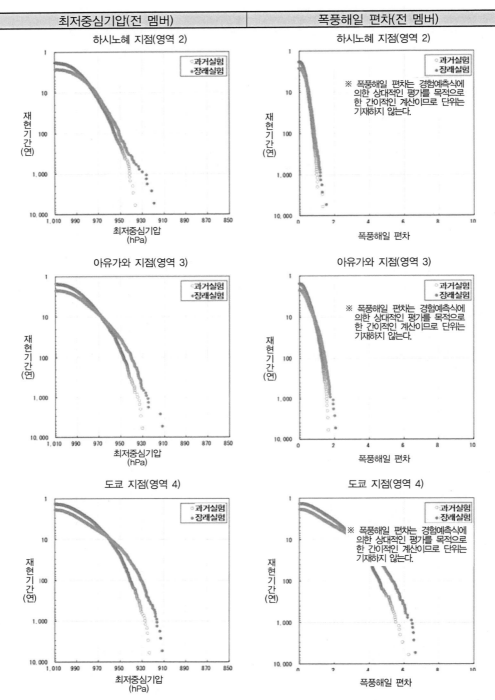

그림 2.50 d4PDF 데이터 분석(태풍)의 과거실험과 장래실험의 비교(영역별)(계속)

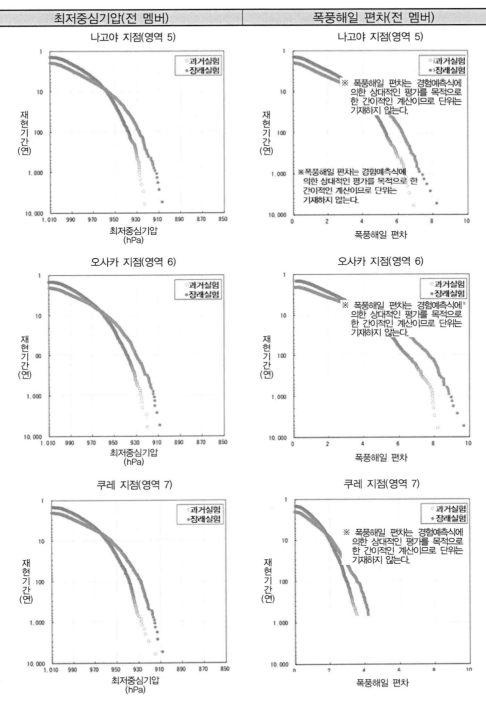

그림 2.50 d4PDF 데이터 분석(태풍)의 과거실험과 장래실험의 비교(영역별)(계속)

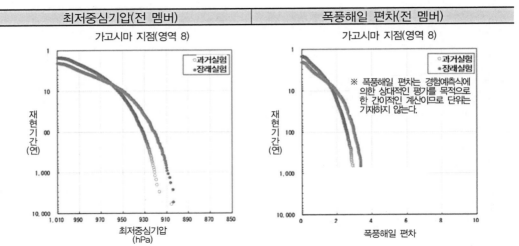

그림 **2.50** d4PDF 데이터 분석(태풍)의 과거실험과 장래실험의 비교(영역별)(계속)

⑥ d4PDF 태풍경로 데이터의 편중(偏重, Bias) 보정(補正)

장래 변화의 경향을 정량적으로 평가하기 위해서는 d4PDF의 태풍 데이터에 관한 최저 중심 기압에 대한 편중 보정이 필요하므로 그 보정 방법에 대하여 검토한다.

가. d4PDF 태풍 경로 데이터의 편중 보정 방법 비교(표 2.7, 그림 2.51 참조)

표 2.7 d4PDF 태풍 경로 데이터의 편중 보정 방법 비교

구분	과거실험의 편중 보정	방법 1	방법 2	방법 3	방법 4
보정 전 데이터	과거실험	일본 기상청 BT (최적경로) (관측값)	과거실험	장래실험	장래실험
편중 보정법	변위값 분포도법으로 위도 2.5° 폭마다, %값마다 보정(보정률, 보정량)				
보정량 (위도 2.5° 마다 구분)	일본기상청BT/ 과거실험	$+ \Delta p$ (장래실험 −과거실험)	ⓐ 일본기상청BT/ 과거실험 ⓑ $+ \Delta p$	일본기상청BT/ 과거실험	ⓐ 과거실험/ 장래실험 ⓑ 일본기상청BT/ 과거실험 ⓒ $+ \Delta p$
장점	−	• 과거실험의 관측값과의 편중은 고려치 않아도 된다.	• 극단사건 까지 장래기후의 중심 기압분포를 얻을 수 있다.	• 장래 변화율에도 편중을 보정하므로 극단적인 값이 발생하지 않는다.	• 기후변화의 영향 정도를 시각적으로 파악하기 쉽다.
단점	−	• Δp 가 반드시 장래 변화의 참값이라고는 할 수 없다. • 극단 사건의 중심기압을 추정할 수 없다.	• Δp 가 반드시 장래 변화의 참값이라고는 할 수 없다.	• 과거 실험에 대한 편중 보정률이 장래 기후조건에도 적용된다는 보장은 없다.	• 2단계 편중 보정에 의한 오차의 축적, Δp 의 편중은 보정되지 않는다.

출처: 日本 国土交通省(2020), d4PDFの活用による気候変動の影響評価 - 潮位偏差の増大量や波浪の強大化等の影響分の定量化に向けて -

편중 보정방법은 과거실험과 장래실험에 대해 변위값 분포도[33]법을 적용하였는데, 구체적으로는, 위도 2.5° 폭마다 태풍중심 기압(전(全) 태풍)의 초과확률 분포를 산출하여 동일 확률끼리의 값을 보정하였다. 여기서 '초과확률'은 아주 낮은 중심기압을 극단 사건이라 할 때 최저중심기압부터 차례로 나열했을 경우 특정중심기압 이하의 발생 확률로 정의하였다.

---

33) 변위값 분포도(變位値分布圖, Quantile Mapping): 계산값과 관측값에 대한 각각의 누적분포함수(累積分布函数, Cumulative Density Function)를 구하고 계산의 %값(백분위수, 百分位数)을 실적의 %값으로 치환하는 방법으로 이 장에서는 장래기후의 계산값을 보정할 경우에도 현재기후 실적값인 %값을 이용하게 되므로, 장래기후 보정(補正)의 수(数)도 현재기후에 근거하게 된다.

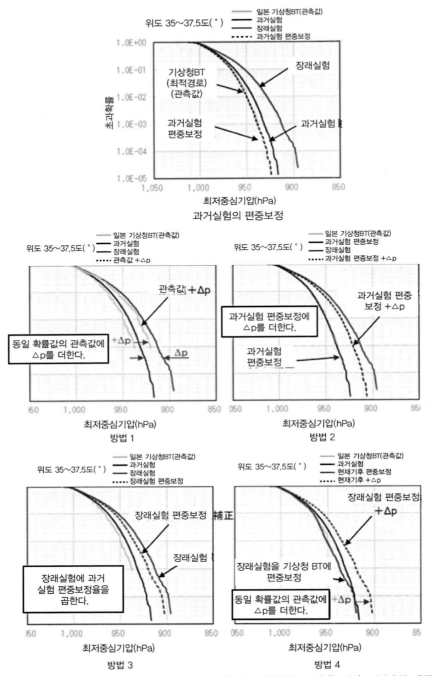

출처: 日本 国土交通省(2020), d4PDFの活用による気候変動の影響評価 - 潮位偏差の増大量や波浪の強大化等の影響分の定量化
に向けて -

그림 2.51 위도 35~37.5° 편중 보정 예

나. △p(장래실험 − 과거실험)의 위도방향 분포에 대한 경향 파악(그림 2.52 참조)

장래실험과 과거실험의 차분값 △p에 대해 위도 구분별 및 %값별로 정리하고 그 경향을 파악했다. 일본(혼슈·시코쿠·큐슈)이 위치한 북위 30~40° 부근을 주목하면 극단사건으로 향하는 장래실험의 태풍 중심기압이 상대적으로 저하되는 경향을 갖는다.

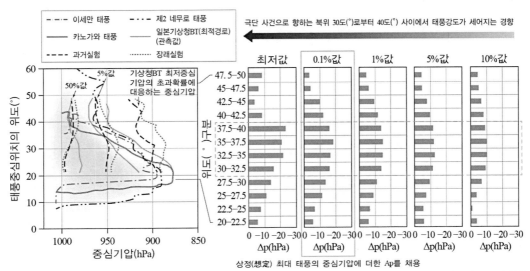

출처: 日本 国土交通省(2020), d4PDF의活用による気候変動の影響評価 - 潮位偏差の増大量や波浪の強大化等の影響分の定量化に向けて -

그림 2.52 △p(장래실험 − 과거실험)의 위도방향분포에 대한 경향파악

다. 과거실험의 편중 보정 결과(그림 2.53 참조)

일본 기상청 태풍 최적경로의 중심기압분포를 목표로 잡고 d4PDF의 과거실험과 장래실험에 대한 편중 보정을 실시하였다. 그 결과, 편중 보정에 따른 과거실험과 일본 기상청 태풍 최적경로와의 분포 모양이 대략 일치하고 있으므로 개선되었다.

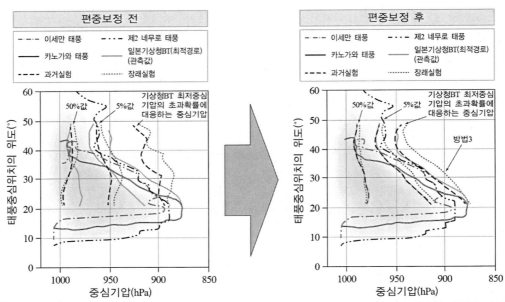

출처: 日本 国土交通省(2020), d4PDFの活用による気候変動の影響評価 - 潮位偏差の増大量や波浪の強大化等の影響分の定量化
に向けて -

그림 2.53 일본 기상청 태풍 최적경로와 d4PDF(과거·장래실험)의 태풍 중심기압분포 편중 보정(전·후)

라. 과거실험의 태풍중심기압에 대한 편중 보정

태풍중심기압의 편중 보정은 변위값 분포도법을 적용하였다. 구체적으로는 위도 2.5° 폭마다 일본 기상청 태풍최적경로와 d4PDF 과거실험의 태풍중심기압에 대한 초과확률분포를 산출한 후 과거실험의 중심기압을 동일 초과확률을 갖는 기상청 태풍 최적경로 값으로 보정하였다 (그림 2.54 참조).

과거실험 중심기압의 편중 보정에 이용한 위도별·초과 확률별 보정량·보정률을 그림 2.55에 나타내었다. 그림 2.55 왼쪽 그림의 보정량 특징으로서는 위도 35도(°) 부근을 경계로 보정량의 (+)(−)가 역전(逆轉)된다.

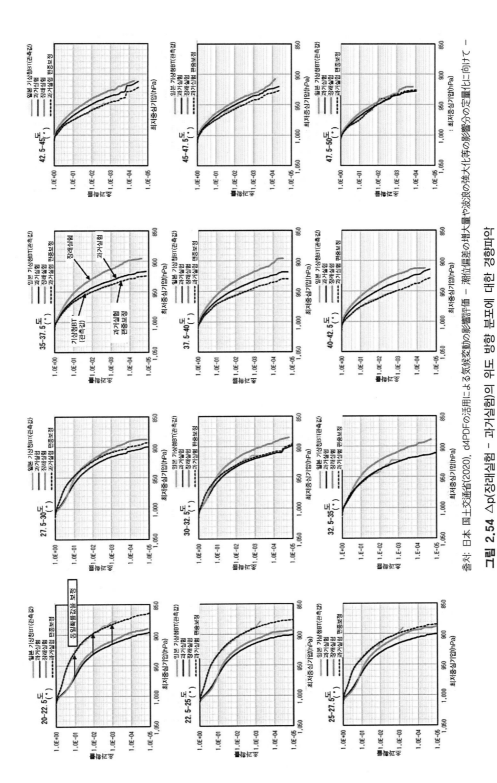

출처: 日本 国土交通省(2020), d4PDF의 活用에 의한 気候変動의 影響評価 – 潮位偏差의 増大量や波浪의 諸大化等의 定量化에 向けて –

그림 2.54 △p(장래실험 – 과거실험)의 위도 방향 분포에 대한 경향파악

과거실험에 보정률을 곱하여 편중을 보정

초과확률	일본기상청BT(관측값)/과거실험											
	20-22.5	22.5-25	25-27.5	27.5-30	30-32.5	32.5-35	35-37.5	37.5-40	40-42.5	42.5-45	45-47.5	47.5-50
최저값	0.9614	0.9647	0.9745	0.9988	0.9957	0.9984	1.0066	1.0157	1.0151	1.0072	1.0080	0.9961
0.002	0.9631	0.9742	0.9844	0.9922	0.9961	0.9977	1.0082	1.0139	1.0167			
0.004	0.9639	0.9747	0.9833	0.9909	0.9973	0.9989	1.0077	1.0097	1.0157	1.0133	1.0082	
0.006	0.9663	0.9717	0.9824	0.9925	0.9971	0.9998	1.0086	1.0110	1.0156	1.0108	1.0016	0.9982
0.008	0.9639	0.9714	0.9851	0.9923	0.9979	1.0019	1.0074	1.0105	1.0142	1.0109	1.0072	1.0011
0.01	0.9672	0.9725	0.9837	0.9934	0.9976	1.0034	1.0070	1.0108	1.0140	1.0112	1.0070	1.0013
0.03	0.9651	0.9721	0.9821	0.9931	0.9967	1.0026	1.0047	1.0066	1.0098	1.0102	1.0040	1.0040
0.05	0.9614	0.9702	0.9792	0.9918	0.9949	1.0011	1.0044	1.0064	1.0097	1.0084	1.0077	1.0036
0.07	0.9991	0.9651	0.9781	0.9980	0.9942	1.0000	1.0054	1.0076	1.0108	1.0081	1.0064	1.0061
0.09	0.9583	0.9645	0.9762	0.9871	0.9931	1.0021	1.0035	1.0059	1.0092	1.0079	1.0059	1.0059
0.1	0.9558	0.9629	0.9755	0.9859	0.9920	1.0008	1.0040	1.0057	1.0091	1.0069	1.0056	1.0056
0.2	0.9618	0.9622	0.9701	0.9838	0.9906	0.9998	1.0036	1.0069	1.0081	1.0045	1.0035	1.0035
0.3	0.9655	0.9658	0.9719	0.9811	0.9900	0.9979	1.0022	1.0040	1.0076	1.0042	1.0027	1.0027
0.4	0.9763	0.9732	0.9768	0.9851	0.9884	0.9965	1.0016	1.0041	1.0062	1.0037	1.0021	1.0021
0.5	0.9836	0.9806	0.9829	0.9867	0.9895	0.9967	1.0026	1.0042	1.0066	1.0040	1.0016	1.0007
0.6	0.9895	0.9851	0.9854	0.9907	0.9951	0.9980	1.0019	1.0044	1.0054	1.0040	1.0029	1.0008
0.7	0.9928	0.9898	0.9899	0.9940	0.9963	0.9990	1.0015	1.0045	1.0044	1.0043	1.0026	1.0022
0.8	0.9956	0.9929	0.9918	0.9956	0.9980	0.9993	1.0022	1.0039	1.0035	1.0033	1.0032	1.0013
0.9	0.9990	0.9952	0.9957	0.9992	1.0005	1.0004	1.0013	1.0034	1.0037	1.0017	1.0027	1.0015
1	1.0021	1.0040	1.0045	1.0060	1.0060	1.0053	1.0020	1.0020	1.0033	1.0036	1.0042	0.9983

※ 보정처리는 다음식근사에 따른 내삽보간(内挿補間)하였음.

과거실험에 보정률을 곱하여 편중을 보정

초과확률	Δp=일본기상청BT(관측값)−과거실험											
	20-22.5	22.5-25	25-27.5	27.5-30	30-32.5	32.5-35	35-37.5	37.5-40	40-42.5	42.5-45	45-47.5	47.5-50
최저값	-35.22	-32.15	-23.26	-9.30	-3.96	-1.43	6.15	14.69	14.12	6.80	7.52	-3.69
0.002	-33.91	-23.71	-14.31	-7.14	-3.57	-2.12	7.64	13.02	15.64	15.36	10.63	1.05
0.004	-33.35	-23.37	-15.40	-8.37	-2.54	-1.07	7.18	9.10	14.76	12.52	7.71	-3.15
0.006	-31.21	-26.19	-16.30	-6.96	-2.70	-0.22	8.04	10.38	14.73	10.25	7.24	-1.69
0.008	-33.54	-23.73	-13.87	-7.11	-1.94	1.74	6.97	9.95	13.45	10.31	6.81	1.09
0.01	-30.53	-25.60	-15.15	-6.18	-2.23	3.17	6.57	10.19	13.25	10.60	6.68	1.22
0.03	-32.93	-26.30	-16.90	-6.53	-3.15	2.49	4.46	6.33	9.42	9.77	3.06	3.79
0.05	-36.78	-28.35	-19.71	-7.82	-4.82	1.00	4.24	6.17	9.30	8.11	7.41	3.47
0.07	-39.23	-33.40	-20.92	-11.44	-5.52	-0.05	5.14	7.30	10.45	7.80	6.16	5.92
0.09	-40.23	-34.22	-22.85	-12.40	-6.64	1.99	3.33	5.72	8.91	7.69	5.73	5.73
0.1	-42.81	-35.88	-23.57	-12.59	-7.65	0.73	3.80	5.52	8.75	6.69	5.69	5.44
0.2	-37.56	-37.13	-29.29	-15.83	-9.16	-0.20	3.54	6.76	7.91	4.37	3.45	3.39
0.3	-34.12	-33.82	-27.80	-18.56	-9.83	-2.06	2.18	3.90	7.41	4.07	2.49	2.68
0.4	-23.52	-26.63	-23.07	-14.72	-11.42	-3.40	1.57	3.98	6.10	3.66	2.33	2.10
0.5	-16.33	-19.38	-17.05	-13.19	-10.39	-3.31	2.60	4.14	6.33	3.99	1.55	0.71
0.6	-10.53	-14.88	-14.64	-9.30	-4.87	-1.94	1.87	4.33	5.37	4.37	2.85	0.78
0.7	-7.20	-10.24	-10.07	-5.98	-3.67	-0.96	1.49	4.46	4.42	4.24	2.62	2.14
0.8	-4.55	-7.16	-8.22	-4.39	-1.98	-0.72	2.20	3.88	3.48	3.27	3.19	1.32
0.9	-0.97	-3.85	-4.36	-0.64	0.48	0.39	1.32	3.42	3.75	1.71	2.68	1.49
1	2.17	4.00	4.67	6.02	5.00	5.33	2.01	2.07	3.37	3.59	4.25	-1.71

출처: 日本 国土交通省(2020), d4PDFの活用による気候変動の影響評価 − 潮位偏差の増大量や波浪の強大化等の影響分の定量化に向けて −

그림 2.55 과거실험 중심기압의 편중 보정에 이용한 위도별 초과 확률별 보정량(원)·보정률(오)

마. 장래실험의 편중 보정 시행 사례-방법 3(장래실험에 과거실험의 편중 보정률을 고려)

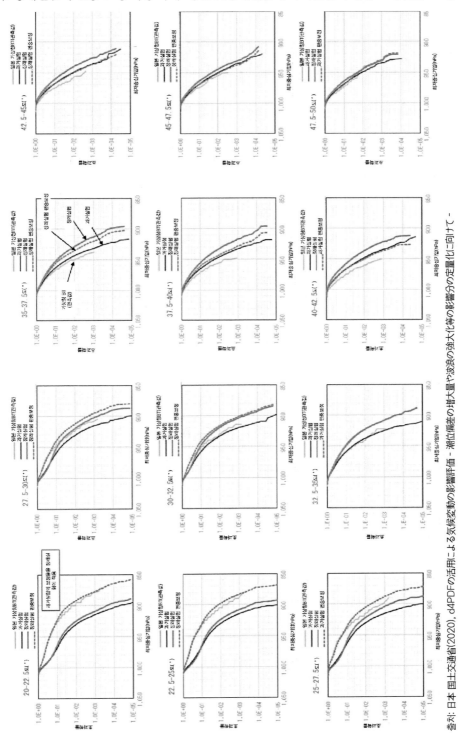

출처: 日本 国土交通省(2020), d4PDFの活用による気候変動の影響評価 - 潮位偏差の増大量や波浪の強大化等の定量化に向けて -

그림 2.56 방법 3(장래실험에 과거실험의 편중 보정률을 고려)

일본기상청 태풍최적경로(BT)(관측값)/과거실험

초과확률	20-22.5°	22.5-25°	25-27.5°	27.5-30°	30-32.5°	32.5-35°	35-37.5°	37.5-40°	40-42.5°	42.5-45°	45-47.5°	47.5-50°
최저값	0.9614	0.9647	0.9745	0.9898	0.9957	0.9984	1.0066	1.0157	1.0151	1.0072	1.0080	0.9961
0.002	0.9631	0.9742	0.9844	0.9922	0.9961	0.9977	1.0082	1.0139	1.0167			
0.004	0.9639	0.9747	0.9833	0.9909	0.9973	0.9989	1.0077	1.0097	1.0157	1.0133	1.0082	
0.006	0.9663	0.9717	0.9824	0.9925	0.9971	0.9998	1.0086	1.0110	1.0156	1.0108	1.0076	0.9982
0.008	0.9639	0.9744	0.9851	0.9923	0.9979	1.0019	1.0074	1.0105	1.0142	1.0109	1.0072	1.0011
0.01	0.9672	0.9725	0.9837	0.9934	0.9976	1.0034	1.0070	1.0108	1.0140	1.0112	1.0070	1.0013
0.03	0.9651	0.9721	0.9821	0.9931	0.9967	1.0026	1.0047	1.0066	1.0098	1.0102	1.0032	1.0040
0.05	0.9614	0.9702	0.9792	0.9918	0.9949	1.0011	1.0044	1.0064	1.0097	1.0084	1.0077	1.0036
0.07	0.9591	0.9651	0.9781	0.9880	0.9942	1.0000	1.0054	1.0076	1.0108	1.0081	1.0064	1.0061
0.09	0.9583	0.9645	0.9762	0.9871	0.9931	1.0021	1.0035	1.0059	1.0092	1.0079	1.0059	1.0059
0.1	0.9558	0.9629	0.9755	0.9869	0.9920	1.0008	1.0040	1.0057	1.0091	1.0069	1.0059	1.0056
0.2	0.9618	0.9622	0.9701	0.9838	0.9906	0.9998	1.0036	1.0069	1.0081	1.0045	1.0035	1.0035
0.3	0.9655	0.9658	0.9719	0.9811	0.9900	0.9979	1.0022	1.0040	1.0076	1.0042	1.0025	1.0027
0.4	0.9763	0.9732	0.9768	0.9851	0.9884	0.9965	1.0016	1.0041	1.0062	1.0037	1.0024	1.0021
0.5	0.9836	0.9806	0.9829	0.9867	0.9895	0.9967	1.0026	1.0042	1.0066	1.0040	1.0016	1.0007
0.6	0.9895	0.9851	0.9854	0.9907	0.9951	0.9980	1.0019	1.0044	1.0054	1.0044	1.0029	1.0008
0.7	0.9928	0.9898	0.9899	0.9940	0.9963	0.9990	1.0015	1.0045	1.0044	1.0043	1.0026	1.0022
0.8	0.9955	0.9929	0.9918	0.9956	0.9980	0.9993	1.0022	1.0039	1.0035	1.0033	1.0032	1.0013
0.9	0.9990	0.9962	0.9957	0.9992	1.0005	1.0004	1.0013	1.0034	1.0037	1.0017	1.0027	1.0015
1	1.0021	1.0040	1.0046	1.0060	1.0050	1.0053	1.0020	1.0020	1.0033	1.0036	1.0042	0.9983

※ 보정처리는 다항식근사에 따른 내삽보간(内挿補間) 하였음.

그림 2.57 일본 기상청 태풍 최적경로와 과거실험의 편증 보정률

출처: 日本 国土交通省(2020), d4PDFの活用による気候変動の影響評価 - 潮位偏差の増大量や波浪の強大化等の影響分の定量化に向けて -

방법 3은 일본 기상청 태풍 최적경로(관측값)와 과거실험의 편중 보정률을 장래실험에 적용한 방법이다. 방법 3의 장점은 장래 변화율에도 편중을 보정하므로 극단적인 값이 발생하지 않으며, 단점은 과거실험에 대한 편중 보정률이 장래 기후조건에도 적용된다는 보증은 없다는 것이다(그림 2.56 참조).

과거실험의 중심기압 편중 보정에 이용한 보정률(기상청 태풍최적경로/과거실험)을 그림 2.57에 나타내었다. 보정량의 특성으로서 위도 35도(°) 부근을 경계로 보정량의 (+)(−)가 역전된다.

5) 폭탄저기압(爆彈低氣壓, Bomb Cyclone)

(1) 개요

폭탄저기압이란 온대저기압이 급속히 발달하여 열대 저기압 수준의 풍우(風雨)를 초래하는 것으로 중심기압이 24시간 내 $24hPa \times \sin(\phi)/\sin(60°)$ 이상 떨어지는 온대저기압(ϕ 은 위도)을 말한다. 예를 들어 북위 40°에서의 폭탄저기압은 17.8hPa/24h가 기준이 된다(표 2.8 참조). 겨울부터 봄 동안의 일본 부근은 세계적으로 폭탄 저기압의 발생이 많은 지역이다. 열대 저기압인 태풍 중 1959년 이세만 태풍에서는 24시간에 91hPa 발달하였지만, 태풍 전체 중 약 1%는 24시간에 50hPa 이상 발달한다. 따라서 태풍으로 인한 폭풍은 태풍 중심부만 격해지는 현상으로 방재대책 측면에서는 폭탄저기압 쪽이 더 어렵다고 할 수 있다.

1970년 1월 30일부터 2월 2일에 걸쳐 대만 부근에서 발생해 북동진한 저기압은 동해(東海)에서 동진한 저기압과 기압이 같아졌는데 24시간 내 32hPa이나 떨어져 폭탄 저기압이 되었다. 이 때문에 일본의 동일본과 북일본 지역에 심한 눈폭풍과 고파랑이 발생하여 사망·실종자 25명 등의 피해가 발생했다. 또한, 2012년 4월 2일에는 저기압이 급속히 발달하여 동해의 동북동쪽으로 진행하면서, 중심기압은 4월 3일 21시 964hPa로 24시간 내 42hPa이나 낮아지는 폭탄 저기압이 되었다. 이 때문에, 일본 와카야마시(和歌山市) 도모가(友ヶ島)섬에서 최대 풍속 32.2m/s(최대 순간 풍속은 41.9m/s)가 관측되면서 서일본으로부터 북일본의 넓은 범위에서 기록적인 폭풍이 일어났다. 이 저기압에 수반하는 한랭전선(寒冷前線)의 통과로 국지적으로 매우 강한 비가 내렸고, 그 후 한기(寒氣)가 남하(南下)하여 북일본에서는 눈보라가 쳤다. 이 폭풍으로 건물에 깔려 3명(4월 3일)이 사망하였고, 정전(停電)이 발생하거나 교통수단의 운행 정지가 잇따랐다.

표 2.8 d4PDF와 폭탄저기압 정보 데이터베이스(Database)와의 비교

구분		d4PDF[*1]	폭탄저기압 정보 데이터베이스[*2]
저기압 추출	대상범위	북위 20~50° 동경 110~160°	북위 20~60° 동경 110~180°
	저기압 추출	주위의 해수면 기압(SLP, Sea Level Pressure)−중심의 해수면 기압≥1(hPa)	주위의 해수면 기압(SLP, Sea Level Pressure)−중심의 해수면 기압≥0.5(hPa)
트래킹 (Tracking)	N+1스텝(Step)의 추출범위	동서로 각 9°, 남북으로 6.0°의 범위	동서로 각 9°, 남북으로 6.0°의 범위
	트래킹 계속시간	24시간 이상	24시간 이상
폭탄저기압 판정		최대 발달률 $\epsilon = 1$이상 시간: 24시간 위도: 60° $\epsilon = \dfrac{p(t-12)}{24} \times \dfrac{\sin 60°}{\sin \phi(t)}$	최대 발달율 $\epsilon = 1$이상 시간: 12시간 위도: 45° $\epsilon = \left[\dfrac{p(t-6)-p(t+6)}{12} \right] \times \dfrac{\sin 45°}{\sin \phi(t)}$

[*1] 京都大学防災研究所「気候変動予測・影響評価に関するデータ」(文部科学省 統合的気候モデル高度化研究プログラム)
　　 http://www.coast.dpri.kyoto-u.ac.jp/japanese/?page_id=5004
[*2] 九州大学 大学院 理学研究院 爆弾低気圧情報データベース http://fujin.geo.kyushu-u.ac.jp/meteorol_bomb/
출처: 日本 国土交通省(2020), d4PDFの活用による気候変動の影響評価 - 潮位偏差の増大量や波浪の強大化等の影響分の定量化
　　 に向けて -

(2) d4PDF 데이터의 분석순서(폭탄저기압)

d4PDF의 과거·장래실험과 폭탄저기압 정보 데이터베이스를 이용해 다음 순서로 데이터를 분석한다(그림 2.58 참조).

① 폭탄저기압 정보 데이터베이스와 d4PDF 과거·장래실험의 폭탄 저기압 데이터 사이의 폭탄 저기압의 발생 수와 빈도, 중심기압의 극치(極値) 등을 비교하여 장래 변화 경향을 파악했다.

② 네무로(根室)의 과거·장래실험에 대한 폭탄저기압 데이터에서 폭풍해일 경험식을 이용하여 조위편차의 극치(極値)를 추정한 후 극치 통계분석을 실시하여 조위편차의 생기확률에 대한 변화 경향을 분석하였다.

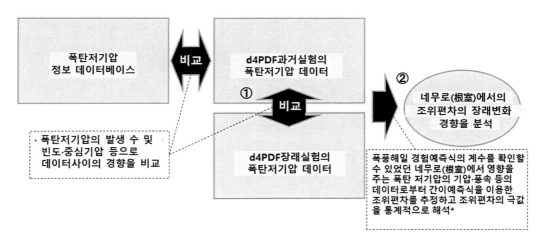

* 더욱이 이번 분석에서는 과거 실험과 장래 실험 간 차이의 경향을 분석하는 것이 목적이지만, 정량화에 있어서는 실적 데이터와의 비교를 근거로 한 편중(偏重,Bias)분석에 의한 보정 등이 필요.
출처: 日本 国土交通省(2020), d4PDFの活用による気候変動の影響評価 - 潮位偏差の増大量や波浪の強大化等の影響分の定量化 に向けて -

그림 2.58 d4PDF 데이터 분석(폭탄저기압) 순서도

(3) d4PDF(폭탄저기압 경로 데이터)의 추출범위 등

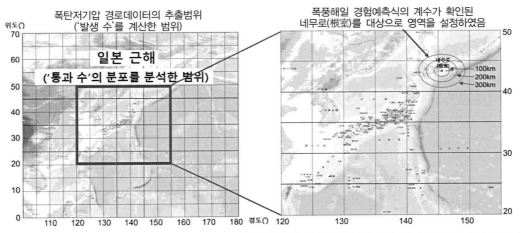

※ 상륙이란 태풍의 중심이 홋카이도, 혼슈, 시코쿠, 큐슈의 해안선에 이르렀을 경우를 말한다(일본기상청). 본 자료에서는 일본 국토지리원의 지구(地球)지도 중 일본의 폴리곤 데이터(Polygon Data, 수치지도)에서 오키나와를 제외한 폴리곤 데이터를 작성하고 그 범위 내에 포함되는 것을 상륙 수로 집계했다.

출처: 日本 国土交通省(2020), d4PDFの活用による気候変動の影響評価 - 潮位偏差の増大量や波浪の強大化等の影響分の定量化 に向けて -

그림 2.59 d4PDF(폭탄저기압 경로 데이터)의 추출범위

d4PDF(격자크기 20km(일본 영역 상세화))의 과거실험은 50멤버, 장래실험은 90멤버의 데이터를 사용하여 폭탄저기압을 추출하였다(그림 2.59 참조).

(4) 폭탄저기압의 발생 수 비교

과거·장래실험에 대한 폭탄저기압의 발생 수는 거의 같다. 폭탄저기압의 발생 수는 아래와 같다(그림 2.60 참조).

- d4PDF 과거실험(전(全) 멤버 평균): 연 10.1개
- d4PDF 장래실험(전 멤버 평균): 연 10.6개
- 폭탄저기압 정보 데이터베이스(1996~2019년): 연 19.8개

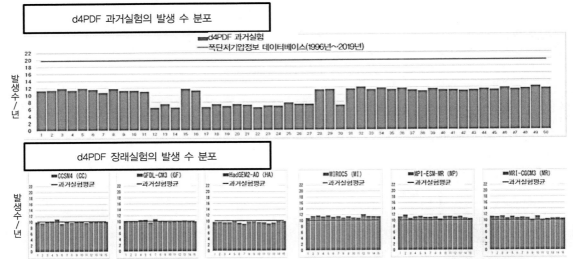

출처: 日本 国土交通省(2020), d4PDFの活用による気候変動の影響評価 - 潮位偏差の増大量や波浪の強大化等の影響分の定量化に向けて -
※ 해수면 온도(SST) 장래변화의 공간패턴 : CCSM4(CC로 표기), GFDL-CM3(GF), HadGEM2-AO(HA), MIROC5(MI), MPI-ESM-MR(MP), MRI-CGCM3(MR)인 6개 모델로 CMIP5의 실험결과를 사용한다.

그림 2.60 폭탄저기압의 발생 수 비교

(5) 폭탄저기압의 상륙 수 비교

과거·장래실험의 폭탄저기압의 상륙 수는 거의 같다. 폭탄저기압의 상륙 수는 아래와 같다(그림 2.61 참조).

- d4PDF 과거실험(전멤버 평균): 연 4.0개
- d4PDF 장래실험(전멤버 평균): 연 4.5개
- 폭탄저기압 정보 데이터베이스(1996~2019년): 연 7.3개

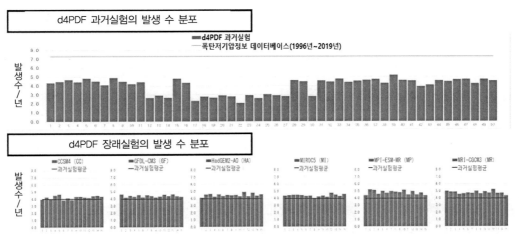

출처: 日本 国土交通省(2020), d4PDFの活用による気候変動の影響評価 - 潮位偏差の増大量や波浪の強大化等の影響分の定量化に向けて -

※ 상륙이란 태풍의 중심이 홋카이도(北海道), 혼슈(本州), 시코쿠(四国), 큐슈(九州)의 해안선에 이르렀을 경우를 말한다(일본기상청). 본 자료에서는 일본 국토지리원의 지구(地球)지도 중 일본의 폴리곤 데이터(Polygon Data, 수치지도)에서 오키나와를 제외한 폴리곤 데이터를 작성하고 그 범위 내에 포함되는 것을 상륙 수로 집계했다.

그림 2.61 폭탄저기압의 상륙 수 비교

(6) 일본 근해에서의 폭탄저기압의 통과 수 비교

동해(東海) 쪽 폭탄저기압의 통과 수는 과거실험과 비교하여 장래실험 쪽이 많다(그림 2.62 참조).

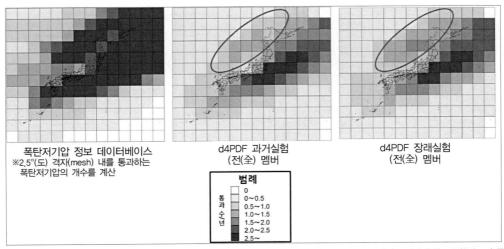

출처: 日本 国土交通省(2020), d4PDFの活用による気候変動の影響評価 - 潮位偏差の増大量や波浪の強大化等の影響分の定量化に向けて -

그림 2.62 폭탄저기압의 통과 수 비교

(7) 일본 근해의 최저 중심기압 분포상황(폭탄저기압)

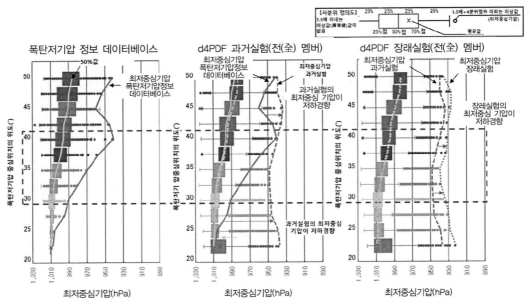

출처: 日本 国土交通省(2020), d4PDFの活用による気候変動の影響評価 - 潮位偏差の増大量や波浪の強大化等の影響分の定量化
に向けて -

그림 2.63 일본 근해에서의 최저 중심기압 분포상황 I (폭탄저기압)

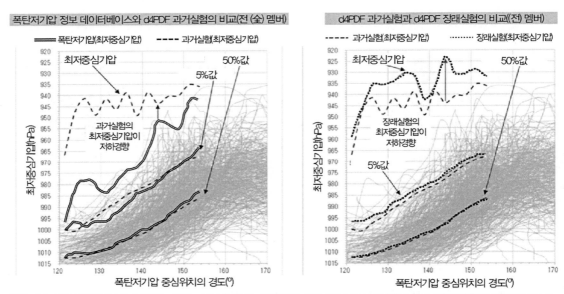

출처: 日本 国土交通省(2020), d4PDFの活用による気候変動の影響評価 - 潮位偏差の増大量や波浪の強大化等の影響分の定量化に向けて -
※ 폭탄저기압 정보 데이터베이스 및 d4PDF의 경로데이터를 2.5도(°)씩의 범위에서 1개 폭탄저기압마다 최저중심기압을
추출하여 도식화(圖試化)했다.

그림 2.64 일본 근해에서의 최저 중심기압 분포상황 II (폭탄저기압)

폭탄저기압 정보 데이터베이스와 d4PDF 과거실험의 최저중심기압을 비교하면, 북위 20~50° 부근에서 d4PDF의 최저 중심기압이 낮아지는 경향이 있다. d4PDF의 과거실험과 장래실험을 비교하면 장래실험의 최저중심기압이 낮아지는 경향을 가진다(그림 2.63 참조). 폭탄저기압 정보 데이터베이스와 d4PDF의 과거실험에 대한 최저중심기압을 비교하면, 동경 110~160° 부근에서 d4PDF의 최저 중심기압이 낮아지는 경향이 있다. 동경 110~160° 부근에서 d4PDF의 과거실험과 장래실험을 비교하면 장래실험의 최저 중심기압이 낮아지는 경향을 가진다 (그림 2.64 참조).

(8) d4PDF(폭탄저기압)와 폭풍해일 경험예측식에 의한 조위편차에 대한 영향평가

① d4PDF(폭탄저기압)와 폭풍해일 경험예측식에 의한 조위편차의 영향평가 순서

d4PDF의 과거·장래실험에 대한 앙상블 멤버로부터 경험예측식을 이용하여 조위편차를 계산하고 대상 영역별로 과거와 장래의 폭풍해일 리스크를 정성적으로 비교한다(그림 2.65 참조).

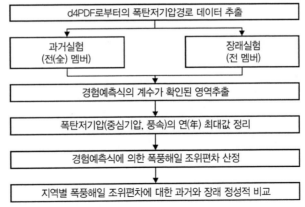

출처: 日本 国土交通省(2020), d4PDFの活用による気候変動の影響評価 - 潮位偏差の増大量や波浪の強大化等の影響分の定量化に向けて -
※ 이번 분석에서는 과거 실험과 장래 실험의 차이 경향을 분석하는 것이 목적이기 때문에 정량화에 있어서는 실적 데이터와의 편중(Bias) 보정하는 것을 검토할 필요가 있다.

그림 2.65 d4PDF(폭탄저기압)와 폭풍해일 경험예측식에 의한 조위편차의 영향평가 순서

② d4PDF(폭탄저기압)와 폭풍해일 경험예측식에 의한 조위편차의 계산

일본 연안 지역의 과거·장래기후에 대한 폭풍해일의 정성적인 경향 파악을 목적으로 폭풍해일 경험예측식의 조위편차를 계산한다(그림 2.66 참조). 계산을 위한 전제조건은 아래와 같다.
• 폭풍해일 경험예측식의 계수가 확인된 네무로(根室)를 대상으로 영역을 설정한다.

- 조위편차의 정량적 평가가 아니라 과거와 장래의 상대 비교가 목적이므로 영역 내를 통과하는 폭탄저기압의 최저 중심기압과 풍속을 경험예측식에 적용한 폭탄저기압 강도를 가정한다.
- 주방향(主方向)인 최대풍속이 이루는 각도는 폭탄저기압 경로와 동일방향 풍향이라고 가정하여 구한다.
- 파랑의 쇄파에 따른 웨이브 셋업(Wave Setup) 영향은 고려하지 않는다.

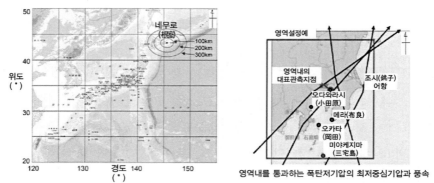

출처: 日本 国土交通省(2020), d4PDFの活用による氣候変動の影響評価 - 潮位偏差の増大量や波浪の強大化等の影響分の定量化に向けて -

그림 2.66 4PDF(폭탄저기압)의 영역설정(왼쪽)과 영역설정 사례(오른쪽)

③ d4PDF(폭탄저기압)와 폭풍해일 경험예측식에 의한 조위편차의 계산결과 분석

d4PDF(폭탄저기압)에 대한 폭풍해일의 장래 변화 추정은 아래와 같이 경험예측식(식 (2.42))을 사용하여 계산하였다(표 2.9, 그림 2.67 참조).[14]

$$h = a\left(1010 - SLP(Sea\ Level\ Pressure,\ 해수면\ 기압)\right) + b\,W^2\cos\left(\theta_0 - \theta\right)$$

(2.42)

여기서, h : 조위편차(cm), W: 풍속(m/sec), θ : 풍향, θ_0 : 만축(湾軸)의 방향, θ 와 θ_0 은 북(北)을 0°로 잡아 시계방향을 정(+)으로 한다. 계수 a, b 는 과거의 관측자료로부터 구한 각 지점의 계수이다.

표 2.9 폭풍해일 경험예측식 계수의 계산결과와 추정정도

구분		관측값 베이스	수치모델 베이스
계수	a	2.020	2.008
	b	0.087	0.079
RMSE(Root Mean Square Deviation, 평균제곱근차)		0.154	0.066
상관계수[34]		0.778	0.900

출처: 高裕也·二宮順一·森信人·金洙列, d4PDFを用いた根室における爆弾低気圧に起因する高潮の将来変化, 土木学会論文集B2(海岸工学), Vol.75, No.2, I_1225-I_1230, 2019.

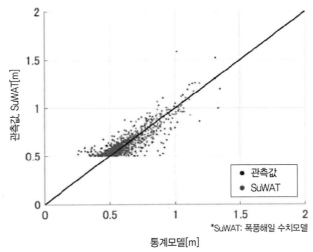

출처: 日本 国土交通省(2020), d4PDFの活用による気候変動の影響評価 - 潮位偏差の増大量や波浪の強大化等の影響分の定量化に向けて -

그림 2.67 표 2.9의 계수에 근거하여 폭풍해일 경험예측식에 따라 추정된 조위편차값, 관측값과 계산값과의 관계

과거·장래실험의 조위편차를 계산한 영역 내에서의 폭탄저기압 통과 수는 대략 같다. 과거·장래실험의 조위편차를 계산한 영역 내에서의 최저 중심기압은 최저값에 가까운 극치적인 영역을 제외하고 양쪽 모두 대략 같은 정도이다(그림 2.68 참조).

---

34) 상관계수(相關係數, Correlation Coefficient): 두 변수(變數) X, Y 간 관계의 정도를 나타내는 지수로서, 두 변수가 얼마나 직선적으로 관계되어 있는가의 정도를 나타낸다.

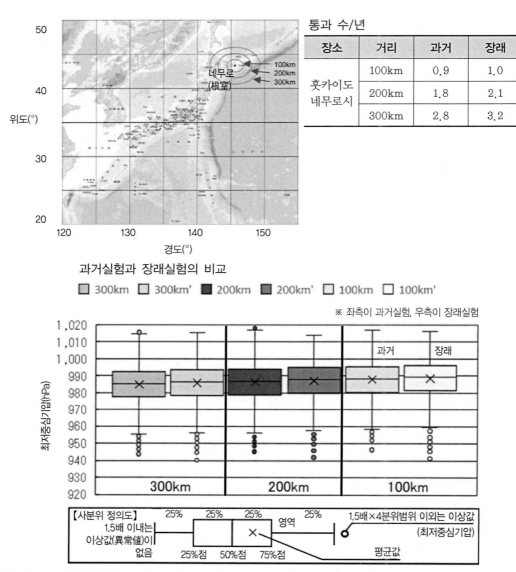

통과 수/년

장소	거리	과거	장래
홋카이도 네무로시	100km	0.9	1.0
	200km	1.8	2.1
	300km	2.8	3.2

출처: 日本 国土交通省(2020), d4PDFの活用による気候変動の影響評価 - 潮位偏差の増大量や波浪の強大化等の影響分の定量化に向けて -

그림 2.68 d4PDF 과거·장래실험의 조위편차를 계산한 영역 내에서의 폭탄저기압 통과 수와 최저중심기압

　최저 중심기압에 대해서는 최저값에 가까운 극치인 낮은 기압의 영역에서 장래실험의 쪽이 발생빈도가 높게 된다. 조위편차의 예측 결과에서 극치적으로 큰 편차를 갖는 영역은 장래실험의 쪽이 발생빈도가 상승하는 경향을 보였다. 대상 영역을 바꾸어 검토하여도 같은 경향을 나타내었다(그림 2.69 참조).

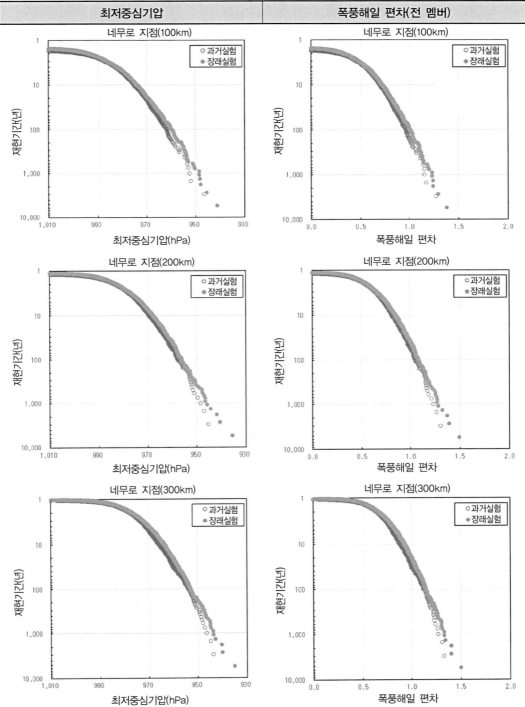

최저중심기압	폭풍해일 편차(전 멤버)

출처: 日本 国土交通省(2020), d4PDFの活用による気候変動の影響評価 - 潮位偏差の増大量や波浪の強大化等の影響分の定量化
　　　に向けて -

그림 2.69 d4PDF 데이터 분석(폭탄저기압)의 과거실험과 장래실험의 비교(네무로 지점)

6) d4PDF 활용에 따른 기후변화의 영향 평가(실시 결과의 정리, 표 2.10 참조)

d4PDF 폭탄저기압 데이터의 최저 중심기압을 분석한 결과, 과거실험과 장래실험을 비교하면, 북위 30~40° 부근에서는 극치사상으로 향하는 만큼 장래실험의 최저 중심기압이 상대적으로 저하하는 경향을 보였다(그림 2.63 참조). d4PDF의 데이터와 관측 데이터와의 편중(偏重, Bias) 보정을 여러 방법으로 실시한 결과, 5%값 부근에서 편중 보정 방법의 선택에 따른 차이는 아주 작지만, 최저값에 가까운 극치사상(極値事象)에서는 중심기압의 분포형상에 편차(偏差)(10hPa 미만)가 발생하였다(그림 2.64 참조). d4PDF 폭탄저기압 데이터로부터 경험예측식을 사용하여 조위편차의 장래 변화 추정을 실시(홋카이도(北海道)네무로(根室) 지점만)하였는데, 태풍과 비교하면 과거실험과 장래실험의 차이가 작고, 극단적으로 큰 편차 영역을 제외하고 양자(兩者)는 같은 정도가 되었다(그림 2.69 참조).

표 2.10 d4PDF 활용에 따른 기후변화의 영향 평가(실시 결과의 정리)

분석 항목		일본기상청 최적경로 데이터×d4PDF과거실험 태풍 데이터	d4PDF 과거실험 태풍 데이터×d4PDF장래실험 태풍 데이터	d4PDF과거실험 폭탄저기압 데이터×d4PDF장래실험 폭탄저기압 데이터
경로 데이터의 경향 파악	발생 수	같은 정도(그림 2.39)	d4PDF 장래실험 쪽이 적다(그림 2.39).	같은 정도(그림 2.60)
	상륙 수	같은 정도(그림 2.40)	d4PDF 장래실험 쪽이 적다(그림 2.40).	같은 정도(그림 2.61)
	일본 근해의 통과 수	d4PDF 과거실험 쪽이 적다(그림 2.41).	d4PDF 장래실험 쪽이 적다(그림 2.41).	동해(東海)에서는 장래실험 쪽이 많다(그림 2.62).
	태평양 연안 8개 영역 발생 수	d4PDF 과거실험 쪽이 적다(그림 2.42).	d4PDF 장래실험 쪽이 적다(그림 2.42).	–
	최저중심기압의 위도 및 경도 방향 분석	북위 20° 부근은 d4PDF의 최저중심기압이 높은 경향을 보이는 반면, 북위 40° 부근에서는d4PDF의 최저중심기압이 낮은 경향을 보인다(그림 2.43, 그림 2.44).	북위 30~40° 부근에서 장래실험의 최저중심기압이 낮은 경향을 보인다(그림 2.43, 그림 2.44).	장래실험의 최저중심기압이 낮은 경향을 보인다(그림 2.63, 그림 2.64).
대표지점에서의 극치사상에 대한 생기확률의 장래 변화 (경험예측식을 이용한 분석)	최저중심기압	–	극치사상은 장래실험의 최저중심기압이 낮은 경향을 보인다(그림 2.50).	최저값에 가까운 극단적인 영역을 제외하고 양자(兩者)는 같은 정도(그림 2.69).
	조위편차	–	극치사상은 장래실험의 쪽이 상대적으로 상승 경향을 보인다(그림 2.50).	극단적으로 큰 편차 영역을 제외하고 양자(兩者)는 같은 정도(그림 2.69).

출처: 日本 国土交通省(2020), d4PDFの活用による気候変動の影響評価 - 潮位偏差の增大量や波浪の强大化等の影響分の定量化に向けて -

7) d4PDF에 근거한 기후변화의 장래 변화의 영향평가에 대한 결론, 기존연구 결과와의 비교 및 과제

(1) 결론

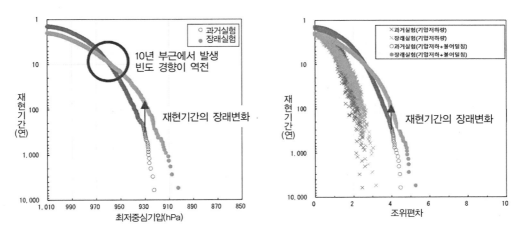

(a) 편중 보정 후 중심기압 계산 예   (b) 폭풍해일 경험예측식에 의한 조위편차 계산 예

출처: 日本 国土交通省(2020), d4PDFの活用による気候変動の影響評価 - 潮位偏差の増大量や波浪の強大化等の影響分の定量化に向けて -

그림 2.70 재현기간별 장래 변화 계산

앞에서 기술한 d4PDF에 근거한 최저 중심기압, 조위편차(계산값)의 극치분포 및 기후변화의 영향을 분석한 결과 아래와 같은 결론을 얻을 수 있었다.

- 해안방재의 목표규모가 되는 재현기간 30년~100년, 최대예상급(最大豫想級)이 되는 재현기간 300년~1000년에 대하여 현재기후(d4PDF 과거실험)와 장래기후(d4PDF 장래실험)의 재현기간에 대한 변화 경향을 분석하였다(그림 2.70). 즉, 해안방재의 목표규모에 주목하면 중심기압과 조위편차의 재현기간별 장래 변화는 각각 50년 → 약 20년, 50년 → 약 30년까지 짧아진다. 또한, 예상최대급에서는 각각 1000년 → 200년 이하, 1000년 → 500년 이하까지 짧아진다(그림 2.71, 표 2.11 참조).

표 2.11 재현기간별 장래 변화 정리

재현기간	장래기후의 최저 중심기압			장래기후의 조위편차(폭풍해일 편차)		
	영역4 도쿄지점	영역5 나고야지점	영역6 오사카지점	영역4 도쿄지점	영역5 나고야지점	영역6 오사카지점
현재기후 30년	18년	17년	17년	21년	19년	19년
현재기후 50년	24년	21년	24년	32년	25년	28년
현재기후 100년	34년	33년	36년	50년	41년	55년
현재기후 300년	70년	69년	84년	117년	100년	121년
현재기후 500년	100년	90년	113년	173년	135년	156년
현재기후 1000년	169년	104년	159년	433년	225년	295년

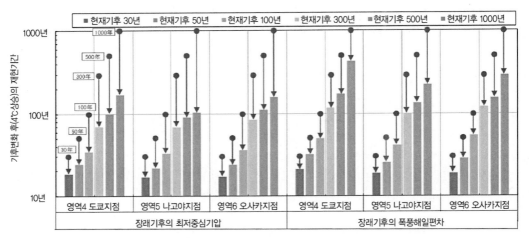

출처: 日本 国土交通省(2020), d4PDFの活用による気候変動の影響評価 - 潮位偏差の増大量や波浪の強大化等の影響分の定量化に向けて -

그림 2.71 현재기후와 장래기후의 재현기간별 변화경향

(2) 기존 연구결과와의 비교

① 이세만(伊世湾) 태풍급(중심기압 926~933hPa)의 극단(極端) 태풍을 예상한 유사(類似) 온난화(溫暖化) 시의 중심기압과 최대풍속에 대응하는 d4PDF 장래실험의 중심기압 및 경도 풍속을 비교한 결과, 중심기압과 최대풍속 모두 비교적 일치도(一致度)가 좋다. 즉, 이세만 태풍급의 극단 태풍을 예상한 유사 온난화 실험과 d4PDF 비교한 결과 중심기압과 최대풍속 모두 비교적 양호한 일치도를 갖는 것으로 나타났다(그림 2.72 참조).

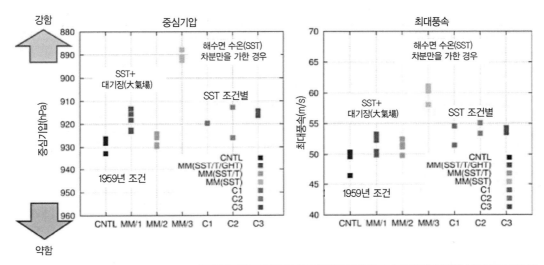

구분	현재	유사(類似) 온난화	
		SST + 3D atm	SST
중심기압(hPa)	926.2 - 932.7	912.7 - 929.5	887.8 - 892.4
최대풍속(m/s)	46.4 - 50.4	49.8 - 55.1	58.1 - 61.1

※ 북위 33도(°)선을 넘는 최초의 시각 시 강도

(a) 이세만 태풍급의 극단태풍이 상륙 한다면 지구 온난화시에도 강화

나고야 지점(영역5)

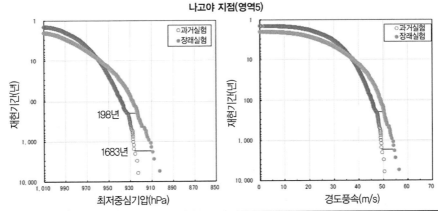

	d4PDF 과거실험	d4PDF 장래실험(4℃ 상승)
중심기압(hPa)	926~933	910~923
경도풍속(m/s)(태풍반경 r=r0)	47~49	50~54

(b) d4PDF의 최저중심기압과 경도풍속

출처: (a) 統合的気候モデル高度化研究プログラム」公開シンポジウム統合プログラムの領域テーマD統合的ハザード予測,
http://www.cger.nies.go.jp/cgernews/202001/349002.html
(b) 日本 国土交通省(2020), d4PDFの活用による気候変動の影響評価 - 潮位偏差の増大量や波浪の強大化等の影響分の定量化に向けて -

그림 2.72 기존 연구와의 비교(①, 유사온난화(상단), d4PDF실험(하단))

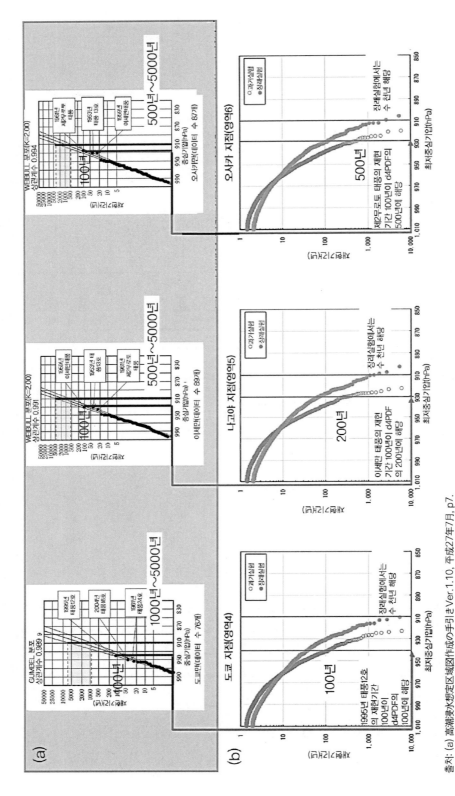

출처: (a) 高潮浸水想定区域図作成の手引き Ver.1.10, 平成27年7月, p7.
(b) 日本 国土交通省(2020), d4PDF の活用による気候変動の影響評価 - 潮位偏差の増大量や波浪の強大化等の影響分の定量化に向けて -

그림 2.73 기존 연구와의 비교(②), (a) 삼대만의 확률평가(중심기압), (b)d4PDF 과거·장래실험의 과거·장래실험의 중심기압)

② 기존 삼대만(三大湾, 이세만, 토쿄만, 오사카만)의 확률평가(중심기압)와 d4PDF 과거실험 및 장래실험의 중심기압(편중 보정 후)을 비교한 결과, 관측값 최대 재현기간 100년 정도가 d4PDF의 과거실험의 100년~500년에 해당한다. 무로토(室戸) 태풍[35]급(910hPa)은 외삽이 되는 500년~5000년 해당되고, d4PDF의 장래실험으로 보면 수천 년에 해당하지만, 과거실험에서는 1만 년 이상에 해당하여 저빈도(低頻度)의 평가가 이루어졌다(그림 2.73 참조).

③ 오사카만에서의 폭풍해일 장래 변화 예측과 d4PDF 과거실험 및 장래실험의 폭풍해일 예측변화(중심기압 편중 보정 후)를 비교한 결과, 재현기간 10년 부근을 경계로 단기적으로는 조위편차가 감소하지만, 장기적으로는 증가하는 경향이 일치했다. 한편, 통계 모델과 비교해서 경험 예측식에 따른 조위편차는 저빈도(低頻度)인 영역에서 약 1.4배가 되었다(그림 2.74 참조).

---

35) 무로토 태풍(室戸台風): 1934년 9월 21일, 일본의 무로토 곶(室戸岬)에 상륙한 태풍으로 2,702명이 사망하고 334명이 실종됐다. 일본 중앙기상대 부속 측후소에서는 최대 순간풍속 60m/s를 관측했기 때문에 건축기준법에서는 2000년에 개정될 때까지 건물의 "내풍성"을 최대 순간풍속 61m/s에 견딜 수 있도록 규정하고 있었다.

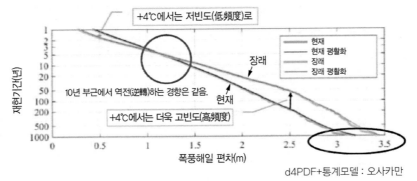

(a) 폭풍해일의 장래변화 예측

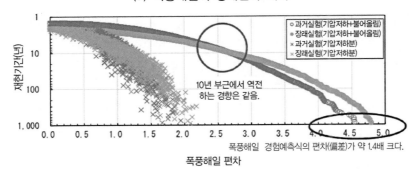

(b) d4PDF(편중 보정 후)에 따른 오사카 지점(영역6)의 추정결과

※ 폭풍해일 편차는 경험예측식에 의한 상대적인 평가를 목적으로 한 간이적인 계산이므로 단위는 기재하지 않는다.

【통계 모델】
역학모델로서 조위편차의 계산결과를 선도적 데이터로 갖는 통계모델은 만(灣)별로 최적화한 것으로, 비교적 정량적인 논의가 가능.

출처: (a) 京都大学防災研究所 森 信人教授提供資料 「波浪と高潮の将来変化予測」 より抜粋加筆
　　　(b) 日本 国土交通省(2020), d4PDFの活用による気候変動の影響評価 - 潮位偏差の増大量や波浪の強大化等の影響分の定量化に向けて -

그림 2.74 기존 연구와의 비교(③)

④ 전 지구모델 60km AGCM을 이용한 대규모 앙상블 기후예측실험(편중 보정 없음)과 d4PDF 과거실험 및 장래실험의 중심기압(편중 보정 있음)을 비교한 결과, 해상풍속 U_{10} 과 경도풍속의 일치도는 비교적 좋으나, 조위편차에 대해서는 통계모델에 비해 폭풍해일 경험예측식에 따른 d4PDF의 결과는 과대평가 되었다(그림 2.75 참조).

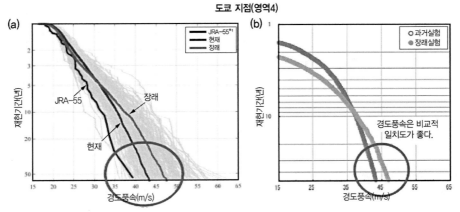

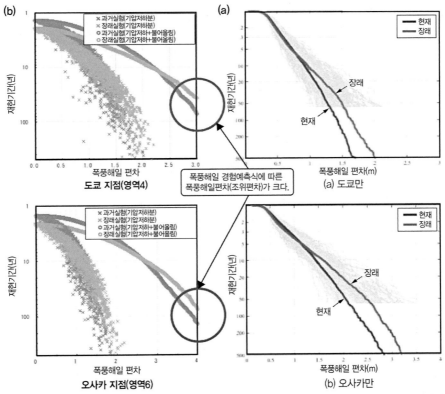

※ U_{10}에 대해서 앙상블(가는 선) 및 앙상블 평균(굵은 선)의 재현기간과 확률값의 관계 : 오사카만(검은색 : 현재기후조건,
회색 : 장래기후조건).

※ 폭풍해일 편차 $\Delta\zeta$에 대한 앙상블 멤버마다(가는 선) 및 앙상블 평균값(굵은 선)의 재현기간과 확률값과의 관계
【통계 모델】
역학모델로서 조위편차의 계산결과를 선도적 데이터로 갖는 통계모델은 만(灣)별로 최적화한 것으로, 비교적 정량적인 논의가 가능.
출처: (a) 東京湾と大阪湾の出典, 森ら(2016), 全球60kmAGCMを用いた大規模アンサンブル気候予測実験とこれを用いた高潮長期予
測, 土木学会論文集B2(海岸工学), Vol.72, No.2, Ⅰ_1471-Ⅰ_1476.
(b) 国土交通省(2020), d4PDFの活用による気候変動の影響評価-潮位偏差の増大量や波浪の強大化等の影響分の定量化に向けて-

그림 2.75 기존 연구와의 비교(④)

⑤ 삼대만(三大湾) 폭풍해일의 장래 변화 문헌 앙상블과 d4PDF 과거실험 및 장래실험의 조위 편차(경험예측식)를 비교한 결과, 문헌 앙상블 평균값의 장래 변화량에 비해 d4PDF의 장래 변화량의 폭이 좁음을 알 수 있었다. 따라서 d4PDF의 장래 변화량 폭이 좁은 원인에 대한 역학 모델의 검증 및 정량적인 평가가 향후의 과제이다(그림 2.76 참조).

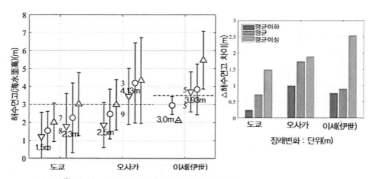

각 만(灣)의 최대 폭풍해일 편차의 평균값과 표준
(○: 평균적 예측, △ 예측 상위, ▽ 예측 하위, 숫자는 논문 수)

(a) 삼대만(三大灣) 폭풍해일의 장래 변화 문헌(文獻) 앙상블

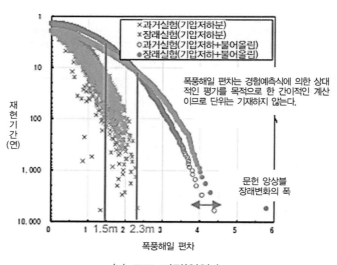

(b) 도쿄 지점(영역4)

그림 2.76 기존 연구와의 비교(⑤)

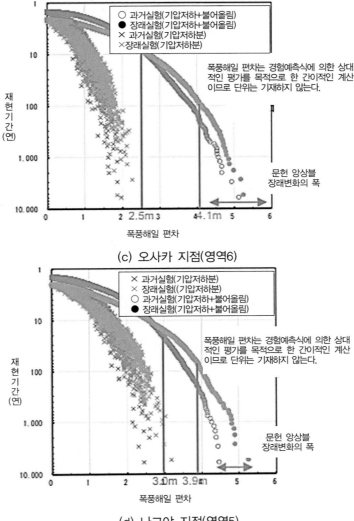

(c) 오사카 지점(영역6)

(d) 나고야 지점(영역5)

출처: (a) 京都大学防災研究所 森 信人教授提供資料「波浪と高潮の将来変化予測」より抜粋加筆
(b) 国土交通省(2020), d4PDFの活用による気候変動の影響評価-潮位偏差の増大量や波浪の強大化等の影響分の定量化に向けて-

※ 문헌 앙상블 평균값의 장래 변화량에 대하여, d4PDF의 장래 변화량의 폭이 좁다.

그림 2.76 기존 연구와의 비교(⑤)(계속)

(3) 과제

본 장에서는 d4PDF데이터를 활용하여 현재기후 및 장래기후의 조위편차(폭풍해일편차)에 대한 극치(極値)의 생기확률 분포변화를 분석하는 방법([방법 1])을 실시한 결과를 나타내었다. 이러한 실시를 통해 기후변화 영향에 따른 조위편차의 장래 변화에 관해 정성적인 경향을 분석할 수 있으므로 앞으로도 이러한 방법으로 기후변화 영향에 따른 정량화(定量化)를 검토할 필요가 있다. 또한, 장래 변화의 경향을 정량적으로 평가하기 위해서는 d4PDF의 태풍 데이터에 관한 최저 중심기압의 편중(偏重, Bias)에 대한 보정이 필요로 하므로 본 장에서 그 보정 방법에 대해서도 검토하였다. 따라서 적절한 편중 보정 방법은 장래 기후변화의 정량화 검토를 위해서 지속적인 연구가 필요하다. 또 일본의 북부와 동해(東海) 측에서는 태풍이 아니라 급속히 발달하는 저기압(이른바 '폭탄 저기압')이 계획 결정외력으로 되는 지역도 있으므로, 향후 각 지역에서의 외력에 대한 장래 변화를 추정하려면 폭탄 저기압에 의한 조위편차에 대한 변화 경향도 논의해 나갈 필요가 있다. 이 때문에, 태풍과 마찬가지로 d4PDF로부터 추출한 폭탄저기압의 데이터를 활용해, 과거실험과 장래실험의 차이의 경향을 분석하기도 했다. 폭탄저기압에 대해서도 태풍과 같은 경향 분석은 할 수 있었지만, 조위편차의 간이추정을 시행한 지점·범위에서는 설계와 관련된 수준의 과거실험과 장래실험에서 명백한 차이는 나타나지 않아 다른 지점에서의 시행을 포함해 정량화를 향한 검토를 계속 실시해 나갈 필요가 있다.

2.5.5 우리나라 연안에서의 d4PDF를 활용한 조위편차의 장기평가[16], [17]

1) 우리나라에 대한 d4PDF 적용(2.5.4의 1) d4PDF 개요 참조)

우리나라의 조위편차에 대한 장래평가를 위해 d4PDF로부터 추출한 태풍을 이용하였다. d4PDF는 수평해상도 약 60km의 일본 기상연구소 전 지구 대기 모델(MRI-AGCM 3.2H)을 이용한 전 지구 실험과 격자크기 약 20km의 일본지역에 대한 기상연구소 영역 대기모델(NHRCM)을 이용한 영역실험으로 구성되어 있다. 전 지구(全 地球) 실험은 다음과 같이 3가지 앙상블로 구성된 기후조건 아래에서 수행하였다.

- 과거실험: 60년간(1951~2010년)×100멤버
- 전 세계기온 4℃ 상승실험(장래실험): 60년간(2051~2110년)×90멤버
- 비온도(非溫度)실험: 60년간(1951~2010년)×100멤버

과거기후에 대해서는 6,000년, 장래기후에 대해서는 5,400년분에 대한 실험을 수행하였다. 본 연구에서는 전 지구실험의 과거실험과 전 세계기온 4℃ 상승실험으로부터 우리나라에 영향을 준 태풍을 추출한 후 그것을 이용하여 폭풍해일의 장기평가를 실시하였다. 우리나라에 영향을 준 태풍은 북위 32~40°, 동경 122~132°의 영역(이하 '대상 영역')을 통과한 것이다.

2) 우리나라에서의 d4PDF에 의한 태풍특성

　d4PDF에서 추출된 태풍의 재현정밀도를 평가하기 위하여 과거실험으로부터 구한 태풍과 동일 기간의 태풍 관측 데이터 세트(IBTrACS[36])로부터의 태풍(이하 '관측값')을 비교하였다. 대상 영역을 통과한 총 태풍 수는 과거실험에서는 6,475개(연 1.1개), 관측값에서는 214개(연 3.6개)였다. 과거실험으로부터 태풍의 샘플 수는 많이 확보할 수 있었지만, 그 연평균 개수는 관측값에 비해 과소평가되었다. 마찬가지로 d4PDF를 이용한 선행연구에서는 과거기후에 대한 전 지구의 태풍 발생 수의 분석결과, 관측평균값과 거의 같아 우리나라와 같은 지역적인 영역에 대해서는 과소평가되었다. 이는 본 연구에서 사용한 태풍의 추출 방법이 전 지구의 연 발생 수 관측값에 맞도록 설정되어 있기 때문이다. 한편, 장래실험의 총 태풍 개수는 3,632(연 0.7개)로 36% 감소할 것으로 예측된다.

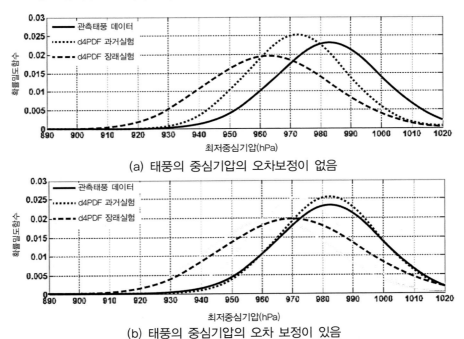

(a) 태풍의 중심기압의 오차보정이 없음

(b) 태풍의 중심기압의 오차 보정이 있음

출처: 梁 靖雅·間瀬 肇·森 信人, 海岸線の複雜度を考慮した高潮偏差の誤差補正とd4PDFを用いた高潮偏差の長期評価, 土木学会論文集B2(海岸工学), Vol. 73, No. 2, I_223—I_228, 2017.

그림 2.77 우리나라에 영향을 미친 태풍의 최저 중심기압의 확률밀도함수

---

36) IBTrACS(International Best Track Archive for Climate Stewardship): 이 프로젝트는 이용 가능한 열대 저기압 중 가장 완전한 글로벌 컬렉션으로 여러 기관의 최근 및 과거 열대 저기압 데이터를 병합하여 기관 간 비교를 통해 개선 및 공개적으로 사용할 수 있는 통합된 최적경로 데이터 세트를 만든다. IBTrACS는 세계기상기구(WMO) 지역특화기상센터, 전 세계의 다른 단체 및 개인들과 공동으로 개발되었다.

다음으로서 태풍의 최저 중심기압은 그림 2.77(a)와 같이 과거실험과 관측값 태풍의 최저중심기압의 확률밀도함수를 나타낸다. 과거기후에서 태풍의 최저중심기압의 평균값은 과거실험에서 971.35hPa, 관측값은 981.7hPa이었다. 과거실험은 관측값보다 평균값이 약 10hPa만큼 작지만, 분포 모양은 비슷하다. 60km 수평해상도의 전 지구 모델은 벽운[37]의 표현이 곤란하여 태풍의 중심기압이 낮아지는 경향을 보인다고 보고되고 있으며, 본 연구에서는 선형회귀법으로 태풍의 중심기압을 오차 보정하여(그림 2.77(b)), 보정 후의 태풍 데이터를 폭풍해일 계산에 이용하였다. 한편, 장래기후에 있어서의 태풍의 최저 중심기압의 평균값은 973.54hPa이며, 관측값보다 약 8hPa 만큼 작게 변화할 것으로 예측된다. 게다가 지금까지 발생하지 않았던 920hPa 이하인 태풍의 강대화가 발생할 것으로 우려된다. 샘플의 수가 많은 d4PDF는 20~30년의 관측값으로 계산한 기후예측 결과보다 안정된 태풍 경로 특성을 나타냈다. 또한, 북위 40°보다 고위도 방향의 태풍 분포도 개선되었고, 관측값과 잘 일치하였다. 한편, 장래 태풍경로 변화의 전체적인 경로는 과거기후의 경로와 큰 변화는 없었으나, 태풍의 발생 장소와 소멸 장소가 북쪽으로 이동하는 경향을 보였다. 이상의 결과로부터, d4PDF에서 추출한 태풍은 최저중심기압, 경로에 대해 관측 데이터의 태풍 특성을 잘 재현하고 있음을 알 수 있었다.

3) 조위편차의 장기평가

d4PDF에서 추출한 태풍 중, 보정 후의 최저중심기압이 970hPa 이하인 강한 태풍을 구동력으로 하여 폭풍해일 계산을 실시했다. 해당되는 태풍은 과거기후에서 1,428개, 장래기후에서 1,522개였다. 폭풍해일 계산 결과로부터 태풍 사건별 각 격자의 최대폭풍해일값에 조위편차의 편중 보정을 적용한 보정 후 결과를 극치(極値)자료로 사용하여 극치통계분석을 실시하였다. 일반적으로 어떤 재현 빈도의 폭풍해일 확률값을 구할 때 샘플 수가 적으므로 극치(極値)에 대하여 극치분포함수를 적용시켜 추정하지만, 본 연구에서는 충분한 샘플을 확보할 수 있으므로 각 격자 데이터의 순위 통계량으로부터 직접 100년 확률 조위편차를 구하였다. 그림 2.78은 우리나라 동남해안에서의 재현기간 100년에 대한 폭풍해일의 장래 변화량을 나타낸다. 대표 장소명 옆의 괄호 안의 수는 그 장소의 변화량이다. 대상 영역의 서쪽과 동쪽에 있는 지역에서는 폭풍해일의 장래 변화율이 증가하고 있으며, 특히 그것이 가장 큰 지역은 고흥(高興)주변으로, 그 변화량은 0.73m이다. 이러한 변화는 기후변화에 따른 강한 태풍 통과 수의 증가와 태풍

---

37) 벽운(壁雲): 슈퍼셀(Supercell, 회전하는 상승기류를 동반한 거대한 적란운(積乱雲)) 등이 발달한 적란운의 바닥으로부터 흘러내리는 원통형 또는 벽 모양의 구름을 말한다.

경로의 변화로 여겨진다. 한편, 여수(麗水) 주변의 일부 지역에서는 감소하고 있다. 이상과 같이 폭풍해일 재현확률값은 앞으로 태풍의 특성이 변화함에 따라 일정하게 증가하는 것이 아니라 장소에 따라 부분적인 변화가 있음을 알 수 있었다.

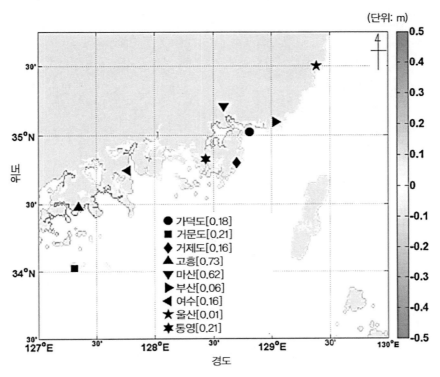

출처: 梁 靖雅・間瀬 肇・森 信人, 海岸線の複雑度を考慮した高潮偏差の誤差補正とd4PDFを用いた高潮偏差の長期評価, 土木学会論文集B2(海岸工学), Vol. 73, No. 2, I_223―I_228, 2017.

그림 2.78 우리나라 동남연안에서의 재현기간 100년 조위편차의 장래 변화량

4) 우리나라 연안의 d4PDF에 의한 조위편차의 공간분포

그림 2.79는 우리나라 연안의 100년 빈도 조위편차의 공간분포를 나타낸다. d4PDF에서 우리나라에 직·간접적으로 영향을 준 태풍을 추출하고, 이를 외력 조건으로 하여 산정한 결과이다. 장래 발생 가능한 조위편차는 남해안의 일부 지역을 제외하고는 증가할 것으로 예측된다. 그러나 조위편차의 증가 규모는 지역적으로 다르다. 아울러, 장래 폭풍해일에 취약한 지역은 우리나라 황해(黃海) 북부와 남해(南海) 중부지역으로 이동할 것으로 추정되며, 이와 같은 조위편차의 장래 변화특징은 태풍경로의 장래 변화특징과 일치하는 것을 알 수 있다.

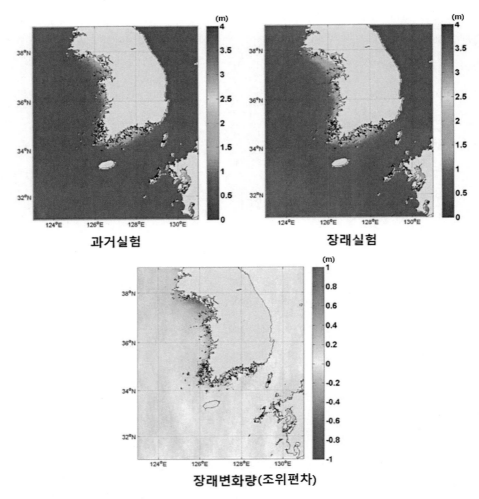

과거실험   장래실험

장래변화량(조위편차)

출처: Yang, J.A., S. Kim, N. Mori, H. Mase(2018), Assessment of long-term impact of storm surges around the Korean Peninsula based on a large ensemble of climate projections, Coastal Engineeing, 142, pp.1~8, doi:10.106/j.coastaleng.2018.o9.008.

그림 2.79 우리나라 연안에서의 재현기간 100년 빈도 조위편차의 공간분포

2.5.6 세계 각국의 기후변화에 따른 설계 외력의 대응

1) 미국

미국에서는 미육군공병단(USACE, US Army Corps of Engineers)이 '공공사업 프로그램에서의 해수면 상승 고려(ER1100-2-8162, Incorporating Sea Level Change In Civil Works

Programs, 2013년 12월)'를 공표함에 따라 해수면 상승량을 고려해야 하는데, 특히 과거의 상승량(경향(Trend))에 따른 최솟값을 반드시 고려해야만 한다. 해수면 상승률 산정식은 전미 과학아카데미(National Academy of Science)가 1987년 발표한 해수면 변동에 대한 대응 (Responding to Changes in Sea Level)에서 제안한 NRC(National Research Council) 곡선 에 근거한다. 사업의 생애주기(Life Cycle)를 고려한 계획·검토 및 설계에서는 장래 일어날 수 있는 해수면 상승률에 관해 모든 범위(저(Low)·중(Intermediate)·고(High)의 3가지 시나리오)를 다음과 식(식(2.43), 식(2.44) 참조)과 같이 고려해야 한다.

- 저(低, Low): 역사적인 해수면 상승률(예를 들어 아래 식에서 연 1.7mm)
- 중(中, Intermediate): 전미과학아카데미의 개정 NRC(National Research Council) 곡선 I 및 아래 식으로 산정한 후 지역의 지반변동에 따른 보정
- 고(High): 개정 NRC곡선 III 및 아래 식으로 산정한 후 지역의 지반변동에 따른 보정

$$E(t) = 0.0017t + bt^2 \tag{2.43}$$

$$E(t_2) - E(t_1) = 0.0017(t_2 - t_1) + b(t_2^2 - t_1^2) \tag{2.44}$$

여기서, t : 장래시점(년(年), 단 1986년이 기점(起點).), t_1 : 건설시점(년, 단 1992년이 기점.), t_2 : 장래시점(년, 단 1992년이 기점.), b : 정수(개정 NRC I곡선에 대해서는 2.71×10^{-5}, 개정 NRC III곡선에 대해서는 1.13×10^{-4})이다. 그림 2.80은 미국 루이지애나주(Louisiana) 그랑이슬(Grand Isle)에서의 저(Low)·중(Intermediate)·고(High) 3가지 시나리오를 사용한 USACE 해수면 변동량 곡선을 나타낸 것이다.

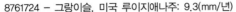
8761724 - 그랑이슬, 미국 루이지애나주: 9.3(mm/년)

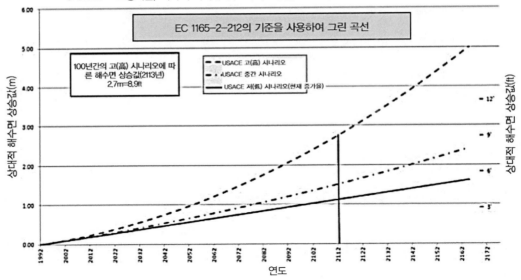

출처: 大阪府河川構造物等審議会(2020.2), 第2回審議会を踏まえた論点整理

그림 2.80 미국 루이지애나주(Louisiana State) 그랑이슬(Grand Isle) 지점의 해수면 변동량 곡선 사례

또한, 사업의 대체안(代替案)에 따른 사업의 유(有)·무(無)에 대한 저·중·고의 시나리오를 평가해야 하는데, 사업 내용에 따라 채용하는 장래 시나리오는 다르다. 2012년 미국 뉴욕주를 강타한 허리케인 샌디(Sandy)로 피해를 본 뉴욕주 스태튼섬(Staten Island)의 해안제방은 장래 해수면 상승량이 변동할 경우에도 적용할 수 있도록 설계하였다(그림 2.81 참조).

출처: 日本 国土交通省(2020), 第2回気候変動を踏まえた海岸保全のあり方検討委員会」資料4

그림 2.81 허리케인 '샌디'(2012년)로 피해를 본 해안제방 복구의 사례(미국 뉴욕주 스태튼섬의 예)

2) 영국

(1) UKCP09(UK Climate Projection 09)

UKCP09(UK Climate Projections 09, 영국 기후예측 09) 프로젝트는 UKCP09 웹사이트 (2009년에 제작)를 통해 영국의 21세기 기후변화에 대한 정보를 제공하거나 접근을 가능케 한다. UKCP09는 영국의 육지와 해양에 대한 장래 기후예측과 관측된(과거) 기후 데이터를 제공한다. '기후변화 적응: 침수, 해안침식 위험 관리기관에 대한 조언'에서 영국 환경청, 지방 정부 및 치수조합(治水組合) 등은 해안침수 및 연안침식 위험 관리사업을 위해 정부에 예산을 신청할 경우 기후변화 계수를 이용한 감도분석(感度分析)을 실시한 후 실행 가능한 권장 대책을 제시하도록 요구하고 있다. 예를 들면, 영국 남부에 있는 사우샘프턴(Southampton)의 해안침 수·침식관리 전략에서는 기후변화에 따른 해수면 상승의 변동량을 중간 시나리오의 95%값을 이용해 평가하고 있으며, 폭풍해일에 대해서는 재현기간 200년 사건에 대한 값을 사용하고 있다(표 2.12, 표 2.13, 그림 2.82 참조). 영국의 기후변화로 인한 장래 예측 시나리오는 UKCP09까지는 중간시나리오를 주로 이용하고 있다.

표 2.12 영국 사우샘프턴의 해수면 상승량에 대한 시나리오별 예측 결과(별개의 UKCP09 기후변화 시나리오 아래에서의 누적 상대 해수면 상승에 대한 변동량)

시나리오(총 해수면 상승량(cm))	2015년	2030년	2060년	2110년
UKCP09 중간(95%값)변동계수	2.6cm	11.1cm	31cm	72.6cm
하단 끝 예측(UKCP09 저 배출 50%값)	1.4cm	5.8cm	16cm	37.4cm
UKCP09 상단 끝 예측	2cm	9.5cm	34.5cm	101.5cm
H++시나리오	3cm	15cm	64cm	211cm

출처: 日本 国土交通省(2020), 第2回気候変動を踏まえた海岸保全のあり方検討委員会」資料4

표 2.13 영국 사우샘프턴의 해수면 상승과 폭풍해일로 인한 해수면 상승량을 합한 연대별(年代別) 예측값(EA 2011 지침서에 근거한 영국 사우샘프턴에 대한 장래 극치 해수면 예측값)

재현기간(년 수)	2010년	2030년	2060년	2110년
1	2.45m	2.60m	2.79m	3.21m
2	2.55m	2.69m	2.88m	3.33m
5	2.67m	2.81m	3.01m	3.46m
10	2.76m	2.90m	3.11m	3.56m
20	2.84m	2.99m	3.19m	3.66m
50	2.94m	3.10m	3.31m	3.77m
100	3.02m	3.17m	3.39m	3.87m
200	3.09m	3.25m	3.46m	3.95m
500	3.18m	3.35m	3.57m	4.05m
1000	3.25m	3.41m	3.64m	4.14m

출처: 日本 国土交通省(2020), 第2回気候変動を踏まえた海岸保全のあり方検討委員会」資料4

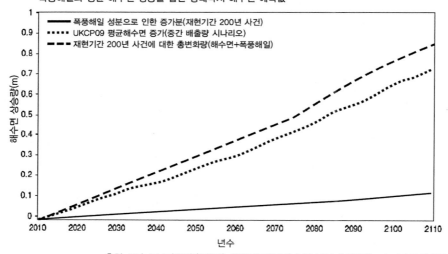

출처: 日本 国土交通省(2020), 第2回気候変動を踏まえた海岸保全のあり方検討委員会」資料4

그림 2.82 영국 사우샘프턴의 평균해수면 상승+폭풍해일로 인한 해수면 상승량 예측

영국은 해안제방의 마루고(Crest Level)를 결정할 때, 100년 후 해수면 상승에도 적응할 수 있도록 연간 4~6mm의 해수면 상승을 고려한 제방정비를 하고 있다(예를 들어, 2015년에 정비한 해안제방은 2115년 시점의 해수면 상승분에 맞추어 마루고를 결정한다.). 또한 해안제방의 안전도는 기후변화에 따른 해수면 상승을 미리 감안(勘案)한 재현기간 200년으로 하고 있다.

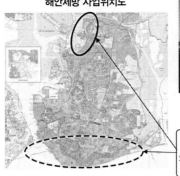

영국 포츠머스의
해안제방 사업위치도

포츠머스의 해안제방
(2018년 11월 완공)

만내(灣內)와 접한 해안제방은 기후변화에 따른
해수면 상승과 폭풍해일을 고려(실선 원)하였고,
외해에 직면한 해안제방은 기후변화에 따른 해수면 상승,
폭풍해일 및 파랑을 고려할 예정(파선 원)임.

재현기간 200년과 500년의 해안제방 마루고 차이

출처: 日本 国土交通省(2020), 第2回気候変動を踏まえた海岸保全のあり方検討委員会」資料4

그림 2.83 영국 포츠머스의 해안제방 사업

영국 포츠머스(Portsmouth)에서는 정비하는 해안의 특징에 맞추어 기후변화로 인한 영향을 고려하는 방법으로 전환하고 있다. 예를 들면, 만내(灣內)에 위치한 해안제방에서는 기후변화에 따른 해수면 상승 및 폭풍해일을 고려한 재현기간 500년 빈도의 높이를 갖는 제방을 정비하고 있다(재현기간 200년과 500년의 제방 마루고 차이는 비교적 작고, 비용 증가분은 전액 지방자치단체가 부담한다.). 외해(外海)와 접한 해안제방은 향후 기후변화로 인한 해수면 상승, 폭풍해일 및 파랑의 영향을 예상한 정비를 할 예정이다(그림 2.83 참조).

(2) UKCP18

영국 기상청(Met Office)은 영국 국내에서의 기후 리스크 평가 및 대응책 검토를 지원하는 것을 목적으로 IPCC 5차 보고서(2013년)의 RCP 시나리오에 기초하고, 영국 기상청의 주도(主導)하에 영국의 새로운 기후예측 'UKCP18'을 2018년 11월에 발표하였다(그림 2.84, 표 2.14 참조). 즉, IPCC 5차 보고서를 기본으로 전 지구 모델은 60km 격자, 지역 모델은 12km 및 2.2km 격자에 대한 기후변화 예측 결과를 공표하였다. 전 지구 모델 및 지역 모델은 계산기의 성능 제약 때문에 IPCC 5차 보고서의 시나리오 중 RCP 8.5만을 예측하였다(그림 2.85 참조). 또한, 영국 환경청(Environment Agency)은 영국의 해수면 상승에 대한 기후변화 계수로서 RCP 8.5 시나리오의 75%값 및 95%값을 설정하였다.

출처: 日本 国土交通省(2020), 第2回気候変動を踏まえた海岸保全のあり方検討委員会」資料4.

그림 2.84 웹사이트에서 정보제공 사례(데이터세트(Dataset) 상세 페이지)

표 2.14 RCP 시나리오에 따른 영국의 해수면 상승량

구분	1981~2000년 평균해수면 대비(對比) 2100년 해수면 변동량(m)		
	RCP 2.6	RCP 4.5	RCP 8.5
런던(London)	0.29~0.70	0.37~0.83	0.53~1.15
카디프(Cardiff)	0.27~0.69	0.35~0.81	0.51~1.13
에든버러(Edinburgh)	0.08~0.49	0.15~0.61	0.30~0.90
벨파스트(Belfast)	0.11~0.52	0.18~0.64	0.33~0.94

출처: 日本 国土交通省(2020), 第2回気候変動を踏まえた海岸保全のあり方検討委員会」資料4.

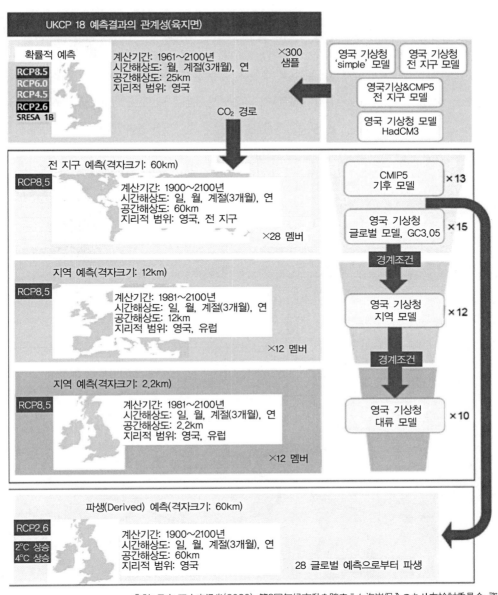

출처: 日本 国土交通省(2020), 第2回気候変動を踏まえた海岸保全のあり方検討委員会」資料4.

그림 2.85 UKCP18의 전 지구 예측과 지역 예측

3) 네덜란드

네덜란드 왕립기상연구소(KNMI, Royal Netherlands Meteorological Institute)가 발표한 KNMI'14에서 대기 순환과 기온상승의 조합에 의한 4가지 시나리오를 고려하고 있다. 네덜란드 정부(인프라 환경성 및 경제성)는 현재와 장래의 네덜란드를 계속해서 안전하고 매력적인 장소로 만드는 것을 목적으로 하는 장기적인 계획인 '델타 프로그램(Delta Programme)'을 추진하고 있다. 현재는 2050년까지 홍수에 의한 사망률을 연간 1인당 10만 분의 1 이하로 낮추기 위한 목표를 달성하기 위해 홍수방어, 토지이용, 위기관리 3단계 대책을 통한 다층적(多層的) 홍수 리스크 관리를 실시하고 있다(그림 2.86 참조). 연안의 기후변화에 대해서는 해수면 상승량의 변화를 고려하도록 하고 있으나, 폭풍해일 변동량 및 파랑 변동량은 확실성이 높아 현 단계에서는 고려하고 있지 않다. 연안의 대책으로 해수면 상승을 고려한 대응인 양빈(養浜)을 실시하여 해안보전을 도모하는 '연안 재생 2' 프로젝트를 2020년까지 실시하여 연간 1,200만 m³의 모래를 공급하였다(그림 2.87 참조). 2.5.6에서 기술한 미국, 영국, 네덜란드의 기후변화에 따른 설계외력의 대응을 요약하면 표 2.15와 같다.

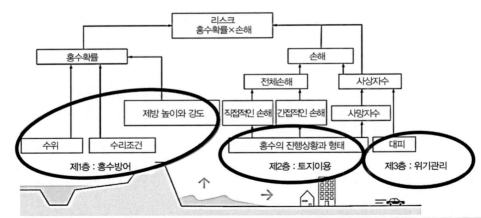

대책명	각층(各層)의 설명
제3층: 위기관리	모든 홍수에 대응하는 위기관리 정보제공(홍수경보, 리스크 맵(Risk Map), 대피시설 정비
제2층: 토지이용	홍수피해를 억제하는 토지이용 범람류의 억제 토지이용 등
제1층: 홍수방어	예방대책을 실시하는 홍수방어 홍수방어 기준을 만족하도록 정기점검(6년 마다) 및 구조적 대책 실시

출처: 日本 国土交通省(2020), 第2回気候変動を踏まえた海岸保全のあり方検討委員会」資料4.

그림 2.86 리스크 접근 및 다층적(多層的) 홍수관리 리스크에 대한 개요도

출처: 日本 国土交通省(2020), 第2回気候変動を踏まえた海岸保全のあり方検討委員会」資料4.

그림 2.87 양빈(養浜)을 실시하였던 네덜란드 해안선(지도 중 검은 점)

표 2.15 세계 각국의 기후변화에 따른 설계 외력의 대응(요약)

구분	미국	영국(UK Climate Projection(UKPC))		네덜란드
		UKCP09	UKCP18	
기후변화의 예상 대상 시나리오	• 미육군공병단(USACE)은 과거 해수면 상승 경향 연장에 따른 최소한의 상승 시나리오 및 과거 경향에 대한 보정된 해수면 상승 2가지 시나리오 등 총 3가지 시나리오를 준비함.	• 영국기상청(Met Office) 및 환경청(EA)이 발표한 UKCP09의 SRES:A1FI, A1B, B1에 해당하는 3가지 시나리오를 사용함. • 극단적인 사례로서는 H++시나리오를 사용함. • 기후변화(해수면 상승)에 대한 시의 영구환경 사업평가를 할 때 영구환경 청의 지침을 따르도록 함.	• 2018년부터 순차적(順次的)으로 발표하기 시작하였던 UKCP18에서 해수면 상승량과 폭풍해일에 대한 장래예측 결과를 공표함.	• 네덜란드 왕립기상연구소(KNMI)가 발표한 KNMI'14에서 대기순환과 기온상승의 조합인 4가지 시나리오를 사용함.
해수면 상승량의 취급	• ETL1100-2-1에 해수면 상승에 대한 3가지 시나리오 기재, • 구체적인 해수면 상승량은 미육군공병단의 웹(WEB)에서 검색 가능.	• 기후변화에 대한 적응 : 침수 및 해안침식 리스크 관리당국(Advice for Flood and Coastal Erosion Risk Management Authorities)에서 해수면 상승량을 기재함. • 연간 해수면 상승량에 대해서는 확률분포의 90%값과 극단적인 H++시나리오에서 연대별(年代別)로 제시함.	• RCP 2.6, RCP 4.5, RCP 8.5의 시나리오별 및 연대별에 대한 해수면 상승량을 제시함.	• KNMI의 시나리오별로 전 지구 평균, 북해 평균의 해수면 상승량을 기재함.
폭풍해일 변동량	• 미국연방재난관리청(FEMA)의 홍수검색연구(FIS)에서 폭풍해일의 변동량에 대해서 기재. • North Atlantic Coast Comprehensive Study(NACCS) Coastal Storm Hazards from Virginia to Maine에서 북대서양지역의 폭풍해일에 대해서 조사함.	• 기후변화에 대한 적응 : 침수 및 해안침식 리스크 관리당국(Advice for Flood and Coastal Erosion Risk Management Authorities)에서 폭풍해일 변동량을 기재함. • 2020년대, 2050년대, 2080년대 확률분포의 90%값에 대한 폭풍해일 변동량을 제시함.	• 200년 확률의 폭풍에 대한 해수면 상승량의 변동성을 제시함(안심에 따른 해수면 상승량은 제외함). • RCP 8.5시나리오에서 1mm/년으로, 온난화로 인한 해수면 상승량의 10%에 해당함.	• 폭풍해일에 영향을 미치는 풍속에 대해서 기재함. • 폭풍해일에 대해서는 언급하지 않음.
파랑의 변동량	• 조사자료에서는 변동량 기재가 없음.	• 기후변화에 대한 적응 : 침수 및 해안침식 리스크 관리당국(Advice for Flood and Coastal Erosion Risk Management Authorities)에서 극단적인 파고의 변동량을 기재함. • 연대별로 파고의 변동량에 합증을 적용토록 제시함.	• RCP 8.5시나리오에서 증가량을 제시함(유의파고의 약 10~20% 증가시킴).	• 파랑에 영향을 미치는 풍속에 대해 기재함. • 파랑에 관해서는 언급하지 않음.
기후변화에 대한 구체적인 대응	• 허리케인 '샌디(Sandy)'로 피해를 본 뉴욕 스태튼섬(Staten Island)의 해안제방 복구 시 이율 적용한 사례가 있음. • 해수면 상승량 : 최소의 시나리오에서 0.7ft (약21cm). • 폭풍해일변동량:1/100년 확률수위12.6ft(약 3.84m). • 파랑변동량 : 직접적으로 무면(無面)을 Coastal Engineering Manual 1999에만 근거함.	• 사우샘프턴의 해안침수·침식관리전략에 기재됨(2012년 책정). • 채용된 시나리오 : 중앙값, 95%값임. • 해수면 상승량 : 2110년에 +72.6cm임. • 폭풍해일 상승량 : 2110년의 재현기간 200년의 상승량+폭풍해일을 합한 수위는 3.95m임. • 파랑변동량 : 기재하지 않음. • 포크스톤의 해안제방 정비에서는 기후변화에 따른 해수면 상승, 폭풍해일 및 파랑의 변동을 고려함(장소에 따라 고려함 점도 있음을 신뢰함).	—	• 북해의 해수면 상승량 - 저(低) 시나리오 : 25~60cm, - 고(高) 시나리오 : 45~80cm • 폭풍해일 변동량, 파랑 변동량은 고려하지 않음.

출처: 日本 国土交通省(2020), 第2回気候変動を踏まえた海岸保全のあり方検討委員会 資料4

2.6 기후변화로 인한 국내외 연안재난 피해 사례

지구온난화로 인한 기후변화로 평균해수면 상승 또는 강대화된 태풍의 내습에 따른 폭풍해일·고파랑의 발생으로 지금까지 연안지역은 심각한 피해를 보았지만, 앞으로는 그 피해 강도(强度)가 더 가중될 것으로 예상된다. 이에 이 장에서는 기후변화로 인한 현재까지의 주요한 국내외 연안재난 피해사례에 대하여 알아보기로 하겠다.

2.6.1 국내

1) 우리나라의 태풍피해[18][19]

1904~2016년까지 우리나라에 영향을 준 태풍 수는 총 347회로 한 해에 약 3개 정도의 태풍이 우리나라에 영향을 주는 것으로 나타났다. 태풍은 8월, 7월, 9월 순으로 자주 내습을 하며 3개월 동안 내습한 태풍 수는 전체의 90%에 달한다. 최근 기후변화로 인한 지구온난화로 인하여 아주 드물게 6월, 10월에도 내습하는 경우가 있다. 표 2.16은 1904~2015년까지 우리나라에 영향을 미친 태풍의 인명 및 재산피해 순위를 보여준다.

표 2.16 인명 및 재산피해 순위(1904~2015년)

인명				재산			
순위	발생일	태풍명	사망·실종	순위	발생일	태풍명	재산피해액[*1]
1위	1936.8.26.~8.28.	3693호	1,232명	1위	2002.8.30.~9.1.	루사	51,479억 원
2위	1923.8.11.~8.14.	2353호	1,157명	2위	2003.9.12.~9.13.	매미	42,225억 원
3위	1959.9.15.~9.18.	사라	849명	3위	2006.7.9.~7.29.	에위니아	18,344억 원
4위	1972.8.18.~8.20.	베티	550명	4위	1999.7.23.~8.4.	올가	10,490억 원
5위	1925.7.15.~7.18.	2560호	516명	5위	1995.8.19.~8.30.	재니스	4,562억 원
6위	1914.9.11.~9.13.	1428호	432명	6위	1987.7.15.~7.16.	셀마	3,913억 원
7위	1933.8.3.~8.5.	3383호	415명	7위	1998.9.29.~10.1.	예니	2,749억 원
8위	1987.7.15.~7.16.	셀마	343명	8위	2000.8.23.~9.1.	쁘라삐룬	2,521억 원
9위	1934.7.20.~7.24.	3486호	265명	9위	1991.8.22.~8.26.	글래디스	2,357억 원
10위	2002.8.30.~9.1.	루사	246명	10위	2007.9.13.~9.18.	나리	1,592억 원

*1: 재산피해액은 2006년 환산가격기준임. - 1995년 태풍 재니스(JANIS), 1999년 태풍 올가(OLGA), 2000년 태풍 쁘라삐룬(PRAPIROON), 2006년 태풍 에위니아(EWINIAR) 피해액은 호우와 태풍의 중복 피해액임.
출처: 기상청 국가태풍센터(2018), http://typ.kma.go.kr/TYPHOON/statistics/statistics_02_3.jsp

인명 피해는 1936년 발생한 태풍 3693호로 인하여 사망 및 실종이 1,232명으로 가장 많은 것으로 나타났으며, 재산피해는 2002년 발생한 태풍 '루사(RUSA)'로 인하여 5조 1,479억 원의 재산피해가 발생하였다.

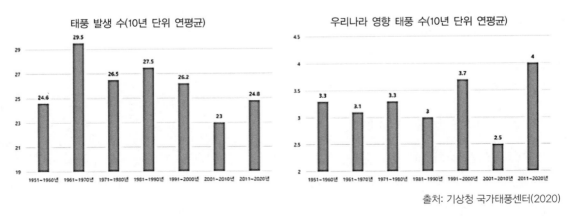

출처: 기상청 국가태풍센터(2020)

그림 2.88 태풍 발생 수(왼쪽)와 우리나라에 영향을 준 태풍 수(오른쪽)

그림 2.88은 지난 70년간(1951~2020년) 우리나라 인근 해역에서 발생한 태풍 발생 수(왼쪽, 10년 단위 연평균)와 우리나라에 직접 영향을 준 태풍 수(오른쪽, 10년 단위 연평균)를 나타낸 그림이다. 우리나라 인근 해역에서는 연 20~30개의 태풍이 발생하지만, 우리나라에 영향을 준 태풍의 수는 연 2.5~4개라는 것을 알 수 있다. 또한, 1977년 이래 우리나라에 영향을 준 태풍 가운데 기상청이 2020년 신설한 '초강력' 태풍(중심 최대풍속 54m/sec 이상)에 해당하는 19개(2020년 제10호 태풍 '하이선'을 포함한다.) 가운데 8개는 2000년 이전, 11개는 2000년 이후여서, 최근 들어 기후변화에 따른 태풍의 강도가 증가하는 경향을 보인다.

그림 2.89는 최근 20년간(2000~2020년) 우리나라에 영향을 준 태풍경로이다. 그림에서 알 수 있듯이 전반 10년간(2000~2010년)은 기존 경로대로 태풍들이 타원에 가까운 궤적을 그리며 북동진(北東進)하였다. 이는 늦여름에서 초가을의 북태평양 고기압이 일본 남동쪽에 위치하거나 우리나라 남동쪽에 있으면 우리나라에 접근하는 태풍들이 그 가장자리를 따라 북서진하다 위도 30° 부근에서 북동쪽으로 방향을 틀기 때문이다.

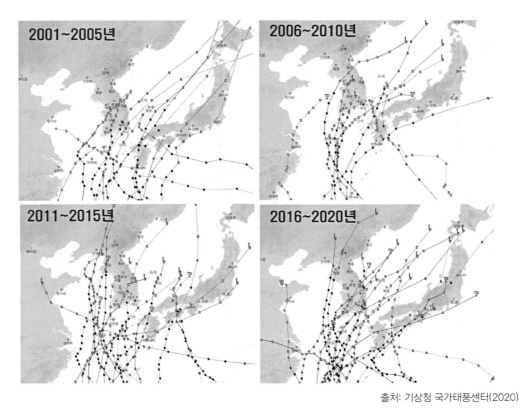

그림 2.89 최근 20년간(2000~2020년) 우리나라에 영향을 준 태풍 경로

　그러나 최근 10년(2011~2020년)에는 태풍의 북진 경향이 강했다. 이는 최근 기후변화로 인하여 북태평양 고기압이 일본 열도에 위치하면서 일본 동쪽에서 오호츠크해까지 기압마루[38]가 발달해 태풍들이 북진하는 경향을 보인다. 또한, 북태평양 고기압의 위치가 평년보다 북쪽으로 올라와 태풍의 동진(東進)을 막는 데다가, 서쪽에 형성된 기압골 전면에 북쪽으로 향하는 제트 기류가 강해 태풍이 빠르게 북진한다고 볼 수 있다. 따라서 북진하는 경향이 강한 태풍이 많아질수록 기존 태풍 영향을 거의 받지 않는 지역인 우리나라 중부 내륙이나 북한 동북지방 등에까지 태풍피해가 발생할 확률이 높아지고 있다.

---

38) 기압마루(氣壓陵, Pressure Ridge): 지상일기도 상에서는 저기압과 저기압 사이의 기압이 높은 능선을 말하며, 상층일기도 상에서는 등압면(等壓面)에서 등고선의 파동이 나타나는데 고위도 지방으로 올라온 부분은 주위보다 기압이 높으므로 기압마루라고 한다.

2) 태풍 '사라'[20]

　　1959년 9월 12일 괌(Guam) 서쪽 해상에서 발생한 태풍 '사라(SARAH)'는 점차 발달하면서 북서진하여, 9월 15일 오후 3시경 일본 오키나와현의 미야코섬(宮古島) 남동쪽 약 100km 부근 해상에 이르러서는 중심기압 905hPa, 최대풍속은 10분 평균으로 70m/s, 1분 평균으로는 85m/s에 달하는 슈퍼태풍급이 되었다. 그 후 조금씩 진행 방향을 북북서로 바꾸어 16일 새벽에는 동중국해에 진입, 동시에 전향을 시작하여 한반도를 향해 북상했다. 이때, 태풍의 경로에 위치했던 일본 오키나와현 미야코섬에서는 최저해수면기압 908.1hPa, 최대순간풍속 64.8m/s의 기록적인 값이 관측되었다. 전향(轉向) 후 다소 빠른 속도로 진행한 태풍은 북위 26°를 넘어서면서부터 서서히 쇠퇴해, 북위 30°를 돌파한 시점에서는 그 세력이 최성기 시에 비해서 다소 약화되었지만 중심기압 935hPa, 최대풍속 60m/s 정도의 매우 강한 세력을 유지하였고, 당시 추석이었던 9월 17일 오전 12시경에 중심기압 945hPa, 최대풍속 55m/s라는, 한반도 기상 관측 사상 최강이라 할 수 있는 세력으로 부산 부근을 통과했다. 이윽고 동해상까지 진출했으며, 일본 홋카이도를 거쳐 9월 19일 오전 9시에는 사할린섬 부근 해상에서 온대성 저기압으로 바뀌었다. 태풍이 북상하면서 다소 동쪽으로 치우침에 따라 부산 부근을 통과하는 경로가 되어, 한반도의 대부분이 태풍의 가항반원[39]에 들어가 최악의 상황은 면할 수 있었다. 그러나 중심기압 945hPa의 강력한 세력으로 한반도에 접근한 태풍 '사라'의 위력은 한반도에 영향을 미쳤던 과거의 다른 태풍에 비해 월등한 것으로, 상륙을 하지 않았음에도 남부 지방에는 전례 없는 폭풍우가 내렸다. 호우와 함께 동반된 강풍으로 제주에서는 최대순간풍속 46.9m/s가 관측되어 당시 최대순간풍속 역대 1위를 기록했으며, 그 외에도 울릉도에서 46.6m/s, 여수에서 46.1m/s 등을 관측했다.

　　여기에 남해안 지역에서는 태풍의 낮은 중심기압에 의한 해일까지 발생하여 피해를 키웠다. 태풍 '사라'로 인한 사망 및 실종 849명, 선박 9,329척, 12,366동의 주택 파손, 재산피해 2천4백억 원으로 금세기 풍수해 사상 최대의 피해를 발생시켰다. 부산 시내는 방파제가 파괴되어 해수범람으로 남포동과 대평동 일대가 한때 물바다가 되었고, 부산세관 소속 보세창고도 침수로 인해 수억 원의 보세화물이 물에 잠기었다. 당시에는 사라와 같은 강력한 태풍의 내습에 대처할 만한 방재시스템을 제대로 갖추지 못했기 때문에 전국, 특히 경상남도와 경상북도에서 상당한 피해를 보았다. 한편, 태풍이 지나가던 1959년 9월 17일 부산에서 관측된 최저 해수면

---

39)　가항반원(可航半圓): 북반구에서 발생된 태풍의 진행방향의 왼쪽은 풍향과 태풍의 진행방향이 반대로 되어 약한 바람과 파랑이 생성되는 지역을 말하며, 태풍 진행방향의 오른쪽은 위험반원(危險半圓)이라고 부른다.

기압 951.5hPa은 지금까지 그 기록이 깨지지 않아 현재까지 최저 해수면 기압 부문 역대 1위 기록으로 남아 있다. 사진 2.6은 태풍 '사라'호 당시 동해안에 위치한 영덕군 강구면의 강구항의 해수침수 피해 상황을 나타낸다.

3) 태풍 '매미'

(1) 개요

2003년 9월 12일 한반도에 상륙한 태풍 '매미(MAEMI, 2003년 태풍 제14호)'는 한반도에 영향을 준 태풍 중 상륙 당시 기준으로 가장 강력한 급(級)의 태풍이다.

출처: 부산광역시(2017), 부산연안방재대책수립 종합보고서, p.44.

사진 2.6 경북 영덕군 강구항 해일피해 사진

2003년 9월 4일 괌 부근 해상에서 발생한 열대 저기압은 이틀이 지난 9월 6일 오후 3시 무렵 제14호 태풍 '매미'가 되었다. 9월 9일 무렵 일본 사키시마제도(先島諸島) 남동쪽 먼바다에 접근하면서부터 급속히 발달하여 9월 10일 중심기압 910hPa, 최대풍속 55m/s에 달하는 최강급의 태풍으로 성장하였다. 9월 12일 오후 8시 30분경에 중심기압 950hPa, 최대풍속 40m/s의 '중형의 강한 태풍'으로 경상남도 고성군 일대에 상륙하여 한반도 남동부를 관통한 후 약 6시간만인 9월 13일 오전 2시 30분경에 울진 앞바다로 빠져나와 동해상으로 진출하면서 재산피해 4조 2225억 원의 큰 피해를 입혔다. 태풍 '매미'가 강력한 세력으로 한반도에 상륙한 원인은 당시 한반도 주변 해역의 해수면 수온이 평년보다 2~3℃ 높았기 때문에 태풍이 세력을 유지할 수 있는 조건이 되었으며, 다소 빨랐던 태풍의 이동속도로 인해 태풍이 미처 쇠약해지기 전에 한반도에 도달할 수 있었기 때문이다(그림 2.90 참조).

(2) 전국 피해 현황

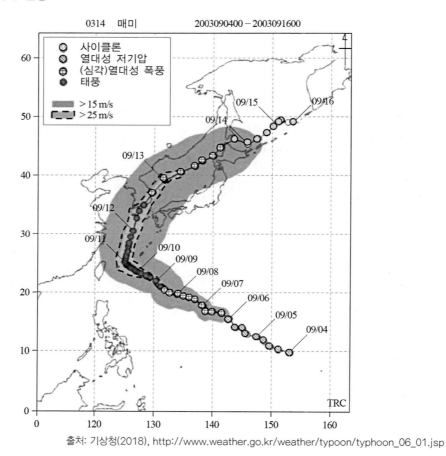

출처: 기상청(2018), http://www.weather.go.kr/weather/typoon/typhoon_06_01.jsp

그림 2.90 태풍 '매미'의 진로(2003년)

태풍 '매미'의 상륙 시각이 남해안의 만조(滿潮) 시각과 겹쳐 폭풍해일이 발생하였다. 당시 마산의 폭풍해일고는 약 180cm로 예측되었으나 태풍에 의한 폭풍해일고는 최대 439cm에 달해 예측값을 훨씬 뛰어넘었으며 해일을 예상하지 못했던 마산시는 제대로 된 대피령을 내리지 못하여 피해를 키웠다. 부산에서도 해일에 가까운 높은 파도가 해안가를 휩쓸어 해운대에 있는 부산 아쿠아리움이 침수되고 해안가에 자리 잡은 많은 건물들이 폐허로 변해 재산피해가 매우 컸다. 태풍 '매미'는 최대순간풍속이 50m/s가 넘는 강풍으로 광범위한 지역에서 전신주와 철탑이 쓰러져 전국적으로 145만여 가구가 정전되는 초유의 사태가 발생하였다. 부산항에서는 800톤(Ton)이 넘는 컨테이너 크레인 11대가 강풍에 의해 무너지거나 궤도를 이탈하였으며, 해운대에서는 7000톤(Ton)이 넘는 해상관광호텔이 높은 파도와 강풍으로 전복되는 일이 발생하였다. 태풍 '매미'로 인하여 사망 및 실종 132명, 이재민 6만 1천 명의 인명 피해가 발생하였으며, 2003년 화폐가치 기준으로 4조 3천억여 원의 재산피해가 발생하였다.

(3) 마산만 폭풍해일 피해[21]

① 태풍 '매미'와 마산만(湾) 특징

태풍 '매미'는 2003년 9월 6일 북위 16° 0′, 동경 141° 30′에서 발생한 후, 9월 11일에 중심기압 910hPa 세력으로 미야코시마(宮古島)를 통과할 때 3기(基)의 풍력발전의 풍력터빈을 파괴하는 피해를 발생시켰다.

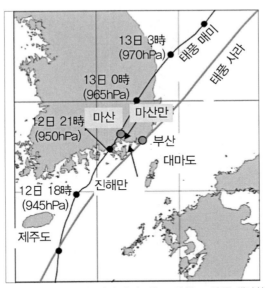

출처: 河合 弘泰(2010), 高潮数値計算技術の高精度化と氣候変動に備える防災への適用, 港湾技術研究所報告, 港湾技術研究所, No.1210, p.17.

그림 2.91 태풍 '매미'의 경로

더구나 그림 2.91에서 볼 수 있듯이 9월 12일 저녁 늦게는 중심기압 950hPa 세력을 유지한 채 마산에 상륙하였는데 그 시각은 남해안의 대조(大潮)·만조(滿潮)와 거의 중첩되어 심각한 폭풍해일·고파랑 피해를 주었다.[22, 23] 특히 마산시에서는 대략 수십 분 만에 폭풍해일이 안벽(岸壁)으로부터 약 700m에 걸쳐 그 지역을 범람시켜 점포 및 아파트 지하에서는 18명의 익사자(溺死者)가 발생하는 재난을 입었다. 마산만(馬山灣)에는 1개의 검조소가 있었는데 약 2.3m의 조위편차(폭풍해일편차)를 기록하였다. 그렇지만 관측실 창문유리가 깨어져 월파(越波)된 바닷물이 검조(檢潮)우물에 들어온 가능성이 있어 그 기록은 약간 불확실한 것도 있다. 더욱이 이와 같은 대규모 재난이 발생한 것은 1959년 태풍 '사라' 이후 처음이었으므로 그때까지 태풍 '사라'호 때의 파랑을 방파제 및 호안 설계기준으로 잡고 있었기 때문이다. 다만 태풍 '사라'호는 태풍 '매미'호보다 동쪽을 통과하여 폭풍해일은 현저하지 않았었다. 마산만 주변 지형은 그림 2.92에 나타내었는데 그 그림을 보면 부산 서쪽은 대한해협과 직면하고 있고 마산만의 서쪽은 진해만(鎭海灣)이 있다.

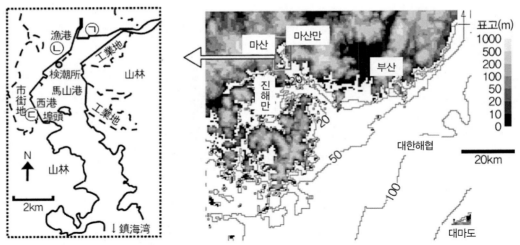

출처: 河合 弘泰(2010), 高潮数値計算技術の高精度化と氣候変動に備える防災への適用, 港湾技術研究所報告, 港湾技術研究所, No.1210, p.18.

그림 2.92 마산만 주변 지형

진해만(鎭海灣) 크기는 동서로 약 40km, 남북 약 30km로 수심은 만(灣) 중앙부에서 약 20m, 만구부(灣口部)에서는 25m로 넘는다. 진해만에는 많은 섬들이 있고 리아스식 해안40)을 가지고

---

40) 리아스식 해안(Rias Coast): 하천에 의해 침식된 육지가 침강하거나 해수면이 상승해 만들어진 해안으로 해안선이 복잡하고, 해수면이 정온하여 양식(養殖) 등을 하기 좋다.

있는 것이 특징이다. 또한, 만을 둘러싼 육지에 평야는 거의 없고 표고 200~500m 정도인 산들로 연결되어 있다. 마산만은 진해만 북쪽에 위치하여 남북으로 약 10km, 동서로 약 2km인 가늘고 긴 형태의 내만(內灣)으로 수심은 4~10m로 얕다. 북서쪽에는 어항 및 항만구조물(시설)이 있고 그 배후에는 시가지가 펼쳐져 있었다. 검조소(檢潮所)는 어항 방파제와 같이 설치된 것이다. 태풍 '매미' 당시 그림 2.92에는 ㉠ 하구 부근, ㉡ 어항 부근, ㉢ 서항부두 및 그 배후 시가지가 있었다.

② 하구 부근(그림 2.92의 ㉠) 침수

마산만 북단부에는 2개의 작은 하천이 유입되고 있다. 사진 2.7은 그 하구 부근을 촬영한 것으로 이 사진에서 멀리 보이는 간선도로에서는 보차도(步車道) 경계석 일부가 붕괴되어 있었다. 한편 앞에 보이는 안벽에는 손상은 없었지만 이 안벽 바로 배후에는 중고차를 판매하는 점포가 있어 안벽 끝단까지 상품인 중고차가 전시되어 있었다. 이 점포의 직원에 따르면 야간에 태풍 내습이 있어 안벽으로 밀어닥친 파랑의 상황 및 전시 중인 자동차가 파랑의 비말(飛沫)을 받았는지는 누구도 본 사람이 없어 확실히 알 수 없지만 적어도 폭풍해일로 인해 점포(店鋪)가 위치한 지반(地盤)은 앞면적인 침수를 당하지 않았다는 것을 알 수 있다고 말했다.

출처: 河合 弘泰(2010), 高潮数値計算技術の高精度化と氣候変動に備える防災への適用, 港湾技術研究所報告, 港湾技術研究所, No.1210, p.18.

사진 2.7 마산만에 직접 인접한 안벽(岸壁)과 도로

이 점포 배후에 있는 도로 및 수출자유단지(자유무역지역)라고 일컫는 공업지대는 침수되었다. 이 지역은 안벽이 축조되기 전부터 있었으므로 그 지반고(地盤高)는 안벽의 마루고보다는 낮다.

그림 2.93은 하구 부근 지반고를 도식적(圖式的)으로 나타낸 것으로 안벽의 마루고(D.L[41] + 5.2m)는 검조 기록 중 최고조위(+4.3m)보다 약 1m 높고 수출자유단지 지반고(+3.5m)보다 약 1.7m 높다. 각각 지역에 대한 침수유무에 대한 증언을 정리하면 안벽 앞면의 파고는 불분명하지만, 만약 수십 cm였다면 안벽의 월파는 현저하지 않아 점포 지반이 앞면적으로 침수되는 일은 없었다.

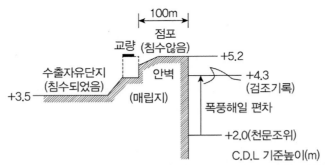

출처: 河合 弘泰(2010), 高潮数値計算技術の高精度化と氣候変動に備える防災への適用, 港湾技術研究所報告, 港湾技術研究所, No.1210, p.19.

그림 2.93 하구 부근 지반고와 검조(檢潮)기록과의 관계

③ 어항 부근(그림 2.92의 ⓛ) 침수

그림 2.94에 나타내었듯이 하구로부터 1km가량 남쪽에는 어항이 있고 그 한구석에는 검조소(檢潮所)도 있다. 관계자에 따르면 지점 a에 있는 물양장[42](D.L+2.7~2.9m)에서는 사진 2.8의 화살표로 표시되었듯이 어른 키를 넘는 높이(+5.0m)까지 침수되었었다. 이 물양장의 남동쪽 바다에는 방파제가 있다.

---

41) D.L(Datum Level, 기본수준면): 해도의 수심과 조석표의 조고(潮高)의 기준면으로 각 지점에서 조석 관측으로부터 얻은 연평균 해수면으로부터 4대 주요 분조의 반조의 합만큼 내려간 면으로 우리나라에서는 해당 지역의 약최저저조위(Approx LLW(±0.00m))를 채택한다.

42) 물양장(物揚場): 선박이 안전하게 접안하여 화물 및 여객을 처리할 수 있도록 부두의 바다방향에 수직으로 쌓은 앞면 수심 4.5m 이내인 벽이다.

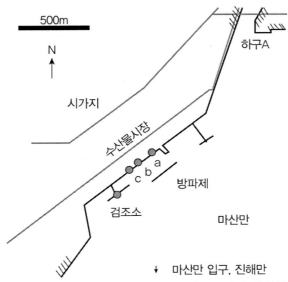

출처: 河合 弘泰(2010), 高潮数値計算技術の高精度化と氣候変動に備える防災への適用, 港湾技術研究所報告, 港湾技術研究所, No.1210, p.19.

그림 2.94 어항 부근 지형

　이 방파제 마루고는 낮아 폭풍해일 시 파랑저감효과는 적었다고 생각된다. 또한, 지점 b에 있는 사무소에도 1층 천장(+5.5m)까지 젖어 있었다. 종업원에 따르면 지점 c인 사진 2.9(a) 음식점(횟집)에서도 창문 유리가 깨어져 사진 2.9(b) 화살표로 나타내었듯이 적어도 건물 기둥에 있는 전기 배전함 높이(+5.0m)까지 침수되어 1층 천장 일부도 파손되었다. 현관 오른쪽에 있는 사각 모양의 돌출물은 지하실 통수구로 그 지하실은 주차장이다. 사진 2.9(c)는 그 주차장으로 가는 경사로(傾斜路)인 입구로 안벽 방향으로 향하고 있고 방수판(防水板) 등 해수 침입을 막아주는 시설은 없었다. 지하주차장 천장에서도 침수된 흔적이 남아 있었다. 그렇지만 사진 2.9(a)에서 볼 수 있듯이 이 음식점 앞에 있는 안벽에는 어선으로부터 유출된 기름이 붙은 흔적인 검은 선이 보였다. 이것은 대략 대조(大潮) 시 만조위(滿潮位)를 나타내는 것이라고 생각되었다. 이 높이로부터 안벽의 마루고까지 여유는 수십 cm밖에 되지 않지만, 예전에 한 번도 폭풍해일로 인하여 음식점이 침수된 적은 없었다. 음식점 앞에 있는 안벽(岸壁)의 남쪽에는 방파제 및 검조소가 있었다. 방파제 및 검조소에서 마산만 입구를 바라볼 수 있었다고 한다. 이 검조소에서는 태풍 시에 관측실로 건너가는 계단이 파괴되고 관측실 창문 유리도 깨어져 월파된 물이 검조소 우물에 들어갔을 가능성이 있다.

출처: 河合 弘泰(2010), 高潮数値計算技術の高精度化と氣候変動に備える防災への適用, 港湾技術研究所報告, 港湾技術研究所,
　　　 No.1210, p.19.

사진 2.8 어항의 물양장(그림 2.94의 a)

(a) 안벽과 점포의 위치관계(그림 2.94의 c)

(b) 설문에 따른 최고수위

(c) 지하주차장에 들어가는 경사로

출처: 河合 弘泰(2010), 高潮数値計算技術の高精度化と氣候変動に備える防災への適用, 港湾技術研究所報告, 港湾技術研究所,
　　　 No.1210, p.19.

사진 2.9 어항 안벽과 직접 인접한 점포

그림 2.95는 어항 주변의 안벽 높이 및 침수위(浸水位)를 정리한 것으로 설문조사로 얻었던
침수위(+5.0~5.5m)는 검조소 기록에 의한 최고조위(+4.3m)보다 1m 정도 높았다. 그림 2.93
에 나타내었듯이 어항 주변은 마산만 입구로부터 직접 멀리까지 한눈에 볼 수 있는 위치인

관계로 진해만으로부터 오는 파랑이 도달하기 쉽고, 마산만 자체만을 고려해도 만 입구로부터 약 8km인 취송거리를 가진 파랑이 도달한다고 볼 수 있다. 더구나 어항 방파제 마루고는 낮아 폭풍해일 시 파랑저감효과가 작았다. 주로 폭풍해일로 인한 침수는 물양장 주변에 그치지 않고 배후지에도 넓게 영향을 미쳤다. 이상과 같이 검조소 기록보다도 증언에 따른 침수위가 높았던 원인은 파랑에 의한 수면 동요 및 폭풍해일의 흐름이 안벽과 인접한 건물로 인해 방해를 받아 생긴 국소적인 수위상승이었다고 판단된다.

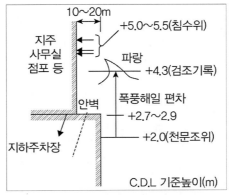

출처: 河合 弘泰(2010), 高潮数値計算技術の高精度化と氣候変動に備える防災への適用, 港湾技術研究所報告, 港湾技術研究所, No.1210, p.20.

그림 2.95 어항 부근 침수위 정리

④ 서항부두(그림 2.92의 ⓒ) 및 배후 시가지 침수

그림 2.96은 서항부두 및 그 배후 시가지를 나타낸 것으로 사진 2.10은 서항부두 안벽을 지점 a(마루고 D.L+2.8m)에서 촬영한 것이다. 부두 배후(사진 2.10의 왼쪽)에는 수십 cm 높이의 나무를 심은 성토(盛土) 및 철망 펜스(Fence)가 있었지만 흉벽(胸壁) 등과 같은 방조시설(防潮施設)은 아니다. 안벽에 서 있으면 시가지 내부를 멀리까지 한눈에 볼 수 있는 상태로 시가지 지반(地盤)은 안벽으로부터 500m 범위까지 거의 평탄하며 그곳부터 앞부분은 오르막 경사로 되어 있었다. 사진 2.11에서 볼 수 있듯이 서항부두 또는 그 주변 안벽에는 노천(露天)에 쌓아둔 원목이 폭풍해일 시 발생한 월파로 인해 펜스를 쓰러뜨린 후 시가지 내 각지로 흘러 들어가 건물 등에 손상을 입혔다.

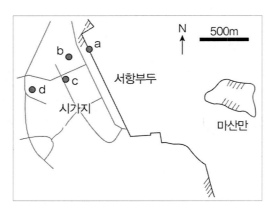

그림 2.96 서항부두 및 시가지의 지형

사진 2.10 서항부두 안벽(그림 2.96의 a)

출처: 河合 弘泰(2010), 高潮数値計算技術の高精度化と氣候変動に備える防災への適用, 港湾技術研究所報告, 港湾技術研究所, No.1210, p.20.

사진 2.11 폭풍해일로 인해 표류된 원목

사진 2.12는 안벽에서부터 약 250m 떨어진 곳에 입지한 중국음식점(그림 2.96의 지점 b)으로 창문에 붙은 포스터에는 침수 흔적(+4.3m)이 남아 있었다. 그 높이는 도로 차도의 지반으로부터 1.7m로 어른 키 정도로 침수되었다는 것을 알 수 있다. 안벽으로부터 150~350m인 평탄

지 내에는 고층아파트가 있었는데 경비원에 따르면 침수위는 지반으로부터 1.3~1.6m 높이었다고 한다. 아파트 동(棟) 사이에는 지하주차장이 설치되어 있고 그 입구는 바다 쪽 방향과 역방향(逆方向)으로 향하고 있었다. 안벽에서부터 약 400m 떨어진 평탄지 끝에 가까운 곳에는 '대동씨코아'라고 하는 오피스텔이 있었는데, 지상은 점포와 주택, 지하 1층은 레스토랑 등 상점 및 지하 2~4층이 지하주차장으로 이루어져 있었다(그림 2.96의 지점 c). 경비원에 의하면 "원목 520개가 해수와 같이 유입되면서 침수되어 자동차 140대가 피해를 입었다"고 말했다.

출처: 河合 弘泰(2010), 高潮数値計算技術の高精度化と氣候変動に備える防災への適用, 港湾技術研究所報告, 港湾技術研究所, No.1210, p.21.

사진 2.12 음식점의 침수 흔적(그림 2.96의 b)

사진 2.13(a)에는 지상 1층으로부터 지하 1층으로 내려가는 에스컬레이터로 그 옆의 유리창에 침수 흔적(+4.3m)이 확실히 남아 있었다. 사진 2.13(b)는 지하주차장으로 들어가는 경사로 벽에 있는 침수 흔적(+4.3m)이다. 콘크리트로 타설하여 만든 이 경사로는 지하 1층에 도달하기 직전, 오른쪽으로 꺾어지는 부근의 콘크리트 벽에 원목 또는 자동차 충돌로 인해 패인 커다란 구멍이 생겨 흙이 노출된 상태였다. '대동씨코아' 주변에서도 상점 벽 및 간판 등이 침수된 흔적이 많이 남아 있고 그 높이는 도로 지반으로부터 1.5~1.7m이었다. 안벽으로부터 약 700m 떨어진 '해운플라자' 빌딩(그림 2.96의 d)에서는 지하 3층 노래방에서 8명이 사망하였다. 이 건물은 지상 1층이 상점가, 지하 1층이 주차장, 지하 2층이 점포(술집) 및 지하 3층이 점포(노래방) 및 전기실(電氣室)로 구성되어 있다. 그 현관에서의 흔적은 D.L+4.25m이었다.

(a) 점포 1층의 에스컬레이터   (b) 지하주차장 입구

출처: 河合 弘泰(2010), 高潮数値計算技術の高精度化と氣候変動に備える防災への適用, 港湾技術研究所報告, 港湾技術研究所,
No.1210, p.21.

사진 2.13 대동씨코아(그림 2.96의 c)

지상으로부터 지하 1층으로는 자동차용 경사로, 계단, 엘리베이터 및 업무용 계단이 있어 해수는 주로 사진 2.14(a)에 보이듯이 경사로를 통하여 유입하였다고 볼 수 있다. '이 입구에 높이 0.6~0.7m인 철제 바리케이드(Barricade)를 설치하였지만, 대량의 해수와 원목이 밀려오는 것을 막아내지는 못하였다'라는 신문 기사도 있었다. 지하 1층에서부터 그 아래층은 주로 사진 2.14(b)에서 볼 수 있듯이 방문객용 계단으로부터 해수가 유입된 것으로 볼 수 있다. 더욱이 '해운플라자' 주변 지반은 서항부두 안벽보다 1m 이상 높았으므로 침수위는 지반으로부터 수십 cm 높이였다.

(a) 지하 1층 주차장으로 들어가는 경사로   (b) 지하 1층 비상구로 가는 입구

출처: 河合 弘泰(2010), 高潮数値計算技術の高精度化と氣候変動に備える防災への適用, 港湾技術研究所報告, 港湾技術研究所,
No.1210, p.22.

사진 2.14 해운플라자(그림 2.96의 d)

그림 2.97은 서항부두에서부터 시가지까지의 침수상황을 정리한 것이다. 침수범위는 안벽에서부터 약 700m까지 미쳤는데, 안벽으로부터 약 500m 범위에서는 침수위가 +4.1~4.4m로 검조 기록에 의한 최고수위(+4.3m)와 잘 일치하고 있다. 이 침수위는 지반으로부터 1.4~1.65m

높이(침수심[43]))로 어른 신장(身長)과 비슷하다. 또한, 안벽에서부터 500~700m 떨어진 곳에서는 침수위가 +3.9~4.2m로 약간 낮아졌다.

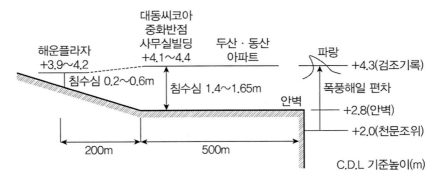

출처: 河合 弘泰(2010), 高潮数値計算技術の高精度化と氣候変動に備える防災への適用, 港湾技術研究所報告, 港湾技術研究所, No.1210, p.22.

그림 2.97 시가지의 침수 단면도

4) 태풍 '차바'

(1) 개요

2016년 10월 5일 한반도에 상륙한 제18호 태풍 '차바(CHABA)'는 태국에서 제출한 태풍 이름으로, 9월 28일 3시경 괌 동쪽 약 590km 부근 해상(12.4°N, 150.1°E)에서 제37호 열대 저압부가 발달하여 발생하였다. 이후 아열대 고기압의 남~남서쪽 가장자리를 따라 서~북서진하여 10월 3일에 오키나와 남쪽 해상까지 진출하였다. 10월 5일 0시경 아열대 고기압의 북서쪽 가장자리로 이동하면서 서귀포 남남서쪽 약 160km 부근 해상에서 전향하여 4시 50분에 성산 부근에 상륙하였다. 이후 상층 강풍대의 영향으로 전향하였고, 10월 5일 11시에는 부산에 상륙한 후 동해상으로 빠져나가면서 10월 6일 0시에 일본 센다이 북쪽에서 온대저기압으로 변화되었다(그림 2.98 참조).

태풍의 북상으로 인해 남해상을 중심으로 태풍의 영향이 예상되어 10월 4일 13시에 제주도 남쪽 먼바다에 태풍 특보 발효, 10월 4일 20시에는 제주도와 남해 먼바다, 10월 5일 2시에 서(황)해 남부 해상, 남해 앞바다, 동해 남부 먼바다, 전라도와 경상남도에 태풍 특보가 발효되었고, 10월 5일 5시에는 전라남도, 경상북도, 동해 남부 앞바다에도 특보가 확대 발효되었다.

---

43) 침수심(浸水深): 홍수·해일(폭풍해일, 지진해일) 등으로 침수될 때의 수면으로부터 지면까지의 깊이를 말한다.

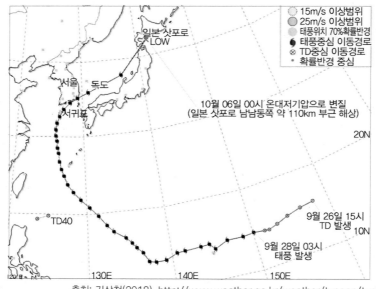

출처: 기상청(2018), http://www.weather.go.kr/weather/typoon/typhoon_06_01.jsp

그림 2.98 태풍 '차바'의 진로(2016년)

2016년은 10월 초까지도 일본 남동쪽 해상에 중심을 둔 북태평양 고기압이 강한 세력을 유지하여 태풍 '차바'는 평년의 태풍 경로(일반적으로 이 무렵 일본 남쪽해상을 향함)와 다르게 한반도 부근으로 북상하여 진행하였다. 또한, 평년보다 북쪽에 치우친 장주기 파동, 지구온난화 그리고 제17호 태풍 '메기'의 영향이 복합적으로 작용하여 태풍이 10월에 한반도로 북상하였다 (그림 2.99 참조). 따라서 태풍 '차바'는 우리나라에 영향을 준 10월 태풍 중 가장 강력한 태풍으로 기록되었다. 태풍의 영향으로 제주도 고산에서 최대순간풍속 56.5m/s, 한라산 윗세오름에서는 659.5mm의 강수가 기록되었으며, 서귀포, 포항, 울산 등의 지역에서 10월 일강수량 최댓값이 갱신되었다.

(2) 전국 피해 현황

태풍 '차바'는 우리나라에 영향을 준 10월 태풍 중 가장 강력한 태풍으로 6명의 인명피해와 2,150억 원(공공 1,859, 사유시설 291)의 재산피해를 기록했다. 태풍 '차바'로 인해 전국적으로 주택 3,500여 동 침수, 차량 2,500여 대 침수, 정전 226,945가구 피해를 입었으며, 제주와 울산 등 남부해안 지역에 집중적 피해가 발생하였다. 부산·울산 지역에 큰 피해를 입힌 태풍 '차바'는 울산 태화강 인근을 중심으로 호안 및 도로 사면 유실, 농경지, 주택 침수 등과 같은 피해를 입혔으며, 양산시의 경우 양산천 일원을 중심으로 주택 및 제방유실, 농경지 및 도로 침수 등의 피해를 보았다. 이와 같은 큰 피해 상황은 만조, 저기압, 폭풍해일의 지형적인 중첩 효과 등이 복합적으로 작용하며 해수위(海水位)가 급격히 상승하였고, 동 시점에 발생한 고파랑이 원인이 되어, 주요 해역에서의 월파피해가 극심하게 발생하였다. 특히 경남 동부 해역에 '차바' 상륙 시점에서는 만조 시기와 겹치면서 최대 1m에 달하는 폭풍해일이 발생하기도 하였다.

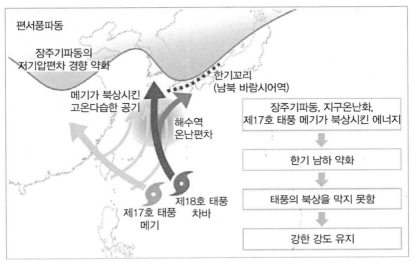

출처: 부산광역시(2017), 부산연안방재대책수립 종합보고서, p.33.

그림 2.99 태풍 '차바' 원인분석 모식도

(3) 부산지역 항만 피해

부산을 강타한 태풍 '차바'로 인해 감천항과 다대포항의 방파제가 파괴되었다. 감천항 서방파제(2013년 준공)는 685m 가운데 양쪽 끝 일부만 남기고 중간 부분 450m가 무너졌다. 다대포항 동방파제(2015년 준공)는 300m 구간 중 150m 구간이 소실됐다(사진 2.15 참조). 대상 지역에 내습한 주요 태풍의 최대파고는 태풍 '매미' 내습 시 약 9.0m로 나타났으며, 금회 태풍 '차바' 내습 시에는 이와 비슷한 9.0m의 파고가 내습한 것으로 조사되었다(표 2.17 참조). 이에 따라 태풍 내습 시 피해가 발생한 것으로 예상된다.

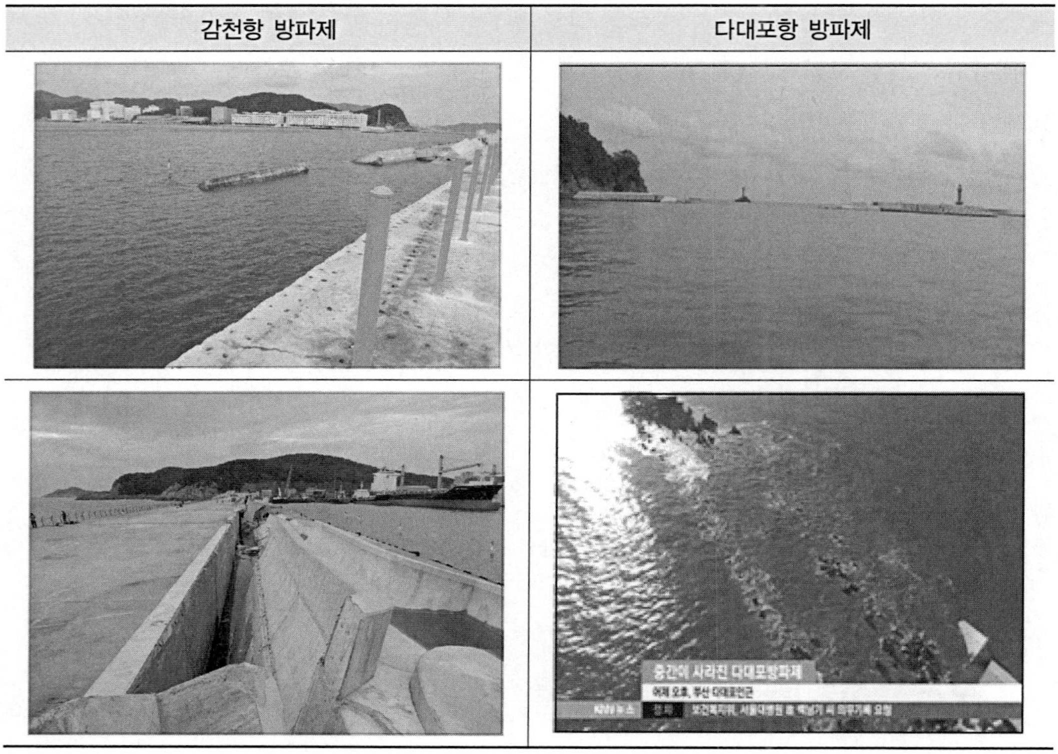

감천항 방파제	다대포항 방파제

사진 2.15 태풍 '차바' 내습 시 피해 사진(감천항, 다대포항)

표 2.17 주요 태풍 최대파고

태풍 '루사'(2002년)	태풍 '매미'(2003년)	태풍 '볼라벤'(2012년)	태풍 '차바'(2016년)
7~8m	8~9m	12m	8.5~9m

2.6.2 국외

1) 미국

(1) 2005년 허리케인 카트리나(Katrina)[23]

① 허리케인 '카트리나'의 피해 개요

2005년 8월 29일 허리케인 '카트리나(Katrina)' 중심기압이 920hPa로 맹렬한 세력을 유지하면서 미국 미시시피강 하구 부근에 상륙하였다. 그 경로는 그림 2.100에 나타내었다. 이 허리케인으로 인한 폭풍해일로 루이지애나주 뉴올리언스(New Orleans)시의 운하(運河) 제방(堤防)이 결괴(決壞)되어 시가지의 370km²(육지 지역의 약 80%)가 광범위하게 침수되었고 미국 전체의 사망자가 1,600명에 이르는 등 미국 역사상 최악의 자연재난을 입었다. 미시시피주 및 앨라배마주의 멕시코 연안에서도 폭풍해일로 침수 또는 고파랑이 밀어 올라와 해안선의 집들은 기초만을 남긴 채 파괴되었고, 해안에 계류(繫留)된 바지(Barge)도 육상까지 올라왔었다.

출처: 구글 지도(2017), https://www.google.co.kr/maps/@30.3516727, -91.0515259, 8.2z

그림 2.100 허리케인 '카트리나' 경로

② 허리케인 '카트리나'의 세력

허리케인 '카트리나'의 중심기압은 멕시코만에서 902hPa까지 저하되었는데 이 기록은 그 시점에서 허리케인 '길버트(Gilbert)' 등 다음으로 역대 4위, 카트리나 후에 발생한 '리타(Rita)'와 '월마(Wilma)'를 포함하면 6위이다. 카트리나 상륙 시 중심기압은 약 920hPa로 카테고리 4(미국의 허리케인 등급 구분은 표 2.18 참조)로 분류되었지만, 이 중심기압은 1935년 '레이버 데이(Labor Day)'와 1969년 '카밀레(Camille)' 다음으로 3위를 기록하였다.

그림 2.101에는 '카트리나'와 매우 비슷한 이동 경로를 거쳤던 '베트시(Betsy)'와 '카밀레(Camille)'의 경로도 나타내었다. 뉴올리언스(New Orleans)시에서는 1965년 '베트시'의 폭풍해일 재난을 계기로 제방 축조를 시작하여 1969년 '카밀레'에서는 심한 재난에 이르지 않았지만 '카트리나'로 40년 만에 대규모 폭풍해일 재난을 입었다. 또한, 앨라배마주 및 미시시피주의 멕시코 연안에서는 역시 '카밀레' 이후 약 40년 만에 폭풍해일·고파랑 재난을 당했다.

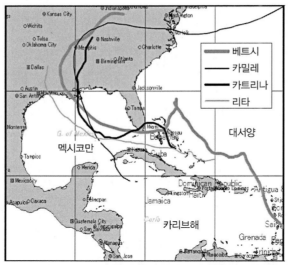

출처: 河合 弘泰(2010), 高潮数値計算技術の高精度化と氣候変動に備える防災への適用, 港湾技術研究所報告, 港湾技術研究所, No.1210, p. 23.

그림 2.101 미시시피강 하구에 상륙하였던 대표적인 허리케인

표 2.18 허리케인 등급 구분

구분	평균풍속(m/s)	파고(m)	중심기압(hPa)	내용
1등급	33~42	1.2~1.5	980~989	• 건축 구조물에 대한 피해는 없음 • 미(未) 고정된 이동식 주택이나 관목(灌木), 나무에 주로 피해 발생 • 해안침수나 부두에 사소한 피해 발생
2등급	43~49	1.8~2.4	965~979	• 지붕이나 문, 창문에 피해 발생 • 농작물이나 이동식 주택 등에 적지 않은 피해 발생 • 침수피해가 있고, 무방비로 정박된 소형 선박의 표류 가능
3등급	50~58	2.7~3.7	945~964	• 건물과 담장이 파손 발생 • 이동식 주택이 파괴 • 해안의 침수로 인해 작은 건물이 파괴되고, 큰 건물들이 표류하는 등 파편들로 인해 피해 발생 • 내륙에도 침수 발생
4등급	59~69	4.0~5.5	920~944	• 담장이 크게 피해를 입고, 지붕이 완전히 날아가기도 함 • 해안 지역에 큰 침식 발생 • 내륙 지역에서도 침수 발생
5등급	≥ 70	≥ 5.5	≤ 920	• 가옥 및 공장의 지붕이 완전히 날아감 • 건물이 완전히 붕괴 • 침수로 인해 해안 저지대에 심각한 피해 발생 • 거주지를 잃은 지역에서의 대피 필요

출처: National Hurricane Center(2017), http://www.nhc.noaa.gov/prepare/ready.php#gatherinfo

③ 멕시코만과 뉴올리언스 주변 지형

멕시코만(Gulf of Mexico) 연안의 수심 분포는 그림 2.102에 나타나 있다. 미시시피강의 하구에서부터 걸프포트(Gulf Port)에 이르는 매우 멀리까지 수심 5m 이하인 해안으로 형성되어 있고 해안선으로부터 근해 수십 km에는 이안제(離岸堤)와 같은 길고 가느다란 많은 섬이 나란하게 입지하고 있다. 뉴올리언스 시가지의 북쪽에는 폰차트레인(Lake Pontchartrain)호수, 동쪽에는 보르뉴(Borgne)호수가 있으며 이 호수들은 멕시코만과 연결된 염수호(鹽水湖)로 수심이 5m 이하로 얕다. 뉴올리언스시는 미시시피강 하구로부터 약 160km 상류에 위치하여 멕시코만과 연계된 항만도시로서 발전을 해왔었다. 인구는 약 50만 명으로 그중 약 70%가 흑인으로 유명한 재즈 도시로도 널리 알려져 있다. 뉴올리언스시 주변에 있는 제퍼슨 파리스(Jefferson Parish)군(郡) 및 샌드버나드 파리스(St. Bernard Parish)군 등을 합친 뉴올리언스 대도시권이라 하는데 그 인구는 약 130만 명에 달한다. 시가지는 미시시피강에 접하고 있고 높은 지반(地盤)으로부터 시작되어 폰차트레인호수 근처 간척(干拓)으로 형성된 저습지(低濕地)까지 펼쳐져 있다. 그 결과 그림 2.103에 나타낸 바와 같이 폰차트레인호수와 미시시피강 사이에 낀 제로미터(0m)[44] 지역에 많은 시민이 거주하고 있다.

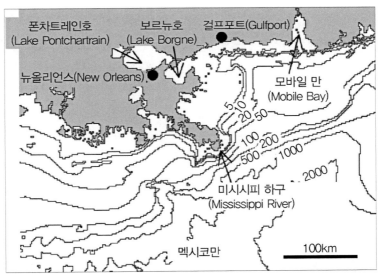

출처: 河合 弘泰(2010), 高潮数値計算技術の高精度化と氣候変動に備える防災への適用, 港湾技術研究所報告, 港湾技術研究所, No.1210, p. 23.

그림 2.102 멕시코만 연안 수심 분포(단위: m)

---

44) 제로미터 지역(Zero Meter Region): 표고가 평균해수면과 같거나(0m) 그 이하인 지역을 말한다.

출처: 河合 弘泰(2010), 高潮数値計算技術の高精度化と氣候変動に備える防災への適用, 港湾技術研究所報告, 港湾技術研究所, No.1210, p. 24.

그림 2.103 뉴올리언스 지반고(地盤高)와 제방파괴(堤防破壞) 장소

이런 지형을 '스프(Soup)접시'라고 부른다. 뉴올리언스시의 주변에는 많은 운하들이 있어 그중 17th Street Canal, Orleans Outfall Canal, Bayou St. John 및 London Av. Canal 은 폰차트레인호수와 연결되어 있다. 또한, Inner Harbor Navigation Canal은 T자형을 이루는 운하로 폰차트레인호수와 미시시피강의 거리를 단축하는 동시에 동쪽으로 보르뉴(Borgne)호수 및 멕시코만과 연결되어 있다.

④ **발생한 폭풍해일**

미국 국립해양대기국(NOAA, National Oceanic and Atmospheric Administration)에 따르면 오션 스프링스(Ocean Springs)에서는 조위편차(폭풍해일편차)가 3.5m를 넘는 조위가 관측되었는데 그 이후는 결측(缺測)되었다. 오션 스프링스 근처 걸프포트(Gulf Port)에서는 가옥의 파괴 및 침수, 바지선(Barge)의 육상으로 표류, 해안 부근 교량의 낙하(落下) 등 피해가 발생하였는데, 그 상황으로부터 판단해볼 때 이 주변에서의 조위편차(폭풍해일편차)는 3~7m에 달하는 것으로 추측할 수 있었다. 더욱이 멕시코만 연안에서의 천문조차(天文潮差)는 평소 0.5m 정도로 작아 카트리나 내습 시 조위의 현저한 상승은 거의 조위편차(폭풍해일편차)라고 볼 수 있다. 모바일(Mobile)만의 만구(湾口)로부터 100km 떨어진 외해의 부이(Buoy)식 파랑 관측에서는 최대유의파고(最大有義波高) 15.4m, 주기 14s이었다. 또한, 오션 스프링스에서 30km 떨

어진 외해에 있는 부이에서는 최대유의파고 5.6m, 주기 14s로 낮았지만, 이것은 베리어 아일 랜드[45])에 의한 차폐 또는 지형성 쇄파 영향 때문으로 생각할 수 있다. 멕시코만 연안의 폭풍해 일 상황을 파악하기 위하여 허리케인 기압과 바람장(風場)을 Myers 기압 분포로 가정한 경험적 역학 모델을 사용하여 이것을 외력으로 입력하고 해수 흐름을 단층 선형 장파 방정식을 가정하 여 차분식(差分式)으로 계산하였다. 그림 2.104는 이렇게 구한 최대 조위편차 분포로 천문조, 지형성 쇄파에 의한 라디에이션(Radiation) 응력, 제방의 월류·결괴, 육상으로의 범람을 무시 (無視)한 간이 추산식이다. 폰차트레인호수에서는 조위편차(폭풍해일편차)가 약 2m, 보르뉴호 수는 약 5m, 미시시피강 하구 및 걸프포트 주변에서는 약 6m이었다. 즉, 폰차트레인호수 및 보르뉴호수보다도 미시시피강 및 멕시코만에 접한 해안에서는 폭풍해일이 현저(顯著)하였다. 그림 2.104는 대표 시각의 조위편차(폭풍해일편차)로, 그림 2.105(a)에 나타낸 것과 같이 카트 리나 중심이 미시시피강 하구 부근에 상륙했을 때 프랑크 마이즈군(郡) 연안에서는 해상풍 및 저기압으로 인한 폭풍해일이 현저하여 보르뉴호수에서도 뉴올리언스시(市)를 향하여 해상풍으 로 인한 폭풍해일이 발생하였다. 이때 폰차트레인호수의 서쪽 해안에서는 조위편차(폭풍해일 편차)가 크게 되었다. 또한, 그림 2.105(b)에 나타낸 바와 같이 카트리나 중심이 보르뉴 호수를 통과하기 시작할 때 폰차트레인호수의 뉴올리언스 쪽, 걸프포트 등 미시시피주의 해안에서는 해상풍으로 인한 폭풍해일이 발생하였다. 이것으로 폭풍해일이 먼저 보르뉴호수부터 내습한 후 폰차트레인호수로 향하여 갔다는 것을 알 수 있다.

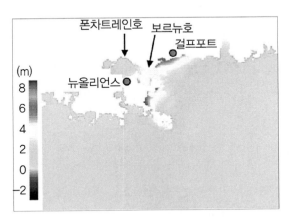

그림 2.104 최대 조위편차(폭풍해일편차) 분포

---

45) 평행사도(平行砂島, Barrier Island): 연안과 평행하게 발달된 좁고 긴 모래와 자갈의 퇴적체로서 고조(高潮) 시에 물위로 노출되는 지형을 말한다.

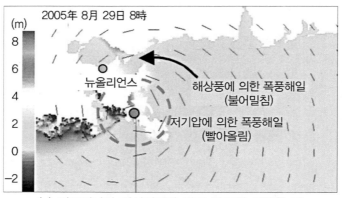

(a) 카트리나가 미시시피강 하구 부근에 상륙한 때

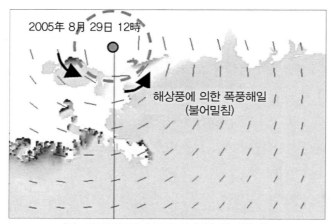

(b) 카트리나가 보르뉴호수를 통과한 후

출처: 河合 弘泰(2010), 高潮数値計算技術の高精度化と氣候変動に備える防災への適用, 港湾技術研究所報告, 港湾技術研究所, No.1210, p. 24.

그림 2.105 바람과 조위편차(폭풍해일편차)의 평면분포

⑤ 피해 원인

카트리나의 폭풍해일·고파랑에 의한 재난은 뉴올리언스시(市) 주변만이 아니라 모바일만 주변인 멕시코만에서도 일어났으므로 재난 메커니즘은 지역에 따라 크게 다르다는 것을 알 수 있었다. 이 재난의 외력은 그림 2.106에서 볼 수 있듯이 크게 폰차트레인호수의 폭풍해일과 멕시코만의 폭풍해일·고파랑, 두 가지로 나누어 생각할 수 있다.[30] 그림 2.107과 같이 뉴올리언스시 주변에서는 보르뉴호수의 폭풍해일 때문에 Inner Harbor Navigation Canal 수위가 상승하여 제방 월류 및 결괴에 이르렀다(그림 2.107의 지점 ④~⑥, 그림 2.108 참조). 더욱이

폰차트레인호수의 폭풍해일로 17th Street Canal 및 London Av. Canal 수위도 상승하여 제방 일부가 결괴(決壞)되었다(그림 2.107 중 지점 ①~③, 그림 2.108 참조). 또한, 바지선(Barge)이 제방으로 올라탄 곳도 있다(그림 2.107의 지점 ⑦ 참조). 이와 같이 2방향으로부터 온 폭풍해일 때문에 뉴올리언스 시가지(市街地)의 약 80%가 침수되었다(그림 2.108 참조). 뉴올리언스 시내 운하의 제방은 성토에 널말뚝을 박고 그 위에 철근 콘크리트판을 세운 구조로 되어 있었으나(사진 2.16 참조), 폭풍해일로 인한 침수로 운하의 제방이 결괴되었다.

출처: 河合 弘泰(2010), 高潮数値計算技術の高精度化と氣候変動に備える防災への適用, 港湾技術研究所報告, 港湾技術研究所, No.1210, p. 25.

그림 2.106 멕시코만 연안 피해 상황 정리

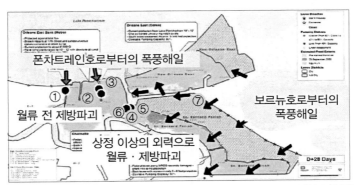

출처: 河合 弘泰(2010), 高潮数値計算技術の高精度化と氣候変動に備える防災への適用, 港湾技術研究所報告, 港湾技術研究所, No.1210, p. 25.

그림 2.107 뉴올리언스 운하와 침수 원인

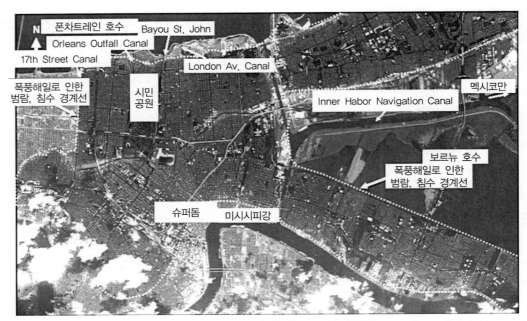

출처: Digital Globe(2005): https://www.digitalglobe.com/

그림 2.108 폭풍해일로 인한 뉴올리언스의 침수상황(2005.8.31.)

출처: 河合 弘泰(2010), 高潮数値計算技術の高精度化と氣候変動に備える防災への適用, 港湾技術研究所報告, 港湾技術研究所, No.1210, p. 26.

사진 2.16 폭풍해일로 인한 뉴올리언스 17th Street Canal의 파제지점(결괴구간)과 제방단면

(2) 2012년 허리케인 '샌디'(Sandy)[25] (3.7.1 미국 뉴욕시의 로어 맨해튼 해안 탄력성 프로 젝트 참조)

① 허리케인 '샌디'의 피해 개요

출처: https://www.livescience.com/56447-hurricane-floods-more-likely-climate-change.html

사진 2.17 허리케인 '샌디'로 인한 폭풍해일로 뉴욕시 맨해튼지역의 차량 침수

2012년 10월 29일 허리케인 '샌디'(Sandy)는 미국 동부 해안을 따라 상륙하면서 뉴욕주 및 뉴저지주 해안의 넓은 지역을 강타한 폭풍해일을 발생시켰다(사진 2.17 참조). 이 폭풍해일 결과로 뉴욕시에서는 44명의 사망자가 발생하였는데, 그들 중 81.8%가 익사자(溺死者)이었다 (뉴욕시 보건 정신 위생국, 인구통계국; Bureau of Vital Statistics, New York City Department of Health and Mental Hygiene). 또한, 폭풍해일은 사회기반시설에 광범위한 피해를 초래하였으며 특히 배전(配電) 및 급행운송체계(지하철 등)에 피해를 입혔다(그림 2.109 참조). 맨해튼에 있는 변전소는 침수로 고장이 일어났으며 로어 맨해튼(Lower Manhattan)에 통과하는 일부 지하철은 샌디의 상륙 이후 일주일 이상 폐쇄되었다(일부 역의 폐쇄는 그 이상으 로 맨해튼 남쪽 끝에 위치한 사우스 페리(South Ferry)역은 2013년 4월에야 재개장하였다). 지하철의 운행체계가 중지된 것은 처음이 아니었다. Zimmerman과 Cusker(2001)은 1999년 8월 극심한 폭풍이 지하철의 운행체계를 멈추게 했고, 1999년 9월 열대성 폭풍 플로이드 (Floyd)도 이 지역에 상당한 재산피해를 입혔다고 보고하였다. 허리케인 '샌디' 당시 지하철의 운행 중지는 틀림없이 다른 폭풍우 때보다 더 장기간인 것으로 보인다. Aerts 등(2013)은 샌디 로 인한 뉴욕시의 총 피해액은 직접 피해액 21.3억 달러($)(2.5조 원(₩), 2022년 1월 환율 기준(1달러($)≒1,200원(₩))을 포함하여 28.5억 달러($)(3.3조 원(₩), 2022년 1월 환율 기준)

라고 예상하였다. 이 피해액은 선진국의 현대적인 도시조차도 폭풍해일에 대한 도시 워터프런트의 취약성을 극명히 보여주는 사례이다.

출처 :https://microsolresources.com/tech-resources/article/flood-analysis-using-infraworks-360-part-1/

그림 2.109 허리케인 '샌디'로 인한 폭풍해일 내습 시 뉴욕시 맨해튼지역 침수 수치시뮬레이션

② 허리케인 '샌디'의 경로 및 폭풍해일고

허리케인 '샌디'는 10월 22일 카리브해에서 형성되어 북쪽으로 이동하였다. 자메이카, 쿠바 및 바하마를 강타한 후 샌디는 경로를 조금 변화시켜 대서양을 거쳐 그 경로를 북동쪽으로 방향을 틀었다. 10월 28일 샌디는 또다시 그 경로를 북서쪽 궤적(軌跡)으로 바꾸었고 결국 10월 29일 19시 30분경(동부 표준시간, UTC[46])(협정세계시)−4) 풍속 36m/s 및 최저 중심기압 945hPa을 가진 채 남부 뉴저지 해안을 따라 상륙하였다(미국 국립 허리케인 센터, National Hurricane Center, 2013).

그림 2.110은 뉴욕과 그 인근 해안에 큰 영향을 준 3개의 허리케인 경로(1938년 허리케인 '뉴잉글랜드'(New England), 2011년 허리케인 '아이린'(Irene), 2012년 허리케인 '샌디')를 나타내었다. 이 그림은 Unisys Weather(2014)의 출처로부터 나온 경로데이터를 사용하였고 허리케인 위치는 '아이린' 및 '샌디'는 3시간마다, 뉴잉글랜드 '허리케인'은 6시간마다 지도에 표시하였다. 그림 2.110에서 알 수 있듯이 샌디는 남부 뉴저지 해안에 접근할 때 서쪽으로 움직였던 반면, 다른 2개의 허리케인은 뉴욕에 접근할 때 북쪽 방향의 경로로 이동하였다. 뉴욕만

---

46) UTC(협정세계시, Universal Time Coordinated): 1972년 1월 1일부터 세계 공통으로 사용하고 있는 표준시를 말하며, 1967년 국제도량형총회가 정한 세슘원자의 진동수에 따른 초(sec)의 길이가 그 기준으로 쓰이며, UTC의 기준점이 되는 도시는 영국 런던으로 런던을 기준으로 +, −로 시간을 계산하며 우리나라는 런던을 기준으로 UTC+9시이다.

(New York Bay) 동쪽 부분은 대서양에 개방되어 있으므로 '샌디' 경로는 다른 두 허리케인보다 더 큰 폭풍해일을 발생시킬 잠재력을 가졌다.

그림 2.111은 맨해튼(Manhattan) 남쪽 끝에 있는 배터리(Battery)에서 허리케인 '샌디' 통과 시 해수면 및 기압 관측값을 나타낸 것으로 미국 국립해양대기국(NOAA) 데이터(2014)로 나온 값이다. 2012년 10월 29일 21시 24분경 배터리에서의 최대 조위편차(폭풍해일편차)(暴風海溢偏差, 해수면의 관측값과 예측값 차이)는 2.87m이었다. 그림 2.111의 상단에 나타내었듯이 폭풍해일고(조위(潮位)+조위편차(폭풍해일편차))는 만조(滿潮) 동안 최댓값에 도달하였고, 최대해수면은 평균해수면(MSL)[47]상 +3.50m에 도달하였다. Orton 등(2012)에 따르면 아이린 내습 시 배터리에서의 최대해수면은 MSL상 +2.11m이었다. 따라서 샌디 통과 시 폭풍해일과 함께 만조(滿潮)의 동시 발생은 뉴욕시에 심각한 침수 발생에 분명히 기여(寄與)하였다.

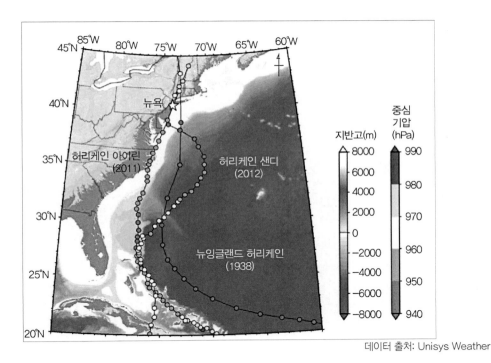

데이터 출처: Unisys Weather

그림 2.110 1938년 허리케인 '뉴잉글랜드', 2011년 허리케인 '아이린', 2012년 허리케인 '샌디' 3개의 허리케인 경로

---

47) 평균해수면(平均海水面, Mean Sea Level): 해수면은 시시각각으로 변화하고 일정하지 않고, 어떤 기간 예를 들면 1일, 1개월 및 1년 동안 해수면의 평균 높이에 해당하는 면을 1일, 1개월 및 1년 평균해수면이라고 한다. 평균해수면은 천문조(天文潮)뿐만 아니라 기상조(氣象潮)도 포함하기 때문에 한 지점의 평균해수면은 계절적으로 일정하지 않아 장기간의 관측지에서 평균한 조위이다. 그리고 우리나라의 육지 높이인 표고(標高)는 인천의 평균해수면이 기준이다.

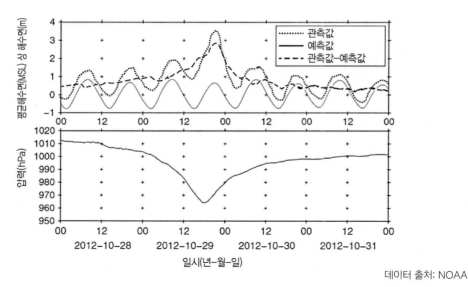

그림 2.111 뉴욕시 배터리(Battery)에서의 해수면 기록 및 압력 기록

2) 방글라데시

(1) 2007년 사이클론 '시드로'(Sidr)[26]

① 개요

인도양의 벵골만(Bay of Bengal)은 세계에서 가장 활발하게 열대 저기압[48]이 발달하는 지역 중 하나이다. 지난 200년 동안 주요한 70개 사이클론(Cyclone)이 방글라데시 해안 벨트를 내습하였다. Nicholls 등(1995)은 이 기간 발생한 열대 저기압과 관련된 사망자 중 42%가 방글라데시에서 일어났으며, 대부분의 사망자와 파괴는 이례적으로 큰 폭풍해일 때문이었다. 벵골만의 천해역(淺海域)과 함께 낮고 평탄한 해안지형 및 깔때기 모양의 해안선은 이 지역의 엄청난 인명피해와 재산손실로 이끄는 상황을 만든다. 사이클론에 대한 취약성의 원인으로 독특한 지형에다가 방글라데시 해안에 사는 거주민의 사회경제적 특징도 들 수 있다. 대다수 해안 거주민은 비교적 빈곤하고 남루(襤褸)하게 지어진 주택에서 살고 있다. 이 주택 중 대략 5%만이 강력

---

48) 열대 저기압(熱帶 低氣壓, Tropical Cyclone): 위도 5~10°에서 발생하는 저기압으로 중심기압이 976hPa 이하이며, 중심 부근에 맹렬한 폭풍권이 있으며 전선을 동반하지 않는 특징을 지닌다. 세계기상기구(WMO)는 열대 저기압을 최대풍속에 따라 다음과 같이 4등급으로 분류하고 있다. ① 등급-열대 저압부(TD, Tropical Depression): 중심 최대풍속이 17m/sec 미만, ② 등급-열대 폭풍(TS, Tropical Storm): 중심 최대풍속 17~24m/sec, ③ 등급- 강한 열대폭풍(STS, Severe Tropical Storm): 중심 최대풍속 25~32m/sec 미만, ④ 등급-태풍(Typhoon): 중심 최대풍속 32m/sec 이상. 열대 저기압의 특징은 등압선이 원형이고, 전선을 동반하지 않으며, 에너지가 주로 수증기의 숨은열이기 때문에 열대의 해양에서 발생·발달하고, 중심부에 태풍의 눈이 있고, 중심 부근에서는 특히 바람이 세다.

한 폭풍해일의 내습에 저항할 수 있다. 1970년 이후로 최대풍속 220km/hr를 상회하고 폭풍해일고 4m를 넘는 4개의 강력한 사이클론이 방글라데시를 강타했다. 표 2.19는 1960~2007년 방글라데시 내륙에 상륙한 주요 사이클론 목록을 폭풍해일고 및 사망자 수와 함께 나타낸 것이다. 그것 중 1970년 및 1991년의 사이클론이 가장 심각하였다. 가장 최근의 사이클론 중 2007년 11월에 발생한 '시드로'(Sidr)로 3,406명의 사망자와 30개 지역의 2천7백만 명에 피해를 입히고 방글라데시 국내총생산 2.8%에 해당하는 17억 달러($)(2조 원(₩), 2022년 1월 환율 기준)의 경제적 손실을 끼쳤다(사진 2.18 참조).

지구온난화는 대규모 폭풍해일 리스크를 증대시킬 가능성이 있는데, 약한 폭풍에서조차도 심한 피해를 발생시킬 수 있는 해수면 상승과 그 자체의 폭풍 강도 변화 때문이다.

표 2.19 1960~2007년 동안 방글라데시에 영향을 미친 주요 사이클론 개요

연도	상륙지역	풍속(m/s)	폭풍해일고*(m)	인명손실(명)
1960	치타공, 콕스 바자르 (Chittagong, Cox's Bazar)	52.1	6.1	5,149
1961	볼라, 노카리(Bhola, Noakhali)	43.2	3	11,468
1963	북 치타공(North of Chittagong)	56.4	3.7	11,520
1965	바리살(Barisal)	43.2	4	17,279
1965	콕스 바자르(Cox's Bazar)	56.7	3.7	873
1970	치타공(Chittagong)	60.4	10.6	500,000
1985	치타공(Chittagong)	41.5	4.3	4,264
1988	쿨나(Khulna)	43.2	4.4	6,133
1991	치타공(Chittagong)	60.7	6.1	138,882
1994	콕스 바자르(Cox's Bazar)	75.0	3.3	188
1997	시타쿤다(Sitakunda)	62.6	4.6	155
1997	시타쿤다(Sitakunda)	40.5	3	78
2002	순다르반 해안(Sunderban coast)	17.5~22.9	2.5	3
2007	쿨나~바리살 해안 (Khulna~Barisal coast)	60.2	6	3,295

*: 조위+조위편차(폭풍해일편차)

출처: 방글라데시 통계청(BBS 2009), Rowsell 등, 2013

출처: https://en.wikipedia.org/wiki/Cyclone_Sidr#/media/File:Sidr_damage.jpg

사진 2.18 2007년 사이클론 '시드로'(Sidr)로 인한 주택 피해

IPCC 4차 평가보고서(IPCC 4AR, Intergovernmental Panel on Climate Change Fourth Assessment Report, 2007)에 따르면 지구온난화 때문에 여러 대양의 해저분지[49]에 걸친 열대 저기압 활동의 주요 변화가 발생할 가능성이 있다고 보았다.

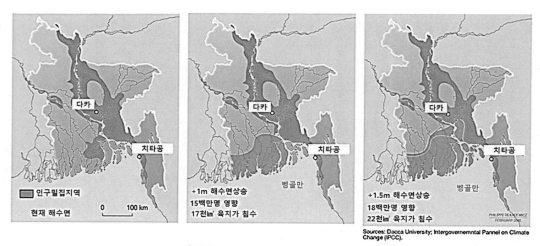

출처: Dacca University, Intergovernmental Panel on Climate Change(IPCC)

그림 2.112 기후변화로 인한 방글라데시의 해수면 상승 영향(2100년까지 0.4~1.5m)

---

49) 해저분지(海底盆地, Basin): 주변이 높은 지형으로 둘러싸인 움푹하고 낮은 해저지형으로 위에서 보면 원형, 타원형, 계
란형 등의 모양을 띠고 있고 크기도 다양하며, 일명 해분(海盆)이라고도 한다.

아라비아해와 벵골만을 포함하는 인도양은 해안선에 따라 높은 인구밀도를 가져 특히 주목하는 지역이다. 해수면 상승 경향은 전 지구적으로 다른 어느 열대지역 해양보다 인도양에서 통계적으로 뚜렷한데, 지구온난화에 따른 열대 저기압 경향이 북태평양 또는 북대서양과 같은 다른 대양(大洋)보다 앞서서 인도양에서 나타날 가능성이 크다(그림 2.112 참조).

② 사이클론 '시드로' 경로

슈퍼 사이클론 '시드로'(Sidr)는 1876~2007년 사이 방글라데시를 내습한 가장 강력한 10개 사이클론 중 하나였다. 사이클론 '시드로'는 2007년 11월 9일 니코바르 제도(Nicobar Islands) 인근 약한 저준위(低準位) 순환을 가진 채 안다만제도(Andaman Islands) 남동쪽 근처에서 처음 관측되었다. 열대 저기압으로 형성될 징후를 보인 채 11월 11일에 안다만 제도 근처에 도착하였는데, 그때는 안다만(Andaman)제도 남쪽의 근거리(近距離)에 있었다. 11월 13일 저기압은 사이클론급 바람의 중심부를 가진 사이클론 폭풍으로 변화하였다. 11월 15일 아침 사이클론은 최대풍속 59m/s로 증대하였다. 11월 15일 저녁 18시 30분경에 방글라데시 연안의 섬들을 강타하고, 간조50) 시간인 21시경(15시 UTC)에 바리살(Barisal) 해안(내륙 상륙지점: 듀블라챠섬 (Dublar Char Island)) 근처 히론(Hiron) 지점을 강력한 사이클론(사피어−심슨 허리케인 4등급 (SSHS, Saffir−Simpson Hurricane Scale)과 동급(同級)) 강도를 가진 채 내륙을 통과하였다. 육지에 상륙하기 전 최저 중심기압은 944hPa이었다(인도 기상부(IMD) 관측에 따르면). 기압과 강풍 결과 파투아칼리(Patuakhali), 바르구나(Barguna) 및 자로카티(Jhalokathi) 지역의 연안도시는 5m 넘는 폭풍해일고 내습을 받았다. 내륙에 상륙한 후 시드로는 급격히 약해져 다음 날 소멸하기 시작했다(그림 2.113 참조). 그림 2.114는 사이클론 '시드로' 경로 근처 사우스칼하리(Southkhali)(그림 2.113 중 별표)에서 관측한 최고수위 및 수치시뮬레이션한 파랑, 폭풍해일, 조석과 총수위(總水位)를 비교한 그림이다.

---

50) 간조(干潮, LW(Low Water)): 만조(滿潮, High Water)에 대비되는 용어로서, 조석현상에 의해 해수면이 가장 낮아진 상태를 말하며, 저조(低潮)라고도 하며, 과학적으로 말하면, 낙조(Ebb Tide)에서 해수면이 가장 낮아진 상태이다. 간조는 주기적인 조석력(Tidal Force)에 의해 생기며, 기상 및 해양의 상태에 따라서도 영향을 받는다. 우리나라에서 간조는 보통 하루에 2회 있으나 해수면의 높이는 다르며, 간조에서 다음 간조까지의 시간간격은 평균 12시간 25분으로서 매일 약 50분씩 늦어진다.

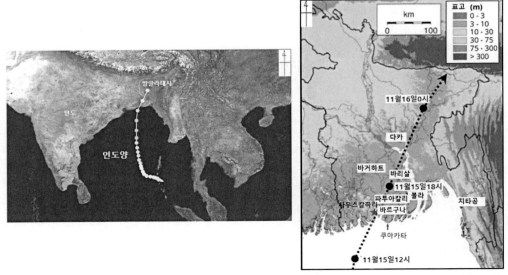

출처: 위키토피아, https://en.wikipedia.org/wiki/Cyclone_Sidr

그림 2.113 사이클론 '시드로' 경로

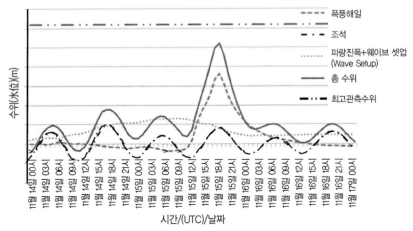

출처: Khandker Masuma Tasnim, Miguel Esteban, Tomoya Shibayama, Observations and Numerical Simulation of Storm Surge due to Cyclone Sidr 2007 in Bangladesh

그림 2.114 사우스칼하리(그림 2.113 중 별표)에서 관측한 최고수위 및 수치 시뮬레이션한 파랑, 폭풍해일, 조석과 총수위

3) 미얀마

(1) 2008년 사이클론 '나르기스'(Nagris)[27]

① 개요

출처: (좌) https://asiasociety.org/policy/yangon-post-war-city-cyclone-nargis-aftermath
　　　(우) https://www.theguardian.com/world/cyclonenargis

사진 2.19 사이클론 '나르기스' 피해를 입은 양곤(Yangon)시(왼쪽), 이라와디강(Irrawaddy River)의 남부델타(오른쪽)(2008.5.)

나르기스(Nargis)가 상륙하기 전 미얀마는 방글라데시 및 인도와 같은 인근 국가와 비교하여 볼 때, 20세기 후반 동안 사이클론으로 인한 피해가 비교적 적었다. 사실상 지난 60년 동안 단지 11개의 심각한 열대 저기압이 미얀마를 강타하였고 그중 2개는 아이야와디 삼각주(Ayeyarwady Delta)에 상륙하였다. 또한, 이 지역은 2004년에도 인도양 지진해일의 영향을 받았지만, 사망자는 주변 국가에 비교하여 비교적 적었던 반면(71명), 미얀마 역사상 가장 최악의 자연재난인 사이클론 '나르기스'의 사망자 수는 138,000명을 넘었다. 역사적으로 벵골(Bengal)만 주변 지역에서는 열대 저기압에 의한 폭풍해일이 심각한 침수(浸水)·범람(氾濫)을 일으킨 몇 가지 사례가 있었다. 1970년 '볼라'(Bhola), 1991년 '고르키'(Gorky) 및 2007년 '시드로'(Sidr)와 같은 사이클론은, 대부분 경우 벵골만의 중심부에서 발생한 기후 시스템이 북쪽으로 이동하여 방글라데시의 저지대 해안 지역을 상륙하였는데, 이때 폭풍해일과 침수를 동반하는 등 광범위한 지역을 범람시킨다. 위의 경우와는 달리 2008년 4월 말 발생한 사이클론 '나르기스'는 동쪽으로 이동 후 2008년 5월 2일 미얀마에 상륙하여 약 1천만 달러($)(120억 원(₩), 2022년 1월 환율 기준)에 달하는 경제적 손실 및 많은 사상자를 발생시켰는데, 미얀마 역사상 가장 처참한 사이클론이었다(사진 2.19 참조).

표 2.20 1960~2010년 동안 미얀마를 내습한 주요 사이클론 개요

사이클론 이름	발생일	사망·실종자 수(명)	이재민 수(명)
사이클론 196510	1965년 10월 23일	100	500,000
사이클론 196702	1967년 5월 16일	100	130,200
사이클론 196712	1965년 10월 23일	178	–
사이클론 196801	1968년 5월 10일	1,070	90,000
사이클론 197503	1975년 5월 7일		
사이클론 198201	1982년 5월 4일		
사이클론 199201	1992년 5월 19일		
사이클론 199402	1994년 5월 2일		
사이클론 '마라'	2006년 4월 19일	22	
사이클론 '나르기스'	2008년 5월 12일	138,000	≥2,000,000

출처: Khandker Masuma Tasnim, Miguel Esteban, Tomoya Shibayama, Hiroshi Takagi, Storm Surge Due to 2008 Cyclone Nargis in Myanmar and Post-cyclone Preparedness Activities

② 사이클론 '나르기스' 경로

사이클론 '나르기스'는 벵골만 중심부에서 열대 저기압(TD, Tropical Depression)으로 시작하였는데, 2008년 4월 27일에는 열대폭풍(TS, Tropical Storm)으로 확인되었다. 원래 이 폭풍은 인도 방향인 북서쪽으로 향하였으나 빠르게 강화되어 24시간 내에 심각한 사이클론 폭풍우로 상향조정되었다. 그러나 4월 29일 수직 윈드시어[51] 상승으로 12UTC(협정세계시, Universal Time Coordinated)일 때 폭풍우 시스템이 정지되어 이틀 동안 거의 정지 상태를 유지했다. 그 당시 나르기스는 조금 약화(弱化)되어 인도 아대륙[52]으로부터 떨어지면서 동쪽으로 움직이기 시작하였다. 나르기스가 새로운 방향(벵골만 북서쪽→동쪽)으로 움직이자 다시 강화되어 태풍 눈은 2008년 5월 1일 04UTC경 뚜렷하였다. 나르기스는 남부 미얀마에 다다를 때인 5월 2일 06~12UTC경 사피어-심슨 허리케인 등급(SSHS, Saffir-Simpson Hurricane Scale, 표 2.18 참조) 중 등급 4인 태풍으로서 최대강도에 도달하였다(그림 2.115 참조).

---

51) 윈드시어(Wind Shear): 갑작스럽게 바람의 방향이나 세기가 바뀌는 현상을 말한다.
52) 인도 아대륙(印度 亞大陸, Indian Subcontinent): 다른 말로는 인도반도(印度半島)라 부르며 현재 남아시아에서 인도, 파키스탄, 방글라데시, 네팔, 부탄, 스리랑카 등의 나라가 위치한 지역으로서, 지리적으로 북동쪽은 히말라야산맥, 서쪽은 아라비아해, 동쪽은 벵골만으로 둘러싸여 있다.

Storm Track of Cyclone Nargis

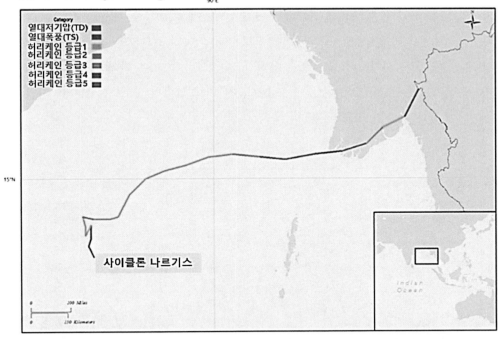

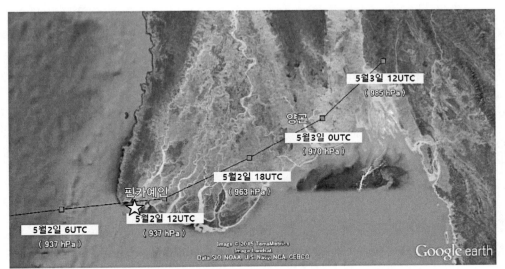

출처: Map Data Google Earth, Image ⓒ 2015 Terra Metrics, Image Landsat, Data SIO, NOAA, U.S. Navy, NGA, GEBCO

그림 2.115 사이클론 '나르기스' 경로(상단은 광역(인도양), 하단은 상세역(미얀마))

미국 합동태풍경보센터(JTWC, Joint Typhoon Warning Center)가 예측한 최소 중심기압은 937hPa이고, 인도양의 지역특별기상센터(RSMC, Regional Specialized Meteorological

Center)에서 예측한 최소 중심기압은 962hPa이었다. RSMC 관측에 따르면 피크 풍속은 47m/s였다. 나르기스가 동쪽으로 이동하여 미얀마 해안에 도달하자, 대규모 피해를 입힌 6m가 넘는 폭풍해일을 발생시켰고, 호우와 강풍으로 인해 더욱더 강화되어 대규모 피해를 발생시킴에 따라 상륙 후 24시간이나 그 강도를 유지하였다. 그림 2.116은 사이클론 '나르기스' 경로 중 핀카예인(Pyinkayaing)(그림 2.115 별표)에서 관측한 최고수위 및 수치 시뮬레이션한 파랑, 폭풍해일, 조석과 총수위 비교한 그림이다.

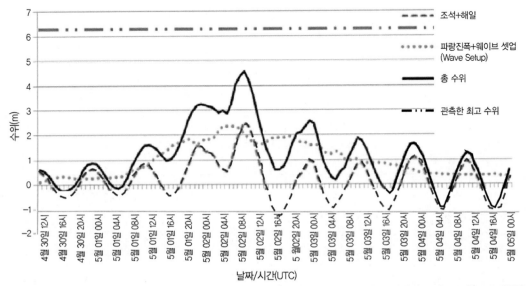

출처: Khandker Masuma Tasnim, Miguel Esteban, Tomoya Shibayama, Hiroshi Takagi, Storm Surge Due to 2008 Cyclone Nargis in Myanmar and Post-cyclone Preparedness Activities

그림 2.116 미얀마 핀카예인(그림 2.115 하단 그림 중 별표)에서 관측한 최고수위 및 수치 시뮬레이션한 파랑, 폭풍해일, 조석과 총수위

4) 필리핀

(1) 태풍 '하이옌(Haiyan)'에 의한 필리핀 연안의 폭풍해일 피해[28]

① 개요

태풍 30호인 '하이옌'은 2013년 11월 4일 오전 9시 미크로네시아 연방(Federated States of Micronesia)의 트룩제도(Truk Islands) 근해에서 발생했고 11월 8일 오전 필리핀 중부에 상륙하여 폭풍과 폭풍해일(高潮) 재난을 발생시켰다. 그다음 날인 9일 오전 레이테(Leyte)섬, 세부(Cebu)섬, 파나이(Panay)섬을 횡단한 후 남지나해로 빠져나간 뒤 11일 베트남 북부에 상륙

하여 중국에도 피해를 끼쳤다(그림 2.117, 그림 2.118 참조). 중심기압은 895hPa(11월 8일)로 순간풍속 65m/s 및 최대순간풍속 90m/s이었고, 미군합동태풍경보센터(JTWC: Joint Typhoon Warning Center)가 관측한 최대순간풍속은 105m/s이었다.

'하이엔'은 카테고리 5등급 슈퍼태풍(표 2.18 참조)으로 전 세계에서 발생한 모든 열대 저기압(태풍, 허리케인, 사이클론) 중 상륙 당시 최대순간풍속 1위의 기록을 세웠다.

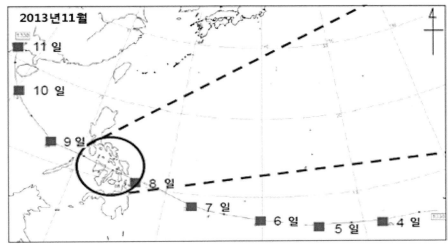

출처: 日本 氣象庁 HP(2018), 氣象庁台風位置表2013年台風第30号

그림 2.117 태풍 '하이엔' 경로도(2013년)

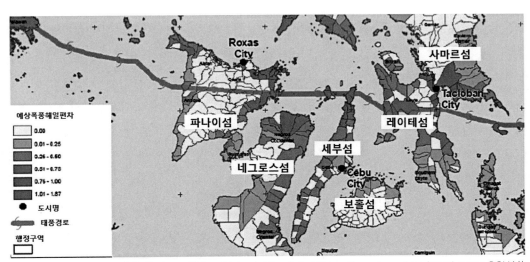

출처: Typhoon Haiyan(Yolanda) Predicted Storm Surge based on Actual storm OCHA他

그림 2.118 태풍의 진로와 예상 조위편차(폭풍해일편차)와의 관계

② 피해 개요

태풍 '하이옌'이 발생한 필리핀 인근 서태평양 해역은 수온이 29~31℃ 정도로 높은 편이기 때문에 태풍의 세력이 커질 수 있는 조건을 가지고 있었다. 이로 인하여 필리핀에서 8,000명 이상의 사망자·행방불명자가 발생하였으며 경제적 손실이 1조 원(₩)에 달하는 것으로 나타났다(표 2.21 참조). 피해 규모가 커진 이유는 태풍의 강대화로 폭풍해일이 발생하여 침수피해가 컸기 때문으로 분석되었다.

표 2.21 태풍 '하이옌'으로 인한 피해

사망자	6,201명
행방불명자	1,785명
대피자	약 410만 명
피해자	약 1,608만 명
가옥파괴	약 114만 동(棟)
경제피해액	약 964억 엔(약 1조 원(₩))

출처: NDRRMC(2014.1.14.), Stitep N0.92re Effects of TY YOLANDA

③ 태풍 '하이옌'에 따른 필리핀 중부에서의 피해 상황과 피해원인

태풍 '하이옌'으로 가장 심각한 피해를 본 곳은 샌페드로만(San Pedro Bay) 주변으로 폭풍과 폭풍해일로 인한 피해(사진 2.20 참조)가 대부분으로 폭풍해일고는 연안지역에서 5~6m에 달하였고 지진해일과 같은 단파(段波)모양을 가지고 연안지역을 내습하였다. 피해가 가중된 또 다른 이유는 현지어와 타갈로그어[53]에 폭풍해일을 나타내는 단어가 없어 주민들이 텔레비전 등에서 사용된 폭풍해일(高潮, Storm Surge)의 의미를 정확하게 전달받지 못하는 바람에 대피하지 않아 사망자가 많이 발생하였다. 표 2.12 및 그림 2.119는 샌페드로만 주변의 피해 구간, 침수심과 피해 개요를 나타낸 것이다.

---

53) 타갈로그어(Wikang Tagalog): 필리핀 인구의 1/4이 제1 언어로 말하는 언어로 필리핀에서 영어와 더불어 공식어로 사용하고 있다.

(a) 샌페드로만 바깥쪽: 둘레그(제한적인 피해) (b) 샌페드로만 안쪽: 타크로반(심각한 피해)

(c) 샌페드로만 입구: 마라부트(중규모 피해로부터 (d) 샌페드로만 안쪽: 산안토니오(매우 심각한 피해)
 심각한 피해를 당함)

출처: 일본 日本 国土交通省 HP(2018), http://www.mlit.go.jp/river/shinngikai_blog/shaseishin/kasenbunkakai/
 shouiinkai/ r-jigyouhyouka/dai04kai/siryou6.pdf#search=%27%E5%8F%B0%E9%A2%A8+haiyan%27

사진 2.20 샌페드로만 주변 피해 구간별 사진(그림 2.119와 연계)

표 2.22 샌페드로만 주변 피해 구간, 침수심 및 피해 개요

구분	구간	침수심(m)	피해 개요
그림 2.119(1)	레이테섬 샌페드로만의 바깥쪽	1~1.5	제한적(취락지가 평탄한 평지에 위치함)
그림 2.119(2)	레이테섬 샌페드로만의 안쪽	5~6	인구·재산(財産動産)의 집중이 큰 곳으로 막대한 피해를 입었음
그림 2.119(3)	사마르섬 샌페드로만의 안쪽	1~2.5	해안의 남쪽을 향하고 있는 범위는 피해가 큼(작은 취락지가 해안의 산기슭에 흩어져 있음)
그림 2.119(4)	사마르섬 샌페드로만의 만 안쪽	5~8	취락지 피해가 매우 큼(작은 취락지가 해안의 산기슭에 흩어져 있음)

출처: 일본 日本 国土交通省 HP(2018), http://www.mlit.go.jp/river/shinngikai_blog/shaseishin/kasenbunkakai/
 shouiinkai/ r-jigyouhyouka/dai04kai/siryou6.pdf#search=%27%E5%8F%B0%E9%A2%A8+haiyan%27

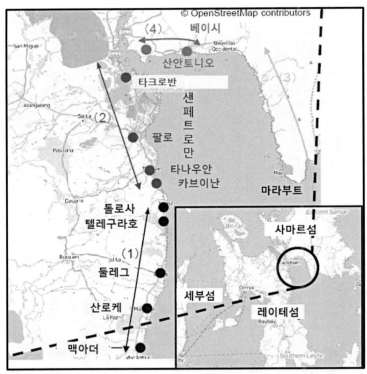

출처: 일본 日本 国土交通省 HP(2018), http://www.mlit.go.jp/river/shinngikai_blog/shaseishin/kasenbunkakai/
shouiinkai/ r-jigyouhyouka/dai04kai/siryou6.pdf#search=%27%E5%8F%B0%E9%A2%A8+haiyan%27

그림 2.119 태풍 '하이엔'으로 인한 샌페드로만 주변 피해 구간

가. 태풍의 북쪽에 집중된 피해

　태풍에 따른 폭풍해일(高潮)은 그림 2.2에 나타낸 것처럼 ① 저기압에 의한 수면 상승효과(그림 2.2의 A) 및 ② 해상풍에 의한 수면 상승효과(그림 2.2의 B)에 따라 해수면이 상승한다. 즉, 태풍 중심 부근에서는 '저기압에 의한 수면 상승'에 따라 해수면이 상승하고 바람이 강한 해역에서는 '해상풍에 의한 수면 상승효과'로 해수면 상승이 추가된다. 태풍 '하이엔'에서는 태풍이 거의 서쪽으로 지나갔으므로, 진행 방향을 향해서 오른쪽인 북쪽 지역에서는 태풍의 주위를 반시계(反時計) 방향으로 부는 바람과 태풍의 진행 시 부는 바람이 서로 합쳐지면서 증강되어 최대순간풍속이 초속 90m에 달하는 강풍이 발생하였다(그림 2.120 참조). 따라서 태풍의 북쪽에 피해가 집중되어 만(湾) 안쪽 얕은 해역에 위치하였던 타크로반에서 특히 피해가 컸다. 또한, 사마르섬 동해안에서도 높은 수위가 기록되었는데, 고파랑 영향 및 서프 비트(Surf Beat) 영향 때문이라고 여겨진다. 수심이 얕은 해역에서의 '해상풍에 의한 해수면 상승효과'는

바람이 불어가는 쪽을 향해서 급격히 커진다.

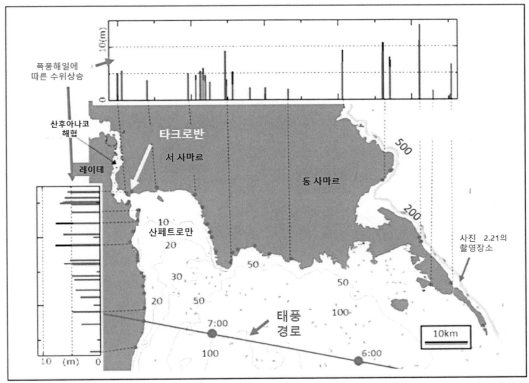

출처: NHK そなえる防災 HP(2018), http://www.nhk.or.jp/sonae/column/20140409.html

그림 2.120 태풍 '하이엔'의 폭풍해일·고파랑 흔적수위의 분포

레이테만은 수심이 수십 m 정도의 낮은 해역이 70km 이상에 걸쳐서 넓게 펼쳐져 있는 동시에 만(灣) 안쪽의 타크로반이 위치한 샌페드로만에서는 만 안쪽을 향해서 더욱 수심이 점점 얕아지고 있다(그림 2.120 참조). 타크로반 주변에서 관측된 해수면 위 7~8m 정도의 수위 흔적은 이러한 '해상풍에 의한 해수면 상승효과'에 따른 수위 상승과 수십 cm 정도의 '저기압에 의한 해수면 상승효과'가 포함되어 발생하였다.

나. 강풍, 폭풍해일과 고파랑의 중첩

그림 2.120을 보면 사마르섬 동쪽 해안에서도 10m를 뛰어넘는 높은 수위 흔적을 볼 수 있다. 이 해안 앞바다의 수심은 깊으므로, '해상풍에 의한 해수면 상승효과' 때문에 발생한 해수면

상승은 작을 것이다. 사진 2.21은 사마르섬 동쪽 해안의 기우안(Guiuan) 근교 해안(장소는 그림 2.120에 표시)에서 촬영한 피해 상황이다. 파괴된 블록 담벼락의 육지 쪽에 있는 철근 콘크리트 골조로 만든 오두막 건물은 천장(天障) 부근인 수면 위 6m 높이까지 침수된 것으로 보인다. 또한, 강풍 작용이 가세(加勢)한 결과 주변의 야자수는 바람 부는 방향으로 넘어져 있고 오두막의 지붕도 날아가 버렸다. 이곳에는 높이 10m를 넘는 파랑이 내습한 것으로 추정되며, 급경사인 해저지형인 관계로 고파랑이 감쇠(減衰)하지 않은 채 해안으로 밀어닥쳤던 것으로 예상된다. 게다가 이곳의 바다 쪽에는 폭 700m 정도 산호초가 펼쳐져 있어 앞바다의 급경사 지형과 평탄한 산호초가 이어지는 복잡한 지형을 갖고 있다. 따라서 10m를 넘는 높은 곳까지 파랑이 밀려온 원인으로는 이런 특수한 해안지형의 영향을 받았다고 할 수 있다.

출처: NHK そなえる防災 HP(2018), http://www.nhk.or.jp/sonae/column/20140409.html

사진 2.21 태풍 '하이옌'에 의한 필리핀 사마르섬 동쪽 기우안(Guiuan) 근교 해안의 피해 상황

다. 단파(段波) 모양의 파랑내습

사마르섬 동쪽 해안을 촬영한 비디오에는 파가 쇄파되면서 밀려 들어와 해안의 수위가 급격히 2m 정도 상승하는 모습을 볼 수 있었다. 이러한 파랑을 '단파(段波)'라고 부른다. 단파는 깎아지른 듯 가파른 모양을 가지면서 파랑 전후의 수압 차이에 따라 매초 수 m의 속도로 안정되는 성질을 갖고 있다(그림 2.121(a) 참조). 이러한 단파는 2011년 동일본 대지진해일 시 육상으로 범람한 지진해일 및 하천을 소상(遡上)한 지진해일에서 관측되었다. 또 중국 항저우의 첸탕강(錢塘江)이나 아마존강(Amazon River) 등에서도 대조(大潮) 시 만조(滿潮) 때 조석(潮汐)이

단파 모양을 하고 소상하는 것으로 알려져 있다. 그러나 태풍 때 파랑과 함께 이러한 단파가 발생하는 사례는 관측 사례가 적고 단파를 발생시키는 기구(機構)에 대해서는 불분명한 부분이 많이 남아 있지만, 서프 비트(Surf Beat)의 발생이 한 원인이라는 설이 있다. 고파랑이 내습할 때 연안지역에서는 서프 비트라고 불리는 해수면 변동이 발달하는 수가 많아 10초(sec) 정도로 오르내리는 파랑의 수위 변화에 더해서 몇 분 정도 주기로 천천히 변화하는 수위 변동이 겹쳐진다(그림 2.121(b) 참조). 그러므로 이러한 장주기의 변동이 산호초와 같은 얕은 연안지역에서 증폭되어 단파가 형성되었다고 볼 수 있다.

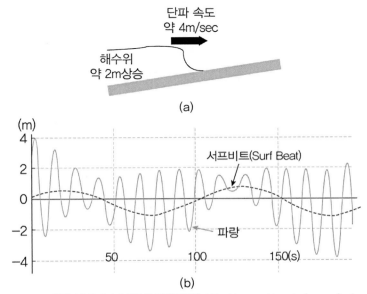

출처: NHK そなえる防災 HP(2018), http://www.nhk.or.jp/sonae/column/20140409.html

그림 2.121 단파 및 서프 비트[54] 개념도

5) 일본

(1) 2018년 태풍 '제비(Jebi)'에 의한 일본 오사카만(大阪湾) 연안 피해[29], [30]

① 개요

2018년 8월 28일에 발생한 태풍 '제비'는 8월 30일 기압이 915hPa까지 발달하여 54m/s

---

54) 서프 비트(Surf Beat): 연안지역에서 볼 수 있는 주기가 2~3분 정도의 수위변동으로 높은 파고를 가진 파랑의 쇄파가 계속될 때 일시적으로 쇄파대(碎波帶) 부근의 수위가 상승하거나 낮은 파고를 가진 파랑이 계속될 때 수위가 하강하는 현상을 말한다.

이상의 빠른 풍속을 가진 태풍으로 성장했다. 태풍 '제비'는 태풍 '제2무로토[55]'(1961년)와 비슷한 경로를 가진 채 9월 4일 도쿠시마현(德島県)에 950hPa로 상륙, 그 후 아와지섬(淡路島), 고베(神戸)를 통과한 후 혼슈(本州) 상륙 시에도 950hPa인 세력이 강한 태풍으로 이는 1993년 이후 25년 만에 일본 열도에 내습한 최강세력을 가진 태풍이었다. 이로 인해 17조 4천억 원의 막대한 경제적 손실과 4명 사망, 부상자 980명의 인명 손실이 있었다. 태풍 '제비'는 상륙 시의 이동속도도 빨라 일본 긴키[56]를 중심으로 넓은 범위로 강풍 및 연안 피해를 가져왔다. 특히 오사카만에서는 오사카와 고베의 검조소에서 최고조위(最高潮位) 3.29m 및 2.33m를 각각 기록하고 오사카만에 사상 최대 규모의 폭풍해일을 일으켜 간사이 공항(関西空港)을 비롯한 여러 곳에서 폭풍과 침수피해를 발생시켰다. 특히 대부분 시설이 매립지에 입지하고 있는 항만 지역에서는 침수로 인한 컨테이너 표류, 하역장비의 전력손실 등 큰 피해를 발생시켜 경제적인 손실도 매우 컸다. 이 폭풍해일은 오사카시(大阪市) 서부의 시가지가 광범위하게 침수시켜 26만 명의 이재민을 낸 1961년 태풍 '제2무로토(第二室戸)'에 의한 폭풍해일 이후 설정한 오사카만의 재난 방재수준에 육박(肉薄)하는 큰 것이었다. 다행히 태풍 '제2무로토' 이후 반세기에 걸쳐 정비해왔던 방조제나 수문 등이 효율적으로 작동하여 시가지 침수는 거의 발생하지 않았다.

한편, 이번 폭풍해일로 고도 경제성장 이후 급격하게 개발이 진행된 제외지(방조제의 바다쪽 지역)에 입지(立地)한 항만구조물(시설)이나 기업이 큰 피해를 보았음과 동시에 매립지 내의 주택이나 도시 시설 등에도 위험이 미쳤다.

② 태풍 '제비'와 역사적인 주요 태풍과의 중심기압 비교

태풍 '제비'는 1959년의 태풍 '이세만(伊勢湾)'과 매우 비슷하게 발달하였지만, 북위 20° 이북에서 과거 3개의 태풍과 비교하면 빠른 단계에서 세력을 약화하기 시작했다(그림 2.122 참조). 북위 33°에서 각 태풍의 중심기압을 비교하면 태풍 '무로토' 911hPa, 태풍 '이세만' 927hPa, 태풍 '제2무로토' 924hPa 및 태풍 '제비'는 947hPa로 나타났다. 이처럼 중심기압 측면에서 역사적인 태풍과 비교하면, 이번 태풍 '제비'는 기존의 재난을 초래한 태풍보다 약간 약하다.

---

55) 제2무로토 태풍(第 2 室戸 台風): 1961년 9월 16일에 일본 무로토사키(室戸岬)에 상륙해 오사카만에 폭풍해일 등을 발생시켜 큰 피해를 가져온 태풍으로 1934년 무로토 태풍의 경로와 거의 비슷해 이런 이름이 붙었다. 최저기압은 890hPa, 최대풍속은 75m/s이었고, 사망자 194명, 행방불명자 8명 및 부상자 4,972명이 발생하였다.

56) 긴키(近畿): 일본 혼슈(本州) 중앙부를 차지하는 지방. 미에현(三重県), 시가현(滋賀県), 교토부(京都府), 효고현(兵庫県), 오사카부(大阪府), 나라현(奈良県), 와카야마현(和歌山県) 등 2부(府) 5현(県)을 포함한다.

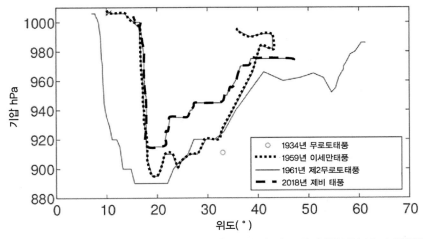

출처: 土木学会(2018), 台風21号Jebiによる沿岸災害調査報告

그림 2.122 태풍 '제비'와 역사적인 태풍과의 중심기압 비교

그러나 오사카만을 통과했을 때의 중심기압은 947hPa로 1951년 이후 이 정도 이상의 세력을 가진 태풍은 2개밖에 해당하지 않는다. 이 때문에 태풍 '제비'는 매우 강한 태풍이었다. 태풍 '제비' 내습 시 폭풍해일 및 고파랑으로 인하여 도시지역의 침수, 하천을 거슬러 올라간 해수로 인한 범람, 제외지 등의 항만구조물(시설) 피해, 컨테이너 등의 표류물에 의한 피해가 현저했다. 또한, 연안지역 피해는 오사카만 안쪽을 중심으로 도쿠시마(德島)에서 와카야마(和歌山)까지 광범위하게 일어났다.

③ 폭풍해일과 고파랑

태풍 '제비'는 2018년 9월 4일 12시경에 무로토곶(室戸岬) 부근을 통과 후 도쿠시마현(德島県) 남부에 상륙, 세력을 유지한 채 점차 진행 속도를 빨라진 채 아와지섬(淡路島)을 통과, 14시경에 고베시(神戸市) 부근에 이르렀다. 이것은 과거에 오사카만에 큰 폭풍해일을 초래한 3개 태풍('무로토', '제인(Jane)', '제2무로토')과 거의 같은 경로이었다(그림 2.123 참조). 오사카만 통과 시의 중심기압은 대략 955hPa, 최대풍속은 45m/s 정도였다. 중심기압은 1961년의 태풍 '제2무로토'보다도 높았지만, 진행 속도가 70~80km/hr로 매우 빨랐기 때문에 각지에서 매우 강한 바람이 불어 폭풍에 의한 주택 등의 피해가 컸다. 그리고 일본 전국 53개 지점에서 풍속에 대한 관측 사상 최고값을 갱신하여 간사이 국제공항에서도 46.5m/s 관측되었으며, 최대 순간 풍속은 전국 100개 지점에서 관측 사상 최고값을 갱신하여 간사이 국제공항에서는 58.1m/s이었다. 그러나 장소에 따라서는 70m/s 정도까지 도달했을 가능성도 제기되고 있다.

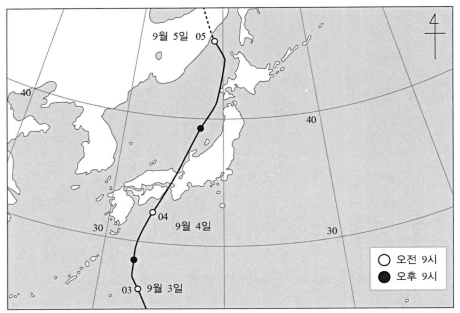

출처: 山本·渡邉·那須·川元·坂本·岩谷, 2018年 台風21号(Jebi)により大阪湾沿岸で発生した強風·高潮災害の特徴

그림 2.123 태풍 '제비'의 경로(2018년)

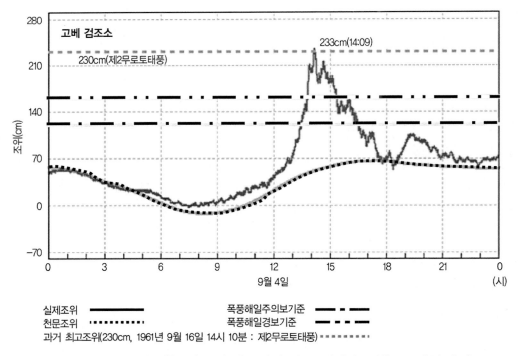

그림 2.124 2018년 9월 4일 고베 및 오사카 검조소에서의 조위(T.P. 기준) 추이

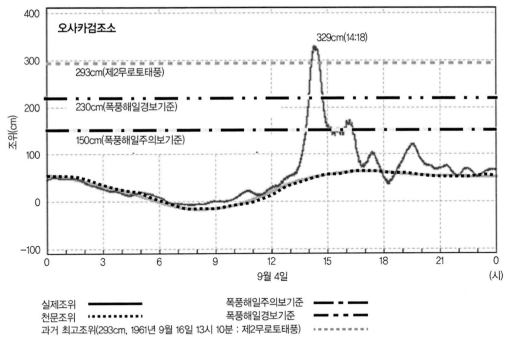

출처: 山本·渡邊·那須·川元·坂本·岩谷, 2018年 台風21号(Jebi)により大阪湾沿岸で発生した強風·高潮災害の特徴

그림 2.124 2018년 9월 4일 고베 및 오사카 검조소에서의 조위(T.P.[57] 기준) 추이(계속)

태풍 '제비'는 진행 속도가 빨라 조위 상승은 단시간에 급격한 것이었다. 그림 2.124는 고베 및 오사카항 검조소에서 기록한 조위의 변화를 나타내었는데, 폭풍해일 초기 단계에서 급격한 조위 상승이 보이는 점, 조위가 피크(Peak)값을 나타낸 후에 해수면 진동을 볼 수 있는 점이 특징이다. 그림 2.125는 오사카만 연안 각지의 최대 조위편차(회색), 관측최고조위(직사각형 내 숫자)와 당시의 천문조위(빗금 친 숫자)를 그림으로 나타낸 것이다. 그림 중에는 기왕(旣往) 최고조위(빗금 친 동그라미)도 함께 나타냈다. 조위는 오사카만 안쪽으로 갈수록 크고, 효고현 (兵庫県) 아마가사키(尼崎) 검조소에서는 최대 조위편차(폭풍해일편차) 3m를 기록하고 있다. 오사카만 재난방재수준의 예상 폭풍해일고(조위+조위편차(폭풍해일편차))가 3m 정도이므로 그야말로 최대 예상 수준인 높은 폭풍해일이었음을 알 수 있다. 태풍의 바람이 강하게 불었으므로 파고도 매우 높아 고베에서 최댓값(유의파고 $H_{1/3}$=4.72m)을 기록하였다. 태풍 '제비'에 따른 오사카만 내 제외지 재난의 원인은 폭풍해일의 조위상승에 의한 월류와 함께 고파랑의 월파로 인한 침수의 영향이 컸기 때문이다.

---

57) T.P.(東京湾平均海面, Tokyo Peil): 도쿄만 평균해수면으로 일본의 표고(標高)의 기준이 되는 해수면(海水面)의 높이이다.

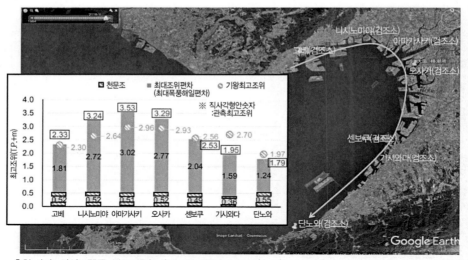

출처: 山本·渡邉·那須·川元·坂本·岩谷, 2018年台風21号(Jebi)により大阪湾沿岸で発生した強風·高潮災害の特徴

그림 2.125 오사카만 검조소에서의 최대 조위편차(폭풍해일편차), 천문조 및 기왕최고조위

④ 폭풍해일에 따른 피해 상황과 그 원인

침수피해는 주로 폭풍해일과 고파랑에 의한 것이 많았지만, 매립지의 지반침하로 건설 준공 당시보다 원지반고(原地盤高)가 낮아졌던 곳의 침수심이 커져 피해를 가중(加重)시켰다. 또한, 침수나 강풍(強風)으로 공(空) 컨테이너 해상유출과 작업선·대선(台船) 등 선박의 표류가 발생하였다. 이로 인한 선박 통항(通航) 장애나 해안·항만구조물의 손괴(損壞)를 초래하여 항만기능의 복구를 방해하는 큰 요인이 되었다. 또 침수로 인해 일부 컨테이너 터미널의 하역 장비와 전원 설비의 기능 상실이나 화재 등의 피해도 일어났다(그림 2.126 참조).

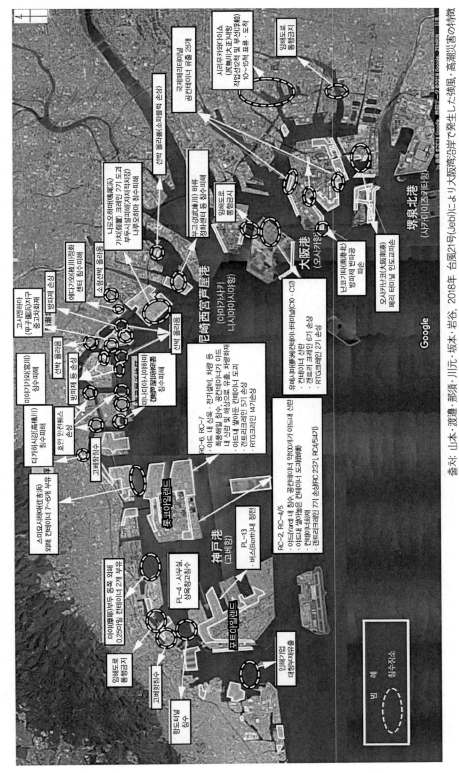

출처: 山本・渡邉・那須・川元・坂本・岩佐, 2018年 台風21号(Jebi)により大阪湾沿岸で発生した強風・高潮災害の特徴

그림 2.126 태풍 '제비'에 따른 폭풍해일, 고파랑 및 강풍으로 인한 침수, 붕괴, 표류 피해 등의 발생 현황

가. 항만 피해

고베항의 조위관측에서 관측 최고조위는 233cm를 기록하였고, 현지조사 시 측정된 수위는 롯코(六甲) 아일랜드(Rokko Island)의 서쪽에서 290~317cm, 동쪽 310~357cm로 동쪽이 더 높았다. 롯코 아일랜드 동쪽의 침수심은 약 2m에 도달해 폭풍해일과 파랑으로 막대한 피해를 보았다(그림 2.127 참조).

컨테이너 터미널에서는 많은 컨테이너가 표류한 것 외에 하역 장비의 전원 설비가 침수하여 갠트리 크레인(Gantry Crane) 등의 하역작업이 중지되었다. 폭풍해일로 인한 월류(越流)로 고베항의 컨테이너 표류와 컨테이너 화재(사진 2.22 상단), 오사카항의 컨테이너와 트랜스퍼 크레인의 도괴(倒壞) 등(사진 2.22 하단)을 발생시켰다.

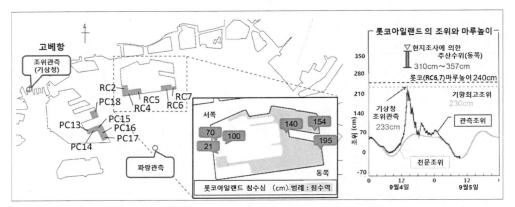

출처: 山本·渡邉·那須·川元·坂本·岩谷, 2018年台風21号(Jebi)により大阪湾沿岸で発生した強風·高潮災害の特徴

그림 2.127 태풍 '제비' 내습 시 고베항 롯코아일랜드(Rokko Island) 침수심, 조위 및 마루고

출처: 山本・渡邉・那須・川元・坂本・岩谷, 2018年台風21号(Jebi)により大阪湾沿岸で発生した強風・高潮災害の特徴.

사진 2.22 태풍 '제비'로 인한 컨테이너 터미널의 피해 상황

자동차 피해는 폭풍해일로 휩쓸린 것 외에 월파(越波)로 포개져 피해를 확대시켰다. 롯코 아일랜드 서쪽은 동쪽과 비교하면 침수심은 작았지만, 침수심은 약 1~1.5m 정도였고, 컨테이너 터미널은 전원시설이 폭풍해일로 침수되어 갠트리 크레인 등의 장비가 가동할 수 없는 상태가 되었다.

나. 표류물(漂流物)

출처: https://mainichi.jp/articles/20180905/ddn/001/040/003000c

사진 2.23 태풍 '제비' 내습 시 간사이 국제공항 연육교(連陸橋)와 충돌한 표류된 유조선

　폭풍해일로 대형 선박, 컨테이너, 자동차 등이 표류하였는데, 특히 표류된 유조선이 간사이 국제공항 연육교(連陸橋) 충돌하여 만 안쪽에서의 각종 피해를 증폭시킨 것이 태풍 '제비'의 상징적인 피해 중 하나였다(사진 2.23 참조).

　표류물 피해를 이해하기 위해서는 표류물 피해의 특성을 알아야 하는데, 주로 대형 선박에 의한 피해, 요트 마리나의 피해, 컨테이너·차량 등의 육상 산란 피해, 그리고 연안부의 표류물 표착(漂着)에 의한 피해 등 4가지로 분류할 수 있다. 대형 선박에 의한 피해는 간사이 국제공항 연육교와의 충돌 등 대규모 피해 요인으로 볼 수 있다. 전체적인 피해는 만 안쪽에서 많이 발생 했는데, 폭풍해일이 내습한 북동쪽을 향해 대형 선박이 이동하였기 때문이다. 이와 같은 피해 는 오사카만 전체의 교통 네트워크를 혼란에 빠지게 하는 등 결과적으로 큰 경제적 손실을 초래하였다. 요트 마리나에서는 잔교(棧橋)가 휩쓸려 나간 것은 물론 요트가 잔교와 함께 유실 되는 피해가 발생하였다. 위와 같은 상황에서 육상 및 해상에서 발생한 다양한 쓰레기가 만(灣) 전체의 연안부에 표착(漂着)하였다. 조사 결과 쓰레기는 만 전체에 산재(散在)되어 있었으나 컨테이너 등과 같은 어느 정도 큰 물체는 만 안쪽에 집중되어 있어 폭풍해일 흐름의 영향을 받았다는 것을 알 수 있었다. 한편 유목(流木)에 대해서는 오사카만의 서쪽에 많이 표착되어 있었는데, 이는 태풍이 지날 때 동풍(東風) 강하여 파랑의 영향이 큰 장소에 유목이 흘러 들어갔 기 때문이다.

다. 아시야시(芦屋市)의 미나미아시야하마(南芦屋浜)지구(시오아시야(潮芦屋))에서의 폭풍해일 재난

효고현(兵庫県) 아시야시의 임해부에 위치한 미나미아시야하마 지구(속칭 '시오아시야')는 효고현 기업청에서 1997년 1월에 총면적 125.6ha의 매립사업을 준공시킨 후 요우코우정(陽光町)의 지진재난 부흥 공영주택(시영(市営) 400동, 현영(県営) 414동)과 현공사(県公社)의 분양주택을 비롯해 카이요우정(海洋町), 미나미하마정(南浜町), 스즈카제정(涼風町)에서도 순차적·계획적으로 주택용지를 분양(分讓)해 왔다(효고현 기업청 분양추진과, 2016)(사진 2.24, 사진 2.25 참조).

출처: 山本·渡邉·那須·川元·坂本·岩谷, 2018年台風21号(Jebi)により大阪湾沿岸で発生した強風·高潮災害の特徴.

사진 2.24 '시오아시야'의 항공 사진(2016년 2월 8일 촬영)(효교현 기업청 분양추진과, 2016)

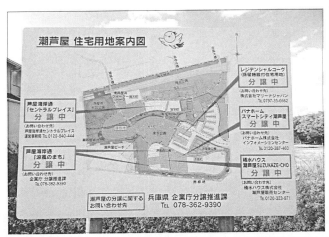

출처: 山本·渡邉·那須·川元·坂本·岩谷, 2018年台風21号(Jebi)により大阪湾沿岸で発生した強風·高潮災害の特徴.

사진 2.25 '시오아시야' 주택용지 안내도(2018년 10월 25일 촬영, 아시야시(芦屋市) 미나미하마정(南浜町)

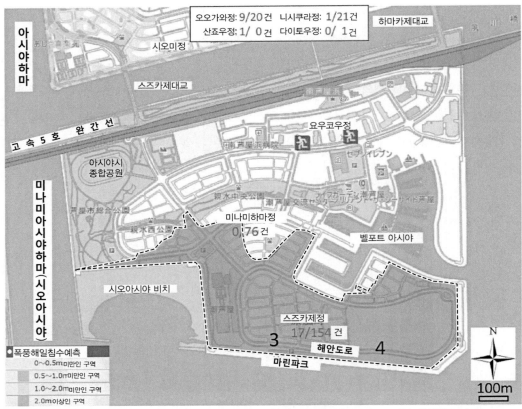

출처: 山本·渡邉·那須·川元·坂本·岩谷, 2018年台風21号(Jebi)により大阪湾沿岸で発生した強風·高潮災害の特徴.
※ 파선 내는 침수 범위. 숫자 중 왼쪽은 마루 위 침수된 주택 동수, 오른쪽은 마루 아래 침수된 주택 동수(효교현(兵庫県), 2018

그림 2.128 미나미아시야하마(南芦屋浜)와 아시야하마(芦屋浜) 남쪽 일부의 폭풍해일 해저드맵(Hazard Map)

    미나미아시야하마 지구에서도 태풍 '제비'에 의해 폭풍해일과 고파랑으로 피해가 발생하였으며, 그림 2.128에는 아시야시(芦屋市)가 2017년 작성한 미나미아시야하마와 아시야하마(남쪽 일부)의 '폭풍해일 해저드 맵(Hazard Map)'(효고현, 2018)에 침수범위를 파선으로 나타내었다. 그리고 스즈카제정과 미나미하마정의 북쪽 아시야하마 지구의 마루 위 침수 및 마루 아래 침수된 주택 동수(棟數)를 나타낸다. '폭풍해일 해저드 맵[58]'에서는 미나미아시야하마 지구의 폭풍해일 침수를 예상하지 못했으며, 수로를 사이에 둔 북쪽 아시야하마의 시오미정(潮見町)에서 해안 및 하천변에 0.5~1.0m 미만, 내륙에서 0~0.5m 미만의 침수예상(浸水豫想)밖에 없다. 아시야시 전체로 볼 때 마루 위 침수가 28건, 마루 아래 침수가 272건이 있었으며, 스즈카제정

---

58) 해저드 맵(Hazard Map): 지진·화산분화·태풍 등 각종 자연재난 일어날 경우를 예상하여 대피요령, 대피장소 및 대피경로 등을 나타낸 지도이다.

은 마루 위 17건/ 마루 아래 154건, 미나미하마정은 마루 위 0건/ 마루 아래 76건으로 전자(前者)인 스즈카제정에서는 전역이 파선 내로 침수피해를 보았다. 마린파크의 호안으로부터 북쪽으로 하나의 도로(道路)(해안도로)만큼 떨어진 스즈카제정의 단독주택에 사는 주민의 증언에 따르면 침수가 시작된 것은 니시노미야(西宮)와 아마가사키(尼崎)의 최고조위를 관측한 2018년 9월 4일 14시가 지난 후로 호안 마루고 약 5.2m를 월류하여 해수가 단번에 부지(敷地) 내로 흘러들어왔다고 한다. 사진 2.26과 같이 해안도로에 접한 주택의 펜스가 바다 쪽에서 밀려 들어온 바닷물로 인해 부지 내(육지 쪽)로 기울어져 있음을 알 수 있다. 해수가 내습한 지 5분 내에 수위(水位)는 갑자기 늘어나 수십 cm 높이까지 올라왔으므로 '마치 지진해일과 같았다. 이대로 집이 떠내려 갈 것 같아 죽음의 공포가 머리를 스쳤다'라고 이 지역의 주민이 말했다. 이어 '표류해 온 컨테이너가 호안과 부딪쳐 쿵, 쿵 소리를 내고 있었다. 차로 도망치려고 했지만, 차내 바닥까지 물에 잠겨 있었다. 운전석에 앉은 순간, 차에서 연기가 올라 물을 뿌려 불을 껐다. 부근 도로는 자동차 타이어의 반이 잠길 정도로 침수되어 있었다. 걸어서 대피하는 것을 포기하고 집 2층에서 하룻밤을 보냈다.'라고 증언하고 있다(아사히신문(朝日新聞), 2018). 태풍이 지난 후 개최된 주민설명회에서는 '폭풍해일이 일어나지 않았다.'는 설명을 듣고, 이에 설득 당해 주택을 매입한 주민도 많이 볼 수 있었다. 주민설명회에서 주민들은 '폭풍해일이 아닌 고파랑으로 인한 월파로 침수피해가 발생하였다.'라는 설명을 들었다고 한다. 사진 2.27에 나타내는 것처럼 태풍 '제비'의 재난 후에도 스즈카제정의 동쪽 절반인 택지(宅地)에서는 주택을 잇달아 건설하고 있다는 점에서 폭풍해일 대책사업의 추진이 매우 중요한 과제로 대두되고 있다.

출처: 山本·渡邉·那須·川元·坂本·岩谷, 2018年台風21号(Jebi)により大阪湾沿岸で発生した強風·高潮災害の特徴.

사진 2.26 침수피해를 입었던 스즈카제정(涼風町) 내 주택(2018년 10월 25일 촬영, 아시야시(芦屋市) 스즈카제정)

출처: 山本·渡邉·那須·川元·坂本·岩谷, 2018年台風21号(Jebi)により大阪湾沿岸で発生した強風·高潮災害の特徴.

사진 2.27 스즈카제정(涼風町) 내 건축 중인 주택(2018년 10월 25일 촬영, 아시야시(芦屋市) 스즈카제정)

(2) 2019년 태풍 '파사이(Faxai)' 내습 시 일본 도쿄만(東京湾)의 연안 피해[31]

① 개요

태풍 '파사이'는 2019년 9월 5일 일본 미나미토리(南鳥)섬 부근에서 발생, 9월 7일부터 9월 8일에 걸쳐 오가사와라(小笠原) 근해로부터 이즈(伊豆) 제도 부근까지 북상했다. 게다가 9월

9일 3시 전에 미우라(三浦) 반도 부근을 통과해 4시경에 요코하마시(橫浜市) 부근을 거쳐 도쿄만을 북상해, 5시 전에 강한 세력을 가진 채 지바시(千葉市) 부근에 상륙했다(그림 2.129 참조). 그 후 이바라키현(茨城県) 먼바다로 벗어나 북동진하면서 소멸하였다.

태풍의 접근 및 통과에 따라 이즈 제도와 간토(関東) 지방 남부를 중심으로 격렬한 비바람이 불었다. 특히, 지바시에서는 최대풍속 35.9m/s, 최대순간풍속 57.5m/s를 관측되는 등, 간토 지방을 중심으로 한 19개 지점에서 최대풍속 관측 사상 1위를 기록하였다. 도로·철도에 대한 피해는 없었지만, 항만 내 컨테이너 붕괴, 바람으로 인하여 나무들이 대규모로 쓰러지거나, 산사태 및 철탑 붕괴 등의 영향으로 전력 최대 공급 차질 세대수는 약 934,900가구에 달했으며, 하천에서는 하천침식, 제방파괴 및 토사 재난 등 77건이 발생하였다. 이 태풍으로 경제적 손실은 약 5,200억 원, 인명손실은 사망자 9명 및 부상자 160명이었다. 그림 2.130은 태풍 '파사이'가 2019년 9월 9일 4시경 요코하마시 부근을 지날 때의 조위 자료로 이때 중심기압 960hPa, 최대순간풍속 41.8m/s(=150km/h), 1시간 강수량 66.0mm 및 조위편차(폭풍해일편차)는 80cm 이었다.

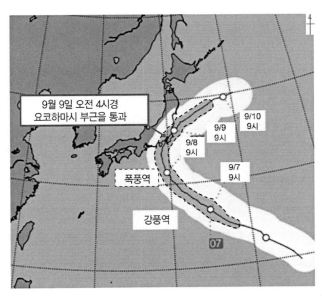

출처: お天気.com過去の台風·経路図, https://www.otenki.com/index.php?mmmsid=bbtenki&actype=page&page_id=0001_pasttyphoon

그림 2.129 태풍 '파사이'의 경로(2019년)

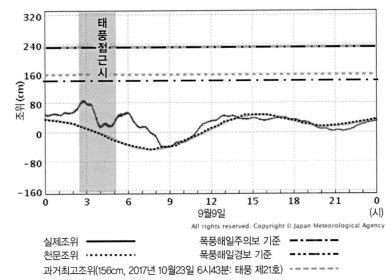

실제조위	———	폭풍해일주의보 기준	—·—·—
천문조위	··········	폭풍해일경보 기준	—··—··—
과거최고조위(156cm, 2017년 10월23일 6시43분: 태풍 제21호)	- - - - -

출처: 気象庁潮位観測情報, http://www.jma.go.jp/jp/choi/graph.html?areaCode=&pointCode=124607&index=4

그림 2.130 태풍 '파사이' 내습 시 조위 자료(요코하마 인근 해상)

② 태풍 '파사이'에 따른 폭풍해일과 파랑의 특징

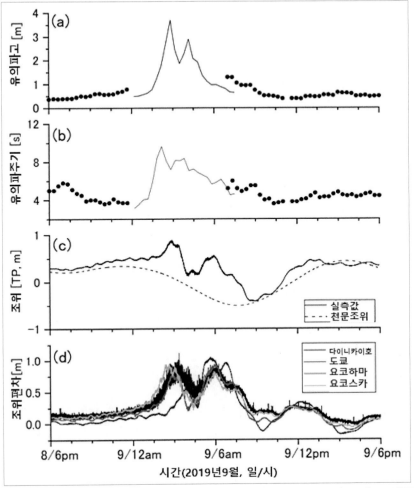

그림 2.131 도쿄만 내에서의 파랑과 조위 : (a), (b) 다이니카이호우(第二海堡)에서 관측한 파고와 주기, (c) 요코하마의 실측 조위와 천문 조위, (d) 각 지역에서의 조위편차(폭풍해일편차)(실측 조위와 천문 조위와의 차이)

    도쿄만 서쪽 연안으로부터 내습한 풍랑(風浪)을 고려하면, 태풍 내습 시에 생긴 동북동~동남 동쪽의 바람에 의해 생긴 다방향(多方向) 성분의 파랑이 도쿄만 서쪽을 내습함에 따라 특히 요코하마를 중심으로 피해가 커졌다. 태풍 통과 시, 도쿄만 중앙에 위치한 다이니카이호(第二海 堡)섬에서 관측한 파랑(유의파고, 유의파 주기)과 요코하마에서의 조위 및 각 지점에서의 조위 편차를 그림 2.131에 나타내었다. 단, 파랑에 관해서는 파랑 피크(Peak) 시 초음파식 파랑계의 자료가 결측되었으므로 수압식 파랑계 자료에서 추정한 값을 실선으로 나타내고 있다. 파고는 태풍 통과 전까지 1m 이하였지만 태풍 '파사이'의 접근과 함께 파고 3m 이상까지 발달하여 2개의 피크를 가지고 있다(그림 2.131(a) 참조). 또한, 주기는 4초(sec) 정도이었지만, 8초(sec) 이상도 있다(그림 2.131(b) 참조). 요코하마에서 관측한 조위 변화를 천문조와 함께 그림 2.131(c)에 나타내었다. 태풍은 조위가 저하될 때 내습하여 2개의 피크를 가지고 있다. 첫 번째 피크는 파랑의 피크값과 일치하지만, 두 번째 피크는 파랑의 피크값과 일치하지 않았다. 태풍 통과 시 각 지역의 조위편차(폭풍해일편차)를 보면(그림 2.131(d) 참조), 다이니카이호, 요코하마 및 요코스카(橫須賀)에서 두 개의 피크가 나타났는데, 태풍 접근 시에 약 1m의 조위편차, 게다가 약 4시간 후에는 재차 약 1m의 조위편차가 생겼다. 한편 도쿄에서는 다른 지역과는 달리 다른 조위편차의 거동을 보였는데 이것은 도쿄만 내 부진동59) 영향 때문으로 예상된다. 도쿄, 요코하마, 요코스카의 기왕 최대조위는 각각 T.P.+2.03m, T.P.+1.56m, T.P.+1.47m 로 태풍 '파사이'의 폭풍해일은 조위 저하(간조(干潮)) 시 발생하여 기왕의 최댓값에는 이르지 않았다. 따라서 태풍 '파사이' 내습 시 발생한 연안재난 피해는 폭풍해일에 의한 것이 아니라 주로 폭풍을 동반한 고파랑(高波浪)으로 발생하였다고 볼 수 있다.

③ 태풍 '파사이' 내습 시 도쿄만 서쪽 연안 피해 상황(그림 2.132 참조)

태풍 '파사이' 내습 시 생긴 동북동~동남동쪽의 바람에 의해 생긴 다방향 성분의 파랑이 도쿄만 서쪽을 내습함에 따라 특히 요코하마를 중심으로 피해가 컸다. 특히, 태풍 '파사이'는 미우라(三浦) 반도 부근을 통과하여 도쿄만을 북동진하였으므로 태풍 경로와 매우 가까운 서쪽에 있었던 요코하마시에서는 9월 9일 3시 12분에 최저 해수면 기압 969.1hPa, 최대 순간 풍속 41.8m/s가 관측되었다. 이로 인해 폭풍해일과 고파랑이 서로 중첩(重疊)되어 큰 피해가 발생하였다.

---

59) 부진동(Secondary Undulation, 副振動): 해양 분야에서의 부진동은 만(灣)의 한쪽이 외해와 연결된 경우, 만(灣) 내의 물이 기상이나 파도의 작용에 의해 일으키는 진동을 말한다. 부진동이란 만 내 혹은 항내에서 발생하는 진동으로 주기가 수십 초에서 수십 분 정도의 장주기(장주기) 수면진동이다. 만 내의 부진동이 발달하면 파고는 수십 센티미터이더라도 파장이 길기 때문에 수평방향의 물 이동이 크게 되어 선박의 계류나 하역작업에 큰 장해를 가져오게 된다.

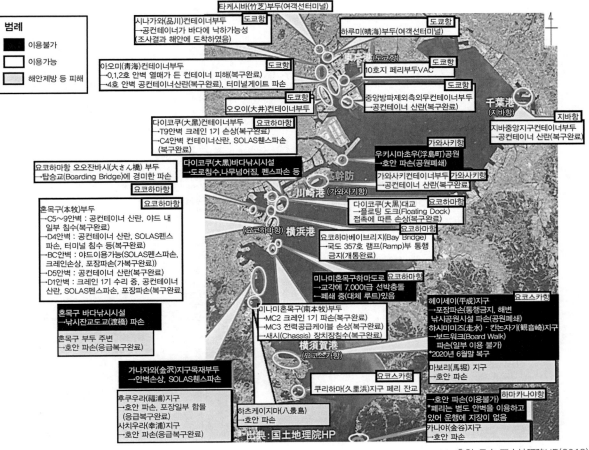

범례
■ 이용불가
□ 이용가능
▨ 해안제방 등 피해

타케시바(竹芝)부두(여객선터미널)

시나가와(品川)컨테이너부두
→공컨테이너가 바다에 낙하가능성
(조사결과 해안에 도착하였음)
도쿄항

하루미(晴海)부두(여객선터미널)
도쿄항

아오미(青海)컨테이너부두
−0,1,2호 안벽 열매가 든 컨테이너 피해(복구완료)
−4호 안벽 공컨테이너산란(복구완료), 터미널게이트 파손
도쿄항

10호지 페리부두VAC
도쿄항

오오이(大井)컨테이너부두
도쿄항

중앙방파제외측외무컨테이너부두
→공컨테이너 산란(복구완료)
도쿄항

千葉港
(지바항)

지바중앙지구컨테이너부두
→공컨테이너 산란(복구완료)
지바항

다이코쿠(大黑)컨테이너부두
−T9안벽 크레인 1기 손상(복구완료)
−C4안벽 컨테이너산란, SOLAS휀스파손
(복구완료)
요코하마항

우키시마초무(浮島町)공원
→호안 파손(공원폐쇄)
가와사키항

요코하마항 오오잔바시(大さん橋)부두
→탑승교(Boarding Bridge)에 경미한 파손
요코하마항

다이코쿠(大黑)바다낚시시설
→도로침수,나무넘어짐, 펜스파손 등

가와사키컨테이너부두
→공컨테이너 산란(복구완료)
가와사키항

혼목구(本牧)부두
−C5∼9안벽 : 공컨테이너 산란, 야드 내
일부 침수(복구완료)
−D4안벽 : 공컨테이너 산란, SOLAS펜스
파손, 터미널 침수 등(복구완료)
−BC안벽 : 야드이용가능(SOLAS펜스파손,
크레인손상, 포장파손이 가복구완료)
−D5안벽 : 공컨테이너 산란(복구완료)
−D1안벽 : 크레인 1기 수리 중, 공컨테이너
산란, SOLAS펜스파손, 포장파손(복구완료)
요코하마항

다이코쿠(大黑)대교
→플로팅 도크(Floating Dock)
접촉에 따른 손상(복구완료)
요코하마항

요코하마베이브리지(Bay Bridge)
→국도 357호 램프(Ramp)부 통행
금지(개통완료)
요코하마항

혼목구 바다낚시시설
→낚시잔교도교(渡橋) 파손

혼목구 부두 주변
−호안 파손(응급복구완료)

미나미혼목구하마도로
→교각에 7,000t급 선박충돌
→폐쇄 중(대체 루트)있음
요코하마항

미나미혼목구(南本牧)부두
−MC2 크레인 1기 파손(복구완료)
−MC3 전력공급케이블 손상(복구완료)
−섀시(Chassis) 장치장침수(복구완료)

헤이세이(平成)지구
→포장파손(통행금지, 해변
낚시공원시설 파손(공원폐쇄)
하시미미즈(走水)・칸눈자기(観音崎)지구
→보드워크(Board Walk)
파손(일부 이용 불가)
*2020년 6월말 복구
요코스카항

가나자와(金沢)지구목재부두
→안벽손상, SOLAS휀스파손

마보리(馬堀) 지구
→호안 파손

후쿠우라(福浦)지구
→호안 파손, 포장일부 함몰
(응급복구완료)
사치우라(幸浦)지구
→호안 파손(응급복구완료)

하초케이지마(八景島)
→호안 파손

쿠리하마(久里浜)지구 페리 잔교

요코스카항

→호안 파손(이용불가)
*페리는 별도 안벽을 이용하고
있어 운행에 지장이 없음
카나야(金谷)지구
→호안 파손
하마카나야항

橫須賀港
(요코스카항)

出典：国土地理院HP

출처: 日本 国土地理院HP(2019)

그림 2.132 태풍 '파사이' 내습 시 도쿄만 항만의 피해·복구상황(2019년 10월 2일 15:00시점)

가. 항만구조물(항만시설) 피해

요코하마항 혼목구(本牧) 부두 내 D1 선석(船席, Berth) 및 D4 선석은 폭풍 등으로 공컨테이너와 SOLAS 펜스가 파손되는 피해가 발생하였다(사진 2.28 참조). 특히 혼목구 부두 내 D1 선석은 하부로부터의 파력(波力)으로 인하여 잔교와 에이프런(Apron)을 접속시키는 도판(渡版)의 어긋남 피해가 발생하였다(사진 2.29 참조).

혼목구 부두에서는 1.7m 높이의 방조제와 상부에 설치된 높이 0.7m의 펜스가 무너져 부두로 해수가 밀려들어 침수피해가 발생했다(사진 2.30(a) 참조).

출처: 日本 国土交通省(2019), 令和元年台風第15号及び19号による港湾の被害状況.

사진 2.28 요코하마항 혼목구 부두의 태풍 '파사이' 피해(왼쪽: D1 선석의 공컨테이너 산란(散亂) 및 SOLAS(Safety of Life At Sea, 해상에서의 인명의 안전에 관한 국제 조약) 펜스) 파손, 오른 쪽: D4의 공컨테이너 산란)

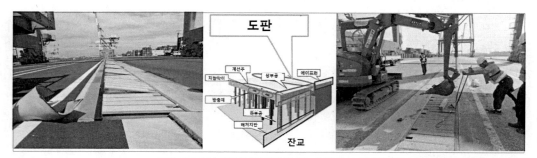

출처: 日本 国土交通省 港湾局(2019), 令和元年台風第15号及び19号による港湾の被害状況.

사진 2.29 요코하마항 혼목구 부두의 태풍 '파사이' 피해(왼쪽: D1 선석의 도판(渡版) 어긋남, 중앙: 도판 개념도, 오른 쪽: D1 선석의 도판 복구상황(2019년 9월10일))

출처: 自然災害科学J. JSNDS 39 -2 113 -136(2020), 2019年台風15号(Faxai)により東京湾沿岸で発生した強風, 高潮·高波 災害の被害調査.

사진 2.30 요코하마항 혼목구부두의 폭풍해일·고파랑 피해(왼쪽: 방조제와 펜스)파손, 오른쪽: 피해를 입은 바다 낚시 시설의 관리동 및 잔교시설)(2019년 9월10일 촬영)

또, 바다와 근접한 혼목구 바다낚시 시설에서는 2층 건물의 본관(지반고 1.5m)에 폭풍해일과 고파랑에 의해 해수가 침입하여 높이 6m인 2층 유리창 및 실내까지도 피해를 보았으며, 육지 쪽에 있었던 저지대의 관리동도 침수심 40~85cm의 침수피해를 보았다(사진 2.30(b) 참조).

나. 도로시설 피해

요코하마항 미나미혼모구하마도로(南本牧はま道路, 미나미혼모구 부두의 컨테이너 터미널과 수도 고속도로 완간선(首都高速湾岸線)을 연결하는 임항도로)에서는 강풍으로 묘박(錨泊)이 끊어진 화물선이 도로의 교각과 충돌하여 600m에 걸친 도로의 측면이 붕괴하는 피해가 발생하였다(사진 2.31 참조).

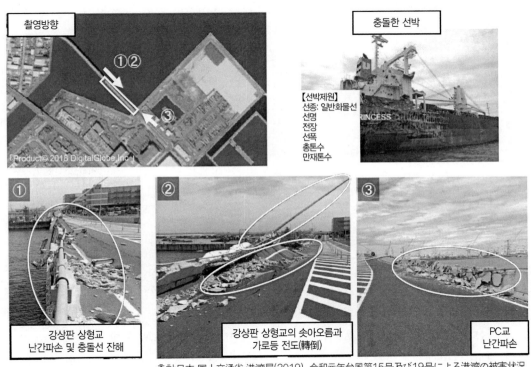

출처:日本 国土交通省 港湾局(2019), 令和元年台風第15号及び19号による港湾の被害状況.

사진 2.31 화물선과 충돌한 요코하마항 미나미혼모구하마도로(南本牧はま道路) 교량 피해

다. 연안지역 산업단지 피해

요코하마시 가나자와구(金沢区) 후쿠우라(福浦)지구의 연안지역 산업단지에서는 3.2km의 호안(마루고 4.3m) 중 1.7km(13곳 붕괴)가 피해를 보아 단지(團地) 내로 해수(海水)가 침입하여

3.92km²가 침수되었다. 이에 따라 단지 내 전체 585개 사업체 중 80%에 해당하는 471개 사업체가 건물, 설비와 차량에 대한 침수피해를 보았다.

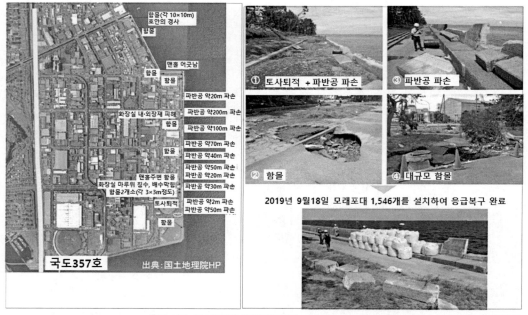

출처: 日本 国土交通省 港湾局(2019), 令和元年台風第15号及び19号による港湾の被害状況.

사진 2.32 태풍 '파사이' 내습 시 요코하마시 후쿠우라(福浦)지구 피해 상황

(3) 2019년 태풍 '하기비스(Hagibis)' 내습 시 도쿄만(東京湾)의 연안피해[31]

① 개요

2019년 10월 6일 일본 미나미토리(南鳥)섬 근해에서 발생한 태풍 '하기비스'는 10월 12일 19시 이전에 크고 강한 세력으로 이즈(伊豆)반도에 상륙했다. 그 후 간토(関東)지방을 통과해 10월 13일 12시 일본 동쪽에서 온대저기압으로 바뀌었다. 태풍 '하기비스'의 접근·통과에 따라 일본 내 넓은 범위에서 호우, 폭풍, 고파랑 및 폭풍해일이 일어났다(그림 2.133 참조). 가나가와현(神奈川県) 아시가라시모군(足柄下郡) 하코네정(群箱根町)에서는 기상관측 사상 1위인 24시간 강수량인 945.2mm를 기록하였다. 또, 요코하마시에서는 10월 중 최대 순간 풍속 43.8m/s로 지금까지의 최고값을 갱신하였으며, 많은 지점에서 기록적인 강수량과 최대 순간 풍속을 기록하였다. 이 태풍으로 경제적 손실은 약 19조 2천억 원, 인명손실은 사망·실종자 108명, 부상자 375명이었다.

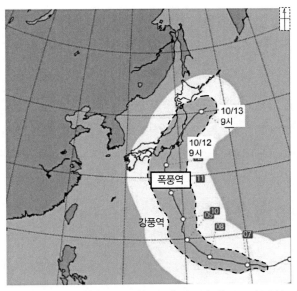

출처: お天気.com 過去の台風・経路図, https://www.otenki.com/index.php?mmmsid=bbtenki&actype=page&page_id=0001_pasttyphoon

그림 2.133 태풍 '하기비스'의 경로(2019년)

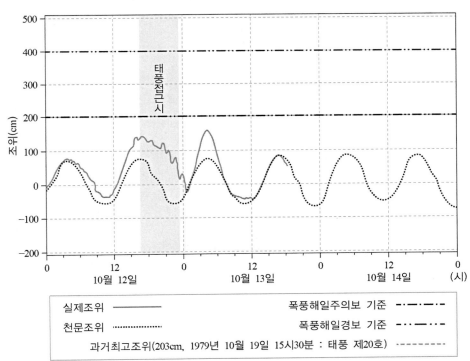

출처: 日本 気象庁潮位観測情報, http://www.jma.go.jp/jp/choi/graph.html?areaCode=&pointCode=124607&index=4

그림 2.134 태풍 '하기비스' 내습 시 조위 자료(요코하마 인근 해상)

그림 2.134는 태풍 '하기비스'가 10월 12일 21시경 요코하마시 부근을 지날 때의 조위자료로 이때 중심기압 960hPa, 최대순간풍속 43.8m/s(=158km/h)(10월12일 20시30분), 24시간 동안의 강수량은 945.2mm(하코네정(箱根町))이었다.

② 태풍 '하기비스' 내습 시 도쿄만 연안피해 상황(그림 2.135 참조)

태풍 '하기비스' 내습 시 동북동~동남동쪽의 바람으로 발생한 파랑이 도쿄만 서쪽을 내습함에 따라 주로 도쿄항, 요코하마 및 가와사키를 중심으로 피해가 있었다.

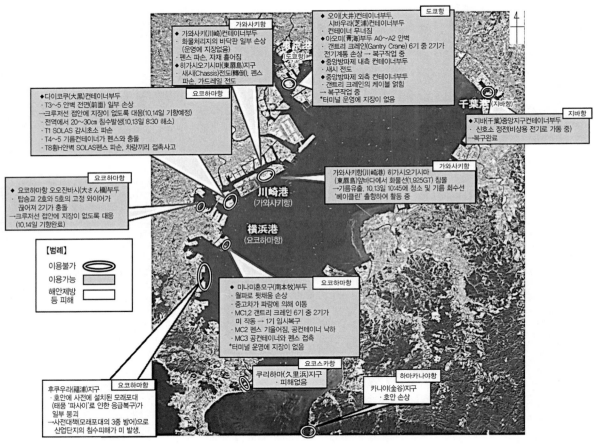

출처: 国土地理院HP(2019)

그림 2.135 태풍 '하기비스' 내습 시 도쿄만 내 항만의 피해·복구상황(2019년 10월14일 12:00 시점)

가. 항만구조물(항만시설) 피해

요코하마항 다이코쿠(大黒) 부두 내 T3~5 안벽 앞면이 일부 손상(사진 2.33 참조)되었으며 다이코쿠 부두 전역에서 20~30cm 침수가 발생(사진 2.33 참조)하였으나, 다음날인 10월 13일

8:30 해소되었다. 또한, 가와사키항 히가시오기시마(東扇島) 지구 내 잔교(棧橋)의 상판(上板)이 파랑으로 인한 양압력[60]으로 파손되었다(사진 2.34 참조).

출처: 日本 国土交通省 港湾局(2019), 令和元年台風第15号及び19号による港湾の被害状況.

사진 2.33 요코하마항 다이코쿠(大黒) 부두의 태풍 '하기비스' 피해

출처: 日本 国土交通省 港湾局(2019), 令和元年台風第15号及び19号による港湾の被害状況.

사진 2.34 가와사키항 히가시오기시마(東扇島) 지구의 태풍 '하기비스' 피해

---

60) 양압력(陽壓力, Uplift Pressure): 중력과 반대 방향으로 작용하는 연직성분의 압력을 말한다.

나. 연안지역 산업단지 피해방지

　요코하마시 가나자와구(金沢区) 후쿠우라(福浦)지구의 연안지역 산업단지는 2019년 9월 9일 태풍 '파사이' 내습 시 호안의 파손으로 침수피해를 입어 모래포대로 응급복구하였으나, 설치된 모래포대 일부가 무너져 내렸다. 이에 태풍 '하기비스' 내습 전 선제적(先制的)으로 모래포대를 3열로 배치함에 따라 태풍 '하기비스' 내습 시에는 침수피해를 방지할 수 있었다(사진 2.35 참조).

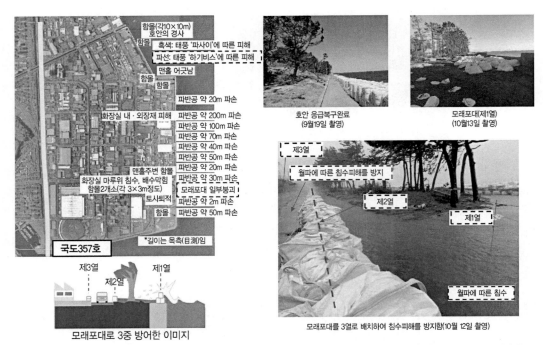

출처: 日本 国土交通省 港湾局(2019), 令和元年台風第15号及び19号による港湾の被害状況.

사진 2.35 요코하마시 후쿠우라지구 피해 상황(모래포대 설치로 침수 방지)

③ 태풍 '하기비스' 시 연안방재시설 및 해안침식 대책시설의 정비 효과

가. 도쿄만(東京湾)

　태풍 '하기비스' 내습 시 도쿄에서는 1949년의 태풍 '키티(Kitty)' 시 발생한 조위편차 1.40m에 필적(匹敵)하는 조위편차 1.38m(2.13m~0.75m)를 기록하였다(그림 2.136 참조). 1949년 태풍 '키티'로 약 14만호가 침수하였지만, 그 후 해안·하천제방, 게이트(수문)의 정비와 적절한 관리·운영을 실시함에 따라 도쿄도 중심부의 폭풍해일에 의한 침수피해를 방지하였다(그림 2.137 참조).

연안방재시설(제방, 수문 등)이 없고, 최악의 시나리오인 태풍(2017년 태풍 '란(Lan)'이 조위 T.P.+1.69m 규모의 폭풍해일이 발생한다고 예상)이 접근한다면, 침수면적 약176km², 피해인구 약 250만 명, 피해액은 약 60조 엔(¥)(630조 원(₩), 2022년 1월 환율 기준(100엔(¥)≒1,050원(₩)) 이상이 발생할 것으로 예상된다.

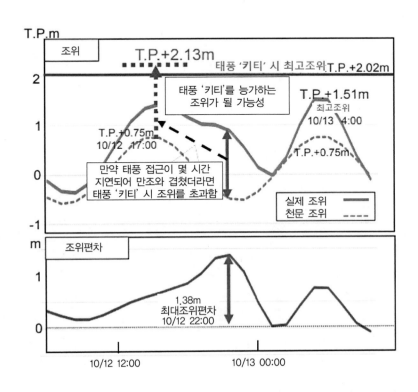

출처: 日本 国土交通省 港湾局(2019), 令和元年台風第15号及び19号による港湾の被害状況.

그림 2.136 태풍 '하기비스' 내습 시 도쿄만의 조위, 조위편차(상, 중앙) 및 수문(하)

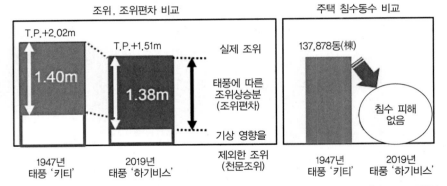

출처: 日本 国土交通省 港湾局(2019), 令和元年台風第15号及び19号による港湾の被害状況.

그림 2.137 태풍 '키티'와 '하기비스'의 조위·조위편차 및 주택침수 동수 비교

나. 수루가(駿河) 해안[32]

출처: 日本 国土交通省(2019), 台風第19号における海岸保全施設の整備効果 -駿河海岸-

그림 2.138 태풍 '하기비스' 내습 시 스루가 해안의 해안침식 대책시설 현황 및 침수예상 범위

2019년 태풍 '하기비스' 내습 시 시즈오카현(静岡県) 스루가(駿河) 해안의 파랑관측 기록상 시미즈항(清水港)에서는 최고조위 T.P.+1.63m, 스루가 해안 먼바다의 파고 8.91m를 기록하였다. 스루가 해안의 해안침식 대책시설(해안제방, 소파제, 이안제 등)을 정비한 후로 야이즈시(焼津市), 요시다정(吉田町) 및 마키노하라시(牧之原市)를 고파랑 피해로부터 방호(그러나 일부 구간의 월파나 야이즈시 등에서의 내수(內水)로 인한 침수피해는 발생하였지만,)하였다(그림 2.138, 그림 2.139 참조). 해안침식대책 시설 정비에 따라 주택 약 5,000동과 공장 약 700개의 침수피해를 막을 수 있었고, 침수피해방지 효과는 약 2,900억 엔(¥)(3조 450억 원(₩), 2022년 1월 환율 기준)으로 예상된다(그림 2.140 참조).

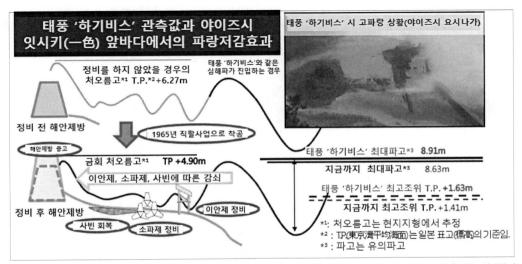

출처: 日本 国土交通省(2019), 台風第19号における海岸保全施設の整備効果 -駿河海岸-

그림 2.139 태풍 '하기비스' 내습 시 스루가 해안 해안침식 대책시설의 파랑 저감 효과

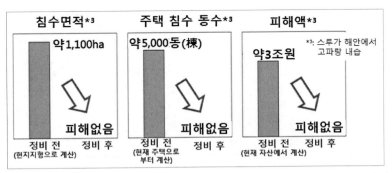

출처: 日本 国土交通省(2019), 台風第19号における海岸保全施設の整備効果 -駿河海岸-

그림 2.140 스루가 해안의 해안침식 대책시설 정비 전·후 효과

다. 하야마(葉山) 해안[33]

일본 가나가와현(神奈川) 하야마 해안에서는 2009년 태풍 '메로(Melor)'에 의한 고파랑 피해(침수가구수 약 30동 등)를 본 후 호안 개량 및 소파블록 설치 등의 대책을 실시해왔다. 따라서 2019년 태풍 '하기비스' 내습 시 2009년 태풍 '메로'를 상회하는 파고(波高)가 관측되었지만, 시설을 정비하였기 때문에 배후지를 방호할 수 있었다(그림 2.141, 사진 2.36, 그림 2.142 참조).

(a)

(b)

그림 2.141 하야마 해안의 위치(a), 사업범위(b) 및 개량단면(c)

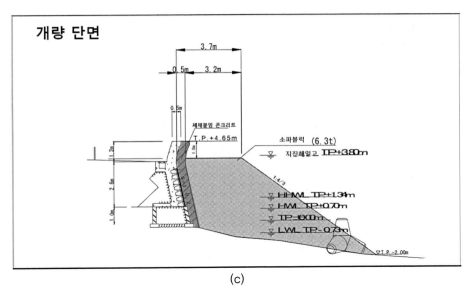

(c)

출처: 日本 国土交通省(2019), 台風第19号における海岸保全施設の整備効果 -葉山海岸-

그림 2.141 하야마 해안의 위치(상단), 사업범위(중앙) 및 개량단면(하단)(계속)

출처: 日本 国土交通省(2019), 台風第19号における海岸保全施設の整備効果 -葉山海岸-

사진 2.36 하야마 해안의 시공전·후 전경

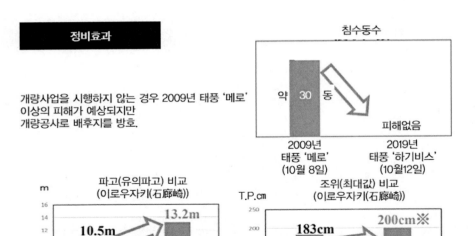

정비효과

개량사업을 시행하지 않는 경우 2009년 태풍 '메로' 이상의 피해가 예상되지만 개량공사로 배후지를 방호.

침수동수

약 30 동 → 피해없음

2009년 태풍 '메로' (10월 8일)　　2019년 태풍 '하기비스' (10월12일)

파고(유의파고) 비교 (이로우자키(石廊崎))

m

10.5m → 13.2m

2009년 태풍 '메로' (10월 8일)　　2019년 태풍 '하기비스' (10월12일)

조위(최대값) 비교 (이로우자키(石廊崎))

T.P.cm

183cm → 200cm※

2009년 태풍 '메로' (10월 8일)　　2019년 태풍 '하기비스' (10월12일)

출처: 日本 国土交通省(2019), 台風第19号における海岸保全施設の整備効果 -葉山海岸-

그림 2.142 하야마 해안의 연안방재시설 정비효과

참고문헌

1. 日本土木学会(2000), 海岸施設設計便覧, p. 71.

2. 首藤伸夫(1981), 新体系土木工学 24, 海の波の水理, 技報堂出版, p. 230.

3. 小西達男(1991), 外洋に面した港湾で生ずる高潮に対するwave set upの寄与について, 海と空, Vol.66, No.4, pp. 45~57.

4. 首藤伸夫(1981), 新体系土木工學 24, 海の波の水理, 技報堂出版, p. 230.

5. 室田 明(1964), 高潮理論, 水工学シリーズ64-07, 土木学会, p. 33.

6. 永田豊ほか(1981), 海洋物理学III, 海洋科学基礎講座, 東海大学, p. 331.

7. 土木学会(2000), 海岸施設設計便覧, pp. 10~12.

8. 日本 気象庁(2021), http://www.data.jma.go.jp/kaiyou/db/wave/comment/elmknwl.html

9. 大阪工業大学(2021), http://www.oit.ac.jp/civil/~coast/coast/Note-Deformation.pdf

10. 合田良實(2008), 耐波工学, pp. 132~133.

11. 해양수산부 국립해양조사원(2021.6.21), 보도자료.

12. 해양수산부(2019), 제3차 연안정비기본계획.

13. 日本 国土交通省(2020), -d4PDFの活用による気候変動の影響評価-潮位偏差の増大量や波浪の強大化等の影響分の定量化に向けて-

14. 高裕也·二宮順一·森信人·金洙列(2019) : d4PDFを用いた根室における爆弾低気圧に起因する高潮の将来変化, 土木学会論文集B2(海岸工学), Vol.75, No.2, pp. I_1225-I_1230.

15. 日本 文部科学省 등 (2015), 「地球温暖化対策に資するアンサンブル気候予測データベース(d4PDF)の利用手引き」.

16. 梁 靖雅·間瀬 肇·森 信人(2017), 海岸線の複雑度を考慮した高潮偏差の誤差補正とd4PDFを用いた高潮偏差の長期評価, 土木学会論文集B2(海岸工学), Vol. 73, No. 2, pp. 223~228.

17. Yang, J. A., S. Kim, N. Mori, H. Mase. (2018), Assessment of long-term impact of storm surges around the Korean Peninsula based on a large ensemble of climate projections, Coastal Engineeing, 142, pp. 1~8, doi:10.106/j.coastaleng.2018.o9.008.

18. 부산광역시(2017), 부산연안방재대책수립 종합보고서, pp. 16~17.

19. 위키백과(2017), https://ko.wikipedia.org/wiki.

20. 한겨레, 이근영의 가상천외한 기후이야기(2020), https://www.hani.co.kr/arti/science/science_general/961612.html.

21. 윤덕영·김성국(2018), 원인과 사례 및 대책중심으로 살펴본 연안재난, pp. 75~88.

22. Choi, B. H.(2004), 태풍 '매미'호에 의한 해안재난, Waves and Storm Surges around Korean Peninsula, pp. 1~34.

23. Kang, Y. K., T. Tomita, D. S. Kim and S. M. Ahn(2004), 태풍 '매미' 내습 시 남동연안에서의 해일·파랑에 의한 침수재난 특성, Waves and Storm Surges around Korean Peninsula, pp. 35~43.

24. 윤덕영·김성국(2018), 원인과 사례 및 대책중심으로 살펴본 연안재난, pp. 101~111.

25. 윤덕영·박현수(2020), 방재실무자와 공학자를 위한 연안재난 핸드북, pp. 132~135.

26. 윤덕영·박현수(2020), 방재실무자와 공학자를 위한 연안재난 핸드북, pp. 38~53.

27. 윤덕영·박현수(2020), 방재실무자와 공학자를 위한 연안재난 핸드북, pp. 61~77.

28. 윤덕영·김성국(2018), 원인과 사례 및 대책중심으로 살펴본 연안재난, pp. 122~129.

29. 山本·渡邉·那須·川元·坂本·岩谷(2019), 2018年 台風21号(Jebi)により大阪湾沿岸で発生した強風·高潮災害の特徴, 自然災害科学, J. JSNDS 38-2, pp. 169~184.

30. 公益社団法人 土木学会 海岸工学委員会 2018年台風21号Jebiによる沿岸被害調査団(2018.10), 2018年台風21号Jebiによる沿岸被害調査報告書.

31. 山本·渡邉·那須·川元·坂本·岩谷(2020), 2019年台風15号(Faxai)により東京湾沿岸で発生した強風, 高潮·高波災害の被害調査, 自然災害科学, J. JSNDS 39-2, pp. 113~136.

32. 日本 国土交通省 港湾局(2019), 令和元年台風第15号及び19号による港湾の被害状況.

33. 日本 国土交通省(2019), 令和元年台風第19号による被害 等.

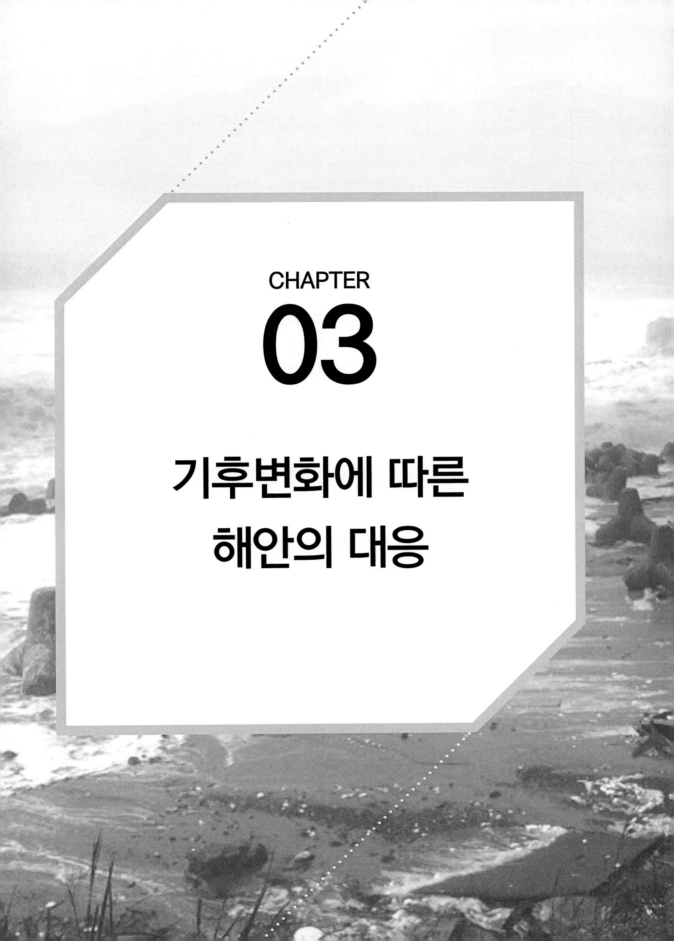

CHAPTER

03

기후변화에 따른
해안의 대응

03 기후변화에 따른 해안의 대응

3.1 기후변화에 따른 해안의 영향요인

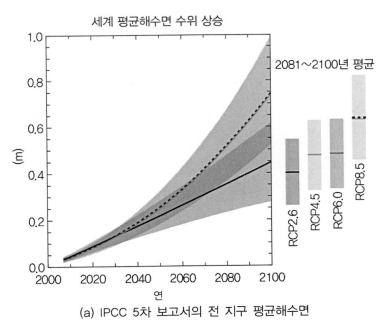

(a) IPCC 5차 보고서의 전 지구 평균해수면

그림 3.1 기후변화에 따른 전 지구 평균해수면 추정

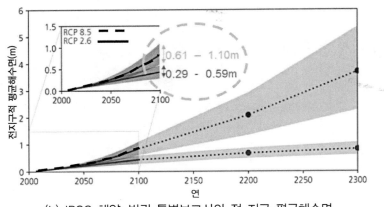

(b) IPCC 해양·빙권 특별보고서의 전 지구 평균해수면
출처: (a) IPCC 5차보고서(2013), 기후변화 종합보고서, (b)IPCC「해양·빙권특별보고서」(2019)

그림 3.1 기후변화에 따른 전 지구 평균해수면 추정(계속)

해안지역의 보전은 해안방재, 해안환경 및 해안이용의 3가지 측면이 상호조화(相互調和)를 도모하면서 추진해야 한다. 즉, '해안방재'는 폭풍해일, 지진해일 및 고파랑의 내습으로부터 국민의 생명과 재산을 지키고, 국민의 공통 자산인 해변을 침식으로부터 지키는 것이다. '해안환경의 정비와 보전'은 생태계나 역사·문화의 기반이 되는 갯벌, 사빈, 자갈 해변, 갯바위 등과 같은 다양성을 가진 공간 그 자체를 보전하는 것과 동시에 역사·문화의 무대가 된 해안경관을 보전하여 필요에 따라서 열화(劣化)되는 해안환경의 정비 및 개선을 도모하는 것이다. 또한, '해안이용'은 레크리에이션, 유통, 어장(漁場) 등과 같은 여러 이용 형태의 폭주(輻輳)나 이용형태 간 대립의 조정을 도모하여 안전하고 쾌적한 해안 이용을 증진하는 것이다. 따라서 각 해안에서 구체적으로 해안방재, 해안환경의 정비와 보전 및 해안이용을 고려하여 해안보전을 계획하는 경우에 기후변화로 인한 평균해수면, 조위편차, 파랑(파고, 주기, 파향 등), 해빈형상 및 표사 등을 검토할 필요가 있다. 2100년 전 지구(全 地球) 평균해수면(GMSL)의 추정값(1986~2005년 대비 2081~2100년)은 IPCC의 5차 보고서(2013년)에서 시나리오 RCP 2.6은 0.22~0.55m, 시나리오 RCP 8.5로는 0.45~0.82m이었으나, IPCC의 해양·빙권 특별보고서(2019년)에서는 시나리오 RCP 2.6은 0.29~0.59m, 시나리오 RCP 8.5로는 0.61~1.1m로 시간이 지날수록 상승 폭이 점점 증가하고 있다(그림 3.1 참조).

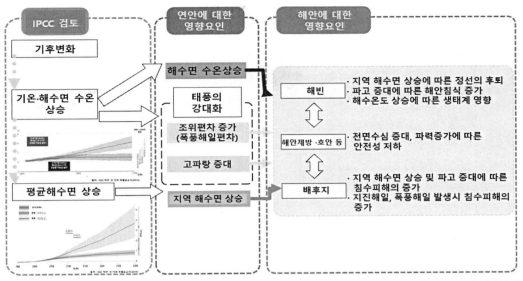

출처: 日本 国土交通省(2019), 気候変動を踏まえた海岸保全のあり方(参考資料)

그림 3.2 기후변화에 따른 해안의 영향요인

기후변화로 인한 온실효과가스 증가는 전 세계 기온 및 해수면 수온을 상승시켜 전 지구 평균해수면을 증가시킨다. 이로 인해 전 세계 해수면 수온의 상승은 지역의 해수면 수온 및 태풍의 강대화를 초래하고, 전 지구 평균해수면 상승은 지역해수면 상승을 유발하며, 태풍의 강대화는 폭풍해일 증가 및 고파랑을 발생시킨다. 결국, 이는 해안을 구성하는 해빈, 해안제방 ·호안 및 배후지에 큰 영향을 미치는데, 첫째, 해빈은 지역해수면 상승에 따른 정선의 후퇴, 파고 증대에 따른 해안침식 증가 및 해수면 수온 상승에 따른 생태계에 영향을 준다. 둘째, 해안제방·제방 등과 같은 해안구조물의 앞면 수심 증대와 파력증가에 따른 안전성 저하를 가져 온다. 셋째, 배후지에는 지역해수면 상승, 파고 증대에 따른 침수 피해의 증가, 지진해일 또는 폭풍해일 발생 시 침수 피해를 증가시킨다(그림 3.2 참조). 따라서 이 장에서는 기후변화에 따른 해안의 대응과 구조적 대책사례 등에 대하여 자세히 알아보기로 하겠다.

3.1.1 해빈에 대한 영향요인

기후변화의 영향에 따른 해수면의 상승 또는 태풍의 강대화 등으로 폭풍해일과 파랑증대의 영향이 예측되며, 이러한 영향으로 연안표사의 수지(收支) 변화나 해안표사가 변동 할 수 있어 정선 후퇴가 예상된다(그림 3.3 참조).

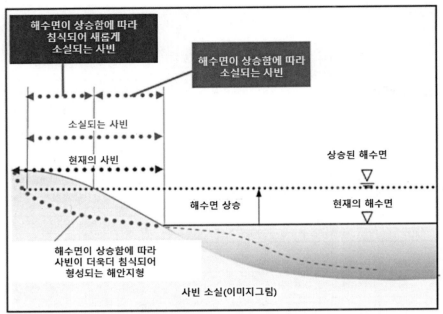

출처: 三村信南(1993), 砂濱に対する海面上昇の影響評価, 海岸工学論文集, 第40巻, p.1046~1050.

그림 3.3 해수면 상승에 따른 정선의 후퇴

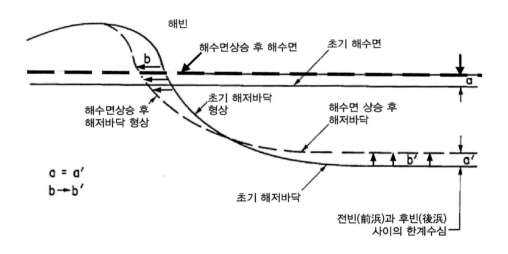

출처: Schwartz, M. L. 1967. The Bruun theory of sea-level rise as a cause of shore erosion. Jour. Geology, p.75, pp.76-92.

그림 3.4 Bruun 법칙에 따른 해수면 상승에 의한 해빈침식

해수면의 상하변동(上下變動)은 사빈에 매우 강한 침식과 퇴적변화를 초래하므로 고파랑에 노출된 사빈해안의 침식문제를 다룰 때 Bruun법칙을 적용하여야 한다.[1] 이 법칙은 파랑과

해안류로 운반되어 활발하게 유동하는 모래(후빈(後濱)의 사구(砂丘)와 전빈(前濱)으로부터 바다로의 유동부분(流動部分))의 수지(收支)가 균형을 이루고 있으면(공급과 소실이 동일), 이를 '동적평형상태'라고 볼 수 있다. 이 조건으로부터 해수면이 상승하면, 후빈의 사구에서 전빈 부분까지의 침식으로 바다로 운반된 모래가 해저의 퇴적면을 상승시킨 후 평형을 이루어 해저까지의 수심은 해수면 상승 전과 같게 될 것이다. 해빈전체의 단면도(그림 3.4 참조, Schwrtz, 1967)[2]로 보면, 해빈의 형태는 유지되면서 전체적으로 육지 쪽으로 이동한다. 결과적으로 육지 쪽 부분에서 침식되는 모래의 양이 앞바다 측에서 퇴적되어 해저를 들어 올리는 양과 같아진다. 이와 같이 해수면의 상승은 기본적으로 해안침식을 구동(驅動)하는 작용으로 거기에 반(反)해 후빈의 모래를 남기기 위해서 견고한 구조물(호안, 해안제방 등)로 육지 쪽을 방호하려고 하면, 해안의 경사면이 평형을 이루지 못하고, 호안의 바다 쪽에서는 전빈을 소실하는 결과가 될 것이다. 침식성의 사빈해안에서 정선(汀線)을 고정해 육지의 침식을 막으려고 하면 결과적으로 사빈(전빈(前濱), 조수(潮水)의 간만(干滿)으로 노출하는 부분)을 잃는 구조가 될 것이다. 또 다른 중요한 점은 해수면의 상승이 작아도 그것이 수평 방향의 변동으로 보면 커질 수 있다. 약간의 해수면 상승이라도 완만한 경사를 가지는 사빈해안에 적용시키면, 평형상태를 달성하기 위해서 다량의 사구침식을 가져와, 결과적으로 정선을 육지 쪽으로 이동시키는 거리는 커진다. Bruun의 법칙은 침식성 해안의 사빈을 보전하려는 계획을 수립하는 경우에 필수적으로 고려하여야 한다.

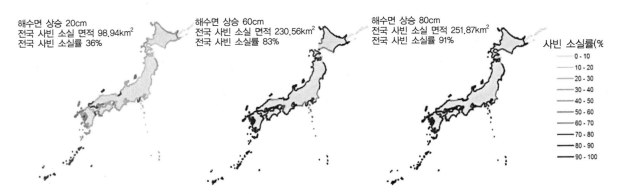

출처: 有働恵子·武田百合子(2014), 海面上昇による全国の砂浜消失将来予測における不確実性評価´第22回地球環境シンポジウム講演集.

그림 3.5 Bruun법칙(저질입경 0.3mm)에 따른 일본의 해수면 상승량 시 사빈 소실율의 장래 예측 결과

Bruun법칙에 의한 모래사장 소실률 예측 결과, 일본 해안에서는 20cm의 해수면 상승 시 일본 전체 모래사장 중 36%, 60cm의 해수면 상승으로 83%, 80cm의 해수면 상승으로 91%의 모래사장이 소실된다는 연구결과가 있다(그림 3.5 참조).[3]

출처: 노컷뉴스(2019)

사진 3.1 해수면 상승 및 고파랑으로 해안침식된 강원도 강릉시 강문해변

해안침식은 모래사장의 감소 등에 의해 양호한 해변 환경의 형성이나 해안이용을 저해할 뿐만 아니라, 월파를 증가시키거나 해안구조물의 내력을 저하시켜 배후지의 안전성을 위협한다(사진 3.1 참조).

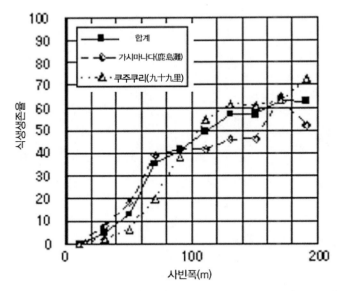

출처: 加藤史訓·鳥居謙一·橋本新(2001), 海濱植物の生息に必要な砂濱幅の検討, 海岸工学論文集Vol.48.

그림 3.6 사빈 폭과 식생 생존율과의 관계

해안구조물 앞의 해빈이 감소함에 따라 해안구조물에 작용하는 파력 및 세굴량이 증대하여 연안재난에 따른 피해 가능성이 커진다. 또한, 희귀종의 감소나 소실 가능성, 경관 악화 등과 같은 환경적인 영향과 해수욕장 감소, 관광자원으로서의 가치감소 등과 같은 이용 측면에서도 미치는 영향이 우려된다. 예를 들어 생태계에 대한 영향은 해수면 상승으로 인해 해안침식을 포함한 해안지형의 변화가 일어나면 그곳에 서식하는 생물에게 영향을 줄 가능성이 있다. 즉, 해조장[1]·갯벌에서는 기후변화의 영향으로 수산생물 생태계에 변화가 나타날 것으로 우려된다. 또한, 해수면 수온이 상승함에 따라 내고온성(耐高溫性) 생물종으로의 천이가 일부 확인되고 있어 생태계 교란 요인이 될 것으로 우려된다. 그림 3.6은 일본 이바라키현(茨城県) 가시마나다(鹿島灘)의 사빈 폭 및 지바현(千葉県) 쿠주쿠리(九十九里)의 사빈 폭과 식생 생존율을 나타낸 그래프로 사빈 폭이 클수록 식생 생존율은 높아지지만, 기후변화로 지역해수면이 상승하면 사빈 폭이 좁아져 식생 생존율은 낮아지게 된다.

3.1.2 해안구조물(해안제방, 호안 등)에 대한 영향요인

출처: 부산광역시(2017): 부산연안방재대책수립 종합보고서

사진 3.2 2016년 태풍 '차바' 시 폭풍해일 및 고파랑으로 호안이 파괴된 강서구 눌차도

---

1)   해조장(海藻場, Algal Bed): 해조류가 많이 모여 서식하는 곳으로 바다 생물의 산란장, 성육장 및 서식장소가 되는 곳을 말한다.

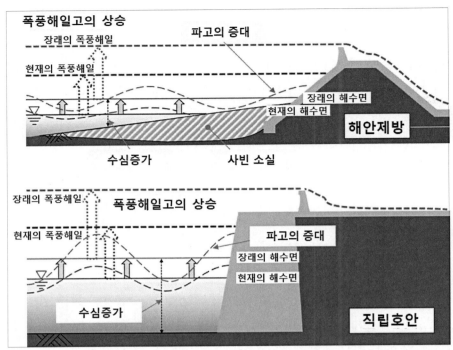

출처: 日本 国土交通省(2019), 気候変動を踏まえた海岸保全のあり方(参考資料)

그림 3.7 해수면 상승에 따른 해안구조물(해안제방·호안 등)의 폭풍해일고 상승

기후변화에 의한 영향으로서 평균해수면의 상승 또는 태풍의 강대화 등으로 폭풍해일의 증대, 고파랑 증가 및 제방·호안 등 앞면의 정선 후퇴나 해안구조물의 소파기능 저하로 구조물 본체(本體)가 받는 파력 증대가 예측된다(그림 3.7 참조). 이에 따라 연안재난 시 연안을 방호하고 있는 해안구조물 중 해안제방·호안은 월파·월류로 인한 세굴로 활동, 전도 또는 도괴(倒壞)의 피해를 입는다. 또한, 흉벽은 월파·월류를 수반한 배후의 세굴로 전도 또는 도괴하거나 파랑의 충격에 따른 전도, 활동 및 도괴할 것으로 예상된다(그림 3.8 참조). 사진 3.2에 나타낸 바와 같이 2016년 10월 내습한 태풍 '차바'로 부산시 강서구 눌차도의 호안이 폭풍해일 및 고파랑으로 인해 파반공[2]이 파괴되었다. 현재도 설계기준을 넘는 폭풍해일이나 고파랑의 내습에 따른 호안 및 해안제방 등의 피해가 자주 발생하고 있으며, 기후변화에 의한 태풍의 강대화로 폭풍해일과 고파랑의 피해가 증가할 것으로 예상된다. 또한, 게이트 등을 폐쇄하는 시기가 빨라짐으로써 배수능력이 부족해질 우려도 있다.

---

2) 파반공(波返工, Parapet): 해안제방 또는 호안 등의 상면을 바다 쪽으로 구부러지게 하여 파랑을 바다 쪽으로 돌리게 만든 해안구조물을 말한다.

해안제방·호안의 피해유형

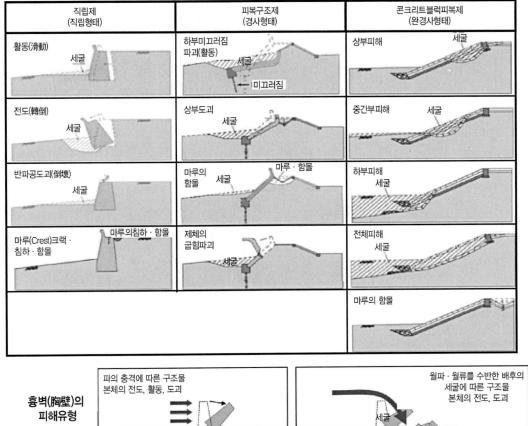

직립제 (직립형태)	피복구조제 (경사형태)	콘크리트블럭피복제 (완경사형태)
활동(滑動)	하부미끄러짐 파괴(활동)	상부피해
전도(轉倒)	상부도괴	중간부피해
반파공도괴(倒壞)	마루의 함몰	하부피해
마루(Crest)크랙· 침하·함몰	제체의 굽힘파괴	전체피해
		마루의 함몰

**흉벽(胸壁)의
피해유형**

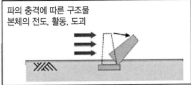

파의 충격에 따른 구조물
본체의 전도, 활동, 도괴

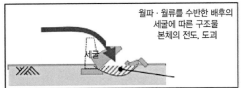

월파·월류를 수반한 배후의
세굴에 따른 구조물
본체의 전도, 도괴

출처: 加藤史訓·野口賢二·諏訪義雄(2011): 海岸堤防·護岸の被災に関する実態調査, 土木学会論文集B3(海洋開発), Vol.67,
No.2, I_7-I_12

그림 3.8 해수면 상승에 따른 해안구조물(해안제방·호안, 흉벽 등)의 피해유형

3.1.3 배후지에 대한 영향요인

기후변화의 영향에 따라 연안과 인접한 배후지에는 지역 해수면 상승 또는 태풍의 강대화에 따른 고파랑·폭풍해일의 증대, 지진해일(기후변화 시에도 지진해일(津波)은 발생할 수 있으며 그 영향은 전 지구 평균해수면 상승으로 크다는 것을 명심하여야 한다.) 내습 시 해수면 상승이 예상된다. 이에 따라 연안재난 시 배후지를 방호하고 있는 해안구조물(해안제방·호안 등)은 월파·월류로 인한 활동, 전도 및 도괴 등의 피해가 예상된다(그림 3.9 참조).

해수면 상승에 따른 배후지 해안구조물에서의 예상된 피해는 기후변화로 지역 해수면 상승

시 파고 또는 수면이 증가하여 폭풍해일 발생 시 현재보다 더 많은 해수가 월파·월류로 유입되어 세굴로 인한 해안구조물의 상부공 또는 파반공의 피해가 증가할 것이다. 특히 지진해일 시 호안은 상승된 지역 해수면 때문에 수면의 증가에 따른 월류량 증가로 상부공 또는 파반공의 파괴는 물론 월류에 따른 구조물 안비탈 끝 또는 지반의 세굴 증가로 구조물 본체의 전도 또는 활동이 발생하여 배후지에서의 대규모 피해를 유발시킬 것으로 예상된다(그림 3.10 참조).

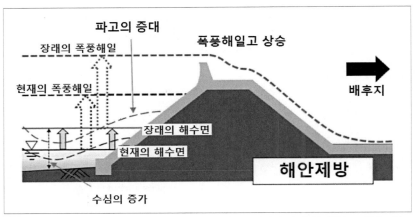

(a) 해수면 상승 또는 태풍 강대화에 따른 배후지 앞 해안제방의 폭풍해일고 상승 및 파고 증대

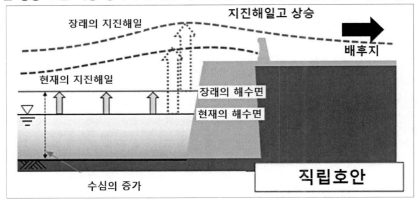

(b) 배후지 앞 직립호안의 지진해일고 상승

출처: 日本 国土交通省(2019), 気候変動を踏まえた海岸保全のあり方(参考資料)

그림 3.9 해수면 상승에 따른 배후지 앞 해안제방·호안에서의 폭풍해일고 및 지진해일고 상승

사진 3.3 및 사진 3.4에 나타낸 바와 같이 2016년 10월 내습한 태풍 '차바'로 부산시 서구 송도 해수욕장 및 영도구 감지해변의 배후지가 폭풍해일 및 고파랑으로 침수되었다.

출처: 부산광역시(2017): 부산연안방재대책수립 종합보고서

사진 3.3 2016년 태풍 '차바' 시 월파로 인한 침수 피해를 본 서구 송도해수욕장 배후지(해안도로)

출처: 부산광역시(2017): 부산연안방재대책수립 종합보고서

사진 3.4 2016년 태풍 '차바' 시 월파로 인한 침수 피해를 본 영도구 감지해변 배후지

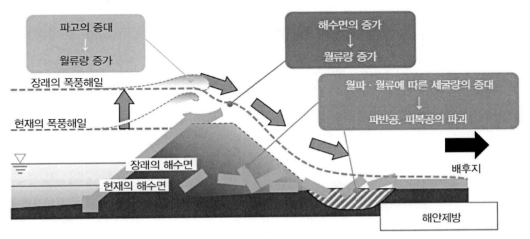

(a) 월파, 월류 및 파제에 따른 해수유입으로 인한 침수 피해 증가

그림 3.10 해수면 상승에 따른 배후지 해안제방·호안에서의 예상되는 피해

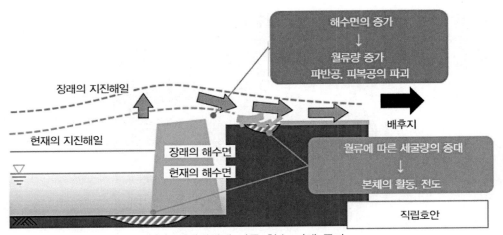

(b) 지진해일에 따른 침수 피해 증가

출처: 日本 国土交通省(2019), 気候変動を踏まえた海岸保全のあり方(参考資料)

그림 3.10 해수면 상승에 따른 배후지 해안제방·호안에서의 예상되는 피해(계속)

3.2 해안구조물

3.2.1 개요

해안구조물이란 폭풍해일·고파랑이나 지진해일 등과 같은 연안재난에 의한 해수의 침입 또는 침식으로부터 해안을 보호하기 위한 시설이다. 구체적으로는 해안제방, 호안, 수문, 육·갑문, 이안제, 수중 방파제·인공리프, 돌제, 소파공, 양빈 등이 있다. 해안구조물은 그 배후에 있는 인명, 재산 및 기반시설 등을 연안재난으로부터 방호하는 중요한 역할을 하고 있다. 따라서 최근 기후변화로 인한 평균해수면 상승 또는 태풍의 강대화에 따른 폭풍해일·고파랑의 증대 등에 대비하는 것과 함께 고도(高度) 경제성장기인 1970~1980년에 집중적으로 정비된 해안구조물의 노후화에 시급한 대응이 필요하다. 해안은 폭풍 내습 시 파랑에 의한 바다(Off-shore)로의 표사이동과 정온 시 파랑에 의한 해안(On-shore)으로 표사이동을 하는데, 이들의 균형이 깨어질 때 연안의 택지 및 농경지, 도로가 유실되어 재난이 발생하는데, 이를 침식이라고 한다. 따라서 해수의 침식과 침입(고파랑)을 막는 구조물을 해안구조물이라고 하는데 침식과 고파랑을 막는 대책으로는 크게 선적방어공법(線的防御工法)과 면적방어공법(面的防御工法)으로 나눌 수 있다(그림 3.11 참조). 선적방어공법이란 침식과 고파랑을 적극적으로 방지하는 공법이 아니며, 전빈(前濱)에서 소실된 파랑이 호안을 직접 부딪쳐 파의 처올림 및 월파량의 증대를 초래하여 소파블록 설치 및 호안 마루고를 높이는 결과를 가져온다. 그 결과 해안선은 콘크리트 구조물로 피복되어 친수성 및 경관을 손상하여 시민들이 바다로 접근하는 것을 막는 결과를 가져온다. 면적방어공법은 이안제 및 인공리프, 돌제 등을 복합적으로 설치하여 이들의 소파기능 및 전빈의 회복기능 등에 따라 고파랑의 감쇠를 도모하고 호안 마루고를 낮추는 동시에 사빈(砂濱)의 회복 및 낮은 마루고를 갖는 완경사호안을 설치하여 양호한 해안환경을 조성시킨 후 시민이 바다로 접근하는 것을 쉽게 한다. 그림 3.12는 여러 가지 해안구조물을 그림으로 나타낸 것이다. 최근에는 이안제 및 인공리프 등을 설치함에 따라 어초(魚礁) 및 조장[3]의 기능도 기대할 수 있어 면적방어공법은 수산협조형 시설이라고 할 수 있다.

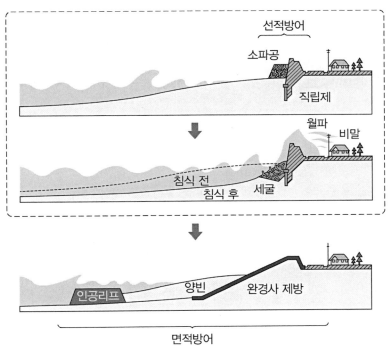

출처: 日本 国土交通省 静岡河川事務所(2018), http://www.cbr.mlit.go.jp/shizukawa/03_kaigan/01_bougo/03_protect.html

그림 3.11 선적·면적방어공법 개념도

---

3) 조장(藻場, Seaweed Bed): 수심 십 수 미터(m) 정도인 얕은 해역에 서식하는 대규모의 해조(海藻) 및 해초(海草)의 군집을 말한다.

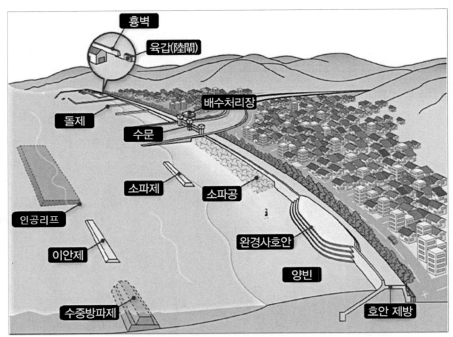

출처: 茨城県 HP(2018), http://www.pref.ibaraki.jp/doboku/kasen/coast/051000.html

그림 3.12 해안구조물의 종류 및 개념도

3.2.2 해안구조물 종류

1) 해안제방(海岸堤防, Coastal Levee)

제방은 성토 및 콘크리트 등으로 현 지반을 높게 하여 고파랑(高波浪) 및 해일 등으로 인한 해수 침입을 방지하고 파랑에 의한 월파를 감소시키는 동시에 육지가 침식되는 것을 방지하는 시설을 말한다(그림 3.13, 사진 3.5 참조).

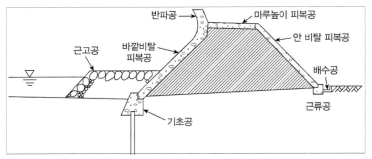

출처: 茨城県 HP(2018), http://www.pref.ibaraki.jp/doboku/kasen/coast/051000.html

그림 3.13 해안제방의 개념도

출처 : 青木あすなろ建設 (2021), https://www.aaconst.co.jp/project/pro_public/airport_harbor_river/ahr_case10/

사진 3.5 일본 미야기현(宮城県) 요시다(吉田) 사빈의 해안제방 사진

2) 호안(護岸, Revetment)

호안은 현 지반을 피복(被覆)하여 고파(高波) 및 해일 등으로 인한 해수침입을 방지하고 파랑에 의한 월파를 감소시키는 동시에, 육지가 침식되는 것을 방지하는 시설을 말한다. 호안설계에 있어서는 자연조건, 배후지 토지이용 및 중요도, 인접한 해안침식 대책시설, 해빈 및 해수면이용상황, 시공조건 등을 충분히 고려한 설계를 할 필요가 있다. 호안을 개념적으로 나타내면 그림 3.14와 같고, 사진 3.6은 부산시 강서구 눌차지구 연안정비사업으로 호안을 시공한 사례이다.

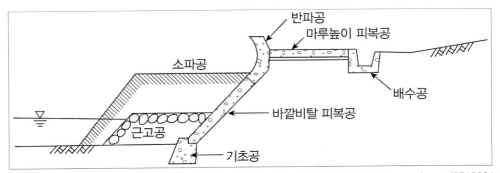

출처: 茨城県 HP(2018), http://www.pref.ibaraki.jp/doboku/kasen/coast/051000.html

그림 3.14 호안의 개념도

부산광역시 강서구 눌차지구 연안정비사업

▷ 침식원인: 태풍 등의 자연재난 발생 시 그 영향을 직접 받는 지역으로 연안
  침식에 따른 산림훼손·토사붕괴 및 인근 농작물 경작지 피해 발생

▷ 규모: 호안정비 100m

▷ 사업비: 641백만 원

▷ 사업기간: 2013년~2015년

출처: 부산시 자료(2017)

(a) 사업 위치도   (b) 호안 정비(완공)

사진 3.6 사업 위치도 및 호안 정비(완공) 사진

3) 완경사호안(緩傾斜護岸, Gentle Slope Revetment)

종래 사빈(砂濱)상에 설치된 해안제방 및 호안은 직립형 현장타설 콘크리트제방 및 호안으로 급격한 전빈(前濱) 침식 및 정선 후퇴에 따른 피해가 적지 않았으므로 이를 방지코자 비탈 경사가 1: 3보다 작고 블록으로 피복시킨 호안을 완경사호안이라고 한다(그림 3.15, 사진 3.7 참조). 완경사호안은 일반호안보다도 경사가 완만(緩慢)하여 수목식재가 쉬워 최근 해중부(海中部)에도 채용하는 등 해조(海藻)가 생육하기 좋은 다양한 생태계를 창출할 수 있는 장점이 있다. 또한, 완경사호안은 일반적으로 바깥 비탈경사가 완만할수록 파의 처오름 높이를 감소시킨다. 더욱이 반사율도 낮아져 세굴(洗掘)의 경감도 기대할 수 있다. 그러나 비탈을 완경사화하여 바깥 비탈경사 끝이 바다 쪽으로 나오게 되어 이용 가능한 전빈의 소실, 자연 해빈이 가진 소파 기능의 감소를 초래한다. 그 때문에 완경사 호안에서는 특히 바깥 비탈경사, 마루고, 더욱이 법선(法線)의 관계에 유의할 필요가 있다.

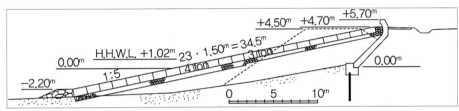

출처: 豊島 修(1987), 緩傾斜護岸工法, 第34回 海岸工学講演会論文集, p.449.

그림 3.15 완경사호안 구조단면도

해외사례

출처: 鹿態工業株式会社 HP(2018), https://han.gl/yfBUG

사진 3.7 일본 도야마현(富山県) 사카이(境)해안 재난복구공사의 완경사호안

4) 흉벽(胸壁, Breast Wall, Parapet Wall)

흉벽은 육지에 설치하여 폭풍해일 또는 지진해일로 인한 배후지에로의 해수침입방지를 목적으로 한 시설이다. 지역에 따라서는 방조제(防潮堤)라고도 부른다. 흉벽은 해안선에 기존 어항 및 항만구조물(시설)이 존재하고 시설이용 관계로부터 수제선 부근에 제방 및 호안 등을 설치하는 것이 곤란한 경우 그 시설 배후에 설치하는 수가 많다(그림 3.16, 사진 3.8 참조).

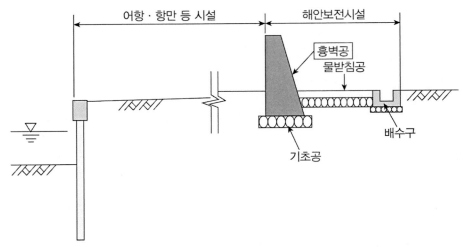

출처: 日本土木学会(2000), 海岸施設設計便覧, p.422.

그림 3.16 흉벽 개념도

해외사례

출처: 東亞建設工業 HP(2018), http://www.toa-const.co.jp/works/domestic_detail/list194.html

사진 3.8 일본 미야기현 게센누마항(気仙沼港) 해안흉벽복구공사(2016년 준공)

5) 돌제(突堤, Groin)

돌제는 육상으로부터 바다 쪽으로 가늘고 길게 돌출된 형식의 구조물로 그림 3.17에 나타낸 바와 같이 여러 개의 돌제를 적당한 간격으로 배치한 돌제군으로서 기능하는 경우가 많다.

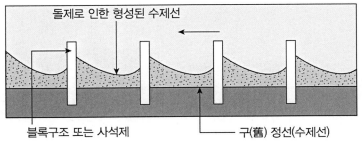

돌제로 인한 형성된 수제선

블록구조 또는 사석제 구(舊) 정선(수제선)

출처: 日本土木学会(2000), 海岸施設設計便覧, p.422.

그림 3.17 돌제군(突堤群)에 의한 사빈 회복

국내사례 **경상북도 포항시 송도 해수욕장(사진 3.9, 사진 3.10 참조)**

▷ 침식원인

• 과거 대규모 모래준설

• 형산강 하구의 도류제 설치로 인한 모래 공급 차단

▷ 규모: 돌제 3기(T형 118m 1기, 직선형 80m 2기-1979년 5월 완공)

▷ 구조형식: 블록식 경사제

▷ 현황: 북쪽 돌제 북측과 남측으로 침식이 진행되며, 형산강 도류제와 포항 구항(舊港) 인근은 퇴적

사진 3.9 송도 해수욕장 돌제군(포항시)

(a) 원경 (b) 근경

출처: 네이버 지도(2017), http://map.naver.com

사진 3.10 송도 해수욕장 돌제(포항시)

6) 헤드랜드(Headland)

출처: 茨城県 HP(2018), https://www.pref.ibaraki.jp/doboku/kasen/coast/documents/headland.pdf

사진 3.11 헤드랜드(일본 오노카시마 해안)

헤드랜드공법은 대규모 이안제 및 돌제 등의 해안구조물로 정적·동적인 안정한 해빈을 만드는 공법과 헤드(Head)부에 돌제 등을 붙인 인공갑(人工岬)으로 포켓비치(Pocket Beach)적인 안정한 해빈을 형성하는 공법이다(사진 3.11 참조). 헤드랜드공법은 연안표사가 탁월한 해안에서의 침식대책시설 또는 양빈공의 보조 시설로 이용하는 수가 많다. 헤드랜드 설치 간격은 1km 정도로 장거리이므로 연안지역 이용 및 경관 등 자연환경에 끼치는 영향을 저감할 수 있다. 헤드랜드를 설치하면 정선 형상은 헤드랜드 부근에서 전진, 헤드랜드 사이의 중앙 부근에서

후퇴하는 변화를 나타내 헤드랜드 간의 정선의 전진량과 후퇴량이 거의 균형을 이룬다. 그러므로 헤드랜드 설계에 있어서도 연안표사 등 해안 특성의 실태 파악이 중요하며 목표로 하는 정선 형상과 해빈 안정화 방법(정적 또는 동적)의 설정, 주변 해안 해빈변형에 대한 영향 및 연안지역 이용과 자연환경에 대한 효과·영향에 대한 검토가 필요하다.

국내사례 **강원도 속초시 영랑 연안정비사업(사진 3.12, 사진 3.13 참조)**
▷ 침식원인: 1999년 12월 큰 파도에 해안도로가 유실되고 주택이 파손되는 피해가 발생했던 곳
▷ 사업비: 318억
▷ 사업기간: 2000.10.~2011.5.
▷ 규모: 북측 헤드랜드(L=250m), 중앙 헤드랜드(L=390m), 수중 방파제 3기(L=100~130m, B=40m)

사진 3.12 속초시 영랑동 연안정비사업

(a) 연안정비사업 전(2001)

(b) 연안정비사업 후(2011)

출처: DAUM(2010), http://map.daum.net, 연합뉴스(2011.5.19.)

사진 3.13 사업 전후

7) 이안제(離岸堤, Offshore Breakwater)

정선(汀線)으로부터 떨어진 바다 쪽에 정선과 평행하게 설치시켜 상부를 해수면상에 보이게 하는 시설로 파력을 약하게 하여 월파를 감소시키거나 이안제(離岸堤) 배후에 모래를 쌓아두어

사빈 침식 방지를 목적으로 한다(그림 3.18 참조). 이안제에는 설치수심이 5m 이하에 사석 및 소파블록을 해저에 쌓아 올리는 '종래형 이안제'와 설치수심이 약 8~20m인 수심에 설치하는 유각식(有脚式) 또는 새로운 중력식 형식의 이안제인 '신형식 이안제'가 있다.

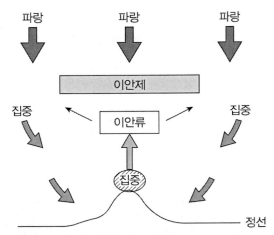

출처: 長岡技術科学大学 HP(2018), http://coastal.nagaokaut.ac.jp/~inu/rip_current/index.shtml

그림 3.18 이안제에 의한 사빈회복

`국내사례` **부산시 기장군 월내~고리 간 상습해일 피해방지 시설사업(그림 3.19, 그림 3.20 참조)**

▷ 사업목적: 월내~고리 앞면 해상의 고파랑에 의해 배후지인 기존 도시지역
　　의 세굴 및 침수 등 피해가 빈번히 발생하여 연안정비 및 이안제를 축조하
　　여 연안재난을 방지

▷ 사업비: 185억

▷ 사업기간: 2017.4.~2019.5.

▷ 규모: 이안제 480m, 호안 521m, 매립 18,814m^2

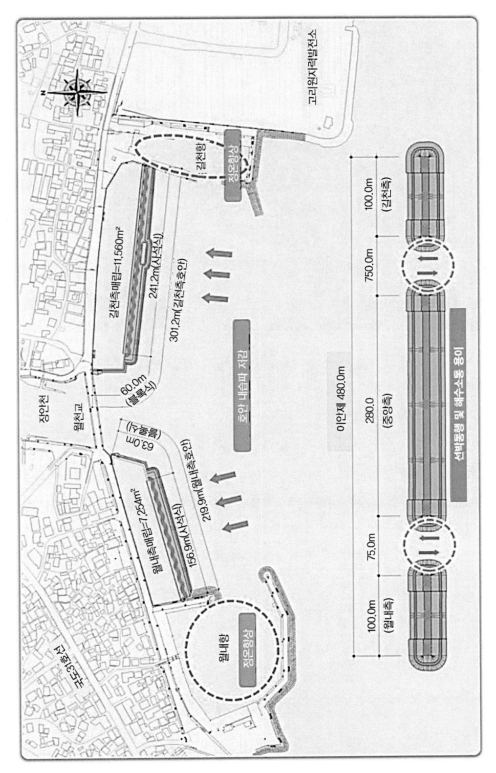

그림 3.19 월내~고리 간 상습해일 피해방지 시설사업[23]

그림 3.20 월내~고리 간 상습해일 피해방지 시설사업 조감도

8) 인공리프 및 수중 방파제

인공리프(Artificial Reef)는 자연의 산호초가 지닌 파랑감쇠효과를 모방한 구조물이다.[24] 그 구조로부터 마루폭이 매우 넓은 수중 방파제(潛堤, Submerged Breakwater)라고도 할 수 있다(그림 3.21 참조). 보통의 수중 방파제는 마루폭이 좁고 마루수심이 얕아 반사와 강제 쇄파에 의해 파랑 감쇠를 얻을 수 있다(그림 3.22 참조). 인공리프는 마루수심이 깊어 반사를 억제하는 한편 마루폭이 넓어 천뢰(淺瀨)를 넓게 둠에 따라 쇄파 후 파랑의 진행을 수반하는 파랑 감쇠를 효과적으로 얻을 수 있다.

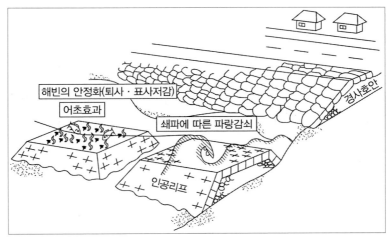

출처: 電力土木技術協会HP(2018), http://www.jepoc.or.jp/tecinfo/library.php?_w=Library&_x=detail&library_id=56

그림 3.21 인공리프 형상 및 효과

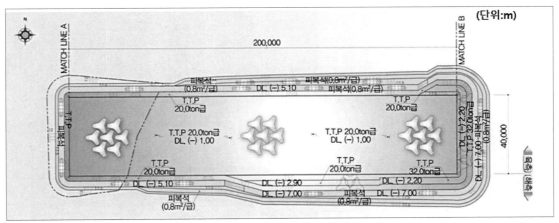

동백섬 측 수중 방파제 평면도

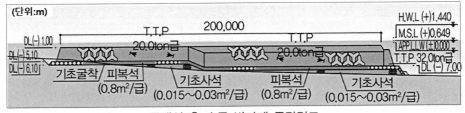

동백섬 측 수중 방파제 종단면도

출처: 부산시 자료(2017)

그림 3.22 해운대 해수욕장 연안정비사업 수중 방파제

국내사례 **수중 방파제(부산 송도 해수욕장)(사진 3.14, 사진 3.15 참조)**

▷ 위치: 송도 해수욕장 앞면 150~250m 전방 설치

▷ 사업기간: 2003.1.3.~2004.6.20.

▷ 사업비: 62억 원

▷ 사업내용: 수중 방파제 설치 L=300m(200m, 100m), B=40m

• 테트라포드 20~32톤(Ton) 3,095개 설치(2~3단 설치) 수심 5~7m

▷ 특징

• 경관양호: 해수면에 노출되지 않아 해수욕장 관광지 경관 보호(L.L.W.−50cm)

• 해수유통: 테트라포드로 구성되어 있어 해수투과율 50%로 해수욕장 수질 양호

• 생태계 활성화

 − 테트라포드로만 구성되어 인공어초 역할을 함

 − 2007년 모니터링 조사결과 생태계가 활성화(해초, 다시마, 해조류와 어류, 해조류가 생성되어 있으며 2008년 치어 방류−3만 마리)

• 재활용 가능(이동용이): 하부에 사석 등이 설치되지 않고 테트라포드로만 설치되어 이동과 재활용 가능

사진 3.14 송도 해수욕장 연안정비사업 구조물 배치도

(a) 수중 방파제 설치 전(2002)

(b) 수중 방파제 설치 후(2005)

출처: 부산시 자료(2017)

사진 3.15 사업 전후

9) 양빈(養濱, Nourishment Sand)

양빈공은 침식된 해안에 인공적으로 모래를 공급하여 해빈 안정화를 도모함을 목적으로 한다. 양빈공은 해안침식 및 파랑의 처올림·월파 경감을 목적으로 하는 '해안보전'과 해수욕장 등 레크리에이션 장소의 조성을 목적으로 하는 '해빈이용'으로 크게 나눌 수 있다. 또한, 양빈공법에 대해서는 발생하는 표사량이 매우 적어 정적인 안정을 목적으로 하는 '정적(靜的) 양빈'과 부족한 연안 표사량을 보충하기 위해 표사(漂砂) 하류 쪽에 지속적인 모래 공급원이 되도록 해빈 안정을 도모하는 '동적(動的) 양빈'으로 나눌 수 있다.

> 국내사례 **해운대 해수욕장 연안정비사업(그림 3.23 참조)**
> ▷ 사업목적: 해수욕장 모래 유실 방지
> ▷ 사업비: 346억
> ▷ 사업기간: 2012~2017년
> ▷ 규모: 양빈 59만m³(육상 36만m³, 해상 23만m³), 돌제(미포 측) L=120m,
>   수중 방파제 L=380m(미포 180m, 동백섬 200m)

출처: 부산시 자료(2017)

그림 3.23 해운대 해수욕장 연안정비사업 조감도

10) 게이트(Gate, 水門)

항 입구 폭이 비교적 좁은 경우 항 입구부에 설치하여 전반적인 폭풍해일, 지진해일 및 고파랑 등을 차단하는 시설로서 섹터 게이트(Sector Gate), 플랩 게이트(Flab Gate) 및 리프트 게이트(Lift Gate)가 있다(그림 3.24 참조).

| 구분 | Sector Gate(섹터 게이트) | Flab Gate(플랩 게이트) | Lift Gate(리프트 게이트) | |
			수직형	아치형(VISOR)
형상		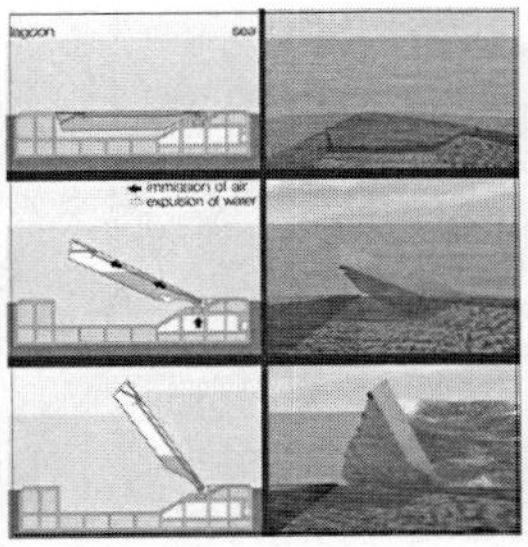	 	 
특성	• 거대한 양쪽 여닫이 라운드형 게이트(水門) 형태 • 평상시 양 측면에 거치 • 해일예보 시 게이트을 닫아 해일에 대응	• 함체(函體) 및 부체를 수중에 설치 • 평상시 수중에 가라앉은 형태로 있음 • 해일예보 시 압축공기 주입으로 게이트를 세워 해일에 대응	• 평상시 게이트를 상부에 올렸다가 재난 예보 시 게이트를 내려 해일에 대응 • 구조형태에 따라 수직형과 아치형으로 구분됨 • 비교적 항로 폭이 적은 하천이나 항내에 설치	
효과	• 도시 및 항만 전체를 대상으로 해일 방어 • 게이트건설이 선박운항에 지장 없고, 유지관리 및 경제성 우수 • 지역의 랜드마크화 유리	• 도시 및 항만 전체를 대상으로 해일 방어 • 환경변화 요인을 최소화 현 상태 유지 가능 • 자연훼손이나 추가 공간 확보가 필요 없음	• 개별하천 및 항만 일부만 해일방어 가능 • 지역의 랜드마크화 및 관광 자원화 가능	
적용사례	• 네덜란드 델타프로젝트 마슬란트 폭풍해일 베리어 (Maeslant Storm Surge Barrier, 표 3.30 참조)	• 이탈리아 모세프로젝트 베니스 리도, 말라모코, 치오지아 갑문(3.6.1 참조)	• 삼척항 지진해일 수문(수직형) • 오사카 기즈가와(木津川) 수문(아치형)(3.4 참조)	

출처: 부산광역시(2017), 부산연안방재대책수립 종합보고서, p.97.

그림 3.24 게이트의 종류 및 특성

국내사례 삼척항 지진해일 침수방지시설사업(그림 3.25 참조)

▷ 사업목적: 동해 북동부 해역의 진도(震度) 7.0 이상인 지진에서 발생할 지진해일 방호

▷ 사업비: 470억

▷ 사업기간: 2014~2021년

▷ 규모: 리프트 게이트(Lift Gate) 설치(높이 7.1m, 폭 50m, 두께 5m, 무게 511t)

그림 3.25 삼척항 지진해일 수문 조감도

11) 육·갑문(陸·閘文)

하천 또는 해안 등의 제방을 평상시에는 생활을 위해 통행할 수 있도록 개방시켜 두지만, 침수가 예상될 경우 수문 등으로 막아 잠정적으로 제방의 역할을 할 목적으로 설치된 시설을 말한다(그림 3.26 참조). 즉, 평소에는 개방되어 있지만, 지진해일 및 폭풍해일 등의 위험성이 있는 경우 내륙으로 해수가 유입되는 것을 막기 위해 육·갑문을 폐쇄시킨다. 이때 인근 주민 또는 시설 관리자인 지방자치단체 직원이 폐쇄하는 경우가 많으므로 평소에 방재 훈련 등으로 준비를 철저히 할 필요가 있다. 또한, 폐쇄작업을 하는 사람의 안전을 고려하여 지진동을 감지하면 자동으로 폐쇄되거나 원격조작으로 폐쇄할 수 있는 수문 및 육·갑문도 건설되고 있다.

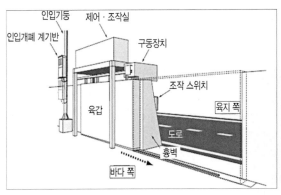

그림 3.26 육·갑문 개념도 및 사진

12) 소파제(消波堤, Wave Absorbing Revetment)

해안선을 방호하기 위해 해안선을 따라 설치된 구조물로서 파에너지를 소파블록 등으로 감쇠시켜 주로 해식애(海蝕崖) 침식 및 사빈의 침식을 막아준다(사진 3.16 참조).

(a) 일본 시즈오카현 후지해안(사빈 침식방지)　(b) 일본 지바현 보우부가우라해안(해식애 침식방지)

출처: 日本大日百果全書(2018), https://kotobank.jp/word/%E6%B6%88%E6%B3%A2%E5%B7%A5-1340096

사진 3.16 소파제

13) 소파공(消波工, Wave Dissipating Works)

파랑에너지를 분산(分散) 또는 소실시키는 것을 목적으로 하는 구조물 또는 구조물을 사용한 공법을 말한다(그림 3.27 참조). 고대 로마시대 때 사석 방파제 내 공극(空隙)과 석재의 조합에 의해 파에너지를 흩뜨려 소실(消失)시키는 원리를 응용한 것으로 현대에서는 사석 대신에 파랑 크기에 맞춘 각종 중량을 가진 이형 콘크리트 블록을 쌓아 올려 대응한다. 이형블록 연구는 1940년대부터 시작하였는데 프랑스에서 개발한 '테트라포드'로 알려진 소파블록이 가장 최초로 그 후 여러 가지 종류의 블록이 개발되었다.

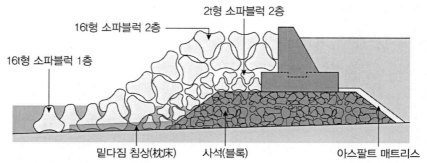

출처: 日本大日果全書(2018), https://kotobank.jp/word/%E6%B6%88%E6%B3%A2%E5%B7%A5-1340096

그림 3.27 소파공 표준단면도(예)

국내사례 **마린시티 월파방지시설 재난복구 공사(부산광역시 해운대구)(사진 3.17~사진 3.18, 그림 3.28 참조)**

▷ 사업목적: 2016년 태풍 '차바'로 인해 유실·침하된 호안 앞면 소파블록(테트라포드) 복구 및 보강

▷ 사업비: 34억

▷ 사업기간: 2017년

▷ 규모: 소파블록(테트라포드) 제작 및 설치 N=1,720개

사진 3.17 해운대 마린시티 전경(부산광역시 해운대구)

(a) 태풍 '차바' 내습 시 월파(2016)　　　　(b) 테트라포드 침하·유실(2016)

사진 3.18 태풍 '차바'의 월파 및 피해상황

(a) 복구사진(2017.12.)

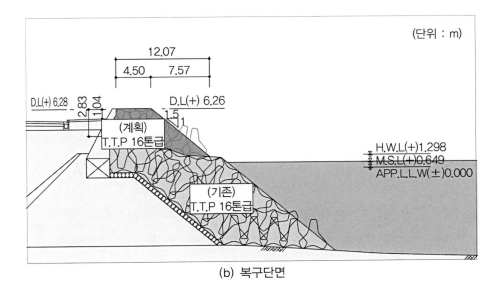

(b) 복구단면

출처: 부산광역시(2017), 마린시티 월파방지시설 및 파반공 재난복구공사 실시설계 보고서

그림 3.28 해운대 마린시티 호안 복구사진과 복구단면

3.3 기후변화에 대응한 새로운 해안구조물

3.3.1 회파블록(回波 Block, Turning Wave-block, 제2022-22호 방재 신기술)

1) 개요[4]

일반적으로 국내 대부분 해안의 호안·해안제방은 폭풍해일, 고파랑의 월파 또는 침수 방지를 위하여 호안·해안제방 앞면에 테트라포드와 같은 소파용 이형블록 등이 설치되어 있다. 콘크리트로 제작된 테트라포드는 시공이 쉬워 호안·해안제방의 방호구조물로 적용되고 있으며 각각의 블록사이 공간은 수중생물의 서식처가 되는 등 다양한 장점을 가진다. 그러나 최근 테트라포드로 피복된 호안·해안제방의 서로 맞물려 발생하는 이형블록과 이형블록 사이의 공간으로 인해 여러 가지 안전상의 문제가 빈번하게 발생함에 따라 테트라포드와 같은 소파형 이형블록에 대한 대안 제시가 시급한 실정이다. 해양경찰청 통계에 따르면 우리나라 테트라포드 추락사고는 2017년 92건(사망자 9명), 2018년 78건(사망자 5명), 2019년 85건(사망자 17명)으로 최근 3년간 연평균 85건이 발생하였으며 사망자만 연평균 10명에 이르는 것으로 나타났다. 소방청 통계까지 합칠 경우 인명피해 건수는 더 많을 것으로 예상된다. 이는 표면이 평평하지 않고 둥근 형태로 형성된 테트라포드의 구조적인 문제와 함께 해조류(海藻類)가 서식하기 쉬운 환경에 노출된 환경적 문제에 기인한다. 즉, 테트라포드는 콘크리트 구조물로써 간극(間隙)이 있어 추락사고의 위험성이 항상 상존(常存)하여 추락 시 크게 다칠 수밖에 없고(대부분 중상 또는 사망), 해조류 서식으로 미끄러운 데다 지지대가 없어 자력(自力)으로 탈출이 어렵다. 또한, 우리나라 해안은 테트라포드와 같은 소파형 이형블록으로 조망권(眺望權)을 무시한 채 설치하였으므로 해안 경관 조망이나 친수공간의 활용도가 저하된다는 문제점이 끊임없이 제기되고 있다. 테트라포드가 설치된 해안가의 경우 테트라포드의 상부 표면(삼각뿔 형태로 돌출되어 있다.)이 고르지 못해 친수공간으로 활용하기에 곤란하고, 주변의 각종 쓰레기 투기로 인해 테트라포드 간극(間隙)에 쌓인 해양쓰레기를 꺼내기가 곤란하여 연안 환경오염이 심각한 수준이다. 따라서 이러한 부분을 개선하기 위해서 최적화된 블록결속형 회파블록(특허번호: 제10-2016-0107522호)을 개발하였다. 블록결속형 회파블록 방파제는 블록의 단순 거치가 아니고 적층(積層)된 각각의 블록을 기둥으로 결속된 일체형으로 일반적인 유공(有孔) 케이슨과 비교하여 소형 크레인으로 블록 적층이 가능하므로 공사비가 저렴하고 시공하기 쉬운 장점이 있다. 또한, 블록 내부 중공(中空) 형상으로 인해 중공 내에서 반사파가 지체되어 나타나는 위상 간섭 효과로 구조물 앞면의 반사파를 저감시킬 수 있다. 회파블록의 소파관(小波管)은 전단면

(前斷面)이 넓고 후단면(後斷面)이 좁은 형태로 표면을 구성하며, 내부의 중공부분은 길이방향으로 주름지게 형성된다. 이는 블록 앞면으로 입사되는 파랑의 대부분을 소파관 입구를 통해 내부 주름관으로 유도하게 되며, 복수의 주름부에서 파랑에너지를 감쇠시켜 반사파를 감소시키는 구조이다. 즉, 입사파 에너지를 180°로 방향을 전환하여 다음에 내습하는 파랑과 충돌시켜 구조물에 가해지는 충격을 감소하는 원리의 공법으로 만들어진 구조물이다(사진 3.19 참조). 이 구조물은 우리나라에서 가장 일반적인 해안구조물인 호안·해안제방의 앞면에 피복된 소파블록(테트라포드 등) 구조물보다 월파량 및 침식(반사율이 적다.)을 저감시키고 마루고를 쉽게 증고시킬 수 있어 기후변화로 인한 평균해수면 상승 또는 태풍의 강대화에 따른 폭풍해일·고파랑의 증대에 가장 잘 대응할 수 있는 해안구조물이다.

(a) 회파블록 외부   (b) 회파블록 내부

(c) 회파 기능

출처: ㈜ 유주, http://www.yujoo.co.kr/default/

사진 3.19 회파블록

2) 작용 메커니즘

회파블록의 작용 메커니즘은 다음과 같다(그림 3.29 참조).

• 파에너지가 회파블록 내에서 파랑 위상차(位相差)로 상쇄되어 월파량을 감소시킨다.

- 직립식 블록은 반사율이 커 블록 앞에서 세굴을 발생시켜 하부의 모래나 사석을 침식시키지만, 회파블록은 파에너지를 감쇠시켜 반사율이 작아 침식을 방지한다.
- 마루면(Crest Level)이 평평하므로 활동하기 좋아 친수성이 높다.
- 소파블록(테트라포드 등)보다 안전하고 월파량 감소 효과가 있어 해안경관을 조망할 수 있도록 마루고(Crest Height)를 낮게 설치할 수 있다.

출처: ㈜ 유주, http://www.yujoo.co.kr/default/

그림 3.29 회파블록 작용 메커니즘

3) 회파블록의 특징

(1) 회파블록의 수리학적(水理學的) 성능

① 반사율 낮음

회파블록의 수리학적 성능을 분석하기 위한 수리모형실험 결과 무월파(無越波) 조건에서 실험 대상구조물과 상관없이 파형경사가 클수록 반사율이 작게 나타나며 동일한 파형경사[4]에서는 주기가 길수록 반사율이 크게 나타난다. 또한, 투수성을 갖는 회파블록 케이슨의 반사율은 무공 케이슨의 계측 결과보다 약간 작게 나타남을 알 수 있다(그림 3.30 참조).

② 월파량 저감

실험 대상구조물과 상관없이 유의파고가 크고 유의주기가 길수록 월파량이 증가하여 나타난다. 그리고 공극을 갖는 중공 단면 형태의 회파블록에서 계측된 월파량은 무공케이슨의 계측결과보다 적게 나타난다. 즉, 공극률 15%인 회파블록인 경우에는 무공케이슨의 월파량과 비교하여 20% 정도의 월파량의 감소효과를 볼 수 있었다. 고월파(高越波) 조건에서 계측한 월파량은

---

4) 파형경사(波形傾斜, Wave Steepness): 파형구배 또는 파형기울기로 파장에 대한 파고의 비를 말한다.

다른 입사(入射) 조건과 비교하여 회파블록의 공극으로 인한 월파량의 감소가 상대적으로 적게 나타난다(그림 3.31 참조).

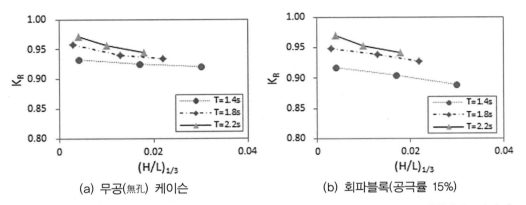

(a) 무공(無孔) 케이슨　　　　　　　　(b) 회파블록(공극률 15%)

출처: 김인철·박기철(2019.2). 회파블록케이슨 방파제의 수리학적 성능에 관한 실험적 연구, 한국해양공학회지 제33권 제1호, pp.61~67.

그림 3.30 무공케이슨과 회파블록의 반사율 대 파형경사

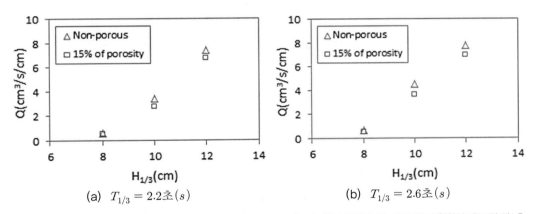

(a) $T_{1/3} = 2.2$초(s)　　　　　　　　(b) $T_{1/3} = 2.6$초(s)

출처: 김인철·박기철(2019.2). 회파블록케이슨 방파제의 수리학적 성능에 관한 실험적 연구, 한국해양공학회지 제33권 제1호, pp.61~67.

그림 3.31 무공케이슨과 회파블록의 월파량 대 유의파고

또한, 사석경사제(T.T.P로 피복) 단면과 회파블록 단면에 200파 이상(400초)의 불규칙파를 연속적으로 작용시킨 후 월파량 계측장치로 3회 이상 반복하여 계측한 후, 그 산술평균한 값을 단위폭당 평균 월파량으로 나타내면 다음과 같다(그림 3.32, 표. 3.1 참조)

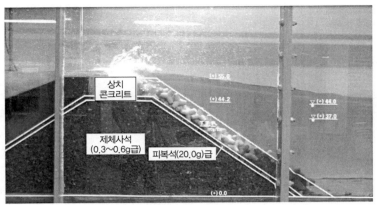

(a) 사석경사제(T.T.P로 피복)

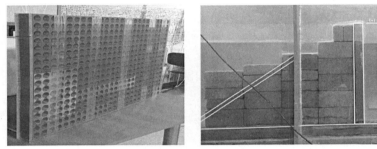

(b) 회파블록

출처: 동서대학교 수리실험실(2017), 단면수리모형 실험보고서, 사석식 방파제 및 회파블록 방파제의 월파량 비교실험

그림 3.32 사석식 경사제와 회파블록의 월파량 비교

표 3.1 사석경사제(T.T.P로 피복) 단면과 회파블록 단면의 평균월파량 실험결과

실험단면	실험조위(cm)	방파제 마루고(cm)	실험파랑		평균월파량 (cm³/s/cm)
			파고 $H_{1/3}$ (cm)	주기 $T_{1/3}$ (s)	
사석경사제 단면(T.T.P로 피복)	44	11	8	3	0.862(27.6kg)
회파블록단면	44	11	8	3	0.057(1.81kg)

출처: 동서대학교 수리실험실(2017), 단면수리모형 실험보고서, 사석식 방파제 및 회파블록 방파제의 월파량 비교실험

따라서 사석 경사제 단면(T.T.P로 피복)의 월파량은 0.862cm³/s/cm(27.6kg)이며 회파블록 단면의 월파량은 0.057cm³/s/cm(1.81kg)로 측정되었으므로, 구조물의 마루고가 동일할 때 회파블록 단면의 월파량은 사석 경사제 단면(T.T.P로 피복)의 월파량보다 15배 적다는 결과를 얻었다.

(2) 마루고의 증고(增高) 용이

회파블록은 적층(積層)형식의 블록으로 기후변화로 인한 해수면 상승 또는 태풍강대화에 따른 폭풍해일·고파랑에 대하여 마루고의 증고(增高)가 기존 호안형식(구조물 전폭(全幅)을 증고)보다 쉬워 해수면 상승에 잘 대응할 수 있다(관통결속체와 블록 연결만으로 가능, 그림 3.33 참조).

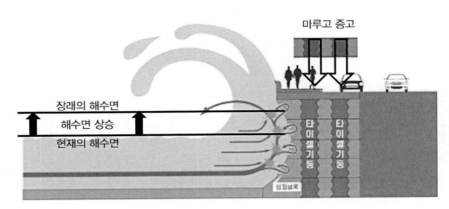

출처: ㈜ 유주, http://www.yujoo.co.kr/default/

그림 3.33 회파블록(적층(積層)형식) 마루고의 증고로 해수면 상승과 폭풍해일·고파랑에 대응

(3) 해안침식 방지

(a) 무공케이슨   (b) 회파블록

출처: ㈜ 유주, http://www.yujoo.co.kr/default/

사진 3.20 무공케이슨과 회파블록의 세굴 및 침식 비교

회파블록은 내부 중공 형상을 가져 자연스럽게 모래와 파랑이 순환하며 모래가 퇴적되므로 침식을 방지한다. 기존 직립제 호안은 파랑이 구조물에 부딪히면 반사되므로 직립제 앞면의 하부방향으로 파에너지가 전달되어 직립제 앞면 하부가 세굴되면서 침식 현상이 발생하는 반면(사진 3.20(a) 참조), 회파블록은 앞면 하부 중공 부분으로 파랑이 진입하면 파랑 위상차로 파에너지를 소산(消散)하면서 모래를 회파블록의 바로 앞면 아래로 떨어트려(퇴적) 침식 현상이 없다(사진 3.20(b) 참조).

(4) 조망권·경관성 우수 및 해양쓰레기 발생 감축으로 친환경성 양호

(a) 기존 소파블록(테트라포드) 구조물
(b) 회파블록

출처: ㈜ 유주, http://www.yujoo.co.kr/default/

사진 3.21 기존 소파블록 구조물과 회파블록의 조망권·경관성 비교(부산시 기장군 칠암항)

(a) 기존 소파블록(테트라포드) 구조물
(b) 회파블록

출처: ㈜ 유주, http://www.yujoo.co.kr/default/

사진 3.22 기존 소파블록 구조물(간극 사이에 쓰레기 축적)과 회파블록의 쓰레기 발생 비교(부산시 기장군 칠암항)

회파블록은 회파 중공(中空) 구조로 인해 기존 직립제 호안(테트라포드는 요철(凹凸) 구조로 조망권·경관성도 좋지 않다.)에 비해 낮은 마루고로도 월파를 효과적으로 막을 수 있어 조망권·경관성을 침해하지 않는다(사진 3.21 참조). 또한, 기존 소파블록(테트라포드 등)은 간극이 넓어 해양에서 표류하는 쓰레기를 축적시켜 악취를 발생시키는 반면, 중공구조를 가진 회파블록은 구멍이 좁고 파랑감쇠효과로 해양에서 부유하는 쓰레기를 축적(蓄積)시키지 않아 해양쓰레기를 발생시키지 않으므로 친환경성이 양호하다(사진 3.22 참조).

(5) 안전사고 발생 감소

기존호안인 경우 월파를 줄이기 위하여 앞면에 소파블록(테트라포드) 설치가 필요하여 시민, 관광객 및 낚시객 등이 언제든 소파블록(테트라포드)으로의 접근이 쉬워 소파블록 내로 추락(墜落)하여 사망 또는 상해를 입는 등 안전사고 발생이 빈번하다(사진 3.23 참조). 회파블록은 소파기능을 자체로 갖춘 구조물로 소파블록(테트라포드 등)를 설치할 필요가 없어 추락 등 안전사고에 특히 유리하다.

(a) 소파블록(테트라포드)(부산 마린시티)

(b) 테트라포드 추락사고 현장

(c) 바닷가 블랙홀 테트라포드 추락사고 방지 안전표지판

출처: (a)㈜ 유주, http://www.yujoo.co.kr/default/, (b) KNN 뉴스, (c) 해양수산부

사진 3.23 안전사고 발생 가능성이 매우 큰 소파블록(테트라포드)

(6) 기존호안 대비 경제성 우수

기존호안인 경우 월파를 줄이기 위하여 앞면에 소파블록(테트라포드) 설치로 비경제적이지만, 회파블록은 기둥결속공법(4장에서 추후 설명)과 결합하면 구조적 안정성을 확보하면서도 테트라포드 공사비 대비 20%이상의 공사비 절감이 가능하다(그림 3.34 참조).

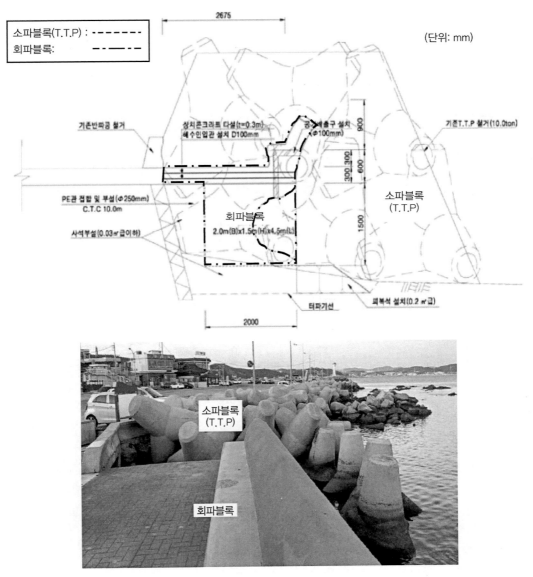

그림 3.34 기존 소파블록 구조물과 회파블록의 크기 비교

3.4 기후변화에 대한 해안의 대응

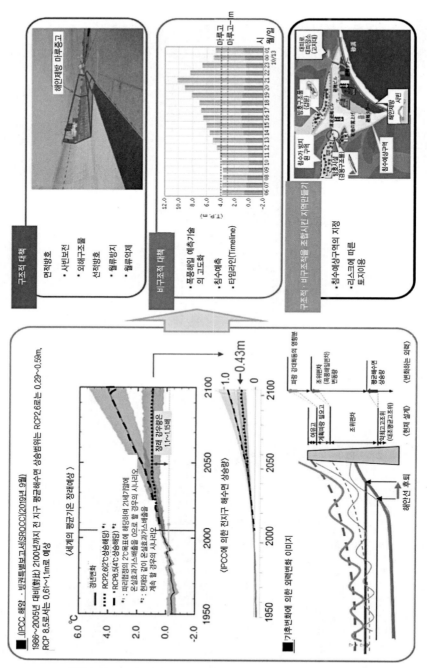

출처: 日本 国土交通省(2020), 気候変動を踏まえた海岸保全のあり方(参考資料)으로부터 일부 수정

그림 3.35 기후변화에 대한 해안의 대응책

이 장에서는 기후변화로 인한 평균해수면 상승 또는 태풍의 강대화에 따른 폭풍해일·고파랑 등의 증대에 따른 해안침식 대책시설 등의 계획 외력 설정에 필요한 기술기준 등을 재검토하고, 구조적 대책, 비구조적 대책 및 구조적·비구조적 대책을 조합한 기후변화 대응책을 자세히 설명하겠다(그림 3.35 참조).

3.4.1 대응책의 목표

기후변화에 따른 '태풍의 강대화 등에 의한 폭풍해일·고파랑의 증대' 및 '중장기적인 평균해수면 상승'으로 우리나라 연안에 심각한 영향이 우려되므로 온실효과가스에 대한 배출억제 정책의 동향이나 기후변화 예측의 불확실성을 고려하여 해안보전을 추진할 필요가 있다. 연안정비 기본계획이나 해안구조물 설계 등의 검토 시에는 평균해수면 상승량과 같은 외력 변동을 현재의 계획이나 설계의 개념에 직접 반영하는 동시에 외력 변화에 대응하기 위한 추가 비용도 고려하면서 필요에 따라 추가 외력 증가도 고려할 수 있다. 해안보전의 목표는 2℃ 상승(RCP 2.6 시나리오에 해당)을 전제로 하면서, 광역적·종합적인 관점에서의 대응은 평균해수면이 2100년에 1.1m(IPCC 해양·빙권 특별보고서(2019년) 중 RCP 8.5 시나리오의 최댓값에 해당) 정도 상승하는 예측도 고려하여, 장기적 시점에서 관련된 분야와도 연계하는 것이 중요하다. 해안보전의 전제로 하는 평균해수면 수위의 상승량 예측이 2100년 이후에 1.1m 정도를 초과하게 된 경우에는 다시 그 시점의 사회 경제 정세 등을 고려하여 기존의 해안보전 방식에 의한 대응의 한계도 의식하고, 여러 선택사항을 포함한 장기적 시점에서 대응책을 검토할 수 있다. 따라서 해상(海象)에 대한 모니터링을 계속 실시하여 기후변화에 따른 영향의 징후(徵候)를 정확하게 파악하고, 배후지의 사회·경제 활동 및 토지이용의 중장기적인 동향을 고려하여 최적의 구조적·비구조적 대책을 조합하여 전략적이고 순응적으로 추진함으로써 '폭풍해일 등의 재난 리스크 증대의 억제' 및 '해안에서의 국토보전'을 도모한다.

3.4.2 대응책의 기본적인 방향

○ 재난 리스크 평가와 재난 리스크에 따른 대책
 • 일련의 방호선(防護線) 중 재난 리스크가 높은 곳 파악
○ 방호수준 등을 넘은 초과 외력에 대한 대응
 • 배후지 상황 등을 고려하여 '견고하면서 잘 부서지지 않는 구조'의 해안제방 등의 정비

추진
- 비구조적 대책인 폭풍해일·고파랑 등에 대한 적절한 대피를 위한 신속한 정보전달

○ 증대하는 외력에 대한 대책의 전략적 전개
- 해상 모니터링 결과 정기적 평가와 최적의 구조적, 비구조적 또는 구조적·비구조적 대책 간의 조합
- 순응적인 마루고의 증고(增高)를 가능하게 하는 기술의 개발

○ 진행되는 해안침식에 대한 대응 강화
- 하천 상류로부터 해안까지의 유사계(流砂系) 종합적인 토사관리대책과도 연계한 관계기관과의 광역적·종합적 대책을 추진

○ 타 분야의 대책이나 관계자와 협조 등
- 각종 제도 및 계획에 대응의 관점을 포함하여 효과적인 대응의 실시(대응의 주류화)

3.4.3 해안에서 실시하여야 할 대응책

해안에 미치는 기후변화 영향에 대해서 실시할 수 있는 대응책을 표 3.2에 예시하였다. 각각 해안의 장소 특성이나 기후변화 영향의 발생 동향에 따라 적절한 대책을 적기(的期)에 실시하는 것이 중요하다.

1) 구조적 대책

(1) 기후변화에 따른 해안구조물(호안·해안제방 등) 마루고 증고(增高)

장래의 평균해수면 상승을 고려한 해안구조물(호안·해안제방 등) 마루고 증고의 대책은 해안구조물 정비의 우선순위를 설정하는 동시에 필요에 따라 비구조적 대책에 의한 피해 경감책과 조합하는 전략적인 대응이 필요하다. 우선순위는 긴급성 및 방호효과를 종합적으로 평가하여 설정한다. 그림 3.55는 구조적 측면과 비구조적 측면 사이의 방재대책 관계를 나타낸 그림이다.

해안구조물 설계에 필요한 예상외력은 검토 시점의 최신지식 및 모니터링 결과를 바탕으로 예상되는 지구온난화의 영향을 고려하여 적절히 설정한다. 단, 여기에서는 '재난 리스크평가'에서 설정하는 100년 후의 최대규모 조건과는 달리 내용연수 이내(예를 들면 50년)의 예상값을 적절하게 평가한다.

표 3.2 기후변화로 인해 해안에서 실시하여야 할 대응책

항목	영향	대응책(□: 구조적 대책, △:비구조적 대책)
사빈·국토보전에 대한 영향	• 해안침식 대책시설 앞면의 정선 후퇴에 따른 방호기능 저하 • 사빈을 가진 경관의 변화 및 악화 • 해수욕장 감소 등 레저시설에 대한 영향 등 경관 가치의 감소	□양빈·침식대책의 실시 △해안침식대책에서의 신기술 개발 등 △방호선의 셋백(Set Back) 및 도시기능의 이전·집약 등을 고려한 토지이용의 적정화
생태계에 대한 영향	• 사빈 식생의 감소·소멸의 위험성 • 해초(海草)의 갯녹음, 쌍각류(雙殼類)의 조개(대합, 바지락 등) 등 서식 환경의 변화	△환경을 배려한 정비 및 신공법 등에 대한 조사 연구 □환경을 배려한 정비실시
해안제방·호안에 대한 영향	• 본체의 활동, 전도 및 도괴(倒壞) • 피복공, 상부공의 피해 • 월파와 월류로 인한 세굴에 따른 • 피해 및 파제(破堤) • 정선 후퇴에 따른 방호기능 저하	△기후변화를 고려한 설계 △해상(海象) 모니터링 △초과 외력이 작용하는 경우의 해안침식대책 시설에 대한 영향 파악 □기후변화에 따른 해안제방·호안 등 마루고 증고 □견고하면서 잘 부서지지 않는 구조의 해안제방·호안 등의 정비 △생애주기비용을 고려한 최적의 보강·개량 등에 대한 개념 검토 □양빈·침식대책의 실시
배후지에 대한 영향	• 월파와 월류에 따른 침수 피해의 증가 • 파제로 인한 해수유입을 동반한 침수 피해의 증가	△해안침식 대책시설의 방호기능 파악 △생애주기비용을 고려한 최적의 보강·개량 등에 대한 개념 검토 □피해 리스크가 높은 장소 및 보강·개량 시기를 고려한 해안침식 대책시설의 전략적인 정비 △해상 모니터링 □기후변화에 따른 해안제방·호안 등 마루고 증고 □관계기관과 연계된 배수기능의 확보 □만조위(滿潮位)시 역류(逆流) 방지 대책 △시·군·구의 해저드 맵(Hazard Map)작성 지원 △대피 판단에 기여하는 정보의 분석·제공 △대피계획 수립 및 훈련 실시 추진 △방호선의 셋백(Set Back) 및 도시기능의 이전·집약 등을 고려한 토지이용의 적정화

출처: 日本 国土交通省(2020), 気候変動を踏まえた海岸保全のあり方(参考資料)

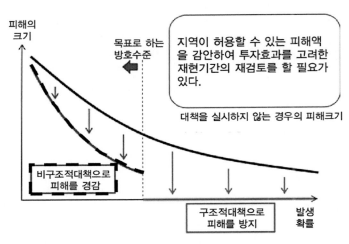

출처: 日本 国土交通省(2018), 海岸保全施設の更新等に合わせた地球温暖化 適応策検討マニュアル(案)

그림 3.36 구조적 측면과 비구조적 측면 사이의 방재대책 관계

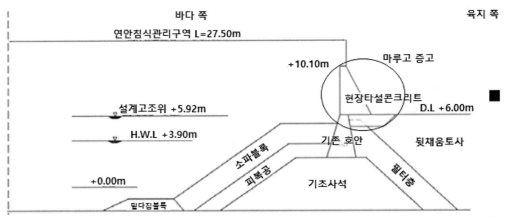

출처: 日本国土交通省(2018), 海岸保全施設の更新等に合わせた地球温暖化 適応策検討マニュアル(案)로부터 우리나라 현황에 맞게 수정

그림 3.37 호안의 상부공 증고에 의한 대책사례

해수면 상승량 또는 태풍의 강대화에 따른 폭풍해일·파랑조건 설정에서는 현시점에서의 지구온난화 영향에 불확실성이 포함되지만, 검토시점으로부터 시설의 내용연수(예를 들어 콘크리트 구조물인 경우 50년)까지를 예측기간으로 하여 내용연수 후의 외력 변동량을 예상하는 것으로 한다. 외력의 예측기간은 향후 지구온난화의 영향이 발생할 것을 전제로 하면, 계획단계에서 내용연수(耐用年數)와 같은 기간을 예상하는 것이 현재의 비용편익 분석에서도 타당하다. 지구온난화의 영향에 따른 외력 변화는 장래의 지식이나 모니터링 결과에 따라 예상값이

바뀌는 경우가 있으므로, 필요한 마루고는 구조물 사용개시~내용연수 사이에 적절히 재검토하도록 한다. 그림 3.37은 지구온난화에 따른 해수면 상승에 대한 호안의 상부공 증고 대책사례이다.

① 마루고 증고의 검토 시 유의할 점

지구온난화의 영향을 고려한 구조적 대책 중 향후 적절한 해안구조물의 보강·개량을 하기 위해서는 구조적 대책시설의 유지·보강과 외력변화를 시계열적(時系列的)으로 평가할 필요가 있다. 시계열적인 평가 방법으로서는 아소베(磯部, 2008)가 해수면 상승이나 태풍의 강대화로 인한 폭풍해일의 증대에 따라, 내용연수마다 해안구조물의 필요 마루고 증고를 점근적(漸近的)으로 대응시켜 가는 방법을 제안하였다(그림 3.38 참조).[5]

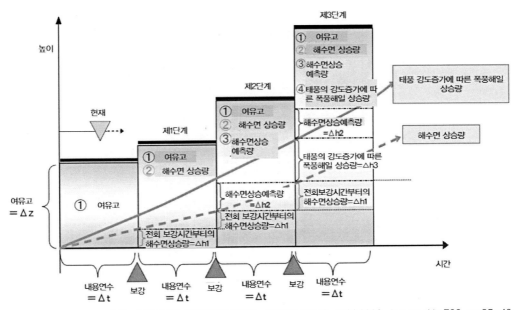

출처: 磯部(2008), 「気候変動の海岸への影響と適応策」, 河川 2008, January No.738, pp.35~40.

그림 3.38 기후변화(해수면 상승, 폭풍해일의 증대)에 따른 해안구조물 마루고 증고 방법

지구온난화 대응책 중 해안구조물 마루고의 각 방호수준에 따른 대응(안)은 아래와 같다(그림 3.39 참조).

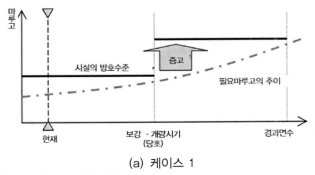

(a) 케이스 1

- 보강·개량 시까지 필요한 방호 수준을 만족하는 케이스
- 보강·개량 시에 해수면 상승의 예상량을 감안한 필요한 방호수준을 설정하고 그에 따라 증고(增高)를 실시

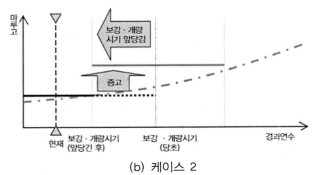

(b) 케이스 2

- 현재는 필요한 방호수준을 충족하고 있으나 보강·개량 시기까지 방호수준이 부족한 경우
- 보강·개량 시기를 앞당기고, 그 시점의 해수면 수위 상승량을 감안한 필요한 방호수준을 설정하고, 그에 따라 증고를 실시
- 보강·개량 시기를 파악하기 위해 모니터링 등을 실시

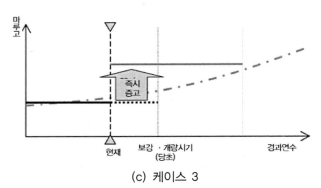

(c) 케이스 3

- 현재 필요한 방호수준을 충족하지 못하는 경우
- 신속히 해수면 상승의 예상량을 감안한 필요한 방호수준을 설정하고, 그에 따라 증고를 실시

출처: 日本 国土交通省(2018), 海岸保全施設の更新等に合わせた地球温暖化 適応策検討マニュアル(案)

그림 3.39 해안구조물 마루고의 각 방호수준에 따른 대응(안)

가. 여유고를 어느 정도 예상한 경우(케이스 1, 그림 3.39(a))

• 어느 정도의 해수면 상승이나 태풍의 강대화에 따른 외력 변화를 여유고로 흡수한다.

• 현재의 방호레벨이 충분한 경우에도 앞으로는 방호레벨이 부족한 상태가 된다는 점에 유의하여 시설 보강·개량 시나 복구 시에 관측된 해수면 상승량을 고려한 시설로서 정비한다.

나. 여유고를 거의 예상하지 않는 경우(케이스 2, 케이스 3, 그림 3.39(b), (c))

• 현시점에서 마루고가 부족한 경우 신속히 마루를 증고시키는 대응을 실시한다.

• 실제 정비(보강·개량) 시 예상한 장래의 해수면 상승량은 그 시점까지 관측한 조위 자료와 같은 최신정보 및 지식을 바탕으로 정밀도를 높일 필요가 있다.

(2) 양빈·침식대책의 실시: 순응적(順應的)인 사빈[5] 관리

기후변화로 인한 해수면 상승 또는 태풍의 강대화에 따른 고파랑·폭풍해일 증대의 영향이 예측되며, 이로 인한 사빈의 감소가 예상된다. 침식대책시설 앞면의 사빈(砂濱) 감소에 따라 침식대책시설에 작용하는 파력이나 세굴량이 증대하여 연안재난의 가능성이 커진다. 향후 사빈의 침식대책은 지금까지와 같이 해안침식이 심각해진 후 사후적(事後的)으로 대처하는 것이 아니라, 예측을 중시한 순응적인 사빈관리를 실시함과 동시에 모니터링 수법의 개발을 진행한다.

① 사빈의 기능과 문제점

가. 사빈의 기능

사빈은 파랑을 감쇠·소산시키고, 배후지의 인명과 재산을 폭풍해일이나 지진해일 등과 같은 연안재난로부터 방호하는 중요한 역할을 담당하고 있다(그림 3.40 참조).

---

5) 사빈(沙濱, Sand beach): 바닷물에 의해 모래가 운반·퇴적되어 형성된 해빈(海濱, Beach)을 말하며, 해안선을 따라 퇴적물이 쌓인 해빈은 구성 물질의 크기에 따라 모래가 많은 모래해빈, 즉 사빈(沙濱, Sand Beach)과 자갈이 많은 자갈해빈(Shingle Beach 혹은 Gravel Beach), 그리고 거력(巨礫)으로 이루어진 거력해빈(Boulder Beach)으로 구분한다.

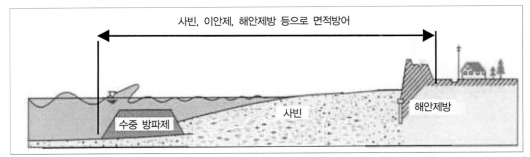

그림 3.40 면적방어공법(面的防禦工法)

나. 사빈 보전의 문제점

지금까지 사빈의 관리 방법은 명확하지 않고, 예산제약(豫算制約) 때문에 해안침식이 심각하게 진행되면(우리나라의 경우 침식등급 C, D에 해당한다. 2.4.2 우리나라의 해안침식 현상 참조) 대책을 실시하는 후속적인 '사후약방문(死後藥訪問)'적인 대책만을 실시하고 있다(사진 3.24 참조).

사진 3.24 사빈이 심각하게 침식된 후 침식대책을 실시

② 예측을 중시한 순응적인 사빈 관리 실시

예측을 중시한 순응적인 사빈 관리의 순서도는 그림 3.41과 같다.

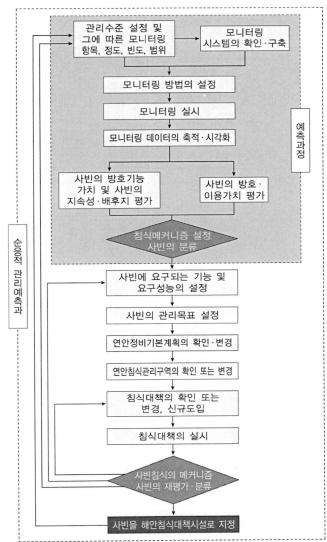

출처: 日本 国土交通省(2020), 気候変動を踏まえた海岸保全のあり方(参考資料)로부터 우리나라 현황에 맞게 일부 수정

그림 3.41 예측을 중시한 순응적인 사빈 관리의 순서도

가. 사빈을 연안침식관리구역 또는 해안침식 대책시설로서 지정·관리(그림 3.42 참조)

사빈을 해안제방·호안과 마찬가지로 해안을 방호하는 시설로서 관리해야 하는 대상이라는 인식(認識)을 갖고 연안관리법[6]에 근거한 연안침식관리구역 또는 해안침식 대책시설로서 지정·관리하는 순응적 관리를 실시한다.

---

6) 연안관리법(沿岸管理法): 연안을 효율적으로 관리함으로써 연안 환경을 보전하고 연안의 지속적인 개발을 도모하여 연안을 쾌적하고 풍요로운 삶의 터전으로 조성하기 위하여 1999년 제정된 법률이다.

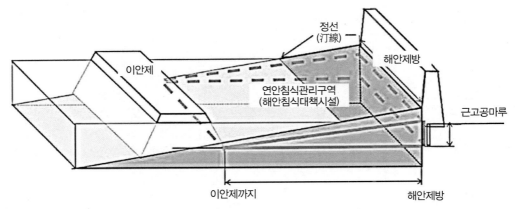

출처: 日本 国土交通省(2020), 気候変動を踏まえた海岸保全のあり方(参考資料)로부터 우리나라 현황에 맞게 일부 수정

그림 3.42 사빈을 연안침식관리구역 또는 해안침식 대책시설로서 지정·관리(굵은 파선 내)

나. 최신기술을 활용한 사빈 모니터링 방법의 구축(그림 3.43 참조)

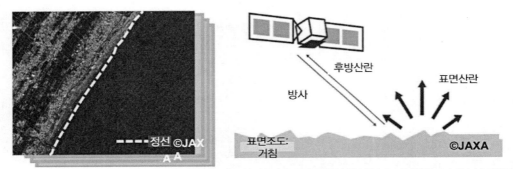

출처: 日本 国土交通省(2020), 気候変動を踏まえた海岸保全のあり方(参考資料)

그림 3.43 위성을 활용한 사빈 모니터링 방법의 구축

위성화상(衛星畵像) 해석기술의 발전에 따라 그 최신기술을 활용해 우리나라 전국에 존재하는 사빈의 침식징후를 파악하는 모니터링을 개발해 나간다.

③ 사빈의 침식진단 및 관리

우리나라 전국의 전체해안에 대한 사빈을 그림 3.44와 같이 지역적 표사특성(漂砂特性)에 따라 지역별로 등급(Rank)을 매긴 해안(지역해안(地域海岸))으로 구분하고 매년 침식진단을 하여 체계적인 관리를 추진한다.

사빈의 분류

a등급: 방호기능이 손상되지 않을 정도로 침식이 진행되고 있는 사빈

b등급: 방호기능은 유지하지만 침식이 진행되고 있어
       침식대책을 시행하지 않으면 방호기능이 손상될 것으로 예상되는 사빈

c등급: 일정정도 사빈폭을 가진 채 안정되어 있어 방호기능은 유지하고 있는 사빈

d등급 배후지의 중요도가 낮으므로 보전의 우선순위가 낮은 사빈

e등급: 넓은 폭으로 안정된 사빈

※ 침식대책사업 및 지속적인 관리를 하고 있는 사빈은 「'」를 붙임
  예를들어 c': 침식대책사업 완료 후, 지소해서 양빈을 실시 또는 안정 확인 중이 c등급 사빈

출처: 日本 国土交通省(2020), 気候変動を踏まえた海岸保全のあり方(参考資料)

그림 3.44 사빈의 분류

등급을 매긴 지역해안 중 침식이 진행되고 있는 a, b 등급인 사빈에 대해서는 연안정비사업과 같은 침식대책사업을 실시하며, 실시 후에라도 모니터링을 하여 순응적인 사빈 관리를 계속 추진한다(그림 3.45, 그림 3.46 참조).

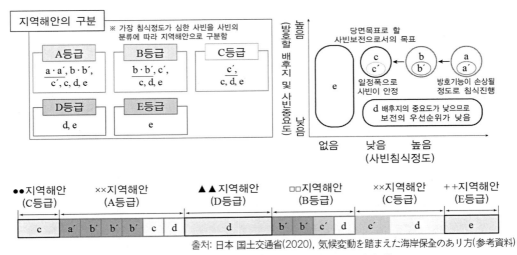

출처: 日本 国土交通省(2020), 気候変動を踏まえた海岸保全のあり方(参考資料)

그림 3.45 사빈 등급에 따른 지역해안의 구분(예시)

출처: 日本 国土交通省(2020), 気候変動を踏まえた海岸保全のあり方(参考資料)

그림 3.46 순응적 사빈 관리 방법(예시)

(3) 견고하면서 잘 부서지지 않는 구조를 갖는 해안제방의 정비

① '견고하면서 잘 부서지지 않는 구조' 개념의 발생원인

견고하면서 잘 부서지지 않는 구조에 대한 해안제방 개념은 2011년 동일본(東日本) 대지진 시 내습한 지진해일이 동일본지역의 해안제방·호안 등을 월파(越波)·월류(越流)하여 해안구조물의 손상 및 파괴 등과 같은 피해를 초래함과 동시에 배후지에 막대한 인명 및 재산피해가 발생시킴으로써 유래되었다(사진 3.25 참조). 이것은 압파[7] 형태로 내습한 지진해일의 수류(水流)가 해안제방을 월류한 후 안비탈 피복공 끝부분의 지면(地面)과 충돌하여 세굴(그림 3.47(a) 참조)하거나 안비탈 피복공 또는 마루보호공이 유출(그림 3.47(b) 참조)되면서 해안제방이 유실되는 파괴 형태를 보였다.

---

7) 압파(押波): 바다 쪽 깊은 수심인 곳으로부터 육지 쪽 얕은 곳으로 향하는 지진해일로 육상을 소상하면서 서서히 높은 곳으로 도달하며, 그 진행 속도는 사면을 올라가면 점차 늦어지지만, 경사가 거의 없는 평야에서는 진행 속도는 별로 떨어지지 않고 내륙 깊숙이까지 진입하는 성질을 가진다.

출처: 日本 国土交通省HP(2018), http://www.mlit.go.jp/river/kaigan/main/kaigandukuri/tsunamibousai/04/index4_
1.htm#tsunami41

사진 3.25 동일본 지진해일의 월파·월류에 따른 해안제방 피해 상황(미야기현 센다이만 남부 해안)

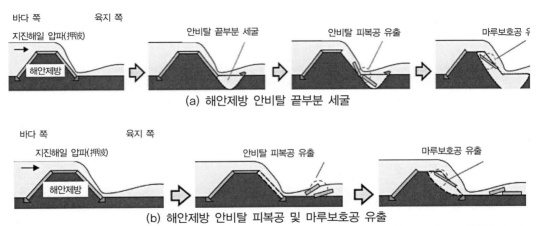

(a) 해안제방 안비탈 끝부분 세굴

(b) 해안제방 안비탈 피복공 및 마루보호공 유출

출처: 日本 国土交通省HP(2018), http://www.mlit.go.jp/river/kaigan/main/kaigandukuri/tsunamibousai/04/index4_
1.htm#tsunami41

그림 3.47 동일본 대지진해일 시 해안제방 파괴 메커니즘

② '견고하면서 잘 부서지지 않는 구조'의 해안제방 개념

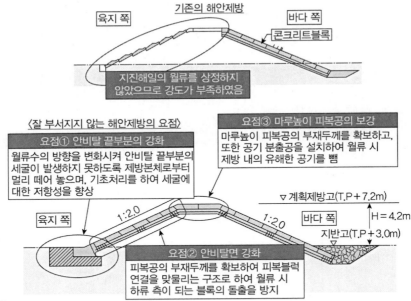

출처: 日本 国土交通省HP(2018), http://www.mlit.go.jp/river/kaigan/main/kaigandukuri/tsunamibousai/04/index4_1.htm#tsunami41

그림 3.48 기존 해안제방과 '잘 부서지지 않는 구조'의 해안제방 개념도

기후변화로 인한 평균해수면의 상승 또는 태풍의 강대화에 따른 고파랑·폭풍해일 증대의 영향으로 기존 해안제방에 대한 월파·월류의 피해가 예상된다. 따라서 신설 해안제방은 해안제방의 육지 쪽 안비탈 피복공 끝부분을 피복하여 보호하거나 안비탈 경사를 완만하게 설치하는 것과 같은 해안제방을 '잘 부서지지 않은 구조'로 강화할 필요가 있다(그림 3.48 참조). 이렇게 하면 평균해수면의 상승 또는 태풍의 강대화에 따른 고파랑·폭풍해일 증대, 지진해일이 해안제방의 마루를 월파·월류할 경우라도 해안제방이 부수어질 때까지의 시간을 지연시켜 주민들의 대피 시간을 벌고 침수면적 및 침수심을 줄이는 재난저감효과를 갖는다. 또한, 해안제방의 육지 쪽 안비탈과 일체 시킨 성토(盛土)·식생(植生)은 해안제방을 보다 '견고하게' 하여 안전 또는 경관·환경 측면에서 나은 효과를 기대할 수 있다(그림 3.49 참조).

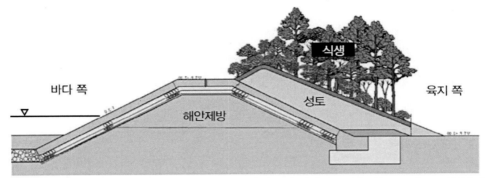

출처: 日本 国土交通省HP(2018), http://www.mlit.go.jp/river/kaigan/main/kaigandukuri/tsunamibousai/04/index4_
1.htm#tsunami41

그림 3.49 '잘 부서지지 않는 구조'의 해안제방과 일체 시킨 성토(盛土)·식생(植生)

(4) 리스크가 높은 장소 및 보강·개량 시기를 고려한 해안침식 대책시설의 전략적인 정비

현재 우리나라 연안관리법의 연안정비사업[8])으로 시공된 해안침식 대책시설은 거의 20년이 경과(연안관리법의 제1차 연안정비계획(2000~2009년)에 따라 많은 해안구조물이 축조되었다.)하고 있다. 해안은 해무(海霧), 파랑 및 염해(鹽害) 등 해안침식 대책시설에 불리한 환경조건 아래에 있어 이곳에서 시공된 해안구조물은 육지에 비교하여 더 빨리 부식(腐蝕) 또는 열화(劣化)되어 노후화되는 경향이 있다.

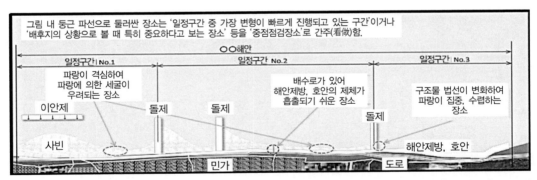

출처: 日本 国土交通省(2015), 海岸保全施設の維持管理のあり方について

그림 3.50 해안침식 대책시설의 중점점검장소 이미지(사례)

---

8) 연안정비사업(沿岸整備事業): 연안환경을 보전하고 연안의 지속가능한 개발을 도모하여 연안을 쾌적하고 풍요로운 삶의 터전으로 조성하는 사업으로, 연안보전사업(해일, 파랑, 침식 등으로부터 연안보호 및 훼손연안 정비)과 친수연안조성 사업(국민이 연안을 쾌적하게 이용할 수 있는 친수공간 조성)으로 나눌 수 있다.

따라서 해안침식 대책시설의 적절한 유지관리를 위해서는 철저한 사전조사(事前調査)로 중점 점검장소 및 점검 위치를 미리 추출(抽出)하여 순찰 시 그 부분을 집중적으로 점검할 필요가 있다(그림 3.50 참조). 해안침식 대책시설의 방호기능 확보 측면에서 중요한 관점은 주민의 인명손실과 중요자산의 손실을 막기 위해 해안구조물(해안제방, 호안 등)의 '마루고 확보' 및 '공동(空同) 발생 방지'이다(그림 3.51, 그림 3.52 참조). '마루의 침하'나 '공동화'를 막기 위해서는 해안침식 대책시설의 변형진전(變形進展) 측면에 입각한 콘크리트 균열이나 사빈의 침식을 파악하는 것이 중요하다. 해안침식 대책시설의 건전도평가(健全度評價)(그림 3.53 참조)와 같이 침식대책시설에 예방보전형의 유지관리를 도입함으로써 '방호기능을 확보할 수 있을 것', '대규모 대책을 실시할 필요가 적어질 것', '장기적으로 보면 생애주기비용[9]이 적게 들 것'과 같은 효과가 예상된다.

그리고 기후변화로 인한 평균해수면의 상승 또는 태풍의 강대화에 따른 고파랑·폭풍해일 증대의 영향으로 해안구조물의 열화(劣化)·노후화가 한층 더 가중될 것으로 예상되므로 해양수산부는 해안침식 대책시설에 대한 수명연장(壽命延長) 계획을 조속히 수립해야 할 것이다. 해안침식 대책시설의 수명연장계획 목표는 구조물에 대한 생애주기의 연장으로 기능을 확보하여, 대규모적인 대책(보강·개량)에 따른 생애주기비용의 절감이다. 해안침식 대책시설의 수명연장계획은 아래 사항을 포함해야 한다.

---

9) 생애주기비용(生涯週期費用, Life Cycle Cost): 구조물을 기획, 설계, 건설하고, 유지관리하고 철거하기 위해 소요되는 비용의 총액을 말한다.

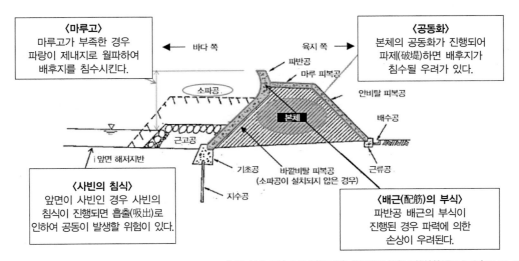

출처: 日本 国土交通省(2015), 海岸保全施設の維持管理のあり方について

그림 3.51 해안침식 대책시설인 해안제방의 점검위치(예시)

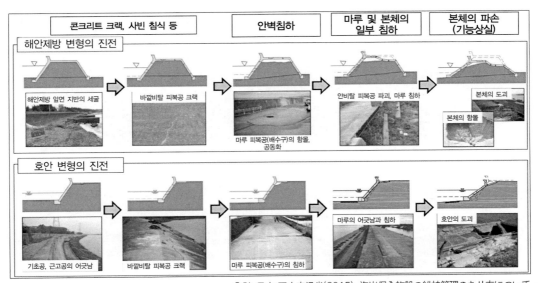

출처: 日本 国土交通省(2015), 海岸保全施設の維持管理のあり方について

그림 3.52 해안침식 대책시설(해안제방·호안)의 노후화에 따른 변형의 진전

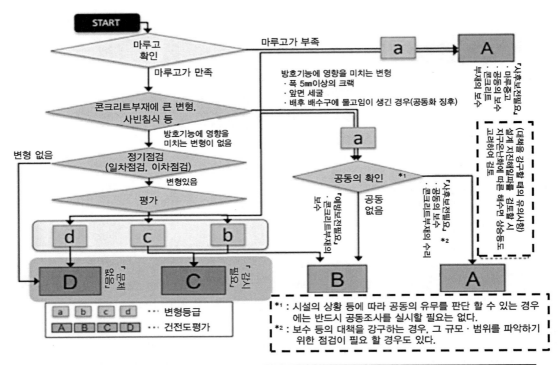

건전도		변형 정도
A등급	사후 보전필요	구조물에 큰 변형이 발생하여 그대로는 마루고 및 안전성을 확보할 수 없는 등, 구조물의 방호기능에 대해서 직접적으로 영향을 줄 정도로 구조물을 구성하는 부위·부재의 성능저하를 가져와 개량 등의 실시에 관한 적절한 검토를 필요가 있다.
B등급	예방 보전필요	침하 및 크랙이 발생하는 등, 구조물의 방호기능에 대한 영향과 연관된 정도의 변형이 발생하여, 구조물을 구성하는 부위·부재의 성능저하를 초래하여 보수 등의 실시에 관한 적절한 검토를 필요가 있다.
C등급	감시필요	구조물의 방호기능에 영향을 미치는 정도의 변형이 발생하지 않지만, 변형이 진전될 가능성이 있으므로 감시가 필요하다.
D등급	문제가 없음	변형이 발생하지 않아 구조물의 방호기능은 현재 저하되지 않는다.

출처: 日本 国土交通省(2015), 海岸保全施設の維持管理のあり方について

그림 3.53 해안침식 대책시설의 건전도 평가

① 점검에 관한 계획

해안침식 대책시설의 구조, 유지·수선 상황, 주변 상황 및 해상·기상을 고려하여 적절한 시기에 순찰·점검을 하는 계획을 포함한다.

② 건전도 평가·장래 계획

점검 결과를 바탕으로 시설 전체의 변형상태나 기능 저하를 파악하기 위한 건전도 평가를 하는 동시에 해안침식 상황을 고려하여 장래의 기능저하를 예측한다.

③ 보수에 관한 계획

예방보전형 유지관리에 근거한 보수시기 및 공법을 계획하고, 배후지의 중요도를 고려하여 우선순위를 검토하여 비용 평준화를 고려한 보수계획을 포함한다(그림 3.54, 그림 3.55 참조).

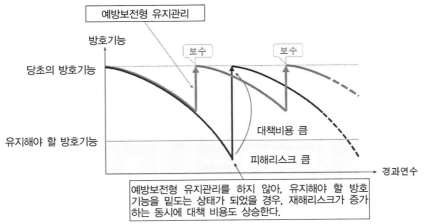

출처: 日本 国土交通省(2015), 海岸保全施設の維持管理のあり方について

그림 3.54 해안침식 대책시설의 예방보전형 유지관리로의 전환에 대한 개념도

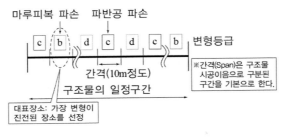

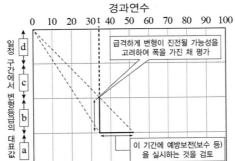

(a) 경과연수 t년에 변형등급이 b일 경우의 열화예상선(劣化豫想線)

그림 3.55 해안침식 대책시설의 예방보전형 유지관리에로의 전환(예시)

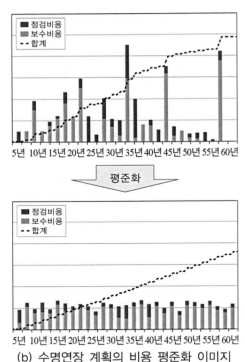

(b) 수명연장 계획의 비용 평준화 이미지

출처: 日本 国土交通省(2015), 海岸保全施設の維持管理のあり方について

그림 3.55 해안침식 대책시설의 예방보전형 유지관리에로의 전환(예시)(계속)

(5) 만조위(滿潮位) 시 해수역류(海水逆流) 방지 대책

기후변화로 인한 평균해수면의 상승 또는 태풍의 강대화에 따른 폭풍해일·고파랑 증대로 해안 인근과 배후지의 우수관로(雨水管路)에 해수의 역류가 예상된다. 특히, 장래 기후변화로 인한 평균해수면 상승으로 만조(滿潮) 시 또는 대조(大潮) 시 폭풍해일·고파랑이 내습하면 해수 역류로 인한 침수 피해는 현재보다 더 빈번하거나 가중될 것이다(그림 3.56 참조). 우리나라의 남해안 또는 서해안의 연안지역은 매년 백중사리(음력 7월 15일)[10] 때 해수역류로 침수 피해를 자주 받아왔는데 기후변화로 평균해수면이 상승하면 현재보다 더 빈번하거나 심하게 해수역류로 인한 침수 피해를 볼 것으로 예상된다.

---

10) 백중사리(百中-): 해수면의 조차(潮差)가 연중 최대로 높아지는 것을 말하며, 달과 태양과 지구의 위치가 일직선상에 있으면서 달과 지구가 가장 가까운 거리(근지점, Perigee)에 있을 때 발생하며, 그 시기는 음력 7월 15일(백중) 전후로 3~4일간 평소보다 바닷물의 높이가 최대로 높아지게 된다.

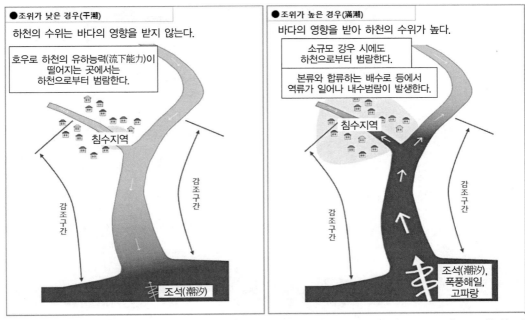

출처: 芦屋市(2018), https://www.city.ashiya.lg.jp/bousai/taifu21/documents/setumeikai2.pdf

그림 3.56 기후변화로 인한 평균해수면 상승으로 폭풍해일 또는 조석(특히 백중사리) 시 해수역류

해수역류를 방지하기 위한 대책은 다음과 같이 3가지 방법이 있다.

- 플랩게이트(Flap Gate)는 관로 내 수위와 조차(潮差)로 인해 자동으로 개폐되는 게이트로 만조(滿潮) 시 폭풍해일 또는 고파랑의 내습 시 해수의 역류를 차단하고, 간조(干潮) 시 우수 또는 하천흐름에 의해 자동으로 개방됨에 따라 우수(雨水)를 배수할 수 있다(그림 3.57(a) 참조).
- 플랩 게이트의 하류에서는 우수관로의 압력상승에 따라 맨홀뚜껑의 비산(飛散) 및 물 넘침이 우려되는 곳에서는 압력맨홀뚜껑으로 교체한다(그림 3.57(b) 참조).
- 우수관로로의 역류를 막기 위한 설치관로용 역지(逆止)밸브를 설치한다(그림 3.57(c) 참조).

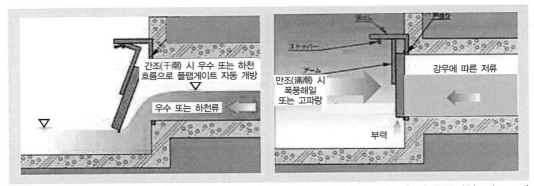

(a) 플랩 게이트(Flap Gate)(왼쪽 그림은 간조(干潮) 시, 오른쪽 그림은 만조(滿潮) 시 폭풍해일 또는 고파랑 내습)

(b) 맨홀의 해수 역류 및 압력맨홀뚜껑   (c) 설치관로용 역지밸브

출처: 芦屋市(2018), https://www.city.ashiya.lg.jp/bousai/taifu21/documents/setumeikai2.pdf

그림 3.57 해수 역류 대책

(5) 환경을 고려한 해안구조물

기후변화로 인한 평균해수면 상승 또는 태풍의 강대화에 따른 폭풍해일·고파랑 증대로 사빈 식생이 감소·소멸하거나 해초(海草)의 갯녹음[11]과 쌍각류(雙殼類)의 조개(대합, 바지락 등)등과 같은 서식환경 변화가 예상된다. 기존 방파제와 호안의 문제점은 재료가 콘크리트로 단조롭고 미끄러운 면이 많아 부착성 쌍각류만 월등하게 서식·점유하여 생물 다양성이 부족하고 해저에는 불량토사가 퇴적하여 빈산소화[12]를 유발한다. 이에 환경을 배려한 해안구조물인 방파제 또는 호안의 개발이 필요하며, 환경을 배려한 방파제로는 에코시스템(Eco-system)식 방파제, 호안으로는 타이드풀(Tide Pool)형 호안이 있다. 에코시스템식 방파제는 용존 산소[13]가 풍부

---

11) 갯녹음(白化現象, Whitening Event): 연안에 서식하고 있는 해조류 일부나 전부가 고사, 유실되고 해저는 불모 상태로 되어 해저면에 살아가는 정착성 생물이 감소하는 현상을 말한다.
12) 빈산소화(貧酸素化): 광범위하게 해저 근처의 바닷물에서 해양생물에 필요한 산소가 거의 없어져 버리는 현상을 말한다.

한 수심대에 생물생식장을 조성할 목표로 일본 에히메현(愛媛県) 미시마가와노에항(三島川之江港)에 축조한 케이슨 방파제 내에 바닥 높이가 다른 3가지 천장(淺場)을 조성하였다(그림 3.58 참조). 타이드풀(Tide Pool)형 호안은 일본 히로시마현(広島県) 쿠레시(呉市)의 호안 벽면에 수평 웅덩이를 설치하여 물을 좋아하는 생물이 서식하도록 하였다(그림 3.59 참조).

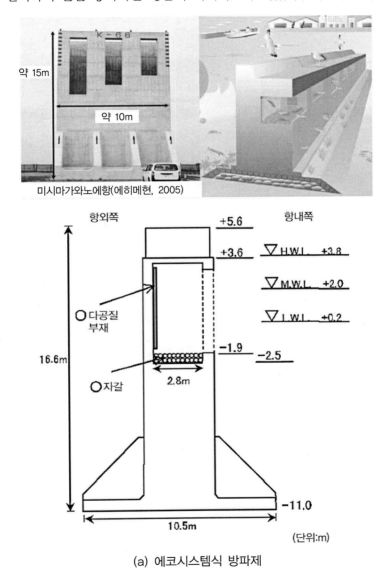

(a) 에코시스템식 방파제

그림 3.58 에코시스템식 방파제(일본 에히메현(愛媛県) 미시마가와노에항(三島川之江港))

---

13) 용존 산소(溶存 酸素, Dissolved Oxygen): 수중에 녹아든 용존(溶存)산소량을 말하며, 단위는 ppm이고. 용존 산소가 부족하면 어패류(魚貝類)에 심각한 영향을 주는 일이 있다.

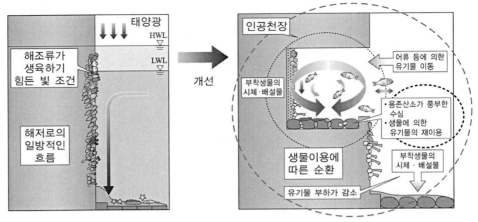

(b) 에코시스템식 방파제 메커니즘

출처: https://www.jsce.or.jp/prize/tech/files/2007_18.shtml

그림 3.58 에코시스템식 방파제(일본 에히메현(愛媛県) 미시마가와노에항(三島川之江港))(계속)

출처: 芦屋市(2018), https://www.city.ashiya.lg.jp/bousai/taifu21/documents/setumeikai2.pdf

그림 3.59 타이드풀형 호안(히로시마현(広島県) 쿠레시(呉市))

2) 비구조적 대책

(1) 기후변화의 영향을 고려한 설계(3.4.4 '가능한 한 재설계 없는 설계'의 사고방식 참조)

기후변화 예측을 기본으로 설정한 외력에는 여러 가지 불확실성이 내재하므로 '가능한 한 재설계 없는 설계' 또는 '과잉투자가 되지 않는 설계'를 하는 것이 중요하다. 그 때문에 해안구조물 설계 시 미리 대책을 고려한 '선행형 대책'과 장래 기후변화를 확인 후에 대책을 고려하는 '순응형 대책' 중 어느 쪽이 적절한 대책 방법인가를 선택할 필요가 있다(그림 3.60 참조). '가능한 한 재설계 없는 설계'는 '선행형 대책'과 '순응형 대책'을 포함한 설계이다. '선행형 대책'은 구조물 부재의 내용연수(耐用年數) 내 예측되는 외력의 증가분을 고려하여 설계하는 것을 말하며, 기후변화로 인한 해수면 상승 시 장래 개량이 어려운 수문기둥(門柱) 및 기초공에 대하여 장래 게이트 규모를 고려한 기둥 높이나 기초공이 되도록 사전에 설계하는 것이다. '순응형 대책'은 설계 시는 기후변화를 고려하지 않지만, 기후변화에 의한 외력 증가를 확인 후에 대책을 강구(講究)하는 것을 말하며, 게이트 규모가 변화할 때마다 권상기(Winch, Hoist) 또는 수문짝(扉體)을 개조하는 것을 뜻한다(그림 3.61, 그림 3.62 참조).

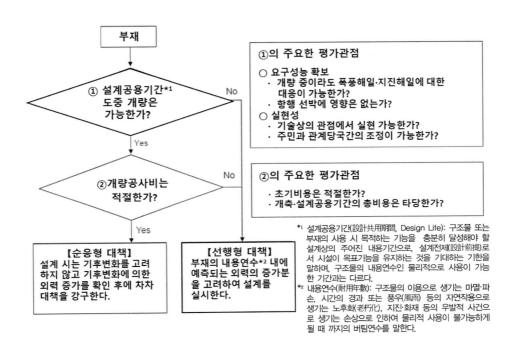

출처 : 大阪府河川構造物等審議会, 令和2年度第2回気候変動検討部会(2020.11.10.)

그림 3.60 기후변화의 영향을 고려한 설계 흐름도

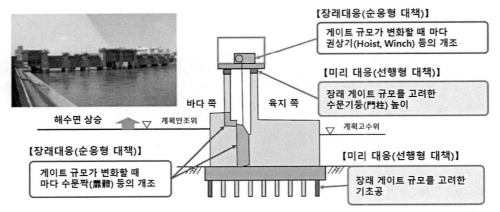

출처: 日本 国土交通省(2019),「気候変動を踏まえた治水計画のあり方」提言(参考資料)

그림 3.61 기후변화의 영향을 고려한 '가능한 한 재설계 없는 설계'의 이미지(예시)

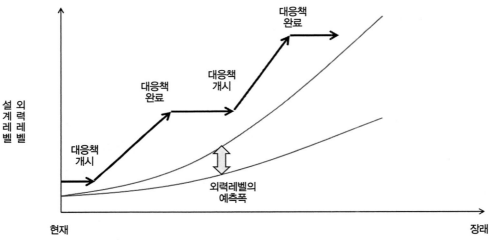

출처: 日本 国土交通省(2021), 気候変動適応策の実装に向けた論点

그림 3.62 기후변화의 영향을 고려한 순응형 대책에 대한 개념도

(2) 해안침식대책에서의 신기술 개발

표사(漂砂)의 예측 수치 모델 고도화 및 대책공법의 개발과 같은 해안침식대책에 대한 신기술 개발을 진행한다. 또한, 중장기적인 평균해수면 상승에 따른 정선의 후퇴에 대한 대응 및 대책 방법에 대한 조사연구가 계속적으로 필요하다.

(3) 시·군·구의 해저드맵(Hazard Map)작성 지원

태풍 강대화에 따른 폭풍해일·고파랑의 증대, 평균해수면 상승에 의한 재난 리스크의 증가를 시·군·구의 해저드 맵에 포함할 수 있도록 지원하고 이를 배후지 주민에게 주지(周知)시키고 대피 대책의 추진에 활용한다.

(4) 대피계획 수립 및 훈련 실시 추진

태풍의 강대화에 따른 폭풍해일·고파랑의 증대에 따라 제외지 내 기업 및 배후지 주민의 대피에 관한 계획수립 및 훈련실시를 지속적으로 추진한다.

(5) 방호선의 셋백(Set Back) 및 도시기능의 이전·집약을 고려한 토지이용의 적정화

중장기적인 해수면 상승에 의한 해안선 후퇴를 고려한 방호선의 셋백(Set Back) 이나 컴팩트(Compact)한 시(市)의 형성과 같은 도시기능의 이전·집약의 기회를 파악하여 재난 리스크가 높은 침식대책시설 배후의 토지이용 적정화를 실시한다.

(6) 환경을 배려한 정비 및 신공법에 대한 조사연구·실시

기후변화가 생태계에 미치는 영향을 조사해 파악하는 동시에, 환경을 배려한 정비의 개념이나 신공법의 개발을 하여 이를 활용한 정비를 시행한다. 또한, 주변 환경과의 조화를 이루는 종합적인 다중방호(多重防護)에 대한 대응책도 검토한다.

(7) 초과 외력이 작용하는 경우의 해안침식 대책시설에 대한 영향 파악

초과 외력이 작용하는 경우에 해안침식 대책시설의 안정성 저하에 대한 영향을 검토하고, 재난 리스크가 높은 장소를 파악한 후 '잘 부서지지 않는 구조'와 같은 재난감소 대책에 도움이 되는 구조물의 구조에 관한 연구에 활용한다.

(8) 생애주기비용을 고려한 최적의 보강·개량에 대한 개념 검토

기후변화에 의한 외력 증가 시 대폭적인 추가비용을 필요로 하지 않는 단계적인 대응을 할 수 있도록 시설의 신규 정비나 보강·개량 단계 시 생애주기비용을 고려한 최적의 보강·개량을 하는 방안을 설계상 고려한다.

(9) 대피 판단에 도움이 되는 정보의 분석·제공

기후변화로 인한 태풍의 강대화에 따른 폭풍해일·고파랑의 증대로 침수가 발생하였을 때 대피 판단에 결정에 도움이 되는 정확한 데이터를 평시에 축적하거나 수치 시뮬레이션 모델로 신속한 분석하여 관계기관과 주민에게 결과를 제공한다.

3) 구조적·비구조적 대책을 조합시킨 대응책

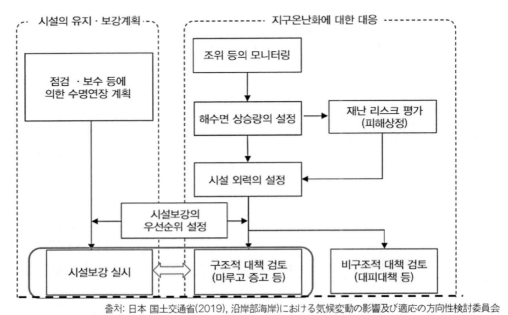

출처: 日本 国土交通省(2019), 沿岸部海岸)における気候変動の影響及び適応の方向性検討委員会

그림 3.63 해안침식 대책시설의 보강에 따른 지구온난화에로의 전략적 대응

지구온난화의 영향으로 인한 해수면 상승에 전략적으로 대응하기 위해 해안침식 대책시설 보강·개량에 맞춘 마루고 증고(增高)와 같은 구조적 대책 및 대피 대책, 해저드 맵과 같은 비구조적 대책을 서로 조합시킨 대응책이 필요하다(그림 3.63, 그림 3.64 참조). 즉, 시설 건전도와 간이방법으로 평가된 투자 효과를 토대로 시설 정비의 우선순위를 평가하고 시설의 여유고(餘裕高)를 바탕으로 단계적인 보강·개량을 한다.

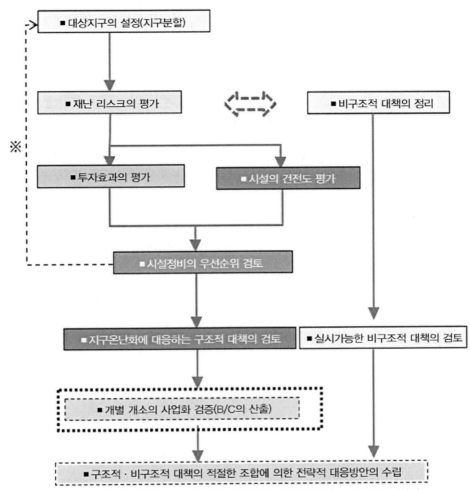

※ 정기적으로 외력조건의 확인을 실시하고, 일정기간(10년 정도) 후 재검토하는 것이 바람직하다.

출처: 日本 国土交通省(2019), 沿岸部(海岸)における気候変動の影響及び適応の方向性検討委員会

그림 3.64 해안침식 대책시설의 보강에 따른 지구온난화에로의 전략적 대응에 대한 검토순서도

지구온난화의 대응 검토에 대한 투자효과는 침수 시뮬레이션, 레벨담수법[14] 또는 간이방법 중 하나로 평가하며, 향후 인구·자산 감소의 지역 내 변동이 있으면 그 변동을 고려해 평가하는 것을 기본으로 한다. 3가지 방법 중 가장 많이 이용하는 간이방법(簡易方法) 평가는 ① 배후지역 인구, ② 시설 마루고, ③ 지반고, ④ 중요시설의 유무와 같은 4항목에 대해서 정리하고, ①~③

---

14) 레벨담수법(Level 湛水法): 예상된 외력수준으로 산출된 파랑 및 조위에서의 단위 시간당 월류량·월파량에 월류·월파 연장과 지속시간을 곱해서 월류량·월파량을 구하는 방법으로 낮은 지반고에서 월류량·월파량에 상당하는 체적까지 차례로 침수할 때의 침수예측구역 및 예측침수심으로 설정한다.

에 관계되는 평가점수의 곱 및 ④에 관계되는 평가점수의 합을 바탕으로 전체의 투자효과를 산정한다(표 3.3 참조).

표 3.3 시설정비의 우선순위 평가

구분		시설의 건전도(보강·개량의 필요시기)		
		현재에 필요	장래에 필요	당분간 미필요
투자효과	대	1	3	4
	소	2	4	4

1: 신속하게 증고(增高) 등을 실시

2: 비구조적 대책과 병행하여 검토한 후 증고의 필요성 검토

3: 시설의 건전도 재평가, 관측데이터를 활용하여 정기적인 외력 조건을 확인* 한 후 결과에 따라 순차적으로 예방보전에 맞춘 증고 등을 검토

4: 모니터링의 지속

* 해수면 상승에 따른 외력 증대, 작용 위치의 변동으로 생기는 월파량의 증가 및 본체의 활동·전도에 대한 안전성 저하를 고려할 필요가 있기 때문임

출처: 日本 国土交通省(2019), 沿岸部(海岸)における気候変動の影響及び適応の方向性検討委員会

- 곱에 의한 산정: ①배후지 인구에 관계된 평가점수×②시설 마루고에 관계된 평가점수×③지반고에 관계된 평가점수
- 합에 의한 산정: ①~③에 관계된 평가점수의 곱과 ④에 관계된 평가점수와의 합

현시점에서는 점검·조사를 한 결과를 토대로 시설의 구간별 건전도를 평가한 후에 시설 전체의 건전도를 평가하는 것을 기본으로 한다. 또한, 내진성 평가는 간이차트(Chart)식 내진진단 시스템으로 시설의 수를 점점 좁힌 후에 FLIP(2차원 유효응력해석)에 의한 조사를 하여 지진 시의 마루 침하량이나 변형에 따른 방호기능의 저하에 대하여 평가하는 것을 기본으로 한다.

3.5 기후변화에 대응한 일본 오사카시(大阪市)의 3대 수문(아지가와(安治川) 수문·시리나시가와(尻無川)수문·기즈가와(木津川)수문) 개축(改築)공사 설계

3.5.1 니시오사카(西大阪) 지역의 폭풍해일 계획

1) 니시오사카 지역의 폭풍해일 대책

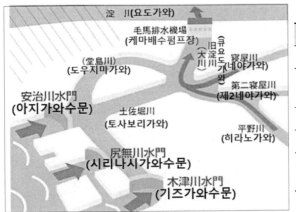

항목	내용
형식	아치(Arch)형 게이트
경간	57.0m×1 [15.0×1]
유효폭원	55.4m
비체(扉體)	폭 66.7m×높이 11.9m
폐쇄 시 마루고	O.P. +7.4m

(a) 오사카시 3대 수문의 위치도 및 제원

(b) 3대 수문

출처: 日本大阪府河川構造物等審議会(2020), 西大阪地域における高潮計画について

그림 3.65 오사카시 3대 수문의 위치도 및 제원

    오사카시(大阪市) 큐오도가와(旧淀川)의 강줄기에 대한 방조방식(防潮方式)은 대형 방조수문 방식을 채택하여, 폭풍해일 시에는 방조수문을 폐쇄하여 폭풍해일의 소상(遡上) 방어를 하고 있다(그림 3.65 참조). 현재 오사카시의 3대 수문은 1965년부터 설계에 착수하여 1970년에 폭풍해일 대책의 근간시설(根幹施設)로서 완성된 이래 반세기 동안 일본 오사카시의 안전을 지키고 있다. 가장 최근 발생한 폭풍해일은 2018년 태풍 '제비'로 인한 폭풍해일경보가 발령되어 3대 수문을 폐쇄하였다. 이때 기즈강(木津川) 수문밖에 설치된 오사카부(大阪府)의 조위계로 최

대조위 O.P.[15])+5.13m를 관측한 결과 과거 최고조위(제2무로토 태풍(第2室戶台風))보다 약 1m 높은 조위가 발생하였지만, 폭풍해일에 의한 침수 피해는 발생하지 않았다(그림 3.66 참조). 이 수문은 이세만 태풍(伊勢湾台風)과 같은 태풍이 최악의 경로(무로토 태풍(室戶台風) 경로)를 따라 만조(滿潮) 시에 내습했을 경우를 고려하여 설계되어 있다.

출처: 日本大阪府河川構造物等審議会(2020), 西大阪地域における高潮計画について

그림 3.66 2018년 태풍 '제비' 내습 시 오사카시 3대 수문의 상황과 조위관측 기록

2) 폭풍해일 계획의 개요

오사카만 폭풍해일 계획은 각종 기관에서 실시된 다양한 수치 시뮬레이션과 수리모형실험 결과와 제방구조 및 교량의 부대공사, 용지(用地) 문제를 검토한 후 논의 결과 결정되었다(표 3.4, 그림 3.67 참조).

---

15) O.P.(Osaka Peil, 오사카만 최저조위(大阪湾最低潮位): 오사카만(大阪湾)과 요도가와(淀川)의 높이 기준으로 조석의 최저 값(약최저저조위=기본수준면)을 정하였는데, 특수기준면의 하나로 일본 표고(標高)의 기준인 도쿄만 평균해수면(東京湾平均海水面(T.P.))과는 O.P.=T.P.+1.30m인 관계가 있다.

표 3.4 오사카시의 폭풍해일 계획에 대한 개요

구분	내용	비고
계획목표	오사카만 폭풍해일 계획은 기왕의 최대태풍(이세만 태풍, 1959년 9월)과 같은 규모를 갖는 대형 태풍이 오사카만에 걸쳐 최악이 되는 경로(무로토 태풍, 1934년 9월)를 따라 만조 시에 내습했을 경우를 예상하여 방조시설(防潮施設)을 정비하는 것을 목표로 하고 있다.	
계획폭풍해일고	• O.P.+5.20m(=O.P.+2.20m+3.00m) ▷ O.P.+2.20m: 7~10월(태풍시기)의 대조평균고조위 ▷ 3.00m: 조위편차(폭풍해일편차)(바람의 불어 밀침, 기압 저하 등에 따른 조위의 이상상승고)	
계획제방고	• O.P.+6.60m(=O.P.+5.20m+1.40m) ▷ O.P.+5.20m: 계획폭풍해일고 ▷ 1.40m: 변동량(처오름고·언상고[*](堰上高))	방조수문 밖에서의 계획 제방고
폐쇄 시 수문고	• O.P.+7.40m(=O.P.+5.20m+1.40m+0.20m+0.60m) ▷ O.P.+5.20m: 계획폭풍해일고 ▷ 1.40m: 변동량(처오름고·언상고(堰上高)) ▷ 0.20m: 바람의 불어 밀침에 의한 수위상승(수문부근의 국소현상) ▷ 0.60m: 지반침하량	

[*] : 제방 마루고를 월류하는 높이

출처: 日本大阪府河川構造物等審議会(2020), 西大阪地域における高潮計画について

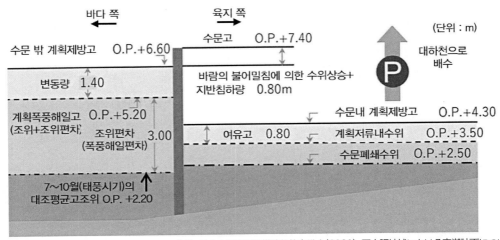

출처: 日本大阪府河川構造物等審議会(2020), 西大阪地域における高潮計画について

그림 3.67 오사카시의 폭풍해일 계획고

3) 새로운 3대 수문

■ 수문형식

출처: 日本大阪府河川構造物等審議会(2020), 西大阪地域における高潮計画について

그림 3.68 새로운 수문(Gate)형식 선정과정

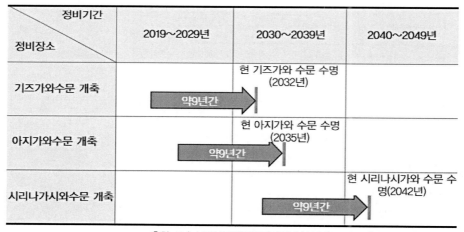

출처: 日本大阪府河川構造物等審議会(2020), 西大阪地域における高潮計画について

그림 3.69 개축하는 3대 수문의 타임 스케줄

개축(改築)할 3대 신수문은 폭풍해일에 대한 방호뿐만 아니라 지진해일에 의한 재난도 방호할 것이다. 즉, 현(現) 수문과는 달리 폭풍해일 대책일 뿐만이 아니라, 지진해일 대책도 겸하기 위해 지진해일에 대한 안전성이나 정전(停電) 시와 같은 긴급 시에도 신속하게 수문이 폐쇄하는 기능을 확보하는 것이 필요하다. 따라서 경제성과 지진해일·폭풍해일 수문으로서의 실적과 같은 지표를 근거한 선정과정을 거친 후, 종합적으로 가장 뛰어난 인상식(引上式) 롤러(Roller) 게이트(Gate)를 채용하기로 했다(그림 3.68 참조). 3대 신수문(아지가와, 시리나시가와, 기즈가와)의 치수면(治水面)에 대한 중요성을 고려하여 노후화에 따른 수명을 다하기 전에 3대 수문을 개축하기로 하고, 기즈가와수문(木津川水門), 아지가와수문(安治川水門), 시리나시가와수문(尻無川水門) 순으로 정비를 하기로 한다(그림 3.69 참조). 3대 신수문(新水門)의 시공위치는 시공성, 경제성 및 주변 토지환경을 바탕으로 현 수문의 직상류(直上流)로 한다(그림 3.70 참조). 3대 신수문은 주민의 안전을 확보하는 중요한 치수시설(治水施設)로서 2100년을 지날 때까지 장기간 사용이 예상된다. 그러므로 3대 신수문은 기후변화의 영향을 받는 것이 확실하며, 기후변화의 영향으로는 평균해수면의 상승 또는 태풍의 강대화에 따른 조위편차·고파랑의 증대 등이 예측된다. 따라서 개축하는 3대 신수문은 기후변화로 외력이 증대해도 시설 또는 부재의 내용연수가 경과할 때까지 필요한 안전성을 확보할 수 있도록 설계할 필요가 있어 본 장에서는 기후변화에 대한 구조적·비구조적 대응에 대해서 알아보기로 한다.

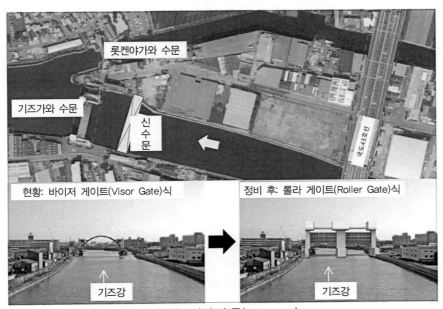

(a) 기즈가와 수문(木津川 水門)

그림 3.70 3대 신수문 개축 위치도 및 이미지

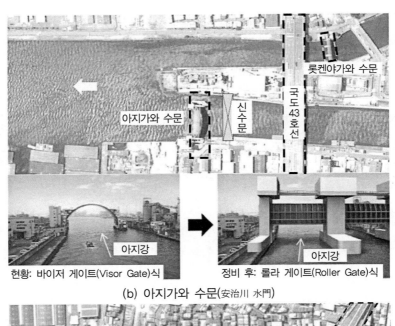

그림 3.70 3대 신수문 개축 위치도 및 이미지(계속)

3.5.2 일본의 기후변화에 대한 현황과 예측

1) 현황

IPCC의 제5차 평가보고서(2013년)에서는 과거 100년 정도 사이에 관측된 기후변화에 대해 '기후시스템의 온난화에는 의심의 여지가 없다.'라고 하였으며, 전 세계 평균기온은 1880~2012년 사이에 0.85℃ 상승하였고, 전 지구 평균해수면은 1901~2010년 사이에 0.19m 상승한 것으로 나타났다(그림 3.71 참조).

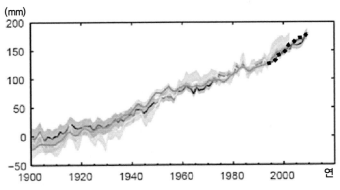

출처: IPCC 5차 평가보고서(2013)

※ 장기간 연속되는 데이터 세트의 1986~2005년 평균을 기준으로 한 전 지구 평균 해수면(전체 데이터는 위성고도계 데이터(점선)의 첫해인 1993년에 같은 값이 되도록 맞추고 있다.)

그림 3.71 전 지구 평균해수면의 경년변화(経年変化)

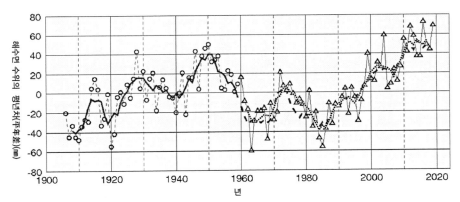

출처: 일본 기상청(2018), 기후변동감시 리포트

※ 일본 연안에서 약 100년간의 조위기록을 참조한 동시에 지반변동의 영향이 가장 적은 4지점의 검조소를 선택한 후, 지점마다 연 평균해수면의 약 100년 동안에 대한 평균값을 산출하고, 연 평균해수면으로 부터 이 평균값을 뺀(-) 값을 4지점에 평균한 값의 추이(推移)를 나타내고 있다. 실선과 파선은 4지점 평균에 대한 평년차의 5년 이동평균값 이고, 점선은 4해역 평균에 대한 평년차의 5년 이동평균값이다.

그림 3.72 일본 연안의 연평균 해수면의 경년변화(1906~2019년)

일본 기상청의 관측에 의하면, 일본의 평균기온은 1898~2018년에 걸친 100년 동안 1.21℃ 상승하였으며, 일본 연안의 평균해수면은 1906~2018년 기간에는 상승 경향은 보이지 않으나

1980년대 이후 상승 경향을 나타내고 있으며, 10~20년 주기의 변동이 있다. 즉, 1971~2010년 기간에 1.1(0.6~1.6)mm/년의 비율로 상승하였고, 1993~2010년 기간에 2.8(1.3~4.3)mm/년의 비율로 상승했다. 또한, 최근만 놓고 보면 일본 연안의 해수면 상승률은 세계 평균해수면 상승률과 같은 정도가 되고 있다(그림 3.72 참조).

2) 예측

표 3.5 RCP 시나리오[1]와 장래예측[2](전 세계 평균지상기온 및 전 지구 평균해수면)과의 관계

종류	시나리오 설명	전 세계 평균지상기온* (가능성이 큰 예측폭)	전 지구 평균해수면* (가능성이 큰 예측폭)
RCP 2.6	• 저위안정 시나리오 (2100년도의 복사강제력 2.6W/m²) • 장래의 기온상승을 2℃ 이하로 억제하는 것을 목표로 개발된 가장 낮은 온실효과 가스 배출량의 시나리오	+0.3~1.7℃	+0.26~0.55m
RCP 4.5	• 중위안정 시나리오 (2100년도의 복사강제력 4.5W/m²)	+1.1~2.6℃	+0.32~0.63m
RCP 6.0	• 고위안정 시나리오 (2100년도의 복사강제력 6.0W/m²)	+1.4~3.1℃	+0.33~0.63m
RCP 8.5	• 고위참조 시나리오 (2100년도의 복사강제력 8.5W/m²) • 2100년도 온실효과가스 배출량이 최대인 시나리오	+2.6~4.8℃	+0.45~0.82m

*: 전 세계 평균지상기온과 전 지구 평균해수면은 1986~2005년의 평균에 대한 2081~2100년의 편차(偏差)임.

출처: 1) JCCCA, IPCC第5次評価報告書特設ページ, 2014, http://www.jccca.org/ipcc/ar5/rcp.html
2) 日本 文部科学省・経済産業省・気象庁・環境省, IPCC第5次評価報告書 第1次作業部会報告書自然科学的根拠)の公表について, 2013.9, http://www.env.go.jp/press/files/jp/23096.pdf

IPCC 제5차 평가보고서(2013년)의 장래 예측에서 대표적 농도경로(RCP) 시나리오가 발표되었다. 구체적으로 4개의 RCP 시나리오를 사용하였는데, 1986~2005년 대비(大比) 2081~2100년의 세계 평균의 지상기온은 가장 온난화가 진행된 RCP 8.5(현재와 같이 온실효과가스의 배출을 계속했을 경우)에서는 2.6~4.8℃, 가장 온난화가 억제된 RCP 2.6(21세기 말에 온실효과가스의 배출이 거의 제로(0)에 도달하는 경우)에서는 거의 0.3~1.7℃로 상승할 것으로 예측된다(표 3.5 참조).

시나리오	1986~2005년 대비(對比) 2100년 평균해수면의 예측 상승량 범위(m)	
	IPCC 5차 평가보고서(2013)	해양·빙권 특별보고서(2019)
RCP2.6	0.26~0.55	0.29~0.59
RCP8.5	0.45~0.82	0.61~1.10

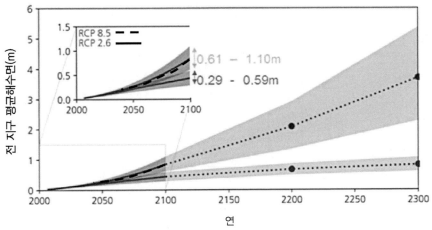

출처: IPCC 해양·빙권 특별보고서(2019), https://report.ipcc.ch/srocc/pdf/SROCC_FinalDraft_FullReport.pdf

그림 3.73 1986~2005년 대비 2300년까지의 해수면 상승(신뢰도: 저(低))
삽입 그림은 RCP 2.6 및 RCP 8.5의 2100년까지의 예측범위 평가(신뢰도: 중(中))

2019년 9월에 IPCC 총회에서 수락된 '해양·빙권 특별보고서'(이하, SROCC)의 평균해수면은 1986~2005년 대비 2100년까지 평균해수면의 예측범위로 RCP 8.5는 0.61~1.10m, RCP 2.6은 0.29~0.59m이므로 IPCC 제5차 평가보고서(2013년)의 값보다 상승 경향이 수정되었다(그림 3.73 참조). 따라서 지금까지 태풍의 발생상황으로부터 볼 때 장기적인 명확한 변화는 알 수 없지만, 최근 일본 근해의 해수면 수온은 상승 경향을 보이며, 이는 태풍의 발달에 영향을 미칠 것으로 예상되므로 장래기후 시 태풍에 의한 조위편차의 극치(極値)는 증가할 것으로 예상된다.

3.5.3 기후변화에 따른 설계외력의 설정

1) 사용하는 데이터

IPCC 제5차 평가보고서(2013년)에서 채택된 RCP 시나리오 중 '해안보전에 반영하는 외력의 기준이 되는 시나리오는 RCP 2.6(21세기 말 2℃ 상승에 해당)에 대한 예측의 평균적인 값을 기본으로 하는 것이 타당하다.'는 일본 국토교통성의 제언을 바탕으로 기후변화에 따른 설계외력에 이용되는 시나리오는 RCP 2.6을 기본으로 한다. 그러나 기후변화예측의 불확실성과 재차(再次) 상승하는 온도상승에도 준비하는 측면에서 RCP 8.5(21세기 말 4℃ 상승 해당)시나리오에 대해서도 외력을 계산한다.

표 3.6 사용 중인 기후변화 예측 데이터

	명칭	기후변화 시나리오	영역 모델 해상도	다운 스켈링 방법	영역모델	대상기간	계산멤버 및 공표상황
약 20년의 계산	NHRCM 20 2100년도 일본 기후 【일본환경성·기상청】	RCP 2.6, RCP 8.5	20km	역학적	NHRCM20	현재 (1984~2004) 장래 (2080~2100)	현재: 3멤버 장래: 3멤버(RCP2.6), 9멤버(RCP8.5)
	NHRCM 02 통합 프로그램 【일본문부성】	RCP 2.6	5km/2km	역학적	NHRCM02	현재 (1980~1999) 장래 (2076~2095)	현재: 4멤버 장래: 4멤버
	NHRCM 05 창생 프로그램 【일본문부성】	RCP 8.5	5km/2km	역학적	NHRCM05	현재 (1980~1999) 장래 (2076~2095)	현재: 4멤버 장래: 4멤버
방대한 앙상블 계산	d4PDF(20km) 창생 프로그램 【일본문부성】	RCP 8.5 해당 (4℃ 상승)	20km	역학적	NHRCM20	현재 (1951~2010) 장래 (2051~2110)	현재: 50멤버 장래: 90멤버 (6SST×15섭동)
	d4PDF(5km, SI-CAT) SI-CAT 【일본문부성】	RCP 8.5 해당 (4℃ 상승)	5km	역학적	NHRCM05	현재 (1980~2011) 장래 (2080~2111)	현재: 12멤버 장래: 12멤버 (6SST×2섭동)
	d4PDF(5km, YAMADA) SI-CAT 【일본문부성】	RCP 8.5 해당 (4℃ 상승)	5km	역학적	NHRCM05	현재 (1951~2010) 장래 (2051~2110)	현재: 50멤버 장래: 90멤버
	d2PDF(20km, SI-CAT) SI-CAT 【일본문부성】	RCP 8.5 해당 (2℃ 상승)	20km	역학적	NHRCM20	현재 (1951~2010) 장래 (2031~2090)	현재: 50멤버 장래: 54멤버 (6SST×9섭동)

※ 일부 공개 절차 중인 것을 포함하며, ☐로 표시된 사각형 박스가 이 장에서 사용하는 앙상블 계산이다.

※ NHRCM02에 대해서는 복수 멤버 계산이 이루어지고 있으며, 그중 일부가 공개되고 있다(향후 순차 공개 예정).

※ 현재 d2PDF(20km)의 해상도 5km로의 다운 스케일링 계산(d2PDF(5km))이 실시 중이다.

출처: 日本 国土交通省(2019), 気候変動を踏まえた治水計画の前提となる外力の設定にかかる予測モデルの評価

IPCC 5차 평가보고서의 시나리오를 바탕으로 일본 주변을 대상으로 한 예측실험은 다수 실시되고 있다(표 3.6 참조). d4PDF는 온난화 대책 수립에 활용할 목적으로 일본 문부과학성의 '기후변화 리스크 정보 작성 프로그램' 및 '해양연구개발기구·지구 시뮬레이터 특별추진과제'에서 작성된 것이다(2.5.4장 d4PDF 활용에 따른 기후변화의 영향평가(일본사례)참조). 본 검토에서는 현재기후에서 3,000년, 장래기후(2℃ 상승)에서 3,240년 및 장래기후(4℃ 상승)에서 5,400년의 예측 데이터를 사용하였다(그림 3.74 참조). 또한, 장래기후 시 태풍 변화의 분석에 사용하는 기후 변동 예측 데이터는, 아래와 같은 이유로 현재기후 및 4℃ 상승기후의 d4PDF(20km), 2℃ 상승기후의 d2PDF(20km)를 사용한다.

• IPCC 제5차 평가보고서의 RCP 시나리오에 근거한다.

• 대규모 앙상블 실험으로 발생빈도가 낮은 극단기상에 대한 통계적인 평가를 할 수 있다.

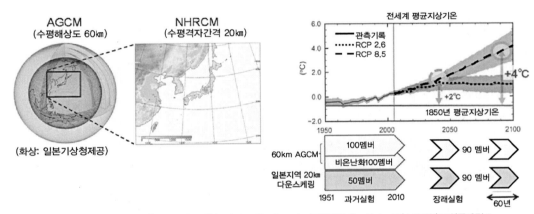

출처: 日本 文部科学省 등(2015), 「地球温暖化対策に資するアンサンブル気候予測データベース(d4PDF)の利用手引き」

그림 3.74 사용하는 기후변화 예측 데이터(d4PDF, d2PDF의 개요)

2) 현 폭풍해일의 계획 외력에 대한 폭풍해일·파랑 계산

(1) 필요성

기후변화에 따른 해수면 상승 또는 태풍의 강대화에 의한 조위편차의 증대가 예상되어 침수 리스크가 증가한다. 신수문(新水門)에 대해서는 장기적으로 기능을 발휘할 필요가 있으므로, 장래 예측되는 기후변화를 고려한 폭풍해일 시뮬레이션으로 설계 외력을 설정한다(그림 3.75 참조).

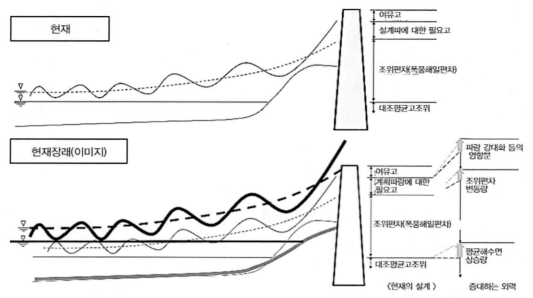

출처: 日本大阪府河川構造物等審議会 気候変動検討部会(2020), 改築する三大水門について設計条件として配慮すべき事項로부터 우리나라 현황에 맞게 수정

그림 3.75 기후변화에 따른 설계조위 설정

(2) 폭풍해일 시뮬레이션의 개요 및 조위편차·조위의 결정방침

신수문 설계 조건인 조위편차(폭풍해일편차)와 파랑의 변동량은 장래기후(2℃ 상승, 4℃ 상승)에서의 태풍에 의한 기압장·바람장 추산결과를 조건으로 한 폭풍해일 시뮬레이션을 통해 산정한다.

'폭풍해일 침수예상구역도 작성 안내서 VER.1.10 H27.7(2015년, 일본 국토교통성 등)'을 참고한 폭풍해일 시뮬레이션은 태풍에 의한 기압장·바람장을 추정하는 기압·바람장 수치 모델과 그 결과를 계산조건으로 하는 폭풍해일 추산 모델과 파랑 추산 모델로 구성된다. 즉, 기압·바람장 모델에 기후변화를 수반하는 태풍의 변화를 반영해, 장래기후의 폭풍해일에 대한 해석을 한다(그림 3.76 참조).

또한, 산정한 장래 기후에서의 조위편차(폭풍해일편차) 및 조위는 현 계획과 같은 빈도로 발생하는 값인지를 확인하고 산정값의 타당성을 평가한다(그림 3.77 참조).

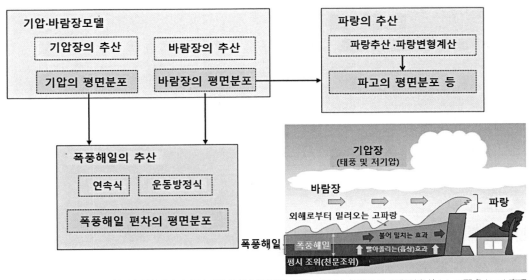

출처: 日本大阪府河川構造物等審議会 気候変動検討部会(2020), 改築する三大水門について設計条件として配慮すべき事項

그림 3.76 폭풍해일 시뮬레이션 구성

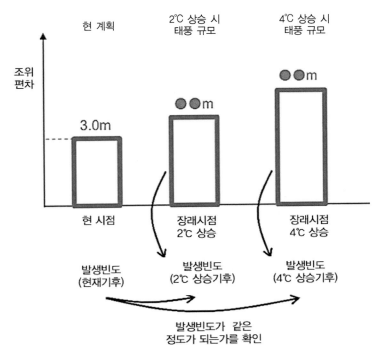

출처: 日本大阪府河川構造物等審議会 気候変動検討部会(2020), 改築する三大水門について設計条件として配慮すべき事項

그림 3.77 조위편차(폭풍해일편차)·조위의 결정방침

(3) 해석 수치 모델의 검증

① 2018년 태풍 '제비'의 재현 계산

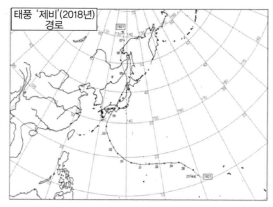

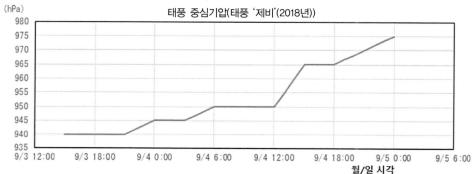

출처: 日本大阪府河川構造物等審議会 気候変動検討部会(2020), 改築する三大水門について設計条件として配慮すべき事項

그림 3.78 태풍 '제비'(2018년)의 경로(태풍중심위치·기압)

구축한 수치 모델에 따라 2018년 태풍 '제비'의 재현 계산을 한 후 수치 모델의 재현 정밀도를 확인하는데, 태풍경로 및 태풍 중심기압은 일본 기상청 최적경로 데이터를 바탕으로 설정하고, 태풍선형풍반경은 태풍 경로 근처 5개 관측소의 관측기압으로부터 역산(逆算)하여 설정하였다 (그림 3.78, 그림 3.79 참조). 기압·바람장 추산의 변환계수 C1, C2는 오사카만(大阪湾)내 해역에서 0.6~0.7까지 0.025 간격으로 5 케이스(Case)로 설정하고, 수문 지점 주변을 포함한 10m 격자 구간은 내륙에 위치하므로 0.4~0.65까지 6 케이스로 설정하여 최적인 정수를 검증(檢證)하였다(그림 3.80, 표 3.7 참조).

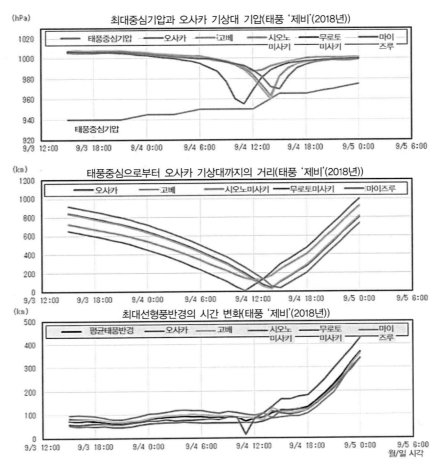

태풍선형풍반경(颱風旋衡風半徑)은 태풍중심위치, 기압과 태풍경로 부근 5개 관측소의 관측기압으로 역산(逆算)하여 설정하였다.

$$p = p_c + \Delta p \exp\left(-\frac{r_0}{r}\right) \Rightarrow r_0 = -r \times \ln\left(-\frac{p-p_c}{\Delta p}\right)$$

여기에서, P_c: 태풍중심기압(hPa), p: 임의 지점의 기압(hPa), Δp: 기압 차이(=$p_\infty - p_c$)

p_∞ : 무한대 원점의 기압(여기에서는 표준기압 1013hPa를 설정)

r_0: 최대선형풍 반경(km), r: 태풍중심으로부터 임의 지점까지 거리(km)

출처: 日本大阪府河川構造物等審議会 気候変動検討部会(2020), 改築する三大水門について設計条件として配慮すべき事項

그림 3.79 태풍 '제비'(2018년)의 최대 선형풍[16) 반경 설정

---

16) 선형풍(旋衡風, Cyclostrophic Wind): 공기에 미치는 다양한 힘이 균형을 이루었을 때 발생하는 균형풍(Balance Wind)의 하나로 원심력과 수평성분의 기압경도력(氣壓傾度力)이 균형을 이루면서 부는 바람을 말한다.

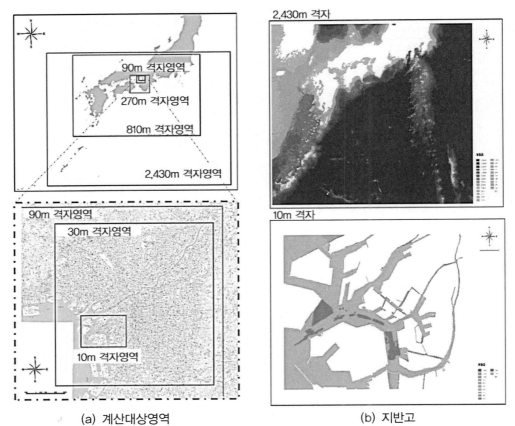

(a) 계산대상영역   (b) 지반고

출처: 日本大阪府河川構造物等審議会 気候変動検討部会(2020), 改築する三大水門について設計条件として配慮すべき事項

그림 3.80 태풍 '제비'(2018년)의 재현계산 시 계산대상 영역과 지반고

표 3.7 수치 모델의 재현성 검증을 위한 해석조건

구분		수치모델의 재현성 검증을 위한 입력조건	비고
해석대상 범위		남북방향: 약 1,300km, 동서방향: 약 1,750km (2,430m 격자의 해석영역)	
해석격자 크기		$\Delta x = \Delta y = 2,430m \rightarrow 810m \rightarrow 270m \rightarrow 90m \rightarrow 30m \rightarrow 10m$ 중첩(Nesting)	
지형 데이터		현황지형(2020년도 말 시점)을 설정	
태풍제원		2018년 태풍 '제비'의 실적 제원을 설정 • 중심기압: 태풍 '제비'의 실적값(일본 기상청 최적경로) • 태풍반경: 태풍 '제비'의 오사카만 주변의 기상대 기압관측값으로 설정 • 이동속도: 태풍 '제비'의 실적값(일본 기상청 최적경로) • 태풍경로: 태풍 '제비'의 실적제원을 설정	
조위(潮位)		일본 기상청 오사카 검조소에서 기왕최고조위를 기록한 9월 4일의 오사카 천문조위 최고값을 설정(O.P.+1.95m(T.P.+0.65m))	
하천유량		3대수문 및 요도가와오오제키(淀川大堰, 하구언)의 완전폐쇄로 하천유량은 없다고 판단하여 유량은 고려하지 않음.	
기압·바람장 추산	기압장 모델	Myers 모델	
	바람장 모델	경도풍 모델	
	모델정수	• 이동속도, 최대선형풍반경, 경로: 실적(태풍제원 참조) • 풍속변환계수 C1, C2*의 설정 방법 ▷ C1=C2로서 오사카만 내해(內海) 지역은 0.6~0.7까지 0.025 간격으로 5케이스를 설정, 수문지점 부근을 포함하면 10m 격자구간(格子區間)은 육지에 위치하므로, 0.4~0.65까지 6케이스를 설정함.	
파랑 추산	모델	스펙트럼법(제3세대 파랑추산모델: SWAN)	
	계산조건	• 지형조건: 현황지형(2020년 말 시점)을 설정 • 격자분할: 상기의 '해석격자 크기' 참조(최소 격자 크기 30m) • 초기수위: 조위를 설정(O.P.+1.95m(T.P.+0.65m))	
폭풍 해일 추산	모델	비선형장방정식(非線形長波方程式) 모델(코리올리(Coriolis)힘, 기압변동, 해면마찰을 고려)	
	각종계수	• 지형조건: 현황지형(2020년 말 시점)을 설정 • 격자분할: 상기의 '해석격자 크기' 참조(최소 격자 크기 10m) • 조도계수(粗度係數): 수역은 일률적(一律的)으로 만닝(Manning)의 조도계수 n=0.025이고, 본 검토에서는 육지 지역의 침수는 고려하지 않으므로 육지지역은 미설정함. • 해면저항계수: 本多·光易(1980)식을 기본으로 풍속 45m/s을 상한(上限)으로 설정함.	
	검증시점	오사카만 내에서의 폭풍해일 현상 재현정도 및 설계대상인 수문지점의 폭풍해일+파랑현상 재현 정도	

*: 변환계수 C1, C2는 태풍 모델에서 산정되는 풍속의 폭풍해일 기여도를 나타내는 계수로써, 물리적인 값이 아니라 실적 태풍의 검증계산을 바탕으로 설정되는 정수이다.

출처: 日本大阪府河川構造物等審議会 気候変動検討部会(2020), 改築する三大水門について設計条件として配慮すべき事項

② 검증대상 지점

 해석 수치 모델의 검증지점은 오사카항, 고베항, 탄노와(淡輪)(이상 일본 기상청 관측), 시리나시가와(尻無川) 수문, 기즈가와(木津川) 수문 및 롯켄야가와 (六軒家川) 수문(이상 오사카부 관측)으로 한다. 아지가와(安治川) 수문은 데이터 결측으로 검증대상 지점에서 제외하였다(그림 3.81 참조).

 일본 기상청 조위관측소의 조위관측은 기준해수면, 평균해수면의 장기적 변동 및 지진해일·폭풍해일·장주기파를 파악하기 위해 관측하고 있다. 이 때문에 파랑 등 비교적 짧은 변동의 주기(週期)를 제거한 평균적인 해수면 변동을 연속적으로 측정한다. 시설구조는 단주기 파랑의 영향을 제거하기 위해 도수관(導水管)을 통해 바다와 연결된 우물을 설치하여 해수면을 관측하고 있으므로 파랑 성분은 포함되지 않는다. 그러나 각 수문지점의 수위관측방법(오사카부(大阪府)에서 설치)은 각 수문 지점에 설치된 수위계(조위관측과 같은 도수관이나 우물은 설치되어 있지 않다.)로 수위(水位)의 1분 간격 순간값을 관측하고 있으므로 파랑 성분이 포함되어 있다(그림 3.82 참조). 따라서 수문 지점의 관측값(1분 간격)과 이동 평균값(5분, 11분)을 비교하여 파랑의 영향을 검증하였다. 태풍 접근 전 조위가 낮은 기간에는 관측값과 이동 평균값에는 큰 차이는 없으나, 수위상승 시 관측값과 이동 평균값과의 차이가 크게 변동하고 있어 파랑에 따른 영향으로 생각된다. 관측값의 이동 평균값을 취하는 것으로, 파랑의 영향을 어느 정도 제거할 수 있다고 생각할 수 있다. 그러므로 수문 지점 관측데이터는 조위(이동 평균값)와 계산조위로 검증을 한다(그림 3.83 참조).

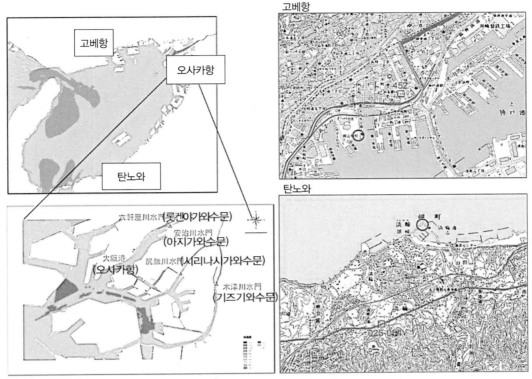

출처: 日本大阪府河川構造物等審議会 気候変動検討部会(2020), 改築する三大水門について設計条件として配慮すべき事項

그림 3.81 해석수치모델의 검증지점

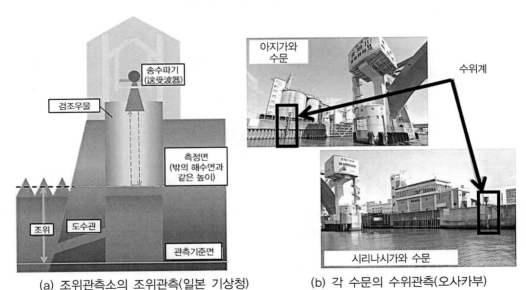

(a) 조위관측소의 조위관측(일본 기상청)   (b) 각 수문의 수위관측(오사카부)

출처: 日本大阪府河川構造物等審議会 気候変動検討部会(2020), 改築する三大水門について設計条件として配慮すべき事項

그림 3.82 조위관측소의 조위관측과 각 수문의 수위관측

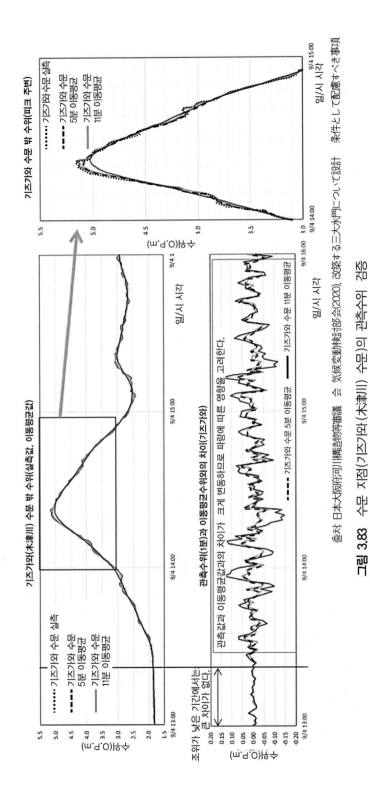

그림 3.83 수문 지점(기즈가와(木津川) 수문)의 관측수위 검증

③ 일본 기상청 조위관측소 데이터에 의한 비교

일본 기상청 조위관측소의 조위에 따른 비교 시 피크값의 재현성은 C1, C2=0.650, 0.675에서는 오차가 작다. 파형(波形)의 재현성(再現性)은 탄노와(淡輪)지점에서 C1, C2=0.675 이상이 되면 정합성[17]이 낮다(표 3.8, 그림 3.84 참조).

④ 수문 지점의 수위관측(조위) 데이터에 의한 비교

수문 지점의 조위(이동 평균값)에 의한 비교 시 피크값의 재현성은 5분, 11분 이동 평균값 모두 C1, C2=0.650, 0.675에서는 오차가 작다. 파형의 재현성은 C1, C2=0.650 이하에서는 어느 지점에서도 기준값 이상이지만, 기즈가와(木津川) 수문 지점은 C1, C2=0.675 및 C1, C2=0.700에서는 어느 지점에서도 정합성이 낮다(표 3.9, 그림 3.85, 그림 3.86 참조).

⑤ C1, C2의 설정

피크값에 의한 비교에서는, C1, C2=0.650, 0.675 모두 오차는 작지만, C1, C2=0.675 는 기즈가와 수문 지점의 오차가 작다. 파형 재현성에 의한 비교에서는 C1, C2=0.650은 전체적으로 재현성은 좋지만, C1, C2=0.675는 탄노와, 기즈가와 수문 지점의 재현성이 낮다. 따라서 본 검토에서는 C1, C2=0.650을 채용하여 수치 시뮬레이션하였다(표 3.10 참조).

---

17) 정합성(整合性, Matching): 시스템을 이루는 물리적 부품 간의 상호 용량이 잘 맞아 전체 시스템의 유효성을 극대화할 수 있을 때, 부품 간에는 정합성이 좋다고 말하는데, 본문에서는 기존계획 또는 데이터 사이의 일치를 의미한다.

표 3.8 일본 기상청 조위관측소 조위와 개선조위와의 비교

구분		피크(Peak)값 재현성						파형의 재현성(Nash(적합도)지표[1])					
		조위(O.P.+m)			조위편차(m)			조위(O.P.+m)			조위편차(m)		
		오사카항	고베항	탄노와	오사카항	고베항	탄노와	오사카항	고베항	탄노와	오사카항	고베항	탄노와
관측값		4.59	3.63	3.09	2.77	1.81	1.24	–	–	–	–	–	–
C1, C2 =0.600	계산값	4.19	3.41	2.94	2.33	1.54	1.09	0.90	0.91	0.83	0.89	0.90	0.76
	관측값과의 차	−0.40	−0.22	−0.15	−0.44	−0.27	−0.15						
C1, C2 =0.625	계산값	4.34	3.49	3.00	2.48	1.62	1.15	0.91	0.90	0.80	0.91	0.90	0.71
	관측값과의 차	−0.40	−0.14	−0.09	−0.29	−0.19	−0.09						
C1, C2 =0.650	계산값	4.51	3.58	3.07	2.65	1.71	1.22	0.91	0.89	0.74	0.91	0.88	0.64
	관측값과의 차	−0.08	−0.05	−0.02	−0.12	−0.10	−0.02						
C1, C2 =0.675	계산값	4.68	3.68	3.14	2.82	1.81	1.29	0.91	0.86	0.65	0.90	0.85	0.54
	관측값과의 차	0.09	0.05	0.05	0.05	0.00	0.05						
C1, C2 =0.700	계산값	4.87	3.79	3.22	3.01	1.92	1.37	0.88	0.80	0.52	0.88	0.80	0.40
	관측값과의 차	0.28	0.16	0.13	0.24	0.11	0.13						

□ : 관측값과의 차(差)가 최소인 케이스, ▨ : Nash지표 0.700이상

출처: 日本大阪府河川構造物等審議会 気候変動検討部会(2020), 改築する三大河川について設計条件として配慮すべき事項

---

1 Nash(적합도, 適合度) 지표 : 시계열 파형(時系列波形)의 적합도 지표로서, 산출식 값이 1에 가까울수록 수치모델의 정밀도는 좋다고 여겨져, 강우사건 유출(流出) 수치모델의 정밀도 검증에서는 0.7 이상이 개현성이 높다고 한다. 【산출식】

$$Nash = 1 - \frac{\sum(Q_o - Q_s)^2}{\sum(Q_o - \overline{Q_o})^2}$$

, Nash : Nash값, Q_o : 실적(실측)값, Q_s : 계산(실측)값, $\overline{Q_o}$: 실적(실측)값의 평균

(출처 : 日本学術会議(2011年 9月 28日), 回答 河川流出モデル・基本高水の検証に関する学術的な評価 ―公開説明（質疑）―, p.10.)

표 3.9 수문 지점의 조위(이동평균값)와 계산조위와의 비교

구분		피크(Peak)값 재현성						파형의 재현성(Nash(적합도)지표)					
		조위(O.P.+m) 5분 이동평균			조위편차(m) 11분 이동평균			조위(O.P.+m) 5분 이동평균			조위편차(m) 11분 이동평균		
		룻켄아키와 수문	시리나시 가와 수문	기즈가와 수문	룻켄아키와 수문	시리나시 가와 수문	기즈가와 수문	룻켄아키와 수문	시리나시 가와 수문	기즈가와 수문	룻켄아키와 수문	시리나시 가와 수문	기즈가와 수문
관측값		4.70	4.80	5.10	4.69	4.77	5.03	-	-	-	-	-	-
C1, C2 =0.600	계산값	4.29	4.34	4.45	4.29	4.34	4.45	0.84	0.82	0.79	0.84	0.83	0.80
	관측값과의 차	-0.41	-0.46	-0.65	-0.40	-0.43	-0.58						
C1, C2 =0.625	계산값	4.46	4.51	4.62	4.46	4.51	4.62	0.83	0.80	0.77	0.83	0.81	0.78
	관측값과의 차	-0.24	-0.29	-0.48	-0.23	-0.26	-0.41						
C1, C2 =0.650	계산값	4.63	4.68	4.80	4.63	4.68	4.80	0.80	0.77	0.73	0.81	0.77	0.74
	관측값과의 차	-0.07	-0.12	-0.30	-0.06	-0.09	-0.23						
C1, C2 =0.675	계산값	4.82	4.87	5.00	4.82	4.87	5.00	0.76	0.71	0.67	0.76	0.71	0.68
	관측값과의 차	0.12	0.07	-0.10	0.13	0.10	-0.03						
C1, C2 =0.700	계산값	5.02	5.07	5.21	5.02	5.07	5.21	0.68	0.62	0.59	0.68	0.62	0.59
	관측값과의 차	0.32	0.27	0.11	0.33	0.30	0.18						

□ : 관측값과의 차(差)가 최소인 케이스, ▨ : Nash지표 0.700이상

출처 : 日本大阪府河川構造物等審議会 気候変動検討部会(2020). 改築する三大水門について配慮すべき事項

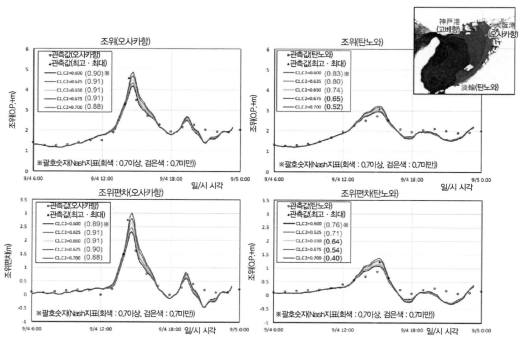

출처: 日本大阪府河川構造物等審議会 気候変動検討部会(2020), 改築する三大水門について設計条件として配慮すべき事項

그림 3.84 일본 기상청 조위관측소의 조위와 계산조위와의 비교

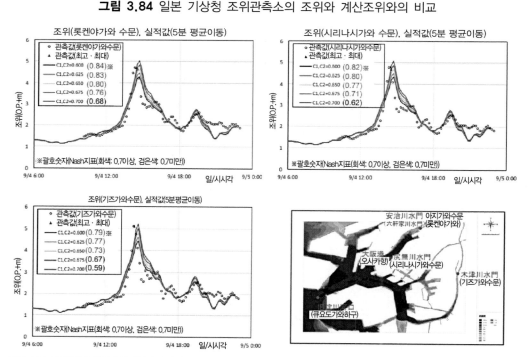

출처: 日本大阪府河川構造物等審議会 気候変動検討部会(2020), 改築する三大水門について設計条件として配慮すべき事項

그림 3.85 수문지점 조위(이동평균값)와 계산조위와의 비교(5분 평균이동)

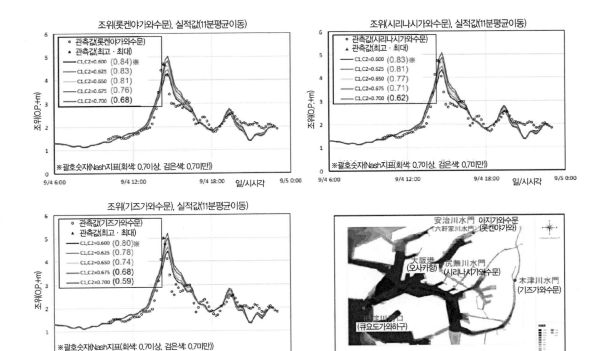

출처: 日本大阪府河川構造物等審議会 氣候変動検討部会(2020), 改築する三大水門について設計条件として配慮すべき事項

그림 3.86 수문지점 조위(이동평균값)와 계산조위와의 비교(11분 평균이동)

표 3.10 해석수치모델 검증을 위한 C1, C2의 설정

구분	피크값의 재현성(오차에 따른 평가)		파형의 재현성(Nash지표에 따른 평가)	
	C1, C2=0.650	C1, C2=0.675	C1, C2=0.650	C1, C2=0.675
일본 기상청 조위 관측소의 조위와 계산조위에 의한 비교	○ • 조위: 어느 지점에서도 10cm 이내 오차 • 조위편차: 오사카항은 12cm 오차, 이외 2지점은 10cm 이내 오차	○ • 조위: 어느 지점에서도 10cm 이내 오차 • 조위편차: 오사카항은 10cm 이내 오차	○ • 조위: 어느 지점에서도 기준값 이상 • 조위편차: 탄노와(淡輪) 이외는 기준값 이상	△ • 탄노와 이외는 기준값 이상 • 조위편차: 탄노와 이외는 기준값 이상
수문지점 조위(이동평균값)와 계산조위에 의한 비교	△ • 조위 5분 평균 : 기즈가와 수문은 30cm 오차, 이외 2개 수문은 10cm 정도 오차 • 조위 11분 평균 : 기즈가와 수문은 23cm 오차, 이외 2개 수문은 10cm 이내 오차	○ • 조위 4분 평균 : 어느 지점에서도 10cm 정도 오차 • 조위 11분 평균 : 어느 지점에서 10cm 정도 오차	○ • 조위 5분 평균 : 어느 지점에서도 기준값 이상 • 조위 11분 평균 : 어느 지점에서도 기준값 이상	△ • 조위 5분 평균 : 기즈가와 수문 이외는 기준값 이상 • 조위 11분 평균 : 기즈가와 수문 이외는 기준값 이상
평가	• 일본 기상청 조위: 양쪽 모두 양호 • 수문 지점 조위: C1, C2=0.675가 양호		• 일본 기상청 조위: C1, C2=0.650 양호 • 수문 지점 조위: C1, C2=0.650가 양호	

출처: 日本大阪府河川構造物等審議会 氣候変動検討部会(2020), 改築する三大水門について設計条件として配慮すべき事項

따라서 구축한 수치 모델로 2018년 태풍 '제비(Jebi)'의 재현계산을 하여 수치 모델의 재현 정밀도를 확인한 결과, 수문 부근에서는 육지의 영향을 크게 받기 때문에 큐요도가와(旧淀川) 하구와 비교하여 재현성은 낮지만, 피크값의 재현은 가능하여 수문 설계에 이용하였다. 다만, 현시점 수치 모델도 한계가 있다는 것을 인식하고, 향후 외력의 재검토를 할 때는 다시 시뮬레이션을 검증하는 것이 필요하다.

(4) 현 폭풍해일 계획 외력에 따른 폭풍해일·파랑 계산

표 3.11 폭풍해일·파랑계산에 대한 해석조건

구분		현(現) 폭풍해일 계획[*1]	계산조건
해석대상 범위		• 광역 모델(3km): 키이수이도우(紀伊水道) 이북 • 상세 모델(2km): 오사카만(大阪湾)	• 남북방향: 약 1,300km • 동서방향: 약 1,750km (2,430m격자의 해석영역)[*2]
지형 (해석격자크기)		• 검토 당시의 지형현황 (광역 모델: 3km, 상세 모델: 2km)	• 현황지형(2020년 말 시점)을 설정[*2] ($\Delta x=\Delta y=2,430m \rightarrow 810m \rightarrow 270m \rightarrow 90m \rightarrow 30m \rightarrow$ 10m 중첩(Nesting))
태풍제원		• 중심기압: 이세만 태풍(伊勢湾台風) 관측값 • 태풍반경: 75km(일정) • 이동속도: 무로토 태풍(室戸台風) 관측값 • 태풍경로: 무로토 태풍 실제경로	• 중심기압: 좌동(左同) • 태풍반경: 매시각의 값을 설정[*2] • 이동속도: 좌동 • 태풍경로: 좌동
조위		태풍시기 평균의 대조평균고조위	좌동
하천유량		하천유량은 고려하지 않음	좌동
기압· 바람장	기압장 모델	• 후지타식(藤田式)	• Myers 모델[*2]
	바람장 모델	• 경도풍 모델	• 경도풍 모델
	계산조건 (모델정수)	• C1=0.6, C2=4/7	• 전지역 C1, C2=0.650[*2]
파랑	모델	• SMB법	• 스펙트럼법(제3세대 파랑추산 모델: SWAN)[*2]
	계산조건	• 현황지형	• 격자분할: 최소격자크기 30m[*2]
폭풍 해일	모델	• 비선형 장파 방정식 모델	좌동
	계산조건	• 해저접선응력: $\tau_b = 2.6 \times 10^{-3} U\|U\|$	• 조도계수: 수역은 일률적으로 n=0.025[*2]
		• 해면접선응력: $\tau_s = 3.2 \times 10^{-3} W\|W\|$	• 本多·光易(1980)식을 근거하여 풍속45m/s를 상한으로 설정함[*2].

*1: 「大阪湾高潮の総合調査報告」(S36.3)気象庁技術報告
*2: 현 계획검토 시와 다른 항목
출처: 日本大阪府河川構造物等審議会 気候変動検討部会(2020), 改築する三大水門について設計条件として配慮すべき事項

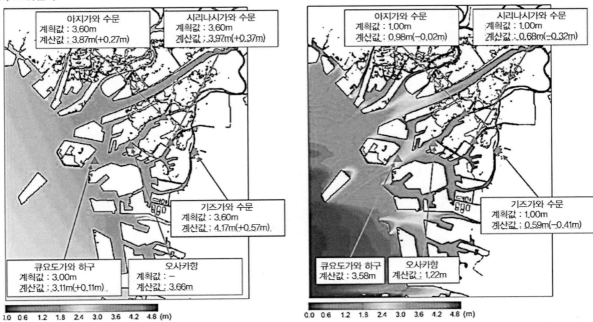

출처: 日本大阪府河川構造物等審議会 気候変動検討部会(2020), 改築する三大水門について設計条件として配慮すべき事項

그림 3.87 현 폭풍해일 계획외력에 의한 폭풍해일·파랑계산 결과

최신정보를 바탕으로 구축한 수치 모델에 표 3.11과 같이 현 계획외력(이세만 태풍과 같은 규모의 태풍이 최악의 경로(무로토 태풍 경로)를 통해 만조 시에 내습한다고 가정한 경우)의 폭풍해일·파랑계산의 해석조건을 대입하였다. 그 결과, 조위편차는 육지 쪽에서 높아지는 경향이 있어 어느 지점에서도 계획값보다 높아 큐요도가와 하구부에서는 11cm, 기즈가와 수문에서는 57cm 계획값보다 높았다(그림 3.87(a) 참조). 한편, 파고는 바다 쪽에서 높아지는 경향에 있어, 각 수문 지점에서 계획값보다 낮았다(그림 3.87(b) 참조). 따라서 3대 수문에서 약간의 편차는 있지만, 계산값과 현 계획값은 대체로 일치함을 확인했다(그림 3.88 참조).

구분		현 계획값	C1, C2=0.650		(참고) 대 영역: C1, C2=0.675 수문주변: C1, C2=0.500	
			해석값	현 폭풍해일 계획과의 차이	해석값	현 폭풍해일 계획과의 차이
대조평균 고조위 (O.P.+m)	아지가와 수문	2.20	2.20	0.00	2.20	0.00
	시리나시가와 수문	2.20	2.20	0.00	2.20	0.00
	기즈가와 수문	2.20	2.20	0.00	2.20	0.00
조위편차 (m)	아지가와 수문	3.60	3.87	0.27	3.89	0.29
	시리나시가와 수문	3.60	3.97	0.37	4.00	0.40
	기즈가와 수문	3.60	4.17	0.57	4.16	0.56
처오름고 (m)※	아지가와 수문	1.00	0.98	−0.02	1.03	0.03
	시리나시가와 수문	1.00	0.68	−0.32	0.71	−0.29
	기즈가와 수문	1.00	0.59	−0.41	0.63	−0.37
지반침하량 (m)	아지가와 수문	0.60	0.60	0.00	0.60	0.00
	시리나시가와 수문	0.60	0.60	0.00	0.60	0.00
	기즈가와 수문	0.60	0.60	0.00	0.60	0.00
수문마루고 (O.P.+m)	아지가와 수문	7.40	7.65	0.25	7.72	0.32
	시리나시가와 수문	7.40	7.45	0.05	7.51	0.11
	기즈가와 수문	7.40	7.56	0.16	7.59	0.19

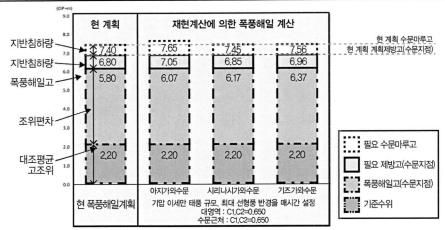

출처: 日本大阪府河川構造物等審議会 気候変動検討部会(2020), 改築する三大水門について設計条件として配慮すべき事項

그림 3.88 현 폭풍해일 계획외력에 의한 폭풍해일·파랑계산(수문 마루고의 비교)

3) 기후변화에 따른 설계외력의 설정방법

(1) 기후변화에 의한 외력의 증가(폭풍해일·지진해일)

	현행 외력	장래 외력의 변동요소
기준수위	O.P.+2.2m 태풍시기의 대조평균고조위	• 이미 상승된 해수면 상승분 • 장래의 해수면 상승분
조위편차※	3.6m	• 태풍강대화에 따른 조위편차 증대
처오름고	1.0m	• 태풍강대화에 따른 파랑의 증대
여유고	0.6m 지반침하량	• 지하수위취수규제에 따른 침하억제

※수문지점

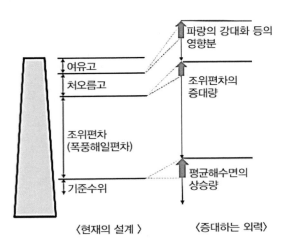

(a) 기후변화에 따른 폭풍해일 외력 변화

	현행 외력	장래 외력의 변동요소
기준수위	L1지진해일: O.P.+2.1m 연평균 대조평균고조위 L2지진해일: O.P.+2.2m 태풍시기의 대조평균고조위	• 이미 상승된 해수면 상승분 • 장래의 해수면 상승분
L1[1] 지진해일고	아지가와: 2.36m 시리나시가와: 2.83m 기즈가와: 3.54m	• 없음
L2[2] 지진해일고	아지가와: 3.56m 시리나시가와: 3.65m 기즈가와: 4.45m	

[1] L1(Level 1): 대략 수십 년~백 수십 년에 한 번 정도의 빈도로 발생하는 지진해일
[2] L2(Level 2): 대략 수백 년~천 년에 한 번 정도 빈도로 발생하고 극심한 영향을 유발하는 최대급 지진해일

그림 3.89 기후변화에 따른 외력 변화

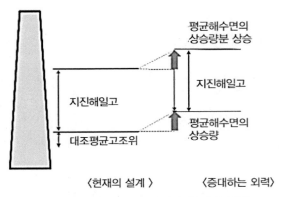

출처: 日本大阪府河川構造物等審議会 気候変動検討部会(2020), 改築する三大水門について設計条件として配慮すべき事項

그림 3.89 기후변화에 따른 외력 변화(계속)

기후변화에 따른 외력이 증대(평균해수면이 상승하거나 태풍이 강해진다.)함에 따라, 계획 폭풍해일고, 파고 및 지진해일고가 상승한다. 또한, 정수압이나 파압 등과 같은 작용하중도 증가한다. 수문 마루고 검토는 지진해일고보다 폭풍해일고 쪽이 높아지므로 폭풍해일고를 대상으로 검토한다(그림 3.89 참조).

(2) 장래기후의 기준수위 설정(대조평균고조위 설정)

오사카 조위관측소의 대조평균고조위에 대한 경년변화(經年變化)를 정리한 결과, 현 계획의 기준수위 O.P.+2.2m(태풍시기의 대조평균고조위(1954~1963년))에 대하여 IPCC 5차 보고서(2013년)의 예측 기준년(1986~2005년)으로는 O.P.+2.3m, 최근 10개년(2009~2018년)에 있어서는 O.P.+2.4m로 되어 해수면은 상승 경향에 있었다(그림 3.90(a) 참조).

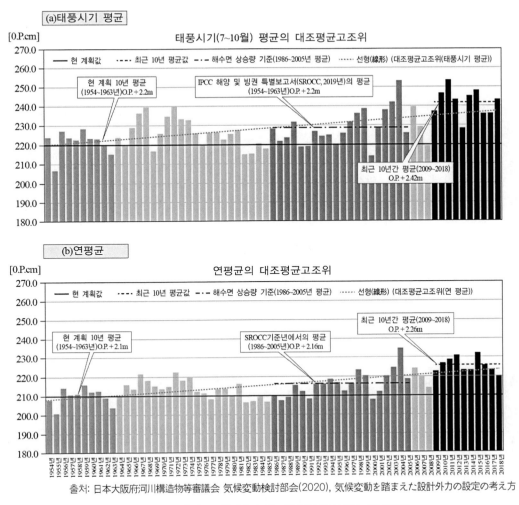

그림 3.90 오사카 조위관측소의 대조평균고조위 경년변화

또한, 일본 국토교통성도 '이미 해수면은 상승하고 있다'라고 보고하였다. 즉, 일본 기상청은 대조고조위 평년차의 상승률이 4 해역 평균 4.7mm/년(1993~2010년)이라 보고하였다(그림 3.91 참조). 따라서 오사카만 신수문(新水門)의 기준수위는 IPCC 5차 보고서의 예측 기준년 (1986~2005년)에 해당하는 태풍시기의 대조평균고조위(O.P.+2.3m)에 기후변화로 따른 해수 면 상승량을 고려해 설정한다(그림 3.90(a) 참조).

단위: mm/년

	I	II	III	IV	4개 해역 평균
1960~2017년*	−1.1	−1.8	1.5	2.9	0.7
1971~2010년	0	−3.7	2.2	4.4	0.7
1993~2010년	1.1	0	6.2	9.5	4.7

*최종 연도는 일본기상청의 해석기간과는 달리 2017년

I : 홋카이도 · 도호쿠지방 연안

II : 간토 · 도카이지방 연안

III : 긴키 · 큐슈지방의
태평양쪽 연안

IV : 호쿠리쿠 · 큐슈지방의
동지나해쪽 연안

※ 해석에 사용된 지반변동의 영향이 적은 16개 지점의 검조소와 해역(도쿄는 1968년 이후 데이터를 사용한다. 2011년
도호쿠 지방 태평양 외해지진의 영향을 받았던 하코다테(函館), 후카우라(深浦), 가시와자키(柏崎), 도쿄 및 하시노혜
(八戶)는 2011년 이후의 데이터를 사용하지 않았다.)

출처: 日本 国土交通省(2020), 「気候変動を踏まえた海岸保全のあり方検討委員会(第3回)」より

그림 3.91 일본 대조고조위의 상승률

(3) 장래기후에서의 기준수위 설정(해수면 상승량 설정)

2100년 기준으로 전 지구 평균, 일본 주변 및 오사카만 주변의 해수면 상승량을 비교하면
큰 차이는 없다. 해수면은 RCP 2.6, RCP 8.5 모두 2100년 이후에도 상승할 것으로 예측한다
(그림 3.92 참조).

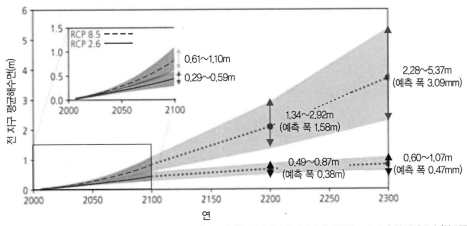

출처: 日本 国土交通省(2019),「気候変動を踏まえた海岸保全のあり方検討委員会(第1回)」より

그림 3.92 전 지구 평균해수면 상승(2100년 이후를 포함)

    2100년까지의 평균해수면 상승 추정에 대해서는 IPCC 해양·빙권 특별보고서(SROCC, 2019년)의 해수면 상승 데이터를 근거하여 일본 주변 및 오사카만 주변의 데이터(5~95% 불확실성을 갖는 폭)를 각각 비교한 결과, 2℃ 상승기후에서는 0.26~0.67m(일본 주변) 및 0.25~0.62m(오사카만 주변), 4℃ 상승기후에서는 0.58~1.28m(일본 주변) 및 0.58~1.20m(오사카만 주변)이었다(그림 3.93 참조).

    일본정부의 '기후변화에 따른 해안보전에 대한 기본방향 제언'에서는 '해안보전의 목표는 2℃ 상승 상당(RCP 2.6)을 전제로 하면서, 광역적·종합적인 관점에서의 대응은 평균해수면이 2100년에 1m 정도 상승하는 예측(4℃ 상승 상당(RCP 8.5))도 고려하여 장기적 관점에서 관련 분야와의 제휴(提携)가 중요하다.'라고 기술하고 있다.

    따라서 오사카시 3대 수문의 해수면 상승은 개축할 수문의 설계공용기간인 2100년을 지나 그 이후에도 평균해수면 상승할 것으로 예측된다는 점과 평균해수면 상승은 앞으로도 평상(平常)시에도 계속해서 광범위하게 작용한다는 것이다. 그러므로 2℃ 상승기후에 대해서는 예측의 상위(上位)인 95%값(0.59~0.67m)을 참고하여 0.67m를 채용한다. 한편, 온실가스 최대 배출량 시나리오인 4℃ 상승기후에서는 예측 중앙값(0.84~0.90m)을 참고로 0.90m를 채용한다(표 3.12 참조). 이것은 미국이나 영국의 사례에서도 1m 정도의 해수면 상승을 고려하고 있어 이번 설정은 타당한 범위이다.

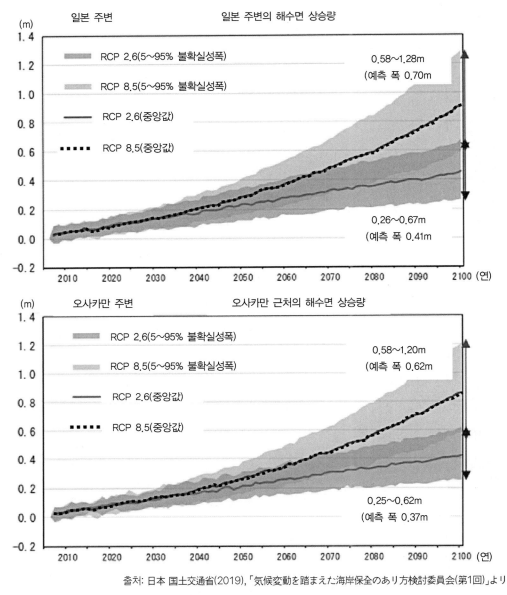

출처: 日本 国土交通省(2019), 「気候変動を踏まえた海岸保全のあり方検討委員会(第1回)」より

그림 3.93 일본 및 오사카만 주변 해수면 상승의 경년변화(2100년까지)

표 3.12 전 지구 평균, 일본 주변 및 오사카만 주변의 해수면 상승량(2100년 기준)   (단위: m)

통계값	RCP 2.6			RCP 8.5		
	전 지구 평균[*1]	일본 주변[*2]	오사카만 주변[*3]	전 지구 평균[*1]	일본 주변[*2]	오사카만 주변[*3]
95%값(90% 신뢰구간 상한값)	0.59	0.67	0.62	1.10	1.28	1.20
중앙값+1σ	0.53	0.59	0.54	1.00	1.14	1.07
중앙값	0.44	0.46	0.42	0.84	0.90	0.86
중앙값−1σ	0.34	0.34	0.32	0.70	0.71	0.69
5%값(90% 신뢰구간 하한값)	0.29	0.26	0.25	0.61	0.58	0.58

[*1]: IPCC 해양·빙권 특별보고서(SROCC, 2019년) 기재
[*2]: 일본 주변 306개 격자 평균
[*3]: 오사카만 주변 4지점 평균

출처: https://report.ipcc.ch/srocc/pdf/SROCC_FinalDraft_Chapter4_SM_Data.zip

(4) 장래 기후에서의 조위편차 산정 방법(기압·풍향풍속의 산정 방법)

① 개요

장래기후에 대한 태풍(기압·풍향풍속)의 설정은 예상태풍(豫想颱風)에 장래의 기후변화를 고려하는 경우(방법 1)와 기후변화 예측 데이터를 직접 활용하는 경우(방법 2)가 있다.

> **방법 1** **예상태풍에 장래의 기후변화를 고려하는 경우**
> 가. 기후변화 예측 데이터에서 현재기후 및 장래기후 시 오사카만 주변을 통과하는 태풍을 추출한다.
> 나. 현재기후와 장래기후 시 태풍의 중심기압을 비교하여 현재기후 대비 장래기후의 중심기압 변동량(비율)을 정리한다.
> 다. 현 계획에서 결정된 태풍의 각종 제원에 '나.'에서 정리된 변동량에 기후변화를 고려한 예상태풍 모델을 설정(일본 국토교통성의 '기후변화에 따른 치수계획의 기본방향 제언'에서 기술된 장래 강우량 설정 방법과 동일한 사고방식이다.)한다.
> 라. '다.'에서 설정된 태풍에 대해서 여러 경로를 가지는 폭풍해일 시뮬레이션을 한 후 하천 하구부에서 최대 조위 편차가 되는 경로를 채용한다.

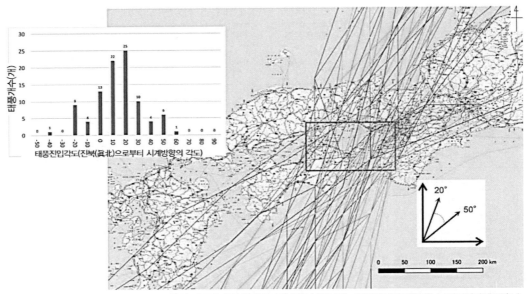

출처: 大阪府 都市整備部 事業管理室(2019): 大阪府河川整備審議会第2回高潮専門部会

※ d4PDF에서 오사카만의 폭풍해일에 영향을 미치는 범위를 통과하는 태풍은 약 700개로 이 중 대체로 '매우 강한' 이상의 세력을 갖는 중심기압이 950hPa 이하인 세력으로 접근하는 태풍을 추출하면 90개가 된다(위의 그림의 직사각형 내 선 중). 내습하는 강한 태풍의 진입 각도는 -20~50°가 많다.

그림 3.94 d4PDF에서 오사카만을 통과 및 접근하는 태풍경로

방법 2 **기후변화예측 데이터를 직접 이용하는 방법**

　가. 기후변화 예측 데이터에서 장래기후 시 오사카만 주변을 통과하는 태풍을 추출(오사카부 폭풍해일 침수상정구역도(高潮浸水想定区域図) 검토에서 약 700개의 태풍을 추출한다. 그림 3.94 참조)한다.

　나. 추출된 태풍의 기압 및 풍향풍속을 이용하여 폭풍해일 시뮬레이션을 한다.

　조위편차의 산정 방법은, 현 계획과의 정합성(整合性)이나 수문에 있어서 계획상 가장 위험한 쪽이 되는 조건으로 설계 가능한 방법인 방법 1(예상태풍에 장래의 기후변화를 고려)을 채용한다. 또한, 방법 1의 타당성을 확인하기 위해, 방법 2(장래 기후예측을 직접 활용)도 실시한다(표 3.13 참조).

표 3.13 장래기후에서의 기압·풍향풍속의 산정 방법 비교

구분	방법 1: 예상태풍에 장래 기후변화를 고려	방법 2: 장래 기후예측을 직접 활용
장점	• 태풍 모델이나 경로의 설정 방법에 대해 현 계획과 정합성을 도모할 수 있다. • 태풍경로를 조건으로 설정할 수 있으므로 수문에 있어서 가장 위험한 쪽에 대한 태풍 제원(경로, 이동속도 등)을 검토할 수 있다.	• 방대(尨大)한 데이터가 모수(母數)가 되므로 확률평가가 가능하다. • 기상 모델에 의한 해석이므로 육지의 영향을 받아 변화하는 바람 등을 표현할 수 있어 실제 현상에 가까운 시뮬레이션이 가능하다. • 예측의 불확실성을 고려한 분석이 가능하다.
단점 및 과제	• 격자(格子)크기에 따라 태풍의 기압 및 바람장 피크값의 재현성이 문제가 될 수 있다. • 가상태풍에 의한 설정이므로 구한 결과가 과소·과대해질 가능성이 있다.	• 격자 크기에 따라 태풍의 기압 및 바람장 피크값의 재현성이 문제가 될 경우가 있다. • 데이터양이 방대하므로 해석량도 커진다. • 가장 위험한 쪽에 대한 태풍 제원(경로, 이동속도)을 검토할 수 없다.

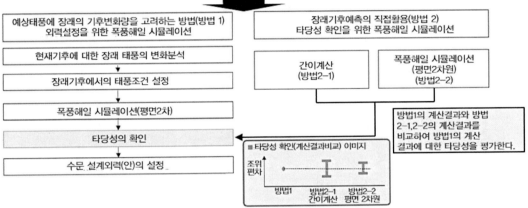

출처: 日本大阪府河川構造物等審議会 気候変動検討部会(2020), 改築する三大水門について設計条件として配慮すべき事項

② 외력 설정을 위한 폭풍해일 시뮬레이션(방법 1)

가. 현재기후에 대한 장래 태풍의 변화분석

현재기후와 장래기후의 태풍 중심기압의 변동량(비율)을 정리하고, 이를 현 계획 규모(이세만 태풍 규모)로 고려함으로써 장래기후의 태풍을 설정한다. 우선 데이터 추출 정리방법은 d2PDF, d4PDF에서 큐슈(九州)~혼슈(本州)를 포함한 동경 129.1~141.5°의 범위와 북위 34.5°(오사카만 중심 북위) 범위의 기압을 추출하여 연(年) 최저기압을 정리(d2PDF, d4PDF에서의 태풍 경로 데이터가 작성되지 않았으므로 여기에서는 연 최저기압을 태풍 유래(由來)라고 간주(看做)한다.)한다(그림 3.95 참조). 실적태풍(일본 기상청의 태풍 최적경로 데이터, 1951~2018년)에서 상기(上記) 범위를 통과하는 태풍을 추출하여 통과시점의 태풍 중심기압을 정리한다.

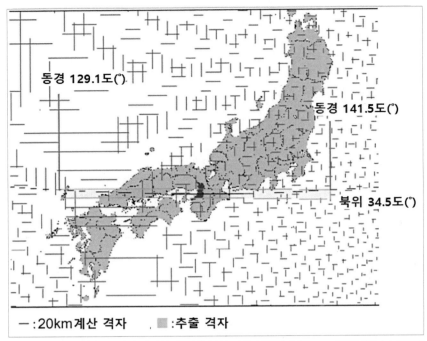

출처: 日本大阪府河川構造物等審議会 気候変動検討部会(2020), 改築する三大水門について設計条件として配慮すべき事項

그림 3.95 데이터 추출 정리방법

다음으로는 실적 태풍 중심기압의 누적 도수분포로써 이세만 태풍 규모의 누적도수(累積度數)를 정리하는데, 현재기후 및 장래기후의 누적 빈도 분포에서 실적(實績) 이세만 태풍 빈도에 상당하는 태풍중심기압을 정리한 후, 표준 대기압(1,013hPa)으로부터의 기압 강하량을 지표(指標)로 잡아 현재기후와 장래기후의 비율을 정리하고, 현 계획의 설정값에 비율을 곱하여 장래기후의 태풍조건을 설정한다(그림 3.96 참조).

일본 기상청의 태풍 최적경로 데이터(1951~2018년)에서 큐슈~혼슈를 포함한 동경 129.1~141.5°의 범위와 북위 34.5°(오사카만 중심 북위)를 통과하는 태풍을 추출(246개 태풍)한 후 통과 시점의 태풍중심기압에 대한 연도(年度) 최저값을 정리하면(그림 3.97 참조), 이세만 태풍 규모(940hPa)와 같은 정도의 발생빈도(누적도수)는 약 1.07%이다(그림 3.98 참조). 현재기후 및 장래기후에서 실적이 이세만 태풍 규모와 같은 누적도수(1.07%)를 이루는 태풍중심기압을 중앙값으로 잡으면, 현재기후에서 956hPa, 장래 2℃ 상승은 951hPa, 장래 4℃ 상승으로는 944.5hPa가 된다(그림 3.99 참조).

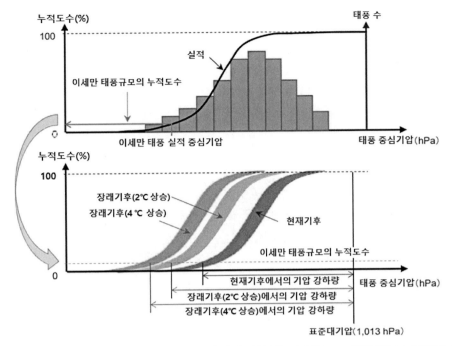

출처: 日本大阪府河川構造物等審議会 気候変動検討部会(2020), 改築する三大水門について設計条件として配慮すべき事項

그림 3.96 실적 태풍 중심기압의 누적 도수 분포

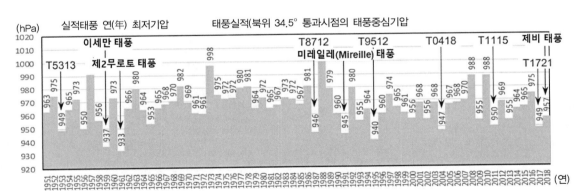

출처: 日本大阪府河川構造物等審議会 気候変動検討部会(2020), 改築する三大水門について設計条件として配慮すべき事項

그림 3.97 실적태풍에 의한 태풍중심기압의 정리

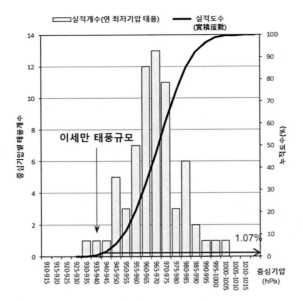

출처: 日本大阪府河川構造物等審議会 気候変動検討部会(2020), 改築する三大水門について設計条件として配慮すべき事項

그림 3.98 실적 데이터에 근거한 이세만 태풍 규모 이상의 발생도수(누적도수)

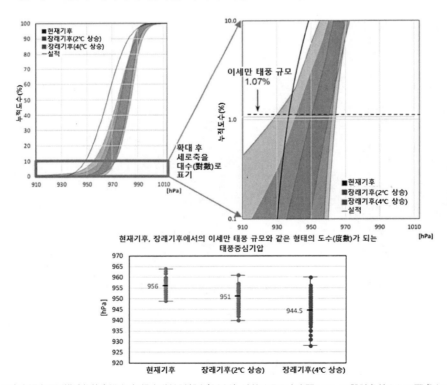

출처: 日本大阪府河川構造物等審議会 気候変動検討部会(2020), 改築する三大水門について設計条件として配慮すべき事項

그림 3.99 현재기후에 대한 장래태풍의 변화분석

나. 장래기후에 대한 태풍조건의 설정

현재기후로부터 장래기후로의 변화를 표준 대기압으로부터의 태풍중심기압 저하량으로 나타낸 지표(指標)로써 정리한다. 즉, 표준기압(1013hPa)으로부터의 태풍중심기압 저하량을 지표로써 현재기후로부터의 비율을 설정하고, 이것을 이세만 태풍 규모에 적용하여 장래기후에 있어서의 태풍 조건을 설정한다. 그 결과 장래기후(2℃ 상승)의 기압저하량은 현재기후의 1.09배이며, 장래기후(4℃ 상승)에서는 현재기후의 1.21배가 된다(그림 3.100, 표 3.14 참조).

장래기후에 대한 현재기후의 기압 저하량에 대한 비율을 현 계획(이세만 태풍 규모)에 적용하면, 장래 2℃ 상승은 933.4hPa, 장래 4℃ 상승에서는 924.7hPa이 된다(표 3.15 참조). 그 이외의 태풍조건 설정은 표 3.16과 같이 설정한다.

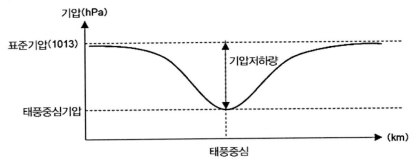

출처: 日本大阪府河川構造物等審議会 気候変動検討部会(2020), 改築する三大水門について設計条件として配慮すべき事項

그림 3.100 태풍기압 단면도

표 3.14 현재기후로부터 장래기후로의 태풍 변화

구분	현재기후	장래기후 2℃ 상승	장래기후 4℃ 상승
태풍중심기압(hPa) (표준기압(1013hPa)으로부터 기압저하량)	956 (57)	951 (62)	944 (69)
현재기후의 기압저하량에 대한 비율	–	1.09 (62/57)	1.21 (69/57)

출처: 日本大阪府河川構造物等審議会 気候変動検討部会(2020), 改築する三大水門について設計条件として配慮すべき事項

표 3.15 장래기후에 대한 태풍중심기압의 설정

구분	실적 현(現) 계획	장래기후 2℃ 상승	장래기후 4℃ 상승
현재기후의 기압저하량에 대한 비율	–	1.09	1.21
기압저하량(hPa)	73(1013−940)	79.6(73×1.09)	88.3(73×1.21)
장래기후 태풍중심기압의 설정(hPa)	940 (이세만 태풍 규모)	933.4(1013−79.6) →(1℃씩 상승할 때마다 3.3hPa 감소)	924.7(1013−88.3) (1℃씩 상승할 때마다 4.35hPa 감소)

(1℃씩 상승할 때마다 3.83hPa 감소)

출처: 日本大阪府河川構造物等審議会 気候変動検討部会(2020), 改築する三大水門について設計条件として配慮すべき事項

표 3.16 그 이외의 태풍조건 설정

구분	설정방법
최대 선형풍 반경	• 태풍중심기압을 사용하여 간편법(예를 들어 아래 식)으로 설정 $R_{\max} = 94.89 \times \exp\left((p_c - 967)/61.5\right)$ 여기서, p_c : 태풍중심기압(hPa)[*1]
이동속도	• 현 계획에서의 설정을 기본으로 폭풍해일 시뮬레이션의 감도분석(感度分析)을 할 때 편차가 커지는 값을 설정
태풍경로	• 현 계획의 결정 경로인 무로토 태풍(室戸台風) 경로를 기본으로 하여 여러 경로에 대해서도 검증하여 설정

*1: '日本海南方海域を通過する台風の最大旋衡風半径の推定方法(2015)'

출처: 日本大阪府河川構造物等審議会 気候変動検討部会(2020), 改築する三大水門について設計条件として配慮すべき事項

다. 태풍의 최대선형풍 반경과 이동속도의 설정

태풍의 최대선형풍반경은 현(現) 폭풍해일 계획에서는 이세만 태풍의 태풍중심기압과 최대선형풍반경의 관계식을 정리하여 설정한다(그림 3.101 참조). 태풍 이동속도는 기후변화 예측 데이터(d4PDF)에서 현재기후와 장래기후(4℃ 상승) 시 혼슈~큐슈를 내습(來襲)하는 태풍의 이동속도를 정리한 결과, 이동속도에 뚜렷한 차이는 보이지 않는다. 또한, 태풍의 이동속도가 늦어질 경우 최고조위의 지속시간이 길어질 것으로 예측되지만, 수문을 설계하는 데 있어서는 고려할 필요가 없으므로 현(現) 폭풍해일 계획과 같은 이동속도로 잡는다(표 3.17 참조).

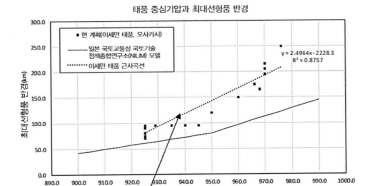

출처: 日本大阪府河川構造物等審議会 気候変動検討部会(2020), 改築する三大水門について設計条件として配慮すべき事項

그림 3.101 태풍중심기압과 최대 선형풍 반경

표 3.17 현재기후와 장래기후(4℃ 상승) 시 태풍 이동속도

구분	현재기후	장래기후(4℃ 상승)
태풍개수/60년 모든 개수(個數) 평균	59.1	30.0
전(全) 태풍 평균 이동속도(km/h)	45.3	44.9
전 태풍 상위 1% 이동속도(km/h)	93.2	94.0
전 태풍 상위 10% 이동속도(km/h)	71.2	71.3

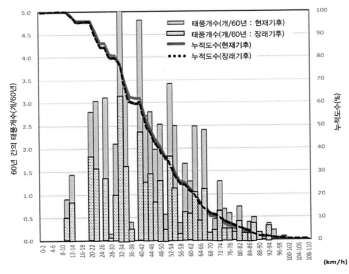

출처: 日本大阪府河川構造物等審議会 気候変動検討部会(2020), 改築する三大水門について設計条件として配慮すべき事項

라. 해석조건

태풍의 경로검토를 위한 해석조건은 표 3.18과 같다.

표 3.18 태풍경로 검토를 위한 해석조건

구분		경로 검토를 위한 해석조건	비고
해석대상 범위		• 남북방향: 약 1,300km, 동서방향: 약 1,750km (2,430m 격자의 해석영역)	
해석격자 크기		• Δx=Δy=2,430m → 810m → 270m → 90m → 30m → 10m 중첩(Nesting)	
지형		• 현황지형(2019년 말 시점)	

태풍제원		• 중심기압
		  ▷2℃ 상승 시 933hPa(오사카만과 한신(阪神) 사이에 재상륙)
		  ▷4℃ 상승 시 925hPa(오사카만과 한신 사이에 재상륙)
		• 태풍반경: 이세만 태풍의 중심기압과 최대 선형풍반경 관계식에
		  따라 설정
		• 이동속도·경로: 무로토 태풍 실적값	

조위		• 기준수위: O.P.+2.3m(대조평균고조위)+해수면 상승량 • 2℃ 상승: O.P.+3.0m(RCP 2.6 95%값) • 4℃ 상승: O.P.+3.2m(RCP 8.5 중앙값)	
기압 · 바람장 추산	모델	• Myers 모델, 경도풍(傾度風) 모델	
	계산조건	• C1, C2=0.650을 적용	
파랑 추산	모델	• 스펙트럼법(제3세대 파랑추산모델: SWAN)	
	계산조건	• 격자분할: 최소 격자크기 30m	
폭풍해일 추산	모델	• 비선형 장파방정식 모델	
	계산조건	• 조도계수: 수역은 일률적으로 n=0.025 • 해면저항계수: 本多·光易(1980)식을 기본으로 설정	

표 3.18 태풍경로 검토를 위한 해석조건(계속)

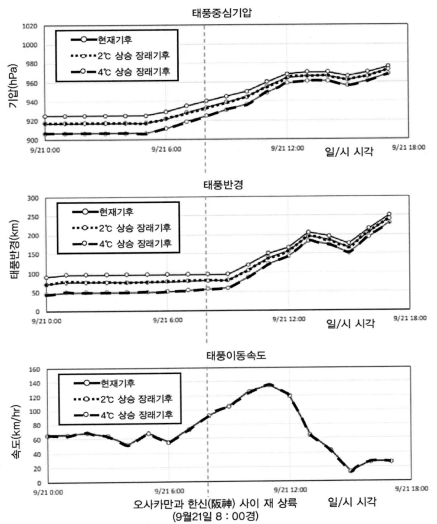

출처: 日本大阪府河川構造物等審議会 気候変動検討部会(2020), 改築する三大水門について設計条件として配慮すべき事項

마. 계산결과

폭풍해일 시뮬레이션 결과 조위편차는 큐요도가와(旧淀川) 하구에서 2℃ 상승 시 0.5m, 4℃ 상승 시는 1.2m로 현 계획값보다 높아지는 것에 비해, 각 수문지점에서는 2℃ 상승 시 0.72m~1.06m, 4℃ 상승 시는 1.65m~1.94m로 현 계획값보다 높아져 큐요도가와(旧淀川) 하구와 비교해서도 수문지점이 상승량은 크다(그림 3.102(a) 참조). 또한, 파고(波高)는 아지가와 수문에서 2℃ 및 4℃ 상승 시 계획값보다 높아지지만, 그 외의 수문(시리나시가와 수문, 기즈가와 수문)에서는 2℃ 및 4℃ 상승해도 계획값보다 낮다(그림 3.102(b) 참조).

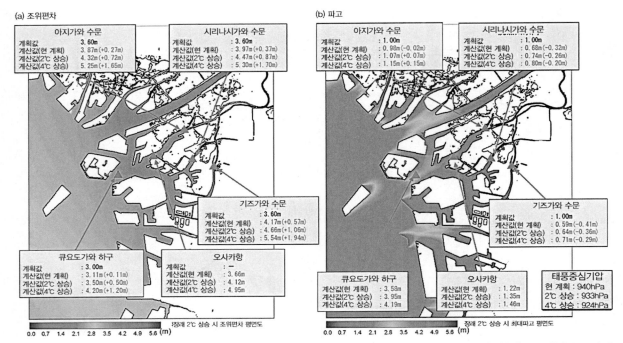

출처: 日本大阪府河川構造物等審議会 気候変動検討部会(2020), 改築する三大水門について設計条件として配慮すべき事項

그림 3.102 폭풍해일 시뮬레이션 계산 결과(조위편차·파고)

③ 타당성 확인을 위한 폭풍해일 시뮬레이션(방법 2-1)

가. 폭풍해일 시뮬레이션 검토순서

일본 국토교통성의 방법을 참고하여 장래기후 예측 데이터의 편중(Bias) 보정 후 중심기압으로부터 폭풍해일의 경험예측식을 이용해 오사카만 주변의 조위 편차를 산출하고, 기후변화에 따른 장래 변화 경향을 분석한다(그림 3.103, 표 3.19 참조).

나. 일본 국토교통성 방법의 방법

• 2.5.4 중 (8) d4PDF에 의한 기후변화에 따른 장래 변화의 영향평가 참조

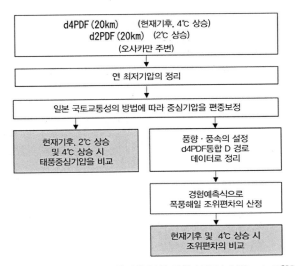

출처: 日本大阪府河川構造物等審議会 気候変動検討部会(2020), 改築する三大水門について設計条件として配慮すべき事項

그림 3.103 폭풍해일 시뮬레이션 검토 순서

표 3.19 일본 국토교통성과 오사카부와의 계산방법 비교

구분	일본 국토교통성	오사카부
사용 데이터	• d4PDF(60km) 통합 D 경로 데이터	• d2PDF, d4PDF(20km) • d4PDF(60km) 통합 D 경로 데이터
폭풍해일 경험예측식	• $\eta = a\left(P_0 - P\right) + b\, U_{10}^2 \cos\theta + c$ [*1]	• 좌동
태풍 중심기압	• d4PDF(60km) 통합 D 경로 데이터의 태풍 중심기압을 바탕으로 편중 보정 하여 설정	• d2PDF, d4PDF(20km)의 연 최저값을 편중 보정하여 설정(편중 보정값은 일본 국토교통성의 값을 채용)
풍속추정방법	• Myers식으로 추정	• 좌동
태풍경로	• d4PDF(60km) 통합 D 경로 데이터로 설정	• d4PDF(60km) 통합 D 경로 데이터로 설정[*2]
이동속도		
중심기압	• d4PDF(60km) 통합 D 경로 데이터의 편중 보정 후 기압을 설정	• 좌동
태풍반경	• 중심기압, 태풍반경관계식으로 추정[*3]	• 중심기압, 태풍반경관계식으로 추정[*4]
정수(C1, C2)	• C1=C2=0.70	C1=C2=0.65[*5]

[*1]: 海岸保全施設の技術上の基準・同解説 H30.8', p2~8

[*2]: 경로 데이터가 존재하지 않는 연도(年度)는 태풍 발생이 없는 연도로 정리.

[*3]: 本多和彦・鮫島和範(2018), 台風の中心気圧と最大風速半径の関係式の確率評価, 国土技術政策総合研究所資料, No.1040, p3.

[*4]: 第3回審議会にて設定(伊勢湾台風実績から)

[*5]: 第3回審議会にて設定(平成30年台風21号の再現計算から)(3.4.3 기후변화에 따른 설계외력의 설정 중 2), (3), ⑤ 참조)

출처: 日本大阪府河川構造物等審議会 気候変動検討部会(2020), 改築する三大水門について設計条件として配慮すべき事項

다. 계산방법

오사카부는 d4PDF, d2PDF(NHRCM, 격자크기 20km)를 이용하여 고려하였지만, 일본 국토교통성은 d4PDF(MRI-AGCM, 수평해상도 60km)를 이용하여 검토하였다. 사용 데이터의 차이인 d4PDF 및 d2PDF는 각각 '기상연구소 전 지구 대기모델 MRI-AGCM'을 이용한 전 지구 모델(d4PDF, 수평해상도 60km) 실험과 일본을 포함하는 '기상연구소 영역기후 모델 NHRCM(d2PDF, 수평격자크기 20km)'을 이용한 영역 모델실험으로 구성된다. 영역 모델실험은 전 지구 모델실험의 결과를 이용해 수평격자크기 20km로 상세화(Downscaling)를 실시한 것이다(그림 3.104 참조).

d4PDF(60km) 통합 D 경로 데이터는 d4PDF(60km)에 기초하여 태풍 제원(경로 및 중심기압 등)을 정리한 데이터로 계산대상인 전 기간(全期間)에 약 28만 개의 태풍 데이터가 정리되어 있다(그림 3.105 참조). 이후로 기상연구소 전 지구 대기 모델 MRI-AGCM'을 d4PDF(60km)로, '기상연구소 영역 기후 모델 NHRCM'을 d4PDF(20km)로 기재(記載)한다.

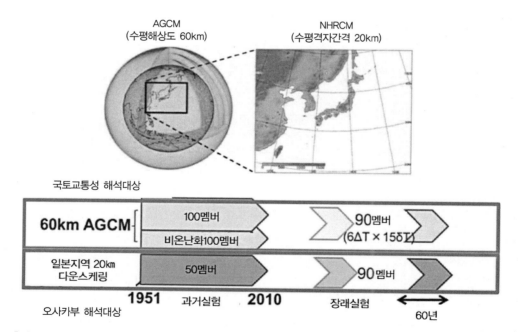

출처: 日本大阪府河川構造物等審議会 気候変動検討部会(2020), 改築する三大水門について設計条件として配慮すべき事項

그림 3.104 d4PDF 및 d2PDF 차이

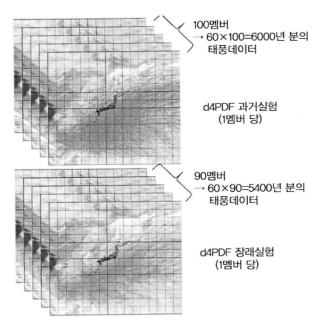

출처: 日本大阪府河川構造物等審議会 気候変動検討部会(2020), 改築する三大水門について設計条件として配慮すべき事項

그림 3.105 d4PDF(60km) 통합 D 경로 데이터

라. d4PDF에 의한 연(年) 최저기압(最低氣壓)의 정리

d2PDF, d4PDF(20km)에 대한 오사카만 주변의 데이터에서 아래와 같이 연 최저기압을 정리한다.

- 오사카만을 포함(그림 3.106의 오른쪽 그림: 점선 직사각형)한 영역에서 연 최저기압을 추출하여 정리한다(연 최저기압을 태풍 유래라고 가정(1년에 1개의 데이터)한다.).

- 한편 일본 국토교통성 자료인 d4PDF(60km) 통합 D 경로 데이터에서 그림 3.106의 왼쪽 굵은 검은색 실선 직사각형 범위를 통과하는 태풍을 추출하여 중심기압을 정리한다(정확한 태풍 개수 정리).

- 일본 국토교통성 자료에서 오사카(영역 6)를 통과하는 태풍의 빈도는 현재기후에서 1.1개/년과 장래기후(4℃)에서 0.7개/년로, 장래기후에서 태풍의 통과 개수가 작다(그림 3.106 참조).

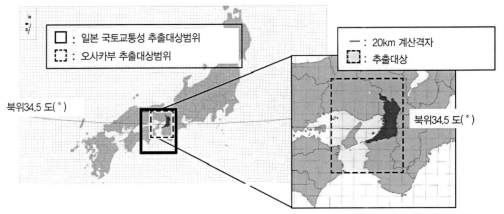

해석영역	폭풍해일 편차산출지점*	과거실험	장래실험
영역1	구시로(釧路)	0.7	0.4
영역2	하치노헤(八戸)	0.8	0.5
영역3	아유가와(鮎川)	1.0	0.6
영역4	도쿄(東京)	1.3	0.8
영역5	나고야(名古屋)	1.2	0.7
영역6	오사카(大阪)	1.1	0.7
영역7	쿠레(呉)	1.1	0.7
영역8	가고시마(鹿児 島)	1.1	0.7

출처: 1) 日本 国土交通省(2020): 気候変動を踏まえた海岸保全のあり方検討委員会第5回資料4
　　　2) 日本大阪府河川構造物等審議会 気候変動検討部会(2020), 改築する三大水門について設計条件として配慮すべき事項

그림 3.106 오사카만 주변의 추출대상범위와 영역 내 태풍 연 통과수

'라.'의 정리에서는 현상을 재현할 수 없는 연 최저기압을 태풍 유래라고 가정하고 있다. 따라서 일본 국토교통성에서 정리한 태풍의 통과(通過) 수(數)로 재현기간을 보정한다. 더욱이 장래 2℃는 현재와 4℃의 평균으로 잡는다(그림 3.107 참조).

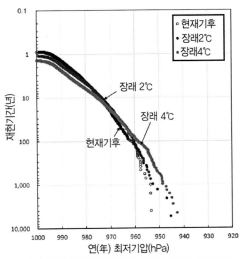

출처: 日本大阪府河川構造物等審議会 気候変動検討部会(2020), 改築する三大水門について設計条件として配慮すべき事項

그림 3.107 오사카만 주변의 연 최저기압과 재현기간

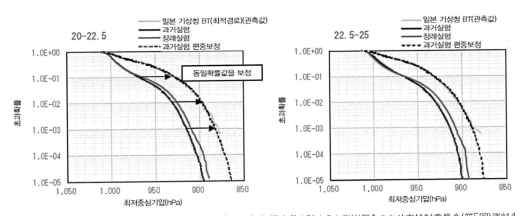

출처: 日本 国土交通省(2020), 気候変動を踏まえた海岸保全のあり方検討委員会(第5回)資料4

그림 3.108 d4PDF 태풍경로 데이터(과거실험)의 편중(Bias) 보정(그림 2.54 참조)

다음으로 일본 국토교통성의 방법(변위값 분포도(變位值分布圖, Quantile Mapping)법)을 이용하여 d4PDF(20km)의 오사카만 주변 데이터에 의한 편중(Bias) 보정값을 산출한다. 변위값 분포도법은 위도(緯度) 2.5° 폭마다 일본 기상청 최적경로(BT, Best Track)와 과거실험의 태풍 중심기압의 초과 확률 분포를 산출하여, 과거실험의 중심기압을 동일 초과 확률값을 갖는 기상청 최적경로의 값으로 보정하는 방법이다(그림 3.108, 2.5.4⑥ d4PDF 태풍경로 데이터의 편중 보정 참고). 기상청 최적경로 데이터 및 d4PDF(20km) 과거실험 데이터로부터 오사카만 주변(그림 3.109의 오른쪽 중앙 지도 중 직사각형 범위)에서의 태풍 중심기압 초과확률분포를 산출

한다(그림 3.109 참조).

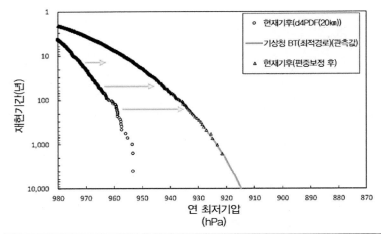

초과확률	재현기간(연)	기압(hPa)		편중(Bias) 보정률 (기상청BT/현재기후)	비고
		현재기후	기상청		
0.002	500	957.0	926.9	0.9686	
0.004	250	958.3	930.8	0.9713	
0.006	166.7	958.9	933.2	0.9733	
0.008	125	959.7	935.1	0.9744	
0.01	100	961.8	936.6	0.9738	
0.03	33.3	967.5	945.0	0.9767	
0.05	20	970.0	949.5	0.9789	
0.07	14.3	971.9	952.8	0.9803	
0.09	11.1	973.5	955.4	0.9814	
0.1	10	974.6	956.6	0.9815	
0.2	5	978.9	965.0	0.9858	
0.3	3.3	982.0	971.1	0.9889	
0.4	2.5	984.7	976.0	0.9912	
0.5	2	986.7	980.8	0.9940	
0.6	1.7	988.3	985.2	0.9969	
0.7	1.4	990.1	992.8	1.0027	
0.8	1.3	990.8	997.8	1.0071	
0.9	1.1	992.9	−	1.0071	해당기압이 없음
1	1	994.5	−	1.0071	〃

출처: 日本大阪府河川構造物等審議会 気候変動検討部会(2020), 改築する三大水門について設計条件として配慮すべき事項

그림 3.109 오사카만 주변 태풍 중심기압에 대한 편중 보정값의 산출

d4PDF(20km)의 연 최저기압(오사카부 정리)과 d4PDF(60km) 통합 D 경로 데이터(일본 국토교통성 정리)의 북위 34.5°를 통과하는 시점의 중심기압을 서로 비교한다(그림 3.110 참조). 그림 3.110에서 연 최저기압이 큰 범위에서 통합 D 경로 데이터의 재현기간이 긴 이유는

d4PDF(20km)의 중심기압에 대한 정리에서는 경로 데이터가 정리되지 않아 연 최저기압으로 만 정리하였으며, 연 최저기압 중에 태풍이 아닌 데이터도 포함하고 있기 때문이다.

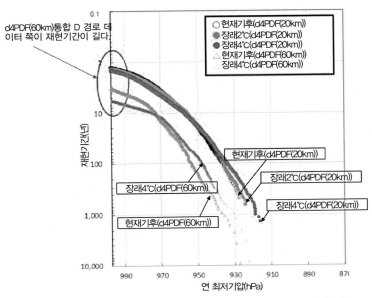

출처: 日本大阪府河川構造物等審議会 気候変動検討部会(2020), 改築する三大水門について設計条件として配慮すべき事項

그림 3.110 d4PDF(20km)와 d4PDF(60km) 통합 D 경로 데이터의 편중 보정 후 중심기압 비교

마. 경험예측식에 의한 조위편차(潮位偏差)의 산출

경험예측식에 의한 조위편차 계산 시 필요한 풍향·풍속은 d4PDF(60km) 통합 D 경로 데이터로부터 정리한다. 경험예측식에 의한 조위편차의 산정은 식(3.1)과 같다.

$$\eta = a\,(P_0 - P) + b\,U_{10}^2\cos\theta + c \tag{3.1}$$

여기서, η : 조위편차(m), P_0 : 기준기압(hPa), P : 최저기압(hPa), U_{10} : 최대풍속(m/s), θ : 주풍향(主風向)과 최대풍속이 이루는 각도(°), a, b, c 는 각 지점에서 기존 관측값으로부터 구한 상수이다.

풍향·풍속 설정에 필요한 태풍 경로 데이터는 d2PDF에서는 존재하지 않아 정리할 수 없으 므로 경험예측식 계산은 현재기후와 장래 4℃ 상승만을 대상으로 하였다. 따라서 경험예측식에 의한 조위편차 계산에 필요한 풍향·풍속을 d4PDF(60km) 통합 D 경로 데이터로부터 태풍경 로, 중심기압 및 이동속도를 설정했다. 중심기압에 대응하는 최대 선형풍 반경을 설정하여,

Myers식으로 풍향·풍속을 추산했다. d4PDF(60km) 통합 D 경로 데이터는 데이터 간격이 6시간이므로 내삽(內揷)으로 1시간 간격의 데이터를 작성했다. 그 결과 극단적으로 편차가 큰 영역에서는 장래 4℃ 상승인 쪽이 발생 빈도가 상승하는 경향을 갖는다(그림 3.111 참조).

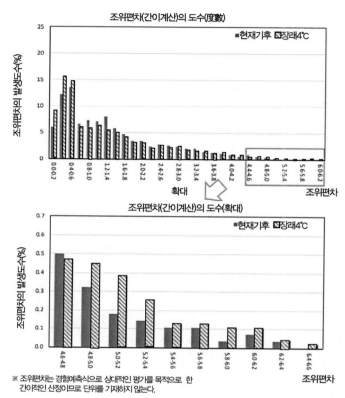

그림 3.111 경험예측식에 의한 조위편차(현재기후 및 장래 4℃ 상승)의 발생도수(發生度數) 비교

바. 재현기간에 따른 비교

최저 중심기압에 대한 재현기간의 장래 변화에 대해서는 현재기후 → 2℃ 상승 → 4℃ 상승의 순서로 짧아져, 일본 국토교통성의 결과와 같은 경향을 보였다. 또한, 조위편차에 대한 재현기간의 장래 변화는 현재기후보다 4℃ 상승이 짧아져 일본 국토교통성의 결과와 같은 경향을 가진다(표 3.20, 그림 3.112 참조).

표 3.20 최저 중심기압에 대한 재현기간 및 조위편차의 장래 변화(표 2.11 영역 6 참조)

재현기간	최저 중심기압		조위편차
	2℃ 상승	4℃ 상승	4℃ 상승
현재기후 30년	26년	26년	29년
	(−)	(17년)[*1]	(19년)
현재기후 50년	39년	38년	48년
	(−)	(24년)	(28년)
현재기후 80년	66년	62년	63년
	(−)	(−)	(−)
현재기후 100년	81년	74년	72년
	(−)	(36년)	(55년)
현재기후 200년	177년	125년	146년
	(−)	(−)	(−)
현재기후 300년	245년	161년	231년
	(−)	(84년)	(121년)
현재기후 500년	355년	220년	303년
	(−)	(113년)	(156년)
현재기후 1000년	767년	361년	812년
	(−)	(159년)	(295년)

*1: 괄호 안의 숫자(日本 国土交通省(2020), 気候変動を踏まえた海岸保全のあり方検討委員会(第7回)資料5より)
출처: 日本大阪府河川構造物等審議会 気候変動検討部会(2020), 改築する三大水門について設計条件として配慮すべき事項

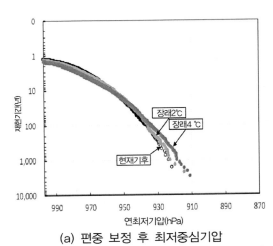

(a) 편중 보정 후 최저중심기압

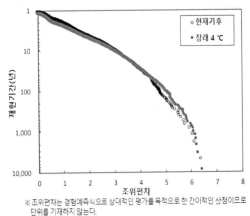

(b) 폭풍해일 경험예측식에 따른 조위편차

출처: 日本大阪府河川構造物等審議会 気候変動検討部会(2020), 改築する三大水門について設計条件として配慮すべき事項

그림 3.112 재현기간에 따른 비교

폭풍해일 시뮬레이션(방법 1)에 이용된 중심기압(표 3.15)을 실적 데이터(일본 기상청 최적경로(Best Track))에 의한 확률분포로 평가하면 현 계획(現計劃)은 60년~380년, 장래 2℃는 340년~10,000년, 4℃ 상승은 10,000년 이상이 된다(그림 3.113 참조). 또한, d4PDF(20km)에 따른 중심기압에 대한 재현기간의 장래 변화는 현재기후 340년~10,000년은 장래 2℃ 상승에서는 258년~2046년, 현재기후 10,000년은 장래 4℃ 상승에서 1,527년으로, 현 계획의 재현기간 60년~380년에 비해 길다(그림 3.114 참조).

태풍중심기압	재현기간
940hPa(현 계획)	60~380년
933.4hPa(장래 2℃ 상승)	340~10,000년
924.7hPa(장래 4℃ 상승)	10,000년 이상

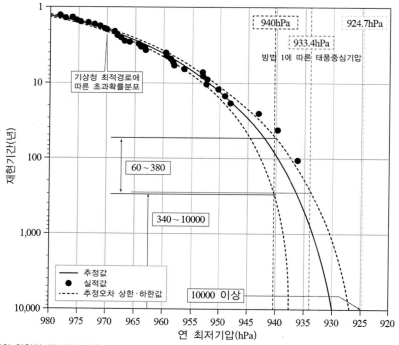

※ 추정 오차 상한·하한값: 잭 나이프법(Jackknife Method)*으로 추정 오차의 1/2을 추정값에서 가감하여 설정.
※ 통계해석 방법은 수문통계해석의 복수방법으로 SLSC(Standard Least Squares Criterion, 표준최소이승기준, 標準最小二乘規準)값이 최소인 방법을 채용(조위, 조위편차 모두 GEV(Generalized Extreme Value, 일반화극치値, 一般化極値)).
* 잭나이프법(Jackknife Method): 데이터의 중복을 허용하지 않고 원래 데이터에서 하나씩 제외하고 상관계수를 구하여 그 변화를 봄으로써 상관계수의 안정성을 조사할 수 있는 방법으로, 어긋난 값의 검출에 도움이 되는 기법이다. 이때 어떤 데이터를 제외했을 때의 상관계수 값이 다른 데이터를 제외했을 때에 비해 크게 다를 경우 그 데이터가 어긋난 값일 가능성이 높다고 할 수 있다.
　출처: 日本大阪府河川構造物等審議会 気候変動検討部会(2020), 改築する三大水門について設計条件として配慮すべき事項

그림 3.113 실적 데이터(기상청 최적경로)에 근거한 태풍 중심기압의 재현기간

재현기간	2℃ 상승	4℃ 상승
60~380년	46~280년	45~184년
340~10,000년	258~2,046년	168~1,527년
10,000년	1,046년	1,527년

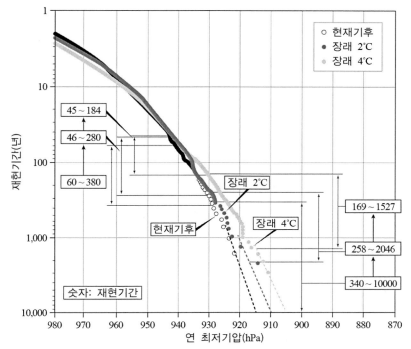

출처: 日本大阪府河川構造物等審議会 気候変動検討部会(2020), 改築する三大水門について設計条件として配慮すべき事項

그림 3.114 d4PDF(20km)에 따른 중심기압에 대한 재현기간의 장래 변화

실적 데이터(오사카항)에 근거한 방법 1의 조위편차에 대한 재현기간은 조위편차의 계산값 (그림 3.102(a))을 실적 데이터에 의한 확률분포로 평가하면, 현 계획은 125~220년, 장래 2℃ 상승은 175~340년, 4℃ 상승은 310~620년이 된다(그림 3.115 참조). 또한, 폭풍해일 경험예 측식의 조위편차에 대한 재현기간의 장래 변화는 현재기후 175~340년에 대하여, 4℃ 상승에서 는 106~234년, 현재기후 310~620년에 대해서는 4℃ 상승 시 228~379년이다. 따라서 현 계획 의 재현기간 125~220년은 동일 정도의 재현기간이 되므로 이번에 설정한 외력은 대체로 타당 하다(그림 3.116 참조).

조위편차	재현기간 (실적: 오사카항 실적)
3.66m(현 계획)	125~220년
4.12(장래 2℃ 상승)	175~340년
4.95(장래 4℃ 상승)	310~620년

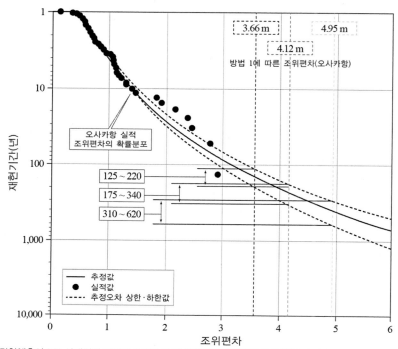

※ 조위편차는 경험예측식으로 상대적인 평가를 목적으로 한 간이적인 산정이므로 단위를 기재하지 않는다.

※ 추정 오차 상한·하한값: 잭 나이프법(Jackknife Method)으로 추정 오차의 1/2을 추정값에서 가감하여 설정한다.

※ 통계해석 방법은 수문통계해석의 복수방법으로 SLSC(Standard Least Squares Criterion, 표준최소이승기준, 標準最小二乗規準)값이 최소인 방법을 채용(조위, 조위편차 모두 GEV(Generalized Extreme Value, 일반화 극치, 一般化極値))한다.

출처: 日本大阪府河川構造物等審議会 気候変動検討部会(2020), 改築する三大水門について設計条件として配慮すべき事項

그림 3.115 실적 데이터(오사카항)에 근거한 방법 1의 조위편차에 대한 재현기간

재현기간	4℃ 상승
125~220년	76~157년
175~340년	106~234년
310~620년	228~379년

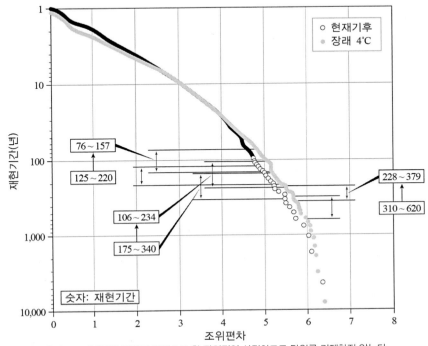

※ 조위편차는 경험예측식으로 상대적인 평가를 목적으로 한 간이적인 산정이므로 단위를 기재하지 않는다.
출처: 日本大阪府河川構造物等審議会 気候変動検討部会(2020), 改築する三大水門について設計条件として配慮すべき事項

그림 3.116 폭풍해일 경험예측식의 조위편차에 대한 재현기간의 장래 변화

④ 타당성 확인을 위한 폭풍해일 시뮬레이션(방법 2-2)

가. 폭풍해일 시뮬레이션에 의한 조위편차의 계산

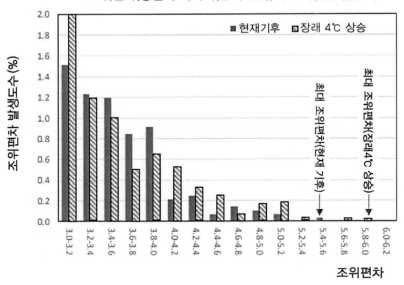

조위편차(경험적 예측식(간이계산))의 도수(度數)(확대)

그림 3.117 태풍 데이터 추출

구분	대상 케이스 이름 및 발생일	간이계산에 따른 조위편차
현재기후	m62 1991년	5.50
4℃ 상승	GF, m108 2094년	5.99

※ 조위편차는 경험예측식으로 상대적인 평가를 목적으로 한 간이적인 산정이므로 단위를 기재하지 않는다.

출처: 日本大阪府河川構造物等審議会 気候変動検討部会(2020), 改築する三大水門について設計条件として配慮すべき事項

표 3.21 폭풍해일 시뮬레이션 계산조건(주요조건)

구분		방법 2-2	방법 1
지형데이터 (수평해상도)		• 현황지형(2019년 말 시점)을 설정 ($\Delta x=\Delta y=2,430m \rightarrow 810m \rightarrow 270m \rightarrow 90m \rightarrow 30m \rightarrow 10m$ 중첩(Nesting))	
태풍제원		• d4PDF(20km)에서 추출된 기압, 풍속, 이동속도 및 경로를 설정	• 중심기압: 이세만(伊勢) 태풍 실적 • 태풍반경: 이세만 태풍 실적 • 이동속도: 무로토(室戸) 태풍 실적 • 태풍경로: 무로토 태풍 실적
조위		• 태풍 시기의 대조평균고조위(단, 기후변화로 인한 해수면 상승 고려)	
기압 · 바람장	모델	• d4PDF(20km)를 사용하므로 계산 불필요	• Myers 모델, 경도풍(傾度風) 모델
	모델 정수	–	• 2018년 태풍 '제비'의 재현성에 따른 변수를 설정(C1=C2=0.65)
	산정 방법	• d4PDF(20km)에서 지형 데이터의 격자마다 내삽(内挿)하여 산정	• 상기 모델 및 정수(定数)에 따라 지형 데이터의 격자 별(別)로 산정
폭풍해일 추산	모델	• 비선형 장파방정식 모델(코리올리력, 기압변화, 해수면 마찰 등을 고려)	
	계산조건	• 조도계수: 수역은 일률적으로 n=0.025 • 해면저항계수: 本多·光易(1980)식을 기본으로 풍속 45m/s에서 상한(上限) 설정	

출처: 日本大阪府河川構造物等審議会 気候変動検討部会(2020), 改築する三大水門について設計条件として配慮すべき事項

폭풍해일의 경험예측식(간이계산)에서 최대의 조위편차를 갖는 태풍데이터를 이용하여 폭풍해일 시뮬레이션을 하고, 방법 1 및 간이계산(방법2-1)의 계산결과와 비교한다. 즉, 폭풍해일의 경험예측식에서 최대 조위편차를 가졌던 현재기후 및 4℃ 상승의 데이터를 추출한 후(그림 3.117), 표 3.21과 같은 계산조건으로 시뮬레이션 한 결과는 아래와 같다(그림 3.118, 그림 3.119 참조).

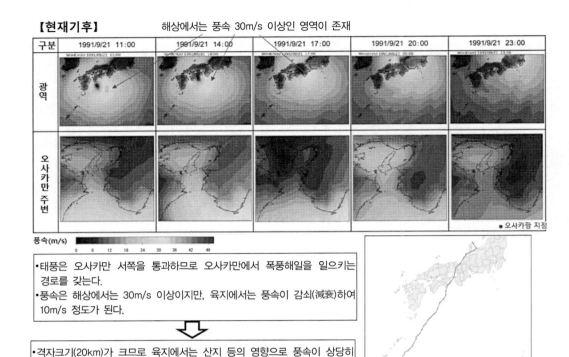

【현재기후】

해상에서는 풍속 30m/s 이상인 영역이 존재

구분	1991/9/21 11:00	1991/9/21 14:00	1991/9/21 17:00	1991/9/21 20:00	1991/9/21 23:00
광역					
오사카만 주변					★오사카항 지점

풍속(m/s)
0 6 12 18 24 30 36 42 48

• 태풍은 오사카만 서쪽을 통과하므로 오사카만에서 폭풍해일을 일으키는 경로를 갖는다.
• 풍속은 해상에서는 30m/s 이상이지만, 육지에서는 풍속이 감쇠(減衰)하여 10m/s 정도가 된다.

⬇

• 격자크기(20km)가 크므로 육지에서는 산지 등의 영향으로 풍속이 상당히 작아진다.

그림 중 「·」매시각의 태풍중심을 나타낸다.

출처: 日本大阪府河川構造物等審議会 気候変動検討部会(2020), 改築する三大水門について設計条件として配慮すべき事項

그림 3.118 폭풍 시뮬레이션 결과(현재기후)

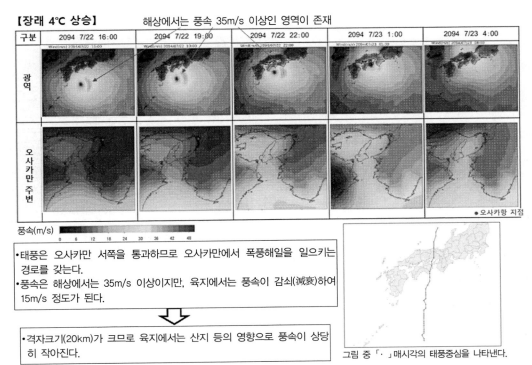

【장래 4℃ 상승】   해상에서는 풍속 35m/s 이상인 영역이 존재

풍속(m/s)

• 태풍은 오사카만 서쪽을 통과하므로 오사카만에서 폭풍해일을 일으키는 경로를 갖는다.
• 풍속은 해상에서는 35m/s 이상이지만, 육지에서는 풍속이 감쇠(減衰)하여 15m/s 정도가 된다.

• 격자크기(20km)가 크므로 육지에서는 산지 등의 영향으로 풍속이 상당히 작아진다.

그림 중 「·」매시각의 태풍중심을 나타낸다.

출처: 日本大阪府河川構造物等審議会 気候変動検討部会(2020), 改築する三大水門について設計条件として配慮すべき事項

그림 3.119 폭풍 시뮬레이션 결과(장래 4℃ 상승)

⑤ 설계외력의 타당성 확인

방법 2-1은 일본 국토교통성의 방법을 참고하여 장래기후 예측 데이터의 편중(Bias) 보정 후의 중심기압으로부터 폭풍해일의 경험예측식을 이용해 오사카만 주변의 조위 편차를 산출하고, 기후변화에 따른 장래 변화 경향을 분석하였다. 즉, 폭풍해일 경험예측식을 이용한 간이계산으로 기후변화에 따른 장래 변화 경향을 분석한 결과, 조위편차는 현재기후와 장래기후에서 같은 정도의 재현기간을 갖는다는 것을 확인했다(표 3.22의 빗금 친 부분 참조). 방법 2-2는 방법 2-1에서 최대의 조위 편차를 갖는 태풍 데이터를 이용하여 폭풍해일 시뮬레이션을 했는데, 다른 방법과 비교하여 극단적으로 작은 조위편차를 나타내었다(그림 3.120 참조). 이와 같은 이유는 d4PDF의 격자크기에 따른 영향으로, 현시점에서 d4PDF(20km) 데이터로 폭풍해일 시뮬레이션한 조위편차의 정량화는 곤란하다고 여겨진다. 그러므로 표 3.23과 같이 방법 1, 2로 장래기후의 설계타당성을 확인할 수 있다.

표 3.22 폭풍해일 경험예측식을 이용한 간이계산(방법 2-1)

구분	(방법 1) 태풍중심기압 (hPa)	재현기간			
		실적 데이터 (기상청 최적경로 (Best Track))	(d2PDF, d4PDF) 편중(Bias) 보정 후 최저 중심기압		
			현재	2℃ 상승	4℃ 상승
현재기후	940	60~380년	60~380년	46~280년	45~184년
2℃ 상승	933.4	340~10,000년	340~10,000년	258~2,046년	169~약 1,527년
4℃ 상승	924.7	10,000년 이상	10,000년 이상	약 2,046년	약 1,527년

(a) 태풍 중심기압(편중 보정 후)의 재현기간에 따른 비교

구분	(방법 1) 조위편차(m)	재현기간			
		실적 데이터 (오사카항)	(d4PDF) 폭풍해일 경험예측에 따른 조위편차		
			현재	2℃ 상승	4℃ 상승
현재기후	3.66	125~220년	125~220년	–	76~157년
2℃ 상승	4.12	175~340년	175~340년	–	106~234년
4℃ 상승	4.96	310~610년	310~610년	–	228~379년

(b) 조위편차(오사카항)의 재현기간에 따른 비교

출처: 日本大阪府河川構造物等審議会 気候変動検討部会(2020), 改築する三大水門について設計条件として配慮すべき事項

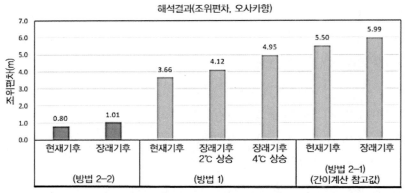

출처: 日本大阪府河川構造物等審議会 気候変動検討部会(2020), 改築する三大水門について設計条件として配慮すべき事項

그림 3.120 방법 1, 2-1 및 2-2의 현재기후 및 장래기후에 대한 조위편차 비교(오사카항)

표 3.23 장래기후의 설계타당성 확인

구분	방법 1: 예상태풍에 장래 기후변화를 고려 (설계외력의 설정)	방법 2: 장래 기후예측을 직접 활용 (타당성 확인)
장점	• 태풍중심기압은 기후변화 예측 데이터 (d4PDF)를 이용하여 현재기후와 태풍 중심 기압의 저하량(현재기후와의 비율)을 정리하고 현 계획(이세만 태풍 규모)에 적용함으로써 현 계획에서 기후변화로 인한 외력 증대를 고려한 장래기후에서의 태풍 중심 기압설정이 가능하다. • 태풍 모델과 경로는 오사카만에 있어서 최악이라고 예상한 현(現) 계획의 제원을 이용할 수 있다. • 기왕태풍(이세만 태풍·무로토 태풍)을 근거로 한 최악의 가정에 대한 태풍 시뮬레이션이므로 가장 위험한 쪽이 아닌 태풍제원일 수도 있다.	• d4PDF를 이용해 태풍에 의한 조위편차의 기후변화의 장래 변화 경향을 정성적으로 분석할 수 있다. • 그러나 적절한 편중(Bias) 보정 방법을 포함한 정량화 방법에 대해서는 향후 계속적인 검토가 필요하다. • 막대(莫大)한 데이터를 분석하므로, 예측의 불확실성을 고려할 수 있다.
단점 및 과제	• 수문 부근에서는 육지의 영향을 크게 받으므로 큐요도가와(旧淀川) 하구에 비해 재현성은 낮지만, 피크값 재현은 가능하여 수문설계에 이용하는 것이 타당하다. • 시뮬레이션 결과, 구한 조위편차를 방법2와 비교한 결과, 대체로 타당한 재현기간을 갖는다는 것을 확인할 수 있다. • 단, 현시점 모델의 한계가 있다는 것을 인식하고, 향후 외력을 재검토할 때는 재차 시뮬레이션을 검증하는 것도 필요하다.	• d4PDF(20km)의 격자크기가 20km로 크므로 현시점에서는 태풍중심기압이나 강풍영역을 충분히 재현할 수 없다(방법2-2). • 작업량이 적은 폭풍해일 경험예측식에 의한 간이계산으로도 분석은 가능하나, 정성적(定性的)이라 정량적(定量的)인 평가는 할 수 없다. • 모든 데이터를 폭풍해일 시뮬레이션하면, 막대한 양이 되지만, 현시점에서는 격자크기의 영향으로 시뮬레이션으로도 충분히 표현할 수 없다.

출처: 日本大阪府河川構造物等審議会 気候変動検討部会(2020), 改築する三大水門について設計条件として配慮すべき事項

⑥ 결론

방법 1에서 산출된 조위편차는 현 계획과의 정합성(整合性)이 있으며, 방법 2로 검증한 결과, 방법 1에서 산출된 조위편차는 대체로 타당한 것을 확인할 수 있었다. 그러나 방법 2는 현재 기후변화에 의한 장래 변화 경향을 정성적으로 분석하는 것은 가능하나, 장래기후 예측을 직접 활용할 방법으로서 조위편차의 정량화는 곤란하다. 따라서 조위편차를 정량화하는 방법으로서는 방법 1을 사용하는 것이 타당하다.

(5) 지반침하량 설정

오사카 시내의 지반침하량은 현 수문설계 시(1963년)부터 최신 조사(2018년) 시가지 최대 약 30cm(항 C 및 항 CII)이었다. 지하수 채취(양수(揚水))가 규제된 1965년대 이후 지반침하량은 특히 감소되었으며, 최근 10년(2008~2018년) 동안 침하는 거의 나타나고 있지 않다(그림 3.121 참조). 일본 내각부(內閣府) '난카이(南海) 트로프[18]의 거대지진 모델 검토회'의 지진해일

단층 모델 중 오사카부(大阪府) 지역에 가장 큰 영향을 준다고 여겨지는 4가지 케이스를 고려할 때 오사카시 광역지반 침하량의 최댓값은 약 25cm이다. 따라서 신수문(新水門) 설계 시 설정된 지반침하량은 광역지반 침하량인 25cm로 한다(표 3.24 참조).

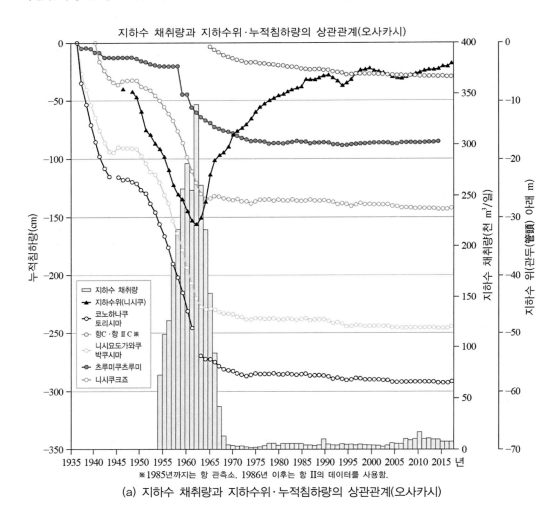

(a) 지하수 채취량과 지하수위·누적침하량의 상관관계(오사카시)

그림 3.121 오사카시 3대 수문 근처의 지하수 채취량·누적침하량 등

---

18) 난카이 트로프(Nankai Trough): 일본 시코쿠(四国) 남쪽 해저의 수심 4000m급 깊은 해구(선상해분)를 말하는데, 동쪽 끝은 일본 가나스노세(金洲ノ瀬) 부근의 트로프 협착부, 서쪽 끝은 큐슈·파라오(九州·パラオ)해령의 북쪽 끝이다.

기간	기간 (연수)	침하량(cm)[1]				
		코노하나쿠 토리시마	니시쿠크죠	니시요도가와쿠 박쿠시마	츠루미쿠츠루[2]	항C· 항Ⅱ C
1945~2018년	63	125.6	86.8	113.9	65.1	−
1963(건설) ~2018 년	55	21.7	12.4	17.6	21.1	29.5
1975~2018년	43	6.8	6.0	7.7	1.0	12.2
최근 30년 (1988~2018년)	30	5.5	6.3	6.4	0.1	6.2
최근 20년 (1998~2018년)	20	2.5	4.0	1.4	−2.4	2.4
최근10년 (2008~2018년)	10	−0.2	0.1	−0.5	−1.5	0.8

[1]: 정(+): 침하, 부(-): 융기, [2]: 최근 관측년도 2015년

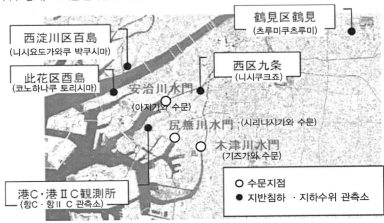

(b) 3대 수문 부근의 침하량(오사카시)

출처: 日本大阪府河川構造物等審議会 気候変動検討部会(2020), 改築する三大水門について設計条件として配慮すべき事項

그림 3.121 오사카시 3대 수문 근처의 지하수 채취량·누적침하량 등(계속)

표 3.24 오사카부(大阪府) 광역지반 침하량 　　　　　　　　　　　　　　(단위: m)

구분	단층 모델 ※				최댓값
	케이스 ③	케이스 ④	케이스 ⑤	케이스 ⑩	
오사카시	0.229	0.252	0.246	0.193	0.252

※ 일본 내각부 '난카이 트로프의 거대지진 모델 검토회'가 공표한 11개 모델에서 오사카부 지역에 가장 큰 영향을
주는 4가지 케이스

• 케이스③: '기이반도(紀伊半島) 앞바다~시코쿠(四国) 앞바다'에 '대 슬라이딩(Sliding) 영역, 초대 슬라이딩 영역'을 설정

• 케이스 ④: '시코쿠 앞바다'에 '대형 슬라이딩 영역, 초대 슬라이딩 영역'을 설정

• 케이스 ⑤: '시코쿠 앞바다~큐슈(九州) 앞바다'에 '대 슬라이딩 영역, 초대 슬라이딩 영역'을 설정

• 케이스 ⑩: '미에현(三重県) 남부 앞바다~도쿠시마현(徳島県) 앞바다'와 '아시리(足摺) 곶(岬) 앞바다'에 '대 슬라
이딩 영역, 초대 슬라이딩 영역'을 설정

출처: 日本大阪府河川構造物等審議会 気候変動検討部会(2020), 改築する三大水門について設計条件として配慮すべき事項

(6) 기후변화에 따른 신수문(新水門) 마루고(2100년 예상)

기후변화를 고려하지 않은 현재기후의 수문 마루고는 지반침하량을 감안(勘案)하면 현 계획보다 약간 낮아지지만, 이미 해수면이 상승 경향에 있다는 것에 근거하여 신수문의 마루고는 현 계획대로 O.P.+7.40m로 한다. 기후변화를 고려한 수문 마루고는 아지가와(安治川) 수문에서 가장 높아, 2℃ 상승에서는 O.P.+8.64m, 4℃ 상승에서는 O.P.+9.85m로 현 계획(O.P.+7.40m)보다 각각 1.24m, 및 2.45m 높아진다(그림 3.122 참고).

구분			현 폭풍해일계획 외력(기후변화 없음)			장래기후 2℃ 상승 외력해수면 상승량 : 95%값(2100년경 상정)		장래기후 4℃ 상승 외력 해수면 상승량 : 중앙값(2100년경 상정)	
		현 계획값	해석값	현 폭풍해일 계획과의 차이	해석값	현 폭풍해일 계획과의 차이	해석값	현 폭풍해일 계획과의 차이	
대조평균 고조위 (O.P.+m)	아지가와 수문	2.20	2.20	0.00	2.30	0.10	2.30	0.10
	시리나시가와 수문	2.20	2.20	0.00	2.30	0.10	2.30	0.10
	기즈가와 수문	2.20	2.20	0.00	2.30	0.10	2.30	0.10
해수면 상승량 (m)	아지가와 수문	0.00	0.00	0.00	0.70	0.70	0.90	0.90
	시리나시가와 수문	0.00	0.00	0.00	0.70	0.70	0.90	0.90
	기즈가와 수문	0.00	0.00	0.00	0.70	0.70	0.90	0.90
조위편차 (m)	아지가와 수문	3.60	3.87	0.27	4.32	0.72	5.25	1.65
	시리나시가와 수문	3.60	3.97	0.37	4.47	0.87	5.30	1.70
	기즈가와 수문	3.60	4.17	0.57	4.66	1.06	5.54	1.94
처오름고 (m)※	아지가와 수문	1.00	0.98	−0.02	1.07	0.07	1.15	0.15
	시리나시가와 수문	1.00	0.68	−0.32	0.74	−0.26	0.80	−0.20
	기즈가와 수문	1.00	0.59	−0.41	0.64	−0.36	0.71	−0.29
지반침하량 (m)	아지가와 수문	0.60	0.25	−0.35	0.25	−0.35	0.25	0−0.35
	시리나시가와 수문	0.60	0.25	−0.35	0.25	−0.35	0.25	0−0.35
	기즈가와 수문	0.60	0.25	−0.35	0.25	−0.35	0.25	0−0.35
수문마루고 (O.P.+m)	아지가와 수문	7.40	7.30	−0.10	8.64	1.24	9.85	2.45
	시리나시가와 수문	7.40	7.10	−0.30	8.46	1.06	9.55	2.15
	기즈가와 수문	7.40	7.21	−0.19	8.55	1.15	9.70	2.30

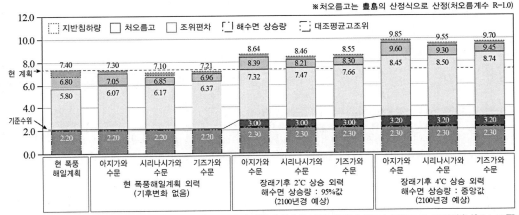

※처오름고는 豊島의 산정식으로 산정(처오름계수 R=1.0)

출처: 日本大阪府河川構造物等審議会 気候変動検討部会(2020), 改築する三大水門について設計条件として配慮すべき事項

그림 3.122 오사카시 신수문(新水門) 마루고

3.5.4 '가능한 한 재설계 없는 설계'의 사고방식

1) '가능한 한 재설계 없는 설계'의 필요성

기후변화 예측에 관한 어느 시나리오에서도 2040~2050년에는 산업혁명 전과 비교해서 전 세계 평균기온이 1℃ 이상 상승하게끔 되어 있다. 한편, 기후변화 예측 결과를 근거로 설정한 장래 외력에는 기후예측의 불확실성, 시나리오에 따른 불확실성 및 외력 상승 시기의 불확실성(기온상승으로 인한 해수면 상승 또는 태풍 규모의 강대화로 인한 폭풍해일·고파랑의 증가량)이 포함되어 있으므로 장래의 기술혁신도 기대하며 현재에 과잉설계를 하지 않도록 유의해야 한다(그림 3.123 참조).

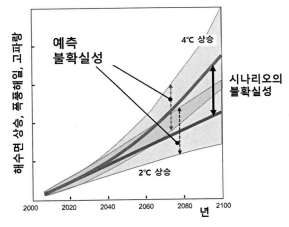

출처: 日本大阪府河川構造物等審議会 気候変動検討部会(2020), 改築する三大水門について設計条件として配慮すべき事項

그림 3.123 기후변화의 예측 결과에 포함된 불확실성

그 때문에, 차세대에는 가능한 한 재설계가 없고 후회가 생기지 않는 설계를 해야 한다. 즉, 기후변화에 대한 예측 결과를 토대로 설정한 외력에는 다양한 불확실성이 잠재하므로 이를 바탕으로 설계를 할 필요가 있다. 초기비용 또는 중간 단계의 외력 재검토에 의한 보강·개수 비용을 근거하여 '가능한 한 재설계가 없는 설계'의 개념을 도입할 필요가 있다. 기후변화에 수반(隨伴)하여 경년적(經年的)으로 변화하는 외력에 대하여 구조물(시설)을 설계하는 경우, 장래기후 4℃ 상승을 예상한 설계는 재설계의 리스크가 작고 감재(減災) 효과는 뛰어나지만, 초기비용 및 외력의 불확실성은 높아진다. 한편, 장래기후 2℃ 상승을 예상한 설계는 초기비용은 싸지만, 설계공용기간[19] 중 예상한 외력의 초과가 예상될 경우에 보강(補强)·개수(改修)공사가 필요하다. 또한, 초과 침수·범람에 대한 감재(減災) 효과는 떨어진다(그림 3.124 참조).

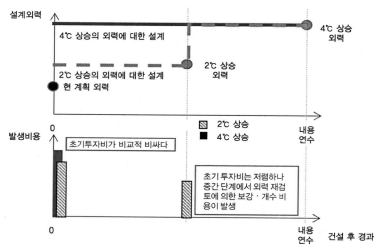

출처: 日本大阪府河川構造物等審議会 気候変動検討部会(2020), 改築する三大水門について設計条件として配慮すべき事項

그림 3.124 기후변화(2℃, 4℃ 상승)에 따른 설정할 외력과 비용의 발생

구분	4℃ 상승의 외력	2℃ 상승의 외력
외력상승 시기와 양의 불확실성	× 변동폭이 크다.	○ 변동폭이 작다.
초기정비 비용	× 과잉투자가 되는 리스크.	○ 필요 최소한의 비용.
내용연수 내의 보강·개수 리스크	○ 비용 증가에 대한 리스크 작다.	× 보강·개수 시에는 비용 증가.
감재(減災) 기능	○ 초과 침수·범람에 대한 효과는 많다.	○ 초과 침수·범람에 대한 효과는 많다.

---

19) 설계공용기간(設計共用期間, Design Life): 구조물 또는 부재가 사용 시 목적하는 기능을 충분히 달성해야 할 설계상의 주어진 내용기간으로, 설계전제(設計前提)로서 시설이 목표기능을 유지하는 것을 기대하는 기한을 말하며, 구조물의 내용연수인 물리적으로 사용이 가능한 기간과는 다르다.

일본 국토교통성의 '기후변화를 고려한 치수계획의 기본방향 제언(2021년)'에서 설계 외력으로서는 장래기후 2℃ 상승에 대한 대응으로서 설계하는 것을 기본으로 하지만, 장래기후 4℃ 상승에 대한 외력이나 그 이상으로 외력이 증가할 수도 있다는 것을 예상하여야 한다고 기술하고 있다. 즉, 시설설계의 외력은 장래기후 2℃ 상승을 예상하여 부재별(部材別)로 내용연수(耐用年數) 기간 내에 필요한 안전성을 확보하는 것으로 하고 내용연수 종료시점에 예상되는 외력을 이용하여 설계한다(그림 3.125 참조). 단, 장래기후 2℃ 상승 외력의 예측값에는 불확실성이 있다는 점과 한층 더 온도상승에 대비한다는 측면에서 장래기후 4℃ 상승의 외력까지 증가할 경우에도 개조(改造)할 수 있도록 설계상의 고려를 해야 한다.

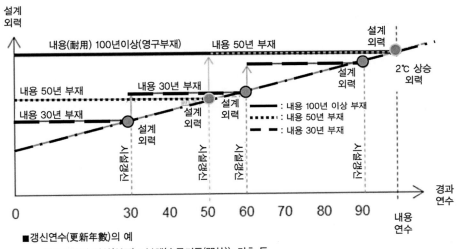

출처: 日本 国土交通省(2018),「水門・陸閘等維持管理マニュアル」를 参考に記載

그림 3.125 기후변화(2℃, 4℃ 상승)에 따른 설정할 외력과 비용의 발생

2) 기후변화에 따라 증가하는 외력의 수문에 대한 영향

오사카시 3대 신수문에 작용하는 기후변화에 따른 외력의 증가는 아래와 같이 높이 및 작용하중(정수압·파력)의 증가이다(표 3.25, 표 3.26 참조). 장래기후의 수문 마루고는 3대 신수문에서 가장 높아지는 아지가와 수문(安治川水門)의 계산값을 채용한다.

표 3.25 높이의 증가

구분	수문 마루고
현 계획	O.P. +7.40m
2℃ 상승(해수면 상승: 95%값)	O.P. +8.64m(현 계획 +1.24m)
4℃ 상승(해수면 상승: 중앙값)	O.P. +9.85m(현 계획 +2.45m)

출처: 日本大阪府河川構造物等審議会 気候変動検討部会(2020), 改築する三大水門について設計条件として配慮すべき事項

표 3.26 작용하중의 증가

구분	정수압(靜水壓)·파력
현 계획	16,968kN/1개 수문(扉)
2℃ 상승(해수면 상승: 95%값)	27,869 k N/1개 수문(현 계획의 1.64배)
4℃ 상승(해수면 상승: 중앙값)	35,191 k N/1개 수문(현 계획의 2.07배)

출처: 日本大阪府河川構造物等審議会 気候変動検討部会(2020), 改築する三大水門について設計条件として配慮すべき事項

기후변화에 따른 외력의 증가로 인해 확보가 곤란한 항목은 그림 3.126과 같다.

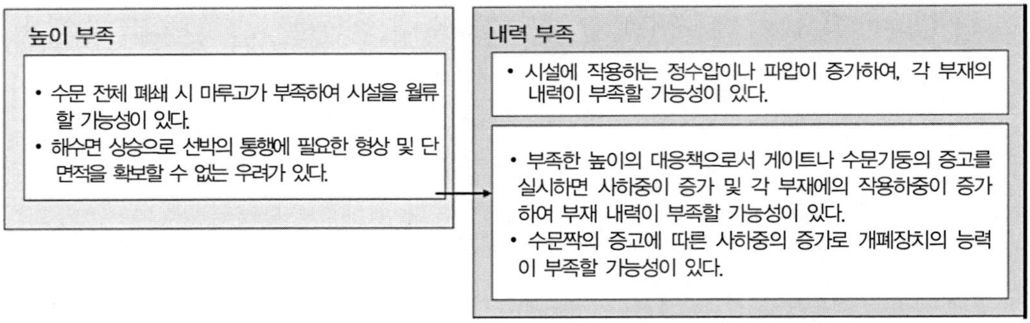

출처: 日本 国土交通省(2018): 「水門·陸閘等維持管理マニュアル」을 参考に記載

그림 3.126 기후변화에 따른 외력의 증가 시 확보가 곤란한 항목

부족한 높이의 증고(增高)와 작용하중의 증가에 대한 보강공사는 여러 부재에 영향을 미치므로 대책을 실시하는 부재뿐만 아니라, 영향을 받는 각 부재에 대한 조사 후 필요에 따라 부차적인 대책을 실시할 필요가 있다(그림 3.127 참조). 따라서 수문을 구성하는 부재마다 내용연수, 보수 시기와 보강·개수 여부가 달라 부재별로 검토를 하고 미리 대책을 세워두는 '선행형 대책'과 장래 기후변화를 확인한 후에 대책을 세우는 '순응형 대책' 중 적절한 대책 방법을 선택할 필요가 있다(그림 3.60 참조).

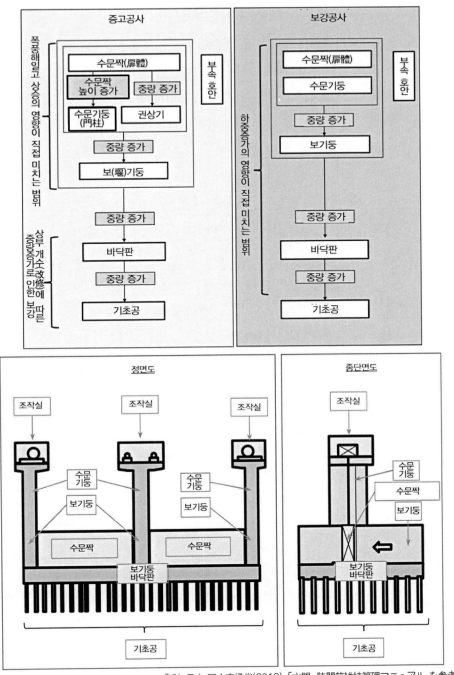

출처: 日本 国土交通省(2018), 「水門·陸閘等維持管理マニュアル」を参考に記載

그림 3.127 기후변화에 따른 외력 증가에 대한 수문의 증고공사 및 보강공사

3) 기후변화 영향을 고려한 설계(표 3.27 참조)

기초공, 수문기둥(門柱), 보기둥(堰柱) 및 바닥판(床版)은 공용기간(供用其間) 도중의 보강·개수(改修)가 어려우므로 '선행형 대책'을 기본으로 한다. 수문짝(扉体)은 공용기간 도중이라도 비교적 경제적인 가격으로 보강·개수할 수 있으므로, 상세히 검토하여 '선행형 대책' 또는 '순응형 대책' 중 하나로 결정한다. 조작실 등의 기계·전기 설비와 부속호안은 보수 시 대응이 가능하므로 '순응형 대책'을 기본으로 한다.

표 3.27 기후변화 영향을 고려한 설계 시 신수문의 각 부위에 반영한 대책형

부위		중간 보강·개수의 공사시기	개수(改修) 공사비 상단: 2℃ 상승 하단: 4℃ 상승	내용연수	공사 중의 영향	대책형
기초공		약 2년	약 273억 원[*] 약 273억 원	설계공용기간과 동일	• 장기간의 폭풍해일·지진해일에 대한 리스크나 선박 운송에 대한 악영향	• 중간 보강·개수는 현실적으로 어려워 '선행형 대책'
수문기둥		약 2년	약 231억 원 약 231억 원	설계공용기간과 동일	• 장기간의 폭풍해일·지진해일에 대한 리스크나 선박 운송에 대한 악영향	• 중간 보강·개수는 현실적으로 어려워 '선행형 대책'
보기둥		약 2년	약 231억 원 약 231억 원	설계공용기간과 동일	• 장기간의 폭풍해일·지진해일에 대한 리스크나 선박 운송에 대한 악영향	• 중간 보강·개수는 현실적으로 어려워 '선행형 대책'
바닥판		약 2년	약 273억 원 약 273억 원	설계공용기간과 동일	• 장기간의 폭풍해일·지진해일에 대한 리스크나 선박 운송에 대한 악영향	• 중간 보강·개수는 현실적으로 어려워 '선행형 대책'
수문짝		약 6개월	약 105억 원 약 115억 원	80년	• 지진해일에 대한 리스크에 대한 대응은 필요하나, 비출수(非出水) 기간 내 공사가 가능	• 공사기간이 짧고 보강·개수의 공사비도 비교적 저렴하므로 상세한 검토로 '선행형 대책' 또는 '순응형 대책'을 결정한다.
부속(付屬) 호안(護岸)		약 2개월	약 0.21억 원 약 0.21억 원	설계공용기간과 동일	–	• 비교적 수월하게 보강·개수가 가능하고 저렴하므로 '순응형 대책'으로 한다.
조작실	권상기	약 7개월	약 126억 원 약 126억 원	50년	–	• 내용연수가 50년으로 설비 보수에 맞추어 대응이 가능하므로 '순응형 대책'으로 한다.
	이외의 제어 설비	1~6개월	약 63억 원 약 63억 원	15~20년	–	• 내용연수가 20년 정도로 설비보수에 맞춰 대응 가능하므로 '순응형 대책'으로 한다.

*: 2022년 1월 엔화기준(100엔(￥)≒1,050원(￦))

출처: 日本大阪府河川構造物等審議会 気候変動検討部会(2020), 改築する三大水門について設計条件として配慮すべき事項

4) 수문짝(扉體)의 검토(그림 3.128 참조)

수문에 커튼 월(Curtain Wall)을 설치했을 경우 선박의 통항(通航)에 필요한 높이를 확보할수 없으므로 채용하기 어렵다. 수문짝의 증고(增高)할 경우 증고 크기에 따라서 수문기둥(門柱)의 증고도 필요하여 대규모 재시공이 될 가능성이 있다. 2단 게이트인 경우, 외력의 증가에따라 신규(新規) 수문짝을 마련하는 것이 가능하며, 만일 장래기후 4℃ 상승 시 외력이 증가하더라도 수문기둥의 증고를 필요하지 않다. 따라서 외력의 증가에 유연하게 대응할 수 있고 재시공의 가능성이 적은 2단 게이트를 채용한다.

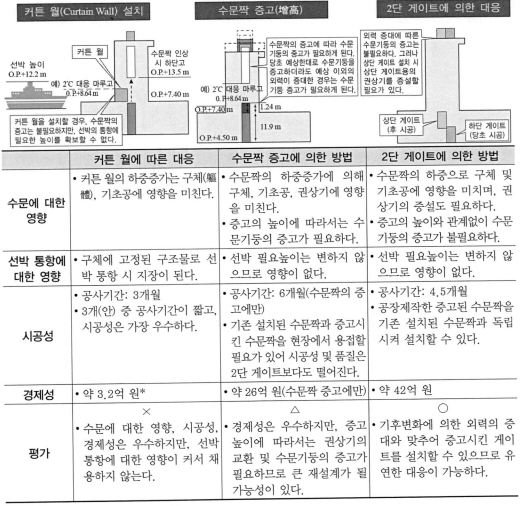

	커튼 월에 따른 대응	수문짝 증고에 의한 방법	2단 게이트에 의한 방법
수문에 대한 영향	• 커튼 월의 하중증가는 구체(軀體), 기초공에 영향을 미친다.	• 수문짝의 하중증가에 의해 구체, 기초공, 권상기에 영향을 미친다. • 증고의 높이에 따라서는 수문기둥의 증고가 필요하다.	• 수문짝의 하중으로 구체 및 기초공에 영향을 미치며, 권상기의 증설도 필요하다. • 증고의 높이와 관계없이 수문기둥의 증고가 불필요하다.
선박 통항에 대한 영향	• 구체에 고정된 구조물로 선박 통항 시 지장이 된다.	• 선박 필요높이는 변하지 않으므로 영향이 없다.	• 선박 필요높이는 변하지 않으므로 영향이 없다.
시공성	• 공사기간: 3개월 • 3개(안) 중 공사기간이 짧고, 시공성은 가장 우수하다.	• 공사기간: 6개월(수문짝의 증고에만) • 기존 설치된 수문짝과 증고시킨 수문짝을 현장에서 용접할 필요가 있어 시공성 및 품질은 2단 게이트보다도 떨어진다.	• 공사기간: 4.5개월 • 공장제작한 증고된 수문짝을 기존 설치된 수문짝과 독립시켜 설치할 수 있다.
경제성	• 약 3.2억 원*	• 약 26억 원(수문짝 증고에만)	• 약 42억 원
평가	× • 수문에 대한 영향, 시공성, 경제성은 우수하지만, 선박 통항에 대한 영향이 커서 채용하지 않는다.	△ • 경제성은 우수하지만, 증고 높이에 따라서는 권상기의 교환 및 수문기둥의 증고가 필요하므로 큰 재설계가 될 가능성이 있다.	○ • 기후변화에 의한 외력의 증대와 맞추어 증고시킨 게이트를 설치할 수 있으므로 유연한 대응이 가능하다.

*: 2022년 1월 엔화기준(100¥≒1,050원)

출처: 日本大阪府河川構造物等審議会 気候変動検討部会(2020), 改築する三大水門について設計条件として配慮すべき事項

그림 3.128 기후변화에 따른 외력 증가에 대한 수문짝의 검토

5) 기후변화를 고려한 외력의 조사와 계산

기후변화에 따른 외력의 증가로 수문고(水門高)의 부족이나 각 부재의 내력 부족이 예상되므로 아래 그림 3.129와 같이 4가지 조사를 한다.

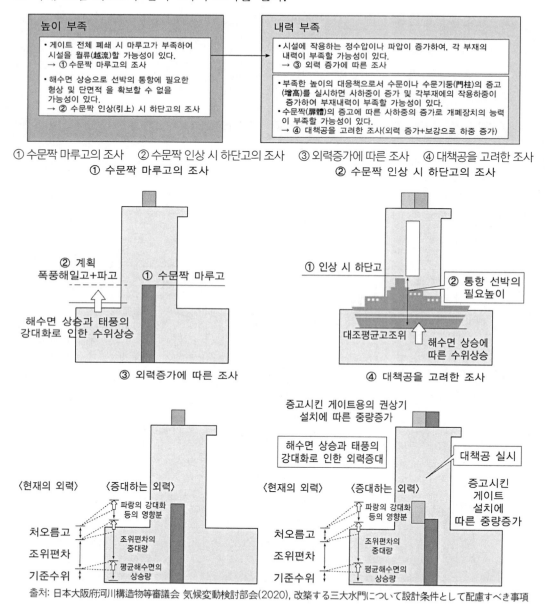

① 수문짝 마루고의 조사　② 수문짝 인상 시 하단고의 조사　③ 외력증가에 따른 조사　④ 대책공을 고려한 조사

출처: 日本大阪府河川構造物等審議会 気候変動検討部会(2020), 改築する三大水門について設計条件として配慮すべき事項

그림 3.129 기후변화의 외력 증가에 따른 4종류 조사

4가지 조사의 검토 순서도는 아래와 같다(그림 3.130 참조).

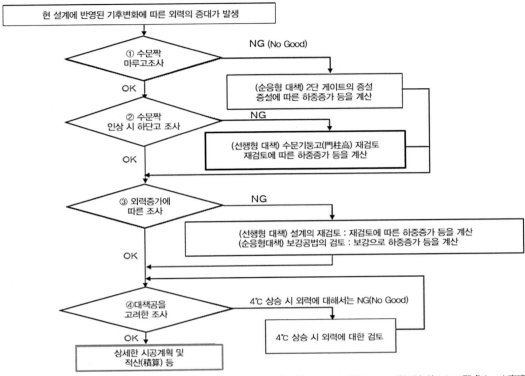

출처: 日本大阪府河川構造物等審議会 気候変動検討部会(2020), 改築する三大水門について設計条件として配慮すべき事項

그림 3.130 기후변화에 따른 외력 증가에 대한 4가지 조사의 검토순서도

각 수문의 설계 외력에 대해서는 건설 지점에 따라 차이가 인정되지만, 그 차이를 정확하게 파악하는 것이 어렵고, 기후변화에 따른 외력 증가에도 불확실성이 있으므로 3대 신수문 중 최대 외력을 채용한다. 그 결과, 현 계획 및 장래기후(2℃ 상승, 4℃ 상승) 모두 아지가와 수문 (安治川水門)의 계산값이 가장 높지만, 폭풍해일 외력은 기즈가와 수문(木津川 水門)의 계산값이 가장 높다(그림 3.131 참고). 기후변화에 의한 외력 증가에는 불확실성이 있으므로 해수면 상승 만 고려했을 경우와 해수면 상승+태풍의 강대화를 고려한 경우, 2가지 경우에 대하여 조사를 한다(그림 3.132 참조).

구분	현 계획 (현 수문)	현 계획 계산값			2℃ 상승(95%값)			4℃ 상승(중앙값)		
		아지가와 수문	시리나시 가와 수문	기즈가와 수문	아지가와 수문	시리나시 가와 수문	기즈가와 수문	아지가와 수문	시리나시 가와 수문	기즈가와 수문
기준수위(O.P.+m)	2.2	2.2			2.3			2.3		
해수면 상승(m)	0	0			0.7			0.9		
조위편차(m)	3.60	3.87	3.97	4.17	4.32	4.47	4.66	5.25	5.30	5.54
폭풍해일고	5.80	6.07	6.17	6.37	7.32	7.47	7.66	8.45	8.50	8.74
처오름고	1.00	0.98	0.68	0.59	1.07	0.74	0.64	1.15	0.80	0.71
여유고	0.60	0.25								
수문고	7.40	7.30	7.10	7.21	8.64	8.46	8.55	9.85	9.55	9.70
(L1*)지진해일고(O.P.+m)	–	4.46	4.93	5.64	5.26	5.73	6.44	5.46	5.93	6.64
(L2상당**)지진해일고 (O.P.+m)	–	5.76	5.85	6.65	6.56	6.65	7.45	6.76	6.85	7.65

*L1(Level1): 대략 수십 년~백수십 년에 한번 정도의 빈도로 발생하는 지진해일
*L2(Level2): 대략 수백 년~천년에 한 번 정도 빈도로 발생하고 극심한 영향을 유발하는 최대급 지진해일

(a) 수문 마루고

(단위: kN/1개 수문(扉))

구분		폭풍해일 외력			지진해일 파력		
		정수압	파압	합계	현 계획에 대한 증가비율	시설계획 상 (L1)	최대급 (L2) 상당
현 계획		10,612	1,200	11,813	1	–	–
현 계획 계산 값	아지가와 수문	11,466	1,222	12,688	1.07	6,433	7,201
	시리나시 가와 수문	11,787	1,231	13,018	1.10	7,550	7,378
	기즈가와 수문	12,439	1,248	13,687	1.16	9,396	8,951
2℃ 상승	아지가와 수문	15,703	1,441	17,144	1.45	8,224	8,790
	시리나시 가와 수문	16,243	947	17,190	1.46	9,460	8,987
	기즈가와 수문	16,938	814	17,751	1.50	11,467	10,739
4℃ 상승	아지가와 수문	19,163	1,665	20,828	1.76	8,741	9,243
	시리나시 가와 수문	19,356	1,093	20,450	1.73	10,009	9,449
	기즈가와 수문	20,295	970	21,265	1.80	12,064	11,345

(b) 정수압·파압

출처: 日本大阪府河川構造物等審議会 気候変動検討部会(2020), 改築する三大水門について 設計条件として配慮すべき事項

그림 3.131 기후변화에 따른 외력 증가로 인한 최고 수문고와 최대 외력

구분	현계획	현계획외력계산값	해수면 상승만 고려				해수면 상승+태풍 강대화			
			2℃ 상승 시 (중앙값)	2℃ 상승 시 (95%값)	4℃ 상승 시 (중앙값)	4℃ 상승 시 (95%값)	2℃(중앙값) +2℃ 상승 태풍	2℃(95%값) +2℃ 상승 태풍	4℃(중앙값) +4℃ 상승 태풍	4℃(95%값) +4℃ 상승 태풍
기준수위 (O.P.+m)	2.2	2.2	2.3	2.3	2.3	2.3	2.3	2.3	2.3	2.3
해수면 상승(m)	0	0	0.5	0.7	0.9	1.3	0.5	0.7	0.9	1.3
조위편차(m)	3.6	3.87	3.87	3.87	3.87	3.87	4.32	4.32	5.25	5.25
폭풍해일고 (O.P+m)	5.8	6.07	6.67	6.87	7.07	7.47	7.12	7.32	8.45	8.85
처오름고(m)	1	0.98	0.98	0.98	0.98	0.98	1.07	1.07	1.15	1.15
여유고(m)	0.6	0.25	0.25	0.25	0.25	0.25	0.25	0.25	0.25	0.25
필요 수문고 (O.P+m)	7.40	7.30	7.90	8.10	8.30	8.70	8.44	8.64	9.85	10.25

(a) 높이 조사의 검토 케이스(아지가와 수문의 계산값을 채용)

구분	현계획	현계획외력계산값	해수면 상승만 고려				해수면 상승+태풍 강대화			
			2℃ 상승 시 (중앙값)	2℃ 상승 시 (95%값)	4℃ 상승 시 (중앙값)	4℃ 상승 시 (95%값)	2℃(중앙값) +2℃ 상승 태풍	2℃(95%값) +2℃ 상승 태풍	4℃(중앙값) +4℃ 상승 태풍	4℃(95%값) +4℃ 상승 태풍
기준수위 (O.P.+m)	2.2	2.2	2.3	2.3	2.3	2.3	2.3	2.3	2.3	2.3
해수면 상승 (m)	0	0	0.5	0.7	0.9	1.3	0.5	0.7	0.9	1.3
조위편차(m)	3.6	4.17	4.17	4.17	4.17	4.17	4.66	4.66	5.54	5.54
폭풍해일고 (O.P+m)	5.8	6.37	6.97	7.17	7.37	7.77	7.46	7.66	8.74	9.14
처오름고(m)	1	0.59	0.59	0.59	0.59	0.59	0.64	0.64	0.72	0.71
여유고(m)	0.6	0.25	0.25	0.25	0.25	0.25	0.25	0.25	0.25	0.25
필요 수문고 (O.P+m)	7.40	7.21	7.81	8.01	8.21	8.61	8.35	8.55	9.71	10.1

(b) 내력 조사의 검토 케이스(기즈가와 수문의 계산값을 채용)

출처: 日本大阪府河川構造物等審議会 気候変動検討部会(2020), 改築する三大水門について設計条件として配慮すべき事項

그림 3.132 기후변화에 따른 외력 증가로 인한 높이 및 내력(耐力) 조사의 검토 케이스

(1) 수문짝(扉體) 마루고의 조사

구분	현 계획	현 계획외력 계산값	해수면 상승만 고려				해수면 상승+태풍 강대화			
			2℃ 상승 시 (중앙값)	2℃ 상승 시 (95%값)	4℃ 상승 시 (중앙값)	4℃ 상승 시 (95%값)	2℃(중앙값)+2℃ 상승 태풍	2℃(95%값)+2℃ 상승 태풍	4℃(중앙값)+4℃ 상승 태풍	4℃(95%값)+4℃ 상승 태풍
폭풍해일고 (O.P+m)	5.08	6.07	6.67	6.87	7.07	7.47	7.12	7.32	8.45	8.85
파고(m)	1	0.98	0.98	0.98	0.98	0.98	1.07	1.07	1.15	1.15
폭풍해일고+파고(O.P+m)	6.80	7.05	7.65	7.85	8.05	8.45	8.19	8.39	9.60	10.00
현 설계에 대한 조사 (O.P+7.4m)	O.K.	O.K.	N.G	N.G	N.G	N.G	N.G	N.G	N.G	N.G
2℃ 상승 대응 설계에 대한 조사 (O.P+8.64m)	O.K.	O.K.	O.K.	O.K.	O.K.	O.K.	O.K.	O.K.	N.G	N.G

		월류량(m³)
현 설계 (OP + 7.40m)	장래 2℃ (95%값)	5,556
	장래 4℃ (중앙값)	188,953
	장래 4℃ (95%값)	348,729
2℃ 대응 (OP + 8.64m)	장래 4℃ (중앙값)	882
	장래 4℃ (95%값)	18,712

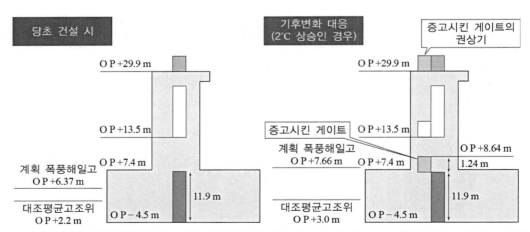

출처: 日本大阪府河川構造物等審議会 気候変動検討部会(2020), 改築する三大水門について設計条件として配慮すべき事項

그림 3.133 기후변화에 따른 외력 증가에 대한 수문짝 마루고의 조사

해수면 상승만을 고려한 장래기후 2℃ 상승(중앙값(0.5m)) 시 현 계획의 수문 마루고(O.P.+7.4m)를 초과한다. 또한, 해수면 상승+태풍 강대화를 고려한 경우 중 장래기후 4℃(중앙값)+4℃ 상승 태풍 이상이 되면 장래기후 2℃ 상승 대응 후의 수문 마루고(O.P.+8.64m)를 초과한다. 따라서 건설 초기 시의 수문짝 높이는 2단 게이트를 채용하므로 O.P.+7.4m로 하고, 기후변화에 따른 외력의 증가를 근거로 증고 게이트 및 증고 게이트용의 권상기를 증설한다(그림 3.133 참조).

(2) 평상시 선박 통항에 필요한 수문짝 인상 시 하단고(下端高)의 조사

선박의 통항에 필요한 수문짝 인상 시 하단고는 현 설계에서 1m의 여유고를 두고 있어 장래 기후 2℃ 상승 외력 증가에서는 대책이 불필요하다. 해수면이 장래기후 4℃ 상승 시(95%값, O.P.+2.3m)까지 상승하면 필요고를 확보할 수 없으므로 수문기둥의 증가를 검토할 필요가 있다(그림 3.134 참조).

구분		현 계획	현 계획외력 계산값	해수면 상승만 고려			
				2℃ 상승 시 (중앙값)	2℃ 상승 시 (95%값)	4℃ 상승 시 (중앙값)	4℃ 상승 시 (95%값)
기준수위 (O.P.+m)		2.2	2.2	2.3	2.3	2.3	2.3
해수면 상승(m)		0	0	0.5	0.7	0.9	1.3
대조평균고조위 (O.P.+m)		2.2	2.2	2.8	3.0	3.2	3.6
대상선박 통항 시 높이	아지가와 수문 (마스트(Mast) 높이 10m)	12.2 O.K.	12.2 O.K.	12.8 O.K.	13.0 O.K.	13.2 O.K.	13.6 N.G.
	시리나시가와 수문 (마스트 높이 10.2m)	12.4 O.K.	12.4 O.K.	13 O.K.	13.2 O.K.	13.4 O.K.	13.8 N.G.
	기즈가와 수문 (마스트 높이 10m)	12.2 O.K.	12.2 O.K.	12.8 O.K.	13.0 O.K.	13.2 O.K.	13.6 N.G.

수문짝 인상 시 하단고의 설정 근거

구분		아지가와	시리나시가와	기즈가와
대조평균고조위(O.P.+m)		2.2	2.2	2.2
대상선박 마스트 높이(m)		10	10.2	10
여유고(m)		1	1	1
인상 시 게이트 하단고 (O.P.+m)	(필요고)	13.2	13.4	13.2
	(채용높이) 0.5m 반올림	13.5		

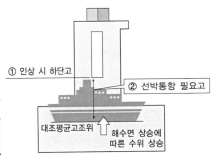

① 인상 시 하단고
② 선박통항 필요고
대조평균고조위
해수면 상승에 따른 수위 상승

출처: 日本大阪府河川構造物等審議会 気候変動検討部会(2020), 改築する三大水門について設計条件として配慮すべき事項

그림 3.134 기후변화에 따른 외력 증가에 대한 수문짝 인상 시 하단고(선박통항)의 조사

(3) 외력의 증가에 대한 조사(현 계획 외력으로 설계한 경우)

현 계획 외력으로 설계했을 경우, 기초공과 수문짝에서 장래기후 2℃ 상승 시 발생하는 외력에 대한 내력이 부족하다. 수문기둥, 보기둥, 바닥판은 수위 상승에 의한 외력 증가에 있어서 장래기후 4℃ 상승 시 발생하는 외력에서도 현 기능을 확보할 수 있으며 보강은 불필요하다. 기초공은 도중 보강·개수가 곤란하므로 건설 초기부터 장래기후 2℃ 상승에 대응하기로 한다. 수문짝은 높이의 확보에 대해서는 증고시킨 게이트의 후시공(後施工)으로 가능하지만, 수문짝의 보강은 도중 개수가 곤란하므로 수문짝의 강도(强度)는 건설 초기부터 장래기후 2℃에 대응하기로 한다(그림 3.135 참조).

조사개소	현 계획	현 계획 외력 계산값	해수면 상승만 고려				해수면 상승+태풍 강대화			
			2℃ 상승 시 (중앙값)	2℃ 상승 시 (95%값)	4℃ 상승 시 (중앙값)	4℃ 상승 시 (95%값)	2℃(중앙값)+ 2℃ 상승 태풍*1	2℃(95%값)+ 2℃ 상승 태풍	4℃(중앙값)+ 4℃ 상승 태풍	4℃(95%값)+ 4℃ 상승 태풍*2
기초공	O.K.	O.K.	O.K.	O.K.	N.G.	N.G.	N.G.	N.G.	N.G.	N.G.
수문기둥	O.K.	O.K.	O.K.	O.K.	O.K.	O.K.	O.K.	O.K.	O.K.	O.K.
보기둥	O.K.	O.K.	O.K.	O.K.	O.K.	O.K.	O.K.	O.K.	O.K.	O.K.
바닥판	O.K.	O.K.	O.K.	O.K.	O.K.	O.K.	O.K.	O.K.	O.K.	O.K.
수문짝	O.K.	N.G.	N.G.	N.G.	N.G.	N.G.	N.G.	N.G.	N.G.	N.G.
권상기	(수위 증가에 따른 영향이 없다.)									

*1 : (2℃(95% 값) +2℃ 상승 태풍)
　　수문짝: 하단 수문(주형(主桁))의 허용 휨도가 NG ⇒ 수밀성(水密性)이 곤란해질 수 있다(유출은 하지 않는다.).
　　기초공: 중앙 보기둥(堰柱) 말뚝에서 변위량이 NG ⇒ 수문구체(軀體)와 말뚝머리가 분리될 수 있어 구체가 미세하게 경사질 수 있다.
*2 : (4℃(중앙값) +4℃ 상승 태풍)
　　수문짝: 상·하단 수문(주형)의 허용 휨도가 NG ⇒ 수밀성이 곤란해질 수 있다(유출은 하지 않는다).
　　기초공: 중앙 보기둥 말뚝에서 변위량 및 응력도가 NG ⇒ 수문구체와 말뚝이 분리될 수 있어 구체가 경사질 수 있다.

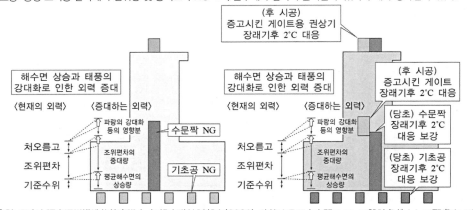

출처: 日本大阪府河川構造物等審議会 気候変動検討部会(2020), 改築する三大水門について設計条件として配慮すべき事項

그림 3.135 기후변화에 따른 외력 증가에 대한 조사(현 계획 외력으로 설계한 경우)

(4) 외력의 증가에 대한 대책공의 조사(외력증가+보강에 따른 하중 증가)

기초공, 수문짝 및 권상기를 장래기후 2℃ 상승 시 대응할 수 있도록 보강할 경우에 대한 조사를 한다. 기초공 및 수문짝은 장래기후 4℃ 상승 시 발생하는 외력에 대한 내력이 부족하다. 수문기둥, 보기둥 및 바닥판은 장래기후 2℃ 상승 시 대응 가능한 수문짝과 권상기의 중량 증가, 장래기후 4℃ 상승까지 외력이 증가해도 현 설계의 사양으로 견딜 수 있도록 한다(그림 3.136 참조).

조사개소	현 계획	현 계획 외력 계산값	해수면 상승만 고려				해수면 상승+태풍 강대화			
			2℃ 상승 시 (중앙값)	2℃ 상승 시 (95%값)	4℃ 상승 시 (중앙값)	4℃ 상승 시 (95%값)	2℃α(중앙값) + 2℃ 상승 태풍	2℃α(95%값) + 2℃ 상승 태풍	4℃α(중앙값) + 4℃ 상승 태풍	4℃α(95%값) + 4℃ 상승 태풍*1
기초공 (2℃ 대응)	O.K.	O.K.	O.K.	O.K.	O.K.	O.K.	O.K.	O.K.	N.G.	N.G.
수문기둥 (현 설계)	O.K.	O.K.	O.K.	O.K.	O.K.	O.K.	O.K.	O.K.	O.K.	O.K.
보기둥 (현 설계)	O.K.	O.K.	O.K.	O.K.	O.K.	O.K.	O.K.	O.K.	O.K.	O.K.
바닥판 (현 설계)	O.K.	O.K.	O.K.	O.K.	O.K.	O.K.	O.K.	O.K.	O.K.	O.K.
수문짝 (초기정비 수문짝, (2℃ 대응))	O.K.	O.K.	O.K.	O.K.	O.K.	O.K.	O.K.	O.K.	N.G.	N.G.
수문짝 (증고시킨 수문짝, (2℃ 대응))	O.K.	O.K.	O.K.	O.K.	O.K.	O.K.	O.K.	O.K.	N.G.	N.G.
권상기 (초기정비 수문짝, (2℃ 대응))	O.K.	O.K.	O.K.	O.K.	O.K.	O.K.	O.K.	O.K.	O.K.	O.K.
권상기 (증고시킨 수문짝, (2℃ 대응))	O.K.	O.K.	O.K.	O.K.	O.K.	O.K.	O.K.	O.K.	O.K.	O.K.

*1 : (4℃(중앙값, 95%값)+4℃ 상승 태풍)
  수문짝: 하단 수문(주형)의 허용휨도가 NG ⇒ 수밀성이 곤란해질 수 있다(유출은 하지 않는다.).
  기초공: 중앙 보기둥 말뚝에서 변위량이 NG ⇒ 수문구체와 말뚝이 분리될 수 있어 구체가 경사질 수 있다.

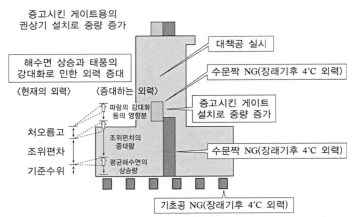

출처: 日本大阪府河川構造物等審議会 気候変動検討部会(2020), 改築する三大水門について設計条件として配慮すべき事項

그림 3.136 기후변화에 따른 외력 증가에 대한 대책공의 조사(외력증가+보강에 따른 하중 증가)

6) 장래기후 4℃ 상승 시 외력에 대한 대응책(안)

(1) 수문짝(扉體)

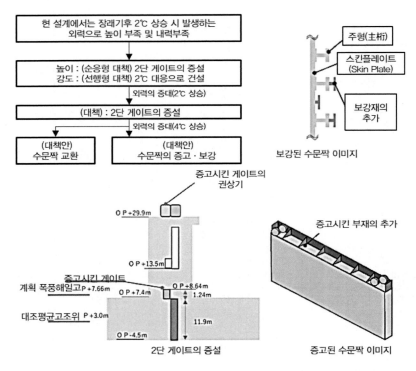

그림 3.137 장래기후 4℃ 상승 시 외력에 대한 수문짝의 대응책(안)

(4℃ 대응)
• 수문짝의 증고·보강에 대해서는 용접부착 시 열 왜곡으로 인한 강도 저하, 모재(母材) 손상의 우려가 있어 성능보증을 확보할 수 있는지 등 상세하게 검토할 필요가 있다.
• 증고·보강을 할 수 없는 경우는 수문짝의 교환이 필요하다.
• 수문짝를 교환하는 경우는 수문짝의 철거 시 대규모 가설이 필요하므로 추가 공사비가 많아진다.

선행형 대책인 경우 수문짝의 개략공사비(억 원)

구분	공사비*
현 설계	252
2℃ 대응 (강도만 고려)	272
2℃ 대응	280
4℃ 대응	368

2℃·4℃ 대응에서 수문짝 보강 시 개략공사비(억 원)

구분	공사비
증고시킨 게이트(2℃ 대응)	53
수문짝의 증고·보강(2℃ → 4℃ 대응)	179
수문짝의 교환(2℃ → 4℃ 대응)	609

※개량공사비는 수문짝, 권상기, 수문기둥의 공사비를 포함한다.
*: 2022년 1월 엔화기준(100￥≒1,050원)

출처: 日本大阪府河川構造物等審議会 気候変動検討部会(2020), 改築する三大水門について設計条件として配慮すべき事項

그림 3.137 장래기후 4℃ 상승 시 외력에 대한 수문짝의 대응책(안)(계속)

장래기후 2℃ 상승 시의 대응으로서 높이는 2단 게이트를 후시공하고, 수문짝의 강도에 대해서는 선행형 대책을 실시한다. 장래기후 4℃ 상승 시 대응에 대해서는 수문짝의 보강·증고가 불가능한 경우는 수문짝을 교환하여야 하므로 추가 공사비가 더 든다(그림 3.137 참조).

(2) 기초공

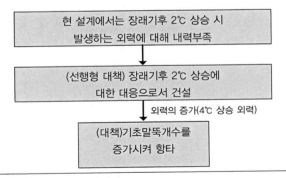

(4℃ 대응) 기초를 증가시켜 항타(杭打)함에 대하여
• 교량 하부공 등의 기초보강으로서 증항(增杭) 실적이 있다.
• 중앙 보기둥(堰柱)의 수류(水流)방향은 말뚝이 허용값을 만족하지 못하므로 제약이 적은 상류 쪽에 말뚝의 개수를 증가시켜 타설한다.
• 구체(驅體)의 저판(底板) 아래면까지 대규모 체절(締切)*1이 필요하므로 추가공사비가 더 든다.

선행형 대책인 경우 기초공의 개략공사비(억 원)

구분	공사비[2]
현 설계	63
2℃ 대응	89
4℃ 대응	116

4℃ 대응에서 기초공 보강의 개략공사비(억 원)

구분	공사비
기초보강공	42
가설공	263
합계	305

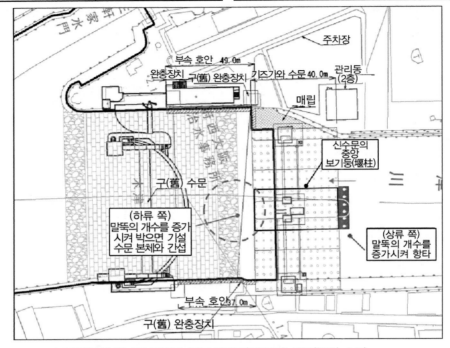

기즈가와(木津川) 신수문(빨간 색)의 평면도(파란색은 기설(旣設) 수문)

*1 체절(締切): 기초 말뚝을 항타하기 위해서는 물을 막아서 시공해야 하므로 물막이라고도 부른다.
*2: 2022년 1월 엔화기준 (100≒1,050원)

선행형 대책인 경우 기초공의 개략공사비(억 원)

구분	공사비[2]
현 설계	63
2℃ 대응	89
4℃ 대응	116

4℃ 대응에서 기초공 보강의 개략공사비(억 원)

구분	공사비
기초보강공	42
가설공	263
합계	305

출처: 日本大阪府河川構造物等審議会 気候変動検討部会(2020), 改築する三大水門について設計条件として配慮すべき事項

그림 3.138 장래기후 4℃ 상승 시 외력에 대한 기초공의 대응책(안)

기초공은 도중 개수가 곤란하므로 처음부터 장래기후 2℃ 상승에 대응하여 건설한다. 장래기후 4℃ 상승에 대한 외력의 대응으로서 기초의 말뚝 개수를 증가시켜 항타(杭打)시킬 수도 있지만, 대규모 가설공(仮設工)이 필요하여 추가 공사비가 더 든다.

7) 결론(표 3.28 참조)

표 3.28 '가능한 한 재설계가 없는 설계' 시 고려사항

부위		조사결과		설계 시 고려사항
		현 설계	장래기후 2℃ 상승에 대한 대응 설계	
기초공		• 2℃ 상승 시 외력의 증가 (정수압 등의 증가)에 대한 내력이 부족하다.	• 4℃ 해수면 상승 (중앙값)+4℃ 상승 태풍 강대화까지 외력이 증가하면 내력이 부족하다.	• 중간 개수(改修)가 어려우므로 처음부터 2℃ 대응으로 설계한다. • 4℃ 대응으로서 기초 수(數)를 증가시킨 항타(杭打)로 대응이 가능하지만, 대규모 가설공이 필요하여 비용이 많이 든다.
수문기둥, 보기둥, 바닥판		• 4℃ 상승 시 외력의 증가 (정수압 등의 증가)에서도 현 기능을 확보 한다.	• 2℃ 대응에 따른 수문짝과 권상기의 중량증가 및 4℃ 상승까지 외력이 증가해도 현 설계 사양 (仕様)으로 견딜 수 있다.	• 중간 개수(改修)가 어려우므로 처음부터 2℃ 대응으로 설계한다.
수문짝	높이	• 2℃ 해수면 상승(중앙값 0.5m) 시 수문 마루고를 초과한다.	• 4℃ 해수면 상승 (중앙값)+태풍 강대화로 파랑이 수문 마루고를 넘고, 4℃ 해수면 상승 (95%값)+태풍강대화로 폭풍 해일고도 수문 마루고를 넘는다.	• 중간 개수가 가능하므로 초기 정비 수문짝 높이는 O.P.+7.4m로 하고, 외력 증가에 따라 증고(增高)시킨 게이트를 증설한다. • 4℃ 대응방안으로서 수문짝의 증고를 고려할 수 있지만, 실현성 에 대해서는 상세한 검토가 필요하다.
	강도	• 2℃ 상승 시 외력의 증가 (정수압 등의 증가)에 대한 내력이 부족하다.	• 4℃ 해수면 상승 (중앙값)+4℃ 상승 태풍 강대화까지 외력이 증가하면 내력이 부족하다	• 중간 개수가 어려우므로 처음부터 2℃ 대응으로 설계한다. • 4℃ 대응방안으로서는 수문짝의 보강을 고려할 수 있지만, 실현성 에 대해서는 상세하게 검토가 필요하다.
권상기		• 4℃ 상승 시 외력에서도 현 기능을 확보한다. • 단, 증고시킨 게이트 증설 시 새로운 권상기를 증설할 필요가 있다.	• 4℃ 상승 시 외력에서도 현 기능을 확보한다.	• 증고시킨 게이트 증설 시는 새로운 권상기를 증설하므로 권상기실의 설계 시는 증설을 고려할 필요가 있다.

출처: 日本大阪府河川構造物等審議会 気候変動検討部会(2020), 改築する三大水門について設計条件として配慮すべき事項

3.6 기후변화에 대응한 해안의 구조적 대책사례

3.6.1 이탈리아 모세 프로젝트(MOSE Project)

베네치아만은 긴 사주(砂洲)에 의해 아드리아해(Adriatic Sea)와 차단돼 있다. 사주 중간에 3개의 입구(Inlet)가 나 있는데 바닷물이 드나드는 이 입구에 이동식 방벽(防壁)을 설치하는 것이 모세(MOSE) 프로젝트다. 이 프로젝트는 '아쿠아 알타'(Acqua Alta)로 불리는 폭풍해일 현상으로부터 베네치아를 보호하기 위해 아드리해와 베네치아 석호 사이의 3개의 관문에 대형 방벽을 건설하는 사업이다. 모세는 실험적 전기공학 모듈(MOdulo Sperimentale Elettromeccanico, Experimental Electro-mechanical Module)의 약어로 세계적인 관광도시인 베니스를 해수면 상승 및 폭풍해일로부터 보호하기 위하여 추진한 거대 프로젝트이다. 1966년 1.94m(조위편차 (폭풍해일편차))의 해수면 상승으로 인한 침수로 문화재 손실 등의 피해(인명피해는 없었다.)를 입은 계기로 1971년 베니스를 침수로부터 구하기 위한 법령을 제정, 1984년 베니스 주변 석호 에 대한 생태환경 복원사업을 시작하였고, 2003년 베니스 주변 3곳(리도, 말라모코, 치오지아) 에 거대 갑문(閘門)을 설치하는 모세 프로젝트를 착공하였다. 이동식 방벽은 모두 78개의 갑문 으로 이뤄져 있고 각 갑문은 두께 3.6~5m, 길이 18~20m, 높이 22~33m이며, 재질은 철로 방수 처리돼 있다. 갑문의 무게는 300~400t으로 이들 갑문은 길이 800m(리도), 400m(말라모 코), 380m(치오지아)의 입구 해저에 가라앉아 있다가 압축공기를 주입하면 세워져 바닷물을 차단한다. 해수면이 130cm 이상 상승하면 작동하고 해수면이 이 이하로 내려가면 물을 채워 다시 내려가도록 설계됐다. 1년에 대략 3~5차례, 한차례에 4~5시간 물을 차단하면 충분히 홍수를 방지할 것으로 예상된다(그림 3.139, 그림 3.140 참조).

일시	내용	세부내용
1966년	대침수 발생	194cm 해수면 상승으로 침수발생 → 문화재 손실 등 재산상 피해가 발생했으나, 인명피해는 없었음
1971년	법령 제정	베니스를 침수로부터 구하기 위한 법률
1984년	환경복원사업 착수	베니스 석호에 대한 생태환경 복원사업
2003년	Mose project 착수	2015년 준공예정이었으나 환경파괴논란으로 2020년 상반기 완공(수문 3개소 설치)
원인 및 대응방안	침수원인	지반침하(마르겔라 공장지대)와 해수면 상승 동시 발생
	대응방안	환경피해를 최소화하기 위한 공법검토: 석호(潟湖) 내 생태환경을 고려한 종합적인 사업추진 → 자연환경을 훼손 및 변경하지 않는 공법 채택·적용 → 베니스 해상출입부 3곳에 방벽 설치
대책	① 리도 수문	여객선용 수문 • 인공섬 중앙에 설치하고 양쪽으로 각 400m 갑문계획 • 갑문 앞면부에 항 계획(수문이 닫혔을 때(위급 시) 통행로 역할)
	② 말라모코 수문	대형선(화물선)용 수문 • 초대형 선박의 통항이 가능하도록 계획 • 외곽방파제는 갑문보호 및 해수면 60cm 상승을 막아주는 역할
	③ 치오지아 수문	어선용 수문 • 어선전용(규모가 제일 작음) • 갑문 2개 배치: 어업활동을 고려 계획(일시에 출항, 입항)

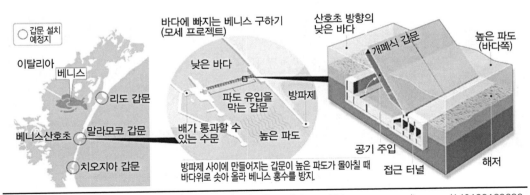

출처: KOEM해양환경공단(2013), https://blog.naver.com/koempr/140199129636

그림 3.139 Mose Project 개요(1)

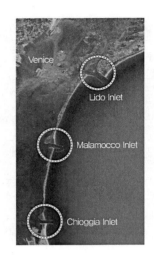

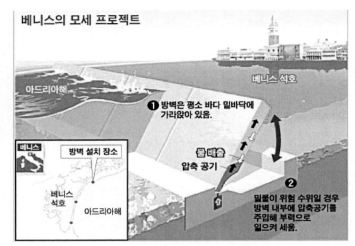

Mose Project(Flab-Gate)

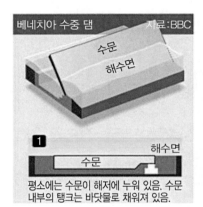

목적	베니스를 해수면 상승 및 폭풍해일로부터 보호 → 지속적인 해수면 상승에 의한 위협 및 해일의 위험요소를 차단
MOSE PROJECT 건설조건	• 자연환경 훼손 및 변경시키지 않으면서 재난에 대한 대책수립(수중 구조물 설치로 환경변화요인 최소화에 중점을 둠) • 1.2m 이상의 해수면 상승 시 주민과 재산을 보호
형상	수중에 거대한 가라앉은 방벽이 압축공기주입으로 수문이 올라옴 • 방벽길이: 1,520m(3개소) • 수문높이: 30m×76기
공사기간	17년(2003~2020년)
공사비	총 7조 9천억 원(석호 생태복원 및 Mose Project 포함: 1984~2020년)

그림 3.140 Mose Project 개요(2)

내용	• 1971년 법 제정: 정부의 특별법으로 사업추진 • THETIS 탄생: 시민, 정부, 엔지니어 합동으로 컨소시엄 구성 → Mose project 총괄 지휘 • 담당 영역: 수면상승 및 해일 대응→국가 　　　　　　　환경오염 방지 및 복원→주 정부 　　　　　　　경제활동→베니스시 • 플랩형 수문 채택: 환경변화 요인을 최소화할 수 있는 공법채택 － 세계 최고권위자 5명으로부터 자문통과 － 현 상태 유지, 자연훼손이나 공간차지가 없는 공법으로 환경측면에서 가장 작은 피해의 공법이라 판단 • 유지관리: 1/5년 함체교체, 100년의 내구연수(100명, 3,000만 유로/년) • 작동: 1.3m 해수면 상승 시 수문(플랩) 가동 • 힌지: 청소선 운항과 잠수부 투입으로 청결유지 예정

출처: KOEM해양환경공단(2013), https://blog.naver.com/koempr/140199129636로 부터 일부 수정

그림 3.140 Mose Project 개요(2)(계속)

3.6.2 네덜란드 델타 프로젝트(Delta Project, 표 3.29, 표 3.30 참조)

1) 사업 개요

델타 프로젝트는 1953년 북해(北海) 폭풍해일 발생 이후 홍수를 막기 위한 거대한 사업이다. 북해 홍수는 8,361명의 사상자를 발생시킨 동시에 네덜란드 농지의 9%를 침수시켰다. 이 프로젝트는 북해 폭풍해일로부터 라인(Rhine), 뫼즈(Meuse) 및 스켈트(Scheldt) 삼각주 내부와 주변 지역을 보호하기 위해 방벽, 수문, 갑문, 둑, 제방을 포함한 13개의 댐으로 구성되어 있고 네덜란드 해안선의 길이를 감소시켰다. 그 프로젝트는 마침내 1997년에 완공되었는데 총사업비는 50억 달러($)(6조 원(₩), 2022년 1월 환율 기준)이었고 네덜란드의 수로 공공 사업부가 수행하였다. 그 기반시설은 폭풍해일로부터 방재(防災), 상수(上水)와 관개(灌漑)를 제공하며 홍수의 확률빈도를 4,000년 빈도(頻度)로 줄였다. 이 프로젝트는 미국토목학회(American Society of Civil Engineers)로부터 현대 세계 7대 불가사의 중 하나로 인정받았는데, 16,500km 제방과 300개의 구조물을 포함하기 때문이다.

2) 사업목적 및 사업경과

네덜란드 정부는 1953년의 파괴적인 폭풍해일이 발생하기 이전에 라인, 뫼즈 및 스켈트 하구(河口)를 거쳐 오는 폭풍해일을 막기 위한 많은 연구를 했다. 일반적인 아이디어로 해안선을 감소시켜 그것들을 담수호로 바꾸는 것이었다. 북해 폭풍해일은 네덜란드, 벨기에 및 영국에 피해를 끼쳐 2,551명을 사망케 했으며, 이 중 1,386명은 네덜란드인이었다. 이 폭풍해일은

1953년 2월에 수로 공공 사업부의 지시로 델타위원회(Deltacommittee)가 설립된 직후 발생하여 네덜란드 국민에게 경종(警鐘)을 울렸다. 따라서 델타위원회에게 향후 폭풍해일로부터 이 지역을 보호하고, 델타플랜(Deltaplan)이라고 불리는 깨끗한 식수를 공급하기 위한 계획을 수립하는 임무가 주어졌다. 델타웍스(Delta Works)는 델타플랜의 일부분이다. 1959년에 구조물 건설을 위한 델타법(Delta Law)이 통과되었다.

3) 사업효과

이 프로젝트는 해안선을 감소시키는 데 도움이 되었으며, 결과적으로 제방길이를 약 700km 정도 감소시켰다. 이 사업은 상습적으로 범람하는 저지대의 물을 배수시켰고 해수흐름을 조절하여 관개(灌漑)를 위한 깨끗한 물과 식수를 제공했다. 또한, 이 프로젝트의 구조물은 많은 섬 사이의 교량 역할을 담당하기 때문에 교통체계를 개선시켰고, 특히 로테르담과 앤트워프 사이에서 물류흐름을 상당히 개선하였다. 그리고 여가시설을 개선하고 고용을 창출했다.

4) 사업의 세부내용

홀랜즈 이젤(Hollandse IJssel) 폭풍해일 방벽은 델타웍스의 첫 번째 구조물로 1958년부터 운영하기 시작했다. 이 방벽은 네덜란드에서 가장 저지대이고 가장 인구가 밀집한 지역인 네덜란드 서쪽 지역인 랜드스타드(Randstad) 지역의 방재를 담당한다. 또한, 두 개의 댐, 즉 잔드크릭(Zandkreek)과 베에르 수트(Veerse Gat)는 각각 1960년 및 1961년에 완공되었다. 두 댐은 북해로부터 해수(海水)를 막고 베르세(Veerse) 호수를 만들어 맑은 담수(淡水)를 공급한다. 그리고 1971년 완공된 하링드블리(Haringvliet) 댐은 라인(Rhine)과 마아스(Maas)로부터 북해로 흘러가는 강물의 조절하는 17개의 수문으로 이루어져 있어 북해로부터의 폭풍해일이 범람하지 않도록 막아준다. 또한, 이 댐은 겨울 동안에 강물이 얼지 않도록 보호해주고 바다에서 강으로 진입하는 염수(鹽水)의 유입을 조절해준다. 케이슨(Caisson)과 케이블 웨이로 만들어진 브라우저(Brouwers)댐은 1972년에 완공되었는데 이 댐은 새로이 그레블링턴(Grevelingen)호수를 형성하였다. 1972년에 완공된 그레블링겐(Grevelingen)댐은 케이슨을 이용하여 만들어졌는데, 이 댐의 전략적 위치 덕분에 하링드블리댐, 브라우저(Brouwers)댐 그리고 오스터스헬더(Oesterschelde) 방벽을 건설하는 데 추가적인 도움이 되었다. 1969년에 완공된 볼카렉(Volkerak) 댐은 오스터스헬더 방벽, 브라우저 댐, 하링드블리댐의 건설을 보완하기 위해 건설되었다. 두 개의 강철(鋼鐵)로 이루어진 갑문으로 만든 마슬란트(Maeslant) 폭풍해일 방벽은 네덜란드 훅(Hoek) 근처에 새로운 수로(水路)를 만들었다. 이 방벽은 1991년부터 1997년까지 6년 만에 완공되었다. 델타 프로젝트에는 북해와 연결된 여러 강 및 지류(支流)에 있는 많은 부속물과 구조물을 포함하고 있다. 대부분의 델타웍스 구조물에는 케이슨과 합성물을 사용하였다.

표 3.29 Delta Project 개요

일시	내용	세부내용
1953년 (1월 31일~2월 1일)	폭풍해일 발생	네덜란드 남서부 Zeeland주를 중심으로 폭풍해일 발생 → 사망 1,386명과 가축 20만여 마리 희생 → 72,000여 명의 이재민 발생 → 가옥 47,000채 침수와 160,000ha 농지 수몰
1956~1997년 이후 (운영 및 유지관리)	델타 프로젝트 (Delta Works)	로테르담과 Zeeland 등 델타지역에 수문을 포함한 13개의 댐과 방조제 건설추진 → 프로젝트 수행초기: 자연생태계 파손 등 환경문제 발생 (방조제를 건설하되 만 입구에 수문설치로 문제해결) – 평소: 해수유입(환경복원) 및 선박통항(해양레저 이용) – 해일예보 시: 수문가동
1977~1986년	• Haringvliet Dam • Oesterschelde Storm Surge Brrier	대표적 친환경시설인 하링블리트 수문과 오스터스켈더댐 준공 → 델타엑스포: 자연을 극복하되 파괴하지 않는 공법 등 첨단공법 소개(로테르담)
1990~1997년	Maeslant Storm Surge Barrier	로테르담항을 해일로부터 적극적 방재시설구축(섹터 수문) → 제원: 항로 차단 폭 360m 원형 수문의 길이 210m(2개) 수문의 높이 22m 팔의 길이 237m

① 1958: Storm Barrier in the Hollandse IJssel
② 1960: The Zandkreek Dam
③ 1961: The Veerse Gat Dam
④ 1965: The Grevelingen Dam
⑤ 1969: The Volkerak Dam
⑥ 1971: The Haringvliet Dam
⑦ 1972: The Brouwers Dam
⑧ 1986: The Oesterschelde Storm Surge Barrier
⑨ 1987: The Philips Dam
⑩ 1983: The Markiezaat Dyke
⑪ 1986: The Oester Dam
⑫ 1987: The Bath Discharge Canal
⑬ 1997: Maeslant Storm Surge Barrier
* 위치는 왼쪽 원숫자와 연결

출처: deltawerken(2018), http://www.deltawerken.com/Deltaworks/23.html

표 3.30 Maeslant Storm Surge Barrier(섹터수문) 개요

목적	Rotterdam을 폭풍해일로부터 보호 → 끊임없이 위협적인 폭풍해일의 위험요소를 차단
로테르담시의 방벽 건설조건	• 가장 붐비는 항구의 입구에 방벽건설(항만운영과 통항에 지장이 없도록 방벽 건설) • 1백만 명의 주민과 재산을 해일부터 보호
형상	거대한 양쪽 여닫이 라운드형 수문 형태 • 방벽길이: 210m×2기 • 높이: 22m
준공연도	1997년 5월(공사기간 6년)
공사비	10억 길더(Guilder)(한화 5천억 원(₩))
차단(개폐)시간	2시간 30분 소요(컴퓨터에 의한 자동통제)/차단(개폐) 30분, 진수 2시간
내용	• 53년 이후 Delta법 제정: 최상위 법령으로 정부가 먼저 제정/추진 • 위치선택: 북해의 직접적인 파고영향 배제, 위험한 화학공업단지를 외측에 두고 로테르담을 방재할 수 있는 곳 선정 • 섹터수문 채택: 수문건설이 선박운항에 영향을 주지 않고, 유지관리 및 경제성 우수 • 유지관리: 중앙정부(수자원 관리국), 33명 상주, 500만 유로/년 • 공감대: 점차 축소되는 실정이나, 경각심을 심어주기 위해 지속적으로 홍보 노력

출처: AMUSING PLANET(2018), http://www.amusingplanet.com/2014/04/the-netherlands-impressive-storm-surge.html

3.6.3 일본 나고야 폭풍해일 방파제[35]

그림 3.141에 나타낸 것과 같이 1959년 9월 26일 미에현(三重縣), 아이치현(愛知)을 내습한 태풍 '5915호'는 시오노미사키(潮岬) 상륙 시 최저기압 930hPa, 최대풍속 50m/sec로서 태풍반경이 약 500km에 이르는 대형 태풍으로 일본 나고야시(名古屋市) 이세만(伊世湾)을 강타하였다. 이때 나고야항의 조위편차(폭풍해일편차)는 3.45m로 그 당시 최대를 기록하여 사망자·행방불명자도 5,098명에 달하는 대재난(災害)이었다. 그림 3.142는 '이세만'(伊勢湾)태풍에 의한 침수상황도 및 최고 침수수위도를 나타낸 것이다. 이 재난으로 말미암아 이 태풍을 '이세만'(伊世湾) 태풍이라고 한다. 이 재난복구에 있어서 나고야시 주변 해안제방을 증고(增高)한 후 소파(消波) 블록(Block)으로 보강하는 안(案)과 나고야항 입구에 약 8.3km 방파제를 축조하여 폭풍해일을 감쇄하는 동시에 고파랑을 막는 안(案), 2가지 안을 검토하였다. 그러나 폭풍해일 방파제는 그때까지 없던 발상이었으므로 그 효과를 정량적으로 나타낼 필요가 있었다.

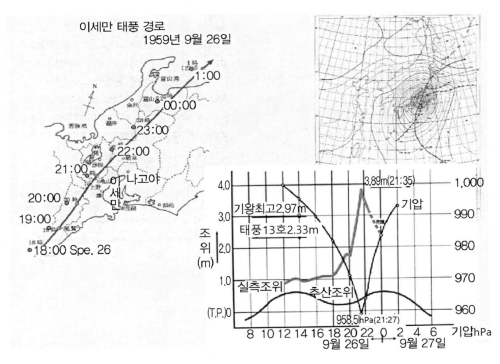

그림 3.141 일본 '이세만' 태풍의 경로와 기압 및 조위(潮位) 시계열 변화

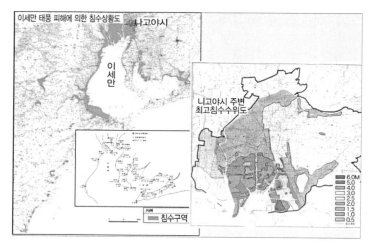

그림 3.142 '이세만' 태풍에 의한 침수상황도 및 최고침수 수위도

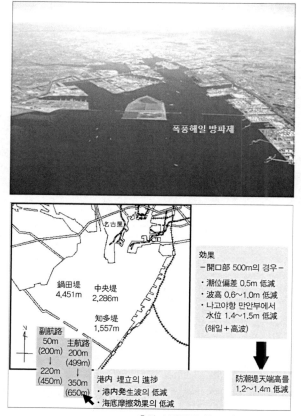

출처: 부산광역시(2017), 부산연안방재대책수립 종합보고서, p.80.

그림 3.143 나고야항(名古屋港) 폭풍해일 방파제 전경사진과 효과

출처: 부산광역시(2017), 부산연안방재대책수립 종합보고서, p.80.

사진 3.26 나고야항 폭풍해일 방파제 전경

따라서 그 당시 최신이었던 IBM7070 전자계산기를 이용하여 '이세만' 태풍에 따른 폭풍해일에 대한 수치 시뮬레이션 실험을 한 결과[36] 방파제 건설로 인해 조위편차(폭풍해일편차)를 약 0.5m 저하시킬 수 있는 동시에 고파랑의 전성기(全盛期)와의 시간차를 발생시킴에 따라 수제선의 방조제 마루고를 약 1m 낮아지게 하는 효과가 있다는 것을 알 수 있었다.[37] 이에 따라 나고야시는 항구에 해일 방파제를 건설하여 폭풍해일을 방호하는 것으로 결정하였다. 1962년에 건설을 착공하여 1964년에 완공하였다(그림 3.143, 사진 3.26 참조). 따라서 폭풍해일 방파제로 둘러싼 항내 넓은 수역을 점차 매립 후 부두를 건설하면서 나고야항은 비약적인 발전을 이룰 수 있었다.

3.6.4. 마보리 폭풍해일 대책사업

최근 일본에서 사업이 추진되었던 '친환경 폭풍해일피해 방지대책사업'의 사례인 마보리 폭풍해일 대책사업이 있다.

1) 마보리 해안의 침수 피해

일본 간토지방 요코스카시(橫須賀市)에 위치한 마보리(馬堀) 해안은 지난 1996년 및 1997년에 걸쳐 연속적인 연안침수재난이 발생하여 인명 및 재산피해가 발생하였다. 이 침수 피해는 1996년 9월 22일에 풍속 25~35m/s의 강풍과 최고조위가 D.L+1.6m 및 파고 3.51m(추정값)로 발생한 폭풍해일로 연안에 대규모 침수가 발생하였는데 침수면적은 약 70ha에 달하였다(사진 3.27(a), (b) 참조).

(a) 1996년 태풍 '17호'로 인한 침수지역

(b) 1996년 9월 태풍 '17호' 상륙 시 월파로 인한 피해에서는 침수가 1m에 달하는 주택도 있었음

사진 3.27 마보리 해안의 폭풍해일로 인한 침수 피해 면적 및 피해 현황

2) 복구사업의 개요

마보리 해안의 전경

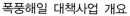

폭풍해일 대책사업 개요

호안배후

출처: 부산광역시(2017), 부산연안방재대책수립 종합보고서, p.85.

사진 3.28 마보리 해안 폭풍해일 대책사업의 개요와 호안완공 전경(1)

일본 간토우지방정비국(關東地方整備局) 요코스카 항만사무소는 마보리 해안의 종합적인 폭풍
해일 방지대책 사업을 추진하였다. 이 사업은 폭풍해일 방지대책을 위한 호안건설(L=1,650m,
매립폭 B=45m(친수호안 25m, 수중 20m))과 친수공간(親水空間) 건설이 주요사업내용으로 총공
사비는 120억 엔(¥)(126억 원(₩) 2022년 1월 환율 기준)(730만 엔(¥)/m당)(7,665만 원(₩)/m
당)으로 2000년에 착공하여 2006년에 완공하였다(사진 3.28, 그림 3.144 참조).

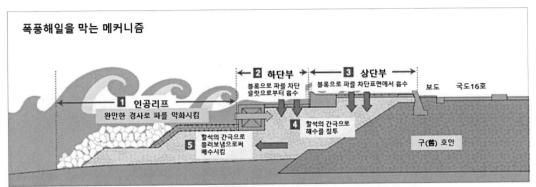

마보리 해안 폭풍해일 방지호안의 단면모식도

호안(해안 측) - 1층 소단부

호안(도로 측) - 2층 소단부

그림 3.144 마보리 해안 폭풍해일 대책사업의 개요와 호안완공 전경(2)

3) 사업의 특징

이 사업의 특징은 폭풍해일 월파 시 기초사석을 통하여 배수될 수 있는 유수지(遊水池)를
조성하는 것과 동시에 친수공간을 확보했다는 것이다. 특히 마보리 해안역은 약 20m 도로를
사이에 두고 주택이 밀집되어 있어 인근 주민을 위한 친수 공간으로 조성했고 월파된 해수가
투수층을 통하여 다시 바다로 흘러갈 수 있도록 설계하였다. 그림 3.145는 각각 마보리 해안의
친환경 호안설계 단면 모식도 및 소단부의 전경과 차세대 호안단면으로 '친환경 생태호안'의
개념적인 모식도를 나타낸 것이다.

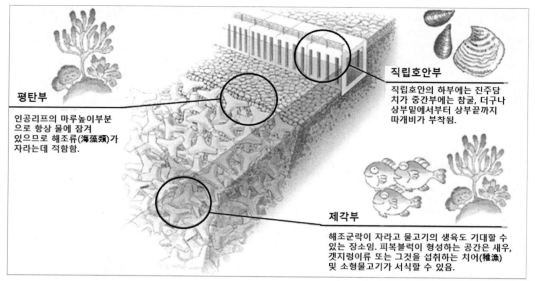

출처: 부산광역시(2017), 부산연안방재대책수립 종합보고서, p.86.

그림 3.145 친환경 생태호안의 조성 개념 모식도

3.7 기후변화에 대응한 해안도시 사례

3.7.1 미국 뉴욕시의 로어 맨해튼 해안 탄력성[20] 프로젝트[6]
(LMCRP, Lower Manhattan Coastal Resilience Project)

1) 서론

(1) 추진배경 및 목표

2012년 10월 허리케인 '샌디(Sandy)'는 뉴욕시를 강타하여 뉴욕시 전면적(全面積)의 17%를 침수시켜 44명이 사망하였고, 경제적 피해는 190억 달러($)(22.8조 원(₩), 2022년 1월 환율 기준)에 이르렀다(사진 3.29 참조). 또한, 폭풍해일고(조위+조위편차(폭풍해일편차))는 뉴욕 항에서 기록적인 4.3m에 이르렀고, 도시 전역에 정전을 일으켜 2백만 명 이상의 뉴욕 시민에게

---

20) 탄력성(彈力性, Resilience): 원래 환경 시스템에 가해진 충격을 흡수하고 그 시스템이 복구 불가능한 상태로 전환되는 것을 막아 변화나 교란에 대응하는 생태계의 재건 능력을 말한다. 1973년 캐나다의 생태학자 홀링(Holling, C. S.)이 처음 소개한 개념으로, 기후변화, 지구온난화 따위의 문제가 현안으로 등장한 2000년대 이후 국제사회에서 주목받고 있으며, 최근 미국의 국립과학/공학/의학 한림원(NASEM)은 'Resilience'를 '예상되는 역행적 사건의 부작용을 대비하고, 계획하며, 흡수하고, 회복하고, 보다 성공적으로 적응할 수 있는 능력'으로 정의하므로 이 책에서는 '탄력성'이라고 한다.

영향을 미쳤으며, 일부는 몇 주 또는 그 이상 지속하였다. 로어 맨해튼 (사진 3.30 참조, 이하 '디스트릿(District)'이라고도 기술한다.)에서도 허리케인 '샌디'의 피해가 극심하여 2명이 숨지고 수천 가구의 피해를 보았다. 허리케인 '샌디'는 뉴욕 시민의 뇌리(腦裏)에 기후변화와 관련된 가장 중요한 재난경험이 되었다(2.6.2 국외 1) 미국 (2) 2012년 허리케인 '샌디' 참조)

(a) 폭풍해일이 월요일 밤늦게 대부분 인적이 드문 맨해튼에서 33번 스트리트를 내습하였는데, 기존최고기록보다 0.9m 높은 전례 없는 3.9m의 폭풍해일이 로어 맨해튼을 침수시켰다.

(b) 맨해튼 끝의 배터리 파크에서 폭우로 브루클린-배터리 터널로 물이 쏟아져 들어왔다. 폭풍에 앞서 뉴욕 주지사 앤드류 쿠오모는 모든 뉴욕시 버스, 지하철 및 통근 열차 운행을 중단시켰다.
출처 :The BBC News(2012), https://www.bbc.com/news/world-us-canada-20131303

사진 3.29 2012년 허리케인 '샌디' 내습 시 뉴욕시 맨해튼의 로어 맨해튼(The Lower Manhattan)

400년 이상 동안 뉴욕의 역사적 정체성은 로어 맨해튼에 뿌리를 두고 있다. 수 세대 동안 엘리스섬(Ellis Island)과 클린턴성(Castle Clinton)을 통해 입국한 이민자를 위한 관문역할(關門役割)을 해온 디스트릿은 최근 수십 년 동안 세계 경제 및 금융 수도로 탈바꿈했다. 뉴욕시의 전체 일자리 중 10% 이상을 차지하는 디스트릿은 세계 경제와 뉴욕시의 지역경제에 매우 중요하다. 허리케인 '샌디' 내습 이후 미국 뉴욕증시[21]와 나스닥[22]의 거래가 전면 중단되어 이틀간 월가(Wall Street)가 문을 닫았다. 허리케인 '샌디'의 영향은 뉴욕시의 경제적, 시민적 및 문화적 중심지로서 로어 맨해튼의 위상을 떨어뜨렸을 뿐만 아니라 기후변화에 대한 취약성을 노출시켰다.

출처: The Official Website of the City of New York(2019), https://www1.nyc.gov/site/lmcr/index.page

사진 3.30 로어 맨해튼 전경(미국 뉴욕시)

뉴욕시는 허리케인 '샌디' 내습 이후 재난으로부터 도시 전체의 에너지와 기후변화에 초점을 맞추게 되었고, 뉴욕시의 장래를 구상하고 계획하기 위한 지역사회, 자치구, 연방 차원의 협력과 노력이 이루어졌다. 로어 맨해튼의 해안 탄력성 프로젝트는 다음과 같은 목표를 가지고 있다.

- 2050년과 2100년 로어 맨해튼에서의 기후위험 및 노출 범위에 대한 발견
- 가능한 모든 곳에서 포괄적인 기후위험 영향을 다루기 위해 장기적인 기후위협에 대응하기 위한 선택안 평가 및 최대한의 기후대응
- 가능한 경우 로어 맨해튼 지역사회에 봉사할 수 있도록 도시 공동이익 창출 및 통합 지원
- 단기 및 장기 해결책을 극대화하고 이미 진행 중인 기존 계획 노력 및 프로젝트를 통해 파악된 장기적인 기후 탄력성 전략을 개발하기 위한 단계별 권장 사항 수립

---

21) 뉴욕증시(New York Stock Exchange): 미국 뉴욕의 월가에 위치한 세계 최대 규모의 증권거래소로 1792년에 문을 열었으며 나스닥(NASDAQ), 아멕스(AMEX)와 함께 미국 3대 증권거래소로 꼽힌다.

22) 나스닥(NASDAQ, National Association of Securities Dealers Automated Quotations): 뉴욕 월가에 위치한 미국의 주식시장 중 하나로 1971년 2월 8일에 창립되었고, 처음에는 장외시장이었는데 무섭게 성장하면서 장내시장으로 인정받게 되었다. 미국의 벤처기업들이 자금조달을 쉽게 할 수 있도록 시스템을 갖추었고, 1971년 설립 당시부터 컴퓨터를 이용한 자동 거래 시스템을 구축했다. 나스닥은 시가총액 기준 세계 2대 증권거래소이다.

(2) 로어 맨해튼의 해안 탄력성에 대한 전략

뉴욕시는 약 5억 달러($)(6천억 원(₩), 2022년 1월 환율(1$≒1,200원) 기준)의 투자 가치에 해당하는 로어 맨해튼의 기후 탄력성을 위한 전반적인 전략을 개발했다(그림 3.146 그림 3.147 참조). 즉, 이 전략의 일환으로서 장기적인 뉴욕시의 장래에 대한 기후변화의 위협에 관한 혁신과 유연성을 가지고 계획을 지속하는 한편, 가까운 장래에 로어 맨해튼의 주요 지역에 상당한 기후대응을 제공할 목표로 야심찬 투자를 계획하였다. 이러한 투자에는 시(市)가 투 브릿지(Two Bridges), 배터리(Battery), 배터리 파크 시티(Battery Park City)에서 추진하고 있는 영구 기반시설 프로젝트를 포함한다. 이러한 프로젝트는 장래 로어 맨해튼에 매우 중요하며, 지역 주민과 근로자를 위한 강력하면서 통합적인 기후변화에 대한 방재와 공공혜택을 포함한다.

출처: The Official Website of the City of New York(2019), https://www1.nyc.gov/site/lmcr/index.page

그림 3.146 로어 맨해튼의 해안 탄력성을 위한 전략(미국 뉴욕시)

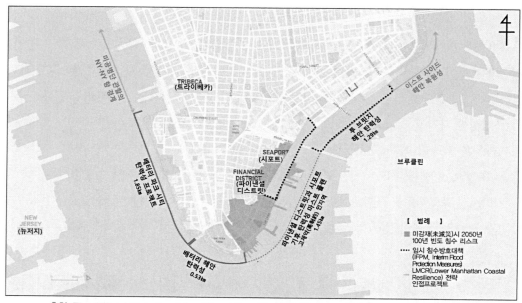

그림 3.147 로어 맨해튼의 해안 탄력성 계획(미국 뉴욕시)

    기후변화에 따른 높은 위험과 대응선택안이 거의 없는 특징적인 집중을 나타내는 파이낸셜 디스트릿(Financial District)과 사우스 스트리트 시포트(South Street Seaport)(이후 '시포트'(Seaport)라 한다.)는 기후변화에 대응하기 위해서는 집약적인 계획을 필요로 한다. 다양한 공공적인 개입이 필요한 저지대 지형을 가진 이 두 지역의 워터프론트[23]는 기존 기반시설과 건물로 인한 많은 제약을 받으므로 대규모 대응 프로젝트를 실현하는 데 필요한 물리적 공간이 부족하다. 이 두 지역의 복잡한 소통 요청, 교통, 활발한 워터프론트 이용 욕구, 그리고 많은 역사적인 건물들은 이 지역의 복잡한 계획 수립 및 계획의 실행을 어렵게 한다. 이 지역의 독특하고 다양한 물리적 제약과 2100년 예상 100년 빈도 조위편차(폭풍해일편차)가 2.7~4.9m이기 때문에 해안선 확장 또는 새로운 토지조성을 심각하게 검토하여야만 한다. 뉴욕시는 이 두 지역을 방호(防護)하기 위한 유일한 선택안인 해안선의 확장에 대한 깊이 있는 검토를 하기 위해 파이낸셜 디스트릿과 시포트 내 '기후 탄력성 마스터플랜'(이하 '마스터플랜'(Master Plan)이라 한다.)의 수립을 착수하였다. 마스트플랜은 폭과 장소에 따라 여러 선택안을 고려한다. 또

---

23) 워터프런트(Waterfront): '물가'라는 뜻인데, 본래는 하안(河岸)·호안(湖岸)·해안(海岸)을 가리켰지만, 오늘날에는 물가 개발지역을 총칭해서 일컫는다. 레스토랑이나 클럽·이벤트 홀 등과 같은 패션에 민감한 사람들을 위한 복합 쇼핑몰과 리조트 형태로 각광받고 있다.

한, 마스터플랜은 공공재원과 민간재원의 통합을 통한 극대화된 자금조달 전략을 수립하고, 자금조달에 도움이 되는 개발 기회 조사를 포함한 계획의 실현을 위한 중요한 자금출처를 확인할 것이다. 뉴욕시는 1단계 사업을 결정하고 이를 달성하기 위한 자금조달, 건설 및 관리를 담당할 공익법인을 신설한다. 파이낸셜 디스트릭와 시포트 내 기후 탄력성 마스터플랜은 지역별 기후방재의 격차 해소에 초점을 맞추어 도시 전역 내 물리적 조건이 비슷한 다른 지역의 프로젝트에 대한 대응을 위한 잠재적 해결책을 제공할 것이다.

2) 로어 맨해튼의 현황

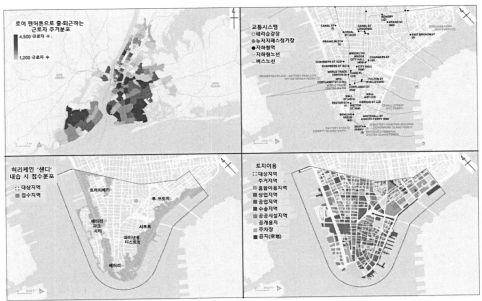

출처: The Official Website of the City of New York(2019), https://www1.nyc.gov/site/lmcr/index.page

그림 3.148 로어 맨해튼의 현황(1)

2012년 허리케인 '샌디'는 뉴욕시의 로어 맨해튼이 해안의 폭풍해일 사건에 얼마나 취약한가를 도출시켰다. 로어 맨해튼은 해안 침수로 인해 21,000동(棟) 이상의 주택을 포함한 400동의 건물이 피해를 입었고, 교통시설, 전력 공급시설, 공개공지,[24] 상하수도 기반시설도 상당한 피해를 보았다. 허리케인 '샌디' 내습 시 우수(雨水)와 오수(汚水)의 합계는 하수처리 시스템의

---

24) 공개공지(Open Space): 지역 환경을 쾌적하게 조성하기 위해 업무시설 등의 다중이용시설 부지에 일반 시민이 자유롭게 이용할 수 있도록 설치하는 소규모 휴식 공간을 말한다.

용량을 초과하여 19백만 톤(Ton)이 처리되지 않았거나 부분적으로만 처리된 오수가 하수 방류관(放流管)으로부터 방류되었다. 더구나 허리케인 '샌디'의 직·간접적, 그리고 초래된 영향으로 디스트릿 내 수천 개의 일자리가 사라졌다. 이러한 일자리 감소는 저소득 가구와 중산층 가구에 불균형적인 영향을 미쳤는데, 이는 일자리 감소 중 많은 부분이 재난 발생 직후에 재개될 적은 자본이 필요한 식품 서비스업이나 소매업과 같은 업종에서 발생했기 때문이다. 로어 맨해튼의 물리적 조건은 취약성과 기회를 동시에 발생시킨다.

출처: The Official Website of the City of New York(2019), https://www1.nyc.gov/site/lmcr/index.page

그림 3.149 로어 맨해튼의 현황(2)

디스트릿 지역은 전체적으로 밀집(密集)해서 발전해온 새로운 고층 빌딩들과 오래된 역사적인 건물들이 많이 혼재(混在)되어 있는 것이 특징이다. 이러한 오래된 건물들은 특히 내용연수(內用年數)와 구조 때문에 기후변화에 대응하기 어렵고 높은 취약성을 갖는다. 또한, 디스트릿 지역의 해안가는 오래전에 축조된 호안(護岸, Bulkhead)의 기초보다 깊은 일부 지반이 침하(沈下)하는 지형을 가지고 있다. 서쪽으로는 허드슨강(Hudson River), 동쪽으로는 이스트강(East River), 남쪽으로는 뉴욕항(New York Harbor), 북쪽으로는 커널 스트리트(Canal Street)와 몽고메리 스트리트(Montgomery Street)에 접해 있는 로어 맨해튼 지역은 이 지역을 구성하는

6개 지역에 초점을 맞추고 있다(그림 3.148 참조).

　　로어 맨해튼의 면적은 뉴욕시 전체 면적의 1% 미만이지만, 도시 총생산량은 거의 10%를 생산하고 있으며, 뉴욕시 전체 일자리의 10% 이상을 차지하고 있다. 로어 맨해튼의 근로자는 뉴욕시의 모든 지역으로부터 일하러 온다. 지하철 25개 노선 중 19개 노선과 페리선 26개 노선이 이 지역을 통과하므로 교통 접근성이 뛰어나 지역의 성장을 뒷받침하고 있다(그림 3.149 참조).

(1) 투 브릿지(Two Bridges)

　　주택지인 투브릿지는 주로 고층과 중층 건물로 구성되어 있으며, 소득이 낮은 이민자의 주거용 주택과 NYCHA(New York City Housing Authority, 뉴욕시 주택국) 공공주택을 포함한다. 이 근처에는 브루클린 다리(Brooklyn Bridge)와 맨해튼 다리(Manhattan Bridge)가 있어 이 교량의 이름을 따서 붙여진 동네이다. 고가도로(高架道路) FDR 드라이브(FDR Drive)와 연결된 두 다리는 복잡한 차량 운송 기반시설 네트워크를 형성한다. 주민을 위한 전망 통로, 워터프론트 접근 및 공공 공개공지의 보존은 지역사회의 기후방재(氣候防災)를 위한 주요 설계 과제이다(그림 3.150 참조).

출처: The Official Website of the City of New York(2019), https://www1.nyc.gov/site/lmcr/index.pag

그림 3.150 로어 맨해튼의 투 브릿지(Two Bridges) 지역(미국 뉴욕시)

(2) 시포트(Seaport)

　　맨해튼에서 가장 오래된 지역 중 하나인 역사지역(歷史地域)인 시포트의 일부(一部)는 19세기 조성된 매립지 위에 조성되었다. 시포트는 주요 관광명소 역할을 하며 많은 기업체의 본거지이다. 최근 이 지역에 대한 재개발로 주거인구가 늘고 있다. 해안선 가장자리의 침수방재(浸水防災)를 설계할 때 고려해야 할 핵심사항은 적극적인 워터프론트 활용, 전망 통로 및 공공 개방공간을 위한 접근로 보존이다. 워터프론터에는 말뚝 위에 세워진 잔교(棧橋) 및 일부 산책로와 같은 여러 구조물이 있다. 투 브릿지 지역과 비슷하게, 고가도로 FDR 드라이브와 브로클린다리(Brooklyn Bridge)는 워터프론트 가장자리를 따라 복잡한 기반시설 네트워크를 제공한다. 시포트에는 A/C 지하철 터널과 콘 에디슨(Con Edison) 변전소와 같은 다른 중요한 기반시설이 집중되어 있다. 전체적으로 이 지역의 지형은 내부 고지대와 비교하여 해안가에 오래전 축조되어 열화(劣化)된 구호안(舊護岸)을 갖는 저지대로 특히 침수에 취약하다.

(3) 파이낸셜 디스트릿(The Financial District)

뉴욕시의 경제 중심지인 파이낸셜 디스트릿 지역은 주로 대규모 상업용 건물로 이루어져 있으며, 매우 밀집된 좁은 골목의 연결망을 가진 일부 주거용 건물도 있다. 이 근처의 공개공지는 한정되어 있다. 로어 맨해튼의 동쪽에 있는 다른 지역과 마찬가지로 FDR 드라이브가 파이낸셜 디스트릿 지역을 제약하는데, 특히 고가도로인 FDR 드라이브가 도로면 높이까지 낮아져 배터리 파크 지하도(Battery Park Underpass)와 접속하기 때문이다. 특히 해안가는 이 터널이 배터리 마린 빌딩 페리터미널(Battery Maritime Building Ferry Terminal)과 교차하는 지점이므로 복잡하다. 스태튼 아일랜드 페리/화이트홀 터미널(Staten Island Ferry/Whitehall Terminal)도 이 근처에 있다.

(4) 배터리(The Battery)

배터리는 자유의 여신상(the Statue of Liberty)과 엘리스섬(Ellis Island)을 조망(眺望)할 수 있으며 선박의 이·접안(離·接岸)이 가능한 역사적으로 중요한 뉴욕시의 공원이다. 비교적 넓은 공원의 공개공지는 침수방재대책을 실행하는데, 많은 유연성과 통합의 기회를 제공한다. 공원인 배터리 지역의 기후변화 대응은 관광객과 주민을 위한 역사적 특성 및 워터프론트에 대한 접근성의 유지가 주요 설계 고려사항이다.

(5) 배터리 파크 시티(Battery Park City)

1970년대 세계무역센터(World Trade Center) 공사장에서 주로 절취(切取)한 토사를 이용해 건축된 배터리 파크시티는 주로 주거용 및 복합용도로 워터프론트를 따라 공개공지와 함께 조성돼 있다(사진 3.31 참조). 이 지역은 매립을 통한 성토(盛土)로 비교적 높게 조성되었으며, 이는 허리케인 '샌디' 내습 시 이 지역이 침수로부터 안전하였음을 의미한다.

출처: The Official Website of the City of New York(2019), https://www1.nyc.gov/site/lmcr/index.page

사진 3.31 로어 맨해튼의 배터리 파크시티(Battery Park City)(미국 뉴욕시)

(6) 트라이베카(Tribecab)

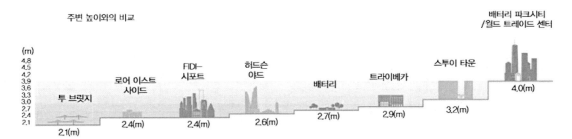

출처: The Official Website of the City of New York(2019), https://www1.nyc.gov/site/lmcr/index.page

그림 3.151 로어 맨해튼 내 건물, 교량 및 공원 등 지반고(地盤高) 비교(미국 뉴욕시)

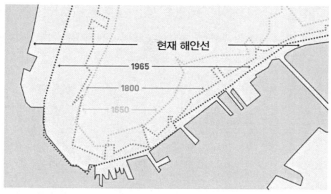

출처: The Official Website of the City of New York(2019), https://www1.nyc.gov/site/lmcr/index.page

그림 3.152 로어 맨해튼 내 해안선 변화 추이(推移)(미국 뉴욕시)

트라이베카는 오래된 건물들의 비중이 많은 복합용도 지역이다. 특히 캐널 스트리트(Canal Street) 주변의 높이는 비교적 낮다. 허드슨강 공원(Hudson River Park)은 비교적 저지대로 해안가에 공개공지를 제공한다(그림 3.151, 그림 3.152 참조).

3) 로어 맨해튼에 대한 기후 리스크 평가

(1) 방법론

다양한 기후위험에 처한 로어 맨해튼의 취약성을 평가하기 위해 뉴욕시는 최신의 기후과학에 대한 가장 보수적인 예측을 본 조사에 사용했다. 본 조사는 2015 NPCC(New York City Panel On Climate Change, 기후변화에 관한 뉴욕시 위원회) 보고서의 예측과 데이터를 사용하였으며, 이는 업데이트된 2019 NPCC 보고서에서 재확인하였다. NPCC는 선도적인 기후 전문가들과 지구 과학자들로 구성된 독립기구로, 뉴욕시에 최신의 과학 정보를 제공하고 기후 리스크와 탄력성에 관하여 조언하기 위해 소집(召集)되었다. NPCC는 2020년, 2050년, 2080년 및 2100년의 서로 다른 신뢰구간을 갖는 시간표에 대한 침수지도와 장래 예측을 제공한다. 본 조사는 NPCC보고서에서 가장 보수적인 신뢰수준 90%인 예측값을 사용하였다. 분석은 성인 뉴요커(New Yorker)의 평균수명 내인 2050년, 그리고 젊은 뉴요커 일생인 장기간인 2100년에 초점을 맞추었다. 본 조사인 경우 유사한 수치모델을 사용하여 추가 수치모델링을 수행하였다(그림 3.153 참조). 이 조사의 경우 NPCC에서 조사하지 않은 특정 폭풍 시나리오를 조사하기 위해 NPCC 수치모델을 기반으로 한 FEMA(Federal Emergency Management Agency, 미국

연방재난관리청) 모델과 유사한 기술을 사용하여 추가 모델링을 수행하였다 (표 3.31 참조). 즉, FEMA 모델은 미국 동부 연안 지역에 적용하도록 설계되었지만, 본 조사에 사용된 수치모델링은 로어 맨해튼을 대상 영역으로 잡아 더 높은 해상도를 가진다. 지속적인 조사 결과, 기후변화에 대한 구체적이고 다각적인 영향에 대한 대응과 저감(低減) 대책을 취하지 않는다면 뉴욕의 가까운 장래에 피해가 일어날 가능성이 있다는 것을 보여준다. 기후과학 자체가 새로운 기술, 데이터, 정치, 경제 현실과 함께 발전함에 따라, 장래 기후변화의 리스크에 대응하기 위한 뉴욕시의 전략은 최신의 예측이 가능해지도록 계속 발전을 거듭해야만 한다.

출처: The Official Website of the City of New York(2019), https://www1.nyc.gov/site/lmcr/index.page

그림 3.153 로어 맨해튼 내 추가 수치 모델링 이미지(우·오수시설)

표 3.31 로어 맨해튼을 대상으로 한 기후위험 모델링 개요

기후위험 유형	모델링	데이터 출처
강우	2050년 기준 10년 빈도 호우	추가모델링
연안 폭풍	2050년 기준 10, 50,100년 빈도 연안폭풍해일	FEMA; NPCC, 2015[*1]
연안 폭풍	2100년 기준 10, 50,100년 빈도 연안폭풍해일	FEMA; NPCC, 2015[*1]
해수면 상승	2100년 기준 조석(潮汐)범람(氾濫)(평균고고조면)[*2]	FEMA; NPCC, 2015[*1]
해수면 상승	2100년 기준 지하수위 상승[*3]	추가 모델링 ; NPCC 공개 데이터

[*1]: 신뢰수준 90% 예측값, 2019 NPCC 보고서에서 재확인.

[*2]: 평균고고조면(平均高高潮面, MHHW, Mean Higher High Water)는 일정 기간 검조소(檢潮所)에서 기록된 최고조위(最高潮位)의 평균 높이이다.

[*3]: 2,100년의 해수면 상승에서 1.2m를 뺀다. 이 조사는 지하수위가 평균해수면과 거의 같은 비율로 상승한다는 인정된 가정을 따른다. 로어 맨해튼의 지하매설물 깊이는 각 시설에 따라 매우 다르므로 지하수위 상승이 지하 기반시설에 미치는 영향을 측정하기 위해, 본 연구는 지하수위의 영향을 받을 가능성이 있는 시설이 도로면보다 1.2m 아래에 위치한다고 가정한다.

출처: The Official Website of the City of New York(2019), https://www1.nyc.gov/site/lmcr/index.page

(2) 기후위험에 대한 정의

로어 맨해튼에 대한 이전 조사와는 달리 본 조사는 해안의 폭풍해일 뿐만 아니라, 넓은 범위의 기후위험을 포함한다. 기후위험에는 단일 및 고립적으로 발생하는 기후사건과 지속적인 근거 하에서 발생하는 장기적인 조건을 포함한다.

① 장기적인 조건

가. 해수면 상승

해수면 상승이란 기온상승, 빙하후퇴[25] 및 융빙(融氷)하면서 전 지구 해양의 부피 변화를 일으키는 것을 말한다. 해수면 상승은 일반적으로 지정된 기선(基線)으로부터의 높이로 측정한다. 해수면 상승은 하수 시스템이 가동 중일 때 극단강수(極端降水) 시 합류식(合流式) 관거시스템의 용량(用量)을 초과할 수 있으며, 이로 인해 거리의 침수를 발생시키며 건물 지하로 다시 역류하여 침수 피해를 유발한다.

나. 지하수위 상승

해수면 상승의 영향으로 발생한 지하수위 상승은 로어 맨해튼과 같은 지반 아래 지하수의 수위 증가를 발생시킨다. 현재 지하수위의 계속적 상승 및 이동은 건물 기초의 불안정성을 야기하고 압력을 증가시키며 잠재적으로 염수(鹽水)가 지하매설물(상·하수도, 도시가스관 등)에 침투할 수 있어 건물과 지하매설물 모두에 양압력(揚壓力, Uplift)과 침하(沈下, Settlement)를 발생시킬 수 있다. 양압력은 부력(浮力)을 유발하는 상향(上向)의 압력효과이고, 침하는 지반(地盤)이 하중을 견딜 수 있는 능력을 잃게 만드는 지지력의 감소 효과이다.

---

25) 빙하후퇴(氷河後退, Deglaciation, Recession): ① 빙하가 녹거나 침식되는 빙하의 삭마작용이 빙하의 이동속도를 초과하여 빙하의 길이가 감소하는 것, ② 빙하 말단이 녹아 축소되어 지면이 노출되는 현상을 말한다.

다. 조석침수(潮汐浸水)

해수면 상승의 영향으로 발생한 조석침수는 해안 지역에 대한 정기적이고 지속적인 높은 수위를 갖는 조석의 영향을 끼친다.

② 기후사건

가. 폭풍해일

극단기상 조건인 빈번한 허리케인[26]이나 미국 북동부로부터 내습하는 연안폭풍으로 인해 특정 지점의 해수면이 일시적으로 증가하는 것을 말한다. 폭풍해일은 시기와 장소에 따라 조위 (潮位)만으로 예상되는 높이 이상으로 과도(過度)하게 나타날 수 있다.

나. 극단강수(極端降水)

극단강수는 24시간 동안 강수량이 2.54cm(1inch) 또는 그 이상인 것으로 정의한다. NPCC는 24시간 동안 2.54cm(1inch), 5.08cm(2inch), 10.16cm(4inch) 또는 그 이상의 강수량에 대한 극단강수 사건을 조사하였다. 극단강수 사건은 우수(雨水) 관거시스템의 용량을 초과할 수 있거나, 우수가 오수(汚水)와 합쳐져 오·우수를 모두 운반 가능한 합류식 관거시스템의 용량(容量)을 초과하여 지역 배수로로 유출하는 합류식 하수도 월류(CSO, Combined Sewer Overflow) 사건으로 이어질 수 있다. 즉, 향후 해수면이 상승할 경우 우수관거시스템의 유출 능력이 저하될 수 있으며, 이로 인해 거리에 침수가 발생하고 건물 지하로 역류하여 침수 피해를 초래한다.

---

26) 허리케인(Hurricane): 북대서양, 카리브해, 멕시코만, 태평양 북동부에서 발생하는 열대 저기압을 말한다.

다. 폭염(暴炎, Heat Waves)

폭염은 3일 연속 최고기온이 32℃(90°F) 또는 그 이상인 기간을 말한다. 도심열섬[27]효과는 로어 맨해튼의 건물과 아스팔트가 열을 흡수해 내뿜는 높은 열기로 높은 대기온도가 지속되는 효과로 이 효과는 폭염을 악화시킨다. 또한, 식생부족, 어두운 지붕, 밀도 높은 인간 활동 및 폐열[28]도 도심열섬효과에 영향을 미친다. 이 효과는 도시를 주변 교외와 시골 지역보다 더 뜨겁게 만드는 경향이 있다.

(3) 결과 요약

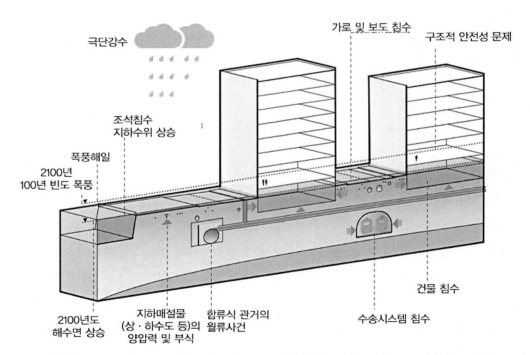

그림 3.154 기후변화로 인한 위험 영향에 대한 개념도

---

27) 도시열섬(Urban Heat Island): 도시지역의 기온(Air Temperature)이 주변 교외 지역에 비해 높게 나타나는 현상을 말한다.
28) 폐열(廢熱, Waste Heat): 에너지의 생산 혹은 소비 과정에서 사용되지 못하고 버려지는 열을 말한다.

본 조사 결과, 빈도가 적은 극단사건뿐만 아니라 빈도가 많은 저강도(低强度) 사건 및 장기적인 조건들과 같이 광범위한 기후위험으로부터 디스트릿 지역을 방재(防護)할 필요성이 있다는 것이 입증되었다(그림 3.154 참조). 이 장에서 언급한 영향은 기후위험인 폭풍해일, 조석침수, 지하수위 상승, 극단 강수 및 폭염과 시간표인 2050년과 2100년으로 구성된다. 분석 결과 로어 맨해튼은 기후사건과 장기적인 조건 모두로 인해 여러 형태의 침수가 발생할 위험이 있는 것으로 나타났다. 따라서 디스트릿 지역이 기후변화에 대응하려면 종합적인 접근방식이 필요하다.

(4) 폭풍해일에 대한 영향

출처: The Official Website of the City of New York(2019), https://www1.nyc.gov/site/lmcr/index.page

그림 3.155 폭풍해일에 대한 영향

해수면 상승과 함께 점점 심해질 해안의 폭풍은 로어 맨해튼의 전역(全域)에 걸쳐 심각한 폭풍해일을 일으킬 수 있다. 2050년대까지, 100년 빈도 폭풍해일로 인한 총피해 평가액은 130억달러($)(15.6조 원(₩), 2022년 1월 환율 기준)로 로어 맨해튼 내 부동산 중 37%를 위험에 처하게 할 수 있다. 2100년이 되면 강렬한 허리케인이 발생할 확률이 50%가 넘고, 디스트릿 지역의 폭풍해일고는 2.7~4.9m(9~16ft)에 이를 것으로 예상되며, 가장 높은 폭풍해일고는 배터리 부근과 디스트릿의 동쪽을 따라 발생할 것으로 예상된다. 또한, 2100년의 100년 빈도 폭풍해일로 인한 총피해 평가액 140억 달러($)(16.8조 원(₩), 2022년 1월 환율 기준)로 로어 맨해튼 내 부동산 중 47%가 위험에 처할 수 있다(그림 3.155 참조).

이러한 영향은 재정적 능력 또는 구조적 안전성 부족으로 개·보수 또는 방수(防水)대책을 수행할 수 없는 건물에 가장 큰 피해를 발생시킬 가능성이 있다. 디스트릿 지역 내 건물 중 150동(棟) 이상은 건물 수명 때문에 기후변화의 대응을 하지 못할 수도 있다. 뉴욕시의 첫 근대 건축법규가 시행된 1938년 이전에 건축된 6층 이하 건물의 기초는 기반암까지 도달된 항타(抗打) 파일 위에 건축하였을 가능성이 작아 개·보수 및 방수에 필요한 구조적 안전성이 부족할 수 있다. 2100년에는 역사지역에 있거나, 랜드마크적 건물로 디스트릿 지역 내 건물 중 3분의 2 이상이 100년 빈도 침수(浸水) 내에 있을 것으로 예상된다.

(5) 조석침수(潮汐浸水)에 대한 영향

출처: The Official Website of the City of New York(2019), https://www1.nyc.gov/site/lmcr/index.page

그림 3.156 조석침수에 대한 영향

장래 로어 맨해튼 지역의 해안가 일부는 조석침수로 인해 매일 침수될 것으로 예상된다. 뉴욕시의 해수면 상승에 대한 장래 전망은 전 지구 평균을 웃돌며, 1900년 이후 관측된 기후경 향은 배터리 지역의 해수면 상승률이 전 지구 평균해수면 상승률의 거의 2배에 도달하는 것으로 나타났다. 2100년까지 해수면 상승의 영향인 조석침수가 정기적으로 로어 맨해튼 해안가 일부를 최대 0.9m(3ft)까지 침수시킬 것으로 예상되며, 파이낸셜 디스트릿과 시포트 지역 중 내륙 쪽 특정 지역으로 최대 4블록(Block)까지 해수(海水)가 침수할 것으로 예상된다(그림 3.156 참조). 매일 발생하는 조수침수로 인한 총피해 평가액은 40억 달러($)(4.8조 원(₩), 2022년 1월 환율 기준)로 디스트릿 지역 내 가로(街路, Street) 중 20%, 부동산 중 10% 이상에 영향을 미칠 것으로 예상된다. 이 분석에 사용된 기선[29] 데이터는 월 2회 재현빈도인 평균고고조위(平均高高潮位, MHHW, Mean Higher High Water)이지만, 그림 3.156의 지도에 표시된 모든 지역은 날마다 강도(强度) 정도가 달라지면서 매일 조석침수의 영향을 받을 것이다. 대응대책이 없는 경우, 화이트홀 터미널(Whitehall Terminal)과 볼링 그린(Bowling Green) 등과 같은 일부 교통환승지(交通換乘地)는 조석침수로 인해 특정 시간에 접근하지 못할 수 있다. 또한, 조석침수로 인한 정기적인 침수빈도는 특정 지역에서의 사업을 영위(營爲)할 수 없게 할 수 있다. 즉, 마루고가 낮은 호안이 있는 디스트릿 지역의 동쪽 해안가가 특히 심한 영향을 받을 것으로 예상된다.

(6) 지하수위 상승에 대한 영향

해수면 상승으로 인한 지하수위 상승 때문에 건물과 지하 기반시설은 부식(腐蝕), 불안정, 침하 및 양압력에 노출될 수 있다. NPCC는 2050년 해수면 상승은 거의 0.9m(3ft), 2100년에는 1.8m(6ft) 이상 증가할 것으로 예상한다. 해수면이 상승하면 로어 맨해튼 지역의 지하수위도 상승하여 건물과 지하매설물 모두에 영향을 미칠 수 있다. 건물의 관점에서 지하수위가 상승하면 흙의 포화도[30]를 증가시켜 침하(지반이 기반시설과 건물을 지탱할 수 있는 지지력을 상실하여 발생하는 효과이다.) 또는 양압력(기반시설과 건물 지하층이 상향 압력으로 부력을 받는다.)을 발생시킬 수 있다. 디스트릿 내 450개 이상의 건물들이 2100년까지 지하수위 상승에 노출될 수 있다. 기반암(基盤岩)에 고정되지 않은 기초를 가진 건물은 지하수위 상승으로 불안정하게 될 가능성이 크다. 위험에 노출된 디스트릿 지역 내 건물450개 중 150개 이상 건물들은 뉴욕시의 첫 근대 건축법규가 시행된 1938년 이전에 축조된 6층 이하로 지어진 건물들로 기반암까지 도달된 항타(抗打) 파일 위에 건축되었을 가능성이 적다. 이 건물들은 로어 맨해튼 내

---

29) 기선(基線, Baseline): 측량할 때 기초가 되는 일직선으로 해양법에서는 영해나 배타적 경제 수역(EEZ)의 범위를 결정하기 위한 기준이 되는 선을 말한다. 해안선이 평탄한 곳에서는 통상적으로 간조선(干潮線)이 기선이 되고 해안선의 굴곡이 심하거나 연안에 섬이 있는 곳에서는 적당한 지점을 연결한 직선이 기선이 된다.

30) 포화도(飽和度, Degree of Saturation): 흙 속의 간극(間隙) 부분 중 물이 차지하고 있는 비율을 말한다.

건물 중 7%를 차지하며, 특히 불안정성을 가져 취약할 것이다.

출처: The Official Website of the City of New York(2019), https://www1.nyc.gov/site/lmcr/index.page

그림 3.157 지하수위 상승에 대한 영향

또한, 지하수위 상승은 지하 기반시설에 악영향을 미칠 수 있다. 2100년까지 로어 맨해튼 내 가로(街路) 중 거의 40%가 부식, 침하, 양압력 및 기타 해수 침투에 노출된 지하매설물과 기타 기반시설을 가질 것으로 예상된다(그림 3.157 참조). 이러한 영향에 대해 지하철 터널에서 지하수가 유출되지 않도록 하고, 손상을 해결하기 위한 유지보수를 위해 더 자주 펌핑 (Pumping)을 할 필요성을 가진다.

(7) 극단강수에 대한 영향

해수면 상승과 함께 점점 더 빈번해지는 극단강수 사건은 도시의 우수 관거시스템의 용량을 초과할 수 있어, 건물로의 역류(逆流)와 도로침수를 일으킬 수 있다. NPCC는 2050년까지 극단 강수 사건이 현재보다 약 30% 더 빈번하게 발생할 수 있다고 예측한다. 강우가 우수와 하수를 동시에 운반하는 로어 맨해튼 지역 내 합류식 관거시스템 용량을 초과할 경우, 강우는 이른바 합류식 하수도 월류(CSO, Combined Sewer Overflow) 사건을 발생시키는데, 예를 들어 집수정(集水井)으로부터 우수와 하수가 과다 유출(流出)한다. CSO 사건은 유출(流出) 시 하수처리되지 않은 오수(汚水)가 존재하므로 수돗물의 수질에 악영향을 미칠 수 있다. 하천(또는 바다)(로어 맨해튼의 동쪽은 이스트강(East River), 서쪽은 허드슨강(Hudson River) 및 남쪽으로는 바다와 접한다.)으로 방류되는 합류식 관거시스템 유출용량은 하천(또는 바다)의 수위 상승과 관거시스템 내 수위 상승 간의 차이에 따라 결정된다. 해수면이 높아지면 수위를 상승시켜 조류[31]가 오랫동안 관거 출구를 막아 유출량(流出量)을 줄이거나 역류시킬 수 있다. 실제로 해수면 상승은 극단강수 시 용량을 저해(沮害)하여 합류식 관거시스템의 유출용량을 감소시킬 수 있다. 관거시스템의 수로에 대한 유출용량이 줄어들면 도로 침수가 증가하고 건물 지하로 역류할 수 있다. 본 조사에서는 기존의 합류식 관거시스템을 이용한 10년 빈도 강우사건의 수치모델링을 수행하였다(그림 3.158 참조). 해수면 상승과 함께 2050년대까지 10년 빈도의 폭풍이 현재 관거시스템의 용량을 초과할 위험성이 높을 것으로 예상된다. 2100년까지 이러한 영향에 해수면 상승과 잠재적으로 빈번한 극단사건이 추가되어 더욱 심각해질 것으로 예상되며, 이러한 경향에 따라 우수 용량을 보강하기 위한 투자를 지연시키는 조치가 없어야 할 것이다.

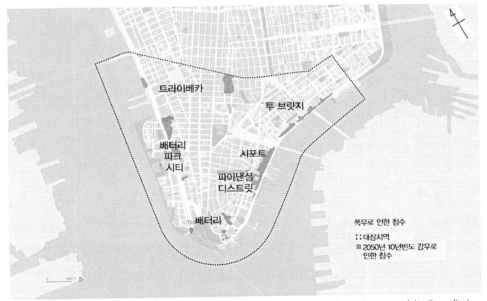

출처: The Official Website of the City of New York(2019), https://www1.nyc.gov/site/lmcr/index.page

그림 3.158 극단강수에 대한 영향

---

31) 조류(藻類, Algae): 일반적으로 수중에 생육하는 부유 식물의 총칭으로 무기물을 영양으로 섭취하고 광합성을 하며 생활하는 하등 식물로, 단세포의 미소한 종류가 많다.

(8) 폭염에 대한 영향

도시 전체의 평균기온이 상승하여 폭염이 길어지고 잦아져 로어 맨해튼 지역 내 주거(住居) 적합성과 주민 건강에 영향을 미칠 수 있다. NPCC는 2050년 폭염의 빈도가 약 250% 증가하며, 기간도 50% 늘어날 수 있다고 전망하고 있다. 폭염은 인간의 삶의 질과 건강에 심각한 영향을 미치며, 탈수, 열탈진, 열사병 및 사망을 유발한다.

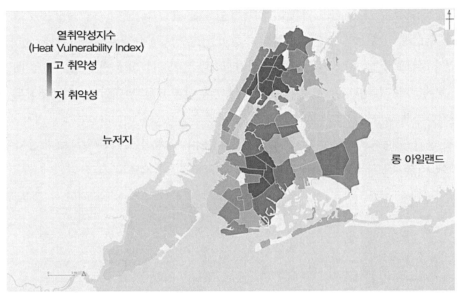

출처: The Official Website of the City of New York(2019), https://www1.nyc.gov/site/lmcr/index.page

그림 3.159 폭염에 대한 영향

뉴욕에서는 극단 날씨로 인한 사망원인 1위가 폭염이다. 오늘날(2019년 기준) 뉴욕시는 평균 450명의 열 관련 응급실 방문, 13명의 열사병 사망, 그리고 폭염으로 악화된 자연적 원인으로 115명이 사망하고 있다. 길고 빈번한 폭염은 이러한 건강상의 영향을 악화시킬 가능성이 있다. 뉴욕시민 중 많은 사람이 빈곤 지역 출신, 고령자 및 건강이 좋지 않아 에어컨에 접근하지 못하는 등 불균형적인 요인을 가진 사람에 대한 건강위험은 가중된다. 다른 도시와 마찬가지로 뉴욕도 도심열섬(UHI, Urban Heat Island)효과로 극심한 더위와 기온상승에 취약하므로 시골 및 교외(郊外)에 비해 더워지는 경향을 보인다. 뉴욕시의 일부 지역은 다른 지역보다 더 위험할 수 있다. 로어 맨해튼 지역은 뉴욕시의 다른 지역에 비해 상대적으로 위험도가 낮다. 2015년 뉴욕시 보건·정신 위생국과 컬럼비아 대학교는 폭염 위험의 사회적, 물리적 지표를 결합한 열 취약성 지수(HVI, Heat Vulnerability Index)를 개발했다. 배터리 파크시티, 파이낸셜 디스트릭 및 시포트는 HVI가 낮지만, 투 브릿지와 트리베카는 HVI가 중간 수준인 것으로 나타났다 (그림 3.159 참조).

4) 기후대응에 대한 수단(Toolkit)과 접근방식(Approaches)

(1) 기후대응 수단

기후변화로 인한 위험에 대한 로어 맨해튼 지역의 취약성과 다양한 주변 상황을 고려할 때, 포괄적인 대응(對應)과 방재(防災)를 위한 수단이 필요하다. 이 조사에서는 폭풍해일 증가, 해수면 상승(조석침수와 지하수위 상승에 대한 영향), 강수량 증가, 더 길고 빈번한 폭염에 대응하기 위한 일련의 세계적인 선례와 모범사례를 도출하였다. 이러한 전례(前例)로부터 로어 맨해튼 지역의 기후 탄력성을 위한 대응수단을 결합하고 분석하였는데, 로어 맨해튼의 내부 또는 인근 지역과의 조정에 초점을 맞추고 뉴욕시 전체 규모의 대책은 제외하였다. 다양한 기후변화로 인한 위험을 해결하고 여러 리스크 저감 수준을 제공하는 20가지 이상의 대응 대책, 즉 '수단(手段, Toolkit)'을 개발하였다(그림 3.160, 그림 3.161, 그림 3.162, 그림 3.163 참조). 개별건물과 공공시설로부터 공공영역과 해안가에 이르기까지 실행 규모에 따라 대응 수단을 체계화하였다. 대응 수단의 범위로는 로어 맨해튼 지역 내에서 분석된 다른 물리적 환경과 일치할 수 있는 여러 선택안을 제공한다.

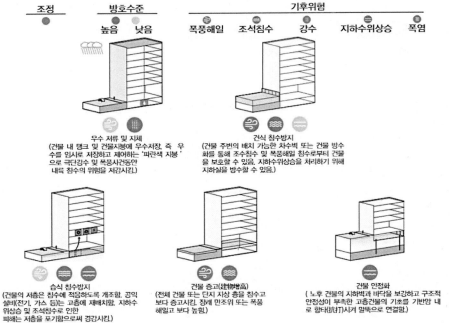

출처: The Official Website of the City of New York(2019), https://www1.nyc.gov/site/lmcr/index.page

그림 3.160 기후대응 수단(Toolkit)(건물)

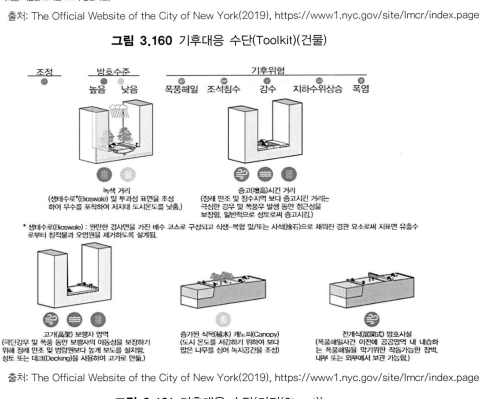

* 생태수로(Bioswale) : 완만한 경사면을 가진 배수 코스로 구성되고 식생-복합 및/또는 사석(捨石)으로 채워진 경관 요소로써 지표면 유출수
로부터 침적물과 오염원을 제거하도록 설계됨.

출처: The Official Website of the City of New York(2019), https://www1.nyc.gov/site/lmcr/index.page

그림 3.161 기후대응 수단(거리(Street))

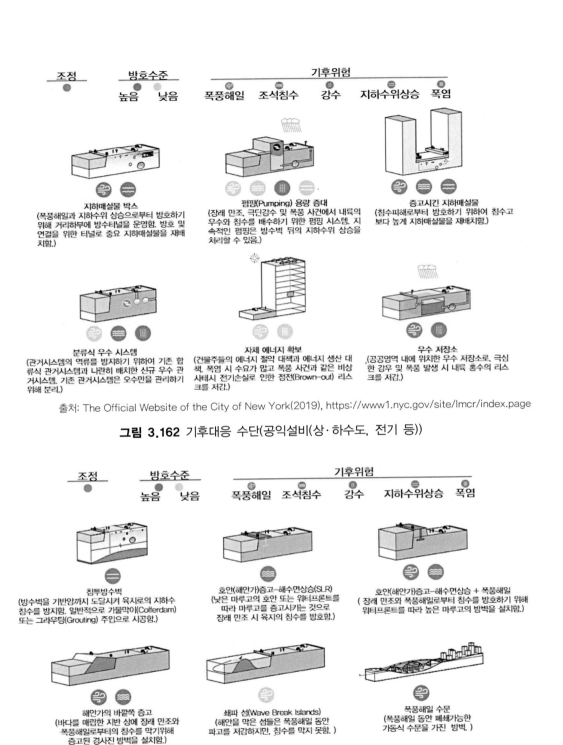

출처: The Official Website of the City of New York(2019), https://www1.nyc.gov/site/lmcr/index.page

그림 3.162 기후대응 수단(공익설비(상·하수도, 전기 등))

출처: The Official Website of the City of New York(2019), https://www1.nyc.gov/site/lmcr/index.page

그림 3.163 기후대응 수단(해안가)

(2) 대응에 대한 접근방식

어떤 단일 도구(Tool)로도 로어 맨해튼 지역에 대한 광범위한 기후위험에 대응하도록 조정할 수 없으므로 5가지 다른 규모의 기후대응을 어떻게 달성 가능할 수 있는가를 나타내는 수단 (Toolkit)의 도구(Tool)를 그룹화시킨 예시적(例示的) 접근법으로 분류하였다(그림 3.164 참조). 여러 맥락에서 다양한 기후위험에 대한 포괄적인 대응을 달성하기 위해서는 도구를 결합해야만 한다. 실행 규모에 따른 다른 수단의 그룹화는 이런 대응접근방식을 개발하였다. 모든 접근방식은 실제 현장에 기반을 둔 프로젝트가 아니라 대응을 향한 여러 경로를 분석하고 평가한 것으로 개념적이고 예시적(例示的)이다. 로어 맨해튼 지역은 여러 지역에 걸쳐 광범위한 건물 유형, 지형, 기반시설, 지역사회 요구 및 기타 특성을 포함하고 있다. 이러한 접근방식은 로어 맨해튼의 전체 지역은 물론이거니와 심지어 한 지역에서도 균일하게 적용할 수 없다. 오히려, 현실에서의 뉴욕시 접근방식은 다양한 도구를 각각의 독특한 주변 환경 아래에서 조정하여야 한다. 이론적인 접근방식에 관한 평가의 과정은 제약(制弱), 실현 가능성, 전후사정(前後事情) 및 규모에 근거한 실제 지역의 프로젝트와 구분함으로써 다음 단계를 위한 토대를 마련한다. 모든 접근방식은 폭풍해일, 조석침수, 지하수위 상승 및 강수로 인한 침수 등과 같은 동일 기후위험군(氣候危險群)으로부터 방호한다.

그러나 각 접근방식은 실행 규모에 따라 이러한 기후위험군으로부터 방재를 달성할 수 있다. 개별건물과 공공영역의 측면에서 대응에 따른 이러한 예시적 접근방식은 로어 맨해튼의 해안선에 대한 다양한 개입을 통해 로어 맨해튼의 전 지역에 대한 방재 범위를 가진다. 대응 접근방식은 다음 기준에 따라 평가 및 분석하였다.

- 기술적인 장애: 기술적 관점에서의 실행의 문제와 복잡성, 예를 들어 대규모 운영 중단 및 인·허가 승인 절차를 받지 않은 시공성과 단계적 실행능력이 이에 해당한다.
- 인근 고려사항: 접근방식 또는 접근방식 내의 특정대책이 특히 복잡하고 부담스러워 실현 불가능한 특정한 사정(事情)을 가질 수 있다. 접근방식이 디스트릿 명성에 잠재적인 영향을 미칠 수 있다.
- 부문별 책임: 해결책을 실행하는 책임과 자원을 시(市), 주(州), 연방(聯邦) 수준의 모든 정부 기관으로 정의되는 공공부문과 모든 개인, 기업, 부동산 소유자 및 기타 행위자로 정의되는 민간 부문으로 나누는 방법으로 나눌 수 있다.
- 잠재적 도시 공동이익: 개선(改善)된 도로, 새로운 공개용지, 새로운 개발 및 건설환경의 변화와 같은 다른 공공 이익과 통합할 수 있는 잠재적 접근방식은 저렴한 주택 공급 및 지역

경제 활성화와 같은 정책 목표의 달성에 필요하다. 그러나 반대로 접근방식은 공공영역에 부정적인 영향을 미칠 수 있고, 다른 공공이익의 가능성을 제한할 수 있다.

건물차원에서의 대책

1
건물과 공공
영역 접근방식

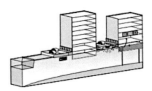

모든 물이 들어오도록 하고, 거리를 증고하며, 공익설비와 건물을 방수한다.

2
건물과 높이가 낮은
해안가 접근방식

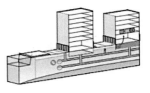

해안가를 적절히 증고시키고 보강함으로써 해수면 상승 및 지하수위 상승으로부터 방호한다. 폭풍해일이 내습할 때 건물을 방호하기 위해 방수한다. 극단 강수와 폭풍해일로 인한 침수에 대처하기 위해 우수 관거시스템 용량을 업그레이드한다.

3
전개식 방호시설 및
높이가 낮은 해안가 접근방식

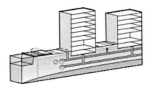

해안가를 적절히 증고시키고 보강함으로써 해수면 상승 및 지하수위 상승으로부터 방호한다. 폭풍해일을 방호하기 위하여 전개식 방호시설을 설치한다. 극단강수로 인한 홍수에 대처하기 위해 우수관거시스템 용량을 업그레이드한다.

로어 맨허튼 내 구역차원에서의 대책

4
높이가 높은 해안가
접근방식

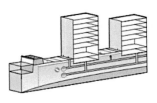

해안가에서 높은 물리적 장벽을 사용하여 해수면 상승 및 폭풍해일에 대하여 방호한다. 해안가 지하에 침투방지벽을 설치하여 지하수위 상승으로부터 방호한다. 극단강수로 인한 침수에 대처하기 위해 우수관거시스템 용량을 업그레이드시킨다.

5
해안가 바깥에서의
접근방식

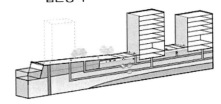

매립으로 해수면 상승, 폭풍해일 및 지하수위 상승으로부터 방호한다. 극단강수로 인한 침수에 대처하기 위해 우수관거시스템 용량을 업그레이드시킨다.

출처: The Official Website of the City of New York(2019), https://www1.nyc.gov/site/lmcr/index.page

그림 3.164 대응에 대한 접근방식

(3) 접근방식 1. 건물과 공공영역

접근방식 1은 기후변화로 발생한 해수면 상승, 폭풍해일 또는 극단강수 등이 로어 맨해튼 내부로 유입하도록 침수(浸水)·범람(氾濫)을 허용하면서 개별건물, 거리 및 지하매설물이 손상되지 않도록 방재함으로써 기후대응을 달성한다(그림 3.165 참조).

시설물(건물, 거리 및 지하매설물 등)은 다양한 메커니즘을 사용하여 침수, 지하수위 상승 및 조석침수로부터 방호할 수 있다(방수(습식 및 건식), 깊은 기초의 설치를 통한 안정화 및 증고(增高)). 도로와 보도(步道)는 방재를 위해 증고시킬 것이다. 지하매설물은 방수된 지하매설물 박스 내로 재배치하여 밀폐시킬 것이다. 이론적으로 이러한 접근방식은 건물, 거리 및 지하매설물을 방호하지만, 2100년까지 이 지역 내에서 발생이 예상되는 주기적인 조석침수를 고려하면 시민의 생활과 삶의 질에 부정적인 영향을 미칠 수 있다. 이로 인해 지역의 명성에 악영향을 미치고, 기업체와 거주자에 대한 매력이 줄어들어 시간이 지남에 따라 경제활동이 위축할 수 있다. 이 접근방식을 사용하면, 로어 맨해튼 내 모든 건물의 방재는 건물주의 임시방편적인 실행에 의존하게 될 것이다. 비록 로어 맨해튼 내 일부 지역의 특정 건물주들이 이미 그들 자신을 위한 대응대책을 실행하기 시작했지만, 로허 맨해튼 지역 내 모든 건물주가 그렇게 하기를 기대하는 것은 비현실적이다. 또한, 많은 개별 행위자(건물주)들의 임시방편적이고 분산적(分散的)인 실행은 건물주들 사이의 잠재적 갈등을 야기(惹起)시켜 그 지역의 기후대응이 완료되는 일정에 많은 불확실성을 초래할 것이다(표 3.32, 사진 3.32 참조).

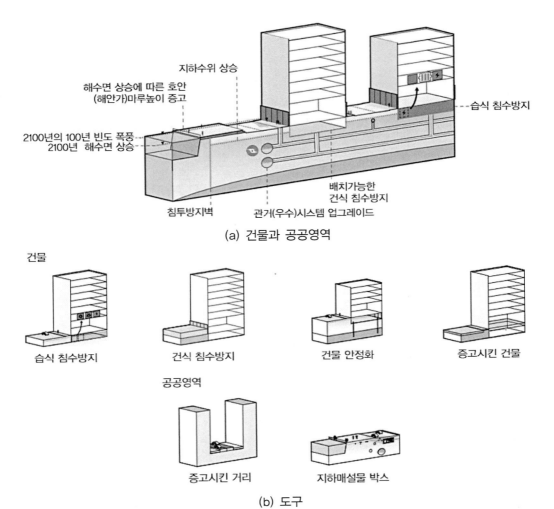

(a) 건물과 공공영역

건물

습식 침수방지　　건식 침수방지　　건물 안정화　　증고시킨 건물

공공영역

증고시킨 거리　　지하매설물 박스

(b) 도구

출처: The Official Website of the City of New York(2019), https://www1.nyc.gov/site/lmcr/index.page

그림 3.165 건물 및 공공영역의 개념도와 도구(접근방식 1)

표 3.32 접근방식 1. 건물과 공공영역 평가

기술적인 장애	주변 고려사항	부문별 책임	잠재적 도시 공동이익
• 이러한 규모로 지하매설물을 지하매설물 박스 내로 이설하려면 복잡한 절차가 필요하며 해당 지역의 영업에 상당한 지장을 초래할 수 있다. • 이 접근방식으로 로어 맨해튼 전체의 방재를 달성하려면 개별건물주에 의한 건물높이 방재 실행에 의존한다. • 일부 소유주에 대한 제한된 재정 및 기술적 능력 때문에 모든 건물주가 이러한 대책을 실행할 가능성은 적다. • 건물전체에 걸친 임시방편적인 실행은 개별건물주 간의 갈등과 조정문제를 야기할 수 있어 기후대응을 달성하는 데 걸리는 시간을 지연시킬 수 있다. • 도로와 인도를 증고하는 것은 지장을 초래하여 안전하지 않거나 실현불가능한 거리네트워크 를 만들 수 있다.	• 노후되고 소규모인 건물은 노후화 및 개조에 필요한 구조적 안전성 부족으로 대응이 곤란할 수 있다. • 트라이베카와 시포트에는 역사적인 랜드마크 빌딩을 포함한 오래된 건물들이 밀집해 있다. • 파이낸셜 디스트릿에 밀집도가 높은 건물과 같은 크고 새로운 건물의 대응이 실현 가능하다. • 낮은 지형을 가진 인근 지역과의 연결을 위해 거리 네트워크를 증고하여야 하기 때문에 이런 접근방식의 실현 가능성을 어렵게 한다. • 이 접근방식은 지역 내로 물의 유입을 허용한다. • 침수는 개인의 생활과 그 지역의 공동체적 삶의 질과 장기적인 명성에 부정적인 영향을 미칠 수 있다.	• 건물높이에 대한 대책실행은 주로 민간 부문과 개별 부동산 소유자가 담당할 것이다. • 공익기업은 지하매설물을 박스 내로 재배치할 책임이 있다. • 공공부문은 공공영역의 증고를 실행할 책임이 있을 것이다.	• 민간소유주가 주로 실행하는 임시방편적인 실행으로는 로어 맨해튼 전체의 공동 편익과 방재로 통합될 가능성이 한정적이다. • 공공영역에 대한 일부 투자는 도로와 인도의 증고화(增高化)와 통합시킬 수 있다.

(4) 접근방식 2. 건물과 낮은 지반고를 갖는 해안가 공공영역

접근방식 2는 해수면 상승 영향을 해안가에서 방호하는 한편, 폭풍해일은 건물고(建物高)로부터 방재함으로써 기후대응을 달성한다(그림 3.166 참조). 개별건물은 폭풍 강대화의 영향을 완화하기 위한 침수방지방법(습식 및 건식)을 실시한다. 침투방지벽과 해안가 호안의 증고는 해수면 상승, 지하수위 상승 및 정기적인 조석침수의 영향으로부터 각각의 방재를 제공한다. 이에 따라 해안가의 조석침수는 해결하겠지만, 폭풍해일과 극단강수 시 침수리스크를 저감하기 위한 관거(管渠)시스템의 추가적인 용량 증대가 필요할 것이다. 이 문제는 비상용 펌핑 용량, 분류식 관거 시스템 또는 기타 대책을 통해 해결될 것이다. 해안가의 높은 증고는 불가능하지만, 건물의 밀집도가 높아 폭풍해일에 대응할 수 있는 잠재력을 갖는 지역에서는 해수면 상승으로부터 로어 맨해튼 전역을 방재하기 위해 해안가의 적절한 증고는 바람직할 수 있다. 그러나

이 접근방식은 접근방식 1과 마찬가지로 로어 맨해튼 전체 지역에 대한 대응을 달성하기 위해 모든 건물주의 폭풍해일 대응대책에 대한 실행에 의존한다. 로어 맨해튼 내 모든 개별 행위자의 다양한 재정적 및 기술적 능력 수준의 차이로 이러한 대책을 실행할 가능성은 적다(표 3.33, 사진 3.32 참조).

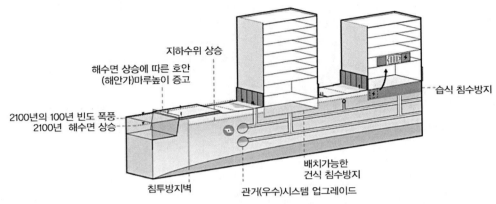

(a) 건물과 낮은 지반고를 갖는 해안가 공공영역

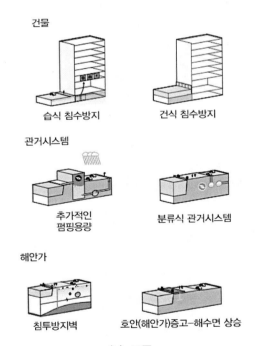

(b) 도구

출처: The Official Website of the City of New York(2019), https://www1.nyc.gov/site/lmcr/index.page

그림 3.166 건물 및 낮은 지반고를 갖는 해안가 공공영역 개념도와 도구(접근방식 2)

출처: The Official Website of the City of New York(2019), https://www1.nyc.gov/site/lmcr/index.page

사진 3.32 접근방식 1 사례(로어 맨해튼 내 건물의 건식(乾式) 침수방지)

표 3.33 접근방식 2. 건물과 낮은 지반고를 갖는 해안가 공공영역

기술적인 장애	주변 고려사항	부문별 책임	잠재적 도시 공동이익
• 접근방식 1과 마찬가지로, 이 접근방식은 개별건물주의 건물높이 방호의 실행에 의존하며, 일부 건물주의 제한된 재정적, 기술적 능력 때문에 모든 건물주가 그렇게 할 가능성은 적다. • 그러나 개별건물주가 실행할 작업의 규모는 접근방식 1과 비교하면 적을 것이다. • 접근방식 1과 마찬가지로, 건물 전체에 걸친 임시방편적인 실행은 개별건물주 간의 갈등을 초래하여 기후대응을 달성하는 일정이 불확실할 수 있다. • 해안가를 증고하려면 기존 지하매설물이 밀집된 지역이나 해안가에 충분한 여유공간이 없는 지역에 시공하기 어려운 깊고 큰 지하기초가 필요하다.	• 접근방식 1과 마찬가지로, 시포트와 트라이베카의 건물처럼 오래된 건물을 개조하는 것은 어려울 것이다. • 건물높이 대응은 파이낸셜 디스트릿의 새롭고 큰 건물에 대해 더 실현 가능성이 클 것이다. • 그러나 접근방식 1과는 대조적으로, 대책을 실행하지 않은 개별건물에 대한 영향은 고강도 폭풍의 영향에 국한될 것이다. • 해안가 증고 실행은 해안가를 따라 충분한 빈 공간이 있는 곳에서 실용적이다.	• 접근방식 1과 마찬가지로, 건물높이의 대책의 실행은 주로 민간 부문과 개별건물주에게 영향을 미칠 것이다. • 공공부문은 주로 해안가의 조석침수 및 지하수위 상승에 대한 대응과 관거시스템의 업그레이드에 대한 책임이 있다.	• 이 접근방식은 특히 건물높이 대책의 임시방편적인 실행과 함께 로어 맨해튼 전체에 상당한 잠재적 공동이익을 제공하지 않는다. • 일부 지역의 기존 워터프론트 개방공간에 대한 약간의 개선과 함께 로어 맨해튼 해안가 증고를 실행할 수 있다.

출처: The Official Website of the City of New York(2019), https://www1.nyc.gov/site/lmcr/index.page

사진 3.33 접근방식 2 사례(호안을 이용한 낮은 해안가 증고)

(5) 접근방식 3. 전개식(展開式) 방호시설 및 낮은 지반고를 갖는 해안가

접근방식 3은 주로 해수면 상승을 방재하기 위한 수동적 개입과 폭풍해일을 방호(防護)하기 위한 전개적(展開的) 개입을 결합하여 로어 맨해튼 해안가의 기후대응을 달성한다(그림 3.167 참조).

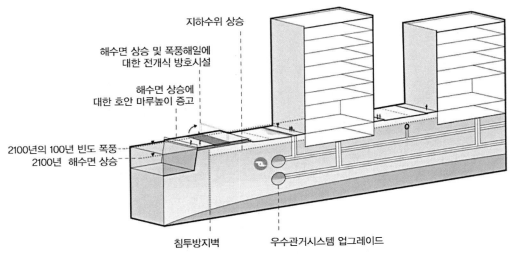

(a) 전개식 방호시설 및 낮은 지반고를 갖는 해안가

출처: The Official Website of the City of New York(2019), https://www1.nyc.gov/site/lmcr/index.page

그림 3.167 전개식(展開式) 방재시설 및 낮은 지반고를 갖는 해안가 개념도와 도구(접근방식 3)

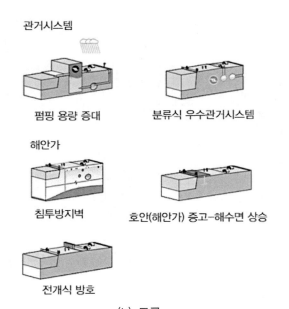

관거시스템

펌핑 용량 증대　　　분류식 우수관거시스템

해안가

침투방지벽　　　호안(해안가) 증고-해수면 상승

전개식 방호

(b) 도구

출처: The Official Website of the City of New York(2019), https://www1.nyc.gov/site/lmcr/index.page

그림 3.167 전개식(展開式) 방재시설 및 낮은 지반고를 갖는 해안가 개념도와 도구(접근방식 3)(계속)

　　또한, 접근방식 2와 비슷한 이 접근방식은 해안선에 대한 침투방지벽 설치와 해안가를 증고시킴에 따라 각각 해수면 상승, 지하수위 상승 및 조석침수 영향으로부터 방호할 수 있다. 로어 맨해튼 지역의 전개식 방호시설은 폭풍해일에 대한 방재를 제공하기 위해 증고된 해안가 위에 설치될 것이다. 따라서 해안가의 조석침수와 폭풍해일은 모두 해결되지만, 극단강수 시 침수리스크를 줄이기 위해서는 관거시스템의 추가적인 용량 증대가 필요할 것이다. 이 문제는 비상 펌핑용량, 분류식 관거시스템 또는 기타 대책을 통해 해결될 것이다. 해안가에 따른 수동적 개입과 전개식 방호시설의 결합은 연안재난으로부터 로어 맨해튼 지역 전체를 방호하는 동시에 주변 지역 특성, 워터프론트 접근성 확보 및 경관보전을 가능케 한다. 그러나 전개식 침수방지벽은 기술적으로 복잡하여, 실행하기 위해서는 공공재원뿐 만 아니라 해안가를 따라 상당한 규모의 지하공간과 지상 위 여유고가 필요하다. 또한, 전개식 방호시설을 사용하려면 공공재원과 장기간 운영 및 유지·관리 계획이 필요하다(표 3.34, 사진 3.34 참조).

플립업(Flip-up) 방벽

출처: The Official Website of the City of New York(2019), https://www1.nyc.gov/site/lmcr/index.page

사진 3.34 접근방식 3 사례(플립업(Flip-up) 방벽(防壁) 형태의 소규모 전개식 방호시설)

표 3.34 접근방식 3. 건물과 낮은 지반고를 갖는 공공영역

기술적인 장애	주변 고려사항	부문별 책임	잠재적 도시 공동이익
• 이러한 규모로 전개식방재를 실행하려면 지상 및 지하의 기존 기반시설 주위를 조정하기 어려운 지하매설물과 기반시설을 복잡하게 재배치해야 한다. • 전개식 방호시설 및 해안가 증고는 깊고 큰 지하 기초를 필요로 하므로, 기존 지하매설물이 매우 밀집된 지역 또는 충분한 공간이 없는 해안가 지역에 설치하기 어렵다. • 로어 맨해튼을 방재하는데 필요한 전개식 방호시설의 높이와 수는 전례(前例)가 없는 것으로 전개식 방호시설의 기술한계를 뛰어넘을 수 있다. • 또한, 전개식 시설에서는 운영 및 유지보수를 위한 자원, 계획 및 조정이 필요하다. • 장래 기후 리스크에 대해 해안가의 전개식 시설을 조정하는 것은 어려울 것이다. • 전개식 시설의 높이를 높이려면 기초가 더 깊고 커야 한다.	• 투 브릿지, 시포트 및 파이낸셜 디스트릿의 고가도로 FDR 드라이브는 이러한 지역들의 해안가를 따라 상당한 공간을 차지한다. • 고가도로 FDR 드라이브는 주(州)의 0.9m(3ft)단차규정때문에 전개식 시설과 해안가 증고의 실행이 고가도로교의 기둥이나 기초와 접촉 하지 않아야 하므로 상당한 제약으로 작용한다. • FDR이 가로면(街路面)까지 기울어지는 파이낸셜 디스트릿의 경우, 하부 여유공간이 전개식 시설 및 해안가 증고의 높이에 대해서는 충분하지 않을 수 있다. • 파이낸셜 디스트릿과 시포트의 워터프론트를 따라 설치된 말뚝 지지 구조물은 전개식 시설 기초의 추가 중량을 지지하지 못할 수도 있다. • 시포트를 관통하는 A/C 지하철 터널과 파이낸셜 디스트릿의 FDR에서 자동차가 진입하는 배터리 터널과 같은 주요 터널도 상부에 있는 전개식 시설 기초의 추가 중량을 지지할 수 없다. • 저지대인 인근 지역에는 높은 전개식 시설이 필요하며, 이는 특히 FDR 드라이브 아래에서 이 접근방식의 실현가능성이 커진다. • 이 접근방식은 지상 및 지하 기반시설의 필요한 재배치를 가능케 하고, 워터프론트에 대한 접근성과 조망의 유지가 지역사회와 공공의 우선순위인 경우에 가장 바람직하다.	• 전개식 방호시설의 장기적 운영 및 유지는 물론 이러한 개입의 실행은 공공 부문의 책임일 가능성이 크다.	• 전개식 시설은 폭풍이 발생할 경우를 제외하고 시야에서 숨겨져 있으므로, 워터프론터의 열린 공간 및 조망에 대한 접근성을 유지하면서 로어 맨해튼 전체의 방재를 제공할 수 있다. • 플립업(Flip-up)방벽[*1]을 밀폐하는 날개벽[*2](Wing Wall)이나 각락(角落, Stop Log) 방벽[*3]을 고정하는 기둥과 같은 전개식 시설의 기반시설의 고정요소는 워터프론터 접근성에 부정적인 영향을 미칠 수 있다. • 또한, 전개식 시설은 옥외 공공시설의 어메니티(Amenity) 및 워터프론트 레크리에이션 용도와 통합시킬 수 있다.

[*1] 플립업(Flip-up) 방벽: 평상시는 방벽(防壁)이 누워있으나 해수면의 상승 시(폭풍해일 등) 세워져 침수를 방지.

[*2] 날개벽(Wing Wall): 큰 벽이나 구조물에 인접하여 설치하거나 붙여 설치한 작은 벽(짧은 벽).

[*3] 각락(角落, Stop Log) 방벽: 수문의 양쪽 측벽에 홈을 만들어 두꺼운 판이나 각재를 수평으로 삽입하여 수위나 유량을 조절할 수 있도록 하여 침수를 방지.

출처: The Official Website of the City of New York(2019), https://www1.nyc.gov/site/lmcr/index.page

(6) 접근방식 4. 높은 지반고를 갖는 해안가

접근방식 4는 로어 맨해튼의 해안가를 따라 완전히 수동적이고 영구적인 방재를 통해 기후대응을 달성한다(그림 3.168 참조).

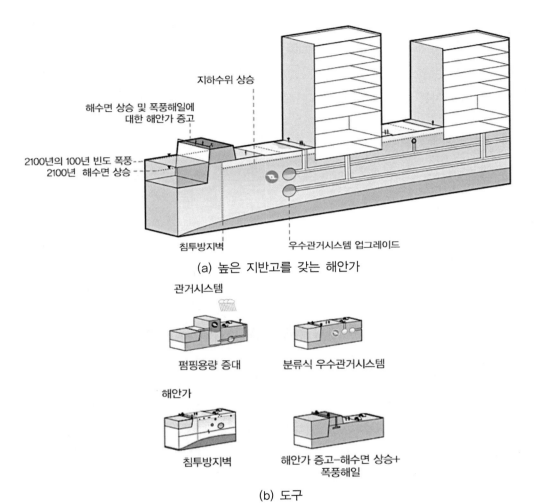

(a) 높은 지반고를 갖는 해안가

(b) 도구

출처: The Official Website of the City of New York(2019), https://www1.nyc.gov/site/lmcr/index.page

그림 3.168 높은 지반고를 갖는 해안가 개념도 및 도구(접근방식 4)

이 접근방식은 해안가를 조석침수 및 폭풍해일을 모두 방재할 수 있는 높이까지 영구적으로 증고(增高)하는 것이다. 방재 가능한 높이는 워터프론트를 따라 투과성 조망 방조제 또는 불투과성 방조제를 증고시키면 가능하다. 해안가를 따라 설치한 침투방지벽은 지하수위 상승의 영향으로부터 방호를 할 수 있다. 따라서 해안가의 조석침수와 폭풍해일은 모두 해결이 가능하나, 극단강수 시 침수리스크를 줄이기 위해서는 관거시스템의 추가적인 용량 증대가 필요할 것이다. 이 문제는 비상 펌핑 용량, 분류식 관거시스템 또는 기타 대책을 통해 해결할 것이다. 해안가를 그러한 높이로 수동적으로 증고시키는 것은 사람들이 워터프론트에 접근하여 조망하려는 욕구를 제한할 수 있다. 해안가를 따라 수동적 방재를 수용할 수 있는 공간이 충분한 지역은 완만한 비탈면을 가진 공개공지와 결합하면 공공영역에 대한 이러한 부정적인 영향을 완화할 수 있다. 이러한 완만한 비탈면과 결합하기 위해서는 접근방식 3에서 요구되는 것보다 더 많은 공공재원은 물론 기존부지(旣存敷地)에 대한 물리적 공간이 필요할 것이다(표 3.35, 그림 3.169 참조).

출처: The Official Website of the City of New York(2019), https://www1.nyc.gov/site/lmcr/index.page

그림 3.169 접근방식 4 사례(이스트 사이드 해안 탄력성 프로젝트(East Side Coastal Resiliency Project): 2050년대 폭풍해일을 방재하기 위해 증고시킨 이스트 강변의 레질리언트 공원의 조감도)

표 3.35 접근방식 4. 높은 지반고를 갖는 해안가

기술적인 장애	주변 고려사항	부문별 책임	잠재적 도시 공동이익
• 그러한 높이로 해안가 증고를 실행하려면 깊은 기초와 해안가의 교통 네트워크 및 공공설비와 같은 지하와 지상 기반시설에 대한 상당한 재배치가 필요할 것이다. • 장래 기후리스크에 대한 대응으로 접근방식 3보다 이 접근방식이 더 실현 가능성이 있다. • 해안가 증고는 장래에 수동적이거나 전개식 방재시설의 설치 가능성이 커진다.	• 로어 맨해튼의 동쪽, 특히 파이낸셜 디스트릿과 시포트를 따라 실행할 수 있는 공간은 기존 지상과 지하의 기반시설 밀집으로 인해 제한된다. • 이 기반시설에는 고가도로 FDR 드라이브, A/C 지하철 터널, Con Edison 변전소 및 공익시설(수도, 전기, 가스 등) 통로, 배터리 터널을 포함한다. • 투 브릿지, 시포트 및 파이낸셜 디스트릿의 고가도로 FDR 드라이브는 접근방식 4의 실행에 상당한 제약을 가하고 있다. 즉, FDR이 가로면(街路面)까지 기울어지는 지역의 하부여유공간은 해안가의 증고높이로 인한 폭풍해일을 방재 할 만큼의 충분한 공간이 나오지 않을 수 있다. • 이 접근방식은 배터리 또는 배터리 파크시티와 같이 워터프런트를 따라 충분한 빈 공간이 있는 지역에서 실행 가능성이 더 크다. • 해안가의 선박 접안을 저해하는 높이로 증고하면 워터프런트 자산과 페리(Ferry)에 영향을 줄 수 있다.	• 이러한 개입의 실행과 증고된 해안가의 장기적 유지·관리는 공공부문의 책임일 가능성이 높다.	• 증고된 해안가와 열린 공간을 통합하면 공동 이익을 위한 제한된 기회를 제공할 수 있다. • 증고된 해안가는 야외 공공시설 및 워터프론트 휴양시설과 통합될 수 있는 잠재력을 가지고 있다. • 이 접근방식은 특히 가용 공간이 제한되어 있고 가파른 경사면에서 가장자리를 높여야만 하는 지역의 조망, 기존개방 공간 및 워터프론트 접근에 부정적인 영향을 미칠 가능성이 있다. • 접근방식 3은 폭풍 발생 시 일시적으로 워터프론트 접근과 조망을 저해하는 방재시설만 제공하지만, 증고된 해안가를 갖는 접근방식 4는 영구적인 영향을 미칠 수 있다. • 그러나 실행공간이 충분한 지역에서는 증고된 해안가를 완만한 경사로써 달성할 수 있으므로 공공영역에 대한 영향을 완화할 수 있다.

출처: The Official Website of the City of New York(2019), https://www1.nyc.gov/site/lmcr/index.page.

(7) 접근방식 5. 해안가 바깥

접근방식 5는 기존 해안가 토지에 덧붙여 신규매립(新規埋立)한 후 토지의 조석침수 및 폭풍해일에 대한 방재를 위해 해안가를 증고시킴으로써 기후대응을 달성한다(그림 3.170 참조).

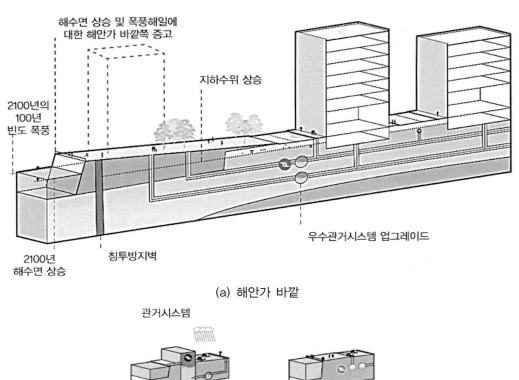

해수면 상승 및 폭풍해일에
대한 해안가 바깥쪽 증고

지하수위 상승

2100년의
100년
빈도 폭풍

우수관거시스템 업그레이드

2100년
해수면 상승

침투방지벽

(a) 해안가 바깥

관거시스템

펌핑용량 증대

분류식 우수관거시스템

해안가

침투방지벽

해안가 바깥쪽 증고-해수면 상승+
폭풍해일

(b) 도구

출처: The Official Website of the City of New York(2019), https://www1.nyc.gov/site/lmcr/index.page.

그림 3.170 해안가 바깥 개념도 및 도구(접근방식 5)

매립을 이용한 신규 토지조성은 매립지 가장자리를 해중(海中) 속으로 확장시켜 조석침수
및 폭풍해일로부터 방재할 수 있는 높이까지 점진적으로 매립시킨다. 새로운 가장자리를 설치
된 침투방지벽은 지하수위 상승의 영향으로부터 방재할 수 있다. 신규 해안가 조성을 통해 조석
침수 및 폭풍해일 문제를 모두 해결할 수 있지만, 극단강수 시 침수위험을 줄이기 위해서는

관거시스템의 추가적인 용량 증대가 필요할 것이다. 이 문제는 비상 펌핑 용량, 분류식 관거시스템 또는 기타 대책을 통해 해결할 수 있다. 추가적인 펌핑 용량 시설은 매립지에 설치할 수 있다. 해안가에 따른 해안 바깥쪽 또는 해중 속의 방재를 실행하기 위해서는 매우 복잡한 인·허가 승인 절차 및 공공 조정 프로세스를 수반할 것이다. 기반시설, 건설 환경 및 주변 환경을 포함한 신규 토지조성과 새로운 잠재적 개발을 기존 해안가의 구조와 결합하기 위해서는 종합적이고 복잡한 계획이 필요할 것이다. 이 접근방식은 기존 토지의 공간이 너무 제한적이고 제약이 있어 다른 대응 대책으로는 좋지 않은 결과를 초래할 수 있는 지역에서 바람직할 것이다. 5가지 접근방식 중, 이 접근방식은 개발현장의 창출을 통한 부분적인 자금조달 메커니즘이 가능한 유일한 방법이다. 또한, 해안가 바깥에서의 방재는 다양한 도시 공동이익과 통합할 수 있으며 주거, 일자리 증가, 공개공지 창출과 같은 추가적인 정책목표를 달성할 수 있다(표 3.36, 사진 3.35 참조).

출처: The Official Website of the City of New York(2019), https://www1.nyc.gov/site/lmcr/index.page.

사진 3.35 접근방식 5 사례(배터리 파크 시티(1973년)의 매립지 조성으로 1973년 당시에는 탄력성 설계를 하지 않았다.)

표 3.36 접근방식 5. 해안가 바깥

기술적인 장애	주변 고려사항	부문별 책임	잠재적 도시 공동이익
• 신규 토지조성에 대한 인·허가 승인 프로세스는 다른 접근방식보다 복잡할 것이다. • 주정부와 연방정부의 승인이 필요할 수 있다. • 기존의 하수구, 배수구, 교통 기반시설과 신규 토지 조성과의 조정은 복잡하고 어려울 것이다. • 시공 단계도 매우 복잡할 수 있으며, 이 접근방식을 실행하는 데 필요한 일정은 다른 접근방식보다 지연될 수 있다.	• 해안가 바깥으로부터의 접근방식은 물리적 제약이 많은 인근 환경의 기후위험을 종합적으로 다룰 수 있다. • 토지매립은 다른 개입을 실행할 수 있는 가용공간이 없거나 기존토지가 없는 로어 맨해튼에 방재를 제공할 것이다. • 가항수역(可航水域)을 둘러싼 문제와 인·허가 조건에 따라 해안가 바깥의 매립 범위가 정해지며, 그 범위는 주변환경에 따라 크게 변할 것이다. • 다양한 맥락에서 이 접근방식을 실행하는 기회와 한계를 이해하려면 종합적이고 집중적인 계획이 필요할 것이다. • 로어 맨해튼에서 이러한 접근방식은 일부 지역의 역사적인 워터프론트 자연과 정체성을 변화시키고 영향을 미칠 것이다. • 또한, 신규 토지조성과 기존 지역 구조를 적절히 통합하기 위한 종합적인 계획이 필요할 것이다.	• 이 접근방식을 실행하려면 재원의 강력한 통합과 정부 내 다양한 부서 간의 조정이 필요할 것이다. • 이 접근방식은 매립지의 잠재적 개발이익을 통해 부분적인 자금조달 메커니즘이 가능한 유일한 방법이다. • 개발현장의 통합은 실행에 앞서 각 특정 상황에 따라 평가하고 분석할 필요가 있다. • 매립지에 대한 그러한 개발이 이 접근방식과 관련된 기반시설 요구에 따라 자금조달이 가능한 범위도 검토할 필요가 있다.	• 이 접근방식은 공동이익과 통합된다고 평가되는 접근방식 중 가장 높은 잠재력을 가지고 있다. • 토지매립은 새로운 개발 공간, 교통 연결, 개발, 저렴한 주택 및 일자리 창출 등 다양한 공공 편의 시설 및 혜택과 통합될 수 있는 잠재력을 제공한다.

출처: The Official Website of the City of New York(2019), https://www1.nyc.gov/site/lmcr/index.page.

5) 로어 맨해튼 내 기후 탄력성에 대한 전략

(1) 개요

3면이 바다로 둘러싸인 로어 맨해튼은 뉴욕시의 가장 중요한 지역 중 하나로 재난에 취약한 지역이다. 이 조사는 기후변화가 이 지역에 초래할 복잡하고 현존하는 위협에 관한 것이다. 뉴욕시는 이미 장래 기후변화의 영향을 평가할 뿐만 아니라, 기후변화에 대한 사전 계획도 수립하고 있다. 뉴욕시는 로어 맨해튼에 대한 전반적인 기후 탄력성 전략을 진전시키고 있다.

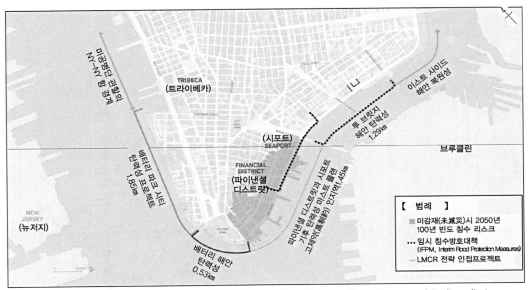

출처: The Official Website of the City of New York(2019), https://www1.nyc.gov/site/lmcr/index.page.

그림 3.171 로어 맨해튼의 해안 탄력성 전략에 대한 위치도(미국 뉴욕시)

이 전략은 장기적인 장래 기후변화의 준비를 지속하는 데 필요한 혁신 및 유연성과 가까운 시일 내의 기후 리스크에 대응하기 위한 대책을 통합한 것이다. 뉴욕시의 탄력성 전략은 가까운 장래에 로어 맨해튼(투 브릿지, 배터리, 배터리 파크 시티, 시포트 등)의 주요 지역에 상당한 기후대응을 제공할 목표로 야심찬 투자를 통합시키는 것이다(그림 3.171 참조). 이 프로젝트는 기후위험으로부터 방재를 달성하는 동시에 공공영역에 대한 부정적인 영향을 저감시키고, 로어 맨해튼 내 거주자와 근로자를 위한 공동이익을 통합하는 것을 우선시한다. 또한, 뉴욕시는 파이낸셜 디스트릿과 시포트의 지역에 대한 추가계획을 실시할 예정인데, 두 지역의 지형적인 특징은 전통적인 대응 대책의 실행이 매우 어렵다는 것이다. 뉴욕시의 전략은 기후 탄력성과 장래 로어 맨해튼 지역에 대한 투자 총액을 약 5억 달러($)(6천억 원(₩), 2022년 1월 환율 기준)로 예상하고 있다. 뉴욕시는 기후위험에 대응하기 위해 투 브릿지, 배터리, 배터리 파크 시티 및 시포트에서 몇 가지 연안 대응 프로젝트를 이미 추진하고 있다. 이 프로젝트는 기후대응 도구 및 접근방식을 구별하여 개발하였으며 기술적 타당성, 실행에 대한 검토사항 및 잠재적 공동이익 분석으로 구성되었다. 프로젝트 개념은 도구 및 대응의 접근방식을 고려하여 가용예산과 구축환경을 포함한 각각의 고유한 주변의 복잡한 현실과 제약조건을 일치시켰다. 이 특정 주변에 대한 맞춤형 접근 방식은 가능한 공동이익을 극대화하기 위해 기존 도시구조와 통합되도록 설계되었다.

(2) 탄력성 전략 프로젝트

① 투 브릿지 해안 탄력성(Two Bridges Coastal Resilience)(그림 3.172 참조)

접근방식 3의 요소를 사용한 이 프로젝트는 2050년대에 발생할 100년 빈도 폭풍해일로부터 주변을 방재하기 위해 1.29km 해안가를 따라 영구적인 전개식 방재시설과 침수에 대한 수동적인 방재시설의 조합으로 이루어질 것이다.

출처: The Official Website of the City of New York(2019), https://www1.nyc.gov/site/lmcr/index.page.

그림 3.172 투 브릿지 해안 탄력성(Two Bridges Coastal Resilience) 조감도

이 프로젝트는 저가(低價) 주택에 거주하고 있는 수천 명의 주민들을 방호하는 동시에, 워터프론터 공개공지에 대한 접근성을 계속 증진할 것이다. 투 브릿지 해안주변의 많은 전망 통로 끝에 전개식(展開式) 방재시설인 침수방지벽을 설치하면 바다의 조망(眺望)과 접근성을 유지할 수 있다. 이 시설은 폭풍이 내습할 때 들어 올려지고 평상시에는 바닥에 누워져 숨겨져 있는 영구적인 지하기반시설이 될 것이다. 침수방지벽과 기둥의 위치는 야외벤치, 피트니스(Fitness), 운동장 등과 같은 기존 워터프론트 시설과의 통합을 극대화하기 위하여 지표면 아래 기반시설과의 충돌을 최소화하는 장소로 잡는다.

- 기후위험: 2050년대 100년 빈도 폭풍해일, 극단 강수량
- 도구: 전개식 방재시설(플립업(Flip-up) 차수벽), 분류식 관거 시스템
- 상태: 뉴욕시 EDC(경제개발공사, Economic Development Corporation)가 실시설계,
  뉴욕시 DDC(설계건설국, Department of Design and Construction)는 시공

② 배터리 해안 탄력성(The Battery Coastal Resilience)(그림 3.173 참조)

상징적인 뉴욕시 공원인 배터리의 0.53km 워터프론트 산책로를 재건(再建)하여 2100년의 지하수위 상승과 해수면 상승에 대응시킬 수 있는 높이로 증고시킬 것이다. 이 프로젝트는 기후 대응을 위한 긴급한 필요성 때문에 접근방식 4를 사용하여 공원 내 충분한 공개공지를 활용할 뿐만 아니라 산책로를 보수·보강하여야 한다.

그림 3.173 배터리 해안 탄력성(The Battery Coastal Resilience) 조감도

또한, 뉴욕시는 배터리 파크시티 관리사업소(BPCA, Battery Park City Authority)와 협력 하여 2050년대 발생할 100년 빈도 폭풍해일로부터 주변을 방재하기 위한 개입으로 배터리 파 크시티로부터 공원까지 완벽한 방재선(防災線)을 구축할 예정이다. 이 설계개념은 기후대응과 공원의 역사적 특성 및 적극적인 워터프론트 용도의 보존(保存)을 결합한 것이다.

- 기후위험: 2050년대 100년 빈도 폭풍해일, 조석침수, 지하수위 상승
- 도구: 해안가 증고 - 해수면 상승(산책로 증고), 해안가 증고 - 폭풍해일(침수방지벽 또는 기타 개입), 침투방지벽
- 상태: 뉴욕시 EDC는 DPR(공원 레크레이션국, Department of Parks and Recreation)과 함께 산책로 설계 및 시공작업

③ 임시 침수방재대책(IFPM, Interim Flood Protection Measures)(그림 3.174 참조)

HESCO 모래주머니

출처: The Official Website of the City of New York(2019), https://www1.nyc.gov/site/lmcr/index.page

그림 3.174 임시침수방재대책(IFPM, Interim Flood Protection Measures) 조감도

뉴욕시 비상관리국(NYCEM, NYC Office of Emergency Management)은 IFPM을 시포트, 파이낸셜 디스트릿 및 투 브릿지 지역에 실행할 계획이다. 이러한 임시대책에는 평상시 현장에 모래를 가득 채운 주머니(HESCO 주머니)의 배치와 폭풍이 발생할 경우 설치하는 '적기(適期)에'의 자재인 타이거 댐(Tiger Dams, 사진 4.59(a))을 포함할 것이다. 이러한 개입은 1.6km 남짓하게 일렬로 배치되어 10년 빈도의 폭풍해일로부터 방호할 것이다.

• 기후위험: 현재 10년 빈도 폭풍해일
• 도구: 전개식 방재시설(HESCO 주머니, 타이거 댐, 기타 '적기(適期)에'인 자재를 배치)
• 상태: NYCEM이 설계 및 배치를 한다.

④ 배터리 파크시티 탄력성 프로젝트(Battery Park City Resilience Projects)(그림 3.175 참조)

배터리 파크시티 관리사업소(BPCA, Battery Park City Authority)는 주변 지역과 그 배후 지역을 2050년의 100년 빈도 폭풍해일에 대응시키기 위해 3개의 통합 탄력성 프로젝트를 위한 설계를 진전시키고 있다. 뉴욕시는 사우스 배터리파크시티(South Battery Park City) 탄력성 사업의 설계·시공 및 웨스트와 노스 배터리 파크시티(West and North Battery Park City) 탄력성 사업 설계를 위한 채권금융을 승인했다.

출처: The Official Website of the City of New York(2019), https://www.1.nyc.gov/site/lmcr/index.page

그림 3.175 배터리 파크 시티 탄력성 프로젝트(Battery Park City Resilience Projects)

이러한 자본 프로젝트는 전체 로어 맨해튼 전략의 일환으로서 배터리 해안 탄력성(Battery Coastal Resilience)과 조율을 거칠 것이다.

- 기후위험: 2050년대의 100년 빈도 폭풍해일
- 도구: 전개식 방재시설, 해안가 증고, 구조강화
- 상태: 뉴욕시는 프로젝트에 대한 채권금융을 승인하고, BPCA는 설계 및 건설을 한다.

(3) 파이낸셜 디스트릿(The Financial District)과 시포트(Seaport) 기후탄력성 마스트플랜

로어 맨해튼 지역의 지속적인 번영을 위한 기후대응으로서 뉴욕시의 접근방식은 광범위한 기후위험으로부터 위협받는 물리적으로 제약된 이 지역의 복잡한 현실을 다루어야 한다. 투 브릿지, 배터리, 배터리 파크시티에 대한 단기적 개입은 가까운 장래의 로어 맨해튼에 매우 중요하지만, 전체적으로 파이낸셜 디스트릿(The Financial District)과 시포트(Seaport) 지역이 로어 맨해튼 지역에 대한 기후대응의 틈새로 남아 있다. 비록 단기적인 침수방지대책을 시포트와 파이낸셜 디스트릿의 일부 지역에서 실시할 예정이지만, 이 두 지역은 기후 리스크의 측면에서 여전히 위험하다. 뉴욕시는 틈새를 해소하고 이 지역의 방재를 위해 앞으로 2년에 걸쳐 파이낸셜 디스트릿과 시포트 지역의 기후 탄력성에 대한 마스트 플랜을 완성하여 이 지역의 해안선 연장을 위한 기본 및 실시설계를 진행한 후 이에 대한 자금조달, 건설 및 관리를 담당할 공익법인을 설립할 예정이다. 로어 맨해튼 지역에 대한 기후변화의 조사 결과, 파이낸셜 디스트릿과 시포트 지역은 특히 기후위험이 높고 대응 선택안이 거의 없는 복잡한 제약과 취약성을 가지는 것으로 나타났다. 두 지역 모두 저지대의 지형으로 평균 지반고는 배터리 파크시티의 4m에 비해 2.4m로 낮다(그림 3.151 참조). 일반적으로 저지대 지형은 더 많은 공간이 필요하고 더 높은 개입이 요구되며 기존 대응도구의 기술적 실현 가능성을 높이는 것이 필요하다. 워터프론트에 집중된 기존의 중요한 지상 기반시설과 지하매설물은 인접한 두 지역(파이낸셜 디스트릿과 시포트)에서의 기존 토지의 물리적 공간을 제한한다. 이 지역의 활발한 워터프론터 이용으로 발생하는 혼재(混在) 활동은 이러한 물리적 환경을 더욱 복잡하게 한다. 건물과 해안가 사이 제약이 없는 빈 공간(폭)은 파이낸셜 디스트릿(배터리 파크 시티, 배터리 및 로어 이스트 사이드의 폭 94m 이상과 비교)에서 3m도 되지 않으며, 이 공간의 대부분은 주민, 관광객 및 근로자가 이용한다. 또한, 기존 합류식 관거시스템의 용량과 시스템의 업그레이드에 필요한 가용토지의 부족은 호우 시 배수에 대한 뉴욕시의 전략을 어렵게 만든다. 이러한 이유때문에 육지를 기반으로 한 접근방식은 실현 불가능하며, 공공영역과 워터프론트에 매우 부정적인 영향을 미친다는 사실을 발견했다.

2014년, 뉴욕시는 다목적 해안제방 조사(Multi-Purpose Levee Study)로 알려진 서든 맨해튼 해안방재 조사(Southern Manhattan Coastal Protection Study)를 하였는데, 이 조사는 로어 맨해튼 동쪽의 외곽 해안방재에 관한 실현 가능성을 조사하는 것이었다. 2014년 이후로 기후과학 분야는 발전을 거듭하여 기후변화의 심각한 영향이 이전에 생각했던 것보다 더 빨리, 더 낮은 온도에서 전 지구 기온상승이 임계점(臨界点)에 도달하기 시작하였다. 또한, 허리케인 '샌디' 이후, 뉴욕시의 기후과학에 대한 이해도 발전하여 왔으며, 장기적인 기후위험과 극단적인 기후변화와 관련된 사건들에 대한 보다 상세하고 최신의 지식을 축적하면서 진전(進展)해 왔다. 시는 해안선 확장 해결책을 개발해야 하는 중요한 필요성을 파악하기 전에 파이낸셜 디스트릿과 시포트 지역의 제약된 현실 내에서 모든 토지기반 선택안을 조사하고 평가하였다.

① 시포트(Seaport)에서의 기존 제약(사진 3.36, 그림 3.179 참조)

출처: The Official Website of the City of New York(2019), https://www1.nyc.gov/site/lmcr/index.page

사진 3.36 뉴욕시 시포트(Seaport) 전경

시포트의 지형은 노후화된 호안(護岸)이 있는 저지대로 특히 침수에 취약하다. 로어 맨해튼의 다른 지역과 달리 시포트는 높은 안쪽 내륙과 비교하여 비교적 높은 지반고를 갖는 해안가를 갖고 있어 이 지역으로 유입되는 물이 갇히는 '접시(Bowl)' 효과를 보인다. 이는 내부 개선과 관련한 과제를 제시하며 해안 대응 프로젝트를 위해 시포트 내 2~4 블록 안쪽까지 복잡하게 펼쳐진 증고된 지역이 필요하다. 시포트의 거리 네트워크는 조밀하고 좁아서 대규모 개입에 따른 필요한 조정(調整)을 더욱 복잡하게 만든다. 시포트에 대한 탄력성 대책은 한정된 크기를 갖는 물리적 공간만이 있는 일련의 지상 및 지하 중요 기반시설과 지하매설물에 집중되어 있다. 촘촘한 지하매설물은 사우스 스트리트(South Street)를 따라 고가도로 FDR 드라이브(FDR Drive)와 인근 북쪽 끝단에서 브루클린 브릿지(Brooklyn Bridge)와 인접해 있다. 미국 교통부 (The State Department of Transportation)는 기반시설의 구조적 안전성을 보호하고 유지·보수를 위한 공간을 제공하기 위해 고가도로인 FDR 드라이브의 기둥과 기초 주위에 형하고(桁下高) 0.9m의 버스[32]를 필요로 한다고 정하고 있다. 향후 방재에 필요한 높이를 갖는 침수방지벽은 고가도로인 FDR 드라이브에 맞추어 설치하기에는 버스(Berth)에 비해 너무 높고 클 수 있다. 콘 에디슨 변전소(Con Edison Substation)와 A/C 지하철 터널도 이 근처에 있어 깊은 기초를 갖는 침수방재 기반시설은 이 위에 설치되지 못한다(변전소 및 지하철 터널의 상부시설과 서로 상충(相衝)될 우려가 있다.). 경우에 따라서 시포트의 해안가에 있는 말뚝 위에 축조된

---

32) 버스(Berth): 일반적으로 항내에서 선박을 계선시키는 시설을 갖춘 접안장소를 뜻하지만, 여기에서는 차량이 주·정차 할 수 있는 곳을 말한다.

노후화된 구조물도 침수방재 기반시설의 중량을 지지(支持)하지 못할 수도 있다. 시포트의 내부에 역사지역이 있어 로어 맨해튼 내 노후화된 건물 중 상당 부분이 입지하고 있는데, 이는 건물 높이에 따른 대책을 곤란하게 만드는 2가지 요인을 가진다. 뉴욕시의 첫 근대 건축 법규가 도입된 1938년 이전에 지어진 6층 미만 건물들은 특히 불안전성에 취약하다. 그런 건물이 갖는 얕은 기초와 노후화는 침수 리스크에 대응하기 어렵게 만들지도 모른다. 역사지역 내 건축법규는 건물의 영구적인 적응 부속건물도 고려해야 한다. 마지막으로, 시포트 내 공공영역 및 상업 재개발 프로젝트와 같은 지속적인 건설은 물론 기존 구조물과 워터프론트의 거주자, 근로자, 관광객을 위한 상업 및 레크리에이션 용도와 매우 섞여져 있다. 모든 탄력성 대책은 이러한 건설과 조화를 이루어야 하며 친수적인 워터프론트가 필요로 하는 복잡한 순환로 및 접근로와 결합하여야 한다.

② 파이낸셜 디스트릿(Financial District)의 기존 제약조건(사진 3.37, 그림 3.180 참조)

출처: The Official Website of the City of New York(2019), https://www1.nyc.gov/site/lmcr/index.page

사진 3.37 뉴욕시 파이낸셜 디스트릿(Financial District) 전경

시포트처럼 파이낸셜 디스트릿의 거리 네트워크도 비좁고, 높은 밀집도를 갖는 대규모 비지니스 사무실 건물들로 꽉 차 있다. 기후대응 대책을 실행하기 위한 공개공지와 가용토지는 이곳에서 특히 제한적이다.

피어 11번 남쪽에 있는 파이낸셜 디스트릿 지역은 워터프론트 산책로가 좁아지고 고가 도로 FDR 드라이브가 파이낸셜 디스트릿 지역 내 도로면(道路面)까지 내려오면서 해안가에 따른 침수방재를 위한 형하고[33]와의 여유공간이 좁아지므로 제약을 받는다. 남쪽으로 더 가면 고가

도로 FDR 드라이브가 지하 배터리 파크 지하터널로 연결된다. 이 터널은 시포트에 있는 지하철처럼 그 상부에 깊은 기초의 기반시설이 없다. 파이낸셜 디스트릿 지역에는 복잡한 차량 운송 기반시설 네트워크 외에도 두 개의 중요한 여객선 터미널, 해상교통 허브인 스태튼 아일랜드 페리(Staten Island Ferry)가 운항하는 화이트홀 터미널(Whitehall Terminal) 및 거버너 아일랜드 페리(Governors Island Ferry)가 운항하는 배터리 마린타임 빌딩(Battery Maritime Building)이 있다. 해안가는 배터리 파크 지하도로(Battery Park Underpass) 입구와 보행자가 접근가능한 배터리 마린타임 빌딩과의 교차지점에 입지하고 있어 매우 복잡하다. 기후 탄력성 프로젝트는 페리 터미널을 이용하는 차량 및 사람이 워터프론트로 쉽게 접근할 수 있도록 하면서 복잡한 순환형태와 조화를 이루어야 한다.

③ 제약이 있는 육지에로의 대응

이러한 복잡한 제약조건을 가지므로 이 지역의 많은 육지 프로젝트는 공공영역에 부정적인 영향을 미치거나 실현이 어려울 것이다.

가. 거리 조성(그림 3.176 참조)

거리를 1.5m 이상 증고(增高)는 매우 어려운 일이고, 만약 증고하더라도 많은 건물로의 접근 어려움과 부정적인 보행경험을 초래할 것이다.

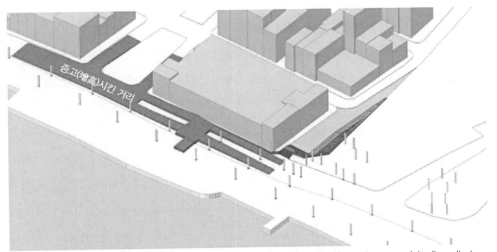

출처: The Official Website of the City of New York(2019), https://www1.nyc.gov/site/lmcr/index.page

그림 3.176 거리의 증고

---

33) 형하고(桁下高): 다리의 가장 낮은 높이를 말하며, 이 높이가 하천법 등에 규정되는 높이보다 낮은 경우에는 홍수 시 하천을 흘러온 유목 등이 다리에 걸려서 다리가 파괴되는 위험성이 높아진다.

나. 침수방지벽(그림 3.177 참조)

저지대 지형에서는 더 높은 개입이나 4.5m 이상의 높이를 갖는 침수방지벽이 필요한데, 이 방지벽은 고가도로 FDR 드라이브가 도로면으로 내려올 때 형하고가 작아지면서 고가도로 FDR 드라이브의 교량상부 하단과 부딪치거나 손상을 입을 수도 있다. 영구적인 플립업 전개식 침수방지벽도 벽의 높이와 지하의 기초를 수용하기 위해서는 지상 기반시설과의 충돌과 같은 비슷한 문제와 부딪힐 수 있다.

출처: The Official Website of the City of New York(2019), https://www1.nyc.gov/site/lmcr/index.page

그림 3.177 침수방지벽

다. 각락(角落, Stop Log) 방벽(그림 3.178 참조)

높이가 최대 3.7m인 각락 방벽과 같은 다른 설치 가능한 대책은 워터프론터를 따라 조성된 상업용도 건물 근처를 지나는 보행자들에게 불쾌한 경험을 야기시켜 공공 영역에 악영향을 미친다.

출처: The Official Website of the City of New York(2019), https://www1.nyc.gov/site/lmcr/index.page

그림 3.178 각락(角落, Stop Log) 방벽(防壁)

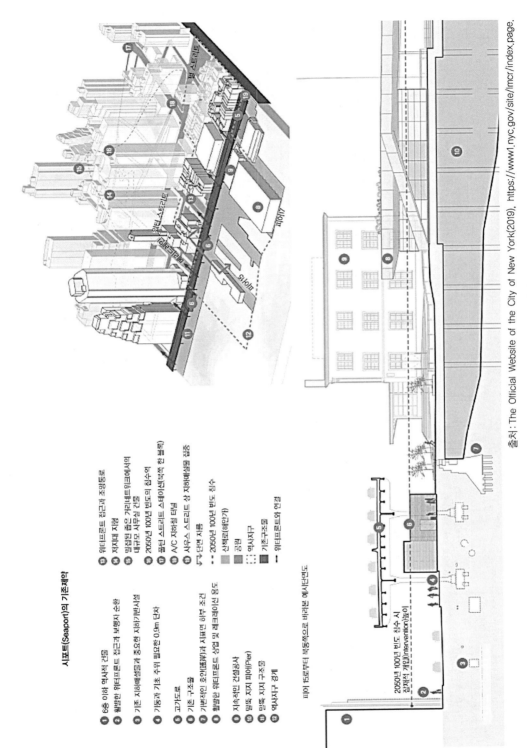

시포트(Seaport)의 기존제약

1. 6층 이하 역사적 건물
2. 활발한 워터프론트 접근과 보행자 순환
3. 기존 지하배설물과 중요한 지하기반시설
4. 기둥과 기초 수위 필요한 0.9m 단차
5. 고가도로
6. 기존 구조물
7. 가변적인 호안(護岸)과 지표면 하부 조건
8. 활발한 워터프론트 성업 및 레크레이션 용도
9. 지속적인 건설공사
10. 말뚝 지지 피어(Pier)
11. 말뚝 지지 구조물
12. 역사지구 경계

13. 워터프론트 접근과 조명통로
14. 저지대 지형
15. 일정된 좁은 거리네트워크에서의 대규모 사무실 건물
16. 2050년 100년 빈도의 침수역
17. 물탱크 스트리트 스테이션(북측 한 블록)
18. A/C 지하철 터널
19. 사우스 스트리트 상 지하배설물 침수

┌── 단면 자름
├── 2050년 100년 빈도 침수
│   산책로(해안가)
│   공원
│   역사지구
│   기존구조물
└── 워터프론트와 연결

피어 15로부터 북동쪽으로 바라본 예시단면도

2050년 100년 빈도 침수 시
검지선 개입(intervention)높이

출처 : The Official Website of the City of New York(2019), https://www1.nyc.gov/site/lmcr/index.page.

그림 3.179 시포트(Seaport)의 기존제약

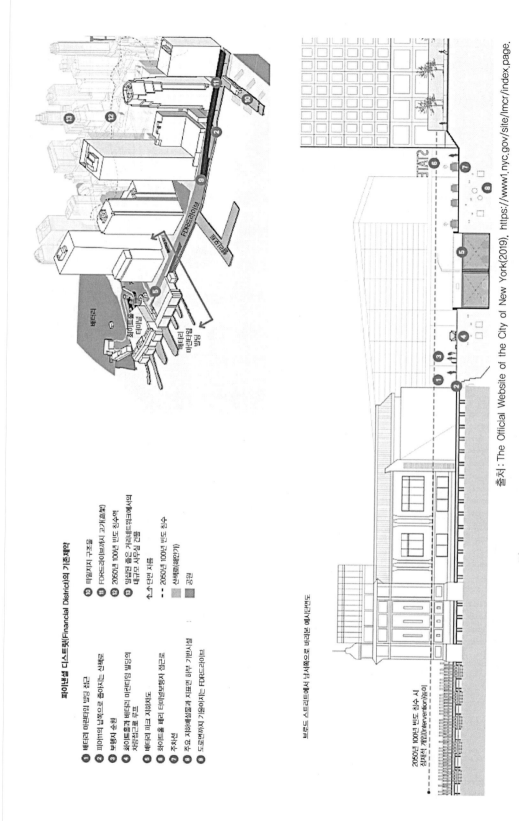

파이낸셜 디스트릿(Financial District)의 지존제악

❶ 배터리 미러티밀 빌딩 접근
❷ 파이어의 남쪽으로 좁아지는 신체로
❸ 보행자 순환
❹ 화이트홀과 배터리 미러티밀 빌딩의 차량접근로 루프
❺ 배터리 파크 지하차도
❻ 화이트홀 배터리 터미널보행자 접근로
❼ 주차선
❽ 주요 지하배설물과 지표면 하부 기반시설
❾ 도로면까지 기울어지는 FDR드라이브

❿ 매립지 구조물
⓫ FDR드라이브까지 고가(高架)
⓬ 2050년 100년 빈도 침수역
⓭ 일산면 총은 거리/네트워크에서의 배규모 사무실 건물

↑↗ 접소 단면 자름
- - - 2050년 100년 빈도 침수
    신색로(해안가)
    공원

보드 스트리트에서 남서쪽으로 바라본 애시단면도

2050년 100년 빈도 침수 시
심것분 개입(Intervention)높이

그림 3.180 파이낸셜 디스트릿(Financial District)의 기존제약

출처: The Official Website of the City of New York(2019). https://www1.nyc.gov/site/lmcr/index.page.

3.7.2 일본 도쿄만의 해수면 상승에 대한 대응대책인 해일 방파제[7]

1) 서론

기후변화에 따른 해수면 상승은 21세기와 그 이후 연안지역의 저지대에 상당한 도전을 제기할 것으로 예상되어, 대응대책을 취하지 않는 한 저지대 삼각주 지역(메콩삼각주 등)이나 환초(環礁)섬(투발루(Tuvalu) 등)을 침수시키는 결과를 초래한다. 본 장에서는 도쿄만(東京湾) 지역의 주요 도시를 방호하는 해안 방재선이 뚫렸을 경우 도쿄만 주변에서 예상되는 침수 리스크증가와 경제적 피해의 정량화에 초점을 둔다. 도쿄의 총 인구는 약 1,300만 명(Tokyo Metropolitan Government, 2012)으로 세계최대의 국내총생산(GDP)을 하는 도시로 총생산 1,470억 달러($)(176.4조 원(₩), 2022년 1월 환율 기준))인 미국의 뉴욕시보다 더 많다. 도쿄만을 둘러싸고 있는 간토(関東)지역은 이른바 '그레이트 도쿄(Greater Tokyo)'라고 일컫는 지역을 망라하고 있으며, 수도 자체는 물론 요코하마(横濱), 가와사키(川崎)와 같은 도시들도 포함한 지구상에서 가장 큰 도시권역으로 인구가 3,500만 명이 넘을 것으로 추정된다. 도쿄가 일본의 금융, 상업, 산업, 교통의 중심지이기 때문에 이 지역을 침수시키는 태풍은 일본을 파괴할 뿐만 아니라 훨씬 광범위한 결과를 초래하며, 이 지역의 침수는 일본 GDP의 상당 부분에 손실을 끼칠 뿐만 아니라, 일본 전역의 재정 운용에도 악영향을 미칠 수 있다.

매년 많은 열대 저기압(태풍)이 일본을 내습(그림 3.181 참조)하고 있으며, 그중 일부는 광범위한 피해를 입혀 왔다. 열대 저기압은 강도를 유지하거나 증가시키기 위해 해수증발에 따른 열을 이용하므로, 열대 저기압을 형성하기 위해서는 높은 해수면 수온(일반적으로 26℃ 이상)이 필요하다. 원래 바다로부터 습한 공기는 상승할 때 열이 방출되면서 이 공기에 포함된 수증기는 응축되는데, 태풍은 바람 피해 외에도 강력한 파랑과 폭풍해일을 발생시켜 해안지역을 침수시키고 재산파괴와 인명손실을 초래한다. 열대 저기압은 해양 열을 빨아들여 더 강해지기 때문에 대기 중 온실효과가스 농도의 증가에 따른 지구 온난화는 장래 열대 저기압 강도의 증가시킨다. Knutson 등(2010)은 열대 저기압 시뮬레이션에 관한 연구의 결론에서 열대 저기압 강도는 2100년까지 2~11%가량 증가할 수 있음을 언급하였다. 따라서 태풍의 강대화로 인한 높은 폭풍해일 가능성 또는 고파랑으로 빈번한 방파제 피해, 항만의 더 큰 고장시간, 그리고 일반적으로 경제에 미치는 파급 효과와 같은 일본 연안지역에 심각한 결과를 유발할 것이다.

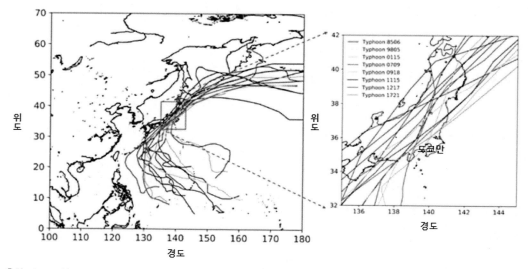

출처: https://www.researchgate.net/figure/a-Map-of-Tokyo-Bay-and-the-western-region-of-Japan-with-meteor
ological-and-tide_fig1_335310314

그림 3.181 도쿄만에 영향을 준 태풍 경로(1951~2017년)

해수면 상승은 21세기 동안 예상되는 지구환경 변화 중 가장 널리 인정된 가능성이 큰 기후변화 중 하나이다. 20세기 동안 전 지구 평균해수면은 연평균 1.7mm 상승했지만, 20세기 말에 매년 3mm로 증가(IPCC 4AR, 2007년)하였고, IPCC 5차 평가보고서(IPCC 5AR, 2013년)에 따르면 해수면은 2100년까지 IPCC 4차 평가보고서(IPCC 4AR)에서 예상한 18~59cm(1980~1999년의 평균해수면 기준) 예측보다 상당히 높은 26~82cm(RCP 2.6 하한값~RCP 8.5 상한값) 범위로 상승할 가능성이 있다고 예상되었다. 현재 CO_2 배출량이 계속 증가함에 따라 지구 온도는 계속 상승할 것으로 보이며, 배출량을 줄이기 위한 과감한 조치를 취하지 않는 한 상당한 양의 해수면 상승은 불가피하다. Vermeer와 Rahmstorf(2009)가 제안한 이른바 '반경험적 방법'(IPCC 5AR 참조)은 실제로 IPCC 4차 평가보고서(IPCC 4AR)에서 제시된 장래 지구온도 시나리오인 경우 1990~2100년 동안 해수면 상승이 0.75~1.9m 범위로 예측하였다. 도쿄만 주변에 입지한 도시들은 현재 100년 빈도 태풍에 대해 잘 방호하고 있지만(광범위한 해안제방과 폭풍해일 수문 등의 네트워크 때문에), 해수면 상승과 태풍강도의 증가는 방재 시스템의 강화를 필요로 한다. 본 장에서 방재 시스템을 업그레이드하는 대신, 다층(多層)으로 구성된 안전 시스템을 구축하기 위해 도쿄만의 입구에 해일 방파제를 건설하는 것이 합리적이라고 주장한다. 현재 도쿄의 방재 시스템은 과소설계 되었을 가능성이 있으며, 큰 방호가치를 고려하여 높은 설계기준(200~500년 빈도 폭풍해일에 대한 설계)의 적용이 타당하다고 주장한다. 따라서 우선 2100년까지 태풍이 통과하는 동안 가능한 수위를 먼저 분석하고 이로 인해 예상되는 경제적 피해를 추정한 후 2가지 대안, 즉, 방재 시스템을 업그레이드하거나 해일 방파제를 건설하는 2가지 대안을 분석하였다.

2) 방법론

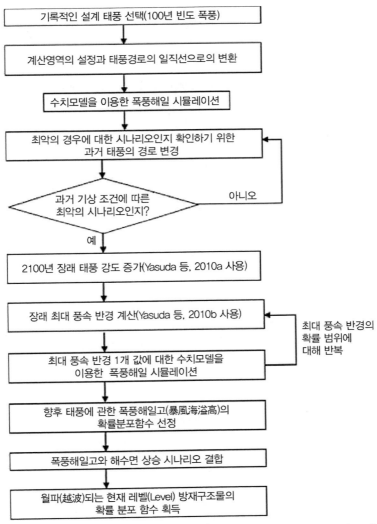

출처: https://www.researchgate.net/figure/a-Map-of-Tokyo-Bay-and-the-western-region-of-Japan-with-meteor
ological-and-tide_fig1_335310314

그림 3.182 본 장에서 채택된 방법론의 흐름도

2100년에 폭풍해일, 해수면 상승 및 최고조위를 결합한 최고수위를 얻기 위한 방법론에 대해 설명(잠재적 침수추정은 가장 최악인 경우의 시나리오와 마찬가지로 항상 최고조위를 고려)하기 위해 해일분석방법론을 그림 3.182에 요약시켰는데, 이 분석의 목적은 21세기로 전환될 때 100년 빈도의 재현기간을 갖는 태풍 규모를 알아내기 위함이다.

(1) 설계태풍 선정

도쿄만의 해안·항만방재구조물은 중부 혼슈(本州) 해안에서 발생한 가장 큰 기록적인 태풍에 대비하여 설계해왔으며, 이는 100년 빈도에 해당할 수 있다. 따라서 해안·항만방재구조물인 해안제방설계는 설계시점 시 사용 가능한 데이터(즉, 태풍경로, 기압, 풍속)가 부족하였기 때문에 반드시 통계분석에 근거하여 설계하지 않는다(Kawai 등, 2008). 대신 지난 세기(世紀) 동안 일부 기록적인 태풍강도가 나타난 것을 고려하여 일반적으로 가능한 여러 태풍경로에 대해 수치 시뮬레이션을 한다(Miyazaki, 2003).

20세기 동안 일본을 강타한 가장 강력한 폭풍(태풍) 중 하나는 1959년 태풍 '이세만'(颱風伊勢湾)(태풍명: '베라'(Vera), 3.6.3 일본 나고야 폭풍해일 방파제 참조)이었는데, 이 태풍은 일본의 이세만(伊勢湾)에서 3.5m 조위편차(폭풍해일편차)를 일으켰다(Kawai 등, 2006). 이 폭풍(태풍)은 부실하게 시공된 이세만 내 기존 해안제방을 부수고 배후 저지대를 침수시켜 많은 건물과 사회기반시설을 파괴했다. 이 사건을 계기로 일본 정부는 일본 내 방재구조물을 이러한 태풍에 견디도록 설계하여야 한다고 결정했고(즉, 방재구조물을 건설할 때 '기준태풍'(基準颱風)으로 지정), 연안방재를 위한 광범위한 노력을 기울였다(Kawai 등, 2006). 따라서 그 결과 폭풍해일 방재에 대한 설계조위(設計潮位)는 다음 2가지 기준 중 하나에 의해 결정하였다(Kawai 등, 2006).

- 약최고고조위에 덧붙여 검조소(檢潮所)의 최대 폭풍해일('조위편차'(폭풍해일편차[34])) 기록 또는 '기준태풍'을 가정하여 수치 시뮬레이션한 최대 폭풍해일('조위편차')의 합
- 검조소에 기록된 기왕고극조위(旣往高極潮位)

이러한 개념에 따라 도쿄만(東京湾), 이세만(伊勢湾), 오사카만(大阪湾)와 같은 인구가 많은

---

34) 폭풍해일편차: 폭풍해일 발생 시 검조소에 기록된 관측조위로부터 추산 천문조위를 뺀 값을 말하며 조위편차라고도 불린다.

주요 만(湾) 지역에서는 첫 번째 기준을 채택하였고, 일본 주고쿠 지방(中国地方)인 세토내해[35]에서는 두 번째 기준을 사용하고 있다(Kawai 등, 2006). 그러나 설계조위는 여전히 결정론적 방법으로 정하고 있으나, 과거 데이터와의 비교가 부족하므로 폭풍해일의 재현기간(再現期間)을 확인하는 데 여전히 많은 문제가 있다는 점에 유의해야 한다.

(2) 과거 100년간 도쿄만에 영향을 미친 최악의 태풍: 1917년 다이쇼(大正) 태풍

도쿄만의 폭풍해일고를 산정하기 위해 채택된 태풍은 1917년 10월의 태풍(다이쇼(大正) 기간 중 6번째 태풍) '다이쇼'로, 지난 100년간 도쿄만에 영향을 준 최악의 태풍이었다. 이 사건으로 도쿄만은 광범위한 피해를 보았는데, 200km² 이상의 지역이 침수되었고, 1,300명 이상의 사람들이 사망하거나 실종되었다(표 3.37). 태풍은 그림 3.183과 같이 도쿄만 바로 위를 통과하지 않고 약간 서쪽으로 통과했다. 당시 관측은 현재와 다르게 측정되었지만, Miyazaki(1970)에 따르면 태풍 통과 중 기록된 최저 압력은 952.7hPa이었고, 관측된 최대 조위편차(폭풍해일편차)는 +2.1m이다(T.P. +3.0m에 해당).

표 3.37 '다이쇼'(1917) 태풍으로 인한 피해의 역사적 기록

사망 또는 실종	1,324(명)
부상	2,022(명)
주택 전파(全破)	36,469(동(棟))
주택 반파(半破)	21,274(동(棟))
주택 유실(流失)	2,442(동(棟))
주택 침수(浸水)	302,917(동(棟))
침수면적	215km²(도쿄 내)

출처: Miyazaki, 1970

이 시점에서 태풍 '다이쇼'를 100년 빈도 폭풍(태풍)으로 언급할 것이지만, 이 폭풍(태풍)의 재현기간이 얼마인지 완전히 확실하지 않다는 점에 유의한다. 또한, 침수 피해가 너무 커서(나중에 언급한다.) 더 높은 재현기간을 갖는 사건임이 타당하므로, 도쿄만인 경우 100년 재현기간 폭풍(태풍)의 사용을 권장하여서는 안 된다.

---

35) 세토내해(瀨戶内海): 혼슈(本州)와 시코쿠(四国), 큐슈(九州) 사이의 좁은 바다로 동서로 450km, 남북으로 15~55km 평균 수심 38m, 최대수심 105m이며, 내해 안에는 3,000여 개의 크고 작은 섬이 있으며, 그중 아와지섬(淡路島)이 제일 크다.

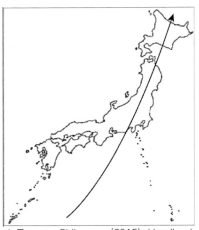

출처: Miguel Esteban·Hiroshi Takagi·Tomoya Shibayama(2015), Handbook of Coastal Disaster Mitigation for Engineers and Planners.

그림 3.183 일본을 통과할 시 태풍 다이쇼(1917)의 대략적인 경로

태풍 '이세만'(颱風伊勢湾)은 도쿄의 서쪽 불과 몇백 킬로미터(km) 떨어진 곳에 상륙하였기에, 그러한 태풍이 도쿄만을 강타할 수 있다는 사실은 예상할 수 있으며, 실제로 도쿄의 방재구조물은 1917년의 태풍 '다이쇼'가 아닌 1959년의 태풍 '이세만'으로 설계하였다. 네덜란드와 같이 장기간 폭풍재난의 역사를 가진 다른 나라들은 수천 년의 사건 중 하나를 그들의 해안구조물 설계 중 중요한 부분에 사용하는데, 그러한 개념의 사용은 도쿄만인 경우에도 합리적이다. 그렇지만 보수적인 태도를 견지하기 위해 현재 기후조건 아래에서 가정된 저빈도(低頻度) 폭풍(태풍)이고 기후변화로 확대될 수 있는 재난의 유형을 설명하기 위해 태풍 '다이쇼 6호'(태풍 '이세만' 대신에)를 사용할 것이다.

(3) 폭풍해일 수치 시뮬레이션 모델

태풍의 통과로 인한 폭풍해일고를 시뮬레이션하기 위해 2-레벨 수치 시뮬레이션 모델을 사용하였다. Tsuchiya 등(1981)이 소개한 2-레벨 수치 시뮬레이션 모델은 과거 많은 연구자가 사용하여 왔다(Toki 등(1990)의 연구발표 사례에서와 같이 과거 많은 태풍에 대하여 타당성이 검증되었다). 따라서 '다이쇼' 태풍(1917)이 통과하는 동안에 관측한 폭풍해일고와 도쿄만(東京湾)을 따라 다른 지점에서 2-레벨 수치 시뮬레이션 모델로 시뮬레이션한 폭풍해일고를 검증한 결과 서로 일치되었다. 이 폭풍해일 수치 시뮬레이션에서 가장 중요한 요인은, 특히 도쿄만과 같은 천해에서의 바람에 의한 흡상효과(吸上效果)이다. 그러나 바람에 의한 전단응력(剪斷應力)

은 충분히 깊은 수심에서는 무시할 수 있어 흡상효과는 해수면 층으로 국한(局限)시키는 것이 합리적이다. 수치 시뮬레이션 모델의 지배방정식은 질량보존방정식과 운동량보존방정식이며, 태풍압력은 Myers 공식(1954)을 사용하여 구하였다. 수치 시뮬레이션은 대(大) 도메인인 경우 약 3km, 도쿄만 안쪽의 소(小) 도메인 경우 900m 격자를 사용한 중첩 접근법(Nesting Approach)을 사용했다(그림 3.184 참조). 수치 모델에 대한 더 자세한 설명은 Hoshino 등 (2011)을 참조하면 된다. 태풍경로는 1917년 태풍경로(颱風經路)에 대한 신뢰성 있는 정보가 부족했기 때문에 직선으로 근사(近似)하였다(그림 3.183 참조). 여기에서 폭풍의 눈은 도쿄만의 중앙부를 지나가지 않고, 오히려 그 서쪽을 지나갔다는 점에 주목해야 한다. 이것은 실제로 가능한 태풍경로 중 최악인 시나리오라는 사실을 확인하기 위해 태풍경로를 변화시키는 수많은 시뮬레이션을 수행했는데, 이 모든 시뮬레이션의 폭풍해일고 결과는 그림 3.183에 나타낸 경로 (徑路) 동안의 폭풍해일고 결과보다 낮게 나타났기 때문이다.

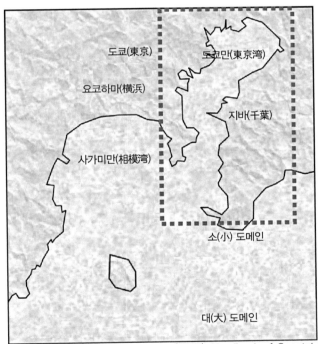

출처: Miguel Esteban·Hiroshi Takagi·Tomoya Shibayama(2015), Handbook of Coastal Disaster Mitigation for Engineers and Planners.

그림 3.184 도쿄만, 도쿄와 요코하마시(橫浜市), 지바현(千葉縣)을 나타내는 조사지역. 폭풍해일 시뮬레이션에는 중첩 접근법을 사용하였는데, 대(大) 도메인은 도쿄와 사가미만(相模湾), 소(小) 도메인은 단지 도쿄만을 포함함

(4) 과거 설계태풍을 2100년도 설계태풍으로 변환

장래 열대 저기압 강도의 증가가 폭풍해일에 어떻게 영향을 미치는지 이해하려면 대상지역에서 이러한 사건의 중심압력이 갖는 장래 확률분포함수가 무엇인지를 추정할 필요가 있다. 이를 위해 본 연구는 2100년 도쿄만 주변의 폭풍(태풍)에 대한 현재 및 장래의 태풍강도분포를 제공하는 Yasuda 등(2010a)의 연구를 적용하였다(그림 3.185 참조). 이런 연구는 Kitoh 등 (2009)이 나타낸 바와 같이 T959L60 해상도(약 20km 격자(Mesh) 크기를 가진다.)를 갖는 대기대순환모델(AGCM, Atmospheric General Circulation Model)에 근거한다. 타임 슬라이스(Time Slice) 실험은 해수면 수온(SST, Sea Surface Temperature)이 다른 1979~2004년(현재기후), 2015~2031년(가까운 장래기후) 및 2075~2100년(조금 먼 장래기후)의 3가지 기후기간에 대해 실시하였다. AGCM의 외부강제력으로써 해수면 수온(SST)을 바닥경계조건으로 사용하였다. 영국 기상청인 Met Office Hadley Centre(HadlSST)에서 관측한 해수면 수온(SST)을 현재 기후조건에 사용하였고, SRES[36] A1B시나리오의 CMIP3 다중모델 예측법 결과에서 산출된 앙상블 평균(Ensemble Mean)(2.5.4 d4PDF활용에 따른 기후변화의 영향평가, 1) d4PDF개요, (1) 배경 참조)의 해수면 수온(SST)을 장래 기후 실험조건에 사용하였다. Yasuda 등(2010a)이 제시한 확률분포함수에 따르면, 도쿄만에서의 100년 빈도 폭풍(즉, '다이쇼' 태풍과 동등한 2100년의 폭풍)의 기압은 역사적으로 기록된 최솟값 952.7hPa 대신 933.9hPa을 최소중심기압으로 채택할 수 있다(Hoshino 등 참조, 2011). 채택된 수치 시뮬레이션 모델의 주요 문제 중 하나는 Myers 공식(1954)의 정확한 해법에 필요한 최대풍속반경 r_{max} 결정과 관련이 있다. 그러기 위해, Yasuda 등(2010b)의 방법은 반경에 결정론적 값을 부여하지 않고 확률적 곡선값을 따른다. r_{max}에 대해 확률값을 사용한 결과, 각 r_{max} 확률범위에 대한 폭풍해일을 얻기 위해 시뮬레이션을 여러 번 실행하였으며, 마지막으로 폭풍해일 결과식도 확률분포함수로 표현한다.

---

36) SRES(Special Report on Emissions Scenarios, 배출시나리오에 관한 특별보고서): SRES는 2000년 발표된 기후변화에 관한 정부간 협의체(IPCC)의 보고서로서 보고서에 기술된 온실효과가스 배출 시나리오는 가능한 장래의 기후변화를 예측하는 데 사용되었으며, IPCC 작업그룹Ⅰ(WGⅠ)의 제3차 보고서(2001년), 제4차 보고서(2007년)에 기여하는 기후 프로젝트의 바탕이 되었다.

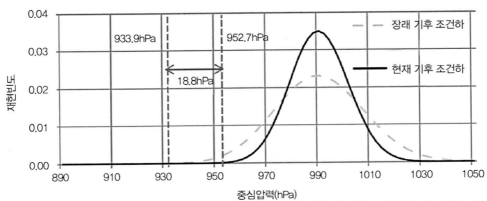

출처: Miguel Esteban·Hiroshi Takagi·Tomoya Shibayama(2015), Handbook of Coastal Disaster Mitigation for Engineers and Planners.

그림 3.185 Yasuda 등(2010a)에 의한 도쿄만의 현재 및 장래 태풍강도 확률분포. 현재와 장래(2100년)의 100년 빈도 태풍의 중심압력을 나타냄

(5) 해수면 상승

주어진 각 지점에서의 폭풍해일을 계산한 후 해수면 상승의 영향을 추가하여 주어진 사건에 대한 예상 가능한 최종수위를 계산했다. 장래의 온실효과가스 배출로 인해 지구가 어떻게 반응할지에 대한 현재의 불확실성 때문에, 표 3.38에 요약한 바와 같이, 현재 연구에서는 3가지 해수면 상승 시나리오를 사용하였다. 첫 번째 시나리오는 태풍강도의 증가가 도쿄만 침수 리스크에 미치는 영향을 분리하기 위해 해수면 상승을 고려하지 않는다. 다음 시나리오는 0.59m 해수면 상승으로 IPCC 4차 평가보고서(IPCC 4AR, 2007년)에서 제시된 높은 범위의 시나리오와 유사하다. 마지막으로 가장 극단적인 시나리오는 Vermeer와 Rahmstorf(2009)의 반경험적 모델의 해수면 상승을 고려했다.

표 3.38 폭풍해일과 해수면 상승 시나리오의 요약

중심압력 P_0 ('다이쇼' 1917년 태풍)	중심압력 P_0 (2100년, 100년 빈도 태풍)	최대풍속반경 r_{max}(km)	해수면 상승 시나리오(cm)
952.7(hPa)	933.9(hPa)	Yasuda 등(2010b)에 따른 확률분포함수. 각 시나리오에 대해 10번 계산.	0
			59
			190

출처: Miguel Esteban·Hiroshi Takagi·Tomoya Shibayama(2015), Handbook of Coastal Disaster Mitigation for Engineers and Planners.

3) 폭풍해일 수치 시뮬레이션 모델 결과

2100년의 폭풍해일 시 가능한 수위를 예측하기 위해서는 앞 장에서 언급한 바와 같이 태풍의 중심기압, 태풍의 최대풍속반경과 해수면 상승을 고려해야 한다. 그러나 Yasuda 등(2010b)의 방법론은 확률론적이기 때문에 주어진 중심기압에 대한 폭풍해일도 가능한 값의 범위를 취하는 확률론적 해답을 도출(導出)한다. 그림 3.186은 100년 빈도 태풍 중심기압이 952.7hPa(그림 왼쪽)에서 933.9hPa(그림 오른쪽)로 떨어질 때 예상 평균 조위편차(폭풍해일편차)의 변화를 보여준다. 전체 계산값(평균 조위편차)의 범위는 +2.1m를 포함하지만, 평균예상 폭풍해일은 Miyazaki(1970)에서 제공된 1917년 태풍의 +2.1m 조위편차(관측된 최고 조위편차)를 어떻게 과소평가하였는지를 주의한다(그림 3.186의 왼쪽 그림(1917년의 사건)의 여러 지점의 예상 평균 조위편차가 관측된 최고 조위편차(+2.1m)보다 낮아서).

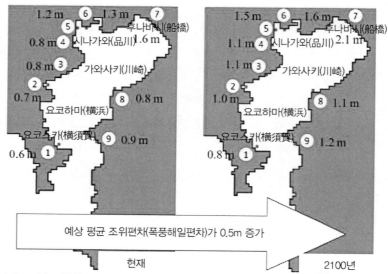

출처: Miguel Esteban · Hiroshi Takagi · Tomoya Shibayama(2015), Handbook of Coastal Disaster Mitigation for Engineers and Planners.

그림 3.186 100년 빈도 태풍기압저하의 중심압력이 952.7hPa(그림 왼쪽) 또는 933.9hPa(그림 오른쪽) 일 때 예상되는 평균 조위편차(폭풍해일편차). 그림의 왼쪽은 1917년의 사건(즉, '현재의 기후')에 해당하며, 오른쪽은 예상되는 장래 기후(2100년)에 해당한다.

그러나 현재 연구에서 가장 중요한 값은 예상값의 범위가 아니라 각 지점의 방재구조물을 월파(越波)할 확률이다. 월파는 수위(水位)(만조(滿潮), 조위편차(폭풍해일편차) 및 기후변화 시 나리오의 해수면 상승 수위의 합(合)으로 파랑의 파고(波高)는 포함하지 않는다.)가 해안제방의 마루고(Crest Height)보다 더 높은 것으로 정의한다. 월파 영향으로 상당한 피해가 발생할 수 있지만, 그러한 피해는 일반적으로 폭풍해일 자체가 방재구조물(防災構造物)의 마루고보다 높아지면 발생할 대규모 침수 피해보다는 작은 것으로 여겨진다. Yasuda 등(2010b)에 따르면, 월파확률은 조위편차(폭풍해일편차) 뿐만 아니라 태풍의 최대풍속값 범위에 달려 있다. 그러한 확률을 계산하기 위해 해수면의 점진적(漸進的) 상승(그림 3.187 참조)에 따른 도쿄만 주변 전역(全域) 도시의 여러 지점(지바현청(千葉縣廳)으로부터 나온 데이터에 따라, 2014)에서 방재구조물 마루고를 고려했다. 폭풍해일로 인한 방재구조물의 월파는 방재구조물을 따라 여러 곳의 간극(間隙)을 발생시켜(이런 해안제방 중 일부가 가진 상대적 취약성 때문에, 도쿄 주변 일부 제방의 마루폭을 광폭(廣幅)으로 하는 '슈퍼제방'[37] (그림 3.188 참조) 건설함으로써 상당한 파랑의 제어를 도모하고 있다.), 그 결과 대규모 침수를 일으킬 수 있다는 점에 유의해야 한다. 그러나 이것은 지나친 단순화이며, 해안제방의 월파가 파국적인(국소적(局所的)일지라도) 파괴로 이어질지를 확인하기 위해 훨씬 상세한 지반공학적 계산 및 구조계산(構造計算)을 실행하여야만 한다. 또한, 폭풍해일 수문(Gate)과 같이 시스템의 다른 요소인 일부 수문이 올바르게 작동하지 않을 가능성과 함께 자세히 분석해야 한다.

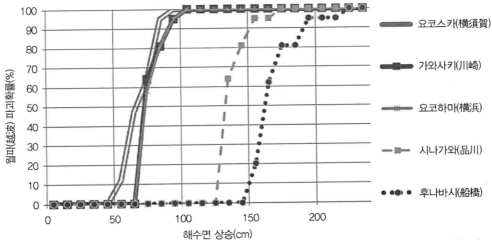

출처: Miguel Esteban·Hiroshi Takagi·Tomoya Shibayama(2015), Handbook of Coastal Disaster Mitigation for Engineers and Planners.

그림 3.187 2100년까지 각 해수면 상승 시나리오에 대한 100년 빈도 태풍의 적용 시 해안방재구조물의 월파 파괴확률

---

37) 슈퍼제방(Super-levee): 홍수나 해일로 물이 넘치거나 붕괴되거나 하지 않도록 흙으로 쌓은 제방으로 일반적인 제방에 비하여 내구성이 높으며 마루폭이 넓어(마루폭이 제방고의 30배 이상) 제방의 윗부분을 활용할 수 있다.

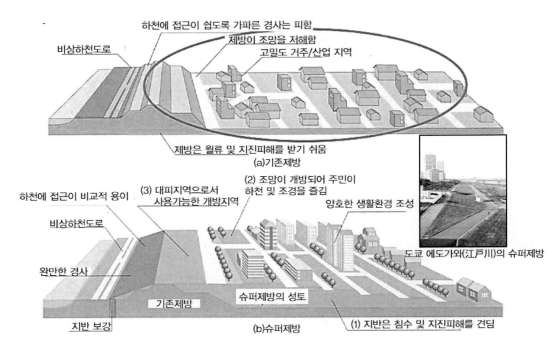

출처: Miguel Esteban·Hiroshi Takagi·Tomoya Shibayama(2015), Handbook of Coastal Disaster Mitigation for Engineers and Planners.

그림 3.188 기존 제방과 슈퍼제방 개념도

4) 침수로 인한 경제적 피해

이번 장은 도쿄만 주변 여러 도시의 침수로 인한 현재의 경제적 손실을 계산한다. 앞선 장은 폭풍해일과 해수면 상승 시나리오를 2100년까지 계산했지만, 현재 일본은 인구감소와 경기침체의 시기에 있다. 그러나 장래의 도시발전과 성장에서 상당한 불확실성을 갖고 있음에도 불구하고, 도쿄의 인구수와 부(富)는 크게 변화가 없을 것으로 예상되어, 따라서 현재의 경제적 분석은 장래 도시경제의 리스크 징후를 잘 반영한다.

(1) 개요

도쿄만 주변 여러 도시지점의 침수확률을 파악하여 기존 해안·항만방재구조물에 월파가 발생한다면 어떤 피해가 발생하는지 파악할 필요가 있다. 그림 3.189, 그림 3.190, 그림 3.191은 도쿄, 가나가와현(神奈川県) 및 지바현(千葉県)에 걸친 도쿄만을 따라 침수 리스크가 예상되는 지역을 각각 나타낸다. 이 지도에는 해수면 상승 0.59m(굵은 흑색(黑色)) 또는 1.90m(가는 회색(灰色))와 함께 장래 태풍통과 결과로 발생할 수 있는 예상 평균 조위편차(폭풍해일편차) 증가 영향을 포함한다. 이 그림은 침수시나리오가 아닌 도쿄만의 지형도(地形圖)(해안제방 표고(標高)도 고려한다.)에 근거하므로, 특정사건으로 침수될 지역보다는 잠재적으로 리스크에 처할 지역을 나타낸다. 따라서 그림 3.189~3.191은 현재 설치된 해안제방의 월파 동안 대규모 파괴를 겪고 해수(海水)가 도시로 거침없이 유입될 때 경제적 손실의 계산에 따른 최악인 경우의 시나리오이다. 일반적으로 말해서 2011년 동일본 지진과 지진해일 때 나타났듯이 현재 일본 해안제방은 월파에 저항하지 못하는 것처럼 보이지만, 이러한 해안제방의 월파가 완전한 파괴로 이어질지는 분명하지 않다(Jayaratne 등, 2014; Mikami 등, 2012; 17장과 19장). 이것은 2005년 허리케인 카트리나 내습 시 많은 홍수방벽[38](사진 2.17 오른쪽 참조)과 같은 방재구조물이 월류(越流)로 파괴된 뉴올리언스(New Orleans)의 선례(先例)를 보면 알 수 있다(Seed 등, 2008). 최대 침수고(浸水高)는 최대 만조(滿潮) 시 발생하는 것으로 간주하며(A.P.[39]+2.1m), 각 시나리오에 대한 폭풍해일편차(조위편차)의 평균 예상값과 해수면 상승을 고려한다. 이 값들은 도쿄만 평균해수면(東京湾平均海水面, Tokyo Peil) 기준으로 표시한다(T.P. = A.P. −1.134m). 그림 3.192는 도쿄가 인접 현(縣)들에 비해 매우 높은 인구밀도(그림 3.192(a) 참조)로 고토(江東) 삼각주라는 저지대를 얼마나 넓게 갖고 있는가를 보여준다((그림 3.192(b) 참조). 비교적 적은 인구밀도인 지바현 때문에 경제적 분석은 도쿄와 가나가와현으로 한정(限定)할 것이다(이 경우 가나가와현 내 주요 도시인 요코하마시(横浜市)와 가와사키시(川崎市)는 포함한다).

---

38) 홍수 방벽(洪水防壁, Flood Wall): 제방 대신에 철근콘크리트, 석재 등을 이용하여 소단면으로 하여 만든 것으로, 제체(堤體)의 상부를 수직의 철근콘크리트 구조로 된 하나의 벽으로 만드는 것이 일반적이며 이것을 흉벽(Parapet)이라고도 한다.

39) A.P.(Arakawa Peil): 일본 수준원점(水準原點)의 첫 번째 표고(標高)인 24.5m의 값은 1884년 霊岸島 量水標(현재 도쿄도 츄오구 신카와, 당시 스미다강 하구에 해당한다.)에서 1873년 6월부터 1879년 12 월까지 매일(한때 결함 측정 있음)의 만조·간조 조위를 측정하여 평균값을 산출하고 양수표(量水標)를 읽어(아라카와(荒川) 공사기준면, Arakawa Peil, A.P.), 이보다 1.1344m 아래를 도쿄만 평균해수면 "T.P."(Tokyo Peil)로 하고, 이 지점을 일본 전국 수준원점(표고)의 기준인 제로미터(0m)로 잡았다.

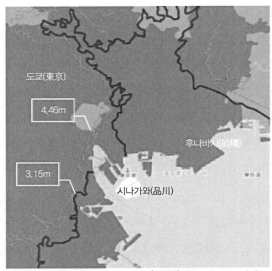

출처: Miguel Esteban·Hiroshi Takagi·Tomoya Shibayama(2015), Handbook of Coastal Disaster Mitigation for Engineers and Planners.

그림 3.189 2100년에 0.59m(굵은 검은 선)와 1.9m(가는 회색 선)인 해수면 상승 시나리오(각각 최종수위(조위+폭풍해일편차+해수면 상승) T.P.+3.15m와 T.P.+4.46 m에 대응)에 대한 100년 빈도 태풍의 예상 평균폭풍해일고일 때의 도쿄 침수지역

※ 월파로 인한 해안제방의 완전한 파괴를 가정하기 때문에 최악인 경우라는 점에 유의한다.

출처: Miguel Esteban·Hiroshi Takagi·Tomoya Shibayama(2015), Handbook of Coastal Disaster Mitigation for Engineers and Planners.

그림 3.190 2100년에 0.59m(굵은 검은 선)와 1.9m(가는 회색 선)의 해수면 상승 시나리오(각각 최종수위(조위+폭풍해일편차+해수면 상승) T.P.+2.5m와 T.P.+3.8m에 대응)에 대한 100년 빈도 태풍의 예상 평균폭풍해일고일 때의 가나가와현(요코하마, 가와사키, 요코스카) 침수지역

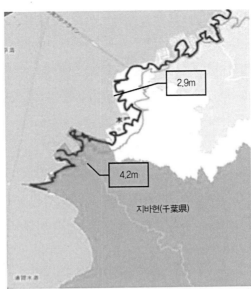

출처: Miguel Esteban·Hiroshi Takagi·Tomoya Shibayama(2015), Handbook of Coastal Disaster Mitigation for Engineers and Planners.

그림 3.191 2100년에 0.59m(굵은 검은선)와 1.9m(가는 회색선)의 해수면 상승 시나리오(각각 최종수위 (조위+폭풍해일편차+해수면 상승) T.P.+2.9m와 T.P.+4.2m 에 대응)에 대한 100년 빈도 태풍의 평균 예상폭풍해일고일 때의 지바현 침수지역

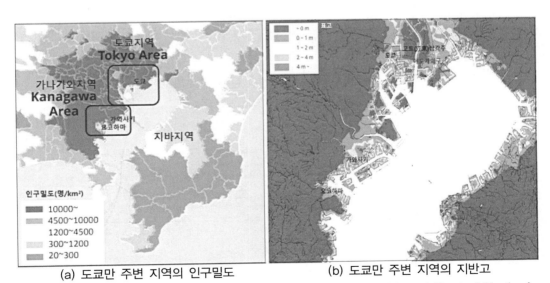

| (a) 도쿄만 주변 지역의 인구밀도 | (b) 도쿄만 주변 지역의 지반고 |

출처: Miguel Esteban·Hiroshi Takagi·Tomoya Shibayama(2015), Handbook of Coastal Disaster Mitigation for Engineers and Planners.

그림 3.192 도쿄만 주변 지역의 인구밀도와 지반고

(2) 침수고와 사회기반시설 및 주택의 피해 사이의 관계

한 지역에 발생할 수 있는 경제적 손실의 계산은 여러 가지 다른 메커니즘과 형태의 피해를 포함하므로 대단히 복잡하다(Jonkman 등, 2008b). 사무실, 주택 및 기타 기반시설의 침수 피해는 모두 개별적으로 계산하여야 하며, 각 지점의 침수고에 따라 달라진다. 게다가 심지어 약간의 침수고(浸水高)에도 지하실과 지하철역의 침수를 초래할 수 있다.

표 3.39는 일본 농림수산성(Ministry of Agriculture, Forestry, and Fisheries)(2012)의 방법론을 사용하여 도쿄의 한 지역(에도가와구(江戸川區))에 대한 침수 시 경제적 손실을 계산하는 절차에 관한 사례를 보여준다. 총가구(總家口) 재산액은 평균값으로 추정하고(단위: 엔 (¥)/m²), 총(總) 구면적(區面積) 중 침수면적의 비율은 각 구면적내별(區面積內別)로 높이 5m 간격의 지형도에서 구할 수 있으며, 주어진 침수고에 영향을 받는 주택 재산액을 제공한다. 그런 다음 침수결과로 피해를 볼 재산액의 백분율은 단계별 피해함수를 사용하여 계산할 수 있다. 마지막으로 3.5m의 침수고(浸水高) 결과로 인한 에도가와구(江戸川區)의 총 경제적 손실 은 151억 엔(¥)(1,585억 원, 2022년 1월 환율 기준)에 달할 것으로 추정할 수 있다.

표 3.39 도쿄의 에도가와구(江戸川區) 침수 시 경제적 손실에 대한 표본계산

침수고 (m)	총가구 재산액 (십억 엔(¥))	침수지역(총(總) 구면적(區面積) 중 %)	피해를 입은 가구 재산액 (십억 엔(¥))	침수고에 따른 피해율 (총가구액의 %)	경제적 손실 (십억 엔(¥))
〈 0.5		6.4	15.1	3.2	0.5
0.5~1.0		4.9	11.6	9.2	1.1
1.0~1.5	234.2	5.2	12.2	11.9	1.5
1.5~2.5		9.5	22.3	26.6	5.9
2.5~3.5		3.9	9.3	58.0	5.4
3.5〉		0.4	0.9	83.4	0.7
				합계	15.1

출처: Miguel Esteban·Hiroshi Takagi·Tomoya Shibayama(2015), Handbook of Coastal Disaster Mitigation for Engineers and Planners.

(3) 도쿄와 가나가와현의 경제적 총손실

도쿄(東京)와 가나가와현(神奈川県)에 침수지역의 총손실은 그림 3.193과 같이 침수지역을 분할하여 표 3.40과 같이 표고(標高) 간격 0.5m 마다의 각 케이스에 대하여 표 3.38과 같이

계산을 하면 구할 수 있다. 도쿄(東京)와 가나가와현(神奈川県)에 침수된 모든 지역의 손실을 합산하면 그림 3.194와 같이 특정 수위에 대한 각 현(県)의 총손실을 계산할 수 있다.

 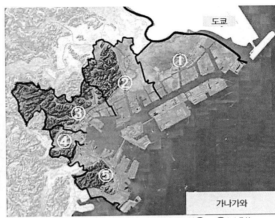

(a) 도쿄 지역의 침수지역(①∼⑬분할)　　　　(b) 가나가와현 지역의 침수지역(①∼⑤분할)

출처: Miguel Esteban·Hiroshi Takagi·Tomoya Shibayama(2015), Handbook of Coastal Disaster Mitigation for Engineers and Planners.

그림 3.193 도쿄와 가나가와현의 침수지역 분할

표 3.40 도쿄와 가나가와현의 표고 등 설정

구분	최대 조위편차 (폭풍해일편차)	해수면 상승 (Vermeer and Rahmstorf, 2009)	최대침수고	표고설정
도쿄	1.6m	1.9m	4.5m	0.5∼4.5m, 0.5m 간격 (9케이스)
가나가와현	1.1m	1.9m	4.0m	0.5∼4.0m, 0.5m 간격 (8케이스)

출처: Miguel Esteban·Hiroshi Takagi·Tomoya Shibayama(2015), Handbook of Coastal Disaster Mitigation for Engineers and Planners.

그림에서 x축은 폭풍해일 및 해수면 상승 수위를 합친 높이를 나타내며, y축은 방재구조물이 월파(越波)되었다고 가정했을 때 해당 손실액을 나타낸다. 피해가 발생하기 위해서는 방재구조물을 따라 간극(間隙)이 있어야 하므로 이 그림을 주의 깊게 볼 필요가 있다. 이런 의미에서 현재 도쿄의 일부 지역은 최고조위(最高潮位)보다 낮고, 만약 그 지역을 방호(防護)하는 제방이 파괴된다면 만내(湾內)의 0m 수위에서도 피해를 입을 것이다. 이 그림은 도쿄의 T.P.+4.5m

와 가나가와현의 T.P. +4.0m의 침수고(浸水高)에 따른 피해를 보여준다. 이러한 수위는 각 현에서 2100년에 100년 빈도 태풍의 예상 평균폭풍해일에 대한 최대 침수고이다.

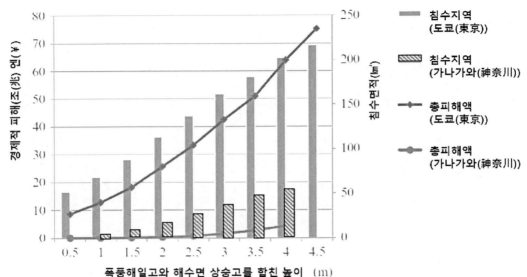

출처: Miguel Esteban·Hiroshi Takagi·Tomoya Shibayama(2015), Handbook of Coastal Disaster Mitigation for Engineers and Planners.

그림 3.194 침수고에 따른 도쿄와 가나가와에서의 총경제적 손실

5) 대응 선택과 비용

기후변화에 따른 태풍의 강도증가와 해수면 상승의 복합적인 영향은 도쿄 지역의 해안·항만 방재구조물에 중대한 도전을 제기(提起)할 수 있다. 현재 도쿄도(東京都, Tokyo Metropolitan Government)의 설계기준은 일부 오래된 방재구조물은 낮은 수위로 설계되었지만 도쿄도 주변 해안방재구조물은 도쿄도 평균해수면(平均海水面)상+3.5~5.9m(T.P. +3.5~5.9m, 폭풍해일에 대해서는 2.0~3.0m, 고파랑(高波浪)에 대해서는 0.5~2.90m)로 축조하여야만 한다고 규정하고 있다. 따라서 2100년까지 100년 빈도 내 폭풍의 리스크를 방재(防災)하기 위해서는 결국 도쿄만 주변에 상당한 대응대책을 취할 필요가 있을 것이다(그림 3.195 참조). 이 장에서 분석한 대응대책으로는 기존 방재구조물을 증고(增高)시키거나 도쿄만 입구에서 폭풍해일을 차단하는 해일 방파제 건설을 포함한다. 여기서 분석되지 않은 대안 및 과감한 선택으로서는 대도시 지역의 재배치(Relocation), 기존건물과 기반시설의 대규모 대응대책 및 침수방지공사(Flood Proofing)를 포함한다.

		해안제방			해안제방 외부
		마루고 증고	신설	내진보강	지반증고
도쿄도	도쿄항	O	O	O	O
가나가와현	가와사키항	O	O	O	O
	요코하마항	×	O	O	O

출처: Miguel Esteban·Hiroshi Takagi·Tomoya Shibayama(2015), Handbook of Coastal Disaster Mitigation for Engineers and Planners

그림 3.195 1.9m 해수면 상승 시나리오 적용 시 도쿄도(東京都)와 가나가와현의 대응대책

(1) 기존 방재구조물 증고

이는 기존 방재구조물의 마루고를 높이거나 보강(補强)하거나 신규 방재구조물을 건설하며, 해안제방 외부지역의 지반고(地盤高)를 증고(增高)시키는 것으로 일반적으로 높은 마루고를 갖는 해안제방을 말한다(일반적으로 항만지역 내에 해당한다). 이번 장에서는 1.9m 해수면 상승 시나리오에 대한 대응비용을 요약할 것이며, 여기에는 Esteban 등(2014)과 Hoshino (2013)가 상세히 설명한 것처럼 도쿄와 가나가와현의 연장 57km 이상 해안제방에 대한 공사비도 포함된다. 0.59m 해수면 상승에 대한 대응비용은 훨씬 제한적이므로 본 장에서는 포함하지 않는다. 요코하마(橫浜)는 현재 매우 제한적인 해안·항만방재구조물을 가지고 있으므로 대부분의 해안선을 따라 신규 방재구조물을 건설할 필요가 있을 것이다. 도쿄 또는 가와사키(川崎)인 경우 신규 방재구조물 건설에 따른 재정예산이 기존 방재구조물을 증고하는 것보다 많이 소요되므로 기존제방의 증고가 가능할 수 있다. 그러나 어느 경우든 방재구조물 중 가장 예산이 많이 소요되는 내진대책(耐震對策)을 도입(導入)하는 것이 필요하다. 해안제방 보강의 총비용은 직접적으로 해안제방 길이에 정비례한다. 가나가와현, 도쿄도, 지바현의 지방자치단체의 지도를 사용하여 보강이 필요한 해안제방의 총 길이를 계산할 수 있다(Hoshino, 2013). 일본 국토지리원(Geospacial Information Authority of Japan)의 지도에 따르면 도쿄인 경우, 증고가 필요한 해안제방 밖의 총 항만지역을 그림 3.196에 나타내었다.

출처: Miguel Esteban·Hiroshi Takagi·Tomoya Shibayama(2015), Handbook of Coastal Disaster Mitigation for Engineers and Planners

그림 3.196 1.9m 해수면 상승 시나리오 적용 시 도쿄에서 증고시켜야 하는 항만구조물(시설)과 해안·항만 방재구조물 바깥의 지역 분포. 파선 내 지역은 증고해야 할 지역을 나타냄. 해안제방의 범위 는 해안선 주변의 굵은 일점쇄선으로도 표시

도쿄와 가나가와의 파반공(波返工) 증고비(增高費)는 기존 해안제방 상단에 파반공을 추가해 콘크리트로 설치할 경우 34,942엔(¥)/m³(367,000원(₩)/m³, 2022년 1월 환율 기준)로 추정 된다(그림 3.197 참조). 신규 해안제방인 10m 널말뚝(Sheet Pile) 설치에 따른 공사비 25만 엔 (¥)/m(263만 원(₩)/m, 2022년 1월 환율 기준)과 함께, 자재비는 35,000엔(¥)/m³(368,000원 (₩)/m³, 2022년 1월 환율 기준)로 추정된다(그림 3.198 참조). 필요한 신규내진비(新規耐震費) 는 가쓰시카(葛飾)의 나카(中川) 제방보강공사 시 공사비에서 차용(借用)하였다(도쿄도(東京都) 출처로 구간 100m당 4.4억 엔(¥)(46.2억 원(₩), 2022년 1월 환율 기준) 소요된다(그림 3.199 참조)). 만(灣) 주변의 항만지역 증고에 대한 단가는 일본 경제연구재단(Economic Research Foundation of Japan)에서 산출한 것이다(2010년, 그림 3.200 참조). 그러나 기존 해안·항만 방재구조물 철거 및 재건설(再建設) 비용은 고려하지 않았는데, 이는 이들 구조물 중 상당수의

내용연수(耐用年數)가 비교적 제한되어 있고 2100년 전에 몇 번 철거 및 재건설될 것이라고 가정했기 때문이다. 따라서 현재 분석은 효과적일 것으로 예상되는 만구(灣口)의 폭풍해일 방파제와 같은 다른 해안방재 기능의 강화를 포함하지 않기 때문에 아마도 보수적이다.

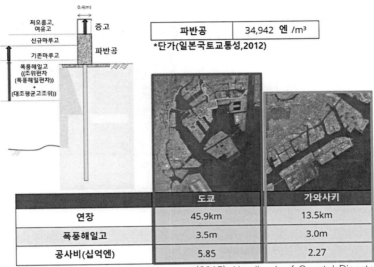

파반공	34,942 엔 /m³

*단가(일본국토교통성,2012)

	도쿄	가와사키
연장	45.9km	13.5km
폭풍해일고	3.5m	3.0m
공사비(십억엔)	5.85	2.27

출처: Miguel Esteban·Hiroshi Takagi·Tomoya Shibayama(2015), Handbook of Coastal Disaster Mitigation for Engineers and Planners

그림 3.197 도쿄도와 가나가와현의 해안제방(파반공) 마루고 증고비

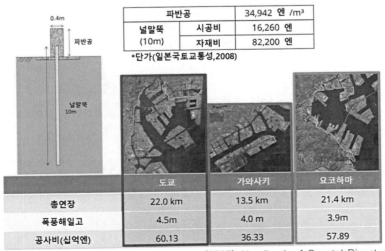

파반공		34,942 엔 /m³
널말뚝	시공비	16,260 엔
(10m)	자재비	82,200 엔

*단가(일본국토교통성,2008)

	도쿄	가와사키	요코하마
총연장	22.0 km	13.5 km	21.4 km
폭풍해일고	4.5m	4.0 m	3.9m
공사비(십억엔)	60.13	36.33	57.89

출처: Miguel Esteban·Hiroshi Takagi·Tomoya Shibayama(2015), Handbook of Coastal Disaster Mitigation for Engineers and Planners

그림 3.198 도쿄도와 가나가와현의 신규 해안제방(널말뚝(10m))) 건설비

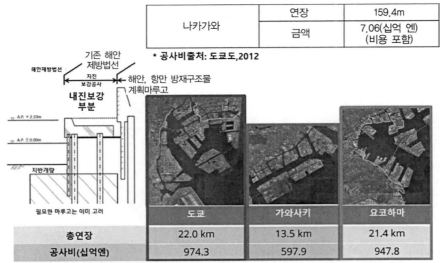

나카가와	연장	159.4m
	금액	7.06(십억 엔) (비용 포함)

* 공사비출처: 도쿄도,2012

	도쿄	가와사키	요코하마
총연장	22.0 km	13.5 km	21.4 km
공사비(십억엔)	974.3	597.9	947.8

출처: Miguel Esteban·Hiroshi Takagi·Tomoya Shibayama(2015), Handbook of Coastal Disaster Mitigation for Engineers and Planners

그림 3.199 도쿄도와 가나가와현 해안제방의 신규 내진보강비

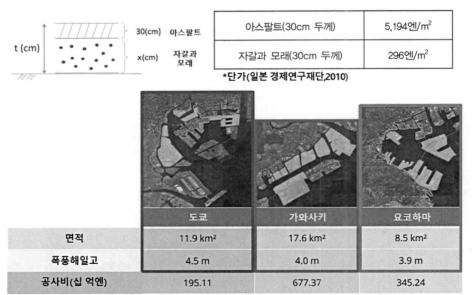

아스팔트(30cm 두께)	5,194엔/m^2
자갈과 모래(30cm 두께)	296엔/m^2

*단가(일본 경제연구재단,2010)

	도쿄	가와사키	요코하마
면적	11.9 km^2	17.6 km^2	8.5 km^2
폭풍해일고	4.5 m	4.0 m	3.9 m
공사비(십 억엔)	195.11	677.37	345.24

출처: Miguel Esteban·Hiroshi Takagi·Tomoya Shibayama(2015), Handbook of Coastal Disaster Mitigation for Engineers and Planners

그림 3.200 도쿄도와 가나가와현의 해안제방 내 지반증고비

표 3.41과 표 3.42는 신규 해안제방을 건설하거나 기존 해안제방을 보강하는 비용을 요약한 것이다. 도쿄와 같은 높은 지진활동도[40]) 지역에서의 대응비용 중 대부분의 비용은 필요한 내진

대책에서 발생하기 때문에 이 시나리오들 사이의 차이는 크게 중요하지 않다. 따라서 단지 구해안제방(舊海岸堤防)을 증고(增高)시켜 대응할 수 있다면 도쿄와 가나가와현의 총비용은 각각 1,175억 엔(¥)(1조 2,338억 원(₩), 2022년 1월 환율 기준)과 2,571억 엔(¥)(2조 7,000억 원(₩), 2022년 1월 환율 기준)이 될 것이다. 그러나 신규 해안제방이 필요한 경우, 총비용은 3,893억 엔(¥)(4조 876억 원(₩))(구해안제방의 보강비용 3,746억 엔(¥)(3조 9,333억 원(₩), 2022년 1월 환율 기준)과 비교)으로 약간 높을 뿐이다(표 3.42 참조).

표 3.41 1.9m 해수면 상승 시나리오 적용 시 도쿄도(東京都)와 가나가와현의 대응대책에 따른 건설비

(단위: 십억 엔(¥))

구분		해안제방			해안제방 외부
		1	2	3	4
		마루고 증고	신설	내진보강	지반고 증고
도쿄도	도쿄항	5.85	60.1	974	195
가나가와현	가와사키항	2.27	36.3	598	678
	요코하마항	–	57.9	948	345

출처: Miguel Esteban·Hiroshi Takagi·Tomoya Shibayama(2015), Handbook of Coastal Disaster Mitigation for Engineers and Planners

표 3.42 1.9m 해수면 상승 시나리오 적용 시 도쿄도와 가나가와 지역의 구해안제방 보강 또는 신설해안제방의 총건설비

구분	제방길이(km)	구(舊)해안제방 보강 (십억 엔(¥)) (대응대책 A: 표 3.41의 1+3+4)	신설해안제방(新設海岸堤防) (십억 엔(¥)) (대응대책 B: 표 3.41의 2+3+4)
도쿄도	22	117.5	123.0
가나가와현	34.9	257.1	266.3
합계		374.6	389.3

출처: Miguel Esteban·Hiroshi Takagi·Tomoya Shibayama(2015), Handbook of Coastal Disaster Mitigation for Engineers and Planners.

---

40) 지진 활동도(地震活動度, Seismicity): 어떤 지역에서의 지진 발생의 빈도를 말하며 과거에서의 지진 발생의 상황(규모, 장소, 때)에 근거하여 정해진다.

(2) 해일 방파제 건설

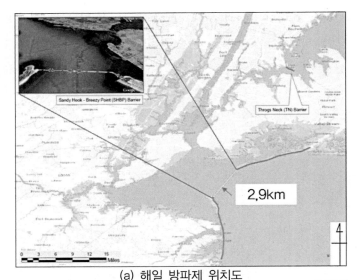

(a) 해일 방파제 위치도

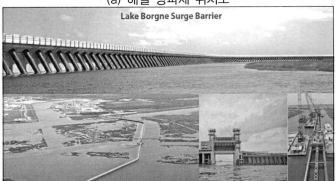

(b) 해일 방파제 사진

출처: Miguel Esteban·Hiroshi Takagi·Tomoya Shibayama(2015), Handbook of Coastal Disaster Mitigation for Engineers and Planners.

그림 3.201 뉴올리언스 해일 방파제(길이 2.9km, 높이 9m, 공사비1조5천억, 공사기간: 2008~2013)

　도쿄만에 대한 또 다른 가능한 대응대책은 만구(湾口)에 해일 방파제를 건설하는 것이다 (Esteban 등, 2014; Ruiz-Fuentes, 2014). 이러한 해일 방파제는 이미 런던, 네덜란드 및 뉴올리언스(그림 3.201)를 포함한 전 세계 여러 곳에 건설되었다(Mooyaart 등, 2014). 이러한 해일 방파제의 목표는 폭풍해일 영향으로부터 인접한 저지대 지반을 방호(防護)하는 것이며, 대부분의 경우인 평상시에는 선박이 통과할 수 있는 가동식 수문(Gate)을 가지고 있어 폭풍(태풍)이 내습(來襲)하면 수문을 닫는다.

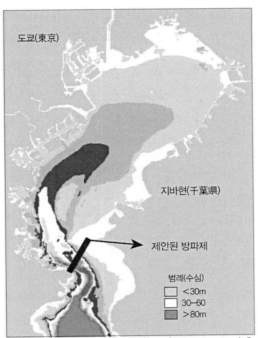

범례(수심)

□ <30m
□ 30-60
■ >80m

출처: Miguel Esteban · Hiroshi Takagi · Tomoya Shibayama(2015), Handbook of Coastal Disaster Mitigation for Engineers and Planners.

그림 3.202 도쿄만의 등수심(等水深)과 함께 제안된 폭풍해일 방파제 위치

천해(淺海) 수심을 이용하기 위해 만내(湾內)에 해일 방파제를 설치하는 것이 가능하다. 해일 방파제의 전체 종방향(縱方向) 설정(設定)하기 위해 여러 개의 해일 방파제 설치지점을 조사하였다. 그림 3.202에 표시된 지점은 작은 단면 중 하나로, 약 7km 길이의 해일 방파제를 나타내며 가장 깊은 구간은 수심 약 80m이다. 가마이시(釜石) 지진해일 방파제가 수심 약 60m에 건설되어 시공 시 상당한 어려움이 있었지만, 그러한 해안·항만 구조물 설치에 대한 전문지식은 일본의 경우 이미 분명히 축적되어 있다. Ruiz-Fuentes(2014)는 가능성이 있는 해일 방파제 설치지점들에 대한 개념설계41)를 실시하였으며, 제안지점(그림 3.202에 표시)이 실제로 검토 가능한 해일 방파제 중 가장 공사비가 저렴하다는 결론에 도달했다(7,000~8,000억 엔(¥)(7조 3,500~8조 4,000억 원(₩), 2022년 1월 환율 기준)). 이 외 다른 지점의 해일 방파제는 저수심(低水深)에서 건설할 수 있지만 공사규모(특히, 해일 방파제의 길이가 길어진다.)가 커져 결국 그림 3.202의 지점보다 더 많은 양의 자재가 필요하다. 또한, 제안된 장소는 모든 주요 인구

---

41) 개념설계(槪念設計, Conceptual Design): 구체적으로 상세한 조건을 고려하지 않고, 기본적인 사항만을 고려하여 설계의 개념을 나타낸 설계를 말한다.

중심지인 도시를 방호(만구(湾口)에 위치)하므로 비방호(非防護)된 장소에서의 제방보강은 필요하지 않다(보다 만(湾) 안쪽에 설치된 해일 방파제는 일부 도시들을 비방호로 남겨두는 데 반하여). 해일 방파제의 개념설계는 Ruiz Fuentes의 이학석사(理學碩士) 논문에서 발표되었다. 그것은 해수(海水)를 보전하기 위한 폐쇄지역, 그리고 만과 바다 사이의 통항(通航)과 해수교환(海水交換)을 위한 (폐쇄 가능한) 개구부(開口部) 등 여러 부분으로 구성된다(그림 3.203 참조). 추가적인 수리학적(水理學的) 해석결과(解析結果), 만약 해일 방파제 구간 중 약 50%는 댐과 같이 폐쇄, 38%는 가동(可動) 수문 및 12%는 영구적으로 개방할 수 있도록 시설(개구부)을 설치한다면 폭풍해일을 충분히 저감시킬 수 있는 것으로 나타났다. 또한, 개구부는 항상 통항을 허용한다. Ruiz Fuentes는 폭풍해일 방파제 중 댐 구간의 개념설계를 하였다. 그림 3.204와 3.205에 나타낸 바와 같이 댐 코어(Dam Core)는 모래로 채운 토목섬유(土木纖維, Geotextile) 구조물을 제안하였다. 이 설계는 해일 방파제 내용연수 동안 우수한 성능을 제공하며, 이는 아마도 사석 마운드나 케이슨과 같은 공법보다 가격 면에서 경쟁력이 있다. 또한 제안된 설계는 해일 방파제의 코어(Core)인 충진재[42]의 압축 및 간극(間隙)을 피할 수 있게 하여 댐의 안정성을 높이고 지진 발생 시 피해를 줄일 것으로 예상된다. 다른 대안으로는 피어(Pier)가 있는 수직 수문을 사용할 수 있다. 따라서 상세한 개념설계를 도달하기 위해서는 해일 방파제의 구조, 기초 및 지진 문제와 환경 및 수리효과에 관한 추가 조사가 필요하다.

---

42) 충진재(充填材): 건설자재나 설비들을 조립할 때 생기는 여러 가지 틈이나 홈, 구멍 따위를 메우는 데 쓰는 재료로써 유리솜, 석면, 고무, 면, 시멘트, 나무 등 따위가 있다.

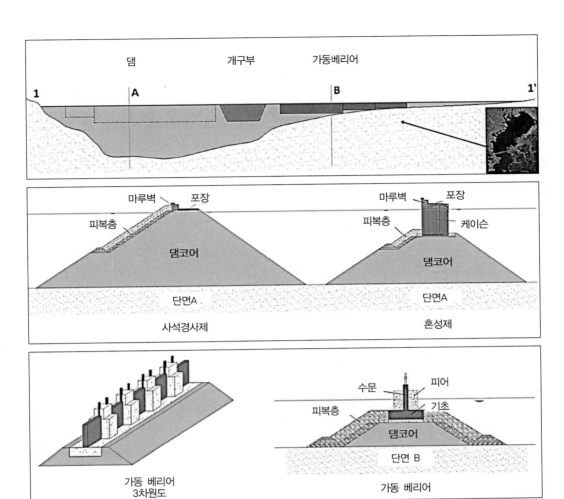

출처: Miguel Esteban · Hiroshi Takagi · Tomoya Shibayama(2015), Handbook of Coastal Disaster Mitigation for Engineers and Planners.

그림 3.203 도쿄만에 제안된 폭풍해일 방파제의 위치와 대표 단면

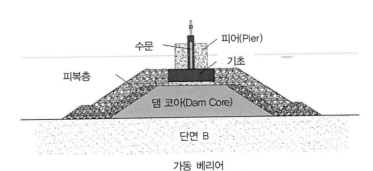

가동 베리어

출처: Miguel Esteban · Hiroshi Takagi · Tomoya Shibayama(2015), Handbook of Coastal Disaster Mitigation for Engineers and Planners.

그림 3.204 가동수문(可動水門)을 갖는 해일 방파제의 단면 스케치(Ruiz-Fuentes, 2014)

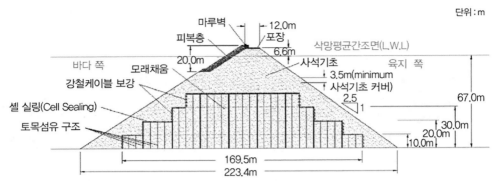

출처: Miguel Esteban·Hiroshi Takagi·Tomoya Shibayama(2015), Handbook of Coastal Disaster Mitigation for Engineers and Planners.

그림 3.205 해일 방파제의 댐 구간 단면 스케치(Ruiz-Fuentes, 2014)

또한, 이 장의 앞 장에서 설명한 것과 동일한 방법론을 사용하여 해일 방파제의 필요한 여유고(餘裕高)에 대한 예비분석을 수행했다. 기후변화로 인해 2100년까지 발생할 100년 빈도 폭풍에 대한 조위편차(폭풍해일편차)는 해일 방파제 마루고를 1.6m를 초과할 수 있는데, 이는 만약 오늘날 해일 방파제를 건설할 때 경우인 100년 빈도 재현기간으로 예측한 값보다 약 0.4m 더 높다. +1.9m 해수면 상승과 대조평균고조위(大潮平均高潮位)(+2.1m)를 결합시킨 경우, 월파된다고 가정할 때, T.P. +5.6m 이상의 해일 방파제가 필요할 수 있다(표 3.43 참조). 참고로 하마카나야(浜金谷)의 파랑부이(Wave Buoy)에서 측정된 일본 전국항만해양파랑정보망(全国港湾海洋波浪情報網, NOWPHAS, Nationwide Ocean Wave information network for Ports and HArbourS)의 파랑데이터는 이 부이의 위치가 해일 방파제가 설치된 위치와 정확히 같지 않아 상세한 수치 시뮬레이션이 필요하지만, 이 위치에서의 유의파고는 대략 $H_{1/3} = 7.3$m임을 나타낸다.

표 3.43 해일 방파제의 설계수위

구성성분	높이(m)	비고
조위편차(폭풍해일편차) (압력과 바람설정)	+1.62	2100년까지의 기후변화 고려
대조평균고조위	+2.1	
해수면 상승고	+1.9	Vermeer와 Rahmstorf(2009)

출처: Miguel Esteban·Hiroshi Takagi·Tomoya Shibayama(2015), Handbook of Coastal Disaster Mitigation for Engineers and Planners, pp.723~747.

(3) 해안을 개선하는 해일 방파제(그림 3.206 참조) 건설의 장점

기존 해안제방을 보강(補强)할지 또는 해일 방파제를 새롭게 건설할지 여부를 검토할 때는 각 유형의 대책비용뿐만 아니라 이들이 제공할 방호선(防護線)이 얼마나 쉽게 개선될 것인지에 대한 검토가 중요하다. 이런 의미에서 기후변화에 따른 해수면 상승은 2100년에 멈추지 않고 그 후로도 몇 세기 동안 계속될 것이므로 해안·항만방재구조물에 대한 지속적인 개선이 필요하다는 것을 기억해야만 한다. 따라서 직접비용[43]은 표 3.44에 요약된 바와 같이 해일 방파제로 개선(改善)할 것인지 아니면 해안방재구조물로 보강할 것인지를 결정하는 유일한 이유가 아닐 수 있다.

원래 기존 해안·항만방재구조물을 보강하는 것이 해일 방파제를 신규건설하는 것보다 훨씬 저렴하다는 현재(불확정적) 추정에 따라, 현재 방재수준(100년 빈도 폭풍)을 유지하는 데 소요되는 건설비는 해일 방파제를 신규 건설하는 데 소요되는 건설비의 약 절반에 이를 것이다. 그러나 신규해일 방파제가 주는 방호효과는 훨씬 높으며, 500년 빈도 폭풍(태풍)에 대한 방호는 100년 빈도 폭풍(태풍)에 대한 방호보다 비용이 적게 든다(Ruiz-Fuentes, 2014). 또한, 기존 해안·항만방재구조물 보강은 도쿄만 전 주위(周圍)에 걸쳐 공사를 시행하는 대신 신규해일 방파제 공사의 건설인 경우 한 지점(해일 방파제)에만 집중된다. 또한, 신규해일 방파제는 현재 해안제방 외부의 항만지역까지 방호를 확장하는 데 반해, 기존 해안제방보강은 100년 빈도 폭풍(태풍)보다 높은 폭풍해일 사건인 경우에는 피해를 입을 수 있다. 신규해일 방파제가 파괴되더라도 일부 방호를 제공하는 두 번째 방재계층(기존 해안제방)이 여전히 존재하여 다층 방재체계를 유지한다. 마지막으로 신규해일 방파제 건설은 교량 또는 철도를 연결시킴으로써 중요한 공동수혜를 제공할 수도 있다. 그러나 이 신규해일 방파제는 만과 해양 사이의 해수교환을 저해할 수밖에 없으므로 만내(灣內) 수질(水質)을 악화시킬 수 있다. 도쿄만은 주요 어장(漁場)을 이루고 있지는 않지만, 일부 어업활동을 하고 있어 장래 신규해일 방파제는 어업인 및 기타 이해관계자의 반대에 직면할 수 있으므로, 신중하게 검토해야 한다.

---

43) 직접비용(直接費用, Direct Cost): 건설(생산)에 직접 필요한 원자재비·노임 등을 직접비(용)이라 하며, 동력비·감가상각비 등 직접생산에 관여하지 않는 종업원의 급여 등을 간접비(용)라고 한다.

표 3.44 기존 해안·항만방재구조물 개선 또는 해일 방파제 신규 건설에 관한 여러 고려사항

프로젝트 측면	기존 해안·항만 방재구조물 보강	신규해일 방파제 건설
건설비(建設費)	3,890억 엔(¥)(4조 876억 원(₩), 2022년 1월 환율 기준)	7,000~8,000억 엔(¥)(7조 3,500~8조 4,000억 원(₩), 2022년 1월 환율 기준)
2100년까지의 폭풍우 재현기간(再現期間)	100년 빈도	200년 빈도 또는 500년 빈도 폭풍우가 같은 건설비 범위에 있음
개선(改善)	인구 밀집지역과 경제활동이 활발한 지역인 만(湾) 전역에서 공사를 실시하는 것은 곤란	일정지점에 집중된 공사
방호지역(防護地域)	단지 방재구조물 내부(항만지역(방재구조물 외부)은 방호되지 않음, 폭풍해일로 유출된 컨테이너 표류 또는 지진해일 영향을 받음)	항만을 포함하여 전체 만(湾) 지역을 방호
다층방재(多層防災)	아님	맞음(기존과 신규 방재구조물)
공동수혜(共同受惠)	아님	연결운송기능(교량·도로/철도 연결 등을 위해 사용 가능)
환경(環境)	변화 없음	만 내부의 해양수질(海洋水質)을 악화시키고 어업에 악영향을 미칠 수 있음
항해(航海)	변화 없음	어느 정도 지장(支障)을 줌

출처; Miguel Esteban·Hiroshi Takagi·Tomoya Shibayama(2015), Handbook of Coastal Disaster Mitigation for Engineers and Planners, pp.723~747.

출처: Miguel Esteban·Hiroshi Takagi·Tomoya Shibayama(2015), Handbook of Coastal Disaster Mitigation for Engineers and Planners. pp.723~747.

그림 3.206 도쿄만 해일 방파제 조감도

3.7.3 전 지구 해수면 상승에 대응한 해상도시 구상

1) 유엔인간거주계획(UN-HABITAT)의 '오셔닉스 도시(Oceanix City)' 구상[8]

(1) 개요

2019년 기준 세계 인구의 55%가 도시지역에 살고 있어 2050년에는 그 수치는 68%에 이를 것으로 예상된다. 2030년에는 인구 1,000만 명 이상의 도시가 43개에 이르고, 2050년에는 그 도시 중 90%가 해수면 상승의 영향을 받을 것이 예측되므로 도시지역의 인구 집중과 기후변화에 따른 영향은 큰 과제다. 이에 따라 인구과밀 해소와 환경 보전을 목적으로 UN은 '바다 위에 떠 있는 지속가능한 도시구상'을 본격적으로 검토하기 시작했다. '인간에 의한 사회적, 환경적으로 양호한 사회공동체'를 목표로 하는 '유엔인간정주계획(UN-HABITAT)'44)이 주도하는 회의에서 건축가, 투자가, 연구자 및 정부 관계자 등의 참가자가 모여 현재 전 세계적으로 연안도시가 안고 있는 인구집중, 해수면 상승, 태풍피해, 생태계 파괴 및 자원소비와 같은 문제를 해상도시의 실현을 통해 해결할 수 있는 가능성에 대해 논의하였다. 해상도시의 가장 큰 목적은 인구집중으로 한계를 맞이한 연안도시를 대신해 살 수 있는 도시를 새로 창출하는 것이다. 2019년 4월 세계적 건축가인 덴마크의 비야케 잉겔스(Bjarke Ingels)와 비영리단체인 오셔닉스(OCEANIX)가 UN의 '신도시 아젠다(New Urban Agenda)'에 따라 공동으로 사업추진을 시작한 해상도시 '오셔닉스 도시'의 구상은 육각형의 인공섬을 최대 6개 연결해 만드는 것이다. 각 섬은 바다 위에 부유(浮游)하면서 해저지반과는 체인(Chain) 및 앙카블럭(Anchor Block)으로 연결되어 있으며 섬 위에는 주택, 직장, 위락시설 및 종교시설 등과 같은 생활에 필요한 기능을 갖추고 있다 따라서 6개의 섬을 연결하면 최대 1만 명이 생활할 수 있는 도시를 형성할 수 있는 구조다. 해상도시 내에서는 페리(Ferry)로 이동하거나 드론(Drone)을 이용해 사람의 이동 또는 물자를 운반하는 이동수단을 확보한다. 또, 도시 전체에서 태양광, 풍력 발전 및 파력 발전 등과 같은 재생에너지로 소비 에너지를 모두 조달하고, 빗물의 활용이나 생활용수의 순환, 생활제품의 자체 생산과 소비로 쓰레기 배출 제로의 환경을 만드는 지속 가능한 주거

---

44) 유엔인간정주계획(United Nations Human Settlements Programme(UN-HABITAT)): 1978년에 설립된 유엔개발그룹(United Nations Development Group) 산하의 국제기구로 본부는 케냐 나이로비에 있고, 브라질 리오데 자네이루와 일본 후쿠오카에 지부가 있다. 사회적, 환경적으로 지속 가능한 도시를 만들고 인류에 적절한 쉼터를 제공하는 것을 목적으로 설립된 기구로, 각국 정부와 개발자에게 정책 및 제도 개혁 등을 제안한다. 도시화 과정을 모니터링하고, 열린 도시의 계획 및 운영, 모두를 위한 토지·주택·기반시설 건설과 환경 문제 최소화, 거주지 제공을 위한 자금 지원 등을 목표로 하는 세계도시화포럼(World Urban)을 개최하여 도시화와 관련된 이해 관계자들 간의 소통을 지원하며, 자문 활동을 통해 정책 및 제도 개혁을 촉진시킨다.

환경을 실현한다. 이 구상은 연안도시의 인구증가를 해결하면서 지속 가능한 도시를 실현함으로써 생활환경 향상과 환경보호의 양립을 실현하는 것이 목적이다. 이 구상의 실현에 있어 최대의 기술적 과제는 '해상도시가 지진해일이나 태풍에 견딜 수 있을까'라고 하는 점이다.

현재, 지진해일이나 태풍에 견딜 수 있는 해양구조물은 석유나 가스를 시추(試錐) 및 채굴하는 해양구조물[45]밖에 전례가 없으므로 향후의 지속적인 검토가 필요하다. 또 한 가지 논의로서는 '해상도시에 누가 사는가?'라는 점이다. 이 구상은 이미 정부의 도시개발 지원과 대규모 투자가의 주목을 받고 있다. 따라서 투자 효과를 극대화하기 위해서는 빈곤층을 도시로부터 이주시키는 형태는 피해야 할 것으로 논의됐다. 구상의 실현에 있어 젊은 층이 새로운 라이프 스타일을 실현하는 장소나, 퇴직한 고령층이 새로운 공동체의 구성원이 되기 위해 이주하고 싶은 매력을 느낄 수 있는 도시를 목표로 한다. 전례가 없는 해상도시의 구상은 실현되면 도시 인구의 문제를 급속히 해결할 수 있을 것이다. 따라서 UN의 프로젝트이지만 최첨단 기술의 활용에 능숙한 대기업의 참여가 불가피하다. 참여 기업과 국제기구, 국가가 어떻게 비전을 통일해 프로젝트를 추진해 나갈 것인지 최첨단 사례로 주목받고 있다.

(2) 오셔닉스 도시(Oceanix City)

UN 헤비타트의 신도시 아젠다(New Urban Agenda)를 지원하기 위해, 오셔닉스 도시는 면적 0.75km²에 1만 명의 주민이 살 수 있는 세계 최초의 탄력적이고 지속 가능한 부유 공동체를 위한 비전이다. 이 도시의 설계는 에너지, 물, 식량 및 폐기물의 흐름을 모듈(Module)식 해상도시에 적용시켜 청사진을 만들기 위한 지속 가능한 개발(Sustainable Development)을 목표로 하고 있다. 오셔닉스 도시는 시간이 경과함에 따라 성장, 변화, 유기적으로 적응하여 이웃(Neighborhood)에서 마을(Village)로, 그리고 확장 가능성이 있는 도시(City)로 진화할 수 있도록 설계되었다. 0.02km²에 달하는 모듈형 이웃(Modular Neighborhood)은 주·야간 거주, 작업 및 모임을 위한 다목적 이용 공간을 가진 최대 300명의 주민이 모여 번창하는 자생적 공동체를 형성하고 있다. 건물은 낮은 무게중심을 형성하고 바람을 막아주기 위해 모두 7층 이하인 저층(低層)으로 건축한다. 모든 건물의 환풍기는 내부공간과 공공영역을 자체적으로 차양(遮陽)하여 편안함을 제공하고 냉각 비용을 절감하는 동시에 태양열 포착을 위한 지붕 면적을 극대화한다. 또한, 공동 농업은 모든 플랫폼의 핵심으로 주민들이 나눔 문화와 쓰레기 배출 제로 시스

---

45) 해양구조물(海洋構造物, Offshore Platform): 해양의 조사나 자원 개발을 위하여 설치한 구조물을 말한다.

템을 수용할 수 있도록 한다.

　마을(Village)은 방호(防護)된 중앙 항만 주변과 6개의 모듈형 이웃을 결합하여 만드는데, 면적은 0.122km²에 달하며 1,650명의 주민들을 수용할 수 있다. 방호된 내륜(內輪, Inner Ring) 주변에는 사회적, 레크리에이션 및 상업적 기능을 배치해 시민들이 마을 곳곳으로 모이고 이동할 수 있도록 유도하고 있다. 주민들은 도시를 쉽게 도보로 이동하거나 배를 타고 다닐 수 있다. 6개 마을(Village)이 모여 인구의 임계 밀도인 1만 명의 공동체 의식이 강한 도시(City)를 형성할 수 있다.

　도시의 중심부에는 방호된 항만으로 형성되어 있다. 공공 광장 및 시장과 영성,[46] 학습, 건강, 스포츠, 문화를 배우기 위한 센터가 있는 6개의 특화된 랜드마크적 마을을 포함한 부유(浮遊)하는 도착지와 예술은 도시 전역에서 온 주민들을 끌어모으고 각 마을만의 독특한 정체성을 가진 도착지로 만든다.

　모든 공동체는 규모에 상관없이 염해에 약한 탄소발자국(Carboon Footprint)인 강철보다 인장강도가 6배 높고 인근 장소에서 직접 재배 및 빨리 성장하는 대나무 등과 같은 건축자재를 지역적으로 우선 공급한다. 부체(浮體) 도시인 '오셔닉스'는 해안에서 사전 조립하여 최종 장소까지 예인(曳引)할 수 있어 건설비용을 절감할 수 있다. 이것은 바다에서 공간을 임대하는 저렴한 비용과 결합하여 알맞은 가격의 생활 모델을 제공한다. 이러한 요인들은 저렴한 주택이 절실히 필요한 해안 대도시들에 빠르게 배치될 수 있다는 것을 의미한다.

(3) 부산 해상도시(Oceanix Busan)

　부산 해상도시는 기후변화에 따른 평균해수면 상승에 대한 탄력성 있고 지속 가능한 해상 커뮤니티의 세계 최초 실증사업이다. 부산 해상도시는 부산항 북항 앞바다에 부유방식(浮遊方式)으로 공간을 조성하여 사람이 살 수 있는 환경이 검증되면 부산형 해상도시가 전 세계로 확대할 예정이다.

　부산 해상도시의 상호 연결된 모듈형 이웃은 최대 12,000명 주민과 방문객을 수용하는 커뮤니티로 총면적은 63,000m²인 부유 도시이다. 각 모듈형 이웃은 주거, 연구, 숙박 등 특정한 목적을 위해 설계되었으며, 모듈형 이웃당 3만~4만m²의 복합용도 프로그램을 가진다. 부유식 플랫폼은 부유 레크리에이션, 예술, 공연장을 방호되는 블루랑군(Blue Lagoon)을 구성하는

---

46)　영성(靈性, Spirituality): 정신의 세계와 연관된 철학적 개념이며, 초월적, 더 나아가 신을 뜻하기도 한다.

링크 스팬(Link-span) 교량으로 육지와 연결된다. 완만한 선의 형상을 가진 각 플랫폼의 저층 건물들은 실내외 생활을 위한 테라스를 갖추고 있어 활기찬 공공 공간의 네트워크를 활성화시키는데 도움을 준다. 부산 해상도시는 시간이 지남에 따라 유기적으로 변화하고 적응할 예정인데, 주민과 방문객이 함께하는 3개 모듈형 플랫폼 커뮤니티(숙박, 연구, 생활)를 시작으로 20개의 모듈형 플랫폼으로 확장될 가능성이 있다. 부유식 플랫폼은 시간이 지나면서 부산의 필요에 따라 증축이 가능한 태양광 패널과 온실이 수십 개의 생산적인 전초기지가 동반된다. 부산 해상도시는 폐기물 제로 순환시스템, 폐쇄형 루프 수계(水系), 식량생산, 탄소중립 에너지, 혁신적인 모빌리티, 연안 서식지 재생 등 6개 통합시스템을 갖추고 있으며, 이러한 상호 연결된 시스템은 부유 및 옥상 태양광 패널을 통해 현장에서 필요한 운영 에너지의 100%를 자체적으로 생산할 것이다. 또한, 각 모듈형 이웃은 자체적으로 물을 처리하고 보충하며, 자원을 줄이고 재활용하며, 혁신적인 도시 농업을 제공할 것이다. 부산시는 2023년 기본·실시설계를 착수하여 2027년 착공, 2030년에 해상도시를 완공할 예정이다.

2) 일본 시미즈건설(清水建設)의 해상도시 '그린 플로트(Green Float)' 구상[8]

(1) 개념

'그린 플로트(Green Float)'는 일본의 시미즈건설이 개발한 해상도시 개념이다. '그린 플로트'의 개념은 두 가지 이노베이션(Innovation) 분야를 구현한다. 하나는 해양의 잠재력을 활용해 탄소제로47) 및 쓰레기 배출 제로 도시로 자급자족하는 '그린 이노베이션(Green Innovation)'이고, 다른 하나는 기후변화에 따른 해수면 상승의 영향을 받지 않고 도시 성장을 위한 높은 유연성을 보장하는 '플로트 이노베이션(Float Innovation)'이다(그림 3.207 참조). '그린 이노베이션'과 '플로트 이노베이션'을 통합하면 초부가가치를 갖는 초대형 부유도시를 실현할 수 있다. 이 미래형 프로젝트는 적도 지역의 태평양 해상에 부유(浮遊)시킨 환경친화적인 섬으로 구현(具顯)된다. 이 도시는 주거 공간, 식물공장, 사무실 및 상업 공간을 특징으로 들 수 있다. 그린 플로트의 건설은 2025년에 시작될 예정이다. 이 도시는 주민들에게 자연 생태계의 일부가 될 기회를 제공하고자 하는 단일 식물과 같은 형상 및 기능을 갖도록 설계되었다. 이 개념은 2008년에 발표되었고, 이 프로젝트에 대한 연구는 2010년부터 시작되었다.

---

47) 탄소제로(Carbon Zero, 炭素零): 기업의 모든 활동에서 발생되는 이산화탄소를 최대한 줄이고 더 나아가 부득이 발생하는 절감이 불가능한 부분에 대해서는 탄소배출권을 자발적으로 매입하여 궁극적으로 이산화탄소의 발생을 '0'으로 만드는 것을 말한다.

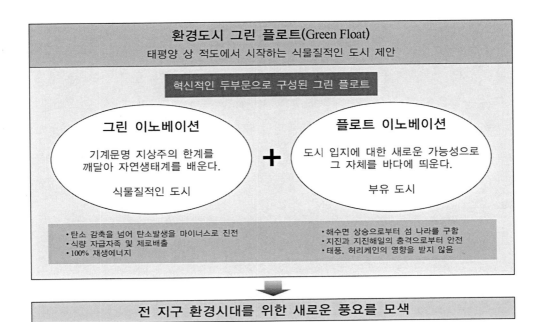

그림 3.207 해상도시 '그린 플로트'의 개념

(2) 개요

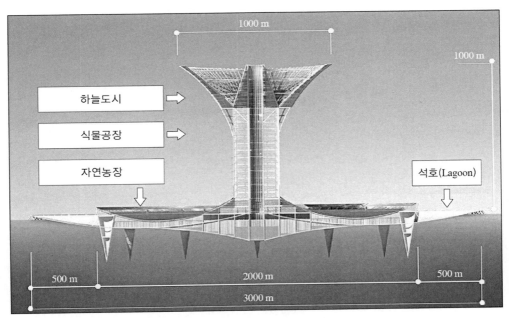

그림 3.208 해상도시 '그린 플로트'의 구성

인공섬인 '그린 플로트'는 지름 3,000m로 실제로 바다에 떠 있는 도시이다. 주변에 폭 500m 인 석호[48]가 있으므로 실제 지름은 2,000m이다. 초고층 도시는 높이 1,000m인 '하늘도시'로 해수면으로부터 700m에서 시작된다(그림 3.208 참조). 중간층은 섬 도시의 식량을 자급자족 하는 '식물공장'으로 구성되어 있다. 지상층은 '자연농장', 놀이터 및 해변 리조트와 같은 시설 을 지원한다. 하늘도시는 3~5만 명이 거주하는 주거지역이다. 중앙 지역은 사무실과 연구 센터 가 있는 상업지역이다. 상업지역은 주로 생명 공학, 재생에너지 및 해양 기업에 종사하는 회사 의 연구, 개발 및 지사(支社)에 근무하는 사람을 위한 지역이다. 지상층의 석호 수변은 주민들이 석호와 푸른 숲을 즐길 수 있는 기회를 제공한다.

① 플로트 이노베이션(Float Innovation)

그린 플로트가 적도 부근의 저위도(低緯度)에 입지하는 것은 주로 파고와 강풍으로 야기되는 부유 리스크를 최소화하기 위함이다. 적도 지역은 태풍, 허리케인 및 사이클론이 거의 발생하지 않기 때문에 다음과 같은 이유로 일정 높이 이상인 초대형 부유도시에 가장 유리하다.

가. 새로운 입지

공지(空地) 확보에 어려움을 겪고 있는 기존 대형 항만도시인 경우 매립지의 한계를 훨씬 넘어 외해로 도시 기능을 확장할 수 있을 것이다. 국토가 협소한 섬나라의 경우 새로운 개발지 역을 확보할 수 있다. 매립지와 비교하여 환경 및 생태 친화적인 개발이 가능하다.

나. 기후변화로 인한 해수면 상승의 영향

기후변화로 인한 해수면 상승으로 수몰되는 섬나라들이 많이 있다. 초대형 부유도시는 해수 면 상승으로 수몰되는 국가를 구할 수 있는 한 가지 방법이다.

다. 지진과 지진해일의 충격

지진해일이 천해역(淺海域)에 도달하면 파고는 높아진다. 그러나 외해에 있는 초대형 부유 도시는 바다가 완충작용을 하므로 지진과 지진해일의 충격으로부터 영향을 받지 않는다.

라. 이동 가능한 유연한 입체도시

내구성 문제로 인해, 육지의 많은 도시와 건물들은 수명이 다할 때까지 제 기능을 하지 못한 다. 이에 비해 초대형 부유도시는 역할이 끝나면 쉽게 이동할 수 있어 입지(立地)에 대한 재개발 이 가능하다. 도시 내 시설을 재배치하고 계속 사용함으로써 생애주기비용(生涯週期費用, Life

---

48) 석호(潟湖, Lagoon): 사주(砂洲)와 같은 작은 장애물에 의해 바다로부터 분리된 연안에 따라 나타나는 얕은 호수를 말한다.

Cycle Cost)을 줄일 수 있다. 또한, 도시지역의 확대에 대한 요구를 충족시키기 위해, 마치 수련(睡蓮)이 물에서 자라는 것처럼, 도시는 셀(Cell), 모듈(Module), 그리고 유니트(Unit)로서 자연적으로 성장하는 것이 가능하다.

② 그린 이노베이션(Green Innovation)

장래 지구환경 시대의 대부분 에너지는 탄소배출이 없는 재생에너지가 될 것이다. 적도지역은 태양광이 풍부하므로 재생에너지를 중심으로 한 녹색 잠재력을 극대화시킬 수 있다.

가. 쾌적하고 활동하기 좋은 온도

태평양 상 적도 섬의 해수면은 약 28℃의 일정한 수온을 가진다. 높이 100m가 상승할수록 온도가 0.6℃씩 떨어지므로 높이 1,000m에서는 6℃가량 낮아진다. '하늘도시'는 적도 상공 700~1,000m 높이에 있으므로 연중 내내 쾌적한 22~24℃의 기온을 보일 것이다.

나. 탄소제로 및 재생에너지

태양광 발전은 일조 시간과 태양 복사각(輻射角)이 좋은 지역에서 효율적으로 전기를 공급할 수 있다. 또한, 해수면은 해저와 온도가 크게 다르므로 해수 온도차에 따른 발전효율도 향상시킬 수 있다. 그림 3.209는 일본의 탄소 배출량 데이터를 기준으로 그린 플로트가 이러한 배출량을 감축(減縮)할 수 있는 방법을 보여준다.

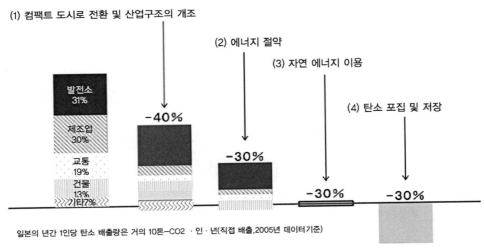

그림 3.209 해상도시 '그린 플로트(Green Float)'의 탄소제로

다. 담수(淡水)

연간 강수량은 태평양 적도 지역에서 높지만, 강수량은 우기와 건기에 상당히 다르다. 초고

층 초대형 부유도시에 물을 저장하여 그린 플로트 내 도시 전역의 용수 사용을 제어하면 생활에 필요한 용수량과 거의 같은 양을 공급할 수 있다.

③ 그린 플로트 기술 검증

'그린 플로트'는 직경 2,000m의 부유식 구조물 상에 세워진 높이 1,000m의 마천루이다. 이것은 주로 해양기후 조건이 양호한 적도 바다에 위치한다. 따라서 기술 실험과 검증을 위한 Green Float II(지름 2m)는 Green Float(지름 2,000m)의 약 100분의 1 크기이며 최신 기술이 적용된 모델로 채택하였다. 또한, 도시지역의 확장선인 만(湾)에 있다고 가정하여 지진해일과 강풍에 대한 반응에 대한 실험과 분석을 하였다.

가. 지진과 지진해일

일본 내 대도시의 기상학적 및 해양 조건을 가정하였다. 부유식 분리(分離)가 가능한 건물과 구조물은 지진 발생 시 지진력을 거의 받지 않으므로 매우 안전하다. 또한, 실험적으로 가정된 장소의 지진해일 가정을 훨씬 초과하는 지진해일고(津波高) 10m 또는 그 이상의 높이에도 마루고 1m인 방파제를 월파(越波)하지 않았다. 외해에서는 1m 이하인 지진해일고가 연안에서는 10m 또는 그 이상의 높이가 되는 것은 만내(灣內)로 진입한 지진해일이 천수변형, 반사, 굴절, 회절 등 파랑변형을 받아 수위가 점차 높아지기 때문이다. 물론 그린 플로트 II 자체는 매우 안전하였다.

나. 태풍(파랑과 바람)

일본 대도시의 기상 및 해양 조건을 가정한 후 1959년 이세만 태풍보다 큰 태풍의 내습을 가정하더라도 부유식 구조물(하부), 고층 건물(상부) 및 계류시설 등의 구조적 안전성은 충분히 확보되었다. 바람의 가속(加速)으로 인해 가구(家具)가 넘어지는 일은 없었다.

④ 새로운 건설기술 적용

가. 해상의 인공지반시공(벌집모양 접합구조, 그림 3.210 참조)

그린 플로트의 하부구조는 육각형 모양의 셀이 모인 벌집 모양의 구조체이다. 이 구조체는 건축을 비롯한 최첨단 항공우주 분야에서도 널리 이용되고 있는 구조로 90% 이상이 공기이며, 강도와 경량을 겸비하고 있어 이 벌집 구조를 단단히 접합시켜 해상 인공 지반을 시공한다.

'그린 플로트'의 벌집 모양 접합구조 시공 순서

그림 3.210 해상도시 '그린 플로트'의 벌집 모양 접합구조

나. 해상의 초고층 시공(해상 '스마트'공법, 그림 3.211 참조)

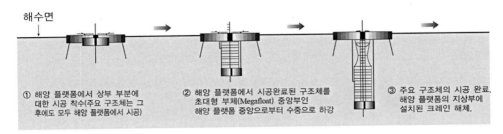

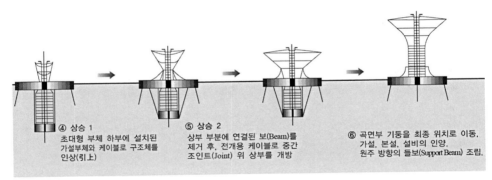

그림 3.211 해상도시 '그린 플로트'의 해상 '스마트' 공법 시공순서

그린 플로트의 상부시공은 해상시공의 특수성을 이용하여 초고층 타워를 시공하는 해상 스마트 공법이다. 이 공법은 건물을 해상에서 쌓아 올리는 것이 아니라 골격을 이루는 구조체를 항상 해상의 해양플랫폼에서 조립 시공한 후, 조립 완료된 구조체는 수중(水中)으로 일단 가라앉힌다. 가라앉힌 구조체를 해수의 부력을 이용해 단번에 상승시키므로 사람도 자재도 고층에 오르지 않고 항상 해상의 해양플랫폼에서 시공할 수 있으므로 안전하고 효율적인 시공이 가능하다.

참고문헌

1. Bruun, P. M. (1962), Sea level rise as a cause of shore erosion. Am. Soc. Civil Engineers Proc., Jour. Waterways and Harbors Div. 88, pp. 117~130.

2. Schwartz, M. L. (1967), The Brun theory of sea-level rise as a cause of shore erosion. Jour. Geology, 75, pp. 76~92.

3. 有働 恵子, 武田 百合子(2014), 海面上昇による全国の砂浜消失将来予測における不確実性評価, 第土木学会論文集G(環境), Vol.70, No.5, pp. I_101-I_110.

4. 김인철·박기철(2019), 회파블록케이슨 방파제의 수리학적 성능에 관한 실험적 연구, 한국해양공학회지 제33권 제1호, pp. 61~67.

5. 磯部(2008), 気候変動の海岸への影響と適応策, 河川 2008, January, No.738, pp. 35~40.

6. NYCEC, NYC(2019.3.), LOWER MANHATTAN CLIMATE RESILIENCE STUDY.

7. 윤덕영·박현수(2020), 방재실무자와 공학자를 위한 연안재난 핸드북, pp. 822~847.

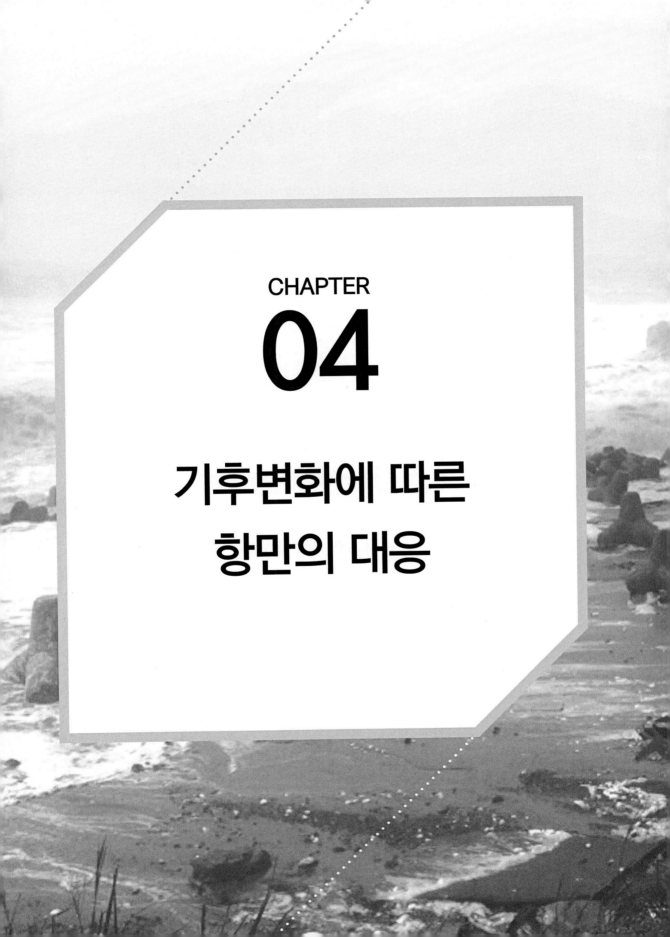

CHAPTER

04

기후변화에 따른 항만의 대응

04 기후변화에 따른 항만의 대응

4.1 기후변화에 따른 항만의 영향요인

온실효과가스 증가로 인한 기후변화로 전 지구(全 地球) 기온 및 해수면 수온이 상승하면 전 지구 평균해수면이 증가한다(결국 조위상승(潮位上昇)으로 이어진다.). IPCC 해양·빙권 특별보고서(2019년 9월)에서는 2100년의 전 지구 평균해수면(GMSL)은 시나리오 RCP 2.6으로 최대 0.59m, 시나리오 RCP 8.5로는 최대 1.10m에 이른다고 예상하였다(그림 4.1 참조). 또한, 전 지구 기온·해수면 수온 상승은 태풍의 강대화를 유발하는데, 이로 인해 강한 바람의 증가, 폭풍해일 증대 또는 고파랑을 초래한다. 즉, 강한 바람의 증가는 항만 내 하역장비에 대한 전도(顚倒) 피해를 증가시킨다. 그리고 항만 내 폭풍해일의 증대, 고파랑 또는 조위상승은 항만구조물(항만시설) 중 특히 항만 전체를 방호하는 방파제 설치 수심의 증대 및 작용 파력의 증가로 방파제의 안정성을 저하시킨다(표 4.1 참조). 또한, 항만 내 침입파고·전달파고를 증대시켜 항만정온도[1]를 악화시켜 극단조건에서는 방파제의 파제(破堤)에 이를 수 있다. 또, 하역부지, 산업용지, 안벽·하역장비에 침수피해를 일으키고 항로·박지매몰을 초래한다. 조위상승은 항만

---

1) 항만정온도(港灣靜穩度, Harbor Tranquility, Calmness of Harbor): 항만의 박지(泊地) 내 수면의 정온화정도를 나타내는 것으로서 통상 박지 내의 파고를 말한다. 또한, 박지 내 파고의 평균값과 그때의 방파제 밖의 파고의 비를 가지고 나타내는 일도 있으며, 선박의 접안, 하역작업과 밀접한 관계가 있으므로 일반적으로 초대형선은 0.7~1.5m, 중·대형 선박에는 0.5m, 소형선에는 0.3m 이하의 정온도를 설계하고 있다. 따라서 그 항구에서 필요한 하역일수에 대해 이 정도의 파고를 억제할 수 있는 방파제의 마루고, 배치, 항구의 위치를 검토해야 한다.

내 교량의 형하고(桁下高)에도 영향을 미쳐 그 밑을 지나는 선박 통항에도 악영향을 끼친다(그림 4.2 참조).

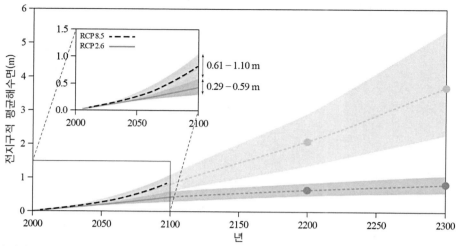

출처: 気候変動に関する政府間パネル(IPCC)「海洋·雪氷圏特別報告書」の公表(第51回総会の結果)について (2019年9月25日 環境省報道発表)

그림 4.1 기후변화에 따른 전 지구 평균해수면(IPCC 특별보고서, 2019년)

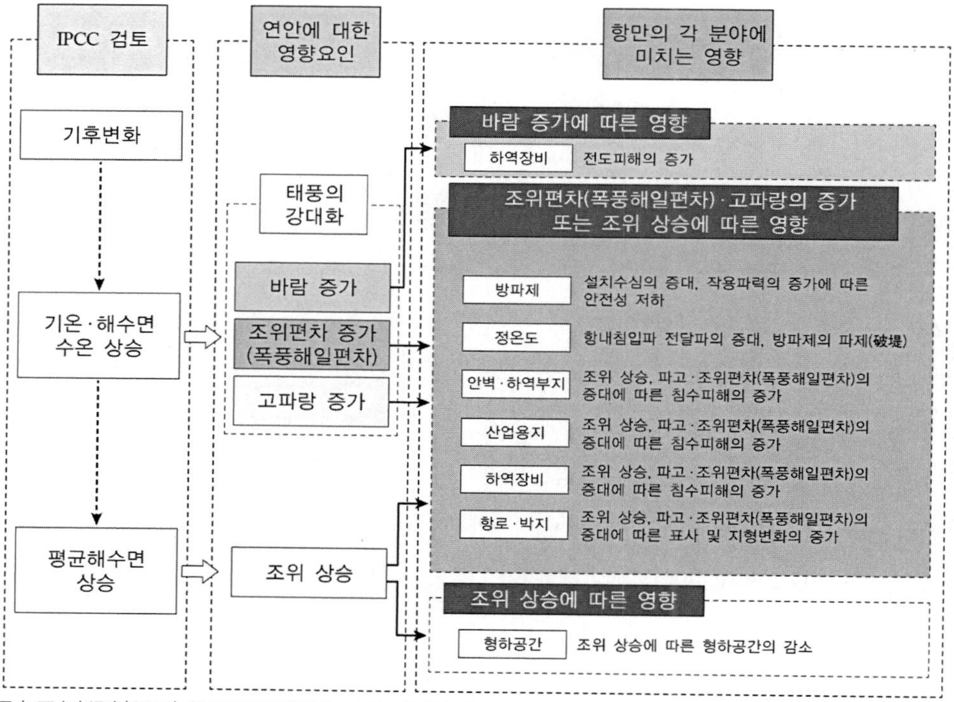

```
┌─────────────┐      ┌─────────────┐          ┌─────────────────────┐
│  IPCC 검토   │      │  연안에 대한  │          │   항만의 각 분야에     │
│             │      │   영향요인    │          │    미치는 영향        │
└─────────────┘      └─────────────┘          └─────────────────────┘
```

		바람 증가에 따른 영향
기후변화		하역장비 — 전도피해의 증가

	태풍의 강대화	조위편차(폭풍해일편차)·고파랑의 증가 또는 조위 상승에 따른 영향
기온·해수면 수온 상승	바람 증가	방파제 — 설치수심의 증대, 작용파력의 증가에 따른 안전성 저하
	조위편차 증가 (폭풍해일편차)	정온도 — 항내침입파 전달파의 증대, 방파제의 파제(破堤)
	고파랑 증가	안벽·하역부지 — 조위 상승, 파고·조위편차(폭풍해일편차)의 증대에 따른 침수피해의 증가
		산업용지 — 조위 상승, 파고·조위편차(폭풍해일편차)의 증대에 따른 침수피해의 증가
		하역장비 — 조위 상승, 파고·조위편차(폭풍해일편차)의 증대에 따른 침수피해의 증가
		항로·박지 — 조위 상승, 파고·조위편차(폭풍해일편차)의 증대에 따른 표사 및 지형변화의 증가

평균해수면 상승	조위 상승	조위 상승에 따른 영향
		형하공간 — 조위 상승에 따른 형하공간의 감소

출처: 日本 国土交通省(2015), 第1回沿岸部(港湾)における気候変動の影響及び適応の方向性檢討委員会港湾分野における影響について

그림 4.2 기후변화에 따른 항만의 영향요인

표 4.1 기후변화가 항만구조물(항만시설)에 미치는 영향

구조물의 내력 (안정성)	방파제	중력식	• 본체에 작용하는 파력·부력의 증가로 인한 안정성이 저하된다. • 파고 증대로 인한 소파블록 또는 피복재의 중량이 부족하다.
	안벽	중력식	• 본체에 작용하는 부력의 증가로 인한 안정성이 저하된다. • 잔류수압 증대로 인한 안정성이 저하된다. • 지진 시 동수압의 증대로 인한 안정성이 저하된다. • 평균해수면 상승으로 본체에 작용하는 토압이 저하된다.
		널말뚝식	• 잔류수압 증대로 인한 안정성이 저하된다. • 지진 시 동수압의 증대로 인한 안정성이 저하된다. • 평균해수면 상승으로 본체에 작용하는 토압이 저하된다.
		잔교식	• 상부공에 작용하는 양압력 증대로 안정성이 저하된다.
	해안제방· 호안	중력식	• 안벽과 동일
		널말뚝식	• 파고 증대로 인한 소파블록 또는 피복재의 중량이 부족하다. • 마운드 투과파로 인한 배후지반의 흡출 리스크가 증대된다. • 파력증대로 인한 파반공의 도괴가 발생한다.
마루고 (월파· 침수)	방파제	중력식	• 마루고 부족에 따라 방파제 배후로의 월파량이 증가한다. • 소파구조의 반사율이 증가한다.
	안벽	중력식	• 마루고 부족에 따라 에이프런(Apron) 및 하역시설로의 월파량이 증가한다. • 우·배수의 수면경사(水面傾斜)의 저하에 따라 유하능력이 저하된다.
		널말뚝식	
		잔교식	
	해안제방· 호안	중력식	• 마루고 부족에 따라 하역시설 및 공장 등으로의 월파량이 증가한다. • 마운드 투과로 인한 수괴(水塊)로 침수가 발생한다. • 파반공 도괴로 인한 침수가 증가한다.
		널말뚝식	
이용성	안벽	중력식	• 평균해수면 상승에 따라 선박과 안벽 마루고의 높이 관계가 변화 한다.
		널말뚝식	
		잔교식	

출처: 日本 国土交通省(2020), 気候変動適応策の実装に向けた論点整理

4.1.1 항만에 대한 영향

1) 방파제에 대한 영향

방파제에 대한 기후변화에 의한 영향으로서 평균해수면 상승, 태풍의 강대화로 인한 폭풍해일 또는 고파랑의 증대 등이 예상된다(그림 4.3 참조). 또한, 방파제 설치 수심 증가, 폭풍해일 상승, 파랑의 파고 및 주기의 증대로 방파제 본체의 안전성 저하, 기초지반의 지지력 저하에 따른 전도 또는 활동의 증가가 우려된다(그림 4.4(a) 참조). 즉, 우리나라 방파제의 대부분을 차지하는 혼성제의 소파블록 피해 증가에 따라 본체에 작용하는 파력이 증가하여 본체의 안정성 저하도 예상된다(그림 4.4(b) 참조). 기후변화에 따라 방파제가 방호하는 항구 폭은 현재

그대인 채 설계조위 및 설계파고가 증대하는데, 구조형식에 따라 소정의 마루고를 확보할 필요가 있다. 현재에도 설계조건을 초과하는 파고나 폭풍해일로 방파제의 피해가 종종 발생하고 있으며, 향후 기후변화로 인한 고파랑 또는 폭풍해일의 증대에 따라 더욱 피해가 증가할 것으로 우려된다.

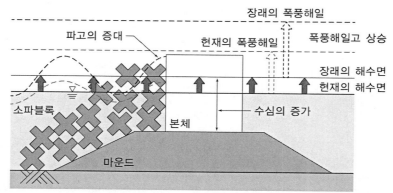

출처: 日本国土交通省(2015), 第1回沿岸部(港湾)における気候変動の影響及び適応の方向性検討委員会港湾分野における影響について

그림 4.3 기후변화에 따른 방파제 영향

해수면 상승에 따른 설치수심 및 파고의 증가, 태풍의 강대화에 따른 폭풍해일고 상승 또는 파고의 증대

사진 4.1은 2016년 태풍 '차바' 시 설계값 이상의 고파랑 내습 및 월파로 파괴된 사하구 감천항 부두 서방파제이다. 우리나라의 경우 최근 기후변화에 따른 평균해수면 상승 및 고파랑 내습 등으로 파고가 증가 경향이 뚜렷하나 설계 시 기후변화에 대한 반영이 미흡하여 방파제 등 항만구조물에 계속적인 피해가 발생하고 있는 형편이다. 그림 4.5는 지난 45년간 (1976~2020년) 우리나라 주요 항만의 태풍피해 발생 횟수를 나타낸 그림으로 태풍의 주요경로에 인접한 가거항리항, 서귀포항, 여수항, 감천항 및 울산항은 모두 7번의 태풍피해, 제주항, 광양항, 삼천포항, 부산신항, 부산항, 다대포항은 모두 3~4번의 태풍피해를 입었다. 기후변화가 점점 심각해짐에 따라 평균해수면 증가, 폭풍해일 상승 또는 고파랑 내습 등으로 앞으로 태풍의 주요경로에 인접한 남해안 및 동해안에 있는 항만 및 어항에 대한 피해는 점점 늘어날 것으로 예상된다. 그림 4.6에 나타내었듯이 1971~2019년 동안의 심해설계파는 가거도(可居島)에서 6.9m(1971년)에서 11.9m(2019년), 서귀포(西歸浦)는 7.6m(1971년)에서 13.6m(2019년), 부산(釜山)은 7.6m(1971년)에서 12.0m(2019년)로 증가하였다. 설계파의 재현기간은 대상 시설물의 사회적, 경제적, 기능적 측면을 고려한 중요도에 따라 결정하는 것이 바람직하나,

통상적으로 우리나라는 내용연수 50년을 갖는 방파제 등 외곽시설의 경우 50년 재현기간의 설계파(2021년부터 무역항 내 방파제의 재현기간을 100년으로 상향하였다.)를 관용적으로 적용하고 있다. 따라서 기후변화에 대비한 항만구조물의 안전 확보를 위한 방안의 하나로 재현기간을 상향이 필요한 실정이다.

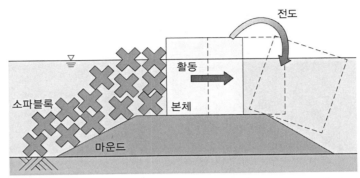

(a) 방파제 본체의 안전성 저하, 기초지반의 지지력 저하에 따른 전도 또는 활동의 증가

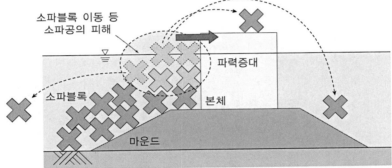

(b) 소파블록 피해의 증가에 따라 방파제 본체에 작용하는 파력이 증가하여 본체 안전성 저하

출처: 日本 国土交通省(2015), 第1回沿岸部(港湾)における気候変動の影響及び適応の方向性検討委員会港湾分野における影響について

그림 4.4 해수면 상승에 따른 방파제의 예상피해 유형

사진 4.1 2016년 태풍 '차바' 시 고파랑(설계값 이상) 내습 및 월파로 파괴된 사하구 감천항 부두 서방파제

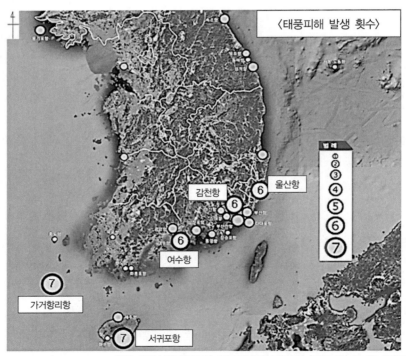

그림 4.5 지난 45년간(1976~2020) 주요 항만의 태풍피해 발생 횟수

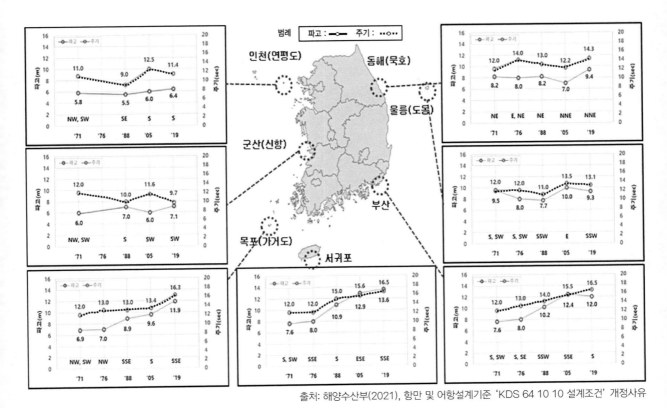

출처: 해양수산부(2021), 항만 및 어항설계기준 'KDS 64 10 10 설계조건' 개정사유

그림 4.6 우리나라 주요항만(1971~2019년)의 심해설계파(파고 및 주기, 50년 재현기간) 증가 추이

기후변화에 의한 영향으로서 고파랑에 따른 항내침입파(港內侵入波)의 증대, 평균해수면 상승 및 파랑·폭풍해일의 증대에 따른 방파제로부터 전달파고(傳達波高)의 증가가 예상된다(그림 4.7 참조). 정온도 악화에 따른 계류선박(繫留船舶) 및 시설에 대한 영향은 물론 방파제가 손상을 본 경우에는 가동률(稼動率) 저하가 우려된다(그림 4.8 참조).

기후변화에 따른 외력 증가로 방파제가 피해를 보았을 경우 방파제의 길이에 따라 항내정온도가 악화(惡化)되어 방파제 복구까지는 항만기능저하(하역가동률 저하)가 염려된다. 또, 장래의 유의파고(有義波高)나 파향(波向) 변화도 정온도에 악영향을 줄 우려가 있다. 이들 영향에 의한 하역가동률 저하로 물류2)가 지연되어 지역경제의 악영향에 끼친다.

---

2) 물류(物流, Distribution): 원래 물적유통(物的流通)의 줄임말이었으나 그 의미가 확장되어 물품의 시간적 가치와 공간(Place)적 가치를 창출하는 제반 경제활동을 의미한다.

2) 항만정온도(港湾靜穩度)에 대한 영향

그림 4.7 기후변화에 따른 방파제 영향(태풍의 강대화에 따른 파고 증가, 월파를 수반한 전달파 증가)

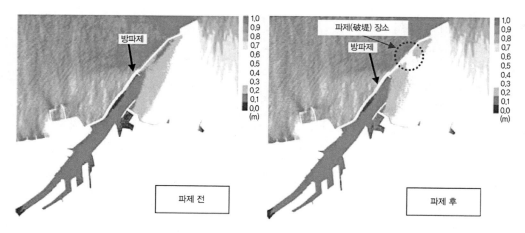

그림 4.8 방파제의 파제에 따른 항내정온도 검토 사례

3) 하역부지(荷役敷地)·안벽(岸壁)에 대한 영향

기후변화에 따른 하역부지 또는 안벽에 대한 영향으로는 해수면 상승, 태풍의 강대화에 따른 고파랑·폭풍해일 증대의 영향이 예상된다. 즉, 폭풍해일이나 고파랑 시 월파로 인한 침수피해가 증가하는 동시에 선박이나 공컨테이너의 표류피해(漂流被害)의 증대가 염려된다. 항만의 방

호(防護)라인 바깥(제외지[3])에는 물류 기능이 집중하는 것과 평상시 평소에 많은 근로자가 근무하고 있다. 안벽 주변은 하역작업 등의 측면에서 마루고가 설정되어 있어 방호라인이 터미널의 배후에 설정하는 것이 일반적이나, 바다와 직접 면해 있어 태풍(폭풍)이 직접 작용하여 폭풍해일·고파랑의 영향을 받기 쉽다(그림 4.9 참조).

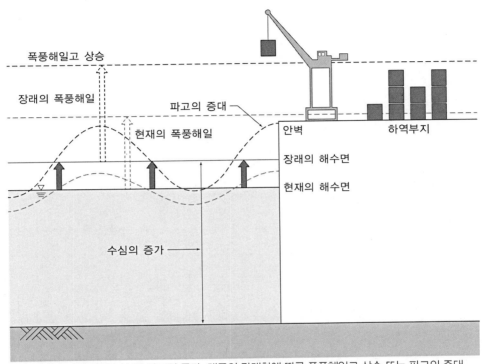

※ 해수면 상승에 따른 설치수심 및 파고의 증가, 태풍의 강대화에 따른 폭풍해일고 상승 또는 파고의 증대
출처: 日本 国土交通省(2015), 第1回沿岸部(港湾)における気候変動の影響及び適応の方向性検討委員会港湾分野における影響について

그림 4.9 기후변화에 따른 안벽·하역부지 영향(1)

따라서 제내지[4]뿐만 아니라 제외지에서도 외력 증가로 침수면적이 증가한다. 침수심(浸水深)이 수십 센티미터(cm)라고 해도 하역장비의 동력부(動力部)가 침수되면 복구에는 상당한 시간이 걸리고(사진 4.45 참조), 공컨테이너이라고 하면 수십 센티미터(cm)의 침수심에도 떠다니므로 하역부지에 큰 영향을 미칠 것으로 우려된다(그림 4.10, 사진 4.41 참조). 안벽(岸壁)은

---

3) 제외지(堤外地, Fore-land): 본래 의미로는 하천제방으로 둘러싸인 하천 쪽 지역으로, 이 장에서는 항만의 방호라인 바깥쪽을 말한다.

4) 제내지(堤內地, Inland, Landside, Protected Lowland): 제방에 의하여 보호되고 있는 토지. 즉 하천을 향한 제방안쪽 지역으로 이 장에서는 항만의 방호라인 안쪽을 말한다.

선박의 계류(繫留), 승객의 승강(乘降) 및 화물의 하역(荷役)을 안전하고 원활하게 하는 시설이다. 안벽 중 기후변화의 영향을 받는 대상 시설은 기능 면으로 볼 때 선석[5] 길이, 앞면 수심, 마루고, 안벽의 벽면 및 앞굽(Toe)의 형식(축조한계[6]), 부대설비 등이다. 따라서 설계조위 또는 설계파고가 증대함에 따라 영향을 받는 것은 앞면 수심 및 마루고이며, 앞면 수심은 현재보다 깊게 되므로 문제가 적지만 안벽의 마루고를 증대시켜야만 한다. 그러나 소형 접안시설의 마루고는 낮아 기후변화로 인한 영향을 대형 접안시설보다 더 많이 받는다(그림 4.11 참조). 또한, 평균해수면 상승에 의한 조위상승에 따라 잔류수위[7]의 영향이 기존보다 크게 되므로 이를 고려하여야 한다.

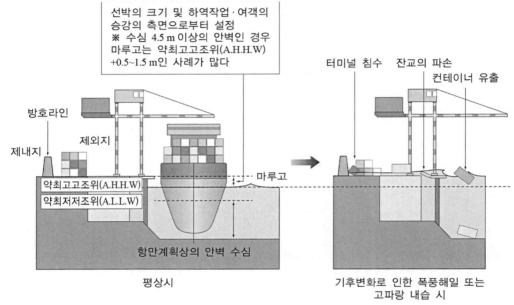

※ 평균해수면 상승에 따른 설치 수심 및 파고의 증가, 태풍의 강대화에 따른 폭풍해일고 상승 또는 파고의 증대
출처: 日本 国土交通省(2020), 気候変動適応策の実装に向けた論点

그림 4.10 기후변화에 따른 안벽·하역부지 영향(2)

---

5) 선석(船席, Berth): 항내에서 선박을 계선(繫船)시키는 시설을 갖춘 접안장소를 말하며, 보통 표준선박 한 척을 직접 계선시키는 설비를 지닌 수역을 뜻한다.

6) 축조한계(築造限界): 안벽의 벽면이나 앞굽(Toe)의 형상은 선박의 접안각도에 따른 충돌 및 계류 시의 선체동요에 따른 충돌에 대해 안전하도록 시공되는 한계가 되는 길이를 말한다.

7) 잔류수위(殘留水位, Residual Water Level): 안벽의 수밀성이 크고 뒷채움 사석의 투수성이 작은 경우 앞면의 해수의 수위 변화에 대해 뒷채움 사석 속의 수위 변화는 느리며 안벽을 경계로 하여 앞면과 배후에 수위 차가 생기는데, 배후 뒷채움 사석 속의 수위를 잔류수위라 한다. 안벽의 앞면 수위가 떨어지는 경우 배후수위가 변화의 지연으로 더 높아져 그 압력이 안벽 앞면 방향으로 토압에 가해져 이 수위 차에 의한 압력(잔류수압)이 작용한다.

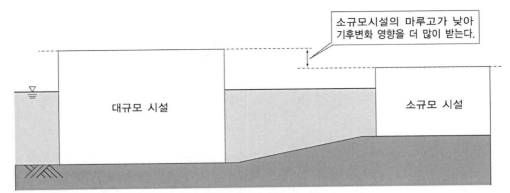

안벽(계류시설)의 표준적인 마루고

구분	조차 3.0m 이상	조차 3.0m 미만
대형접안시설 (수심 4.5m 이상)	약최고고조위(A.H.H.W) + (0.5~1.5m)	약최고고조위(A.H.H.W) + (1.0~2.0m)
소형접안시설 (수심 4.5m 미만)	약최고고조위(A.H.H.W) + (0.3~1.0m)	약최고고조위(A.H.H.W) + (0.5~1.5m)

※ 소규모 하역부지의 안벽 마루고는 대형 안벽보다도 낮아, 평균해수면 상승 또는 고파랑의 영향을 받기 쉽다.
출처: 해양수산부(2020), 항만 및 어항설계기준

그림 4.11 시설 규모의 크기에 따른 차이

4) 산업용지에의 영향

기후변화로 인한 영향으로 항만 내 산업용지에 평균해수면 상승 및 태풍의 강대화에 따른 고파랑·폭풍해일 증대의 영향이 예상된다. 항만 내 산업용지의 침수 및 적재된 제품의 표류피해에 따른 공장 조업정지, 제품의 출하 정지 등과 같은 피해 발생 시 관련 업종에 대한 영향 파급 등으로 지역경제에 미치는 영향이 우려된다. 태풍의 강대화 및 해수면의 상승을 동시에 고려하면, 제외지의 침수고는 크게 높아져 산업·물류 기능에 대한 피해가 확대될 염려가 있다 (그림 4.12 참조).

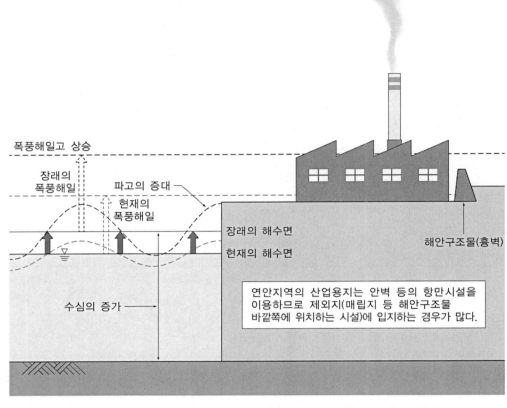

폭풍해일고 상승

장래의
폭풍해일

파고의 증대

현재의
폭풍해일

장래의 해수면

현재의 해수면

해안구조물(흉벽)

수심의 증가

연안지역의 산업용지는 안벽 등의 항만시설을 이용하므로 제외지(매립지 등 해안구조물 바깥쪽에 위치하는 시설)에 입지하는 경우가 많다.

※ 평균해수면 상승에 따른 파고의 증가, 태풍의 강대화에 따른 폭풍해일고 상승 또는 파고의 증대

출처: 日本 国土交通省(2015), 第1回沿岸部(港湾)における気候変動の影響及び適応の方向性検討委員会港湾分野における影響について

그림 4.12 기후변화에 따른 산업용지 영향

5) 하역장비에 대한 영향

기후변화로 인한 태풍의 강대화에 따른 풍속의 증대는 항만 내 하역장비의 전도(顚倒) 피해를 증가시키고 항만가동률(港湾稼働率)을 저하시킨다. 기후변화로 인한 태풍의 강대화(强大化)로 풍속이 증가할 것으로 예상되며, 특히 과거의 강풍에 의한 재난 사례를 넘어서는 풍속이 발생할 가능성이 있다. 또 다른 예상되는 피해로는 태풍의 강대화에 따른 폭풍해일 증대 또는 고파랑 내습 시 월파로 인한 침수로 하역장비의 전기계통의 고장을 일어날 수 있고, 표류물(공컨테이너)과의 충돌로 크레인 주행(走行)에 장애를 초래하며, 강한 풍속은 하역장비의 전도를 유발(誘發)한 후 하역중단으로 이어져 물류에 큰 악영향을 미친다(그림 4.13, 사진 4.2 참조).

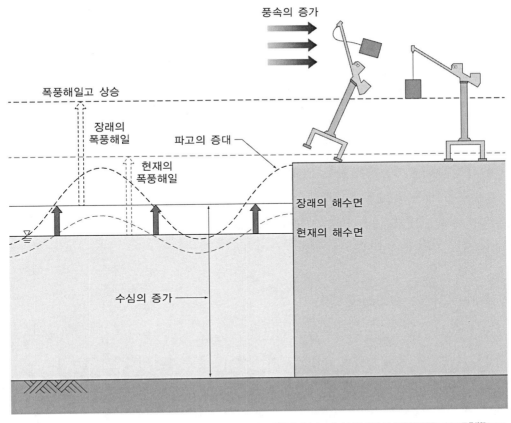

출처: 日本 国土交通省(2015), 第1回沿岸部(港湾)における気候変動の影響及び適応の方向性検討委員会港湾分野における影響について

그림 4.13 기후변화에 따른 하역장비 영향
태풍의 강대화에 따른 풍속의 증대 또는 월파로 인한 침수피해

출처: 국제신문(2003), http://www.kookje.co.kr/news2011/asp/newsbody.asp?code=0900&key=20030913.0100
1127649

사진 4.2 부산항 신감만부두의 980톤(Ton)급 갠트리크레인 파괴(태풍 '매미' 시 최대순간풍속 50m/s)

6) 항로(航路)·박지(泊地)8)에의 영향

기후변화로 인한 태풍의 강대화에 따른 폭풍해일·고파랑 증대 시 항내침입파(港內侵入波)의 증대로 항만 내 표사(漂砂)나 지형변화에 따른 항로·박지의 매몰이 우려된다. 또한, 기후변화에 따른 빈번한 호우(豪雨)로 하천 출수량의 증가로 유송토사9)가 증가함으로써 바다 인근 하구부 항로·박지의 퇴적 토사량이 증가할 가능성이 있다(그림 4.14 참조). 그리고 해수면 상승으로 갯벌의 파랑이나 흐름의 변화가 생기고, 갯벌·천장의 토사 수송 경향이 변화하여 항로·박지 매몰에 영향을 미칠 가능성이 있다. 외해(外海)와 직접 면한 항만은 태풍이나 저기압으로 바다가 거칠어 칠 때의 파고 증가로 인해 이동한계수심10)이 깊어지는 변화가 발생하며, 저질의 이동 증가에 의한 항로 등의 매몰이 발생할 가능성이 있어 예상되는 피해로는 항로매몰에 따른 선박 통항의 장애 발생과 물류에 대한 악영향이다.

7) 형하공간(桁下空間)에의 영향

해수면 상승에 따라 교량 또는 수문의 형하공간의 감소가 예상된다. 즉, 교량 또는 수문의 형하공간의 감소에 따라 선박의 통항 제한이 예상되어 물류에의 악영향이 우려된다. 해수면 상승으로 수문과 교량의 형하공간이 좁아지면 대형 컨테이너선, 대형 크루즈선과 플레저보트, 작업선 및 소형화물선의 통항가능률(시간대)이 감소한다(그림 4.15 참조).

---

8) 박지(泊地, Mooring Basin): 항내나 항외에 각종 선박이 정박 대기하거나 수리 및 하역을 할 수 있는 지정된 수면을 박지라 하며, 일정한 수심이 유지되어야 한다.
9) 유송토사(流送土沙): 하천의 흐름에 의해 운반되는 토사를 말하며 하천의 바닥에서 수류(水流)에 의해 운반되는 소류사(掃流砂)와 물속을 떠다니며 유송되는 부유사(浮遊砂)로 구성된다.
10) 이동한계수심(移動限界水深, Critical Water Depth for Sand Movement): 해저의 모래가 어떤 조건에 의해 움직이기 시작하는 수심을 말한다.

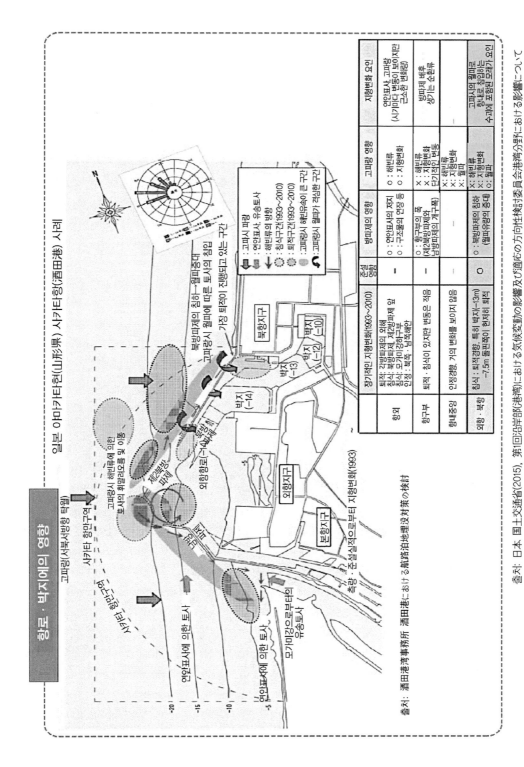

그림 4.14 기후변화에 따른 항로·박지 영향 사례

출처: 日本 国土交通省(2015), 第1回沿岸部(港湾)における気候変動の影響及び適応の方向性検討委員会港湾分野における影響について

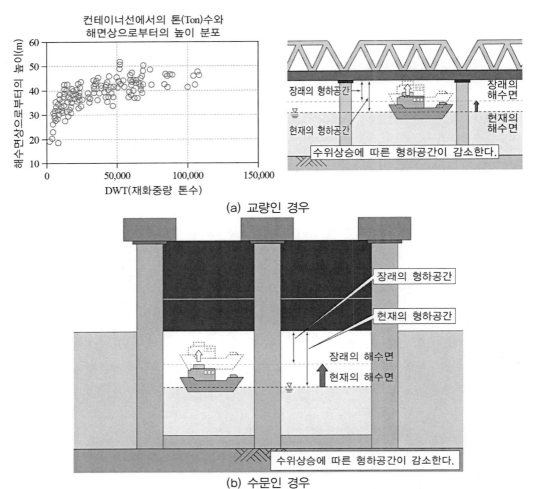

(a) 교량인 경우

(b) 수문인 경우

(a)출처: 国土技術政策総合研究所研究報告No.31統計解析による船舶の高さに関する研究-船舶の高さの計画基準(案)
(b)출처: 日本 国土交通省(2015), 第1回沿岸部(港湾)における気候変動の影響及び適応の方向性検討委員会港湾分野における影響について

그림 4.15 기후변화로 인한 해수면 상승에 따른 교량 또는 수문의 형하공간에 대한 영향

4.2 항만구조물

4.2.1 개요

항만(港湾, Harbor, Harbour, Haven)은 항만법 제2조에서 '선박의 출입, 사람의 승·하선, 화물의 하역·보관 및 처리, 해양 친수활동(親水活動)을 위한 시설과 화물의 조립, 가공, 포장, 제조 등 부가가치 창출을 위한 시설이 갖추어진 곳'으로 정의하고 있다.

항만구조물(항만시설)은 항만법 제2조에 의하면 크게 기본시설과 기능시설 등으로 나누어지며 기본시설로서는 외곽시설(방파제, 방사제, 파제제, 방조제, 도류제, 갑문 등), 수역시설(항로, 정박지, 선회장), 계류시설(안벽, 잔교, 부잔교, 돌핀 등), 임항교통시설(도로, 교량, 철도 등)로 나눌 수 있다. 또한, 기능시설로서는 항행보조시설(선박의 입·출항을 위한 항로표지·신호·조명·항무통신 등), 여객이용시설(대합실, 여객 승강용 시설, 소화물 취급소 등), 하역시설(고정식 또는 이동식 하역장비, 화물이송시설, 배관시설 등), 화물 유통시설(창고, 야적장, 컨테이너 장치장 및 컨테이너 조작장, 사일로 등), 연료공급시설, 선박보급시설(급수시설, 얼음 생산 및 공급시설 등)이 있다(그림 4.16 참조). 항만구조물은 연안재난인 폭풍해일·지진해일 또는 고파랑 등으로부터 방호하기 위하여 설치하는 구조적인 구조물(방파제, 안벽, 잔교, 부잔교 등)로서 그 배후지 내 인명 및 재산 등을 지켜 지역경제에 중요한 역할을 담당하고 있다. 우리나라의 항만구조물은 최근 기후변화에 따른 평균해수면 상승 또는 태풍의 강대화에 의한 폭풍해일·고파랑 등이 빈번히 내습하여 그 안전성에 문제가 되고 있으므로 이에 대비함과 동시에 고도 경제성장기(1970~1980년대)에 집중적으로 설치된 항만구조물의 노후화·열화에 시급한 대응이 필요하다.

4.2.2 항만구조물 종류

1) 방파제

방파제는 항만의 정온화, 하역의 원활화, 선박의 항행, 정박의 안전 및 항내시설의 보전을 위하여 건설되는 중요한 외곽시설[11] 중 하나이다. 방파제는 외해로부터 밀려오는 파랑을 막기 위해서 수중에 설치된 구조물이다. 그 목적은 파랑으로부터 항만의 내부를 안정되게 유지하는 것이나, 지진해일이나 폭풍해일의 피해로부터 육지를 방호(防護)하거나 해안침식을 막는 것이다. 방파제는 항내 정온을 유지하여 하역효율을 높이고, 항내 항행 및 정박 중인 선박의 안전을 확보하고, 항내 시설을 보전하기 위하여 설치하는 것으로서 다음과 같은 사항을 고려하여야 한다.

① 항 입구는 가장 빈도가 높은 파랑 방향과 가장 파고가 큰 방향을 피하여 항내침입파가 가장 적도록 하여야 한다.

---

11) 외곽시설(外郭施設, Counter Facilities): 항내의 정온과 수심을 유지하고 보호하기 위하여 외해로부터 내습하는 파랑의 방지, 파랑 및 조류에 의한 표사이동의 방지, 해안선의 토사 유실 방지, 폭풍해일에 의한 항내 수위상승 억제, 지진해일에 의한 항내 침입파 감쇄, 항만구조물(시설) 및 배후지를 파랑으로부터 방호, 하천 또는 외해로부터의 토사 유입방지 등을 목적으로 항만, 간척지, 매립지 등의 외곽에 축조하는 항만구조물로 외곽시설에는 방파제, 방사제, 해안제방, 방조제, 호안, 돌제, 이안제, 수중 방파제, 도류제, 수문, 갑문 등이 있다.

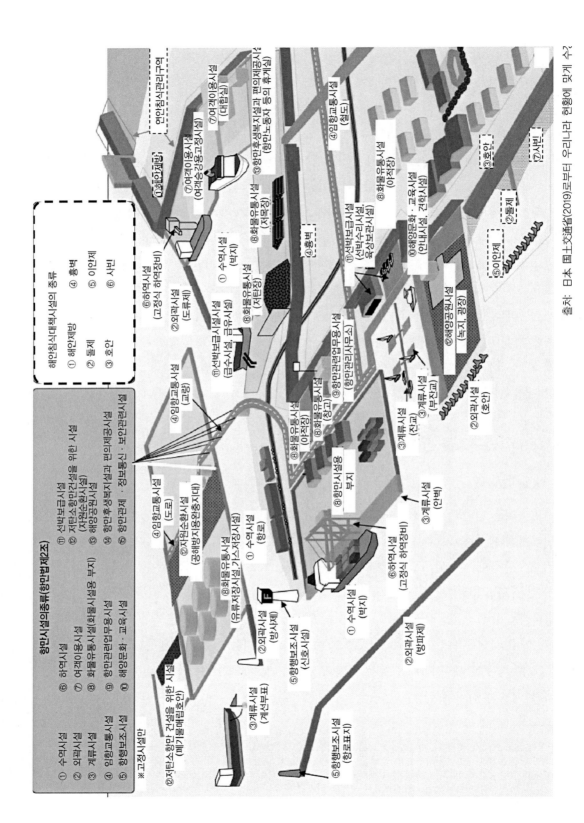

출처: 日本 国土交通省(2019)로부터 우리나라 현황에 맞게 수정

그림 4.16 항만구조물(항만시설) 및 해안침식대책시설의 종류

② 방파제 배치는 길이 방향 기준선이 확률적으로 발생빈도가 가장 높은 파랑 방향과 가장 파고가 큰 방향에 대하여 각각 효과적으로 항내를 차폐하여 항내정온도 목표성능을 만족하여야 한다.

③ 항 입구는 선박 항행에 지장이 없는 유효 폭을 확보하고, 선박 항행이 편리하도록 선박 안전 항행 조건을 만족하여야 한다.

④ 항 입구 부근의 조류(潮流) 속도는 선박 항행에 지장이 없도록 최대한 작게 되는 장소를 선정하여야 하며 조류속도가 큰 경우에는 조류 속 저감을 위한 대책을 세워야 한다.

⑤ 본체에 의한 반사파가 항로 및 정박지의 정온도에 영향을 주거나, 주변의 연안해역에 파랑 에너지의 집중 현상을 유발시키는 등 파랑환경 변화에 의한 악영향을 최소화하여야 한다.

⑥ 선박의 접안, 하역, 정박 등에 지장을 주지 않도록 수역을 확보하여야 한다.

방파제는 평면형식에 따라 해안제방과 마찬가지로 가늘고 긴 형상을 가지며 항만을 방호하 도록 육지로부터 바다를 향하거나(돌제(突堤)형식 방파제), 육지와 떨어진 바다에 건설(도제(島堤) 형식 방파제)하여 왔다. 방파제는 구조형식에 따라 경사제, 직립제 및 혼성제로 구분할 수 있다.

(1) 경사제(傾斜堤)

경사제는 사석이나 콘크리트 블록을 사다리꼴로 투입한 것으로서 주로 사면(斜面)에서 파랑 에너지를 소산(消散)시킨다. 즉, 수 미터 크기의 사석이나 콘크리트 블록을 해중 속에 투하하여 사다리꼴 형상으로 만든 방파제를 말한다. 사다리꼴 사면이 파력을 소산시키는 전통적인 형태 의 방파제로 최근에도 사석이 많이 산출되는 지역이나 파랑이 그다지 강하지 않은 수심이 얕은 항만 등에서 채용되고 있다. 사석으로 만든 것을 사석식 경사제, 콘크리트 블록으로 만든 것을 블록식 경사제라고 부른다(그림 4.17 참조).

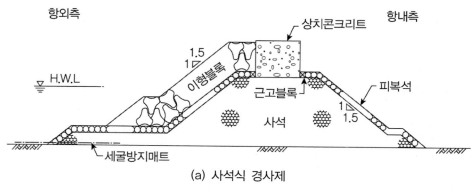

(a) 사석식 경사제

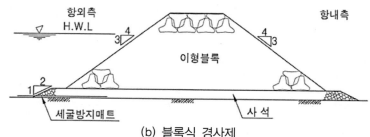

(b) 블록식 경사제

출처: 부산광역시(2017), 부산연안방재대책수립 종합보고서, p.103.

그림 4.17 경사제

장 점
 ▷ 지반의 요철(凹凸)에 관계없이 시공가능함
 ▷ 연약지반에도 적용가능함
 ▷ 세굴(洗掘)에 대해 순응성이 양호함
 ▷ 시공설비가 간단하고 공정이 단순하며 시공관리가 용이함
 ▷ 유지보수가 용이함
 ▷ 반사파가 다른 형식에 비해 적음

단 점
 ▷ 수심이 깊어지면 다량의 재료와 노력이 필요함
 ▷ 많은 유지보수비가 소요됨
 ▷ 항구 폭이 넓어지고 투과 파랑에 의해 항내가 소란(騷亂)됨
 ▷ 표사의 영향이 심한 곳에서는 항내매몰(港內埋沒) 우려가 있음
 ▷ 내측을 계류시설로 이용할 수 없음

(2) 직립제(直立堤)

직립제는 앞면이 수직인 벽체를 수중에 설치한 구조물로서 주로 파랑의 에너지를 반사시켜 파랑의 항내 진입을 차단한다. 즉, 앞면이 수직인 본체를 직접 해저에 설치하는 것을 말하며,

단단한 해저 지반이 필요하므로 설치장소는 제한된다. 본체가 콘크리트 블록인 것을 콘크리트 블록식 직립제, 케이슨인 것을 케이슨식 직립제라고 한다(그림 4.18 참조).

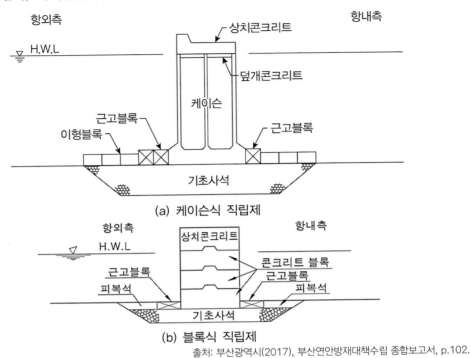

(a) 케이슨식 직립제

(b) 블록식 직립제

출처: 부산광역시(2017), 부산연안방재대책수립 종합보고서, p.102.

그림 4.18 직립제

장 점   ▷ 사용재료가 소량임
　　　　▷ 적은 유지관리비가 소요됨
　　　　▷ 항구를 넓게 하지 않아도 됨
　　　　▷ 투과 파랑과 표사의 영향이 적음
　　　　▷ 내측을 계류시설로 이용 가능함

단 점   ▷ 저면 반력이 크고 세굴(洗掘)의 염려가 있음
　　　　▷ 반사파가 크고 법선(法線)에 따라서는 파랑의 수속(收束)이 일어남
　　　　▷ 악천후 시 거치(据置)제한으로 공기(工期)가 길어짐

(3) 혼성제(混成堤)

사다리꼴 상으로 형성된 기초 사석의 상부에 직립 본체를 설치한 것을 말한다. 경사제와 직립제를 복합한 기능으로 안정성이 높다. 혼성제는 사석부에 직립벽을 설치한 것으로 파고에 비하여 사석 마루가 낮을 때는 경사제의 기능에 가깝고, 깊을 때는 직립제의 기능에 가깝다.

직립제 형식에 따라 콘크리트 블록식 혼성제 또는 케이슨식 혼성제 등으로 불린다. 우리나라 및 일본에서는 거대한 암석은 쉽게 얻을 수 없지만, 석회석(石灰石)이 풍부하여 시멘트를 싸게 생산할 수 있고, 방파제의 안정성이 높아 케이슨식 혼성제가 방파제의 주류가 되고 있다. 혼성제의 종류에는 케이슨식 혼성제, 셀블록 혼성제, 블록식 혼성제가 있다(그림 4.19 참조).

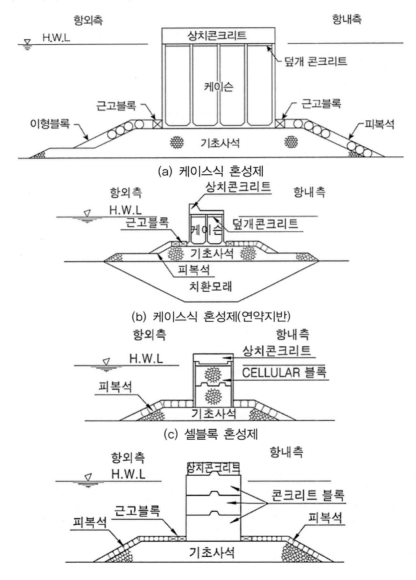

(a) 케이스식 혼성제

(b) 케이스식 혼성제(연약지반)

(c) 셀블록 혼성제

(d) 블록식 혼성제

출처: 부산광역시(2017), 부산연안방재대책수립 종합보고서, p.104.

그림 4.19 혼성제

국내사례 곡면 슬릿(Slit) 케이슨 혼성제(사진 4.3, 그림 4.20 참조)

  ▷ 공사명: 제주외항 서방파제 축조공사

  ▷ 사업기간: 2001.12.~2008.6.

  ▷ 적용구간

    • 서방파제 제2구간: 곡면 슬릿(Slit) 케이슨 혼성제(L=920m)

  ▷ 케이슨 제원: 6.5×14.5×25.0m(B×H×L), 4,000톤(Ton)/함

  ▷ 주요특성

    • 수리특성: 타 형식의 소파 케이슨에 비해 수리특성 우수함

    • 항만이용성: 내측 직립벽, 유수실(遊水室) 설치로 항내 이용수역 증대, 반사파 저감 및 항만가동률 증가함

    • 안정성: 대형 케이슨 설치로 내파성 및 안정성 양호함

    • 친수·경관

      – 기하학적 형상이 백미(百媚)이고 음향 케이슨으로 친수성이 배가(倍加)되어 미관 및 경관성이 양호함

    • 생태·환경: 하부 유수실의 어초 블록 효과가 커 생태환경을 조성함

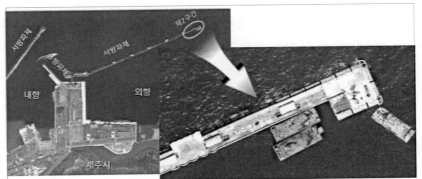

출처: 해양수산부(2010)로부터 일부 수정

사진 4.3 제주외항 서방파제 축조공사(제2구간) 위치도 및 시공사진

곡면Slit케이슨혼성제 조감도

항외 항내

슬릿 케이슨
기초사석

곡면Slit케이슨혼성제 단면도

곡면Slit케이슨혼성제 시공모습

출처: 해양수산부(2010)

그림 4.20 제주외항 서방파제 축조공사(제2구간) 조감도, 단면도 및 시공모습

반원형 슬릿(Slit) 케이슨(사진 4.4, 그림 4.21 참조)

▷ 공사명: 울산 신항 남방파제 및 기타공사(제1공구)축조공사

▷ 사업기간: 2004.12.~2008.1.

▷ 적용구간: 남방파제(L=1,000m) 구간

▷ 케이슨 제원: 17.0×21.0×32.4m(B×H×L), 5,000톤(Ton)/함

▷ 케이슨 제작방식: 공장형 슬립 폼

▷ 케이슨 진수방식: DCL(Draft Controlled Launcher)선(착저형반잠수선)

▷ 주요 특성

- 곡면부의 돌출효과로 연파(沿波) 저감효과가 우수함

- 직각 입사파와 경사 입사파 모두에 저감효과 우수함

- 대수심(大水深) 및 고파랑 지역에서 시공성과 안정성이 우수함

- 항로 폭 및 항내 수면적 확보가 용이함

- 다양한 친수공간 연출이 용이함

출처: 해양수산부(2010)

사진 4.4 울산 신항 남방파제 및 기타공사(제1공구)축조공사 위치도 및 전경

출처: 해양수산부(2010)

그림 4.21 울산 신항 남방파제 및 기타공사(제1공구) 축조공사 조감도

(4) 소파블록 피복제

방파제의 본체 앞면에 소파블록(테트라포드 등)을 배치하면 파력(波力)을 현저히 경감시킬 수 있다. 직립제 또는 혼성제의 앞면에 소파블록을 설치한 것으로 소파블록으로 파랑의 에너지를 소산시키며, 직립부는 파랑의 투과를 억제하는 기능을 가진다(그림 4.22 참조).

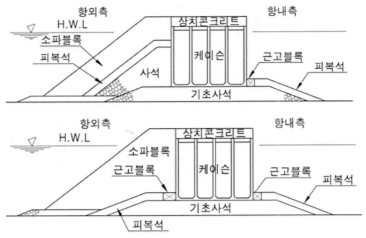

출처: 부산광역시(2017), 부산연안방재대책수립 종합보고서

그림 4.22 소파블록피복제

국내사례 **소파블록(테트라포드) 피복제(사진 4.5, 그림 4.23 참조)**

 ▷ 공사명: 군산시 군장(群長) 신항만 남방파제 축조공사

 ▷ 사업기간: 2006.3.~2010.12.

 ▷ 적용구간: 남방파제

 ▷ 구조형식 및 규모: 테트라포드 피복제 L=850m

출처: 해양수산부(2010)

사진 4.5 군장 신항만 남방파제 축조공사 위치도

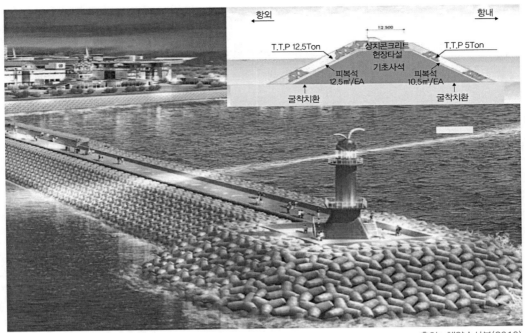

그림 4.23 군장 신항만 남방파제(테트라포드 피복제) 조감도

(5) 부유식 방파제(浮遊式防波堤)

부유식 방파제는 해수면에 부체(浮體)를 계류시켜 진행하는 파에너지를 소산(消散) 또는 반사시키는 방파제로서 기후변화에 따른 해수면 상승에 대응할 수 있는 유용한 항만구조물이다. 부유 물체를 배치하여 파랑을 막는 구조형식으로 해수나 표사의 이동을 방해하지 않고, 조차(潮差)나 지반 상태에 영향을 받지 않으며 이동 가능한 이점이 있어 파랑 환경이 비교적 험하지 않은 곳에서 유용한 형식이다. 국내 최초로 건설된 경남 창원시 원전항의 부유식 방파제는 강재 용접 일체화 구조로 해수교환이 탁월하여 환경친화적 방파제이다. 외국의 경우, 부유식 방파제의 형상은 다양하며 그 재료로는 철근 콘크리트, 프리스트레스 콘크리트[12], 강재, FRP[13] 등이 있으며, 부체(浮體)의 배치 방법으로는 직열(直列) 배치와 2열 배치 등의 기본형태와 다양한 변형이 있을 수 있다. 석선 매입 앵커[14] 설치로 준설할 필요가 없어 항내 오염의 영향을 최소화한다.

---

12) 프리스트레스 콘크리트(Pre-stressed Concrete): 미리 응력을 준 콘크리트로서 철근콘크리트에서 철근 대신에 PC 강선이라고 부르는 강철선으로 둘러싸게 하고 이 강선을 잡아당겨 인장에 대한 강도를 증가시킨 것을 말한다.

13) FRP(Fiber Reinforced Plastics): 유리 및 카본(Carbon) 섬유로 강화된 플라스틱계 복합재료로, 경량·내식성·성형성(成型性) 등이 뛰어난 고성능·고기능성 재료이다.

장점
- 해안선 변화, 생태계 변화에 미치는 영향이 적고 해수교환이 자유로워 수질 오염을 방지할 수 있음.
- 건설비가 수심 및 기초지반 종류와 무관함
- 단파(短波)에 대한 소파 효과가 우수함
- 본체(本體)를 육상에서 제작하므로 확실한 품질관리 가능
- 평면적인 배치를 장기적인 확장계획에 따라 수시로 변화 가능함

단점
- 완전하게 파고를 저하시키는 것이 곤란함
- 장파(長波)에 대한 구조적인 결함이 있음
- 파의 거동에 따른 피로(疲勞)로 구조적인 결함이 발생함
- 계류삭[15] 절단 시 2차 재난이 우려됨
- 실적이 적어 신뢰성이 낮음

국내사례 **부유식 방파제(사진 4.6 참조)**
▷ 공사명: 경남 창원시 원전항 건설공사
▷ 사업기간: 2002.9.~2007.12.
▷ 적용구간: 동방파제(252.9m) 구간
▷ 부체제원: 7.5m×60m×4함(280톤(Ton)/함)
▷ 특징
- 부체함수(4함) 최소화로 부체 및 계류 시스템을 단순화하여 시공성, 구조적 안정성 및 유지관리 효율성을 확보하여 균형적인 내구성을 증진함.
- 수중부는 전기방식, 수상부는 장기간에 걸친 심한 부식 환경에 견딜 수 있는 중방식도장(重防蝕塗裝)을 채택하여 유지보수가 거의 없도록 함.
- 선박충돌 등 비상시에도 현장용접 등으로 부분 보수가 용이한 구조로 체인 절단 시 수밀격벽(水密隔壁)에 급수장치를 설치하여 침수시킬 수 있는 안정성을 확보함.

---

14) 석션 매입 앵커(Embedded Suction Anchor; ESA): 석션 파일(Suction Pile: 파일 내부의 물이나 공기와 같은 유체를 외부로 배출시킴으로써 발생된 파일 내부와 외부의 압력차를 이용하여 설치되는 파일)과 동일한 원기둥 형태의 단면 형상으로 석션 파일 선단부에 부착되어 해저면 하부 원하는 깊이에 설치되며, 이 후 석션 파일은 인발하여 회수되고 매입된 앵커의 측면에 설치된 인발작용점(Padeye)을 통해 하중에 저항하게 된다.

15) 계류삭(홋줄, 繫留索, Mooring Rope, Mooring Line, Mooring Wire): 선박 등을 일정한 곳에 붙들어 매는 데 쓰는 밧줄로, 홋줄'이라고도 한다. 즉, 선박 등이 파도나 너울 등에 흔들리거나 바다에 표류하지 않도록 매어 놓는 줄로, 보통 나일론이나 폴리에틸렌 등 합성 섬유로 제작된다.

사진 4.6 경남 창원시 원전항 부유식 방파제 및 전경

2) 계류시설(繫留施設, Mooring Facilities)

선박이 표류하지 않도록 붙잡아 매어 둘 수 있는 시설인 안벽, 물양장 등의 시설을 말하며 구조물형식으로 고정식, 부유식, 기타형식 계류시설 등이 있다. 고정식 계류시설은 일정한 해역에서 이동하지 않는 지반에 고정된 구조물형식에 의한 계류시설로서 중력식, 잔교식, 널말뚝식, 셀식 안벽과 돌핀 시설 등을 포함한다. 부유식 계류시설은 해상에 띄워진 부체의 이탈방지를 위해 체인 등으로 해저지반에 고정한 형식의 선박 계류시설로서 부잔교와 계선부표 등을 포함한다. 선박을 안전하게 계류시켜 화물을 적상(積上)・적하(積下)하고 여객 승객을 안전하게 승(乘)・하선(下船)시키는 시설로서 고정식 계류시설은 일반적으로 아래와 같이 분류한다.

(1) 중력식안벽(重力式岸壁)

토압, 수압 등의 외력을 벽체중량(壁體重量)과 마찰력으로 저항하는 구조의 안벽을 말한다(그림 4.24 참조).

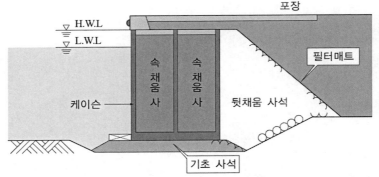

출처: 日本埋立浚渫協会(2021), https://www.umeshunkyo.or.jp/108/prom/219/index.html

그림 4.24 중력식 안벽

장 점　▷ 벽체(壁體)가 주로 콘크리트로서 내구성이 좋음

　　　　▷ 수심이 얕고 지반이 견고한 곳에서 채용됨

　　　　▷ 프리캐스트[16] 부재로 시공이 단순하고 용이함

단 점　▷ 깊은 수심에서는 지반반력이 커져 기초지반이 견고하지 않으면 경제성에서 불리함

　　　　▷ 육상 제작 야드(Yard)와 해상크레인 등 대형장비가 소요됨

　　　　▷ 케이슨(Caisson)식은 제작·진수시설의 건설비가 많이 소요되어 시공관리가 복잡함

국내사례 **유공이중종(有孔二重縱) 슬릿(Slit) 케이슨 안벽(사진 4.7, 그림 4.25 참조)**

　　　　▷ 공사명: 부산 신항 남컨테이너 부두 축조공사 2-2단계 하부

　　　　▷ 사업기간: 2004.12.~2007.9.

　　　　▷ 적용구간: 안벽구간(L=1,150m)

　　　　▷ 케이슨 제원: 11.0×18.9×18.1~19.1m(B×L×H), 2,570톤(Ton)/함

　　　　▷ 특징

　　　　　● 직립소파식 안벽의 일종으로 항내 파랑을 저감시켜 정온도 향상에 효과를 발휘함

　　　　　● 항내시설을 소파구조로 계획하여 반사파를 저감하는 효과가 있어 최근 대형항만에서 적극적으로 채택함

---

16) 프리캐스트(Precast): 콘크리트 블록이나 슬래브 등을 공장에서 미리 성형하는 것으로 기존의 제품인 프리스트레스 콘크리트 말뚝(Prestressed Concrete Pile)이나 철근콘크리트 말뚝(Reinforced Concrete Pile) 등은 전부 프리캐스트 말뚝이다.

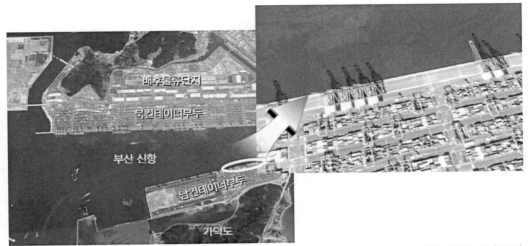

출처: 해양수산부(2010)

사진 4.7 부산 신항 남컨테이너부두 축조공사 위치도

출처: 해양수산부(2010)

그림 4.25 유공 이중 종 슬릿 케이슨 조감도 및 제작상황

국내사례 세미-하이브리드(Semi-hybrid) 슬릿(Slit) 케이슨 안벽(사진 4.8, 그림 4.26
참조)

　　▷ 공사명: 광양항 3단계 2차 컨테이너 터미널 축조공사

　　▷ 사업기간: 2003.7.~2008.12.

　　▷ 적용구간: 안벽구간(L=1,397m)

　　▷ 케이슨 제원: 15.85×21.1×31.45m(B×L×H), 5,170톤(Ton)/함

사진 4.8 광양항 3단계 2차 컨테이너 터미널 축조공사위치도

▷ 특징
  • 저판: 철골철근콘크리트 구조(S.R.C, Steel Framed Reinforced Concrete
     Construction), 벽체: R.C(철근콘크리트) 구조
  • 신기술 도입 및 공사비 절감함
  • 대형 케이슨으로 공기 3개월을 단축함
  • 격실(隔室) 수 저감으로 경제성을 증대시킴
  • 저판장(底板長) 지간(支間) 도입으로 지반반력을 감소함
  • 단면 경량화로 관성력 저하를 도모함
  • 슬릿(Slit) 케이슨 형식으로 항내정온도를 향상시킴

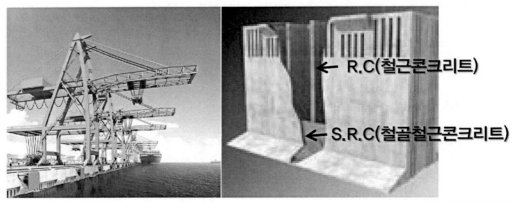

그림 4.26 세미-하이브리드(Semi-Hybrid) 슬릿(Slit) 케이슨 조감도 및 단면도

(2) 널말뚝식 안벽(Sheet Pile Quay)

강재(鋼材) 또는 콘크리트제 널말뚝을 지중(地中)에 항타(抗打)하여 토압(土壓)에 저항토록 하여 흙막이겸 안벽으로 이용하는 구조물이다(그림 4.27 참조).

장 점
▷ 시공설비가 간단하고 공사비가 저렴함
▷ 수중공사가 적어 시공이 신속함
▷ 벽체가 경량이며 탄성적이어서 약간의 부등침하(不等沈下)를 허용함

단 점
▷ 널말뚝을 박은 후 뒷채움이나 버팀이 없을 때 파랑에 약함
▷ 강재 널말뚝인 경우 부식(腐蝕)되므로 내구성이 불리함
▷ 부식에 따른 방식(防蝕)대책이 필요하고 이에 따른 단면 및 두께가 증가

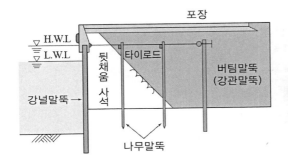

출처: 해양수산부(2010), https://yahoo.jp/SPLIEW

그림 4.27 널말뚝식 안벽 표준단면도 및 전경

(3) 잔교식(棧橋式) 안벽(岸壁)

잔교식 안벽은 강관 또는 철근 콘크리트 파일(Pile)을 사용한 형식을 주로 사용하며, 해안선에 평행하게 건설하는 횡잔교(橫棧橋)와 해안선에 직각으로 건설하는 돌제식잔교(突堤式棧橋)가 있다(그림 4.28 참조).

장 점
▷ 지반이 약한 곳에서도 적합함
▷ 직립구조형식보다 반사파를 억제하며 항내정온(港內靜穩) 유지에 유리함
▷ 해수유동(海水流動)이 가능하며 자연조건의 평형(平衡)을 깨는 일이 적음
▷ 파일(Pile) 구조인 경우에 앞면 수심의 증심(增深)이 유리함

단 점
▷ 수평력에 대하여 비교적 약함
▷ 부두의 폭이 넓어지면 공사비가 비싸짐
▷ 큰 집중하중(集中荷重)에 불리함
▷ 잔교부(棧橋部)와 토류부(土留部)를 조합할 경우 공정이 복잡함

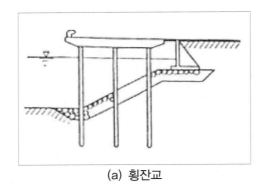

(a) 횡잔교

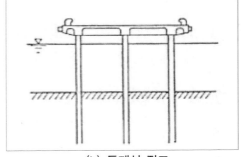

(b) 돌제식 잔교

출처: 해양수산부(2020), 항만 및 어항 설계기준

그림 4.28 잔교식 안벽 표준단면도

국내사례 **돌제식 잔교(사진 4.9, 그림 4.29 참조)**

▷ 공사명: 부산항 국제여객 및 해경부두 축조공사

▷ 사업기간: 2003.12.~2006.9.

▷ 적용구간: 국제 크루즈 및 해경 대형선 부두 구간(L=360m)

▷ 강관말뚝: Φ1,016mm×19t, Φ1,016mm×22t

▷ 말뚝배열: 8.0m× 8.0m

▷ 소파기능: 소파판 3열 배치

▷ 특징

- 말뚝구조상에 상판 콘크리트(슬래브)를 타설한 돌제식 잔교형식으로 해수유통이 원활하여 항내 수질효과가 있고 신개념 P.S.C(Pre-Stressed Concrete)소파판설치로 반사판 저감 및 정온도를 개선함

- 연약토층(軟弱土層)이 두꺼워 중력식이나 기타 구조물 설치가 비경제적일 경우 많이 사용되며 준설 및 토석 소요량을 최소화를 도모함

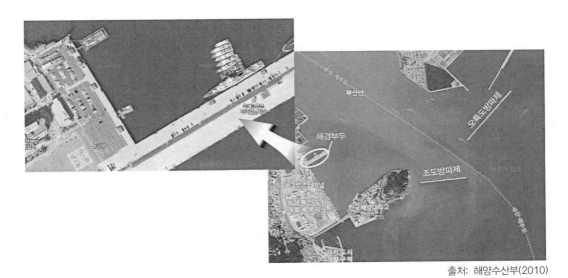

출처: 해양수산부(2010)

사진 4.9 부산항 국제여객 및 해경부두 축조공사 위치도

출처: 해양수산부(2010)

그림 4.29 부산항 국제여객 및 해경부두 돌제식 잔교 조감도

(4) 부잔교(浮棧橋, Floating Pier)

부잔교는 공간이 빈 폰툰(Pontoon)[17]을 물에 띄워 계선안[18]과의 사이를 도교(渡橋)로 연결한 계선안으로서 목재, 강재, 철근 콘크리트재 등의 폰툰이 있다(그림 4.30 참조).

장 점
- ▷ 조차(潮差)가 큰 지역에 유리하고 연약지반에도 적합함
- ▷ 폰툰(Pontoon)이 수면(水面)의 승강(昇降)에 따라 잔교 상면(上面)이 일정하여 페리 보트(Ferry Boat)의 계류(繫留)에 편리
- ▷ 신설이나 이설(移設)이 간단함

단 점
- ▷ 파랑(波浪)이나 조류(潮流)가 강한 곳에서는 부적합함
- ▷ 내하력(耐荷力)이 작고 하역시설의 설치가 곤란하며 재하능력이 작음
- ▷ 폰툰(Pontoon)이 강재(鋼材)인 경우 부식(腐蝕)대책이 요구되고 유지보수가 어려움

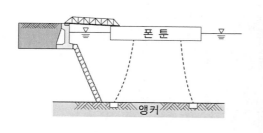

(a) 부잔교 표준단면

(b) 평택항 부잔교

출처: 해양수산부(2020), 항만 및 어항 설계기준

그림 4.30 부잔교 표준단면과 평택항 부잔교 전경

(5) 돌핀(Dolphin)

돌핀은 해안에서 떨어진 해역(海域)에 몇 개의 독립된 주상(柱狀)구조물을 설치하여 계선안으로 이용하는 시버스(Sea Berth)[19] 형식으로서 선박이 대형선일 경우에 적합한 구조형식이다

---

17) 폰툰(Pontoon): 목재, 강철제, 철근 콘크리트제의 거룻배로 부잔교(浮棧橋)의 본체로 되는 것으로. 갑판, 상판(床版), 측벽은 박스 라멘 구조이며, 전체적으로 강성(剛性)이 강하고 또한, 수밀성(水密性)도 충분한 것이다.

18) 계선안(繫船岸, Mooring Wall Wharf, Mooring Wharf, Mooring Quay): 계류시설 중 안벽, 잔교, 돌핀, 물양장 등 선박이 직접 접안하는 구조물의 총칭으로 사용하는 용어. 우리나라에서는 항만설계기준서에서 접안시설로 표기 하고 있다.

19) 시버스(Sea Berth): 육안(陸岸)으로부터 멀리 떨어진 바다 가운데에 돌핀·부이 등을 설치하고, 탱커(Tanker)를 정박시켜 해저에 부설된 파이프를 통해 원유 등을 싣고 내리는 시설을 말한다.

(그림 4.31 참조).

장 점 ▷ 소요수심(所要水深)에 설치하면 준설(浚渫), 매립(埋立)이 불필요하여 시공이 신속함

▷ 석유, 석탄, 시멘트 등의 대량화물을 특별 하역기계로 취급할 수 있음

▷ 파일(Pile)인 경우 장래의 수심(水深) 증가 및 세굴(洗掘)에 대한 대처가 쉬움

단 점 ▷ 강재(鋼材)를 사용할 경우 부식(腐蝕)에 대하여 충분한 방식(防蝕)대책이 필요함

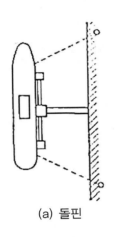

(a) 돌핀

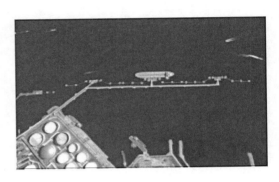

(b) 울산항 돌핀
출처: 해양수산부(2020), 항만 및 어항 설계기준

그림 4.31 돌핀 표준단면과 울산항 돌핀부두 전경

3) 하역시설

(1) 컨테이너 크레인(Container Crane)

부두의 안벽에 설치되어 선박 위에 팔(Arm)을 드리우고 컨테이너를 싣거나(적하, 積荷) 내리는(양하, 揚荷) 거대한 장비로 컨테이너를 부두로 하역하고 부두에 있는 컨테이너를 배에 선적하는 컨테이너 전용 크레인이다(사진 4.10 참조). 갠트리크레인(Gantry Crane(G/C)), 레일마운티드 키 크레인(Rail Mounted Quay Crane(RMQC)) 혹은 포테이너(Portainer) 또는 키사이드 컨테이너 크레인(Quay-side Container Crane) 등 여러 가지로 부르고 있다.

사진 4.10 부산신항 PNC 터미널의 컨테이너 크레인

(2) 트랜스퍼 크레인(Transfer Crane)

컨테이너부두의 야드에서 컨테이너를 적재시키거나 반출할 때 사용하는 하역장비로 운영방식에 따라 타이어로 움직이는 RTGC(Rubber Tired Gantry Crane)와 설치된 레일 위에서 움직이는 RMGC(Rail Mounted Gantry Crane)로 나누어진다(사진 4.11 참조). RTGC는 기동성이 뛰어나고 물동량에 따라 추가 투입이 가능하며, RMGC의 경우 동력을 전기로 전환이 가능하고 무인자동화가 쉽다.

(a) RTGC

(b) 부산신항 BNCT의 RMGC

사진 4.11 트랜스퍼 크레인

(3) 스트래들 캐리어(Straddle Carrier)

컨테이너 터미널 내에서 컨테이너를 양각(兩脚) 사이에 두고 하역을 담당하는 운전기계로 컨테이너를 상하로 들고 내릴 수 있다(사진 4.12 참조). 스트래들 캐리어는 기동성이 우수하여 사방으로 자유롭게 움직일 수 있으며, 컨테이너 야드 내에 쌓아놓은 컨테이너를 자유롭게 이동시킬 수 있다.

출처: https://www.trelleborg.com/

사진 4.12 스트래들 캐리어

(4) 야드 트랙터(Yard Tractor)

야드 내에서 야드 새시(Yard Chassis)를 연결하여 컨테이너를 이동 운송하는 데 사용되는 야드용 이동장비로서 도로 주행용 트랙터와 다른 점은 새시와 연결 시 브레이크 및 정지장치 등이 없어 도로 주행이 불가능하게 되어 있다(사진 4.13 참조).

출처: TransPower

사진 4.13 야드 트랙터

(5) 리치 스택커(Reach Stacker)

부두 또는 야드에서 컨테이너를 직접 운반하여 적재하거나 반출하는 데 사용되는 장비로 트랜스퍼 크레인을 사용할 수 없는 좁은 공간인 환경에서 컨테이너를 운반하기 위해 사용된다 (사진 4.14 참조). 유압으로 작동하는 붐(Boom)과 컨테이너를 잡는 손과 같은 스프레더 (Spreader)로 컨테이너를 5단까지 적재할 수 있다.

출처: KONECRANES

사진 4.14 리치 스택커

(6) 야드 새시(Yard Chassis)

컨테이너 크레인에 의해 하역된 컨테이너 박스를 트랜스퍼 크레인이 취급가능하도록 이송하는 중간운송장비를 말한다(사진 4.15).

출처: https://www.joc.com/trucking-logistics/trucking-equipment/new-chassis-location-speed-turn-times-cp%E
2%80%99s-chicago-yard_20190726.html

사진 4.15 야드 새시

(7) 엠티 핸들러(Empty Handler)

공 컨테이너를 이동시키기 위한 장비로 이 장비를 이용해 공컨테이너를 수직으로 적재·반출할 수 있다. 공 컨테이너는 상대적으로 가벼우므로(1TEU[20] 기준 약 2.5톤(Ton)), 리치스태커와 달리 측면에서 컨테이너를 잡고 들어 올릴 수 있다(사진 4.16 참조).

출처: https://www.kalmarglobal.com/equipment-services/masted-container-handlers/empty-container-handle
r-DCG80/

사진 4.16 앰티 핸들러

4.2.3 타이셀 블록 방파제(Tie-cell Perforated Block Breakwater, 해양 신기술 제2018-01호, 방재 신기술 제2022-22호)

1) 개요[1]

기후변화에 따른 태풍의 강대화로 인한 폭풍해일·고파랑의 증대로 방파제의 피해(활동, 전도 등)가 반복적으로 발생하고 있어 이를 복구하는 데 막대한 예산이 매년 반복적으로 소요되고 있다. 이것은 지구온난화에 따른 평균해수면 상승 또는 태풍 강대화와 같은 자연적인 요인이 주원인이지만, 방파제 본체의 구조적 문제도 있다. 기존의 직립소파 블록제와 케이슨식·블록식 혼성제 방파제인 경우 블록 구조체(構造體) 간 결합 없이 개별적으로 기초사석 마운드 상부에 놓인 후 상치 콘크리트로 구속된 형태를 가져 중력식(重力式) 옹벽(擁壁)처럼 자체 중량(W)과 그로

---

20) TEU(Twenty Foot Equivalent Unit): 컨테이너의 규격에는 그 길이에 따라 20피트(ft), 40피트, 45피트, 48피트, 50피트 등이 있는데 20피트짜리 컨테이너 하나를 1TEU라고 하며(따라서 40피트 컨테이너는 2TEU가 된다.), 세계적으로 컨테이너와 관련된 모든 통계의 기준으로 사용되고 있다.

인한 마찰력(μW, μ : 기초사석과 콘크리트와의 마찰계수)으로 수평파력(P)에 저항하는 메커니즘을 가지고 있다(바다인 경우는 상향(上向)으로 부력(B)·양압력(U)이 작용한다. 그림 4.32 참조).

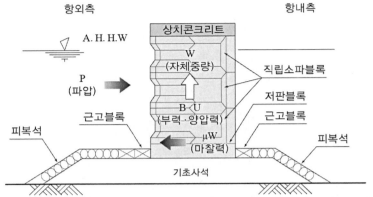

출처: ㈜ 유주(2021), http://www.yujoo.co.kr/default/로 부터 일부 수정

그림 4.32 블록식 혼성제의 저항 메커니즘

그러나 지금까지는 태풍 내습 시 폭풍해일·고파랑 증대로 지속적인 피해를 받으면 외력에 대한 안정성을 키우기 위하여 파압(波壓)을 감소시키는 테트라포드 등과 같은 소파블록을 블록식 구조물을 앞면에 설치하거나 블록식 구조체 단면의 증가로 인한 중량을 키워 마찰력을 증가시키는 방법을 적용하고 있다(Burcharth, 1993 ; Chegini, 2011). 그러나 기후변화에 따른 태풍의 강대화로 인한 폭풍해일·고파랑 증대와 같은 큰 외력이 기존 소파블록 피복제(본체는 블록식)에 작용하는 경우 사진 4.17에서 볼 수 있는 바와 같이 개별 구조체의 활동이 쉽게 발생하여 블록식 본체가 파괴되는 경향이 있다. 그것은 블록 상호의 결합이 충분하지 못하므로 수평력이나 양압력에 의한 활동에 취약하고, 블록 하부지반의 부등침하와 같은 지반조건 변화 시 블록 간 이격(離隔)으로 인한 틈새 발생이 쉽기 때문이다.

출처: ㈜ 유주(2021), http://www.yujoo.co.kr/default/

사진 4.17 고파랑(왼쪽) 또는 월파(오른쪽)로 피해를 본 기존 소파블록 피복제

항만 및 어항설계기준 KDS 64 00 00(해양수산부, 2017)에서 적용하는 중력식 방파제의 직립부에 대한 활동 안전성(F_S)은 직립부의 중량(W), 직립부에 작용하는 부력(B)·양압력(U)과 직립부에 작용하는 수평파력(P)에 대한 비로써 나타내며 마찰면의 재질(μ : 콘크리트와 사석의 경우 0.6을 적용)에 따라 마찰계수(μ)를 곱하여 산정한다($F_S \leq \dfrac{\mu\,(W - B - U)}{P}$, 그림 4.32 참조). 따라서 연직력이 고정된 상태에서 작용하는 수평파력이 증가하는 경우 안전율이 줄어들어 활동 안정성이 감소한다. 즉, 활동 안정성의 증가를 위해서는 작용하는 커진 수평파력에 대하여 연직력을 증대(중량증가)시켜야 하며, 이러한 경우 단면 폭의 증가가 필요하다. 최근에 이런 블록식 방파제의 단점을 보완하고 경제적인 설계가 가능한 타이셀 블록 방파제에 대한 관심이 증가하고 있다. 타이셀 블록 방파제는 개별블록을 수중에서 현장타설 콘크리트 기둥 형상의 관통결속체로 일체화함으로써 고중량(高重量)의 단일화된 방파 구조물을 형성하여 기존방파제보다 구조적으로 안정화된 형태의 방파제이다. 따라서 이 방파제는 케이슨식 방파제와 블록식 방파제의 장점을 결합한 공법으로서 각 블록을 수중에서 상하좌우로 결속하여 활동 저항성이 우수하며, 짧은 공사기간과 여러 형태의 구조물 시공이 가능하여 기존 혼성식 방파제의 대체 공법으로 다양한 현장(부산 강서구 대항항, 부산 기장군 월내항, 부산 강서구 동선항 등)에 적용하였다(사진 4.18 참조)

출처: ㈜ 유주(2021), http://www.yujoo.co.kr/default/

사진 4.18 타이셀 블록 방파제 시공사례

2) 작동 메커니즘

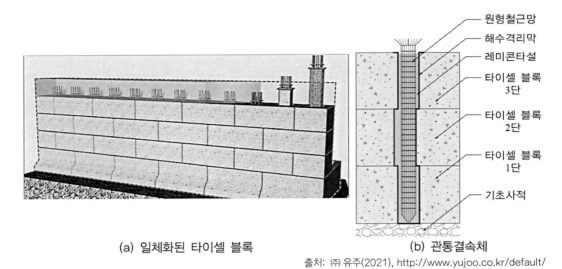

(a) 일체화된 타이셀 블록   (b) 관통결속체

출처: ㈜유주(2021), http://www.yujoo.co.kr/default/

그림 4.33 타이셀 블록 방파제의 일체화된 타이셀 블록 및 해수격리막을 사용한 관통결속체 그림

타이셀 블록 방파제는 해수격리막(海水隔離膜)을 사용하여 철근콘크리트 기둥의 강도발현(强度發顯) 및 철근의 부식을 방지하는데, 철근콘크리트 기둥과 상치 콘크리트의 일체화(관통결속체(貫通結束體)로 연결한다.)시켜 빈번한 고파랑 내습지역에서도 내구성이 우수하다(그림 4.33 참조). 따라서 기후변화로 인한 평균해수면 상승 또는 태풍의 강대화에 따른 폭풍해일 및 고파랑 증대에 잘 대응할 수 있는 항만구조물이다. 그리고 우리나라에서 가장 많이 시공된 기존의 소파블록 피복제, 블록식 혼성제나 케이슨식 혼성제와는 달리 블록으로 구성되어 기후변화로 인한 평균해수면 상승에 대한 마루고(Crest Height) 증고(增高)가 다른 방파제보다 용이하며, 여러 모양의 방파제 구현이 가능하다. 또한, 소규모 어항부터 대규모 컨테이너 항만까지 모든 항만구조물에 응용될 수 있는 원천 기술이다(그림 4.34 참조).

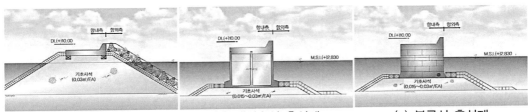

(a) 소파블록 피복제	(b) 케이슨식 혼성제	(c) 블록식 혼성제
• 추락사고로 인한 인명피해 많음	• 고가의 공사비 소요됨	• 태풍에 취약함
• 테트라포드 내부공간에 쓰레기 축적됨.	• 얕은 수심은 시공이 곤란함	• 이상파랑 내습 시 블록 이탈함
• 이상파랑 내습 시 피복재 이탈함	• 장기간의 공사기간이 필요함	• 소규모 시설에 적합함
• 대수심일 경우 비경제적임	• 대형 설비와 장비가 투입됨	• 단순 적층식 구조로 일체성 결여
		• 정밀시공에 불리함

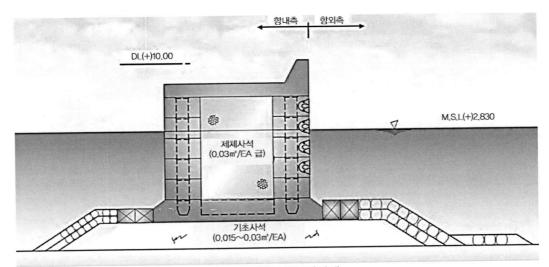

(d) 타이셀 블록 방파제

• 기후변화로 인한 평균해수면 상승 또는 폭풍해일·고파랑 증대에 증고(마루고 등)가 쉬워 기후 대응에 우수함,

• 공사비 절감함

• 소형장비로 시공 가능함

• 수중에서 관통결속체로 결속되어 일체화로 인한 단일 구조체임

• 뛰어난 심미성(審美性)을 가짐

• 다양한 형태 가능함

출처: ㈜ 유주(2021), http://www.yujoo.co.kr/default/

그림 4.34 기존 방파제((a), (b), (c))와 타이셀 블록 방파제(d)과의 비교

3) 특징

(1) 구조물의 안정성 우수

타이셀 블록 방파제는 관통결속체로 격자블록의 상하좌우를 결속함으로써 블록 전체를 일체화시켜 하나의 구조체로 거동(擧動)하고, 소파기능(消波機能)이 있는 회파블록과 함께 사용함으로써 기후변화에 따른 태풍의 강대화 시 폭풍해일 증가, 고파랑 및 월파 증대 또는 지진해일 내습 등과 같은 이상외력(異常外力) 시에도 안정성이 높다. 또한, 타이셀 블록과 현장콘크리트 말뚝의 복합구조물로 동일 중량의 기존 블록보다 안전율을 대폭 증가시킬 수 있다(그림 4.35 참조).

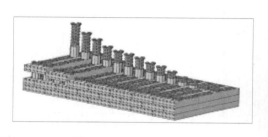

(a) 관통결속체로 일체화된 타이셀 블록

(b)타이셀 블록 시공사진

출처: ㈜ 유주(2021), http://www.yujoo.co.kr/default/

그림 4.35 일체화시킨 타이셀 블록

① 모형실험을 통한 타이셀 블록 구조체의 수평저항력 평가[2]

타이셀 블록은 각 블록을 관통결속체로 결속한 구조체로 활동 저항성이 매우 우수한 특징을 가지고 있다. 따라서 이를 검증하고자 실내모형실험을 통해 관통결속체가 블록 내에 관입(貫入)된 타이셀 블록의 수평저항력을 확인하였는데(사진 4.19 참조), 관통결속체가 관입된 타이셀 블록의 수평저항력이 마찰저항력 대비 약 100배 증가를 확인할 수 있었다(표 4.2, 표 4.3 참조). 그리고 관통결속체의 수평저항력은 블록의 상재하중에 상관없이 거의 일정하게 나타났다. 관통결속체가 분담하는 수평저항력은 블록과 블록 사이의 마찰이 담당하는 수평저항력 증감에 따라 변화하였다. 관통결속체를 두 개 관입시킨 실험에서는 단일 관통결속체를 사용한 경우보다 전반적으로 수평저항력이 크게 나타났으나 관통결속체의 저항거동은 다르게 나타났다.

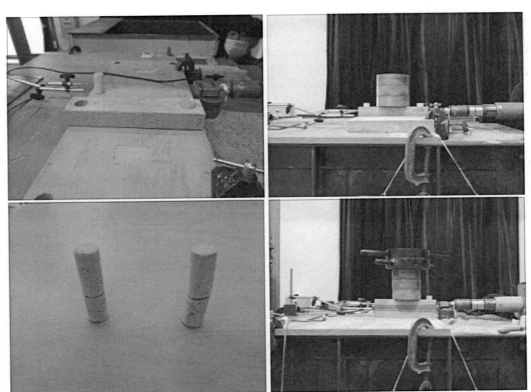

| (a) 말뚝(관통결속체) 단독 파괴실험 | (b) 블록(테프론)−말뚝(관통결속체)−블록 상재하중 실험 |

출처 : 김태형·김지성·최주성·강기천(2020), 모형실험을 통한 타이셀소파블록 구조체의 수평저항력 평가, 한국지반공학회논문집 제36권 12호, pp.87~97.

사진 4.19 실내모형실험을 통한 관통결속체의 파괴 시 저항력 검토

표 4.2 블록과 블록(테프론)의 마찰계수(실내실험결과)

구분	상재하중(N)	최대저항력(N)	마찰계수	평균
블록과 블록사이의 마찰계수	16.88	9.76	0.58	0.58
		9.90	0.59	
		9.77	0.58	
		9.77	0.58	
		9.8	0.58	
테프론 마찰계수	16.88	2.82	0.17	0.17

출처: 김태형·김지성·최주성·강기천(2020), 모형실험을 통한 타이셀 소파블록 구조체의 수평저항력 평가, 한국지반공학회논문집 제36권 12호, pp.87~97.

표 4.3 단일 관통결속체의 수평저항력(블록 단독)(실내모형실험결과)

연번	(A): 전체수평저항력(N)	(B): 마찰저항력(N) (상재하중 16.88N×마찰계수 0.58)	관통결속체의 수평저항력(N) [(A)−(B)]	평균(N)
1	1025.18		1015.39	
2	1056.34	9.79	1046.55	1015.45
3	994.21		984.42	
평균	1036.46			

출처: 김태형·김지성·최주성·강기천(2020), 모형실험을 통한 타이셀 소파블록 구조체의 수평저항력 평가, 한국지반공학회논문집 제36권 12호, pp.87~97.

② 비 구속된 관통결속체보다 구조적 성능이 우수한 구속관통결속체(타이셀 블록)

관통결속체를 콘크리트 블록과 결속시켜 제작된 타이셀 블록의 일체화 여부를 판단하기 위해 구속·비구속 조건에서 관통결속체의 휨강도 시험을 실시하였다(그림 4.36 참조).

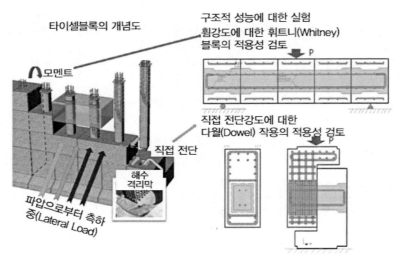

출처: Kyeongjin Kim, Sungwoo Park, Meeju Lee, Jaeha Lee, An experimental study of RC pile encased by precast RC blocks for developing integrated precast breakwater system, Ocean Engineering(2022)

그림 4.36 타이셀 블록에 대한 구조적 성능 실험

휨강도 시험에서는 비구속 시험체(관통결속체만 시험체로 인정)에 비하여 구속시험체(관통결속체를 콘크리트블록과 결속(타이셀 블록))의 성능이 월등히 높은 것(일체화된 시험체의 성능과 비슷하다.)으로 확인되어 타이셀 블록의 구조적 성능이 우수한 것으로 검증되었다. 따라서 휨강도 산정 시 관통결속체뿐만 아니라 콘크리트 블록의 기여도를 반드시 고려하여 과다설

계가 되지 않도록 해야 할 것이다(그림 4.37, 그림 4.38 참조).

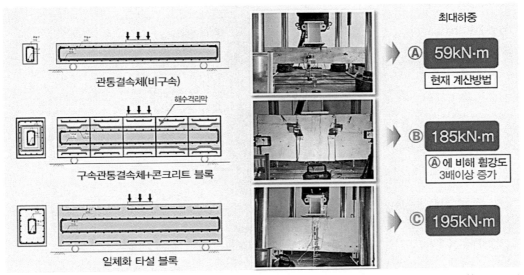

출처: Kyeongjin Kim, Sungwoo Park, Meeju Lee, Jaeha Lee, An experimental study of RC pile encased by precast RC blocks for developing integrated precast breakwater system, Ocean Engineering(2022)

그림 4.37 타이셀 블록에 대한 비구속·구속 시험체의 휨강도 실험

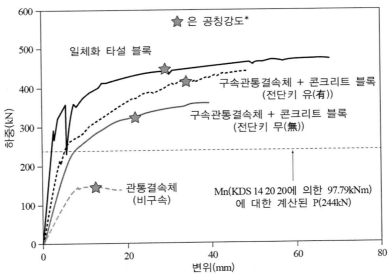

*공칭강도(公稱强度,Nominal Strength): 구조부재의 하중에 대한 저항능력으로 현장실험 또는 축소모형 실험으로부터 유도된 공식과 규정된 재료강도 및 부재 치수를 사용하여 계산한 값을 말함.

출처: Kyeongjin Kim, Sungwoo Park, Meeju Lee, Jaeha Lee, An experimental study of RC pile encased by precast RC blocks for developing integrated precast breakwater system, Ocean Engineering(2022)

그림 4.38 타이셀 블록에 대한 비구속·구속 시험체의 휨강도 실험결과로부터 구한 하중－변위 곡선

③ 내진성능 우수[3]

출처: 김효건·김상기·김창일(2018), 진동대 시험을 이용한 타이셀 케이슨과 기존 블록과의 내진성능 비교, 한국해안·해양공학회
학술발표논문집(2018), pp.1~4.

사진 4.20 2017년 11월 15일 포항지진 시 발생한 컨테이너부두의 에이프런21) 내 크랙

우리나라에서는 2016년 9월 12일 경주에서 규모 5.8의 지진이 발생한 데 이어 2017년 11월
15일 포항에서 역대 두 번째 규모 5.4의 지진이 발생하면서, 우리나라도 지진 발생의 안전지대
가 아니라는 인식을 갖게 되었다. 특히 포항에서 발생한 지진피해 중에서 영일만(迎日灣)항 일
반 및 컨테이너 부두 안벽이 최대 10cm까지 침하되었고, 컨테이너부두 내 에이프런이 약 6cm
이격(離隔)된 현상이 발생하기도 하였다(사진 4.20 참조). 따라서 중력식 안벽구조물의 합리적
이고 경제적인 내진설계를 위해서는 다양한 내진보강공법에 대해 내진성능을 평가하는 것이
필요하다. 기존 내진설계는 동적인 지진하중의 영향을 정적으로 환산하여 단순히 구조물의 안정
성 검토만을 수행해왔으며, 직접적인 진동대22) 실험을 통해 내진성능을 검증한 실험은 부족한
실정이다. 그러나 기존 중력식 안벽구조물과 관통결속체로 블록들을 일체화시킨 타이셀 블록
형식의 안벽구조물에 대한 진동대 실험을 수행한 결과 다음과 같은 결론을 구하였다(사진 4.21
참조).

---

21) 에이프런(Apron): 선박이 접안하는 부두 안벽에 접한 야드(Yard)부분에 일정한 폭을 가지고 안벽과 평행하게 뻗어 있는 하
    역작업을 위한 공간으로서 부두에서 바다와 가장 가까이 접한 곳이며 폭은 30~50m 정도이다.
22) 진동대(振動臺, Vibration Table): 목표로 하는 진동을 인공적으로 일으킬 수 있는 장치를 갖춘 작업대로 그 위에 구조물 등
    의 모형을 설치해서 그 동적 거동을 조사한다.

(a) 진동대

(b) 일체화 거동으로 손상 없음(타이셀 블록)

(c) 부분파손 및 이격 발생(직립형 콘크리트 블록)

출처: 김효건·김상기·김창일(2018), 진동대 시험을 이용한 타이셀 케이슨과 기존블록과의 내진성능 비교, 한국해안·해양공학회 학술발표논문집, pp.1~4.

사진 4.21 내진성능실험((a), (b) 실험 전, (c) 실험 후)

- 응답가속도 이력의 경우 기존 블록형식 구조물에 비교하여 타이셀 블록 안벽구조물의 응답 값(진폭)이 상대적으로 크게 발생하였는데, 이는 구조물의 일체화에 따라 강성(剛性)이 증가하였기 때문이므로 예상된 결과이다.

- 타이셀 블록 안벽 구조물은 지점 조건의 이격에 따른 값을 제외하고 잔류변형이 실험종료 때까지 발생하지 않았으나, 기존 블록형식 구조물의 경우 지진파의 증가에 따라 잔류변형이 0.5mm서 9.5mm까지 급격하게 발생하였다. 이는 전체 구조계의 일체화가 부족하여 상부와 하부 및 측면 블록이 개별적으로 거동한 결과로 판단된다.

- 각 구조물에 대해 실험 중 횡 방향 거동과 최종 파손상태를 육안으로 확인한 결과, 타이셀 블록 안벽구조물은 일체로 거동하고 실험 종료 후에도 파손이 없는 것으로 확인되었으나, 기존 블록 형식 구조물은 가진 중 상부와 하부 및 측면 블록이 개별적으로 거동하여 블록 간의 이격이 발생하였고 상당 부분 국부적 파손이 발생한 것을 확인할 수 있었다.

④ 마루고(Crest Height) 증고(增高) 용이

타이셀 블록은 블록 형식으로 기후변화에 따른 평균해수면 상승 또는 태풍의 강대화로 인한 폭풍해일·고파랑 증대 시 관통결속체와 블록만의 연결에 따른 마루고의 증고가 기존 공법(구조물 전폭(全幅)을 증고시켜야 한다.)보다 용이(容易)한 동시에 강한 파력에 저항할 수 있다(그림 4.39 참조).

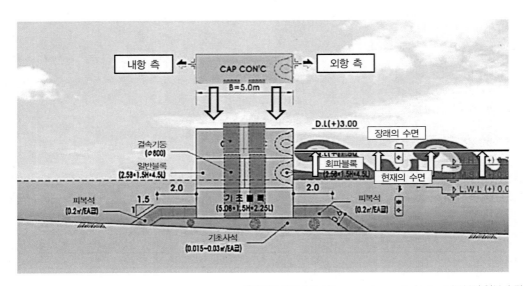

출처: ㈜ 유주, http://www.yujoo.co.kr/default/로부터 일부 수정

그림 4.39 타이셀 블록 방파제의 마루고 증고

(2) 기존 공법보다 월등한 경제성 보유

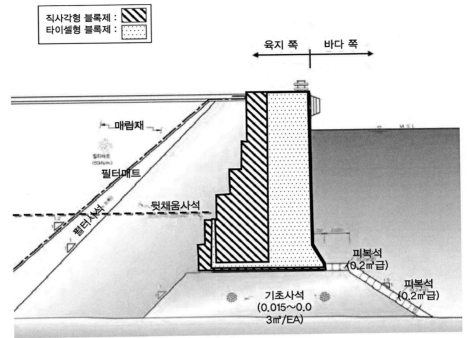

(a) 직사각형 블록제(중력식 안벽) 대비 20% 면적 감소

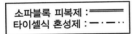

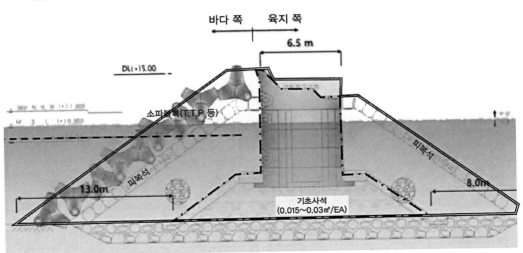

(b) 소파블록 피복제(방파제) 대비 60% 면적 감소

출처: ㈜ 유주(2021), http://www.yujoo.co.kr/default/

그림 4.40 타 공법 직사각형 블록제 안벽(빗금(상단: 면적은 타이셀 블록 포함)) 및 소파블록 피복제(이중 선(하단))과 타이셀 블록 공법(점(상단), 일점쇄선(하단)) 면적 비교

타이셀 블록 방파제는 독립적인 콘크리트 블록을 관통결속체를 통해 일체화함으로써 단일구조물로 형성되고, 이를 통해 기존 공법 대비 적은 중량으로 단면 축조가 가능하여 공사비를 절감할 수 있다. 즉, 타이셀 블록은 안벽인 경우 직사각형 콘크리트 블록제 대비 20% 면적 감소(관통결속체를 통한 안정성 확보로 필요 없어진 직사각형 블록 면적), 방파제인 경우 소파블록(테트라포드 등) 피복제 대비 60% 면적 감소(관통결속체를 통한 안정성 확보로 필요 없어진 소파블록, 피복석 및 기초사석 면적)를 가져온다(그림 4.40 참조).

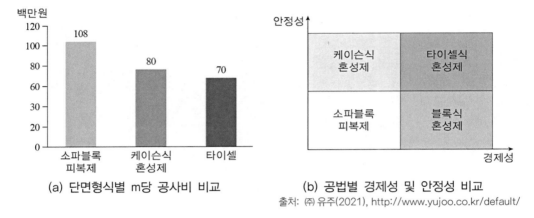

(a) 단면형식별 m당 공사비 비교　　　　　(b) 공법별 경제성 및 안정성 비교

출처: ㈜유주(2021), http://www.yujoo.co.kr/default/

그림 4.41 타 공법과 타이셀 블록 공법과의 공사비 및 경제성·안정성 비교

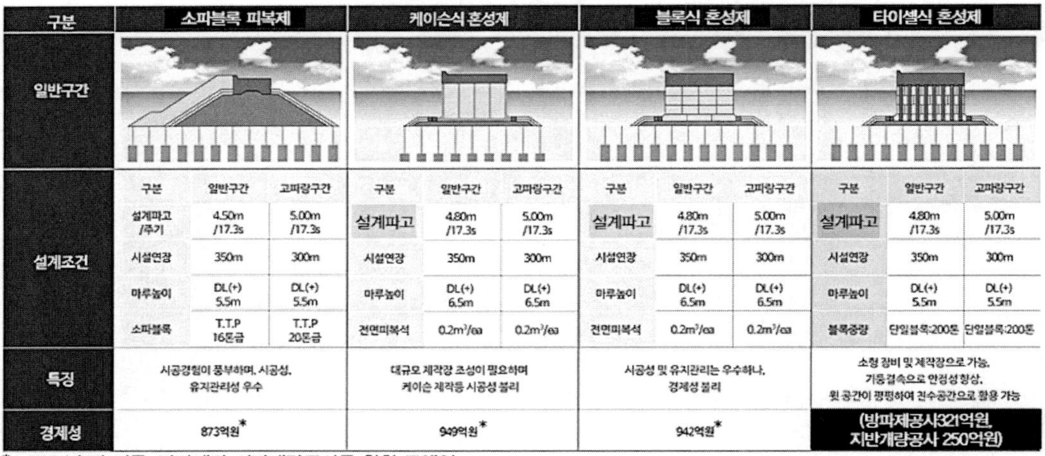

구분	소파블록 피복제			케이슨식 혼성제			블록식 혼성제			타이셀식 혼성제		
일반구간												
설계조건	구분	일반구간	고파랑구간	구분	일반구간	고파랑구간	구분	일반구간	고파랑구간	구분	일반구간	고파랑구간
	설계파고/주기	4.50m/17.3s	5.00m/17.3s	설계파고	4.80m/17.3s	5.00m/17.3s	설계파고	4.80m/17.3s	5.00m/17.3s	설계파고	4.80m/17.3s	5.00m/17.3s
	시설연장	350m	300m	시설연장	350m	300m	시설연장	350m	300m	시설연장	350m	300m
	마루높이	DL(+)5.5m	DL(+)5.5m	마루높이	DL(+)6.5m	DL(+)6.5m	마루높이	DL(+)6.5m	DL(+)6.5m	마루높이	DL(+)5.5m	DL(+)5.5m
	소파블록	T.T.P 16톤급	T.T.P 20톤급	전면미복석	0.2m³/ea	0.2m³/ea	전면미복석	0.2m³/ea	0.2m³/ea	블록중량	단일블록:200톤	단일블록:200톤
특징	시공경험이 풍부하며, 시공성, 유지관리성 우수			대규모 제작장 조성이 필요하며 케이슨 제작등 시공성 불리			시공성 및 유지관리는 우수하나, 경제성 불리			소형 장비 및 제작장으로 가능. 기중결속으로 안정성 향상, 윗 공간이 평평하여 친수공간으로 활용 가능		
경제성	873억원*			949억원*			942억원*			(방파제공사321억원, 지반개량공사 250억원)		

*: 2021년 값 기준, 방파제와 지반개량공사를 합한 금액임.

출처: ㈜유주(2021), http://www.yujoo.co.kr/default/

그림 4.42 타 공법과 타이셀 블록 공법과의 공법별 경제성 비교안

따라서 단면형식별 미터(m)당 공사비에서도 소파블록 피복제는 108백만 원/m, 케이슨식 혼성제는 80백만 원/m에 대비해 타이셀 블록 방파제는 70백만 원/m으로 경제성 및 안정성 측면에서 기존 공법에 비교하여 우수하다(그림 4.41 참조). 그림 4.42는 동일 설계파(파고, 주기) 아래에서의 동일 연장(延長)에 대한 타 공법(소파블록 피복제, 케이슨식 혼성제, 블록식 혼성제)과 타이셀 블록 공법과의 공법별 경제성 비교한 그림이다. 타이셀식 혼성제(571억 원)는 타 공법인 소파블록 피복제인 경우보다 302억 원(타이셀식 혼성제의 공사비 대비 53% 해당), 케이슨식 혼성제인 경우보다 378억 원(타이셀식 혼성제의 공사비 대비 66% 해당) 및 블록식 혼성제인 경우보다 371억 원(타이셀식 혼성제의 공사비 대비 64% 해당)을 절감할 수 있어 경제성이 매우 우수하다.

(3) 시공오차(施工誤差)가 없어 다양한 수심에서 여러 형상을 구현할 수 있어 경관성 우수

타이셀 블록 공법은 관통결속체에 의해 각 타이셀 블록들이 상하좌우로 수중에서 결속되어 파랑에 대한 확실한 안정성을 확보할 수 있다. 타이셀 블록 제작 시 경미한 오차(제작오차)가 있을 수도 있어 수중에서 거치를 하게 되므로 오차(시공오차)도 발생할 수 있지만, 이러한 오차의 해결방안은 다음과 같다(그림 4.43 참조).

• 첫째, 격자 홀보다 30% 작게 사각 철근망을 제작하여 시공한다.
• 둘째, 관통결속체 설계 시 구조검토 상의 직경을 30% 크게 설계하여 시공오차가 발생하더라도 구조적 안정성에 이상이 없도록 설계한다.
• 셋째, 타이셀 블록의 제작 및 거치(据置) 시 허용오차가 발생하더라도 사각 철근망이 격자홀보다 30% 작으므로 근입에 문제가 없으며 해수격리막이 콘크리트 타설 시 콘크리트 중량으로 인한 측압(側壓)으로 격자 홀 측면에 밀착시공(密着施工)되어 타이셀 블록들을 확실히 결속시킨다.

그러므로, 타이셀 블록은 관통결속체로 파력에 대한 안정성 문제를 해결하며 기존방파제(대규모 케이슨, 콘크리트 블록 등)와 비교하여 소규모 블록을 엇갈리게 쌓아 올리는 과정에서 기존의 방파제와 달리 다양한 방파제 형상의 구현이 가능하다. 즉 경관성(景觀性)이 우수하여 테트라포드로 일색(一色)이던 우리나라의 각 연안에 특색 있는 연안공간을 창출할 수 있고 관광자원화시킬 수 있다(그림 4.44 참조).

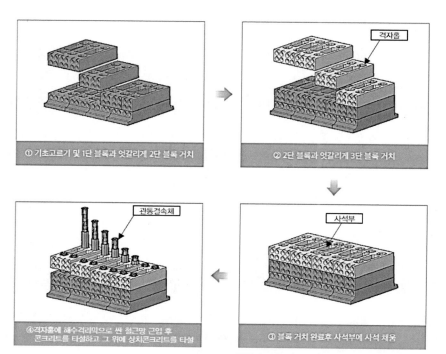

출처: ㈜ 유주(2021), http://www.yujoo.co.kr/default/

그림 4.43 타이셀 블록 공법의 시공 순서도

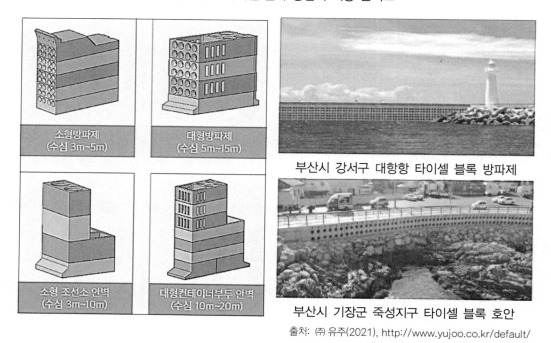

부산시 강서구 대항항 타이셀 블록 방파제

부산시 기장군 죽성지구 타이셀 블록 호안

출처: ㈜ 유주(2021), http://www.yujoo.co.kr/default/

그림 4.44 다양한 수심에서 여러 형상을 구현할 수 있어 경관성이 우수한 타이셀 블록 공법

(4) 파력(波力)의 평활화(平滑化) 기대

　방파제에 작용하는 본체폭(本體幅)은 주로 방파제에 작용하는 파력의 크기로 결정되는데, 기존 방파제 설계에서는 파력 최대치가 본체 전체에 작용하는 외력 조건을 가정하여 본체폭을 산정한다. 그러나 실제로는 파가 방파제의 본체 앞면에서 직각으로 입사하는 경우일지라도 파력은 본체에 위상차[23]를 가지면서 작용하는데, 실제 본체 전체에 작용하는 파력 최대치는 위상차로 인하여 본체 전체에 작용하는 경우의 파력보다 적으므로 이를 '파력의 평활화 효과'라고 부르며 본체길이가 길수록 그 효과는 커지는 경향이 있다(그림 4.45 참조). 타이셀 블록 방파제는 관통결속체에 의해 각 타이셀 블록들이 상하좌우로 수중 및 수상에서 완전히 결속되어 하나의 구조체로 거동한다. 즉, 타이셀 블록을 하나의 구조체로 장대화(長大化)가 가능하여 본체에 작용하는 파력의 평활화 효과를 기대할 수 있어 결과적으로 기존 공법(소파블록 피복제, 케이슨식 혼성제 등)에 비교하여 본체 단면을 작게 할 수 있는 장점이 있다.

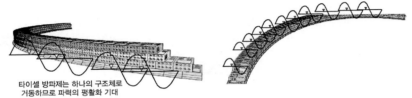

타이셀 방파제는 하나의 구조체로
거동하므로 파력의 평활화 기대

출처: ㈜ 유주(2021), http://www.yujoo.co.kr/default/

그림 4.45 타이셀 블록 방파제의 일체화 및 장대화에 따른 파력의 평활화 효과(파랑의 위상차)

(5) 무들고리 공법(건설 신기술 제825호)을 이용한 시공성 및 친환경성 향상

① 개요

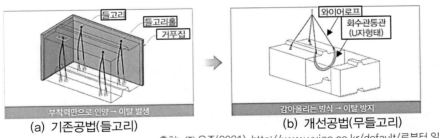

(a) 기존공법(들고리)　　　　　　(b) 개선공법(무들고리)

출처: ㈜ 유주(2021), http://www.yujoo.co.kr/default/로부터 일부 수정

그림 4.46 콘크리트 블록 인양 시 기존공법(들고리)과 개선공법(무들고리)의 개념도

---

23) 위상차(位相差, Phase Difference): 파랑의 진행을 원운동에 대응시켜서 나타낸 값을 위상(Phase)이라고 하고, 이러한 위상값의 차이를 위상차라고 하는데, 중첩되는 파랑의 위상차 때문에 세기의 변화가 나타나는 것이 간섭 현상이다.

무들고리 공법은 타이셀 블록(외에 모든 콘크리트 블록에 응용가능) 인양 시 부착력으로 인양하는 기존공법인 들고리 공법과는 달리 재활용이 가능한 끝단이 없는 와이어로프(Wire Rope, 무들고리)를 사용한다. 이 공법은 콘크리트 블록에 회수관통관(回收貫通管)을 U자 형태로 설치하여 와이어로프를 삽입하여 거치하고 와이어로프를 회수하여 재활용할 수 있도록 개발된 공법이다. 그러므로, 타이셀 블록의 인양 및 거치 후 관통결속체에 콘크리트 타설을 한 후 와이어로프를 회수하고, 회수관통관 캡(Cap)을 닫으면 이물질 침투를 방지하고 와이어로프를 재활용할 수 있다(그림 4.46 참조).

② 구조적 안전성 및 경제성 확보

기존공법인 들고리 공법은 부착력으로만 인양하며 이탈(離脫)로 인한 안전성 향상이 어렵다. 이에 반해 무들고리 공법은 반구형(半球形)으로 감아올린 형태여서 안전성 향상이 가능하다. 시공적인 측면에서 블록 제작 시 회수관통관(U자 형태)의 중량이 가벼워 거푸집 안에 설치하여 제작하기 쉬우며 반구형(半球形)으로 감아올리는 형태이기 때문이다. 이 공법은 중량물인 와이어로프 절단·가공 과정 및 들고리 박스 설치가 불필요하다(사진 4.22 참조). 또한, 들고리 공법은 와이어로프를 1회 인양 후 블록 속에 사장(死藏)되나, 무들고리 공법은 와이어로프를 재활용하므로 경제성이 높다(사진 4.23 참조).

출처: ㈜ 유주(2021), http://www.yujoo.co.kr/default/

사진 4.22 기존공법(왼쪽, 들고리)과 개선공법(오른쪽, 무들고리)의 비교

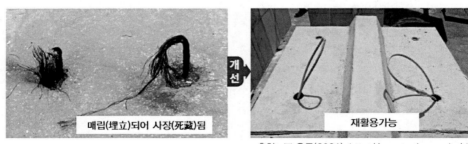

출처: ㈜ 유주(2021), http://www.yujoo.co.kr/default/

사진 4.23 기존공법(왼쪽, 들고리)과 개선공법(오른쪽, 무들고리)의 비교

③ 탄소 배출량이 적어 친환경성 및 품질성 확보

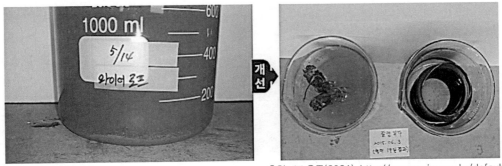

출처: ㈜ 유주(2021), http://www.yujoo.co.kr/default/

사진 4.24 기존공법(왼쪽, 들고리)과 개선공법(오른쪽, 무들고리)의 해수오염 비교

기존 공법인 들고리공법은 거치 후 블록 속에 철 성분인 와이어로프의 내용연수(약 50년) 동안 부식(腐蝕)으로 녹물을 발생시켜 해수오염(海水汚染)을 유발할 수 있으나, 개선공법인 무들고리 공법은 와이어로프를 제거하고 캡을 설치하므로 철 성분이 존재하지 않아 녹이 발생하지 않아 해수오염이 없다(사진 4.24 참조). 또한, 들고리공법은 2년 이상 지나면 부식으로 인해 와이어의 강도가 손상되어 재인양(再引揚)이 불가능하나, 무들고리 공법은 회수관통관의 캡을 열고 로프를 설치하면 10년 또는 20년 뒤에도 재인양이 가능하다(사진 4.25 참조).

출처: ㈜ 유주(2021), http://www.yujoo.co.kr/default/

사진 4.25 기존공법(왼쪽, 들고리)과 개선공법(오른 쪽, 무들고리)의 품질성 비교

그리고 기후변화를 초래하며 지구온난화를 가중시키는 주범인 탄소 배출량도 무들고리 공법이 들고리 공법의 1/19배로 저감시켜 '탄소중립'[24]을 실천하는 공법이다(표 4.4 참조).

---

24) 탄소중립(炭素中立, Carbon Neutral): 이산화탄소를 배출한 만큼 이산화탄소를 흡수하는 대책을 세워 이산화탄소의 실질적인 배출량을 '0'으로 만든다는 개념이다.

표 4.4 들고리공법과 무들고리공법의 탄소배출량 비교

시험항목	단위	산출식		기존공법(들고리)	개선공법(무들고리)
단면	–	–		ϕ25mm	ϕ80mm
면적	m^2	반지름^2×π	지름×두께×π	0.00049	0.00048
소요량(길이)	m			12.48	7
부피	m^3	면적×소요량		0.0061	0.0034
비중	–	재료의 물성값		7.85	0.96
무게	kg	부피×비중		47.9	3.2
탄소 배출계수	kg CO_2/kg	한국산업기술원 자료참조		2.34	1.83
탄소배출량	kg CO_2	무게×탄소배출계수		112.08	5.86
차이	나무 1/4그루가 흡수하는 이산화탄소에 해당			0.706kg CO_2	
비교	배			19.12	1

출처: ㈜유주(2021), http://www.yujoo.co.kr/default/

(6) 시공 안전성 확보 및 시공 소요 기간 단축으로 공기 절감

출처: ㈜유주(2021), http://www.yujoo.co.kr/default/

사진 4.26 기존 콘크리트 블록 거치 장면(거치 시 손끼임 사고 발생위험 큼, 정밀시공 곤란 등)

기존의 콘크리트 블록 거치(据置) 시 문제점은 흐린 수중(水中) 시야(視野)에서 작업을 할 경우 블록에 잠수부의 손끼임 사고 발생의 위험이 있고, 잠수부가 블록을 손으로 더듬어 거치해야 하므로 정밀시공이 곤란하였다(사진 4.26 참조). 따라서 기존 콘크리트 블록의 거치 기간은 1일 약 6개로 길이가 짧고 제작 수량의 한계가 있었다. 그러나 타이셀 블록은 거치 시 카메라, 거치 가이드+조금구(Guide Frame), 여러 개의 모니터 등으로 구성된 블록 설치 시스템을 사용

하여 블록 시공이 가능하므로 잠수부의 안전성 확보와 손끼임 사고, 인명사고 등을 미연(未然)에 방지하면서 정밀시공을 할 수 있다. 조금구 및 거치가이드 등을 활용한 블록 설치 시스템은 블록의 수중거치 시 기존공법 대비 2~3배 속도로 시공 소요 기간을 단축시키는 효과가 있다. 또한, 여러 개의 모니터를 동시에 작동하면서 시공하므로 크레인 기사, 현장 감독자 및 건설사업 관리기술인 등 모든 현장작업자가 보면서 시공할 수 있어 안전사고를 미리 예방할 수 있다 (사진 4.27 참조). 타이셀 블록의 실제로 1일 약 20개 정도를 거치 시공하였고, 타이셀 블록의 길이가 기존 콘크리트 블록보다 상대적으로 길며, 잠수부 없이 설치하였다(사진 4.28 참고).

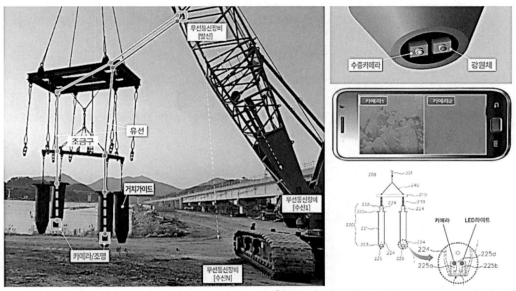

출처: ㈜ 유주(2021), http://www.yujoo.co.kr/default/

사진 4.27 타이셀 블록의 블록 설치 시스템

사진 4.28 블록설치시스템을 이용한 타이셀 블록의 실제 거치장면(부산 강서구 대항항)

4) 타이셀 블록 방파제 시공순서(사진 4.29 참조)

① 거푸집 제작　　　　　　　② 콘크리트 블록 제작

③ 콘크리트 블록 선적 및 운반　　　④ 콘크리트 블록 거치

사진 4.29 타이셀 블록 방파제 시공순서(부산 강서구 동선항)

④ 콘크리트 블록 거치

⑤ 사석 채움

⑥ 현장타설 관통결속체 설치

⑦ 방파제 설치 완료

출처: ㈜유주(2021), http://www.yujoo.co.kr/default/

사진 4.29 타이셀 블록 방파제 시공순서(부산 강서구 동선항)(계속)

5) 타이셀 블록 응용공법

(1) 천공(穿孔) 타이셀 블록 공법

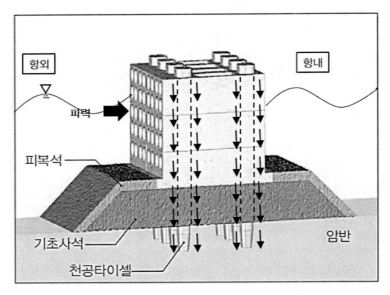

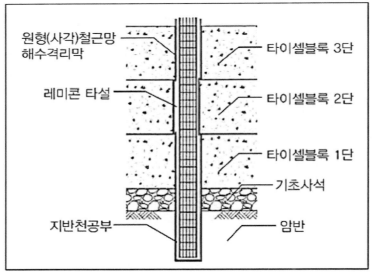

출처: ㈜유주(2021), http://www.yujoo.co.kr/default/로부터 일부 수정

그림 4.47 천공 타이셀 블록공법의 개념도(상단) 및 관통결속도(하단)

천공 타이셀 블록 공법은 타이셀 블록 공법을 응용하여 블록을 지반과 일체화시킨 공법으로
증대된 안정성을 바탕으로 블록 구조물의 소형화가 가능하므로 경제적이다. 즉, 이 공법은 타

이셀 블록 공법의 가장 큰 특징인 관통결속체(현장타설말뚝)를 블록뿐만 아니라 기초사석층과 지반(주로 암반층(巖盤層))에까지 근입(根入)시켜 구조물 본체와 일체화시킴에 따라 수평력인 파력이 지지 암반까지 전달하여 저항하므로 기존 공법(블록식 혼성제, 케이슨식 혼성제 또는 소파블록 피복제 등)보다 구조물의 본체(本體) 폭을 대폭적으로 감소시킬 수 있는 공법이다(그림 4.47 참조). 따라서 기존 구조물의 본체 폭을 대폭 감소시키면 그에 따라 지반개량의 폭을 줄일 수 있어 경제성을 향상할 수 있다(그림 4.48 참조). 천공 타이셀 블록 공법의 시공순서도 는 그림 4.49와 같다.

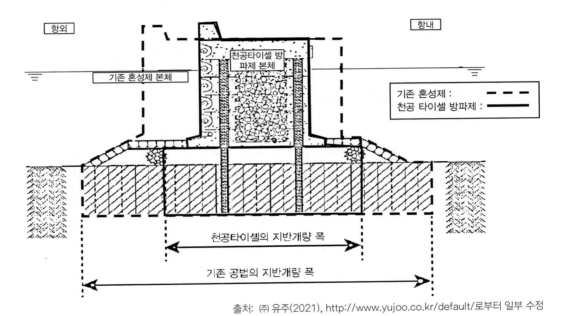

출처: ㈜ 유주(2021), http://www.yujoo.co.kr/default/로부터 일부 수정

그림 4.48 기존 구조물(혼성제) 대비 본체폭 및 지반개량 폭을 대폭적으로 감소시킨 천공 타이셀 블록공법

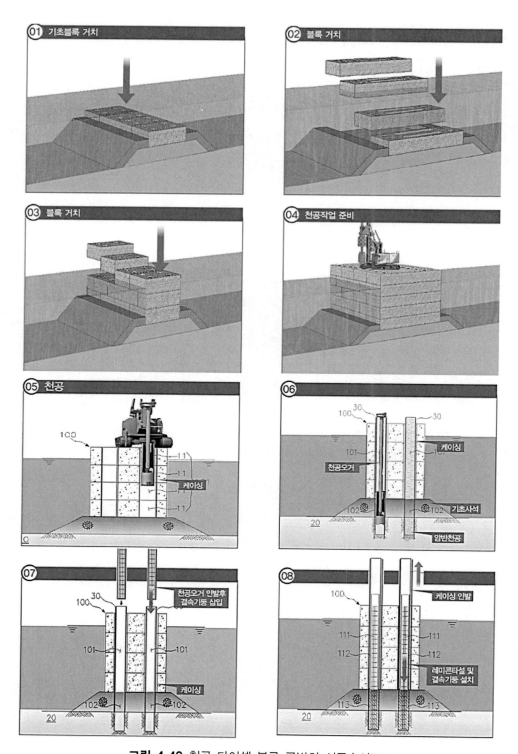

그림 4.49 천공 타이셀 블록 공법의 시공순서도

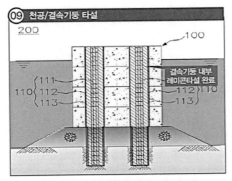
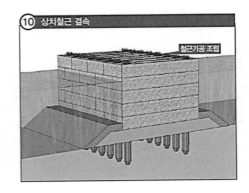

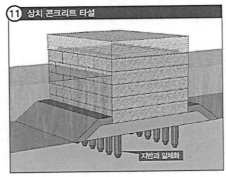

출처: ㈜ 유주(2022), http://www.yujoo.co.kr/default/

그림 4.49 천공 타이셀 블록 공법의 시공순서도(계속)

(2) 포세이돈(Poseidon) 공법

마리나[25] 항만에 찾아오는 관광객의 60% 이상이 주변 환경의 감상을 목적으로 하는 점에 착안하여 독창성을 구현(具顯)할 수 있도록, 타이셀 블록을 경복궁 경회루나 그리스·로마시대 신전에서 볼 수 있는 기둥의 연속성을 갖도록 형상화하였다(그림 4.50 참조). 즉, 타이셀 블록을 활용하여 마리나항만 내 정온도를 확보하는 동시에 연속되는 기둥 형태의 창출로 조명과 함께 바다에 비치는 웅장한 형태를 지니는 기둥의 경관을 완성하여 심미성(審美性)을 높였다(그림 4.51 참조). 이 공법은 2022년 상반기 착공예정인 경기도 안산 방아머리 마리나 항만에 시공될 예정이다.

---

25) 마리나(Marina): 스포츠 또는 레크레이션(Recreation)용 요트, 모터보트 등의 선박을 위한 항구. 항로, 정박지, 방파제, 계류시설, 선양(船揚)시설, 육상 보관시설 등의 편리를 제공하는 시설뿐 아니라 이용자에게 편리를 제공하기 위한 클럽하우스, 주차장, 호텔, 쇼핑센터, 위락 시설과 녹지공간 등을 포함한 넓은 의미의 항만을 가리킨다.

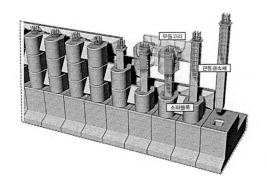 

그림 4.50 타이셀 블록을 활용한 포세이돈 공법의 개념도(왼쪽)과 완성 후 조감도(오른쪽)

그림 4.51 포세이돈 공법을 사용한 마리나 항만의 주(왼쪽)·야간(오른쪽) 경관 조감도

(3) 천공 타이셀 블록공법을 이용한 수중 방파제(잠제, 潛堤)

자연의 산호초가 지닌 파랑감쇠효과(波浪減衰效果)를 모방한 해안구조물인 수중 방파제는 현재 부산 송도해수욕장뿐만 아니라 우리나라 전역에서 해안침식을 방지하고자 소파블록(테트라포드 등)으로 많이 설치하고 있다(그림 4.52 왼쪽 참조). 그러나 고파랑(高波浪) 시 소파블록의 유실·침하 및 소파블록 공극(空隙)에 해양쓰레기 축적과 같은 문제를 발생시키고 있어 이에 대한 대책이 필요한 실정이다. 이에 해안침식 방지기능, 원활한 해수유통 및 어초(魚礁) 기능을 가진 천공 타이셀 블록공법을 사용한 수중 방파제 설치 시 기후변화로 인한 태풍의 강대화에 따른 고파랑 시 파력을 관통결속체를 통하여 지반으로 분산(分散)함과 동시에 평평한 구조로 해저지반과의 접촉 면적이 넓어 침하를 방지할 수 있고, 블록 전체가 일체가 되어 유실되지 않는 장점이 있다(그림 4.52 오른쪽 참조).

그림 4.52 소파블록(테트라포드 등) 수중 방파제(왼쪽, 부산 송도해수욕장) 및 타이셀 블록의 수중 방파제(오른쪽)

(4) 결속호안(結束護岸) 블록공법

현재 우리나라 대부분 해수욕장 내 호안(특히 동해안 및 남해안)은 불투과직립제(不透過直立堤)로 파랑을 반사하여 해빈을 침식시키거나 태풍 등으로 인한 폭풍해일·고파랑 시 호안 앞면의 모래를 세굴시킨다(그림 4.53 왼쪽 참조). 그러나 타이셀 블록을 활용한 결속호안 블록공법은 계단결속블록을 관통결속체로 일체화시키고 블록 내부에 격실(隔室)이 있어, 고파랑에도 파력을 분산시켜 호안 앞면의 모래 세굴을 감소할 뿐만 아니라 내부경사면(內部傾斜面)을 따라 유체 통로(流體通路)가 있어 해안침식을 방지한다(그림 4.53 오른쪽 참조).

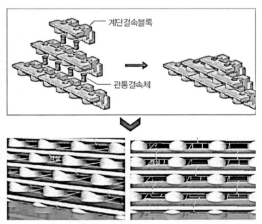

그림 4.53 기존 불투과성 호안(왼쪽, 부산 기장군 임랑해수욕장) 앞 해안침식 및 결속호안 블록공법(오른쪽)

(5) 잔교블록 공법

기존 잔교식 안벽은 지반이 연약한 곳이나 기존 물양장 또는 호안이 있는 지역에 안벽을 덧붙여 축조(築造)할 때 유리하고 구조적으로 토류벽(土留壁)과 잔교(棧橋)의 조합으로 구성되어 있다. 기존 잔교식 안벽은 파랑의 처오름(Run-up)에 따른 양압력에 취약한 구조물이므로 처오름을 막기 위해서는 기존 토류벽에 테트라포드 등과 같은 소파블록을 설치(그림 5.24 참조)하거나 강성(剛性)이 있는 말뚝을 잔교의 슬라브에 강결(剛結) 시켜야 하므로 공사비가 타 공법에 비해 증가한다(그림 4.54(a) 참조).

타이셀 블록을 이용한 잔교식 블록공법은 현장타설 말뚝(철근 콘크리트)인 결속기둥으로 구조적으로 안정하고 블록과 일체가 되어 파랑의 처오름에 저항하면서 각 층의 콘크리트 슬라브(Slab)에서 소파(消波)가 되므로 추가적인 소파블록 설치가 필요하지 않다(그림 4.54(b) 참조).

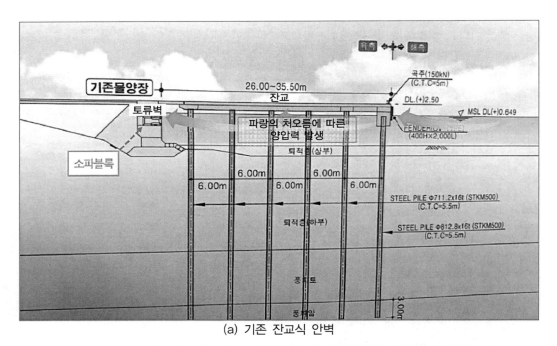

(a) 기존 잔교식 안벽

그림 4.54 기존 잔교식 안벽과 타이셀 블록을 활용한 잔교블록공법의 비교

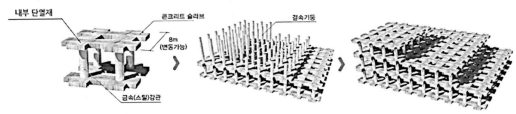

(b) 잔교블록공법

출처: ㈜ 유주(2021), http://www.yujoo.co.kr/default/

그림 4.54 기존 잔교식 안벽과 타이셀 블록을 활용한 잔교블록공법의 비교(계속)

    또한, 성토하중(盛土荷重)에 의한 강제치환공법[26]으로 지반개량 및 결속기둥(현장타설말뚝)으로 블록을 일체화시킴으로써 일반적인 말뚝 항타 시 발생하는 소음이 없고 지반개량과 블록 제작을 같이 병행(竝行)할 수 있어 공사기간을 단축할 수 있다(그림 4.55 상단 그림 참조). 끝으로 층마다 콘크리트 슬라브를 가지므로 해양생물의 정착 및 생육 가능한 어초기능을 갖는다. 잔교블록의 시공순서도는 그림 4.55와 같다.

---

26) 강제치환공법(强制置換工法): 연약토를 양질의 재료로 치환해 줌으로써 지반을 개량하는 공법으로 시공 방법에 따라 굴삭치환공법(지반개량이 필요 없는 깊이까지 연약토를 파낸 뒤 양질토로 바꿔 넣는 공법)과 강제치환공법(성토하중 강제치환공법: 성토자중에 의해 연약층을 강제적으로 밀어냄, 폭파치환공법: 연약층에 폭약을 삽입하여 폭파로 연약층을 밀어내어 양질의 성토(盛土) 재료로 바꿔 넣는 공법)이 있는데, 철도 및 도로 성토, 하천방제와 항만공사의 안벽, 방파제, 호안 등에 주로 사용된다.

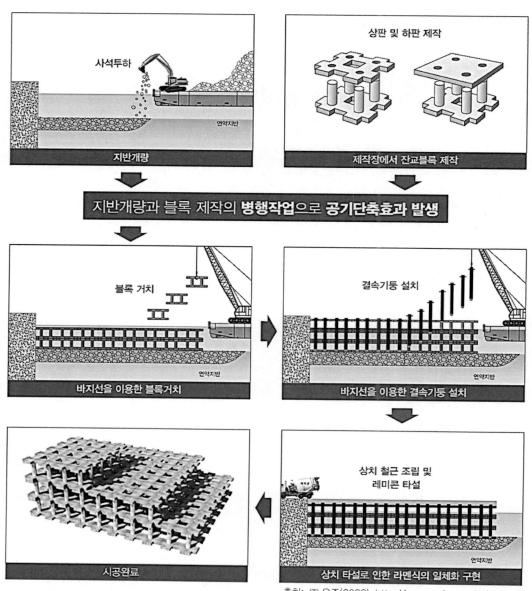

그림 4.55 잔교블록공법의 시공순서도

출처: ㈜ 유주(2022), http://www.yujoo.co.kr/default/

(6) 메가(Mega) 부유체(부유 가능한 콘크리트 블록 구조물)

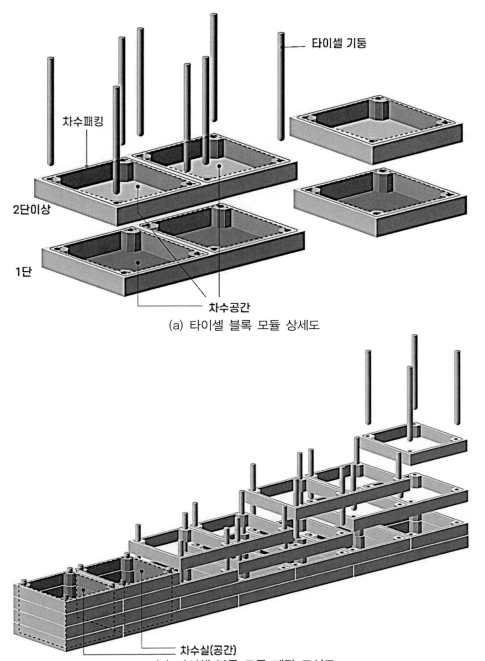

차수패킹

타이셀 기둥

2단이상

1단

차수공간

(a) 타이셀 블록 모듈 상세도

차수실(공간)

(b) 타이셀 블록 모듈 제작 모식도

출처: ㈜ 유주(2021), http://www.yujoo.co.kr/default/

그림 4.56 메가 부유체를 가능케 하는 타이셀 블록 모듈

타이셀 기둥(관통결속체)을 활용한 타이셀 블록공법으로 만든 부유가능한 콘크리트블록 구조물인 메가 부유체는 기후변화로 인한 전 지구 평균해수면 상승에 대한 대응책으로 활용할 수 있다(그림 4.56 참조). 기존 케이슨(Caisson)과 같은 콘크리트 블록은 도크(Dock)[27] 또는 플로팅 도크(Floating Dock)[28]를 사용하여 제작하므로 장비 임대료가 증가하며 제작 크기에 한계(현재 60m×60m까지만 가능)가 있고 30m이상의 고소(高所) 작업장이 필요하므로 근로자의 안전을 위협할 수 있다. 이에 반해 타이셀 블록 공법은 도크 또는 플로팅 도크를 임대할 필요가 없이 항만 내 안벽(岸壁) 근처의 해상에서 관통결속체를 활용한 수중결속(水中結束)으로 장비사용을 최소화하여 공사비를 절감할 수 있고, 블록 자체가 2m 이내로 고소작업이 불필요하여 안전하며, 특히 그림 4.56(b)와 같이 모듈(Module)로써 조립·제작할 수 있어 제작 크기에 한계가 없는 것이 큰 특징이다. 타이셀 블록공법을 활용한 메가부유체의 용도로는 ① 방파제, ② 부유식 방파제, ③ 부유식 풍력기초, ④ 인공섬(부유식), ⑤ 신개념 복합에너지 설비가 있다(그림 4.57 참조).

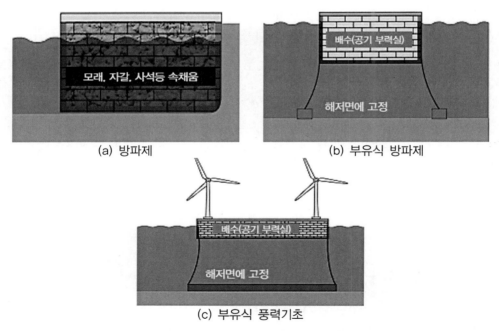

그림 4.57 타이셀 블록 공법을 활용한 메가 부유체의 용도

---

27) 도크(Dock): 인공적으로 육지를 파서 만든 선거(船渠)로써 선박을 수리하거나 케이슨을 만들 때 사용한다.
28) 플로팅 도크(Floating Dock): 해상에서 선박을 건조할 수 있도록 고안된 바지선 형태의 대형 구조물로, 육상에서 만들어진 블록을 플로팅 독으로 가져와 조립한 뒤, 선박이 완성되면 선박과 플로팅 독을 함께 바다에 가라앉힌 후 선박을 띄우는 원리다.

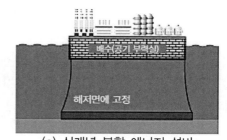

(d) 인공섬(부유식)　　　　(e) 신개념 복합 에너지 설비

출처: ㈜ 유주(2021), http://www.yujoo.co.kr/default/

그림 4.57 타이셀 블록 공법을 활용한 메가 부유체의 용도(계속)

　현재는 탄소배출 감소를 위한 재생에너지(Renewable Energy)의 한 축인 풍력에너지를 얻기 위해 육지와 연안(해안으로부터 육지로 약 500m이내 지역)에 풍력기초를 시공하는 경우가 많다(현재의 풍력에너지에 대한 기술적 한계 때문). 그러나 풍량(風量)이 주변 장애물(산 또는 건물 등)로 인하여 안정적이지 않고, 풍력기(風力器)의 소음 및 전자기(電磁氣)의 영향으로 인근 주민과의 갈등을 초래하여 대규모로 설치가 어렵다. 이에 반해 부유식 풍력기초로서 타이셀 블록공법을 활용한 메가부유체는 장애물이 없는 외해에 시공이 가능하며, 안정적인 풍량 및 풍황(風況)을 확보할 수 있고 풍력기의 소음 및 전자기 등의 영향이 적으므로 민원 소지가 줄어들어 연안으로부터 떨어진 외해에 대규모 설치가 가능하다(그림 4.59 참조).

기존 풍력 기초		타이셀 풍력 기초	

• 양식장, 어초 기능 불가능	• 해상 작업으로 어만과 민원 분쟁 생김 • 소음, 진동, 해수오염 등 피해	• 양식장, 어초 기능 • 어로 작업 허가	• 부두 작업으로 민원 발생 차단 • 소음, 진동, 해수오염이 적다 • 1기의 시험 가동 후 10기 이상 단지 조성

출처: ㈜ 유주(2021), http://www.yujoo.co.kr/default/

그림 4.58 풍력기의 기초로 활용 가능한 타이셀 블록공법

또한, 타이셀 블록공법을 활용한 메가 부유체 중 부유식 인공섬은 3.5.3에서 서술한 유엔인
간거주계획(UN-HABITAT)에서 추진 중인 '오셔닉스 도시(Oceanix City)'와 일본 시미즈건설
(清水建設)의 해상도시 '그린 플로트(Green Float)'의 부유체로서 이용할 수 있을 것으로 예상되
며, 메가부유체의 제작순서는 그림 4.59와 같다.

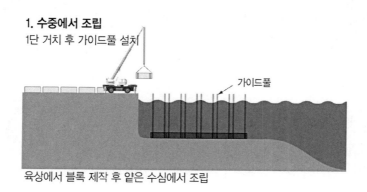

1. 수중에서 조립
1단 거치 후 가이드풀 설치

가이드풀

육상에서 블록 제작 후 얕은 수심에서 조립

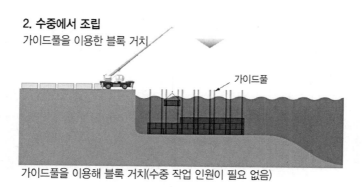

2. 수중에서 조립
가이드풀을 이용한 블록 거치

가이드풀

가이드풀을 이용해 블록 거치(수중 작업 인원이 필요 없음)

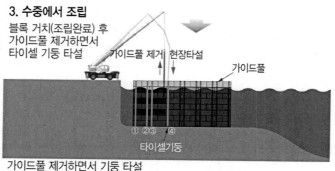

3. 수중에서 조립
블록 거치(조립완료) 후
가이드풀 제거하면서
타이셀 기둥 타설

가이드풀 제거 현장타설

가이드풀

① ②③ ④

타이셀기둥

가이드풀 제거하면서 기둥 타설
(①,③ 가이드풀 제거 후 기둥 타설 → ②,④ 가이드풀 제거 후 기둥 타설)

그림 4.59 메가 부유체 제작 순서

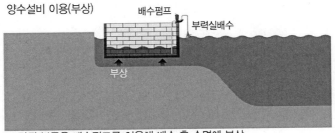

4.기둥타설 완료 후 배수

양수설비 이용(부상)　배수펌프

부력실배수

부상

조립된 블록을 배수펌프를 이용해 배수 후 수면에 부상

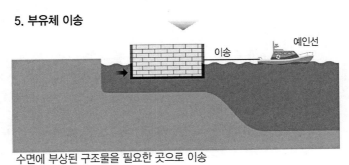

5. 부유체 이송

이송　예인선

수면에 부상된 구조물을 필요한 곳으로 이송

출처: ㈜ 유주(2021), http://www.yujoo.co.kr/default/

그림 4.59 메가 부유체 제작 순서(계속)

6) 타이셀 블록 방파제 적용사례(태풍 '차바' 피해 부산시 강서구 대항항 복구공사)[4]

(1) 개요

부산광역시 강서구 가덕도동 대항항은 2016년 10월 발생한 18호 태풍 '차바'의 영향으로 방파제 파손 및 침수 등의 피해가 발생하였다. 이에 따라 방파제 복구 및 원인 규명을 통한 방파제 정비를 하여 태풍 등의 재난으로부터 주민생명 및 재산을 방호할 목적으로 아래와 같이 설계용역을 실시하였다.

- 위치: 부산광역시 강서구 가덕도동 대항항 일원(그림 4.60 참조)
- 용역명 및 용역기간: 태풍 '차바' 피해 대항항 복구공사(용역기간: 2016.12.14.~2017.4.3.)
- 어항명 및 어항의 종류: 대항항, 지방어항(어항지정일: 1981년 12월 24일, 경상남도고시 제215호)다.

출처: 부산시 강서구청(2017), 태풍 '차바' 피해 대항항 복구공사 실시설계용역 보고서

그림 4.60 부산시 강서구 대항항 위치도

(2) 대항항의 시설현황 및 피해현황

① 시설현황

대항항은 어항법에 따라 1981년 12월 24일(경상남도 고시 제215호) 제2종 어항(현, 지방어항)으로 지정된 이래 1995년 08월에 '제2종 어항(대항항) 기본조사 및 시설계획(부산광역시)'이 수립되었다. 또한, 1996년 12월 03일(부산광역시 고시 제1996-273호)에 대항항의 어항 기본시설에 대해 '도시계획시설(항만) 결정·고시'되었으며, 2015년 12월 기준 대항항의 어항 기본시설로는 중앙방파제(L = 171.0m), 동방파제(L = 130.0m), 남방파제(L = 56.5m)가 축조되어 있고, 남방파제 항내 측에는 기존 파제제(기존 방파제, L = 100.0m)가 설치되어 있었다(표 4.5, 사진 4.30 참조).

표 4.5 대항항 어항 기본시설 현황(2016년 태풍 '차바' 피해 전)

구분		연장(m)	비고
대항항	중앙방파제	171.0	콘크리트 블록식 혼성제
	동방파제	130.0	테트라포드 피복 사석식경사제
	남방파제	56.0	테트라포드 피복 사석식경사제
	파제제	100.0	기존방파제(존치)

출처: 부산시 강서구청(2017), 태풍 '차바' 피해 대항항 복구공사 실시설계용역 보고서

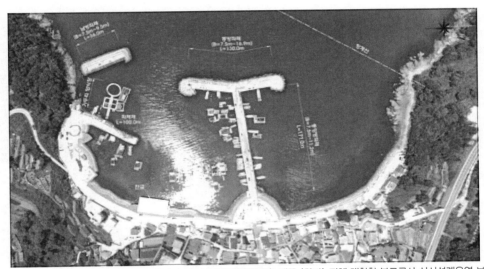

출처: 부산시 강서구청(2017), 태풍 '차바' 피해 대항항 복구공사 실시설계용역 보고서

사진 4.30 대항항 시설현황(태풍 '차바' 피해 전)

② 피해현황

2016년 10월 5일 오전 11시 부산을 통과한 태풍 '차바'로 인하여 대항항은 아래 그림과 같이 심각한 피해를 보았다(그림 4.61 참조).

어항의 명칭	어항의 종류	어항의 위치	어항구역	항내수면적	비 고
대항항	지방어항	부산광역시 강서구 가덕도동	일본서 돌출부와 대안 동북측 섀비지 서쪽 돌출부를 연결한 선내수역	183,100m³	

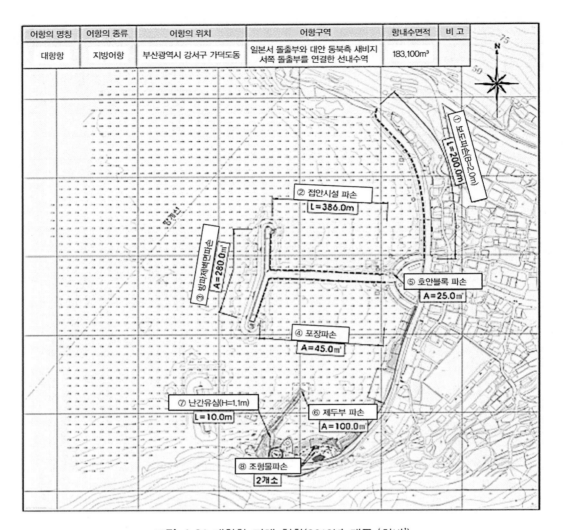

① 부두파손(B=2.0m) L=200.0m

② 접안시설 파손 L=386.0m

③ 방파제/벽면파손 A=280.0㎡

⑤ 호안블록 파손 A=25.0㎡

④ 포장파손 A=45.0㎡

⑦ 난간유심(H=1.1m) L=10.0m

⑥ 제두부 파손 A=100.0㎡

⑧ 조형물파손 2개소

그림 4.61 대항항 피해 현황(2016년 태풍 '차바')

출처: 부산시 강서구청(2017), 태풍 '차바' 피해 대항항 복구공사 실시설계용역 보고서

그림 4.61 대항항 피해 현황(2016년 태풍 '차바')(계속)

(3) 수치시뮬레이션 실험

① 파랑변형실험

대항항의 파랑변형 실험은 50년 재현기간(再現期間) 설계파[29]에 대한 천해파랑을 산정하기 위하여 SWAN 수치모델을 이용하여 그림 4.62와 같이 광·협역의 계산영역 및 수심 분포에 대한 파랑변형 수치시뮬레이션을 수행하였다(표 4.6 참조). 심해설계파 제원 중에서 S, SSE, SSW, SW, NW, NNW 파랑에 대해 파랑변형 수치시뮬레이션을 계산하였다. 파랑변형 수치시뮬레이션 실험 결과 사업해역인 대항항 입구에서 파고는 S, SSE, SSW, SW 파향일 경우에는 3~4m 정도, NW와 NNW 파향일 경우에는 약 1.5m 전후로 나타났다(그림 4.62 참조).

표 4.6 파랑변형 수치시뮬레이션 실험 개요

구분	파랑변형 수치 시뮬레이션 실험	
실험 목적	• 대상 해역의 천해설계파 산정	
사용 모형	• SWAN MODEL(파랑작용 평형방정식 모형)	
실험 파향	• 입사파향(6개): S, SSE, SSW, SW, NW, NNW	
실험 영역	• 계산 영역: 28.2 × 29.3 km	• 격자수: 564 × 586 • 격자간격: $\triangle x=\triangle y=50m$
실험 제원	• 한국해양연구원 심해설계파 제원(50년 빈도) • 국립해양조사원에서 발행한 최신해도	
기준 해수면	• 약최고고조위(1.906m)+ 조위편차(폭풍해일편차)(1.3m: 태풍 '사라')= D.L*(+)3.2m	

* D.L(Datum Level, 기본수준면): 해도의 수심과 조석표의 조고(潮高)의 기준면으로 우리나라에서는 해당 지역의 약최저저조위 (Approx LLW(±0.00m))를 채택한다.

출처: 부산시 강서구청(2017), 태풍 '차바' 피해 대항항 복구공사 실시설계용역 보고서

---

29) 설계파(設計波, Design Wave): 항만·해안구조물 설계에 적용하는 파랑으로 항만설계의 경우 설계외력으로 50년 재현빈도 (2021년부터 무역항의 외곽시설인 경우 100년 재현빈도로 상향)의 유의파를 주로 사용하며 외곽시설 구조물의 설계에서 외력으로 고려하는 파를 말한다. 일반적으로 1/3 최대파(유의파)를 쓰지만 특수한 경우에는 1/10 최대파, 또는 최대파를 쓸 때도 있고, 항만이나 해안의 일반적인 배치계획도 포함할 때는 계획파라고 할 때도 있다. 설계파는 구조물의 사용목적, 중요도, 재료의 내구연한 등에 따라 달리 사용한다.

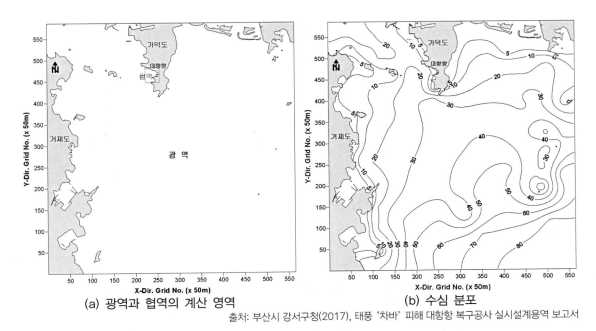

(a) 광역과 협역의 계산 영역   (b) 수심 분포

출처: 부산시 강서구청(2017), 태풍 '차바' 피해 대항항 복구공사 실시설계용역 보고서

그림 4.62 파랑변형 수치시뮬레이션 실험의 광·협역의 계산 영역(a) 및 수심 분포(b)

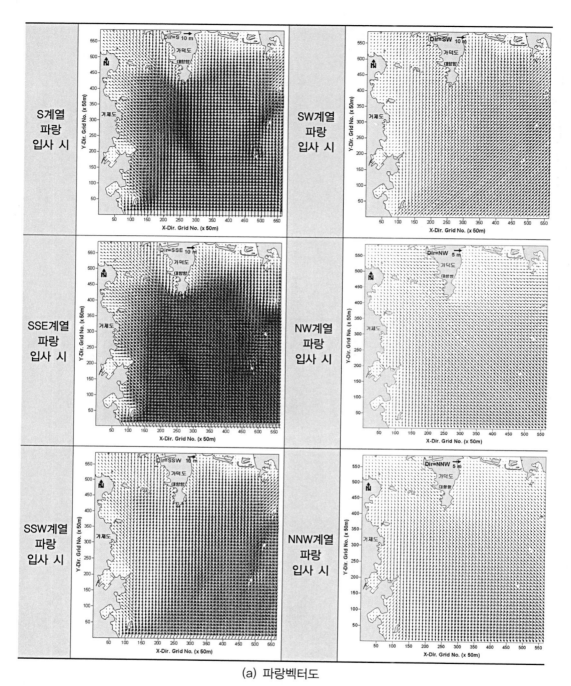

(a) 파랑벡터도

그림 4.63 파랑변형 수치시뮬레이션 실험의 계산 결과

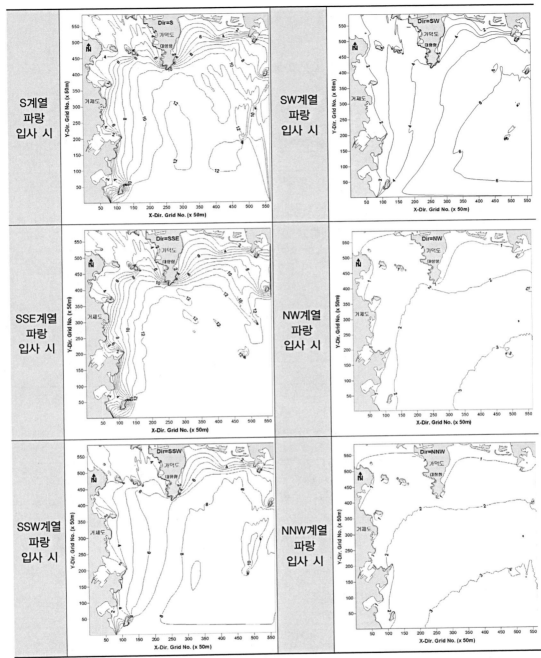

(b) 등파고선도(等波高線圖)

출처: 부산시 강서구청(2017), 태풍 '차바' 피해 대항항 복구공사 실시설계용역 보고서

그림 4.63 파랑변형 수치시뮬레이션 실험의 계산 결과(계속)

② 소요 수면적(水面積) 산정

가. 대상어선 척수

대항항을 이용하는 어선은 대부분 10톤(Ton) 이하의 소형어선으로 대상어선 척수는 표 4.7과 같다.

표 4.7 대상어선 척수

1톤(Ton) 미만	1~5톤(Ton)	5~10톤(Ton)	10~20톤(Ton)	20~30톤(Ton)	30~50톤(Ton)	50톤(Ton)이상	합계
17	75	1	0	0	0	0	93

출처: 부산시 강서구청(2017), 태풍 '차바' 피해 대항항 복구공사 실시설계용역 보고서

나. 수역시설을 이용할 수 있는 최대파고(표 4.8 참조)

표 4.8 수역시설을 이용할 수 있는 최대파고

구분	수역시설의 수심	
	3.0m 미만	3.0m 이상
항내묘박 및 정박 가능한 최대파고	0.60m	0.7m
항로 항행이 가능한 최대파고	0.90m	1.2m
양육 준비가 가능한 파고	0.30m	0.40m
휴식이 가능한 파고	0.40m	0.50m

출처: 부산시 강서구청(2017), 태풍 '차바' 피해 대항항 복구공사 실시설계용역 보고서

다. 접안시설 규모 산정(표 4.9 참조)

표 4.9 접안시설 규모산정

구분	접안방법	대상선박	산출근거	부두연장(m)	박지면적(m²)
양육부두	횡접안	세력권 재적(在籍)어선+외래어선	소요선석수×선석연장(1.2L*)	63.6	1461.4
보급부두	횡접안	세력권 재적어선+성어기(成魚期)시 1일 평균 외래어선	소요선석수×척당 횡접안 선석 연장(1.2L)	95.2	1525.4
휴식부두	2중접안	세력권 재적어선+성어기시 일최대 외래어선-(양육부두 이용어선+보급부두 이용어선)	(휴식선박척수×1.15B*)/N*	122.6	5842.0
대피부두	2중접안	재적어선 척수+성어기시 일최대 외래어선	(대피선박척수×1.35B)/N	153.1	9736.3

* L: 대상선박 선장(船長), B: 대상선박 선폭(船幅), N: 계류중첩수(繫留重疊數)(2척)

출처: 부산시 강서구청(2017), 태풍 '차바' 피해 대항항 복구공사 실시설계용역 보고서

따라서 항내 묘박 및 정박 가능한 최대파고 0.7m를 만족하는 대피부두 박지면적은 9,740m²로 채택하였다.

③ 항내정온도실험

항내정온도 실험은 50년 빈도 심해설계파 내습 시에 대해서 현재상태 실험을 수행한 후 계획안 시설에 따른 항내정온도 개선 효과를 분석하였다(표 4.10 참조). 계획안 실험은 항내정온도의 계산영역 및 수심분포(그림 4.64 참조), 방파제 배치(현재, 계획 1안, 계획 2안)에 따른 항내정온도 실험 모형을 구축(그림 4.65 참조)한 후, 그림 4.66과 같이 항내정온도에 가장 영향이 큰 입사파향인 SW 심해설계파에 대한 실험결과를 얻었다. 항내정온도 기준파고는 50년 빈도 설계 심해파 내습 시 정박가능한 파고 0.7m(항만 및 어항 설계기준, 해양수산부, 2014)로 잡았다.

표 4.10 항내정온도 수치시뮬레이션 실험 개요

구분	항내정온도 수치시뮬레이션 실험	
실험 목적	• 대상 해역의 항내정온도 산정	
사용 모형	• SWAN MODEL(파랑작용 평형방정식 모형)	
실험 파향	• 입사파향(6개): S, SSE, SSW, SW, NW, NNW	
실험 영역	• 계산 영역: 1.605×1.805 km	• 격자수: 321×361 • 격자간격: △x=△y=5m
실험 제원	• 한국해양연구원 심해설계파 제원(50년 빈도) • 국립해양조사원에서 발행한 최신해도와 관측 수심 자료	
기준 해수면	• 약최고고조위(1.906m)+ 조위편차(폭풍해일편차)(1.3m: 태풍 '사라') = D.L(+)3.2m	

출처: 부산시 강서구청(2017), 태풍 '차바' 피해 대항항 복구공사 실시설계용역 보고서

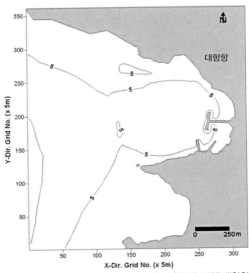

출처: 부산시 강서구청(2017), 태풍 '차바' 피해 대항항 복구공사 실시설계용역 보고서

그림 4.64 항내정온도의 계산영역 및 수심분포

구분	배치 개요	모형 구축	신설 방파제
현재	• 중앙방파제: L=171.0m • 동방파제: L=130.0m • 남방파제: L=56.5m	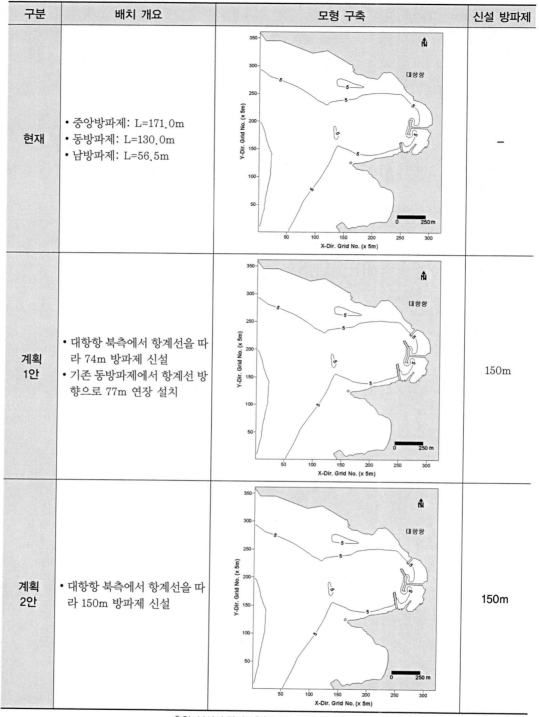	—
계획 1안	• 대항항 북측에서 항계선을 따라 74m 방파제 신설 • 기존 동방파제에서 항계선 방향으로 77m 연장 설치		150m
계획 2안	• 대항항 북측에서 항계선을 따라 150m 방파제 신설		150m

출처: 부산시 강서구청(2017), 태풍 '차바' 피해 대항항 복구공사 실시설계용역 보고서

그림 4.65 항내 정온도 실험 모형구축

구분	동파고 분포도 S계열(SW)	소요 수면적	정온 수면적	검토 결과
현재	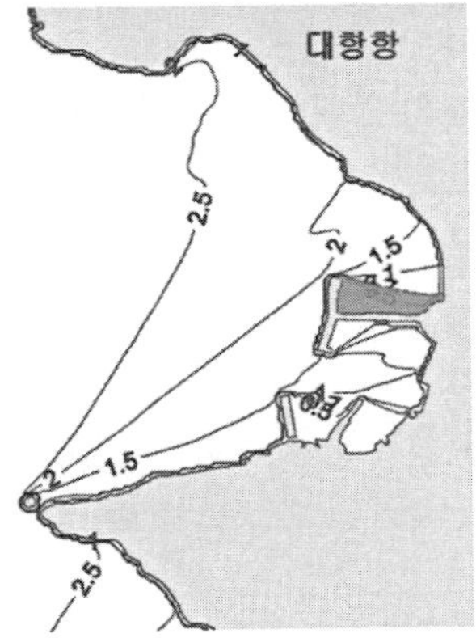	9,740m²	7,724m²	하절기 남서풍(SW)에 의한 항내 정온수면적이 부족함. 반파공 인상 필요.
1안	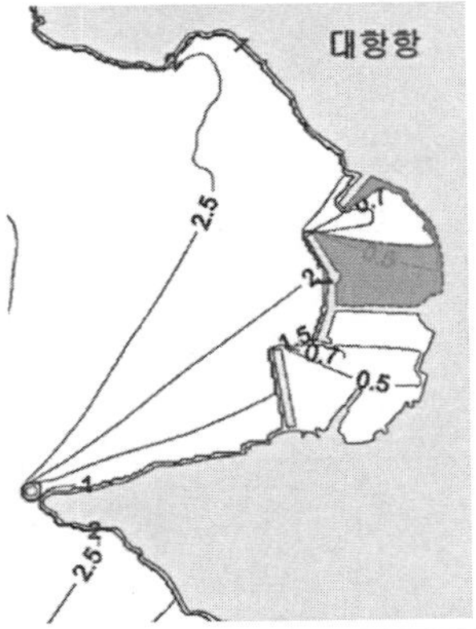	9,740m²	23,367m² (O.K.)	남서풍(SW) 및 북서풍에 의한 항내 정온수면적 확보가 가장 유리하며, 파고가 1.0m 이내로 해안가 반파공 인상 불필요
2안	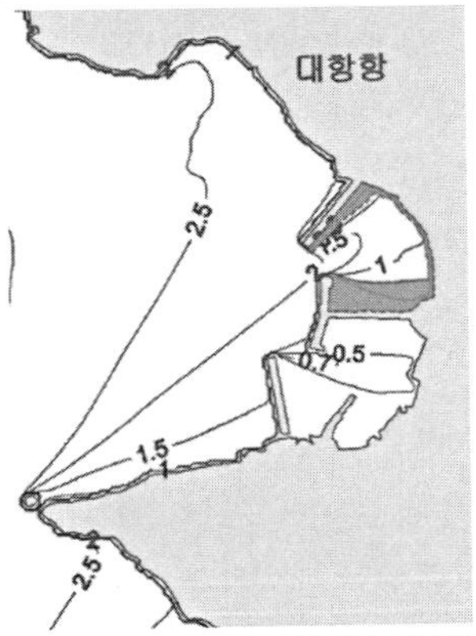	9,740m²	13,210m² (O.K.)	북서풍(NW)에 비해 남서풍(SW)의 항내 정온수면적 확보가 불리하며, 파고가 1.5m 이내로 해안가 반파공 인상 불필요

출처: 부산시 강서구청(2017), 태풍 '차바' 피해 대항항 복구공사 실시설계용역 보고서

그림 4.66 항내 정온도 실험 결과

(4) 개선복구방안

① 방파제 평면배치 검토

대항항 방파제 선형은 현장조사 시 어촌계 요구사항을 반영하여 수치뮬레이션 실험을 통해 SW파에 대항성(對抗性)이 높은 선형(線形)을 검토하였으며, 유효적절한 방파제의 평면배치에 대하여 검토·계획하였다(그림 4.66 참조). 신설 방파제 평면배치는 2개안에 대하여 검토한 후 중간보고회 시 어촌계, 유관기관(부산시 재난대응과) 및 전문가 등의 참석하에 심도있는 논의 결과 항내 수면적 확보와 정온도 달성에 유리한 방안인 1안으로 최종결정하였다(표 4.11 참조). 방파제 설치에 따라 태풍 또는 고파랑 내습 시 대항항의 피해를 저감할 수 있어 주민생명을 보호하고 어선파손 및 어구유실(漁具流失)에 따른 경제적인 피해를 줄일 수 있을 것으로 판단된다.

표 4.11 방파제 평면배치 검토

구분	1안	2안
배치개요	• SW파에 대항성이 높음 • 유효적절한 방파제의 평면배치로 항내수면적 확보와 정온도 달성에 유리 • 항로폭 55m 확보	• NW파에 대항성이 높음 • 항의 대칭형으로 방파제 계획 • 항로폭 55m 확보
평면배치		
신설 방파제	150m	150m
항로폭	55m	55m
선정안	⊙	

출처: 부산시 강서구청(2017), 태풍 '차바' 피해 대항항 복구공사 실시설계용역 보고서

② 방파제 단면형식 선정

대항항 신설방파제 단면형식은 소파블록(T.T.P) 피복재와 타이셀 블록 방파제를 검토하여 중간보고회 시 어촌계, 유관기관(부산시 재난대응과) 및 전문가 등의 참여하에 타이셀 블록 방파제로 결정하였다. 타이셀 블록 방파제는 폭 6.9m, 마루고 D.L (+) 5.00m로 계획하였다(표 4.12 참조). 방파제 공법선정과 관련하여 2017년 3월 16일 부산시 건설기술 자문위원회를 개최하여 전문가의 의견을 반영하여 확정하였다.

표 4.12 방파제 단면형식 검토

구분	타이셀 블록제(투과형)	소파블록 피복재(T.T.P)
표준단면도 (제간부)		
마루고	D.L(+) 5.0m	D.L(+) 5.0m
장·단점	• 결속관통체를 이용하여 블록 일체화 • 다양한 형태의 방파제 시공가능 • 방파제 접근성 유리 • 회파관(回波管)을 통해 파력을 감쇄 　(수리성능 우수)	• 파랑제어 효과 우수 • 월파 및 투과율이 높아 해수소통 유리 • 공종이 단순하고 시공경험 풍부 • 방파제 접근성 불리 • 어촌 관광단지 미관저해
개략공사비 (1.0m당)	23백만 원	30백만 원
선정안	⊙	
검토의견	대항항 방파제 형식은 중간보고회 시 결정된 파랑제어 효과가 우수하고 경제적이며 무엇보다 어촌관광단지의 미관을 고려하여 타이셀 블록 방파제로 선정함.	

출처: 부산시 강서구청(2017), 태풍 '차바' 피해 대항항 복구공사 실시설계용역 보고서

③ 방파제 폭 및 마루고 결정

가. 방파제 폭

타이셀 블록으로 설치되므로 자체 중량을 극대화하여 태풍에도 붕괴 및 파손을 방지하기 위해 단면안정검토를 통해 타이셀 블록의 마루폭을 B=6.9m로 결정하였다.

나. 방파제 마루고 결정

㉠ 마루고 산정방법

방파제의 마루고는, ⓐ 항만 및 어항 설계기준에 의한 방법(약최고고조위(A.H.H.W)+ $0.6H_{1/3} \sim 1.25H_{1/3}$), ⓑ 처오름 높이를 고려하여 결정하는 방법, ⓒ 전달파고에 의한 방법 등으로 방파제 마루고를 산출하고, 기존 시설물 마루고를 참조·비교하여 적정한 마루고를 산정하였다.

㉡ 마루고 결정

상기 방법으로 검토한 결과, 방파제 소요 마루고는 D.L(+)3.36m~D.L(+)5.49m 로 검토되었으며(표 4.13 참조), 본 설계에서는 항만 및 어항 설계기준에 부합하면서 기존 시설물의 마루고를 고려하여 마루고는 D.L(+)5.00m로 채택하여 사진 4.31에 나타낸 바와 같이 시공하여 완공하였다.

표 4.13 방파제 마루고 결정

마루고 산정방법		산정 결과	채택
1) 기존방파제 마루고 검토	남방파제	D.L(+)5.00m	D.L(+)5.00m *약최고고조위: 1.906m * $H_{1/3}$: 2.42m
	동방파제	D.L(+)5.00m	
2) 항만 및 어항 설계기준에 의한 방법		D.L(+)3.36m ~ D.L(+)4.93m (약최고고조위(A.H.H.W)+ $0.6H_{1/3} \sim 1.25H_{1/3}$)	
3) 처오름 높이를 고려하여 정하는 방법		D.L(+)5.49m	
4) 전달파고에 의한 방법		D.L(+)4.30m	

출처: 부산시 강서구청(2017), 태풍 '차바' 피해 대항항 복구공사 실시설계용역 보고서

출처: 부산시 강서구청(2017), 태풍 '차바' 피해 대항항 복구공사 실시설계용역 보고서

사진 4.31 강서구 대항항 타이셀 방파제 시공 중 및 완공 후 사진

4.3 기후변화에 대한 항만의 대응

기후변화에 따른 평균해수면 상승 또는 태풍의 강대화에 의한 폭풍해일·고파랑 증대로 인해 항만구조물 등의 계획 외력 설정에 필요한 기술기준을 재검토하고, 구조적 대책이나 비구조적 대책을 조합하여 기후변화 대응책을 구체화한다.

4.3.1 대응책의 목표

항만에서의 태풍의 강대화로 폭풍해일·고파랑 등의 침수피해에 따른 임해부(臨海部) 산업이나 물류 기능 저하가 우려되고 있는 가운데, 기후변화에 따른 '태풍의 강대화에 의한 폭풍해일·고파랑의 증대' 및 '중장기적인 평균해수면 상승'으로 인해 우리나라 항만 및 임해 산업단지에 심각한 영향이 우려된다. 따라서 해상 모니터링을 지속적으로 실시하여 기후변화에 따른 영향의 징후를 정확하게 파악하고, 항만 및 배후지의 사회·경제 활동 및 토지이용의 중장기적인 동향을 고려하여 최적의 구조적·비구조적 대책을 조합하여 전략적이고 순응적으로 추진함으로써, '제외지·제내지에 대한 폭풍해일 등의 재난 리스크 증대 억제' 및 '항만 활동의 유지'를 도모한다. 항만에서의 대응책의 목표는 다음과 같다.

- 항만 제외지 및 제내지에 대한 폭풍해일 등의 재난 리스크 증대 억제: 항만의 제외지 및 제내지의 사회·경제 활동이나 토지이용을 고려하면서, 폭풍해일 등의 재난 리스크 증대를 억제하는 대책을 구조적·비구조적 일체로서 전략적이고 순응적으로 추진하고, 기후변화에 따른 재난 리스크 증대를 계획적으로 억제한다.
- 항만 활동의 유지: 항만 내에서 상시적(常時的)으로 활동을 하는 사람들 또는 방문객의 안전 확보 및 항만의 자산피해 경감, 나아가 항만 활동의 유지와 조기 회복을 목표로 한 대책을 실시한다.

4.3.2 대응책의 기본적인 방향

1) 배후지의 중요도에 따른 방재수준(防災水準)의 설정

- 대응책을 실시하는 데에는 막대한 비용과 시간이 필요하므로 배후지의 중요도(重要度)에 따른 방재수준을 설정하는 동시에 현 사업계획을 활용하여 조기(早期)에 실시 가능한 대책을 우선 추진할 필요가 있다. 특히, 기후변화에 따른 태풍의 강대화로 인한 폭풍해일
- 고파랑 증대에 대응해 나가기 위해 배후지의 이용 상황이나 해안침식 대책시설의 정비상황을 근거하여 일련의 방호선(防護線) 가운데 재난 리스크가 높은 곳을 파악하여 재난 리스크에 따른 최적의 구조적·비구조적 대책의 조합에 의한 대책을 추진할 필요가 있다.

2) 방재수준을 넘은 초과외력(超過外力)에 대한 대응

기후변화로 인해 구조물 정비 시 계획한 외력을 넘는 사고의 발생확률이 높아질 것으로 예상되므로, 고파랑이나 월파량이 증가했을 때의 피해 경감 대책이나 항만기능의 상실에 대비한 광역적인 항만기능의 대체성(代替性) 확보도 함께 전개할 필요가 있다. 특히, 태풍의 강대화에 따른 폭풍해일·고파랑 증대에 의한 침수피해를 크게 받을 것으로 예상되는 제외지에서 가동 중인 기업은 폭풍해일 재난 리스크에 관한 세심한 정보를 제공받아 사전행동계획을 바탕으로 각 대피 대책을 신속히 진행해 나가는 동시에 침수방지 대책과 대피시설 정비와 같은 기업 스스로 자율방재 투자를 추진하는 방안에 대한 검토를 추진할 필요가 있다. 재난 시에 항만의 중요기능을 최소한 유지할 수 있도록 항만사업 지속계획(BCP, Business Continuity Plan)수립과 같은 재난 시 대응능력의 향상을 진행시켜 나갈 필요가 있다. 또한, 초과외력이 작용했을 경우의 항만구조물이나 해안침식 대책시설의 안정성 저하 에 대한 영향에 관한 조사연구를

진행하여 배후지의 상황을 고려하면서 잘 부서지지 않는 구조를 갖는 항만구조물의 정비를 추진할 필요가 있다.

3) 대책의 전략적 전개

대응책에 따른 효과의 발현(發現)에는 시간이 소요되므로 중장기에 걸쳐 착실하게 실시해야 할 대책은 계획적으로 추진해야 하며, 기초 지식의 충실화 또는 긴급히 전개할 대책에 대해서는 선제적으로 대응할 필요가 있다. 특히, 해수면 상승은 중장기적인 관점에서 대응이 필요한 과제이지만, 기후변화에 수반하는 상승 경향이 명확하게 발생한 후 전국일률적(全國一律的)으로 대응해 나가는 것은 예산 및 인원 등과 같은 각종 제약으로 곤란할 수 있다. 이 때문에, 우리나라 주변 해역의 해수면에 관한 모니터링을 관계기관과 협조하여 계속적으로 실시하여 그 결과를 정기적으로 평가한 후 전략적인 대응책의 실시토록 지식의 축적을 도모하는 것과 동시에 전국적인 견지에서 지역별의 중요도에 따라 최적의 구조적·비구조적 대책 조합을 고려하면서 우선순위에 따라 선제적으로 전국의 평준화(平準化)를 진행하거나, 필요에 따라 각종 제도를 전략적으로 대응하는 것이 필요하다. 또한, 항만구조물의 보강·개량 측면에서 기후변화로 인한 점진적인 외력 증가에 대하여 보강·개량 비용의 대폭적인 추가 비용이 필요하지 않도록 단계적 대응을 한다. 즉, 생애주기비용(生涯週期費用)의 증가를 억제하면서 항만구조물의 신규 정비나 보강·개량 단계에서 미리 장래의 마루고 증고(增高)나 마루고 증고에 따른 하중 증가를 고려한 구조물의 기초를 정비함으로써 순응적인 대응을 가능케 한다. 또, 공유수면 매립 시 기후변화에 따른 평균해수면 증가를 예상한 매립지반고를 높게 설정하는 대응에 대한 검토를 추진할 필요가 있다. 요컨대 항만의 측면에서 미리 장래 해수면 상승에 대한 대응을 고려한 정비나 시설 보강·개량을 실시하는 PDCA[30]를 철저히 하면서 순응적인 대책을 실시할 필요가 있다.

4) 다른 분야 대책과의 연계

기후변화에 따른 항만의 재난 위험증대에 대해서는 항만만의 대응으로는 한계가 있다. 이 때문에 항만에서의 각종 제도·계획 부문에 대해서 기후변화에 따른 대응책을 도입함으로써,

---

30) PDCA(Plan-do-check-act): 사업활동에서 생산 및 품질 등을 관리하는 방법으로 Plan(계획)-Do(실행)-Check(평가)-Act(개선)의 4단계를 반복하여 업무를 계속 개선하는 것으로 본 장에서는 기후변화에 따른 항만구조물의 대응방법을 의미한다.

여러 정책 및 대응과의 연계에 의한 효과적인 실시를 추진한다. 구체적으로는 항만 이외 분야의 관계행정기관이나 민간기업 및 시민단체 등과의 협력·제휴로 환경과의 조화를 도모하여 종합적이고 효율적, 효과적인 대책을 전개하는 것이 불가피하다. 또한, 기후변화는 전 지구적(全地球的)으로 발생하므로, 국제적인 제휴나 협력을 도모하는 것과 동시에 해외의 대응책과 같은 선진사례를 파악하여 우리나라에서도 적용 가능한 대책이 있으면, 그 도입도 검토해야 한다.

4.3.3 항만에서 실시하여야 할 대응책

항만에 미치는 기후변화 영향에 대해서 실시할 수 있는 대응책을 표 4.14에 예시하였다. 각각 항만의 장소 특성이나 기후변화 영향의 발생 상황에 따라 대응책을 시기적절(時期適切)하게 실시하는 것이 중요하다. 본 장에서는 크게 구조적·비구조적 대책을 구분하여 정리하였다.

1) 구조적 대책

(1) 빈번화(頻繁化) 및 격심화(激甚化)되는 폭풍해일·고파랑에 대한 항만구조물의 대응

최신지식을 바탕으로 기후변화로 인한 전 지구 평균해수면 상승을 반영한 설계심해파 등을 통해 방파제, 안벽 및 호안에 대한 내파성능(耐波性能)을 조사하여 중요하고 긴급성이 높은 항만구조물(방파제, 안벽, 호안 등)에 대한 마루고 증고 및 구조물 전체에 대한 보강·개량을 한다(그림 4.67 참조). 기후변화로 인한 빈번화 및 격심화되는 폭풍해일·고파랑으로부터 항만 내 침수를 방호하기 위해서는 방파제 및 안벽의 마루고 증고, 방조벽 설치 및 임항교통시설의 증고 등 다중방호개념31) 도입으로 피해를 경감시킨다(그림 4.68 참조).

---

31) 다중방호개념(多重防護概念): 원자력 시설에 대한 안전성 확보의 기본적 개념 중 하나로, 원자력 시설의 안전대책이 다단적(多段的)으로 구성되어 있는 것을 뜻하는데, 본 장에서는 기후변화에 따른 연안재난으로부터 항만을 방호하기 위한 여러 단계의 구조적 대책을 말한다.

표 4.14 기후변화에 따른 항만에서 실시하여야 할 대응책

항목	영향	대응책(□: 구조적 대책, △:비구조적 대책)
방파제 등 외곽 시설 및 항만기능에 대한 영향	• 해수면 및 파랑조건, 폭풍해일 및 변동에 따른 방파제 피해 • 방파제 피해에 따른 정온도 저하 • 해상수송과 연관된 물류기능 저하	△ 기후변화를 고려한 설계 △해상(海象) 모니터링, 폭풍해일·고파랑에 따른 영향의 예측·정보제공 □빈번화(頻繁化) 및 격심화(激甚化)되는 폭풍해일·고파랑에 대한 항만구조물(시설)의 대응 □계류시설 및 방파제의 기능유지(외력 및 단면 등의 재검토) △□견고하면서 잘 부서지지 않는 구조의 방파제 등의 기술개발·정비 □방사제 등에 의한 항로·박지의 매몰방지·경감대책 △항만BCP의 작성
제외지(부두·하역부지, 산업용지 등)	• 침수에 의한 항만·산업시설 피해 • 침수에 의한 컨테이너 등의 유출 피해확대 • 강풍에 의한 하역기계의 도괴(倒壞)	△기상·해상의 모니터링, 폭풍해일·고파랑에 따른 영향의 예측·정보제공 △재난리스크의 평가 및 해저드맵 등 홍보 △대피 판단에 도움이 되는 정보의 분석·제공(실시간 정보를 포함) □빈번화(頻繁化) 및 격심화(激甚化)되는 폭풍해일·고파랑에 대한 항만구조물(시설)의 대응 □기후변화 영향을 고려한 매립지의 지반고 설정 △□강풍에 의한 크레인 이탈 □컨테이너 등의 도괴(倒壞)·유출대책 및 전기설비 침수대책 추진 □관계기관과 연계된 배수기능 확보 □만조위 시 해수의 역류방지대책 △항만BCP 작성 △자율방재 촉진 △대피계획수립·훈련실시의 추진 △민·관협의회 등 조직으로 지역방재력 향상
배후지(제내지)에 대한 영향	• 침수에 의한 인적피해, 건물 피해, 경제적 손실 발생 • 장기침수 등으로 도시기능 마비	△해안침식 대책시설의 방호기능 파악 △방재능력확보 등의 저비용화 △생애주기비용을 고려한 최적의 보강·개량 등의 방법 검토 □빈번화(頻繁化) 및 격심화(激甚化)되는 폭풍해일·고파랑에 대한 항만구조물(시설)의 대응 □피해리스크가 높은 장소 및 보강·개량 시기를 고려한 항만구조물(시설)의 전략적인 정비 △□견고하면서 잘 부서지지 않는 구조의 방파제 등의 기술개발·정비 △재난리스크의 평가 및 해저드맵 등 홍보 △대피계획 수립·훈련실시 추진 △민·관협의회 등 조직으로 지역방재력 향상 △재난리스크를 고려한 토지이용의 재검토
형하공간에 대한 영향	• 형하공간 감소에 의한 선박통항 불가	△해상(海象) 모니터링, 폭풍해일·고파랑에 따른 영향의 예측·정보제공 △통항금지구간·시간의 명시 □항만기능의 재배치

출처: 日本 国土交通省(2019), 沿岸部(港湾)における気候変動の影響及び適応の方向性으로부터 우리나라 현황에 맞게 수정

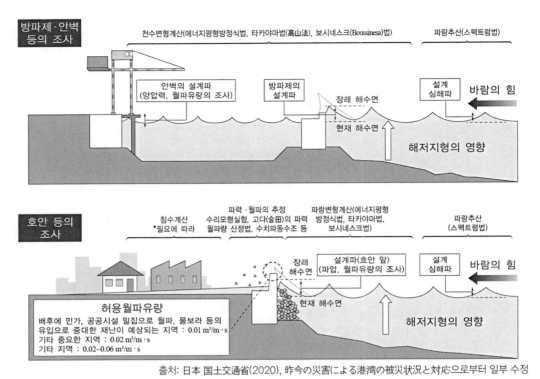

출처: 日本 国土交通省(2020), 昨今の災害による港湾の被災状況と対応으로부터 일부 수정

그림 4.67 기후변화로 인한 빈번화 및 격심화되는 폭풍해일·고파랑 내습 시 항만구조물(방파제, 안벽 및 호안 등)에 대한 영향의 조사

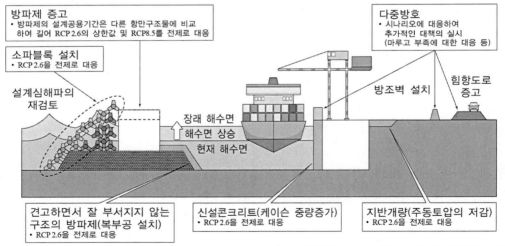

출처: 日本 国土交通省(2020), 昨今の災害による港湾の被災状況と対応으로부터 우리나라 현황에 맞게 수정

그림 4.68 기후변화로 빈번화 및 격심화되는 폭풍해일·고파랑 내습 시 항만구조물의 다중방호개념적인 대응

(2) 계류시설 및 방파제의 기능 유지(외력 및 단면의 재검토)

① 방파제에 작용하는 외력(파력 등) 재검토

항만구조물 중 대표적인 외곽시설인 방파제에 작용하는 파력은 기후변화로 인한 평균해수면 상승으로 수심 변화의 직접적 영향뿐만 아니라 수심 변화에 따른 파랑 변형을 받는다. 즉, 기후 변화로 인한 평균해수면 상승으로 말미암아 수심이 증대되면 방파제(직립제)에 작용하는 부력이 커져 마찰저항력이 감소하고, 파압분포도 현재보다 커지는데, 특히 방파제가 쇄파대(碎波帶) 내에 설치되어 있는 경우 방파제 본체 앞의 파고가 증대함에 따라 방파제의 활동에 대한 안정성이 저하된다(그림 4.69 참조).

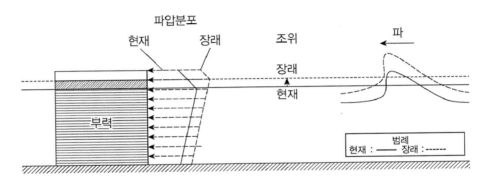

출처: 磯部雅彦(2016), 気象の極端化に伴う自然災害の極甚化と適応策, CDIT, pp.13~14.

그림 4.69 평균해수면 상승에 따른 방파제(직립제)에 작용하는 파압분포의 영향

일반적으로 우리나라와 일본에서 많이 채택하여 설치된 방파제인 혼성제 케이슨에 작용하는 파압분포는 그림 4.70과 같은 분포를 채용하고 있다. 그림 4.70으로부터 알 수 있듯이 평균해수면 상승이 일어나면 우선 수심이 커져 케이슨에 작용하는 부력이 증가하기 때문에, 케이슨이 활동(滑動)하기 쉬워진다. 또한, 해수면 상승에 따른 수심의 증가는 파압분포의 증가로 이어지고, 결국 파력은 증대된다(그림 4.70 참조).

高山(1990)은 이때 안전율이 얼마나 떨어지는지를 이론적으로 도출해냈다. 방파제 보강이라는 관점에서 보면 우선 방파제의 마루고는 해수면 상승분 정도의 높이가 필요하다. 그때의 파력에 대해서 케이슨이 안전해지면 좋지만, 전도(顚倒)에 대해서 불안정하게 되거나 지반지지력이 부족하거나 하면 큰 문제가 된다.

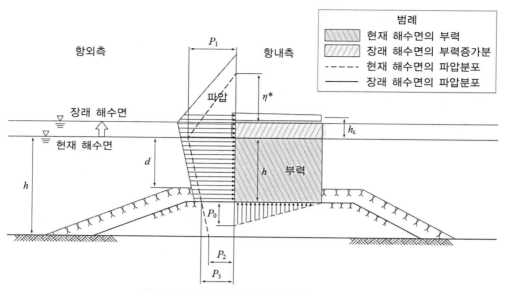

범례
현재 해수면의 부력
장래 해수면의 부력증가분
현재 해수면의 파압분포
장래 해수면의 파압분포

항외측 P_1 항내측 η^*

파압

장래 해수면

h_c

현재 해수면

d

h h 부력

P_0

P_2

P_3

출처: 日本 国土交通省(2020), 昨今の災害による港湾の被災状況と対応으로부터 일부 수정

그림 4.70 혼성제 케이슨에 작용하는 파압 및 부력 분포(磯部등, 1991)

방파제 앞면에 사석 또는 소파블록을 설치한 경우, 파랑에 대한 안전성을 확보하기 위한 필요중량을 허드슨 공식(1959)이라 불리는 식으로 산정한다(식(4.1) 참조). 이 식에 따르면, 기후변화로 인한 해수면 상승 또는 태풍의 강대화로 파고가 증대되면, 파고의 3승에 비례하여 사석 또는 블록의 최소질량이 증가하게 된다.

$$M = \frac{\rho_r H^3}{N_s^3 (S_r - 1)^3} \tag{4.1}$$

여기서, M : 사석 또는 블록의 안전에 필요한 최소질량(Ton)

ρ_r : 사석 또는 블록의 밀도(Ton/m^3)

S_r : 사석 또는 블록의 해수에 대한 비중

H : 안정계산에 사용되는 파고(m)

N_s : 피복재의 형상, 경사, 피해율 등에 의해 결정되는 계수(안정계수)

($N_s^3 = K_D \cot\alpha$, α : 사면이 수평면과 이루는 각(°) , K_D : 주로 피복재의 형상 또는 피해율 등에 의해서 결정되는 상수)

표 4.15 사석의 피해율과 K_D 값

피해율(%)	$H/H_{D=0}$ (설계파고에 대한 비율)	K_D (주로 피복재의 형상 또는 피해율 등에 의해서 결정되는 상수)
0~1	1.00	3.2
1~5	1.18	5.1
5~15	1.33	7.2
10~20	1.45	9.5
15~40	1.60	12.8
30~60	1.73	15.9

출처: 磯部등, (1991)

표 4.15는 기후변화로 인해 파고(波高)가 조금 증가하더라고 사석의 중량을 일정할 경우 피해율이 급격히 증대하는지를 나타낸다.

② 방파제 단면의 재검토

기후변화로 인한 해수면의 상승 또는 태풍의 강대화에 따른 폭풍해일·고파랑 증대의 영향으로 방파제 상부공(上部工)의 마루고 증고(增高) 및 본체의 활동에 대한 대응이 필요하다. 방파제 마루고는 필요로 하는 마루고까지 상부공을 증가시키면 되지만, 활동 대책으로서는 본체의 중량을 늘리는 대응이 필요하다. 이때의 대응 방안으로서 유의할 사항은 다음과 같다(그림 4.71 참조).

• 상부공의 마루고 증고에 따라 파랑의 수압면(水壓面)이 넓어져 본체에 작용하는 파압이 증대하여 활동, 지반반력 등이 더욱 위험 측으로 작용하게 된다.

• 본체의 안정에는 본체중량을 증가할 필요가 있지만, 상부공을 보통 콘크리트로 늘리는 것만으로도 해당 시설의 안정성을 확보할 수 없으므로 높은 비중(比重)을 갖는 중량 콘크리트로 증고하여야 한다.

• 활동 저항만을 고려하면 항내 쪽에 활동저항용 사석(복부공(腹部工))의 투입도 고려할 수 있으나 파고의 증대와 상부공 마루고 증고에 따른 사석 마운드 또는 하층토(下層土)의 임계지지력 $600kN/m^2$ 이상(일본 설계지침)에 상회할 수 있어 사석 마운드 또는 하층토의 지지력 손상 외에 케이슨의 저판(底板)에 대한 부담이 과중해질 수도 있다(4.6 기후변화에 대응한 케이슨식 혼성제의 확률론적 설계, 2) 방파제 파괴모드, (3) 틸팅 참조).

• 지반반력을 억제하기 위한 대응책으로서는 케이슨 폭을 확대하거나 케이슨 후면에 사석이나 소파블록으로 복부공(腹部工)을 설치하면 지반반력의 저감과 파고 증대에 따른 활동에 대응을 할 수 있다.

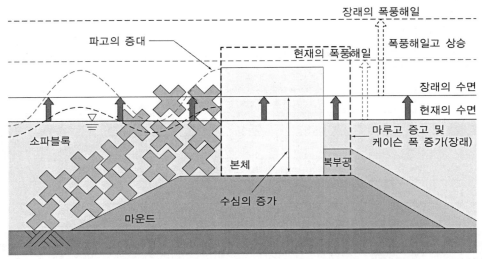

그림 4.71 기후변화에 따른 평균해수면 상승 또는 태풍 강대화로 인한 폭풍해일·고파랑 증대 시 방파제 단면 증가

③ 중력식 안벽 단면의 재검토

기후변화로 인한 평균해수면 상승으로 인한 조위(潮位)의 영향으로 본체에 작용하는 부력의 증가, 조위상승에 따른 배면(背面)으로부터 작용하는 토압의 저하, 잔류수위(殘留水位) 상승에 따른 수압의 증가 및 지진 시 동수압(動水壓)의 증가 등이 발생하여 중력식 안벽(케이슨식)은 상부공 마루고의 증고 및 활동에 대한 대책이 필요하다. 증고는 필요 마루고까지 상부공을 증고시키고, 활동은 본체의 중량을 증가시키는 대책이 필요하다. 이 때문에 본체 중량을 증가시키는 것은 시공상 어려우므로 그나마 시공이 쉬운 상부공 중 마루고의 증고 또는 본체의 확폭공법(擴幅工法)이 필요하다(그림 4.72 참조). 그러나 이마저도 현실적으로 어려우므로 폭풍해일에 따른 침수 리스크를 저감시키기 위해 안벽 수제선(水際線)에 지수벽(止水壁)을 설치한 사례가 있다. 즉, 지수벽으로 인해 하역작업에 지장이 없도록 지수벽 법선(法線)은 계선주(係船柱) 부분을 우회하는 형상으로 하였고 계류삭(繫留索) 작업용으로는 계단·트랩(Trap)을 설치하였다(사진 4.32 참조).

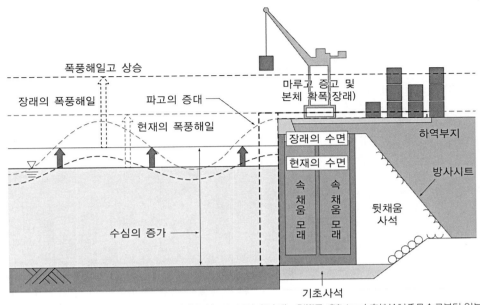

출처: 日本 国土交通省(2019), 第1回 沿岸部(港湾)における気候変動の影響及び適応の方向性検討委員会로부터 일부 수정

그림 4.72 기후변화에 따른 평균해수면 상승 또는 태풍 강대화로 인한 폭풍해일·고파랑 증대 시 중력식 안벽 단면 증가

출처: 日本 国土交通省(2019)

사진 4.32 폭풍해일의 침수리스크 저감을 위해 중력식 안벽 수제선 부분의 증고(지수벽)

④ 널말뚝식 안벽 단면의 재검토

기후변화로 인한 평균해수면의 상승 또는 태풍의 강대화에 따른 고파랑·폭풍해일 증대의 영향으로 널말뚝식 안벽은 평상시와 지진 시 약간 다른 경향을 가진다. 널말뚝식 안벽인 경우 부력을 고려하지 않지만, 해수면 증가로 인한 앞면 널말뚝에 작용하는 수압의 증가량에 비해 토압의 감소량(널말뚝벽에 작용하는 외력으로 해저지반보다 위로 주동토압과 잔류수압이 바다

쪽으로 작용하므로 해수면 증가로 인한 수압이 육지 쪽으로 작용하면 전체적으로 토압이 감소한다.)이 커서 오히려 안전 측으로 작용하게 된다. 그 외에 부위(타이로드, 배띠공, 버팀공)에 대해서는 평상시는 앞면 널말뚝과 같은 모양으로 안전 쪽으로 작용하는 경향이 보이지만, 지진 시는 동수압이 가해져 약간 위험 측으로 작용하는 경향을 갖는다. 이 때문에 널말뚝식 안벽에 필요한 대응 방법은 상부공 마루고의 증고이다(그림 4.73 참조).

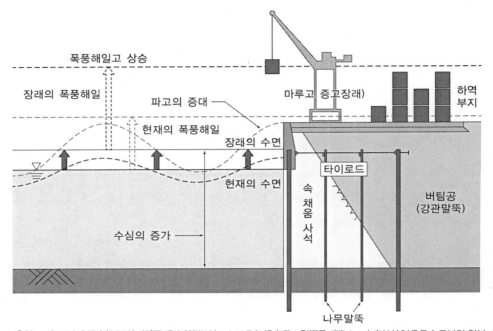

출처: 日本 国土交通省(2019), 第1回 沿岸部(港湾)における気候変動の影響及び適応の方向性検討委員会로부터 일부 수정

그림 4.73 기후변화에 따른 평균해수면 상승 또는 태풍 강대화로 인한 폭풍해일·고파랑 증대 시 널말뚝식 안벽 마루고 증가

⑤ 잔교 형식의 안벽구조에 폭풍해일 방조벽 설치

잔교 형식의 안벽구조를 가진 독일 함부르크(Hamburg)항에서는 폭풍해일에 의한 침수피해를 방지하기 위해 컨테이너 터미널의 안벽 법선(法線)에 방조벽을 설치하여 기후변화로 인한 폭풍해일의 침수피해에 대비하고 있다(그림 4.74 참조).

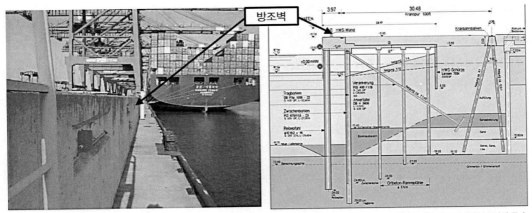

출처: 日本 国土交通省(2019), 第1回 沿岸部(港湾)における気候変動の影響及び適応の方向性検討委員会

그림 4.74 기후변화에 따른 폭풍해일의 침수를 방호하기 위한 방조벽 설치(독일 함부르크항)

⑥ 계류시설 상의 차막이를 활용한 기후변화에 대한 침수대책

　일본 히로시마현(広島県) 쿠레항(呉港)의 잔교식(棧橋式) 안벽은 노후화(老朽化)로 인해 1m 침하(沈下)되어 평상시 대조(大潮)의 만조 때 안벽의 마루까지 침수되는 등 하역작업에 지장을 초래하고 있어 항만관리자인 쿠레시(呉市)가 긴급적인 대응으로서 기존의 차막이를 철거한 후 연속적인 벽모양의 차막이를 신설하였다(최대높이 60cm)(사진 4.33 참조).

안벽침하로 인한 에이프런 침수(쿠레항)

침수방지를 위한 임시 대책으로서 차막이 증고

출처: 日本 国土交通省(2020), 気候変動適応策の実装に向けた論点整理로부터 일부 수정

사진 4.33 계류시설 상의 차막이를 활용한 기후변화로 인한 침수대책(일본 쿠레항(呉港))

(3) 방사제[32] 등에 의한 항로·박지의 매몰방지(埋沒防止)·경감 대책[5]

기후변화의 영향으로 항로·박지의 매몰 가능성이 우려되는 경우, 방사제 등을 설치하는 것과 같은 항로·박지의 매몰 대책을 실시한다. 이 장에서는 항만의 매몰방지·경감 대책과 어항의 매몰방지·경감 대책이 유사(類似)하므로 이에 대해서 알아보기로 한다.

① 항로·박지 매몰 대책의 개요

항로·박지의 매몰 대책을 수립하기 위해서는 항로·박지 매몰 현상을 일으키는 어항 주변의 현상을 파악할 필요가 있다. 이를 위해서는 파랑 등으로 대표되는 자연조건, 지형 및 표사 상황 등 여러 가지 조건을 파악하고 정리 및 분석이 필요하다. 그림 4.75는 항로·박지 매몰 대책의 검토 순서도를 나타낸 것이다.

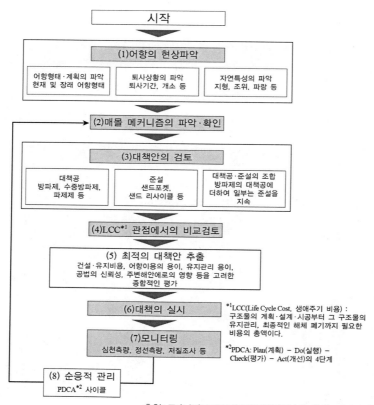

출처: 日本水産庁漁港漁場整備部(2014), 航路·泊地埋没対策ガイドライン

그림 4.75 어항의 항로·박지 매몰 대책에 대한 검토순서도

---

32) 방사제(防砂堤, Groyne): 해안표사가 항내 또는 항로에 유입하는 것을 방지하기 위해 설치하는 외곽시설의 한 종류로서 그 기능은 하천이나 해안에서 흐름에 의한 침식을 방지하고 방사제의 양쪽에 토사의 퇴적을 유도하며, 해안에서는 연안표사가 항내로 진입하지 않도록 하여 수심을 유지하는 데 있다.

② 매몰 메커니즘 파악

항로·박지의 매몰 발생은 파랑·흐름 작용 또는 어항의 형성 등에 따라 모래가 이동하여 항로·박지에 퇴적하는 메커니즘에 따른다. 이와 같은 표사(漂砂)에 의한 매몰 메커니즘을 파악하면 어항의 매몰요인을 명확히 알게 되므로 유효한 대책의 수립이 가능하다.

그림 4.76은 어항의 표사에 의한 항로·박지의 매몰 메커니즘을 모식도로 나타낸 것이다. 그림에서는 파랑에 의해 발생하는 연안류[33]가 모래를 이동시켜 외해 방파제 배후의 정온역에 퇴적시키고 더욱이 방파제에 따른 순환류가 모래를 항내에 운반시켜 매몰 현상이 발생하는 것을 나타낸다. 또한, 계절에 따른 파랑 및 표사의 특성이 다른 경우에는 중요한 매몰현상이 전형적(典型的)으로 나타나는 계절별로 복수의 모식도를 정리한다.

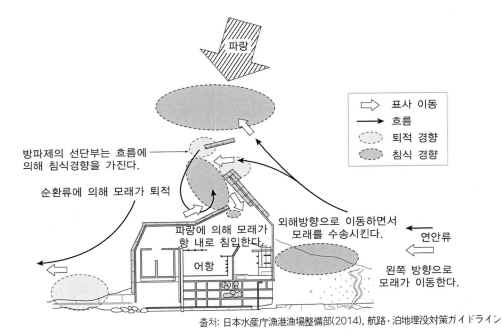

출처: 日本水産庁漁港漁場整備部(2014), 航路·泊地埋没対策ガイドライン

그림 4.76 어항의 표사에 따른 항로·박지의 매몰 메커니즘 모식도

③ 매몰 형태

어항의 매몰 형태는 어항의 형태에 따라 아래와 같이 5가지로 구별한다(그림 4.77 참조).

• 형태 A: 항구 폭이 넓으므로 연안표사(해안선과 평행하게 이동하는 표사)와 해안표사(해안

---

33) 연안류(沿岸流, Longshore Current): 파랑에 의해 발생하는 흐름으로, 쇄파대 안쪽에서 해안선과 나란하게 흐르는 흐름을 연안류라고 하며 쇄파대에서 물의 수송뿐만 아니라 연안을 따라 퇴적물을 운반시키는 중요한 역할을 한다.

선과 직각으로 이동하는 표사)로 인해 모래가 항내로 유입되어 퇴적되는 케이스

- 형태 B: 주방파제(연안표사의 하류 쪽 방파제)의 제두부(堤頭部)가 너무 길고 주방파제(主防波堤)와 방사제(연안표사의 상류 쪽 방파제) 사이가 폭이 넓어 그 영역에서 순환류가 발생하여 주방파제 선단 및 항구 부근에 모래가 퇴적되는 케이스
- 형태 C: 항내정온도 개선을 목적으로 처음에 항구의 외해에 도식(島式)방파제를 축조했으므로 도식방파제[34] 배후의 정온지역이나 항내에 모래가 퇴적되는 케이스
- 형태 D(1), D(2): 항만이 하도(河道) 내 또는 하구(河口)에 인접하기 때문에 모래가 항내에 퇴적하는 케이스
- 형태 E: 수심이 얕은 이유로 굴착(掘鑿)한 항로에 모래가 퇴사(堆砂)하는 케이스

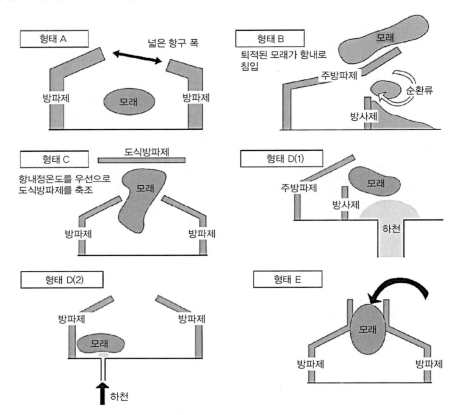

출처: 日本水産庁漁港漁場整備部(2014), 航路・泊地埋没対策ガイドライン

그림 4.77 어항의 매몰 형태

---

34) 도식방파제(島式防波堤, 島堤, Offshore Breakwater): 방파제는 침투파의 영향을 줄이고 배를 쉽게 드나들 수 있도록 방파제 방향과 항구 위치를 정하는 것이 중요하며, 이를 위해 방파제가 평면적으로 육지와 떨어져 있는 형식인 섬처럼 고립된 도식방파제(島式防波堤)를 항만 외곽에 축조하기도 한다.

④ 대책안의 검토

항로·박지의 매몰에 대한 효과적인 대책 검토는 추정된 매몰 메커니즘으로부터 표사이동을 일으키는 흐름을 제어할 수 있는 대책공법을 선정하여 그 효과를 수치 시뮬레이션으로 검토한다. 검토 시는 LCC(생애주기비용) 및 그 외 항목(어항 이용 용이, 유지관리 용이 및 주변에 대한 영향 등)을 종합적으로 검토하고 그 대상이 되는 어항에 최적인 대책안을 선정한다.

가. 대책안 개요

분석된 매몰요인을 발생시키지 않는 대책 중 되도록 퇴사량(堆砂量)을 적게 발생시키는 대책을 실시하도록 한다. 단, 형태 D(하천으로부터 유입)에 대해서는 하천으로부터 배출 토량을 삭감(削減)하는 것이 필요하여 해상에서의 대책공법(對策工法)은 필요하지 않다. 요인별 대책공법(구조물)은 다음과 같다(그림 4.78 참조).

- 형태 Ⅰ(항구축소 형태): 매몰의 원인이 되는 표사유입(漂砂流入)을 막을 수 있도록 항구의 유입구(流入口)를 좁게 하는 대책
- 형태 Ⅱ(순환류 대책 형태): 표사유입을 초래하는 순환류를 차단하는 대책
- 형태 Ⅲ(도식방파제 접속 형태): 도식방파제와 육지 쪽의 방파제를 연장·접속시켜 도식방파제 배후 정온역(靜穩域)으로의 표사유입을 막는 대책
- 형태 Ⅳ(방파제 연장 형태): 표사유입을 막도록 외해를 향하여 방파제를 연장하는 대책

형태 Ⅰ~Ⅳ의 대책공법은 파랑에 의해 발생하는 순환류 등의 흐름을 제어하여 항내(港內)로 표사가 유입하지 못하도록 하는 공법으로서 흐름을 제어하는 대책이 효과적이라고 여길 때 적용이 가능하다. 또한, 형태 Ⅴ~Ⅵ의 대책공법은 항내의 해수 교환이나 해안표사(海岸漂砂)를 제어할 필요가 있을 때는 그림 4.79와 같은 공법을 적용한다.

- 형태 Ⅴ(수중 방파제(潛堤) 형태): 항외에 수중 방파제를 설치함에 따라 방파제 앞면의 수위를 상승시킨 후 해안방향으로의 흐름을 발생시켜 표사를 제어하는 대책
- 형태 Ⅵ(해수교환형 형태): 항외에 수중 방파제 등을 설치함과 동시에 해수교환을 위한 통수구(通水口)를 만들어 항내·외 수위 차로 항내유동(港內流動)을 제어하는 대책

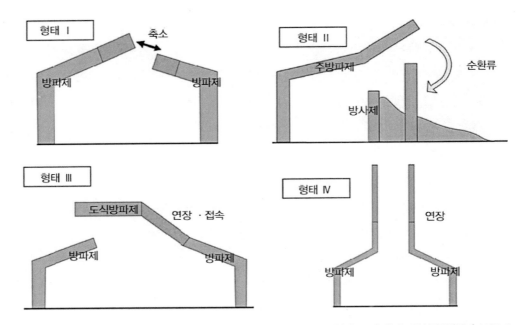

출처: 日本水産庁漁港漁場整備部(2014), 航路・泊地埋没対策ガイドライン

그림 4.78 대책공법(구조물)의 기본형태(Ⅰ)

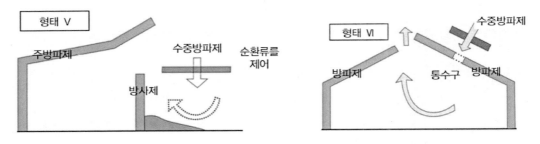

출처: 水産庁漁港漁場整備部(2014), 航路・泊地埋没対策ガイドライン

그림 4.79 대책공법(구조물)의 기본형태(Ⅱ)

더구나, 표사량(漂砂量)이 많은 어항에서는 외곽시설을 변경하는 대책만으로는 충분한 효과를 얻을 수 없는 사례가 많으므로 방파제 등의 축조에다가 부분적인 준설(浚渫)을 하는 대책을 조합시킨 공법이 실효성(實效性)이 높다.

나. 대책효과 산정법(수치 시뮬레이션 방법, 표 4.16 참조)

부유사[35]를 고려한 수치 시뮬레이션 방법을 사용하여 대책의 유·무에 따른 효과의 검증을

---

35) 부유사(浮遊砂, Suspended Load): 하천 또는 해안에서 물의 흐름이나 파랑에 의하여 저면(底面)으로부터 부상(浮上)하여 수중에서 이동하는 토사를 말한다.

실행한다. 수치 시뮬레이션 모델에는 여러 가지 방법이 있지만, 부유사와 소류사[36]를 고려한 해빈지형 예측모델을 사용하는 것이 바람직하다. 이 수치 시뮬레이션 방법은 기존 예측으로 곤란하였던 부유사 수송에 따른 항로·박지의 모래퇴적을 높은 정도(精度)로 계산할 수 있다. 이외에 해빈류[37]에 의한 소류사를 평가하는 수치모델도 있으므로 표사 메커니즘 및 퇴적의 재현성을 검증한 후 수치 시뮬레이션 방법을 선정한다. 우선 현재 어항 형태에 따른 항로·박지의 매몰상황에 대한 재현계산을 실시하고, 각 수치모델 지구의 표사 메커니즘을 밝힌다. 다음으로 추정된 매몰 메커니즘에 대한 대책을 수립하여 표사대책의 효과를 확인하는 예측계산을 실시한다.

다. 구조물과 준설과의 병용(倂用)에 따른 대책

㉠ 구조물에 의한 대책

구조물에 의한 대책은 표사에 따른 모래 침입을 막기 위해 방사제나 돌제(突堤) 등과 같은 구조물을 설치하는 것이다. 구조물의 위치나 형태 등은 수치 시뮬레이션을 통해 사전에 예측하여 최적의 어항 형태를 검토한다. 이 대책은 공사비는 비교적 비싸지만, 장기적인 효과를 기대할 수 있다.

㉡ 준설을 통한 대책

고파랑(高波浪) 등으로 매몰된 항로와 박지를 상황에 따라 준설한다. 사빈역(砂濱域)에 입지(立地)한 어항은 매년 준설하는 경우가 많아 영속적(永續的)으로 계속 준설할 필요가 있다.

㉢ 구조물과 준설의 병용

방사제(防砂堤)나 돌제(突堤) 등의 구조물을 설치해 표사량을 저감(低減)하는 동시에 일부분에 쌓인 퇴사의 준설을 계속하는 대책이다. 대책공법만으로는 불충분한 경우나 구조물의 공사비가 매우 많아질 것으로 예상되는 경우에는 준설과 병용함으로써 효과적이고 경제적인 대책이 된다.

---

36) 소류사(掃流砂, Bed Load): 해저면 가까운 곳이나 하천의 바닥에서 파랑이나 수류(水流)에 의해 운반되어지는 토사를 말하며 하상(河床) 근처에서 유수의 한계 소류력을 초과하는 힘에 의해 미끄러짐, 구름 또는 도약하며 이송된다.

37) 해빈류(海濱流, Wave-induced current): 물 입자는 파랑의 작용을 받아 원을 그리면서 연안으로 접근하다가 쇄파 후에 궤도를 벗어나게 된다. 이러한 궤도를 벗어난 물 입자에 의해 형성되는 흐름을 해빈류라고 하며, 해안선과 평행하게 흐르는 연안류와 해안을 벗어나는 이안류로 나뉜다. 해빈류는 모래해안의 침식관리에서 파랑과 더불어 핵심적인 정보이다.

표 4.16 표사의 수치 시뮬레이션 방법

구분	해안변화 모델		3차원 해빈변형 모델	
	정선변화 모델	등심선 변화모델	장기예측 모델	단기예측 모델
목적	장기적·광범위한 정선변화 예측	장기적·광범위한 평면지형변화 예측	중·장기적 구조물 주변 해빈의 평면지형변화 예측	단기간의 구조물 주변 해빈의 평면지형변화 예측
적용 범위	~수십 년, ~수십 km	~10년, ~10km	1~5년, ~수 km	일시화(一時化) ~1년, ~수 km
대상 모래이동	연안표사 고려, 해안표사 미고려	연안표사 고려 (해안분포 고려), 해안표사 미고려	연안표사 고려, 해안표사 미고려	연안표사 고려, 해안표사 고려
파랑장의 계산	에너지 평형방정식	에너지 평형방정식	에너지 평형방정식	보시네스크 (Boussinesq) 방정식
해빈류의 계산	미계산(未計算)	미계산(간편법으로 평가하는 경우도 있다.)	평면 2차원 모델	평면 2차원 모델
표사량의 계산	전(全)연안표사량	전연안표사량	• 해빈류에 의한 표사만 고려(소류사) ※ 부유사 평가는 별도의 모델을 조합 필요	• 시시각각의 흐름과 해빈류에 의한 표사 • 준(準) 3차원 비평형 모델로 부유사와 소류사를 평가
특징	• 계산시간이 짧다. • 광범위한 동시에 장기간 예측이 가능하다.	• 계산시간이 비교적 짧다. • 10년 정도의 장기간 예측이 가능하다.	• 계산시간이 비교적 길다. • 구조물 주변의 비교적 단기간인 지형변화예측에 적용할 수 있다.	• 계산시간이 확대된다. • 고파랑 시의 지형변화도 계산가능하다.
문제점	• 해안방향의 모래이동을 고려할 수 없다.	• 해안방향의 모래이동을 고려할 수 없다.	• 종단(縱斷) 지형변화를 참고할 수 없다. • 경계조건 설정 및 입력변수 결정이 약간 어렵다.	• 계산시간이 길어 실용상 제약이 있다. • 전빈(前濱)의 지형변화 계산 정도에 문제가 있다.

출처: 「海岸施設設計便覧(2000 年版)」より要約·加筆

(4) '견고하면서 잘 부서지지 않는 구조'의 방파제 등에 대한 기술개발·정비

방파제 등과 같은 항만구조물은 재난으로 인해 인명, 재산 또는 사회·경제 활동에 중대한 영향을 미칠 우려가 있거나 설계 외력을 초과하는 규모의 외력을 받은 경우에도 감재효과(減災效果)를 발휘할 수 있도록 '견고하면서 잘 부서지지 않는 구조'와 관련된 기술개발을 추진하는 동시에 정비를 추진한다. 기후변화로 인한 평균해수면의 상승 또는 태풍의 강대화에 따른 고파랑·폭풍해일 증대의 영향(기후변화 시에도 지진해일(津波)은 발생할 수 있으며 그 영향은 전 지구 평균해수면 상승으로 크다는 것을 명심하여야 한다.)으로 기존 방파제 등과 같은 항만구조물은 월파·월류가 이전보다 빈번하게 발생할 것으로 예상된다. 따라서 이에 따른 대책으로서는 2011년 동일본 대지진해일 때 피해를 입었던 방파제의 사례를 참고하여 기후변화로 인한 월파·월류가 발생하여 방파제의 본체가 움직이더라도 기능을 잃지 않는 '견고하면서 잘 부서지지 않는 구조'를 갖는 새로운 방파제의 설계 방법을 적용하여야 한다. 이 방법은 기존 방파제에 대해서도 견고함을 증가시킬 수 있는데, 종래 방파제 설계(2011년 동일본 대지진해일 이전) 시 기본적으로 월파·월류된 방파제 거동에 대해서는 검증하지 않아 동일본 대지진해일 시 지진해일이 방파제 월류한 후 본체 주변부분의 세굴 등으로 방파제가 전도·붕괴되는 피해가 많이 발생하였다(그림 4.80 참조).

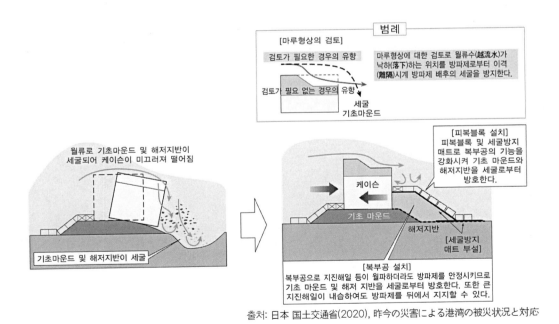

출처: 日本 国土交通省(2020), 昨今の災害による港湾の被災状況と対応

그림 4.80 '견고하면서 잘 부서지지 않는 구조'의 이미지(방파제)

(5) 재난 리스크 파악 및 보강·개량 시기를 고려한 항만구조물의 전략적인 안전점검·정비

① 현황

우리나라는 경제 성장기와 맞물려 폭발적으로 늘어나는 수출입 물동량을 처리하기 위해 1970~1980년대에 항만시설을 집중적으로 건설하였다. 이에 따라, 시설물 수명이 도래하는 2020년대에 들어서면서 노후 항만시설물 관리 수요가 큰 폭으로 늘어나고 있다. 즉, 30년 이상 노후 시설물 비율이 2000년 5.1%, 2010년 14.0%, 2020년 27.7%로 증가일로에 있고, 2030년에는 52.5%일 것으로 예상된다.[6]

현시점에서 가시화(可視化)되고 있는 기후변화에 따른 평균해수면 상승 또는 태풍의 강대화에 의한 폭풍해일·고파랑의 증대에 대응해 나가기 위해서는 일련의 방호(防護) 라인 중에서 재난 리스크가 높은 곳을 파악하는 동시에 항만시설의 보강·개량 시기를 정확하게 예측한 후 그 대책의 추진 방법을 검토한다.

가장 빈번한 항만구조물의 손상으로서는 축조(築造)한 지 수십 년이 경과한 널말뚝식 안벽 중 앞면의 강널말뚝 부식으로 배후의 뒷채움 토사가 흡출(吸出)된 후 그 영향으로 에이프런(Apron, 부두뜰) 또는 배수구(排水口) 부분 등이 함몰되는 노후화(老朽化) 손상이 많았다(그림 4.81, 그림 4.83 참조). 또한, 축조한지 수십 년이 지난 잔교식 안벽도 잔교 상판(上板) 아래 철근의 노출 및 콘크리트 박리(剝離), 잔교 각주(角柱)의 철근노출, 잔교 슬라브를 지지(支持)하는 강관말뚝의 부식이 진행되어 강관말뚝의 변형(말뚝 굴곡(屈曲) 또는 말뚝 두부좌굴(頭部坐屈))이 일어나 에이프런 등이 함몰되는 열화(劣化)·손상이 발생하였다(그림 4.81, 그림 4.82, 그림 4.84 참조).

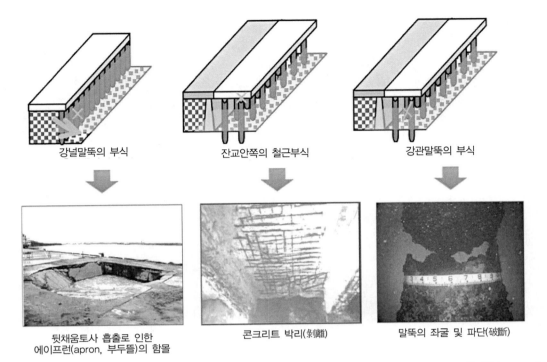

강널말뚝의 부식

잔교안쪽의 철근부식

강관말뚝의 부식

뒷채움토사 흡출로 인한
에이프런(apron, 부두뜰)의 함몰

콘크리트 박리(剝離)

말뚝의 좌굴 및 파단(破斷)

출처: 日本 国土交通省(2020), 港湾施設の維持管理に関する取り組みについて

그림 4.81 항만구조물(널말뚝식 및 잔교식 안벽)의 노후화로 인한 열화·손상 사례(1)

잔교상판 아래면 철근 노출(50년 경과)

부식으로 강널말뚝 구멍(44년 경과)

상부공 손상(37년 경과)

잔교각주 철근 노출(48년 경과)

에이프런 크랙, 박리(34년 경과)

상부공 크랙(43년 경과)

출처: 日本 国土交通省(2020), 港湾施設の維持管理に関する取り組みについて

그림 4.82 항만구조물(널말뚝식 및 잔교식 안벽)의 노후화로 인한 열화·손상 사례(2)

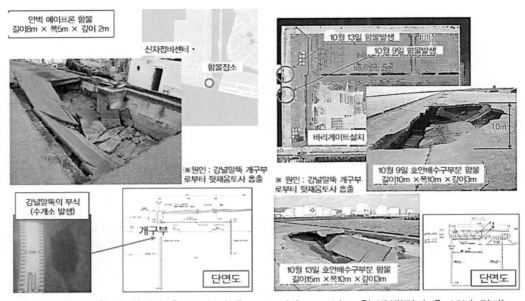

(a) 2016년 10월 발생(정비 후 30년 경과)　　　(b) 2015년 10월 발생(정비 후 33년 경과)

출처: 日本 国土交通省(2020), 港湾施設の維持管理に関する取り組みについて

그림 4.83 강널말뚝식 안벽의 열화·손상

(a) 2015년 10월 발생(정비 후 46년 경과)　　　(b) 2016년 1월 발생(정비 후 39년 경과)

출처: 日本 国土交通省(2020), 港湾施設の維持管理に関する取り組みについて

그림 4.84 잔교식 안벽의 열화·손상

② 항만구조물의 안전점검

항만구조물의 안전점검 종류는 아래와 같이 정기안전점검, 정밀안전점검, 정밀안전진단 및 긴급안전점검으로 구분한다.

- 정기안전점검: 육안조사 수준의 점검으로 재료시험은 실시하지 않는다.
- 정밀안전점검: 육안조사 및 간단한 재료시험을 실시하고, 상태평가를 실시하여 구조물의 안전등급을 지정(A~E)한다.
- 정밀안전진단: 육안조사와 여러 가지 재료시험을 하고, 상태평가, 안전성평가(구조해석)를 실시하여 구조물의 안전등급을 지정(A~E)한다.
- 긴급안전점검: 관리주체가 필요하다고 판단할 때 실시한다.

또한, 항만구조물의 안전점검 대상에 따라 1종 시설물과 2종 시설물로 나눈다.

- 제1종 시설물
  - 갑문(閘門)시설
  - 20만 톤(Ton) 이상 선박의 하역시설로서 원유 부이(Buoy)식 계류시설(부대시설인 해저 송유관을 포함)
  - 말뚝구조의 계류시설(5만 톤(Ton)급 이상의 시설만 해당)
- 제2종 시설물
  - 제1종 시설물에 해당하지 않는 원유 부이식 계류시설로서 1만 톤(Ton)급 이상의 원유부이식 계류시설(부대시설인 해저 송유관 포함)
  - 제1종 시설물에 해당하지 않는 말뚝구조의 계류시설로서 1만 톤(Ton)급 이상의 말뚝구조의 계류시설
  - 1만 톤(Ton)급 이상의 중력식 계류시설

시설물의 안전 및 유지에 관한 특별법(이후 '시특법'이라 한다.)에 따른 안전점검 실시시기는 표 4.17과 같고 항만법에 따른 안전점검 실시시기는 다음과 같다.

- 갑문시설 및 1만 톤(Ton)급 이상의 계류시설: 시특법에 따른 안전점검 실시시기
- 긴급안전점검: 관리청이 필요하다고 인정하는 경우
- 정기안전점검
  - 항만시설의 준공일로부터 1년 이내(최초 정기안전 점검일로부터 1년마다 1회 이상)

• 정밀안전점검
  – 방파제, 파제제, 안벽·돌핀·소형선 부두(널말뚝·강관파일식에 한한다.) 등: 항만시설의 준공일로부터 6년 이내(최초 정밀안전 점검일로부터 6년마다 1회이상)
  – 방사제, 방조제, 도류제, 호안, 안벽·소형선 부두(널말뚝·강관파일식은 제외한다.), 잔교, 부잔교 등: 항만시설의 준공일로부터 10년 이내(최초 정밀안전 점검일로부터 10년마다 1회 이상)

표 4.17 시설물의 안전 및 유지에 관한 특별법에 따른 안전점검 실시 시기

구분	정기안전점검	정밀안전점검	정밀안전진단
제1종 시설물	반기별(6개월)	2~3년 (A등급 3년, B등급 이하 2년)	준공이후 최초 10년 이내, 그 후 5년 마다
제2종 시설물			해당없음
기타시설물	해당없음	해당없음	해당없음

③ 항만구조물 중 계류시설(안벽)의 안전점검

가. 케이슨 안벽의 정밀안전점검

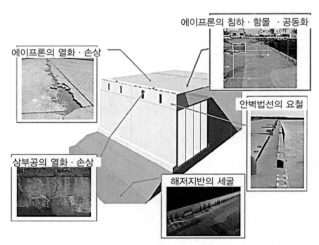

출처: 加藤 絵万(2017), 港湾空港技術研究所港湾構造物の点検診断と最近の取組み

그림 4.85 케이슨 안벽의 대표적인 변형

항만시설의 계류시설 중 케이슨 안벽에 대한 대표적인 변형으로는 그림 4.85와 같이 에이프런 열화·손상, 에이프런 침하·함몰·공동화, 상부공의 열화(劣化)·손상, 안벽 법선의 요철, 해저지반의 세굴 등이 있다.

ⓒ 상부공 또는 본체공의 열화·손상

출처: 加藤 絵万(2017), 港湾空港技術研究所港湾構造物の点検診断と最近の取組み

사진 4.34 케이슨 안벽의 상부공 또는 본체공 열화·손상

케이슨 안벽 중 상부공 또는 본체공의 열화·손상 변형의 주요 원인은 건조수축에 따른 균열, 파랑 작용, 선박접안 시 슬라스터[38])에 따른 마모, 선박 또는 표류물 충돌 등으로 그에 따른 영향으로는 선박 이·접안(離·接岸) 시 영향을 받거나, 시설의 성능저하를 가져오는데 특히 구조상의 안정성을 떨어트린다(사진 4.34 참조). 특히 기후변화에 따른 평균해수면 상승 또는 태풍 강대화(폭풍해일, 고파랑으로 인한 침수 등)로 상부공 또는 본체공의 열화·손상 면적이 증가할 것이다. 따라서 케이슨 안벽의 상부공 중 측벽(側壁)에 대한 안전점검 은 조위가 낮고, 파랑이 작을 때를 선택하여 실시하는 것이 바람직하며, 본체공(本體工)에 균열 및 철근 노출 등이 없는가를 중점적으로 본다(그림 4.86 참조).

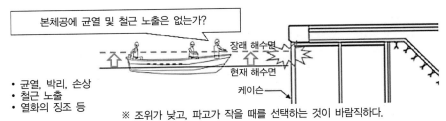

출처: 加藤 絵万(2017), 港湾空港技術研究所港湾構造物の点検診断と最近の取組みZ로부터 일부 수정

그림 4.86 케이슨 안벽의 상부공 또는 본체공 안전점검 항목과 방법

ⓛ 법선(法線)의 요철(凹凸)

케이슨 안벽 중 법선 요철에 대한 변형의 주요 원인은 지반의 압밀침하에 따른 본체공· 기초공·매립재의 경사와 지진에 따른 상부공·본체공의 이동 등으로 그 영향으로는 선박 이·접안 시 영향을 받거나, 시설의 성능저하를 가져오는데 특히 구조상의 안정성을 떨어트

---

38) 슬라스터(Thruster): 선박 추진기로 해상에서 선박의 정밀한 가동과 위치 유지를 위한 2차 분출구 또는 프로펠러를 말한다.

린다(사진 4.35 참조). 특히 기후변화에 따른 태풍 강대화로 인한 고파랑 증대(파압 증대) 시 법선의 요철이 증가할 것이다. 따라서 케이슨 안벽 중 법선에 대한 안전점점을 할때 선박의 이·접안 시 영향, 안벽 법선의 요철이 없는 가를 중점적으로 확인하며, 안벽 법선 요철과 동시에 상부공과 에이프런과의 단차가 확인된 경우에는 케이슨 시공이음으로부터 매립재인 배후토사가 유출될 가능성이 있다(그림 4.87 참조).

출처: 加藤 絵万(2017), 港湾空港技術研究所港湾構造物の点検診断と最近の取組み

사진 4.35 케이슨 안벽 법선의 요철

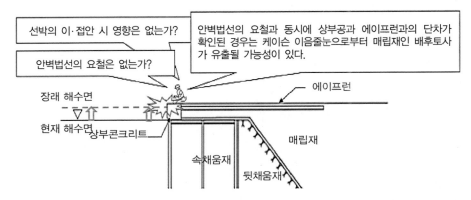

출처: 加藤 絵万(2017), 港湾空港技術研究所港湾構造物の点検診断と最近の取組み로부터 일부 수정

그림 4.87 케이슨 안벽 법선의 안전점검 항목 및 방법

ⓒ 에이프런(Apron)의 침하 또는 함몰(흡출(吸出), 공동화(空洞化))

케이슨 안벽 중 에이프런 침하 또는 함몰에 대한 변형의 주요원인은 지진에 따른 매립재의 다짐과 지반의 압밀침하에 따른 매립재 침하, 방사판(시트)의 파손에 따른 매립재 유출 등으로 그 영향으로는 하역작업이나 차량 통행에 영향을 미친다(사진 4.37 참조). 특히 기후변화에 따른 평균해수면 상승 또는 태풍 강대화로 폭풍해일·고파랑 시 월파 또는 침수가 빈번하여 에이프런의 침하 또는 함몰이 자주 발생할 것이다.

따라서 케이슨 안벽 중 에이프런 침하 및 함몰에 대한에 대한 안전점점을 할때 케이슨 배후에 단차(段差)는 없는가, 상부공 끝부분 사이에 틈은 없는가, 포장 끝부분의 고정 부근에 단차가 없는지를 중점적으로 확인한다(그림 4.88 참고).

특히 콘크리트 포장의 경우 아스팔트 포장보다 외관에 변화가 잘 나타나지 않아, 해머로 검출 가능 여부는 포장두께-공동 크기에 달려있어 전자파 레이더로 공동(空洞) 탐사하거나 포장의 구멍 뚫림이나 절삭(切削)으로 육안 또는 내시경 조사를 한다.

공동의 발생 위치는 중력식 안벽의 본체공이 케이슨이 아닌 경우는 대부분의 공동이 안벽 법선 부근에서 확인되었고(그림 4.89(a) 참조), 케이슨인 경우 대부분은 안벽법선으로부터 케이슨 육지 쪽 끝부분 사이에 확인되었고, 간혹 케이슨 배후에서도 공동을 확인할 수 있었다(그림 4.89(b) 참조).

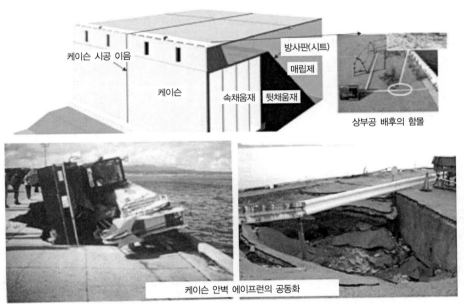

출처: 加藤 絵万(2017), 港湾空港技術研究所港湾構造物の点検診断と最近の取組み

사진 4.37 케이슨 안벽의 에이프런(Apron) 침하 또는 함몰(흡출, 공동화)

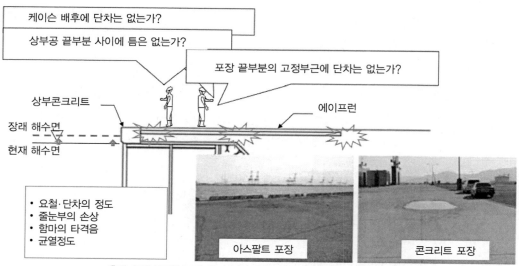

출처: 加藤 絵万(2017), 港湾空港技術研究所港湾構造物の点検診断と最近の取組みでから 일부 수정

그림 4.88 케이슨 안벽의 에이프런에 대한 안전점검 항목 및 방법

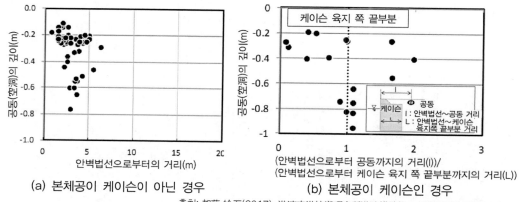

(a) 본체공이 케이슨이 아닌 경우   (b) 본체공이 케이슨인 경우

출처: 加藤 絵万(2017), 港湾空港技術研究所港湾構造物の点検診断と最近の取組み

그림 4.89 중력식 안벽에 대한 공동(空洞) 발생 위치

공동의 발생 원인은 안벽 법선 부근은 시공이음의 손상, 케이슨 배후는 방사판(시트) 손상, 지진에 따른 매립재의 다짐과 지반의 압밀침하에 따른 매립재 침하 등이 원인이다(그림 4.90 참조).

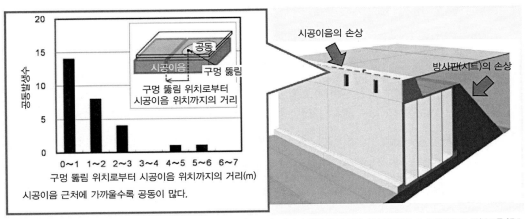

출처: 加藤 絵万(2017), 港湾空港技術研究所, 港湾構造物の点検診断と最近の取組み

그림 4.90 중력식 안벽의 공동 발생

에이프런 포장에 대한 공동의 유무, 정도 및 위치를 측정하는 공동탐사는 발신(發信)된 전자파가 전기적 특성이 다른 물질의 경계면에서 반사되는 성질을 이용한 비파괴 시험방법으로 전자파 레이더를 사용한다. 그 측정 방법은 안테나 중의 발신기로부터 방출된 전자파가 공동 및 철근에서 반사된 후 반사파를 안테나 중 수신기가 감지하여 공동의 위치 및 깊이를 추정할 수 있다(그림 4.91 참조).

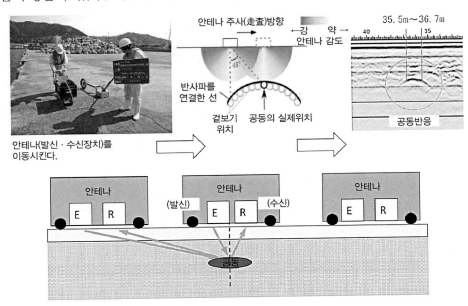

출처: 加藤 絵万(2017), 港湾空港技術研究所港湾構造物の点検診断と最近の取組み

그림 4.91 전자파 레이더로 케이슨 안벽의 에이프런에 대한 공동탐사(空洞探査)

㉣ 해저지반의 세굴 또는 퇴적

　　케이슨 안벽 중 해저지반의 세굴·퇴적에 대한 변형의 주요 원인은 선박의 이·접안 시 스크류에 의한 세굴, 파랑 작용 등으로 그 영향으로는 기초공의 붕괴를 가져오거나 케이슨의 활동·전도를 초래하여 시설의 성능저하를 가져오는데 특히 구조상의 안정성을 떨어트린다. 특히 기후변화에 따른 태풍 강대화로 폭풍해일·고파랑 시 파압의 증대로 해저지반 세굴 또는 퇴적이 자주 발생할 것이다. 따라서 케이슨 안벽 중 해저지반의 안전점검 시 케이슨 시공이음39)에 토사가 퇴적된 경우 매립재의 유출이 예상되며 예측과 원인분석을 위해서는 정량적인 자료(멀티빔 음향측심기로 측정한 측심 데이터 등)가 필요하다(그림 4.92 참조).

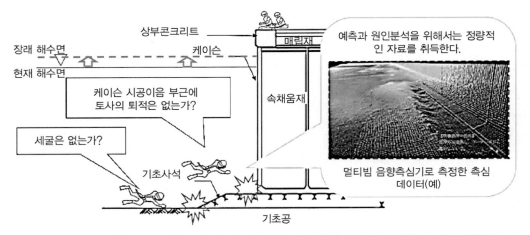

출처: 加藤 絵万(2017), 港湾空港技術研究所港湾構造物の点検診断と最近の取組みろ부터 일부 수정

그림 4.92 케이슨 안벽 해저지반의 안전점검 항목 및 방법

---

39) 시공이음(Construction Joint): 단단히 굳은 콘크리트에 새로운 콘크리트를 쳐서 잇기 위해 만든 이음매로서 시공이음에는 그 방향에 따라 수평 시공이음과 연직 시공이음이 있다.

나. 널말뚝식 안벽의 정밀안전점검

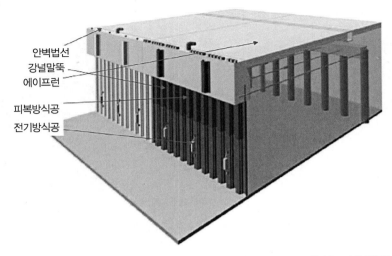

안벽법선
강널말뚝
에이프런
피복방식공
전기방식공

출처: 加藤 絵万(2017), 港湾空港技術研究所港湾構造物の点検診断と最近の取組み

그림 4.93 널말뚝식 안벽의 정밀안전점검 대상

항만시설의 계류시설 중 강널말뚝식 안벽의 정밀안전점검을 하는 주요대상은 그림 4.93과 같다.

㉠ 강널말뚝의 부식, 균열 또는 손상

강널말뚝식 안벽의 강널말뚝 변형에 대한 주요 원인은 강널말뚝의 부식, 피복방식공의 열화·손상, 전기방식공의 열화·손상·마모, 선박접안 시 슬라스터에 따른 마모, 선박 또는 표류물 충돌 등으로 그 영향으로는 지반의 공동화(空洞化)를 초래하여 하역작업에 영향을 주거나, 시설의 성능저하를 가져오는데 특히 구조상의 안정성을 떨어트린다. 특히 기후변화에 따른 평균해수면 상승 또는 태풍 강대화로 폭풍해일·고파랑 시 월파 또는 침수가 빈번하여 강널말뚝의 부식, 균열 또는 손상이 자주 발생할 것이다. 따라서 강널말뚝식 안벽에 대한 안전점점은 저조면(L.W.L, Low Water Level)~평균저조면(M.L.W.L, Mean Low Water Level) 사이 또는 비말대(飛沫帶, Splash Zone)에서 부식이 발생하기 쉬우므로 가능한 간조(干潮) 시 파랑이 정온할 때 안전점검을 하며, 강널말뚝에 부식으로 뚫린 구멍은 뒷채움재 또는 매립재의 유출과 연결되므로 주의가 필요하며 대책을 세워야 한다(그림 4.94 참조).

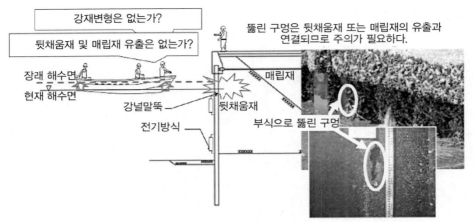

출처: 加藤 絵万(2017), 港湾空港技術研究所港湾構造物の点検診断と最近の取組みで로부터 일부 수정

그림 4.94 강널말뚝식 안벽의 강널말뚝에 대한 부식, 균열 및 손상(점검방법)

참고로 항만구조물 중 강널말뚝의 방식은 일반적으로 평균저조면(M.L.W.L) 위는 강재 표면에 각종재료를 피복(被覆)시켜 부식환경으로부터 차단시키는 피복방식, 평균저조면 아래는 강재 표면에 전자를 공급하여 부식반응을 억제시키는 전기방식을 취하는데, 그 종류에는 방식 대상인 철보다 이온화경향이 크고 전위가 낮은 금속인 알루미늄을 방식대상물에 연결시켜 방식하는 희생양극방식(犧牲陽極方式)과 방식대상물에 인접하여 양극을 설치하고 직류전류를 인위적으로 보내어 부식을 방지하는 외부전원방식(外部電源方式)이 있다(그림 4.95 참조).

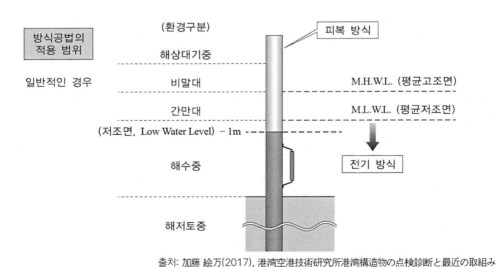

출처: 加藤 絵万(2017), 港湾空港技術研究所港湾構造物の点検診断と最近の取組み

그림 4.95 강널말뚝식 안벽의 방식공법

ⓛ 강널말뚝의 피복방식공

강널말뚝식 안벽의 평균저조면 위 방식공법인 피복방식공에 대한 주요변형원인은 파랑 작용, 선박접안 시 슬라스터로 인한 마모, 선박 또는 표류물의 충돌 등으로 그 영향으로는 강널말뚝을 부식시켜 지반의 공동화로 인한 하역작업에 영향을 주거나, 시설의 성능저하를 가져오는데 특히 구조상의 안정성을 떨어트린다. 피복방식공은 크게 도장, 유기피복, 페트 롤라텀(Petrolatum) 피복, 금속피복, 무기피복으로 나뉘며 강널말뚝식 안벽 중 피복방식공 에 대한 안전점검은 공법에 따라 점검항목이 다르며, 일반적으로 저조면인 L.W.L보다 1m 낮은 위치까지 시공하는 경우가 많으므로 가능한 간조(干潮) 시 파랑이 정온할 때 안전점검 을 한다(그림 4.96 참조).

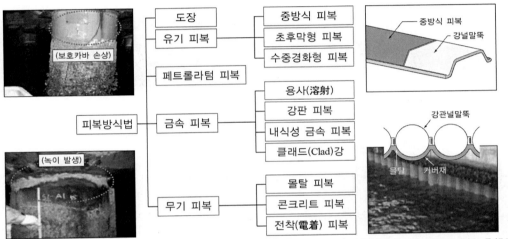

출처: 加藤 絵万(2017), 港湾空港技術研究所港湾構造物の点検診断と最近の取組み

그림 4.96 강널말뚝식 안벽의 피복방식공

ⓒ 강널말뚝의 전기방식공

강널말뚝식 안벽의 평균저조면(M.L.W.L) 아래 방식공법인 전기방식공에 대한 주요변형 원인은 희생양극의 마모·탈락, 파랑작용, 선박접안 시 슬라스터로 인한 마모, 선박 또는 표 류물의 충돌 등으로 그 영향으로는 강널말뚝을 부식시켜 지반의 공동화로 인한 하역작업에 영향을 주거나, 시설의 성능저하를 가져오는데 특히 구조상의 안정성을 떨어트린다. 전기 방식공은 방식관리전위가 유지되는가를 파악하기 위해서는 정밀안전점검에서 반드시 전위 를 측정하며, 그 순서로서는 우선 고저항전압계(테스터(Tester))의 (+)극에 강재(전위측정 용단자)를 (−)극에 조합전극을 전기적으로 접속한 후 조합전극을 해중에 침적(沈積)시켜,

평균저조면인 M.L.W.L 또는 저조면인 L.W.L로부터 해저면까지 1m 간격으로 측정한다. 측정값으로부터 강재의 방식상태를 판정하는 방식관리전위는 -800mV(밀리볼트)이다. 전기방식공의 강재전위분포의 측정위치는 그림 4.97 아래와 같이 측정단자와 측정단자 사이의 중간위치이며, 강재전위분포의 측정결과 사례와 같이 B지점은 방식관리전위인 -800mV 이상으로 유지되지 않는 경우 양극의 탈락 또는 방식관리전위가 모두 소모(消耗)되었다고 예상한다(그림 4.97 참조).

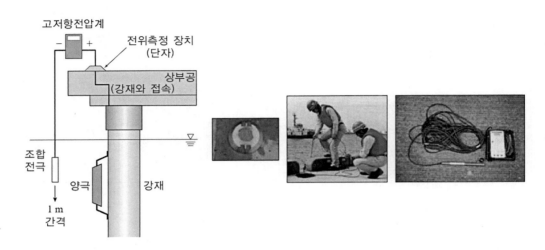

〈순서〉 1. 고저항전압계(테스터(tester))의 (+)극에 강재(전위 측정용 단자)를 (-)극에 조합전극을 전기적으로 접속한다.
2. 조합전극을 해중에 침적시켜, M.L.W.L 또는 L.W.L로부터 해저면까지를 1m 간격으로 측정한다.
3. 측정값으로부터 강재의 방식상태를 판정하는 방식관리전위는 -800mV(해수 염화은 전극 기준)이다.
(a)

그림 4.97 강널말뚝식 안벽의 방식관리전위 측정 방법

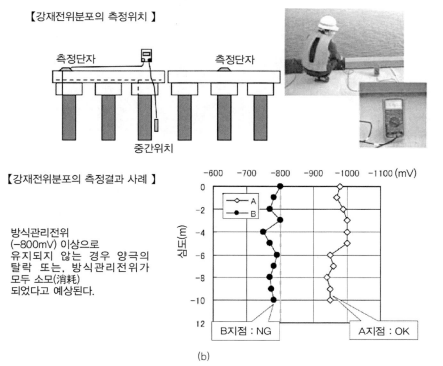

그림 4.97 강널말뚝식 안벽의 방식관리전위 측정 방법(계속)

ㄹ 법선 요철

강널말뚝식 안벽 중 법선의 요철과 같은 변형에 대한 주요원인은 지진에 따른 뒷채움재·매립재의 유출 및 침하에 따른 강널말뚝의 경사, 휨 및 타이로드(Tie-rod)의 파단이 주요원인이 되어 부분적으로 요철이 발생하는 경우가 있으며, 그 영향으로는 선박 이·접안 시 영향을 초래하며, 시설의 성능저하를 가져오는데 특히 구조상의 안정성을 떨어트린다. 그리고 변형에 따른 영향 및 안전점검방법은 케이슨식 안벽의 법선 요철인 경우와 동일하다(그림 4.98 참조). 특히 기후변화에 따른 태풍 강대화로 인한 고파랑 증대(파압 증대) 시 법선의 요철이 증가할 것이다.

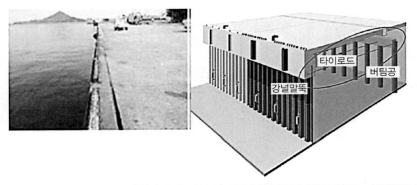

출처: 加藤 絵万(2017), 港湾空港技術研究所港湾構造物の点検診断と最近の取組み

그림 4.98 강널말뚝식 안벽의 법선 요철

㉤ 에이프런의 침하 또는 함몰(흡출(吸出), 공동화(空洞化))

강널말뚝식 안벽 중 에이프런 침하·함몰과 같은 변형에 대한 주요원인은 지진에 따른 매립재 다짐 및 지반의 압밀침하로 인한 매립재의 침하, 강널말뚝 부식에 따른 구멍 뚫림, 강널말뚝 이음 틈으로부터의 뒷채움재 유출 등으로 그 영향으로는 하역작업이나 차량통행에 대한 악영향을 초래한다. 특히 기후변화에 따른 태풍 강대화로 폭풍해일·고파랑 시 파압의 증대로 에이프런의 침하 또는 함몰이 자주 발생할 것이다. 안전점점을 할때 상부공 끝부분에 단차는 없는지, 포장 끝부분에 단차는 없는가, 버팀공 주변 또는 매설관 부근에 단차는 없는지를 중점적으로 확인한다. 에이프런 배후에 널말뚝의 법선과 평행하게 물고임이 있는 경우 땅속에 공동이 발생한 경우가 많다는 것에 유념한다(그림 4.99 참조). 또한, 참고로 강널말뚝의 버팀공은 에이프런 배후 또는 상옥에 위치하는 경우도 있다는 것에 주의한다.

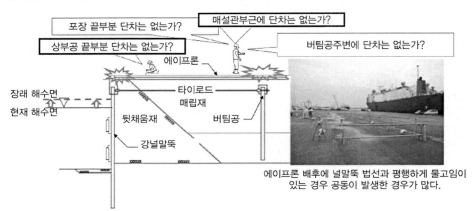

출처: 加藤 絵万(2017), 港湾空港技術研究所港湾構造物の点検診断と最近の取組み로부터 일부 수정

그림 4.99 강널말뚝식 안벽의 에이프런 점검방법

다. 강널말뚝식 안벽의 정밀안전진단

강널말뚝식 안벽의 정밀안전진단 주요대상은 그림 4.100과 같은 강널말뚝, 해저지반 및 전기방식공이다.

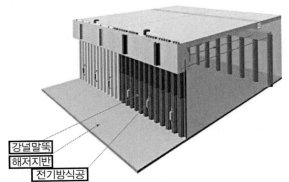

출처: 加藤 絵万(2017), 港湾空港技術研究所港湾構造物の点検診断と最近の取組み

그림 4.100 강널말뚝식 안벽의 정밀안전진단 주요대상

㉠ 강널말뚝식 안벽의 균열, 부식 또는 손상

강널말뚝식 안벽의 균열, 부식, 손상에 대한 변형의 주요 원인은 강널말뚝의 부식, 피복방식공의 열화·손상, 전기방식공의 열화·손상·마모, 선박접안 시 슬라스터에 따른 마모, 선박 또는 표류물 충돌 등으로 그 영향으로는 지반의 공동화로 인한 하역작업 시 악영향을 받거나, 시설의 성능저하를 가져오는데 특히 구조상의 안정성을 떨어트린다. 특히 기후변화에 따른 평균해수면 상승으로 강널말뚝의 부식, 태풍 강대화로 폭풍해일·고파랑 시 파압의 증대로 강널말뚝의 균열 또는 손상이 증가할 것이다. 따라서 그림 4.101과 같이 강널말뚝식 안벽에 대한 안전점점 중 수중부의 육안검사는 방식대책(전기방식이나 피복방식)의 관리가 확실히 되어 있으면 생략해도 좋으나 방식대책이 실시하지 않은 경우는 반드시 실시한다. 만약 방식공을 설치하지 않은 경우 강널말뚝의 부식이 L.W.L(저조면)~M.L.W.L(평균저조면) 사이에서 발생하기 쉬우므로 강재의 공식(孔蝕) 및 개공(開孔)이 없는가를 확인한다.

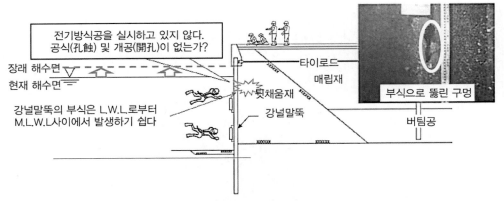

출처: 加藤 絵万(2017), 港湾空港技術研究所港湾構造物の点検診断と最近の取組みろ로부터 일부 수정

그림 4.101 강널말뚝식 안벽의 균열, 부식 및 손상에 대한 점검

강널말뚝의 부식속도 파악 및 예측을 위한 정량적인 데이터를 취득하기 위해서는 강널말뚝의 안두께를 측정해야 하는데, 계측장소는 집중부식이 발생하기 쉬운 저조면인 L.W.L상 2개소 또는 최대곡률모멘트 발생지점 부근의 2개소로 정한다. 또한, 부식으로 뚫린 구멍이 있는 경우 그 주변의 안두께도 측정한다. 측정은 발신부와 수신부를 가진 초음파 측정기로 하며 측정크기는 1개소당 기로, 세로 10cm이다(그림 4.102 참조).

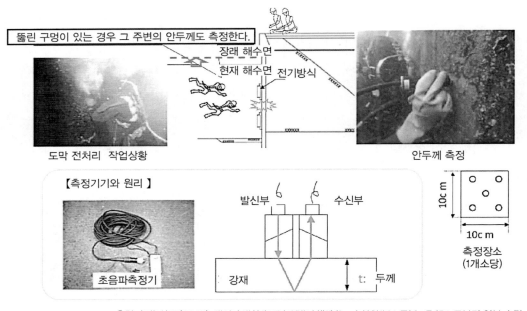

출처: 加藤 絵万(2017), 港湾空港技術研究所港湾構造物の点検診断と最近の取組みろ로부터 일부 수정

그림 4.102 강널말뚝의 강재 안두께 측정 방법

ⓛ 강널말뚝식 안벽의 전기방식공

강널말뚝식 안벽의 전기방식공에 대한 변형의 주요원인은 희생양극의 소모·탈락, 파랑작용, 선박 이·접안 시 슬라스터에 따른 마모, 선박 또는 표류물 충돌 등으로 그 영향으로서는 지반의 공동화로 하역작업 시 악영향을 받거나, 시설의 성능저하를 가져오는데 특히 구조상의 안정성을 떨어트린다. 특히 기후변화에 따른 태풍 강대화로 폭풍해일·고파랑 시 파압의 증대로 전기방식공의 변형이 자주 발생할 것이다. 따라서 강널말뚝식 안벽에 대한 안전점검 시 전기방식의 희생양극이 마모 정도 및 탈락, 설치장소의 손상을 검사한다(그림 4.103 참조). 즉, 방식관리전위가 유지되면 양극(陽極)은 남아있어 소모되지 않았다는 것을 알 수 있다. 전기방식의 희생양극 소모속도 파악 및 교체 시 예측을 위한 정량적인 데이터를 취득하기 위해서는 양극의 소모량을 측정해야 한다. 수중에서의 양극의 형상치수를 계측하기 위해서는 양극을 육상에 인양(引揚)시켜 측정하는데, 다음 식으로 양극의 평균소모량과 잔존수명을 계산할 수 있다(그림 4.104 참조).

- 양극의 연간평균소모량=(양극초기질량-양극잔존질량)/(경과연수)
- 잔존수명=양극잔존질량/양극의 연간평균소모량

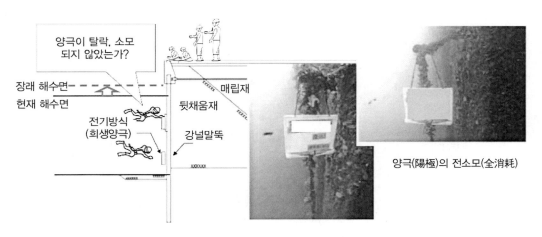

출처: 加藤 絵万(2017), 港湾空港技術研究所港湾構造物の点検診断と最近の取組み로부터 일부 수정

그림 4.103 강널말뚝식 안벽의 전기방식공에 대한 점검

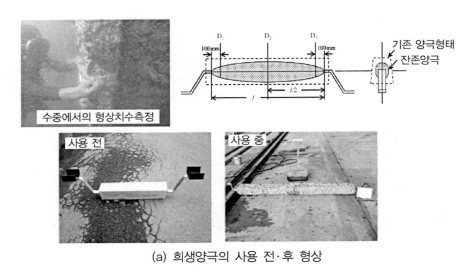

(a) 희생양극의 사용 전·후 형상

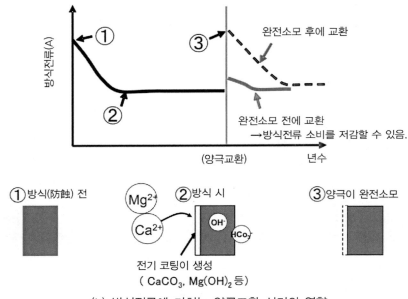

(b) 방식전류에 미치는 양극교환 시기의 영향

출처: 加藤 絵万(2017), 港湾空港技術研究所港湾構造物の点検診断と最近の取組み

그림 4.104 강널말뚝식 안벽의 전기방식공(희생양극방식)

ⓒ 강널말뚝식 안벽의 해저지반의 세굴·퇴적

강널말뚝식 안벽의 세굴 또는 퇴적된 해저지반에 대한 변형의 주요원인은 파랑 작용, 선박 이·접안 시 스크류의 감아올림 등으로 그 영향으로서는 강널말뚝 근입장 부족을 가져와 시설의 성능저하를 가져오는데 특히 구조상의 안정성을 떨어트린다. 특히 기후변화에 따른 태풍 강대화로 폭풍해일·고파랑 시 파압의 증대로 해저지반의 세굴(반사파 때문에) 또는 퇴적이 자주 발생할 것이다. 따라서 강널말뚝식 안벽에 대한 안전점점 시 해저지반이 세굴된 장소와 퇴적된 장소를 구별하며, 강널말뚝 앞면에 토사가 퇴적된 경우에 강널말뚝에 뚫린 구멍이 있으면 뒷채움재 또는 매립재가 유출된 가능성이 있다(그림 4.105 참조).

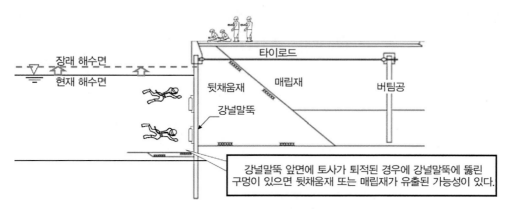

출처: 加藤 絵万(2017), 港湾空港技術研究所港湾構造物の点検診断と最近の取組み로부터 일부 수정

그림 4.105 강널말뚝식 안벽의 해저지반 세굴·퇴적

라. 직항식 횡잔교 안벽의 정밀안전진단

직항식 횡잔교 안벽의 정밀안전진단 주요대상은 그림 4.106과 같이 강관말뚝, 토류부 에이프런, 잔교 상부공 및 도판이다.

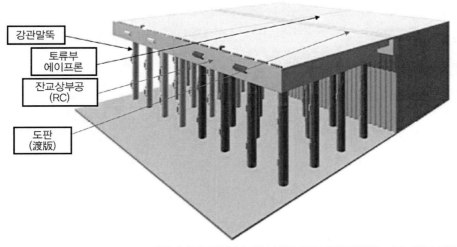

출처: 加藤 絵万(2017), 港湾空港技術研究所港湾構造物の点検診断と最近の取組み

그림 4.106 직항식 횡잔교 안벽의 정밀안전진단 주요대상

㉠ 잔교 상부공(하부면, 상·측면부)의 균열, 부식 또는 손상

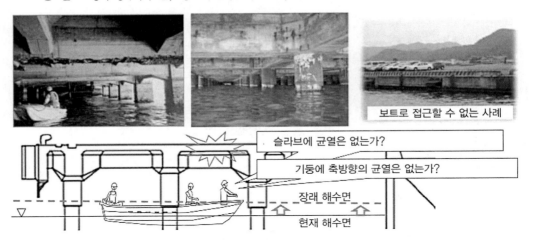

출처: 加藤 絵万(2017), 港湾空港技術研究所港湾構造物の点検診断と最近の取組みからより 일부 수정

그림 4.107 직항식 횡잔교 안벽의 상부공에 대한 안전점검

　직항식 횡잔교 안벽의 균열, 부식, 손상에 대한 변형의 주요원인은 콘크리트 건조수축에 따른 균열, 선박 또는 표류물 충돌, 염해에 따른 철근부식 등으로 그 영향으로는 선박의 이·접안, 하역작업이나 차량통행 시 악영향을 발생시키거나, 시설의 성능저하를 가져오는데 특히 구조상의 안정성을 떨어트린다. 특히 기후변화에 따른 평균해수면 상승으로 잔교 상부공의 부식, 태풍 강대화로 폭풍해일·고파랑 시 파압의 증대로 잔교 상부공의 균열 또는 손상이 증가할 것이다. 따라서 횡잔교 안벽에 대한 안전점점 시 슬라브에 균열이 없는가, 기둥에 축방향의 균열은 없는가를 중점적으로 확인하며, 소형보트 등이 잔교 하부로 진입할 수 없는 경우에는 잠수부에 의한 육안검사를 실시한다(그림 4.107 참조). 특히, 특히 조석이나 항주파40) 등의 영향을 받기 때문에, 충분한 작업 시간이나 양호한 작업 환경을 확보하는 것이 어렵다. 잔교 상부공에서는 부재의 종류나 위치에 따라 변형의 진행속도는 다르므로 모든 부재(슬래브, 빔(Beam), 헌치(Hunch))에 대하여 점검을 한다. 잔교 상부공의 하부면에 표면피복공이 되어 있는 경우 도장(塗裝)의 갈라짐, 벗겨짐 등의 변형을 파악한다. 변형이 발견된 경우에는 콘크리트에 균열 등의 변형이 발생하였을 가능성이 큰 점에 유의한다.

---

40) 항주파(航走波, Ship Wave): 선박이 항해하면서 생기는 파도를 말하며, 선수(船首)로부터 나오는 경사파와 선미(船尾)로부터 나오는 횡단 방향파의 2종류가 있다. 항주파는 어선 같은 소형 선박 또는 작업선을 요동시키는 것 외에 운하, 호안의 비탈면 침식의 원인이 된다. 항적파(航跡波)라고도 한다.

상부공이 프레스트레스트 콘크리트제인 경우 균열 발생이나 PC강재·철근의 부식은 바로 부재의 안전성에 영향을 미친다. 변형이 발견될 경우 신속하게 원인 규명과 대책의 실시를 검토해야 한다.

ⓛ 콘크리트 항만구조물의 균열, 부식 또는 손상(염화물 이온농도)

기후변화에 따른 평균해수면 상승으로 잔교 상부공의 부식(콘크리트 염해 피해), 태풍 강대화로 폭풍해일·고파랑 시 파압의 증대로 잔교 상부공의 균열 또는 손상이 증가할 것이다.

콘크리트 항만구조물 중 가장 흔히 나타나는 손상인 염해에 따른 콘크리트 중의 철근부식 상태 변화를 아래 그림 4.108(a)와 같이 나타낼 수 있다. 콘크리트 중의 철근 위치에 염화물 이온이 일정량이상 존재하면 철근 주위의 부동태 피막[41]이 파괴되어 철근의 부식이 시작되는데, '부식발생한계 염화물이온농도'는 콘크리트 중에 $1.2~2.4kg/m^3$이다. 또한, 시간이 경과하면 부식 생성물인 녹의 부피는 철의 2~4배이므로 콘크리트에 인장응력이 작용하여 부식균열의 발생이 시작한다. 콘크리트 중의 철근 부식에 따른 변형의 요인 분석이나 변형을 예측하기 위한 정량적인 데이터를 취득하기 위해서는 콘크리트 중의 철근 위치에 염화물 이온농도를 측정해야 한다. 이 방법은 철근부식이 시작되었는지 여부, 언제 시작되는지를 추정하는 방법으로 콘크리트 코아를 채취한 후 콘크리트 표면으로부터 거리와 시간에 따른 염화물 이온량(kg/m^3)을 그림 4.108(b)와 같이 $C(x,t)$로부터 구할 수 있다. 콘크리트 중의 염화물이온 농도 측정은 육안조사로 균열 등의 변형을 찾을 수 없는 경우 측정을 한다. 특히 녹의 스머나옴이나 철근 축방향 균열 등과 같은 변형이 이미 발생한 상태에서는 철근의 부식이 진행 중이므로, 염화물이온 농도 측정을 하더라도 필요한 정보를 얻을 수 없다(그림 4.108(c) 참조).

---

41) 부동태 피막(不動態皮膜): 철근 콘크리트 구조물에서 철근표면에 형성되는 산화피막으로 비활성 상태로 존재하지만, 파괴되면 부식이 급속하게 진행된다.

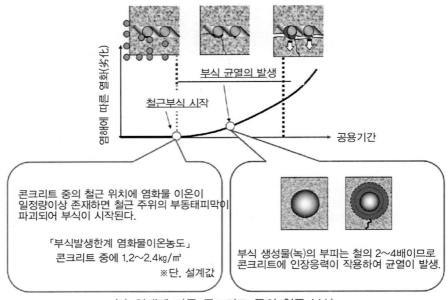

(a) 염해에 따른 콘크리트 중의 철근 부식

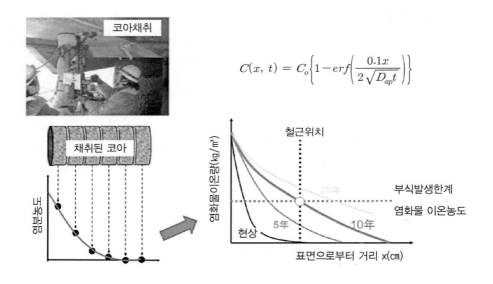

$$C(x,\ t)\ =\ C_o\left\{1 - erf\left(\frac{0.1x}{2\sqrt{D_{ap}t}}\right)\right\}$$

(b) 콘크리트 중의 염화물 이온농도 측정

그림 4.108 직항식 횡잔교 안벽의 상부공에 대한 균열, 부식 또는 손상(염화물 이온농도)

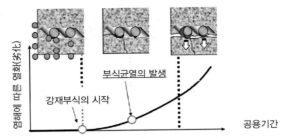

✓ 콘크리트 중의 염화물 이온 농도 측정은 육안조사로 균열 등의 변형을 찾을 수 없는 경우에
　측정을 실시한다.

녹의 스며나옴이나 철근축 방향 균열 등과 같은 변형이 이미 발생한 상태에서는 철근의 부식이
진행되고 있는 중이므로 염화물 이온 농도 측정을 실시하더라도 필요한 정보를 얻을 수 없다.

(c) 잔교 상부공의 균열, 부식 및 손상 상태(염화물 이온 농도 측정으로 유용한 정보 취득 여부)

출처: 加藤 絵万(2017), 港湾空港技術研究所港湾構造物の点検診断と最近の取組み

그림 4.108 직항식 횡잔교 안벽의 상부공에 대한 균열, 부식 또는 손상(염화물 이온농도)(계속)

④ 대책

　향후 기후변화로 인해 항만구조물의 급속한 노후화·열화(劣化)의 진행이 예상되므로 유지관리에 대한 현상과 과제를 근거하여 생애주기비용의 절감이나 항만구조물(시설)의 기능을 안정적으로 확보하기 위해 설계·점검 후 유지관리계획부터 유지공사(維持工事)에 이르기까지 종합적이고 중점적으로 대응할 필요가 있다(그림 4.109 참조). 항만구조물은 일반적으로 엄격한 해양환경 조건 아래에 놓이게 되며, 기후변화에 따라 해양환경이 더 가혹한 환경에 처하게 될 것으로 예상되어 재료의 열화, 손상 등으로 설계공용기간 중에 성능저하가 발생할 것으로 우려된다. 이 때문에 항만구조물(시설)이 설계공용기간 중에 요구성능을 충족하지 못하는 상황에까지 이르지 않도록 계획적이고 적절하게 유지관리할 필요가 있다. 유지관리를 확실하게 하기 위해서는 점검진단 등의 시기, 방법, 빈도 등 기본적인 절차에 따라 유지를 가능하게 하도록 유지관리 계획을 수립할 필요가 있다. 현재 노후화된 항만구조물은 기후변화(특히 평균해수면 상승으로 이전에 영향을 받지 않았던 해수의 영향을 받으므로 노후화·열화의 면적이 커진다.)로 인해 급격히 증가하는 한편, 유지관리, 보수·보강·개량에 투입할 수 있는 재원(財源)이나 인원은 한계가 있다. 항만구조물(시설) 단위별로 작성하는 유지관리 계획에 따라 계획적인 점검을 하는 동시에 항만 단위별로 작성하는 예방보전계획을 토대로 각 항만구조물(시설)의 수명

연장과 함께 기능이 저하된 항만구조물(시설)의 통폐합이나 시방서(示方書)의 재검토 등을 계획적으로 추진하여 효율적인 항만으로 재편하는 등 전략적인 자원관리에 의한 노후화 대책을 추진한다. 향후 최근 연구개발이 진행되는 드론(Drone), 로봇기술 등을 적극적으로 활용한 유지관리 업무의 효율화를 목표로 한다.

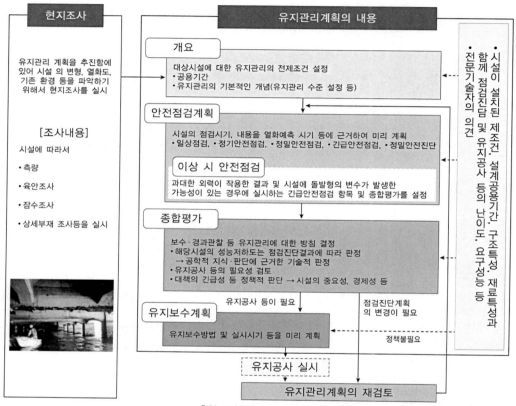

출처: 日本 国土交通省(2020), 港湾施設の維持管理に関する取り組みについて

그림 4.109 항만구조물(시설)의 유지관리계획에 대한 개요 및 순서도

가. 예방보전형(豫防保全形) 유지관리에로의 전환(그림 4.110, 사진 4.37, 사진 4.38 참조)

대응방침

생애주기비용의 감축과 시설기능을 안정적으로 확보하기 위해 항만구조물(시설)의 소유자 및 관리자가 협조하면서 다양한 시 점에서 공공시설에 머무르지 않고 비관리청 항만시설을 포함해 종합 적이고 중점적으로 대응한다.

[설계·점검]

- 설계 단계부터 항만구조물(시설 점검이 용이한 설계 기법의 확립
- 항만구조물(시설)의 점검 포인트 및 열화하기 쉬운 곳을 고려한 점검 진단에 관한 기준의 책정
- 정기점검, 보수실적 등의 유지관리 정보 데이터베이스 구축

[계획]

- 항만구조물(시설)의 생애주기비용 감축, 항만구조물(시설)의 수명 연장화에 기여하는 유지관리 계획 및 예방보전 계획의 책정 등
- 비관리청 항만시설의 유지관리 계획 수립 촉진

[실시]

- 유지관리 ·보수·보강에 관한 공사 발주 로트(Lot)*의 고안, 적정한 적산체계 확립
- 한국해양과학기술원 등 연구기관과의 연계에 의한 기술개발 촉진

로트(Lot) : 항만구조물(시설)의 유지관리를 위하여 동일조건 공정 하에서 만들어진 항만구조물(시설) 표시하는 번호

출처: 日本 国土交通省(2020), 港湾施設の維持管理に関する取り組みについて로부터 우리나라 현황에 맞게 수정

그림 4.110 장래 항만구조물(시설)의 유지관리 등에 관한 과제에 대한 대응방침

출처: 日本 国土交通省(2020), 港湾施設の維持管理に関する取り組みについて

사진 4.37 항만구조물인 잔교식 안벽의 예방보전형 유지관리 사례(1)

①상부공 노후화 상황　②공사(상부연결부 철거상황)　③상부공 완성

①소파블록 비산상황　②공사(블록을 증가시켜 적재)　③소파블록을 증가시켜 적재완성

(a) 방파제(파반공(상단), 소파블록(하단))

①잔교 기둥부 열화상황　②공사(피복방식)　③잔교 기둥부 보호방식 완료

①널말뚝부 열화상황　②공사(피복방식)　③널말뚝부 보호방식 완료

(b) 안벽(잔교식 안벽(상단), 강널말뚝식 안벽(하단))

출처: 日本 国土交通省(2020), 港湾施設の戦略的な維持管理の推進について

사진 4.38 열화(劣化)된 항만구조물(방파제, 안벽)의 예방보전형 유지관리 사례(2)

항만구조물(시설)의 노후화 상황, 이용 상황 및 우선순위 등을 고려하여 항만단위(港湾單位)로 예방보전 계획을 수립하고, 이에 기초하여 계획적이고 효율적으로 개량공사를 실시함으로써 생애주기비용을 억제하면서 각 항만구조물(시설)의 수명연장화(壽命延長化)를 도모한다. 즉, 유지관리계획에 근거한 확실한 유지관리를 한층 더 추진하며, 특히 장래에도 확실한 기능확보가 필요한 항만구조물(시설)에 대해서 중점적으로 유지관리를 한다. 또한, 보강·개량비의 감축

・평준화를 도모하기 위해 '예방보전(豫防保全)'이라는 개념에 입각한 유지관리를 추진한다. 항만구조물(시설)을 예방보전형 유지관리로 전환하면 설계공용기간 중 저비용(低費用)으로 개량공사를 실시하여 수명연장화를 도모할 수 있으나, 만약 항만구조물(시설)의 성능열화(性能劣化)가 심각한 설계공용기간의 마지막 무렵에 실시하면 고비용(高費用)의 보강비용이 소요된다(그림 4.111(a) 참조). 그리고 기후변화를 고려한 유지관리는 전 세계 평균기온 2℃ 상승 시나리오인 RCP 2.6에 맞추어 설계공용기간 중 개량공사를 실시하여 저비용으로 수명연장화를 도모하는 것이 바람직하다(그림 4.111(b) 참조).

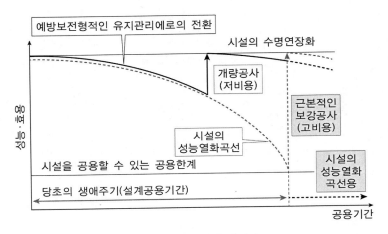

(a) 예방보전형 유지관리

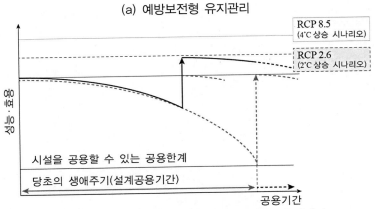

(b) 기후변화(RCP(대표농도경로))를 고려한 유지관리

출처: 日本 国土交通省(2020), 港湾施設の維持管理に関する取り組みについて

그림 4.111 예방보전형 및 기후변화를 고려한 유지관리 개념도

나. 기존 자원(資源)을 활용한 항만기능의 재편·효율화

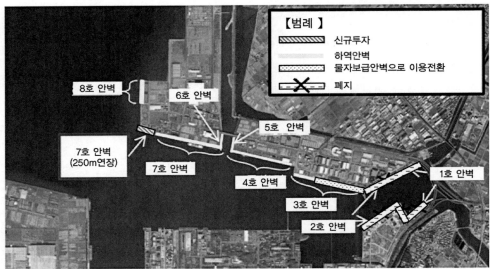

(a) 항만재편을 실시한 미카와항 평면도

(b) 하역안벽(길이 약 2,100m)의 불하역화와 호안으로 이용전환 및 신규정비(길이 250m)한 평면도

출처: 日本 国土交通省(2020), 港湾施設の維持管理に関する取り組みについて

사진 4.39 신규 투자(신규 정비)와 함께 항만재편을 실시한 일본 아이치현(愛知県) 미카와항(三河港)

기존 항만자원 시설의 통폐합, 기능의 집약화나 필요한 시방서의 재검토 등을 통해 효율적인 항만으로 재편(再編)한다. 일본 아이치현(愛知県) 미카와항(三河港)은 신규 투자(신규 정비)와 함께 항만재편(港湾再編)을 실시한 사례로 기존 안벽에 컨테이너 화물, 완성 자동차, 벌크화물[42]이 혼재(混在)하고 있었으나 항만기능을 재배치해 화물의 집약화(集約化) 등을 추진하였다. 즉, 안벽(1호, 2호 및 3호(일부))(전체길이 약 2,100m, 수심 4~10m)의 유지관리에 소요되는 투자액보다 7호 안벽을 새로이 250m 연장하는 데 소요되는 투자액이 적어(사진 4.39(a) 참조), 기존 안벽인 전체길이 약 2,100m를 하역할 수 없는 안벽이나 호안으로 이용전환(利用轉換)하는 동시에 새로이 안벽 250m(수심 12m)를 연장하는 신규정비를 위한 투자를 실시하였다(사진 4.39(b) 참조).

다. 항만구조물(시설)의 기후변화 대응책(보강)에 대한 실시 적기(適期, Timing)

항만구조물(시설)의 기후변화 대응책에 대한 실시 적기는 아래 3가지 케이스로 구분하여 실시할 수 있다(그림 4.112 참조).

- 보강 시까지 필요한 성능을 만족하는 케이스 1(그림 4.112(a) 참조): 보강 시에 향후 기후변화 영향의 예측을 고려한 필요한 외력 수준을 설정하고 이를 바탕으로 대책을 실시한다.
- 현재는 필요한 성능을 만족하지만, 보강 시기까지 성능이 부족한 케이스 2(그림 4.112(b) 참조): 보강 시기를 앞당겨 그 시점의 기후변화 영향의 예측을 고려한 필요한 외력 수준을 설정하고 그에 기초하여 대책을 실시한다.
- 현재 필요한 성능을 만족하지 못하는 케이스 3(그림 4.112(c) 참조): 신속하게 기후변화 영향을 고려한 필요한 외력 수준을 설정하고 이를 바탕으로 대책을 실시한다.

라. 유지관리에 관한 신기술 개발·도입

항만구조물(시설)의 유지관리 효율화를 위해서 해결해야 할 과제는 조석(潮汐) 등에 의한 작업시간의 제약, 수중(水中)이나 협애(狭隘) 장소 등의 열악한 환경, 점검진단 비용 증가, 작업에 따른 안전사고 발생과 사용 중인 안벽 폐쇄 등으로 이를 해결하기 위해서는 항만구조물(시설)의 생애주기관리(生涯週期管理) 고도화(高度化)를 통한 점검진단 및 성능평가에 관한 기술개발이 절실하다(사진 4.40 참조).

---

42) 벌크 화물(Bulk Cargo): 곡류, 광석 등과 같이 포장하지 않고 입자나 분말(粉末) 상태 그대로 선창에 싣는 화물(Dry Bulk Cargo) 또는 석유처럼 액체 상태로 용기에 넣지 않은 채 선박의 탱크에 싣는 화물(Wet Bulk Cargo)을 말한다.

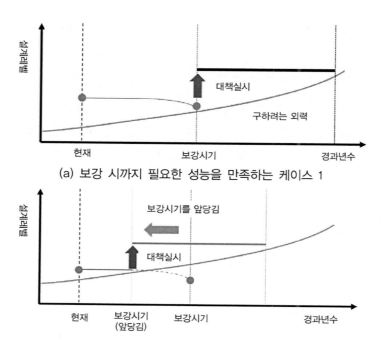

(a) 보강 시까지 필요한 성능을 만족하는 케이스 1

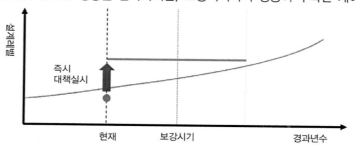

(b) 현재는 필요한 성능을 만족하지만, 보강시기까지 성능이 부족한 케이스 2

(c) 현재 필요한 성능을 만족하지 못하는 케이스 3

출처: 日本 国土交通省(2021), 気候変動適応策の実装に向けた論点整理

그림 4.112 항만구조물(시설)의 기후변화 대응책(보강)에 대한 실시 타이밍

또한, 항만구조물(시설)의 손상을 조기에 발견할 수 있으며, 점검 사각지대도 해소를 위해 스마트 센서 등 사물인터넷(IoT)[43] 기술을 활용하여 항만구조물(시설)의 상태 정보를 실시간으로 측정하고, 이를 기반으로 항만의 노후도, 잔여 수명 등을 예측하는 기술의 개발이 필요하다. 특히, 이 기술이 개발되면 태풍 등 재난·재난 발생에 선제적으로 대응하고, 항만 피해복구 현장에서 스마트 센서, 무인 로봇 등을 활용하여 안전하게 공사할 수 있다(그림 4.113 참조)

---

43) 사물인터넷(Internet of Things): 세상에 존재하는 유형 혹은 무형의 객체들이 다양한 방식으로 서로 연결되어 개별 객체들이 제공하지 못했던 새로운 서비스를 제공하는 것을 말한다.

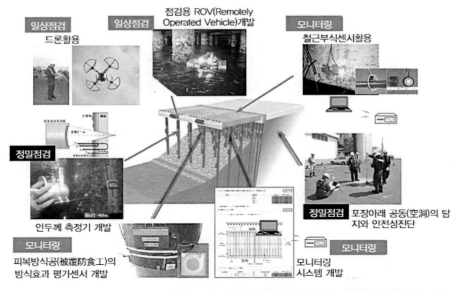

출처: 日本 国土交通省(2020), 港湾施設の維持管理に関する取り組みについて

사진 4.40 항만구조물(시설)의 유지관리에 관한 신기술 사례

출처: 해양수산부(2021)

그림 4.113 ICT(Information and Communications Technology, 정보통신기술) 기반 항만인프라 스마트 재난대응 기술개발 R&D 개요도

(6) 컨테이너 등의 도괴(倒壞)·유출대책 및 전기설비의 침수대책 추진

① 컨테이너 등의 도괴

기후변화로 인한 태풍의 강대화에 따른 풍속의 증가 또는 폭풍해일·고파랑의 증대로 컨테이너 등이 도괴(倒壞) 가능성의 빈도가 높아지고 있다. 컨테이너의 도괴로 컨테이너 내의 화물이나 컨테이너 자체의 파손 외에 하역기계 등 다른 시설의 피해나 폭풍해일 침수에 의한 항로·박지(泊地)로 유출되는 컨테이너의 피해 증대 가능성이 있어 항만기능이 장기간 정지될 염려가 있다(사진 4.41, 사진 4.42 참조). 폭풍(태풍)에 따른 컨테이너의 도괴 대책으로서는 컨테이너의 적재 단수(積載段數)를 줄이거나 컨테이너를 벨트로 잘 고박(固縛)시키는 방법이 있다(사진 4.42, 사진 4.43 참조). 공컨테이너는 3단(段) 이하로 적재(積載)하는 것이 좋으며(사진 4.44 참조), 적재방법은 계단식, 고박방법은 종고박(縱固縛) 및 횡고박(橫固縛)을 병행(竝行)하는 것이 바람직하지만, 컨테이너 야드의 협애(狹隘)상황이나 작업시간 등에 따라 상기 대책을 실시하기 어려운 경우에는 풍동실험[44] 결과를 참고하여 효과가 높은 대책을 검토할 필요가 있다(그림 4.114 참조). 단, 적재단수가 너무 낮으면 폭풍해일이 발생했을 경우 작은 침수심(浸水深)에도 컨테이너가 부상(浮上)할 수도 있음을 유의할 필요가 있다.

(a) 일본 고베항의 태풍 '제비'(2018)로 인한 공컨테이너 도괴·유출

(b) 일본 고베항의 태풍 '제비'(2018)로 인한 유출된 공컨테이너 회수 상황

출처: 日本 国土交通省(2020), 昨今の災害による港湾の被災状況と対応

사진 4.41 공컨테이너 도괴 및 회수 상황

---

44) 풍동실험(風動實驗, wind tunnel test(experiment)): 모형 또는 실물의 실험체가 바람에서 받는 영향 또는 그 주변의 기류(氣流) 성상(性狀)에 미치는 영향을 조사하기 위해 풍동을 사용해서 실시하는 실험을 말한다.

(a) 일본 요코하마 혼목구 부두의 태풍 '파사이'(2019)에 의한 공컨테이너 산란(散亂)

(b) 공컨테이너 산란방지를 위한 벨트로 고박(固縛)

출처: 日本 国土交通省(2020), 昨今の災害による港湾の被災状況と対応

사진 4.42 공컨테이너 산란 및 고박 상황(1)

(a) 사다리꼴 모양 적재방법

(b) 래싱벨트45)로 종고박(縱固縛)

출처: 日本 国土交通省(2020), 昨今の災害による港湾の被災状況と対応

사진 4.43 컨테이너 고박 상황(2)

---

45) 래싱벨트(Lashing Belt): 벨트 또는 와이어를 이용해서 컨테이너를 고정시키거나 화물을 컨테이너에 고정하는 것을 말한다.

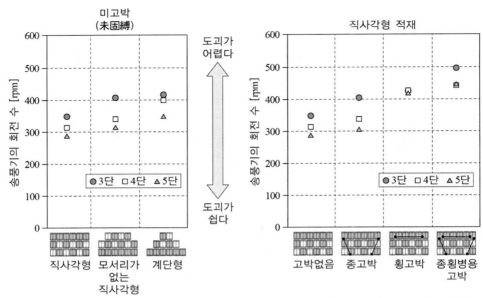

출처: 日本 国土交通省(2020), 昨今の災害による港湾の被災状況と対応

그림 4.114 컨테이너 도괴대책과 관련된 풍동실험(風動實驗) 결과

출처: 日本 国土交通省(2020), 昨今の災害による港湾の被災状況と対応

사진 4.44 일본 오사카항의 컨테이너 적재 단수 낮춤(왼쪽: 5단, 오른 쪽: 3단)

② 컨테이너 등의 유출(流出)

기후변화로 인한 태풍의 강대화에 따른 폭풍해일·고파랑의 증대로 컨테이너 등이 바다로 유출될 가능성이 커지고 있다. 폭풍해일로 인한 침수로 컨테이너가 수역(水域)에 유출될 경우 부유(浮遊)한 컨테이너가 항로·박지 내에 가라앉을 수 있으며 컨테이너에 대한 해저탐사나 인

양 등의 항로개계작업(航路開啓作業) 중에는 선박의 통항(通航)을 방해할 수 있다. 또한, 부유된 컨테이너가 선박이나 항만구조물(시설) 등과의 충돌이나 파랑으로 인해 해안으로 밀려 올라갈 때 피해가 더욱 가중될 가능성이 있다.

컨테이너의 유출대책 중 특히 얕은 침수로 부상(浮上)할 가능성이 있는 공(控)컨테이너에 대한 대책이 중요하다. 공컨테이너는 크기가 클수록 침수심이 작아진다. 일반적으로 컨테이너의 저판부는 프레임(Frame)이나 터널 리세스(Tunnel Recess) 등을 고려한 약 15cm 높이의 통수(通水)되는 공간이 있다. 이 공간을 고려할 경우, 40ft. 공컨테이너에서는 일단적(一單積)일 때는 24~27cm, 2단적일 때는 34~40cm의 침수심에서 부상하기 시작한다(그림 4.115, 표 4.18 참조). 컨테이너에 작용하는 부력을 낮추기 위해서는 컨테이너 문을 개방하는 조치와 함께, 만일 부유된 경우에 항로·박지로의 유출을 방지하기 위한 방지벽(책) 등의 설치를 검토할 필요가 있다(사진 4.45 참조). 또한, 고박(苦縛) 등의 도괴대책이 유출방지에도 도움이 된다는 점에서 붕괴대책과 함께 검토할 필요가 있다. 태풍 내습 시 침수나 폭풍 등에 의한 컨테이너 거동(擧動)은 충분히 해명되어 있지 않다는 점에서 수치시뮬레이션실험이나 수리모형실험을 통한 검증을 하는 것이 바람직하다. 또한, 수역에 컨테이너가 유출되었을 경우 대비하여 항로·박지의 개계(開啓)작업(탐사·인양 등)에 대하여는 사전에 작업순서를 정리하고 필요에 따라 관계기관과 사전협의하는 것이 중요하다.

(a) 일단적   (b) 이단적

출처: 日本 国土交通省(2020), 昨今の災害による港湾の被災状況と対応

그림 4.115 40ft. 공컨테이너가 부상(浮上)하는 침수심

표 4.18 공컨테이너가 부상하는 침수심

컨테이너	제원			외부부피 (m³)	자중(自重)범위 (Ton)	부상하는 침수심 h(cm)[*1]	
	길이 L(m)	폭 W(m)	높이 H(m)			공(空)	적(積)[*2]
12ft.	3.715	2.450	2.500	22.8	1.4~1.7	30~33	84
20ft.	6.058	2.438	2.591	38.3	1.7~2.4	26~31	173
40ft.	12.192	2.438	2.591	77.0	2.9~3.8	24~27	115
20ft. 냉동	6.058	2.438	2.591	38.3	2.5~3.5	31~38	173
40ft. 냉동	12.192	2.438	2.591	77.0	4.3~5.6	29~33	115

[*1] : 침수심 h = 컨테이너중량 / (밑면적 × 해수밀도)+15cm(컨테이너 바닥에 15cm 통수성 부분을 고려).

[*2] : 적(積) 컨테이너는 최대적재중량 24.0t(20ft.), 30.5t(40ft.), 6.5t(12ft.)로 계산.

출처: 国土技術政策総合研究所 沿岸海洋研究部沿岸防災研究室「三河港における平成 21 年台風第18 号高潮によるコンテナ漂流被害調査報告」より港湾局作成

컨테이너 유출 방지벽

출처: 日本 国土交通省(2020), 昨今の災害による港湾の被災状況と対応

사진 4.45 컨테이너 유출 방지벽

③ 전기설비의 침수

하역기계 등 전기설비의 침수피해가 예상되는 경우, 전기설비를 높은 위치에 설치하는 등의 침수대책을 검토한다. 컨테이너 터미널의 갠트리 크레인(Gantry Crane)과 냉동 컨테이너 등 전기로 가동하는 시설에 대해서는 폭풍해일 등으로 수배전[46] 설비, 분전반(分電盤), 구동용 모터, 냉동 컨테이너 콘센트 등이 침수되면 터미널 기능이 장기간 정지될 우려가 있다(그림

---

46) 수배전(受配電): 발전소에서 생산된 전력을 받는 것을 '수전(受電)'이라 하고, 필요로 하는 만큼의 전력을 분배해 주는 것을 '배전(配電)'이라 말한다.

4.116 참조). 또한, 하역장비가 작동하지 않을 경우 복구 점검 및 조사에 지연(遲延)이 발생하기 때문에 복구의 장기화가 우려된다. 더욱이 제외지에 입지한 기업 및 창고 등의 수배전 설비 침수로 기업의 생산 활동이나 물류 활동에 영향을 미칠 것이다. 이 때문에 하역기계 등 전기설비의 침수대책은 시공조건, 이용상의 영향 및 정비비용 등을 종합적으로 고려한 후에 다음 중 하나의 대책을 검토한다.

- 예상된 폭풍해일이나 파랑을 고려하여 설비(設備)를 가능한 한 높은 위치에 설치한다(사진 4.46 참조).
- 설비가 설치된 상옥47) 등은 침수에 견딜 수 있는 구조로 한다.
- 침수에 견딜 수 있는 구조의 설비를 설치한다.

전기설비의 설치 높이 검토는 폭풍해일이나 파랑에 의한 최대수위의 상세한 확인이 필요한 경우 수치시뮬레이션실험이나 수리모형실험 등의 실시가 바람직하다. 또한, 상옥(上屋) 등이 침수에 견딜 수 있는 구조로는 방수문(防水門)이나 수밀문(水密門)의 설치가 필요하다. 그러나 이러한 대책을 실시하기 전이나 어떤 이유로 인해 대책을 실시할 수 없는 경우는 모래포대 등으로 응급조치를 검토할 필요가 있다(사진 4.47 참조).

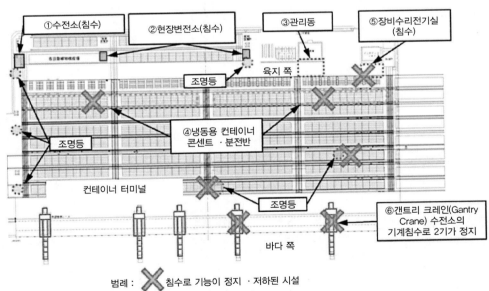

범례 : ✖ 침수로 기능이 정지 · 저하된 시설

(a) 2018년 태풍 '제비'로 인한 일본 고베항 로코아일랜드 내 전기설비의 침수피해

그림 4.116 2018년 태풍 '제비'로 인한 일본 고베항 로코아일랜드 내 전기설비의 침수피해

---

47) 상옥(上屋, Penthouse, Shed): 수송 화물을 보관·선별하거나, 작업 또는 대기하는 데 사용하기 위해 부두 안 이나 부두 가까이에 지은 건물을 말한다.

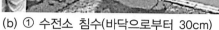
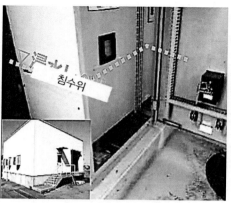

(b) ① 수전소 침수(바닥으로부터 30cm) (b) ② 현장변전소의 침수피해

출처: 日本 国土交通省(2020), 昨今の災害による港湾の被災状況と対応

그림 4.116 2018년 태풍 '제비'로 인한 일본 고베항 로코아일랜드 내 전기설비의 침수피해(계속)

(a) 전기설비의 증고사례 (b) 하역장비의 구동모터 증고사례

출처: 日本 国土交通省(2020), 昨今の災害による港湾の被災状況と対応

사진 4.46 전기설비의 침수대책

출처: 日本 国土交通省(2020), 昨今の災害による港湾の被災状況と対応

사진 4.47 합판과 모래포대 등으로 전기설비에 대한 지수판(止水板) 설치사례(응급조치)

(7) 강풍에 의한 크레인 이탈

기후변화에 의한 폭풍(태풍)의 강대화에 따른 풍속의 증가에 대비해 갠트리 크레인 등의 일주[48]대책 및 기술개발을 한다(그림 4.117 참조). 즉, 폭풍(태풍)에 의한 하역기계의 전도 또는 일주를 방지하기 위해 전도 방지를 위한 앵커를 설치한다(사진 4.48 참조).

- 일시 및 발생장소: 2006년 11월 7일 14시 10분경 일본 니가타항(新潟港) 히가시미나토구(東港区)
- 사고개요: 강풍으로 갠트리 크레인이 150m 일주(逸走)한 후 엔드 스토퍼(End Stopper)와 충돌해 도괴
- 사고영향: 복구까지 1년 6개월, 항만 관계자 3명 부상

출처: 日本 国土交通省(2020), 昨今の災害による港湾の被災状況と対応

그림 4.117 갠트리 크레인(Gantry Crane) 일주(逸走)사고

출처: 日本 国土交通省(2020), 昨今の災害による港湾の被災状況と対応

사진 4.48 갠트리 크레인의 전도·일주(逸走)방지 앵커 설치(예)

---

48) 일주(逸走, Escape Lash): 주행할 수 있는 것, 특히 레일에서 주행하는 차량, 크레인 등이 레일 위에서 제어를 실수해 레일에 따라서 한계 밖의 위험한 곳까지 달려간 것을 말한다.

(8) 기후변화의 영향을 고려한 매립지의 지반고 설정

항만 내 매립지는 일단 조성하면 영구히 토지로 활용된다. 수제선(水際線)을 안벽이나 산업용지로써 이용하기 위해 항만구조물인 안벽이나 호안 배후를 매립하여 '제외지'로 조성되는 경우가 많다. 제외지에 대해서는 직접적인 침수 리스크 경감책을 찾기 어렵다. 따라서 향후 매립지를 조성할 때에는 안벽 등의 수제선 이용과 일련의 물류(物類) 동선(動線)과의 적합성을 고려하면서, 태풍의 강대화에 따른 폭풍해일·고파랑의 증대를 미리 고려한 지반고를 확보함으로써 침수 리스크를 경감하는 것이 바람직하다.

(9) 만조위(滿潮位) 시 역류방지대책(逆流防止大策)

그림 4.118 만조위 시 태풍 내습으로 우수관로에 해수가 역류하여 피해가 발생한 일본 고베항(神戸港) 산노미야미나미지구(三宮南地區) 피해원인과 대책

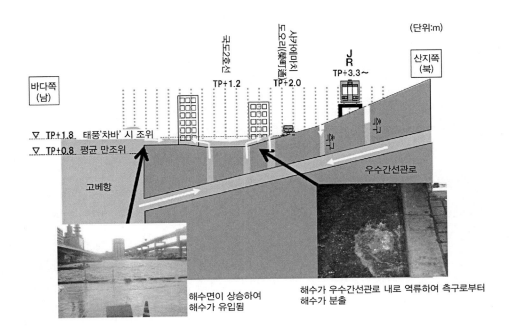

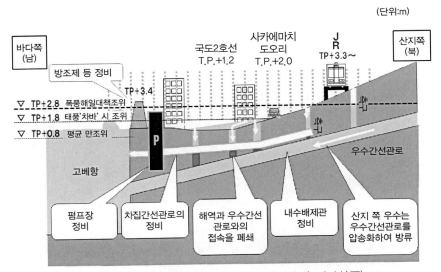

- 일시 및 발생장소: 2004년 8월, 일본 고베항(神戸港) 산노미야미나미지구(三宮南地區)
- 피해 개요: 태풍 '차바'(2004년)가 고베항의 만조 시에 내습하여 해수가 관거(管渠)로 역류하여 해운창고와 상업시설의 침수 이외에 긴급대피로로 지정된 국도 2호선을 7시간 동안 통제시키는 등 도시기능을 마비

출처: https://shinsui-portal.jp/voice/?itemid=10&dispmid=471

그림 4.118 만조위 시 태풍 내습으로 우수관로에 해수가 역류하여 피해가 발생한 일본 고베항(神戸港)
산노미야미나미지구(三宮南地區) 피해원인과 대책(계속)

기후변화로 인한 평균해수면 상승으로 만조위 시에는 항만구조물 등에 설치된 배수관을 통해서 해수면보다 지반고가 낮은 배후지로 해수가 역류할 우려가 있으므로 배수구에 역류 방지 밸브 설치 등의 대책을 검토한다. 그림 4.118은 2004년 8월 만조위 시 태풍 '차바' 내습으로 해수가 우수관로(雨水管路)로 역류(逆流)하여 엄청난 피해가 발생한 일본 고베항(神戸港) 산노미야미나미지구(三宮南地區) 피해원인과 대책을 나타낸 것이다.

(10) 형하공간 감소로 인한 항만기능의 재배치

해상교량은 항만과 가까이 설치된 경우가 많아 기후변화에 의한 강한 폭풍(태풍)의 증가에 따라 폭풍(태풍) 시 강풍으로 표류(漂流)된 선박이 교량과 충돌할 가능성이 커지고 있다. 실례로 사진 4.49와 같이 2018년 9월 4일 오후 1시 반 경 태풍 '제비'의 영향에 따라 일본 오사카만(大阪湾)에서 유조선(선장 89m, 2,591Ton)이 강풍으로 표류된 후 일본 간사이국제공항(関西国際空港)과 육지를 연결하는 연락교와 충돌하여 교량의 일부를 파손시켰다. 따라서 장래의 해수면 상승으로 인한 선박통항 시 교량 형하고에 문제가 발생할 우려가 있거나 표류된 선박의 충돌가능성이 있는 교량 앞면에 방충설비를 배치하는 등 항만기능의 재배치를 도모한다(그림 4.119 참조).

출처: 日本 毎日新聞(2018), 台風21号 2500トンタンカー流され関空連絡橋に衝突

사진 4.49 2018년 태풍 '제비' 내습 시 간사이국제공항의 연락교와 충돌한 표류된 유조선

방충설비(防衝設備)

출처: 日本 国土交通省(2020), 昨今の災害による港湾の被災状況と対応

그림 4.119 해상교량 앞면에 방충설비 설치

2) 비구조적 대책

(1) 기후변화를 고려한 설계[7]

최근 기후변화로 인해 평균해수면이 상승하면서 파랑의 강도와 빈도가 증가함에 따라, 태풍이나 고파랑에 의한 항만시설 피해가 계속 발생하는 상황이다(사진 4.50 참조). 파랑에 의한 구조안정을 검토함에 있어서 내용연수 50년인 항만구조물의 경우 통상적으로 50년 재현기간의 설계파를 적용하여 왔으나, 재현기간을 구조물 내용연수와 동일하게 했을 경우 설계파를 상회하는 파랑에 조우(遭遇)할 확률은 63.6%[49]에 달한다는 점에 유의해야 한다. 기후변화에 따른 평균해수면 상승 또는 고파랑 내습 등으로 파고 증가 경향이 뚜렷하나 설계 시 반영 미흡으로 항만구조물에 지속적인 피해가 발생하여 왔다(4.1.1의 1) 방파제에 대한 영향 참조). 설계파의 재현기간은 대상시설물의 사회적, 경제적, 기능적 측면을 고려한 중요도에 따라 결정하는 것이 바람직하나, 통상 내용연수 50년을 갖는 방파제 등 외곽시설의 경우 50년 재현기간의 설계파를 관용적으로 적용하고 있다. 기후변화에 대비한 구조물의 안전 확보를 위한 방안의 하나로 재현기간을 상향하고 있는데, 일본에서는 설계파 재현기간을 설계공용기간의 3배 이상으로, 유럽

---

49) 63.6%: 이 값은 항만구조물의 내용연수(耐用年數)(L_1)와 재현기간($\overline{T_1}$)에 대한 발생확률(E_1)을 나타내는 식
$E_1 = 1 - (1 - 1/\overline{T_1})^{L_1}$ 에 L_1 =50년, $\overline{T_1}$ =50년을 대입시키면 구할 수 있다(항만 및 어항 설계기준·해설).

에서는 방파제의 내용연수를 50~100년, 설계파 재현기간은 구조물의 안정성을 위해 내용연수보다 더 긴 재현기간을 사용토록 권장하고 있다. 즉, 기존에는 일반적으로 재현기간을 50년으로 설정하여 50년에 한 번 나타날 만한 파력을 설계에 적용했었는데, 이를 100년까지 상향하여 100년에 한 번 나타날 만한 더 큰 파력을 설계에 적용함으로써 항만구조물의 안전성을 강화할 필요가 있다.

따라서 항만구조물의 안전성을 향상하기 위한 방안으로 구조물 내용연수보다 설계파 재현기간을 길게 하여 설계파의 초과 파랑에 조우할 확률을 낮게 할 수 있음을 명시하고, 항만구조물의 기능과 중요도를 고려할 때 국민경제와 공공의 이해에 밀접한 관계가 있어 항만시설 중 외곽시설의 경우 파랑에 의한 구조안정 검토에 있어 사용하는 설계파의 재현기간은 100년 이상으로 적용하는 것이 필요하다.

출처: 해양수산부(2021), 항만 안전 위협하는 기후변화, 강화된 설계로 피해 막는다.

사진 4.50 2019년 제17호 태풍 '타파(Tapah)'에 의한 포항 영일만항 북방파제 피해

(2) 재난리스크의 평가 및 해저드 맵[50] 등 통보

기후변화에 따른 영향(해수면, 폭풍해일 또는 파랑 등)에 대한 모니터링을 정확하게 한 후 항만구조물의 보강·개량 시에 기후변화에 수반하는 영향의 평가, 재난 리스크의 평가 및 대책의 검토를 실행하여 항만별로 최적안(最適案)을 추출(抽出)한다. 즉, 초과외력의 발생위험 평가에 대한 지식을 충분히 알도록 노력함과 동시에 평균해수면 상승 또는 태풍의 강대화에 따른 폭풍해일·고파랑의 증대에 따른 재난위험 증대를 항만의 이용자 등에게 주지(周知)시키고 대피대책을 추진한다. 제외지는 침수 리스크가 높아 최대 규모의 외력에 따른 해저드 맵의 제공뿐만 아니라 비교적 발생빈도가 높은 수준의 외력에 대한 침수 리스크도 제시하는 등 입지 특성을 고려한 세심한 정보제공이 필요하다. 재난리스크 평가는 그림 4.120과 같은 순서로 실시하며, 재난리스크 평가 후 위험하다고 판명되면 배후지의 중요도에 따라 구조적 또는 비구조적 대책을 검토한다.

- 구조적 대책: 단계적 증고(방호대책), 배수시설의 정비(사후대응), 견고하면서 잘 부서지지 않는 구조로 시공 등
- 비구조적 대책: 해저드 맵에 따른 위험지역에 대한 주지·주의환기, 대피훈련 등

일반적으로 항만구조물(시설)의 증고공사(增高工事)를 실시하기 위해서는 내용연수를 통한 기후변화에 미리 대응하기 위해 정비 시 필요 마루고에 대응높이(가칭)를 더한 값으로 한다(그림 4.121 참조).

- 장래의 필요 마루고 = 정비 시의 필요 마루고 + 대응높이(가칭)

대책의 최적안 검토는 항만구조물(시설) 배후지의 경제성, 인구, 재산 등의 조건으로부터 정비 시 필요 마루고에 대하여 장래 대응높이를 어느 정도 고려할 것인가(0~다음번 시설 보강 시까지 연안재난을 방호할 수 있는 높이)를 검토한다. 외력에 대하여 구조적 대책(항만 구조물 마루고 증고 등)에 의한 방호가 곤란한 경우는 비구조적 대책(해저드 맵 정비, 피난훈련 등)으로 대응한다.

---

50) 해저드 맵(Hazard Map): 지진·화산분화·태풍 등이 일어날 경우, 재난을 일으키기 쉬운 각종현상인 진로·도달범위·소요 시간 등을 나타낸 지도이다.

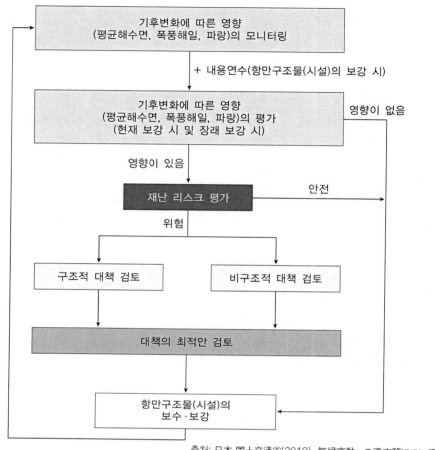

출처: 日本 国土交通省(2019), 気候変動への適応策について(素案)

그림 4.120 항만구조물(시설) 재난리스크 평가 순서도

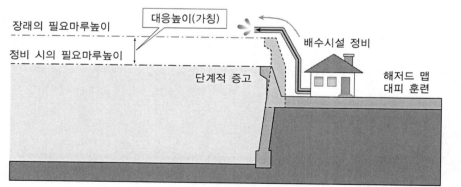

출처: 日本 国土交通省(2019), 気候変動への適応策について(素案)

그림 4.121 항만구조물(시설)의 대응높이 개념

(3) 항만 사업지속계획(BCP, Business Continuity Plan) 작성

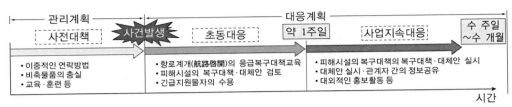

출처: 日本 国土交通省(2020), 昨今の災害による港湾の被災状況と対応

그림 4.122 항만 BCP 순서

'사업지속계획'(BCP, Business Continuity Plan)이란 '예측하지 못한 사건이 발생하였어도 중요한 업무를 중단하지 않거나, 중단하였어도 가능한 단기간에 복구할 수 있도록 하기 위한 계획, 시스템, 순서 및 리스크 분석의 결과 등을 나타낸 문서'를 말한다. 특히 '항만 사업지속계획'(BCP)은 '항만에서 위기적(危機的) 사건으로 피해가 발생하였어도 항만의 중요기능이 최저 한도(最低限度)로 유지될 수 있도록 위기적 사건 발생 후 실행하는 구체적인 대응(대응계획)과 평상시에 실행하는 관리활동(관리계획) 등을 나타낸 문서'를 말한다. 항만 BCP는 위기적 사건 발생 시 실행력을 높이기 위해 중요기능의 저하를 최소한도 억제하기 위한 대응에 그치지 않고 그것을 실현하기 위해 평상시부터 계속적으로 실시하는 관리활동을 포함하여 정의하고 있다 (그림 4.122 참조).

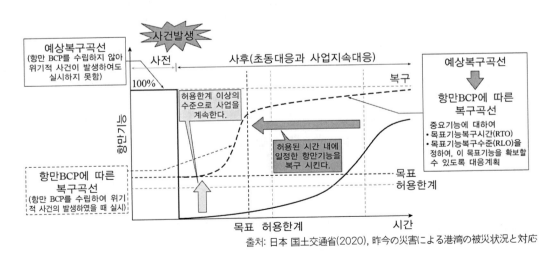

출처: 日本 国土交通省(2020), 昨今の災害による港湾の被災状況と対応

그림 4.123 항만 BCP 개념도

따라서 그림 4.123에 나타낸 바와 같이 항만 BCP를 수립하지 않아(실선) 사건 발생 시 항만 기능을 잃어 전처럼 복구하는 데 노력과 시간이 많이 소요되지만, 항만 BCP 수립하면(파선) 사건이 발생하더라도 항만기능을 전과 같이 복구하는 데 소요되는 노력과 시간을 줄일 수 있다.

(4) 기상·해상 모니터링과 폭풍해일·고파랑에 따른 영향의 예측·정보제공

조위 및 파고 등의 관측 데이터를 취득한 후 폭풍해일·고파랑 침수예측 등에 대한 수치시뮬레이션을 실시하여 기후변화의 영향을 정기적으로 평가하는 동시에 관계기관에 정보를 제공한다. 폭풍해일·고파랑에 의한 영향예측에 대해서는 국지(局地) 기상 모델을 도입한 고정밀 폭풍해일·고파랑·환경의 결합한 추산모델을 구축해 태풍이나 대형 온대저기압에 의한 폭풍해일을 예측 가능케 하는 동시에 국지적인 풍속·기온을 고려함으로써 환경예측을 고도화한다.

(5) '단계별 폭풍해일·태풍(폭풍) 대응계획', 대피계획 수립 및 대피훈련 실시 추진

기후변화로 인한 태풍의 강대화에 따른 폭풍해일·고파랑의 증대 등을 고려하여 항만에 대한 '단계별 폭풍해일·태풍(폭풍) 대응계획'을 수립한다(표 4.19 참조). 이 대응계획은 폭풍경보급(暴風警報級) 이상의 태풍(폭풍) 접근 시에 예상되는 표준적인 방재행동을 미리 시계열적(時系列的)으로 정리하고, 관계자가 신속하고 원활한 방재행동을 효과적·효율적으로 실시하기 위한 계획으로, 제외지의 기업이나 배후지 주민의 대피에 관한 계획 작성 및 훈련 실시를 포함한다. 특히 제외지에서는 지역방재계획(시·군·구)에 따른 대피와 항만관리자와의 협조를 도모하고, 이용자 등의 원활한 대피활동을 지원한다.

(6) 협의회 등 조직으로 지역방재력 향상

항만관리자·민간기업·주민 등으로 구성된 협의회 등의 조직에 의해 피난계획의 작성, 훈련 실시 등을 촉진하고, 항만주변 지역에 대한 방재력 향상을 도모한다.

(7) 해안침식 대책시설의 방호기능 파악

초과 외력이 작용하는 경우의 해안침식 대책시설에 대한 영향을 고려하여 기존의 해안침식 대책시설이나 항만구조물(시설)의 구조, 정비 시의 설계조건, 내진성, 열화상황(劣化狀況), 보수·보강 등의 이력을 정확하게 파악·평가하여 피해 리스크가 높은 시설의 검토 등에 도움이 되는 정보를 정비한다.

(8) 방재능력확보 등의 저비용화

향후 항만구조물(시설)의 노후화가 급속히 진행됨에 따라 방호능력을 저비용으로 확보하거나 향상하는 기술개발에 착수하여 실용화를 추진한다.

(9) 생애주기비용(LCC)을 고려한 최적의 보강·개량 등의 고려방법 검토

기후변화에 따른 외력증가에 대해 대폭적인 추가비용을 필요로 하지 않는 단계적인 대응을 할 수 있도록 시설의 신규정비나 보강·개량 단계의 설계에서 외력증가에 대한 대응을 고려한 후 생애주기비용을 고려하여 최적의 신규정비나 보강·개량 등을 하는 방안을 검토한다.

(10) 재난리스크를 고려한 토지이용의 재검토

중장기적으로는 연안에서의 토지이용 재편 등을 통해 항만방호(港湾防護) 라인의 재구축 등과 함께 폭풍해일 등으로부터 재난위험이 낮은 토지이용으로의 근본적인 전환을 추진한다.

(11) 통항금지구간·시간의 명시

장래의 해수면 상승이 실제로 선박 통항에 영향을 미치는 경우에는 해수면의 상승량을 적절히 파악하는 동시에 선박의 통항금지 구간·시간을 명시(明示)하여 교량·수문 등과 선박과의 충돌 방지를 도모한다.

3) 구조적·비구조적 대책을 조합시킨 대응책

항만기능이나 산업기능이 집적되어 있어 기후변화에 따른 폭풍해일 등에 의한 피해가 예측되는 연안지역 등에 대해서는 단계별 폭풍해일·태풍(폭풍) 대응계획 외에 관계 행정기관이나 민간기업에 의한 구조적·비구조적 대책 실시와 대피유도 계획 등의 검토가 필요하다.

표 4.19 단계별 폭풍해일·태풍(폭풍) 대응계획

방재정보	단계	시간기준	정보수집	체제	대책	항만관리자의 대응 등
• 경보급 현상이 예상되는 태풍 발생	단계① 준비·실시 단계	−120h (5일 전)				• 사전대책준비의 주의환기
		−72h (3일 전)		• 비상체제의 구축·확인 • 재난대응인원확인 (야간소집 시 행동확인 포함)	• 시공사·보유선박에 대해 재난대응인원 준비지시 • 감시카메라(CCTV), 소나(Sonar) 등이 재난 시 사용자재의 동작확인	
		−48h (2일 전)	• 해상·기상정보 수집 • 해상안전정보 수집 • 기상정보 등의 내부공유		• 시공사·보유선박에 대해 실시지시	• 사전대책설치 주의환기 • 제3자로부터 대피시기, 수문·육갑 등의 폐쇄시각 통보
• 강풍주의보 발표 • 폭풍해일주의보발표	단계② 대응확인단계	−24h (1일 전) ~ −12h (반일전)	• 파랑추산정보 수집 • 침수규모의 예상 (수시로 상기행동을 실시)	• 방재담당자의 대기·소집지시 • 관계기관의 담당직원에의 정보수집지시 • 일반직원에 정보통보 (일반직원의 교통기관 운영정보 통보 등)	• 시공사·보유선박에 대해 상황의 확인(순찰 등) • 방조제, 호안 등의 감시·관리(순찰 등) • 수문·육갑 등의 폐쇄지시 • 시공사에게 작업선박을 대피장소로 대피준비지시	• 수문·육갑 등의 폐쇄 상황의 확인, 정보공유 • 사전대책실시상황의 확인, 정보공유 • 시설관리자에게 수문·육갑 등의 폐쇄지시 • 제외지 업무 사업자에게 대피 주의 정보의 공유 • 하역정지상황의 확인, 정보공유
• 폭풍경보발표 • 폭풍해일경보 발표	단계③ 행동완료단계	−12h ~ −6h		• 침수 등이 우려가 있는 사무소의 직원에게 이동지시	• 각 대책의 대피완료 후 확인 • 수문·육갑 등의 폐쇄확인 • 방조제, 호안 등의 감시·관리(순찰 등)	• 사전대책완료의 확인 • 수문·육갑 등의 폐쇄확인 • 임항도로의 통행금지 상황확인
	태풍접근시 (폭풍해일·폭풍발생)				• 피해상황을 감시카메라로 감시 등	
• 경보해제 • 체제해제	태풍통과후 (폭풍해일·폭풍약화)			• 자율방·재단에 출동요청	• 시설점검(육안검사) 등	• 피해상황의 조사의뢰

출처: 日本 国土交通省(2020), 昨今の災害による港湾の被災状況と対応

이 때문에 항만의 제외지 등 가운데 물류·산업활동에 중대한 영향을 미치는 피해가 예상되는 지역을 선정하여, 항만관리자·해안 관리자, 시·군·구 등의 재난관련부서, 관련 민간기업, 지방기상청 등과의 협조로 구조적·비구조적 대책을 포함한 '지역감재계획(地域減災計劃)'을 수립하여 필요한 대책을 강구한다. 그때, 재난 시에도 항만에서의 기업의 물류·산업 활동이 일정 규모로 계속할 필요가 있는 경우도 고려한다(그림 4.124 참조).

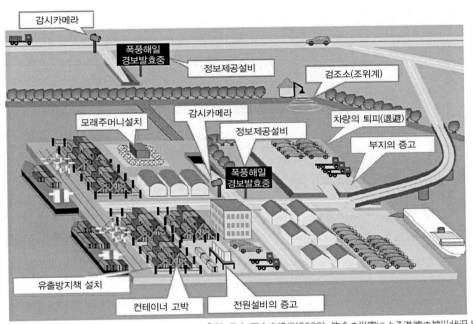

출처: 日本 国土交通省(2020), 昨今の災害による港湾の被災状況と対応

그림 4.124 항만의 구조적·비구조적 대책을 포함한 '지역감재계획' 이미지

4.4 기후변화에 대응한 항만사례

4.4.1 미국 롱비치항의 기후대응과 연안 탄력성 계획(Climate Adaptation and Coastal Resiliency Plan(CRP)of Port of Long Beach)[8]

1) 서론

롱비치시의 항만국이 관리하고 있는 롱비치항(Port of Long Beach)은 인접한 로스앤젤레스 항에 이어 미국에서 두 번째로 붐비는 컨테이너 항만이다. 미국–아시아 무역의 주요 관문 역할

을 하는 이 항만은 캘리포니아주 롱비치 시에 있는 면적 13km²의 육지와 길이 40km의 워터프론트를 차지하고 있다. 롱비치항은 롱비치 시내에서 남서쪽으로 3km에 있으며, 로스앤젤레스 도심(都心)으로부터 남쪽으로 약 40km 떨어져 있다(사진 4.51 참조).

출처: https://container-mag.com/2020/10/22/imports-drive-record-month-at-port-of-long-beach/

사진 4.51 롱비치항 전경(2020년)

　롱비치항은 남부 캘리포니아에서 연간 약 1,000억 달러($)(120조 원(₩), 2022년 1월 환율 기준)의 무역을 창출(創出)하고 31만 명 이상의 근로자가 일하고 있다. 롱비치항은 기후변화와 연안재난에 관련된 직·간접 리스크를 관리하기 위해 기후대응 및 연안 탄력성 계획(CRP, Coastal Resiliency Plan, 이후 'CRP'라고 한다.)을 수립했다. CRP는 기후변화와 관련된 대응형 조치에 대한 정책 결정과 계획 프로세스, 건설 관행, 기반시설 설계 및 환경 문서에 통합할 수 있는 체계를 롱비치항에게 제공한다. 롱비치항은 미국 남부 캘리포니아와 미국 전체의 중요한 경제 엔진이자 국제무역의 중요한 관문이다. CRP는 롱비치항의 연안재난에 가장 취약한 지역을 방호하기 위한 단기적 대책과 롱비치항의 기반시설 및 기업 전반에서 걸쳐 다음 세대(世代)로의 사업 연속성을 유지하는 데 이바지할 수 있는 장기적인 전략을 내포(內包)한다. CRP는 이용 가능한 최신의 기후과학, 항만 자산의 재고(在庫), 상세한 해수면 상승에 따른 침수도 및 폭풍해일의 침수도에 대한 검토를 포함한다. 이러한 자료 집합에서 롱비치항의 기반시설, 운송 네트워크, 주요 건물 및 전기·수도와 같은 공익시설에 대한 취약성이 나타났다. 이런 롱비치항의 취약성을 줄이기 위해 광범위한 잠재적 대응 전략을 개발하였다. 또한, 추가 개선을 위한 이러한 전략의 부분 집합을 선택하기 위한 협업과정(協業課程)도 포함하였다(그림 4.125 참조).

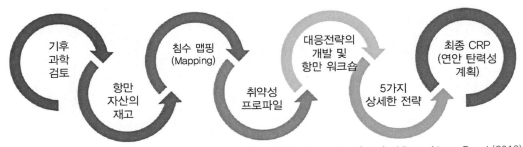

출처: Climate Adaptation and Coastal Resiliency Plan(CRP) of Port of Long Beach(2016)

그림 4.125 연안 탄력성 계획(CRP, Coastal Resiliency Plan)의 개발을 위한 단계

(1) 추진 배경

기후변화에 따른 극단폭풍(極端暴風) 사건은 이미 캘리포니아 남부 해안에 영향을 미치고 있다. 해수면은 계속 상승할 것이고, 극단폭풍 사건의 빈도와 규모는 증가할 것이다. 롱비치항의 관리자와 항내(港內) 입주자(入住者)는 항만운영에 영향을 미칠 가능성이 큰 극단폭풍 사건을 경험할 것이다. 이러한 영향을 고려할 때 CRP는 항만기반시설에 투자할 때 롱비치항의 관리자와 항내 입주자에게 과학에 근거한 안전한 결정을 내릴 수 있도록 하며, 장·단기적 기후변화와 관련된 취약성·위험을 고려한 방식으로 자원할당(資源割當)의 우선순위를 정할 수 있게끔 한다. 2014년 8월 허리케인 '마리(Marie)'로 인한 폭풍해일과 고파랑은 캘리포니아 남부지역을 초토화(焦土化)시켜 연안재난 내습 시 롱비치항의 취약성을 부각(浮刻)시켰다. 그 당시 롱비치항만 내 네이비 몰(Navy Mole)(니미츠로드(Nimitz Road))과 피어 F(Pier F)가 피해를 입었으며, 선박의 화물운송 작업은 수일간 중단되었다(사진 4.52 참조). 또한, 주변 도로와 시설에 접근하는 데 몇 달 동안 영향을 끼쳤다. 비록 허리케인 '마리'는 해안선에 대한 내습 방향으로 인해 특유의 폭풍 사건으로 여겨졌지만, 앞으로의 기후와 해양 조건의 변화는 관측 범위를 벗어난 이례적이며 역사적인 사건이 될 수 있는 폭풍사건이 발생할 수 있음을 암시(暗示)한다.

출처: Climate Adaptation and Coastal Resiliency Plan(CRP) of Port of Long Beach(2016)

사진 4.52 허리케인 '마리(Marie)' 내습 시 롱비치항의 니미츠로드(Nimitz Road) 피해

(2) 프로젝트 목적

- 기후변화 관련 리스크 관리
- 기후변화에 가장 취약한 롱비치항의 자산 식별
- 기후변화에 따른 롱비치항의 방호를 위한 잠재적 대응전략 파악

(3) 프로젝트 효과

- 기후변화에 대한 탄력성을 갖는 롱비치항은 경감된 영향으로 지속적인 항만운영 가능
- 기후변화에 준비되고 대응할 준비가 된 롱비치항
- 기후변화에 미래지향적인 리스크 평가과정

2) 연안 탄력성 계획에 대한 단계별 설명

(1) 기후변화에 대한 가중요인과 영향

기후변화의 영향에 대한 지식과 관련된 과학은 시간의 경과에 따라 계속해서 발전하고 있다. 이 장에서는 해수면 상승(SLR, Sea Level Rise, 이후 'SLR'로 일컫는다.), 폭풍해일, 온도, 바람, 강수량 및 해양의 산성도(酸性度) 변화와 관련한 최신의 기후 과학정보를 전 세계적, 국가

적 및 지역적 차원에서 검토하였다. 장래 기후 사건의 발생에 대한 정확한 시기는 불분명하지만, 전 세계 평균기온이 상승하고 있다는 데는 전 세계적으로 강한 공감대가 형성돼 있다. 또한, 해양의 열팽창과 육지 얼음(빙하)의 융빙(融氷)은 해수면의 상승을 초래한다. 캘리포니아 기후행동팀의 해안 및 해양 워킹그룹(CO-CAT 2013)과 미국국립연구회의(2012)의 예측에 따르면, 롱비치항에 인접한 로스앤젤레스 검조소(檢潮所)의 해수면은 2050년까지 0.13~0.61m, 2100년까지는 0.43~1.68m 상승할 것으로 예상하였다. 기후변화는 폭풍과 파랑 사건의 강도, 빈도 및 경로에 영향을 미칠 것이다. 해양 수온이 상승함에 따라, 높은 풍속과 고파랑을 동반한 태평양 연안 허리케인(즉, 열대 사이클론)의 강도(强度)에 대한 잠재력(潛在力)은 증가할 수 있다. 이러한 변화는 완전히 파악되지는 않았지만, 롱비치항의 기반시설에 피해를 끼치고, 항만운영을 중단시키며 항만근로자의 안전에 영향을 줄 수 있다. 그리고 기후변화는 해양의 산성도(酸性度)를 변화시키고 많은 극단적인 폭염 발생을 증가시킬 수 있다. 극단 기온이 롱비치항 지역 자체에 직접적인 영향을 줄 것으로 예상치는 않지만, 간접적인 영향을 줄 수 있다. 예를 들어 남부 캘리포니아에서는 여름철 냉방 수요 증가로 인한 전기 사용 증가와 고온으로 인한 전송 효율 저하로 인해 전체적으로 정전(停電)이 발생할 수도 있다. 그러한 정전은 롱비치항의 운영에 필수적인 지역 전기망(電氣網)에 부하(負荷)를 줄 수 있다.

(2) 항만자산 재고(在庫) 파악

사업 연속성을 유지하는 데 중요한 롱비치항의 자산 및 기업체를 구별하고 조직화하기 위해서는 필요한 종합적인 항만 자산에 대한 재고파악(在庫把握)이 필요하다. 이 재고파악에는 잔교(棧橋), 부두 및 배후지의 자산 목록을 포함하며 공익시설, 도로, 철도 자산 및 주택 보안, 행정, 소방 및 항만근로자의 생명 안전 기능을 지키는 중요건물도 포함되어야 한다. 즉, 롱비치항의 사업 연속성(Business Continuity, 4.4.3, 2), (3) 항만 사업지속계획((BCP, Business Continuity Plan)작성 참조)을 위해 매우 중요한 항만 자산의 재고파악이 필요하다(그림 4.126, 표 4.20 참조).

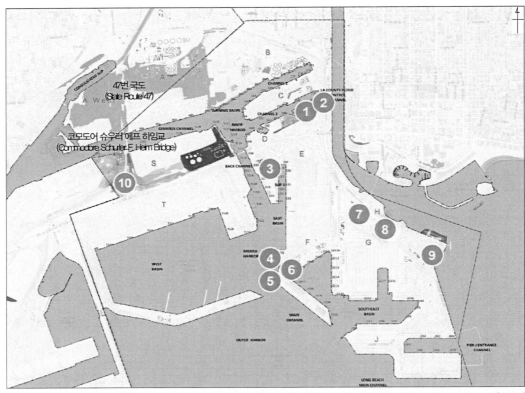

출처: Climate Adaptation and Coastal Resiliency Plan(CRP) of Port of Long Beach(2016)

그림 4.126 롱비치항의 주요시설(Critical Facilities) 위치도

표 4.20 롱비치항의 주요시설(그림 4.126의 원 번호(圓番號)와 연계)

구분	피어	도입기능	항만관리자
①	피어 D	• 예인선과 바지선 계류	포스 마린타임 (Foss Maritime)
②	피어 D	• 소방정(消防艇) 사무실 20호 (소방정 임시부두 및 소방서)	롱비치 소방국 (Long Beach Fire Department)
③	피어 D	• 보관 창고(경찰서와 교량 유지관리 계약업체가 소방차 및 중요 장비 보관을 위해 사용)	롱비치항 (Port of Long Beach)
④	피어 F	• 소방정 사무실 15호	롱비치 소방국
⑤	피어 F	• 파이롯트[51] 사업 운영	자코브센 파이롯트 서비스 (Jacobsen Pilot Service, Inc.)
⑥	피어 F	• 보안 지휘 및 제어 센터 건물	롱비치 보안지휘 제어센터 (Port of Long Beach Security Command and Control Center)
⑦	피어 G	• 항만청사(2015년 말 또는 2016년 초 철거 예정)	롱비치항

구분	피어	도입기능	항만관리자
⑧	피어 G	• 항만 유지관리 시설(건설 및 운영 트레일러(Trailer))	롱비치항
⑨	피어 H	• 소방정 사무실 6호(육상)	롱비치 소방국
⑩	피어 S	• 소방서 사무실 24호	롱비치 소방국

출처: Climate Adaptation and Coastal Resiliency Plan(CRP) of Port of Long Beach(2016)

(3) 해수면 상승 및 폭풍해일 지도

롱비치항의 조사지역에 대한 상세한 침수도(浸水圖)를 작성하였다. 이 지도는 항만자산의 해수면 상승(SLR)에 대한 침수 및 극단조석(폭풍해일)[52]에 따른 침수뿐만 아니라 기존 항만구조물과 롱비치항의 방파제에 따른 월파(越波) 산정을 고려했다. 각 해수면 상승(SLR) 시나리오(0.41m(16inch), 0.91m(36inch), 1.40m(55inch))는 파랑을 고려하지 않고 (1) 일(日) 만조(滿潮)와 (2) 극단조석의 두 가지 조석 조건 아래에서 산정(算定)하였고, 그 결과 침수심과 침수범위를 모두를 나타내는 6종류의 지도화된 시나리오를 만들었다. 기후변화에 따른 강수량 증가는 호우(豪雨)를 초래하고 하천 흐름을 증가시켜 롱비치항의 항만 자산과 부속 지역을 일시적으로 침수시킬 영향을 줄 수 있다. 장래 잠재적인 강수량의 20% 및 30% 증가와 하천 범람으로 인한 이러한 증가의 영향을 평가하고자 지도화(地圖化)하였다. 월류(越流) 산정은 하천이 기존 수로(水路)의 제방(堤坊)과 기반시설인 해안구조물을 가장 높게 월류할 가능성이 있는 해안선의 지점(地點)에서 계산하였다. 롱비치항의 취약한 지역을 구분하기 위해 항만자산재고(港湾資産在庫)와 침수도를 사용하였는데, 해수면 상승(SLR)과 폭풍해일이 합쳐서 내습할 때 가장 큰 영향을 미친다. 해수면 상승(SLR)은 점진적이며 장기적인 가중요인이지만, 극단사건과 관련된 폭풍해일은 갑작스럽고 예측 불가능하며 일시적일 수 있다. 해수면이 상승함에 따라 폭풍해일과 관련된 영향이 더욱 뚜렷해질 것으로 예상된다. 그림 4.127과 그림 4.128에 나타낸 2개의 지도는 각각 산정된 최소(폭풍해일이 없는 0.41m(16inch) 해수면 상승(SLR)) 및 극단(1.40m(55inch) 해수면 상승(SLR) + 100년 빈도 폭풍해일) 시나리오를 나타낸 것이다. 둥근 파선 내 색깔이 짙어질수록 침수가 심한 지역을 나타낸다. 일점쇄선 내 지역은 해수면보다 저지대(低地帶)이지만, 침수가 해당지역(분리지역(分離地域))에 직접적으로 도달하는 유수(流水)의 흐름 경로가 없는 지역이다. 그림 4.127에 나타난 바와 같이 해수면이 상승함에 따라 롱비치항에서 가장 먼저 영향을 받는 지역은 피어 S 및 D이다.

---

51) 파이롯트(Pilot, 導船士): 도선법에 따라 도선 업무를 할 수 있는 면허를 가진 사람을 말하며, 도선(導船)이란 항만·운하·강 등의 일정한 도선구(導船區)에서 선박에 탑승하여 해당 선박을 안전한 수로로 안내하는 것을 뜻한다(도선법 2조 1호).

52) 극단조석(極端潮汐, Extreme Tide): 조석 중 연간 1% 확률을 갖는 정수면(SWEL, Still Water Elevation)인 조석을 말한다.

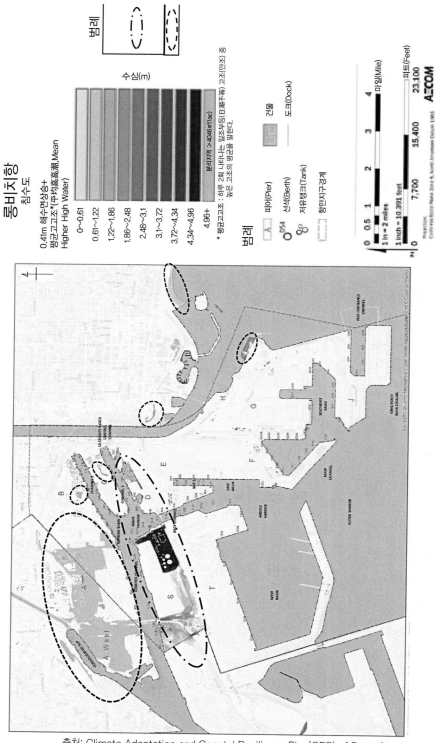

출처: Climate Adaptation and Coastal Resiliency Plan(CRP) of Port of Long Beach(2016)

그림 4.127 0.41m(16inch) 해수면 상승(SLR) 시나리오에 대한 롱비치항 침수도

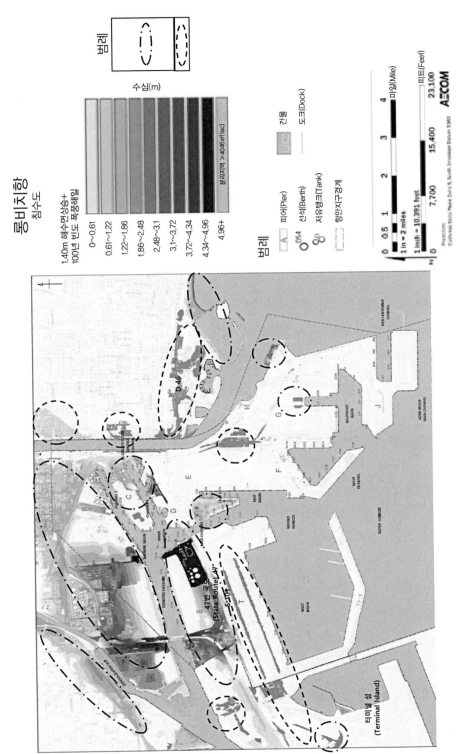

그림 4.128 1.40m(55inch) 해수면 상승(SLR)+100년 빈도 폭풍해일 시나리오에 대한 롱비치항 침수도

높은 해수면 상승(SLR)이 극단 폭풍해일 사건이 합쳐서 내습하면 더 광범위한 영향이 발생할 것이며, 극단사건 동안 피어 S, D, A, B 및 C가 일시적으로 침수될 수 있다(그림 4.128 참조). 어떤 시나리오에서도 피어 T, F 및 J는 침수되지 않지만, 침수 기간 중 수송망의 접근성이 손상을 받아 고립되고 잠재적으로 접근(接近)하지 못할 수 있고, 침수사건 동안 다양한 영향을 받는다. 포장도로(鋪裝道路)와 같은 일부 자산은 침수 발생 시 일시적으로 폐쇄될 수 있지만, 침수를 벗어나면 정상기능(正常機能)을 회복할 수 있다. 일부 자산은 몇 센티미터(cm) 이하의 침수심으로 제한받을 경우에는 완전한 기능을 유지할 수 있다. 철도 시스템과 같은 다른 자산은 어떠한 침수가 발생할 경우라도 완전히 폐쇄된다. 만약 선로(線路) 아래의 기초가 장기간 침수될 경우, 특히 자갈이 침하[53])될 가능성이 커서 실제 레일은 구조적 손상을 입을 수 있다. 선로의 침수가 빈번하거나 심해질수록 구조적 손상의 가능성이 증가할 것이다. 기타 자산 및 화물, 특히 전기 또는 기계 설비와 관련된 자산은 단기간 침수되더라도 상당한 피해를 볼 수 있다. 침수도를 보면 코모도어 슈우러 에프 하임교(Commodore Schurler F. Heim Bridge)의 바로 서쪽인 피어 S의 북쪽 해안선은 피어 S의 내륙 쪽을 침수시키는 주요경로라는 것을 알 수 있다. 이곳은 마루고 약 4.65m(NAVD88[54]) 기준)로 설치된 기존 널말뚝(Sheet Pile)식 방조제(Seawall)가 있다는 점을 명심해야 한다. 높은 해수면 상승(SLR) 시나리오에서는 방조제 바로 서쪽 해안선의 지형이 낮아서 침수와 범람을 방지할 수 없더라도, 이론적으로 일부 해수면 상승(SLR) 시나리오의 침수로부터 방호하기에 충분히 높다. 피어 S는 최저 해수면 상승(SLR) 시나리오(그림 4.127, 폭풍해일이 없는 0.41m(16inch) 해수면 상승(SLR))에 해당하는 조위(潮位)에서는 침수되지 않는다. 현재 미육군 공병단(USACE, US Army Corps of Engineers) 또는 미국연방재난관리청(FEMA, Federal Emergency Management Agency)이 승인(承認)한 방재(防災) 구조물이 아닌 널말뚝식 방조제 상태와 구조적 안정성은 알려지지 않았다. AECOM(그림 4.127과 그림 4.128의 침수도를 제작한 미국 회사)은 롱비치항의 항만관리자로부터 널말뚝으로 만든 방조제 벽의 상태가 좋지 않을 수 있으며 방조제 벽의 구조적 평가는 이 프로젝트의 범위를 벗어난다고 통보받았다. 따라서 이 널말뚝식 방조제가 현재 조건에서 방호할 수 있는 정확한 해수면 상승(SLR) 침수 시나리오는 알려져 있지 않다. 마지막으로, 널말뚝식 방조제의 벽 제원(諸元)(특히 폭을 말한다.)은 이 프로젝트에서 사용된 수심 및 지형 측량 데이터에 입력되지

---

53) 침하(沈下, Sinking): 지반이나 구조물이 가라앉는 현상으로 즉시침하(卽時沈下)와 압밀침하(壓密沈下)로 나누어진다.
54) NAVD88(North American Vertical Datum of 1988): 1988년 북미(北美) 기준의 일반 조정에 근거한 미국의 지반고 측량을 위해 공표한 수준원점(水準原點)이다.

않을 정도로 좁다. 이러한 이유로 침수도는 현재 조건에서 널말뚝식 방조제가 침수에 대한 방호를 제공하지 않는다는 가정하에 제작되었다.

(4) 취약성 프로파일

취약성(Vulnerability)은 항만자산이 기후영향에 노출되는 수준과 그 영향에 대한 민감도(敏感度)를 결합한 수준으로 정의한다. 자산에 대한 기후영향의 취약성 수준을 이해하는 것은 우선순위 확립을 위한 근거를 제공하므로 장래 대응을 위한 의사결정과 정책개발의 필수적인 부분이다. 이러한 롱비치항의 자산 유형(피어 기반 시설, 수송망, 주요시설, 공익시설 및 방파제)에 대한 취약성 프로파일이 개발되었다. 기후변화가 롱비치항에 미치는 영향은 크게 자산손상(資産損傷), 화물 손상 및 시설 폐쇄로 인한 수익 손실과 같은 3가지 영역으로 분류할 수 있다. 자산 유형에 따른 취약성 프로파일의 주요 결과는 다음과 같다.

① 피어 기반 시설(사진 4.53 참조)

해수면 상승(SLR)으로 피어 S와 D 중 일부가 먼저 침수될 것이다(그림 4.127, 그림 4.128 참조). 가장 극단적인 추정 아래에서 피어 A, B, C의 배후지는 물론 피어 E의 끝단 지역도 침수될 것이다(그림 4.128 참조). 월파(越波)는 피어 S(선석(Berth) S101)와 D(선석 D46)에서 처음 발생한다(그림 4.128의 굵은 숫자). 가장 극단적인 추정하에서는 피어 B, C, D 및 E 주변뿐만 아니라 피어 A 서쪽 및 피어 A (하천 및 철도 선로를 따라)을 따라 월파가 발생할 수 있다(그림 4.128 참조). 피어 F, G, J 및 T는 해수면 상승(SLR)이나 주기적인 침수에 노출되지 않지만, 인접 피어의 침수로 인해 고립될 수 있다. 강수량이 20% 증가하면 하천이 범람하는 지역은 피어 A와 피어 B의 배후지는 물론 피어 A의 서쪽과 피어 B의 부두를 따라 침수가 확대할 것으로 예상된다. 피어 내 구조물 중 많은 부분은 단기 침수로 인한 손상을 견뎌낼 수 있다. 일부 피어가 침수되면 항만 운영은 중단되지만, 침수 후 빠른 속도로 복구되어 짧은 시간 내에 재개(再開)될 것으로 예상된다. 그러나 컨베이어, 통신, 보안시스템, 조명 및 육상으로부터 선박으로 공급하는 동력장치와 같은 전기설비를 갖춘 부두 또는 배후지의 기반시설을 방수(防水) 또는 방호하지 않을 경우 피어는 장기간 항만 운영이 중단될 우려가 있다.

출처: Climate Adaptation and Coastal Resiliency Plan(CRP) of Port of Long Beach(2016)

사진 4.53 롱비치항의 피어(Pier)

② 수송망(Transportation Network)

해수면 상승(SLR)으로 인한 침수 때문에 직접적으로 영향을 받는 최초의 선로인 피어 S, D 내 선로(線路)는 화물이 피어로부터 이탈하는 것을 방지할 수 있다. 피어 T 선로는 피어 S의 침수된 레일(Rail)과 연결되기 때문에 간접적인 영향을 받을 것이다. 또한, 가장 극단 적인 조건 아래에서 피어 A, B, C 및 D는 침수될 것이며, 이는 침수된 선로와 연결되기 때문에 피어 F, G, J에도 간접적인 영향을 미칠 것이다(그림 4.128 참조). 레일 기반시설 재료(침목(枕木), 레일, 기초 등)는 단기 침수로 인한 손상에 민감하지 않아 레일이 침수될 경우, 열차의 운행은 중지되지만, 침수 후 빠르게 재개될 것으로 예상된다. 피어 S와 D 내 도로는 가장 취약하여 직접적으로 침수되지만, 도로는 화물이 이 피어로부터 이탈하는 것을 막을 것이다. 가장 극단 적인 조건 아래에서 피어 A, B, C의 내부 도로 및 피어 E의 끝단 내부 도로는 터미널 아일랜드(Terminal Island)와 연결되는 47번 국도(State Route 47) 고속도로를 침수시킬 수 있다(그림 4.128 참조). 도로 건설 자재는 일시적인 침수피해에 그다지 민감하지 않다. 도로가 침수된 경우 몇 센티미터(cm) 이하의 침수심(浸水深)에서는 차량 이동이 가능하며, 물이 빠르게 이동하고 세굴(洗掘)을 발생시키지 않는 한 침수 후 얼마 지나지 않아 차량 이동이 재개될 것으로 예상된다. 반복적인 침수는 도로시설물의 열화(劣化)를 일으킬 가능성이 크다. 교통신호를 포함하여 도로망(道路網)을 복구하기 위한 효율적인 시스템이 마련되어 있으므로 차량 통행금지는 오래 걸리지 않을 것이다. 철도차량의 속도는 온도가 섭씨 32.2℃에 도달하면 철로 좌굴(坐屈)과 탈선(脫線)을 막기 위해 서행(徐行)하는데, 이보다 더운 날(섭씨 35℃ 이상)이 더 잦아지면 서행(徐行)이 자주 발생할 것이다(사진 4.54 참조).

출처: Climate Adaptation and Coastal Resiliency Plan(CRP) of Port of Long Beach(2016)

사진 4.54 롱비치항의 철도수송망

③ 주요시설(Critical Facilities)(사진 4.55 참조)

대부분의 주요시설은 높은 곳에 입지하고 있어 수치 시뮬레이션 침수도에서 해수면 상승(SLR) 또는 폭풍해일의 영향을 받지 않는다. 가장 취약한 건물은 소방서 사무실 24(피어 S)호로서 0.41m(16inch) 해수면 상승(SLR) 시나리오 아래에서도 침수될 것이다(그림 4.126, 그림 4.127 참조). 폭풍우 조건 아래에서 예인선과 바지선이 계류(繫留)하는 포스 해상 계류장(Foss Maritime Mooring)은 접근도로가 침수되어 간접적인 영향을 받을 것이다. 폭염으로 인해 정전 및 전 지역의 블로운 아웃[55]이 발생할 수 있다. 건물에 예비 발전기가 설치하지 않으면 건물 내 모든 컴퓨터와 기타 기계 및 전기 시스템을 포함한 건물 냉난방 장비가 중단되어 직원의 복지, 건강 및 생산성에 영향을 줄 수 있다.

---

55) 블로운 아웃(Blown-out): 전력 공급 장치의 전압 강하를 의미하며, 일반적으로 조명(照明)이 어두워지는 것을 말한다.

사진 4.55 롱비치항의 주요시설

④ 공익시설(Utilities)(사진 4.56 참조)

대부분 상수도관(上水道管)은 지하에 매설되고 지하수위보다 아래에 있다. 상수도관의 밸브실을 제외하고, 상수도관은 해수면 상승(SLR)으로 인한 침수에 민감하지 않을 것이다. 밸브실은 상수도관 전 노선(全路線)에 위치하며 지상 또는 지하에 있을 수 있다. 일반적으로 밸브실은 방수되어 있지 않아 침수 중에는 밸브를 가동하지 못할 수 있다. 그러나 밸브실의 침수로 장비는 손상받지 않을 것이다. 일반적으로, 하수관거(下水管渠)는 해수면 상승(SLR)에 따른 침수에 취약하지 않다. 하수관거의 리프트/펌프실은 해수면 상승(SLR)으로 인한 지하수 또는 지표수(地表水)가 범람하여 이러한 장치의 효율에 영향을 미치거나 하수관거 외부로 유출을 일으킬 수 있다. 우수관거(雨水管渠) 시스템은 해수면 상승(SLR)으로 인한 침수에 취약하다. 배출지역이 침수될 경우, 우수는 배수되지 않아 해당 지역이 추가로 침수될 것이다. 해수면 상승(SLR)으로 인한 지하수 상승은 이러한 상황을 더욱 악화할 것이다. 또한, 펌프실이 침수하면 더 이상 가동(可動)하지 않는다. 해수면 상승(SLR)에 취약한 전기 시스템은 최소한의 침수에 노출될 경우 작동하지 않을 수 있다. 피어 A, C, F 및 S에 설치된 전기 시스템이 여기에 해당한다. 침수의 영향을 받는 전기 시스템의 구성요소에는 개폐 장치, 변전소, 변압기, 배전반, 패널 보드와 건물/시설 조명이 포함된다. 전선관, 맨홀 및 풀 박스와 같은 다른 전기 시스템의 구성요소 중 케이블 이음매와 스플라이스(Splice)가 방수이고, 특히 지하 분배에 사용되는 케이블은 침수 조건에서 작동하도록 정격56)을 정하고 있어 침수영향에도 작동할 것으로 예상된다. 피어 D 내에 있는 통신탑은 어떤 시나리오 아래에서도 침수되지 않는다. 만약 통신 케이블 조인트 및 스플라이스가 방수(대부분인 경우)이고 지하 분배에 사용되는 케이블은 침수 조건에서 작동하도록 정격이 정해져 있다면 케이블 시스템에는 영향이 없을 것이다.

사진 4.56 롱비치항의 공익시설(재생 천연가스 시설)

⑤ 방파제

기존 방파제는 롱비치항과 로스앤젤레스 항(중앙 방파제(Middle Breakwater))뿐 아니라, 롱비치 해안선(롱비치 방파제(Long Beach Breakwater))의 일부를 방호한다(사진 4.51 참조). 해수면이 상승하면 고파랑이 방파제에 영향을 미쳐 항내 정온역(靜穩域)으로의 파랑 전달이 증가한다. 현재까지의 폭풍 조건에 따르면, 롱비치항의 방파제는 파랑 처오름과 월파로 인한 고파랑 피해에 가장 취약하다. 롱비치항 방파제 영향의 감소로 인한 가장 취약한 지역은 롱비치항 동쪽 끝 부분(피어 J해역)으로 항만운영에 영향을 미친다(그림 4.128 참조). 두 번째로 가장 취약한 지역은 중앙 방파제(Middle Breakwater)의 동쪽 지역이지만, 장래 예상되는 극단폭풍사건은 과거 발생하였던 기존 폭풍사건을 잘 분석하여 대응한다면 전체적인 영향은 미미할 것이다. 방파제는 과거 풍향과 파랑 조건에 근거하여 평가한다. 그러나 과거 관측 범위를 벗어나는 장래 극단폭풍사건이 발생할 수 있다. 2014년 8월 허리케인 '마리(Marie)'는 그러한 극단폭풍사건의 한 사례이다. 허리케인 '마리'의 풍향과 파향은 이례적(異例的)이었으며 방파제의 원래 설계변수 범위를 초과하였을 확률이 높다. 즉, 과거 관측에 근거한 취약성 평가에서는

---

56) 정격(定格, Rating): 각각의 기기를 사용함에 있어서 가장 적당하다고 정해진 출력, 속도, 전압, 전류, 회전수 등의 값을 말한다. 그 기기에 대해 지정된 제 조건을 말하는 것이며, 안전도를 예상한 그 기기의 사용 가능한 한도(능력)를 표시한다.

중앙 방파제가 매우 취약하다고 파악되지 않았다. 그러나 허리케인 '마리'가 내습하는 동안 중앙 방파제의 3곳이 손상을 입어 롱비치항의 피어 내 기반시설에 피해를 발생시키고 항만운영에도 영향을 끼쳤다(사진 4.56 참조).

출처: 미 육군 공병대(2020), https://www.spl.usace.army.mil/Media/Images/igphoto/2000936840/

사진 4.57 2014년 허리케인 '마리'로 인해 피해를 본 롱비치항의 중앙 방파제(Middle Breakwater)

(5) 대응전략: 선택 및 방법론

최상의 관리기준과 기술자(해안·항만 및 전기기술자, 교통기술자, 환경정책 전문가 등)의 의견을 토대로 잠재적 대응전략에 대한 예비 목록을 작성하였다. 20개 이상의 전략이 제안되었으며, 세 가지 유형 중 하나로 분류하였다.

- 거버넌스(Governace)(롱비치항의 전체 계획 및 설계문서에 기후변화의 도입): 중요한 정책/계획과 설계지침에 기후변화에 관한 내용을 추가함으로써 정책기획자와 설계자 모두가 프로젝트 착수부터 기후변화에 대한 고민을 시작한다.
- 이니셔티브(先制, Initative)(정보격차 해소): 이니셔티브를 도입함으로써 롱비치항의 항만관리자와 이해관계자, 특히 기후변화와 관련된 항만운영 및 항만시설의 물리적 피해에 대한 영향을 계속 평가할 수 있다.
- 기반시설(물리적 취약성 해결): 롱비치항의 방파제나 방조제를 보강하거나 전기시설 설치장소의 증고(增高) 등과 같은 기존 기반시설을 변경함으로써 향후 기후관련 사건에 효과적으로 대비할 수 있다.

롱비치항의 항만관리 부서 직원들과 함께 전략을 검토하고 추가 개발을 위한 일부 전략의 변경에 대한 워크숍을 개최한 후, 다음과 같은 5가지 전략의 우선순위를 정하고 세부 조사 또는 개념 설계로 발전시켰다(각 전략은 아래에 요약되어 있다.).

- 전략 #1(거버넌스): 롱비치항의 정책, 계획 및 지침을 통한 기후변화 영향 해결
- 전략 #2(지배구조): 항만개발 인·허가(Harbor Development Permit) 시 해수면 상승에 대한 영향 분석을 추가
- 전략 #3(이니셔티브): 피어 A 및 B 조사 - 하천 및 해안 침수에 관한 복합적 영향
- 전략 #4(기반시설): 피어 S의 해안선 보호
- 전략 #5(기반시설): 피어 S 내 변전소 보호 - 다중 전략 평가

또한, 아래와 같은 몇 가지 전략은 관련성이 있는 것으로 여겨져, 향후 롱비치항의 항만만 관리자가 추가로 발전시킬 것이다.

- 롱비치항 기후변화에 대한 정책개발
- 터미널/임차인 임대 시 기후변화에 대한 고려사항 추가
- 롱비치항의 개발계획 시 영향을 미칠 수 있는 기후변화에 대한 관련 지식공유
- 추가 설계기준 지침에 기후변화를 포함하도록 수정
- 기존 우·배수에 대한 수치시뮬레이션 모델의 설계변수에 기후변화를 포함하도록 수정
- 기후사건 영향을 추적
- 에너지 아일랜드(Energy Island) 이니셔티브에 기후변화에 대한 고려사항 포함
- 기후변화 지식을 관련 이해관계자와 공유
- 도밍게즈 채널(Dominguez Channel)의 하천가에 대한 방호 개념설계 개발(전략 #3 후속 조치)
- 기후변화에 대한 잠재적 영향 파악 및 중요 보안시스템 보호

① **전략 #1**: 롱비치항의 정책, 계획 및 지침을 통한 기후변화 영향 해결(그림 4.129 참조)

이 전략은 계획 및 개발 프로젝트 중에 기후변화 영향을 가장 적절한 시기에 고려하도록 롱비치항의 주요 항만정책, 계획 및 지침에 추가할 수 있는 표현을 권장한다. 롱비치항의 문서는 일반적으로 2가지 유형인 중요한 계획 문서와 설계지침으로 나눌 수 있다. 전략계획(Strategic Plan)과 같은 높은 수준의 중요한 문서는 롱비치항의 최우선 순위를 가진다. 기술자에게 지침을 제공하는 부두설계기준(Wharf Design Criteria)과 같은 설계지침은 상세히 기술되어 있다. 기후변화의 영향에 관한 표현은 2가지 유형의 문서에 모두 포함되어야 한다. 적용 여부를 확인하기 위해 롱비치 항에 관한 여러 문서를 검토하였다. 본 조사의 목적을 위해 다음과 같은 8개 문서를 우선순위로 지정하였다(항만 관리자별). 전략계획(Strategic Plan), 리스

크평가 매뉴얼(Risk Assessment Manual), 프로페셔널 컨설팅 서비스를 위한 지침(Guidelines for Professional Consulting Services), 프로젝트 제공 매뉴얼(Project Delivery Manual), 품질관리 시스템(Quality Management System), 우수 기반시설 기본 계획(Stormwater Infrastructure Master Plan), 설계기준 매뉴얼(Design Criteria Manual), 전기설계 기준 및 표준 계획 (Electrical Design Criteria and Standard Plans). 이러한 핵심 계획 및 설계문서에 기후변화 표현을 부가(附加)시켜 기후영향과 대응전략을 통합시키면 장래 롱비치항에 대한 투자를 보증할 수 있다.

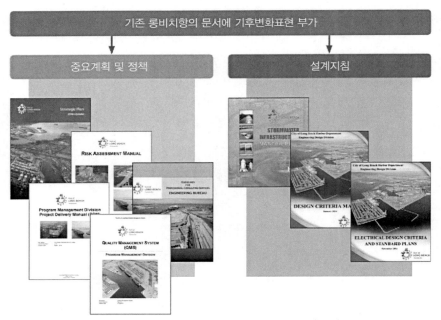

출처 : Climate Adaptation and Coastal Resiliency Plan(CRP) of Port of Long Beach(2016)

그림 4.129 롱비치항의 정책, 계획 및 지침을 통한 기후변화 영향 해결(보고서)

② **전략 #2:** 항만개발 인·허가(Harbor Development Permit) 과정 시 해수면 상승 분석 추가

이 전략은 항만개발 인·허가(HDP) 과정에 기후변화 고려사항을 포함하여 업데이트시킬 것을 권고한다. 롱비치항만 내 항만시설은 해수면이 증가함에 따라 침수위험의 증대에 직면하므로 항만관리자는 사업 연속성과 임차인의 양호한 투자를 보장하기 위해 침수 탄력성을 높이기 위한 대응전략을 고려하는 것이 중요하다. 항만개발 인·허가(HDP) 과정 중 단·장기 형태의 신규 부문은 건설 프로젝트, 공익시설/파이프라인 설비, 롱비치항 내 배수구의 설치 위치뿐

만 아니라 모든 개발 시 해수면 상승(SLR) 영향에 대한 인식 및 검토를 포함시킬 것이다. 롱비치항의 연안 취약성 지역지도(Port Coastal Vulnerability Zone Map)는 신청자(임차인)의 프로젝트 입지(立地)가 영구적 또는 일시적 침수에 취약한 지역 중에 있는가에 대한 여부를 명확히 가리기 위해 제작된 지도이다. 즉, 0.91m(16inch) 해수면 상승(SLR) 시나리오 아래에서의 영구적 침수지역과 0.91m(16inch) 해수면 상승 시 100년 빈도 폭풍해일이 내습할 때의 일시적 침수지역을 나타내었다(그림 4.130 참조).

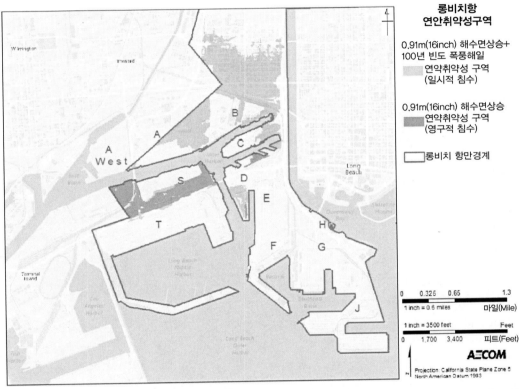

출처 : Climate Adaptation and Coastal Resiliency Plan(CRP) of Port of Long Beach(2016)

그림 4.130 롱비치 항만의 연안 취약성 구역지도(Port Coastal Vulnerability Zone Map)

롱비치항 항만관리자는 항만개발 인·허가(HDP)에 대한 체크리스트를 적절히 작성하고 검토할 수 있도록 추가지원을 제공하기 위한 지침 매뉴얼을 개발하였다. 이 내부 문서에는 롱비치항의 연안 취약성 구역 내에서 추진하는 프로젝트를 검토하는 데 도움이 되는 정의, 연안 취약성 구역지도, 예제 프로젝트 및 내부 양식/체크리스트가 포함되어 있다.

③ **전략 #3**: 피어 A 및 B 조사 – 하천 홍수 및 해안 침수의 복합적 영향

본 조사는 해수면 상승(SLR)과 함께 도밍게즈 수로(Dominguez Channel)의 전역(全域)에 걸친 호우로 인한 홍수가 피어 A와 B에 영향을 미칠 수 있는 가에 대한 여부(與否)를 조사했다. 본 조사는 도밍게즈 수로의 제방을 처음 월류(越流)하였을 때 수위 임계값을 확인하기 위해 수로에 대한 기존 수리학적(水理學的) 수치모델에 의존했으며 다양한 장래조건(해수면 상승 (SLR), 폭풍해일 및 강수량)에서 분석과 평가를 실시하였다. 이 조사 결과로 도밍게즈 수로의 제방 시스템이 제공하는 기존 홍수방호수준(洪水防護水準)을 알 수 있었다. 비록 도밍게즈 수로가 롱비치 항만구역경계(Port Harbor District Boundary) 밖에 있지만, 이 분석은 극단조건 아래에서 해수면 상승(SLR)과 결합한 하천의 호우사건(豪雨事件)이 도밍게즈 수로를 범람시킨 후 롱비치항의 피어 A와 B에 광범위한 침수를 일으킬 수 있음을 보여준다(그림 4.131 참조).

출처 : Climate Adaptation and Coastal Resiliency Plan(CRP) of Port of Long Beach(2016)

그림 4.131 하천의 호우로 인한 롱비치 항만 내 피어 A와 B에 대한 잠재적 영향 범위

이러한 피어의 홍수나 침수는 잠재적으로 주요 철도망과 정유시설에 피해를 입힐 수 있다.

최소한의 홍수방호개선으로 2070년까지(즉, 2070년까지의 예상 해수면 상승(SLR)으로부터) 방호를 제공하는 것을 고려해야만 한다. 이것은 2020년부터 건설하므로 설계공용기간은 50년으로 가정한다. 즉, 설계는 최소 0.93m(3ft)인 여유고(餘裕高)를 가지면서 100년 빈도 폭풍해일과 결합한 100년 피크(Peak) 하천유량에 대해서 견딜 수 있는 방호를 제공해야 한다.

④ **전략 #4: 피어 S에 대한 방호**

이 개념 설계[57]는 세리토스 수로(Cerritos Channel)를 따라 위치한 피어 S의 해안선을 방호하기 위한 대응·전략을 제공한다(사진 4.58 참조). 침수도와 해안선 월파산정(海岸線越波算定)에 따르면, 이 지역은 홍수가 처음 월류하여 항만자산(港湾資産)을 침수시킨다. 이 지역은 환경 및 안전 문제를 일으킬 수 있는 여러 개의 화학물질 저장탱크가 입지하고 있으므로 이 현장이 침수로 피해를 입을 경우 롱비치항에 중대한 문제를 야기할 수 있다.

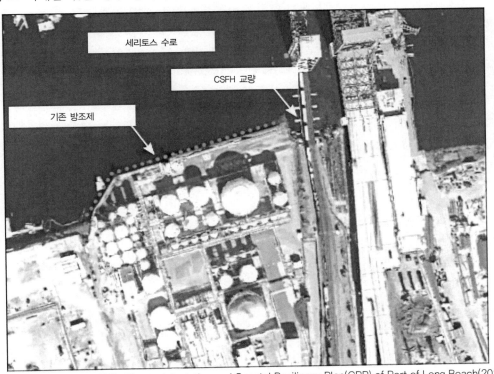

출처: Climate Adaptation and Coastal Resiliency Plan(CRP) of Port of Long Beach(2016)

사진 4.58 피어 S의 전략적 입지(立地)

---

57) 개념 설계(槪念設計, Conceptual Design): 구체적으로 상세한 조건을 고려하지 않고, 기본적인 사항만을 고려하여 설계의 개념을 나타낸 설계를 말한다.

또한, 이곳은 소방서 24호 및 SCE(Southern California Edison) 변전소와 같은 중요자산을 포함한 인접 저지대까지 홍수가 흘러갈 수 있는 통로 역할을 한다. 당초(當初)에는 이 지역에 대체(代替) 방조제(防潮堤)가 제안되었으나, 기존 널말뚝(Sheet-pile)식 방조제의 상태와 기능을 상세히 검토한 결과 기존 방조제의 개조(改造)(방조제를 새로 축조(築造)하는 것보다)가 기술적으로 실현가능하고 경제적이므로 대응 전략을 바꾸었다. 제안된 개조설계(改造設計)는 100년 빈도 폭풍해일과 결합된 0.91m(36inch) 해수면 상승(SLR) 시나리오로부터 세리토스 수로의 남쪽 저지대를 방호하기 위해 현재 방조제를 보강(補强)하는 데 초점을 두고 있다. 설계는 해안 방재구조물을 승인하는 미국연방재난관리청(FEMA, Federal Emergency Management Agency)의 요건을 충족하고 잠재적으로 더 큰 해수면 상승(SLR) 크기로부터 방호할 수 있는 충분한 여유고를 포함한다. 이 프로젝트의 예비개념 설계에 따른 공사비는 약 110만 달러($)(13.2억 원(₩), 2022년 1월 환율 기준)로 예상된다. 민간소유인 기존 연료와 시설은 전략의 실행 시 전체적인 조정이 필요할 것이다.

⑤ **전략 #5**: 피어 S 내 변전소 보호 - 다중 전략 평가

이 전략은 피어 S 내 SCE 도크 변전소(SCE Dock Substation)에 대한 몇 가지 대응선택안을 제안한다. SCE 현장은 여러 해수면 상승(SLR) 시나리오 아래에서 영구적 및 일시적인 침수를 보이므로 침수에 취약하다. 변전소는 중요한 항만자산으로 피해가 발생할 경우 피어 T에 입지한 토탈 터미널(Total Terminal)의 컨테이너 터미널에 대한 전원 공급과 SCE의 고압 송전선망(送電線網)과 연결되는 모든 장래의 항만 운영에 영향을 미칠 것이다. SCE 도크 변전소의 탄력성을 높이기 위해 몇 가지 단기 및 장기 대응전략을 제안하였다.

- 단기적 주기적인 침수 해결방안은 임시/반영구적 방호시설(모래주머니, 자체 팽창식 모래가 섞이지 않은 주머니, 수문, 아쿠아펜스(Aqua Fence, 제품명), 이동식 원통, 타이거 댐(Tiger Dam, 원형 고무직물), 메탈리스(Metalith, 조립식 철제 방벽))설치에 중점을 두고 있다.
- 영구적 장기적인 범람에 대한 해결방안은 영구적 방호시설(성토(盛土)로 만든 소단(Berm), 고무 댐(Rubber Dam), 강널말뚝식 벽(Steel Sheet-pile Wall) 또는 철근콘크리트 캔틸레버벽(Reinforced-concrete Cantilevered Wall))을 설치함에 따라 현재 입지하고 있는 변전소의 지반고를 증고시키거나, 범람이 발생하지 않는 장소에 변전소를 이전(移轉) 신축하는 데 중점을 두고 있다. 이 조사에 기초해 단기적 침수방호를 위한 권장 설계의 선택안은 높이 0.93m(3ft)인 타이거 댐(Tiger Dam)이다(사진 4.59(a) 참조). 이것은 홍수 대피 시스템과

수위 모니터를 포함하는 임시방호벽이다. 다른 임시 선택안과 비교할 때 이 선택안은 다년간 사용할 수 있고, 계획수준 대비 비용이 가장 경제적으로 설치에 따른 인건비와 복잡성을 최소화할 수 있다. 이 프로젝트의 예비개념(豫備概念)에 대한 설계 시 공사비는 약 25만 달러($)(3억 원(₩), 2022년 1월 환율 기준)로 예상된다. 장기적 침수 방호를 위한 권장 설계의 선택안은 철근콘크리트 캔틸레버 벽이다. 이것은 영구적인 방호를 위한 가장 실현성 있고 경제적인 선택안이었다(사진 4.59(b) 참조). 캔틸레버 벽은 높이 3.1m(10ft)로 설계하는 것이 바람직하다. 캔틸레버 벽의 높이는 0.91m(36inch) 해수면 상승(SLR) + 100년 빈도 폭풍 해일 시나리오를 고려한 높이로 변전소 설계공용기간(設計供用期間)과 관련이 있다. 이 프로젝트의 예비개념 설계 시 공사비는 약 110만 달러($)(13.2억 원(₩), 2022년 1월 환율 기준)로 예상된다. 장기적으로 변전소를 방호하는 공사비는 피어 S 내 해안선을 방호하는 공사비와 거의 같다는 점에 주목할 필요가 있다. 침수도에 근거하여 피어 S 내 해안선을 방호하면 SCE 도크 변전소를 포함한 피어 S 내 모든 항만자산을 방호할 수 있다. 이러한 전략은 롱비치항 전체의 다른 취약한 중요 항만자산에도 적용할 수 있다. 단기 및 장기 방호시설 모두에 대해 열거된 대응 사례는 방호유형의 범위를 소개하고 현장 고유의 실행 고려사항(예: 장비, 인력, 교육 및 비용)을 포함한다.

(a) 임시적 타이거 댐(Tiger Dam) 설치 사례   (b) 영구적인 철근콘크리트 캔틸레버 벽

출처 :Climate Adaptation and Coastal Resiliency Plan(CRP) of Port of Long Beach(2016)

사진 4.59 임시적 및 영구적 침수방호시설

4.5 기후변화에 대응한 케이슨식 혼성제의 확률론적 설계[9]

4.5.1 서론

유럽에서 가장 많이 축조(築造)해왔고 축조되는 방파제 유형은 공사용 재료인 암석(巖石) 취득(取得)이 쉬운 사석식 경사제(그림 4.17(a))인 반면에 우리나라나 일본과 같은 나라에서는 거대한 암석은 쉽게 얻을 수 없지만, 풍부한 시멘트로 값싸게 생산할 수 있어 케이슨식 혼성제 (그림 4.19(a))가 보편화되어 있다. 일본은 지난 100년 동안 많은 케이슨식 혼성제를 건설해왔는데, 최초의 케이슨식 혼성제는 1910년에 고베항(神戸港)에서 건설되었고, 뒤이어 1913년에 오타루항(小樽港)에 축조하였다. Ito 등(1966)은 1920년 루모이항(留萌港)에서 발생한 케이슨식 혼성제의 활동파괴를 기술하였고, 일본의 방파제 유형과 유럽의 방파제와는 다른 경향을 지적하였다. 일본 해안·항만분야 엔지니어들은 혼성제(직립부의 콘크리트 케이슨과 그 밑에 경사부의 사석 마운드로 구성된다.)가 직립부(케이슨)의 중량만으로 파랑에 저항하도록 설계하고 있다. 유럽에서 건설되어 온 방파제는 케이슨과 사석 마운드 모두가 파력에 저항하는 구조이다. 일본 해안의 조차(潮差)는 불과 2m(또는 그 이하)인 반면, 유럽 일부 해안에서는 수 미터의 조차가 발생하기 때문에 이러한 원리의 불일치는 두 지역 간 조차의 차이로부터 기인한다. 표 4.21은 Oumeraci(1994)가 제시한 몇 가지 방파제 파괴사례를 나타낸다(그림 4.132, 그림 4.133 참조). 일본항만기술연구소(Port and Harbor Research Institute of Japan, 1968, 1975, 1984, 1993)에서 발간한 4권의 보고서에는 방파제 파괴를 일으키는 파랑 조건과 함께 여러 케이슨식 혼성제의 유형과 피해도(被害度)를 기술하였다. Kawai 등(1997)은 일본 내 총 16,000개 방파제를 조사하여 파괴확률이 $10^{-2} \sim 10^{-3}$/년(年) 범위 내에 있음을 입증하였다. 방파제를 건설하는 데 소요되는 예산과 시간을 고려할 때, 세계의 많은 방파제는 설계공용기간 이후에도 계속 사용할 것으로 예상되어, 때로는 심지어 50년 이상이나 심한 폭풍(태풍)으로 인한 고파랑 내습을 견뎌내고 있다. 방파제는 지금까지 견뎌온 어떤 것보다 더 강한 장래 폭풍(태풍)에 의해 파괴될 수 있는 가능성은 항상 존재하는데, 기후변화로 인한 해수면 상승 또는 태풍 강대화에 따른 파랑 강도 증가의 영향 때문이다. 장기간 사용 후에는 여러 가지 이유로 방파제 안정성이 저하될 수 있어 수명을 연장하기 위해서는 어느 단계에서 일부 업그레이드나 보강·개량이 이루어져야 한다.

표 4.21 전 세계 직립식(直立式) 방파제(케이슨식 혼성제도 포함)의 파괴사례

| 위치 (국가, 건설연도) | 방파제 유형 | 파고(m)/주기(sec) | | 해저 바닥 지반 | 케이슨 폭 (m) | 수심(m) | 마루고 (앞면) (m) | 케이슨 앞면 마운드 폭(m) | 총 마운드 폭(m) |
		설계상	실제		케이슨 높이 (m)	마운드 (Mound) 상 수심(m)	마루고 (뒷면) (m)	케이슨 뒷면 마운드 폭(m)	
마드라스 (Madras) (인도, 1881)	키클롭스(Cyclopean, 巨石) 블록식	–	–	–	7.3	22	2	7.2	14.6
					9.1	7.2	2	7.2	–
비제르트 (Bizerta) (튀니지, 1915)	케이슨식	–	–	–	8	17	5	10	10
					13	8	3	5	4/5
발렌시아 (Valenca) (스페인, 1926)	키클롭스 블록식	–	7m/14s	세사(細砂), 진흙	12	12	5	6.7	4
					14.4	9.5	2.7	10	1/3
안토파가스타 (Antofa-Gasta) (칠레, 1928~1929)	키클롭스 블록식	6m/8s	9m/15s, 8m/47s	–	10	30	7.5	7.5	12
					16.9	9.4	3.5	3	4/3
카타니아 (Catania) (이탈리아, 1930~1933)	키클롭스 블록식	6m/7s	7m/9s, 7.5m/12s	조밀한 모래	12	17.5	7.5	–	–
					20	12.5	4		
제노아(Genoa) (이탈리아, 1955)	웰(Well) 블록, 키클롭스 블록 및 셀룰러(Cellular) 블록	5.5m/7s	7m/12s	세사	12	17.5	7.4	6	8/7
					17.9	10.5	3	12	
알제(Algiers) (알제리, 1930, 1934)	키클롭스 블록식	5m/7.4s	6.5m/11s, 9m/14s	실트, 진흙	11	20	6.5	7.3	7.7
					21.6	13	3	3.7	–

출처: Hiroashi Takagi, Miguel Esteban, Tomoya Shibayama(2015), Stochastic Design of Caisson Breakwaters, Lessons from Past Failures and Coping with Climate Change, pp.635~705.

케이슨식 혼성제의 파괴는 확률론적 하중과 저항의 확률론적 특성 때문에 발생하는 매우 복잡한 현상으로 확률론적 접근법은 현재 또는 장래의 기후 아래에서 폭풍(태풍)에 의해 야기될 수 있는 피해를 예측하는 가장 최선의 방법이다. 본 장(章)에서는 지난 20년 동안 개발된 확률론적 수치모델을 검토하고, 그러한 수치모델들이 실제 방파제 파괴를 예측하는 것이 얼마나 합리적인지 제시하겠다.

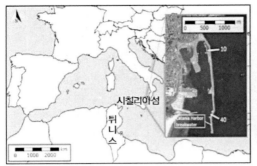

출처: Hiroshi Takagi, Miguel Esteban, Tomoya Shibayama(2015), Stochastic Design of Caisson Breakwaters, Lessons from Past Failures and Coping with Climate Change, pp.635~705.

그림 4.132 이탈리아 카타니아(Catania)항 방파제 위치도(왼쪽) 및 키클롭스(Cyclopean) 블록 방파제 (오른쪽)

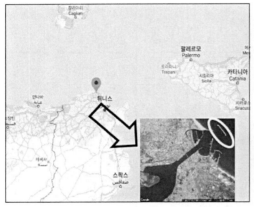

출처: Hiroshi Takagi, Miguel Esteban, Tomoya Shibayama(2015), Stochastic Design of Caisson Breakwaters, Lessons from Past Failures and Coping with Climate Change, pp.635~705.

그림 4.133 튀니지 비제르트(Bizerta)항 방파제 위치도(왼쪽) 및 케이슨식(Caisson-type) 방파제(오른쪽)

4.5.2. 방법론

이 장에서는 케이슨의 활동(滑動) 또는 틸팅(Tilting) 파괴로 인한 방파제 파괴확률을 예측할 수 있는 방법론을 제시하겠다.

1) 케이슨에 작용하는 파압

(1) 쇄파(碎波)로 인한 압력

쇄파로 인한 정확한 압력 예측은 천해(淺海) 또는 비교적 천해에 축조된 방파제 설계에 필수적인 요소이다. Shimosako와 Takahashi(1994)는 삼각형 파랑추력변동(波浪推力變動)의 시간이력(時間履歷)을 가정하여 쇄파압의 형태를 단순화시켰는데, 그 수치모델은 방파제가 설치될 수심에서 개별 파랑이 쇄파할 때 도입가능하다. 파력의 시간이력은 다음과 같이 표현할 수 있다.

$$P(t) = \begin{cases} \dfrac{2t}{\tau_0} P_{\max}, & 0 \le t \le \dfrac{\tau_0}{2} \\[2mm] 2\left(1 - \dfrac{t}{\tau_0}\right) P_{\max}, & \dfrac{\tau_0}{2} < t \le \tau_0 \\[2mm] 0, & \tau_0 < t \end{cases} \tag{4.2}$$

여기서, $P_{\max}$는 Goda(合田)식(Goda, 1973, 2000)으로부터 유도된 수평 파력의 최댓값, τ_0는 삼각형적 파력의 지속시간으로 다음과 같이 나타낼 수 있다.

$$\tau_0 = k_0 \tau_{0F} \tag{4.3}$$

여기서, 상수 k_0와 시간 τ_{0F}는 다음과 같이 주어진다.

$$k_0 = \left[(\alpha^*)^{0.3} + 1 \right]^{-2} \tag{4.4}$$

$$\tau_{0F} = \max\left\{ 0.4\, T, \left(0.5 - \dfrac{H}{8h}\right) T \right\} \tag{4.5}$$

여기서, α^*는 Goda(合田) 식에서 매개변수 α_2 또는 Takahasi 등(1994)의 충격압력계수 α_1 중 큰 값을 취한 파압계수이다.

(2) 중복파로 인한 압력

매년 해양 이용이 심해(深海)로 확대됨에 따라 방파제를 설치하는 데 필요한 수심은 점점 증가하고 있다. 비교적 심해에 축조된 방파제는 주로 중복파(重複波)의 파력에 노출되어 있다. 심해에 설치된 방파제의 설계를 위해서는 중복파로 인한 정확한 파력산정(波力算定)이 필요하다. Tadjbaksh와 Keller(1960)는 중복파의 압력으로 인한 3차 근사값을 유도했다. 그 근사값에 근거하여, Goda(合田)와 Kakizaki(1966)는 3차 근사를 케이슨의 앞면에 작용하는 합리적인 파압분포(波壓分布)를 얻기 위해 사용 가능한 4차 근사로 확장했다.

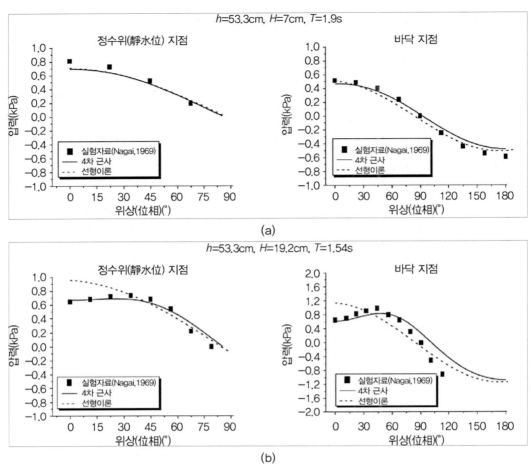

출처: Hiroshi Takagi, Miguel Esteban, Tomoya Shibayama(2015), Stochastic Design of Caisson Breakwaters, Lessons from Past Failures and Coping with Climate Change, pp.635~705.

그림 4.134 케이슨에 작용하는 수치시뮬레이션실험과 수리모형실험의 결과 비교

그림 4.134는 Nagai(1969)의 실험 데이터 및 4차 근사를 바탕으로 Takagi 등(2007)의 수치 모델로 계산된 결과 사이의 비교를 나타낸다. 또한, 고차근사사용(高次近似使用)의 중요성을 나타내기 위해 선형이론(線形理論)을 사용하여 얻은 결과도 그림에 나타내었다. 4차 근사를 이용한 예측값은 실험 결과와 잘 일치한다. 특히 더 가파른 파랑(그림 4.134(b)의 두 그림)인 경우, 4차 근사는 단봉(單峰, Hump)을 갖는 파봉에서 약간 복잡한 파압에 대한 시간이력을 적절히 산정할 수 있다. 선형파(線形波) 이론으로는 뚜렷한 시간 이력을 갖는 파압에 대한 실험 결과의 특징을 쉽게 재현할 수 없다. 선형파 이론은 가파른 파랑인 경우의 위상(位相, Phase) 0°에서의 압력을 과대(過大) 산정하지만, 완만한 형상을 가진 파랑(그림 4.134(a)의 두 그림)에

대해서는 충분하게 정확하다. 일반적으로 파랑의 비선형성(非線形性) 때문에 파랑이 가파를수록(즉, 파고(波高)가 클수록) 파압형상(波壓形狀)은 점진적으로 쌍봉(雙峰, Double Humps)으로 나타날 것이다. 방파제 설계과정에서 검토하는 파랑은 보통 쌍봉을 발생시키기에 충분한 경사(傾斜)를 가지고 있다. 따라서 중복파(重複波)로 인한 압력을 계산할 때 저차근사(低次近似) 대신 고차근사(高次近似)를 사용하여만 한다.

2) 방파제 파괴모드

(1) 검토할 파괴모드

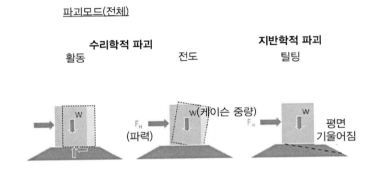

출처: 日本 国土交通省(2019), 気候変動への適応策について(素案)로부터 일부 수정

그림 4.135 방파제의 파괴모드 종류

　Takayama와 Higashira(2002)는 일본 내 56개 방파제 피해 유형을 조사한 결과, 이 중 66%가 활동파괴와 관련이 있으며, 27%는 활동파괴 및 틸팅파괴 모두를 포함한 복합 파괴형태, 5%는 틸팅파괴와 2%는 전도파괴(顚倒破壞)와 관련이 있다는 결론을 내렸다(그림 4.135 참조). 비록 케이슨 후미하단(後尾下端)을 중심으로 한 케이슨 전도(顚倒)에 대한 안전은 재래식 직립방파제의 설계에서 확인되었지만, 실제로 케이슨이 뒤집히기 전에 기초(基礎)와 하층토(下層土)의 파괴가 먼저 발생하기 때문에 결코 순수한 전도(顚倒) 형태는 일어나지 않는다(Goda(合田)와 Takagi, 2000). 또한, Oumeraci 등(2001)은 일부 지지력 파괴가 없으면 전도는 결코 발생하지 않을 것이라고 강조하였다. 이러한 사실은 볼 때 가장 주요한 케이슨의 파괴 메커니즘은 활동파괴와 틸팅파괴라는 것을 의미하므로, 케이슨 방파제의 안전성을 검토할 때 적어도 이 2가지 파괴를 산정할 필요가 있다.

(2) 활동

사석 마운드상 케이슨의 활동(滑動)은 운동방정식을 풀어서 계산할 수 있다. Takagi 등 (2007)은 식(4.6)과 같이 조파감쇠력항(造波減衰力項)을 운동방정식과 결합하였다.

$$(m + M_a)\ddot{x} = F_w(t) - F_f(t) - F_d(t) \tag{4.6}$$

여기서, m은 케이슨 질량, M_a는 케이슨 주위의 해수(海水)로 인해 발생될 부가질량력,[58] F_w는 파랑조건(쇄파 또는 중복파 중 하나)에 따라 계산할 수 있는 파력(波力), F_f는 마찰저항력(摩擦抵抗力)이고, F_d는 조파감쇠(造波減衰)이다. M_a는 다음과 같이 나타낸다.

$$M_a = 1.0855 \rho h^2 \tag{4.7}$$

여기서, M_a는 무한주파수(無限周波數)에서의 부가질량력에 대한 접근(漸近)값, ρ는 해수밀도(海水密度)이며 h는 케이슨 수중부(水中部)의 수심이다.

$$F_d = \int_0^t R(t-\tau)\dot{x}(\tau)d\tau \tag{4.8}$$

여기서, $R(t)$는 Cummins(1962)가 사용한 기억효과함수(記憶效果函數)이다. Takagi와 Shibayama(2006)는 논문에서 기억효과함수를 다음과 같이 나타내었다.

$$R(t) = \frac{4\rho g h}{\pi} \int_0^\infty \frac{\tanh^2 \kappa}{\kappa^2} \cos\left(\sqrt{\kappa \tanh \kappa}\sqrt{g/h}\,t\,d\kappa\right) \tag{4.9}$$

여기서, $\kappa = kh$, k는 파수(波數 $= 2\pi/L$)이고, g는 중력가속도이다.

중복파 압력의 시간이력에서 쌍봉(雙峰, Double Humps)이 존재하기 때문에 일단 케이슨이 활동을 시작하면 약간 복잡한 운동을 보일 것이다. 식(4.8)에서 위의 F_d에 대한 표현은 단순운

---

58) 부가질량력(附加質量力, Added Mass Force):물체가 유체 중에서 가속도 운동을 할 때 볼 수 있는 겉보기의 질량 증가분 이 갖는 힘을 말한다.

동(單純運動)(즉, 정현파(正弦波) 운동)뿐만 아니라 케이슨의 복잡한 운동에도 조파력(造波力)을 적절하게 산정할 수 있다. 따라서 조파감쇠력을 고려할 때 예상활동량(豫想滑動量) 산정의 정확도가 향상될 것이다. 그러나 Takagi와 Shibayama(2006)는 파랑의 유효충격(有效衝擊) 시 지속시간이 충분히 작을 경우 F_d의 기여(寄與)는 무시할 수 있다고 했다. 따라서 F_d항(項)은 계산시간을 줄이기 위해 위의 방정식에서 제거할 수 있다. Takagi(2008)는 조파수로(造波水路)에서 케이슨 모델의 수리모형실험과 식(4.6) 및 기타 관련 방정식으로 계산된 활동량을 비교함으로써 신뢰성을 입증하였다. 그림 4.136는 합리적으로 좋은 일치(一致)를 보여주는 2개의 서로 다른 파랑주기(波浪週期)에 대한 실험과 계산 사이의 활동량 비교를 보여준다.

Takagi(2008)는 운동량(運動量)-충격력(Impulse) 관계로부터 단순화시킨 삼각형적 파력(波力)에 대한 활동량을 도출했다. 활동운동(滑動運動)은 파력 F_w가 마찰저항 F_f를 초과하는 순간에 시작하여 시간 T_{stop}까지 계속된다. 그림 4.137의 빗금 친 부분은 총활동량(總滑動量)에 직접적인 기여(寄與)를 하는 충격력 성분으로 다음과 같다.

$$S_{total} = S_1 + S_2 = \frac{T_p^2 \cdot (2 \cdot \sqrt{2} + 3) \cdot (F_{w\,max} - F_f)}{3 \cdot (m + M_a)} \tag{4.10}$$

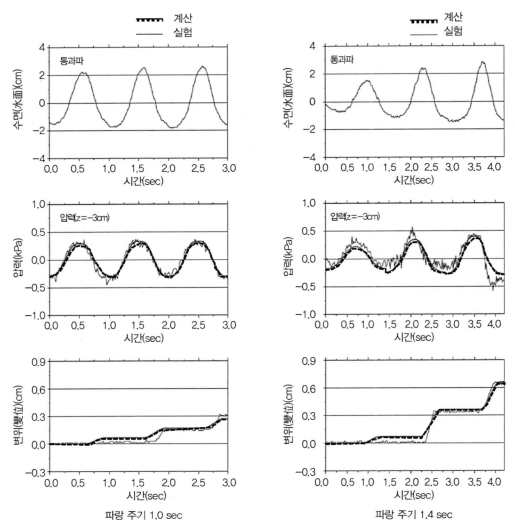

출처: Hiroshi Takagi, Miguel Esteban, Tomoya Shibayama(2015), Stochastic Design of Caisson Breakwaters, Lessons from Past Failures and Coping with Climate Change, pp.635~705.

그림 4.136 수리모형실험과 수치시뮬레이션실험 사이의 활동량 비교(상단: 수로(水路)에 방파제가 없을 때 통과파(通過波)의 파형, 중간: 케이슨 앞면의 파랑 압력, 하단: 누적 활동량)

그림 4.137은 조파감쇠력(造波減衰力)을 무시하였으며, 파주기 동안 시간적 변동을 무시하면서 최대 힘으로 양력(揚力)을 사용했다는 점에 유의해야 한다.

Shimosako와 Takahasi(2000)는 일정한 파랑조건하의 케이슨 활동(滑動)의 확률적인 산정에는 케이슨의 예상활동량(豫想滑動量, ESD, Expected Sliding Distance)을 사용할 수 있다고 제안하였으며, 이 지수(指數)는 실제 방파제 설계에 사용되는 현재 일본의 기술기준(OCDI, The Overseas Coastal Area Development Institute of Japan, 일본 국제임해개발센터, 2002)에

규정되어 있다. 그 후 많은 연구자가 그들이 제안한 방법론을 개선하려고 노력하고 있다(Goda (合田)와 Takagi, 2000; Takagi 등, 2007, 2008; Esteban 등, 2012).

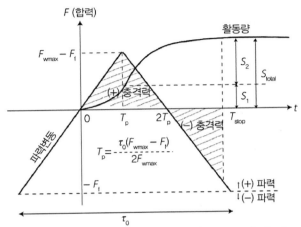

출처: Hiroshi Takagi, Miguel Esteban, Tomoya Shibayama(2015), Stochastic Design of Caisson Breakwaters, Lessons from Past Failures and Coping with Climate Change, pp.635~705.

그림 4.137 단순화시킨 삼각형적 파력

(3) 틸팅(Tilting)

Oumeraci 등(2001)이 하위범주(下位範疇)로 분류한 틸팅파괴(Tilting Failure)는 고파랑(高波浪)의 큰 하중편심(荷重偏心)으로 유도될 수 있는 케이슨 후미하단 아래 지반의 국소파괴(局所破壞)(즉, 회전파괴(Rotational Failure))를 포함한다. 그러나 실제 항만의 파괴사례는 파괴모드의 복잡성 때문에 이러한 파괴를 쉽게 분류하기란 어렵다. 이 장(章)에서 틸팅파괴라는 용어는 사석 마운드 또는 그 하층토(下層土)의 지반파괴로 인한 케이슨의 회전을 말한다.

활동파괴는 Shimosako와 Takahasi(2000)가 제안한 예상활동량 방법을 사용하여 확률론적으로 산정할 수 있지만, 케이슨 틸팅에 대해서는 사석-마운드 기초특성의 불확실성 때문에 확률론적 방법을 실행하는데 내재(內在)된 어려움이 있다(Esteban 등, 2007). Takagi와 Esteban(2013)가 틸팅파괴를 산정할 실용적인 지수를 제안할 때까지 이 지수는 없었다. 실제로 일부 연구자들은 이산요소법(離散要素法, DEM, Discrete Element Method) 방법이나 질량-스프링 모델과 같은 다른 수치 시뮬레이션을 도입함으로써 틸팅 파괴도를 계산하려고 노력해왔다. 이러한 수치 시뮬레이션은 특정 파랑에 대한 피해를 산정할 수 있을 정도로 정밀하다고 하더라도, 다른 기초설계조건과 함께 사석 마운드 및 하층토의 조건에 대한 충분한 정보가 제공되지 않는 한 실제 파괴사례에 이를 적용하기는 현실적으로 어려워 보인다. 게다가 피해도(被害度, the Degree of Damage)는 파랑의 확률론적 특성에 따라 달라질 것이며, 또한, 이것은 파랑의 시간이력(時間履歷)과도 무관하지 않을 것이다. 따라서 두 파랑의 하중 결과는 개별적으로 고려된 각 파랑의 하중 결과와 다를 수 있다. 즉, DEM(이산요소법)과 같은 결정론적 방법은 실제 문제에 대한 최선의 해결책이 되지 못하는 이유다. 확률론적 피해의 특성을 검토하기 위해 Takagi 등(2008)과 Takagi·Esteban(2013)은 틸팅파괴로 인한 케이슨식 혼성제의 피해산정에 활용할 수 있는 EFFC(Expected Frequency Exceeding of a Critical Load, 임계하중(臨界荷重)의 예상초과빈도(豫想超過頻度))지수를 제안하였다. 이 EFFC는 활동량과 같은 피해도를 직접 산정할 수 있는 지수는 아니지만 그림 4.138에서 나타낸 바와 같이 피해 규모와 상관관계가 있는 간접적인 지수(指數)이다. 이 개념은 파랑 하중이 사석 마운드 또는 하층토(下層土)의 임계지지력을 초과할 때 실제 피해와 파랑의 총수(總數) 사이에 어느 정도 상관관계가 있어야 한다는 가설을 바탕으로 확립되었다. 그러나 이 저항력은 파랑 조건, 사석 마운드의 균등계수[59], 사석 마운드의 치수, 사석 마운드 또는 하층토의 전단강도[60] 또는 구속압력[61]과 같은 여러 요인에 의해 좌우될 수 있으므로 쉽게 결정되지 않는다. 따라서 실무에 종사하는 해안·항만분야 엔지니어들이 틸팅 파괴확률을 고려할 때 실제 최대저항력 대신 임계하중의 대체(代替)값을 사용하는 것이 편리하다. 그들은 제안된 모델의 틸팅파괴에 대한 안정성을 보장하기 위해 일본 설계지침에서 자주 사용되는 임계값, 즉 $600kN/m^2$을 채택한다(Goda(合田), 2000). 이 값은 보통 조밀(稠密)한 모래와 자갈의 허용지압력(許容支壓力)을 $200\sim600kN/m^2$로 규정한 영국코드[BS 8004: 1984]와도 일치한다.

---

59) 균등계수(均等係數, Uniformity Coefficient): 사질토 등의 입경가적곡선(粒徑加積曲線)에서 통과중량 10% 입경에 대한 통과 중량 60% 입경의 비로 정의되는 계수로 입도 분포의 상태를 나타낸다.

60) 전단강도(剪斷强度, Shear Strength): 어떤 물체 또는 구조물에 전단 하중(Shear Load)이 가해졌을 때, 물체가 구조적으로 파괴되지 않는 최대응력(Maximum Stress)값을 전단강도라 한다.

61) 구속압력(拘束壓力, Confining Pressure): 지반 속의 흙의 응력 상태를 재현하는 등의 목적으로 삼축압축시험 등을 할 때 공시체(供試體)에 측면에서 가하는 압력을 말한다.

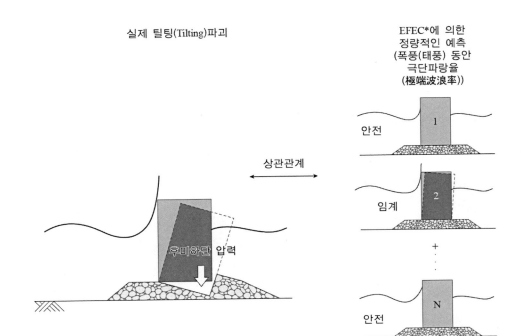

실제 틸팅(Tilting)파괴

EFEC*에 의한
정량적인 예측
(폭풍(태풍) 동안
극단파랑율
(極端波浪率))

상관관계

후미하단 압력

안전

임계

+
⋮

안전

* EFFC : Expected Frequency Exceeding of a Critical load, 임계하중(臨界荷重)의 예상초과빈도

출처: Hiroshi Takagi, Miguel Esteban, Tomoya Shibayama(2015), Stochastic Design of Caisson Breakwaters, Lessons from Past Failures and Coping with Climate Change, pp.635~705.

그림 4.138 틸팅파괴로 인한 케이슨식 혼성제의 잠재적 파괴확률을 확률적으로 나타내는 EFEC 지수개념에 대한 체계적인 그림(정확한 이해를 위해서는 식(4.15) 참조)

이와 같이 현재 일본 해안·항만분야 엔지니어들은 오랜 세월의 실제 경험을 바탕으로 심한 폭풍(태풍)으로 인한 케이슨의 틸팅(Tilting)이 발생하지 않도록 케이슨의 후미하단 압력을 600kPa 이하로 유지하여야만 한다고 믿는다(즉, Goda(合田), 2000). 단, 이 값은 기초의 임계지지력(臨界支持力)을 나타내는 것이 아니라 다소 안전여유가 있는 설계값이라는 점에 유의해야 한다. 이 사실은 Uezono와 Odani(1987)가 일본 오나하마항(小名濱港) 실제 방파제에 대한 실험 중 유압잭에 의해 생성(生成)된 700~800kPa의 임계후미하단압력(臨界後尾下端壓力)에서 사석마운드의 파괴가 발생하기 시작하는 것을 확인함으로써 검증(檢證)할 수 있었다.

후미하단압력(後尾下端壓力)은 파랑 및 양압력(揚壓力)으로 인한 케이슨의 육지 쪽 후미하단에서의 수직하중으로 다음 식과 같이 계산할 수 있다(Goda(合田), 2000).

$$P_e = \begin{cases} \dfrac{2\,W_e}{3\,t_e}, & t_e \leq \dfrac{1}{3}B \\[3mm] \dfrac{2\,W_e}{B}\left(2 - 3\,\dfrac{t_e}{B}\right), & t_e > \dfrac{1}{3}B \end{cases} \tag{4.11}$$

여기서, P_e는 사석 마운드의 후미하단 압력, B는 케이슨 폭, $t_e = M_w / W_e$는 합(合)모멘트[62]의 팔 길이. $M_e = W \cdot t - M_u - M_p$와 $W_e = W - U$로 W는 정수위(靜水位)에서의 케이슨 중량, U은 총양력(總揚力), M_p는 수평파압(水平波壓)으로 인한 후미하단 주위의 모멘트, M_u는 양압력(揚壓力)으로 인한 모멘트이다.

3) 확률론적 고려사항

(1) 몬테카를로(Monte-Carlo) 시뮬레이션

표 4.22 몬테카를로 시뮬레이션에서 고려되는 설계계수와 편차(偏差)

설계계수	편차(偏差)	변동계수 (Coefficient of Variation)	분포함수 (分布函數)	비고	참조
해상파고(海上波高)	0	0.10	정규(正規)	–	Goda 및 Takagi(2000)
심해(深海)에서의 개별파고	해당사항 없음	해당사항 없음	레일리 (Rayleigh)	2시간 지속	Goda 및 Takagi(2000)
정확한 파랑변형 계산	−0.13	0.10	정규(正規)	–	Takayama 및 Ikeda(1992)
마찰계수	0	0.10	정규(正規)	중앙값: 0.65	Takagi 등 (2007)
쇄파(碎波)로 인한 파력	−0.09	0.17	정규(正規)	–	Takayama 및 Ikeda(1992)
중복파(重複波)	−0.09	0.10	정규(正規)		Takagi 및 Nakajima(2007)

출처: Hiroshi Takagi, Miguel Esteban, Tomoya Shibayama(2015), Stochastic Design of Caisson Breakwaters, Lessons from Past Failures and Coping with Climate Change, pp.635~705.

향후 폭풍(태풍) 사건에서 방파제의 잠재적 파괴확률을 예측하는 가장 효과적인 방법 중 하나는 MCS(Monte-Carlo Simulation, 몬테카를로 시뮬레이션)이다. 이 방법은 확률분포함수

---

62) 합모멘트(슴모멘트, Resultant Moment): 둘 이상의 모멘트를 합성하여 얻어지는 모멘트를 말한다.

에 근거하여 각 파괴 모드(Mode)의 확률을 계산할 수 있다. 파랑뿐만 아니라 많은 다른 설계계수도 이러한 확률함수를 따를 것이다. 이 장(章)에서는 몇 가지 계수를 고려한다. 모든 하중계수 및 저항계수는 각각의 확률밀도함수(PDFs, Probability Density Functions)를 사용하여 나타낼 수 있다. MCS(몬테카를로 시뮬레이션)는 PDF의 수치적분(數値積分)을 사용하여 실행할 수 있다. 이러한 확률론적 매개변수 성질을 표현하는 설계계수를 표 4.22에 나타내었다. 현재 방법은 폭풍(태풍) 지속시간 2시간만 고려하므로 조차(潮差)가 적은 지역의 케이슨식 혼성제인 경우 조석(潮汐)의 차이를 무시할 수 있다는 점에 유의해야 한다. 단, 조석의 영향을 무시할 수 없을 경우, Goda와 Takagi(2000)가 제안한 삼각형적 조석 시간이력 모델을 적용할 수 있다.

(2) 예측절차

그림 4.139은 Tagaki와 Esteban(2013)이 제안한 MCS(Monte-Carlo Simulation)를 바탕으로 케이슨식 혼성제 파괴를 예측하는 확률적인 방법을 나타낸 것이다. 각각의 심해(深海) 파랑은 Rayleigh 분포를 따르는 일련의 난수(亂數)로 재현할 수 있다(Goda와 Takagi, 2000). 방파제 파괴를 올바르게 산정하기 위해서는 방파제와 인접한 지역에 대한 폭풍(태풍) 동안의 파랑조건(유의파고(有義波高) $H_{1/3}$, 유의파(有義波) 주기(週期) $T_{1/3}$ 및 파향(波向) 등)을 알 필요가 있다. 항외(港外) 파랑에 관한 정보를 얻을 수 없다면 그 대신 항내(港內)인 현장(現場)의 파랑을 사용할 수 있다. 그러나 그런 경우 그림 4.139에서 설명한 절차는 파랑굴절[63]을 고려하지 않는 직립 단면의 문제를 다루기 때문에 심해파랑[64]을 현장파랑으로 변형시켜야 한다.

Goda(合田, 2000)가 제안한 환산심해파고[65] $H_0'(=K_s K_r H_0)$는 이 목적에 쉽게 적용될 수 있다. 현재 이 방법은 Goda(合田, 2003)에 의한 경험적 관계를 이용하여 유의파 주기를 $H_{1/3}$으로부터 간단하게 계산한다.

---

63) 파랑굴절(波浪屈折, Wave Refraction): 수심이 파장의 1/2 정도보다 큰 심해역에서 파(波)는 해저지형의 영향을 받지 않고 전달되지만 파가 그보다도 얕은 해역에 진입하면 수심에 따라 파속이 변화하므로 파의 진행방향이 서서히 변화되어 파봉이 해저지형과 나란하게 굴절하게 되는데, 이 현상을 파의 굴절(屈折)이라고 부른다.

64) 심해파랑(深海波浪, Deep Water Wave): 파랑을 파장과 수심의 비에 따라 분류하면 수심이 파장의 1/2보다 깊은 중력파를 심해파(Deep Water Wave)라 하며, 수심이 파장의 1/20보다 얕은 중력파를 천해파(Shallow Water Wave)라 한다. 이 구분은 천해(얕은바다)에서 해파가 해저의 영향을 받아 그 성질이 심해파의 것과 달라지기 때문에 정한 것이다.

65) 환산심해파고(換算深海波高, Equivalent Deepwater Wave Height): 현지의 어느 지점의 파고는 천수(淺水) 변형, 쇄파(碎波) 변형, 회절·굴절에 의한 변형을 받은 결과이기 때문에 이들 변형을 받지 않은 본래의 심해파고(深海波高) 파고를 구하기 위해서는 이들의 영향을 보정할 필요가 있는데, 이 보정된 심해파고를 말하며, 굴절이나 회절 등에 의한 파고변화의 영향을 계산하는 데 쓰이는 가상적인(假想的)인 파이다.

$$T_{1/3} \cong k \cdot H_{1/3}^{0.63} \tag{4.12}$$

여기서, $T_{1/3}$은 유의파 주기, $H_{1/3}$은 유의파고이고, k는 상수(常數) 값이다(즉, Goda(合田, 2003)는 $k = 3.3$ 사용한다).

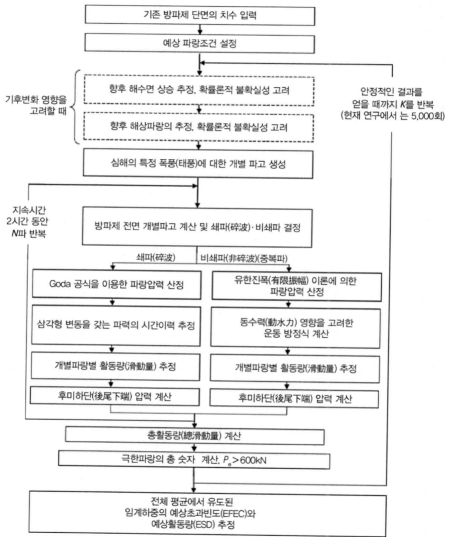

출처: Hiroshi Takagi, Miguel Esteban, Tomoya Shibayama(2015), Stochastic Design of Caisson Breakwaters, Lessons from Past Failures and Coping with Climate Change, pp.635~705.

그림 4.139 몬테카를로(MCS, Monte-Carlo Simulation) 시뮬레이션을 이용한 ESD 및 EFEC 계산방법론

이 모델에서 방파제에 작용하는 파압을 정확하게 산정하기 위해서는 쇄파(碎波)와 비쇄파(非碎波)의 차이가 중요하다. Takagi 등(2007)이 제안한 방법론에 따라, 다음 식에 따라 개별 파랑에 대한 차이를 볼 수 있다.

$$
\begin{aligned}
\text{쇄파} \ (K_s \times H_0 \geq H_b) \ &: \ H = H_b \\
\text{비쇄파} \ (K_s \times H_0 < H_b) \ &: \ H = K_s \times H_0
\end{aligned}
\tag{4.13}
$$

여기서, H는 입사파고(入射波高)를 나타내고, K_s는 파(波)의 천수계수(淺水係數), H_0는 심해파고(深海波高)이고, H_b는 쇄파고(碎波高)이다.

현재까지 쇄파고(碎波高)에 대한 많은 예측이 제안되었다. 본 연구에서는 Goda(合田, 2007)가 제안한 다음 식을 사용하여 쇄파고 H_b를 산정하는 데 사용하였다.

$$
H_b = 0.17 L_0 \left[1 - \exp\left\{ -1.5 \frac{\pi h}{L_0} \left(1 + 11 \tan^{4/3}\theta \right) \right\} \right]
\tag{4.14}
$$

여기서, h는 방파제 앞면 수심, L_0는 심해에서의 파장(波長)이고, θ는 해저바닥 경사(傾斜)이다.

쇄파인 경우, 케이슨 앞면과 케이슨 바닥에 작용하는 압력은 Goda(合田) 공식을 사용하여 계산한다. 비쇄(非碎)파인 경우, 중복파(重複波)에 대한 4차 근사를 사용하여 압력을 계산한다. 사석 마운드 상 케이슨 활동량(滑動量)은 중복파(비쇄파)인 경우 식(4.6)을 풀고, 쇄파인 경우 식(4.10)을 적용하여 계산할 수 있다. 그림 4.140은 식(4.6)을 사용하여 얻은 계산 결과의 예를 보여준다. 완만한(Mild) 파랑(波浪)의 형상을 갖는 개별 파랑인 경우를 검토한 상단 그림에서, 계산된 파력(波力)은 정현파(正弦波)와 유사한 완만한 형상을 갖는다. 반면, 가파른 (Steep) 형상을 갖는 개별 파랑인 경우를 고려한 하단 그림에서는 파봉(波峰)의 형상은 파력을 2부분으로 분리한 형상이다. 이런 차이는 중복파의 고차(高次) 항(項)의 특징으로 인해 발생한다. 따라서 각 변위의 시간이력은 파력 변동에 따라 개별 특징을 나타낸다. 식(4.11)은 일반적으로 옹벽(擁壁)의 앞면 하단과 뒷면 하단의 압력을 계산하는 데 사용된다. 제안된 모델에서, 후면 하단 압력은 MCS(몬테카를로 시뮬레이션)에서 2시간 긴 폭풍(태풍) 동안 발생한 각 파랑에 대해 식(4.11)을 사용하여 개별적으로 계산한다.

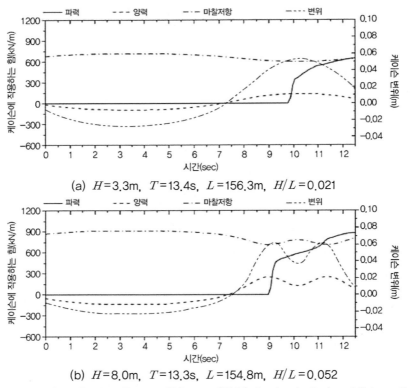

(a) H=3.3m, T=13.4s, L=156.3m, H/L=0.021

(b) H=8.0m, T=13.3s, L=154.8m, H/L=0.052

출처: Hiroshi Takagi, Miguel Esteban, Tomoya Shibayama(2015), Stochastic Design of Caisson Breakwaters, Lessons from Past Failures and Coping with Climate Change, pp.635~705.

그림 4.140 완만한(Mild) 파랑(波浪) 및 가파른(Steep) 파랑형상을 갖는 케이스에 대한 운동방정식의 계산결과(상단 그림: H/L=0.021, 하단 그림: H/L=0.052)

임계값(=600kPa)보다 큰 후면 하단 압력을 유발하는 특정파를 극단파(極端波)라고 한다. 따라서 EFFC(임계하중, 臨界荷重)의 예상초과빈도값은 식(4.15)를 써서 계산할 수 있다.

앞에서 제시한 식에 근거하여 ESD(예상활동량)와 EFFC는 많은 계산을 반복한 후에 구할 수 있다. 식(4.6)을 풀면 각 파랑으로 인한 활동량을 계산할 수 있으며, 결국 폭풍(태풍) 지속시간 동안 이 모든 길이를 합하면 ESD를 얻을 수 있다. 같은 방법으로 EFFC는 식(4.15)에 의해 폭풍(태풍) 동안 극단파랑의 수를 합하여 계산할 수 있는데, 그 최댓값은 1.0이다.

$$EFFC = \frac{\sum_{k=1}^{K} \text{폭풍기간 중 극단파랑(極端波浪) 수/폭풍기간 중 총파랑(總波浪) 수, } N_k}{\text{몬테카를로 시뮬레이션 반복계산 수, } K} \quad (4.15)$$

식(4.15)에서 폭풍(태풍)기간 중 총파랑(總波浪) 수인 N_k는 폭풍지속시간에 대한 가정에 따라 달라진다. 과거 많은 연구에서 Goda와 Takagi(2000)를 참고하여 2시간의 폭풍(태풍) 지속시간을 가정하였다. 그러나 설계에 사용될 가장 합리적인 폭풍(태풍) 지속시간이 얼마인가에 대해서는 여전히 논의 중이다. Esteban 등(2012)은 2004년 10월 태풍 '토카게'[66] 때 발생한 케이슨식 혼성제 피해는 상당히 긴 지속시간을 갖는 폭풍(태풍)으로 인한 것으로 보인다고 지적했다. 그러나 폭풍(태풍)지속시간은 기상계(氣象系)의 특성에 따라 달라지는 것으로 보이며, 따라서 현재 모든 폭풍(태풍)에 적용할 수 있는 정확한 지속시간을 지정하는 방법이나 측정법은 없다. 그러나 방파제 파괴는 폭풍(태풍) 피크(Peak) 2시간 내에 발생할 가능성이 가장 커서 실제 설계 시 유의파고 $H_{1/3}$을 폭풍(태풍) 피크 2시간 동안 발생하도록 일치시키는 것은 합리적이다.

MCS(몬테카를로 시뮬레이션)에 근거한 신뢰성 분석은 충분히 안정된 결과를 얻기 위해 많은 반복계산(反復計算)이 필요하다. 이 때문에 본 연구에서는 5,000회 반복하였다. Takagi 등(2011)은 반복 횟수를 5,000회로 설정한 경우, 50,000회 반복을 하여 얻은 결과와 비교할 때 1% 미만의 오차가 있다는 것을 나타내었다.

4.5.3 실제 방파제에 대한 적용

이 장에서는 수치 시뮬레이션 모델이 방파제 피해 범위를 얼마나 신뢰성 있게 예측할 수 있는지를 확인하기 위해 확률론적 수치모델에 의한 예측을 실제 방파제 파괴와 비교한다.

1) 시부시 방파제 사례

일본의 가고시마현(鹿児島県) 시부시항(志布志港)을 방호하기 위해 설치된 시부시(志布志) 방파제(그림 4.141)는 그림 4.142과 같이 2004년 태풍(TY0416)으로 상당한 피해를 입었다. 피해 복구 작업을 시작하기 전에 2005년에 또 다른 강력한 태풍(TY0514)이 방파제를 강타했다. 가장 심각한 피해는 구간 II 또는 III 중 한 구간에 집중되었다. 이는 아마도 표 4.23과 같이 이 두 구간의 케이슨 폭이 다른 구간에 비해 약간 작은 이유 때문일 것이다. 시부시 방파제의 정확한 파괴 메커니즘을 알기 위해 이 장(章)에서 설명한 모델을 이 파괴에 적용할 수 있다.

---

66) 태풍 토카게(台風 제23호 トカゲ): 2004년 10월에 일본 열도에 상륙한 큰 피해를 안긴 태풍으로, 이 태풍의 특징으로 다른 태풍보다 강풍역(최댓값은 남쪽 1,100km, 북쪽 600km)이 컸던 것을 꼽을 수 있으며, 사망·실종자는 98명 등이었다.

출처: Hiroshi Takagi, Miguel Esteban, Tomoya Shibayama(2015), Stochastic Design of Caisson Breakwaters, Lessons from Past Failures and Coping with Climate Change, pp.635~705.

그림 4.141 일본 가고시마현(鹿児島県)의 시부시항(志布志港)

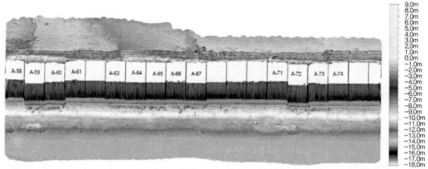

출처: Hiroshi Takagi, Miguel Esteban, Tomoya Shibayama(2015), Stochastic Design of Caisson Breakwaters, Lessons from Past Failures and Coping with Climate Change, pp.635~705.

그림 4.142 멀티빔(Multibeam) 음향측심기[67]로 조사한 구간 II(그림 4.141 중) 단면의 피해

수치모델의 신뢰성을 확인하기 위해 피해가 확인된 두 태풍 사건(TY0416, TY0514)과 큰 피해가 없었던 또 다른 태풍 사건을 비교할 만하다. 그래서 목적을 위해 2003년에 기록된 가장 강력한 태풍(TY0310)을 선정하였다. 이 3개의 태풍이 각각 시부시항을 통과할 때의 파랑과 조석 조건을 표 4.24에 나타내었다.

---

67) 음향측심기(音響測深器, Echo Sounder) : 음파를 해저로 향해 발사하고 되돌아오는 시간 간격을 관측한 다음, 음파의 속도와 왕복시간의 곱을 반으로 나누어 측심선 해저의 수심을 관측하는 것으로, 여기서 음파 전달속도는 해수의 온도, 염분, 수압 등의 요인에 의하여 변하므로 관측해역의 음속도를 측정한 후, 측정 수심에 대한 음속도 보정을 해야 한다.

표 4.23 그림 4.141의 방파제에 대한 각 구간에 대한 단면 치수(단위: m)

구간	케이슨 높이	케이슨 폭 (푸팅(Footing) 포함)	원지반(原地盤) 상 수심	사석 마운드상 수심	푸팅(Footing) 보호 상 수심	해수면상 케이슨 높이
II	15.5	18.5(21.5)	−11.5	−8.5	−7.2	+7.0
III	15.5	19.1(22.1)	−11.5	−8.5	−7.2	+7.0
IV	16.0	20.5(23.5)	−12.4	−9.0	−7.7	+7.0
V	16.0	22.8(25.8)	−13.2	−9.0	−7.7	+7.0
VI	16.0	24.9(27.9)	−13.2	−9.0	−7.7	+7.0
VII	16.0	29.5(35.5)	−15.0	−9.0	−7.7	+7.0

출처: Hiroshi Takagi, Miguel Esteban, Tomoya Shibayama(2015), Stochastic Design of Caisson Breakwaters, Lessons from Past Failures and Coping with Climate Change, pp.635~705

표 4.24 시부시 항을 내습한 3개 태풍의 파랑과 조위(潮位) 조건

태풍	날짜	$H_{1/3}$(m)	$T_{1/3}$(sec)	조위(m)	비고
TY0310	2003년 8월 8일	7.97	13.7	+1.55	인근 관측소에서 측정
TY0416	2004년 8월 30일	9.03	12.8	+3.49	상동(上同)
TY0514	2005년 9월 6일	9.62	15.2	+3.29	파랑모델에서 추정

출처: Hiroshi Takagi, Miguel Esteban, Tomoya Shibayama(2015), Stochastic Design of Caisson Breakwaters, Lessons from Past Failures and Coping with Climate Change, pp.635~705

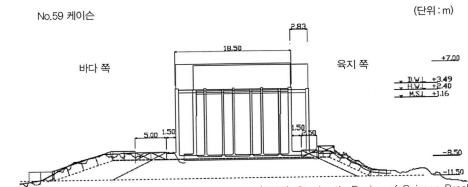

출처: Hiroshi Takagi, Miguel Esteban, Tomoya Shibayama(2015), Stochastic Design of Caisson Breakwaters, Lessons from Past Failures and Coping with Climate Change, pp.635~705.

그림 4.143 태풍(TY0416) 내습 후 구간 II의 표준 케이슨의 피해형상

태풍의 내습 후 항만관리자의 정확한 조사에 따르면, 방파제 구간 대부분이 그림 4.143 및 사진 4.60과 같이 단지 활동파괴(滑動破壞)만이 발생한 것으로 밝혀졌다(즉, 전도파괴와 지지력 파괴와 같은 다른 파괴는 비교 대상인 3개의 태풍 내습 시 기록되지 않았다).

출처: Hiroshi Takagi, Miguel Esteban, Tomoya Shibayama(2015), Stochastic Design of Caisson Breakwaters, Lessons from Past Failures and Coping with Climate Change, pp.635~705.

사진 4.60 태풍(TY0416) 내습 후 방파제 활동파괴 상태

표 4.25 현장조사 및 계산 사이의 활동량 비교

태풍	구간	현장조사(m)		계산(m)		활동의 안전율
		최대	평균	최대(상위 5% 평균)	평균(ESD)*	
TY0310	II	0.00	0.00	0.32	0.04	1.34
	III	0.00	0.00	0.24	0.03	1.39
TY0416	II	2.84	0.54	1.31	0.39	1.10
	III	0.89	0.23	1.06	0.29	1.14
TY0514	II	7.81	1.64	2.65	0.98	0.98
	III	3.10	0.82	2.15	0.74	1.01

* ESD: Expected Sliding Distance(예상활동량)

출처: Hiroshi Takagi, Miguel Esteban, Tomoya Shibayama(2015), Stochastic Design of Caisson Breakwaters, Lessons from Past Failures and Coping with Climate Change, pp.635~705.

　표 4.25는 제안된 수치모델로 실행한 계산결과와 현장조사 시 측정된 활동량 사이의 비교를 보여준다. 게다가 기존 설계방법으로 계산한 안전율(安全率)(즉, Goda(合田), 2000)은 참조를 위해 표에 제시되어 있다. 계산된 최대 활동량인 경우 실제 최대 계산값은 반복횟수(이 연구에서는 5,000회)가 많아 매우 클 수 있으므로 모든 활동량의 계산값의 상위 5%에 대한 평균값으로 표시하였다. 이 연구에서 각 폭풍(태풍)의 지속시간은 2시간이다.

　구간 III의 케이슨에 대한 계산결과의 최댓값 및 평균값은 현장조사의 최댓값 및 평균값은 비슷하나(추정오차: 11~44%), 구간 II의 계산결과의 최댓값·평균값은 현장조사의 최댓값·평

균값과 뚜렷한 차이(추정오차: 38~195%)를 보인다. 그러나 평균값만 고려하는 경우 이러한 오차는 구간 III의 경우 11~26% 범위, 구간 II의 경우 38~67% 범위에 있다. 이것은 가장 많이 이탈된 케이슨의 활동거동(滑動擧動)은 변동을 거듭하며, 다른 여러 가지 이유에 따라 활동거동이 좌우된다는 것을 의미할 수 있다(즉, 2개의 케이슨 간극(間隙) 사이로 파랑집중(波浪集中), 사석 마운드 상 불연속성 등 때문). 이러한 최대 활동거동은 여러 가지 단순화를 기반으로 한 제안된 수치시뮬레이션을 사용하여도 확실히 예측하기가 쉽지 않다. 그러나 계산된 평균값 결과(ESD(예상활동량)와 동일)는 받아들일 수 있는 것처럼 보인다.

여기서 고려해야 할 다른 사실은 무피해(無被害) 태풍인 경우(TY0310)의 계산활동량 값은 피해 태풍(TY0416과 TY0514)인 경우의 계산활동량값에 비해 매우 작다는 점이다. 무피해 경우의 계산평균값은 매우 작은 양(3~4cm)으로 계산되어, 이런 크기의 활동량은 상당히 안정적이라고 여길 수 있다.

지지력 파괴에 대한 계산 EFFC(임계하중의 예상초과빈도)는 3가지 사건의 각각에 대해 0이라는 사실에 주목할 가치가 있다. 이것은 표 4.25와 같이 모든 현장조사 중 실제적인 사석 마운드의 파괴는 기록되지 않았다는 사실과 일치한다.

2) 하코다테 방파제 사례

2004년에 일본 북부를 강타한 강력한 태풍(TY0418)은 여러 장소에서 엄청난 피해를 입혔다. 특히 하코다테항(函館港)을 방호(防護)하는 방파제에 심각한 피해를 입혔다(사진 4.61 참조). 방파제의 사석 마운드에서의 지지력 파괴로 그림 4.144와 같이 27개의 케이슨 중 25개가 전도(顚倒)되고 유실(流失)된 것으로 분명하게 기록하고 있다. Takagi 등(2008)은 방파제의 입사파(入射波)를 $H_{1/3} = 3.8$m, $T_{1/3} = 9.6$초(sec)로 추정했다. 시부시항(志布志港) 방파제인 경우와 달리 그림 4.144에 나타낸 것처럼 사석 마운드의 파괴가 발생했다. 위에서 주어진 파랑 조건에 대한 EFEC(임계하중의 예상초과빈도)의 계산결과 0.163으로, 폭풍(태풍)기간 동안 내습한 모든 파랑 중 약 16%에 해당하는 파랑이 케이슨 후미하단에서 임계값 600kN/m²를 초과하는 큰 수직하중을 발생시켰다는 것을 의미한다.

출처: Hiroshi Takagi, Miguel Esteban, Tomoya Shibayama(2015), Stochastic Design of Caisson Breakwaters, Lessons from Past Failures and Coping with Climate Change, pp.635~705.

사진 4.61 일본 홋카이도현 하코다테항

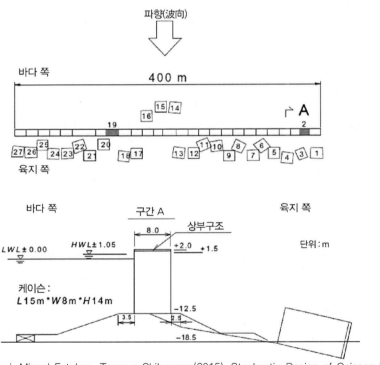

출처: Hiroshi Takagi, Miguel Esteban, Tomoya Shibayama(2015), Stochastic Design of Caisson Breakwaters, Lessons from Past Failures and Coping with Climate Change, pp.635~705

그림 4.144 태풍(TY0416) 내습 후 방파제 파괴상태

그러나 앞 장에서 설명한 바와 같이, 0.163의 값은 방파제에 심각한 피해를 입힐 만큼 충분히 큰 값으로 여겨지지만, EFEC의 값이 반드시 피해도(被害度)에 대한 이해를 제공하지 않는다. 수치 시뮬레이션에서 활동파괴 및 틸팅파괴는 개별적으로 처리한다는 가정 때문에 평균 활동량은 0.79m로 계산할 수 있다. 따라서 이러한 계산결과를 바탕으로 하코다항 방파제의 파괴는 활동과 틸팅의 2가지로 구성된 복합파괴모드로 볼 수 있다.

3) 신나가사키(新-長崎) 어항의 사례연구

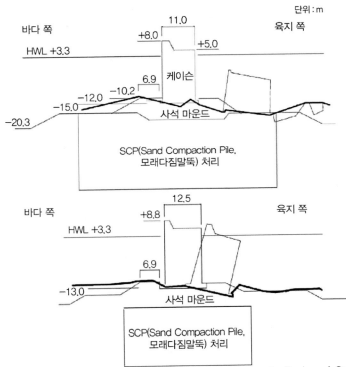

출처: Hiroshi Takagi, Miguel Esteban, Tomoya Shibayama(2015), Stochastic Design of Caisson Breakwaters, Lessons from Past Failures and Coping with Climate Change, pp.635~705.

그림 4.145 1987년 태풍 '다이나' 내습 후 신나가사키 어항의 방파제 단면(상단: 동방파제, 하단: 서방파제)(Sekiguchi와 Ohmaki(2001)가 그림)

1987년 태풍 '다이나'(Typhoon Dinah)로 피해를 보았던 신나가사키(新-長崎) 어항에서 다른 파괴사례인 틸팅파괴에 대한 현장조사를 하였다. 어항을 방호(防護)하는 케이슨식 혼성제는 연장(延長) 1,090m로 동(東) 방파제와 서(西) 방파제인 2개의 다른 구간으로 구분하는데, 두 구간의 전체 연장 중 약 90%가 심각한 피해를 입었다. Sekiguchi와 Ohmaki(2001)는 파괴 메커니즘을 조사하였고, 그림 4.145와 같이 표준단면(標準斷面)을 이용하였다. 파괴 메커니즘은 사석 마운드에서의 활동파괴 및 틸팅파괴로 구성된 복합원인으로 여겨진다. Yamaguchi 등(1989)은 태풍 중 파랑 조건은 동방파제에서 $H_{1/3}=6m$와 $T_{1/3}=13$초(sec), 서방파제에서는 $H_{1/3}=5.5m$와 $T_{1/3}=13$초(sec)로 추산(推算)하였고, 그 재현기간(再現期間)은 100년을 초과한다고 결론지었다.

이러한 파랑조건을 사용하여 EFFC(임계하중의 예상초과빈도)의 계산값은 동방파제와 서방파제에서 각각 0.227과 0.131로 계산되었다. 비록 양쪽 값은 다르지만, 그러한 차이는 케이슨에서 기록된 피해의 변동 결과와 일치하는 것으로 보인다. 동방파제 케이슨은 사석 마운드로부터 이탈(離脫)하였지만, 서방파제 케이슨은 전도(顚倒)하지 않았다. 또한, 예상활동량(ESD)은 동방파제와 서방파제인 경우 각각 0.482m와 0.025m이었다. 따라서 동방파제를 구성했던 케이슨은 틸팅파괴를 당하지 않았더라도 심각한 활동파괴를 겪었을 것이다.

4) 40개 방파제에 대한 EFEC(임계하중의 예상초과빈도)값

폭풍(태풍)이 특정지점을 통과한 후 방파제 상태를 파악할 수 있는 EFEC의 기준값이 존재하는지 여부를 조사하기 위해 총 40개 방파제에 대한 EFEC값을 계산하였다. 이를 위해 Takagi와 Esteban(2013)은 방파제를 (1) 틸팅파괴, (2) 틸팅파괴가 없는 활동파괴, (3) 무피해(無被害) 3가지 범주(範疇)로 구분하였다. 본 연구에서는 주로 일본항만기술연구소(港湾技術研究所, Port and Harbor Research Institute of Japan, 1968, 1975, 1984, 1993)에서 편집한 4권의 보고서를 사용하여, 활동파괴나 틸팅파괴 등 파괴유형(破壞類型)을 구분하였다. 이 보고서는 폭풍(태풍) 전후의 방파제 단면, 폭풍(태풍) 중 파랑, 바람 및 조석 조건, 활동도(滑動度), 틸팅(Tilting)도, 세굴도(洗掘度) 등을 포함한 충분한 정보를 제공한다. 이 보고서에서 볼 수 있듯이 만약 틸팅이 뚜렷하거나 무시할 수 없는 경사각(傾斜角)을 보인다면 틸팅파괴가 발생한 것으로 간주(看做)하였다. 보고서 내 세부적인 파괴유형에 따라 피해를 본 일부 방파제의 도면을 포함하였으며, 이 도면은 틸팅(Tilting)파괴와 비틸팅(Non-tilting)파괴를 구분하는 데 사용하였다. 그러나 보고서 내 수록된 일부파괴는 분명히 틸팅과 활동이 동시에 발생하는 복합 파괴유형을 보이는 경우도 있었다. 이러한 경우 어떤 메커니즘이 파괴의 주요 원인인지 알 수 없으므로 이러한 사례는 본 연구에서 배제(排除)시켰다. 다양한 요인들이 결과에 영향을 미칠 수 있지만, 수심이 증가할수록 방파제 중량(重量)이 증가하고, 쇄파(碎波)가 발생하지 않는 2가지 이유로 수심 증가(水深增加)에 따른 틸팅파괴의 EFEC(임계하중의 예상초과빈도)값은 점점 커진다(그림 4.146 참조). 그러나 틸팅파괴의 EFEC값은 그런 경향을 나타내지만, 활동과 무피해(無被害)인 경우의 EFEC 값은 수심증가와 함께 반드시 상향경향(上向傾向)을 따르는 것은 아니다.

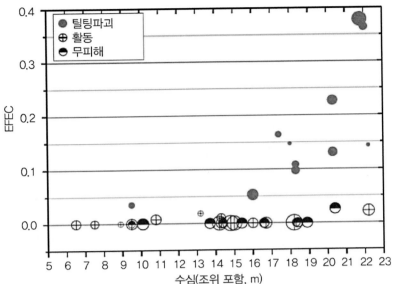

출처: Hiroshi Takagi, Miguel Esteban, Tomoya Shibayama(2015), Stochastic Design of Caisson Breakwaters, Lessons from Past Failures and Coping with Climate Change, pp.635~705.

그림 4.146 수심에 따른 EFEC값(원(圖) 크기는 파랑의 진폭(파고는 진폭의 2배)을 상대적으로 표시함)

폭풍(태풍) 동안 파고가 케이슨 피해에 주요한 영향을 미치는지 여부를 검토하는 것도 중요하다. 그러나 이것은 그림 4.146의 결과에서는 확증할 수 없다. 왜냐하면 크기(진폭(振幅)으로 표시하였는데 파고는 진폭의 2배 값이다.)가 중간 및 큰 파랑의 EFEC값이 상대적으로 높기 때문이다. 또한, 활동과 관련된 모든 EFEC값은 틸팅파괴인 경우에 비교하여 EFEC값이 상당히 낮다(EFEC값이 0인 부근에 활동이 몰려 있다). 이것은 틸팅파괴는 매우 큰 파랑을 동반한 폭풍(태풍) 동안에 항상 발생하는 것이 아니라, 중간 크기의 파랑 내습 시 유발(誘發)될 수도 있음을 나타낸다. 이러한 결과는 케이슨식 혼성제에서 틸팅파괴의 발생 여부를 결정하는 또 다른 중요한 요인이 있다는 것을 의미한다.

그림 4.147는 EFEC값도 케이슨 종횡비(縱橫比)(케이슨의 폭에 대한 높이의 비)에 따라 달라지며, 이 비(比)가 1보다 큰 경우 EFEC값이 점진적으로 증가함을 보여준다. 케이슨 높이가 일정하게 유지되더라도 케이슨 폭의 감소는 식(4.11)과 같이 모멘트의 팔 길이를 감소시키므로 후미하단에서의 압력 증가를 초래할 수 있다. 그림 4.147은 실무에 종사하는 엔지니어가 설계 과정에서 케이슨의 종횡비를 검토하는 것이 얼마나 중요한가를 보여준다.

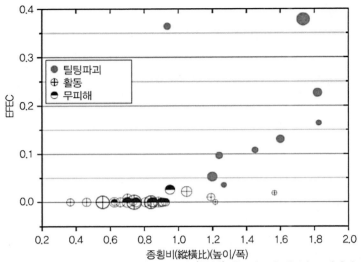

출처: Hiroshi Takagi, Miguel Esteban, Tomoya Shibayama(2015), Stochastic Design of Caisson Breakwaters, Lessons from Past Failures and Coping with Climate Change, pp.635~705.

그림 4.147 케이슨의 종횡비에 따른 EFEC값(원 크기는 파랑의 진폭(파고는 진폭의 2배)을 상대적으로 표시함)

특히 설계자는 높은 EFEC값을 초래할 수 있는 큰 종횡비를 갖는 불안정한 기하학적 형태를 만드는 것을 피해야 하며, 큰 종횡비는 방파제 틸팅파괴의 가능성을 크게 할 수 있다. 그러나 그림 4.147에서 종횡비가 1을 초과하더라도 작은 EFEC값을 갖는 방파제는 틸팅 피해를 보지 않으므로 파랑 조건, 수심 및 폭풍 지속시간과 같은 다른 요인이 중요하다고 볼 수 있다.

5) 실무사용(實務使用)을 위한 EFEC(임계하중의 예상초과빈도) 기준값

그림 4.147에서 틸팅파괴에 대한 EFEC값은 비교적 높은 지수(指數)(EFEC = 0.03~0.36)값 범위에 있으며 활동파괴(0~0.02)와 무피해 경우(0~0.03)에 대한 값과 비교할 때 상당한 차이를 나타낸다. 따라서 Takagi와 Esteban(2013)은 케이슨식 혼성제가 틸팅파괴에 대해 안전한지 또는 불안전한지 여부를 판가름하는 EFEC의 기준값이 0.02~0.04의 범위일 수 있다고 보았다. 틸팅파괴는 반드시 단일 파랑(單一波浪)에 의해 유발되는 것은 아니라고 보는 것이 합리적이다. 평균 파랑의 주기를 12초(sec)로 가정하면 임계값(= 600kN/m^2)을 초과하는 큰 후미하단 압력을 유발하는 EFEC값이 0.02일 때 극단파랑(極端波浪)의 개수는 2시간 동안 12개 파랑[68]으

---

68) 12개 파랑: 파랑 600개(7,200초(sec)(2시간)÷12초(sec)(평균 파랑의 주기), 600개(파랑 개수)×0.02(EFEC값)=12개 파랑

로 계산할 수 있다. 따라서 이 경우 600개 파랑 중 총 12개 파랑이 틸팅파괴와 관련된 잠재적인 피해를 일으킬 수 있다고 볼 수 있다. 이 사실은 Oumeraci 등(2001)이 나타낸 대로 방파제의 종국붕괴(終局崩壞)로 이어지는 틸팅파괴의 단계적 파괴와 누적 메커니즘의 중요성을 나타낸다.

4.5.4 기후변화 아래에서의 방파제 안정성

이 장에서는 해수면 상승과 기후변화에 따른 구조적 안정성 손실을 추정하기 위해 앞 장에서 설명한 확률론적 분석방법을 사용하여 방파제의 예상활동량을 계산한다.

지구온난화의 환경에서 장래 해수면 상승과 강한 열대 저기압의 잠재력은 방파제의 안정성에 관한 2가지 중요한 문제를 야기(惹起)시킬 수 있다(Takagi 등, 2011, Esteban 등, 2014). IPCC 제4차 평가보고서(2007년)(그림 4.148(a))는 해수면 상승이 2100년까지 18~59cm에 이를 수 있다고 추정했다.

1) 기후변화과정에서의 해황변동(海況變動)

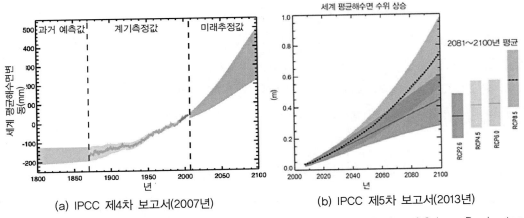

출처: Hiroshi Takagi, Miguel Esteban, Tomoya Shibayama(2015), Stochastic Design of Caisson Breakwaters, Lessons from Past Failures and Coping with Climate Change, pp.635~705.

그림 4.148 장래 세계 평균해수면 수위 변화의 예측(IPCC)

그러나 IPCC 제5차 평가보고서(2013년)(그림 4.148(b))에서는 2가지 다른 방법, 즉 프로세스 기반예측과 반경험적(半經驗的) 예측방법을 사용하여 추정 해수면 상승(Sea Level Rise, SLR)값을 발표했다. 보고서에는 2100년 해수면 상승(SLR, Sea Level Rise)의 예측 중앙값을 전자(프로세스 기반 모델)의 방법으로 0.43m(0.28~0.60m)와 0.73m(0.53~0.97m) 사이, 후자(반경험적 모델)의 방법으로 0.37m(0.22~0.50m)와 1.24m(0.98~1.56m) 사이라고 언급했다. 추정 평균해수면 상승값에 대한 반경험적 모델 예측은 프로세스 기반모델 예측보다 높지만, 반경험적 모델 예측에서는 신뢰성이 낮고 일치된 합의(合意)가 없다는 점에 유의해야 한다(IPCC AR5, 2013년).

또한, IPCC 보고서에서는 '향후 열대 저기압(태풍(Typhoon), 허리케인(Hurricane), 사이클론(Cyclone) 및 윌리윌리(Willy-Willy)가 열대 해수면 수온을 계속 상승시킬 경우 현재보다 더 강한 최고풍속이 발생하고 더 많은 강우량의 발생과 함께 강도(强度)가 더 강해질 가능성이 크다'라고 언급했다. Knutson 등(2010)은 기상현상과 월평균 해수면 수온(SST, Sea Surface Temperature) 간의 상관관계에 관한 가장 중요한 연구결과에서 장래 열대 저기압 강도는 2100년까지 2%에서 11%까지 증가할 수 있음을 시사(示唆)했다. Oouchi 등(2006)은 연간 최대풍속이 북반구에서 15.5%, 평균 6.9% 증가한다는 계산을 수행했다. 이러한 범위의 결과를 고려할 때 장래 해수면 상승과 최대풍속에 관한 불확실성을 인식하는 것이 중요하다. Takagi 등(2011)은 2100년까지 해수면상승은 IPCC 제4차 평가보고서(2007년)에서 18~59cm의 균일 확률분포함수를 따를 것이라고 가정했다. 그러나 이 매개변수(풍속)를 무작위로 분배시키면 계산시간이 엄청나게 길어지기 때문에, 상기 연구의 중간값을 취함으로써 풍속은 일정하게 10% 증가한다고 가정하였다. 풍속증가(風速增加)로 강화된 파랑은 제3세대 스펙트럼파 수치모델 SWAN을 이용한 수치시뮬레이션으로 평가하였다. Takagi 등(2011)의 연구에서 SWAN 수치모델을 이용한 계산에 따르면 장래 태풍 풍속이 10% 증가하면 이러한 바람에 의해 발생하는 유의파고(有義波高)는 평균 21% 증가할 수 있다고 하였다.

2) 장래 기후 아래에서의 방파제 활동량

현재 및 장래 기후 아래에서의 방파제 안정성에 관한 사례연구는 향후 기후변화로 증대되는 방파제의 잠재적 피해를 어떤 정도로 가속화하는지를 예측하게 한다. 파고와 평균해수면이 증가하면 방파제 앞면의 파력이 증가하여 폭풍(태풍)당 큰 활동량(滑動量)이 커져 이로 인해 피해의 '가속(加速)'이 발생한다. 앞 장에서 이미 제시된 시부시항(志布志港) 방파제를 사례로 들어, Takagi 등(2011)이 제시한 10개 태풍 중 태풍 TY0310을 선정하였다.

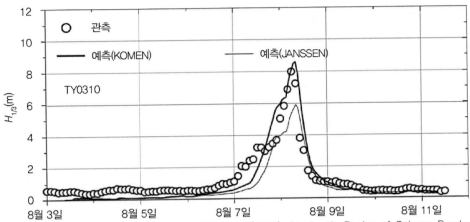

출처: Hiroshi Takagi, Miguel Esteban, Tomoya Shibayama(2015), Stochastic Design of Caisson Breakwaters :Lessons from Past Failures and Coping with Climate Change, pp.635~705.

그림 4.149 태풍(TY0310)의 파고에 대한 관측값(2시간 간격)과 예측값

그림 4.149는 시부시만(志布志湾) 부근을 통과하는 태풍 TY0310의 파고에 대한 관측값과 예측값 사이의 비교를 나타낸 것으로, SWAN 수치모델 내의 물리적 옵션인 Komen 수치모델이 더 신뢰성이 높음을 알 수 있다. 따라서 태풍 TY0310에 대한 Komen 수치모델에 이용된 심해파(Offshore Wave, 深海波)를 선정하였다. 그림 4.149에 나타낸 2시간 간격의 일련의 관측파랑 중 피크(Peak)파고 8.0m와 파랑주기 13.7초(sec)(폭풍의 피크 점에서의 관측파고와 주기)를 기준 심해파(基準深海波)로 설정했다. 장래 평균 파고율 증가는 21.1%로(Takagi 등, 2011), 태풍 TY0310의 평균강도 10% 증가에 따른 장래 파고는 9.7m(= 8.0×1.211)로 계산된다. 이 파고 증가에 따른 파랑주기는 식(4.12)에서 k을 3.70($k = 13.7/8.0^{0.63} = 3.70$)으로 잡아서 구하면 15.5초(sec)($3.7×9.7^{0.63}$)일 것이다.

표 4.23에 제시된 6개의 방파제 구간을 모두 개별적으로 고려하여 현재와 장래 기후 시나리오에 대한 각 구간에 대한 계산을 반복했다. 또한, 가장 가까운 검조소(檢潮所)로부터 데이터로 표시된 기본수준면[69] 위 + 1.55m인 조위(潮位)를 수치모델에 사용하였다(표 4.24 참조). 전체 활동량에 대한 해수면 상승과 파고 증가의 기여도를 평가하기 위해, 다음에 제시된 같이 4가지 다른 시나리오를 고려했다.

---

[69] 기본수준면(基本水準面, CDL. Chart Datum Level): 해도의 수심과 조석표의 조고(潮高)의 기준면으로, 각 지점에서 조석관측으로 얻은 연평균 해수면으로부터 4대 주요 분조(分潮)의 반조차(半潮差)의 합만큼 내려간 면이며, 약최저저조위라고도 불리며 항만구조물(시설)의 계획, 설계 등 항만공사 수심의 기준이 되는 수면이다. 기본수준면은 국제 수로 회의에서 「수심의 기준면은 조위(潮位)가 그 이하로는 거의 떨어지지 않는 낮은 면이어야 한다.」라고 규정하고 있으며, 우리나라에서는 해도의 수심 또는 조위의 기준면으로서 해당 지역의 약최저저조위(Approx LLW (±)0.00m)를 채택하고 있다.

- 시나리오 A는 현재 기후조건에 따라 활동량을 계산한다(즉, 태풍 TY0310 통과로부터 무수정(無修正)된 기록적인 피크 파랑기후[70] 조건을 사용).
- 시나리오 B는 태풍 TY0310의 통과로부터 수정된 장래 파랑기후를 사용하지만, 해수면이 상승이 없다고 가정한다.
- 시나리오 C는 태풍 TY0310의 기록적인 무수정된 파랑기후를 사용하지만, 해수면 상승효과를 계산한다.
- 시나리오 D는 수정된 장래 파랑기후와 해수면 상승 모두를 가정한다.

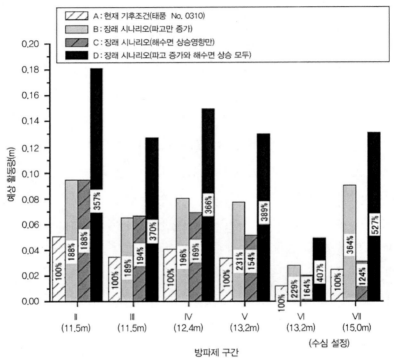

출처: Hiroshi Takagi, Miguel Esteban, Tomoya Shibayama(2015), Stochastic Design of Caisson Breakwaters, Lessons from Past Failures and Coping with Climate Change, pp.635~705.

그림 4.150 현재와 장래의 기후조건 아래에서의 방파제 예상활동량 비교

태풍 TY0310의 통과로 인한 피해는 실제로 시부시항(志布志港)에서 보고되지 않았으며, 기술된 수치 시뮬레이션 모델을 사용하여 계산한 예상활동량(그림 4.150)도 현재 기후 시나리오(시나리오 A)에서는 매우 작았다(최대 활동량은 단지 5cm이다). 따라서 계산에서는 거의 0에 가까

---

70) 파랑기후(波浪氣候, Wave Climate): 어떤 지역의 장기 파랑 자료에 근거한 월별 또는 계절별 파랑 특성을 말한다.

운 실제 활동량을 과대 산정한 것으로 보인다. 그러나 태풍 TY0310 통과 시 실제로 미소한 활동이 일어났지만, 활동량(길이)이 너무 적어 눈에 띄지 않았을 가능성도 있다.

장래 기후변화를 설명하는 3가지 시나리오(시나리오 B, C 및 D)는 현재기후(시나리오 A) 아래에서 예상되는 활동량을 초과하는 것으로 보인다. 이는 당연한 결과로, 유의파고의 증가 또는 평균해수면 증가로 인한 방파제에 작용하는 파력이 증가할 것으로 예상되기 때문이다. 시나리오 D의 활동량은 해수면 상승과 파고 증가로 인한 원인이 합쳐진 결과이다.

그러나 시나리오 B와 C의 수치적 합계는 이 두 요인의 영향을 합친 경우(시나리오 D)의 활동량을 설명하지 못한다. 예를 들어 구간 IV의 활동량 증가율은 266%(=366%-100%)인 반면, 시나리오 B와 C의 합계는 165%(=96(196-100)%+69(169-100)%)에 불과하다. 이러한 불일치를 설명하기 위해서는 해수면 상승으로 인한 수심 제한적인 파고는 시나리오 D에서 어느 정도 완화될 수 있다는 점에 유의해야 한다. 따라서 시나리오 B(해수면 상승을 고려하지 않는다.)인 경우 큰 파랑이 해상(海上)에서 형성될 수 있지만 방파제에 도달하기 전에 쇄파(碎波)되어 에너지가 소산(消散)됨에 따라 작용하는 압력이 뚜렷이 감소할 수 있다. 그러나 해수면 상승을 유의파고 증가와 함께 고려한다면(시나리오 D) 큰 파랑은 방파제에 도달하기 전에 쇄파되지 않고 방파제에 더 큰 충격력을 가할 것이다. 따라서 장래 케이슨식 혼성제의 잠재적인 활동량을 과소평가하는 것을 피하기 위해서는 해수면 상승과 파고 증가, 즉 2가지 측면을 함께 고려해야 한다. 시부시항(志布志港)인 경우 해수면 상승과 파고 증가를 고려할 때(시나리오 D) 향후 예상 활동량은 현재 기후조건아래에서 계산한 결과보다 5배 이상 증가할 것이다.

마지막으로 기후변화로 인한 방파제에 대한 또 다른 가능한 위협은 웨이브 셋업(Wave Setup)(주로 파고의 공간변동으로 인한 해수면 상승) 증대일 수 있다. Takagi 등(2011)의 연구에서는 현재와 장래 파랑기후에 대한 웨이브 셋업으로 인한 수위 차이는 상대적으로 작았기 때문에 이러한 영향은 고려하지 않았다. 그러나 웨이브 셋업은 작은 상대수심[71] 또는 작은 심해파형경사(深海波形傾斜)인 경우에도 증가하는 경향이 있다. 따라서 이러한 웨이브 셋업 영향은 특히 쇄파대[72] 내 천해(淺海)에 방파제를 설치한 경우 방파제의 예상활동량에 중요한 역할을 할 수 있다는 점을 유의해야 한다.

---

71) 상대수심(相對水深, Relative Depth): 생각하는 장소에서의 수심(d)과 그 장소에서의 파장(L)과의 비(比)로서 천해파에서 파형경사와 함께 파의 성질을 결정하는 중요한 요소이다.

72) 쇄파대(碎波帶, Breaker Zone, Surf Zone): 바다에서 해안으로 진입하는 파랑이 부서지는 위치를 가리키며, 이곳에서 부서진 파랑이 해안선을 향하여 밀려가는 지역을 서프대(Surf Zone)라고 하며, 쇄파대의 바닥에는 흔히 해저사주(Submarine Bar)가 발달하여 수심이 주변보다 얕다.

4.6 기후변화에 따른 어항의 영향평가 방법[10]

4.6.1 지구온난화에 따른 어항의 영향평가 검토

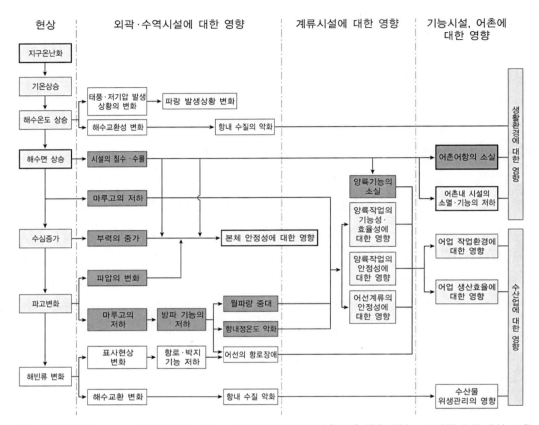

출처: 水産総合研究センター 水産工学研究所 水産土木工学部 環境分析研究室(2003), 地球温暖化による漁場・漁港・漁村への影響と対策に関する調査, pp.6-61~6-65.

그림 4.151 지구온난화에 따른 어항에 대한 주요영향

지구온난화가 진행되었을 경우의 영향은 기온의 상승으로 나타나고, 이에 따라 해수면 수온이 상승함으로써 해수면이 상승할 것으로 예측된다. 이 같은 현상이 어항, 어항 구조물 및 주변시설에 미치는 영향에 대해서 검토하면, 그림 4.151 및 그림 4.152와 같이 정리할 수 있다. 즉, 해수면 상승에 따라 직접적으로는 시설이나 부지 등의 침수·수몰을 고려할 수 있으며, 간접적으로는 수심 변화가 파랑이나 흐름에 영향을 줌으로써 시설의 안전성과 기능성에 영향을 줄 것으로 예상된다. 또, 이러한 영향으로 인한 다양한 요인이 복잡하게 영향을 주어 발생하는 것도 많다.

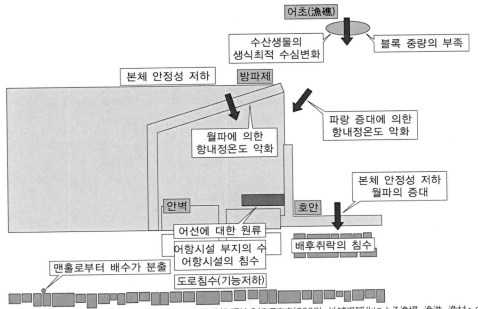

출처: 水産総合研究センター 水産工学研究所 水産土木工学部 環境分析研究室(2003), 地球温暖化による漁場・漁港・漁村への影響
と対策に関する調査, pp.6-61~6-65.

그림 4.152 해수면 상승이 어항·어촌시설에 미치는 영향 개략도

어항 및 배후 취락(聚落)의 특색으로는 어항은 수심이 얕은 해안부에 입지하거나 이용하는 선박이 작다는 점을 들 수 있으며, 어항이 위치한 장소는 험준한 지형이 많아 평지가 적다는 점에서 배후에 민가가 밀집해 취락(聚落)을 이루고 있다. 이러한 특색을 근거로 어항 시설이나 배후 취락에 대한 해수면 상승에 의한 영향을 정리하면 표 4.26과 같다.

표 4.26 해수면 상승에 따른 영향에 대한 어항·어촌의 특징

구분	시설에 대한 영향
파랑	• 어항은 수심이 얕고, 쇄파(碎波)된 파랑이 내습하는 장소가 많으므로 수심이 증가함에 따라 어항의 수심이 쇄파대에 가까워져 내습 파고는 커지는 경향이 있다.
어항시설부지	• 어항에서는 수산물을 취급하고, 수산물 양륙(揚陸) 시에 안벽에 직접 옮겨서 양륙하는 경우가 많으므로, 안벽이 자주 월류되면 위생상의 문제가 생긴다.
이용어선	• 어항을 이용하는 어선은 20톤(Ton)미만의 소형선이 대부분으로 수 10cm의 해수면 상승 시에도 양륙 등의 작업에 큰 영향을 미친다. • 양륙작업은 인력으로 하는 경우가 많고, 어업 종사자는 고령자가 많으므로, 양륙작업이 어려워지면 작업효율 악화는 심각하다.
배후취락 (어촌)	• 어항은 배후에 산지가 인접하여 평지가 적으므로 어항 배후에 밀집한 취락을 이루고 있어 해수면 상승에 따른 파고 증대는 침수피해 등에 직접적인 영향을 줄 위험성이 높다.
항내수질	• 어항에서는 항내에서 양식이나 중간 육성 등을 실시하므로, 수질 악화는 큰 문제가 되므로 해수교환이 가능한 방파제 등을 건설 중이지만 해수면 상승에 따라 해수교환성 악화가 우려된다. • 수온 상승에 의한 수질악화도 발생할 수 있다.

출처: 水産総合研究センター 水産工学研究所 水産土木工学部 環境分析研究室(2003), 地球温暖化による漁場·漁港·漁村への影響と対策に関する調査, pp.6-61~6-65.

4.6.2 지구온난화에 따른 영향평가항목 및 검토시설

어항의 외곽시설은 파랑 대책 시설로서 기능을 확보할 필요가 있어, 시설의 안정성 확보와 방파(防波) 효과를 위해서는 필요한 마루고의 확보가 필요하다. 계류시설은 어획물의 양륙, 어업생산 자재의 양·하륙(揚·下陸) 등의 작업, 어선원의 승하선, 어선의 안전 확보를 위하여 설치되는 구조물로 외곽시설과 마찬가지로 안정성을 확보할 필요가 있다. 또한, 해수면 상승으로 양·하륙이나 승하선을 고려한 높이로 설치된 계류시설의 마루고는 침수될 위험성이 크고, 침수되지 않는 경우라도 마루고의 이용성에 대한 영향이 클 것이다.

그러므로, 외곽·계류시설 등의 어항 시설은 시설 자체를 계속해 사용하기 위해서는 외력에 대한 시설의 안정성이 평가항목이 된다. 또한, 외곽시설의 방파효과나 계류시설의 이용 용이성 등의 기능성 면에 대한 영향도 중요하므로 기능성도 평가항목으로 잡을 필요가 있다. 어항의 기능시설 및 배후 취락에 대한 영향으로는 시설과 부지가 현재의 기능을 유지하여 안전하게 이용할 수 있는 환경이라는 것이 중요하며, 그 영향으로는 해수면 상승으로 인한 부지 및 토지 침수로 인한 토지 소실이다. 또, 토지의 침수가 발생하지 않는 구역이라도 도로나 배수시설 등이 피해를 본 경우, 침수되지 않는 토지의 이용 및 생활환경에 장애가 발생하므로 침수에

따른 피해시설을 확인해 침수면적과 함께 평가하여야 한다. 이상으로부터 해수면 상승에 따른 어항·어촌에 대한 영향평가항목은 다음과 같이 설정한다.

①	어항·어장시설의 영향평가항목
  ⓐ	시설의 안전성
    •	기존 시설의 해수면 상승에 의한 외력 변화에 따른 안정성의 변화 및 안정성 회복의 대책 검토
  ⓑ	시설의 기능성
    •	해수면 상승에 의한 외곽시설의 마루고 부족(월파나 파고 전달)
    •	안벽(계선안)의 어선 갑판면과 안벽 마루고와의 높낮이 차이(인력, 양·하륙작업의 작업성)
②	어항시설·어촌 취락의 영향평가항목
  ⓐ	부지·취락의 수몰
    •	어항시설 부지, 어항 배후취락의 수몰면적
    •	수몰시설의 유무와 마을에 대한 영향도(영향도 등급)

또한, 해수면 상승에 따른 시설에 대한 영향 검토는 주요시설인 외곽·계류시설 중 시설 개수가 많은 방파제, 안벽(계선안), 방파호안을 대상으로 한다.

4.6.3 어항시설의 안정성에 대한 영향검토 방법

어항시설은 자연조건이나 이용조건에 따라 각각 단면검토를 하지만, 우리나라 동·서·남해에서의 어항시설이 설치된 장소의 수심, 조위 및 설계파 등의 조건이 다르므로 전국의 어항을 대상으로 한 평가를 일률적으로 실시하는 것은 시간과 경비 측면에서 바람직하지 못하다. 이 때문에, 우리나라의 지역적 특성(동·서·남해) 등을 고려하여 주요한 지역(동·서·남해 중 광역시·도(市))를 대상으로 조사를 한 후, 그 조사 결과에서 대책 금액의 추정 방법을 설정하고 그 방법을 이용하여 전국적인 검토를 실시하는 것이 좋다. 또한, 설계조건이 유사한 지역에서는 시설의 구조형식 선정이나 단면형상도 유사하므로 각 지역(광역시·도(市))에서 설계조건이 비슷한 지역을 설정하고, 그 지역별로 대표 단면을 추출하여 대표 단면에 대해 상세하게 검토한다. 대표 단면의 추출 및 검토 방법에 대해서는 아래와 같은 방법의 순서로 설정하여 실시하는 것으로 한다.

① 자연조건(지형·파랑 조건 등)에 따라 지역을 분류(동·서·남해 중 대표적인 광역시(廣域市)·도(道))하고, 지역별로 방파제·안벽(계선안)·호안의 구조형식별 연장을 정리한다. (동해: 강원도, 경상북도, 울산광역시, 부산광역시 동부, 남해: 부산광역시 남부, 경상남도, 전라남도 남부, 서(황)해: 전라남도 서부, 전라북도, 충청남도, 경기도, 인천광역시)

② 지역별로 방파제, 안벽(계선안), 호안에서 각각 실시 연장이 긴 구조형식을 해당 지역의 대표적인 구조형식으로서 2형식을 추출한다.

③ 추출한 구조형식(2형식)에 대해서 지역 내에서 가장 연장이 긴 시설을 대표시설로서 잡고 각각 1시설(1단면)을 추출한다.

④ ③에서 추출한 단면에 대해서 해수면 상승(15cm, 50cm, 90cm) 시의 안정성을 검토한다. 또한, 안정성이 부족한 경우는 대책 단면을 검토하여 대책금액을 산출한다.

이상의 검토를 통해 산출한 동·서·남해에 대한 대책금액의 산출결과를 토대로 단면구조나 설계조건에 의한 방파제, 안벽(계선안[73]), 호안에 대한 대책비의 예측방법을 검토한다. 대책금액의 예측방법을 이용해 전국의 어항시설 데이터를 토대로 전국의 대책금액을 산출한다. 또한, 방파제, 안벽(계선안), 호안의 안전성은 기존 시설의 설계조건에 근거하여 해수면 상승했을 경우의 설계조위로 안정계산을 한 후 판정하지만, 판정 기준은 '항만 및 어항 설계기준·해설 2017년 판, 해양수산부)'에 기초한 안전율 및 허용값을 이용한다. 그리고 대책금액 산정에 있어서 시설의 대책(개량) 공법은 아래와 같은 기본적인 개념에 따라 검토를 한다.

① 방파제 개량방법
• 해수면 상승에 의한 설계파고 변화를 고려하여 안전율을 만족할 수 있도록 개량한다.
• 해수면이 상승하면, 그로 인한 월파로 항내정온도는 악화된다. 방파제의 연장 또는 해수면 상승분만큼 마루고를 증고시키는 방법으로 개량한다.
• 안전율이 부족한 경우는 본체를 확장한다(증고로 충분한 경우는 상부공만으로 대처).
• 확폭(擴幅)할 경우, 본래 본체 앞면에 실시하는 것이 유효하나, 방파제 앞면은 소파블록(테트라포드) 등으로 피복되어 있을 경우 본체 배후를 확폭한다.
• 소파블록은 기본적으로는 2층 두께 이상을 확보한다. 수십 cm의 소파블록 증고는 불가능하

---

73) 계선안(繫船岸, Mooring Wall Wharf, Mooring Wharf, Mooring Quay): 계류시설 중 안벽, 잔교, 돌핀, 물양장 등 선박이 직접 접안하는 구조물의 총칭으로 사용하는 용어로, 우리나라에서는 항만 및 어항설계기준·해설서(해양수산부)에서 접안시설로 표기하고 있다.

므로 2층 두께를 확보할 수 있도록 기존의 소파블록을 철거해 재차 설치한다.

② 계류시설
- 기존의 설계조건, 안전율을 만족할 수 있도록 개량한다.
- 해수면 상승에 따라 침수하지 않더라도 계류시설의 편리성, 잔류수압의 증대 등으로 구조적으로 불안정해지는 것도 예상한다.
- 해수면 상승분만큼 상부공을 증고시킨다.
- 구조상의 안정을 확보하기 위해서 아래의 방법으로 채택한다.
  ㉠ 본체중량을 증가시키기 위해서 상부공의 콘크리트량을 증가시킨다.
  ㉡ EPS 공법[74](스티로폼 토목공법) 등을 이용한 주동토압(主動土壓) 경감으로 활동에 대한 안전율을 향상시킨다.
  ㉢ 주동토압의 파괴면보다 배후에 버팀판을 설치하고 고장력강(高張力鋼)으로 배후로 당긴다(널말뚝식 안벽).

③ 방파호안
개량을 할 경우의 마루고는 허용월파량 $q = 0.02\,\text{m}^3/m/\text{sec}$에 대해 필요한 높이까지 증고시킨다(마루고 산정방법은 월파량·처오름고·간편법 등에 의하지만, 기능적으로는 월파량이 허용값 이내이면 일정한 기능은 유지할 수 있다.).

4.6.4 안벽(계선안)의 기능성에 대한 영향평가

안벽(계선안)의 기능성은 난이도(難易度)로 평가한다. 어항에서는 대부분 인력으로 양·하륙한다. 또한, 인력으로 하역하는 어선은 소형이기 때문에 어선 대상톤(Ton)수를 10톤(Ton) 미만이 대부분이다.

① 어선의 갑판과 현(舷) 높이(그림 4.153 참조)
어선은 어업 형태에 따라 여러 가지 선형(船形)이므로 표준적인 제원을 파악하는 것은 어렵지만, 어선의 제원에 따르며 해수면으로부터 갑판(甲板)까지의 높이는 3톤(Ton) 미만에서는 약

---

74) EPS 공법(Expanded Poly-styrol Construction Method): 흙 대신에 경량(輕量)인 발포(發泡) 스티롤을 이용하여, 성토(盛土, Embanking)나 옹벽(擁壁) 뒷채움 등을 구축(構築)하는 공법으로 흙에 비교하여 경량이기 때문에 시공(施工)할 때에 대형중기(大型重機) 등을 이용하지 않고, 작업의 간이화(簡易化) 및 토질재료(土質材料)의 경량화를 도모한다. 여기에서는 어항 계선안 후면 토압의 저감 또는 계선안 안전율 향상을 위해 뒷채움에 사용한다.

30cm, 3톤(Ton) 이상에서는 수면에서 갑판까지의 표준높이로서 35cm로 설정한다.

② 양·하륙하기 쉬운 갑판으로부터 안벽의 마루고까지의 높이

양·하륙하기 쉬운 높이는 30cm~50cm로 설정한다.

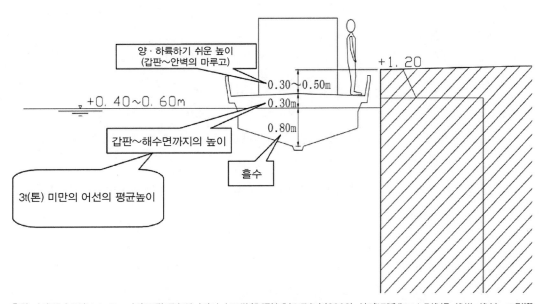

출처: 水産総合研究センター 水産工学研究所 水産土木工学部 環境分析研究室(2003), 地球温暖化による漁場·漁港·漁村への影響と対策に関する調査, pp.6-61~6-65.

그림 4.153 어선 흘수·갑판고와 안벽(계선안)의 마루고와의 관계

4.6.5 안벽(계선안)의 기능성에 대한 영향검토 방법

설정한 어선의 갑판 높이와 양·하륙이 쉬운 갑판~안벽의 마루고까지의 높이로부터 양·하륙하기 쉬운 조위를 파악한다. 조위차와 마루고(표 4.27 참조) 및 양·하륙하기 쉬운 높이의 상관관계를 그래프화시킨 것을 그림 4.154에 나타내었다. 그림을 보면 해수면 상승이 클수록 조위차가 큰 곳은 안벽이 수몰이 예상된다. 그 결과, 그림 4.155과 같이 조위차가 큰 경우와 작은 경우의 영향도(影響度)가 달라지는데 조위차가 큰 어항에서는 해수면 상승이 있어도 하역하기 쉬운 조위대(潮位帶)를 확보하지만, 해수면 상승량이 커져 조위가 높은 경우(고조위75))에는 수몰(水沒)된다. 한편 조위차가 작은 어항에서는 설계 시 안벽 앞면 수면과의 클리어런스(Clearance)

---

75) 고조위(高潮位, H.W.L., High Water Level): 조석(潮汐)에 의해 해수면이 높아진 때의 수면높이를 말한다

가 크므로 해수면 상승량이 0.5m에서는 수몰되는 일은 없지만, 양·하륙하기 쉬운 조위대가 저조위[76] 부근 또는 그 이하일 때에는 이용에 지장이 생길 것으로 예상된다.

표 4.27 안벽(계선안)의 마루고 산정값

조위차(潮位差) (H.W.L~L.W.L)	대상어선(G.T.)			
	0~20톤(Ton)	20~150톤(Ton)	150~500톤(Ton)	500톤(Ton)이상
0~1.0m	0.7m	1.0m	1.3m	1.5m
1.0~1.5m	0.7m	1.0m	1.2m	1.4m
1.5~2.0m	0.6m	0.9m	1.1m	1.3m
2.0~2.4m	0.6m	0.8m	1.0m	1.2m
2.4~2.8m	0.5m	0.7m	0.9m	1.1m
2.8~3.0m	0.4m	0.6m	0.8m	1.0m
3.0~3.2m	0.3m	0.5m	0.7m	0.9m
3.2~3.4m	0.2m	0.4m	0.6m	0.8m
3.4~3.6m	0.2m	0.3m	0.5m	0.7m
3.6m 이상	0.2m	0.2m	0.4m	0.6m

출처: 水産総合研究センター 水産工学研究所 水産土木工学部 環境分析研究室(2003), 地球温暖化による漁場·漁港·漁村への影響と対策に関する調査, pp.6-61~6-65.

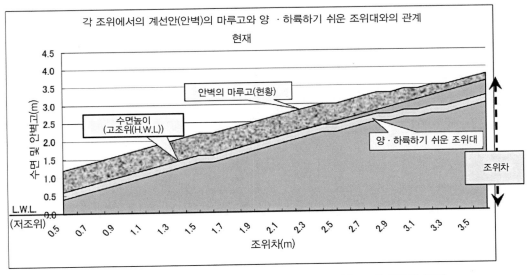

그림 4.154 각 조위의 마루고와 양·하륙하기 쉬운 조위대와의 관계

---

76) 저조위(低潮位, L.W.L., Low Water Level): 조석(潮汐)에 의해 해수면이 낮아진 때의 수면높이를 말한다.

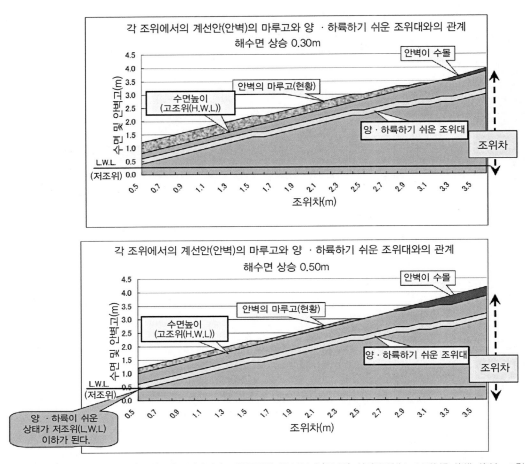

출처: 水産総合研究センター 水産工学研究所 水産土木工学部 環境分析研究室(2003), 地球温暖化による漁場・漁港・漁村への影響と対策に関する調査, pp.6-61~6-65.

그림 4.154 각 조위의 마루고와 양·하륙하기 쉬운 조위대와의 관계(계속)

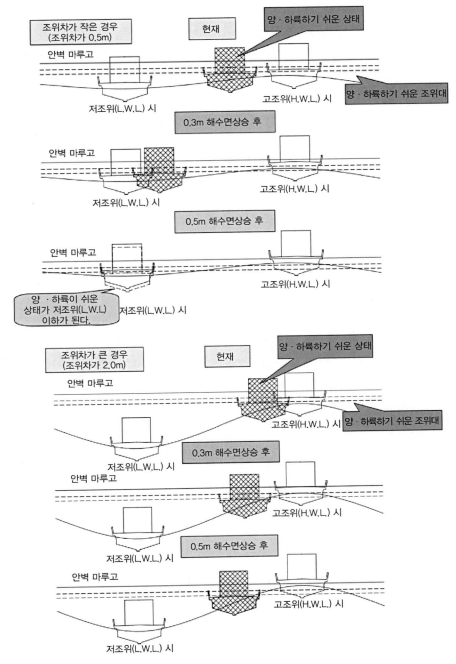

출처: 水産総合研究センター 水産工学研究所 水産土木工学部 環境分析研究室(2003), 地球温暖化による漁場・漁港・漁村への影響と対策に関する調査, pp.6-61~6-65.

그림 4.155 조위차에 따른 해수면 상승의 영향도 차이

■ 참고문헌

1. 이광호·배주현·김상기·김도삼(2017), OLAFOAM에 기초한 원형유공케이슨 방파제의 반사율 및 작용파 압에 관한 3차원시뮬레이션, 한국해안·해양공학회논문집/ISSN 1976-8192(Print), ISSN 2288-2227 (Online), pp. 286~304.

2. 김태형·김지성·최주성·강기천(2020), 모형실험을 통한 타이셀소파블록 구조체의 수평저항력 평가, 한국지반공학회논문집 제36권 12호, pp. 87~97.

3. 김효건·김상기·김창일(2018), 진동대 시험을 이용한 타이셀케이슨과 기존블록과의 내진성능 비교, 한국해안해양공학회 학술발표논문집, pp. 1~4.

4. 부산광역시 강서구(2017), 태풍 '차바'피해 대항항 복구공사 실시설계용역 보고서.

5. 日本水産庁漁港漁場整備部(2014), 航路·泊地埋没対策ガイドライン.

6. 해양수산부(2021), 항만시설, 정보통신 중심 기술 개발로 더 똑똑해진다! -ICT 기반 항만인프라 스마트 재해대응 기술 개발 사업 추진

7. 해양수산부(2021), 항만 안전 위협하는 기후변화, 강화된 설계로 피해 막는다.

8. The Port of Long Beach (2016), Port of Long Beach Climate Adaptation and Coastal Resiliency Plan(CRP).

9. 윤덕영·박현수(2020), 방재실무자와 공학자를 위한 연안재난 핸드북, pp. 715~762.

   1) Cummins, W. E. (1962), The impulse response function and ship motions. Shiffstechnik 9 (47), pp. 101~109.

   2) Esteban, M., Takagi, H. and Shibayama, T. (2007), Improvement in calculation of resistance force on caisson sliding due to tilting. Coast. Eng. J. 49 (4), pp. 417~441.

   3) Esteban, M., Takagi, H. and Shibayama, T. (2012), Modified heel pressure formula to simulate tilting of a composite caisson breakwater. Coast. Eng. J. 54 (4), pp. 1~21.

   4) Esteban, M., Takagi, H. and Thao, N. D. (2014), Tropical cyclone damage to coastal defenses: future influence of climate change and sea level rise on shallow coastal areas in Southern Vietnam. In: Thao, N.D., Takagi, H., Esteban, M. (Eds.), Coastal Disasters and Climate Change in Vietnam. Elsevier, Amsterdam, pp. 233~256.

   5) Goda, Y. (1973), A new method of wave pressure calculation for the design of composite breakwater. Rep. Port Harbour Res. Inst. 12 (3), pp. 31~69.

   6) Goda, Y. (2000), Random seas and design of maritime structures. World Scientific, Nanjing, China, p. 443.

   7) Goda, Y. (2003), Revising Wilson's formulas for simplified wind-wave prediction. J. Waterw.

Port Coast. Ocean Eng. ASCE 129, pp. 93~95.

8) Goda, Y. (2007), How much do we know about wave breaking in the nearshore waters. In: Proceedings of Asian and Pacific Coasts 2007, Nanjing, China, pp. 65~86.

9) Goda, Y., Kakizaki, S. (1966), Studies on standing waves of finite amplitude and wave pressure. Rep. Port Harbour Res. Inst. (Ministry of Transport) 5 (10), 1~50 (in Japanese).

10) Goda, Y., Takagi, H. (2000), A reliability design method of caisson breakwaters with optimal wave heights. Coast. Eng. J. 42 (4), pp. 357~388.

11) IPCC (2007), Summary for policymakers. In: Climate Change [2007] The Physical Science Basis. Contribution of Working Group I to the Fourth Assessment Report of the Intergovernmental Panel on Climate Change, Cambridge University Press, p. 18.

12) IPCC (2013), Working Group I Contribution to The IPCC Fifth Assessment Report Climate Change 2013: The Physical Science Basis. Final Draft Underlying Scientific-Technical Assessment, p. 2216.

13) Ito, Y., Fujishima, M. and Kitatani, T. (1966), On the stability of breakwaters. Rep. Port Harbour Res. Inst. 5 (14), pp. 1~134.

14) Kawai, H., Hiraishi, T. and Sekimoto, T. (1997), Influence of uncertain factor in breakwater design to encounter probability of failure. JSCE Annual Journal of Civil Engineering in the Ocean 13, pp. 579~584 (in Japanese).

15) Knutson, T.R., McBride, J., Chan, J., Emanuel, K., Holland, G., Landsea, C., Held, I., Kossin, J., Srivastava, A. and Sugi, M. (2010), Tropical cyclones and climate change. Nature Geoscience 3 (3), pp. 157~163.

16) Nagai, S. (1969), Pressures of standing waves on vertical wall. J. Waterw. Harb. Coast. Eng. Div. ASCE 95, pp. 53~76.

17) Oouchi, K., Yoshimura, J., Yoshimura, H., Mizuta, R., Kusunoki, S. and Noda, A. (2006), Tropical cyclone climatology in a global warming climate as simulated in a 20 km-mesh global atmospheric model. J. Meteorol. Soc. Jpn. 84 (2), pp. 259~276.

18) Oumeraci, H. (1994), Review and analysis of vertical breakwaters failures—lessons learned. Coastal Eng. J. 22, pp. 3~29.

19) Oumeraci, H., Kortenhaus, A., Allsop, W., Groot, M., Crouch, R., Vrijling, H. and Voortman, H. (2001), Probabilistic Design Tools for Vertical Breakwaters. Taylor & Francis, ISBN 90-5809-249-6, p. 373.

20) Port and Harbor Research Institute of Japan (1968), Investigation list of breakwater failures between 1946 and 1964, Technical Note of Port and Habour Research Institute, No. 58,

p. 239 (in Japanese).

21) Port and Harbor Research Institute of Japan (1975), Investigation list of breakwater failures between 1965 and 1972, Technical Note of Port and Habour Research Institute, No. 200, p. 255 (in Japanese).

22) Port and Harbor Research Institute of Japan (1984), Investigation list of breakwater failures between 1973 and 1982, Technical Note of Port and Habour Research Institute, No. 485, p. 281 (in Japanese).

23) Port and Harbor Research Institute of Japan (1993). Investigation list of breakwater failures between 1983 and 1991, Technical Note of Port and Habour Research Institute, No. 765, p. 248 (in Japanese).

24) Sekiguchi, H., Ohmaki, S. (2001). Overturning of caissons by storm waves. Soils Found. JGS 32 (3), pp. 144~155.

25) Shimosako, K., Takahashi, S. (1994). Estimating the sliding distance of composite breakwaters due to wave forces inclusive of impulsive forces. In: Proc. 24th Int. Conf. Coastal Eng., ASCE, Kobe, Japan, pp. 1580~1594.

26) Shimosako, K., Takahashi, S. (2000), Application of expected sliding distance method for composite breakwaters design. In: Proceedings of 27th International Conference on Coastal Engineering, ASCE, Sydney, Australia, pp. 1885~1898.

27) Tadjbaksh, I., Keller, J.B. (1960), Standing surface waves of finite amplitude. J. Fluid Mech. 8, 442~451. 672 Handbook of Coastal Disaster Mitigation for Engineers and Planners.

28) Takagi, H. (2008), Development of a reliability-based design procedure for breakwaters, Dissertation, Yokohama National University, p. 105 (in Japanese).

29) Takagi, H., Esteban, M. (2013), Practical methods of estimating tilting failure of caisson breakwaters using a Monte-Carlo simulation. Coast. Eng. J. 55, 22. http://dx.doi.org/10.1142/S0578563413500113.

30) Takagi, H., Nakajima, C. (2007), Estimation error in the analytical prediction of standing wave pressures acting upon breakwaters. J. Coast. Eng. JSCE 63 (4), pp. 291~294 (in Japanese).

31) Takagi, H., Shibayama, T. (2006), A new approach on performance-based design of caisson breakwaters in deep water. Annu. J. Coast. Eng. JSCE 53 (2), pp. 901~905 (in Japanese).

32) Takagi, H., Shibayama, T., Esteban, M. (2007), An expansion of the reliability design method for caissontype breakwaters towards deep water using the fourth order approximation of standing waves. Asian and Pacific Coasts 2007, Nanjing, China, pp. 1723~1735.

33) Takagi, H., Esteban, M., Shibayama, T. (2008), Proposed methodology for evaluatingthe potential failure risk for existing caisson-breakwatersin a storm event using a level III reliability-based approach. In: Proceedings of 31st International Conference on Coastal Engineering, ASCE, Sydney, Australia, pp. 3655~3667.

34) Takagi, H., Kashihara, H., Esteban, M., Shibayama, T. (2011), Assessment of future stability of breakwaters under climate change. Coast. Eng. J. 53 (1), pp. 21~39.

35) Takahashi, S., Tanimoto, K., Shimosako, K. (1994), A proposal of impulsive pressure coefficient for design of composite breakwaters. In: Proc. Int. Conf. Hydro-Tech. Eng. Port Harbor Constr. (Hydro-Port '94). Port and Harbour Research Institute, Yokosuka, pp. 489~504.

36) Takayama, T., Higashira, K. (2002), Statistical analysis on damage characteristics of breakwaters. JSCE Annual Journal of Civil Engineering in the Ocean 18, pp. 263~268 (in Japanese).

37) Takayama, T., Ikeda, N. (1992), Estimation of sliding failure probability of present breakwaters for probabilistic design. Rep. Port Harbour Res. Inst. 31 (5), pp. 3~32 (in Japanese).

38) Tanimoto, K., Goda, Y. (1991), Historical development of breakwater structures in the world. In: Coastal Structures and Breakwaters. Thomas Thelford, London, pp. 193~220.

39) The Overseas Coastal Area Development Institute of Japan (OCDI), 2002. Technical Standards and Commentaries for Port and Harbour Facilities in Japan, p. 664.

40) Uezono, A., Odani, H. (1987), Planning and construction of the rubble mound for a deep water breakwater. Chapter 4, In: Coastal and Ocean Geotechnical Engineering. The Japanese Geotechnical Society, Tokyo (in Japanese).

41) Yamaguchi, M., Hatada, Y., Ikeda, A., Hayakawa, J. (1989), Hindcasting of high wave conditions during Typhoon 8712. J. Jpn Soc. Civ. Eng. JSCE 411 (II-12), pp. 237~246

10. 水産総合研究センター 水産工学研究所 水産土木工学部 環境分析研究室(2003), 地球温暖化による漁場・漁港・漁村への影響と対策に関する調査, pp. 6-61~6-65.

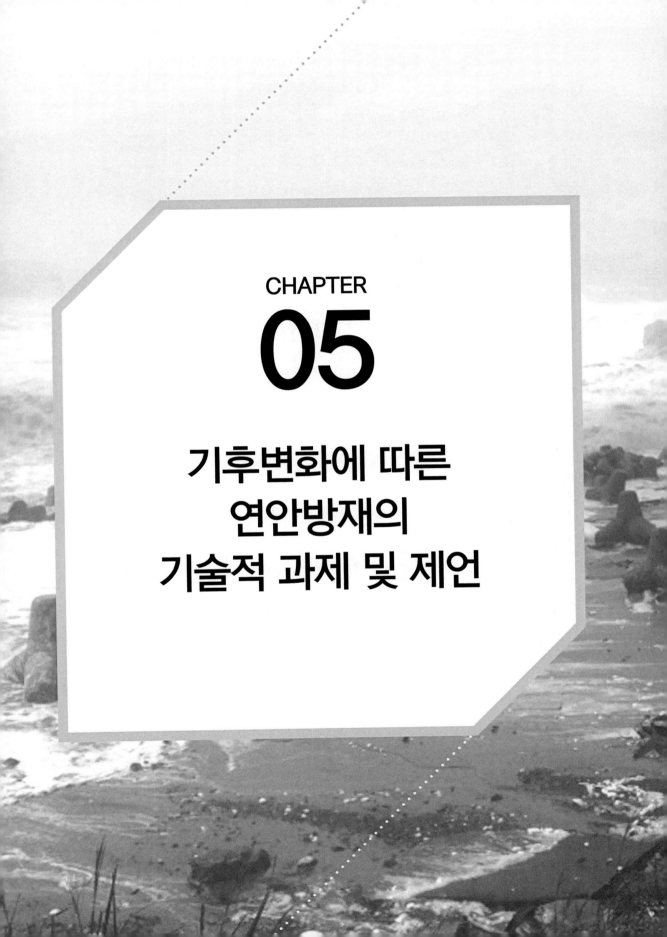

CHAPTER

05

기후변화에 따른
연안방재의
기술적 과제 및 제언

05 기후변화에 따른 연안방재의 기술적 과제 및 제언

5.1 연안방재대책 관련법

5.1.1 기본방향

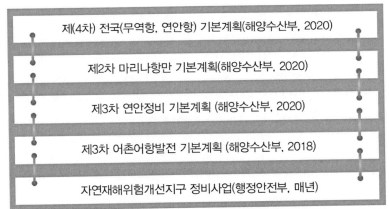

출처: 부산광역시(2017), 부산연안방재대책수립 종합보고서, p.393.

그림 5.1 연안지역 국가수행 기본계획

지구온난화로 인한 평균해수면 상승, 태풍의 강대화에 따른 폭풍해일 및 고파랑 내습 등과 같은 연안재난 발생의 증가가 예상되는 가운데 이를 막기 위한 연안방재대책 수립을 위한 사업의 예산확보를 위해서는 기본적으로 국가에서 수행하는 기본계획에 반영하는 것이 합리적이다. 해양수산부에서 수행 중인 연안관련 기본계획은 무역항/연안항 기본계획, 마리나항만 기본계획, 연안정비 기본계획, 어촌어항발전 기본계획(모두 10년 단위로 수립, 5년 단위로 변경)이 있으며, 행정안전부에서 매년 자연재해 방지를 위한 자연재해위험개선지구(해일위험지구) 정비사업이 있다(그림 5.1 참조). 해양수산부 또는 행정안전부의 관련 기본계획은 계획의 특성을 분석하여 기본계획의 취지에 맞게 진행하여야 한다.

5.1.2 관련 계획 검토

연안방재대책 수립을 위한 사업의 원활한 추진을 위해 현행 관련법 및 기본계획 검토·분석이 필요하다. 연안방재대책 수립추진을 위한 기본계획은 항만법에 의한 전국(무역항, 연안항) 기본계획, 마리나 항만의 조성 및 관리 등에 관한 법률에 의한 마리나항만 기본계획, 연안관리법에 의한 연안정비 기본계획, 어촌 어항법에 의한 어촌어항발전 기본계획, 자연재해대책법에 의한 자연재해위험개선지구 정비사업이 있다(그림 5.2 참조). 항만개발사업은 해양수산부에서 진행하며 외곽시설에 대해 국비 100%를 지원하고 있다. 이를 위해서는 항만구역 내에 입지해 있어야 하며, 이외 지역에 대해 추진을 위해서는 항계선(港界線)을 변경하여야 한다. 연안정비사업은 연안보호, 연안복원을 위한 사업으로 기본적으로 공공의 이익을 위한 시설에 대해서만 가능하다. 예를 들어, 고파랑에 의한 월파피해가 발생 시 피해지역이 해수욕장, 문화재 지역 등과 같은 공공시설에 대해서만 추진이 가능하다. 기본적으로 연안보전사업은 국비 70%, 친수연안사업은 국비 50%를 지원받을 수 있으나, 국비가 200억이 넘는 사업에 대해서는 국비 100%로 사업을 추진할 수 있다. 일반적으로 연안정비사업은 해수욕장 복원 및 보존 사업, 연안친수 관광 시설 등이 있다. 자연재해위험개선지구 정비사업은 해일, 산사태, 침수 등에 따른 자연재해 방지를 위한 사업으로 국비지원은 50%이다. 기본적으로 자연재해로부터 개인의 사유재산을 보호하기 위한 목적으로 이와 같은 특징은 연안정비사업과 구별된다. 태풍 내습 시 고파랑 내습으로 인해 배후지역의 피해가 발생할 때 배후지역이 공공시설이라면 연안정비사업, 주거 및 상가시설과 같은 사유시설이라면 자연재해위험개선지구 정비 사업으로 추진해야 한다. 어항정비 및 개발 사업은 국가어항, 지방어항, 어항개발사업 등과 같이 어항구역 및 배후지의 개발을 목적으로 수행된다. 최근 어항 및 어촌에 대한 종합적인 발전방향을 제시하고 있어 장래지향적인 아이디어를 제시하여 기본계획에 반영한다면 국가지원이 원활할 것으로 판단된다.[1]

항만 개발사업	연안정비사업	자연재해 위험개선지구 정비사업	어항정비 및 개발
주요내용 • 항만 및 마리나 항만구역내 정비 및 개발사업 • 국비지원 : 외곽시설(100%)	• 연안보호, 연안복원을 통해 친수연안공간 조성 사업 • 국비지원 　− 연안보전 : 국비 70% 　− 친수연안 : 국비 50%	• 자연재해 방지를 위한 자연재해위험 개선 정비사업 추진 • 국비지원 : 국비 50%	• 국가어항 • 지방어항 • 어항개발사업 • 어촌정비사업
적용법령 • 항만법, 마리나 항만의 조성 및 관리 등에 관한 법률	• 연안관리법	• 자연재해대책법	• 어촌어항법
관련부처 • 해양수산부	• 해양수산부	• 행정안전부	• 해양수산부
적용범위 • 외곽시설 • 수역시설 • 계류시설 • 지원시설	• 해수욕장 복원 • 연안보호시설 • 친수관광시설	• 방재시설 　− 호안, 이안제 　− 배수시설 등	• 외곽시설 • 어항시설용지활용 • 친수관광시설
사업적용 예시			

출처: 부산광역시(2017), 부산연안방재대책수립 종합보고서, p.394.

그림 5.2 연안방재사업 비교검토

5.1.3 관련 계획 사업 사례

위에서 기술한 연안 관련 계획에 따른 연안방재 사업은 다음과 같다.

1) 항만개발사업(부산 해운대 마리나항만 개발사업, 그림 5.3 참조)

(1) 사업배경

• 마리나 관련 산업 육성 및 국제 마리나 네트워크 구축으로 동북아 해양도시 구현
• 해운대 운촌항 주변 해일피해 재난예방 및 동백섬 노후 시설 개·보수 해양친수공간 조성
• 해양관광 활성화와 관광인프라 구축으로 지역경제 활성 및 신규 일자리 창출

(2) 사업개요

• 위치: 해운대구 우1동 721번지 일원(동백섬 더베이101 일원)
• 사업규모: A = 124천m²(육상45천m², 해상79천m²), 계류시설 250척, 클럽하우스 등
　▷ 외곽 방파제 L = 335m, 준설 등
• 총사업비: 531억 원(민간자본 257, 국비 274)

• 사업기간: 2015. 1.~2025. 12.
• 시행자: 삼미

(3) 특징

본 사업은 '마리나항만의 조성 및 관리 등에 관한 법률'에 근거한 해양수산부에 주관하는 '거점형 마리나항만 조성사업 공모'사업으로 방파제(L = 335m) 건설에 소요되는 274억 원은 전액 국비로 지원되는 사업이다.

출처: 부산시 자료(2022)

그림 5.3 부산 해운대 마리나 항만 개발사업 조감도

2) 연안정비사업(부산 영도 동삼지구 연안정비사업, 그림 5.4, 그림 5.5 참조)

① 동삼패총사적지 침식구간 정비(호안정비) L=130m
② 조도 진입 방파시설(월파방지) L=612m
③ 한국해양대학교 앞 월파방지시설 L=346m
④ 조도(사고방지) 안전시설 L=991m
⑤ 조도 연안침식 방지시설(호안) L=560
⑥ 중리지구 연안침식 방지시설(방파호안) L=140m

출처: 부산시 자료(2017)

그림 5.4 영도 동삼지구 연안정비사업 위치도

① 동삼패총사적지 침식구간 정비(호안정비) L=130m   ② 조도 진입 방파시설(월파방지) L=612m   ③ 한국해양대학교 앞 월파방지시설 L=346m
④ 조도(사고방지) 안전시설 L=991m   ⑤ 조도 연안침식 방지시설(호안) L=560m   ⑥ 중리지구 연안침식 방지시설(방파호안) L=140m

출처: 부산시 자료(2017)

그림 5.5 영도 동삼지구 연안정비사업 계획평면 조감도

(1) 사업배경

부산항의 관문인 영도 일원에 노후시설 등으로 해안접근성이 떨어지고, 경관이 불량한 연안을 해안 산책로 및 해양생태 체험장 등 친환경적 종합 해양문화 친수공간으로 정비

(2) 사업개요

- 위치: 영도구 동삼동 중리 동삼지구 및 조도 일원
- 사업기간: 2013.8.~2019.12.
- 총사업비: 329억 원(국비 329)
- 사업내용
  - 동삼패총 사적지 침식구간 정비(호안정비) L=130m
  - 중리지구 연안침식 방지시설(방파호안) L=140m
  - 조도 월파방지 L=612m, 연안침식 방지시설(호안) L=560m
  - 조도 안전시설 L=991m, 한국해양대학교 앞 월파방지시설 L=346m

(3) 특징

본 사업은 '연안관리법'에 근거한 연안정비사업으로 총사업비 200억을 넘어 전액 국비로 시행하는 사업이다.

3) 자연재해위험개선지구 정비사업(수영만 위험개선지구 정비사업, 그림 5.6, 그림 5.7 참조)

(1) 사업배경

- 지구온난화에 따른 해수면 상승 등 이상기후 발생으로 태풍·해일내습 등 재난 발생 빈도가 높아져 반복적 피해가 급증하는 추세로, 대규모 주거·상업시설이 밀집하고 외해에 노출되어 있는 해운대 마린시티 일원은 폭풍해일 피해 위험이 매우 높아 항구적인 방재대책이 필요
- 해일피해 방재시설을 통하여 태풍·해일내습 등 각종 자연재해로부터 안전한 연안을 조성하고, 주민과 관광객들이 공유할 수 있는 친수공간을 마련 필요

(2) 사업개요

- 위치: 해운대 우3동 수영만(마린시티 앞) 일원 앞면 해상
- 사업규모: 해일 방재시설(해일 방파제 650m, 호안정비 780m)
- 사업목적: 태풍 해일 월파 피해로 인한 인근 주거·상업시설 침수피해 예방
- 사업기간: 2017년~2020년
- 총사업비: 790억 원(국비 395, 지방비 395)

(3) 특징

본 사업은 '자연재해대책법'에 근거한 자연재해위험개선지구 정비사업으로 국비지원은 50%이고 전국 처음으로 폭풍해일을 방지하는 해일 방파제 등을 건설할 예정이다.

구분	태풍발생일자	최저기압	최대풍속	태풍규모	비고
매미	2003.09.06	950hPa	60m/s	중형	공공시설물, 상가 및 건물 등 침수·파손으로 총 263억원 피해 발생
덴무	2010.08.08	980hPa	31m/s	소형	호안난간 및 차량 50여대 파손
볼라벤	2012.08.28	960hPa	40m/s	중형	호안도로(보도블록) 파손
산바	2012.09.11	900hPa	56m/s	대형	호안도로(보도블록) 파손
차바	2016.10.05	970hPa	35m/s	중형	상가 및 도로 침수·파손, 호안 TTP 유실로 총 23억원 피해발생

출처: 부산시 자료(2017)

그림 5.6 부산 수영만(마린시티 앞) 피해이력

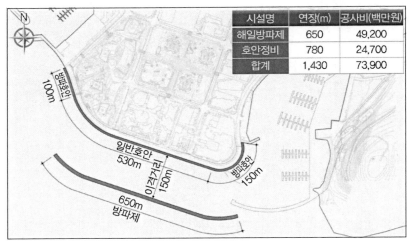

출처: 부산시 자료(2017)

그림 5.7 수영만 자연재해위험개선지구 정비사업 평면도(안)

시설명	연장(m)	공사비(백만원)
해일방파제	650	49,200
호안정비	780	24,700
합계	1,430	73,900

4) 어항정비 및 개발(국가어항 천성항 건설, 그림 5.8, 그림 5.9 참조)

(1) 사업배경

• 서부산권 수산업 중심기능 역할을 수행할 수 있는 국가어항을 개발하여 어선의 안전 정박 및 어민 소득증대에 기여하고, 해양관광복합 어항개발로 친수문화 공간 조성 및 지역관광 활성화를 위해 집중 지원 필요

(2) 사업개요

• 위치: 강서구 천성동 천성항 일원

• 규모: 어항기본시설, 수협시설, 편의시설 및 친수관광시설

• 사업내용

    – 방파제 360m, 수중 방파제 30m, 물양장 320m, 선양장 30m, 호안 831m

    – 수협시설(위판장, 수산물가공시설, 냉동시설, 업무시설. 보급시설) 10,200m^2

    – 친수관광기능시설(공원 및 녹지, 관광레저시설 등) 20,200m^2

• 사업기간: 2013년~2025년

• 총사업비: 800억 원(국비 420, 민자 380)

• 사업주체: 해양수산부(부산항건설사무소), 부경신항수협

(3) 특징

본 사업은 '어촌어항법'에 근거한 해양관광복합 어항사업으로 국비지원 100%인 사업이다.

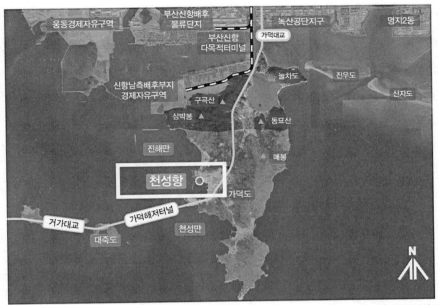

출처: 부산시 자료(2022)

그림 5.8 국가어항 천성항 사업 위치도

출처: 부산시 자료(2022)

그림 5.9 부산 강서구 천성항(국가어항) 조감도

5.2 기후변화와 관련된 연안방재의 기술적 과제 및 제언(안)

5.2.1 해안방재의 기술적 과제 및 제언

1) 평균해수면 등의 장기예측값 추정 방법

　기후변화에 관한 정부간 협의체(IPCC : Intergovernmental Panel on Climate Change)의 해양·빙권 특별보고서(2019년)에 따르면 1902~2010년의 기간에 전 지구 평균해수면(GMSL, Global Mean Sea Level)은 0.16m(0.12~0.21m) 상승했다. 2006~2015년 기간의 전 지구 평균해수면(GMSL) 상승률인 3.6mm/년(3.1~4.1mm/년)은 최근 100년 가운데 유례가 없으며, 1.4mm/년(0.8~2.0mm/년)인 1901~1990년의 상승률의 약 2.5배이다. 장래의 전 지구 평균해수면(GMSL) 상승은 RCP 2.6 시나리오 아래에서 1986~2005년 대비 2081~2100년 동안은 0.39m(0.26~0.53m), 2100년에 0.43m(0.29~0.59m)가 될 전망이다. RCP8.5 시나리오의 경우, 이에 상응하는 GMSL 상승은 2081~2100년에 0.71m(0.51~0.92m), 2100년에 0.84m(0.61~1.10m)이다. 특히 우리나라의 평균해수면은 1991년부터 2021년까지 지난 30년간 평균적으로 매년 3.03mm씩 높아졌다. 이 결과는 2006~2015년 기간의 전 지구 평균해수면(GMSL) 상승률인 3.6mm/년보다 약간 낮은 값이지만, 2100년에는 지구온난화에 따른 기후변화로 우리나라 주변 해역의 평균해수면은 최악의 시나리오(RCP 8.5) 아래에서 최대 73cm가량 상승할 수 있다.

　따라서 장래 평균해수면을 정확하게 예측하는 것이 중요하므로 앞으로도 조위관측을 계속하고, 적절한 시기에 순응적(順應的)으로 대응하는 것이 바람직하다. 게다가 태풍을 포함한 열대저기압의 강도와 경로 등의 출현 특성에 변화를 가져올 것으로 예상되어 이를 파악하기 위해서 계속 조위관측을 해야 한다.

　즉, 현재의 장기적 시점에 대한 평균해수면 대응방법은 전 지구 기온이 2℃ 상승 상당(RCP 2.6)을 전제(前提)로 하여 현 시점보다 과거 30년 정도의 약최고고조위(約最高高潮位) 평년(平年)차의 관측값으로부터 외삽(外揷)하여 구하지만, 광역적·종합적인 시점에서의 대응은 평균해수면이 100년에 1m 정도 상승한다는 예측(전 지구 기온이 4℃ 상승 상당(RCP 8.5))도 고려하여 장기적 시점에서 관련된 분야와도 연계시켜야 한다(그림 5.10(a) 참조). 또한, X0년 후의 현재의 평균해수면은 해안보전을 전제로 하는 평균해수면 상승량 예측이 2100년 이후에 1m 정도를 초과하게 되었을 경우, 다시 그 시점의 사회·경제적 상황 등을 고려하여 여러 선택지를 포함해 장기적 시점에서 대응을 검토해야 한다(그림 5.10(b) 참조).

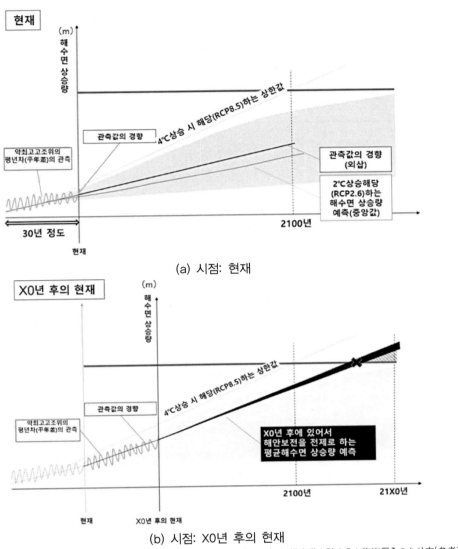

(a) 시점: 현재

(b) 시점: X0년 후의 현재

출처: 日本 国土交通省(2020), 気候変動を踏まえた海岸保全のあり方(参考資料)

그림 5.10 기후변화로 인한 평균해수면의 장기예측값 추정방법(안)

2) 기후변화 영향을 고려한 설계조위 등의 산정방법

기존 설계조위는 과거의 조위실적(潮位實績) 등에 근거하여 계획하였지만, 기후변화 영향을
고려한 설계조위 산정(안)은 과거의 조위실적 등에 덧붙여 장래 예측값을 예상하여 산정한다
(표 5.1, 그림 5.11 참조).

표 5.1 기후변화 영향을 고려한 설계조위 산정방법(안)

기존 산정방법	기후변화 영향을 고려한 산정방법(안)	계획파랑
• 기왕의 고극조위 • 확률분석에 의한 고극조위 • 약최고고조위＋조위편차 (폭풍해일편차)	• 대조평균고조위＋기왕의 조위편차(폭풍해일편차) 최댓값 • 대조평균고조위[*1]＋추산의 조위편차(폭풍해일편차) 최댓값 • 대조평균고조위＋장래예측에 입각한 조위편차(폭풍해일편차) 최댓값	30~50년 확률파 기왕의 최대파랑 등

*1 : 장래에 예측되는 평균해수면의 상승량을 포함한다.

출처: 해양수산부(2014), 항만 및 어항설계기준·해설(상권), 日本 国土交通省(2020), 気候変動を踏まえた海岸保全のあり方 参考資料로부터 우리나라 현황에 맞게 수정

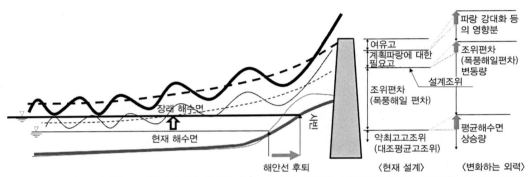

출처: 해양수산부(2014), 항만 및 어항 설계기준·해설 및 日本 国土交通省(2020), 気候変動を踏まえた海岸保全のあり方(参考資料)로부터 우리나라 현황에 맞게 수정

그림 5.11 기후변화 영향을 고려한 설계조위 등의 산정(안)

3) 너울[1] 설계파의 도입

지금까지 충분히 고려되지 않았던 너울에 따른 고파랑을 고려하여 해안침식 대책시설을 설계할 필요가 있다.

(1) 설계파

평상시의 파랑 특성은 파랑 자료에서 월별, 계절별 및 연도별 자료에 대해서 파랑별로 파고, 주기의 상관도수분포표[2]로서 나타내는 것을 표준으로 한다. 이상시(異常時)의 파랑 특성은 극

---

1)   너울(Swell): 해상풍이 강한 먼 지역에서 형성되어 전파해 온 파랑으로 바람에 의해 만들어진 풍파보다 파장과 주기가 길다.

2)   상관도수분포표(相關度數分布票): 통계학에서 상관도수분포(相關度數分布)는 서로 관계가 있는 자료의 값들이 어떻게 퍼져 있는지를 요약하여 보여주는 표로 모든 자료를 몇 개의 겹치지 않는 계급(class)으로 구분하고 각 계급에 속하는 자료의 개수, 즉 도수를 표로 나타낸 것이다. 상관도수분포표는 히스토그램이나 꺾은선그래프 등 그림으로 나타내면 자료의 전체적인 분포를 이해하기가 더 쉬워진다.

치파(極値波)에 대해서는 통계처리를 하고 확률파고로써 나타내는 것을 표준으로 한다. 따라서 기존 설계에서는 풍파와 너울의 확률파고를 구별하지 않았는데, 기후변화에 따른 파랑강대화로 인하여 일반적으로 고려한 풍파(風波)보다 주기가 긴 너울에 대해서도 적절히 대응하기 위해서는 너울에 의한 피해가 예상되는 지역에서의 풍파와 너울을 구별하여 종래의 확률파고와는 별도로 통계처리를 해서 너울의 확률파고를 설정하는 것이 좋다.

(2) 극치파랑 통계처리(변동파랑 조건 설정)

설계의 대상이 되는 파랑의 파고는 장기간(원칙적으로 30년 이상)의 데이터에서 극치파의 재현기간에 대한 확률파고로서 나타내는 것을 표준으로 한다. 장기간에 걸친 관측 데이터를 이용할 수 없는 경우에는 파랑 추산 결과를 이용하게 된다. 확률파고의 추정 자료인 '극치파(極値波)'란 어떤 하나의 기상 조건에서 파랑이 발달하고 감쇠(減衰)하는 과정에서 파고가 최대가 될 때의 파(일반적으로 유의파(有義波))를 말하며, 샘플링(Sampling)된 극치파는 통계적으로 서로 독립적이라고 가정한다. 확률파고의 추정은 대상기간 중 극치파고가 있는 설정값 이상의 데이터를 사용하는 경우와 매년마다의 극치파고의 최댓값을 구하여 매년마다의 최댓값의 데이터를 사용하는 경우이다. 어느 경우라도 확률파고의 모분포함수(母分布函數)는 일반적으로 분명하지 않으므로, 검블(Gumbel)분포, 웨이블(Weibull)분포 및 이외의 분포함수를 적용하여 데이터에 가장 적합한 함수형을 찾아내고, 그 추정관계식을 사용하여 필요한 재현기간(예를 들어 50년, 100년 등)에 대한 확률파고를 추정한다. 다만, 너울의 극치파 데이터가 현저히 적어서 분포함수를 충분히 추정할 수 없을 것이 분명하다면 너울에 대한 확률파고의 추정을 생략할 수 있다. 더욱이 이러한 추정값의 정밀도는 통계처리 방법보다는 사용한 데이터의 정밀도에 지배되므로, 극치파의 데이터를 파랑추산으로 작성할 경우 추산법의 적절한 선택 및 추산결과를 관측값에 근거하여 검증하도록 유의해야 한다. 확률파고에 대응하는 주기는 확률파고의 추정자료인 극치파의 데이터에 대하여 파고와 주기의 관계를 플롯(Plot)하고, 그 상관관계에 따라 적절히 결정한다.

(3) 쇄파한계조건식(碎波限界條件式)의 수정

Goda(合田, 1975)는 규칙파의 쇄파한계파고를 산정할 수 있는 근사식을 식(5.1)과 같이 제안하였다.[2]

$$\frac{H_b}{L_0} = 0.17\left\{1 - \exp\left[-1.5\,\frac{\pi h}{L_0}\,(1 + 15\tan^{4/3}\theta)\right]\right\} \tag{5.1}$$

여기서, H_b : 쇄파한계파고(m), L_0 : 심해파의 파장(m), h : 수심, $\tan\theta$ 는 해저경사(海底傾斜)이다. 쇄파한계의 검토 정도를 향상시키기 위하여 해저경사가 1/50보다 급한 경우에는 적절한 쇄파고를 주도록 $\tan\theta$ 에 관련된 정수 15를 11로 저감하도록 수정하였다. 이 수정으로 해저 경사가 1/10일 때에는 쇄파지수 H_b/h_b 의 값이 최대 11%까지 작아지지만, 해저경사 1/50에서는 2% 저감에 머무른다. 심해(深海) 양빈(養濱)인 경우, 연안사주[3]가 발생하여 해안으로 갈수록 수심이 깊어지는 지형이 나타난다. 이와 같은 지형을 역경사(逆傾斜) 비탈면이라 부르며, 근사적으로 쇄파변형을 고려하지 않아도 되지만, 엄밀히는 역경사 비탈면에서 파고감쇄가 발생한다. 2차원적인 지형변화에 대응한 천수변형 및 쇄파변형에 의한 파형(波形) 변화를 추정하는 수치 시뮬레이션방법으로서 최근 유체의 운동방정식을 직접 계산하는 일련의 VOF[4]법이 활용되고 있다. VOF법은 불규칙파로의 전개와 쇄파 후의 파형 변화를 나타내는 어려움이 있지만, 구조물의 형식에 의한 파형 변화나 월파의 모습을 시각적으로 파악하는 데 유용한 기법이다. 또한, 쇄파 직전까지의 파형을 비교적 단시간에 계산할 수 있도록 경계요소법[5]에 의한 수치계산법을 활용할 수 있다.

(4) 설계조위가 높은 경우 직립벽에 작용하는 파력 산정

폭풍해일 내습으로 조위가 상승하는 경우 호안이나 해안제방, 흉벽 등에는 폭풍해일 등으로 상승한 정수압과 고파랑에 의한 파압(波壓)이 동시에 작용한다. 따라서 폭풍해일고가 해안구조물 본체의 배후지반보다 높은 경우에는 폭풍해일 등의 정수압에 상쇄(相殺)되는 토압이 해안구조물 본체 배후에 존재하지 않으므로 정수압과 고파랑에 의한 파압이 모두 더해져 본체에 작용한다. 따라서 파랑이 해안구조물 앞면의 해저지형이나 마운드의 영향으로 쇄파하여 작용하는

---

3) 연안사주(沿岸砂洲, Offshore Bar, Longshore Bar): 해빈(海濱)에서 가까운 연안 해저에 파랑에 의한 퇴적작용으로 형성되고, 해안선에 평행하게 발달한 모래나 자갈의 퇴적 둔덕으로 평소에 수면 위로 노출되지 않는 해저지형을 말한다.

4) VOF(Volume of Fluid)법: 자유표면 근사값의 수치적 방법으로 오일러 방법(Euler's Method)으로 분류하는데, 오일러 방법은 정지(Stationary) 또는 비정지(Non-stationary)일 수 있는 그리드(Grid)로 설명할 수 있지만, 정지하지 않은 그리드의 경우, 그리드 운동은 표면 모양의 변동으로 결정된다. 이 방법은 표면의 모양과 위치를 따라서 풀 수 있으며 플럭스 운동(Flux Motion)은 나비에-스토크스(Navier-Stokes) 방정식으로 독립적으로 풀어야 한다.

5) 경계요소법(境界要素法要): 적분(積分) 방정식에서 체적 적분은 면적 적분으로, 면적 적분은 선 적분으로 변화시켜 계산하는 수치 해석법의 일종이다. 대상 영역의 경계면의 물리적 변동을 미지수로 하여 해석하는 방법이므로 컴퓨터의 용량이 대단히 적게 소요되고, 경계면의 이동 및 변형에 따른 내부 절점의 재편성도 할 필요요가 없다는 장점이 있다.

경우가 있으므로, 해안구조물에 가장 불리한 파력은 폭풍해일 등으로 조위가 최대가 된 시점에서 발생한다고는 할 수 없다. 그 때문에 파력은 간조(干潮) 시부터 최고조위까지 조위를 바꾸어 가면서 산정하는 것으로 한다.

소파블록이 호안 앞면 마루고까지 피복되어 있지 않은 경우, 폭풍해일 등으로 조위가 상승함으로써 불완전한 피복 단면에서의 파력이 발생하여 파반공이 붕괴되는 경우가 있다. 또한, 폭풍해일 등으로 조위가 상승하고 월파나 월류에 의한 파력이 커져 본체 배후의 포장 등이 파손되는 경우가 있다. 지형이 복잡한 경우 수리모형 실험이나 수치시뮬레이션 실험을 이용하는 것이 바람직하다. 단, 수치시뮬레이션실험에서는 충격쇄파력 등에 대한 계산정밀도가 낮을 수 있으므로 실험 데이터로 검증하는 것이 중요하다.

4) 월파(越波)

(1) 해안호안에 대한 불규칙파의 월파유량 산정식 도입

Goda(合田)의 월파유량산정도(1975)는 주로 해역(海域)에 바로 접한 호안을 대상으로 하고 있다. 한편, Mase 등은 파의 처오름과 월파를 연결시킨 월파유량식을 제안하고 'IFORM'이라고 이름을 부여했다. 'IFORM'식은 정선(汀線)부근(육상부를 포함한다.)에서의 복단면(複斷面)(여러 개의 비탈면을 조합시킨 단면)을 가진 해안제방·호안의 월파유량을 불규칙 처오름고를 고려하여 계산할 수 있다. 더구나, Damada 등은 세계 각국의 월파량 실험 데이터를 모은 'CLASH 데이터 세트'를 사용하여 'IFORM'의 적용성을 검증하였다. 'IFORM'에서 월파유량의 추정 정밀도를 좌우하는 것은 경사호안 및 직립호안에 대해 법선수심파고비(法先水深波高比) h_t / H_0' < 3.0인 동시에 해저경사 $\tan \theta$ >1/100인 범위로 많은 해안호안의 설치조건을 망라(網羅)하고 있다고 보고되고 있다.

(2) 2중 파반공 호안의 간단한 월파량 산정법 검토

복잡한 단면을 가진 구조물(2중 파반공 호안 등)의 월파량을 간단하게 계산하는 방법이 없다. 수치 시뮬레이션은 복잡한 단면에도 적용할 수 있지만, 시간과 비용이 많이 드는 동시에 특히 쇄파를 수반하는 경우에는 정밀도가 저하되어 파력이나 월파를 과소평가하는 경향에 있다. 직립호안 등의 단순한 단면에 대해서는 파고 및 호안 앞면 수심 등으로부터 Goda(合田, 1975)가 제안한 산정도를 이용하여 월파량 산정이 가능하다(그림 5.12 상단 참조). 수치 시뮬레이션은 복잡한 단면에도 적용할 수 있지만, 시간과 비용이 많이 든다(그림 5.12 하단 참조). 따라서 복잡한 단면을 가진 구조물의 월파량을 간단하게 계산하는 방법의 검토가 필요하다.

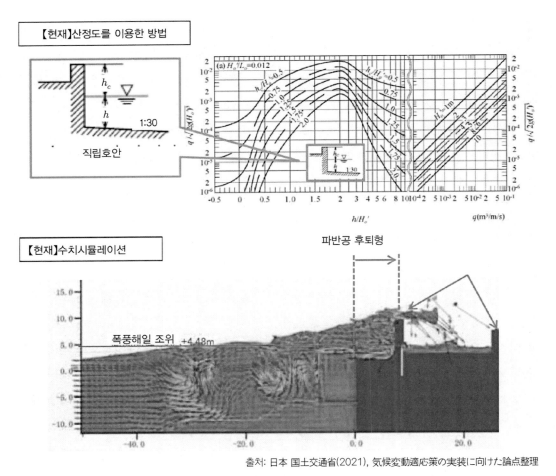

그림 5.12 현재의 월파량 산정 사례(산정도 이용(위), 수치시뮬레이션(아래))

(3) 허용월파량의 설정

허용월파량은 호안의 구조, 호안 배후의 토지 이용 상황 및 배수 시설의 능력 등에 따라 그 값이 다르므로 상황에 따라 적절히 설정할 필요가 있다(표 5.2, 표 5.3, 표 5.4 참조).

표 5.2 배후지의 중요도를 고려한 허용월파량(Fukuda(福田) 등, 1973, Nagai(永井) 등, 1964)

요건	월파량($m^3/m \cdot s$)
• 배후에 민가, 공공시설 밀집으로 월파 또는 물보라 등의 유입으로 중대한 재난이 예상되는 지역	0.01 정도
• 기타 중요한 지역	0.02 정도
• 기타지역	0.02~0.06

출처: 해양수산부(2014), 항만 및 어항 설계기준·해설(상권)

표 5.3 배후토지 이용상황에서 본 허용월파량(Fukuda(福田) 등, 1973)

이용방법	상태(호안 뒷면)	월파량($m^3/m \cdot s$)
• 보행	위험 없음	3×10^{-5}
• 자동차	고속통행가능	1×10^{-6}
	운전가능	2×10^{-5}
• 가옥	위험 없음	7×10^{-5}

출처: 해양수산부(2014), 항만 및 어항 설계기준·해설(상권)

표 5.4 피재한계(被災限界)의 월파량(Goda(合田), 1970)

구조물 종류	피복공	월파량($m^3/m \cdot s$)
• 호안	배후포장 있음	0.2
	배후포장 없음	0.05
• 제방	3면이 콘크리트	0.05
	마루 포장·뒷채움 미시공	0.02
	마루 포장 없음	0.005 이하

출처: 해양수산부(2014), 항만 및 어항 설계기준·해설(상권)

5) 호안의 지반 안정성

고파랑에 의해 피복공 내부의 지반을 포함한 호안 붕괴가 발생하고 있지만, 그 안정성 조사 방법이 충분히 검토되고 있지 않다. 즉, 호안 앞면의 수위나 지반 내의 지하수면·포화 상태가 지반의 안정성에 영향을 주는 것으로 밝혀지고 있지만, 현재 지반 안정성조사에서는 토질조건 을 중심으로 반영하고 있어 수리조건(水理條件)을 충분히 고려하고 있지 않다(그림 5.13 참조).

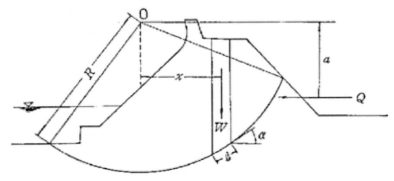

출처: 国土交通(2021), 気候変動適応策の実装に向けた論点整理

그림 5.13 현재의 안정성조사 방법(절편법(切片法))

따라서 기후변화로 인한 평균해수면 상승으로 피복공 내부 지반의 지하수위가 상승하여 지반의 안정성은 저하될 것으로 생각되며, 그 영향을 감안한 지반 안정성조사 방법을 개발할 필요가 있다(그림 5.14 참조).

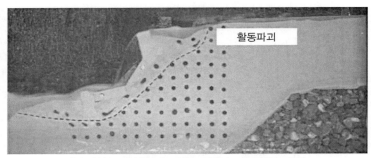

(a) 원심모형실험에 의한 호안의 파괴현상 재현

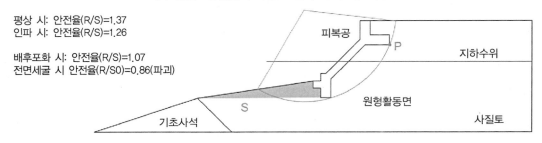

(b) 호안의 원호활동해석

출처 :日本 国土交通省(2021), 気候変動適応策の実装に向けた論点整理

그림 5.14 호안의 원호활동 해석 및 원심모형실험에 의한 파괴현상 재현

6) 해안침식 대책시설의 적절한 유지관리 고려

해안침식 대책시설을 설계할 때는 설계공용기간에 소정의 기능 및 요구성능을 확보할 수 있도록 적절한 유지관리를 고려한다. 그 사례로서는 사석돌제(捨石突堤)에서 피복석의 공극(空隙) 부분에 채움 콘크리트로 충진(充塡)으로 구조상의 약점(弱點)을 해결할 수 있다. 또한, 보수가 어려운 장소에서 미리 높은 내구성 재료를 사용하여 시설의 기능 및 성능의 시간경과에 따른 변화에 대한 저항성을 향상시킨다(그림 5.15(a) 중 이음철근 및 지수널말뚝 참조). 호안 마루부의 포장 아래 공동화(空洞化) 발생 상황을 확인하기 위한 점검구멍을 설치하는 등의 점검이나 보수 등의 효율화에 이바지하는 부대설비 설치한다(그림 5.15(b) 참조).

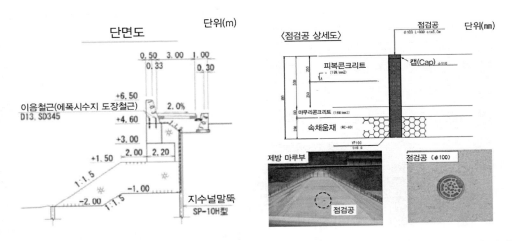

(a) 호안의 본체와 파반공을 내구성 재료로 이음   (b) 제방 마루부의 점검공 설치로 공동화 발생 파악

출처 : 日本 国土交通省(2021), 気候変動適応策の実装に向けた論点整理

그림 5.15 해안침식 대책시설의 적절한 유지관리

7) 사빈의 침식진단 및 관리

우리나라 전국의 전체해안의 사빈을 그림 5.16과 같이 표사특성(漂砂特性)에 근거한 지역별로 등급(Rank)을 매긴 해안(지역해안(地域海岸))으로 구분하고 매년 침식진단을 실시하여 체계적인 관리를 추진한다. 등급을 매긴 지역해안 중 침식이 진행되고 있는 a, b 등급인 사빈에 대해서는 연안정비사업과 같은 침식대책사업을 실시하며, 대책사업 실시 후에라도 모니터링을 이행하여 순응적인 사빈관리를 계속 추진한다.

사빈의 분류
- a등급: 방호기능이 손상되지 않을 정도로 침식이 진행되고 있는 사빈
- b등급: 방호기능은 유지하지만 침식이 진행되고 있어
  침식대책을 시행하지 않으면 방호기능이 손상될 것으로 예상되는 사빈
- c등급: 일정정도 사빈폭을 가진 채 안정되어 있어 방호기능은 유지하고 있는 사빈
- d등급 배후지의 중요도가 낮으므로 보전의 우선순위가 낮은 사빈
- e등급: 넓은 폭으로 안정된 사빈

출처: 日本 国土交通省(2020), 気候変動を踏まえた海岸保全のあり方(参考資料)

그림 5.16 사빈의 분류

5.2.2 항만방재의 기술적 과제 및 제언

1) 기후변화의 영향을 고려한 항만기본계획

현재까지 우리나라의 항만법에는 기후변화에 대응하는 조항은 없는 실정이다. 현재 항만법 상 항만기본계획은 10년 단위로 수립해야 하지만, 기후변화 대응을 위해서는 50~100년 등 장기적이고 지속적인 대응이 필요하다. 이러한 관점에서 항만의 골격을 이루는 항만구조물(시설)의 장래 수요에 관한 사항, 항만구조물(시설)의 공급에 관한 사항, 항만구조물(시설)의 규모와 개발 시기에 관한 사항, 항만구조물(시설)의 용도, 기능 개선 및 정비에 관한 사항 등을 계획할 때 기후변화를 고려하여 계획을 수립하여야 한다. 따라서 항만법 제6조(항만기본계획의 내용)를 표 5.5와 같이 변경함을 제안한다.

항만계획에 기후변화를 고려한 사례로써 일본 돗토리항(鳥取港)에서는 파랑과 폭풍해일로 인한 침수대책 강화를 위해 항만계획의 참고자료에 지반고를 표기해 침수리스크를 나타내고 있다(그림 5.17 참조).

표 5.5 항만법 제6조(항만기본계획의 내용)

현행	변경안
제6조(항만기본계획의 내용) ① 항만기본계획에는 다음 각 호의 사항이 포함되어야 한다. 1. 항만의 구분 및 그 위치 등에 관한 사항 2. 항만의 관리·운영 계획에 관한 사항 3. 항만구조물(시설)의 장래 수요에 관한 사항 4. 항만구조물(시설)의 공급에 관한 사항 5. 항만구조물(시설)의 규모와 개발 시기에 관한 사항 6. 항만구조물(시설)의 용도, 기능 개선 및 정비에 관한 사항 7. 항만의 연계수송망 구축에 관한 사항 8. 항만구조물(시설) 설치 예정지역(항만구역 밖에 위치하는 것을 포함한다)에 관한 사항 9. 그 밖에 해양수산부장관이 필요하다고 인정하는 사항	제6조(항만기본계획의 내용) ① 항만기본계획에는 다음 각 호의 사항이 포함되어야 한다. 1. 항만의 구분 및 그 위치 등에 관한 사항 2. 항만의 관리·운영 계획에 관한 사항 3. 항만구조물(시설)의 장래 수요에 관한 사항(기후변화 포함) 4. 항만구조물(시설)의 공급에 관한 사항(기후변화 포함) 5. 항만구조물(시설)의 규모와 개발 시기에 관한 사항(기후변화 포함) 6. 항만구조물(시설)의 용도, 기능 개선 및 정비에 관한 사항(기후변화 포함) 7. 항만의 연계수송망 구축에 관한 사항(기후변화 포함) 8. 항만구조물(시설) 설치 예정지역(항만구역 밖에 위치하는 것을 포함한다)에 관한 사항(기후변화 포함) 9. 그 밖에 해양수산부장관이 필요하다고 인정하는 사항

출처: 법제처(2021), 국가법령정보센터

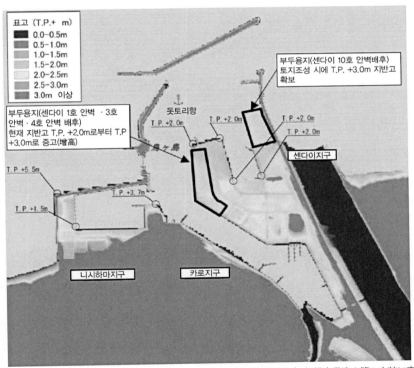

출처 : 日本 国土交通省(2021), 気候変動適応策の実装に向けた論点整理

그림 5.17 항만계획에 지반고 표시(일본 돗토리항(鳥取港))

2) 폭풍해일 대책에 대한 설계조위(항만 및 어항 설계기준 · 해설)

현재 우리나라의 항만 및 어항 설계기준 · 해설(상권, 2014)에서 폭풍해일대책에 대한 설계조위의 결정방법에는 다음의 4가지 방법이 있다.

① 기왕고극조위 또는 이것에 설계자의 판단에 의하여 약간의 여유를 더한 조위

② 기왕 이상조위의 발생확률곡선을 산정하고, 외삽법(外揷法)으로 구한 어떤 재현년도(예: 50년 등)의 조위

③ 해당 수치시뮬레이션 실험 등에 의해 해일고(海溢高)를 추산하는 경우는 약최고고조위에 해일고를 더한 조위

④ 이상고조위의 발생확률과 각 조위에 대한 배후지의 피해액 및 해일대책시설의 건설비를 고려하여 결정

앞으로 실적값(관측값)에 근거한 전제로 만들어진 현재의 기준을 장래 기후변화에 따른 영향을 고려한 체계로 변경이 필요하다. 따라서 '설계에서 사용할 조위'는 현재의 기후에서 발생하는 조위에 덧붙여 '국립해양조사원의 장래 우리나라 평균해수면 전망'을 참고로 '설계공용기간 중에 발생하는 해수면 상승량(그림 1.37 시나리오별 우리나라 주변 해역 평균해수면 전망 참조)을 더한 조위'로 잡는 것이 바람직하다고 본다(표 5.1, 그림 5.11 참조).

3) 평상시(平常時) 파랑(波浪)에 대한 정온도 검토

우리나라의 항만 및 어항 설계기준 · 해설(상권, 2014)의 항내정온도 산정 시 기후변화에 따라 평상시 파랑의 영향을 받는데, 정온도는 파고뿐만 아니라 파향도 중요하다. 또한, 내만(內灣)에 관해서는 어느 정도 지형에서 파향 · 주기가 한정되어 있지만, 외해(外海)와 접한 항만에서는 파향이 바뀌면 정온도에 대한 영향이 크므로, 파고 · 주기의 예측 정밀도 향상이 필요하다. 따라서 기후변화로 인한 평상시 파랑의 파고 · 파향 · 주기에 대한 영향이 불분명하므로, 현 단계에서 '정온도 검토에 이용되는 파랑'(평상시 파랑)에 대해서는 기후변화의 영향을 고려하는 것을 기준으로 잡아 추가적인 대책으로 대응하는 것도 염두에 두고 계속적으로 검토한다(그림 5.18 참조).

① 평상파에 대한 가동률 계산

  가. 항외의 주기대별로 파향별 파고빈도표를 작성한다.

  나. 계산대상인 항외측 파향과 계산파고를 설정한다.

기후변화의 영향을
받을 것으로 예상

항외 지점의 파향별 풍파빈도표에서 계산대상으로 하는 파향을 설정한다. 또한
항외지점에서 설정한 주기 · 파향의 조합마다 에너지 평형방정식 등을 이용하여
항입구 지점의 파향과 파고를 계산한다.

출처 :해양수산부(2019), 항만 및 어항 설계기준·해설(상권), 4. 설계, p.111.

그림 5.18 평상파의 정온도 산정

4) 이상 시(異常時) 파랑(波浪)의 파고 · 파향 · 주기의 설정

기후변화를 고려한 파랑의 극치값 설정에는 d4PDF 등을 이용한 다양한 방법을 사용하는
것이 바람직하다. 기후변화를 고려한 파랑 등의 추산에 d4PDF 등 기후모델의 특성을 파악한
후 적절한 편중(Bias)을 사용하면 적정하다고 보지만, d4PDF의 상세화(Downscaling) 방법에
대해서는 검토 방법의 표준화가 필요하다. 또한, d4PDF는 업데이트가 될 수 있으므로 항만관
계자의 요구사항도 파악하여야 한다. 따라서 이상 시 파랑은 최신 지식을 통해 산출한 설계심해
파를 기본으로 하면서, d4PDF 등의 기후모델이나 확률 태풍 모델을 이용하여 산출하는 장래
예측을 종합적으로 고려하는 방향으로 기준을 잡아 계속적으로 검토하며, d4PDF 등의 앙상블
기후 예측 데이터베이스를 이용하는 경우의 상세화 방법에 대해서도 표준화 가능성을 검토한다.

5) 중력식 안벽에서의 기초사석(Mound) 투과파 대책

중력식 안벽(그림 5.19)에서 파랑이 케이슨(블록)의 시공이음부, 기초사석 및 뒷채움사석을
투과하여 매립토사에 작용하면 매립토사의 흡출을 일으키는 경우가 있다. 사석과 매립토사는
그 입경(粒經)이 다르므로 방사포 및 방사판을 설치하여 매립토사가 흡출되지 않도록 하는 경우
가 많지만, 기초사석을 투과한 파가 시공 중 또는 설계공용기간 중에 이 방사포 및 방사판에
작용하여 손상을 입혀 매립토사의 흡출을 발생시키는 경우가 있다(그림 5.20(a) 참조).

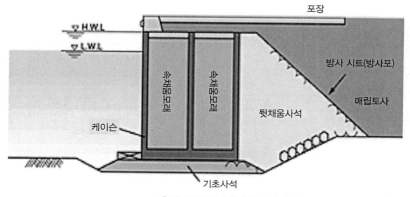

출처: 日本国土交通省(2018), 海岸保全施設の技術上の基準講習会講演概要

그림 5.19 중력식 안벽 표준단면

매립토사가 흡출되면 기초사석이나 뒷채움 사석의 내부가 밀폐되므로 본체 앞면에 가해지는 압력이 감소하지 않으면서 방사포나 방사판에 작용하도록, 매립 토사의 토피층(土被層) 두께를 충분히 확보하거나 압착공(壓搾工)을 실시함으로써 방사포나 방사판이 기초사석을 통과한 투과 파에 의해 들어 올려져 파괴되는 것을 막을 수 있다(그림 5.20(b) 참조). 또한, 방사포 및 방사 판의 손상으로 파괴되는 것을 막기 위하여 적절한 강도를 가진 방사포 및 방사판과 더불어 사석필터를 설치하는 것이 바람직하다.

(a) 호안의 흡출피해

(b) 방사시트(防砂 Sheet)의 파손

출처: 日本 国土交通省(2018), 海岸保全施設の技術上の基準講習会講演概要

그림 5.20 중력식 호안의 흡출 피해 및 방사시트 파손

6) 잔교에 작용하는 양압력(항만 및 어항 설계기준·해설)

(1) 잔교의 양압력 및 피해·복구

잔교의 상부공, 디태치드 피어(Detached Pier) 또는 말뚝식 돌핀 상부공 등과 같이 정수면 부근에 설치된 구조물로서 특히 수면과 거의 평행한 구조물은 상승하는 파면(波面)이 바닥판에 충돌하여 충격적인 파력(이하 '양압력'이라 한다.)이 작용할 위험성이 있다(그림 5.21 참조). 특히, 파고가 크고 정수면과의 간격이 작은 경우에는 큰 충격력이 된다. 또, 파가 중복파로 되어 작용하는 경우 파면의 상승속도가 크게 되어 충격력도 크게 된다.

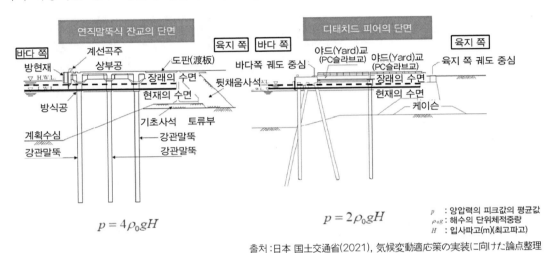

$$p = 4\rho_0 gH \qquad p = 2\rho_0 gH$$

p : 양압력의 피크값의 평균값
$\rho_0 g$: 해수의 단위체적중량
H : 입사파고(m)(최고파고)

출처 : 日本 国土交通省(2021), 気候変動適応策の実装に向けた論点整理

그림 5.21 연직말뚝식 잔교(왼쪽)와 디태치드 피어(오른쪽)의 양압력 계산식

2019년 10월에 발생한 태풍 '하기비스'로 인한 폭풍해일 및 고파랑 시 일본 가와사키항(川崎港) 히가시오기시마(東扇島) 지구의 잔교가 양압력으로 바닥판이 파손되는 피해가 발생 후 재난방지 차원에서 개량복구를 실시하였다(그림 5.22 참조). 따라서 기후변화로 인한 평균해수면의 상승 또는 태풍의 강대화 등에 수반하는 폭풍해일 및 고파랑 증대로 잔교의 상부공과 정수면과의 간격이 감소함에 따라 아래와 같은 문제가 발생할 수 있으므로 이에 대한 검토가 필요하다.

- 잔교의 바닥판과 정수면 사이의 클리어런스(Clearance)가 작아지면 파력이 커지므로 해수면 상승에 따른 클리어런스 감소로 양압력이 설계를 초과할 가능성이 있다.
- 주기나 파향에 의한 파력 산정법이 미흡하여 중복파(重複波)의 마디(節, Node)와 배(腹, Antinode)의 위치 차이에 따른 파력 산정 등 상세 검토가 불가하다.
- 공기를 매개(媒介)로 한 파력이 중요하지만, 현재의 수치계산으로는 계산이 어렵다.

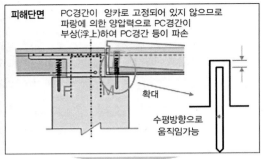

안벽(잔교) 파손 상황

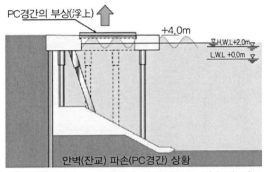

안벽(잔교) 파손(PC경간) 상황

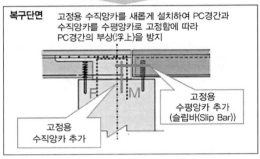

(a) 폭풍해일 및 고파랑의 양압력으로 파손된 잔교
(일본 가와사키항)

(b) 피해단면과 복구단면의 이미지

출처 : 日本 国土交通省(2021), 気候変動適応策の実装に向けた論点整理

그림 5.22 2019년 태풍 '하기비스' 시 폭풍해일 및 고파랑의 양압력으로 인한 일본 가와사키항(川崎港)
히가시오기시마(東扇島) 지구의 잔교 피해와 피해·복구단면

(2) 잔교 상부공의 양압력 대책

기후변화에 따른 해수면의 상승 또는 태풍의 강대화 등에 수반하는 폭풍해일 및 고파랑 증대
로 잔교에 작용하는 발생빈도 또는 강도가 증가하므로 파력을 저감시키는 공법의 검토가 필요
하다. 그 공법으로서는 잔교 앞면에서 입사파를 저감시키는 방법(잔교 앞면에 늘어뜨린 벽,
그림 5.23 참조)과 잔교하부에 입사된 파의 에너지를 소실시키는 방법(육지 쪽 호안 앞면에
소파블록 설치, 그림 5.24 참조)이 있다.

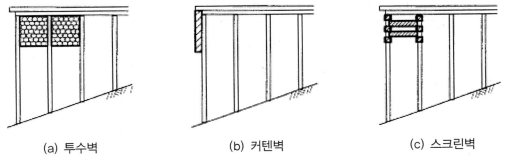

| (a) 투수벽 | (b) 커텐벽 | (c) 스크린벽 |

출처 : 大中晋, et al. "消波用スクリーンを有する桟橋に作用する揚圧力に関する実験的研究." 海洋開発論文集 20(2004): pp.743-748.

그림 5.23 잔교 앞면에서 입사파를 저감시키는 방법(잔교 앞면에 늘어뜨린 벽)

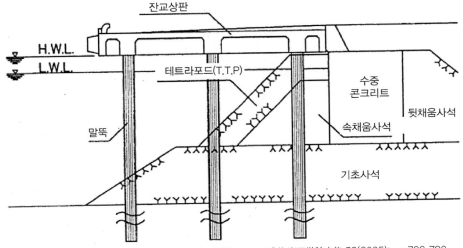

출처 :木村克俊, et al. "床版下に消波工を有する桟橋の水理特性について." 海岸工学論文集 52(2005): pp.786-790.

그림 5.24 잔교하부에 입사된 파의 에너지를 소실시키는 방법(육지 쪽 호안 앞면에 소파블록 설치)

7) 안벽(岸壁)의 월파유량에 대한 산정방법

선박이 접안(接岸)하는 안벽은 일반적인 해안제방과는 달리 월파된 수괴(水塊) 일부가 인파(引波) 시에 다시 바다로 되돌아가기 때문에 예상된 호안 월파량과 관련지어 침수역이나 침수심을 추정하는 것이 쉽지 않다(그림 5.25 참조). 기후변화로 인한 평균해수면의 상승, 태풍의 강대화 등에 수반하는 폭풍해일 및 고파랑 증대로 안벽이 침수되는 경우가 빈번할 것으로 예상된다. 따라서 안벽의 침수 허용량 개념이 현재까지 확립되어 있지 않기 때문에 허용월파량을 정하기 위해서는 필요한 검증을 하는 동시에 안벽 위의 면적(面的)인 월파침수산정방법에 대해서 확립할 필요가 있다(그림 5.26 참조).

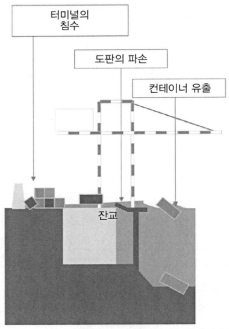

출처: 日本 国土交通省(2021), 気候変動適応策の実装に向けた論点整理

그림 5.25 안벽의 월파유량으로 인한 컨테이너 유출

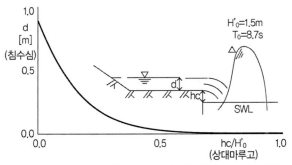

출처: 日本 国土交通省(2021), 気候変動適応策の実装に向けた論点整理

그림 5.26 안벽의 상대마루고에 대한 컨테이너 야드 내 침수심

8) 폭풍해일 시 고파랑에 따른 안벽 위 침수심의 추정방법

기후변화로 인한 평균해수면의 상승, 태풍의 강대화 등에 수반하는 폭풍해일 및 고파랑 증대로 안벽이 침수되는 경우가 빈번할 것으로 예상되므로, 호안에 대한 Goda(合田)의 월파량 산정도(1975)를 컨테이너 야드와 같은 안벽에 적용하여 안벽 위의 침수심을 간단하게 추정하는 방법이 제안되었다(高山知司, 2018). 이 방법은 어디까지나 손쉬운 방법이므로 향후 실험 등을 통한 정밀도 향상이 필요하다.

폭풍해일 시 고파랑에 의한 안벽 위 침수심의 추정방법은 아래와 같다.

(1) 조건 설정

- 파랑: 각 시설에 대한 입사파고, 주기 및 입사각을 설정
- 조위: 환산심해파고 H_0' 에 대한 해수면 상의 안벽 마루고 h_c 로 설정(= h_c / H_0')
- 안벽 배후의 지반고: 안벽의 마루와 같은 컨테이너 야드가 배후에 이어져 어느 정도 거리에 가서는 지반이 갑자기 높아져 침수역은 끝날 것으로 가정

(2) 계산방법

- 컨테이너 야드의 침수심 계산은 안벽을 월파하여 육지 쪽으로 밀려가는 파랑에 의한 월파량(q_{in})과 파면이 안벽의 마루보다 내려갔을 때 육지 쪽으로부터 흘러나오는 배수량(q_{out})이 같아졌을 때의 침수심을 최종 침수심(평형상태일 때의 침수심이기 때문에 일시적으로는 이 수심을 넘을 때도 일어난다.)이라고 가정

① 안벽을 월파하여 밀려가는 파랑에 의한 월파량 q_{in} 산정

가. $0 \leq h_c / H_0' < 0.5$일 때

　가.−1 : $h_c / H_0' = 0$일 때: $q_{in} = \dfrac{H_0' C}{3.2\pi} \cos\theta$

여기서, θ : 입사각(경사지게 입사할 경우 월파량 저감), C : 파속(주기와 수심으로부터 계산), q_{in} : 평균 파고의 파랑이 파속으로 진행될 때 정수면보다 높은 시간 동안의 평균 수량(平均水量)이다.

　가.−2 : $0 < h_c / H_0' < 0.5$일 때

$h_c / H_0{}'$=0일 때의 무차원 월파량과 $h_c / H_0{}'$=0.5일 때의 Goda(合田)의 월파량 산정도로부터 구한 월파량 사이에서 대수내삽(對數內揷)을 실시하고, 각 $h_c / H_0{}'$에서의 무차원 월파량을 추정하여 그 값에서 q_{in} 을 구한다.

나. $h_c / H_0{}' \geqq 0.5$일 때: 직립호안 월파량 추정도로 산정(그림 5.12 상단 그림 참조)

② 안벽 위로부터 바다 쪽으로 흘러가면서 떨어지는 유출량 q_{out} 산정

$$q_{out}{}' = \frac{2}{3} C_d \sqrt{2 g d^3} \Rightarrow q_{out} = \frac{1}{3} \sqrt{2 g d^3}$$

월류공식을 사용하며 여기서, d : 침수심, C_d : 보정계수(C_d =1로 가정)이다. 파봉(波峯)이 있어 흘러 나갈 수 없다는 것을 고려하면 단위 시간당 유출량은 1/2이 된다($q_{out}{}' \rightarrow 0.5 q_{out}$).

③ 침수심 d 의 산정

$$q_{in} = q_{out} = \frac{1}{3} \sqrt{2 g d^3}$$

9) 안벽의 에이프런 아래의 공동(空洞) 점검을 위한 점검공 설치

안벽의 에이프런 아래 공동에 대해서는 현재 상태로서는 항만시설의 관리자가 그 발생을 직접 확인하는 방법밖에 없다. 즉, 포장 위에 점검공(그림 5.27 참조)을 설치하면 공동화의 발생·진행을 직접 확인할 수 있게 된다. 이 방법은 매우 원시적인 방법이기는 하지만, 직접적이고 정량적으로 공동의 발생·진행을 파악할 수 있으며, 고도의 전문적 지식이 필요하지 않다. 또한, 일상점검 시 공동의 발생 또는 진행을 불문하고 많이 이용할 수 있어 많은 현장에서 범용적인 효과를 가진다는 장점이 있다.

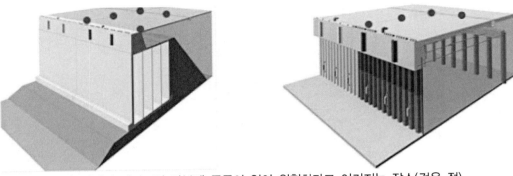

(a) 안벽의 에이프런 하부에 공동이 있어 위험하다고 여겨지는 장소(검은 점)

(b) 공동 점검을 위한 점검공 설치

출처: 加藤 絵万(2017), 港湾空港技術研究所, 港湾構造物の点検診断と最近の取組み

그림 5.27 안벽의 에이프런 아래의 공동점검을 위한 점검공 설치

10) 바람

장래의 바람 예측에 관한 증거가 적다. 대상이 되는 하역기계 등의 설계공용기간은 토목구조물(안벽 등)에 비해 짧아 장래의 외력증가에 대한 배려가 필요하지 않을 수도 있겠지만, 토목구조물 위에 설치된 하역기계 등의 보강 시 고려할 필요가 있다. 따라서 '하역기계의 풍압력 산정에 이용하는 바람'에 대해서는 설계공용기간 중에 기후변화의 영향이 표면화될 가능성이 적으므로 설계시점의 바람상황을 기준으로 취급한다. 단, 갠트리 크레인(Gantry Crane)의 기초와 같이 안벽의 설계공용기간 중에 풍압력 증대에 대응한 하역기계의 도입으로 인한 상재하중의 증대가 예상되는 경우도 고려할 수 있으므로 그 대응을 검토한다. 기타 시설 설계 시 이용하는 바람에 대해서는 다른 분야의 기준 동향도 참고로 하면서 지식의 축적을 도모한다.

11) 항내피박(港內避泊)을 하는 선박의 주묘(走錨)에 대한 대책

출처: 日本 国土交通省(2021), 気候変動適応策の実装に向けた論点整理

그림 5.28 잔교의 방충공 설치 사례

　방충설비는 항만 및 어항의 설계기준에서 계선안(繫船岸)의 경우 선박의 접안(接岸) 시 충격력 또는 교량의 교각(橋脚)만이 설치 대상으로 교량의 교형[6]에 대한 방충설비에 관한 규정이 존재하지 않는다. 따라서 강한 태풍의 강대화로 인한 선박의 주묘로 인한 계선안 또는 교량의 교형에 대한 방충설비로 여러 공법을 생각할 수 있지만, 대상 선박에 따른 효과적인 공법이 정리되어 있지 않다. 이 때문에, 기준의 정비나 효과적인 대책 공법을 검토할 필요가 있다(그림 5.28 참조).

12) 항만구조물에 대한 건설공법의 결정

　기후변화에 따른 평균해수면 상승 또는 태풍강대화로 인한 폭풍해일 및 고파랑 증대에 대한 대책을 고려해야 할 시설이 다수 있지만, 비용 저감이 매우 중요하고, 기존공법으로는 시공하기 어려운 상황도 예상한다. 항만의 배후에 사유시설(私有施設)이 입지하고 있으며 경관상의 이유 등으로 마루고를 높일 수 없는 장소에서의 월파대책 검토가 필요하다. 설계공용기간 중 컨테이너 터미널의 안벽 개량은 단기간에 실시해야 함에 따라 흉벽(胸壁) 설치는 적용 가능성이 크다고 할 수 있다. 기존 항만구조물(시설)의 보수(補修)는 저비용이면서 단기간에 실시할 수 있는 것을 매뉴얼에 포함시켜야 한다. 장기적으로는 통항선박의 자동조선화(自動操船化)로 항

---

6)　교형(橋桁): 교량의 교각(橋脚) 위에 걸쳐져 교판(橋板)을 지지하는 구조물을 말한다.

만 입구를 좁게 할 수 있어 항내정온도 향상에 유효하다. 안벽의 증고(增高)나 안벽 위에 흉벽을 설치하는 경우에는 하역작업이나 계류삭(繫留索) 작업의 안전성에 유의해야 한다. 안벽 위에 흉벽을 설치하려면 이용자의 의식변화도 필요하다. 그러므로 기후변화로 인한 항만구조물의 건설공법에 대한 해외사례 등을 참고하여 공용 중인 시설의 개량에도 대응시킬 수 있는 공법에 대해서 가이드라인 등에 기재하는 것을 검토한다. 또한, 기술기준 등을 작성하는 과정에서 항만이용자 등 관련자의 의견도 참고한다. 산학관(産學官)의 제휴로 기술개발에 추진하는 것을 검토한다.

13) 항만 관련 데이터 연계 기반 구축

현실의 항만(Physical Port)에 관한 정보를 모두 전자화하는 것으로 정보의 활용에 의한 편리성·생산성을 최대한까지 높이는 '사이버 포트(Cyber Port)' 실현을 목표로 잡고, 우선은 민간 사업자 사이의 절차를 전자화하는 '항만 관련 데이터 연계 기반'(항만 물류 분야)의 구축을 향한 대응으로 크게 ① 항만의 이용(활동)에 대해서는, 각종의 수속(手續)을 전자화(물류 분야·관리 분야), ② 항만의 공간·시설에 대해서는 항만 내의 각 시설의 정보를 전자화(기반시설 분야)에 대한 추진이 필요하다(그림 5.29 참조).

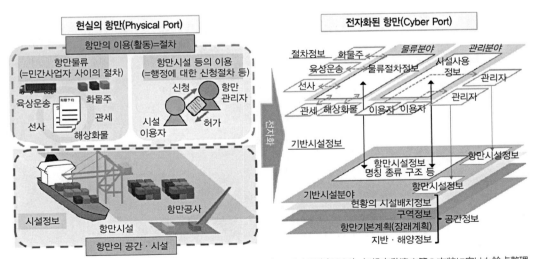

출처: 日本 国土交通省(2021), 気候変動適応策の実装に向けた論点整理

그림 5.29 현실의 항만과 전자화된 항만의 이미지

특히 항만구조물(시설)의 기반시설 분야는 항만의 계획에서부터 유지·관리까지의 기반시설 정보를 연계시킴으로써, 국가 및 항만 관리자에 의한 적절한 자산관리 실현할 수 있다(적절한 유지·관리 실시, 개량 투자계획의 수립)(그림 5.30 참조). 그중 항만시설 BIM/CIM[7]은 항만구조물(시설)의 정보를 효율적으로 관리함으로써 동일 정보의 입력을 줄여 정보의 일람성(一覽性)이나 업데이트성을 높이는 동시에 원격 기술지원 등에 의해 재난 시의 신속한 복구에도 기여할 수 있다. 또, 축적된 데이터를 이용함으로써, 정책의 기획 수립이나 민간의 기술개발 촉진에 기여한다(그림 5.31 참조).

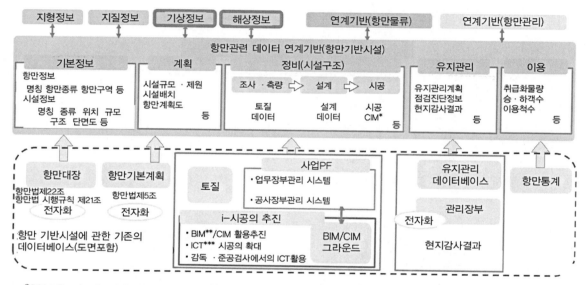

*CIM : Construction Information Modeling/Management(시공정보모델링)
** BIM : Building Information Modeling(건물정보모델링)
*** ICT : Information and Communication Technology(정보 및 통신 기술)

출처: 日本 国土交通省(2021), 気候変動適応策の実装に向けた論点整理

그림 5.30 항만 관련 데이터 연계기반 구축(항만기반시설)

---

7) BIM(Building Information Modeling, 건축 정보 모델, 빌딩 정보 모델)/CIM(Construction/Civil Information Modeling/Management, 시공 또는 토목 정보 모델): 3차원 정보모델을 기반으로 시설물의 생애주기에 걸쳐 발생하는 모든 정보를 통합하여 활용이 가능하도록 시설물의 형상, 속성 등을 정보로 표현한 디지털 모형을 뜻한다. BIM/CIM 기술의 활용으로 기존의 2차원 도면 환경에서는 달성이 어려웠던 기획, 설계, 시공, 유지관리 단계의 사업정보 통합관리를 통해, 설계 품질 및 생산성 향상, 시공오차 최소화, 체계적 유지관리 등이 이루어질 것으로 기대된다.

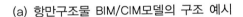

항만구조물(계획)의 BIM/CIM 모델
3차원 형상 데이터 : 항만시설 형상(위치, 높이 등)
부여되는 속성: 자재 제원, 부속설비의 종류 · 제원 등 .

계획범위

지형(현황)의 BIM/CIM 모델
3차원 형상 데이터: 지형(해저) 형성(위치, 표고 등)
부여되는 속성: 위치장보

(a) 항만구조물 BIM/CIM모델의 구조 예시

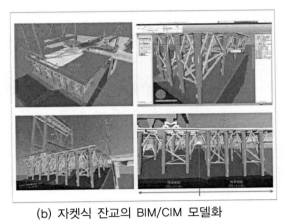

(b) 자켓식 잔교의 BIM/CIM 모델화

출처: 日本 国土交通省(2021), BIM/CIM 活用ガイドライン(案)第 8 編 港湾編.

그림 5.31 항만시설 BIM/CIM

■ 참고문헌

1. 부산광역시(2017), 부산연안방재대책수립 종합보고서, p. 394.

2. 合田(1975), 浅海域における波浪の砕波変形, 港湾空港技術研究所 第14巻 第3号, pp. 59~106.

색 인

저자 소개

윤덕영

[학력 및 약력]
부산대학교 토목공학과 졸업(학사·석사·박사)
항만 및 해안 기술사
방재관리대행자(행정안전부)
前 부산광역시청 기술심사과장, 영도구 도시국장
現 (주)유주 부사장
現 부산대학교 바이오환경에너지학과 겸임교수

[경력]
부산지방해양수산청 기술자문위원
부산항만공사 기술자문위원

김상기

[학력 및 약력]
동아대학교 자원공학과 졸업(학사)
토목 특급 기술인
現 (주)유주 대표이사

[경력]
한국건설교통신기술협회 기술심의위원
한국수자원공사 항만 및 해안 기술심의위원

기후변화와 연안방재

해수면 상승과 태풍 강대화에 따른 해안 · 항만의 대응을 중심으로

초판발행 2022년 8월 8일

저   자 윤덕영, 김상기
펴 낸 이 김성배
펴 낸 곳 ㈜에이퍼브프레스

책임편집 이민주
디 자 인 윤지환, 박진아
제작책임 김문갑

등록번호 제25100-2021-000115호
등 록 일 2021년 9월 3일
주   소 (04626) 서울특별시 중구 필동로 8길 43(예장동 1-151)
전화번호 02-2274-3666(출판부 내선번호 7005)
팩스번호 02-2274-4666
홈페이지 www.apub.kr

I S B N 979-11-9786-324-0 (93530)